KB145608

우리 본성의
선한 천사

THE BETTER ANGELS OF OUR NATURE:
Why Violence Has Declined
by Steven Pinker

사이언스 클래식 24

THE BETTER ANGELS OF OUR NATURE

우리 본성의 선한 천사

김명남 옮김

인간은 폭력성과 어떻게 싸워 왔는가

스티븐 핑커

에바, 칼, 에릭

잭, 데이비드

야엘, 다니엘에게,

그리고 그들이 물려받을 세상을 위하여

인간이란 얼마나 괴물 같은 존재인가! 이 얼마나 진기하고, 괴물 같고, 혼란스럽고, 모순되고, 천재적인 존재인가! 모든 것의 심판자이면서도 하찮은 지렁이와 같고, 진리를 간직한 자이면서도 불확실함과 오류의 시궁창과 같고, 우주의 영광이면서도 우주의 쓰레기와 같다.

— 블레즈 파스칼

차례

서문

✤

이 책은 인류 역사에서 가장 중요한 사건이었을지도 모르는 현상을 다룬다. 믿거나 말거나 — 아마도 대부분의 사람들이 못 믿을 터인데 — 기나긴 세월이 흐르는 동안 폭력이 감소해 왔고, 어쩌면 현재 우리는 종의 역사상 가장 평화로운 시대를 살고 있을지도 모른다는 사실이다. 물론 감소 과정이 늘 매끄럽지는 않았다. 폭력이 완벽하게 사라진 것도 아니다. 폭력이 앞으로도 계속 감소하리라는 보장은 없다. 그러나 이 현상은 틀림없는 발전이다. 또한 시간적으로는 몇 천 년에서 몇 년까지, 규모로는 전쟁에서 체벌까지 크고 작은 모든 차원에서 눈에 띄는 현상이다.

폭력의 축소는 삶의 모든 면에 영향을 미친다. 늘 납치, 강간, 살해를 걱정해야 하는 상황에서는 매일의 생활이 현재와는 전혀 다를 것이다. 예술, 학문, 상업을 뒷받침하는 시설이 세워지기 무섭게 약탈되고 불태워지는 상황에서는 그런 활동이 정교하게 발달하기 어려울 것이다.

폭력의 역사적 궤적은 우리가 삶을 살아가는 방식뿐만 아니라 삶을 이해하는 방식에도 영향을 미친다. 인류는 오랜 고군분투의 세월 끝에 결국 더 나아졌을까 나빠졌을까? 이 의문에 대한 인식만큼 삶의 의미와 목적에 근본적인 문제는 또 없다. 우리는 특히 개인주의, 세계주의(cosmopolitanism), 이성(reason), 과학의 힘이 가족, 부족, 전통, 종교를 잠식하는 현상으로 규정되는 **근대성**(modernity)을 어떻게 이해해야 할까? 우리가 이런 변화의 유산을 어떻게 이해하느냐에 따라, 곧 오늘날의 세상을 범죄, 테러, 집단 살해, 전쟁의 악몽으로 보느냐 아니면 역사적 기준으로 보아 유례없이 평화로운 공존과 축복의 시기로 보느냐에 따라, 참으로 많은 문제가 결정된다.

폭력의 추이 앞에 플러스 부호가 붙느냐 마이너스 부호가 붙느냐 하는 문제는 인간 본성에 대한 이해와도 관련된다. 사람들은 흔히 생물학에 기초한 인간 본성 이론은 폭력에 대한 숙명론과 결부시키고 마음을 빈 서판으로 보는 이론은 진보와 결부시키지만, 내가 볼 때는 오히려 그 반대다. 우리 종이 처음 세상에 등장하여 역사가 시작되었던 때, 자연스러운 삶의 모습은 과연 어땠을까? 폭력이 증가했다고 믿는 사람들에 따르면, 우리는 스스로 만든 세상 때문에 아마도 돌이킬 수 없을 만큼 오염되었다. 반면 폭력이 감소했다고 믿는 사람들에 따르면, 우리는 비록 시작은 초라했으나 문명의 이기 덕분에 고상한 방향으로 나아왔고 앞으로도 그러리라고 희망해도 좋을 것이다.

이 책은 두툼하다. 그럴 수밖에 없다. 나는 우선 여러분에게 실제 역사적으로 폭력이 줄었다는 것을 확인시켜 주어야 하는데, 이 생각 자체가 회의와 불신과 때로는 분노마저 일으킨다는 것을 잘 안다. 우리는 타고난 인지적 도구 때문에 오늘날이 폭력의 시대라고 믿기 쉽다. 미디어가 '유혈이 낭자하면 톱뉴스가 된다'는 모토에 따라 그 믿음을 부추기기 때문에 더욱 그렇다. 우리는 사건의 확률을 어림할 때 구체적 사례를 얼마나 쉽게 떠올릴 수 있는가 하는 점에 좌우되는데, 노령으로 죽어 가는 사람들의 모습보다는 살육 장면이 아무래도 방송을 더 많이 타고 기억에 더 깊게 새겨진다.[1] 폭력적 죽음은 발생 비율은 작더라도 절대 수치로는 저녁 뉴스를 채울 만큼 늘 충분히 일어나므로, 폭력에 대한 우리의 인상은 실제 비율과는 괴리되기 마련이다.

위험 감각을 왜곡시키는 또 다른 요소는 우리의 도덕 심리이다. 지금껏 그 누구도 사태가 나아지고 있다는 말로써 대의에 헌신할 활동가를 모집한 경우는 없었으려니와, 희소식의 전령은 자칫 대중이 안주할지도 모르니까 잠자코 입 다물라는 조언을 듣곤 한다. 그리고 우리의 지적(知的) 문화는 문명, 모더니티, 서구 사회에 조금이라도 좋은 구석이 있다는 점을 인정하지 않으려고 한다. 그러나 얄궂게도, 우리가 폭력이 상존(常存)한다는 착각에 빠지게 된 것은 원래 폭력 감소에 기여했던 한 현상 때문이었다. 폭력적 행위의 감소는 폭력을 용인하거나 미화하는 태도의 감소와 나란히 진행되었고, 가끔은 태도가 앞장서기도 했다는 점이다. 오늘날 텍사스 주(州)가 독극물 주사로 살인범을 사형하는 것, 간간이 불량배가 소수 집단 사람에 대해 증오 범죄를 저지르는 것, 이런 것들은 사실 잔학성의 역사적 기준으로 재어 보면 크게 심각하지 않은 일이지만, 오늘날의 관점에서 보면 기준이 높아진 증거가 아니라 우리의 행동이 타락한 증거로 비친다.

나는 이런 선입관에 맞서, 숫자로 여러분을 설득할 것이다. 여러 데이터 집합에서 수집한 숫자들은 모두 그래프로 표현되어 있다. 나는 숫자들의 출처를 늘 밝힐 것이고, 그 숫자들이 어떻게 내 이야기와 맞아떨어지는지를 열심히 해설할 것이다. 내가 이 책에서 이해하려는 주제는 가정에서, 이웃에서, 부족 간에, 무장 세력 간에, 민족과 국가 간에, 그야말로 온갖 차원에서 진행되어 온 폭력 감소 현상이다. 만일 폭력의 역사적 궤적이 각각의 차원마다 독특하다면, 나는 각각의 현상을 별개의 책으로 써야 했으리라. 그러나 내가 거듭 놀란 바, 폭력의 세계적 추세는 거의 모든 차원에서 현재로 올수록 하강하는 곡선을 그렸다. 따라서 우리는 여러 폭력의 경향성을 한 권의 책으로 기록해야 하고, 나아가 시기, 방식, 이유 면에서 이들의 공통점을 찾아보아야 한다.

이토록 많은 종류의 폭력들이 한 방향으로 움직였다는 것은 우연의 일치로 보기 어렵다. 이 현상은 설명을 요구한다. 나는 이 점을 여러분에게 납득시킬 수 있기를 바란다. 흔히 폭력의 역사를 도덕적 무용담으로 — 악에 맞선 정의의 영웅적 사투로 — 이야기하지만, 나는 그러지 않을 것이다. 내 접근법은 현상의 원인에 대한 설명을 찾는다는 점에서 넓은 의미로 과학적이다. 어떤 경우에는 도덕 운동가들의 노력을 평화 진작의 원인으로 볼 수 있겠지만, 어떤 경우에는 기술, 통치, 상업, 지식 면에서의 변화처럼 더 평범한 설명이 있을지도 모른다. 우리는 또 인류를 완벽한 최종적 평화로 이끌어 가는 불굴의 발전적 힘이 폭력 감소를 가져왔다고 보아서는 안 된다. 이 현상은 여러 시대 여러 인간 집단의 행동에서 드러난 통계적 경향성을 취합한 것일 뿐이므로, 우리는 이것을 심리와 역사로써 설명해야 한다. 인간의 마음이 그동안 변화하는 환경을 어떻게 다루어 왔는가 하는 문제로 이해해야 하는 것이다.

나는 책의 상당 부분을 할애하여 폭력과 비폭력의 심리를 살펴볼 것이다. 내가 끌어들일 이른바 마음의 이론은 인지 과학, 감정 신경 과학과 인지 신경 과학, 사회 심리학과 진화 심리학, 그리고 내가 『마음은 어떻게 작동하는가』, 『빈 서판』, 『생각거리』에서 탐구했던 인간 본성의 과학을 종합한 내용이다. 이 이론에 따르면, 마음이란 뇌에 갖춰진 인지적, 감정적 능력들로 구성된 복잡한 체계이다. 그리고 그 뇌의 기본 설계는 진화 과정에서 만들어졌다. 이런 능력들 중 일부는 우리를 갖가지 폭력으로 이끌지만, 또 다른 능력들은 — 에이브러햄 링컨의 말을 빌리면 '우리 본성의 선한 천사' — 협동과 평화로 이끈다. 따라서 과거의 문화적, 물질적 환경 변화들 중 무엇이 온화한 동기를 우세하게 만들었는지 알아내는 것이 곧 폭력 감소를 설명하는 길이다.

마지막으로, 나는 인류 역사가 인간 심리와 어떻게 맞물렸는지 보여주어야 한다. 세상만사는 모두 연결되어 있다. 폭력은 특히 그렇다. 시공을 불문하고 늘 더 평화로운 사회일수록 더 부유하고, 건강하고, 교양 있고, 건전하게 통치되고, 여성을 존중하고, 통상에 적극 나서는 경향이 있다. 이런 다행스런 특징 중 무엇이 선순환을 개시한 요인이고 무엇이 그에 편승한 요인인지 가려 말하기는 쉽지 않다. 성에 차지는 않지만 순환 논리로 만족하고픈 유혹도 든다. 이를테면 폭력의 감소는 덜 폭력적인 문화가 등장했기 때문이라고 설명하는 것이다. 사회 과학자들은 '내생적' 변수와 — 체계 내에 있는 것으로서, 설명하고자 하는 바로 그 현상의 영향을 받을지도 모르는 요소 — '외생적' 변수를 — 체계 밖의 힘에 의해 작동되는 요소 — 구별한다. 외생적 힘은 기술, 인구 구성, 상업과 통치 메커니즘의 변화와 같은 현실 영역에서 비롯한다. 그러나 새로운 발상이 싹트고 유포되어 독자적인 생명을 지니는 경우처럼, 때로는 지적 영역에서 비롯하기도 한다. 역사적 변화를 가장 만족스럽게 설명하는 길은 외생적 유발 기제를 찾아내는 것이다. 데이터가 허락하는 한, 나는 그런 외생적 힘을 찾아내려 노력할 것이다. 어떤 외생적 힘들이 인간의 정신 능력을 다양한 시기에 다양한 방식으로 끌어들임으로써 결국 폭력을 감소시켰다고 볼 만한지를 규명할 것이다.

이런 문제들을 제대로 논의하려니 책이 두꺼워졌다. 워낙 두꺼우므로, 주된 결론들을 미리 알려드려도 이야기에 훼방이 되지 않을 것이다. 이 책 『우리 본성의 선한 천사』는 여섯 가지 경향성, 다섯 가지 내면의 악마, 네 가지 선한 천사, 다섯 가지 역사적 힘에 관한 이야기이다.

여섯 가지 경향성(2장에서 7장까지) 우리 종이 폭력에서 멀어진 것은 많은 변화가 모여 이루어진 현상이다. 나는 여기에 일관성을 부여하기 위해서 여섯 가지 굵직한 경향성으로 묶어 보았다.

첫 번째 변화는 수천 년의 규모로 벌어졌다. 인류 진화 역사에서 대부분을 차지했던 무정부적 수렵, 채집, 원예 농업(horticulture) 사회들이 약 5000년 전부터 도시와 정부를 갖춘 최초의 농업 문명으로 전이한 사건이다. 이와 더불어 과거 자연 상태의 삶을 특징지었던 만성적 습격(raid)과 혈수(feud)가 줄었고, 폭력적 사망의 비율이 5분의 1로 줄었다. 나는 이런 평화의 부여를 평화화 과정(Pacification Process)이라고 부르겠다.

두 번째 변화는 500여 년에 걸친 과정으로, 유럽에서 제일 잘 기록되었다. 중세 후기부터 20세기까지 유럽 국가들의 살인율은 과거의 10분의 1에서 50분의 1 사이로 낮아졌다. 사회학자 노르베르트 엘리아스는 고전 『문명화 과정』에서 이 놀라운 감소는 조각조각 나뉘었던 봉건 영토들이 중앙 권력과 상업 하부 구조를 갖춘 큰 왕국으로 통합되었기 때문이라고 주장했다. 나는 엘리아스에게 동의하는 의미에서 이 경향성을 문명화 과정(Civilizing Process)이라고 부르겠다.

세 번째 변화는 수백 년의 규모로 펼쳐졌고, 17세기와 18세기 이성의 시대 및 유럽 계몽 시대에 시작되었다(고대 그리스 시대와 르네상스 시대, 그리고 세계 다른 지역에서 비슷한 선례들이 있기는 했다.). 전제 정치, 노예제, 결투, 사법적 고문, 미신적 살해, 가학적 처벌, 동물에 대한 잔학 행위처럼 사회적으로 용인된 폭력을 철폐하려는 조직적 움직임이 이때 처음 등장했고, 체계적인 평화주의도 이때 처음 움텄다. 역사학자들은 이 변화를 인도주의 혁명(Humanitarian Revolution)이라고 부르곤 한다.

네 번째 주요한 변화는 제2차 세계 대전이 끝난 뒤에 벌어졌다. 이후 50~60년 동안 인류는 역사상 유례없는 발전을 목격했다. 강대국들과 대부분의 선진국들이 서로 전쟁을 벌이지 않았던 것이다. 역사학자들은 이 축복 받은 정세를 긴 평화(Long Peace)라고 부른다.[2)]

다섯 번째 경향성도 전투에 관한 것이지만, 좀 더 작은 차원이다. 오늘날 뉴스 독자들은 믿기 어렵겠지만, 냉전이 끝난 1989년 이래 모든 종류의 조직적 충돌이 — 내전, 집단 살해, 독재 정부의 억압, 테러 — 세계적으로 감소했다. 나는 이 다행스러운 변화의 임시성을 인식하는 의미에서 이것을 새로운 평화(New Peace)라고 부르겠다.

마지막으로, 1948년 세계 인권 선언 발기로 상징되는 전후 시대에는 더 작은 규모의 공격성, 이를테면 소수 집단, 여성, 아이, 동성애자, 동물에 대한 폭력을 반대하는 목소리가 커졌다. 1950년대 말부터 현재까지 사람들은 일련의 운동들을 통해서 인권 개념으로부터 파생된 이런 권리를 — 시민권, 여성권, 아동권, 동성애자 권리, 동물권 — 옹호해 왔다. 나는 이것을 권리 혁명(Rights Revolutions)이라고 부르겠다.

다섯 가지 내면의 악마(8장) 이른바 폭력의 내적 압력 이론을 암묵적으로 믿는 사람이 많다. 인간의 내면에는 공격성을 지향하는 추동이 있고(죽음의 본능 혹은 피에 대한 갈증), 그것은 마음속에 차곡차곡 쌓이기 때문에 간간이 방출해 주어야만 한다는 것이다. 그러나 현대 과학이 밝혀낸 폭력의 심리는 이와는 딴판이다. 공격성은 단일한 동기가 아니고, 하물며 점증하는 욕구는 더 아니다. 공격성은 환경적 유발 기제, 내부적 논리, 신경 생물학적 바탕, 사회적 분포가 서로 다른 여러 심리 체계들의 결과물이다. 나는 8장에서 그중 다섯 종류를 설명하겠다. **포식적**(predatory) 혹은 **도구적**(instrumental) **폭력**은 단순히 목적에 대한 실용적 수단으로서 동원된 폭력이다. **우세**(dominance) **경쟁**은 권위, 위세, 명예, 힘의 욕구로서, 개인 간의 마초적 허세로 드러날 수도 있고 인종, 민족, 종교, 국가 집단 간의 패권 경쟁으로 나타날 수도 있다. **복수심**(revenge)은 보복, 처벌, 정의를 지향하는 도덕주의적 욕구를 부채질한다. **가학성**(sadism)은 타인의 괴로움에서 즐거움을 얻는 것이다. 마지막으로 **이데올로기**(ideology)는 공유된 신념 체계를 말한다. 보통 유토피아적 전망을 품고 있고, 무제한의 행복(선)을 추구하기 위해서 무제한의 폭력을 정당화한다.

네 가지 선한 천사(9장) 인간은 선천적으로 선하지는 않지만(선천적으로 악하지 않은 것과 마찬가지다.), 폭력으로부터 멀어져 협동과 이타성을 추구하도록 이끄는 동기들을 갖고 태어난다. **감정 이입**(empathy)은 (특히 공감적 염려라는 의미에서) 우리로 하여금 남들의 고통을 느끼게 하고, 그들의 이해와 우리의 이해를 연결 짓도록 만든다. **자기 통제**(self-control)는 충동적 행동의 결과를 예상하게 하고, 그에 따라 적절히 절제하도록 만든다. **도덕 감각**(moral sense)은 같은 문화 속 구성원들의 상호 작용을 다스리는 일군의 규범과 터부(금기)를 규정하는데, 그래서 폭력이 줄 때도 있지만 오히려 늘 때도 있다(부족적, 권위적, 청교도적 규범일 때). **이성**(reason)의 능력은 우리로 하여금 자신만의 편협한 관점에서 벗어나게 하고, 자신이 살아가는 방식을 반성하게 하며, 더 나아질 방법을 찾게 한다. 그리고 본성의 다른 선한 천사들을 활용할 때 길잡이가 되어 준다. 나는 9장의 한 절에서 호모 사피엔스의 최근 역사가 말 그대로 덜 폭력적인 방향으로 진화했을 가능성, 즉 게놈의 변화라는 생물학적 의미에서 실제로 진화했을 가능성을 살펴볼 것이다. 하지만 이 책의 초점은 어디까지나 환경 변화에 맞춰져 있음을 명심하자. 이 책은 과거의 환경 변화들이 인간의 고정된 본성을 어떤 방식으로 다양하게 이용했는지를 살펴보고자 한다.

다섯 가지 역사적 힘(10장) 마지막 10장에서는 어떤 외생적 힘들이 인간 내면의 온화한 동기들을 선호함으로써 폭력을 다각적으로 감소시켜 왔는지 살펴보겠다. 이것은 심리학과 역사를 합치는 작업이다. **리바이어던**(Leviathan), 즉 힘의 적법한 사용을 독점하는 국가와 사법 제도는 착취적 공격의 유혹을 줄이고, 복수의 충동을 억제한다. 또한 리바이어던은 각자 자기야말로 천사의 편이라고 믿는 이해관계자들의 자기 위주 편향을 피할 수 있다. **상업**(commerce)은 모두가 이길 수 있는 포지티브섬 게임이다. 우리가 기술 발전 덕분에 더 많은 교역 상대와 더 멀리까지 물건과 생각을 교환하게 되면, 상대가 죽었을 때보다 살았을 때 내게 더 가치 있는 존재가 된다. 따라서 타인을 악마화하거나 비인간화할 가능성이 낮아진다. **여성화**(feminization)는 여성의 이해와 가치를 좀 더 존중하는 방향으로 문화가 변한 것을 말한다. 폭력은 대체로 남성의 오락이다. 따라서 여성에게 힘을 실어 주는 문화는 폭력의 미화에서 쉽게 벗어나며, 사회에 뿌리내리지 못한 젊은 남성들의 위험한 하위문화를 덜 양성한다. **세계주의**(cosmopolitanism)의 세력들, 가령 문해 능력, 이동성, 매스미디어는 우리로 하여금 나와는 다른 사람들의 시점을 취해 보게끔 하고, 그런 사람들까지도 공감의 대상으로 아우르도록 공감의 범위를 넓힌다. 마지막으로 인간사에 지식과 합리성을 더 많이 적용하는 능력은 — **이성의 에스컬레이터**(escalator of reason) — 폭력의 순환이 헛되다는 것을 깨닫게 하고, 자신의 이해를 타인의 이해에 앞세우는 행위를 줄이고, 폭력의 개념을 재구성함으로써 폭력을 경쟁에서 승리해야 할 행위라기보다는 해소해야 할 숙제로 보게 한다.

폭력의 감소를 인식하면, 그때부터는 세상이 다르게 보인다. 과거는 덜 순수해 보이고, 현재는 덜 사악해 보인다. 공원에서 뛰노는 다인종 가족, 대통령을 농담거리로 삼는 코미디언, 위기를 전쟁으로 확대시키는 대신 가만히 물러나는 국가들. 이처럼, 우리 선조에게는 낙원처럼 보일지도 모르는 작은 공존의 축복들을 음미하게 된다. 이것을 그저 순응이라고만 볼 수는 없다. 우리가 오늘날 이런 평화를 누리는 까닭은 옛 세대들이 당대의 폭력에 진저리치면서 그것을 줄이려고 노력했기 때문이다. 우리도 우리 시대에 남은 폭력을 줄이도록 노력해야 한다. 그런데 폭력의 역사적 감소를 깨우치는 것이야말로 그 노력의 가치를 굳게 확신시키는 요소가 아니겠는가? 인간에 대한 인간의 잔인함은 오래전부터 도덕적 설교의 소재였다. 그런데 이제 무언가가 그 잔인함을 감소시켰다는 사실을 깨달았으니, 우리는 그것을 인과의 문제로 다뤄도 좋을 것이다. '왜 세상에는 전쟁이 있을까?'라고 묻는 대신, '왜 세상에는 평화가 있을까?'라고 물어도 좋을 것이다. 우리가 잘못한 일에만 집착하는 대신, 잘한 일을 생각해 봐도 좋을 것이다. 우리가 실제로 무언가를 잘해왔기 때문이다. 그것이 무엇인지를 정확하게 알면 좋지 않겠는가.

많은 사람이 내게 어쩌다 폭력을 분석하게 되었느냐고 물었다. 영문모를 일은 아니다. 인간 본성을 연구하는 사람이라면 누구나 폭력에 관심을 두기 마련이니까. 나는 마틴 데일리와 마고 윌슨이 쓴 진화 심리학의 고전 『살인』에서 폭력 감소 현상을 처음 접했다. 그들은 그 책에서 비국가 사회들의 높은 폭력적 사망률과 중세에서 현재까지의 살인율 감소를 분석했다. 나는 전작들에서 그런 하향세를 언급했고, 더불어 서구에서 노예제, 전제 정치, 잔인한 처벌 등의 폐지와 같은 인도적 발전이 이루어졌음을 언급했다. 또, 도덕적 진보는 마음에 대한 생물학적 접근법과 공존할 수 있거니와 인간 본성의 어두운 면에 대한 인식과도 충분히 양립할 수 있다고 주장했다.[3] 나는 온라인 포럼 에지(www.edge.org)의 연례 질문에 대답하는 글에서 이런 내용을 재차 이야기했는데, 문제의 2007년 질문은 "당신은 무엇을 낙관합니까?"였다. 내 단상이 발표되자, 역사 범죄학과 국제 관계를 연구하는 학자들이 산더미처럼 의견을 보내왔다. 덕분에 나는 폭력의 역사적 감소에 대한 증거가 예상보다 훨씬 광범위하다는 것을 알게 되었다.[4] 그 학자들의 데이터 덕분에, 나는 지금까지 많이 이야기되지도 알려지지도 않은 이야기가 있다는 사실을 확신했다.

제일 먼저 고마운 분은 그 학자들이다. 아자르 가트, 조슈아 골드스타인, 마누엘 아이스너, 앤드루 맥, 존 뮬러, 존 카터 우드. 책을 쓰면서 피터 브렉케, 타라 쿠퍼, 잭 레비, 제임스 페인, 랜돌프 로스와 의견을 나눈 것도 도움이 되었다. 이 너그러운 연구자들은 생각과 글과 데이터를 나눠 주었고, 내가 전공 분야와 거리가 먼 영역을 헤쳐 나가도록 친절하게 안내해 주었다.

데이비드 버스, 마틴 데일리, 레베카 뉴버거 골드스타인, 데이비드 헤이그, 제임스 페인, 로슬린 핑커, 제니퍼 쉬히스케핑턴, 폴리 위스너는 초고를 대부분 혹은 전부 읽고서 값을 매길 수 없이 유용한 조언과 비판을 주었다. 피터 브렉케, 대니얼 치롯, 앨런 피스케, 조너선 갓셜, A. C. 그레일링, 니얼 퍼거슨, 그레이엄 개러드, 조슈아 골드스타인, 잭 호번 대령, 스티븐 르블랑, 잭 레비, 앤드루 맥, 존 뮬러, 찰스 세이프, 짐 시다니우스, 마이클 스패것, 리처드 랭엄, 존 카터 우드는 특정 장에 관해 귀중한 의견을 주었다.

그 밖에도 많은 이들이 내 질문에 즉각 설명을 제공하거나 의견을 주었고, 그 내용은 책에 포함되었다. 존 아처, 스콧 애트런, 대니얼 뱃슨, 도널드 브라운, 라르스에리크 세데르만, 크리스토퍼 차브리스, 그레고리 코크런, 레다 코스미데스, 토베 달, 로이드 데모스, 제인 에스버그, 앨런 피스케, 댄 가드너, 핀하스 골드슈미트, 키스 고든 사령관, 리드 헤이스티, 브라이언 헤이스, 주디스 리치 해리스, 해럴드 헤어초크, 파비오 이드로보, 톰 존스, 마리아 코니코바, 로버트 커즈번, 게리 라프리, 톰 레러, 마이클 메이시, 스티븐 말비, 메건 마셜, 마이클 머컬러, 네이선 미어볼드, 마크 뉴먼, 바버라 오클리, 로버트 핑커, 수전 핑커, 지아드 오버마이어, 데이비드 피차로, 타지 라이, 데이비드 로페이크, 브루스 러셋, 스콧 세이건, 네드 사힌, 오브리 쉐이햄, 프랜시스 X. 셴, 조지프 슈스코 중령, 리처드 스웨더, 토머스 소웰, 호바르 스트란, 일라베닐 수비아, 레베카 서덜랜드, 필립 테틀록, 안드레아스 포뢰 톨레프센, 제임스 터커, 슈타판 울프슈트란트, 제프리 와투물, 로버트 휘스턴, 매슈 화이트, 마이클 비젠펠트 소령, 데이비드 울프에게 감사한다.

하버드 대학교의 많은 동료와 학생은 너그러이 전문 지식을 제공해 주었다. 마자린 바나지, 로버트 단턴, 앨런 더쇼위츠, 제임스 엥겔, 낸시 에트콥, 드루 파우스트, 벤저민 프리드먼, 대니얼 길버트, 에드워드 글레이저, 오마르 술탄 하케, 마크 하우저, 제임스 리, 베이 머컬러, 리처드 맥널리, 마이클 미첸마허, 올랜도 패터슨, 레아 프라이스, 데이비드 랜드, 로버트 샘프슨, 스티브 샤벨, 로런스 서머스, 카일 토머스, 저스틴 빈센트, 펠릭스 바르네켄, 대니얼 웨그너에게 감사한다.

책에 실린 데이터를 함께 가공해 준 연구자들에게 특별한 감사를 전한다. 브라이언 앳우드는 정확하고 신중하고 예리하게 수많은 통계를 분석하고 데이터베이스를 검색해 주었다. 윌리엄 코왈스키는 여론 조사의 세계에서 유용한 발견을 잔뜩 건져 주었다. 장바티스트 미셸은 북웜 프로그램, 구글 엔그램 뷰어, 구글 북스 자료집 개발을 도왔으며, 전쟁 규모의 분포에 대한 훌륭한 모형을 개발해 주었다. 베넷 헤이즐턴은 폭력의 역사에 대한 사람들의 인식에 관해서 유익한 연구를 수행해 주었다. 에스터 스나이더는 그래프 작성과 문헌 검색을 거들었다. 일라베닐 수비아는 깔끔한 그래프와 지도를 그려 주었고, 오래전부터 내게 아시아의 문화와 역사에 관하여 귀중한 통찰을 제공했다.

출판 에이전트 존 브록만은 이 책의 씨앗이 된 질문을 던진 사람일뿐더러, 초고를 읽고서 유용한 조언을 주었다. 펭귄 출판사의 담당 편집자 웬디 울프는 초고를 꼼꼼히 분석함으로써 최종 원고의 형태를 잡는 데 큰 도움을 주었다. 두 사람과 펭귄 UK의 윌 굿래드는 작업의 매 단계마다 변함없이 출간을 지지해 주었다. 대단히 감사한다.

가족의 사랑과 격려에도 진심 어린 감사를 전한다. 해리, 로슬린, 수전, 마틴, 로버트, 크리스에게. 특히 고마운 사람은 아내 레베카 뉴버거 골드스타인이다. 아내는 책의 내용과 스타일을 개선해 주었으려니와 이 책의 가치를 확신함으로써 격려해 주었다. 아내는 내 세계관의 형성에 누구보다도 기여한 사람이다. 나는 또한 이 책을 조카들과 의붓딸들에게 바친다. 그들이 앞으로도 계속 폭력이 감소하는 세상을 누리기를 바라며.

1장

낯선 나라

과거는 낯선 나라다. 그곳에서는 사람들이 다르게 산다.

—L. P. 하틀리

과거가 낯선 나라라면, 충격적이리만치 폭력적인 나라인 셈이다. 우리는 과거의 삶이 얼마나 위험했는지를, 과거의 일상에 잔학성이 얼마나 깊숙이 구석구석 엮여 있었는지를 곧잘 잊는다. 문화의 기억은 과거를 평화롭게 미화하여, 피투성이였던 원래 모습이 탈색되어 창백해진 기념품만을 우리에게 남긴다. 요즘 십자가 액세서리를 찬 여성은 그 고문 도구가 고대에 흔한 처형 수단이었다는 사실을 좀처럼 떠올리지 않는다. 요즘 사람들은 '매 맞아 주는 아이(whipping boy)'라는 표현을 쓰면서도, 행실 나쁜 왕자 대신 죄 없는 아이가 매를 맞았던 옛 관행을 좀처럼 생각해 보지 않는다. 우리는 선조들의 지독한 생활양식을 증명하는 신호들에 둘러싸여 있으면서도 그것을 거의 인식하지 못한다. 여행이 우리의 정신을 넓히는 것처럼, 우리의 문화적 유산을 있는 그대로 둘러보는 것은 옛 사람들이 지금과는 전혀 다르게 살았다는 사실을 일깨워 준다.

9/11 테러, 이라크 전쟁, 다르푸르 분쟁으로 시작된 21세기인 만큼, 우리가 대단히 평화로운 시절을 살고 있다는 주장은 망상과 헛소리의 중간쯤으로 들릴지도 모른다. 내가 무수한 대화와 여론 조사 데이터를 통해서 확인한 바, 대부분의 사람들은 이 말을 믿지 않는다.[1] 그래서 나는 다음 장부터 구체적인 연대와 데이터를 동원하여 주장을 전개할 것이다. 그러나 그에 앞서 여러분의 불신을 누그러뜨리려는 의도에서, 과거의 실체를 보여 주는 몇 가지 사실을 여러분에게 상기시키고 싶다. 어쩌면 여러분이 다 아는 이야기일지도 모른다. 이것은 단순히 설득을 연습하는 단계만은 아니다. 과학자들은 가끔 정상성 점검(sanity check)을 통해 자신의 결론을 검사하곤 한다. 현실 세계의 현상들에서 표본을 추출함으로써 혹 자신이 기법상의 흠을 간과하지는 않았는지, 터무니없는 결론으로 빗나가지는 않았는지 확인해 보는 것이다. 내가 지금 1장에서 소개할 소품 같은 사례들은 뒤에 따라올 데이터에 대한 정상성 점검인 셈이다.

지금부터 여러분은 기원전 8000년부터 기원후 1970년대까지의 과거라는 낯선 나라를 여행할 것이다. 이것은 우리가 이미 그 폭력성을 추념하고 있는 전쟁이나 잔학 행위 등 거대한 사건들을 둘러보는 여행이 아니다. 이것은 너무나 친숙하게 느껴져서 오히려 기만적인 역사적 경계표들의 이면을 들춰 봄으로써 그 뒤에 숨은 악랄함을 상기하는 여행이다. 물론 과거는 하나의 나라가 아니다. 무척이나 다양한 문화와 관습을 보여 주는 여러 나라들이다. 그들의 공통점은 이른바 옛것의 충격이다. 과거에는 폭력이 늘 배경처럼 드리워져 있었다는 점, 그리고 옛 사람들은 21세기 서구인의 감수성에서는 화들짝 놀랄 수밖에 없는 방식으로 그것을 견디고 받아들였다는 점이다.

선사 시대

1991년, 티롤 알프스를 걷던 두 등산객이 녹아내리는 빙하에서 툭 튀어나온 시체 한 구를 발견했다. 구조대원들은 스키 사고자일 것이라고 생각하며 시체를 눈에서 파냈다. 그 과정에서 남자의 허벅지와 등짐이 조금 훼손되었다. 나중에 고고학자가 남자의 짐 중에서 신석기 양식의 동 도끼를 지목한 뒤에야, 사람들은 그의 나이가 5000살임을 깨달았다.[2)]

아이스맨 외치라고 불리는 그 남자는 이제 유명 인사다. 그는《타임》의 표지에 등장했고, 많은 책과 다큐멘터리와 기사의 소재가 되었다. 멜 브룩스의 영화「2000살 먹은 남자」("나는 자식이 4만 2000명이 넘는데 한 녀석도 찾아오지 않는군.") 이래 수천 살 먹은 인간들 중에서 외치만큼 우리에게 과거에 대해 많은 정보를 준 사람은 없었다. 외치는 인류의 선사 시대에서도 결정적인 전환기에 살았다. 농업이 수렵 채집을 대체하기 시작하고, 돌이 아니라 금속으로 도구를 만들기 시작한 시기였다. 외치는 도끼와 등짐 외에도 깃털 달린 화살이 든 화살통, 나무 손잡이 단도, 나무껍질로 감싼 잿불을 지니고 있었다. 마지막 물건은 정교한 점화 도구의 일부였을 것이다. 그는 가죽 턱끈이 달린 곰 가죽 모자를 썼고, 동물 가죽을 재단해 만든 레깅스를 입었고, 가죽과 삼끈으로 만들고 풀을 엮어 보온성을 더한 방수 설상화를 신었다. 관절 부위에는 침술의 증거일지도 모르는 문신들이 있었다. 그는 약용 버섯도 지니고 있었다.

아이스맨이 발견되고 10년이 흐른 뒤, 방사선 전문가팀이 충격적인 발견을 했다. 외치의 어깨에 화살촉이 박혀 있었던 것이다. 원래 과학자들은 그가 크레바스에 떨어져 얼어 죽었다고 추측했지만, 그게 아니었다. 그는 살해되었다. 시체를 조사한 신석기 전문 과학 수사대는 범죄 개요를 밝혀냈다. 외치의 손에는 채 낫지 않은 열상이 있었고, 머리와 가슴에는 흉터가 있었다. DNA 분석에 따르면 화살촉 중 하나에는 외치가 아닌 다른 두 사람의 피가 묻어 있었고, 단도에는 또 다른 사람의 피가 묻어 있었으며, 망토에도 또 다른 사람의 피가 묻어 있었다. 과학자들의 시나리오는 이렇다. 외치는 습격대의 일원으로서 이웃 부족과 충돌했다. 그는 화살로 적을 한 명 죽였고, 그것을 뽑아 또 다른 사람을 죽인 뒤, 다시 화살을 뽑았다. 그러고는 다친 동료를 등에 업고 가다가 공격을 받았다. 그 공격은 잘 넘겼으나, 결국에는 날아온 화살에 맞아 쓰러졌다.

20세기 말에는 외치 말고도 다른 수천 살 먹은 이들이 등장하여 과학계의 유명 인사가 되었다. 1996년, 워싱턴 주 케너윅에서 수상 비행기 경주를 구경하던 사람들이 컬럼비아 강둑에 튀어나온 뼈를 발견했다. 고고학자들이 거둬들인 유해는 9400년 전에 살았던 남자의 것이었다.[3] 이른바 케너윅맨은 곧 법적, 과학적 분쟁 대상이 되었고, 언론은 대대적으로 사건을 보도했다. 여러 아메리카 원주민 부족이 유해에 대한 후견권과 자신들의 전통에 따라 매장할 권리를 주장하며 다퉜던 것이다. 그러나 연방 법원은 9000년 동안 단절 없이 존재한 문화는 없다고 지적하면서 모두의 주장을 기각했다. 과학 조사가 재개되었고, 인류학자들은 케너윅맨이 현재의 아메리카 원주민과는 해부학적으로 전혀 다르다는 흥미로운 사실을 알아냈다. 개중 한 보고서는 그가 유럽인을 닮았다고 주장했고, 다른 보고서는 일본 원주민인 아이누 족과 비슷하다고 주장했다. 어느 쪽이든 그것은 아메리카 대륙에 여러 인구 집단들이 독립적으로 이주해 왔음을 암시하는 증거였다. 아메리카 원주민이 시베리아에서 건너온 단일 집단의 후손이라는 기존 DNA 증거와는 상충했다.

이런 이유들 때문에, 케너윅맨은 과학에 호기심이 있는 사람들에게는 사뭇 흥미로운 대상이었다. 그런데 흥미로운 점이 한 가지 더 있었다. 케너윅맨의 골반에는 돌로 된 발사 물체가 박혀 있었다. 뼈가 부분적으로 나은 것을 보면 그가 그 상처로 죽은 것은 아니었다. 하지만 케너윅맨이 무기에 맞았다는 법의학적 증거임에는 분명했다.

외치와 케너윅맨 외에도 자신의 죽음에 대한 섬뜩한 정보를 제공해준 선사 시대 유명 유해는 또 있다. 가령 대영 박물관 관람객들을 매료시키는 린도맨이 있다. 린도맨은 거의 완벽하게 보존된 2000년 전 시체로, 1984년에 영국의 이탄지에서 발견되었다.[4] 그의 후손 중 얼마나 많은 수가 그를 찾아왔는지는 알 수 없지만, 그가 어떻게 죽었는지는 알 수 있다. 그는 둔기로 두개골이 부서졌고, 동아줄에 졸려 목뼈가 부러졌고, 그걸로도 모자랐던지 흉기에 목이 잘렸다. 린도맨은 드루이드(고대 켈트 족의 성직 계급 — 옮긴이)였을지도 모른다. 세 신을 만족시키기 위해서 세 가지 방식으로 희생된 제물이었을지도 모른다. 이 밖에 북유럽 습지에서 발견된 다른 남녀 시체들에도 목 졸리고, 둔기에 맞고, 칼에 찔리고, 고문 당한 흔적이 있다.

나는 이 책의 자료 조사를 하던 한 달 동안에도 놀랍게 잘 보존된 유해에 대한 이야기를 두 개나 더 읽었다. 하나는 영국 북부의 진흙 구덩이에서 발굴된 2000년 된 두개골이었다. 두개골을 청소하던 고고학자는 속에서 뭔가 움직이는 것을 느꼈다. 바닥의 구멍으로 들여다보니, 뭔가 노란 물질이 들어 있었다. 뇌가 보존되었던 것이다. 이 유골에서도 주목할 만한 속성은 놀라운 보존 상태만이 아니었다. 그 두개골은 몸에서 인위적으로 절단된 것이었다. 고고학자는 그가 인신공양의 희생자일 거라고 짐작했다.[5] 또 다른 사례는 독일에서 발견된 남성, 여성, 두 소년의 유해가 묻힌 4600년 전 무덤이다. DNA 분석 결과, 그들은 한 가족이었다. 과학계에 알려진 가장 오래된 핵가족인 셈이다. 네 사람은 동시에 묻혔는데, 그 때문에 고고학자들은 그들이 습격을 받아 사망했다고 추측한다.[6]

대체 고대인들에게는 무슨 문제가 있었기에, 폭행의 흔적이 없는 흥미로운 시신을 한 구도 남기지 않았을까? 몇몇 사례는 화석 생성론(오랜 시간에 걸쳐 시체가 보존되는 과정에 대한 이론)으로 쉽게 설명될지도 모른다. 어쩌면 기원후에 접어들던 그 시기에는 오직 인신공양 제물만이 늪지에 버려져 후세까지 보전되었을지도 모른다. 하지만 실제 시체를 보면, 그들이 살해되었기 때문에 보존되었다고 볼 만한 근거는 없었다. 고대 시신들이 어떻게 죽었고 어떻게 오늘날까지 전해졌는지를 알아낸 법의학 연구 결과는 뒤에서 더 살펴보겠다. 지금은 이렇게만 알아 두자. 우리가 선사 시대 유해에서 받는 확실한 인상은, 과거란 인간이 상해를 입기 쉬운 곳이었다는 점이다.

호메로스 시대 그리스

우리가 선사 시대의 폭력에 대해 아는 내용은 시체가 우연히 방부 처리되거나 화석화한 요행에 의존한다. 따라서 몹시 불충분하다. 그러나 문자 언어가 퍼지면서부터는 고대인이 자신들의 행동거지에 대한 정보를 우리에게 더 많이 남겨 주었다.

호메로스의 『일리아드』와 『오디세이』는 서양 문학 최초의 걸작으로 간주되며, 여러 교양 안내서에서 첫 손가락에 꼽힌다. 이야기의 배경은 기원전 1200년경 트로이 전쟁 시절이지만 글이 씌어진 것은 훨씬 뒤인 기원전 800~650년 사이였고, 바로 이 시기 지중해 동부 부족 사회들과 군장 사회(핑커는 고대 사회 발달 단계의 구분으로 흔히 쓰이는 band, tribe, chiefdom, state를 자주 언급하는데, 각각 군 사회, 부족 사회, 군장 사회, 국가로 옮겼다. — 옮긴이)들의 생활상을 반영한다고 여겨진다.[7)]

상대의 군대만이 아니라 사회 전체를 표적으로 삼는 총력전은 현대에 발명되었다고 말하는 사람들이 있다. 민족 국가, 보편주의(universalist) 이데올로기, 원격 살해 기술이 등장함으로써 총력전이 생겨났다는 것이다. 그러나 만일 호메로스의 묘사가 정확하다면(고고학, 민족지학, 역사적 사실과는 실제로 합치한다.), 고대 그리스의 전쟁은 현대의 어떤 전쟁 못지않게 총력전이었다. 아가멤논은 메넬라오스 왕에게 전쟁 계획을 이렇게 설명한다.

> 메넬라오스, 내 유약한 형제여, 너는 어찌하여 저들을 이토록 염려하는가? 트로이 사람들이 너의 집에서 그토록 착한 짓을 했던가? 아니지. 저들 중 아무도 살려 두어서는 안 된다. 어미의 뱃속에 든 아이조차도. 그런 아이까지도 살려 두어서는 안 된다. 저들을 완전히 이곳에서 없애 버려라. 죽은 자들을 생각하며 눈물지을 사람 하나 남지 않게 하라.[8)]

인문학자 조너선 갓셜은 『트로이의 강간』에서 고대 그리스의 전쟁이 어땠는지를 다음과 같이 설명했다.

> 그들은 흘수가 얕은 쾌속선을 저어 해변에 내린 뒤, 이웃 마을 사람들이 방어를 도우러 오기 전에 해안 마을을 약탈했다. 남자는 보통 다 죽였고, 가축과 이동 가능한 재물은 약탈했고, 여자는 데려가서 승리자들에게 성적, 육체적 노역을 바치게 했다. 호메로스 시대의 남자들은 늘 느닷없고 폭력적인

죽음의 가능성을 품고 살았고, 여자들은 남편과 아이에 대한 걱정을, 그리고 강간과 예속의 삶을 예고하는 적의 돛이 언제라도 수평선에 나타날 가능성을 품고 살았다.[9)]

요즘 사람들은 20세기의 전쟁들이 유례없이 파괴적이었다고도 자주 말한다. 기관총, 대포, 폭격기, 기타 원격 무기들 때문에 병사들이 대면 전투에서 느끼는 자연적 거부감으로부터 벗어났고, 그래서 얼굴 모를 적들을 무자비하게 대량으로 죽일 수 있었다는 것이다. 이런 생각은 손에 쥐는 무기가 최첨단 전투 기술보다 덜 치명적이라는 논리에 따른다. 그러나 호메로스는 당시의 전사들이 얼마나 대대적인 파괴력을 발휘할 수 있었는지를 생생하게 묘사해 두었다. 갓셜은 상상력을 발휘하여 이런 장면을 그려 보았다.

> 서늘한 청동으로 놀랍도록 쉽게 갈라진 인체에서 내용물이 찐득한 격류가 되어 흘러나온다. 파르르 떨리는 창끝에 꿰어 뇌의 일부가 비어지고, 젊은이들은 제 내장을 절박하게 손으로 받치며, 얻어맞거나 도려져 두개골에서 떨어져 나온 눈알들은 아무것도 보지 못하는 주제에 흙바닥에서 껌벅거린다. 날카롭고 뾰족한 무기는 젊은 육체에 새로운 입구와 출구를 낸다. 이마 정중앙에, 관자놀이에, 두 눈 사이에, 목덜미에. 입이나 뺨을 깨끗하게 뚫고서 반대쪽으로 나온다. 옆구리, 가랑이, 엉덩이, 손, 배꼽, 등, 배, 젖꼭지, 가슴, 코, 귀, 턱을 뚫는다. …… 창, 파이크, 화살, 칼, 단도, 돌멩이가 피와 살의 맛을 갈구한다. 피가 뿜어져 나와 허공에 흩뿌려진다. 뼛조각이 날아다닌다. 막 잘려 나간 뼈끝에서 골수가 넘쳐 오른다. ……
>
> 전투가 끝난 뒤, 죽었거나 불구가 된 육체들의 수많은 상처에서 피가 흘러나와 흙을 진흙으로 바꾸고, 벌판의 잡초를 살찌운다. 무거운 전차, 뾰족한 발

굽의 종마, 샌들을 신은 병사들의 발에 밟혀 땅속으로 다져진 육신들은 이미 형체를 알 수 없다. 갑옷과 무기가 벌판에 나뒹군다. 여기저기 널린 시체들이 썩고 물러져, 개와 벌레와 파리와 새의 배를 불린다.[10]

21세기의 전쟁에서 여성들이 강간을 당한 것은 사실이지만, 강간은 이미 오래전부터 극악한 전쟁 범죄로 여겨지고 있었다. 그래서 대부분의 군대는 그것을 방지하려고 애썼고, 그렇지 않더라도 적어도 그런 짓을 부인하거나 감추려고 했다. 반면에 『일리아드』의 영웅들에게는 여성의 육체가 정당한 전리품이었다. 여성은 자신들이 멋대로 즐기고, 독점하고, 처분할 존재였다. 메넬라오스가 트로이 전쟁을 일으킨 것은 아내 헬레네가 납치되었기 때문이다. 아가멤논은 성 노예를 제 아비에게 돌려보내기를 거부함으로써 그리스인들에게 재앙을 가져오고, 기껏 성질을 죽인 뒤에도 아킬레우스가 전리품으로 얻은 여성을 갈취하며, 나중에 아킬레우스에게 28명의 다른 여자들로 보상한다. 한편 아킬레우스는 자신의 경력을 다음과 같이 간결하게 설명했다. "나는 숱한 불면의 밤과 유혈의 낮을 전장에서 보내며, 남자들과 싸워 그들의 여자를 빼앗았다."[11] 오디세우스는 20년의 방랑 끝에 아내에게 돌아온 뒤, 그동안 그가 죽은 줄 알고서 그녀에게 구애했던 남자들을 다 죽인다. 첩들이 다른 남자들과 사귄 사실을 알고는 아들을 시켜서 첩들도 다 죽인다.

이 학살과 강간의 이야기는 현대 전쟁의 기준으로 보더라도 심란하다. 호메로스와 그의 주인공들도 전쟁의 황폐함을 개탄하기는 했지만, 그들은 그것을 벗어날 길 없는 삶의 조건으로 받아들였다. 마치 날씨처럼, 누구나 입에 올리지만 누구도 어떻게 할 수 없는 것이라고 생각했다. 오디세우스는 말했다. "제우스는 [우리] 인간에게 고통스런 전쟁 속에서 인생을 살아갈 운명을 부여했다. 젊을 때부터 죽을 때까지, 한 사람도 빠놓지 않고 우리 모두에게." 무기와 전략을 만들 때는 그토록 비상했던 인간의 창의력도 전쟁의 세속적 원인을 밝히는 데는 소득이 없었다. 사람들은 전쟁의 환난을 인간이 풀어야 할 인간적 문제로 인식하는 대신, 성마른 신들이라는 환상을 꾸며내어 자신들의 비극을 신들의 질투와 어리석음 탓으로 돌렸다.

히브리 성경

호메로스와 마찬가지로, 히브리 성경(구약성서)은 배경이 기원전 2000년대 말이지만 씌어진 것은 그보다 500여 년 뒤였다.[12] 그러나 호메로스의 작품과는 달리, 성경은 요즘도 수억 명의 사람들에게 숭앙 받는다. 그들은 성경을 도덕적 가치의 근원으로 여긴다. 성경은 세계 제일의 베스트셀러다. 3000개 언어로 번역되었고, 전 세계 호텔들의 협탁에 놓여 있다. 정통파 유대인은 기도용 숄 끝으로 성경에 입을 맞추고, 미국 법정의 증인은 성경에 손을 얹고 맹세한다. 심지어 대통령도 성경에 손을 올린 채 취임 선서를 한다. 이렇게 숭앙 받는 존재이지만, 성경은 사실 기나긴 폭력의 찬미나 다름없다.

태초에 하느님은 하늘과 땅을 창조했다. 땅의 흙을 빚어서 남자를 만들었고, 그의 콧구멍에 생명의 숨을 불어넣었다. 그러자 남자는 살아 있는 영혼이 되었다. 하느님은 그 아담의 갈비뼈를 하나 취하여 여자를 만들어 주었다. 아담은 여자를 이브라고 불렀다. 그녀가 모든 살아 있는 것들의 어머니이기 때문이다. 아담은 이브를 아내로 맞았고, 이브는 임신하여 카인을 낳았다. 그리고 또 임신하여 카인의 남동생 아벨을 낳았다. 그런데 카인은 동생 아벨과 밭에서 대화를 나누던 중 사건을 저지르고 말았다. 성이 나서 그만 동생을 죽인 것이다. 당시 전 세계 인구가 정확히 네 명이었으니, 살인율은 25퍼센트였다. 오늘날 서구의 살인율보다 1000배가량 높은 수치다.

인간 남녀의 수가 불어나자, 하느님은 금세 그들에게 죄가 있다고 결정하고 그에 대한 적절한 처벌은 집단 살해라고 정했다(코미디언 빌 코스비는 이런 농담을 했다. 노아의 이웃이 노아에게 방주를 짓는 이유에 대한 단서를 달라고 사정하자, 노아는 이렇게 답했다. "당신은 물 위를 얼마나 오래 걸을 수 있소?"). 홍수가 가라앉은 뒤에 하느님은 노아에게 도덕적 교훈을 내린다. 그것은 곧 피의 복수의 규약이다. "다른 사람의 피를 흘리면 그 사람도 피를 흘릴 것이니."

성경의 그 다음 주인공은 유대인, 기독교인, 이슬람인의 영적 선조인 아브라함이다. 아브라함에게는 소돔에 사는 조카 롯이 있었다. 그곳 주민들이 항문 성교와 그에 필적하는 여러 죄를 짓기에, 하느님은 신성한 소이탄 공격을 퍼부어 남자, 여자, 아이를 모조리 죽였다. 롯의 아내는 불타는 지옥을 뒤돌아보는 죄를 저지른 대가로 역시 죽었다.

하느님은 아브라함에게 도덕성을 확인하는 시험을 내린다. 아들 이삭을 산꼭대기로 데려가 결박한 뒤 목을 갈라 죽이고 시신을 태워 신에게 바치라고 명령했다. 그러나 마지막 순간에 천사가 아브라함의 손을 붙잡음으로써 이삭은 가까스로 목숨을 건진다. 이후 수천 년 동안 성경의 독자들은 신이 그토록 끔찍한 시험을 부과한 이유를 알지 못해 고민했다. 일각에서는 아브라함이 시험을 통과했기 때문이 아니라 실패했기 때문에 신이 막판에 개입했다고 해석하지만, 이것은 시대착오적인 해석이다. 당시에는 생명 공경이 아니라 신의 권위에 대한 복종이 제일가는 덕목이었기 때문이다.

이삭의 아들 야곱에게는 디나라는 딸이 있었다. 디나는 납치와 강간을 당한다. 당시에는 그것이 일반적인 구애 방법이었던 게 분명하다. 강간자의 가족이 그녀의 가족에게 그녀를 강간자의 아내로 사들이겠다고 제안했으니까. 디나의 남자 형제들은 한 가지 중요한 도덕률 때문에 거래가 어렵다고 말한다. 강간자가 할례를 받지 않은 게 문제라는 것이다. 그들은 도로 제안한다. 강간자가 사는 마을의 모든 남자들이 포피를 자르면, 디나는 그들의 것이 되리라. 그래서 남자들이 모두 음경에서 피를 흘리느라 무력해진 동안, 디나의 형제들은 그곳을 침입하여 강탈과 파괴를 저지르고, 남자들을 학살하고, 여자들과 아이들을 빼앗아 온다. 혹시 이웃 부족들이 복수하러 오면 어쩌느냐고 야곱이 걱정하자, 아들들은 그런 위험을 감수할 가치가 있었다고 설명한다. "우리 누이가 창녀 취급을 받아서야 쓰겠습니까?"[13] 하지만 직후에 그들은 동생 요셉을 노예로 팔아 버림으로써 가족적 가치에 대한 나름의 헌신을 재차 천명한다.

야곱의 후손인 이스라엘 사람들은 이집트로 들어가서 살았다. 파라오는 그들의 인구가 늘어나는 것이 싫었다. 그래서 그들을 노예로 삼고는, 그들에게서 남자아이가 태어나면 출생 직후 죄다 죽이라고 명령했다. 그 대량 영아 살해에서 용케 살아남은 모세는 후에 파라오에게 도전하여 제 동포를 풀어 달라고 요구했다. 하느님은 전능하시므로 이때 파라오의 마음을 녹일 수도 있었겠지만, 그러긴커녕 오히려 더 딱딱하게 만들었다. 그러고는 그것을 구실로 삼아, 모든 이집트인에게 고통스런 종기를 비롯한 갖가지 괴로움을 안기고는 급기야 **이집트인에게서** 태어나는 장남을 죄다 죽이기로 했다(**유월절**(Passover)이라는 단어는 이때 사형 집행 천사가 이스라엘인에게서 장남이 태어난 집은 건너뛰었던 데서 왔다.). 하느님은 곧이어 또 다른 학살을 집행했다. 이스라엘인을 쫓아 홍해를 지나가던 이집트 군대를 몽땅 익사시킨 것이다.

탈출한 이스라엘인은 시나이 산에 모여서 십계명을 들었다. 십계명은 성상을 조각하거나 가축을 탐내는 것을 금지하되 노예, 강간, 고문, 신체 절단, 이웃 부족 집단 살해를 허락하는 도덕률이다. 그런데 모세가 하느님으로부터 신성 모독, 동성애, 간통, 부모에 대한 말대꾸, 안식일에 노동하는 것 등을 사형으로 다스리는 확장된 규율을 받아서 돌아오기를 기다리는 동안, 이스라엘인은 지루해졌다. 그들은 시간을 때울 요량으로 송아지 조각상을 숭배했다. 여러분도 짐작하다시피, 그에 대한 처벌은 죽음이었다. 모세와 형 아론은 하느님의 명령을 받들어 동포 3000명을 죽였다.

다음으로 하느님은 「레위기」의 일곱 장에 걸쳐서, 이스라엘인에게 앞으로 자신에게 끊임없이 바쳐야 할 제물의 도축 방법을 가르쳤다. 아론과 두 아들은 최초의 예배를 바칠 장막을 마련했다. 그런데 아들들이 실수로 잘못된 향을 사용하자, 하느님은 그들을 태워 죽였다.

이후 이스라엘인은 약속의 땅을 향해 나아가던 도중, 미디안 족을 만났다. 이스라엘인은 하느님의 명령을 받들어 모든 미디안 족 남자들을 베었고, 도시를 불태웠고, 가축을 강탈했고, 여자와 아이를 포로로 잡았다. 그리고 모세에게 돌아왔더니, 모세는 여자들을 살려 주었다며 도리어 화를 냈다. 몇몇 여자들이 이스라엘인을 꾀어서 다른 신을 숭배하게 만들었던 것이다. 모세는 병사들에게 집단 살해를 마무리하라고 명령하고, 그 보상으로 과년한 성노예들을 마음껏 강간하라고 말했다. "그러니 이제 아이들 중에서 남자는 다 죽여라. 남자와 잠자리를 하여 사내를 아는 여자도 모두 죽여라. 다만 남자와 잠자리를 하지 않아 사내를 모르는 여자아이들은 너희를 위해 살려 두어라."[14]

「신명기」 20장과 21장에서, 하느님은 이스라엘인에게 그들을 지배자로 받아들이지 않는 도시에 대한 포괄적 대처법을 가르친다. 남자는 모두 칼로 치고, 가축과 여자와 아이는 모두 납치하라는 것이다. 그렇게 하여 아름다운 새 포로를 얻은 남자에게는 문제가 하나 있다. 남자가 방금 그녀의 부모 형제를 살해한 마당이니 그녀가 사랑을 나눌 기분이 아니라는 점이다. 하느님은 이 성가신 문제마저 미리 내다보고 해법을 제공한다. 여자의 머리카락을 밀고, 손톱을 바짝 깎고, 한 달 동안 가두어, 눈이 빠지도록 울게 내버려 두라는 것이다. 그 뒤에 범하면 된다.

이름을 구체적으로 나열한 다른 부족들(히타이트, 아모리, 가나안, 브리스, 히위, 여부스 족)에 대해서는 집단 살해가 철저해야 한다고 명했다. "숨 쉬는 것은 하나도 살려 두어서는 안 된다. 모조리 전멸시켜야 한다. …… 주 하느님이 명하신 대로."[15)]

여호수아는 가나안 족을 침입하여 도시 예리코를 약탈할 때 이 지령을 철저히 받들었다. 성벽이 무너져 내린 뒤, 여호수아의 군사들은 "남자와 여자, 어른과 아이, 소와 양과 나귀 할 것 없이 성읍 안에 있는 모든 것을 칼로 쳐서 죽였다."[16)] 여호수아는 나중에 더 많은 지역을 초토화한다. "산악 지대, 남쪽, 계곡, 비탈 지대, 그곳의 모든 왕들을 쳐서 생존자를 하나도 남기지 않았다. 이스라엘의 주 하느님께서 명령하신 대로 숨 쉬는 모든 것을 죽여 바쳤다."[17)]

이스라엘인의 역사에서 다음 단계는 판관들, 즉 족장들의 시대였다. 그들 중 제일 유명한 삼손은 자신의 결혼식 도중에 손님 30명의 목숨을 빼앗은 짓으로 명성을 쌓았다. 내기 빚을 갚는 데 그들의 옷이 필요하다는 이유였다. 후에 삼손은 아내와 장인의 죽음을 복수하기 위해서 블레셋 사람 1000명을 살육하고 작물에 불을 질렀다. 용케 잡히지 않고 도망쳐서는 나귀의 아래턱뼈를 휘둘러서 또 1000명을 죽였다. 끝내는 붙잡혀서 눈이 멀었지만, 하느님이 그에게 9/11 자살 공격에 맞먹는 괴력을 주셨기 때문에 그는 커다란 건물을 안에서 무너뜨림으로써 그 속에서 예배를 보던 남녀 3000명을 깔아 죽였다.

이스라엘의 첫 왕 사울이 작은 왕국을 세우자 이스라엘인은 오래된 원한을 갚을 기회를 얻었다. 수백 년 전에 이스라엘인이 이집트에서 도망쳐 나올 때, 아말렉 족이 그들을 괴롭혔다. 그때 하느님은 이스라엘인에게 "아말렉의 이름까지 지워 버리라."고 명했다. 판관 사무엘은 사울을 왕으로 임명하면서 하느님의 칙령을 상기시킨다. "너는 이제 가서 아말렉을 사정없이 치고, 그들에게 딸린 것을 모두 없애 버려라. 남자와 여자, 아이와 젖먹이, 소와 양, 낙타와 나귀까지 모두 죽여라."[18] 사울은 명령을 받들지만, 사무엘은 사울이 아말렉 왕 아각을 살려 준 것을 알고는 격분한다. 그래서 사무엘은 "주님 앞에서 아각을 난도질했다."

사울은 결국 사위 다윗에게 왕위를 빼앗긴다. 다윗은 남부의 유다 족을 흡수하고 예루살렘을 점령하여 그곳을 향후 400년 동안 이어질 왕국의 수도로 삼는다. 다윗은 이야기와 노래와 조각상으로 널리 칭송되는 왕이 되었고, 귀퉁이가 여섯 개인 다윗의 별은 이후 3000년 동안 그의 백성을 상징하게 되었다. 기독교인도 다윗을 예수의 선구자로 공경하게 되었다.

그러나 히브리 성경에서 다윗은 하프를 연주하고 시편을 작곡하는 잘생긴 시인, "이스라엘의 달콤한 음유 시인"으로만 묘사되지 않았다. 다윗은 처음에 골리앗을 죽여 이름을 알렸고, 이후 게릴라 일당을 모집하여 무력으로 동포들의 재물을 강탈했다. 용병으로 블레셋 사람들과 싸우기도 했다. 사울은 다윗의 이런 업적을 질투했다. 궁정의 여인들은 "사울은 수천을 치고, 다윗은 수만을 쳤다네!"라고 노래했다. 사울은 다윗 암살 계획을 세웠지만,[19] 다윗은 가까스로 죽음을 모면하고 쿠데타를 일으켜 성공했다.

다윗은 수만 명을 죽여 얻었던 귀한 명성을 즉위한 뒤에도 유지했다. 장군 요압이 "암몬의 자식들이 다스리는 나라를 초토화"하자, 다윗은 "그곳 사람들을 모조리 데려와 톱으로, 써레로, 도끼로 썰어" 죽인다.[20] 그런 그도 끝내는 하느님이 비도덕적이라고 판단한 짓을 저지른다. 감히 인구 조사를 명령했던 것이다. 하느님은 다윗의 실수를 벌하기 위해서 백성 7만 명을 죽였다.

왕족 내부에서는 섹스와 폭력이 늘 함께했다. 어느 날 다윗은 왕궁 지붕을 산책하다가 밧세바라는 여인의 나체를 훔쳐보았다. 그녀가 마음에 들었기에, 그는 여자의 남편을 전쟁터로 보내 죽게 만든 뒤 그녀를 후궁으로 삼았다. 이후 다윗의 자식 중 하나는 제 형제를 강간했고, 다른 형제의 손에 죽었다. 그 복수자 압살롬은 군사를 규합하고 아비의 첩 10명과 동침함으로써 다윗의 왕위를 찬탈하려 했다(언제나 그렇듯이, 이번에도 이 사태에 대한 첩들의 생각은 알려지지 않았다.). 압살롬은 다윗의 군대를 피해 달아나다가 나뭇가지에 머리카락이 걸렸고, 다윗의 장군은 압살롬의 심장에 세 개의 창을 꽂아 넣었다. 가족의 분란은 이것으로 끝나지 않았다. 밧세바는 노쇠한 다윗을 속여 두 사람의 아들 솔로몬을 후계자로 축복하게끔 만들었다. 연장자인 적자 아도니야가 항의했으나, 솔로몬의 손에 죽었다.

솔로몬은 선왕들보다는 살인을 덜 저질렀다고 한다. 대신에 예루살렘 신전을 건축하고 「잠언」, 「전도서」, 「아가」를 쓴 왕으로 기억된다(700명의 비와 300명의 첩이 있는 하렘을 거느렸다니, 온종일 글만 쓰지는 않았으리라.). 무엇보다도 그는 제 이름이 붙은 '솔로몬의 지혜'라는 덕목으로 기억된다. 한 방을 쓰던 두 창녀가 며칠 간격으로 출산했다. 한 아기는 죽었고, 두 여자는 모두 살아남은 아기가 제 아기라고 우겼다. 현명한 왕은 칼을 뽑았다. 아기를 도살하여 피투성이 시체의 절반을 각자에게 주겠다고 위협했다. 그러자 한 여자가 주장을 철회했고, 왕은 그녀에게 아기를 주었다. "왕이 이런 판결을 내렸다는 소식을 온 이스라엘이 듣고, 그들은 왕에게 하느님의 지혜가 있어 공정한 판결을 내린다는 것을 알고는 그를 두려워했다."[21)]

이 재미난 이야기는 먼 과거의 일이기 때문에, 우리는 그 배후의 세상이 얼마나 잔인했던지를 곧잘 잊는다. 상상해 보라. 오늘날 가정법원 판사가 모권 분쟁에 대한 판결을 내린답시고 사슬톱을 꺼내는 광경을. 분쟁자들의 눈앞에서 아기를 도살하겠다고 으르는 광경을. 솔로몬은 두 여자 중 더 인간적인 쪽이 품성을 드러내리라고 믿었고(그녀가 정말로 엄마인지 아닌지는 밝혀지지 않는다.), 그렇지 않은 쪽은 앙심에 찬 나머지 눈앞에서 아기가 죽도록 내버려 두리라고 믿었다. 그가 옳았다! 하지만 만일 솔로몬의 짐작이 틀렸다면, 그는 단호히 도살을 실시했을 것이다. 아니면 신용을 잃을 테니까. 여자들은 여자들대로, 자신들의 현명한 왕이 끔찍한 살인을 저지르고도 남을 사람임을 믿어 의심치 않았으리라.

성경에 묘사된 세상은 현대인의 눈으로 보면 혼비백산할 만큼 야만스럽다. 사람들은 친족을 노예로 부리고, 겁탈하고, 죽였다. 군사 지도자들은 아이를 포함해 민간인을 무차별적으로 죽였다. 여자들은 성 노리개처럼 거래되거나 강탈되었다. 야훼는 사소한 불복종을 구실로, 혹은 아무런 이유가 없는데도 수십만 명을 고문하고 학살했다. 이런 잔학 행위는 일회성이거나 눈에 띄지 않는 사건이 아니었다. 구약의 모든 주인공들이 이런 사건들에 연루되었다. 요즘 주일 학교 아이들이 크레용으로 그리는 그 인물들이. 아담과 이브로부터 노아, 족장들, 모세, 여호수아, 판관들, 사울, 다윗, 솔로몬을 거쳐 수천 년 동안 이어지는 계보가 다 그랬다. 성서학자 라이문트 슈바거에 따르면, 히브리 성경에는 "나라, 왕, 개인이 공격, 파괴, 살상을 저질렀다고 명시적으로 이야기된 대목이 600군데가 넘는다……. 야훼가 직접 폭력적 처벌을 집행하는 대목이 1000군데쯤 있고, 신이 인간 처벌자의 칼 앞에 범죄자를 세우는 대목도 수없이 많고, 그 밖에도 야훼가 명시적으로 살인 명령을 내리는 대목이 100군데가 넘는다."[22] 잔학 행위 전문가를 자처하는 매슈 화이트는 역사상

주요한 전쟁, 대량 학살, 집단 살해의 사망자 수를 집계하는 데이터베이스를 관리하고 있다. 그에 따르면, 성경에 구체적으로 피해자 수가 밝혀진 대량 살인의 사망자 수는 약 1200만 명이다(「역대기」 하편 13장에서 묘사된 유다와 이스라엘의 전쟁 사망자 50만 명은 제외했다고 한다. 그 정도의 사상자 규모는 역사적으로 불가능하기 때문이다.). 여기에 노아의 홍수로 인한 희생자를 더하면 총합에서 약 2000만 명이 늘어날 것이다.[23]

좋은 소식은, 당연히 이 사건들이 대부분 실제로 벌어지지 않았다는 점이다. 야훼가 온 지구를 범람시키고 도시를 소각시켰다는 증거가 없을뿐더러, 족장들, 엑소더스, 정복, 유대 왕국 등도 거의 틀림없이 픽션이다. 역사학자들은 이집트의 문헌에서 100만 명의 노예가 떠났다는 기록을 찾지 못했다(그런 일이 이집트인의 눈을 벗어나 벌어졌을 리는 없다.). 고고학자들은 예리코나 근처 도시의 잔해에서 기원전 1200년경 약탈이 벌어졌던 흔적을 찾지 못했다. 기원전 1000년으로 접어들던 무렵에 정말로 유프라테스 강에서 홍해까지 뻗은 다윗의 왕국이 있었더라도, 그렇다면 당시 다른 누구도 그것을 목격하지 못했던 모양이다.[24]

현대 성서학자들은 성경이 위키(wiki)와 같은 것이라고 결론 내렸다. 성경은 서로 다른 문체, 방언, 인명을 썼던 여러 작가들의 기록을 500여 년에 걸쳐 수집해 편집한 것이고 그 편집마저 엉망이라 모순, 중복, 쓸데없는 일화 등이 고스란히 남았다고.

히브리 성경에서 제일 오래된 부분은 기원전 10세기에 대한 이야기일 것이다. 거기에는 근동 지역 부족들의 기원 신화와 몰락의 전설, 이웃 문명에서 차용한 법규들이 담겨 있다. 가나안 남동부 외곽에서 가축을 치거나 산지 농사를 지었던 철기 시대 부족들은 변경의 정의를 지키는 규범으로서 그 텍스트를 사용했을 것이다. 그 부족들은 차츰 저지대와 도시로 옮겨 갔고, 이따금 약탈을 했고, 도시도 한두 개쯤 파괴했다. 그래서 결국 모든 가나안 사람들이 그들의 신화를 받아들였다. 사람들은 그것을 하나의 공통 계보, 하나의 영광스러운 역사, 동포가 외지로 빠져나가는 것을 막기 위한 터부, 내부 다툼을 막기 위한 암암리의 강제성과 통합했을 것이다. 역사적 내러티브가 연속적으로 갖춰진 최초의 원고는 기원전 7세기 말~6세기 중반 무렵에 완성되었다. 바빌론 사람들이 유다 왕국을 정복하여 주민들을 내쫓은 시점이었다. 그리고 편집이 최종적으로 마무리된 것은 그들이 다시 유다로 돌아온 직후인 기원전 5세기였다.

구약의 역사 기록은 픽션이지만(아무리 잘 봐주어도 셰익스피어의 사극과 같은 예술적 재구성일 뿐이다.), 기원전 500년경 근동 문명의 삶과 가치를 보여 주는 자료임에는 분명하다. 이스라엘인이 실제로 집단 살해를 자행했든 아니든, 그들이 그것을 좋은 생각으로 여긴 것만은 확실하다. 누구의 머리에도 여자는 당연히 강간을 원하지 않고 성적 소유물로 거래되기를 원하지 않는다는 생각은 없었던 듯하다. 성경 작가들은 눈을 멀게 하고 돌로 치고 가리가리 찢어 죽이는 잔인한 처벌이나 노예제를 그릇된 일로 보지 않았다. 당시에는 관습과 권위에 대한 무조건적 복종에 비하면 사람의 목숨 따위는 중요한 가치가 아니었다.

내가 히브리 성경의 내용을 문자 그대로 검토한 이유가 오늘날 성경을 공경하는 수십 억 인구를 비난하기 위해서일까? 그렇게 생각한다면 오산이다. 말할 필요도 없는 노릇이지만, 오늘날 유대교와 기독교 신자의 압도적 다수는 뼛속까지 점잖은 사람들이다. 집단 살해, 강간, 노예제, 하물며 하찮은 위반 때문에 사람을 돌로 쳐 죽이는 일 따위는 결코 용인하지 않을 것이다. 성경에 대한 공경은 순전히 부적 같은 의미이다. 근래 수천 수백 년 동안 사람들은 히브리 성경을 달리 해석하거나, 우화로 간주하거나, 덜 폭력적인 다른 텍스트로 교체했다(유대인은 탈무드로, 기독교인은 신약 성서로). 혹은 그저 무시했다. 바로 **그 점**이 핵심이다. 폭력에 대한 대중의 감수성이 워낙 크게 변했기 때문에, 요즘은 신앙인들조차도 성경에 대한 태도를 구획화(compartmentalize)하게 된 것이다. 신자들은 말로는 성경을 도덕률의 상징으로 인정하지만, 실생활에서는 더 현대적인 다른 원칙들로부터 도덕률을 얻는다.

로마 제국과 초기 기독교계

기독교인들은 구약의 노기등등한 신성을 버려두고, 새로운 신의 개념을 선호한다. 신약(기독교 성경)에서 그 아들 예수, 즉 평화의 왕자로 예시되는 신성이다. 숨 쉬는 것을 몽땅 죽여 버리는 신보다야 적을 사랑하고 다른 뺨까지 대 주는 신이 백 번 발전이다. 그런 예수도 회중의 충성을 얻기 위해서 폭력적 이미지를 활용하는 것까지 꺼리지는 않았다. 「마태복음」 10장 34~37절에서 예수는 이렇게 말한다.

> 내가 세상에 평화를 주러 왔다고 생각하지 마라. 나는 평화가 아니라 칼을 주러 왔다. 나는 아들이 아버지와, 딸이 어머니와, 며느리가 시어머니와 갈라서게 하려고 왔다. 원수가 집안 식구가 될 것이다. 아버지나 어머니를 나보다 더 사랑하는 사람은 나에게 합당하지 않다. 아들이나 딸을 나보다 더 사랑하는 사람도 나에게 합당하지 않다.

칼로 무엇을 하려 했는지는 명확하지 않지만, 그가 그 날로 누구를 쳤다는 증거는 없다.

하기야, 애초에 예수가 어떤 말이나 행동을 했다는 직접적 증거가 아무것도 없다.[25] 예수가 했다는 말은 그의 사후 수십 년이 지나서 씌어졌다. 기독교 성경은 히브리 성경과 마찬가지로 숱한 모순, 보강 증거가 없는 역사적 일화, 뻔한 위조로 점철되어 있다. 그러나 히브리 성경이 우리에게 기원전 500년경의 가치 체계를 엿보게 해 주는 것과 마찬가지로, 기독교 성경은 기원후 첫 200년에 대해 많은 것을 알려 준다. 당시에는 예수의 이야기가 전혀 특이하지 않았다. 수많은 이교 신화에 그런 구세주가 등장했다. 그는 신의 아들이고, 처녀가 동지에 낳았고, 황도 12궁에 해당하는 사도들에 둘러싸였고, 춘분에 희생양으로 바쳐졌고, 저승으로 갔다가 환호 속에서 부활했고, 추종자들은 구원과 불멸을 얻는 의미에서 그의 몸을 상징적으로 먹는다고 했다.[26)]

예수 이야기의 배경은 유다를 정복했던 사람들의 후예인 로마 제국이었다. 기독교의 첫 몇 백 년은 팍스 로마나(로마의 평화 시대)에 해당했지만, 이때의 평화는 상대적으로 이해되어야 한다. 당시는 가차 없는 제국 팽창의 시대였다. 로마 제국은 영국을 정복했고, 예루살렘의 제2신전을 파괴한 데 이어 유다의 유대인을 추방했다.

로마 제국의 으뜸가는 상징은 콜로세움이다. 오늘날 수백만 명의 관광객이 방문하고, 전 세계 피자 상자에 그려져 있는 그것. 한때는 그 경기장에서 슈퍼볼 관람객만 한 인파가 집단 잔인성을 드러내는 볼거리를 즐겼다. 헐벗은 여자들이 말뚝에 묶인 뒤 겁탈을 당하거나 동물에게 가리가리 찢겼다. 포로들로 구성된 군대들이 가짜 전투에서 서로 죽였다. 노예들은 신화 속 절단과 죽음의 이야기를 문자 그대로 공연했다. 이를테면 프로메테우스 역의 남자가 바위에 사슬로 묶이고, 훈련된 독수리가 그의 간을 파내는 식이었다. 검투사들은 죽음의 결투를 벌였다. 요즘 우리가 엄지를 꺾어 올리거나 내려서 의사를 표현하는 몸짓은 당시 군중이 승리한 검투사를 향해 패배자에게 최후의 일격을 날릴지 말지 말해 준 데 썼던 신호에서 유래했다고 한다. 약 50만 명의 사람들이 로마 시민들에게 현실 도피적 여흥을 제공하기 위해서 고통스럽게 죽어 갔다. 로마의 이런 웅장함을 알고 나면, 현대의 폭력적 오락이 조금은 달리 보인다(이른바 '익스트림 스포츠'나 '서든데스 연장전' 등도 그렇다.).[27]

로마식 죽음의 도구로 제일 유명한 것은 뭐니 뭐니 해도 십자가형(crucifixion)이었다. 극심한 괴로움을 뜻하는 단어 **익스크루시에이팅**(excruciating)의 어원이 이것이다. 교회 전면을 올려다 본 사람이라면, 누구든 한 번쯤은 십자가에 못 박히는 형언할 수 없는 고통을 상상해 보았을 것이다. 비위가 좋은 사람이라면, 예수 그리스도의 죽음에 대한 법의학적 연구를 읽으면서 상상을 구체화할 수도 있을 것이다. 고고학적, 역사적 자료를 바탕으로 한 그런 논문이 1986년《미국 의학 협회보》에 실린 적이 있다.[28]

로마의 십자가형은 벌거벗은 죄수에게 채찍질을 가하는 것으로 시작했다. 군인들은 뾰족한 돌멩이를 사이사이에 끼워서 땋은 짧은 가죽 채찍으로 죄수의 등, 엉덩이, 다리를 휘갈겼다. 논문 저자들에 따르면, "살갗이 찢어져 아래 골격근이 드러났을 것이고 피 흘리는 살점이 리본처럼 너덜거렸을 것이다." 다음에는 죄수의 팔에 50킬로그램쯤 되는 가로장을 묶고, 땅에 말뚝이 박혀 있는 처형장까지 그것을 운반하라고 시켰다. 그곳에서 남자에게 너덜너덜한 등을 대고 눕게 한 뒤, 손목에 못을 박아 가로장에 고정시켰다(흔한 묘사와는 달리 손바닥은 성인 남자의 몸무게를 지탱하지 못한다.). 다음으로 희생자를 말뚝에 걸어 올렸고, 발에도 못을 박아 고정했다. 발판은 보통 없었다. 남자의 몸무게가 팔을 잡아당기다 보니 갈비우리가 팽창했다. 남자는 팔을 뻗거나 다리를 못 쪽으로 더 밀어붙이지 않는 이상 숨을 뱉을 수 없었다. 남자는 짧게는 서너 시간에서 길게는 사나흘까지 그런 고난을 겪었고, 그 후에야 비로소 질식과 출혈로 인한 죽음이 찾아왔다. 처형자들은 몸무게를 받칠 발판을 주어 고문을 연장할 수도 있었고, 거꾸로 곤봉으로 다리를 부러뜨려 죽음을 재촉할 수도 있었다.

나는 인간이 하는 일이라면 뭐든 내게도 낯설지 않다고 생각하고 싶지만, 이처럼 가학적인 광란 행위를 고안한 고대인의 마음만큼은 도무지 이입할 수 없다. 내게 히틀러의 생사여탈권이 주어져 내 뜻대로 응보를 가할 수 있더라도, 이런 고문을 가한다는 생각은 전혀 떠오르지 않을 것 같다. 나는 저절로 고통에 공감하여 질겁하게 된다. 그런 잔인함을 탐닉하는 인간이 되고 싶지 않다. 세상에 그 반대급부의 이득을 가져오지 못한 채 괴로움만 더한다는 것은 쓸모없는 일로 여겨진다(향후 독재자의 등장을 저지한다는 현실적 목표 면에서도, 나는 처벌의 끔찍함을 극대화하는 것보다는 심판될 가능성을 극대화하는 편이 더 낫다고 추론할 것이다.). 하지만 과거라는 낯선 나라에서는 십자가형이 흔한 처형법이었다. 십자가형은 페르시아인들이 발명했고, 알렉산더 대왕이 유럽에 도입했으며, 지중해 제국들이 널리 사용했다. 예수는 사소한 선동죄로 사형을 선고 받고 평범한 두 도둑과 함께 십자가형에 처해졌다. 그런데 성경의 이야기가 노리는 바는 고작 좀도둑을 십자가형으로 처형한 데 대해 독자들의 분노를 끌어내려는 것이 아니고, 예수가 좀도둑과 동일한 취급을 받았다는 데 대해 분노를 끌어내려는 것이다.

과연, 예수의 십자가형은 결코 가벼이 취급되지 않았다. 십자가는 고대 세계에 널리 퍼진 기독교 운동의 상징이 되었고, 로마 제국마저도 후에 그것을 받아들였다. 십자가는 무려 2000년 뒤에도 세상에서 가장 뚜렷한 상징으로 살아남았다. 십자가는 무시무시한 죽음을 상기시킨다는 점 때문에 더욱 유력한 밈(meme, 생물학자 리처드 도킨스가 문화적 진화에서 유전자처럼 기능하는 사상의 기본 단위로서 명명한 것이다. — 옮긴이)이 되었을 것이다. 그러나 잠시 우리에게 친숙한 기독교적 관점에서 물러나, 십자가형을 기꺼이 받아들였던 당시 사람들의 사고방식을 상상해 보자. 위대한 도덕 운동들이 고문과 처형의 역겨운 수단을 표상하는 시각 기호를 자신들의 상징으로 채택하는 것은 요즘의 감수성에서는 약간 소름 끼친다고 말하고 넘어갈 일이 아니다(홀로코스트 기념관의 로고가 샤워 노즐이라면, 르완다 집단 살해의 생존자들이 마체테를 상징으로 삼는 종교를 창시한다면, 과연 어떻겠는가?). 더 중요한 점으로, 초기 기독교인은 십자가형에서 어떤 교훈을 얻었을까? 요즘 사람들이라면 그 야만성에 자극 받아 잔인한 정권에 반대하고 나설지도 모른다. 아니면, 살아 있는 존재에게 다시는 그런 고문을 가하지 말도록 요구하고 나설 것이다. 그러나 초기 기독교인이 얻은 교훈은 달랐다. 천만에. 그들에게 예수의 처형은 희소식이었다. 그것은 역사상 가장 근사한 사건에서 꼭 필요한 단계였다. 하느님은 십자가형을 허락함으로써 이 세상에 가없는 호의를 베푼 것이다. 하느님은 무한히 강력하고 자비롭고 현명한데도, 무고한 사람이 (더구나 자신의 아들이) 사지가 꿰뚫려 고통 속에 서서히 질식해 죽는 방법 외에는 인류의 죄악에 대한 처벌을 덜어 줄 방법을 떠올리지 못했다(게다가 그 하느님을 거역했던 한 쌍의 남녀로부터 대대손손 전해진 죄가 특히 문제라고 하지 않았는가.). 인간은 이 가학적 살인이 하느님의 자비로운 선물임을 깨달음으로써 영생을 얻을 수 있다. 그 논리를 파악하지 못하는 인간의 육신은 지옥불에서 영원히 탈 것이다.

이런 사고방식에 따르자면, 고문에 의한 죽음은 상상도 못할 공포가 아니다. 거기에는 밝은 면이 있다. 그것은 구원의 길이고, 하느님이 짠 계획의 일부이다. 최초의 기독교 성인들도 예수 못지않게 갖가지 희한한 고문을 당해 죽음으로써 하느님의 곁에서 쉴 자리를 얻었다. 기독교의 순교자 열전은 이후 1000년 넘게 그런 고난을 포르노 같은 분위기로 묘사해 왔다.[29)]

이름은 널리 알려졌으되 사망 원인은 널리 알려지지 않은 성인을 몇 명만 말해 보자. 예수의 사도이자 초대 교황이었던 성 베드로는 물구나

무 자세로 십자가형을 당했다. 스코틀랜드의 수호성인인 성 안드레아는 X자형 십자가에서 죽었다. 영국 국기의 대각선 줄무늬가 여기에서 유래했다. 성 라우렌시오는 석쇠에서 구워져 죽었다. 캐나다 사람들은 강, 만, 몬트리올의 두 대로(大路) 중 하나의 이름으로 그를 잘 알지만, 그런 사정은 잘 모른다. 몬트리올의 다른 대로에는 성 카타리나의 이름이 붙어 있다. 그녀는 바퀴에서 몸이 부서져 죽었다. 바퀴형은 희생자를 수레바퀴에 묶은 뒤 쇠망치로 사지를 으깨고, 산산조각이 났지만 아직 살아 있는 육체를 바퀴살 틈새로 늘어뜨린 채, 말뚝 꼭대기에 내걸어 새들이 쪼게 하는 방법이었다. 희생자는 출혈과 쇼크로 서서히 죽어 갔다(그녀의 이름을 딴 옥스퍼드 세인트캐서린 칼리지의 문장에는 못이 총총 박힌 카타리나의 바퀴가 그려져 있다.). 캘리포니아의 아름다운 도시 샌타바버라에 이름을 빌려 준 성 바르바라는 발목이 묶여 거꾸로 매달렸다. 군인들은 쇠발톱으로 그녀의 몸을 찢어발겼고, 가슴을 도려냈고, 인두로 상처를 지졌고, 못 박힌 곤봉으로 머리를 때렸다. 잉글랜드, 팔레스타인, 조지아 공화국, 십자군, 보이스카우트의 수호성인인 성 게오르기우스도 있다. 하느님이 그를 거듭 부활시켰기 때문에, 그는 무수히 많은 고문을 겪었다. 처형자들은 그의 다리에 추를 매달고는 예리한 칼날 위에 앉혔고, 화형을 시켰고, 발바닥을 꿰뚫었고, 못 박힌 바퀴로 짓눌렀고, 못 60개를 머리에 박았고, 촛불로 등의 지방을 녹였고, 그러고도 모자라 몸을 반으로 썰었다.

성인전(聖人傳)의 관음적 묘사는 고문에 대한 분노를 끌어내려는 의도가 아니라 성인들의 용기에 대한 존경을 끌어내려는 의도였다. 예수 이야기에서처럼, 고문은 잘된 일이었다. 성인들은 고난을 환영했다. 현세의 괴로움은 내세의 지복으로 보상될 테니까. 기독교 시인 프루덴티우스는 한 성인에 대해서 이렇게 썼다. "그 어머니도 참석하여 귀한 자식의 죽음이 준비되는 과정을 죄다 보았다. 그녀는 비탄한 기색을 보이기는커녕 올리브나무 장작 위에서 냄비가 쉿쉿거리면서 자식을 굽고 그슬릴 때마다 오히려 반색했다."[30] 성 라우렌시오는 코미디언들의 수호성인이 될 만하다. 석쇠에 누워서 고문자들에게 이렇게 말했다니까. "이쪽은 다 익었으니, 뒤집어서 한 입 먹어 보시오." 고문자는 조연이고 엑스트라였다. 그들이 나쁘게 그려진 것은 **우리의** 영웅을 고문했기 때문이지, 애당초 고문을 했기 때문은 아니었다.

초기 기독교인은 죄인에 대한 응보로서의 고문도 찬양했다. 교황 그레고리오 1세가 590년에 표준화했다는 일곱 대죄를 여러분도 잘 알 것이다. 그런데 그 죄를 저지른 자가 지옥에서 어떤 벌을 받는지 아는 사람은 많지 않다.

교만: 바퀴에서 몸이 부서짐.

시기: 얼음물에 담가짐.

탐식: 쥐, 두꺼비, 뱀을 억지로 먹어야 함.

정욕: 불과 유황으로 쪄짐.

분노: 산 채로 몸이 찢김.

탐욕: 기름이 끓는 가마솥에 담가짐.

나태: 뱀 구덩이에 던져짐.[31]

이 형벌들의 기간은, 물론, 영원이다.

이런 잔인함을 용인함으로써, 초기 기독교계는 향후 1000년 넘게 체계적으로 자행된 유럽 기독교의 고문에 선례를 제공했다. 여러분은 다음과 같은 표현을 아는가? **화형에 처하다, 발을 불에 대다, 나비를 바퀴로 부수다, 고통으로 몸이 뒤틀리다, 사지처참 당하다, 내장을 꺼내다, 채찍질하다, 압사시키다, 엄지를 죄다, 교수형틀, 서서히 태우다, 아이언메이든**(속이 비고 뚜껑을 여닫을 수 있으며 속에 못이 총총 박힌 사람 모양의 틀로, 나중에 어느 헤비메탈 록 밴드가 이름으로 썼다.). 그렇다면 여러분은 중세와 근대 초기에 이단자를 잔인하게 고문했던 방법에 대해서 조금이나마 아는 셈이다.

스페인 종교 재판 시기에, 교회는 유대교에서 기독교로 넘어온 개종자 수천 명의 개심이 엉터리였다고 결론 내렸다. 종교 재판관은 콘베르소(개종자)에게서 은밀한 배신의 자백을 받아 내기 위해서 그의 팔을 등 뒤에서 묶고, 손목을 걸어 몸을 들어 올린 뒤, 격렬하고 갑작스럽게 여러 차례 떨어뜨려, 힘줄이 파열되고 팔이 어깨에서 빠지도록 만들었다.[32] 산 채로 화형된 사람도 많았다. 미카엘 세르베투스는 삼위일체를 의심했다는 이유로 그런 운명을 맞았고, 조르다노 브루노는 (다른 이유도 있었지만) 지구가 태양을 돈다고 믿었다는 이유로 그랬고, 윌리엄 틴들은 성경을 영어로 번역했다는 이유로 그렇게 죽었다. 종교 재판의 희생자로 제일 유명한 갈릴레오는 용케 가벼운 처벌로 모면했다. 교회는 갈릴레오에게 고문 도구를 **보여 주기만** 했고(특히 래크[롤러가 달린 사각형 나무틀에 사람의 손목과 발목을 묶은 뒤 롤러를 돌려 몸을 잡아 늘임으로써 관절이 빠지게 만드는 고문 도구 — 옮긴이]를), '태양은 세상의 중심에 고정되어 있지만 지구는 중심이 아닌 곳에서 움직인다고 주장하고 믿었던 것'을 취소할 기회를 주었다. 오늘날 래크는 만화에 간혹 등장한다. 희생자의 팔다리가 죽죽 늘어나는 모습과 함께 말장난(스트레칭 연습이라는 둥, 고생 끝에 낙이 온다는 둥)이 곁들여지곤 한다. 그러나 과거에 래크는 결코 웃을 일이 아니었다. 갈릴레오의 동시대인이었던 스코틀랜드 여행 작가 윌리엄 리스고는 종교 재판소에서 당한 래크 고문을 이렇게 묘사했다.

> 그들이 손잡이를 앞으로 당기자, 내 두 무릎이 널빤지에 밀어붙여지는 힘 때문에 허벅지 뒤쪽 힘줄이 찢어지고 무릎 앞이 으깨졌다. 나는 절로 눈을

부라렸고, 입에 거품을 물었고, 이빨은 고수(鼓手)가 막대기로 두 번씩 두드리는 것처럼 딱딱거리기 시작했다. 입술이 떨렸고, 신음이 격렬해졌고, 팔과 끊어진 힘줄과 손과 무릎에서 피가 솟았다. 고통의 정점에서 풀려나자마자, 나는 두 손 모아 바닥에 엎디어 쉴 새 없이 읍소했다. "자백하겠습니다! 자백하겠습니다!"[33)]

개신교도들은 자주 이런 고문의 희생자였으면서도, 자신들이 우위를 점하자 대번에 열광적으로 남들에게 같은 고문을 가했다. 가령 그들은 15세기에서 18세기까지 여성 10만 명을 마녀로 몰아 화형시켰다.[34)] 잔학 행위의 역사가 흔히 그렇듯이, 후세대는 이런 공포스러운 사건을 가벼이 다루고는 한다. 오늘날의 대중문화에서 마녀는 고문과 처형의 피해자가 아니다. 브룸힐다, 마녀 헤이즐, 글린다, 사만다, 드라마 「참드」의 할리웰 자매처럼 만화나 드라마에서 장난꾸러기나 활기찬 요술쟁이로 그려진다.

기독교의 제도적 고문은 그저 무신경하게 습관이 된 행위가 아니었다. 거기에는 나름의 도덕 논리가 있었다. 예수를 구세주로 받아들이지 않는 사람은 천벌을 받는다고 정말로 믿는다면, 그런 사람을 고문하여 진리를 인정하게끔 만드는 것은 오히려 일생의 호의를 베푸는 일이다. 지금 몇 시간 고통 받는 것이 나중에 영원히 고통 받는 것보다 나으니까. 그리고 그가 남들까지 타락시키기 전에 입을 막는 것, 그를 본보기로 삼아 다른 사람들을 억제하는 것은 책임감 있는 공중 보건 조치인 셈이다. 성 아우구스티누스는 두 가지 비유로 이 점을 역설했다. 좋은 아비는 아들이 독사를 만지지 못하도록 막고, 좋은 정원사는 썩은 가지를 잘라 나무 전체를 살린다는 것이다.[35)] 그때 사용할 조치는 예수가 몸소 규정해 주었다. "내 안에 머무르지 않는 사람은 잘린 가지처럼 던져져 말라

버린다. 사람들은 그것을 모아 불에 던져 태워 버릴 것이다."[36]

이번에도 내가 굳이 이런 논의를 꺼낸 까닭은 기독교인들이 고문과 처형을 용인했던 사실을 비난하려는 것이 아니다. **말하나마나**, 오늘날의 독실한 기독교인은 대부분 뼛속까지 관용적이고 인간적이다. 텔레비전에서 불호령을 내리듯 호통치는 설교자들도 이단자를 산 채 불태우거나 유대인을 형틀에 감아올리자고 제안하지는 않는다. 그럼으로써 더 큰 행복을 가져올 수 있다고 믿으면서도 왜 그러지 않을까? 왜냐하면, 현대 서구인은 종교적 이데올로기를 마음속에서 구획화한 채 살아가기 때문이다. 신자들은 예배당에서 신앙을 맹세할 때는 2000년 동안 거의 고스란히 보존된 믿음을 지지하지만, 실제 행동에서는 비폭력과 관용이라는 현대적 규범을 존중한다. 우리는 이 자비로운 위선을 마땅히 고맙게 여겨야 한다.

중세 기사들

성인 같다는 표현에 재고의 여지가 있듯이, 기사답다는 말도 그렇다. 아서 왕 시절의 기사들과 숙녀들에 대한 전설은 서구 문화에서 최고로 낭만적인 이미지이다. 랜슬롯과 귀네비어는 낭만적 사랑의 전형이고, 갤러해드 경은 무용의 화신이다. 아서 왕 궁정의 이름인 캐멀롯은 브로드웨이 뮤지컬의 제목으로 쓰였고, 존 F. 케네디 대통령이 암살된 직후 대통령이 그 사운드트랙을 좋아했다는 이야기가 나돌았던 까닭에 케네디 집권기에 대한 향수를 뜻하는 표현이 되었다. 케네디는 "한때 그런 곳이 있었음을 잊지 말아 주오. / 짧게 빛난 한순간이었지만 캐멀롯이란 곳이 있었음을."이라는 가사를 좋아했다고 한다.

아닌 게 아니라 정말로, 기사도적인 삶은 **까맣게 잊혔다.** 그러나 그것은 기사도적인 삶의 이미지를 위해서는 차라리 잘된 일이다. 배경은 6세기이지만 11~13세기 사이에 씌어진 중세 기사 이야기의 실제 내용은 전형적인 브로드웨이 뮤지컬과는 달랐다. 중세학자 리처드 코이퍼는 기사도 문학 중에서도 유명한 13세기 작품 『랜슬롯』에서 심각한 폭력 행위가 등장하는 빈도를 세어 보았는데, 평균적으로 네 쪽마다 한 번꼴이었다.

> 정량화할 수 있는 사건으로만 국한하더라도, 적어도 여덟 명은 두개골이 갈라졌고(몇 명은 눈까지, 몇 명은 이빨까지, 몇 명은 턱까지), 승리자가 말에서 떨어진 상대를 군마의 거대한 발굽으로 고의로 짓밟은 경우가 여덟 번이고(반복적으로 짓눌러 고통에 헐떡이게 만들었다.), 다섯 명은 참수되었고, 두 명은 어깨가 완전히 베였고, 세 명은 손이 잘렸고, 다른 세 명은 팔이 다양한 길이로 잘렸고, 한 기사는 이글거리는 불에 던져졌고, 다른 두 기사는 투석기로 던져져 즉사했다. 한 여자는 기사가 동여맨 쇠줄 때문에 고통스러워했고, 다른 여자는 신의 뜻에 따라 무려 몇 년이나 끓는 물통에 들어 있었다고 하고, 또 다른 여자는 날아든 창을 가까스로 피했다. 여자들은 자주 납치되었다. 마흔 번의 겁탈을 읊는 대목도 있다…….
> 이처럼 낱낱이 헤아리기 쉬운 행동들 외에도, 사적인 전쟁이 세 번 기록되어 있다(그중 한 번은 한쪽에서는 100명이 죽었고 반대쪽에서는 500명이 죽었다.). …… 한번은 [마상 시합에서] 랜슬롯이 재미를 돋우기 위해서 첫 상대를 창으로 죽인 뒤에 칼까지 뽑아 들었다. 그것으로 "오른쪽 왼쪽을 쳐서 말과 기사를 동시에 죽였고, 손과 발을, 머리와 팔을, 어깨와 다리를 잘랐다. 위에서 덤비는 상대는 바닥으로 끌어 내렸다. 그렇게 그는 끔찍한 자취를 남기면서 나아갔다. 그가 지나간 곳마다 피가 흥건했다."[37]

기사들은 어떻게 신사답다는 평판을 얻었을까? 『랜슬롯』을 인용하자면, "랜슬롯은 자비를 구하는 기사는 결코 죽이지 않았다. 다만 사전에 죽이겠다고 맹세했던 경우나 딱히 어쩔 수 없는 경우는 예외였다."[38)]

요즘 사람들은 기사들이 숙녀를 대접했던 태도를 칭송하고는 한다. 정말로 칭송할 만했을까? 어느 기사는 공주에게 구애하면서, 자신의 능력껏 가장 아름다운 여인을 찾아내어 공주를 위해 겁탈하겠다고 맹세한다. 그의 경쟁자는 마상 시합에서 자신이 쓰러뜨린 기사들의 머리를 공주에게 보내겠다고 약속한다. 기사들이 숙녀를 보호했던 것은 사실이지만, 그것은 어디까지나 다른 기사가 그녀를 납치하는 것을 막기 위해서였다. 『랜슬롯』에 따르면, "로그레스 왕국의 관습상, 숙녀나 처자가 홀로 여행할 때는 누구도 두려워할 필요가 없다. 그러나 기사를 대동하고 여행할 때는 다른 기사가 싸움에서 이겨 그녀를 차지할 수 있다. 승자는 아무런 죄책감도 비난의 염려도 없이 숙녀나 처녀를 마음껏 취할 수 있다."[39)] 요즘 사람들이 **기사답다**는 말에서 뜻하는 바는 아마도 이런 것은 아니리라.

근대 초기 유럽

3장에서, 우리는 중앙 집권화된 왕국의 군주들이 그동안 전쟁을 일삼던 기사들을 통제함으로써 중세 유럽이 조금 안정되어 가는 과정을 살펴볼 것이다. 그런데 그 왕과 왕비들도 고결함의 귀감이라고는 말할 수 없었다.

영국의 아이들은 영국 역사상 중요한 한 사건을 외울 때 다음과 같은 노래로 기억을 돕는다.

헨리 8세에게는 아내가 여섯 명 있었지.

한 명은 죽었고, 한 명은 살았고, 두 명은 이혼했고, 두 명은 머리가 잘렸다네.

머리가 잘리다니! 1536년, 헨리 8세는 아내 앤 불린에게 날조된 간통죄와 반역죄를 씌운 뒤 목을 잘라 죽였다. 그녀가 아들을 사산했고, 자신이 그녀의 시녀에게 반했기 때문이다. 다른 아내를 두 명 더 거친 뒤에 맞은 캐서린 하워드도 간통을 의심하여 목을 베어 죽였다(요즘도 런던탑에 가면 그녀의 목이 뉘었던 도마를 볼 수 있다.). 헨리 8세는 분명 질투가 심한 타입이었다. 그는 캐서린의 옛 남자친구를 능지처참했다. 즉 목을 매달고, 숨이 붙어 있을 때 끌어 내려 내장을 꺼내고, 거세하고, 목을 자르고, 몸을 넷으로 찢었다.

왕좌는 헨리의 아들 에드워드에게 넘어갔고, 다음에는 헨리의 딸 메리에게 넘어갔고, 이어 또 다른 딸 엘리자베스에게 넘어갔다. 블러디 메리라는 별명은 엘리자베스가 보드카에 토마토 주스를 타서가 아니라 비국교도 300명을 화형시켰기 때문에 얻은 것이다. 자매는 가문의 전통으로 전해진 집안싸움 해결법을 착실히 따랐다. 메리는 엘리자베스를 투옥했고, 사촌인 레이디 제인 그레이를 처형한 뒤 왕위에 올랐다. 엘리자베스도 사촌인 스코틀랜드의 메리 여왕을 처형했다. 엘리자베스는 그 밖에도 사제 123명을 능지처참했고, 다른 정적들에게는 족쇄를 채워 뼈를 으스러뜨리는 고문을 가했다. 그 족쇄도 런던탑의 또 다른 명물이다. 요즘 영국 왕실은 거만함에서 부정한 행실에 이르기까지 갖가지 결점 때문에 비난을 받지만, 그들이 단 한 명의 친척도 참수하지 않았고 단 한 명의 경쟁자도 능지처참하지 않았다는 점만큼은 인정해 주어야 하리라.

엘리자베스 1세는 이런 고문을 승인했음에도 불구하고 영국에서 제일 존경 받는 군주로 꼽힌다. 그녀의 치세는 예술, 특히 연극이 만개했던 황금시대로 불린다. 셰익스피어의 비극에 폭력 묘사가 많다는 것은 누구나 알겠지만, 현대 대중오락으로 단련된 사람조차도 셰익스피어의 극중 세계에 담긴 엄청난 야만성에는 놀라지 않을 수 없다. 셰익스피어의 작품 속에서, 헨리 5세는 백 년 전쟁 도중에 어느 프랑스 마을을 포위하고서 다음과 같이 최후통첩을 보낸다.

> 그렇지 않으면, 너희는 삽시간에 보게 되리라.
> 앞뒤 보이지 않는 피에 굶주린 병사들이 음란한 손으로
> 비명 지르는 네 딸들의 머리채를 잡아 능욕하고,
> 네 아버지들의 은빛 수염을 잡아당겨
> 점잖은 머리통을 벽에다 쳐 박살 낼 것이고,
> 네 벌거벗은 갓난아이들을 창끝에 꿸 것이다.[40]

『리어 왕』에서, 콘월 공작은 글로스터 백작의 두 눈을 파낸다("나오너라, 더러운 젤리 같은 것!"). 공작비 리건은 한 술 더 떠, 눈구멍에서 피가 줄줄 흐르는 백작을 쫓아내라고 명령한다. "저자를 문밖에 던져 버려라. 그리고 도버까지 냄새를 풍기며 가게 내버려 두어라." 『베니스의 상인』에서, 샤일록은 보증인의 가슴에서 살점 1파운드를 도려낼 권리를 얻는다. 『타이터스 앤드러니커스』에서는 두 남자가 다른 남자를 죽이고, 그의 신부를 겁탈하고, 그녀의 혀를 자르고, 두 손을 자른다. 그러자 그녀의 아버지는 강간자들을 죽이고, 그들의 시체를 파이로 요리한 뒤, 그들의 어미에게 먹인다. 그러고도 모자라 그 어미들도 죽이고, 애초에 겁탈 당한 게 문제라며 자기 딸도 죽인다. 그런 그도 결국 살해되고, 그를 살해한 사람도 살해된다.

어린이를 위한 오락용 이야기도 섬뜩하기가 뒤지지 않았다. 1815년,

야코프 그림과 빌헬름 그림 형제는 세월이 흐르면서 차츰 아이들에게 맞게 각색되어 온 옛 민담들을 집대성했다. 그 『그림 형제 동화집』은 성경과 셰익스피어와 함께 서양 문학의 정전(正典) 중에서도 가장 많이 팔리고 가장 존경 받는 작품의 반열에 든다. 불온한 부분을 죄 삭제한 디즈니 영화로 봐서야 알 수 없겠지만, 이 동화들에는 살인, 영아 살해, 식인, 절단, 성적 학대가 넘쳐 난다. 그림 동화라는 이름이 실로 제격이다(형제의 성인 Grimm이 '음산한'을 뜻하는 영어 단어 grim과 발음이 같기에 하는 말 — 옮긴이). 유명한 계모 이야기 세 가지만 살펴보자.

• 기근이 들자, 헨젤과 그레텔의 아버지와 계모는 남매가 굶어 죽도록 숲에 버린다. 아이들은 어쩌다가 먹을 수 있는 것으로 만들어진 집을 발견하지만, 그곳에 사는 마녀에게 붙들린다. 마녀는 나중에 잡아먹을 요량으로 헨젤을 가두고 살찌운다. 다행히 그레텔이 마녀를 뜨거운 오븐에 밀어 넣는다. "몹쓸 마녀는 끔찍하게 타 죽는다."[41)]

• 신데렐라의 이복자매들은 신데렐라의 신발에 발을 넣으려고 애쓰다가, 어머니의 조언에 따라 발가락이나 뒤꿈치를 도려내어 억지로 맞춘다. 비둘기들이 그 피냄새를 맡는다. 신데렐라가 왕자와 결혼한 뒤, 비둘기들은 이복자매들의 눈을 쪼아 냄으로써 "못됐고 사악하게 굴었던 것에 대해서 남은 평생 장님이 되는" 벌을 내린다.

• 백설공주는 계모인 왕비의 질투를 일으킨다. 왕비는 사냥꾼에게 백설공주를 숲으로 데려가 죽이고는 그녀의 폐와 간을 꺼내 오라고 명령한다. 자기가 먹기 위해서다. 백설공주가 탈출하자, 왕비는 세 번 더 그녀의 목숨을 노린다. 두 번은 독으로, 한 번은 질식으로. 결국 잠자던 공주를 왕자가 깨워 내자, 왕비는 그들의 결혼식에 쳐들어간다. 하지만 "그녀가 신을 쇠신발이 석탄불 위에서 이미 뜨겁게 달궈져 있었다. …… 왕

비는 시뻘건 쇠신발을 신고서 쉼 없이 춤추다가 지쳐 쓰러져 죽었다."[42]

요즘은 어린이들에게 제공하는 오락에서 폭력을 절대로 용인하지 않는다. 머펫쇼의 초기 방영분마저 아이들에게 위험하다고 판단할 정도니까 말 다했다. 인형극 이야기가 나왔으니 말인데, 한때 유럽에서 인기 만점이었던 어린이용 오락은 이른바 펀치와 주디 인형극이었다. 노상 치고받는 한 쌍의 손가락 인형은 20세기 들어서도 한참 동안 영국 해안가 마을에 설치된 화려한 무대에서 줄거리가 뻔한 슬랩스틱을 선보였다. 문학 연구자 해럴드 셰터는 전형적인 줄거리를 이렇게 요약했다.

이야기는 펀치가 이웃의 개를 쓰다듬으려고 하면서 시작된다. 개는 괴상하리만치 큼직한 인형의 코를 콱 물어 버린다. 간신히 개를 떼어 낸 펀치는 그 주인인 스카라무슈를 불러 천박한 농담을 몇 마디 던진 뒤, 사내의 머리를 홱 쳐서 '어깨에서 깨끗이 뜯어낸다.' 다음으로 펀치는 아내 주디를 불러 키스해 달라고 한다. 주디는 남편의 얼굴을 한 대 치는 것으로 대답한다. 펀치는 애정을 쏟을 다른 대상을 찾다가, 아직 어린 아기를 데려와 어르기 시작한다. 안타깝게도 아기는 하필 그 순간에 볼일을 본다. 늘 가족을 사랑하는 가장(家長) 펀치는 아기의 머리를 무대에 쳐 대는 것으로 반응하고, 죽은 아이의 몸을 관객에게 던져 버린다. 이때 주디가 다시 등장해 사태를 알아차리고, 당연히 화를 낸다. 주디는 펀치의 손에서 작대기를 빼앗아 그를 팬다. 그는 엎치락뒤치락하다가 도로 막대기를 빼앗고, 그녀를 죽도록 두들겨 팬 뒤, 짧은 승리의 노래를 불러 젖힌다.

어떤 얼간이가 아내의 등쌀을 참는다지?
밧줄이나 칼이나

듬직한 작대기로 나처럼

스스로 자유로워질 수 있는데 말이야![43]

대체로 17세기와 18세기에 유래한 마더 구스 자장가들에도 요즘 우리가 아이에게 들려주는 이야기의 기준으로는 거슬리는 내용이 많다. 코크 로빈은 무참히 살해된다. 초라한 집에서 사는 편모는 사생아를 줄줄이 낳고는 매질하고 굶기고 학대한다. 어린 잭과 질은 자기들끼리 위험한 심부름을 하러 갔다가, 잭은 뇌가 손상되었을지도 모를 만큼 심하게 머리를 다치고 질은 상태조차 알 수 없다. 부랑자는 층계에서 노인을 밀어뜨렸다고 고백한다. 조지 포지는 미성년 소녀들을 성적으로 괴롭혀, 외상후 스트레스 장애의 증상으로 보이는 문제를 남긴다. 험프티 덤프티는 사고로 심각하게 다친다. 태만한 엄마는 아기를 혼자 나무 꼭대기에 내버려 뒀다가 끔찍한 결과를 초래한다. 검은새는 빨래를 너는 가정부를 내리 덮쳐 악독하게 코를 망가뜨린다. 눈 먼 쥐 세 마리는 조각칼에 몸이 잘린다. 그뿐이랴, 침대에서 이 자장가를 듣는 아이에게 어른어른 촛불이 다가온다! 아이의 목을 칠 도끼가 다가온다! 최근 《아동 질환 기록》에 다양한 어린이 오락 장르들의 폭력성을 측정한 논문이 실렸다. 그 글에 따르면, 텔레비전 프로그램에서는 폭력 장면이 시간당 4.8회꼴로 나오는 데 비해 자장가는 편당 52.2회였다.[44]

유럽과 초기 미국의 명예

혹시 10달러 지폐를 갖고 있는가? 그렇다면 그곳에 그려진 남자를 보면서, 잠시 그의 삶과 죽음을 생각해 보자. 알렉산더 해밀턴은 미국 역사에 남은 위인이었다. 그는 《페더랄리스트 페이퍼》의 공저자로서 민주주의의 철학적 기초를 명문화하는 데 기여했고, 초대 재무 장관으로서 현대적 시장 경제를 뒷받침하는 제도를 고안했다. 한때는 혁명전쟁에서 세 대대를 이끌었고, 제헌 회의가 열리도록 도왔으며, 미국군을 통솔했고, 뉴욕 은행을 설립했고, 뉴욕 주 의회에 몸담았고, 《뉴욕 포스트》를 창설했다.[45)]

1804년, 이 뛰어난 남자는 오늘날의 기준으로 볼 때 한심하리만치 멍청한 짓을 했다. 그는 미국 부통령 애런 버와 오래전부터 신랄한 비난을 주고받는 사이였는데, 해밀턴이 버에 대한 험담을 퍼뜨렸다는 소문에 대해서 그가 굳이 부인하지 않자 버가 결투를 신청해 왔다. 죽음과의 데이트를 꺼리게 만드는 요인이라면 여러 가지가 있겠지만, 사실 상식만으로도 충분했다.[46)] 당시는 결투 관습이 이미 한물간 시절이었고, 해밀턴이 사는 뉴욕 주에서는 아예 불법이었다. 게다가 그는 아들을 결투로 잃었고, 버의 도전에 응하는 답장에서 이 관행에 대한 다섯 가지 반대 논리를 열거하기도 했다. 그런데도 그는 결투에 응했다. 그는 "세상 사람들이 명예라고 명명하는 것" 때문에 다른 선택지가 없다고 썼다. 이튿날 아침, 그는 허드슨 강을 건너 뉴저지 주 팰리세이드로 갔다. 버는 사람을 쏜 최후의 부통령이 될 운명은 아니었지만, 미래의 딕 체니보다는 실력이 나은 사수였다. 해밀턴은 이튿날 죽었다.

미국 정치인 중에서 결투에 말려든 사람은 해밀턴만이 아니었다. 헨리 클레이도 결투를 했다. 제임스 먼로는 존 애덤스에게 결투를 신청하려 했지만 마음을 고쳐먹었다. 단지 애덤스가 당시에 대통령이라는 이유 때문이었다. 미국 지폐의 얼굴들 중에서 20달러 지폐에 그려진 앤드루 잭슨은 숱한 결투에서 썼던 총알들을 늘 지니고 다녔다. 그래서 자신이 걸을 때마다 "구슬 주머니처럼 달그락거린다."고 뻐겼다. 5달러 지폐에 그려진 위대한 해방자 에이브러햄 링컨도 결투 신청을 받아들였는데, 다만 조건을 몹시 교묘하게 설정함으로써 결투가 결코 성사될 수 없게 만들었다.

물론 공식적인 결투의 관습은 미국이 발명하지 않았다. 결투는 유럽에서 르네상스 시기에 등장한 관습으로, 귀족들과 그 수행원들 사이의 암살, 보복, 시가전을 줄이려는 조치였다. 자신의 명예가 훼손되었다고 느끼는 사람은 상대에게 공식적으로 결투를 신청할 수 있었다. 그러면 폭력이 한 명의 죽음으로 마감될 것이고, 패배한 사람의 일족이나 측근에게 악감정이 남지 않을 것이었다. 하지만 수필가 아서 크리스탈이 지적했듯이, "신사 계급은 …… 명예를 어찌나 진지하게 여겼던지 조금이라도 기분 나쁜 일이라면 거의 모두 명예 훼손으로 여겼다. 어느 영국인들은 자기네 개들이 싸운 것 때문에 결투를 했다. 어느 이탈리아 신사들은 타소와 아리오스토의 가치를 논박하다가 싸웠는데, 치명상을 입은 쪽이 사실은 자신이 옹호했던 시인을 읽지 않았다고 털어놓음으로써 논쟁이 마무리되었다. 바이런의 종조부인 5대 바이런 남작 윌리엄은 웬 남자와 서로 자기 땅에 사냥감이 더 많다고 주장하다가 상대를 죽였다."[47]

결투는 18세기에도, 19세기에도 끈질기게 이어졌다. 교회가 그 행위를 탄핵했고 많은 정부가 금지했는데도 말이다. 새뮤얼 존슨은 관습을 변호하면서 "남자라면 무릇 자기 집에 침입한 사람을 쏘듯이, 자기 인격을 침입한 사람을 쏠 수도 있는 법이다."라고 말했다. 볼테르, 나폴레옹, 웰링턴 공, 로버트 필, 톨스토이, 푸슈킨, 수학자 에바리스트 갈루아와 같은 명사들이 결투에 휘말렸다. 그중 마지막 두 명은 목숨을 잃었다. 긴장 고조, 클라이맥스, 대단원이라는 결투의 구조는 소설가에게 안성맞춤이었으므로, 월터 스콧 경, 대(大) 뒤마, 모파상, 콘래드, 톨스토이, 푸슈킨, 체호프, 토마스 만 등이 그 극적 가능성을 적극 활용했다.

결투의 성쇠는 우리가 앞으로 종종 마주칠 수수께끼 같은 현상들의 좋은 예시이다. 즉, 어떤 종류의 폭력이 수백 년 동안 인류 문명에 뿌리를 내리고 있다가 어느 순간 난데없이 사라지는 현상이다. 결투에 응했던 신사들은 돈, 땅, 여자 때문이 아니라 명예 때문에 싸웠는데, 사실 명예란 참 이상한 것이다. 명예는 모두가 남들이 그 존재를 믿는다고 믿기 때문에 존재하는 어떤 것이다. 위신을 추구하는 충동이나 규범에 대한 집착과 같은 인간 본성의 몇몇 부분이 그 거품을 부풀리지만, 유머 감각과 같은 인간 본성의 다른 부분은 그 거품을 뻥 터뜨린다.[48] 공식적인 결투 제도는 영어권에서는 19세기 중반부터, 유럽에서는 그 몇 십 년 뒤부터 사라졌다. 역사학자들은 법적 금지나 도덕적 반대보다는 조롱의 말이 제도의 쇠락에 더 기여했다고 본다. "신사가 엄숙하게 결투장으로 나서서 기껏 젊은 세대의 비웃음을 사는 형편이니, 아무리 전통으로 굳은 관습이라도 더는 버틸 수 없었다."는 것이다.[49] "열 걸음 걸어가서, 뒤로 돌아, 쏘세요."라는 표현은 요즘에는 '명예에 살고 명예에 죽는 신사'보다는 벅스 버니나 요세미티 샘 같은 만화 주인공을 떠올리게 할 뿐이다.

20세기

잊힌 폭력의 역사를 둘러보는 우리의 여행에서 드디어 현재가 시야에 들어오기 시작했다. 이제 사건들은 더 친숙하게 느껴질 것이다. 그러나 바로 지난 세기의 문화적 기억 중에서도 마치 낯선 나라에 속하는 듯 느껴지는 유물들이 있다.

군사 문화의 쇠퇴를 예로 들어 보자.[50] 유럽과 미국의 오래된 도시들에는 국가의 군사력을 과시하는 공공 기물이 도처에 있다. 길을 걷다 보면 말 탄 지휘관의 조각상, 묵직한 성기를 드러낸 그리스 전사들의 누드 조각상, 전차를 왕관처럼 얹은 개선문, 칼과 창 모양으로 세공된 철제 울타리가 눈에 들어온다. 지하철역에는 승리한 전투의 이름이 붙어 있다. 파리에는 아우스터리츠 역이 있고, 런던에는 워털루 역이 있다. 한 세기 전 사진을 보면, 화려한 군복을 입은 남자들이 국경일에 행진을 하거나 성대한 만찬에서 귀족들과 격의 없이 어울린다. 오래된 나라들의 시각적 상징에는 발사 무기, 날붙이 무기, 맹금류, 고양이과 포식 동물 등등 공격적인 도상이 가득하다. 평화주의로 유명한 매사추세츠 주조차 문장에 절단된 팔이 칼을 휘두르는 그림이 그려져 있고, 화살과 활을 들고 선 아메리카 원주민 아래로 "자유 아래, 칼로써 평화를"이라는 모토가 적혀 있다. 이에 질세라 이웃 뉴햄프셔 주의 자동차 번호판에는 "자유 아니면 죽음을"이라는 모토가 새겨져 있다.

하지만 요즘은 서구 국가들이 공공장소에 승리한 전투의 이름을 붙이지 않는다. 전쟁 기념비는 당당한 지휘관의 기마상이 아니라 흐느끼는 어머니들과 지친 병사들을 조각한 모습이다. 혹은, 모든 전사자의 이름을 줄줄이 새겨 둔다. 군인은 더 이상 눈에 띄는 공인(公人)이 아니다. 군복은 칙칙해졌고, 서민들 앞에서 별달리 위신을 세워 주지 못한다. 런던의 트라팔가 광장에는 큰 사자들과 넬슨 제독 동상 맞은편에 빈 대좌가 있는데, 최근 그곳에는 군사적 도상과는 까마득히 거리가 먼 조각상이 얹혀졌다. 선천적으로 팔다리가 없는 예술가가 자신의 임신한 모습을 새긴 누드상이었다. 제1차 세계 대전의 격전지인 벨기에 이프르는 「플랑드르 벌판에서」라는 시의 소재이자 영연방 국가들이 11월 11일에 양귀비를 다는 풍습의 기원인데, 얼마 전 그곳에 1000명의 병사들을 기리는 기념비가 세워졌다. 모두 탈영으로 총살된 이들이었다. 당시에는 조롱 받아 마땅한 겁쟁이라고 경멸된 사람들이었다. 미국에서 최근에 제정된 주 모토는 알래스카의 "미래를 향해 북쪽으로"와 하와이의 "정의가 이 땅의 생명을 이어 간다"였다(위스콘신 주가 "미국 낙농의 고장"이라는 옛 모토를 대신할 문구를 모집했을 때 "치즈 아니면 죽음을"이라는 응모작이 있긴 했지만 말이다.).

뚜렷한 평화주의는 독일에서 특히 놀랍게 느껴진다. **튜타닉**, **프러시안** 같은 단어들이 완강한 군국주의와 동의어가 되었을 만큼, 독일은 한때 군사적 가치와 깊게 얽힌 나라가 아니었던가. 1964년에도 코미디언 톰 레러는 서독이 다자간 핵 제휴에 참가할 가능성에 대한 미국인들의 우려를 냉소적인 자장가로 풍자했다.

> 옛날옛적에는 모든 독일 사람들이 전쟁을 좋아했고 다들 비열했지만,
> 그런 일은 다시는 벌어지지 않을 거란다.
> 우리가 1918년에 본때를 보여 줬거든.
> 이후로는 그 사람들이 우리를 별로 괴롭히지 않았단다.

1989년, 베를린 장벽이 무너지고 서독과 동독이 통일 계획을 세우자, 독일의 영토 회복주의(revanchism)에 대한 우려가 재발했다. 그러나 독일 문화는 지금까지도 자국이 두 세계 대전에서 수행했던 역할을 고통스럽게 성찰하고 있고, 군사력을 암시하는 것이라면 무엇에든 반감을 느끼는 분위기가 팽배하다. 폭력은 비디오 게임에서도 금기다. 파커브라더스사가 세계 지도를 정복하는 내용의 보드게임인 '리스크'를 독일에서 판매하려 했을 때, 독일 정부는 검열을 시도했다(결국 게임 규칙이 상대의 영토를 정복하기보다 '해방시키는' 것으로 다시 씌어졌다.).[51] 독일의 평화주의는 상징적인 차원만이 아니다. 2003년에 독일인 50만 명이 미국이 주도한 이라크 침공에 항의하여 행진을 벌였는데, 그에 대해 미국 국방 장관 도널드 럼즈펠드는 독일이 '구(舊) 유럽'이라서 그렇다고 말함으로써 구설에 올랐다. 끊임없이 전쟁에 시달렸던 유럽 대륙의 역사를 고려할 때, 럼즈펠드의 발

언은 셰익스피어의 작품에 클리셰가 너무 많다고 불평했다던 어느 학생의 발언 이래 역사적 건망증을 가장 노골적으로 드러낸 사례일 것이다.

우리들 대부분은 서구 사회의 감수성이 군사적 상징주의로부터 차츰 멀어진 또 다른 변화를 몸소 겪었다. 1940년대와 1950년대에 궁극의 무기인 핵폭탄이 공개되었을 때, 당시 사람들은 그다지 반감을 느끼지 않았다. 그 무기가 바로 얼마 전에 25만 명의 목숨을 앗았고 앞으로도 수억 명을 절멸시키겠다고 위협하는 상황이었는데도 말이다. 외려 세상은 핵폭탄에 매력을 느꼈다! 일례로 섹시한 비키니 수영복은 핵폭탄 실험 때문에 사라진 미크로네시아의 환초에서 이름을 땄다. 디자이너는 그 수영복에 대한 구경꾼들의 반응이 핵폭발 구경꾼들과 비슷했기 때문이라고 설명했다. 마당에 지하 낙진 대피소를 짓거나 학교에서 책상 밑에 웅크리고 숨는 연습을 하는 둥 우스꽝스런 '민방위' 조치들은 핵 공격이 대수롭지 않은 일일 것이라는 착각을 부추겼다. 지금도 미국의 많은 아파트와 학교의 지하실 입구에는 뒤집힌 삼각형 세 개로 이루어진 낙진 대피소 기호가 조용히 녹슬어 가고 있다. 1950년대에는 버섯구름을 로고로 쓰는 제품도 많았다. '핵 불덩이 눈깔사탕'이라느니, '핵 시장'이라느니(MIT에서 멀지 않은 곳에 위치한 작은 식품점이었다.), '핵 카페'라느니. 이후 '핵 카페'는 핵폭탄의 공포가 서서히 이해되기 시작했던 1960년대 초에도 전 세계 사람들이 기이할 정도로 그 문제에 태평했던 현상을 다룬 1982년 작 다큐멘터리에 이름을 빌려 주었다.

우리가 겪은 또 다른 중요한 변화는 일상에서의 폭력적 묘사를 참지 않게 된 것이다. 몇 십 년 전만 해도 남자가 모욕에 쾌히 주먹으로 맞서는 것은 믿음직함을 뜻하는 신호였다.[52] 그러나 요즘 그것은 망나니의 신호이고, 충동 제어 장애의 증상이고, 분노 조절 치료를 처방 받는 지름길이다.

이런 변화를 잘 보여 주는 일화가 있다. 1950년, 해리 트루먼 대통령은 풋내기 가수였던 딸 마거릿의 공연에 대해 《워싱턴 포스트》가 호의적이지 않은 리뷰를 실은 것을 보았다. 트루먼은 백악관 편지지로 비평가에게 이렇게 써 보냈다. "언젠가 만날 날이 있기를 바랍니다. 그날이 오면 당신은 코를 새로 맞춰야 할 테고, 멍든 눈을 문지를 소고기가 잔뜩 있어야 할 테고, 아마 아래에는 팔걸이도 필요할 겁니다." 누구나 이런 글을 쓰고 싶은 충동에는 공감하겠지만, 요즘 정말로 이처럼 공공연하게 가중 폭행을 위협하는 글을 비평가에게 썼다가는 사람들한테 광대 취급을 받을 것이다. 권력자가 그런다면 심지어 악랄해 보일지도 모른다. 그러나 트루먼의 시절에는 그것이 기사도적 부성애로 널리 칭송되었다.

"44킬로그램짜리 약골", "얼굴에 모래를 맞다", 이런 표현을 아는 사람은 아마도 1940년대부터 잡지와 만화에 실렸던 찰스 애틀러스 보디빌딩 프로그램의 유명 광고들을 본 사람일 것이다. 광고의 줄거리는 보통 이랬다. 비쩍 마른 허약한 남자가 해변에 갔다가, 여자친구 앞에서 건달에게 얻어맞는다. 남자는 꽁무니를 빼며 집으로 돌아와 의자를 걷어찬 뒤, 10센트짜리 우표 한 장을 투자해서 운동법을 가르쳐 주는 책자를 받는다. 결국 그는 해변으로 돌아가서 자신을 때렸던 건달에게 복수하고, 희색이 만면한 젊은 여성 앞에서 체면을 세운다(그림 1-1).

상품으로 말하자면, 애틀러스는 시대를 앞섰다. 보디빌딩의 인기는 1980년대에야 높아졌다. 그러나 마케팅으로 말하자면, 애틀러스는 오늘날과는 전혀 다른 시대에 속했다. 요즘 체육관이나 운동기구 광고는 주먹다짐으로 남자의 명예를 되찾는 광경을 내세우지 않는다. 오늘날의 이미지는 자기도취적이다. 거의 동성애적이기까지 하다. 불룩한 가슴근과 골 진 복근을 예술적인 클로즈업으로 보여 주어, 남자든 여자든 감탄

그림 1-1. 1940년대 보디빌딩 광고에 드러난 일상의 폭력.

하게 만든다. 오늘날의 광고가 약속하는 이점은 힘이 아니라 아름다움이다.

남자들끼리의 폭력을 비웃는 태도보다 더 혁명적으로 변한 것은 여자에 대한 폭력을 비웃는 태도이다. 베이비붐 세대라면, 「신혼부부」라는 제목의 1950년대 시트콤을 아련히 기억할 것이다. 건장한 버스 운전사 재키 글리슨은 허구한 날 일확천금 계획을 세우고 분별 있는 아내 앨리스는 허구한 날 그것을 비웃는 내용이었다. 시청자를 웃긴 단골 대사 중에 이런 것이 있었다. 성난 랠프가 아내의 면전에서 주먹을 흔들면서 소리친다. "언젠가는 말이야, 앨리스, 언젠가는 …… 콱 하고 그 주둥아리에다가!" (가끔은 "퍽 치면 붕 하고 달까지 날아갈걸!") 앨리스는 늘 웃어넘긴다. 그러나 그것은 아내를 때리는 남자를 경멸해서가 아니고, 랠프가 그럴 위인이 못 되는 걸 알기 때문이다. 요즘의 가정 폭력에 대한 감수성으로는 이런 코미디를 주류 방송사에서 방영한다는 것은 상상도 못할 일이다. 아니면, 1952년에 《라이프》에 실렸던 광고를 보라(그림 1-2).

요즘은 이 광고처럼 유쾌하고 에로틱하게 가정 폭력을 다루는 것은 인쇄 가능한 수준을 넘어선 것으로 여겨진다. 이 광고만 특이한 것이 아니었다. 반 호이젠 셔츠의 1950년대 광고에서도 아내가 매를 맞았고, 피트니 보우스 우편 요금 기계의 1953년 광고에서는 격노한 상사가 고집불통 비서에게 "여자를 죽이는 게 늘 불법인가?"라고 고함질렀다.[53]

그림 1-2. 1952년 커피 광고에 묘사된 가정 폭력.

최장 공연 기록을 세웠던 뮤지컬 「판타스틱스」의 예도 있다. 이 뮤지컬에는 길버트와 설리번 풍의 노래 「돈에 따라 다르죠」가 나온다(가사는 에드몽 로스탕의 시극 「로마네스크」의 1905년 번역을 바탕으로 하여 씌어졌다.). 두 남자가 납치를 모의한다. 한쪽 남자의 딸을 납치했다가, 다른 남자의 아들이 구출하게끔 만들자는 계획이다.

단호한 강간도 가능하고,
정중한 강간도 가능하고,
인디언이 강간하는 것도 가능하죠.
그것 참 그림이 괜찮겠는데요.
말에 태워 강간하는 것도 가능하죠.
다들 새롭고 재미나다고 말하겠군요.

자, 보셨다시피 강간의 종류는
돈 내는 데 따라 다르답니다.

이때의 **강간**(rape)은 성폭행이 아니라 납치를 뜻했지만, 뮤지컬이 개막된 1960년부터 막을 내린 2002년 사이에 강간에 대한 대중의 감수성은 크게 바뀌었다. 작사가 톰 존스는 (웨일스 가수 톰 존스와는 무관하다.) 내게 이렇게 말했다.

세월이 흐르자, 그 단어가 걱정되기 시작했습니다. 천천히, 아주 천천히, 이게 문제라는 생각이 들기 시작했습니다. 신문에 실리는 기사들. 잔인한 윤간에 관한 이야기들. '데이트 강간'에 대한 이야기들까지, 워낙 많지 않았습니까. '이거 웃을 일이 아닌데.'라는 생각이 들었습니다. 물론 우리가 '진짜 강간'을 말하는 것은 아니었지만, 관객은 그 단어가 코믹하게 사용된다는 점에서 웃음을 터뜨리는 게 사실이었으니까요.

1970년대 초, 공연 제작자는 가사를 다시 쓰게 해 달라는 존스의 요구를 거절했다. 대신 단어의 뜻을 설명하는 대목을 노래 앞에 더하고 반복 횟수를 줄이도록 허락했다. 2002년에 공연이 막을 내린 뒤, 존스는 2006년 재상연을 위해서 가사를 아예 다시 썼다. 그리고 세계 어디에서든 「판타스틱스」를 제작할 때는 새 버전으로만 공연하도록 법적 조치까지 마련했다.[54)]

불과 최근까지, 아이들도 정당한 폭력의 대상이었다. 부모가 흔히 아이를 때렸으려니와 — 지금은 많은 나라에서 법으로 금지된 행위이다. — 빗이나 주걱 같은 무기까지 자주 동원했다. 통증과 창피함을 가중하기 위해서 아이의 엉덩이를 까놓기도 했다. 1950년대 동화에서는 엄마가 말썽꾸러기 아이에게 "아빠가 돌아오시면 보자."라고 말하는 장면이 예사로 나왔다. 그리고 정말로 나중에 엄마보다 힘센 아빠가 허리띠를 끌러서 아이에게 휘둘렀다. 그 밖에도 저녁을 안 먹이고 재우기, 입에 비누를 물려 씻기기 등이 아이에게 육체적 통증을 주어 벌하는 방법으로 흔히 쓰였다. 친척이 아닌 다른 어른에게 맡겨진 아이는 더 잔혹한 취급을 당했다. 요즘 사람들이 기억하는 가까운 과거에, 교사들은 학생들에게 지금이라면 '고문'으로 간주되어 해당 교사가 감옥에 갈 만한 벌을 내리곤 했다.[55)]

사람들은 현재의 세상이 유달리 위험하다고 생각한다. 하루가 멀다 하고 뉴스에서는 테러, 문명의 충돌, 대량 살상 무기의 위험이 커지고 있다고 보도한다. 그러나 우리는 불과 몇 십 년 전 뉴스에 가득했던 위험을 쉽게 잊는다. 그리고 그중 다수가 불발로 끝났다는 행운에 대해 심드렁하다. 뒤에서 나는 1960년대와 1970년대가 현재보다 훨씬 더 잔혹하고 위험한 시절이었다는 주장을 수치로 설명할 것이다. 하지만 지금은 이 장의 취지에 맞게, 인상주의적으로 이야기를 풀어 보겠다.

나는 1976년에 대학을 졸업했다. 대부분의 동창들이 그렇겠지만, 나는 어른의 세계로 나아가는 순간이었던 학위 수여식에서 어떤 연설을 들었는지 전혀 기억하지 못한다. 그러니 내 멋대로 한번 작성해 보겠다. 1970년대 중반의 세계정세 전문가가 다음과 같은 예측을 내놓았다고 상상하자.

친애하는 학장님과 교수님들, 일가친척과 친구 여러분. 그리고 1976년 졸업생 여러분. 현재는 크나큰 도전의 시대입니다. 그러나 한편으로는 크나큰 기회의 시대입니다. 교육 받은 성인의 삶으로 나서는 여러분에게, 나는 여러분이 몸담은 사회를 돌아볼 것을, 밝은 미래를 위해 애써 줄 것을, 세상을 더 나은 곳으로 만들기 위해 노력해 줄 것을 당부합니다.

의례적인 말은 마쳤으니, 이제 좀 더 흥미로운 말씀을 드리고 싶습니다. 여러분의 서른다섯 번째 동창회가 열릴 무렵에 세상은 과연 어떤 모습일까요? 그에 대한 내 전망을 나누고 싶습니다. 달력은 새 천 년으로 넘어가 있을 것이고, 여러분의 상상을 넘어서는 세상이 와 있을 것입니다. 나는 기술 발전에 대해서 말하는 것이 아닙니다. 물론 기술도 상상할 수 없을 만큼 큰 영향을 미치겠지만, 지금 내가 말하는 것은 인류의 평화와 안전 면에서의 발전입니다. 여러분은 아마도 이쪽이 훨씬 더 상상하기 어려울 것입니다.

그야 물론, 2011년에도 세상은 위험할 것입니다. 앞으로 35년 동안에도 여전히 전쟁은 존재할 것이고, 여전히 집단 살해가 존재할 것입니다. 누구도 미처 예상하지 못했던 장소에서 발발하는 사건도 있을 것입니다. 여전히 핵무기는 위협이 될 것입니다. 세계의 폭력적인 지역들 중에서 일부는 그때도 여전히 폭력적일 것입니다. 그러나 이런 불변의 요소와 더불어, 우리가 미처 헤아리지 못한 변화도 있을 것입니다.

제일 먼저, 여러분이 낙진 대피소에서 웅크리고 있었던 어린 시절부터 우리의 삶을 그늘지게 했던 악몽, 즉 제3차 세계 대전이 터져서 핵폭발로 인한 최후의 날이 오리라는 악몽은 더 이상 존재하지 않을 것입니다. 앞으로 10년 안에 소련과 서방은 평화 선언을 할 것입니다. 냉전은 총성 한 방 없이 끝날 것입니다. 중국도 더 이상 군사적 위협의 대상이 되지 않을 것입니다. 오히려 미국의 제일가는 교역 상대가 될 것입니다. 앞으로 35년 동안, 우리가 적에게 핵무기를 사용하는 일은 단 한 번도 없을 것입니다. 애초에 주요국 사이의 전쟁 자체가 없을 것입니다. 서유럽의 평화는 무한히 이어질 것이고, 앞으로 5년 안에 동아시아에서도 끊임없는 분쟁은 막을 내리고 긴 평화가 찾아올 것입니다.

희소식이 더 있습니다. 동독은 국경을 개방할 것입니다. 환희에 찬 학생들이 망치로 베를린 장벽을 산산조각 낼 것입니다. 철의 장막은 걷힐 것입니다. 중유럽, 동유럽 국가들은 소련의 지배에서 벗어나 자유 민주주의 국가가 될 것입니다. 소련은 전체주의적 공산주의를 포기할 것이고, 그뿐이 아니라 자발적으로 세상에서 사라질 것입니다. 러시아에게 수십, 수백 년 동안 점령 당했던 공화국들이 독립할 것이고, 그중 많은 나라가 민주 국가가 될 것입니다. 게다가 대부분의 나라에서 피 한 방울 흘리지 않고 이런 일이 벌어질 것입니다.

파시즘도 유럽에서 사라질 것이며, 뒤이어 세계 다른 지역에서도 사라질 것입니다. 포르투갈, 스페인, 그리스는 자유 민주주의 국가가 될 것입니다. 대만, 남한, 그리고 남아메리카와 중앙아메리카 대부분도 그렇습니다. 세계 대부분의 개발된 지역에서 총통, 장군, 군부, 바나나 공화국(중남미에서 해외 원조로 살아가는 빈국을 뜻하는 말 — 옮긴이), 매년 벌어지던 군사 쿠데타가 무대를 떠날 것입니다.

중동도 놀라운 사건을 준비하고 있습니다. 여러분도 알다시피, 얼마 전 이스라엘과 아랍 국가들은 25년에 걸쳐 벌어졌던 다섯 번의 전쟁을 마쳤습니다. 다섯 번의 전쟁에서 5만 명이 죽었습니다. 최근에는 강대국들까지 끌려 들어가서 자칫 핵 대결을 벌일 위기였습니다. 하지만, 앞으로 3년 안에 이집트 대통령이 크세네트(이스라엘 의회 — 옮긴이)에서 이스라엘 총리와 포옹을 나눌 것이고, 향후 무한정 지속될 평화 조약에 양측이 서명할 것입니다. 요르단도 이스라엘과 항구적인 평화를 구축할 것입니다. 시리아는 이스라엘과 간헐적으로 평화 회담을 논할 것이고, 두 나라가 전쟁에 돌입하는 일은 없을 것입니다.

남아프리카에서는 아파르트헤이트 정권이 해체될 것입니다. 소수의 백인들은 다수의 흑인들에게 권력을 넘겨 줄 것입니다. 그것도 내전, 숙청, 과거의 압제자들에 대한 폭력적인 보복 없이 말입니다.

대부분의 변화는 끈질기고 용감한 투쟁의 결과이겠지만, 어떤 변화는 난데없이 갑자기 벌어져서 모두를 놀라게 만들 것입니다. 나중에 여러분 중 누군가는 어떻게 그런 변화가 가능했는지를 되돌아보게 될지도 모르지요. 다시금 여러분의 성취를 축하하며, 앞으로 여러분에게 성공과 만족이 있기를 기원합니다.

돌연 제기된 이런 낙관적 전망에, 청중은 어떤 반응을 보였을까? 낄낄 웃음을 터뜨리며, 연사가 우드스톡에서 흡입했던 LSD 때문에 여태 환각에 취해 있나 의심했을 것이다. 그러나 이 낙관론자의 예측은 어느 한 구석 빼놓지 않고 죄다 들어맞을 것이다.

하루에 도시 하나씩 구경하는 여행으로는 그 나라를 제대로 이해할 수 없다. 우리는 지금까지 수백 년을 슥 훑었는데, 나는 이것만으로 과거가 현재보다 더 폭력적이었다는 사실을 여러분에게 납득시킬 수 있다고 기대하지 않는다. 이제 집으로 돌아온 여러분의 머릿속에는 여러 의문이 떠올랐을 것이다. 인류는 지금도 서로 고문하지 않는가? 20세기가 역사상 가장 유혈 낭자한 세기가 아니었단 말인가? 새로운 형태의 전쟁이 오래된 전쟁을 대체한 것 아닐까? 현재는 테러의 시대가 아닌가? 1910년에도 사람들은 전쟁이 사라졌다고 말하지 않았던가? 공장식 농장에 갇힌 닭들은 어떤가? 핵 테러리스트가 당장 내일이라도 큰 전쟁을 일으킬 수 있지 않은가?

모두 훌륭한 질문이다. 앞으로 나는 역사 연구와 정량적 데이터의 도움을 빌려서 여기에 대답하겠다. 하지만 나는 이 장의 정상성 점검 덕분에 앞으로 나눌 이야기의 토대가 단단히 놓였기를 바란다. 이 장의 사례들이 상기시키는 바, 우리에게는 오늘의 위험들이 있지만 어제의 위험들은 훨씬 더 나빴다. 여러분은 다음과 같은 위험을 더 이상 걱정할 필요가 없기 때문이다(세계 대부분의 지역에서 마찬가지다.). 성 노예로 납치되는 것, 신의 명령에 따른 집단 살해, 죽음을 부르는 원형 극장과 마상 시합, 대중적이지 않은 신념을 품었다고 해서 십자가, 래크, 바퀴, 화형주, 형틀로 처벌 받는 것, 아들을 못 낳는다고 해서 목이 잘리는 것, 왕족과 사귀었다고 해서 할복을 당하는 것, 명예를 지키기 위한 권총 결투, 여자친구에게 점수를 따기 위해 해변에서 주먹다짐을 하는 것, 그리고 문명과 인류를 아예 몰살시킬 만한 핵전쟁의 전망.

2장

평화화 과정

이봐, 물론 삶은 비참하고, 야만적이고, 짧지만, 그건 동굴인이 되기로 했을 때부터 알았던 거잖아.

—《뉴요커》 만화[1)]

토머스 홉스와 찰스 다윈은 본인은 좋은 사람이었는데도 그 이름이 비참한 형용사가 되어 버린 경우이다. 홉스의 세상이나 다윈의 세상에서 살고 싶어 하는 사람은 아무도 없다(하물며 맬서스, 마키아벨리, 오웰은 말할 것도 없다.). 두 사람은 자연적인 삶을 냉소적으로 축약한 표현을 통해서 어휘집에 영원히 이름을 남겼다. 다윈의 경우는 '적자생존'이고(다윈이 사용하기는 했지만 직접 만든 표현은 아니었다.), 홉스의 경우는 '인간의 삶은 고독하고, 궁핍하고, 비참하고, 야만적이고, 짧다'라는 표현이다. 하지만 두 사람은 사람들이 흔히 그들의 이름에서 떠올리는 것보다 더욱 심오하고, 더욱 미묘하고, 궁극적으로 더욱 인간적인 내용의 폭력에 대한 통찰을 우리에게 제공했다. 인간의 폭력을 이해하려는 사람은 누구든 반드시 이들의 분석에서 출발해야 한다.

이번 장은 폭력의 기원을 다룬다. 논리적인 의미의 기원인 동시에 연대기적인 의미의 기원이다. 먼저 다윈과 홉스의 도움을 빌려, 적응으로서 폭력의 논리를 알아보자. 그 논리에 따른다면 어떤 종류의 폭력적 충동들이 인간 본성의 일부로서 진화했을 것이라고 예측되는지를 알아보자. 그 다음에는 폭력의 선사 시대로 눈길을 돌리자. 인간의 진화 계보에서 언제 폭력이 등장했는지, 기록 역사의 시작으로부터 수천 년 전에는 폭력이 얼마나 흔했는지, 어떤 역사적 발달이 처음으로 폭력을 줄이기 시작했는지 알아보자.

폭력의 논리

다윈은 왜 생물이 각자의 특질을 지니고 있는지를 설명하는 이론을 구축했다. 육체적 특질만이 아니라, 행동을 추동하는 기본 사고방식과 동기도 포함하여 설명하는 이론이다. 『종의 기원』 출간에서 150년이 지난 지금까지, 자연 선택 이론은 실험실과 현장에서 거듭 사실로 확인되었으며, 과학과 수학의 신생 분야에서 유래한 발상들 덕분에 더더욱 강화되어 이제는 생명계 전체를 일관되게 이해하는 수준에 이르렀다. 그렇게 기여한 분야는 가령 자연 선택을 가능케 하는 복제자의 존재를 설명한 유전학, 각자 목적을 추구하는 행위자가 여럿 존재하는 세상에서 행위자들의 운명을 알아보는 게임 이론 등이다.[2)]

대체 왜 한 생물체가 다른 생물체를 해치도록 진화할까? 답은 '적자생존'이라는 표현이 암시하는 것만큼 간단하지는 않다. 리처드 도킨스는 진화 생물학이 유전학과 게임 이론을 받아들여 이룬 '현대적 종합'을 설명한 책 『이기적 유전자』에서, 별다른 의식 없이 그냥 생명계를 친숙하게 느끼는 독자들의 선입견을 깨려고 노력했다. 도킨스는 동물을 각자의 유전자에 의해 설계된 '생존 기계'로 상상하라고 요구했다(진화 과정에서 충실하게 전파되는 개체는 유전자뿐이다.). 그리고 그 생존 기계들이 어떻게 진화했을지 생각해 보라고 말했다.

> 생존 기계에게 다른 생존 기계는 (단, 제 자식이나 가까운 친척이 아닐 경우) 바위, 강물, 먹이 덩어리와 같은 환경의 일부일 뿐이다. 그것은 자기를 방해하는 존재이거나 자기가 이용할 수 있는 존재이다. 그러나 그것이 바위나 강물과 다른 점이 하나 있다. 반격하는 성향이 있다는 점이다. 그것 역시 미래를 위해 불멸의 유전자를 보관하고 있는 기계이고, 그것 역시 갖은 수단을 가리지 않고 자기 유전자를 보존하려 들기 때문이다. 자연 선택은 생존 기계를 잘 통제함으로써 환경을 최대한 이용하는 유전자를 선호한다. 같은 종이든 다른 종이든 다른 생존 기계를 최대한 이용하는 행동도 물론 포함된다.[3]

매가 찌르레기를 찢어발기는 모습, 곤충 떼가 말을 성가시게 쏘는 모습, AIDS 바이러스가 사람을 서서히 죽이는 모습. 이런 것을 본 사람은 생존 기계가 다른 생존 기계를 냉혹하게 착취하는 방식을 직접 목격한 셈이다. 생명계에서 폭력은 보통 기본이다. 거기에는 별다른 설명이 필요하지 않다. 희생자가 다른 종(種)이라면, 공격자를 포식 동물 혹은 기생 동물이라고 부른다. 희생자가 같은 종일 때도 있다. 많은 동물이 영아 살해, 형제 살해, 동족 잡아먹기, 강간, 치명적 전투를 벌인다고 알려져

있다.[4)]

도킨스의 신중한 문장 속에는 자연이 왜 거대한 유혈 아수라장이 되지 않는가에 대한 설명도 담겨 있다. 우선, 동물은 가까운 친척을 덜 해친다. 친척을 해치게끔 하는 유전자는 친척의 몸에 든 **자신의** 유전자 복사본도 해치는 셈이라 자연 선택에 의해 제거될 것이기 때문이다. 더 중요한 점은, 도킨스가 지적했듯이 **생물은 반격하는 성향이 있다**는 점에서 바위나 강물과는 다르다는 것이다. 어떤 생물체가 폭력성을 띠도록 진화했다면, 그것이 속한 종의 다른 개체들도 평균적으로 그만큼 폭력성을 띠도록 진화했을 것이다. 우리가 자신과 비슷한 상대를 공격한다면, 상대도 우리만큼 강하고 호전적이며 똑같은 무기와 방어책으로 무장했을 가능성이 높다. 같은 종을 공격하면 외려 자신이 다칠지도 모른다는 전망은 무차별적으로 덮치거나 후려치는 행동에 대한 강한 부정적 선택압으로 작용한다. 또한 이 사실은 폭력을 수압에 빗대 내적 압력으로 묘사하는 비유(hydraulic metaphor)를 기각하게끔 한다. 나아가 피에 대한 갈증, 죽음의 소망, 킬러 본능, 기타 갖가지 파괴적 갈망, 욕구, 충동을 거론하는 통속적인 폭력 이론들을 대체로 기각하게끔 한다. 폭력성의 진화는 언제나 **전략적**이다. 자연은 기대 편익이 기대 비용을 넘어서는 상황에서만 폭력을 쓰는 생물체를 선택한다. 지적인 종은 특히 이런 분별에 능하다. 큰 뇌 덕분에 진화 기간 전체에 대한 평균값이 아니라 특정 상황에 국한한 기대 편익과 비용에 민감하기 때문이다.

그렇다면, 지적인 종의 개체가 같은 종의 다른 개체를 대할 때는 어떤 폭력의 논리가 적용될까? 이 대목에서 이야기는 홉스에게 넘어간다. 홉스는 『리바이어던』(1651년)의 주목할 만한 한 대목에서 불과 100단어로 폭력의 동기를 분석했는데, 현대의 어떤 분석에도 뒤지지 않는 통찰이다.

인간의 본성이 이러하니, 싸움(quarrel)에는 세 가지 주된 원인이 있다고 할 것이다. 첫째는 경쟁(competition), 둘째는 불신(diffidence), 셋째는 영광(glory)이다. 첫째는 이득을 노려 침입하는 것이고, 둘째는 안전을, 셋째는 평판을 노린다. 첫째는 남에게 딸린 일꾼, 아내, 아이, 가축을 자신이 갖기 위해서 폭력을 쓰는 것이다. 둘째는 그것들을 보호하기 위해서 폭력을 쓰는 것이다. 셋째는 말, 웃음, 다른 의견, 기타 자신에게 직접 가해졌거나 친척, 친구, 나라, 직업, 이름에 간접적으로 가해진 멸시의 신호 따위 사소한 것 때문에 폭력을 쓰는 것이다.[5)]

홉스는 저마다 자기 이익을 추구하는 행위자들의 세상에서는 경쟁이 피치 못할 결과라고 보았다. 오늘날 우리는 그것이 진화에 딸린 조건이라는 사실을 안다. 경쟁자를 밀쳐 내고 먹이, 물, 탐나는 영역 등의 유한 자원을 차지하는 생존 기계는 경쟁자보다 더 많이 번식할 테고, 결국은 그런 경쟁에 알맞은 생존 기계들만 세상에 남을 것이다.

우리는 남자들이 다투는 자원 중에 왜 '아내'가 끼어 있는지도 안다. 대부분의 동물은 수컷보다 암컷이 자식에게 더 많이 투자한다. 특히 포유류가 그렇다. 암컷은 제 몸속에 새끼를 잉태하고, 출산 후에도 젖을 먹인다. 수컷은 여러 암컷과 짝짓기 함으로써 후손을 늘릴 수 있지만 — 자연히 다른 수컷들은 자식을 못 두게 된다. — 암컷은 여러 수컷과 짝짓기 하는 방법으로 후손을 늘릴 수 없다. 따라서 암컷의 생식력이 희소 자원이 되고, 인간을 포함하여 많은 종의 수컷들이 그것을 놓고 경쟁한다.[6)] 여담이지만, 이것은 남자란 무릇 유전자의 통제를 받는 로봇이라는 말이 아니다. 강간과 싸움에 대해 도덕적 변명이 가능하다는 말도 아니고, 여자는 수동적인 성 전리품이라는 말도, 사람은 자식을 가급적 많이 낳으려는 법이라는 말도, 문화적 영향력이 사람을 바꿀 수 없다는 말도 아

니다. 이런 생각은 모두 성 선택 이론에 대한 흔한 오해들이다.[7)]

싸움의 두 번째 원인은 불신이다. 홉스의 시대에 이 단어는 요즘처럼 '조심스러움'을 뜻하는 것이 아니라 '두려움'을 뜻했다. 두 번째 원인은 첫 번째 원인의 결과이다. 즉 경쟁이 두려움을 낳는다. 생각해 보자. 당신은 이웃이 당신을 밀어냄으로써, 가령 죽임으로써, 경쟁에서 제거하려고 한다는 타당한 의혹을 품고 있다. 그렇다면 당신은 선제공격으로 그를 제거함으로써 스스로를 보호하고 싶을 것이다. 당신이 파리 한 마리 못 죽이는 사람이라도, 가만히 앉아서 죽을 마음이 아닌 이상 틀림없이 이런 유혹을 느낄 것이다. 비극적인 점은 경쟁자도 똑같은 계산을 떠올릴 이유가 충분하다는 것이다. **그 역시** 파리 한 마리 못 죽이는 사람일지라도. 심지어 당신이 그를 공격할 계획이 없다는 사실을 **그가 알더라도**, 그는 당신이 그에게 제압될지도 모른다는 걱정에서 먼저 제압하려는 마음을 품지 않을까 하는 타당한 걱정을 떠올릴 수 있다. 그렇다면 당신에게는 그보다 앞서 그를 제압할 동기가 존재하는 셈이다. 이런 계산이 무한히 반복된다. 정치학자 토머스 셸링은 이 상황을 무장한 집주인과 무장한 도둑이 맞닥뜨리는 상황에 비유했다. 두 사람 다 먼저 총에 맞는 것을 피하기 위해서 먼저 상대를 쏘고 싶을 것이다. 이런 역설적 상황을 국제 관계 분야에서는 홉스의 함정(Hobbesian trap) 또는 안보의 딜레마(security dilemma)라고 부른다.[8)]

지적 행위자들은 어떻게 홉스의 함정에서 벗어날까? 제일 확실한 방법은 억제(deterrence) 정책이다. 먼저 공격하지는 말 것. 첫 공격을 견뎌 낼 만큼 강할 것. 공격자에게는 같은 방법으로 보복할 것. 신뢰성 있는 억제 정책은 상대에게서 이득을 노려 침략할 동기를 제거한다. 보복으로 치를 대가가 노획물의 기대 가치를 상쇄하기 때문이다. 상대는 두려움 때문에 침략할 동기도 느끼지 않는다. 당신이 선제공격을 하지 않기로

했으니까. 게다가 억제 정책은 선제공격의 필요성을 낮추므로, 당신도 선제공격의 동기를 덜 느끼게 된다. 하지만 이런 억제 정책은 보복하겠다는 위협이 신뢰성 있을 때에만 유효하다. 상대가 보기에 당신이 첫 공격에서 쓰러질 만큼 나약하다면, 상대는 보복을 두려워할 이유가 없다. 상대가 보기에 당신이 공격을 당해도 합리적 판단에 따라 보복을 억제할 것 같다면, 달리 말해 이미 늦었으니 보복해 봐야 소용없다고 판단할 것 같다면, 상대는 당신의 합리성을 이용하여 안전하게 당신을 공격할 것이다. 그러므로 당신이 최선을 다해서 자신이 약하지 않다는 사실을 증명할 때에만, 그리고 모든 침공에 대해서 복수로 앙갚음할 때에만, 당신의 억제 정책이 신뢰성을 확보한다. 그렇다면 말, 웃음, 멸시의 신호처럼 사소한 것 때문에 남을 침략하는 동기도 설명되는 셈이다. 홉스는 그것을 '영광'을 추구하는 동기라고 말했지만, '명예'라고 부르는 편이 일반적이다. 물론 더 정확한 표현은 '신뢰성'이다.

억제 정책은 공포의 균형(balance of terror)이라고도 불린다. 냉전 중에는 상호 확증 파괴(MAD, mutual assured destruction) 전략이라고도 불렸다. 이 정책이 약속하는 평화는 취약할 수밖에 없다. 폭력의 위협으로 폭력을 줄이려 하기 때문이다. 양측 모두 비폭력적인 무례의 신호에 폭력으로 반응해야 하므로, 하나의 폭력 행위가 다른 폭력 행위로 이어져서 끝없는 보복의 악순환에 빠져들기 쉽다. 그리고 8장에서 다시 말하겠지만, 인간에게는 자기 위주 편향이라는 본성이 있다. 그래서 양측 모두 자신의 폭력은 정당한 응수인 데 비해 상대의 폭력은 이유 없는 공격이라고 믿어 버린다.

홉스의 분석은 무정부 상태의 삶에 적용되는 것이었다. 한편 그가 쓴 걸작의 제목은 거기에서 빠져나오는 방법을 명시한 것이었다. 리바이어던은 개인들의 의지를 구현하는 동시에 폭력의 사용을 독점하는 군주

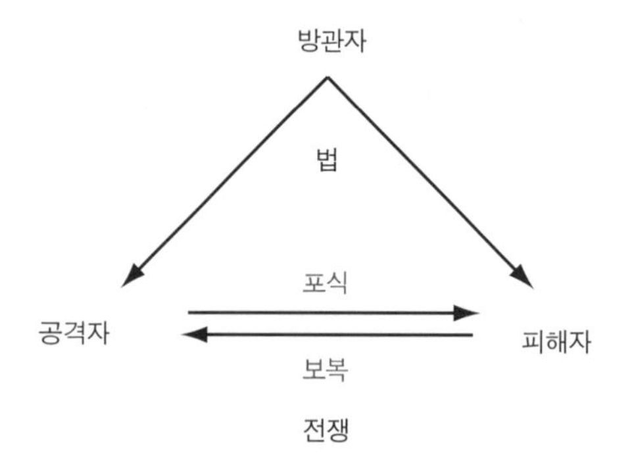

그림 2-1. 폭력의 삼각형.

혹은 정부를 말한다. 리바이어던은 공격자를 처벌함으로써 개인들의 공격 동기를 제거한다. 그러면 전반적으로 선제공격에 대한 불안이 완화되고, 나아가 모두들 자신의 보복 의지를 증명하기 위해서 예민하게 반응할 필요가 없어진다. 또한 리바이어던은 공평무사한 제삼자라서, 다들 자신은 눈처럼 순수하지만 상대는 음흉하다고 생각하는 배타주의(chauvinism) 편향에서 벗어나 있다.

리바이어던의 논리는 삼각형 구도로 요약된다(그림 2-1). 모든 폭력 행위에는 세 당사자가 있다. 공격자, 피해자, 방관자이다. 이들 모두에게 폭력의 동기가 있다. 공격자는 피해자를 약탈하기 위해서, 피해자는 보복하기 위해서, 방관자는 부수적 피해(collateral damage)를 최소화하기 위해서이다. 교전자들 사이의 폭력은 곧 전쟁이고, 방관자가 교전자들에게 가하는 폭력은 곧 법이다. 리바이어던 이론은 한마디로 법이 전쟁보다 낫다는 것인데, 이런 리바이어던은 인류 역사에서 느지막한 단계에 등장했다. 고고학자들에 따르면, 인류는 원래 무정부 상태로 살다가 지금으로부터 약 5000년 전에 문명이 등장했다. 정주하던 농부들은 서로 뭉쳐 최초의 도시와 나라를 만들었고, 최초의 정부를 발달시켰다. 만일 홉스의 이론이 옳다면, 이런 변화는 역사상 최초로 폭력을 상당히 감소시켰어야만 한다. '모두가 겁내는 공통의 힘'이 없었던 문명 이전 시대에는 권력자가 모두에게 무력으로 평화를 강요하는 시대에 비해서 삶이 더 비참했을 것이고, 더 야만적이었을 것이고, 더 짧았을 것이다. 나는 이 발전을 평화화 과정이라고 부르겠다. 홉스는 "여러 아메리카 미개인들"이 폭력적인 무정부적 삶을 살았다고 주장했지만, 구체적으로 어느 부족을 염두에 두었는지는 밝히지 않았다.

그처럼 데이터가 부재한 상황에서는 누구든 원시 인류에 대해 멋대로 추측해 볼 수 있었다. 실제로 오래지 않아 반대 이론이 나타났다. 홉스의 대항마는 스위스 태생의 철학자 장자크 루소(1712~1778년)였다. 루소는 "원시 상태의 인간보다 더 온화한 인간은 없다. …… 미개인들은 …… 인류가 영원히 그 상태에 머물도록 창조되었다는 사실을 증명하는 듯하고, …… 이후의 모든 발달은 종의 쇠락을 향한 단계였다고 말하는 듯하다."고 주장했다.[9]

실제 홉스와 루소의 철학은 단순히 '비참하고 야만적이고 짧은 삶' 대 '고귀한 미개인'보다는 훨씬 더 세련되었지만, 그야 어쨌든 자연적 삶에 대한 두 경쟁 모형은 오늘날까지 이어지는 논쟁의 불을 지폈다. 나는 『빈 서판』에서 이 문제에 감정적, 도덕적, 정치적으로 막중한 부담이 지워져 있다고 말했다. 20세기 후반 들어 사람들은 루소의 낭만적 이론이야말로 인간 본성에 대해 정치적으로 올바른(politically correct) 학설이라고 믿게 되었다. 한편으로는 '원시인'에 대한 과거의 인종주의적 학설에 반대하는 뜻이었고, 다른 한편으로는 그것이 인간 조건을 좀 더 희망차게 바라보는 관점이라는 믿음 때문이었다. 많은 인류학자는 홉스가 옳을 경우 전쟁은 불가피하거나 심지어 바람직한 것이 되므로 평화를 선호하는 사람이라면 홉스가 틀렸다고 주장해야 한다고 보았다. 이 '평화의 인류학자'들은 (사실은 꽤 호전적인 학파라, 동물 행동학자 요한 반 데르 데넨은 그들을 "평화와 조화의 마피아"라고 불렀다.) 인간을 비롯한 동물들에게 동족을 죽이지 않으려는 강한 억제 능력이 있다고 주장했다. 전쟁은 최근의 발명이고, 원주민들끼리의 싸움은 그들이 유럽 식민주의자들을 접하기 전까지만 해도 의례적이고 무해했다고 주장했다.[10)]

서문에서도 언급했지만, 나는 폭력에 대한 생물학적 이론은 모두 숙명론이고 낭만적 이론은 모두 낙관론이라는 생각이 완전히 거꾸로라고 생각한다. 하지만 이 문제가 이 장의 요점은 아니다. 국가 이전 시대의 폭력에 대한 홉스와 루소의 말들은 잘 알지도 못하면서 한 소리였다. 사실 그들은 문명 이전의 삶에 대해서 아무것도 몰랐다. 오늘날 우리는 그들보다 더 많이 안다. 이 장은 인류 초기 역사의 폭력을 살펴볼 것이다. 우선 우리가 아직 인간이 아니었던 시점에서 시작하여, 영장류 친척들의 공격성을 살펴보겠다. 도대체 인간의 진화 계통에서 폭력이 어떻게 등장했는지 단서를 얻기 위해서이다. 다음에는 우리 종으로 와서, 무정부 상태로 군이나 부족을 이루어 채집하며 살았던 사람들과 모종의 통치를 받으며 정착해서 살았던 사람들의 대조에 집중하겠다. 수렵 채집인들은 어떻게 싸우고 왜 싸우는지도 알아보겠다. 다음으로 이어지는 의문은 가장 결정적이다. 무정부적 부족들의 전쟁은 정착 국가들의 전쟁보다 더 파괴적일까, 덜 파괴적일까? 여기에 답하려면 우리는 이야기에서 숫자로 넘어가야 한다. 나는 리바이어던이 다스리는 사회들과 무정부 사회들에서 전체 인구 중 폭력에 의한 사망자의 비율이 얼마나 되는지를 가능한 한 수치로 헤아려 보겠다. 그리고 마지막으로 문명화된 삶의 장단점을 살펴보겠다.

인류 선조들의 폭력

폭력의 역사를 어디까지 추적해 올라갈 수 있을까? 인간 계통의 영장류 선조들은 진작에 멸종했지만, 자신들의 모습을 짐작하도록 하는 증거를 적어도 하나 남겨 주었다. 그들의 또 다른 후손인 침팬지이다. 물론 인간은 침팬지에서 진화하지 않았다. 게다가 침팬지가 우리와의 공통 선조의 특질을 여태 간직하고 있는가, 아니면 자신들만의 독특한 방향으로 멀어졌는가 하는 의문은 아직 풀리지 않았다. 하지만 어느 쪽이든, 침팬지의 공격성은 우리에게 교훈을 준다. 우리와 침팬지의 공통 특질을 갖고 있었던 과거의 어느 영장류 종에서 처음에 폭력이 어떻게 진화했는지를 엿보게 하기 때문이다. 또한 폭력성은 내적 압력에 의한 것이 아니라 전략적으로 쓰이는 속성이라는 진화 이론의 예측, 달리 말해 잠재적 이익이 크고 위험이 적은 상황에서만 폭력이 사용된다는 예측을 확인해 볼 기회를 준다.[11]

침팬지는 보통 최대 150마리로 구성된 사회를 이루어, 무리마다 독립된 영역에서 살아간다. 침팬지가 먹는 과일과 열매는 숲 여기저기 흩어져 있기에, 그들은 자주 한 마리에서 15마리 사이의 더 작은 집단으로 나눠서 움직인다. 그런 집단이 다른 사회의 집단과 경계 영역에서 만나면, 늘 적대적 상호 작용이 벌어진다. 두 집단이 대등하다면, 경계를 놓고 소란한 다툼이 벌어진다. 양쪽은 짖고, 야유하고, 나뭇가지를 흔들고, 물체를 던지고, 몸으로 돌진하기를 30분쯤 계속하다가, 보통 더 작은 집단이 슬그머니 꽁무니를 뺀다.

이 싸움은 동물에게 흔한 공격적 과시 행위를 잘 보여 주는 사례다. 과학자들은 한때 이것을 종의 이득을 위해서 유혈 사태 없이 분쟁을 해결하는 의례적 행동이라고 해석했지만, 요즘은 싸움의 결론이 기정사실이고 끝까지 싸워 봐야 양쪽 다 피해만 입는 상황에서는 차라리 약한 쪽이 쉽게 물러나도록 서로 힘과 결의를 과시하는 행동이라고 해석한다. 만일 양쪽의 세가 대등하다면, 힘의 과시가 진지한 싸움으로 비화되어 한쪽이나 양쪽 모두 다치거나 죽을지도 모른다.[12] 그러나 침팬지 집단들의 실랑이가 진지한 싸움으로 비화되는 일은 없는 듯했다. 그래서 한때 인류학자들은 침팬지가 체질적으로 평화로운 종이라고 믿었다.

그러던 중, 야생에서 오랫동안 침팬지를 관찰한 최초의 영장류학자 제인 구달이 충격적인 발견을 했다.[13] 수컷 침팬지 집단이 다른 사회에서 온 작은 집단이나 외톨이 개체를 만나면, 그들은 짖거나 털을 세우는 대신 수적 우세를 이용한다. 만일 낯선 개체가 다 자란 발정기의 암컷이라면, 수컷들은 암컷의 털을 손질해 주며 짝짓기를 시도한다. 만일 암컷이 새끼를 데리고 있다면, 수컷들은 암컷을 공격하여 새끼를 잡아먹는다. 만일 마주친 상대가 외톨이거나 작은 집단에서 어쩌다 떨어져 나온 수컷이라면, 수컷들은 녀석을 잡아서 야만적으로 죽인다. 두 공격자가 피해자를 잡아 누른 뒤 다른 공격자들이 주먹으로 때리고, 발가락과 성기를 물어뜯고, 살점을 떼어 내고, 사지를 꺾고, 피를 마시고, 기도를 뜯어낸다. 침팬지들이 이웃 사회의 수컷들만 골라 몽땅 죽인 일도 있었다. 이 일이 사람에게서 벌어졌다면, 우리는 분명 집단 살해로 명명했을 것이다. 공격은 우연한 만남에서 촉발되는 것이 아니다. 수컷들은 일부러 경계를 순찰하면서 외톨이 수컷을 찾아보고, 그러다가 정말로 눈에 띄면 당장 목표로 삼는다. 살해는 한 사회 내에서도 벌어진다. 수컷 일당이 경쟁자 수컷을 죽일 때도 있고, 강한 암컷이 수컷이나 다른 암컷의 도움을 받아 약한 암컷의 새끼를 죽일 때도 있다.

구달이 이런 사례들을 발표했을 때, 과학자들은 이것이 변칙적 발작인지, 병리학적 징후인지, 영장류학자가 관찰을 위해 침팬지들에게 먹이를 제공했기 때문인지 의심했다. 그러나 30년이 지난 지금은 치명적 공격성이 침팬지의 정상적인 행동거지의 일부라는 데에 하등의 의혹이 없다. 그동안 영장류학자들이 관찰하거나 증거를 통해 짐작한 경우만 꼽아도, 다른 사회 간의 공격에서 50마리 가까이 죽었다. 같은 사회 내의 공격에서도 25마리가 넘게 죽었다. 이것은 최소 아홉 개 사회를 관찰한 결과인데, 그중에는 먹이 공급을 전혀 받지 않은 사회도 있었다. 어떤 곳에서는 수컷의 3분의 1 이상이 폭력에 희생되었다.[14)]

침팬지들의 살해에는 다윈주의적 논리가 있을까? 구달의 학생이었던 영장류학자 리처드 랭엄은 침팬지들의 인구 구성과 생태 데이터를 방대하게 수집한 뒤, 다양한 가설을 확인해 보았다.[15)] 그는 커다란 다윈주의적 이점 하나와 작은 이점 하나를 발견했다. 우선, 침팬지들은 경쟁 수컷과 그 새끼들을 없앰으로써 영역을 확장할 수 있다. 상대의 영역으로 곧장 이주할 수도 있고, 수적 우세가 커진 점을 활용하여 나중의 싸움에서 이길 수도 있다. 그러면 새 영역의 먹이에 대한 접근성을 자기 자신, 자신의 새끼들, 자신과 교배하는 암컷들의 몫으로 독점할 수 있고, 그러면 암컷들은 더 많이 출산할 수 있다. 간혹 수컷들은 쳐부순 사회의 암컷들을 흡수하는데, 그러면 또 다른 번식적 이점을 누리는 셈이다. 그런데 이것은 침팬지들이 노골적으로 먹이나 암컷 때문에 싸운다는 말이 아니다. 녀석들의 관심은 그저 영역을 점령하는 것이고, 위험이 적은 상황이라면 경쟁자를 제거하는 것이다. 진화적 편익은 간접적으로, 또한 장기적으로 발생한다.

위험에 대해서라면, 침팬지들은 불공평한 싸움만 고름으로써 위험을 최소화한다. 자신이 저쪽보다 3 대 1 이상 우세한 경우만 고르는 것이다. 침팬지의 경우에는 주로 채집 패턴 때문에 불운한 피해자가 공격자들의 수중에 들어가곤 한다. 과일나무가 숲에 듬성듬성 분포해 있기 때문이다. 굶주린 침팬지는 소규모로, 아니면 홀로 먹이를 찾다가 누구의 영역도 아닌 중간 지대로 들어선다.

하지만 이것이 인간의 폭력성과 무슨 상관일까? 이것은 인간과 침팬지의 공통 선조가 살았던 약 600만 년 전부터 인간 계통이 치명적 습격을 시행했을지도 모른다는 가능성을 시사한다. 또 다른 가능성도 있다. 인간과 보통 침팬지(판 트로글로디테스)의 공통 선조는 보노보 혹은 피그미 침팬지(판 파니스쿠스)라고 불리는 제3의 종을 세상에 남겼다. 이 종은 약 200만 년 전에 사촌들로부터 떨어져 나갔다. 인간과 보노보는 인간과 침팬지만큼이나 가까운 사이이다. 그런데 보노보는 치명적 습격을 전혀 하지 않는다. 보노보와 침팬지의 차이는 대중에게 가장 잘 알려진 영장류학적 사실 중 하나일 것이다. 보노보는 평화롭고, 모계적이고, 호색적이고, 초식성이며, 이른바 '히피 침팬지'로 유명하다. 뉴욕에는 보노보의 이름을 딴 채식 식당이 있고, 성 전문가 수지 박사는 녀석들에게서 영감을 받아 "평화로운 보노보식 쾌락 추구법"을 설파했으며, 《뉴욕 타임스》 칼럼니스트 모린 다우드는 녀석들이 현대 남성의 모범이 되기를 바란다고 말했다.[16)]

영장류학자 프란스 드 발은 인간, 침팬지, 보노보의 공통 선조가 이론적으로 침팬지보다 보노보에 더 가까웠다고 주장한다.[17)] 그 말이 사실이라면, 인류 진화 역사에서 남자들 간의 폭력은 그 뿌리가 생각보다 얕은 셈이다. 침팬지와 인간은 치명적 습격 행위를 독자적으로 발달시켰을 테고, 인간의 습격 행위는 종 전체에서 진화적으로 발달한 것이 아니라 특정 문화에서 역사적으로 발달한 것일지도 모른다. 그렇다면 인간에게는 집단 폭력을 추구하는 타고난 기질이 없을지도 모르고, 리바이어던이든 다른 어떤 제도이든 폭력에서 멀어지게 하는 조치가 필요 없을지도 모른다.

인간이 보노보를 닮은 평화로운 선조에서 진화했다는 이 견해에는 두 가지 문제가 있다. 하나는 우리가 히피 침팬지 가설에 깜박 속기 쉽다는 점이다. 보노보는 멸종 위기 종이다. 콩고에서도 위험하고 접근하기 어려운 숲에서 산다. 학자들의 지식은 대부분 포획 상태에서 잘 먹인 새끼들이나 청년들을 관찰함으로써 얻은 것이다. 많은 영장류학자는 그보다 더 늙고, 굶주리고, 수가 많은 야생 보노보 집단을 체계적으로 조사할 경우 좀 더 음울한 그림이 그려질지도 모른다고 의심한다.[18] 실제로 야생 보노보는 사냥을 한다. 호전적으로 서로 맞서고, 싸우다가 다치기도 한다. 가끔은 치명상을 입을지도 모른다. 그러니 보노보가 침팬지보다는 분명 덜 공격적이지만 — 보노보는 습격은 하지 않고, 다른 사회와 평화롭게 어울린다. — 완벽하게 평화로운 종은 또 아니다.

두 번째이자 더 중요한 문제는 침팬지와 보노보와 인간의 공통 선조가 보노보보다 침팬지를 닮았을 가능성이 훨씬 높다는 점이다.[19] 보노보는 영장류치고 몹시 이상하다. 행동뿐 아니라 해부 구조도 그렇다. 보노보는 성체라도 머리가 새끼처럼 작고, 몸이 가볍고, 성차(性差)가 작고, 그 밖에도 여러 유아적인 특징들을 지닌다. 이것은 침팬지는 물론이거니와 다른 대형 유인원들(고릴라, 오랑우탄)과도 다른 점이고, 인간의 선조였던 오스트랄로피테쿠스 화석들과도 다르다. 보노보의 독특한 해부 구조를 대형 유인원의 계통수 속에 배치해 보면, 녀석들이 유형 성숙(neoteny)에 의해서 유인원의 일반적인 몸 구조로부터 멀어졌을지도 모른다는 추측이 든다. 유형 성숙은 동물의 성장 프로그램이 조절되어, 일부 유아적 속성들을(보노보의 경우에는 두개골과 뇌의 속성들) 성체가 되어서까지 간직하게끔 변한 것을 말한다. 늑대에서 유래한 개를 보면 알 수 있듯이, 유형 성숙은 가축화를 거친 종에서 종종 나타난다. 유형 성숙은 동물의 공격성을 줄이는 선택 방법이기도 하다. 랭엄은 보노보의 경우 수컷의 공격성을 줄이는 방향으로 선택이 진행된 것이 진화의 최초 동력이었다고 주장한다. 보노보는 대규모 집단으로 채집하기 때문에 취약하게 혼자 다니는 개체가 없고, 그래서 집단 공격성이 유리하게 작용할 계기가 없었다는 것이다. 이런 점을 고려할 때 보노보는 유인원 중에서 별종이라고 봐야 옳다. 인간은 아마도 침팬지와 더 가까운 동물에서 유래했을 것이다.

설령 침팬지와 인간이 독자적으로 집단 폭력성을 발달시켰더라도 그 우연의 일치 또한 시사하는 바가 있다. 다양한 규모의 집단으로 나눠져서 행동하는 지적인 종, 가까운 수컷들끼리 연합을 이루고 그 연합이 서로의 상대적 세력을 평가할 줄 아는 지적인 종에게 치명적 습격이 진화적으로 이득임을 암시하기 때문이다. 우리는 이 장의 뒷부분에서 인간의 폭력성을 논할 때 인간과 침팬지가 실제로 몇몇 측면에서 걱정스러우리만치 비슷하다는 사실을 다시 이야기할 것이다.

공통 선조와 현대 인간 사이의 빈틈을 화석으로 메울 수 있다면 좋겠지만, 침팬지의 선조는 화석을 전혀 남기지 않았고 호미니드의 화석이나 유물은 굉장히 드물다. 잘 보존된 무기나 상처처럼 직접적인 공격성의 증거는 극히 드물다. 어떤 고인류학자들은 남성의 송곳니 크기를 측정하거나 (공격적인 종은 송곳니가 단검처럼 생겼다.) 남녀의 몸집 차이를 재는 방법으로 (일부다처 종의 수컷은 경쟁자 수컷들과 싸워야 하므로 암컷보다 덩치가 큰 편이다.) 화석 종들의 폭력성을 알아본다.[20] 하지만 그 종이 얼마나 공격적인지 평화적인지 하는 문제와는 별개로, 호미니드는 애초에 턱뼈가 작아서 다른 영장류의 주둥이와는 달리 입이 크게 벌어지지 않기 때문에 송곳니가 커도 쓸모가 없다. 그리고 사려 깊게도 우리를 위해 완전한 골격을 엄청나게 많이 남겨 준 종이 아닌 이상, 지금에 와서 그들의 성별을 확실하게 가리고 몸집을 비교하기란 어려운 일이다(지금으로부터 440만 년 전에 살았고 호모속(屬)의 선조인 듯한 아르디피테쿠스 라미두스가 성차가 없고 송곳니가 작은 것으로 보아 일부일처로 평화롭게 살았으리라는 주장이 최근 제기되었으나, 많은 인류학자들은 앞에서 말한 이유들 때문에 그 결론에 회의적이다.).[21] 비교적 최근에 살았고 화석이 많이 발견된 **호모속 종**들을 보면, 적어도 200만 년 전부터는 남자가 여자보다 몸집이 컸다. 최소한 현대 인간의 차이만큼은 된다. 이 사실은 남자들 사이의 폭력적 경쟁이 인간 진화 계통에서 오래된 현상일 것이라는 추측을 뒷받침한다.[22]

인간 사회의 종류

우리가 속한 종인 '해부학적으로 현대적인 호모 사피엔스'는 20만 년 전에 등장했다고들 한다. 그러나 '행동 면에서 현대적인' 인간, 달리 말해 예술, 의식, 옷, 정교한 도구, 다양한 생태계에서 살아가는 능력을 지닌 인간은 더 최근에 등장했다. 아마도 7만 5000년 전쯤 아프리카에서 생겨나 세계 각지로 흩어졌을 것이다. 이 종이 처음 등장했을 때, 개체들은 친족끼리 작고 평등한 유랑 집단을 이루어 수렵 채집으로 연명했다. 문자 언어나 정부 따위는 없었다. 반면 오늘날은 대부분의 사람들이 인구 수백만 명을 헤아리는 계층화된 사회에서 정착하여 살고, 농사지은 음식을 먹고, 국가의 통치를 받는다. 신석기 혁명이라고 불리는 이 전환은 약 1만 년 전에 중동의 비옥한 초승달 지대, 중국, 인도, 서아프리카, 메소아메리카, 안데스에서 농업과 함께 등장했다.[23]

그러니 지금으로부터 1만 년 전을 인류 역사의 주요한 두 시기를 가르는 경계로 보고 싶을 만도 하다. 두 시기란 인간이 생물학적 진화의 대부분을 이뤘던 시기이자 현존하는 수렵 채집인에서도 그 행태를 엿볼 수 있는 수렵 채집 시기, 그리고 이후의 문명 시대이다. 인류가 생물학적으로 적응했던 생태 지위를 가리켜 진화 심리학자들은 '진화적 적응 환경'이라고 부르는데, 그 관련 이론들이 구분선으로 삼는 시점도 바로 이 시기이다. 하지만 리바이어던 가설에 관해서라면, 이 시기가 적절한 구분선이 되지 못한다.

우선, 1만 년 전이라는 이정표는 **최초의** 농경 사회들에게만 적용된다. 세계의 다른 지역에서는 농업이 그보다 더 늦게 발달했다. 농업은 최초의 요람들로부터 아주 천천히 바깥으로 퍼져 나갔다. 가령 아일랜드는 6000년 전쯤에야 비로소 근동에서 전파된 농업의 물결에 휩쓸렸다.[24] 아메리카, 오스트레일리아, 아시아, 아프리카의 여러 지역에는 불과 몇백 년 전까지 수렵 채집인이 살았고, 지금도 소수가 살고 있다.

그리고 모든 사회를 늘 수렵 채집 집단과 농경 문명으로 깨끗이 나눌 수는 없다.[25] 비국가 사회들 중에서 우리가 가장 친숙한 사례는 칼라하리 사막의 쿵산 족이나 북극의 이누이트 족처럼 작은 군을 이뤄 살아가는 수렵 채집인들이다. 그런데 이들이 여태 수렵 채집을 해 온 이유는 그들 외에는 아무도 원하지 않는 외진 지역에서 살기 때문이다. 그러므로 그들은 좀 더 풍요로운 환경을 누렸음 직한 과거 무정부 사회의 선조들을 대변하는 표본이 못 된다. 최근에도 어떤 수렵 채집 부족들은 물고기와 사냥감이 풍부한 계곡이나 강처럼 더 풍성하고, 복잡하고, 정착적인 생활 방식을 뒷받침하는 지역에 터를 잡았다. 토템폴과 포틀래치로 유명한 아메리카 대륙 북서부 원주민들이 그런 예다. 그 밖에도 국가의 손길을 벗어난 사회로는 수렵과 원예 농업을 병행하는 사람들이 있다. 가령 아마존 유역과 뉴기니 사람들은 화전으로 일군 텃밭에서 바나나나 고구마를 키워서 수렵 채집을 보완한다. 그들의 생활은 완전한 수렵 채집인들만큼 검약하지는 않지만, 정착한 농사꾼보다는 수렵 채집인에 가깝다.

최초의 농부들이 정착하여 곡물과 콩을 재배하고 가축을 기르자, 인구는 폭발적으로 늘었다. 사람들은 분업을 하기 시작했고, 덕분에 일부는 남들이 기른 음식을 먹고살 수 있었다. 그러나 그들이 당장 복잡한 국가와 정부를 세우지는 않았다. 사람들은 먼저 핏줄과 문화로 이어진 부족으로 통합했고, 때로 부족들이 합쳐져서 중앙 집권하는 지도자와 그를 종신 보필하는 수행원들이 있는 군장 사회를 이루었다. 어떤 부족들은 목축을 택하여, 가축과 함께 돌아다니면서 동물에게서 난 산물을 정착 농부들과 거래했다. 히브리 성경의 이스라엘인들은 바로 이런 목축 부족이었고, 판관들의 시대에 즈음하여 군장 사회로 발전했다.

진정한 국가는 농업이 등장하고도 5000년가량 더 흐른 뒤에 나타났다.[26] 이것은 강력한 군장 사회가 다른 군장 사회나 부족 사회에게 무장한 종자들을 보내어 통치하기 시작하면서 벌어진 일이었다. 그런 사회는 이후에도 더욱 중앙에 힘을 집중시키면서 장인이나 군인 같은 전문가 계층의 틈새시장을 장려했다. 이렇게 등장한 국가는 요새, 도시, 방어 가능한 거주지를 지었다. 그리고 이후 문자가 개발되자 기록을 남길 수 있었고, 백성에게서 세금과 공물을 정확하게 거둘 수 있었고, 법률을 성문화하여 질서를 지킬 수 있었다. 비열한 이웃들이 자산을 넘보곤 했기 때문에 나라들은 방어 태세를 갖춰야 했고, 그러다가 큰 나라가 작은 나라를 삼키기도 했다.

인류학자들은 이런 사회 종류들에 더하여 많은 하위 분류와 중간 사례가 있었다고 주장한다. 또한 단순한 사회가 필연적으로 더 복잡한 사회로 발전하는 문화적 에스컬레이터 따위는 없다고 강조한다. 부족 사회나 군장 사회가 영원히 그 방식을 유지할 수도 있다. 유럽의 몬테네그로 부족은 20세기까지도 그런 방식으로 존속했다. 국가가 망하고 다시 부족들이 할거하는 경우도 있다. 그리스의 암흑시대가 그랬고(미케네 문명의 붕괴 이후, 호메로스 서사시의 배경이었던 시대를 말한다.), 유럽의 암흑시대도 그랬다(로마 제국 멸망 이후를 말한다.). 요즘도 소말리아, 수단, 아프가니스탄, 콩고 민주 공화국처럼 국가가 실패한 지역은 사실상 군장 사회인 셈이다. 군장 대신 군벌이라 부르는 것이 다를 뿐이다.[27]

그러므로, 폭력의 역사적 변화를 살필 때 달력의 시간표에 대고서 사망자 그래프를 그리는 방식은 합당하지 않다. 특정 인구 집단에서 폭력 감소가 확인되더라도, 그것은 사회의 조직이 바뀐 탓일 뿐 역사의 시계가 예정된 시각을 울린 탓은 아니다. 변화는 다른 시점에 벌어질 수도 있었다. 사실이지 아예 벌어지지 않을 수도 있었다. 또한 폭력이 단순한 유목적 수렵 채집 사회에서 시작하여 복잡한 정주적 수렵 채집 사회, 다음에는 농경 부족 사회와 군장 사회, 작은 국가, 큰 국가로 이어지는 연속선 상에서 매끄럽게 감소했으리라고 예상해서도 안 된다. 우리가 예상해도 좋은 것은 단 하나의 대대적인 변화뿐이다. 그 변화는 자신의 경계 내부에서 폭력을 줄이려는 의도를 드러냈던 최초의 사회 조직이 등장함으로써 벌어진 일이었을 것이다. 그것이 바로 중앙 집권화된 국가, 리바이어던이었다.

최초의 국가들은 (홉스가 이론화한 코먼웰스[Commonwealth]와는 달리) 시민들의 협상에서 도출된 사회적 계약에 의거하여 힘을 부여 받은 연합체가 아니었다. 그보다는 보호비 명목으로 금품을 뜯어내는 조직에 더 가까웠다. 강력한 마피아가 지역 주민에게서 자원을 갈취하면서 적대적인 이웃 지역이나 다른 주민들로부터 안전하게 지켜 주겠다고 말하는 것과 비슷했다.[28] 그 덕분에 폭력이 줄었을 때, 피보호자들만큼이나 지배자들도 이득을 보았다. 농부가 자기 가축들끼리 서로 죽이는 것을 막는 것처럼, 통치자는 자기 백성들끼리 습격과 혈수의 악순환에 빠지는 것을 막으려 하기 마련이다. 백성들에게는 그것이 자원을 뒤섞거나 원한을 청산하는 행위일지라도 통치자에게는 말짱 손실에 지나지 않기 때문이다.

✤ ✤ ✤

비국가 사회에서의 폭력이라는 주제에는 유구하고 정치적인 역사가 딸려 있다. 지난 몇 백 년 동안은 원주민은 곧 흉포한 야만인이라는 생각이 상식처럼 통했다. 미국 독립 선언문에는 영국 왕이 "우리 개척지에 거주하는 자들, 즉 전쟁의 법도라고는 나이와 성별과 상태를 가리지 않고 죽이는 것밖에 모르는 무자비한 인디언 미개인들을 굳이 향상시키려고 애쓴다."며 불평한 대목이 있다.

지금에 와서는 이 문장이 구식으로 느껴질뿐더러 거슬린다. 요즘의 사전들은 원주민을 **미개인**으로 지칭하지 말라고 경고한다(미개인을 뜻하는 영어 단어 savage는 '숲'을 뜻하는 sylvan과 관계있다.). 우리는 유럽 식민주의자들이 저지른 아메리카 원주민 집단 살해를 익히 알기에, 독립 선언문 서명자들의 저 말이 꼭 똥 묻은 개가 겨 묻은 개 나무라는 것처럼 느껴진다. 현대는 모두의 존엄과 권리를 배려하는 시대이기에, 우리는 문자 이전 옛 선조들의 폭력성에 대해서조차 너무 노골적으로 이야기하기를 꺼린다. 평화의 인류학자들은 한술 더 떠 그들에게 루소 풍의 이미지 변신을 시켜 주었다. 일례로 마거릿 미드는 뉴기니의 참브리 족에 대해서 남자가 화장과 머리치장을 하는 점으로 보아 성 역할이 역전된 문화라고 묘사했다. 하지만 미드는 언뜻 여성스럽게 느껴지는 이 치장의 권리가 다른 부족 사람을 죽인 남자에게만 주어진다는 점은 말하지 않았다.[29] 이런 노선에 동참하지 않는 인류학자들은 그동안 자기들이 연구했던 지역에 출입하지 못하게 되었고, 전문가 집단의 비난 성명에 시달렸고, 명예 훼손 소송을 당했고, 심지어 집단 살해자라는 비방을 받았다.[30]

솔직히, 부족 간 전투가 현대 전쟁에 비해 해롭지 않다는 인상을 받기가 쉬운 것은 사실이다. 부족 사회에서 이웃 마을에 불만이 있는 남자들은 시간과 장소를 정하여 대결을 신청한다. 양측은 무기를 던졌을 때 겨우 닿을 만한 거리에서 마주 선다. 양측은 욕설과 모욕과 허풍을 지껄이며 말로 도발하고, 화살을 쏘거나 창을 날리고, 서로 요리조리 피한다. 전사 한두 명이 다치거나 죽으면 그것으로 끝이다. 이 요란한 광경을 본 목격자들은 원시인의 전쟁은 의례적이고 상징적인 행위로서 진보한 인간들의 영광스러운 살육과는 전혀 다르다고 결론지었다.[31] 역사학자 윌리엄 에크하르트는 인류 역사에서 폭력이 크게 늘었다는 주장으로 자주 인용되는 사람인데, 이렇게 말했다. "각각 25~50명가량을 헤아리는 수렵 채집인 무리들은 전쟁이라고 부를 만한 일을 벌일 수 없었다. 싸울 인원도, 무기도, 이유도, 싸움에 대해 치러야 할 잉여의 비용도 충분하지 않았다."[32]

로런스 킬리, 스티븐 르블랑, 아자르 가트, 요한 반 데르 데넨 등등 아무런 정치적 속셈이 없는 학자들이 나서서 수많은 비국가 사회 표본들에 대해 싸움의 빈도와 피해 규모를 체계적으로 수집하기 시작한 것은 불과 15년 전부터였다.[33] 그들이 원시 전쟁의 실제 사망자를 헤아린 결과, 전투 한 건 한 건이 무해한 듯 보이는 것은 사실 눈속임에 지나지 않았다. 소규모 접전이 전면전으로 비화되어 전장이 시체로 뒤덮일 수도 있다. 그리고 수십 명으로 구성된 무리들끼리 자주 충돌한다면, 전투당 한두 명만 죽더라도 사망 비율은 어떤 잣대로 재든 높을 수 있다.

제일 중요한 왜곡은 따로 있었다. 전투와 습격이라는 두 종류의 폭력을 구분하지 않은 점이다. 이것은 침팬지 연구에서도 대단히 중요한 문제로 드러났다. 대량 살상은 사실 요란한 전투가 아니라 음흉한 습격에서 발생한다.[34] 이런 식이다. 한 무리의 남자들이 동트기 전에 상대 마을로 숨어들어, 마을에서 제일 먼저 아침 소변을 누려고 오두막을 나온 남자에게 화살을 박아 넣고, 무슨 소동인가 보려고 몰려나온 다른 사람들도 쏘아 죽인다. 그러고는 오두막 벽에 창을 던지고, 문이나 굴뚝에 화살을 쏘아 넣고, 집에 불을 지른다. 그러면 잠이 덜 깬 사람들을 잔뜩 죽일 수 있다. 이윽고 상대가 방어 전열을 가다듬었을 때는 공격자들이 벌써 숲으로 사라진 뒤다.

가끔은 충분히 많은 공격자가 몰려가서 상대 마을 사람들을 모조리 학살한다. 아니면, 남자는 몽땅 죽이고 여자는 납치해 온다. 은밀하되 효과적인 또 다른 방법은 매복했다가 급습하는 것이다. 복병들은 사냥길 옆 숲에 숨었다가 적이 지나가면 신속히 해치운다. 또 다른 전략은 배신이다. 상대와 평화롭게 지낼 것처럼 행세하면서 잔치에 초대한 뒤, 미리 정해 둔 신호에 따라 일말의 의심도 품지 않은 손님들을 찔러 죽이는 것이다. 어쩌다 홀로 자신들의 영역에 발을 들인 상대에 대해서는 침팬지와 같은 전략을 쓴다. 즉 보자마자 쏘아 죽인다.

비국가 사회의 남자들은 (거의 언제나 남자들이다.) 전쟁에 지독하게 진지하다. 전략만이 아니라 무기도 그렇다. 화학 무기, 생물 무기, 대인(對人) 무기가 다 있다.[35] 동물에서 얻은 독을 화살촉에 바르는가 하면, 부패 조직을 발라 두어서 맞았을 때 상처가 곪게 만든다. 화살촉이 화살대에서 부러지게끔 설계함으로써 피해자가 뽑아내기 어렵게 만든다. 전사들은 적의 머리통, 머릿가죽, 생식기와 같은 트로피를 포상으로 취한다. 문자적 의미에서의 포로를 붙잡는 일은 없지만, 가끔은 한 명을 자기 마을로 끌고 와서 고문한 뒤 죽인다. 메이플라워호로 이주해 왔던 윌리엄 브래드퍼드는 매사추세츠 원주민들에 대해서 이런 목격담을 남겼다. "[그들은] 그저 사람을 죽여 목숨을 빼앗는 것만으로는 만족하지 못해, 세상에서 세일 끔찍한 방식으로 괴롭히면서 즐거워한다. 조개껍데기로 산 사람의 가죽을 벗기고, 신체 일부와 관절을 조금씩 잘라 불에 구운 다음에 희생자가 살아서 지켜보는 동안 그 살점을 먹는다."[36]

우리는 유럽 식민주의자들이 원주민을 미개인으로 이른 글에 발끈하며 유럽인의 위선과 인종주의를 온당히 나무라지만, 그렇다고 해서 유럽인이 원주민의 잔학 행위를 죄다 지어낸 것은 아니었다. 실제로 부족 전쟁을 목격했던 많은 사람이 살아 돌아와서 끔찍한 폭력상을 들려주었다. 1930년대에 베네수엘라 우림에서 야노마뫼 족에게 납치 당했던 헬레나 발레로는 이렇게 회상했다.

> 그동안 사방에서 여자들이 아이들을 데리고 잇따라 도착했다. 다른 카라웨타리 사람들이 그들을 붙잡았다. …… 다음에 남자들은 아이들을 죽이기 시작했다. 어린아이도 큰 아이도 많이도 죽였다. 아이들은 달아나려 했지만, 어김없이 그들에게 붙잡혔다. 그들은 아이를 바닥에 팽개친 뒤에 활을 던졌다. 활은 아이의 몸을 꿰뚫고 땅에 박혔다. 그들은 제일 작은 아이들의 발을 붙잡아 나무와 바위에 두들겼다. …… 여자들은 모두 울었다.[37)]

19세기 초에 윌리엄 버클리라는 영국인 죄수는 오스트레일리아 유형지에서 도망쳐, 와사우룽 원주민과 함께 30년을 행복하게 살았다. 그가 직접 체험한 원주민들의 생활 방식을 들려준 내용에는 전쟁에 대한 이야기도 있다.

> 적들의 거처에 거의 다다르면, 그들은 몸을 낮춰 매복하고 사위가 조용해질 때까지 기다렸다. 다들 잠든 것을 확인하면, 여러 무리로 나눠 공격을 개시했다. 우리 무리는 돌진하여 현장에서 세 명을 죽였고 여러 명에게 부상을 입혔다. 적들은 전쟁 도구를 공격자들의 손에 놓아두고 부상자는 부메랑에 맞아 죽게 내버려 둔 채 황급히 달아났다. 승자들은 세 번의 우렁찬 환성으로 승리를 마무리했다. 그리고 충격적인 방법으로 시신을 훼손했다. 부싯돌,

> 조개껍데기, 토마호크로 팔다리를 잘라 냈다.
>
> 남자들이 개선하는 모습에 여자들도 엄청난 환성을 올렸고, 야만적인 황홀경에 빠져 춤을 추었다. 그들은 시신을 땅에 내던지고 몽둥이로 두들겼다. 모두가 흥분으로 완전히 미친 것처럼 보였다.[38]

원주민을 접한 유럽인만이 아니라 원주민들 자신도 그런 일화를 들려주었다. 이누이트 이누피아크 족의 로버트 나스룩 클리블랜드는 1965년에 이런 회상을 남겼다.

> 다음날 아침, 습격자들은 야영지를 덮쳐 그곳에 남아 있던 여자와 아이를 모조리 죽였다. …… 자신들이 죽인 원주민 여자들의 질에 성기를 살짝 박아 넣은 뒤, 노아탁 남자들은 키티티아아바아트와 그녀의 아기를 데리고서 노아탁 강 상류로 물러났다. …… 이윽고 집에 거의 다 왔을 때, 노아탁 남자들은 키티티아아바아트를 윤간한 뒤 아기와 함께 버려 죽게 놔두었다. …… 코북 족 카리부 사냥꾼들은 몇 주 뒤에 집에 돌아와서 아내들과 아이들의 유해가 썩어 가는 것을 보았고, 복수를 맹세했다. 다시 한두 해가 흐른 뒤, 그들은 상대를 찾아내기 위해서 노아탁 상류로 북진했다. 곧 그들은 규모가 큰 누아타아미우트 집단을 발견했고, 몰래 그들을 뒤쫓았다. 어느 날 아침, 누아타아미우트 야영지의 남자들이 거대한 카리부 떼를 발견하고서 녀석들을 잡으러 나갔다. 그들이 떠난 동안, 코북 습격자들은 야영지에 남아 있던 여자들을 몽땅 죽였다. 그리고 여자들의 음문을 잘라서 줄줄이 꿴 뒤, 신속히 집을 향해 떠났다.[39]

식인 행위는 오래전부터 원시적 미개함의 정수로 여겨졌는데, 그에 대한 반발로 많은 인류학자는 식인에 대한 보고가 이웃 부족의 끔찍한 중상모략에 지나지 않을 것이라며 가벼이 넘겼다. 하지만 최근 과학 수사적 고고학 연구에 따르면, 식인 행위는 실제로 선사 시대에 널리 퍼져 있었다. 사람의 이빨 자국이 난 사람 뼈, 다른 동물 뼈처럼 갈라지고 구워졌으며 음식 쓰레기와 함께 버려진 사람 뼈 등이 증거이다.[40] 도살된 사람 뼈 중 일부는 80만 년 전의 것이었다. 현대 인류와 네안데르탈인의 공통 선조인 호모 하이델베르겐시스가 진화 무대에 등장했던 시점이다. 요리용 단지와 고대의 인간 배설물에서도 사람의 혈액 단백질이 검출되었다. 어쩌면 선사 시대에 식인이 하도 흔하게 벌어져서 우리의 진화에까지 영향을 미쳤을지도 모른다. 우리 게놈에는 식인 행위로 감염되는 프리온 병에 대한 방어 기제로 보이는 유전자들이 존재하기 때문이다.[41] 이런 증거는 목격자 증언과도 일치한다. 아래는 마오리 전사가 보존 처리된 적군 족장의 머리에 대고 조롱한 말을 선교사가 받아 적은 것이다.

> 도망치고 싶었지, 안 그래? 하지만 내 곤봉이 너를 따라잡았지. 나는 너를 요리해서 이 입으로 먹었지. 네 아비는 어디 있지? 그도 요리되었지. 네 형제는 어디 있지? 그도 잡아먹혔지. 네 아내는 어디 있지? 내 아내가 되어서 저기 앉아 있군. 네 아이들은 어디 있지? 저기들 있군. 내 노예가 되어, 등에는 짐을 지고 음식을 나르지.[42]

순수한 수렵 채집인의 이미지를 그럴듯하게 받아들인 학자가 많았던 것은 수렵 채집인을 전쟁으로 내몰 만한 수단과 동기를 통 상상할 수 없었기 때문이다. 에크하르트는 수렵 채집인에게 "싸울 이유가 없다."고 말하지 않았던가. 그러나 자연 선택으로 진화한 생물이라면 늘 싸울 거리가 있기 마련이다(그렇다고 늘 싸운다는 말은 아니다.). 홉스는 인간에게 특히 세 가지 분쟁 원인이 있다고 지적했다. 이득, 안전, 신뢰성 있는 억제를

추구하기 위해서. 비국가 사회 사람들도 이 셋 모두를 놓고 싸웠다.[43)]

수렵 채집인도 땅을 얻기 위해서 남을 침략한다. 사냥터, 물웅덩이, 강둑이나 하구, 혹은 부싯돌, 흑요석, 소금, 황토처럼 귀한 광물 자원을 얻기 위해서다. 상대의 가축이나 저장 식량을 약탈할 수도 있다. 그들은 또 여자를 놓고 자주 싸운다. 남자들은 여자를 납치하려는 뚜렷한 목적에서 이웃 마을을 습격하고, 데려온 여자들을 윤간하거나 아내로 나눠 갖는다. 자신들과 결혼하기로 약속되었으나 정해진 날에 전달되지 않은 여자들을 데려오려고 습격하기도 한다. 청년들은 때로 트로피나 인기와 같은 용맹함의 상징을 획득하려고 공격한다. 그런 것을 획득한 사람만을 성인으로 간주하는 사회에서는 특히 그렇다.

비국가 사회 사람들은 안전을 위해서도 싸운다. 그들의 머리에도 안보의 딜레마, 즉 홉스의 함정이 들어 있다. 자기 집단이 작아서 걱정일 때는 이웃 마을과 제휴를 맺고, 적들의 연합이 커지는 것이 걱정일 때는 선제공격을 가한다. 아마존 유역 야노마뫼 족의 한 남자는 인류학자에게 이렇게 말했다. "우리는 싸움에 진력이 났소. 더 이상 죽이고 싶지 않아. 하지만 남들이 배신을 하니까 믿을 수가 있어야지."[44)]

그러나 대부분의 조사에서 전쟁의 동기로 제일 자주 거론되는 것은 역시 복수다. 복수는 공격의 장기적 기대 비용을 높임으로써 잠재적 적에게 잔혹한 억제력을 발휘한다. 『일리아드』에서 아킬레우스는 전 세계 문화에서 한결같이 발견되는 인간 심리의 일면인 복수를 묘사하며, 그것은 "흐르는 꿀보다 더 감미롭게 남자의 가슴에서 연기처럼 솟아난다."고 말했다. 수렵 채집인들과 부족 사회 사람들은 도둑질, 간통, 재물 파괴, 밀렵, 여자 납치, 틀어진 거래, 마술로 여겨진 행위, 과거의 폭력 행위에 대해서 복수한다. 한 비교 문화 연구에 따르면, 목숨에는 목숨으로 복수한다는 생각에 확실히 찬성한 사회가 전체 조사 대상의 95퍼센트였다.[45] 부족 사회 사람들도 가슴에서 솟아나는 연기를 느꼈음은 물론이요, 자신의 적도 그렇게 느낀다는 사실 또한 잘 알았다. 그들이 간혹 습격할 때 한 명도 남김 없이 모조리 학살했던 것은 그 때문이었다. 생존자를 한 명이라도 남기면 그가 나중에 참살된 친족에 대한 복수를 꾀할 것이라는 사실을 충분히 예견했던 것이다.

국가와 비국가 사회에서 폭력의 비율

비국가 사회들의 폭력에 대한 묘사는 수렵 채집인이 본질적으로 평화롭다는 고정관념을 허문다. 그러나 그 폭력의 수준이 이른바 문명화된 사회들에 비해 더 높은지 낮은지는 말해 주지 않는다. 현대 국가들의 연대기에도 섬뜩한 학살이나 잔학 행위가 결코 부족하지 않고, 특히 모든 대륙의 원주민에 대해서 그런 짓이 벌어졌으며, 현대 국가들의 전쟁 사망자 수는 1000만 명 단위이다. 문명이 폭력을 증가시켰는지 감소시켰는지 알아보는 방법은 숫자를 따져 보는 것밖에 없다.

물론, 절대 숫자로 따지자면 문명화된 사회들이 자행한 파괴력에 대적할 적수가 없다. 하지만 우리가 따져야 할 것이 절대 숫자일까? 아니면 인구 대비 비율로 계산한 상대 숫자일까? 이것은 인구 100명 중 50퍼센트가 살해되는 것과 10억 명 중 1퍼센트가 살해되는 것 중 어느 쪽이 더 나쁜가 하는, 도덕적 판단이 불가능한 선택을 안기는 문제이다. 누군가는 고문과 살해를 당하는 사람의 괴로움은 같은 운명을 겪는 다른 사람의 수와는 무관하므로 우리가 공감과 분석의 대상으로 삼아야 할 것은 그런 괴로움의 총합이라고 말할 것이다. 반면에 다른 누군가는 살아 있다고 해서 다 좋은 것은 아니고 거기에는 가령 때 이른 죽음이나 고통스런 죽음을 맞을 가능성과 같은 나름의 대가가 따른다고 지적할 것이다.

그것이 폭력이든, 사고든, 질병이든. 따라서 특정 시대와 장소에서 온전한 삶을 누리는 사람의 수만을 도덕적 선으로 집계해야 하고, 폭력 피해자가 된 사람의 수를 도덕적 악으로 집계해야 한다고 말할 것이다. 이 사고방식은 한마디로 이렇게 묻는 것이다. '만일 내가 특정 시대에 살았다면, 폭력 피해자가 될 확률이 얼마였을까?' 이 사고방식에 따르면, 여러 사회의 폭력 피해를 비교할 때는 폭력 행위의 숫자가 아니라 인구 비율이든 개인의 위험률이든 비율에 집중해야 한다는 결론이다.

그렇다면, 국가의 등장을 구분선으로 삼아서 한쪽에는 수렵 채집 사회, 수렵 및 원예 농업 사회, 그 밖의 부족 사회를 놓고(시대를 불문한다.) 반대쪽에는 정착 국가를 놓아서 비교할 때(역시 시대를 불문한다.), 어떤 결과가 나올까? 최근 여러 학자들이 인류학적, 역사적 문헌을 뒤져서 비국가 사회들의 사망자 수에 대한 믿을 만한 자료를 최대한 모았다. 방법은 두 가지다. 하나는 민족지학자들이 한 사회를 오랫동안 연구하면서 기록했던 인구 통계 데이터를 쓰는 것이다. 물론 사망자 수를 포함한 자료여야 한다.[46] 다른 하나는 매장지나 박물관 소장품에서 옛 범죄의 흔적을 찾아보는 과학 수사적 고고학자들의 자료를 쓰는 것이다.[47]

수백 수천 년 전에 숨을 거둔 사람의 사망 원인을 어떻게 밝힐까? 일부 선사 시대 유골에는 범죄의 결정적 증거에 해당하는 물건이 딸려 있다. 케너윅맨이나 외치처럼 뼈에 창촉이나 화살촉이 박힌 경우이다. 그러나 정황 증거도 그 못지않게 강력할 수 있다. 고고학자들은 요즘 우리가 폭행을 당했을 때 입게 되는 상처를 선사 시대 유골에서 찾아본다. 두개골 함몰, 머리나 팔다리뼈가 석기에 긁힌 자국, 자뼈의 방어 골절(사람이 팔을 들어 공격을 막을 때 생기는 부상이다.) 등이다. 살아 있는 몸속에서 골격이 입은 부상은 골격이 몸 밖으로 나온 뒤에 입은 상처와 여러 모로 구별된다. 산 뼈는 유리처럼 부서져서 절단면이 날카롭고 뾰족뾰족하지만, 죽은 뼈는 분필처럼 부서져서 절단면이 직각으로 깔끔하다. 그리고 뼈에서 골절된 면의 풍화 패턴이 온전한 면의 패턴과 다르다면, 그 뼈는 그것을 감쌌던 살이 썩어 없어진 뒤에 부러졌을 가능성이 높다. 환경에서 발견되는 또 다른 범죄 신호는 방어 시설, 방패, 토마호크 같은 쇼크 무기(이런 무기는 사냥에는 쓸모가 없다.), 동굴벽에 그려진 전투 묘사(6000년 이상 된 그림도 있다.) 등이다. 이런 증거를 다 고려하더라도 고고학적 사망자 수 추정은 과소평가이기가 쉽다. 어떤 사망 원인들은 — 독화살, 패혈성 상처, 장기나 혈관 파열 — 피해자의 뼈에 흔적을 남기지 않기 때문이다.

일단 폭력에 의한 사망자 수라는 미가공 데이터를 다 취합했다면, 연구자는 두 가지 방법으로 그것을 비율로 바꿀 수 있다. 첫째는 전체 사망자 가운데 폭력으로 인한 사망자의 비율을 계산하는 것이다. 이 비는 '사람이 자연사하지 않고 타인의 손에 죽을 확률이 얼마인가?'라는 질문에 대한 답이다. 그림 2-2의 그래프는 비국가 사회에 해당하는 세 표본의 통계와 — 선사 시대 매장지의 유골, 수렵 채집 사회, 수렵 및 원예 농업 사회 — 다양한 국가 사회들의 통계를 보여 준다. 함께 찬찬히 살펴보자.

맨 위 집단은 고고학 매장지에서 발굴된 유골 중에서 폭력에 의해 사망한 유골의 비율이다.[48] 유골은 기원전 1만 4000년에서 기원후 1770년까지 아시아, 아프리카, 유럽, 아메리카에 존재했던 수렵 채집 사회, 아니면 수렵 및 원예 농업 사회에 속했던 사람들의 것이다. 어느 쪽이든 국가가 등장하기 한참 전, 혹은 국가와의 지속적 접촉이 벌어지기 한참 전의 사회들이었다. 그 사망률은 0~60퍼센트 사이이고, 평균은 15퍼센트이다.

그 다음은 지금까지 존재하거나 최근까지 존재했고 주로 수렵 채집으로 생계를 꾸린 여덟 사회의 수치이다.[49] 아메리카, 필리핀, 오스트레일리아에서 나온 자료이다. 이들의 평균 전쟁 사망률은 유골에서 추정

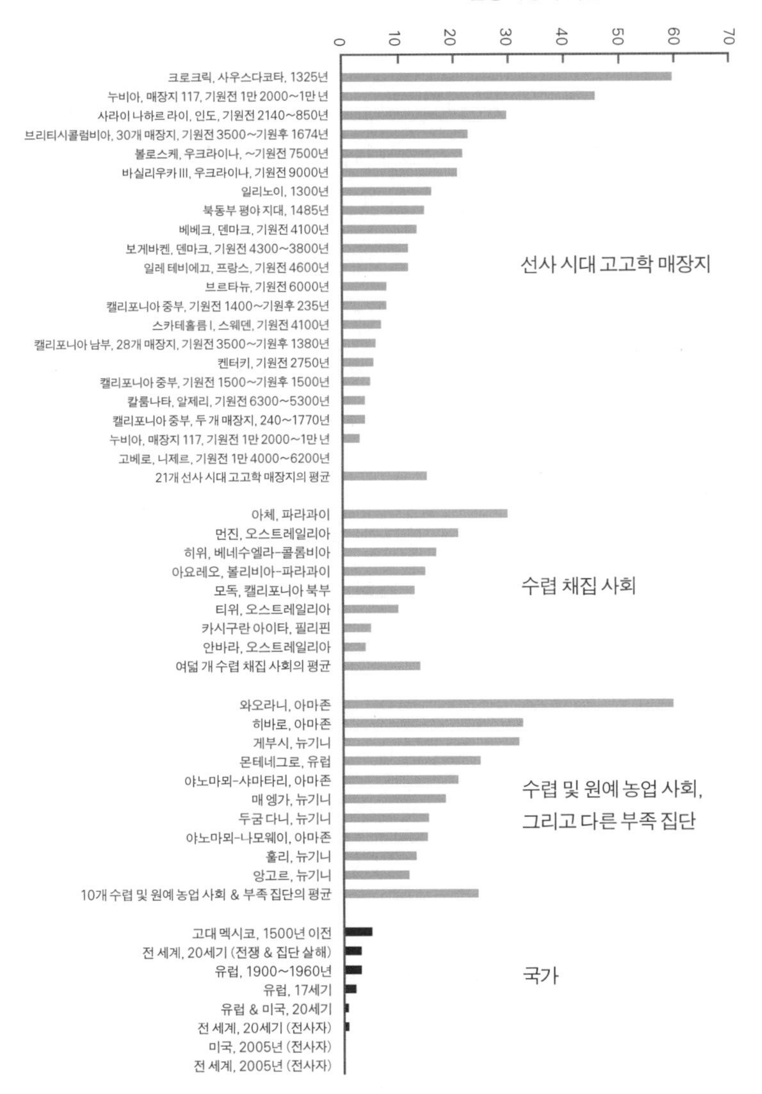

그림 2-2. 비국가 사회와 국가 사회에서 전쟁으로 인한 사망자 비율.

출처: 선사 시대 고고학 매장지: Bowles, 2009; Keeley, 1996. 수렵 채집 사회: Bowles, 2009. 수렵 및 원예 농업 사회와 다른 부족 집단: Gat, 2006; Keeley, 1996. 고대 멕시코: Keeley, 1996. 전 세계, 20세기의 전쟁과 집단 살해(인재에 해당하는 기근 포함): White, 2011. 유럽, 1900~1960년: Keeley, 1996, from Wright, 1942, 1942/1964, 1942/1965; 주 52 참고. 유럽, 17세기: Keeley, 1996. 유럽과 미국, 20세기: Keeley, 1996, from Harris, 1975. 전 세계, 20세기 전사자: Lacina & Gleditsch, 2005; Sarkees, 2000; 주 54 참고. 미국, 2005년 전사자: 본문과 주 57 참고. 전 세계, 2005년 전사자: 본문과 주 58 참고.

된 사망률과 근소한 차이를 보일 뿐이다. 평균은 14퍼센트이고, 범위는 4~30퍼센트 사이이다.

그 다음 집단은 수렵, 채집, 원예 농업을 섞어서 시행했던 국가 이전 사회들을 묶은 것이다. 모두 뉴기니와 아마존 우림 지역이고, 유일한 예외는 유럽 최후의 부족 사회였던 몬테네그로 족이다. 몬테네그로 족의 폭력적 사망률은 집단 평균인 24.5퍼센트에 가깝다.[50]

마지막은 몇몇 국가들의 수치이다.[51] 최초의 자료는 콜럼버스 상륙 이전 멕시코 도시들과 제국들의 것으로, 그곳에서는 총 사망자의 5퍼센트가 타살이었다. 틀림없이 위험한 장소였겠지만, 국가 이전 사회들의 평균에 비하면 그 3분의 1에서 5분의 1에 불과하다. 현대 국가로 오면, 수백 종류의 정치 단위와 수천 년의 기간과 수많은 폭력의 종류가 (전쟁, 살인, 집단 살해 등) 존재하기 때문에 '정확한' 하나의 수치란 있을 수 없다. 하지만 그중 **최고로** 폭력적이었던 나라와 세기를 고르고 더불어 오늘날의 전 세계적인 폭력적 사망률 추정치를 포함시킨다면, 비교적 공정한 비교가 가능할 것이다. 5장에서 다시 이야기하겠지만, 지난 500년 유럽 역사에서 가장 폭력적이었던 두 세기는 피투성이 종교 전쟁이 벌어졌던 17세기와 두 번의 세계 대전이 벌어졌던 20세기였다. 역사학자 퀸시 라이트는 17세기 전쟁 사망률을 2퍼센트로 추정했고, 20세기 전반부는 3퍼센트로 추정했다.[52] 20세기 마지막 40년을 포함시킨다면 더 낮아질 것이다. 미국의 전쟁 사망률까지 포함한 다른 계산에서는 1퍼센트 미만이 나왔다.[53]

최근 두 정량적 데이터 집합이 공개됨으로써 전쟁 연구가 한결 정확해졌는데, 여기에 대해서는 5장에서 설명하겠다. 그 자료들은 20세기의 총 전사자 수를 줄잡아 4000만 명[54]으로 본다(전사자는 직접적으로 전투에서 목숨을 잃은 군인과 민간인을 말한다.). 20세기 총 사망자가 60억 명이 좀 넘는다고 보고 인구 통계학적 세부 사항을 제쳐 둔다면, 지난 세기에 전 세계 인구의 약 0.7퍼센트가 전장에서 죽은 셈이다.[55] 전쟁으로 인한 기근과 질병 때문에 간접적으로 목숨을 잃은 사람들까지 포함하기 위해서 이 추정치를 서너 배 불리더라도, 국가와 비국가 사회의 간격은 별로 좁혀지지 않을 것이다. 집단 살해, 숙청, 그 밖의 인재로 인한 사망까지 다 포함한다면? 1장에서 소개했던 잔학 행위 전문가 매슈 화이트는 모든 인위적 원인들로 인한 총 사망자 수를 약 1억 8000만 명으로 추정했다. 이조차도 20세기 총 사망자의 3퍼센트에 불과하다.[56]

이제 현재를 보자. 『미국 통계 초록』 최신판에 따르면, 2005년 한 해에 244만 8017명의 미국인이 사망했다. 2005년은 미국의 전사자 수가 수십 년 만에 최악을 기록한 해였다. 이라크와 아프가니스탄에서 무장 충돌에 휘말렸기 때문이다. 두 전쟁에서 미국인 945명이 죽었으니, 그해 총 사망자의 0.04퍼센트에 해당한다.[57] 여기에 국내에서 벌어졌던 살인 1만 8124건을 더하더라도, 폭력적 죽음의 비율은 0.8퍼센트에 불과하다. 다른 서구 국가들은 더 낮다. 세계적으로는 어땠을까? 인간 안보 보고 프로젝트(HSRP, Human Security Report Project)에 따르면, 그해에 정치적 폭력(전쟁, 테러, 집단 살해, 군벌이나 민병대의 살인)으로 인한 직접 사망자는 1만 7400명으로 전체의 0.03퍼센트였다.[58] 이것은 파악 가능한 사망만 헤아린 보수적 추정치이다. 그러나 설령 기록되지 않은 전사자나 기근과 질병으로 인한 간접 사망자를 포함하기 위해서 여유 있게 20배를 하더라도, 여전히 전체의 1퍼센트에 못 미친다.

그렇다면 그래프에서 제일 뚜렷한 간극은 무정부적 군 사회 및 부족 사회와 정부가 통치하는 국가를 가르는 선이다. 하지만 우리는 고고학 발굴지, 민족지학적 인구 계수, 현대의 추정치 등 잡다하게 수집한 자료를 서로 비교했다. 그중 일부는 어림셈으로 봐야 한다. 우리가 두 데이터 집합을 직접 비교할 방법이 있을까? 인구, 시대, 기법을 가급적 같게 맞춘 채 수렵 채집인들과 정착 문명인들의 데이터를 비교할 수 있을까? 최근 경제학자 리처드 스테켈과 존 월리스는 아메리카 원주민 유골 900개에 대한 데이터를 살펴보았다. 유골은 캐나다 남부에서 남아메리카까지 분포했고, 모두 콜럼버스 상륙 이전에 사망한 사람들이었다.[59] 연구자들은 유골을 수렵 채집인과 도시 거주자로 분류했다. 후자는 안데스와 메소아메리카의 잉카, 아즈텍, 마야와 같은 문명에서 살았던 사람들이다. 수렵 채집인 중 폭력적 외상의 징후가 있는 경우는 13.4퍼센트였다. 이는 그림 2-2의 수렵 채집 사회 평균과 비슷하다. 한편 도시 거주자 중에서는 2.7퍼센트로, 21세기 이전 국가들의 수치와 비슷했다. 다른 여러 요인들이 같을 때, 문명 속 삶은 폭력 피해자가 될 확률을 5분의 1로 줄여 주는 셈이다.

이제 폭력을 정량화하는 두 번째 방법으로 넘어가자. 살해된 사람의 비율을 총 사망자 수에 대해서 계산하지 않고 생존 인구에 대해서 계산하는 방법이다. 이런 통계는 매장지 유골 자료로부터 얻기는 어렵지만, 다른 자료들로부터는 오히려 더 쉽게 얻을 수 있다. 피해자 수와 인구만 알면 될 뿐, 또 다른 자료를 뒤져 총 사망자 수까지 알아낼 필요는 없기 때문이다. 살인율의 표준 척도는 인구 10만 명당 연간 피해자 수로 통한다. 나도 앞으로 이 단위를 폭력의 척도로 사용하겠다. 이것이 어떤 수준인지 느낌이 오는가? 인류 역사상 가장 안전했던 21세기 초 서유럽의 살인율이 연간 10만 명당 1명꼴이었다.[60] 아무리 온화한 사회라도 이따금 젊은이가 술집에서 난투에 휘말리거나 노부인이 남편의 찻잔에 비소를 타기는 할 테니, 이 수치는 살인율로서는 상당히 낮은 편이다. 미국은 현대 서구 국가들 중 위험한 편에 속한다. 최악이었던 1970년대와 1980년대에는 살인율이 연간 10만 명당 약 10명이었다. 디트로이트처럼 악명 높은 폭력적 도시에서는 10만 명당 45명가량이었다.[61] 만일 당신이 살인율이 그쯤 되는 사회에서 산다면, 일상에서 위험을 느낄 것이다. 비율이 10만 명당 100명으로 높아지면, 폭력이 당신에게 직접 영향을 미치기 시작한다. 당신에게 친척이나 친구나 가까운 지인이 100명 있다면, 아마도 10년마다 그중 1명이 살해될 것이다. 비율이 10만 명당 1000명으로 솟으면(1퍼센트), 당신은 매년 지인을 1명씩 잃을 것이다. 당신 자신이 살해될 확률도 평생에 걸쳐서 계산할 경우 절반이 넘는다.

그림 2-3은 27개 비국가 사회와 (수렵 채집 사회와 수렵 및 원예 농업 사회를 합친 것이다.) 아홉 개 국가의 전사자 비율을 보여 준다. 비국가 사회의 전쟁 사망률은 평균적으로 연간 10만 명당 524명으로, 전체의 약 0.5퍼센트이다. 반면 국가들 중 멕시코 중부의 아즈텍 제국은 제법 자주 전쟁을 치렀음에도 그 절반밖에 안 된다.[62] 그 막대기 밑으로는 네 국가 사회가 자신들의 역사상 가장 파괴적인 전쟁을 치렀던 세기의 수치가 나와 있다. 19세기 프랑스는 혁명전쟁, 나폴레옹 전쟁, 프랑스-프로이센 전쟁을 치르면서 평균 연간 10만 명당 70명을 잃었다. 20세기는 두 번의 세계 대전으로 어두웠다. 그 군사적 피해는 대부분 독일, 일본, 러시아/소련이 입었는데, 그 나라들은 그 밖에도 한 번의 내전과 다른 군사 행동들을 겪었다. 세 나라의 연간 사망률은 각각 10만 명당 144명, 27명, 135명이었다.[63] 미국은 20세기에 전쟁광이라는 오명을 얻었다. 두 세계 대전과 필리핀, 한국, 베트남, 이라크 전쟁에서 싸웠기 때문이다. 그러나 미국이 치른 대가는 같은 세기 다른 강대국들보다 적어, 연간 10만 명당 약 3.7명이었다.[64] 심지어 20세기를 통틀어 전 세계에서 자행된 조직적 폭력의 ― 전쟁, 집단 살해, 숙청, 인재에 해당하는 기근 ― 피해자를 다 더해도 연간 10만 명당 60명가량에 불과하다.[65] 2005년 한 해만 보면, 미국과 세계의 막대기는 물감 한 겹만큼 얇아 그래프에서 거의 보이지 않

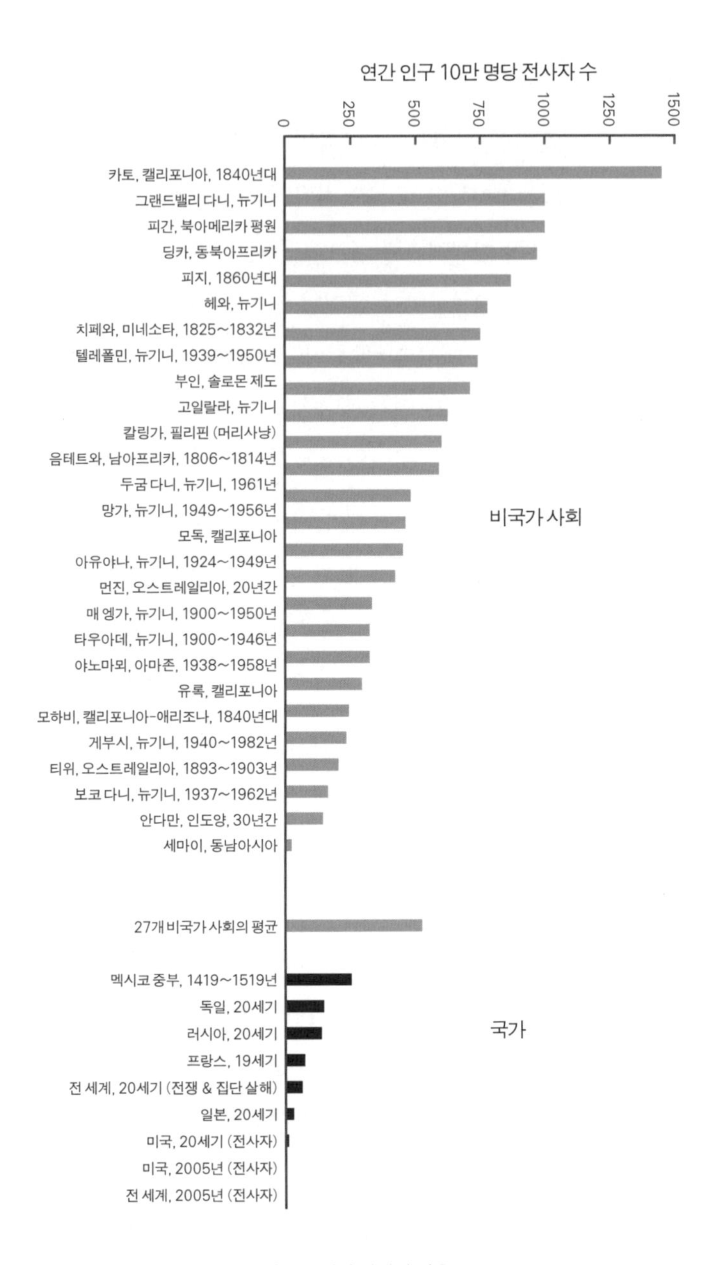

그림 2-3. 비국가 사회와 국가 사회에서 전쟁으로 인한 사망자 비율.

출처: 비국가 사회: 헤와와 고일랄라는 Gat, 2006; 다른 사회들은 Keeley, 1996. 멕시코 중부, 독일, 러시아, 프랑스, 일본: Keeley, 1996; 주 62, 63 참고. 미국 20세기: Leland & Oboroceanu, 2010; 주 64 참고. 전 세계 20세기: White, 2011; 주 65 참고. 전 세계 2005년: Human Security Report Project, 2008; 주 57, 58 참고.

을 정도이다.[66]

요컨대, 이 척도로 보더라도 국가들은 전통적인 군 사회나 부족 사회보다 훨씬 덜 폭력적이었다. 현대 서구 국가들의 평균 전쟁 사망률은 전쟁으로 가리가리 찢긴 세기에도 비국가 사회들 평균의 4분의 1을 넘지 않았다. 최고로 폭력적인 비국가 사회에 비하면 10분의 1도 안 된다.

수렵 채집 집단에게는 전쟁이 흔해도 보편적이지는 않다. 만일 인간의 폭력성이 내적 압력에 따른 충동적 반응이 아니라 환경에 따라 달라지는 전략적 반응이라면, 전쟁이 보편적이리라고 예상할 수도 없다. 두 민족지학적 조사에 따르면, 수렵 채집 집단의 65~70퍼센트는 최소 2년마다 전쟁을 했고, 90퍼센트는 최소 매 세대마다 전쟁을 했으며, 그렇지 않은 집단도 거의 모두 과거의 전쟁에 대한 문화적 기억을 갖고 있었다.[67] 수렵 채집인들이 자주 싸우기는 하지만 오랫동안 전쟁을 꺼릴 수도 있다는 뜻이다. 그림 2-3에는 유달리 전쟁 사망률이 낮은 두 부족, 안다만 족과 세마이 족이 나와 있다. 그런데 사실 이들에게는 흥미로운 뒷이야기가 있다.

인도양 안다만 제도 사람들은 전쟁 사망률이 연간 10만 명당 20명으로, 비국가 사회 평균보다 (10만 명당 500명이 넘는다.) 한참 낮다고 나와 있다. 그러나 사실 이들은 지구에 남은 수렵 채집인 중 제일 사나운 사람들이라고 알려져 있다. 2004년 인도양 지진과 쓰나미가 발생한 뒤, 한 인도주의 단체가 그들을 걱정하여 헬리콥터로 제도 상공을 날았다. 그들은 날아드는 화살과 창을 접하고서 안도했다. 안다만 족이 다 죽지 않았다는 증거였기 때문이다. 2년 뒤, 두 인도 어부가 술에 취해 잠드는 바람에 제도의 한 섬에 표류했다. 안다만 족은 즉시 그들을 죽였고, 시체를 찾으러 온 헬리콥터에게도 화살 시위를 날렸다.[68)]

물론 수렵 채집 사회와 수렵 및 원예 농업 사회 중에도 전쟁이라고 부를 만한 장기적, 집단적 살해를 **한 번도 안 저지른** 집단이 없지는 않다. 세마이 족이 그 예다. 평화의 인류학자들은 세마이 족을 한껏 선전했다. 어쩌면 세마이 족이야말로 인류 진화의 원형이고, 이후 다른 부유한 원예 농업 부족이나 목축 부족이 등장하고서야 비로소 인류가 체계적 폭력을 저지르게 되었다고 주장했다. 물론 이 가설은 이 장의 내용과는 직접적인 관련이 없다. 우리는 무정부적 삶과 국가적 삶을 비교하는 중이지, 수렵 채집적 삶을 다른 형태의 삶과 비교하는 것이 아니기 때문이다. 그렇기는 해도, 우리에게는 순수한 수렵 채집인 가설을 의심할 근거가 있다. 그림 2-3에서 그런 사회들의 전쟁 사망률을 보자. 다른 원예 농업 사회나 부족 사회보다는 낮지만, 그래도 제법 겹치는 수준이다. 게다가 앞에서 언급했듯이 오늘날 관찰되는 수렵 채집 집단들은 역사적 대표성이 없을지도 모른다. 그들은 남들이 살기 싫어하는 메마른 사막이나 얼어붙은 황무지에서 산다. 어쩌면 그들은 평소 조용히 살다가 서로 신경을 긁는 일이 있을라치면 그저 물러남으로써 반대 의사를 표명했고, 그러다 보니 그런 곳까지 가게 되었을지도 모른다. 반 데르 데넨이 지적했듯이, "오늘날의 '평화로운' 수렵 채집인들은 대체로 …… 엄청나게 고립되거나 남들과의 접촉을 완전히 끊거나 달아나서 숨는 방식으로, 혹은 무력에 항복하거나 패배하여 길들여지거나 강제에 못 이겨 평화로워지는 방식으로 평화로운 삶이라는 영원한 숙제를 해결했다."[69)] 일례로 칼라하리 사막의 쿵산 족은 1960년대에 조화로운 수렵 채집인의 전형으로 칭송되었던 부족이지만, 사실 지난 세기에 유럽 식민주의자들과, 이웃 반투 족과, 또한 자기들끼리 자주 싸웠다. 대량 학살도 여러 차례

저질렀다.[70)]

몇몇 소규모 사회들의 낮은 전쟁 사망률은 다른 면에서도 오도의 우려가 있다. 그들은 설령 전쟁을 꺼리더라도 살인은 간혹 저지를 것이다. 그 살인율을 현대 국가들의 살인율과 비교해 보자. 그림 2-4는 그림 2-3보다 15배 확대된 눈금으로 수치를 보여 준다. 먼저 비국가 사회를 뜻하는 회색 막대기 중에서 맨 오른쪽을 보자. 『세마이: 폭력을 모르는 말라야 사람들』이라는 책으로 세상에 소개된 세마이 족은 수렵과 원예 농업을 병행하며 폭력을 꺼린다. 그런데 그들에게 살인 사건이 드문 것은 사실이라도, 애초에 그들은 인구가 많지 않다. 인류학자 브루스 노프트가 비율로 바꿔 보니, 세마이의 살인율은 연간 10만 명당 30명이었다. 이것은 위험하기로 악명 높은 미국 도시들이 가장 폭력적이었던 해의 수치에 맞먹고, 미국 전체가 가장 폭력적이었던 시절에 비해서는 세 배 더 높다.[71)] 같은 나눗셈을 적용할 경우, 『해롭지 않은 사람들』이라는 책의 소재였던 쿵 족이나 『분노를 모르는 사람들』의 소재였던 중앙 북극해 이누이트(에스키모)도 평화의 평판에서 거품이 빠진다.[72)] 해롭지 않고, 폭력적이지 않고, 분노를 모른다는 이 부족들의 살인율은 미국이나 유럽 사람들보다 훨씬 높았으려니와, 쿵 족은 보츠와나 정부의 통제를 받게 된 이래 살인율이 3분의 1이나 줄었다. 리바이어던 이론의 예측대로인 것이다.[73)]

정부의 통제가 살인율을 낮춘다는 것은 워낙 명백한 사실이기 때문에, 인류학자들은 구태여 수치로 기록하지도 않는다. 역사책에 나오는 다양한 '팍스(평화 시대)'들은 — 팍스 로마나, 팍스 이슬라미카, 팍스 몽골리카, 팍스 히스파니카, 팍스 오토마나, 팍스 시니카(중국), 팍스 브리타니카(영국), 팍스 오스트랄리아나(뉴기니에 해당되는 말이다.), 팍스 카나디아나(태평양 북서부에 해당된다.), 팍스 프레토리아나(남아프리카 공화국에 해당된

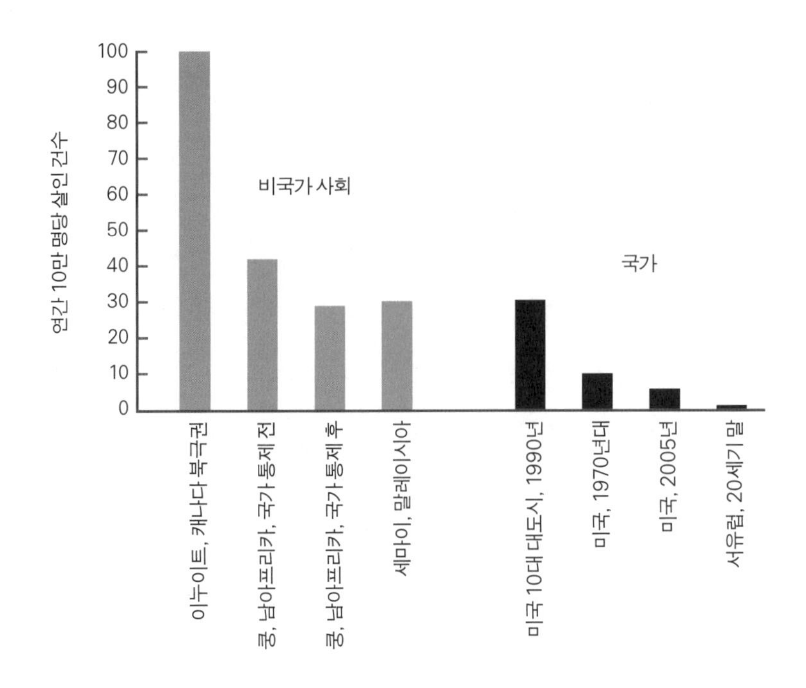

그림 2-4. 가장 덜 폭력적인 비국가 사회의 살인율과 국가 사회의 살인율 비교.

출처: 쿵과 중앙 북극해 이누이트: Gat, 2006; Lee, 1982. 세마이: Knauft, 1987. 미국 10대 대도시: Zimring, 2007, p. 140. 미국: FBI Uniform Crime Reports; 주 73 참고. 서유럽(근사치): World Health Organization; 주 66의 3장 701쪽 참고.

다.) — 효과적인 정부의 통제를 받게 된 땅에서 습격, 혈수, 전쟁이 감소했음을 뜻하는 표현이다.[74] 물론 제국의 정복과 통치도 잔인할 수 있지만, 적어도 피정복자들 사이의 고질적 폭력은 줄인다. 평화화 과정은 워낙 보편적으로 만연한 현상이라서, 인류학자들은 종종 연구 기법상 성가신 존재로 여긴다. 정부의 사법권에 편입된 사람들이 전보다 덜 싸운다는 것은 말할 필요도 없는 사실이다 보니, 토착 사회의 폭력성을 연구하는 학자들은 그런 사람들을 그냥 제외해 버린다. 그 사람들 스스로도 이 효과를 느낀다. 팍스 오스트랄리아나 치하의 뉴기니에서 살게 된 한 아유야나 사람은 "정부가 생긴 뒤로 살기가 더 나아졌다."고 말했다. "이

제 밥을 먹을 때 뒤를 신경 쓸 필요가 없고, 아침에 소변을 보러 집 밖으로 나갈 때 화살에 맞을까 봐 걱정할 필요가 없기" 때문이다.[75]

인류학자 카렌 에릭센과 헤더 호턴은 정부의 존재가 어떻게 사회를 치명적 복수로부터 멀어지게 하는지 정량적으로 확인해 보았다. 그들이 192개 연구를 검토한 결과, 수렵 채집 사회에서는 개인 대 개인의 복수가 흔했고 식민 정부나 민족 국가의 평화화 효과를 겪지 못한 부족 사회에서는 친족 대 친족의 혈수가 흔했다는 것을 발견했다. 남성의 명예를 과장되게 중시하는 문화가 있다면 더욱 그랬다.[76] 반면에 중앙 집권적 정부의 통제를 받는 사회, 혹은 자원 기반이나 증여 패턴 때문에 사회적 안정을 추구할 동기가 큰 사회에서는 판사와 법정에 의존하는 심판이 흔했다.

20세기 후반부의 한 가지 비극적 아이러니는 발전 노상에 있던 식민지들이 유럽의 지배에서 해방된 뒤 왕왕 도로 전쟁으로 빠져들었다는 점이다. 더구나 이제는 현대적 무기, 조직화된 군벌, 부족 장로들을 거역할 자유가 주어진 상황이다 보니 전쟁이 예전보다 격화되었다.[77] 3장에서 다시 말하겠지만, 이런 현상은 폭력의 역사적 감소를 거스르는 역류인 동시에 리바이어던의 폭력 감소 효과를 증명하는 예시이기도 하다.

문명의 불만스러운 점

결국 홉스가 옳았을까? 부분적으로는 그랬다. 인간 본성에는 세 가지 주요한 싸움의 원인이 있다는 사실을 우리도 확인했다. 이득(포식적 습격), 안전(선제적 습격), 평판(보복적 습격)이다. 또한 우리가 숫자로 확인한 바, '모두가 우러러볼 공통의 힘이 없었던 시절에는 사람들이 전쟁이라 부를 만한 상태에 놓여 있었다.'는 주장도 사실이었다. 그런 상태에서 사람들은 '끊임없는 두려움과 폭력적 죽음의 위험'을 겪으며 살았다는 주장도 대체로 사실이었다.

하지만 17세기 영국에서 안락의자에 편안히 앉아 글을 썼던 홉스는 많은 부분에서 틀릴 수밖에 없었다. 실제로는 비국가 사회 사람들도 친족이나 동맹과 폭넓게 협동하기 때문에 삶이 전혀 '고독'하지 않다. 비참하고 야만적이라는 것도 간헐적으로만 그렇다. 비록 몇 년마다 습격과 전투에 끌려들더라도 나머지 시간에는 채집하고, 한껏 먹고, 노래하고, 이야기하고, 아이를 기르고, 병자를 돌보는 등 인생의 필수적인 활동과 즐거움을 누릴 수 있다. 나는 이전 책을 쓸 때 초고에서 별 생각 없이 야노마뫼 족을 '사나운 사람들'이라고 지칭한 적이 있었다. 인류학자 나폴레옹 샤농의 유명한 책 제목을 딴 표현이었다. 그러자 인류학자 동료가 여백에 이렇게 적어 주었다. "아기들도 사나운가? 늙은 여자들도 사나운가? 그 사람들은 사납게 먹나?"

그들의 '궁핍성'에 대해서는 이야기가 엇갈린다. 조직적 국가가 없는 사회는 분명 '널찍한 건물, 많은 힘을 들여야 하는 이동 도구, 지구에 대한 지식, 시간 개념, 문자' 등을 즐길 수 없다. 옆 마을 전사들이 줄기차게 독화살로 잠을 깨우고, 여자를 납치하고, 오두막을 불태우는 상황에서는 그런 것들을 발전시키기가 어렵다. 그러나 수렵 채집을 포기하고 처음으로 정착 농업을 택한 사람들도 나름대로 호된 대가를 치렀다. 하루 종일 쟁기를 잡고 있는 것, 전분성 곡물을 주식으로 삼는 것, 가축과 이웃 수천 명과 다닥다닥 붙어 사는 것은 건강에 해롭다. 스테켈과 동료들의 연구에 따르면, 최초의 도시 거주자들은 수렵 채집인들보다 빈혈, 감염, 충치에 더 많이 시달렸고 키가 6.5센티미터 가까이 더 작았다.[78] 어떤 성서학자들은 아담과 이브가 에덴의 정원에서 쫓겨났던 이야기를 가리켜 수렵 채집에서 농경으로의 전환을 문화적 기억으로 표현한 것이라고 말한다. “너는 얼굴에 땀을 흘려야 양식을 먹을 수 있으리라.”[79]

우리 수렵 채집 선조들은 왜 에덴을 떠났을까? 그것은 명시적인 선택이 아닌 경우가 많았다. 인구가 늘자, 사람들은 더 이상 토지의 풍요에만 의존할 수 없는 맬서스의 함정에 빠졌다. 그래서 하는 수 없이 스스로 먹을 것을 길렀다. 국가는 나중에야 등장했다. 변방의 수렵 채집인들은 국가에 흡수되거나 오래된 생활 방식을 고수하거나 둘 중 하나였는데, 그렇듯 선택지가 생긴 사람의 눈에는 에덴이 너무 위험해 보였을지도 모른다. 충치 몇 개, 약간의 종기, 키 몇 센티미터는 창에 맞아 죽을 확률이 5분의 1로 낮아지는 데 대한 대가로는 별것 아니었다.[80]

그러나 자연스러운 죽음의 확률이 높아진 데에는 또 다른 대가가 따랐다. 로마 역사가 타키투스는 그 대가를 “예전에는 우리가 범죄로 괴로웠지만 이제는 법으로 괴롭다.”는 말로 잘 요약했다. 1장에서 이야기했던 성경 일화들이 암시하듯이, 최초의 왕들은 전체주의적 이데올로기와 잔인한 처벌로써 백성의 외경심을 샀다. 상상해 보라. 노기등등한 신이 모든 사람의 일거수일투족을 감시하고, 변덕스러운 법률이 일상을 규제하고, 신성 모독과 반항에는 돌로 쳐 죽이는 처벌이 따르고, 왕은 아무 여자나 제 첩으로 삼을 수 있고 아기를 반으로 벨 수 있고, 도둑과 컬트 종교의 지도자는 십자가형을 당하는 세상을. 이런 세상을 보여 주는 데 있어서는 성경의 묘사가 정확했다. 국가 등장을 연구하는 사회 과학자들은 국가가 계층화된 신정 정치(theocracy)에서 시작되었다고 보는데, 그것은 엘리트가 아랫사람들에게 잔혹한 평화를 강제함으로써 자신들의 경제적 특권을 확보하는 세상이었다.[81]

그중에서도 세 학자는 많은 표본 문화들을 분석함으로써 초기 사회의 정치적 복잡성과 그 사회가 절대주의와 잔인함에 의존하는 정도 사이에 어떤 정량적 상관관계가 있는지 확인해 보았다.[82] 고고학자 키스 오터바인은 중앙 집권화된 사회일수록 전투에서 여성을 (납치하는 대신) 죽이고, 노예를 부리고, 인간 제물을 바치는 경향이 크다는 것을 보여 주었다. 사회학자 스티븐 스피처는 복잡한 사회일수록 신성 모독, 성적 일탈, 배신, 마술처럼 피해자가 없는 행위를 범죄시하기 쉬우며 그 위반자를 고문, 절단, 예속, 처형으로 벌한다는 것을 보여 주었다. 역사학자이자 인류학자인 로라 벳직은 복잡한 사회일수록 독재자에게 휘둘리는 경향이 있음을 보여 주었다. 그 독재자는 갈등을 제멋대로 해소할 힘이 있고, 살인에서 면책되고, 많은 여성을 첩으로 거느린다. 벳직은 이런 의미의 전제 정치(despotism)를 바빌론, 이스라엘, 로마, 사모아, 피지, 크메르, 아즈텍, 잉카, 나체스(미시시피 하류), 아샨티, 아프리카 전역의 여러 왕국에서 확인했다.

그렇다면, 최초의 리바이어던은 폭력의 문제를 하나 풀었으나 또 다른 문제를 만들어 냈던 셈이다. 덕분에 사람들은 살인과 전쟁의 피해자가 될 가능성이 줄었지만, 대신 독재자, 성직자, 도둑 정치가(kleptocrat)의 손아귀에 들어갔다. 여기에서 우리는 **평화화**라는 단어에 숨은 음흉한 뜻을 깨우친다. 그것은 단순히 평화를 가져오기만 하는 과정이 아니었다. 강압적인 정부가 절대적인 통제를 가하는 과정이었다. 인류가 이 새로운 문제를 풀기 위해서는 몇 천 년을 더 기다려야 했다. 심지어 세계 여러 지역에서는 아직도 문제가 해결되지 않았다.

3장

문명화 과정

문명이 본능의 억압에 기초한다는 것은 간과할 수 없는 사실이다.

— 지그문트 프로이트

나는 도구를 써서 먹는 법을 익힌 이래, 음식을 칼로 포크에 얹지 말라는 식사 예절과 씨름해 왔다. 물론, 제법 큼직한 음식 덩어리를 가만히 붙잡아 그 밑에 포크를 찔러 넣을 정도의 손재주는 나도 있다. 그러나 내 허약한 소뇌는 잘게 깍둑썰기되었거나 미끄럽고 작은 공처럼 생겨 포크 살이 닿기만 해도 튕겨 나가고 굴러 나가는 조각들에게는 적수가 못 된다. 나는 접시에서 요리조리 그것들을 쫓고, 받침대가 될 만한 융기나 경사면을 절망적으로 찾고, 그 조각들이 탈출 속도를 확보하여 휙 날아가 식탁보에 착지하는 일이 없기만을 기도한다. 가끔은 함께 식사하는 상대가 딴 곳을 보는 틈을 타서 칼로 그것들을 가로막는다. 상대가 시선을 돌려 내 무례한 짓을 목격하기 전에 잽싸게. 칼을 절단이 아닌 다른 용도로 사용하는 치욕, 상스러움, 참기 힘든 꼴불견은 어떻게든 피해야 하니까. 아르키메데스는 "내게 충분히 긴 지렛대와 그것을 얹을 받침을 달라, 그러면 지구라도 들어 보이겠노라."고 말했다. 하지만 만일 그가 식사 예절을 알았다면, **칼로 포크에 콩을 얹는 하찮은 일조차 할 수 없었으리라!**

어릴 때 나는 이 무의미한 금지에 대해서 물어보았다. 식사 도구를 효율적으로, 또한 완벽하게 위생적으로 사용하는 행동이 왜 그토록 끔찍한 짓인가요? 으깬 감자를 맨손으로 먹겠다는 것도 아닌데? 으레 그렇듯이, "안 된다면 안 되는 거야."라는 대꾸 앞에서 나는 더 따질 말을 잃었다. 그리고 이해 불가능한 이 에티켓에 대해서 이후 수십 년 동안 속으로만 불평했다. 그러던 어느 날 이 책의 자료 조사를 하던 중, 내 눈에서 단숨에 비늘이 벗겨졌다. 수수께끼가 단숨에 증발했다. 나는 이제 칼을 쓰면 안 된다는 규칙에 대한 적개심을 영원히 지우게 되었다. 내게 순간적 통찰을 안겨 준 사람은 세상에서 제일 중요한 사상가이지만 여러분이 아마 그 이름을 듣도 보도 못했을 사람, 노르베르트 엘리아스(1897~1990년)였다.

엘리아스는 독일 브레슬라우(현재의 폴란드 브로추아프)에서 태어나, 사회학과 과학사를 공부했다.[1] 그는 유대인이었기 때문에 1933년에 독일을 떠났고, 독일인이었기 때문에 1940년에 영국 수용소에 억류되었고, 홀로코스트로 양친을 잃었다. 이것으로도 부족했던지 나치는 그에게 비극을 하나 더 안겼다. 그의 역작 『문명화 과정』은 1939년에 독일에서 출간되었는데, 하필이면 당시는 그의 주장이 질 나쁜 농담처럼 보이는 시절이었던 것이다. 엘리아스는 이 대학 저 대학 떠돌면서 주로 야간 학교에서 가르쳤고, 그동안 심리 치료사 공부를 다시 해서 레스터 대학교에 자리 잡고는 1962년에 은퇴할 때까지 그곳에서 가르쳤다. 그는 1969년에 『문명화 과정』이 영어로 번역되면서 무명 신세를 벗어났지만, 중요한 인물로 여겨진 것은 죽기 10년 전부터였다. 당시 한 가지 충격적인 사실이 밝혀진 것이 계기였다. 식사 예절의 논리에 관한 발견은 아니었고, 살인의 역사에 관한 발견이었다.

1981년, 정치학자 테드 로버트 거는 옛 법정 기록과 카운티 기록을 이용하여 영국 역사의 30개 지점에 대한 살인율을 추정하고 그것을 현대 런던의 기록과 함께 그래프로 그렸다.[2] 그림 3-1은 내가 그 데이터를 써서 그린 것이다. 로그 척도이기 때문에, 수직축의 1~10, 10~100, 100~1000 사이의 거리가 다 같다. 살인율은 2장과 같은 방식으로, 즉 인구 10만 명당 연간 살인 건수로 계산했다. 로그 척도를 쓴 까닭은 살

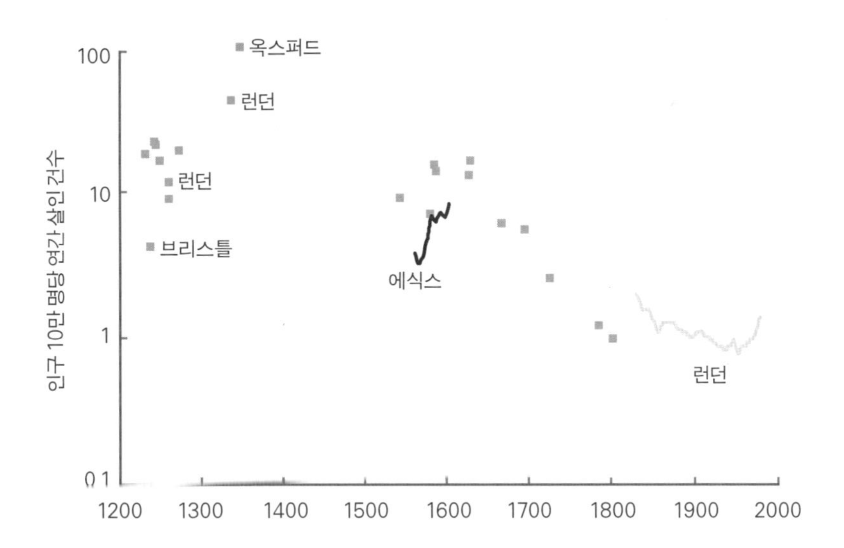

그림 3-1. 영국의 살인율, 1200~2000년: 거가 1981년에 계산한 추정치.

출처: 데이터: Gurr, 1981, pp. 303-304, 313.

인율 감소가 너무나 가파르기 때문이다. 그래프를 보면, 13~20세기까지 영국 여러 지역에서 살인율은 10분의 1로, 50분의 1로, 심지어 100분의 1로 곤두박질쳤다. 14세기 옥스퍼드에서는 연간 10만 명당 110건이었으나 20세기 중반 런던에서는 10만 명당 1건도 안 된다.

이 그래프는 사람들에게 충격을 안겼다(나도 충격을 받았다. 서문에서 언급했듯이, 이 책은 이 발견에서 태어났다.). 이 발견은 목가적인 과거와 타락한 현재라는 고정관념을 뒤흔들었다. 나는 폭력에 대한 사람들의 인식을 인터넷으로 설문 조사한 적이 있는데, 그때 응답자들은 20세기 영국이 14세기 영국보다 14퍼센트쯤 더 폭력적일 것이라고 추측했다. 그러나 사실은 95퍼센트 덜 폭력적이다.[3]

이번 장에서는 중세에서 현재까지 유럽의 살인율 감소를 알아보고, 다른 시대와 장소에서도 이와 대등한 사례나 반대되는 사례가 있었는지 살펴보겠다. 장 제목은 엘리아스에게 빌려 왔다. 주요한 사회 사상가 중에서 엘리아스만이 유일하게 이 현상을 설명하는 이론을 제공했기 때문이다.

유럽의 살인율 감소

놀라운 발전을 설명하기 전에, 이것이 분명한 현실이라는 점부터 확실히 하자. 거가 그래프를 발표한 뒤, 여러 역사 범죄학자들이 살인의 역사를 좀 더 깊이 파헤쳤다.[4] 범죄학자 마누엘 아이스너는 검시관 심문 기록, 법정 사건 기록, 지방 기록을 동원함으로써 몇 백 년에 걸친 영국 살인율 자료를 훨씬 더 많이 수집했다.[5] 그림 3-2의 점들은 여러 도시 및 사법 관할권의 살인율 추정치를 역시 로그로 표시한 것이다. 영국 정부는 19세기부터 전국적으로 연간 살인 사건 기록을 작성하기 시작했

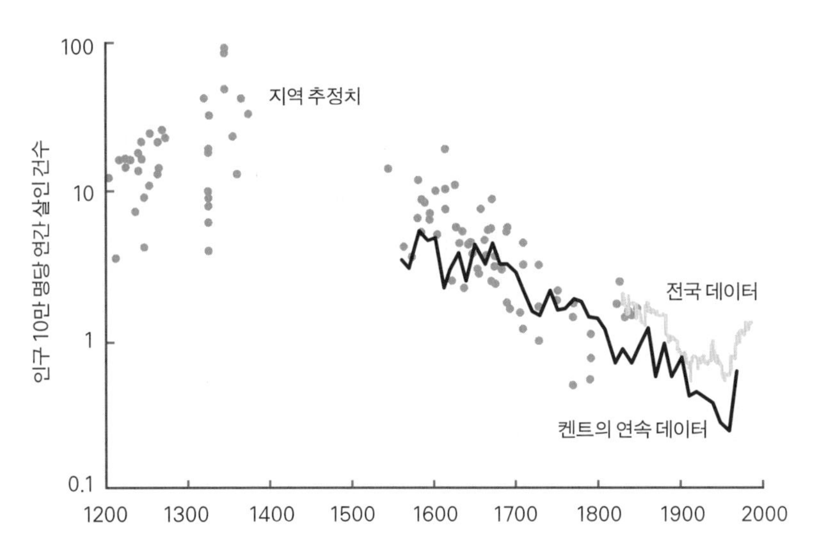

그림 3-2. 영국의 살인율, 1200~2000년.
출처: 그래프: Eisner, 2003.

는데, 그것은 회색 선으로 표시되어 있다. 아이스너는 역사학자 J. S. 코번이 1560~1985년까지 켄트 카운티의 연속 데이터를 취합한 것도 가져다가 자기 데이터 위에 검은 선으로 얹었다.[6]

이번에도 살인율은 감소했다. 그것도 적잖은 정도로. 중세에는 10만 명당 4~100건이었으나 1950년대에는 약 0.8건이 되었다. 시기로 보아, 중세의 높은 살인율은 1350년경 발생했던 흑사병에 뒤이은 사회적 격동 때문은 아니었다. 전염병 발발 이전의 데이터가 많기 때문이다.

아이스너는 이 숫자들을 얼마나 믿어도 좋을까 하는 문제를 깊게 고민했다. 살인은 폭력을 측정하려는 사람들이 선호하는 범죄다. 범죄에 대한 개념은 문화마다 천차만별일지라도, 시체는 결코 얼버무리고 넘어갈 수 없는 문제이거니와 누가 왜 그런 짓을 저질렀는가 하는 호기심을 반드시 일으킨다. 덕분에 살인 기록은 강도, 강간, 폭행 기록보다 폭력성

의 지표로서 좀 더 믿음직하다. 그리고 보통 그것들과 비례한다(물론 늘 그런 것은 아니다.).[7)]

그래도 다른 시대 사람들이 이런 죽음에 어떻게 반응했을까 하는 것은 합리적인 질문이다. 살인이 고의인지 사고인지 판단할 때, 혹은 그냥 넘길 일인지 고발할 일인지 판단할 때, 옛날 사람들도 우리와 의견이 비슷했을까? 옛날에도 살인 건수는 강간, 강도, 폭행 건수에 대해 늘 일정한 비율을 유지했을까? 폭행 피해자의 목숨을 구함으로써 살인 피해자가 되지 않도록 막는 일에는 얼마나 성공적이었을까?

다행히도 우리는 이런 질문에 모두 답할 수 있다. 아이스너는 요즘 사람들에게 수백 년 전 살인의 정황을 알려 주고서 그것이 고의인지 아닌지 물으면 응답자들이 보통 옛날 사람들과 같은 결론을 내린다는 연구 결과를 인용했다. 그리고 대부분의 시기에 살인율은 다른 폭력 범죄 발생률들과 정비례했음을 확인했다. 그는 또 법의학과 사법 제도의 범위가 역사적으로 점차 넓어져 왔기 때문에 살인율 감소가 **과소평가**되기 마련이라고 지적했다. 요즘은 수백 년 전에 비해 전체 살인자 중에서 더 많은 비율이 검거되고, 고발되고, 처벌되기 때문이다. 목숨을 살리는 의료 조치에 관해서라면, 19세기까지 의사란 살리는 목숨만큼 죽이는 목숨이 많은 돌팔이였다. 그런데도 살인율은 1300~1900년 사이에 제일 크게 떨어졌다.[8)] 그리고 불완전한 표본 추출로 인한 잡음은 원래의 4분의 1이나 2분의 1 정도로 달라지는 변화를 계산할 때는 골칫거리이지만, 10분의 1이나 50분의 1로 대폭 달라지는 변화에서는 크게 문제가 되지 않는다.

영국의 살인율 감소는 독특한 현상이었을까? 아이스너는 범죄학자가 취합한 살인 사건 데이터가 있는 다른 서유럽 나라들을 살펴보았다. 결과는 비슷했다. 그림 3-3을 보라. 스칸디나비아 사람들은 영국보다

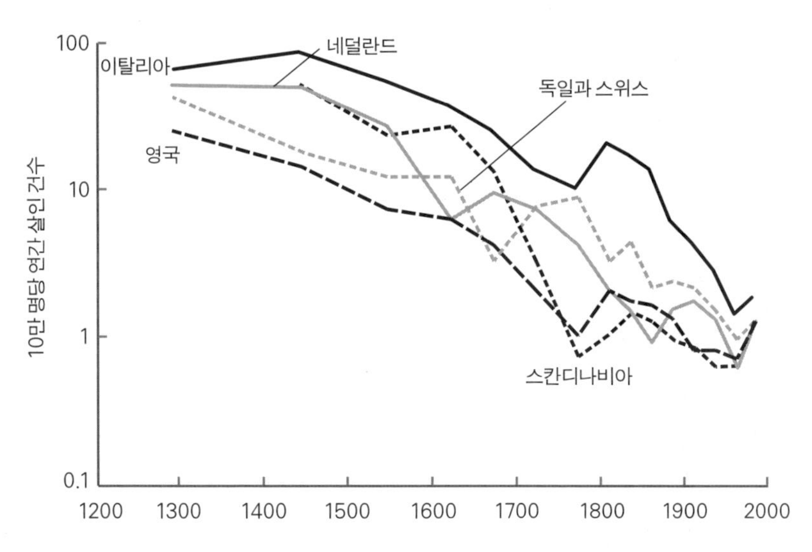

그림 3-3. 서유럽 다섯 지역의 살인율, 1300~2000년.
출처: 데이터: Eisner, 2003, table 1.

두어 세기쯤 더 지난 뒤에야 죽고 죽이는 짓을 그만두는 게 낫겠다고 판단했고, 이탈리아 사람들은 19세기가 되어서야 진지하게 그렇게 생각했다. 어쨌든 20세기에는 모든 서유럽 나라들의 연간 살인율이 10만 명당 1건을 중심으로 한 좁은 범위로 수렴했다.

유럽의 감소가 어느 정도인지 감을 잡기 위해, 2장의 비국가 사회 수치와 비교해 보자. 나는 그림 3-4의 세로축을 로그로 1000까지 늘였다. 비국가 사회들의 수치는 단위가 다르기 때문이다. 서유럽은 설령 중세 후기라도 평화화 과정을 겪지 않은 비국가 사회나 이누이트 족보다 훨씬 덜 폭력적이었고, 세마이 족이나 쿵 족처럼 넓게 퍼져 살아가는 수렵 채집인들의 수치에 비견할 만했다. 그리고 14세기부터는 유럽의 살인율이 꾸준히 더 가라앉았다. 20세기 후반 30여 년 동안 눈곱만큼 반동하기는 했지만 말이다.

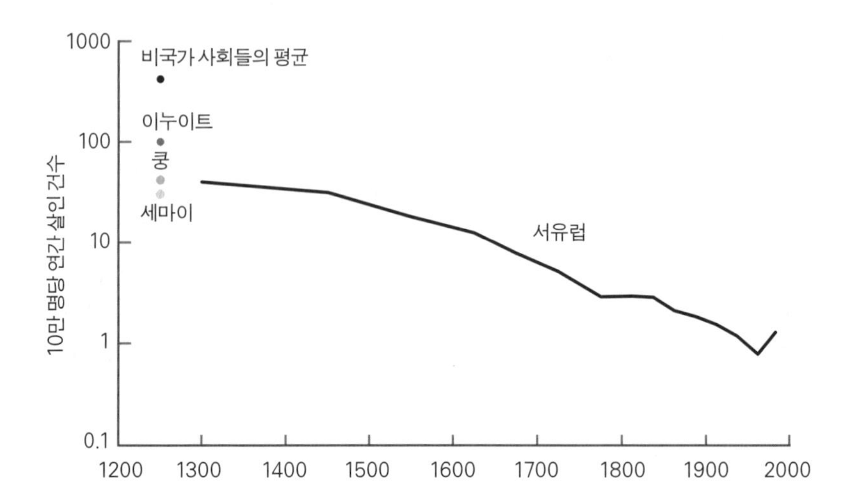

그림 3-4. 서유럽의 살인율, 1300~2000년. 그리고 비국가 사회의 살인율.

출처: 비국가 사회(세마이, 이누이트, 쿵을 제외한 26개 사회의 기하 평균): 그림 2-3 참고. 유럽: Eisner, 2003, table 1; 다섯 지역의 기하 평균; 빠진 데이터는 보강함.

유럽인들은 전반적으로 덜 죽이는 방향으로 변했지만, 살인의 몇몇 패턴은 변하지 않았다.[9] 여전히 남자가 전체 살인의 약 92퍼센트를 저질렀고(영아 살해는 제외한다.), 특히 20대에 많이 저질렀다. 도시는 1960년대의 살인율 상승을 겪기 전만 해도 대체로 시골보다 안전했다. 그러나 바뀐 패턴도 있었다. 첫 몇 백 년 동안에는 사회의 상층과 하층이 엇비슷한 비율로 살인을 저질렀지만, 일단 살인율이 떨어지기 시작하자 하층보다 상층이 더 급격히 감소했다. 이 중요한 사회적 변화는 나중에 다시 이야기하겠다.[10]

또 다른 역사적 변화는 무관한 타인을 죽이는 행위가 자신의 아이, 부모, 배우자, 형제를 죽이는 행위보다 훨씬 더 빠르게 줄었다는 점이다. 살인 통계에서 흔한 이 패턴은 베르코의 법칙이라 불린다. 베르코의 법칙은 남자끼리의 폭력이 여자와 혈연이 관련된 가정 폭력에 비해 시대와 장소에 따른 변동이 더 크다는 법칙이다.[11] 마틴 데일리와 마고 윌슨은 이 현상을 다음과 같이 설명했다. 가족끼리 신경을 긁는 행위는 시간과 장소를 불문하고 늘 비슷한 비율로 발생한다. 친족 사이의 상충된 이해관계는 서로의 유전자가 겹치는 패턴 속에 본질적으로 내재된 것이기 때문이다. 대조적으로, 친척이 아닌 남자들끼리의 마초적 폭력은 상황에 크게 좌우되는 우세 경쟁 때문에 발생한다. 남자가 주어진 환경에서 제 서열을 지키려면 얼마나 폭력적이어야 할까 하는 문제는 다른 남자들의 폭력성을 그가 어떻게 평가하느냐에 달려 있다. 그래서 남자들은 폭력성이 급격히 상승하는 악순환이나 급격히 하강하는 선순환에 쉽게 빠져든다. 친족의 심리학에 대해서는 7장에서 자세히 살펴보겠고, 우세의 심리학에 대해서는 8장에서 살펴보겠다.

유럽의 살인율 감소에 대한 설명

수백 년이나 이어진 유럽의 살인율 감소가 어떤 의미인지 따져 보자. 여러분은 익명성이 보장되고, 과밀하고, 뜨내기가 많고, 문화와 계층이 뒤섞인 도시 생활이야말로 폭력의 온상이라고 생각하는가? 자본주의와 산업 혁명이 가져온 비참한 사회적 변화들은 또 어떤가? 교회, 전통, 신에 대한 존경심으로 뭉친 작은 마을의 삶이야말로 살인과 소란에 대한 최선의 보루라고 믿는가? 그렇다면 다시 생각해 보라. 유럽은 도시화, 세계주의, 상업화, 산업화, 세속화를 겪을수록 점점 더 안전해졌다. 여기에서 우리는 이 현상을 유효하게 설명하는 유일한 이론, 즉 노르베르트 엘리아스의 견해를 떠올리게 된다.

엘리아스의 문명화 과정 이론은 숫자를 놓고 고민한 결과가 아니었다. 당시에는 그런 숫자를 구할 수 없었다. 그는 중세 유럽의 일상 구조를 살펴봄으로써 그런 결론을 내렸다. 이를테면 그는 15세기 독일의 일상을 어느 기사의 눈을 통해 묘사한 연작 그림 「중세 가정의 책」을 연구했다.[12)]

그림 3-5를 보자. 농부가 말의 내장을 꺼내는 동안, 돼지가 그의 드러난 엉덩이를 코로 킁킁거린다. 근처 동굴에는 웬 남녀가 차꼬를 차고 앉아 있다. 그 위에서 한 남자는 교수대로 인도되는 중인데, 교수대에는 이

그림 3-5. 「중세 가정의 책」(1475~1480년)에 실린 '토성' 중 일부.

출처: Reproduced in Elias, 1939/2000, appendix 2; see Graf zu Waldburg Wolfegg, 1988.

미 시체가 매달려 있다. 옆에는 바퀴형으로 몸이 부서진 남자가 있다. 까마귀가 그의 산산조각 난 몸을 쪼는 중이다. 바퀴와 교수대는 그림의 중심이 아니고, 나무나 언덕과 같은 풍경의 일부이다.

그림 3-6은 마을을 공격하는 기사들을 그린 다른 그림의 세부이다. 왼쪽 아래를 보자. 농부가 병사의 칼에 찔릴 참이다. 바로 위에서는 다른 농부가 셔츠 자락을 잡힌 채 끌려가고, 여자가 두 손을 번쩍 쳐들고 울부짖는다. 오른쪽 아래를 보면, 예배당에서 농부가 칼에 찔리는 동안 사람들이 그의 소지품을 강탈한다. 근처에서 또 다른 농부는 족쇄를 찬

그림 3-6. 「중세 가정의 책」(1475~1480년)에 실린 '화성' 중 일부.

출처: Reproduced in Elias, 1939/2000, appendix 2; see Graf zu Waldburg Wolfegg, 1988.

채로 기사의 곤봉에 맞는다. 그 위에서는 기병들이 농가에 불을 지른다. 한 명은 가축을 몰고 떠나면서 농부의 아내를 때리려고 한다.

봉건 유럽의 기사들은 요즘은 군벌이라고 불릴 만한 사람들이었다. 국가는 실효가 없었다. 왕은 귀족들 중 제일 돋보이는 인물에 지나지 않아, 정규군이 없고 나라 전체에 대한 통제력이 약했다. 통치는 봉신, 기사, 귀족에게 일임되었다. 그들은 크고 작은 봉토를 다스리면서 그곳 농부들에게 작물과 군역을 징수했다. 기사들은 홉스식 정복, 선제공격, 복수의 역학에 따라 서로의 영토를 습격했고, 「가정의 책」 그림들이 시사하듯이 민간인도 거침없이 죽였다. 바버라 터크만은 『오래된 거울: 14세기의 참상』에서 기사들의 생활양식을 이렇게 묘사했다.

> 기사들은 단 하나의 전술에 따라서 흉포하게 사적인 전쟁(private war)을 치렀다. 그 전략이란 적의 농부들을 최대한 많이 죽이고 불구로 만드는 것, 최대한 많은 작물, 포도밭, 도구, 헛간, 소유물을 파괴하는 것, 그럼으로써 적의 수입원을 줄이는 것이었다. 그 결과, 교전자들이 받는 피해는 주로 그 소작인들에게 떨어졌다.[13]

1장에서 이야기했듯이, 기사들은 억제적 위협의 신뢰성을 지키기 위해서 유혈 낭자한 마상 시합처럼 마초적 용맹을 과시하는 행사를 열었다. 그리고 그것을 명예, 용맹, 기사도, 영광, 무용과 같은 단어들로 치장했다. 그래서 후세대는 그들이 피에 굶주린 약탈자였다는 사실을 잊었다.

사적인 전쟁과 마상 시합을 배경으로 삼았던 당시 세상은 또 다른 측면에서도 폭력적이었다. 앞에서 이야기했듯이, 종교는 지독한 십자가형, 영원한 고문에의 위협, 성인들의 신체 절단에 대한 노골적 묘사로 종교적 가치를 강요했다. 장인들은 온갖 꾀를 짜내어 가학적 처벌과 처형의 기계를 제작했다. 여행은 노상강도 때문에 목숨이나 팔다리를 걸어야 하는 일이었다. 인질을 납치해서 몸값을 요구하는 일은 좋은 사업이었다. 엘리아스는 "소시민도 — 모자장이, 재단사, 목동 — 지체 없이 칼을 뽑아 들었다."고 말했다.[14] 성직자도 가담했다. 역사학자 바버라 하나월트가 인용한 14세기 영국의 일화를 보라.

> 에드워드 왕 치세 다섯 번째 해의 성 마르틴 축일 바로 앞 토요일, 일버토프트에서 이런 일이 벌어졌다. 교구 목사인 웰링턴의 윌리엄이라는 사람이 서기인 존을 존 코블러의 집으로 보내어 1페니짜리 초를 하나 사 오라고 시켰다. 그러나 존은 외상으로는 초를 주지 않겠다고 했다. 윌리엄은 격분했다. 그는 존의 집으로 가서 대문을 두드린 뒤, 문을 열고 나온 남자의 얼굴을 공격했다. 존은 뇌가 쏟아져 나와 즉사했다.[15]

폭력은 오락에도 침투했다. 터크만은 당시 유행했던 두 스포츠를 묘사했다. "등 뒤로 손을 묶은 선수들이 말뚝에 못 박힌 고양이를 머리로 들이받아 죽이는 경쟁을 했다. 날뛰는 동물의 발톱에 뺨이 찢기거나 눈이 긁힐 위험을 감수해야 했다. …… 또는 넓은 우리에 돼지를 가둔 뒤에 곤봉을 들고 녀석을 쫓았다. 구경꾼들은 얻어맞은 돼지가 빽빽거리다가 죽어 가는 모습에 낄낄거렸다."[16]

나는 그간 학계에 있으면서 불규칙 동사의 문법부터 다중 우주의 물리학까지 실로 다채로운 주제를 다룬 수천 건의 학술 논문을 읽었다. 그러나 내가 읽은 논문 중 제일 괴상한 것은 단연코 「얼굴을 잃고 체면을 지키다: 중세 후기 마을의 코와 명예」였다.[17] 역사학자 발렌틴 그뢰브너는 그 글에서 중세 유럽 사람이 다른 사람의 코를 자른 사건 수십 건을 들려주었다. 이단, 배신, 매춘, 남색에 대한 공공의 처벌도 있었지만, 개인적인 복수가 더 많았다. 1520년 뉘른베르크에서 벌어진 사건을 보자. 한스 리겔이라는 남자가 한스 폰 아이프라는 남자의 아내와 바람을 피웠다. 질투에 눈먼 폰 아이프는 죄 없는 리겔 아내의 코를 베었다. 이것만 해도 지독히 부당하건만, 리겔은 간통으로 4주형을 받은 데 비해 폰 아이프는 처벌을 면했다. 신체 절단은 아주 흔했다. 그뢰브너에 따르면 이런 일도 있었다.

> 중세 후기의 외과 수술 교과서 저자들은 코 부상에 각별히 관심을 쏟았다. 한번 잘린 코가 다시 자랄 수 있느냐 하는 문제는 논쟁이 분분했다. 프랑스 궁정 의사 앙리 드 몽데빌은 유명 저서 『수술』에서 절대로 "안 된다."고 말했지만, 다른 15세기 의학계 권위자들은 더 낙관적이었다. 하인리히 폰 포르슈풍트의 1460년 약전에는 코를 잃은 사람에게 "새 코를 만들어 준다."고 약속하는 처방이 실렸다.[18]

'홧김에 제 코를 베다'라는 이상한 영어 표현은 이 관행에서 나왔다. 중세 후기에는 상대의 코를 자르는 것이 분풀이의 전형이었던 까닭이다.

중세의 삶을 엿본 다른 학자들처럼, 엘리아스는 중세인의 성미에 대한 묘사에 깜짝 놀랐다. 오늘날의 눈으로 보면 그들은 충동적이고, 억제를 모르고, 아이나 다름없는 것처럼 느껴진다.

> 그들이 늘 사나운 표정, 찌푸린 미간, 호전적인 얼굴로 다닌 것은 아니었다. …… 오히려 반대였다. 그들은 좀 전만 해도 농담을 하다가, 서로 놀리면서 주거니 받거니 말이 오가다가, 그 웃음의 와중에 난데없이 사나운 아귀다툼에 휘말렸다. 우리에게는 모순으로 보이는 것들이 — 뜨거운 신앙심, 지옥에 대한 강렬한 두려움, 죄책감, 요란하게 터져 나오는 기쁨과 명랑함, 갑작스러

운 격분, 통제되지 않은 증오와 호전성 — 사실은 변덕스럽게 바뀌는 기분처럼 하나의 감정 구조에서 나온 증상이었다. 그들은 후대인보다 더 자유롭게, 직접적으로, 솔직하게 충동과 감정을 분출했다. 거리낌 없이 강렬한 신앙심, 호전성, 잔인성은 우리에게나 모순으로 비칠 뿐이다. 우리는 모든 것을 좀 더 억제하고 절제하고 계산하며, 우리의 충동 구조에는 사회적 터부가 더 깊이 엮여 들어 자제력으로 작용하기 때문이다.[19]

터크만도 "중세인의 행동에서는 유아성, 어떤 종류의 충동도 억누르지 못하는 특징"이 두드러진다고 지적했다.[20] 도러시 세이어스는 『롤랑의 노래』 번역서 서문에서 이렇게 말했다. "강인한 남자는 개인이나 국가의 크나큰 재앙 앞에서도 그저 입술을 살짝 앙다물고 말없이 벽난로에 담배를 던져 넣을 뿐이라는 생각은 지극히 최근에 생겨났다."[21]

중세인의 유아성은 틀림없이 과장되었겠지만, 시대마다 감정 표현의 관습에 정도의 차이가 있다는 것은 엄연한 사실이다. 엘리아스는 『문명화 과정』의 많은 부분을 할애하여 이 변화를 기록했는데, 그가 활용한 데이터베이스는 아주 뜻밖이었다. 에티켓 지침서들이었다. 오늘날 우리는 『에이미 밴더빌트의 일상 에티켓』, 『미스 매너스가 알려 주는 깐깐하고 올바른 행동법』 따위를 당황스러운 실수를 피하기 위한 요긴한 조언쯤으로 여기지만, 과거에 그런 책은 당대의 뛰어난 사상가들이 집필하는 진지한 도덕 지침서였다. 1530년, 근대성의 창시자로 꼽히는 위대한 학자 데시데리위스 에라스뮈스는 『소년을 위한 예의범절』이라는 에티켓 지침서를 썼고, 그 책은 200년 동안 유럽에서 베스트셀러였다. 이런 책은 하지 말아야 할 행동에 대한 규칙을 알려 주므로, 우리에게는 그들이 실제로 실행했던 행동을 보여 주는 사진이나 마찬가지다.

중세인은 한마디로 역겨웠다. 에티켓 책에는 신체 배출물에 대한 조언이 잔뜩 나온다.

계단, 복도, 벽장, 벽걸이를 소변이나 다른 오물로 더럽히지 마라. •숙녀들 앞에서, 궁정의 방문이나 창문 앞에서 용변을 보지 마라. •방귀를 뀌려는 것처럼 의자에서 앞뒤로 엉덩이를 움직이지 마라. •맨손을 옷에 넣어 자신의 은밀한 부위를 만지지 마라. •상대가 소변이나 대변을 보는 도중에 인사하지 마라. •방귀를 뀔 때 소리를 내지 마라. •용변을 보려고 옷을 벗거나 용변 후 옷을 채우는 모습을 남들에게 보이지 마라. •여관에서 다른 사람과 한 침대를 쓸 때, 그에게 너무 바싹 붙어서 몸을 건드리거나 당신의 다리를 그의 다리 사이에 끼우지 마라. •침구에서 뭔가 역겨운 것을 발견했을 때, 동반자에게 그것을 가리키거나 악취 나는 것을 들어 상대에게 들이대면서 "냄새가 얼마나 고약한지 맡아 봐."라고 말하지 마라.

코 풀기에 대한 조언도 있다.

코를 식탁보로 풀거나 손가락, 소매, 모자에 풀지 마라. •사용한 손수건을 남에게 권하지 마라. •손수건을 입으로 물고 다니지 마라. •"코를 닦은 뒤 손수건을 펼쳐 마치 진주나 루비 같은 것이 당신의 머리에서 나오기라도 한 것처럼 뚫어져라 쳐다보는 것도 품위 없는 짓이다."[22)]

침 뱉기를 자세히 논한 항목도 있다.

손을 씻으면서 대야에 침을 뱉지 마라. •침을 발로 문지르려면 어디에 있는지 찾아봐야 할 정도로 멀리 뱉지 마라. •침이 다른 사람에게 떨어지지 않도록 몸을 돌려 뱉어라. •"무엇이든 고름과 같은 것이 땅에 떨어지면, 남들이 구역질을 내지 않도록 반드시 밟아서 비벼야 한다."[23] •다른 사람의 코트에 묻은 침을 보고 그것을 알려 주는 것은 점잖지 못한 일이다.

식사 예절에 대한 조언은 당연히 아주, 아주 많다.

접시에서 처음으로 음식을 집는 사람이 되지 마라. •돼지처럼 킁킁거리고 입술을 쩝쩝 다시면서 음식에 처박지 마라. •서빙 접시를 돌려서 제일 큰 고기 덩어리가 당신에게 오게 하지 마라. •"당장 감옥에 끌려갈 사람처럼 음식을 처먹거나, 뺨이 풀무처럼 불거질 만큼 입에 밀어 넣거나, 입술을 쩝쩝거리면서 돼지처럼 소리를 내지 마라." •서빙 접시의 소스에 손가락을 담그지 마라. •입에 넣었던 숟가락으로 서빙 접시의 음식을 덜지 마라. •갉아 먹은 뼈를 서빙 접시에 도로 놓지 마라. •식탁보로 식사 도구를 닦지 마라. •입에 넣었던 것을 도로 접시에 뱉지 마라. •베어 먹은 음식을 남에게 권하지 마라. •끈적한 손가락을 핥거나, 빵으로 닦거나, 코트에 닦지 마라. •고개를 숙여 그릇에서 수프를 마시지 마라. •뼈, 씨, 계란 껍데기, 과일 껍질을 손에 뱉거나 바닥에 버리지 마라. •식사 중에 코를 풀지 마라. •접시를 직접 들고 마시지 말고 숟가락을 쓰라. •숟가락에서 후루룩거리면서 마시지 마라. •식탁에서 허리띠를 느슨하게 풀지 마라. •더러운 접시를 손가락으로 닦아 내지 마라. •손가락으로 소스를 젓지 마라. •고기를 코로 들어 올려서 냄새를 맡지 마라. •커피를 잔받침에 따라서 마시지 마라.

현대 독자는 이와 같은 조언에 즉각 이런 반응을 보일 것이다. 그들은 대체 얼마나 무신경하고, 천박하고, 동물적이고, 미성숙했단 말인가! 이런 것은 부모가 세 살짜리 자식에게 가르칠 일이지, 위대한 철학자가 학식 있는 독자들에게 가르칠 일은 아니지 않은가? 그러나 엘리아스가 지적했듯이, 우리에게 제2의 천성이 된 품위, 자제, 배려는 후천적으로 얻어야 하는 것이었고 — 그렇기에 **제2의** 천성이다. — 유럽인들은 근대를 거치면서 그것을 발달시켰다.

조언의 양이 엄청나다는 것도 시사하는 바가 있다. 위의 36가지 규칙은 서로 무관하지 않고, 소수의 주제에 대한 여러 예시들이다. 요즘 우리도 이런 규칙들을 낱낱으로 배우지는 않는다. 어머니가 깜박 잊고 그중 하나를 가르치지 않았다고 해서 아들이 식탁보로 코를 풀게 되는 것은 아니다. 위의 규칙들은 (목록에 없는 더 많은 규칙들도) 소수의 원칙에서 전부 유추되어 나온다. 식욕을 통제하라, 만족을 지연시키라, 남들의 기분을 배려하라, 시골뜨기처럼 행동하지 마라, 동물적 본성에서 거리를 두어라. 위반에 대한 벌은 내적인 것, 즉 수치심이라고 했다. 엘리아스는 에티켓 책에서 건강과 위생은 거의 언급되지 않는다고 지적했다. 요즘 우리는 혐오감이 생물학적 오염에 대한 무의식적 방어로서 진화했다는 사실을 안다.[24] 그러나 세균과 감염에 대한 지식은 19세기 들어서도 한참 뒤에 등장했다. 에티켓 책에 명시된 논리는 시골뜨기처럼 행동하면 안 된다거나 남들의 기분을 해치면 안 된다는 것뿐이었다.

중세 유럽에서는 성행위도 덜 조심스러웠다. 사람들은 지금보다 더 자주 헐벗고 돌아다녔고, 연인들은 성교하는 광경을 안 들키려는 조치를 형식적으로만 취했다. 창녀들은 공공연히 서비스를 제공했다. 많은 영국 도시에는 그로웁컨트 거리(더듬는다는 뜻의 'grope'과 여성의 생식기를 뜻하는 'cunt'가 합쳐진 말 — 옮긴이)라고 불리는 홍등가가 있었다. 남자들은 자신의 성적 모험담을 자식들에게 이야기했고, 서자와 적자가 흔연히 어울리곤 했다. 이런 개방성은 현대로 오면서야 눈살을 찌푸리게 하는 꼴불견으로 변했고, 더 나중에는 용인할 수 없는 일로 변했다.

변화는 언어에도 흔적을 남겼다. 농부에 관한 단어들은 타락을 뜻하는 이중의 의미를 갖게 되었다. 가령 boor(독일어의 Bauer와 네덜란드어의 boer를 보면 알듯이 원래는 그저 '농부'라는 뜻이었다.), villain(농노나 촌락민을 뜻하는 프랑스어 vilein에서 왔다.), churlish(평민을 뜻하는 churl에서 왔다.), vulgar(vulgate라는 용어를 보면 알듯이 평민이라는 뜻이었다.), 귀족이 아니라는 뜻인 ignoble 등이 그렇다. 말하기 난처한 행동이나 물건을 가리키는 단어들도 터부가 되었다. 한때 영국인들은 'My God!'이나 'Jesus Christ!'처럼 신이나 예수를 언급하는 말을 욕으로 썼고, 근대로 접어들어서는 성적인 말과 배설물에 관한 말을 욕으로 쓰기 시작했다. 그러나 요즘은 '앵글로색슨의 알파벳 네 개짜리 단어'라고 불리는 그 단어를 점잖은 자리에서는 더 이상 쓸 수 없다('fuck'을 뜻한다. — 옮긴이).[25] 역사학자 제프리 휴스가 지적했듯이, "민들레를 pissabed(오줌싸개꽃)이라고 부르고 왜가리를 shitecrow(똥까마귀)라고 부르고 황조롱이를 windfucker(바람씹할놈)이라고 불렀던 시절은 음경을 화려하게 과시하던 샅 주머니와 더불어 사라졌다."[26] Bastard(개자식, 사생아), cunt(보지), arse(똥구멍), whore(창녀) 같은 말도 일상어에서 터부로 변했다.

새로이 자리 잡은 에티켓은 폭력의 도구, 특히 칼에도 적용되었다. 중세에는 대부분의 사람들이 칼을 지니고 다녔고, 식탁에서 그것을 꺼내어 통구이 고기를 베어 내고, 찢고, 입으로 가져갔다. 그러나 함께 모여 식사할 때 손 닿는 곳에 치명적 무기가 있다는 위협, 그리고 칼을 얼굴로 향하는 무서운 광경은 점차 불쾌한 것으로 여겨졌다. 엘리아스는 칼 사용에 관한 에티켓 항목을 많이 열거했다.

> 칼로 이빨을 쑤시지 마라. •식사하는 동안 내내 칼을 쥐고 있지 말고, 필요할 때만 꺼내 써라. •칼끝으로 음식을 입에 넣지 마라. •빵을 칼로 썰지 말고 손으로 뜯어라. •남에게 칼을 건넬 때는 날을 잡고 손잡이를 내밀어라.

•칼을 작대기처럼 주먹으로 움키지 말고 손가락으로 잡아라. •칼로 남을 겨누지 마라.

포크가 식사 도구로 흔히 쓰이게 된 것은 이 변화 과정에서였다. 사람들이 더 이상 칼을 입에 대지 않아도 되도록 말이다. 사람들이 각자의 칼을 뽑아 쓰지 않아도 되도록 식탁에는 특수한 칼이 놓였고, 그런 칼은 끝이 뾰족하지 않고 둥글었다. 생선, 둥근 음식, 빵처럼 어떤 음식들은 절대로 칼로 썰면 안 된다고 했다. '함께 빵을 찢다'라는 표현은 그렇게 생겨났다.

중세의 칼 터부 중 몇 가지는 지금까지 남았다. 많은 사람이 칼을 선물할 때는 반드시 동전과 함께 주고, 그러면 받는 사람은 동전을 되돌려준다. 선물이 아니라 사고파는 행동인 척하는 것이다. 명목상으로는 '우정을 자른다'는 상징적 의미를 피하기 위해서라지만, 그보다는 친구가 요구하지도 않은 칼을 친구에게 겨눈다는 상징적 의미를 피하기 위해서일 것이다. 칼을 손에 직접 건네면 재수가 없다는 미신도 있다. 칼을 탁자에 놓아두고 상대가 직접 집게 해야 한다는 것이다. 우리가 쓰는 식사용 칼은 끝이 둥글고, 필요 이상 날카롭지 않다. 질긴 고기에는 스테이크용 칼을 쓰고, 생선에는 더 뭉툭한 칼을 쓴다. 그리고 칼은 꼭 필요할 때만 쓰는 게 좋다. 칼로 케이크를 먹거나, 음식을 찍어 입에 넣거나, 재료를 섞거나('칼로 저으면 분쟁이 일어난다.'는 속담도 있다.), 음식을 포크에 얹는 것은 무례한 일이다.

옳거니!

✤ ✤ ✤

엘리아스의 이론은 유럽의 폭력 감소를 더 폭넓은 심리 변화 탓으로 돌린 셈이다(그의 책 부제는 '사회 발생학 및 정신 발생학적 조사'였다.). 11세기나 12세기에 시작되어 17세기와 18세기에 성숙된 수백 년의 과정을 통해 유럽인은 점차 충동을 억제하게 되었고, 행동의 장기적 결과를 예상하게 되었고, 남들의 생각과 감정을 배려하게 되었다는 것이다. 명예의 문화는 — 재깍 복수하는 태도 — 품위의 문화로 — 감정을 기꺼이 통제하는 태도 — 바뀌었다. 이런 이상(理想)은 문화 공급자들이 귀족에게 제공한 명시적 지침에서 생겨났고, 귀족은 그것을 통해 평민이나 시골뜨기와 자신을 구별했다. 이후 그런 이상은 갈수록 더 어린 아이들의 사회화 과정에 흡수됨으로써 급기야 제2의 천성이 되었다. 또한 그 표준은 상류 계층에서 그들을 흉내 내려 애쓴 부르주아에게, 부르주아에서 더 낮은 계층에게 흘러내려 결국 전체 문화의 일부가 되었다.

엘리아스는 프로이트의 정신 구조 모형을 가져다 썼다. 아이는 부모의 말을 이해하지도 못할 만큼 어렸을 때 배웠던 금지들을 내면화함으로써 양심(초자아)을 갖게 된다는 이론이다. 그때부터 아이의 자아(에고)는 그런 금지들을 사용하여 자신의 생물학적 충동(이드)을 통제한다. 한편 엘리아스는 프로이트의 좀 더 희한한 주장들과는 거리를 두었다(가령 원시의 근친 살해, 죽음의 충동, 오이디푸스 콤플렉스). 엘리아스의 심리학은 철저히 현대적이었다. 9장에서 우리는 심리학자들이 자기 통제(self-control), 만족의 지연, 얕은 시간 효용 할인이라고 부르고 보통 사람들이 열까지 세기, 조급증 억세하기, 입술 깨물기, 궂은 날에 대비하기, 물건을 바지에 넣어두기라고 부르는 인간의 심적 능력에 대해 이야기할 것이다.[27] 또 심리학자들이 감정 이입(empathy), 본능적 심리학, 관점 취하기, 마음의 이론

(theory of mind)이라고 부르고 보통 사람들이 남의 머릿속에 들어가 보기, 남의 시선으로 보기, 남의 입장이 되어 보기, 남의 고통을 느껴 보기라고 부르는 능력도 살펴볼 것이다. 엘리아스는 우리 본성의 선한 천사들 중 이 두 가지에 대한 과학적 연구를 예견했던 셈이다.

엘리아스를 비판하는 사람들은 모든 사회에 성행위나 배설물에 대한 예의범절의 기준이 있다는 점, 그것은 아마도 순결, 혐오, 수치심을 둘러싼 내면의 감정에서 자라났을 것이라는 점을 지적했다.[28] 앞으로 살펴보겠지만, 사회가 이런 감정을 도덕화하는 정도는 문화마다 차이가 크다. 중세 유럽이라고 예의범절이 아주 없진 않았겠지만, 문화적 가능성들의 폭넓은 범위에서는 극단에 해당했던 것 같다는 말이다.

엘리아스는 근대 초기 유럽인이 자기 통제를 '발명'했거나 '구성'했다고는 주장하지 않았다는 점에서 훌륭하게도 학문의 유행을 넘어섰다. 그는 그저 그런 심리적 재능은 늘 인간 본성의 일부였지만 중세인들은 적게 사용했던 데 비해 후세 사람들은 더 자주 쓰게 된 것이라고 말했다. 그는 "기준점이란 없다."고 거듭 선언했다.[29] 9장에서 이야기하겠지만, 사람들이 자기 통제력을 어떻게 강화하거나 낮출까 하는 것은 심리학에서 흥미로운 주제이다. 한 가능성은 자기 통제가 근육과 비슷하다고 보는 것이다. 가령 식사 예절을 연습하면 자기 통제력이 전반적으로 더 강해져, 자신을 모욕한 사람을 발끈하여 죽이는 걸 저지하는 데도 더 효과를 발휘한다는 것이다. 다른 가능성은 남 앞에 설 때 거리를 얼마나 두어야 하는지, 공공장소에서 몸을 얼마나 가려야 하는지 등등에 대한 사회적 규범에 맞춰 자기 통제 다이얼이 설정된다는 것이다. 세 번째 가능성은 주어진 환경에서의 비용과 편익에 따라 자기 통제가 적응적으로 조절된다는 것이다. 실제로 자기 통제는 무조건 좋지만은 않다. 당신의 자기 통제가 너무 강하면 공격자가 그것을 유리하게 이용할 수 있다. 당신이라면 뒤늦은 복수가 소용없다고 판단하여 보복을 참으리라고 기대하는 것이다. 반면에 당신이 반사적으로 응수할 것이고 그 결과가 지독하리라고 예상되면, 상대는 애초에 당신을 더 존중한다. 이 경우 우리는 주변 환경의 위험도에 맞추어 자신의 자기 통제 다이얼을 조절해야 할 것이다.

이 시점에서 문명화 과정 이론은 불완전하다. 이론이 설명하고자 하는 현상에 내재된 과정을 그 원인으로 지목하기 때문이다. 지금까지 우리는 폭력 행위의 감소가 충동, 명예, 성적 방종, 무례함, 천한 식사 행실의 감소와 맞물렸다고 말했다. 그러나 그래서야 여러 심적 과정들의 얽히고설킨 그물망에 얽혀 드는 결과가 될 뿐이다. 사람들이 폭력의 충동을 억제하는 법을 익혔기 때문에 덜 폭력적인 방향으로 바뀌었다고 말하는 것은 설명이 못 된다. 더구나 정말로 사람들의 충동이 먼저 변했고 폭력 감소가 그에 따랐는지, 아니면 그 반대 순서였는지 확신할 수도 없다.

하지만 엘리아스는 여기에서 더 나아가, 애초에 어떤 외생적 유발 기제가 변화를 개시했는지를 짚어 보았다. 그는 정확히 두 가지를 제안했다. 첫째는 유럽이 봉건 영지와 봉토로 조각조각 나뉘었던 수백 년의 무정부 상태를 끝내고 진정한 리바이어던으로 통합된 일이었다. 중앙 집권 군주들은 힘을 길렀고, 다투는 기사들을 통제했고, 왕국 너머로까지 촉수를 뻗었다. 군사 역사학자 퀸시 라이트에 따르면, 15세기 유럽에는 독립적 정치 난위가 5000개 있었다(주로 남작령이나 공국). 17세기 초 30년 전쟁 시기에는 그것이 500개로 줄었고, 19세기 초 나폴레옹 시대에는 200개가 되었고, 1953년에는 30개 미만이 되었다.[30]

정치 단위들의 통합은 일면 자연스런 응집 과정이었다. 강력한 군사 지도자가 이웃을 삼켜서 좀 더 강력한 군사 지도자가 되는 과정인 것이다. 그러나 역사학자들이 군사 혁명이라고 부르는 현상이 이 과정을 더욱 가속한 측면이 있었다. 군사 혁명이란 화약 무기, 정규군, 거대 관료제와 풍부한 수입원이 있어야만 뒷받침할 수 있는 값비싼 전쟁 기술들의 등장을 말한다.[31] 칼을 들고 말을 탄 사내 하나에 오합지졸 농부들이 더해진 군대는 진정한 국가가 전장에 투입하는 대량의 보병과 포병에게는 대적이 되지 못했다. 사회학자 찰스 틸리가 말했듯이, "국가가 전쟁을 만들고 전쟁이 국가를 만든다."[32]

점차 강해지는 왕에게 기사들의 영역 다툼은 골칫거리였다. 어느 쪽이 우세하든 반드시 농부들이 죽고 생산력이 파괴되었는데, 왕의 관점에서는 그 생산력이 제 수입과 군대를 불리는 데 사용되는 편이 나았다. 그리고 일단 평화 사업에 뛰어든 왕은 — '왕의 평화'라고도 불렸다. — 제대로 일할 동기가 있었다. 기사로서는 무기를 내려놓고 경쟁자들을 국가의 억제력에 맡기는 것이 위험한 모험이었다. 경쟁자들이 그것을 그가 나약하다는 신호로 볼지도 모르기 때문이다. 따라서 국가는 제 역할을 충실히 수행함으로써 모두가 국가의 평화 유지력을 신뢰하게끔 만들어야 했다. 그들이 다시 습격과 보복으로 돌아가지 않도록 만들어야 했다.[33]

국가에게 기사들과 농부들의 혈투는 단순한 골칫거리가 아니라 좋은 기회가 박탈되는 일이기도 했다. 노르만이 영국을 통치하던 무렵, 한 천재는 정의의 국유화라는 수지맞는 발상을 떠올렸다. 그 이전에도 법체제는 살인을 불법 행위로 취급했고, 복수 대신 피해자의 가족이 살인자의 가족에게 배상금을 요구하도록 했다. 그것이 피의 돈, 즉 '**베어길트**(wergild)'였다('사람에 대한 보상'이란 뜻이다.). 그러나 이제 헨리 1세는 살인을 국가와 그 환유(換喩)인 왕관에 대한 불법 행위로 재정의했다. 이제 살인 재판은 **'존 아무개 대 리처드 아무개'**의 문제가 아니라 **'왕관 대 존 아무개'**(이후 미국에서는 **'시민들 대 존 아무개'** 혹은 **'미시간 주 대 존 아무개'**가 되었다.)의 문제가 되었다. 이 계획의 탁월한 점은 베어길트가 (가해자의 전 재산에 그 가족이 추렴한 돈까지 더해지곤 했다.) 피해자의 가족 대신 왕에게 돌아간다는 점이었다. 정의를 집행하는 순회 법정이 정기적으로 현장을 방문하여 그동안 쌓인 사건들을 처리했고, 왕의 지역 대리인인 검시관이 모든 사망 사건을 조사하여 살인이 빠짐없이 법정에 회부되도록 했다.[34]

리바이어던이 통제권을 쥐자, 게임의 규칙이 바뀌었다. 이제 개인이 부를 쌓는 방법은 일대에서 제일 악독한 기사가 되는 것이 아니라 궁정에서 왕과 측근들에게 호의를 구하는 것이었다. 사실상 정부 관료 조직이나 마찬가지였던 궁정은 다혈질이나 시한폭탄 같은 사람은 원하지 않았다. 지방을 대신 다스릴 믿음직한 관리인을 원했다. 귀족은 마케팅 방식을 바꿔야 했다. 왕의 수하들의 기분을 거스르지 않으려면 예절을 닦아야 했고, 그들의 심중을 이해하려면 감정 이입 능력을 길러야 했다. 궁정(court)에 알맞은 행동거지는 'courtesy'라고 불렸고, 이것이 곧 예절을 뜻하는 말이 되었다. 콧물을 어디에 닦을지 알려 주는 에티켓 지침서는 궁정에서 행동하는 방법을 알려 주는 책에서 유래했던 것이다. 엘리아스는 궁정을 상대하던 귀족에서 귀족을 상대하던 엘리트 부르주아에게, 엘리트 부르주아에서 중간 계층에게, 수백 년에 걸쳐 예절이 흘러내린 과정을 추적했다. 그리고 국가의 중앙 집권화와 대중의 심리 변화를 연결 짓는 자신의 이론을 이렇게 요약했다. "전사에서 신하로."

✤ ✤ ✤

중세 후기에 벌어진 두 번째 외생적 변화는 경제 혁명이었다. 봉건제의 경제 기반은 땅과 땅을 경작하는 농부들이었다. 부동산 중개인들이 즐겨 말하듯이, 땅은 세상에서 유일하게 더 만들어 낼 수 없는 물건이다. 땅에 기초한 경제일 때, 생활 수준을 높이고 싶은 개인의 일차적 선택지는 이웃의 땅을 빼앗는 것이다. 맬서스적 인구 팽창기에는 생활 수준을 높이기는커녕 그대로 유지하려고만 해도 그렇다. 게임 이론의 언어로 말하자면, 땅에 대한 경쟁은 제로섬 게임이다. 한 사람이 얻으면 다른 사람이 잃는다.

기독교 이데올로기는 중세 경제의 제로섬 성격을 강화했다. 기독교는 주어진 물리적 자원에서 더 많은 부를 뽑아내는 상업 행동과 기술 혁신에 무조건 적대적이었다. 터크만은 이렇게 말했다.

> 상업에 대한 기독교의 태도는 …… 돈은 악이라는 것, 성 아우구스티누스가 말했듯이 "장사는 그 자체 악"이라는 것, 장사꾼이 스스로 생활하는 데 필요한 최소한의 돈 이상으로 수익을 내는 짓은 탐욕이라는 것, 대출 이자를 물려서 돈으로 돈을 버는 짓은 고리대금의 죄라는 것, 도매로 물건을 사서 그 물건 그대로 더 비싼 소매가에 파는 짓은 비도덕적이고 교회법으로 금지된 일이라는 것이었다. 요컨대, "상인은 좀처럼 신을 기쁘게 하지 못한다."고 했던 성 히에로니무스의 말은 사실이라고 했다.[35]

내 할아버지라면 이렇게 일축했으리라. "고이시 콥!" 이디시어로 "기독교인들의 생각이란!" 하는 뜻이다. 유대인은 대금업자와 중개상으로 사회에 받아들여졌지만, 박해와 추방도 자주 당했다. 재료비와 그에 투입된 노동 가치만을 반영하는 '정당한' 수준으로 가격을 고정해야 한다는 법률은 중세의 경제적 후진성을 강화했다. 터크만의 설명에 따르면, "상업법은 누구든 남보다 더 이득을 얻는 일을 막기 위해서 도구와 기술의 혁신, 정해진 가격보다 싼 판매, 인공조명을 써서 밤늦게 일하는 것, 추가로 도제를 고용하거나 아내와 미성년 아이의 손을 빌리는 것, 자기 제품을 광고하거나 칭찬해서 남들에게 해를 입히는 것을 금지했다."[36] 이것은 제로섬 게임을 낳는 비법이고, 오로지 포식으로만 부를 얻을 수 있도록 하는 길이다.

포지티브섬 게임은 행위자들이 다 함께 운을 향상시킬 선택지가 있는 시나리오다. 일상의 전형적인 포지티브섬 게임이라면 선의의 교환을 들 수 있다. 우리가 작은 비용으로 남에게 큰 편익을 줄 수 있을 때 서로 그렇게 해 주는 것이다. 영장류가 서로 등에서 진드기를 잡아 주는 것, 사냥꾼이 혼자 먹기에는 너무 큰 동물을 잡았을 때 동료들과 나눠 먹는 것, 부모들이 번갈아 가며 서로의 아이를 돌봐 주는 것이 그런 예다. 인간의 협동 행위와 공감, 신뢰, 감사, 죄책감, 분노처럼 협동을 뒷받침하는 사회적 감정은 포지티브섬 게임에 도움이 되기 때문에 선택되었다는 통찰이야말로 진화 심리학의 중요한 성과였다.[37] 이것은 8장에서 다시 이야기하겠다.

경제에서 고전적인 포지티브섬 게임은 잉여의 교환이다. 농부에게 혼자 다 먹기에는 너무 많은 곡식이 있고 목동에게 혼자 다 마시기에는 너무 많은 우유가 있다면, 서로 밀과 우유를 교환하면 둘 다 득을 본다. 흔한 말로 모두가 남는 장사다. 물론, 시간적으로 한 시점에서 벌어지는 교환은 분업이 있을 때에만 이득이다. 농부가 다른 농부에게 밀 한 자루를 주고 대신 밀 한 자루를 받아서야 아무 소용이 없다. 분업이 부를 창출하는 핵심 요소라는 사실은 현대 경제학의 근본적 통찰이었다. 전문가는 더 나은 비용 대비 효율로 일용품을 생산하는 방법을 익혀야 하고, 그 물품을 효율적으로 교환할 방법이 있어야 한다. 효율적 교환을 위한 하부 구조를 꼽으라면 공간적으로 멀리 떨어진 생산자들끼리도 잉여를 교환하도록 돕는 운송, 시간적으로 여러 시점에서 많은 생산자가 많은 종류의 잉여를 교환하도록 돕는 돈, 이자, 중개인 등이 있다.

포지티브섬 게임은 폭력의 동기도 바꾼다. 당신이 다른 사람과 호의나 잉여를 교환한다면, 그가 죽는 것보다는 살아 있는 편이 당신에게도 더 좋다. 그리고 당신에게는 그가 무엇을 원하는지 예상해 볼 동기가 주어진다. 그가 원하는 것을 제공해야만 당신이 원하는 것을 얻기 쉽기 때문이다. 많은 지식인이 성 아우구스티누스와 히에로니무스를 좇아서 사업가의 이기주의와 탐욕을 경멸했지만, 자유 시장은 사실 감정 이입을 장려한다.[38] 훌륭한 사업가는 고객을 만족시켜야 한다. 아니면 경쟁자가 꾀어 갈 테니까. 그리고 고객을 더 많이 모을수록 부자가 될 테니까. **온화한 상업**(gentle commerce)이라고 불리는 이 개념은 1704년에 경제학자 사뮈엘 리카르가 처음 말했다.

> 상업은 상호 효용으로 사람들을 잇는다. …… 사람들은 상업을 통해서 심사숙고, 정직, 예절, 언행의 신중함과 조심성을 배운다. 지혜롭고 정직해야 성공한다는 것을 깨닫기 때문에, 악행을 피한다. 최소한 현재와 미래의 지인들에게 나쁜 평가를 받지 않기 위해서라도 점잖고 신중하게 행동한다.[39]

여기에서 두 번째 외생적 변화가 따라온다. 엘리아스는 중세 후기에 사람들이 기술과 경제의 정체에서 벗어나기 시작했다고 지적했다. 돈이 물물교환을 대체했다. 국가의 넓은 영토 내에서 두루 통화가 인식된다는 점은 아주 유용했다. 국가는 로마 시대 이래 방치되었던 도로 건설을 재개하여, 해안과 강의 물길을 따라서만이 아니라 내륙으로도 물건이 운반되게 해 주었다. 포석에 말발굽이 다치지 않도록 보호하는 편자, 가련한 동물이 무거운 짐을 끌 때 숨이 막히지 않도록 해 주는 새로운 멍에 덕분에 말을 이용하는 운송이 편해졌다. 바퀴 달린 마차, 나침반, 시계, 물레, 직기, 풍차, 물방아도 중세 후기에 완벽해졌다. 팽창하는 장인 계층은 이런 기술들에 필요한 전문성을 연마했다. 발전은 분업을 장려했고, 잉여를 늘렸고, 교환을 촉진했다. 사람들의 삶에는 더 많은 포지티브섬 게임이 생겼고, 제로섬 약탈의 매력은 줄었다. 이런 기회를 잘 잡으려면 미래를 계획해야 했고, 충동을 통제해야 했고, 타인의 시점을 취해 보아야 했고, 사회적 연결망 속에서 융성하는 데 필요한 여러 사회적, 인지적 기술을 닦아야 했다.

문명화 과정의 두 유발 기제는 — 리바이어던과 온화한 상업 — 이어져 있다. 상업의 포지티브섬 협동은 리바이어던이 다스리는 널따란 공간 속에서 융성한다. 국가는 화폐와 도로처럼 경제 협동의 하부 구조로 기능하는 공공재를 누구보다도 잘 공급하며, 행위자들이 약탈과 거래의 상대 수익을 놓고 저울질할 때 한쪽으로 무게를 더한다. 상상해 보라. 기사는 이웃에게 곡식 열 자루를 약탈할 수도 있고, 동일한 시간과 품을 들여 번 돈으로 다섯 자루를 구입할 수도 있다. 그렇다면 당연히 도둑질이 더 낫다. 그러나 만일 국가가 도둑질에 곡식 여섯 자루의 벌금을 물린다면, 기사에게는 네 자루만 남을 것이다. 그렇다면 정직하게 땀 흘리는 편이 낫다. 이렇듯 리바이어던이 상업의 매력을 키워 주는 한편, 상업은 리바이어던의 일을 더 쉽게 만들어 준다. 만일 구입이라는 정직한 대안이 없는 상황이라면, 국가는 약탈을 억제하기 위해서 열 자루를 몰수하겠다고 위협하는 수밖에 없다. 그러나 이것은 다섯 자루를 몰수하는 것보다 이행하기가 더 어렵다. 현실에서는 국가가 벌금이 아니라 물리적 처벌을 들먹임으로써 제재하겠지만, 합법적 대안이 매력적으로 느껴져야만 범죄를 쉽게 억제할 수 있다는 원리는 같다.

요컨대, 문명화의 두 힘은 서로를 강화한다. 엘리아스는 이것을 한 과정의 두 부분으로 보았다. 국가 통제의 중앙 집중화와 폭력의 독점, 장인 길드와 관료 제도의 성장, 물물교환에서 화폐로의 전환, 기술 발전, 상업 발달, 갈수록 더 넓은 지역의 개인들이 상호 의존의 그물망을 이루는 것. 이 모두가 하나의 유기적 전체를 이룬다. 그 속에서 잘 살고 싶은 사람은 감정 이입과 자기 통제력이 제2의 천성이 될 때까지 계발해야 한다.

'유기적' 전체라는 비유는 엉뚱한 것이 아니다. 생물학자 존 메이너드 스미스와 외르시 서트마리는 문명화 과정과 유사한 진화적 동역학이 생명 역사의 주요한 변화들, 즉 유전자, 염색체, 세균, 진핵 세포, 생물체, 유성 생식을 하는 생물, 동물 사회가 차례차례 등장한 과정을 추진했다고 주장했다.[40] 매 단계마다, 자기를 돌보는 능력과 협동의 능력을 모두 갖춘 개체들은 자신보다 더 큰 전체에 포섭될 수 있는 상황에 처했을 때 늘 협동을 택하는 편이었다. 개체들은 서로 편익을 주고받으면서 각자 전문화했고, 하나가 나머지를 착취하여 전체에 해를 끼치는 것을 막기 위한 방어 장치를 개발했다. 저널리스트 로버트 라이트는 포지티브섬 게임을 암시하는 『넌제로』에서 이와 비슷한 경로를 인간 사회의 역사로까지 확장하여 적용했다.[41] 이 책의 마지막 10장에서 폭력 감소에 관한 이런 최상위 이론들을 다시 이야기하겠다.

문명화 과정 이론은 과학적 가설로서 엄격한 시험을 통과했다. 이론이 내놓은 놀라운 예측이 사실로 확인되었기 때문이다. 엘리아스는

1939년에 살인 통계에 접근할 수 없었기 때문에, 역사적 내러티브들과 오래된 에티켓 책들로만 연구했다. 이후 거, 아이스너, 코번 등이 살인율 감소를 보여 주는 그래프로 범죄학계를 놀라게 했을 때, 진작 그 현상을 예견했던 이론은 엘리아스의 이론뿐이었다. 하지만 지난 몇 십 년 동안 우리는 폭력에 대해 훨씬 더 많이 알게 되었다. 엘리아스의 이론은 지금도 여전히 잘 맞을까?

엘리아스 자신도 제2차 세계 대전 중 동포 독일인들의 반문명 행위가 마음이 걸려, 자신의 이론 틀 속에서 어떻게든 그 '비문명화 과정'을 설명하려고 했다.[42] 그는 독일 통일 과정이 변덕스러웠던 점, 그로 인해 중앙 권위의 적법성에 대한 신뢰가 부족했던 점을 지적했다. 엘리트 사이에 군국주의 명예의 문화가 퍼졌던 점, 공산주의 및 파시즘 민병대가 득세하면서 국가의 폭력 독점권이 허물어진 점, 그로 인해 유대인처럼 외부자로 인식된 집단에 대한 시민적 공감이 축소된 점을 지적했다. 겨우 이런 분석으로 이론을 구출하는 데 성공했다고 말한다면 과장이겠지만, 어쩌면 엘리아스는 애쓸 필요조차 없었을지도 모른다. 왜냐하면 나치 시대의 참상은 군벌의 혈투나 사람들이 식탁에서 서로 칼로 찌르는 사건이 다시 쇄도했던 탓이 아니었기 때문이다. 그것은 규모와 성격과 원인이 전혀 다른 폭력이었다. 게다가 나치 독일에서도 일대일 살인의 감소는 계속 이어졌다(그림 3-19 참고).[43] 나는 8장에서 도덕 감각의 구획화, 그리고 서로 다른 인구 집단에게 서로 다른 믿음과 강제를 적용하는 태도 때문에 다른 측면에서는 문명화된 사회라도 이데올로기적 전쟁과 집단 살해에 빠질 수 있음을 보여 주겠다.

아이스너는 문명화 과정 이론에서 또 문제가 될 직한 대목을 지적했는데, 유럽에서 폭력 감소와 중앙 집권 국가의 등장이 늘 올바른 순서로 진행되지는 않았다는 점이다.[44] 가령 벨기에와 네덜란드는 폭력 감소의 선봉이었지만, 강력한 중앙 집권 정부는 없었다. 스웨덴도 국가 권력이 팽창하기 전부터 폭력 감소 흐름에 동참했다. 거꾸로 이탈리아 국가들은 폭력 감소에서는 뒤졌으나 정부 관료와 경찰은 엄청난 권세를 휘둘렀다. 초기 근대 군주들은 잔인한 처형을 즐겨 이용했는데, 가장 열렬히 처형을 실시했던 곳에서 폭력이 가장 많이 감소한 것은 아니었다.

많은 범죄학자는 국가의 평화화 효과가 단순히 잔혹한 강제력에서 나오지 않고 국가에 대한 국민의 신뢰에서 나온다고 믿는다. 국가가 모든 술집과 농장에 끄나풀을 심어서 불법 행위를 감시할 수는 없는 노릇이다. 설령 그러더라도 그것은 공포로 다스리는 전체주의 독재 국가일 뿐, 시민들이 자기 통제와 감정 이입을 통해 공존하는 문명사회가 아니다. 리바이어던은 시민들이 그 법률, 집행, 기타 사회 제도들의 적법성을 느낄 때만, 그래서 리바이어던이 등을 돌리자마자 나쁜 충동으로 도로 빠져드는 일이 없을 때만, 사회를 문명화할 수 있다.[45] 이것은 엘리아스 이론에 대한 반박이라기보다는 약간의 수정이다. 강제적 법치는 군벌의 유혈 소동을 끝낼 수 있지만, 폭력을 그보다 더 줄여서 현대 유럽 수준으로 끌어내리기 위해서는 충분한 인구가 자신에게 부과된 법률에 동의해야 한다는 다소 모호한 과정이 추가로 필요하다.

자유주의자, 무정부주의자, 그 밖의 리바이어던 회의주의자들은 이런 점도 지적한다. 우리가 사회를 가만히 내버려 두더라도 사회는 법률, 경찰, 법정, 기타 정부 장치에 의존하지 않은 채 분쟁을 비폭력적으로 해결하는 협동 규범을 스스로 발달시킨다는 것이다. 『모비딕』에서 이슈멜은 한 고래잡이배가 상처를 입혔거나 죽인 고래에 대해서 다른 배가 소유권을 주장하는 경우, 법의 손길로부터 수천 킬로미터 떨어진 해상에서 미국인 고래잡이들이 분쟁을 어떻게 해결하는지 알려 주었다.

> 성문율이든 불문율이든 모든 경우에 적용되는 보편 규약이 없다면, 고래잡이들 사이에 더없이 성가시고 폭력적인 분쟁이 벌어지기 십상이다.
>
> …… [네덜란드를 제외하고] 다른 나라에는 성문화된 포경법이 없지만, 미국 고래잡이들은 이 문제에 관해 스스로 입법가요 변호사였다. …… 이 법규는 앤 여왕 시대의 파딩 동전이나 작살 미늘에 새겨 목걸이로 걸고 다닐 수 있을 만큼 간결하다.
>
> 첫째, 잡힌 고래는 잡은 사람의 것이다.
>
> 둘째, 놓친 고래는 먼저 잡는 사람이 임자다.

세계 곳곳의 어부, 농부, 목동들이 이런 비공식 규범을 발달시켰다.[46)]『법 없는 질서: 이웃들이 분쟁을 해결하는 법』에서 법학자 로버트 엘릭슨은 목축업자와 농부 사이의 오래된 (그리고 종종 폭력적인) 대립이 현대 미국에서 구현된 사례를 연구했다. 캘리포니아 북부 샤스타 카운티의 전통적 목축업자는 카우보이나 마찬가지다. 그들은 공터를 골라 가축을 먹인다. 반면 현대적 목축업자는 관개 시설이 있고 울타리가 쳐진 목장에서 가축을 기른다. 두 종류의 목축업자들은 건초, 알팔파, 기타 작물을 기르는 농부들과 공존한다. 가끔 길 잃은 가축이 울타리를 넘어뜨리고, 작물을 먹고, 개울을 더럽히고, 도로로 들어가서 차량에 치일 때가 있다. 샤스타 카운티는 목장 소유주가 자기 가축이 일으킨 사고에 대해 대체로 법적 책임을 지지 않는 '공개 목장'과 엄격하게 책임을 지는 '폐쇄 목장'으로 나뉘어 있다. 그런데 엘릭슨이 발견한 바, 가축 때문에 피해를 입은 사람들은 대개 법률에 호소하기를 꺼린다. 심지어 주민들은 — 목장주, 농부, 보험 정산인, 변호사와 판사까지도 — 이때 적용 가능한 법률에 대해서 완전히 잘못 알고 있었다. 대신 주민들은 몇몇 암묵적 규범을 고수함으로써 서로 원만하게 지낸다. 가축 소유주는 공개 목장이든 폐쇄 목장이든 동물이 일으킨 피해를 책임지되, 피해가 사소하거나 드물다면 재물 소유주가 '참아 주기로' 한다. 사람들은 누가 무엇을 빚졌는지 장기적으로 대충 기억해 두고, 빚은 현금이 아니라 동일한 방법으로 갚는다(소가 남의 목장 울타리를 망가뜨리면, 나중에 소 주인은 그 목장의 소가 길을 잃었을 때 무료로 잠시 거둬 주는 방식이다.). 빚을 떼어먹거나 규칙을 깨는 사람은 입소문으로 처벌 받는다. 간혹 희미한 위협이나 가벼운 재물 파괴를 당하기도 한다. 우리는 9장에서 이런 규범의 이면에 있는 도덕 심리를 알아볼 텐데, 결론만 말하자면 이것은 '동등성'을 맞추려는 심리에 해당한다.[47]

암묵적 규범은 물론 중요하지만, 그래서 정부의 역할이 필요 없다고 생각한다면 착각이다. 샤스타 카운티 목축업자들은 소가 울타리를 넘어뜨렸다고 해서 리바이어던을 불러들이지는 않겠지만 그래도 어쨌든 리바이어던의 그늘 아래 살고 있다. 자신들의 비공식 제재가 너무 심해지거나 싸움, 살인, 여자를 둘러싼 분쟁처럼 더 중대한 문제가 발생한다면 언제든 리바이어던이 개입할 수 있다는 것을 잘 안다. 사실 그들이 현재의 평화로운 공존을 이룬 것 자체가 문명화 과정의 유산이다. 1850년대에는 캘리포니아 북부 목축업자들 사이의 연간 살인율이 10만 명당 45명가량으로, 중세 유럽에 비길 만했으니까 말이다.[48]

문명화 과정 이론은 현대의 폭력 감소를 상당 부분 설명하는 듯하다. 이 이론은 유럽의 놀라운 살인율 감소를 예측했을 뿐만 아니라, 현대에도 유럽의 10만 명당 1명이라는 복된 수준에 도달하지 못한 시대와 장소가 어디일지를 정확하게 예측했다. 규칙을 증명하는 예외라고 할 수 있는 그런 사례들 중 두 가지는 문명화 과정이 완전히 침투하지 못한 영역으로, 하나는 사회 경제적 하층 계급이고 다른 하나는 지리적으로 접근과 거주가 어려운 지역이다. 한편 나머지 두 사례는 문명화 과정이 역전된 영역인데, 하나는 개발 도상국이고 다른 하나는 1960년대이다. 네 영역을 차례로 방문해 보자.

폭력과 계층

유럽의 살인율 감소에서 수치 하락 다음으로 충격적인 점은 살인의 사회 경제적 속성 변화다. 수백 년 전에는 부자들의 폭력성이 가난한 사람들보다 더하지는 않을지언정 비슷했다.[49] 신사들은 칼을 차고 다녔고, 모욕에 복수하고자 주저 없이 뽑아 들었다. 그들은 경호원을 겸하는 수행원과 함께 다녔기 때문에, 모욕과 그에 대한 보복은 귀족 일당 사이의 유혈 낭자한 시가 난투극으로 커지곤 했다(『로미오와 줄리엣』의 첫 장면을 떠올려 보라). 경제학자 그레고리 클라크는 중세 후기에서 산업 혁명까지 영국 귀족의 사망 기록을 조사해 보았다. 그림 3-7은 그의 데이터로 그린 그

그림 3-7. 영국 귀족 남성 중 폭력으로 사망한 사람의 비율, 1330~1829년.

출처: 데이터: Clark, 2007a, p. 122; 여러 해를 아우르는 데이터는 중간 지점에 표시했다.

래프이다. 14세기와 15세기에는 귀족 남성 중 무려 26퍼센트가 폭력에 의해 사망한 것을 알 수 있다. 그림 2-2에서 보았던 문자 이전 부족 사회들의 평균값과 비슷하다. 그러나 18세기 초에는 한 자릿수로 떨어졌고, 현재는 물론 0이나 마찬가지다.

그러나 퍼센트로 표현한 살인율은 여전히 눈에 띄게 높다. 18세기와 19세기까지도 폭력은 체통 있는 사람들의 삶의 일부였다. 알렉산더 해밀턴과 에런 버를 떠올려 보라. 보즈웰에 따르면, 입심만으로도 스스로를 얼마든지 방어할 수 있었을 듯한 새뮤얼 존슨조차 이렇게 말했다. "나는 많은 놈을 때려눕혔다. 나머지는 눈치껏 말조심할 줄 아는 작자들이었다."[50] 결국 상류 계층 사람들은 점차 서로 무력행사를 피하게 되었지만, 법률이 그들의 뒤를 받쳐 주는 상황이다 보니 아랫사람에게 무력을 쓸 권리는 유지했다. 1859년이나 되었는데도 『좋은 사교의 습관』이라는 책의 영국인 저자는 이렇게 조언했다.

> 세상에는 물리적 처벌로만 정신이 들게 만들 수 있는 사람들이 있다. 우리는 살면서 한 번쯤 그런 사람을 다뤄야 한다. 고집불통 사공이나 추근거리고 부정직한 마부가 숙녀를 모욕하거나 괴롭힐지도 모른다. 이때 주먹 한 방을 잘 날리면 만사 해결이다. …… 따라서 모름지기 남자라면 신사가 되고 싶든 아니든 복싱을 배워야 한다. …… 복싱에는 규칙이 많지 않다. 모두 상식적으로 알 수 있는 것들이다. 쳐라, 똑바로 쳐라, 갑자기 쳐라. 한 팔로 방어하고, 다른 팔로 강타하라. 신사들은 결코 서로 싸우지 않는다. 복싱의 기술은 자신보다 계층이 낮고, 더 강하고, 경솔한 사람을 벌할 때 쓰는 것이다.[51]

유럽의 폭력 감소에서 선두에 선 것은 엘리트들이었다. 그 결과, 오늘날 서구 국가들의 통계에서는 살인과 폭력 범죄의 압도적 비율을 사회 경제적 최하층 사람들이 저지른다. 왜 이렇게 변했을까? 한 가지 명백한 이유는, 중세에는 사람들이 무력행사로써 높은 지위를 획득했던 탓이다. 저널리스트 스티븐 세일러에 따르면, 20세기 초 영국에서 "로이드 조지 총리가 새 상원직을 만들기로 결정하자, 어느 세습 의원이 누군가가 아주 최근에 자수성가로 막대한 토지를 획득했다는 이유에서 그에게 상원직을 주어서야 되겠느냐고 불평했다. 그러자 누군가 '당신의 선조는 어떻게 상원이 되었소?'라고 물었다. 의원은 엄숙하게 대답했다. '도끼로 얻었소, 도끼로!'"[52)]

상류층이 전투 도끼를 내려놓고, 수행원을 무장 해제시키고, 더 이상 사공이나 마부를 때리지 않자, 중간 계층도 뒤를 따랐다. 이들을 교화시킨 것은 물론 궁정이 아니라 다른 문명화 세력이었다. 공장과 회사에 고용된 사람들은 예의범절을 익혀야 했다. 정치가 민주화되자 사람들은 정부 및 사회 제도와 일체감을 느끼게 되었고, 법정의 문호가 열리자 그곳에서 불만을 따질 수 있었다. 이어 1828년 런던에서 로버트 필 경이 처음 도입한 제도가 등장했다. 그의 이름을 따서 '바비'라고 불리게 된 경찰이었다.[53)]

오늘날 폭력과 낮은 사회 경제 지위가 상관관계를 보이는 까닭은 무엇일까? 엘리트와 중간 계층이 사법 제도를 통해 정의를 추구하는 데 비해, 하류 계층은 폭력 연구자들이 흔히 '자력 구제(self-help)'라고 부르는 행동에 의지하기 때문이다. 이것은 『너무 사랑하는 여자들』, 『영혼을 위한 닭고기 수프』 류의 자기 위로를 말하는 것이 아니라, 자경단, 변경의 정의, 제 손으로 집행하는 정의처럼 국가 개입이 부재하는 상황에서 개인이 폭력적 복수로 정의를 확보하는 것을 말한다.

법학자 도널드 블랙은 큰 영향력을 발휘한 논문 「사회적 통제로서 범죄」에서 우리가 범죄라고 부르는 행동의 대부분이 범인의 시각에서는 정의의 추구라고 지적했다.[54] 블랙은 범죄학자들이 예전부터 잘 알았던 통계 하나에서 이야기를 시작했다. 전체 살인 중에서 소수만이 (아마도 10퍼센트 미만이) 실제적 목적을 추구한다는 점이다. 실제적 목적이란 도둑질 중에 집주인을 죽이거나, 체포되던 중에 경찰을 죽이거나, 죽은 자는 말이 없다는 사실을 노려 강도와 강간 피해자를 죽이거나 하는 것이다.[55] 그런데 오히려 더 흔한 살인 동기는 도덕적인 것이다. 모욕에 대한 보복, 집안싸움의 격화, 불성실하거나 자신을 떠난 연인에 대한 처벌, 그 밖의 질투, 복수, 자기방어 행위이다. 블랙은 휴스턴에서 일어났던 몇 가지 사건을 언급했다.

> 어떤 경우에는 젊은 남자가 격렬한 승강이 끝에 형제를 죽였는데, 피해자가 손아래 누이들에게 성적으로 접근한 것이 다툼의 원인이었다. 또 다른 경우에는 부부가 여러 고지서 중 무엇을 먼저 지불할까 따지다가 부인이 남편에게 "죽일 배짱이라도 있으면 죽여 보라."고 말해, 남편이 그렇게 했다. 어떤 여자는 남편이 딸을 (의붓딸이었다.) 때린 것을 두고 말다툼하다가 남편을 죽였고, 또 다른 여자는 21살 된 아들이 "동성애자나 마약 중독자하고 놀아난다."는 이유로 아들을 죽였다. 주차 문제로 언쟁하다가 다쳐서 죽은 사람도 둘이나 있었다.

블랙은 대부분의 살인이 사실은 사형 집행에 해당한다고 지적했다. 시민이 판사, 배심원, 집행자가 되는 사형이다. 이 말은 우리가 폭력의 삼각형에서 (그림 2-1 참고) 어느 꼭지점을 관점으로 삼느냐에 따라 폭력 행위에 대한 인식이 달라진다는 사실을 환기시킨다. 어떤 남자가 아내의 애인을 해친 죄로 체포되어 재판을 받는다고 하자. 법의 관점에서는 남편이 공격자이고 사회가 피해자이다. 따라서 사회가 정의를 추구한다

('**시민들(검찰 측) 대 존 아무개**'라는 소송 이름에는 이런 해석이 담겨 있다.). 한편 연인의 관점에서는 남편이 공격자이고 자신이 피해자이다. 따라서 남편이 방면되거나 무효 심리가 되거나 유죄 답변 교섭이 허락된다면, 정의는 없다. 피해자가 직접 복수하는 것은 금지되어 있기 때문이다. 또 남편의 관점에서는 (아내의 간통에 대해) 자신이 피해자이고 연인이 공격자이며 정의는 이미 집행되었다. 그리고 이제는 자신이 두 번째 공격 행위의 피해자가 되었는데, 이제는 국가가 공격자이고 연인은 공범이다. 블랙은 이렇게 말했다.

> 많은 살인자는 …… 자신의 운명을 권력자들의 손에 기꺼이 맡기는 듯하다. 많은 살인자가 참을성 있게 경찰을 기다리고, 일부는 심지어 제 손으로 범죄를 신고한다. …… 이 경우에 논란의 여지는 있지만 관련된 개인을 순교자로 간주할 수도 있을 것이다. 파업 금지령을 위반하는 노동자나 — 감옥에 갈 것을 알면서도 — 자신의 원칙에 의거하여 법률을 거스르는 사람들처럼, 이런 살인자는 자신이 옳다고 생각하는 일을 행한 뒤 결과를 감수한다.[56]

이런 관찰은 폭력에 대한 여러 정설을 뒤집는데, 그중 하나는 폭력이 도덕과 정의의 결핍에서 발생한다는 생각이다. 실은 그 반대다. 폭력은 도덕과 정의의 과잉에서 생겨날 때가 많다. 적어도 가해자의 마음에서는 그렇다. 심리학과 공중 보건학 연구자들이 선호하는 또 다른 정설은 폭력이 일종의 질병이라는 생각이다.[57] 그러나 이른바 폭력의 공중 보건 이론은 질병의 기본 정의를 경시한 것이다. 질병이란 기본적으로 개인에게 괴로움을 일으키는 기능 부전이다.[58] 하지만 폭력적인 사람들은 대부분 자신이 전혀 잘못되지 않았다고 우긴다. 피해자들과 방관자들이 그들에게 문제가 있다고 볼 뿐이다. 세 번째 의심스러운 생각은 하류 계층 사람들이 금전적으로 궁핍해서 폭력을 저지르거나 (가령 자식을 먹이려고 먹을 것을 훔치거나) 사회에 대한 분노를 표현하려고 폭력을 저지른다는 견해이다. 물론 하층 계급의 폭력이 분노의 표현일 수는 있지만, 그 대상은 사회가 아니라 자기 차를 긁었거나 남들 앞에서 자신을 업신여긴 개자식이다.

범죄학자 마크 쿠니는 블랙의 영향을 받아 「엘리트 살인의 감소」라는 논문을 썼다. 논문에서 쿠니는 지위가 낮은 사람들이 — 가난한 사람, 못 배운 사람, 미혼자, 소수 집단 구성원 — 사실상 무정부 상태로 살 때가 많다는 사실을 보여 주었다. 이런 사람들 중 일부는 마약 거래, 도박, 장물 판매, 매춘 등의 불법 행위로 생계를 꾸리기 때문에, 직업적 분쟁이 생겨도 제 이익을 챙기겠다고 소송을 걸거나 경찰을 부를 수 없다. 그 점에서 그들은 지위가 **높은** 사람들 중에서도 폭력에 의존해야 하는 부류, 가령 마피아, 마약왕, 금주법 시대 밀주업자와 공통점이 있다.

그들이 무정부 상태에서 살아가는 또 다른 이유는, 지위가 낮은 사람들과 사법 제도가 서로 적대할 때가 많기 때문이다. 블랙과 쿠니에 따르면, 경찰은 저소득 아프리카계 미국인을 대할 때 "무관심과 적대감 사이를 오가고, …… 그들의 사정에 개입하기를 저어하지만 일단 개입하면 고압적으로 다룬다."[59] 판검사도 "지위가 낮은 사람들의 분쟁에는 무관심한 경향이 있다. 그들의 일은 신속히 처리해 버리고, 당사자들에게 불만스럽게 느껴지는 가혹한 처분을 내린다."[60] 저널리스트 헤더 맥도널드는 할렘의 어느 경찰관을 인용했다.

지난 주말, 동네 얼간이로 소문난 녀석 하나가 웬 꼬마를 때렸답니다. 꼬마의 온 가족이 복수를 하려고 놈의 아파트로 쳐들어갔지요. 피해자의 누이들이 아파트 문을 뻥 찼지만, 얼간이의 모친이 여자들을 흠씬 두들겨 패서 다들 입에서 피를 줄줄 흘리면서 바닥에 나뒹굴었다죠. 피해자 가족은 싸울 목적으로 쳐들어간 것이었으니까 내가 불법침입으로 잡아들일 수 있었습니다. 가해자 모친은 상대 가족한테 3급 폭행을 가한 죄가 있고요. 하지만 어느 쪽이든 길거리 쓰레기 같은 사람들이에요. 그런 사람들은 자기네 방식으로 정의를 추구합니다. 나는 이렇게 말했죠. "다 함께 구치소로 가거나, 피차일반이라고 하고 넘어갑시다." 그러지 않고서야 허튼 행동 때문에 여섯 명이나 감옥에 가겠죠. 지방 검사는 성을 낼 테고요. 게다가 법정에 한 명도 나타나지 않을 겁니다.[61]

그러니 지위가 낮은 사람들은 자연히 법에 호소하지 않고 오히려 적대하며, 자력 구제의 정의와 결투의 예법이라는 고래의 대안을 선호한다. 경찰관이 자기 구역에서 접하는 인간 군상에 대해 불평했다면, 그에 응수하는 말도 있다. 다음은 범죄학자 디애나 윌킨슨이 젊은 아프리카계 미국인들을 인터뷰한 내용이다.

레지: 우리 동네 경찰들은 우리 동네에서 일하는 게 안 어울려요. 흑인 동네에 백인 경찰을 보내서 사람들을 보호하고 근무하라는 게 말이 돼요? 안 되죠. 왜냐면 그 사람들한테는 흑인들 얼굴이 죄다 범죄자로 보이거든요. 다 똑같아 보인다고요. 범죄자가 아닌 사람도 범죄자로 보이니까, 이놈 저놈 다 시달린다고요.

덱스터: 깜둥이들[경찰들]이 깜둥이들[청년들]을 조지기 때문에 더 나빠요. 자기들끼리 사기를 친다고요, 무슨 말인지 알아요? 그 깜둥이들[경찰들]이 거래 장소에 나타나서 내 약을 빼앗고서는 그걸 도로 길에서 판다고요. 그렇게 또 다른 놈들을 등친다고요.

퀜틴(자신의 아버지를 쏜 남자에 대해): 그놈이 그냥 빠져나갈지도 모르는데 어쩌겠어요? …… 만약에 우리 아버지가 죽으면, 그런데 그놈은 안 잡히면, 나는 그놈 가족한테 갚아 줄 거예요. 그게 여기 방식이에요. 그게 이 개똥 같은 세상의 방식이에요. 그놈이 아니면 가족한테 갚아 주는 거죠. …… 다들 그런 개떡 같은 방식으로 자라요. 다들 존중 받기를 바라고, 다들 남자답기를 바란다고요.[62]

한마디로, 역사적 문명화 과정은 폭력을 없앤 것이 아니라 폭력을 사회 경제적 변두리로 추방했다.

세계의 폭력

문명화 과정은 사회 경제적 계층에서 아래로 퍼졌을 뿐만 아니라, 지리적으로도 서유럽을 중심으로 하여 그 바깥으로 퍼졌다. 그림 3-3에서 보았듯이, 영국이 맨 먼저 평화를 이룬 뒤에 독일과 북해 저지대 국가들이 뒤를 바짝 따랐다. 그림 3-8을 보면, 19세기 후반과 21세기 초반에는 그 파문이 유럽 지도에서 바깥으로 더 퍼졌다.

1800년대 말 유럽에서는 북부 산업화 국가들이 평화의 구심점을 이루었다(영국, 프랑스, 독일, 덴마크, 북부 저지대 국가들). 좀 더 호전적인 아일랜드, 오스트리아-헝가리, 핀란드가 바깥 경계에 있었고, 그보다 좀 더 폭력적인 스페인, 이탈리아, 그리스, 슬라브 국가들이 그 바깥을 둘러쌌다. 오늘날에는 평화의 구심점이 서유럽과 중유럽을 전부 포함할 만큼 확장되었다. 그러나 동유럽과 발칸 산악 지대에서는 오히려 무법성이 증가하여 색깔이 진해진 것이 눈에 띈다.

나라 내에서도 차이가 있다. 도시화되고 집약적으로 경작된 중심지들이 진정되고도 한참 지나서까지 내륙과 산악 지대는 폭력성을 유지했

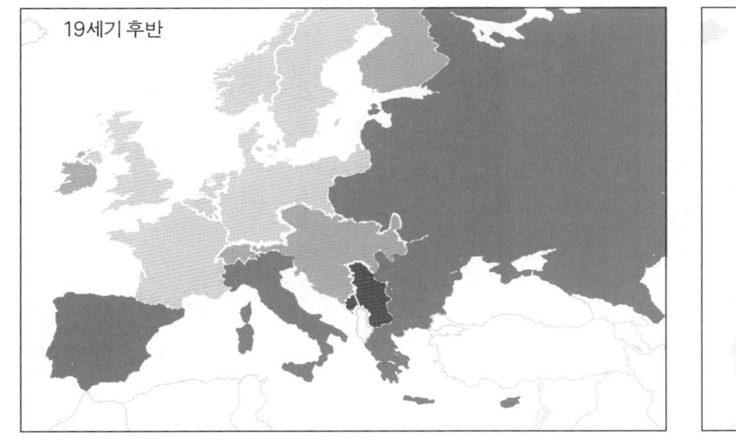

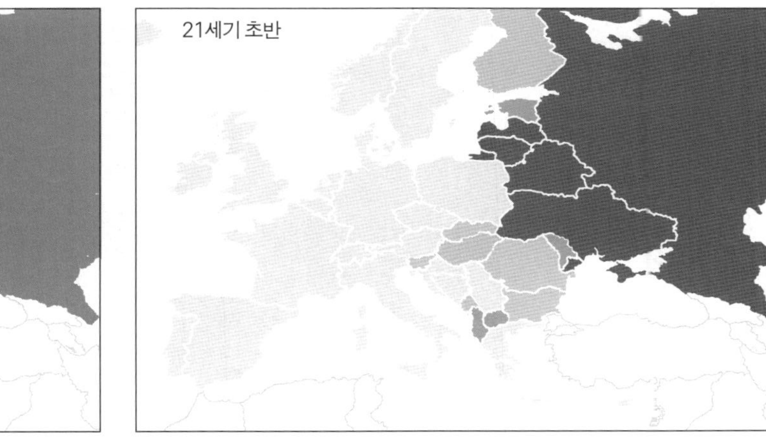

연간 살인율 | 데이터 없음 | 10만 명당 0~2명 | 10만 명당 2~5명 | 10만 명당 5~10명 | 10만 명당 10~30명

그림 3-8. 19세기 후반과 21세기 초반 유럽의 지역별 살인율.

출처: 19세기 후반(1880~1900년): Eisner, 2003. 아이스너의 '10만 명당 5.0명 이상' 항목을 5~10명과 10~30명으로 더 나누는 작업은 아이스너에게 문의하면서 했다. 몬테네그로 데이터는 세르비아 데이터에 의존했다. 21세기 초(대부분 2004년): United Nations Office on Drugs and Crime, 2009; 데이터 선택 방법은 주 66 참고.

다. 스코틀랜드 고산 지대는 18세기까지 부족 간 전쟁이 고질적이었다. 사르디니아, 시칠리아, 몬테네그로, 발칸 지역은 20세기까지 그랬다.[63] 내가 책의 첫머리에서 언급했던 두 권의 피투성이 고전이 — 히브리 성경과 호메로스 서사시 — 험준한 언덕과 계곡에 살았던 사람들로부터 유래했다는 것은 결코 우연이 아니다.

나머지 세계는 어떨까? 유럽 나라들은 대부분 한 세기 가까이 살인 통계를 작성해 왔지만, 다른 대륙은 그렇지 않다. 요즘도 각국 담당 부서가 인터폴에게 보고하는 경찰 사건 기록 통계는 신뢰성이 떨어질 때가 많고, 아예 말이 안 될 때도 있다. 많은 정부는 자기네 국민들이 서로 죽이지 못하도록 막는 일의 성공률을 딴 나라가 알 바 아니라고 생각한다. 일부 개발 도상국에서는 군벌이 자신의 노략질을 정치적 해방 운동인 양 포장해서 선전하기 때문에, 내전 사망자와 조직적 범죄로 인한 살인 피해자를 확실하게 구분하기가 어렵다.[64]

이런 제약을 염두에 둔 채, 오늘날 전 세계 살인율 분포를 살펴보자. 가장 믿을 만한 데이터는 세계 보건 기구(WHO)의 것으로, 가능한 모든 나라들에 대해서 공중 보건 기록을 비롯한 여러 자료를 수집하여 그로부터 사망 원인을 추정한 데이터이다.[65] 유엔 마약 범죄 사무소는 그 나라들에 대해서 추정치의 최고 및 최저 한계를 설정함으로써 데이터를 보충했는데, 그림 3-9는 (제일 최근 보고서가 다룬) 그 2004년 수치를 세계 지도에 얹은 것이다.[66] 좋은 소식은, 이 데이터에서 세계 각국의 살인율 중앙값이 연간 10만 명당 6명이라는 점이다. 한편 WHO가 국가 구분을 무시하고 전 세계의 살인율을 계산해 본 결과는 2000년에 연간 10만 명당 8.8명이었다.[67] 어느 쪽이든 국가 이전 사회들의 세 자릿수 값이나 중세 유럽의 두 자릿수 값에 비해 훨씬 더 낮다.

지도를 보면, 오늘날 세계에서 가장 비폭력적인 지역은 서유럽과 중

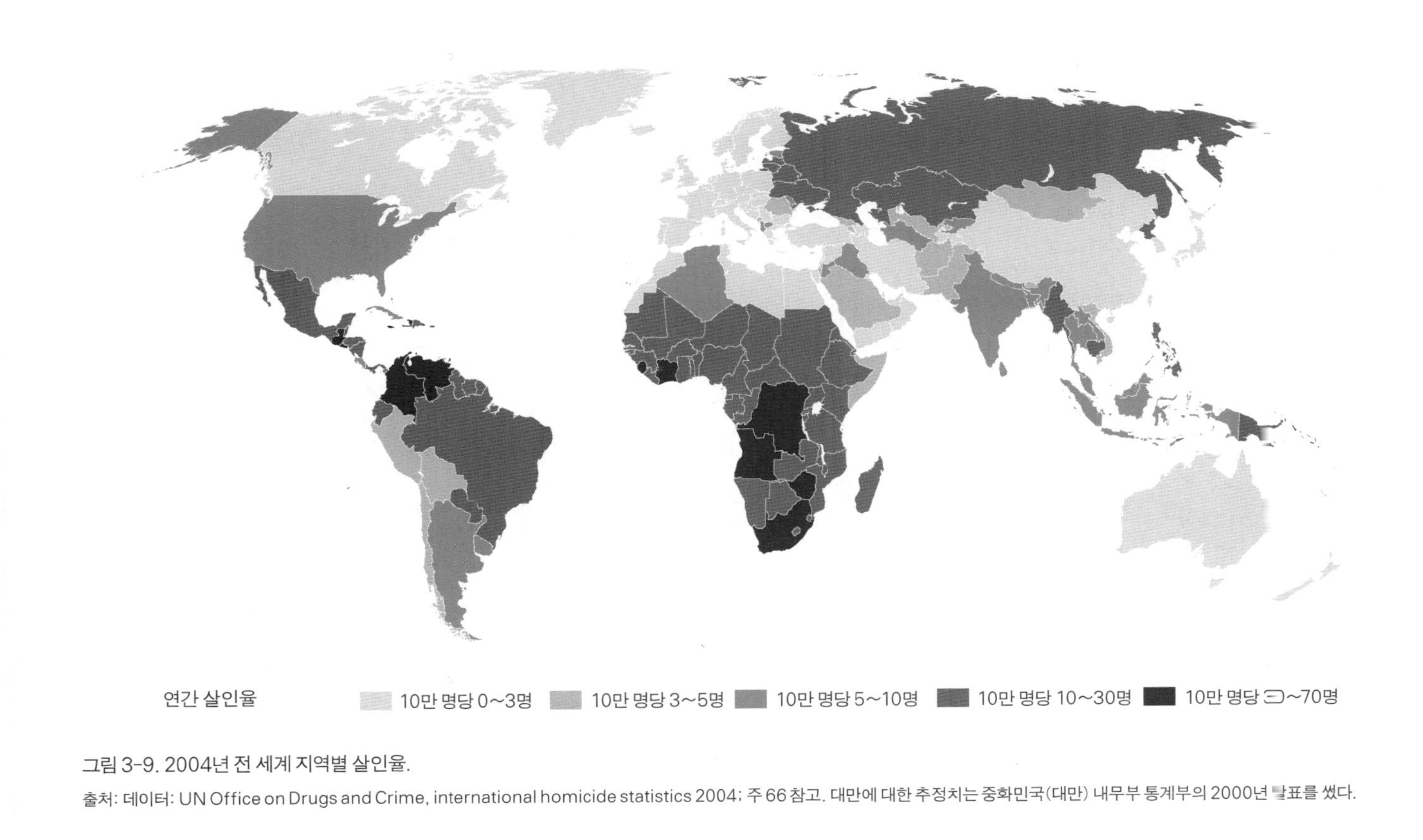

그림 3-9. 2004년 전 세계 지역별 살인율.

출처: 데이터: UN Office on Drugs and Crime, international homicide statistics 2004; 주 66 참고. 대만에 대한 추정치는 중화민국(대만) 내무부 통계부의 2000년 발표를 썼다.

유럽이다. 그 밖에도 신뢰성 있는 살인율 통계가 낮게 나타난 지역은 영연방으로 분류되는 나라들, 즉 오스트레일리아, 뉴질랜드, 피지, 캐나다, 몰디브, 버뮤다이다. 한때 영국 식민지였던 또 다른 나라는 교양 있는 영국인이라는 이 패턴을 깨뜨리는데, 그 이상한 나라는 다음 절에서 살펴보겠다.

몇몇 아시아 국가들도 살인율이 낮다. 일본, 싱가포르, 홍콩처럼 서구적 모형을 채택한 나라들이 특히 그렇다. 중국도 살인율이 낮다(10만 명당 2.2명). 그러나 우리가 이 비밀주의 국가의 데이터를 액면 그대로 믿더라도, 시계열 데이터가 없는 상황에서는 그것이 수천 년이나 존속했던 중앙 집권적 정부 때문인지 현재의 독재 체제 때문인지 알 수가 없다. 안정된 독재 국가는 (많은 이슬람 국가도 여기에 포함된다.) 국민들을 꼬치꼬치 감시하며, 일탈에 대해서는 틀림없이 또한 가차 없이 처벌한다. 그 때문에 그들을 '경찰국가'라고 부른다. 그러니 그런 나라들의 폭력 범죄 발생률이 낮은 것은 어쩌면 당연하다. 하지만 나는 중국도 유럽처럼 장기간에 걸친 문명화 과정을 겪었으리라고 시사하는 한 일화를 좀처럼 무시할 수 없다. 엘리아스가 말했듯이, 유럽에서 폭력 감소와 함께 등장했던 칼에 대한 터부들은 중국에서 한 발 더 나아갔다. 수백 년 동안 중국에서는 요리사만이 칼을 쓸 수 있었다. 요리사는 음식을 한 입 크기로 다 잘라 두었고, 식탁에서는 칼이 아예 금지되었다. 엘리아스에 따르면, 중국인들은 이렇게 말한다. "유럽 사람들은 야만인이다. 그들은 칼로 먹는다."[68]

세계 다른 지역은 어떨까? 범죄학자 게리 라프리와 사회학자 올랜도 패터슨은 범죄와 민주화의 관계가 뒤집은 U 모양임을 보여 주었다. 안정된 민주 국가는 안정된 독재 국가와 마찬가지로 상대적으로 안전하지만, 신흥 민주 국가와 준민주 국가(semi-democracy, 혼합 정치[anocracy]라고도 한다.)는 폭력 범죄에 시달리거나 내전에 취약할 때가 많고 두 폭력이 섞이기도 한다.[69] 오늘날 세계에서 범죄가 제일 빈번한 지역은 러시아, 아프리카 사하라 이남, 라틴 아메리카 일부 지역이다. 그곳에서는 부패한 경찰과 사법 체제가 범죄자와 피해자 양쪽에게 뇌물을 뜯어내고, 최고 금액을 제안하는 사람에게만 보호를 제공한다. 자메이카(33.7명), 멕시코(11.1명), 콜롬비아(52.7명) 같은 나라들은 마약으로 번 돈으로 무법적으로 활개 치는 민병대에 시달린다. 지난 40여 년 동안 마약 거래가 늘면서 이 나라들의 살인율은 치솟았다. 한편 러시아(29.7명), 남아프리카 공화국(69명) 같은 나라들은 과거 정권의 붕괴 이후 비문명화 과정을 겪는 중인지도 모른다.

부족적 생활 방식에서 식민 통치로 바뀌었다가 갑자기 독립한 나라들, 가령 아프리카 사하라 이남 국가들과 파푸아뉴기니(15.2명)도 비문명화 과정을 겪었다. 인류학자 폴리 위스너는 「창에서 M16으로」라는 논문에서 뉴기니 엥가 부족의 폭력성이 역사적으로 어떻게 변천했는지를 조사했다. 그녀는 우선 1939년에 그곳에서 연구했던 한 인류학자의 현장 기록에서 아래 글을 발췌했다.

> 우리는 이제 세상에서 제일 아름답다고는 못해도 뉴기니에서는 제일 아름다운 라이 계곡 심장부에 있다. 어디나 텃밭이 단정하게 꾸려져 있다. 주로 고구마나 카수아리나를 기르는 밭이었다. 완만하게 잘 닦인 도로가 시골 땅을 가로질렀고, 작은 공원들이 …… 풍경에 점점이 박혀 있었다. 마치 하나의 거대한 식물원 같았다.

그리고 이것을 자신이 2004년에 쓴 일기와 비교했다.

> 라이 계곡은 쓰레기장이나 마찬가지다. 엥가 사람들이 말하듯이 "새들, 뱀

들, 쥐들이 돌본다." 집들은 불타서 재만 남았고, 고구마 밭은 잡초로 무성하고, 나무들은 쓰러져서 깔쭉깔쭉한 그루터기만 남았다. 고지대 숲에서는 엽총과 고성능 라이플을 가진 '람보'들이 많은 사람의 목숨을 빼앗으며 전쟁에 한창이다. 몇 년 전만 해도 장이 서서 북적였던 길가는 괴괴하게 텅 비었다.[70]

엥가 족은 평화로운 사람들이라고 부를 만한 부족은 결코 아니었다. 그중에서도 그림 2-3에 막대로 표시된 매 엥가 족은 연간 10만 명당 300명가량의 비율로 전쟁에서 서로 죽였다. 여기에 대면 우리가 이 장에서 보았던 어떤 최악의 수치들도 작아 보인다. 엥가 족에게는 예의 홉스식 역학이 모두 작동했다. 강간과 간통, 돼지나 땅 도둑질, 모욕, 그리고 물론 복수, 복수, 더 많은 복수. 그러나 그들도 전쟁의 소모성을 의식했고, 몇몇 부족은 싸움 억제 정책을 취하여 간간이 성공했다. 이를테면 그들은 제네바 조약과 비슷한 규범을 발달시켰다. 신체 절단이나 협상자 살해와 같은 전쟁 범죄를 금하는 규범이었다. 그리고 그들이 가끔 다른 마을이나 부족과 파괴적 전쟁을 벌이기는 했어도, 제 공동체 내에서는 폭력을 통제하려고 노력했다. 모든 인간 사회에는 자기들끼리 우세를 겨루는 (궁극적으로는 짝짓기 기회를 추구하는) 젊은 남자들, 그리고 대가족과 친족의 내부 분쟁 피해를 최소화하려는 나이 든 남자들 사이에 이해관계가 충돌하기 마련이다. 엥가 장로들은 난폭한 청년들을 이른바 '독신자 컬트'로 끌어들였다. '사람의 피는 쉽게 씻기지 않는다.', '돼지의 죽음을 계획하는 자는 장수하지만 사람의 죽음을 계획하는 자는 그러지 못한다.' 등등의 속담을 동원하여 복수 충동을 다스리려는 노력이었다.[71] 다른 문화적인 문명화 요인들과 나란히, 예절과 청결에 대한 규범도 있었다. 위스너는 내게 이메일로 이렇게 알려 주었다.

엥가 사람들은 배변을 볼 때 남들의 기분을 고려해서 비옷으로 몸을 덮습니다. 낮에도요. 남자가 길가에서 등을 돌리고 오줌을 누는 것은 고려할 수도 없이 천한 짓입니다. 요리하기 전에는 손을 꼼꼼히 씻습니다. 생식기는 대단히 신중하게 가립니다. 대체로 그런 식이지만, 콧물에 대해서는 그다지 훌륭하지 못합니다.

더 중요한 점은, 1930년대 말부터 시작된 팍스 오스트랄리아나에 엥가 족이 잘 적응한 것이었다. 그 20년 동안 전쟁은 급감했고, 많은 엥가 사람은 폭력으로 분쟁을 해결하는 버릇을 버리고 전장 대신 '법정에서 싸웠다.'

그러나 1975년에 파푸아뉴기니가 독립하자, 엥가의 폭력은 도로 치솟았다. 관료들은 토지와 특권을 제 일족에게만 나눠 주었고, 냉대 받은 사람들은 협박과 복수의 충동을 느꼈다. 젊은이들은 독신자 컬트를 떠나 학교로 가서는 존재하지도 않는 일자리에 대비한 수업을 받았고, 결국에는 래스콜이라고 불리는 불량배 집단에 들어갔다. 그런 패거리에게는 장로들의 규범이 적용되지 않았다. 청년들은 술, 마약, 나이트클럽, 도박, 무기(M16, AK47 등등)에 이끌렸고, 강간, 강탈, 방화와 같은 방종을 저질렀다. 흡사 중세 유럽의 기사들과 비슷했다. 국가는 약했다. 경찰은 훈련 받지 못한 데다가 화력에서 열세였고, 부패한 관료는 질서 유지력이 없었다. 요컨대, 파푸아뉴기니 사람들은 갑작스러운 탈식민화로 정부가 진공 상태가 되자 비문명화 과정을 겪었다. 그리하여 전통적인 규범도, 현대적인 제삼자의 강제도 없는 상태에 놓였다. 다른 독립국들도 비슷한 퇴보를 겪었고, 그 때문에 세계적인 살인율 감소 흐름에서 역류가 일어났다.

흔히 서구 사람들은 세계의 무법 지대에서 발생하는 폭력이 끈질기고 영구하다고 생각한다. 그러나 다양한 시대의 몇몇 사회들은 스스로의 유혈 사태에 물린 나머지, 범죄학자들이 문명화 공세(攻勢)라고 부르는 활동을 자진하여 개시했다.[72] 국가 통합과 상업 증진의 부산물로 따라온 살인율 감소는 비계획적인 과정이었던 데 비해, 문명화 공세는 사회의 특정 부문이 (주로 여성, 장로, 성직자일 때가 많다.) 람보들과 래스콜들을 길들여 문명 생활을 복구하기 위해서 의도적으로 노력하는 과정이다. 위스너는 2000년대에 엥가 지방에서 진행된 문명화 공세를 이렇게 보고했다.[73] 우선 교회 지도자들은 청년들을 구슬려 폭력배 생활의 스릴 대신 원기 왕성한 스포츠, 음악, 기도를 즐기게 했고, 복수의 윤리 대신 용서의 윤리를 따르게 했다. 장로들은 2007년에 도입된 휴대 전화를 이용하여 긴급 대응 조직을 꾸렸다. 분쟁을 서로 신속하게 알리고, 싸움이 통제 불능으로 발전하기 전에 현장으로 달려가기 위해서였다. 그리고 자기 일족 중에서 제일 방자한 말썽꾼에게 스스로 고삐를 물렸다. 가끔은 가혹한 공개 처형까지 불사했다. 자치 정부를 세워 도박, 음주, 매춘을 단속했다. 새 세대는 '람보들의 삶이 짧고 소득이 없다'는 것을 목격했기 때문에 이런 노력에 고분고분 반응했다. 위스너가 그 효과를 정량화한 데 따르면, 수십 년 동안 증가했던 부족의 살인 건수는 2000년대 전반부에서 후반부까지 눈에 띄게 줄었다. 뒤에서 이야기하겠지만, 이곳만이 아닌 다른 장소와 시기에서도 문명화 공세는 성과를 거두었다.

미합중국의 폭력

폭력은 체리파이만큼 미국적이다.

—H. 랩 브라운

블랙 팬서(1960년대 미국의 강경 흑인 운동 단체 ― 옮긴이)의 대변인이 과일을 헷갈렸을지는 몰라도(사과파이가 더 미국적인 음식으로 여겨지기에 하는 말이다. ― 옮긴이), 미국에 대해 통계적으로 유효한 보편적 현상을 제대로 표현하기는 했다. 살인율 통계에서 미국은 서구 민주 국가들 가운데 튀는 존재이다. 미국은 영국, 네덜란드, 독일과 같은 동족 국가들과 뭉치는 대신, 알바니아, 우루과이와 같은 거친 나라들과 어울려 전 세계 중앙값에 가까운 수준에 머문다. 미국의 살인율은 유럽과 영연방의 민주 국가들이 누리는 수준으로 내려앉지 못했을뿐더러, 그림 3-10에서 보듯이 20세기 내내 그다지 감소하지 않았다(20세기만 표시한 그래프에서는 로그가 아니라 선형 척도를 쓰겠다.).

미국의 살인율은 1933년까지 차츰 높아지다가 1930년대와 1940년대에 추락했고, 1950년대에는 낮게 유지되다가, 1962년에 하늘로 치솟았다. 1970년대와 1980년대에 죽 성층권을 맴돌다가, 1992년부터 지상

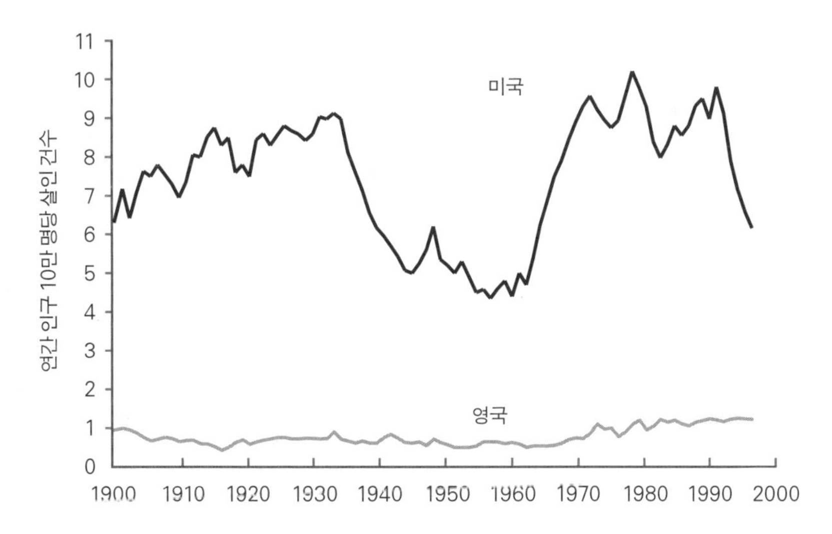

그림 3-10. 미국과 영국의 살인율, 1900~2000년.

출처: 그래프: Monkkonen, 2001, pp. 171, 185-88; 다음도 참고하라. Zahn & McCall, 1999, p. 12. 몬코넨의 미국 데이터는 그림 3-18과 이 장 본문에서 언급된 FBI 표준 범죄 보고서 데이터와는 약간 다르다.

으로 내려왔다. 1960년대의 급등은 서구 민주 국가들에서 공통적인 현상으로서 바로 다음 절에서 자세히 이야기할 것이다. 하지만 왜 미국의 살인율은 20세기 초부터 영국보다 훨씬 높았을까? 왜 이후에도 간격이 좁혀지지 않았을까? 괜찮은 정부와 경제가 있는 나라는 문명화 과정을 겪으며 폭력이 감소한다는 일반론에 대한 반례일까? 만일 그렇다면, 미국은 어떤 점이 특별할까? 신문 사설은 종종 다음과 같은 유사 설명을 주장한다. "미국은 왜 더 폭력적인가? 폭력적인 문화적 성향 때문이다."[74] 우리는 이 순환 논리에서 어떻게 벗어날까? 미국은 총기 사고만 많은 것이 아니다. 총기 살해를 제외하고 밧줄, 칼, 파이프, 렌치, 촛대 등등으로 인한 살해만 헤아려도 미국이 유럽보다 살인율이 훨씬 더 높다.[75]

유럽인은 늘 미국을 문명화되지 않은 나라로 간주하는데, 일면 옳은 말이다. 미국의 살인율을 이해하는 핵심은 미국이 원래 복수(複數)임을, 즉 합중국임을 기억하는 것이다. 폭력성 면에서 미국은 한 나라가 아니다. 세 나라다. 그림 3-11은 그림 3-9의 세계 지도에서 썼던 채색 방식을 적용하여 미국 50개 주의 2007년 살인율을 보여 준다.

색깔을 보면, 미국의 일부는 유럽과 그리 다르지 않다. 적절하게도 뉴잉글랜드라고 불리는 지역, 그리고 태평양까지 띠처럼 뻗은 북부 주들(미네소타, 아이오와, 노스다코타와 사우스다코타, 몬태나, 태평양 북서부 주들), 그리고 유타 주이다. 띠는 공통의 기후를 반영하는 것이 아니다. 오리건의 날씨는 버몬트와는 전혀 다르니까. 이 띠는 대체로 동에서 서로 퍼졌던 역사적 이주 경로를 반영한다. 살인율이 연간 10만 명당 3명 미만인 이 평화로운 주들의 띠는 북에서 남으로 내려갈수록 짙어지는 색깔 변화에서 맨 위에 있다. 맨 밑까지 내려오면, 애리조나(7.4명), 앨라배마(4.9명)처럼 우루과이(5.3명), 요르단(6.9명), 그레나다(4.9명)보다도 못한 주가 있다. 루이지애나(14.2명)는 파푸아뉴기니(15.2명)와 비슷하다.[76]

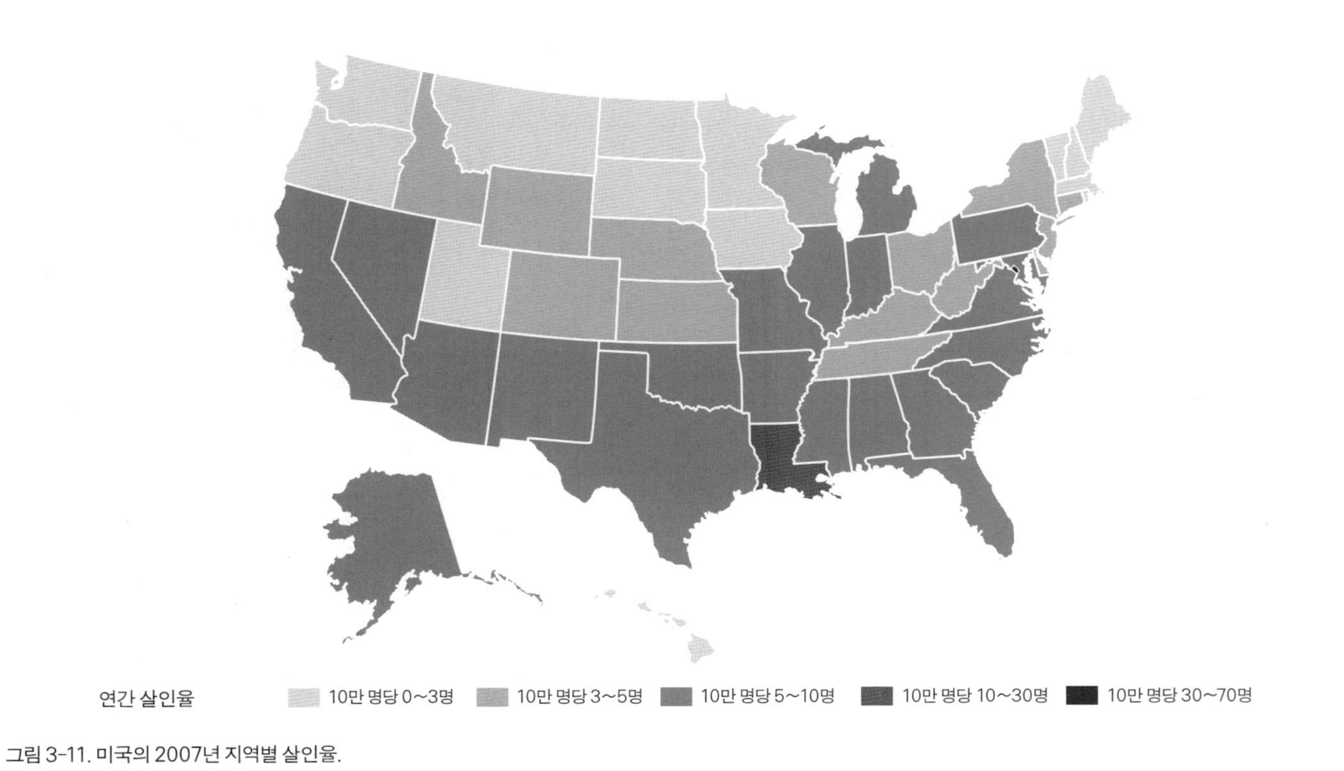

그림 3-11. 미국의 2007년 지역별 살인율.

출처: 데이터: U.S. Federal Bureau of Investigation, 2007, table 4, Crime in the United States by Region, Geographical Division, and State, 2006-7.

두 번째 대비는 지도에서는 덜 확연하다. 루이지애나의 살인율은 남부의 다른 주들보다 높고, 컬럼비아 특별구 곧 워싱턴 D.C.는 (눈에 띌락 말락 하는 검은 점이다.) 척도를 벗어나다시피 하는 30.8명으로서 세상에서 제일 위험한 중앙아메리카와 아프리카 남부 수준이라는 점이다. 이 구역들이 이상치가 된 까닭은 주로 아프리카계 미국인의 인구 비율이 높기 때문이다. 현재 미국에서는 흑인과 백인의 살인율 차이가 극명하다. 1976년에서 2005년까지 백인의 평균 살인율은 4.8명이었지만 흑인은 36.9명이었다.[77] 흑인이 상대적으로 더 많이 체포되고 형을 더 많이 살기 때문만은 아니다. 정말로 그렇다면 인종 간 차이는 경찰의 유색 인종 차별 관행으로 인한 인위적 결과일 것이다. 하지만 피해자들에게 공격자의 인종을 물어본 익명 조사에서도, 흑인과 백인 모두에게 자신의 강력 범죄 경력을 서술하게 한 조사에서도 똑같은 차이가 드러났다.[78] 말이 나왔으니 말인데, 남부가 북부보다 아프리카계 미국인의 비율이 높기는 해도 남북 차이는 흑백 차이의 부산물이 아니다. 남부 백인은 북부 백인보다 더 폭력적이고, 남부 흑인은 북부 흑인보다 더 폭력적이다.[79]

미국인 중 북부 거주자와 백인은 여전히 서유럽인에 비해서는 좀 더 폭력적이지만(서유럽의 중앙값은 1.4명이다.) 미국 전체로 비교했을 때보다는 서유럽인과의 간격이 훨씬 작다. 그리고 미국의 통계를 조금만 더 캐 보면, 지역마다 시기와 정도는 달랐을망정 미국도 국가 주도의 문명화 과정을 겪었음을 확인할 수 있다. 통계를 캐는 작업은 꼭 필요하다. 왜냐하면 미국은 오랫동안 살인 기록에서 뒤처진 나라였기 때문이다. 미국에서 살인 사건은 대부분 연방 정부가 아니라 각 주가 기소했고, 쓸 만한 전국 통계는 1930년대부터 취합되기 시작했다. 또한 불과 최근까지만 해도 '미합중국'은 고정된 대상이 아니라 이동 과녁이나 다름없었다. 본토의 48개 주는 1912년에야 완전히 통합되었다. 많은 주가 간간이 대량의 이민자를 받아들임으로써 인구 구성이 확 바뀌었고, 사람들이 하나의 도가니 속에서 융합되는 과정은 천천히 진행되었다. 그렇기에 미국의 폭력을 연구하는 역사학자들은 더 작은 지역 단위에 대한 더 짧은 시계열 데이터로 만족해야 했다. 최근 랜돌프 로스가 낸 『미국의 살인』에는 전국 통계가 취합되기 전 300년에 걸친 소규모 데이터 집합들이 아주 많이 수집되어 있다. 그 경향성을 보면, 썰매처럼 시원한 내리막이라기보다 오르락내리락하는 롤러코스터에 가깝다. 하지만 변경의 무정부 상태가 — 부분적으로나마 — 국가 통제 상태로 바뀌면서 곳곳이 문명화되었다는 사실을 확실히 알 수 있다.

나는 그림 3-12에서 로스의 뉴잉글랜드 데이터를 아이스너가 취합한 영국 살인율과 겹쳐 보았다. 식민지 시절 뉴잉글랜드의 값은 하늘을 찌를 듯하다. 로스는 엘리아스의 이론에 찬동하는 말로 이 현상을 설명

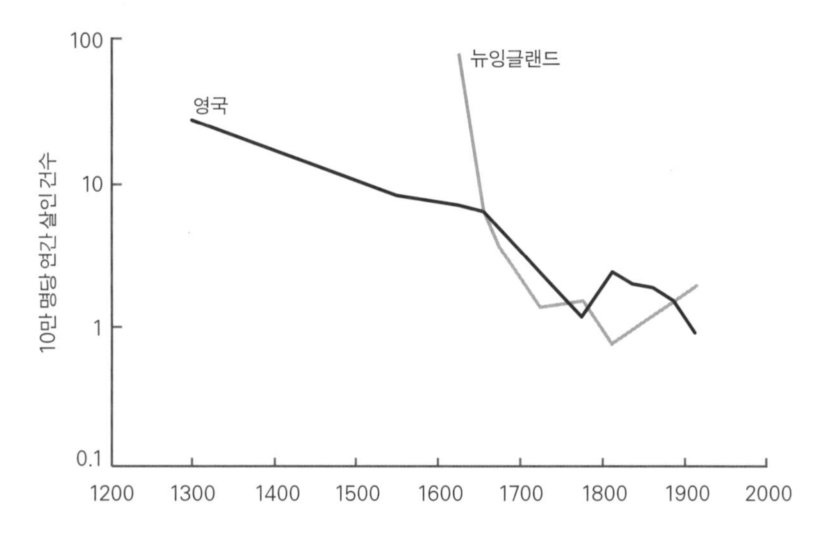

그림 3-12. 1300~1925년 영국과 1630~1914년 뉴잉글랜드의 살인율.

출처: 영국의 데이터: Eisner, 2003. 뉴잉글랜드의 데이터: 1630~1637년, Roth, 2001, p. 55; 1650~1800년: Roth, 2001, p. 56; 1914년: Roth, 2009, p. 388. 로스의 추정치에는 0.65를 곱해 성인 인구당 비율을 인구당 비율로 바꿨다. 다음을 참고하라. Roth, 2009, p. 495. 여러 해를 아우르는 데이터는 중간 지점에 표시했다.

했다. "살인율이 연간 성인 10만 명당 100명을 넘었던 변경의 폭력 시대는 영국 식민주의자들, 그리고 그들과 동맹을 맺은 아메리카 원주민들이 뉴잉글랜드에 대한 지배권을 확립한 1637년에 막을 내렸다." 국가 통제가 굳어진 뒤에는 영국과 뉴잉글랜드의 곡선이 오싹하리만치 일치한다.

동북부 나머지 지역들도 세 자릿수나 높은 두 자릿수였던 것이 현재 세계의 표준인 한 자릿수로 떨어졌다. 코네티컷에서 델라웨어까지 걸쳐 있었던 네덜란드 식민지 뉴네덜란드는 첫 몇 십 년 동안 가파르게 감소하여, 10만 명당 68명에서 15명으로 떨어졌다(그림 3-13). 그러나 데이터가 다시 등장하는 19세기에 이르자, 미국은 두 모국으로부터 갈라져 진행한다. 뉴잉글랜드에서도 (버몬트와 뉴햄프셔처럼) 상대적으로 전원적이고 인종이 균일한 지역은 10만 명당 1명 미만의 평화로운 바닥에 계속 머물

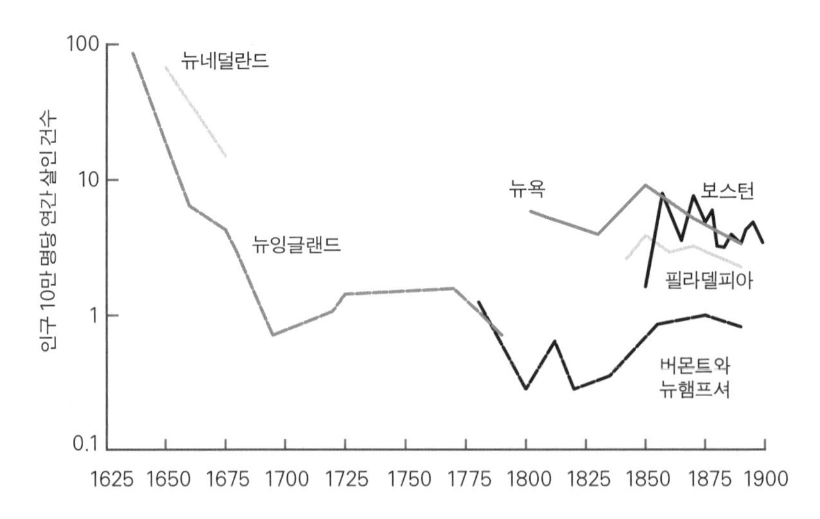

그림 3-13. 1636~1900년 미국 동북부의 살인율.

출처: 데이터: Roth, 2009, 백인만. 뉴잉글랜드: pp. 38, 62. 뉴네덜란드: pp. 38, 50. 뉴욕: p. 185. 뉴햄프셔와 버몬트: p. 184. 필라델피아: p. 185. 여러 해를 아우르는 데이터는 중간 지점에 표시했다. 추정치에 0.65를 곱해 성인 인구당 비율을 인구당 비율로 바꿨다. 다음을 참고하라. Roth, 2009, p. 495. '비혈연 성인에 의한 살인' 추정치에는 1.1을 곱해, 전체 성인에 대한 값과 대충 나란히 비교할 수 있게끔 했다.

렀지만, 보스턴 시는 19세기 중반에 폭력성을 띠기 시작하여 뉴욕, 필라델피아 같은 과거 뉴네덜란드 도시들과 겹쳐졌다.

동북부 도시들의 삐죽삐죽한 선은 미국의 문명화 과정에 두 가지 특이점이 있었음을 알려 준다. 선들의 높이가 중간쯤이라는 것, 즉 천장에서는 내려왔지만 바닥에서는 한참 위에 맴돈다는 점이 시사하듯이, 정부 통제가 변경에까지 미치자 연간 살인율은 10만 명당 100명 수준에서 10명 수준으로 떨어졌다. 단위가 하나 낮아진 셈이다. 그런데 유럽에서는 추진력이 줄곧 이어져 10만 명당 1명 수준까지 떨어졌던 데 비해, 미국에서는 보통 5~15명 사이로 고착되어 지금까지 유지되었다. 로스는 효율적인 정부가 일단 100명에서 10명 수준으로 평화화한 뒤에는 시민들이 정부의 적법성, 법률, 사회 질서를 얼마나 받아들이느냐에 따라 추가 감소가 이뤄진다고 주장했다. 기억하겠지만, 유럽의 문명화 과정에 대해 아이스너도 비슷한 말을 했다.

미국의 문명화 과정에서 또 다른 반전은, 로스가 수집한 많은 소규모 데이터 집합에서 19세기 중반 폭력률이 증가했다는 점이다.[80] 당시는 남북 전쟁의 전개와 여파로 많은 지역에서 사회 균형이 깨어졌다. 동북부 도시들에는 아일랜드 이민자가 물밀듯 들어왔는데, (앞에서 말했듯이) 아일랜드는 살인율 감소에서 영국에 뒤진다. 19세기 아일랜드계 미국인은 20세기 아프리카계 미국인처럼 다른 이웃들보다 좀 더 호전적이었다. 그것은 그들과 경찰이 서로를 진지하게 여기지 않은 탓이 컸다.[81] 그러나 19세기 후반에는 도시의 경찰력이 확대되었다. 경찰은 전문성을 확보했고, 길에서 야경봉으로 제 기준에 따른 정의를 집행하기보다는 형법 제도에 복무했다. 주요 북부 도시들에서는 20세기 들어 한참 동안 백인의 살인율이 감소했다.[82]

그러나 19세기 후반에는 또 다른 불운한 변화가 있었다. 앞의 그래프

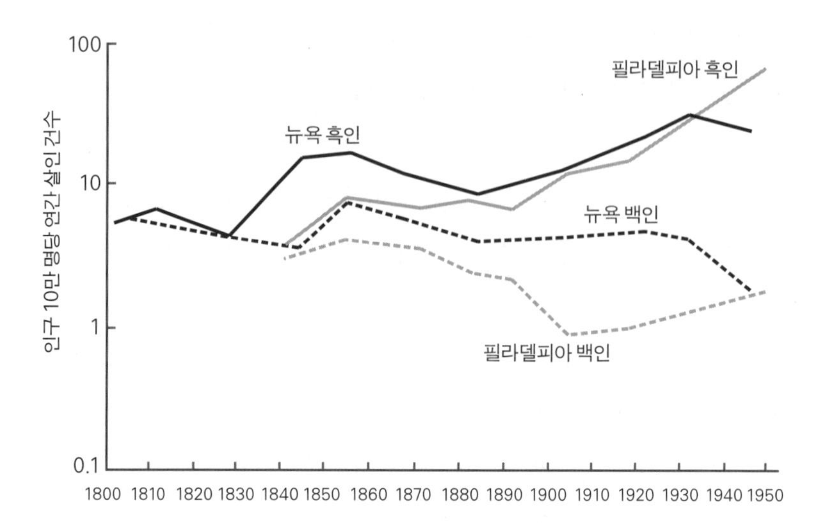

그림 3-14. 1797~1952년 뉴욕과 필라델피아에서 흑인과 백인의 살인율.

출처: 뉴욕 1797~1845년: Roth, 2009, p. 195. 뉴욕 1856~1885년: Average of Roth, 2009, p. 195, and Gurr, 1989a, p. 39. 뉴욕 1905~1953년: Gurr, 1989a, p. 39. 필라델피아 1842~1894년: Roth, 2009, p. 195. 필라델피아 1907~1928년: Lane, 1989, p. 72(15년 평균). 필라델피아 1950년대: Gurr, 1989a, pp. 38-39. 로스의 추정치에는 0.65를 곱해 성인 인구당 비율을 인구당 비율로 바꿨다. 다음을 참고하라. Roth, 2009, p. 495. 또한 필라델피아에 대한 그의 추정치에는 1.1과 1.5를 곱해, 각각 비혈연 피해자가 아닌 모든 피해자, 기소 건수가 아닌 살인 건수에 대한 추정치로 바꿨다(Roth, 2009, p. 492). 여러 해를 아우르는 데이터는 중간 지점에 표시했다.

들은 백인의 살인율만 표시한 것이었다. 반면에 그림 3-14에서는 두 도시의 흑인 간 살인율과 백인 간 살인율이 구별되어 보인다. 보다시피, 인종 간 살인율 격차는 옛날부터 늘 있었던 현상이 아니었다. 동북부 도시들, 뉴잉글랜드, 중서부, 버지니아에서는 흑인과 백인의 살인율이 19세기 초반에 내내 비슷했다. 간격은 그 이후에 벌어졌다. 20세기에는 차이가 더 커져, 아프리카계 미국인의 살인율이 치솟았다. 뉴욕에서는 1850년대에 흑인의 살인율이 백인의 세 배로 높아졌고, 한 세기 뒤에는 13배 가까이 높아졌다.[83] 경제적, 주거적 분리를 비롯한 여러 원인을 따지노라면 책 한 권은 족히 채워질 것이다. 어쨌든 한 이유는, 앞에서 말했듯이, 아프리카계 미국인의 저소득 공동체가 사실상 무정부 상태였다는 점이다. 그들은 법에 호소하기보다는 명예의 문화에 (다른 말로 '거리의 법률'에) 의지하여 자신의 이익을 지켰다.[84)]

영국인이 미국에서 처음 성공리에 정착한 지역은 뉴잉글랜드와 버지니아였다. 그림 3-13과 3-15를 비교해 보자. 언뜻 첫 100년 동안 두 식민지가 비슷한 문명화 과정을 겪었구나 하는 생각이 들 것이다. 그러나 세로축 숫자들을 읽어 보라. 동북부 그래프는 0.1에서 100까지 표시되어 있지만, 동남부 그래프는 1에서 1000까지이다. 열 배 더 큰 숫자들인 것이다. 흑백 차이와는 달리, 남북 차이는 역사적 뿌리가 깊다. 메릴랜드와 버지니아의 체서피크 정착지들은 뉴잉글랜드보다 더 폭력적인 수준에서 시작하여 점차 중간으로 내려왔고(연간 10만 명당 1~10건), 19세기에 대체로 그 수준에 머물렀다. 반면에 다른 남부 정착지들은 낮은 10~100건 범위를 맴돌았다. 그래프에서 조지아의 농장 카운티들을 보라. 조지아 오지나 테네시-켄터키 경계와 같은 외진 산악 지역은 비문명적일 만큼 높은 100건 수준에 떠 있었고, 일부는 19세기에도 한동안 그랬다.

왜 남부는 오랜 폭력의 역사를 갖게 되었을까? 가장 포괄적인 대답은 정부의 문명화 사업이 남부에서는 동북부에서처럼 깊숙이 침투하지 못했다는 것이다. 유럽과는 비교할 것도 없다. 역사학자 피터르 스피렌뷔르흐는 미국에 "민주주의가 너무 일찍 당도했다."는 자극적인 주장을 한 바 있다.[85)] 유럽에서는 먼저 국가가 개인들을 무장 해제시키고 폭력을 독점한 뒤, 나중에 개인들이 국가 기구를 대신했다. 반면 미국에서는 먼저 개인들이 국가를 대신했고, 나중에 국가가 개인들에게 무기를 내려놓으라고 강요했다. 유명한 헌법 수정 제2조가 단언하듯이, 미국의 개

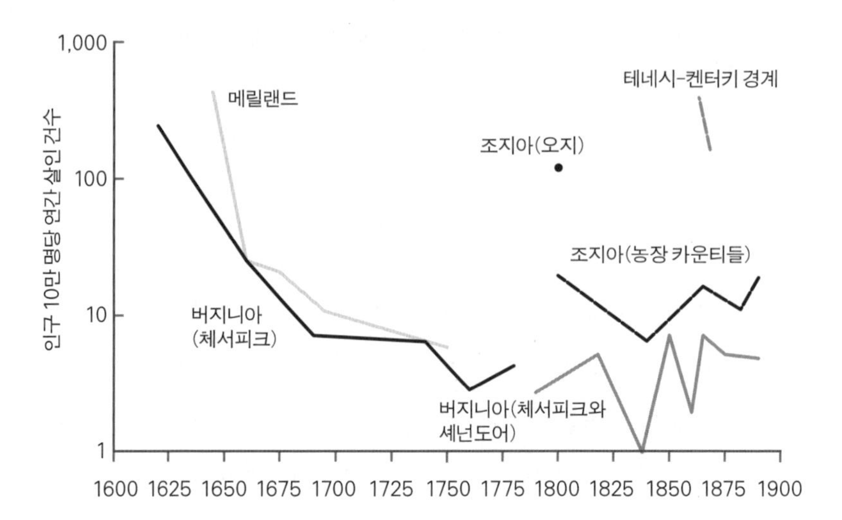

그림 3-15. 1620~1900년 미국 동남부의 살인율.

출처: 데이터: Roth, 2009, 백인만. 버지니아(체서피크): pp. 39, 84. 버지니아(체서피크와 셰넌도어): p. 201. 조지아: p. 162. 테네시-켄터키 경계: pp. 336-37. 버지니아의 1838년 값은 0이지만 0의 로그값은 정의되지 않기 때문에 1로 표시되었다. 모든 추정치에는 0.65를 곱해 성인 인구당 비율을 전체 인구당 비율로 바꿨다. 다음을 참고하라. Roth, 2009, p. 495.

인들은 무기를 지니고 소지할 권리를 유지했다. 미국인들, 특히 남부와 서부의 미국인들은 폭력의 적법한 사용에 대한 독점권을 정부에게 부여하는 사회적 계약을 온전히 맺은 적이 없었던 셈이다. 또한 대부분의 기간에 민병대, 자경단, 폭력배, 청원 경찰, 흥신소, 사설 탐정소 등이 적법한 폭력을 휘둘렀고, 개인에게도 좀 더 많은 폭력이 권리로 허용되었다.

역사학자들이 지적하는 바, 남부에서는 이런 권력 분담이 늘 신성하게 여겨졌다. 에릭 몬코넨의 말을 빌리면, 19세기에 "남부는 정부를 의도적으로 약하게 유지했고, 교도소 등을 삼가는 대신 지역적, 개인적 폭력을 선호했다."[86] 살인은 '합리적인' 행위였다고 여겨지는 경우에는 가볍게 취급되었는데, "남부 시골에서는 대부분의 살인이 합리적이었다. 피해자가 살해자에게서 벗어나기 위해 가능한 모든 조치를 취하지 않았다는 점에서, 살해가 개인적 분쟁에서 비롯되었다는 점에서, 또는 살해자와 피해자가 서로 죽고 죽이는 같은 부류의 사람들이라는 점에서."[87]

자력 구제 정의에 의존하는 태도는 오랫동안 남부의 신화를 구성하는 요소였다. 사람들은 어린 시절부터 이 요소를 몸에 배었다. 젊은 앤드루 잭슨에게 (결투를 즐겨, 걸을 때마다 총알을 달가닥거렸다는 대통령 말이다.) 어머니가 주었다는 조언은 이랬다. "절대로 …… 중상, 공격, 폭행에 대해서 남을 고소하지 말고, 그런 사건은 직접 해결하거라."[88] 이런 특징은 대니얼 분이나 '개척지의 왕'이라 불렸던 데이비 크로켓과 같은 남부 산악 지대의 호전적 아이콘들에게서 과시적으로 드러났으며, 켄터키-버지니아 서부 오지의 햇필드 집안 대 매코이 집단과 같은 전형적인 가문 간 혈투를 부추겼다. 게다가 비단 기록으로 남은 과거에 한해서 살인율을 부풀리는 역할을 했을 뿐만 아니라, 오늘날에도 남부인의 정신에 깊은 자취를 남겼다.[89]

자력 구제 정의의 성패는 남들이 그 사람의 용맹과 결의를 얼마나 신뢰하는가에 달려 있다. 그래서 요즘도 남부인들은 신뢰성 있는 억제 조치, 달리 말해 명예의 문화에 집착하는 편이다. 그 핵심은 포식적, 도구적 폭력은 용인하지 않되 모욕이나 부당한 취급에 대한 보복은 용인하는 것이다. 심리학자 리처드 니스벳과 도브 코언은 이런 사고방식이 여태 남부의 법률, 정치, 태도에 침투해 있다는 것을 보여 주었다.[90] 그들의 발견에 따르면, 강도 행각 중 벌어진 살인 통계에서는 남부인이 북부인을 능가하지 않았고, 말다툼으로 촉발된 살인에서만 그랬다. 남부인도 이론적으로는 폭력 사용을 찬성하지 않았지만, 가정과 가족을 보호하기 위한 사용에는 찬성했다. 남부에서는 주 법률도 이런 도덕관념을 지지한다. 자기 자신과 재물을 보호하기 위한 살해는 크게 면책해 주고, 총기 구입에 제약을 덜 두고, 학교에서 체벌을 허락하고, 살인에 대한 처벌로 사형을 규정하며, 사법 제도가 기꺼이 사형을 실시한다. 남부에서는 남녀 모두 좀 더 기꺼이 군대에 가고, 사관 학교에서 공부하고, 외교 정책에 대해 매파적인 입장을 취한다.

니스벳과 코언은 일련의 기발한 실험을 통해서 남부인 개개인의 행동에서도 이런 명예가 중대하게 작용한다는 것을 보여 주었다. 한 실험에서, 그들은 미국 전역의 회사들에게 일자리를 구하는 가짜 편지를 보냈다. 편지 중 절반에는 이런 고백이 담겨 있었다.

> 제가 설명해야 할 일이 하나 있습니다. 저는 솔직하고 싶고, 오해를 바라지 않기 때문입니다. 저는 중범죄로, 구체적으로 과실 치사로 전과가 있습니다. 아마도 귀사는 제게 지원서를 보내시기 전에 이에 대한 설명을 원할 테니, 미리 말씀드리겠습니다. 저는 제 약혼녀와 관계를 맺은 남자와 싸움에 말려들었습니다. 저는 작은 동네에서 살았는데, 어느 날 밤 술집에서 그 남자가 제 친구들이 보는 앞에서 제게 시비를 걸었습니다. 그는 자신과 제 약혼녀가 잠자리를 함께한 것을 남들도 다 안다고 말했습니다. 저를 면전에서 비웃으며, 사내라면 당당히 밖으로 나와 보라고 했습니다. 저는 어렸고, 남들 앞에서 도전에 물러나는 사람이 되기 싫었습니다. 우리는 골목으로 나갔고, 그가 저를 공격했습니다. 그는 저를 거꾸러뜨린 뒤, 병을 집어 들었습니다. 저는 달아날 수도 있었습니다. 판사도 제가 그래야 했다고 말했습니다. 하지만 자존심이 허락하지 않았습니다. 대신 저는 골목에 놓여 있던 파이프를 집어 그를 쳤습니다. 죽일 생각은 아니었지만, 그는 몇 시간 뒤 병원에서 숨을 거뒀습니다. 저는 잘못을 저질렀다는 것을 깨달았습니다.

나머지 절반의 편지에서는 지원자가 차량 절도에 대한 전과를 고백하며, 어리석게도 아내와 어린 자식들을 부양하기 위해서 범죄를 저질렀다고 말했다. 이때 명예 살인을 고백한 편지일 경우, 남부와 서부의 회사들은 북부의 회사들보다 지원서를 더 많이 보내 왔고 답장의 어조도 더 따뜻했다. 남부의 어느 상점 주인은 당장은 일자리가 없다고 사과하면서 이렇게 덧붙였다.

> 과거 문제에 대해서라면, 누구나 당신과 같은 상황에 놓일 수 있습니다. 그것은 불행한 사건이었을 뿐, 당신에게 불리하게 작용해서는 안 됩니다. 당신의 정직한 태도는 당신이 성실한 사람임을 말해 줍니다. …… 당신의 미래에 행운이 있기를 기원합니다. 당신은 긍정적인 태도와 일하려는 의지를 갖고 있습니다. 그것은 회사가 직원에게 바라는 자질이지요. 자리를 잡은 뒤 혹시 이 근처에 올 일이 있다면 꼭 우리에게 들러 주십시오.[91]

북부 회사들은 이런 온기를 보여 주지 않았고, 자동차 절도를 고백한 편지를 받은 회사들도 전혀 그렇지 않았다. 북부 회사들은 오히려 명예 살인보다는 절도를 더 많이 용서했고, 남부와 서부 회사들은 절도보다 명예 살인을 더 많이 용서했다.

니스벳과 코언은 남부인들의 명예의 문화를 실험실에서도 포착했다. 그들의 연구 대상은 남부 늪지 출신의 시골내기들이 아니었다. 6년 이상 남부에서 살았으되 그 시점에는 미시간 대학교에 다니는 부유한 학생들이었다. 연구자들은 '인간의 판단 능력에서 특정 측면들에 대한 제약된 반응 시간 조건'을 알아보는 심리학 실험이라며 학생을 모집했다(진짜 목적을 감추기 위한 헛소리였다.). 학생들은 실험실로 오는 도중, 복도에서 캐비닛 속 서류를 정리하고 있는 실험 공모자를 지나쳐야 했다. 절반의 경우, 학생이 공모자의 몸을 스치면 공모자는 서랍을 쾅 닫으면서 "병신."이라고 웅얼거렸다. 이후 실험자가 학생을 맞아들여 (실험자는 학생이 모욕을 당했는지 아닌지를 알지 못했다.) 그의 행동거지를 관찰했고, 설문지를 제공했고, 혈액 샘플을 채취했다. 이때 북부 출신 학생들은 모욕을 웃어넘겼다. 아무 일 없이 들어온 대조군 학생들과 다르지 않게 행동했다. 그러나 남부 출신 중에서 모욕을 당한 학생들은 분을 삭이지 못해 식식거리면서 들어왔다. 그들은 설문지에서 낮은 자존감을 드러냈고, 혈액 샘플에서는 테스토스테론과 스트레스 호르몬인 코르티솔 수치가 높아진 것으로 드러났다. 그들은 또 실험자를 좀 더 고압적으로 대했고, 악수를 좀 더 세게 했고, 나가는 길에 좁은 복도에서 다른 공모자가 다가오는 것을 보아도 상대가 지나가도록 옆으로 비켜 주지 않았다.[92)]

남부가 북부보다 명예의 문화를 발달시킨 점을 어떤 외생적 원인으로 설명할 수 있을까? 노예 경제 유지에 필요한 잔혹함이 한 요소일지도 모르지만, 남부에서도 제일 폭력적인 지역은 노예 농장에 전혀 의존하지 않았던 오지들이다(그림 3-15 참고). 니스벳과 코언은 영국인의 미국 식민 역사를 다룬 데이비드 해킷 피셔의 『앨비언의 씨앗』에서 착안하여, 최초의 이주자들이 유럽의 어느 지역에서 왔던가 하는 점에 주목했다. 북부에는 청교도, 퀘이커, 네덜란드인, 독일인 농부들이 정착했던 데 비해, 남부 내륙에는 주로 스코틀랜드-아일랜드인들이 정착했다. 그중에는 양치기가 많았고, 중앙 정부의 손길이 미치지 않는 영국 제도 변두리의 산악 지대에서 건너온 사람들이 많았다. 니스벳과 코언은 어쩌면 목축이 명예 문화의 외생적 원인이었을지도 모른다고 주장했다. 목축업자의 부는 도둑질이 가능한 물리적 자산에 달렸고, 더구나 그 자산에는 발이 달려 있기 때문에 누구든 눈 깜박할 새에 몰아갈 수 있다. 농부에게서 땅을 훔치는 것보다 훨씬 쉽다. 그래서인지 전 세계 목축민들은 폭력적 보복에 대한 감수성을 길러 왔다. 니스벳과 코언은 스코틀랜드-아일랜드 사람들이 고국의 문화를 미국으로 가져와서 남부 변경 산악 지대에서도 유지했다고 주장한 것이다. 물론 요즘의 남부인들은 목동이 아니다. 하지만 문화적 관습은 그것을 만들어 낸 생태 환경이 사라진 지 오래 뒤에도 지속될 수 있다. 그래서 지금도 남부인들은 가축 도둑을 단념시킬 만큼 거칠게 굴어야만 한다는 듯이 행동한다.

목축 이론이 성립하려면, 어떤 직업 전략이 진작 그 기능을 잃었는데도 사람들이 수백 년 동안 그것에 매달린다고 가정해야 한다. 하지만 보다 일반적인 명예의 문화 이론은 그런 가정에 의존하지 않는다. 사람들이 산악 지대에서 목축을 하는 까닭은 그곳에서는 작물을 기르기가 어렵기 때문이다. 그리고 산악 지대는 국가가 정복하고 평화화하고 다스리기 어려워, 무정부 상태일 때가 많다. 그렇다면 자력 구제 정의의 직접적 유발 기제는 목축이 아니라 무정부 상태인 셈이다. 샤스타 카운티의 목축업자들을 떠올려 보자. 그들은 한 세기 넘게 소를 길렀지만, 그들 사이에서는 가축이나 재산에 입은 피해가 사소할 때는 명예를 보호하고자 당장 폭력을 휘두르는 것이 아니라 '참아 주는' 것이 관례이다. 그리고 남부 카운티들의 폭력률과 목축의 지속 가능성을 대조해 본 최근 연구에서, 다른 변수들을 통제할 경우 둘 사이에 아무런 상관관계가 없었다.[93)]

따라서 영국 후미진 지역에서 온 이주자들이 남부 후미진 지역에 정착했다고 가정하는 것, 그리고 그런 지역들이 오랫동안 무법 상태였기 때문에 명예의 문화가 장려되었다고 가정하는 것만으로 충분하다. 물론 그렇더라도 우리는 남부에서도 유효한 형법 제도가 자리 잡은 지 오래 되었는데도 왜 명예의 문화가 이토록 지속력이 좋은지를 설명해야만 한다. 어쩌면 남보다 먼저 명예를 포기하는 사람은 남들에게 겁쟁이라고 놀림 당하고 만만한 표적으로 취급되기 때문에 그 지속력이 큰 것인지도 모른다.

✤ ✤ ✤

미국 서부는 남부보다 더 심하여, 20세기 들어서도 한동안 무정부 지대였다. 할리우드 서부 영화에 상투적으로 등장하는 "가까운 보안관은 90마일 밖에 있다."는 말은 수백만 제곱마일의 땅에서 진실이었고, 그 결과는 할리우드 서부 영화의 또 다른 상투성인 폭력의 편재였다. 블라디미르 나보코프의 소설 속 험버트 험버트는 롤리타와 함께 미국을 누비며 도망치는 여행에서 그 대중문화를 맛보고는, 카우보이 영화의 '황소도 때려눕힐 만한 주먹다짐'을 즐긴다.

> [영화는] 마호가니색 풍경에서 펼쳐졌는데, 혈색이 불그스름하고 눈은 파랗고 말 잘 타는 사내들, 로링 협곡에 나타난 새침하고 어여쁜 여선생, 뒷발로 일어서는 말, 장관을 이루며 달리는 동물들, 바르르 떨리는 창유리를 뚫고 불쑥 던져진 권총, 무서운 주먹싸움, 먼지투성이 구닥다리 가구들을 산처럼 철저히 쌓아 올린 방어선, 흉기로 쓰이는 탁자, 아슬아슬한 시점에 공중제비를 도는 몸, 꼼짝 못하게 짓눌려서도 여태 떨어뜨린 사냥칼을 더듬는 손, 끙끙대는 소리, 후련한 소리를 내며 턱을 갈기는 주먹, 배를 걷어차는 발길, 날아들어 덮치는 태클, 그리하여 헤라클레스라도 입원해야 할 만큼 지독한 통증을 겪은 직후인데도, 달아오른 몸으로 아리따운 개척지의 신부를 부둥켜안는 주인공의 얼굴에는 구릿빛 뺨에 제법 어울리는 상처만이 남아 있는 것이었다.[94]

역사학자 데이비드 코트라이트는 『폭력의 땅』에서 할리우드 서부극이 카우보이를 낭만화한 점에서는 정확하지 않았지만 폭력성을 묘사하는 점에서는 정확했다고 말했다. 카우보이들은 험하고 고된 노동과 술,

도박, 매춘, 싸움으로 흥청망청하는 봉급날을 오가면서 살아갔다. "카우보이가 미국을 상징하는 경험이 되기 위해서는 먼저 도덕적 수술이 필요했다. 말 탄 보호자이자 모험가로서의 카우보이는 기억되었지만, 말에서 내려 술집 뒤편 거름더미에서 곯아떨어진 술주정뱅이로서의 카우보이는 잊혔다."[95)]

서부의 연간 살인율은 동부 도시 지역이나 중서부 농업 지역보다 50배에서 수백 배 더 높았다. 캔자스 주 애빌린은 10만 명당 50명, 도지시티는 100명, 텍사스 주 포트그리핀은 229명, 위치토는 1500명이었다.[96)] 이유는 홉스에게서 곧바로 나온다. 형법 제도가 자금이 부족했고, 무능했고, 종종 타락했기 때문이다. 코트라이트에 따르면, "1877년에 텍사스 주에서만도 수배자 명단에 오른 사람이 5000명쯤 되었으니, 법 집행의 효율성 면에서 그다지 고무적인 신호는 아니었다."[97)] 말 도둑, 소 도둑, 노상강도, 기타 약탈자를 억제하는 유일한 길은 자력 구제 정의였다. 그의 결의가 확고하다는 평판만이 억제의 위협을 보증했으므로, 어떤 대가를 치르더라도 그 평판을 지켜야 했다. 오죽하면 콜로라도의 한 무덤에 "그는 빌 스미스를 거짓말쟁이라고 불렀다."라는 비문이 새겨져 있겠는가.[98)] 이런 목격담도 있다. 사람들이 가축 열차에서 카드 게임을 하다가 싸움이 붙었는데, 한 남자가 "나는 더러운 데크로 놀이를 하고 싶진 않아."라고 말한 게 화근이었다. 경쟁 회사의 카우보이가 그 말을 '더러운 네크(막일꾼을 경멸하는 표현 — 옮긴이)'로 잘못 알아들었던 것이다. 초연이 걷혔을 때는 이미 한 명이 죽고 세 명이 다친 뒤였다.[99)]

서부에서 홉스식 무정부 상태가 발달한 곳은 카우보이 카운티들만이 아니었다. 광부, 철도 노동자, 벌목꾼, 유랑 노동자가 정착한 지역들도 마찬가지였다. 캘리포니아 골드러시가 한창이던 1849년, 한 기둥에는 다음과 같은 재산권 주장 글귀가 붙어 있었다.

이 글을 보는 사람들에게, 협곡 위 50피트는 클리어크릭 구역 법률과 엽총 수정 조항에 따라 합법적인 본인의 토지임을 알린다. …… 불법 침입자에 대해서는 법을 철저히 적용하여 처벌할 것이다. 이것은 허투루 하는 말이 아니다. 법적으로 필요하다면 6셔터 총을 겨눠서라도 내 권리를 지킬 테니, 경고에 주의를 기울이기 바란다.[100)]

코트라이트는 당시의 평균 살인율이 연간 10만 명당 83명이었다고 말하며, 이렇게 덧붙였다. "골드러시 시절 캘리포니아가 잔혹하고 무정한 곳이었음을 보여 주는 증거는 그 밖에도 많다. 야영지들의 이름도 묘사적이다. 가우지 아이, 머더러스 바, 컷스로트 걸치, 그레이브야드 플랫, 행타운, 헬타운, 위스키타운, 고모라도 있었지만 흥미롭게도 소돔은 없었다."(모두 눈알 파내기, 살인, 목매달기 따위에 관련된 이름들이다. — 옮긴이)[101)] 다른 광산촌들도 살인율이 높았다. 네바다 주 오로라는 10만 명당 87명, 콜로라도 주 레드빌은 105명, 캘리포니아 주 보디는 116명, 와이오밍 주 벤튼은 무려 2만 4000명이었다(거의 4명당 1명꼴이다.).

그림 3-16은 서부 폭력성의 궤적을 보여 준다. 로스의 데이터 중 해당 지역에 대해 최소한 둘 이상의 시점에서 연간 살인율이 알려진 경우들을 활용했다. 캘리포니아의 살인율은 1849년 골드러시 전후로 높았다가, 이후에는 남서부 주들과 마찬가지로 문명화 과정의 영향을 드러냈다. 처음에는 10만 명당 100에서 200명 사이였으나 이후 5에서 15명 사이로 떨어졌다. 10분의 1 미만으로 감소한 셈이다(그러나 역시 남부와 마찬가지로, 유럽과 뉴잉글랜드의 한두 명 수준까지 계속 줄지는 않았다.). 나는 엘릭슨이 연구했던 곳과 같은 캘리포니아의 목축 카운티들도 그래프에 함께 그려 넣었다. 오늘날 내부 규범에 의존하여 평화롭게 공존하는 그들의 상태는 오랜 무법적 폭력의 시기 뒤에 온 것임을 보여 주고 싶기 때문이다.

요컨대, 미국에서는 적어도 다섯 군데의 주요 지역들이 — 동북부, 중부 대서양 연안 주들, 남부 연안 주들, 캘리포니아, 남서부 — 문명화 과정을 겪었다. 그러나 서로 다른 시기에, 서로 다른 정도로 겪었다. 서부는 동부보다 폭력 감소에서 200년쯤 뒤져, 미국에서 무정부 상태의 종말을 상징적으로 알렸던 이른바 1890년 개척 종결 선언 때까지 이어졌다.

서부를 비롯하여 그 밖에도 한창 팽창하던 폭력적 지역들, 가령 일용 노동자 야영지, 뜨내기 일꾼들의 마을, 차이나타운("관둬, 제이크, 여긴 차이나타운이잖나.")에서 소란이 잦았던 것은 꼭 무정부 상태 때문만은 아니었다. 코트라이트는 인구 구성과 진화 심리학의 조합이 난폭함을 격화시켰다는 사실을 보여 주었다. 그런 지역에는 미혼의 젊은 남자가 많았다. 사내들은 궁핍한 농장이나 도시 빈민가를 떠나, 거친 변경으로 행운을 찾아왔다. 모든 폭력 연구에서 보편적으로 관찰되는 한 가지 현상은 대

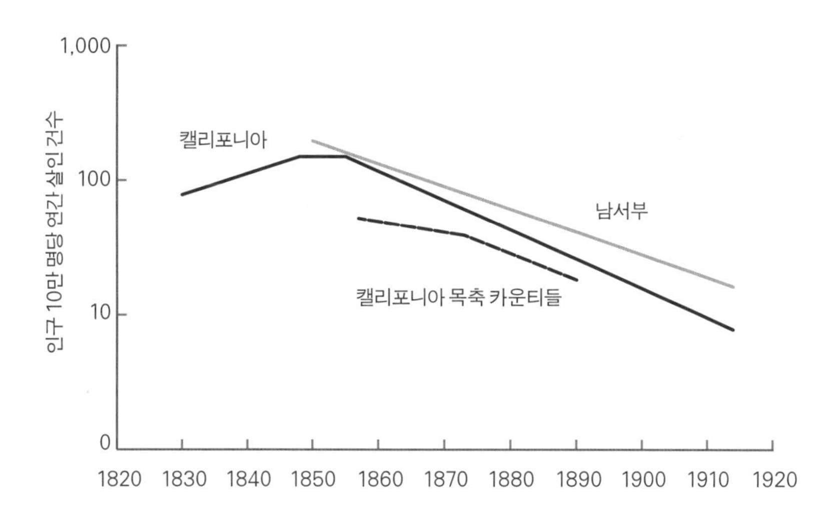

그림 3-16. 1830~1914년 미국 남서부와 캘리포니아의 살인율.

출처: 데이터: Roth, 2009, 백인만. 캘리포니아(추정치): pp. 183, 360, 404. 캘리포니아 목축 카운티들: p. 355. 남서부, 1850년(추정치): p. 354. 남서부, 1914년(애리조나, 네바다, 뉴멕시코): p. 404. 추정치에는 0.65를 곱해 성인 인구당 비율을 전체 인구당 비율로 바꿨다. 다음을 참고하라. Roth, 2009, p. 495.

부분의 폭력을 15~30세 사이의 남자들이 저지른다는 점이다.[102] 대부분의 포유류에서 수컷이 암컷보다 더 경쟁적이다. 게다가 호모 사피엔스의 경우에는 남자가 위계 서열에서 차지하는 위치가 평판에 따라 달라지는데, 그 평판은 성인기 초기부터 투자해야 얻을 수 있고 그 후에는 그 보상을 평생 누릴 수 있다.

남자들의 폭력성은 그 정도가 연속적 눈금으로 조절된다. 한쪽 극단은 남자들이 여자를 놓고 서로 겨루는 것이고, 반대쪽 극단은 남자들이 여자에게 직접 구애하고 아이에게 투자하는 것이다. 남자들은 그 사이의 연속선 상에서 한 지점을 선택하여 자신의 에너지를 할당할 수 있다. 생물학자들은 가끔 이 연속선을 가리켜 '난봉꾼이냐 아버지냐(cads vs. dads)'라고 부른다.[103] 남자가 많은 사회 생태계라면, 남자 개인에게 가장 유리한 에너지 할당은 '난봉꾼' 극단이다. 알파메일의 지위를 획득하는 것은 곧 경쟁을 물리치는 일이고, 희소한 여성들에게 다가가 구애하기 위한 선결 조건이다. 여자가 많지만 남자 중 일부가 그들을 독점하는 환경에서도 난봉꾼 전략이 선호된다. 이런 환경에서는 제 목숨을 걸고 도박을 할 만하다. 데일리와 윌슨이 지적했듯이, "스스로 생식 면에서 완벽한 실패의 궤도에 올랐다고 인식하는 생물체라면 어떻게든 현재의 궤도를 개선하려고 노력해야 하고, 가끔은 죽음의 위험마저 감수해야 한다."[104] 한편, 남녀 수가 같고 일부일처 결합이 이뤄지는 생태계에서는 남자들이 '아버지'를 선택한다. 그런 환경에서는 폭력적 경쟁이 남자에게 생식의 이득을 주지 못한다. 오히려 큰 불이익을 암시한다. 자신이 죽어 버리면 자식을 부양할 수 없으니까.

변경의 폭력에 기여한 또 다른 생물학적 요인은 사회 생물학이 아니라 신경 생물학적 요인이었다. 어디에나 술이 있었다는 점이다. 알코올은 대뇌 전체에서 시냅스 전달을 방해하는데, 자기 통제를 담당하는 이마앞엽겉질에서 특히 심하다(그림 8-3 참고). 술 취한 뇌는 성적, 언어적, 신체적으로 덜 억제된다. **비어 고글**이니, **주정뱅이의 호통**이니, **술김의 허세**니 하는 표현들은 그래서 생겼다. 폭력 성향이 있는 사람은 알코올의 영향을 받았을 때 더 쉽게 폭력을 쓴다는 연구 결과도 많다.[105)]

끝내 서부를 길들인 것은 감시의 눈길을 번득이는 보안관이나 가혹한 판결을 내리는 판사가 아니라 여성의 유입이었다.[106)] 할리우드 서부영화에서 '예쁘장한 새침데기 여선생들이 로어링 걸치에 도착하는' 장면은 역사적 진실을 포착한 것이다. 자연은 한쪽으로 기운 성비(性比)를 혐오한다. 동부 도시와 농장의 여성들은 여성의 밀도가 낮은 곳을 찾아 서쪽으로 흘러들었다. 미망인, 노처녀, 젊은 미혼 여성이 결혼 시장의 행운을 찾아 몰려왔다. 외로운 남자들은 물론이요, 악의 소굴의 타락상에 진저리가 난 자치 및 상업 담당 공무원들이 이주를 장려했다. 서부에 도착한 여자들은 협상의 우위를 활용함으로써 그곳을 자기들의 이해에 더 맞는 환경으로 개조했다. 남자들을 꾀어 싸움과 음주 대신 결혼과 가정을 선택하게 했고, 학교와 교회 건설을 장려했고, 술집, 사창가, 도박장 등 남자들의 관심을 끄는 장소를 닫았다. 교회는 동등한 남녀 신자 비율, 일요일 아침 예배의 설교, 금주 규범의 찬양을 통해서 여자들의 문명화 공세에 제도적 힘을 더했다. 요즘 우리는 여성 기독교 금주 협회와 구세군의 지나친 주장에 코웃음을 친다(도끼로 선술집을 테러했던 캐리 네이션의 이미지도 한몫한다.). 구세군의 송가에 "우리는 효모 든 쿠키를 먹지 않아요. / 한 입만 먹으면 남자가 야수가 되니까요."라는 구절이 들어 있다고 비웃곤 한다. 그러나 초기 금주 운동의 페미니스트들은 남성이 지배하는 고립무원에서 술로 인한 유혈 사태라는 진정한 파국에 진지하게 대응한 것이었다.

여자와 결혼이 젊은 남자를 문명화시킨다는 생각은 진부하고 입에 발린 말로 느껴지지만, 현대 범죄학에서는 당연한 상식이다. 보스턴의 저소득층 십대 1000명을 45년간 추적한 유명한 연구에서, 불량 청소년이 범죄자의 삶을 피할 수 있는가를 예측하는 요인으로 두 가지가 밝혀졌다. 하나는 안정된 직업을 갖는 것이었고, 다른 하나는 그가 아끼는 여자와 결혼하여 아내와 자식을 부양하는 것이었다. 결혼의 효과는 상당했다. 독신자의 4분의 3이 계속 범죄를 저지른 데 비해 기혼자는 3분의 1만이 그랬다. 물론 이 차이만으로는 결혼이 남자를 범죄에서 멀어지게 하는지, 아니면 직업 범죄자가 결혼을 덜 하는지 가려낼 수가 없다. 그러나 사회학자 로버트 샘프슨, 존 라웁, 크리스토퍼 위머의 분석에 따르면 결혼은 정말로 평화의 원인인 것 같다. 남자들을 결혼으로 이끄는 다른 **전형적** 요인들을 통제했을 때, **실제로** 결혼한 남자들은 직후에 범죄를 저지를 가능성이 낮았다.[107] "네가 내 여자이니까 나는 똑바로 산다." 던 조니 캐시의 노래 가사는 이런 인과 관계를 알려 주는 명문장이다.

서부와 남부 시골의 문명화 과정을 이해하면, 오늘날 미국의 정치 지형도를 이해하는 데 도움이 된다. 북부와 연안의 지식인들은 공화당 지지 주들의 문화에 어리둥절해 한다. 그 사람들이 총기, 사형, 작은 정부, 복음주의 기독교, '가족의 가치', 성적 예절을 중시하는 것에 대해서. 상대도 마찬가지로, 민주당 지지 주들의 태도에 혼란스러워 한다. 범죄자와 적국에 대한 미적지근한 태도, 지적 세속주의, 방종에 대한 관용에 대해서. 문화 전쟁이라고도 불리는 이 현상은 어쩌면 미국 백인들이 서로 다른 두 문명화 경로를 밟아 온 역사의 산물이 아닐까. 북부는 유럽의 연장으로서, 법정과 상업이 처음 추진했고 중세 이후 탄력을 받았던 문명화 과정을 이후에도 지속했다. 반면에 남부와 서부는 국가의 성장기에 존재했던 무정부 영역에서 생겨난 명예의 문화를 이후에도 지켰고, 교회, 가족, 절제라는 나름의 문명화 세력으로 균형을 맞춰 왔다.

1960년대의 비문명화

파괴를 말할 거라면, 나는 좀 빼 줘.

— 존 레논, 「혁명 1」

미국과 유럽의 역사적 궤적은 시기적으로 어긋나고 부조화스러웠다. 그러나 그들이 동시에 겪은 경향성도 있었다. 1960년대에 폭력률이 유턴을 그렸던 점이다.[108] 그림 3-1에서 3-4까지를 보자. 1960년대에 유럽 국가들의 살인율이 한 세기 전에 작별을 고했던 수준으로 반등했음을 알 수 있다. 그림 3-10을 보자. 미국에서도 1960년대에 살인율이 급등했다. 대공황, 제2차 세계 대전, 냉전을 겪으면서도 30년 동안 자유낙하했던 살인율이 이때 2.5배 이상 높아져, 1957년에 최저 4.0명이었던 것이 1980년에 최고 10.2명이 되었다.[109] 강간, 폭행, 강도, 절도 등 다른 주요 범죄들도 급증했고, 향후 30년간 (오르락내리락하며) 그 상태를 유지했다. 특히 도시가 위험해졌다. 뉴욕은 새로운 범죄의 상징이 되었다. 폭력의 급증은 모든 인종과 성별에 영향을 미쳤지만, 가장 극적인 변화는 흑인 남성들이 겪었다. 그들의 연간 살인율은 1980년대 중반에 10만 명당 72명까지 치솟았다.[110]

1960년대에서 1980년대까지 범람한 폭력은 미국의 문화, 정치판, 일상을 재형성했다. 강도에 관련된 농담은 코미디언들의 단골 소재였고, 센트럴파크는 누구나 다 아는 죽음의 덫이라는 의미에서 언급만으로도 즉각 웃음을 일으켰다. 뉴요커들은 빗장과 걸쇠를 줄줄이 단 집에 스스로를 감금했다. 쇠막대의 한쪽 끝을 바닥에 고정시키고 반대쪽 끝을 문에 기대 세운 '경찰 자물쇠'도 인기였다. 내가 지금 사는 곳에서 멀지 않은 보스턴 시내 일부 지역은 끊일 새 없는 강도와 칼부림 때문에 전투

구역이라고 불렸다. 다른 도시에서도 사람들이 떼 지어 교외로 이주했다. 텅 빈 도심을 교외, 준교외, 외부인 출입 금지 거주 단지가 겹겹이 둘러쌌다. 책, 영화, 텔레비전 시리즈는 도시의 퇴치 불가능한 폭력을 배경으로 삼았다. 「리틀 머더」, 「택시 드라이버」, 「워리어스」, 「뉴욕 탈출」, 「암흑의 브롱크스」, 「힐 스트리트 블루스」, 「허영의 불꽃」 등등. 여자들은 호신 강좌에 등록하여 당당하게 걷는 법, 열쇠나 연필이나 뾰족한 뒷굽을 무기로 쓰는 법, 미쉐린 타이어 로고처럼 껴입은 도우미가 연기하는 공격자에게 가라테 내려치기나 주짓수 내던지기를 하는 법을 배웠다. 빨간 베레모를 쓴 '수호천사'들이 공원과 대중교통 시설을 순찰했고, 1984년에는 온화한 기술자 버나드 괴츠가 뉴욕 지하철에서 젊은 강도 네 명을 사살한 뒤 대중의 영웅으로 떠올랐다. 범죄에 대한 공포는 수십 년간 보수 정치인들의 당선에 기여했다. 리처드 닉슨은 1968년에 '법과 질서'라는 강령으로 승리했고(선거 쟁점으로서 그 문제가 베트남 전쟁을 가렸다.), 1988년에 조지 H. W. 부시는 경쟁자 마이클 듀카키스가 매사추세츠 주지사 시절 감옥 휴가 프로그램을 승인하여 강간범을 출소시켰다고 넌지시 언급함으로써 이겼으며, 많은 상하원 의원이 '범죄에 대한 강경책'을 약속하여 당선되었다. 대중의 반응은 분명 부풀려진 것이었지만 — 살인으로 죽는 사람보다 교통사고로 죽는 사람이 매년 훨씬 더 많다. 술집에서 젊은이들과 말다툼에 휩쓸리지 않는 사람의 경우에는 특히 더 그렇다. — 폭력 범죄가 증가하고 있다는 느낌 자체는 상상의 산물이 아니었다.

1960년대 폭력의 반등은 모두의 기대를 저버린 현상이었다. 당시는 유례없는 경제 성장기였다. 거의 완전한 고용, 요즘 사람들이 향수 어리게 회고하는 경제적 평등, 인종 문제의 역사적 진보, 정부 사회 보장 프로그램의 만개를 이룬 시기였다. 의료 발전 덕분에 총이나 칼을 맞은 피해자의 생존율이 높아졌음은 말할 것도 없다. 아마도 1962년의 사회 이론가들은 그런 다행스러운 상황이 향후에도 낮은 범죄율의 시대로 죽 이어질 것이라고 행복하게 예측했으리라. 그리고 내기에 건 돈을 잃었으리라.

서구는 왜 이후 30년 동안 범죄에 탐닉하는 시기로 접어들었을까? 서구는 아직도 그로부터 완벽하게 회복하지 못했다. 이것은 내가 점검하는 장기적 폭력 감소 추세에서 예외에 해당하는, 몇몇 국지적 반전의 한 예다. 만일 내 분석이 제대로라면, 내가 폭력 감소 원인으로 들먹였던 역사적 변화들은 이 급등기에 거꾸로 적용되었어야 한다.

제일 먼저 살펴볼 명백한 지점은 인구 구성이다. 범죄율이 바닥을 기었던 1940년대와 1950년대는 대대적인 결혼의 시대였다. 결혼하는 미국인의 수는 전무후무한 규모였고, 거리를 쏘다니던 많은 남자가 교외에 정착했다.[111] 그 결과, 폭력은 폭락했다. 또 다른 결과도 있었다. 바로 출산 증가였다. 1946년에 태어난 첫 베이비붐 세대는 1961년에 범죄를 저지르기 쉬운 나이가 되었고, 1954년에 태어난 베이비붐 절정기의 세대는 1969년에 그런 나이가 되었다. 자연히 범죄의 붐은 베이비붐의 메아리였다는 가설이 떠오른다. 그러나 안타깝게도, 숫자가 맞아 들지 않는다. 만일 평균적인 비율로 범죄를 저지르는 십대와 이십대가 좀 더 많아진 것뿐이라면, 1960년에서 1970년까지 범죄율 증가세는 135퍼센트가 아니라 13퍼센트였어야 한다.[112] 젊은이들은 전 세대보다 머릿수만 더 많아진 것이 아니라 더 폭력적으로 변했던 것이다.

많은 범죄학자는 1960년대의 범죄 급증을 통상적인 사회 경제적 변수들로만은 설명할 수 없다고 본다. 거기에는 문화 규범의 변화가 크게 작용했다는 것이다. 물론 사람들이 폭력적인 문화에서 살기 때문에 폭력적이라고 말하는 순환 논리에서 탈피하기 위해서는, 문화 변화를 일으킨 외생적 원인을 찾아내야 한다. 정치학자 제임스 Q. 윌슨은 결국 인구 구성이 중요한 유발 기제였다고 주장했다. 다만 젊은이의 절대 인구가 많아서가 아니라 상대 인구가 많아서였다는 것이다. 그는 인구 통계학자 노먼 라이더의 말을 인용하면서 이렇게 첨언했다.

> "야만인들은 끊임없이 우리를 침략한다. 우리는 어떻게든 그들을 교화시켜야 한다. 사회의 존속에 필수적인 다양한 기능을 충족시키는 기여자로 그들을 바꿔 놓아야 한다." 이때 '침략'은 새로운 세대가 성년을 맞는 것을 뜻한다. 모든 사회는 이 가공할 만한 사회화 과정을 그럭저럭 성공적으로 치러 낸다. 그러나 이따금 관련된 집단들의 머릿수에 정량적 불연속이 생겨나, 그 과정이 말 그대로 홍수에 잠겨 버릴 때가 있다. …… 1950년대에, 또한 1960년에도, '침략군'(14~24세 인구)은 '방어군'(25~64세 인구)에 대해 3 대 1의 수적 열세를 보였다. 그러나 전자가 몹시 빠르게 늘어나서, 1970년에는 후자에 대해 고작 2 대 1의 수적 열세를 보였다. 이것은 1910년 이래 처음 있는 상황이었다.[113]

그러나 이후의 분석에 따르면, 이 설명은 그 자체로는 만족스럽지 않다. 어떤 연령 집단(cohort)의 규모가 전 세대보다 커진다고 해서 일반적으로 범죄가 느는 것은 아니기 때문이다.[114] 하지만 나는 1960년대 범죄 급증을 일종의 세대적 비문명화 과정과 연결 지은 점에서는 윌슨이 옳았다고 생각한다. 새 세대는 노르베르트 엘리아스가 묘사했던 800년간의 문명화 과정을 다방면에서 애써 반격했다.

베이비붐 세대는 자신들이 마치 다른 인종 집단이나 국가인 양 대담한 결속감을 공유했다는 점에서 특별한 세대였다(물론 우리 베이비붐 세대는 안 그래도 늘 자신들이 특별하다고 주장한다.). (10년 뒤에는 이들이 '우드스톡 세대'라는 거창한 이름으로 불리게 된다.) 이들은 나이 많은 세대들을 수적으로 능가했을 뿐 아니라, 새로운 전자 매체 덕분에 자신들의 수적 우세를 한껏 실감했다. 이들은 텔레비전을 보며 자란 첫 세대였다. 세 대형 방송국 시절의 텔레비전 덕분에 이들은 동세대의 다른 사람들이 자신과 같은 경험을 한다는 사실을 의식했고, 남들도 자신이 안다는 사실을 의식하고 있다는 사실까지 의식했다. 경제학자나 논리학자가 공통 지식이라고 부르는 이 인식으로부터 수평적 결속망이 만들어졌다. 이 그물망은 과거에 젊은이들을 서로 떨어뜨리고 연장자에게 조아리게끔 강요했던, 부모와 권위자에 대한 수직적 연계를 끊어 놓았다.[115] 집회로 한자리에 모였을 때 비로소 제 힘을 실감하는 불평분자들처럼, 베이비붐 세대는「에드 설리번 쇼」관객들이 자기처럼 롤링 스톤스의 노래에 춤추는 것을 보았고, 다른 미국 젊은이들도 그 순간에 춤추고 있다는 것을 알았고, 자신이 아는 것을 다른 사람들도 안다는 것을 알았다.

베이비붐 세대를 이어 준 결속의 신기술은 또 있었다. 소니라는 일본의 무명 회사가 처음 시판한 트랜지스터 라디오였다. 요즘 부모들은 십대 자식의 귀에 아이팟이나 휴대전화가 딱 붙어 있다고 불평하는데, 옛날에 자신도 트랜지스터 라디오 때문에 부모에게 같은 불평을 들었다는 사실을 잊은 모양이다. 나는 뉴욕의 방송국 전파를 잡아서 들었던 당시의 전율을 기억한다. 늦은 밤 전리층을 통과하여 몬트리올의 내 침실로 들어온 그 신호에서 나는 모타운, 밥 딜런, 영국의 침공, 사이키델릭을 들었고, 무언가 심상찮은 일이 벌어지고 있음을 느꼈다. 그러나 존스 씨는 그것이 무엇인지 알지 못했던 것이다(밥 딜런의 노래「야윈 남자의 발라드」에 "여기에서 뭔가 벌어지고 있지만 당신은 그것이 뭔지 모르지, 안 그런가, 존스 씨?"라는 가사가 있다. — 옮긴이).

15~30세 인구의 결속감은 호시절을 겪고 있는 문명사회에게도 위협

이 될 만하다. 더욱이 이 비문명화 과정의 영향력은 20세기에 줄곧 세력을 유지했던 또 다른 경향성 때문에 더욱 증폭되었다. 엘리아스를 번역했고 그의 지적 후계자라 할 만한 사회학자 카스 바우터르스는 유럽의 문명화 과정이 끝까지 전개된 뒤 그 후속으로 **탈형식화 과정**(informalizing process)이 이어졌다고 주장한다. 문명화 과정은 상류 계층에서 아래로 규범과 예절이 흘러내린 과정이었다. 그러나 서구 사회가 점차 민주화되자 더 이상 상류층이 도덕적 모범으로 보이지 않았고, 취향과 예절의 위계가 점차 평평해졌다. 탈형식화는 복장에도 영향을 미쳤다. 사람들은 모자, 장갑, 넥타이, 드레스 대신 편한 스포츠복을 입었다. 언어도 영향을 받았다. 사람들은 친구를 아무개 씨, 부인, 아가씨로 지칭하는 대신 이름을 부르기 시작했다. 사람들의 말과 행동거지는 그 밖에도 다양한 방식으로 격식을 탈피했고, 더 자연스러워졌다.[116] 막스 형제의 영화에 등장하는 마거릿 듀몬트 캐릭터처럼 고루한 사교계 숙녀는 이제 모방의 대상이 아니라 조롱의 대상이었다.

탈형식화 과정으로 차차 무너져 내리던 엘리트의 정당성은 또 다른 타격을 경험했다. 시민권 운동을 통해서 미국 기성세대의 도덕적 오점이 노출되었던 것이다. 비판자들은 사회의 다른 부분도 조명하여, 더 많은 얼룩을 공개했다. 핵 홀로코스트의 위협, 비자유주의적인 군사 개입, 특히 베트남 전쟁, 나중에는 환경 오염, 여성과 동성애자에 대한 억압까지. 서구 기성세대의 공언된 적이었던 마르크스주의는 제3세계 '해방' 운동에 침투함으로써 영예를 얻었고, 보헤미안들과 유행을 따르는 지식인들은 점차 그것을 받아들였다. 1960년대에서 1990년대까지 수행된 여론 조사들에서는 온갖 사회 제도에 대한 신뢰가 추락했던 것이 잘 드러난다.[117]

위계의 평준화와 권력 구조에 대한 가차 없는 점검은 멈출 수 없는 일이었고, 많은 면에서 바람직했다. 그러나 부작용도 있었으니, 과거 수백 년 동안 노동 계층이나 하류 계층보다는 덜 폭력적인 방향으로 나아갔던 귀족과 부르주아지의 생활 방식이 그 명예를 훼손당한 점이었다. 이제 가치들은 법정에서 아래로 흘러내리는 대신, 거리에서 위로 솟아올랐다. 이 과정은 후에 '프롤레타리아화(proletarianization)' 혹은 '일탈 기준의 하향화(defining deviancy down)'로 불리게 되었다.[118]

이런 흐름은 문명화의 조류를 거슬렀고, 당대 대중문화는 그것을 찬양했다. 분명히 짚어 두는데, 이런 퇴보는 엘리아스의 문명화 과정을 이끌었던 주된 두 원동력에서 비롯한 것이 아니었다. 이것은 미국 서부나 제3세계 신생 독립국처럼 정부 통제가 느슨해져 무정부 상태가 된 탓이 아니었다. 상업과 분업에 기반한 경제가 봉건제와 물물교환으로 후퇴한 탓도 아니었다. 1960년대에 성인이 된 세대의 반(反)문화가 엘리아스의 과정에서 그 다음 단계를 — 즉, 더욱 강력한 자기 통제와 상호 의존을 지향하는 심리 변화 — 끈질기게 공격한 탓이었다.

공격의 주 표적은 문명화된 행동을 내면에서 지배하는 자, 즉 자기 통제였다. 이제 자발성, 자기표현, 금지에 대한 반항이 최고의 가치가 되었다. 당시 유행했던 라펠 핀에는 "기분 좋은 일을 하라."고 적혀 있었다. 정치 선동가 제리 루빈의 책 제목은 『해 버려』였다. BT 익스프레스가 부른 유행가 후렴구는 "(뭐든) 만족스러울 때까지 하는 거야."였다. 사람들은 정신보다 몸을 칭송했다. 키스 리처즈는 "록앤롤은 목 아래로 하는 음악"이라고 뻐겼다. 사람들은 어른보다 사춘기를 칭송했다. 선동가 애비 호프먼은 "서른 살 넘은 사람은 믿지 마라."고 조언했고, 더 후는 「우리 세대」라는 곡에서 "늙기 전에 죽고 싶다."고 말했다. 정상성은 폄훼되었고, 정신 이상은 낭만화되었다. 「파인 매드니스」, 「뻐꾸기 둥지 위로 날아간 새」, 「왕이 된 사나이」, 「아웃레이저스」 같은 영화들을 보라. 그리고 물론, 마약이 있었다.

반문화가 공격한 또 다른 표적은, 개인이 안정된 경제와 조직을 통해 타인에게 빚을 지는 상호 의존의 그물망에 마땅히 포섭되어야 한다는 생각이었다. 이런 생각과 극명하게 대조되는 이미지를 하나만 고르라면 '롤링 스톤' 즉 '구르는 돌'이다. 머디 워터스의 노래에서 나온 이 표현은 시대와 워낙 절묘하게 공명했기에, 당대 문화의 **세** 아이콘에게 이름을 빌려 주었다. 록 그룹, 잡지, 그리고 밥 딜런의 유명한 노래이다(그 가사에서 딜런은 노숙자가 된 상류층 여성을 비아냥거린다.). "어울리고, 취하고, 이탈하라." 한때 하버드 대학교의 심리학 강사였던 티머시 리어리가 외친 이 표어는 사이키델릭 운동의 슬로건이 되었다. 직장에서 남들에게 자신을 맞춘다는 생각은 자신을 팔아넘기는 일로 치부되었다. 딜런은 이렇게 노래했다.

뭐, 나는 최선을 다해서
나 자신이 되려고 하지만,
남들은 다들 네가
자기들과 같기를 바라지.
그들은 노예로 살면서 즐기라고 말하지만, 나는 질렸어.
나는 더 이상 매기의 농장에서 일하지 않을 거야.

엘리아스가 지적했듯이, 자기 통제 강화와 상호 의존 그물망으로의 편입을 요구했던 분위기는 시간 기록 장치가 발달하고 시간에 대한 의식이 바뀐 역사적 현상에도 반영되었다. "개인이 자신의 초자아로 표현되는 사회적 시간에 대해서 그토록 자주 반항하는 까닭, 그리고 그토록 많은 사람이 시간 엄수 문제로 자기 자신과 갈등을 겪는 까닭은 이 때문이다."[119] 1969년 영화 「이지 라이더」의 첫 장면을 떠올려 보라. 데니스 호퍼와 피터 폰다는 진정한 미국을 발견하기 위한 오토바이 여행에 나서면서, 먼저 손목시계를 풀어 흙바닥에 과시적으로 내동댕이친다. 같은 해에 나온 시카고의 첫 앨범에는 (당시에는 밴드명이 '시카고 교통국'이었지만) "정말로 남들은 시간을 알고 사나? 정말로 그런 걸 신경 쓰나? 정말로 그렇다면, 나는 통 이유를 모르겠군."이라는 가사가 있다. 당시 열여섯 살이었던 내게는 그런 말이 구구절절 옳게 들렸다. 그래서 나는 타이맥스 시계를 내팽개쳤다. 그러자 내 헐벗은 손목을 본 할머니는 못 믿겠다는 듯이 말씀하셨다. "시계도 없이 어떻게 제대로 된 인간이 되겠니?" 할머니는 얼른 서랍으로 가서 1970년 오사카 만국 박람회에서 사 왔던 세이코 시계를 꺼내 오셨다. 나는 그 시계를 아직 간직하고 있다.

자기 통제, 사회적 연결성과 함께 세 번째 이상도 공격 받았다. 지난 시절 남자들의 폭력을 길들이는 데 공헌했던 요소, 바로 결혼과 가정이었다. 남녀가 일부일처 관계에 에너지를 쏟아 안전한 환경에서 자식을 길러야 한다는 생각은 이제 왁자한 비웃음을 일으켰다. 그런 삶은 영혼이 없고, 순응적이고, 소비주의적이고, 물질적이고, 획일적이고, 인공적이고, 백인 중산층적이고, 「오지와 해리엇」 시트콤을 닮은 교외 불모지에서의 생활을 뜻했다.

내 기억으로 1960년대라고 해서 식탁보에 코를 푸는 사람은 없었지만, 분명 당시의 대중문화는 표준적인 청결, 예절, 성적 정숙함을 멸시하는 태도를 찬양했다. 히피들은 씻지 않아 악취를 풍기는 사람들로 널리 인식되었는데, 내 경험에 따르면 그것은 중상모략이다. 그러나 그들이 통상적인 몸단장의 기준을 거부했던 것만은 부인할 수 없는 사실이다. 우드스톡 페스티벌에 대한 영구적인 이미지는 발가벗은 관객들이 진흙탕에서 뒹굴며 까부는 모습이다. 음반 표지들만 보아도 예절이 뒤집

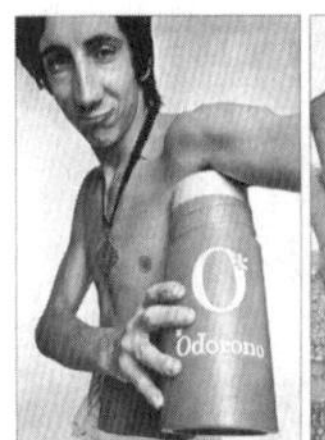

그림 3-17. 청결과 예절의 관습을 멸시했던 1960년대 음반 표지.

혔던 것을 추적할 수 있다(그림 3-17). 「더 후 셀 아웃」의 표지에서는 로저 달트리가 삶은 콩 속에 잠겨 소스를 뚝뚝 흘리고 있다. 비틀스의 「예스터데이 앤드 투데이」 표지에서는 귀여운 자루걸레 헤어스타일을 한 멤버들이 생고기 덩어리와 머리 잘린 인형들로 치장하고 있다(금세 리콜되었다.). 롤링 스톤스의 「베거스 뱅킷」은 지저분한 공중 화장실을 보여 주고(처음에는 검열을 당했다.), 「후즈 넥스트」 표지에서는 네 멤버가 소변으로 얼룩진 벽에서 돌아서며 지퍼를 잠그고 있다. 예절을 깔보는 태도는 유명한 라이브 공연들로도 확장되었다. 지미 헨드릭스가 몬터레이 팝 페스티벌에서 앰프와 성교하는 듯한 시늉을 했던 것처럼.

물론, 손목시계를 풀거나 삶은 콩으로 목욕하는 것은 실제 폭력을 저지르는 것과는 한참 먼 이야기다. 사람들은 1960년대를 평화와 사랑의 시대로 여겼고, 어떤 면에서는 실제로 그랬다. 그러나 방종에의 찬미는 은근슬쩍 폭력에의 탐닉으로 변질했고, 그것이 다시 실제 폭력으로 변질했다. 더 후는 공연이 끝날 때마다 악기를 산산조각 내는 것으로 유명했다. 이것은 무해한 극적 효과로 넘어갈 수도 있는 문제였다. 드러머 키스 문이 호텔 방 수십 개를 망가뜨리고, 무대에서 폭약 넣은 드럼으로 피트 톤젠드의 청력을 반쯤 손상시키고, 아내와 여자친구와 딸을 때리고, 자신의 전 부인과 데이트했다는 이유로 페이시스의 키보드 주자에게 손을 망가뜨려 버리겠노라고 위협하고, 사고로 자신의 경호원을 치어 죽이고, 결국 1978년에 마약 남용으로 목숨을 버린 일만 없었다면.

가수들은 개인적 폭력이 기성에 반대하는 항의 행위라도 되는 양, 노래로 찬양했다. 1964년에 마사 리브스와 반델라스는 "여름이 다가왔네, 길에서 춤을 추기 좋은 계절이야."라고 노래했다. 4년 뒤에 롤링 스톤스는 "길에서 싸우기 좋은 계절"이라고 노래했다. 스톤스는 '악마적 장엄함'과 '악마에의 공감'의 일부로서 (모두 스톤스의 노래, 앨범 제목에서 딴 표현이다. — 옮긴이) 10분짜리 연극적인 곡 「미드나잇 램블러」를 발표했는데, 보스턴 교살자(1960년대 초 보스턴에 있었던 실제 연쇄 살인범의 별명 — 옮긴이)의 강간 살해를 연기한 노래였다. 가사는 이렇게 끝난다. "네 유리창을 부숴 버리겠어. / 내 주먹을, 내 주먹을 쇠문에 쑥 집어넣고 / 내 …… 칼을 …… 네 …… 목에 …… 콱 …… 쑤셔 박겠어!" 폭력배와 연쇄 살인범을 무조건 근사한 '반항아'나 '무법자'로 대접하는 록 가수들의 허식에 대해, 영화 「이것이 스파이널탭이다」는 밴드가 잭 더 리퍼(1888년 런던에 있었던 실제 연쇄 살인범의 별명 — 옮긴이)의 삶을 록 뮤지컬로 만들겠다고 말하는 장면으로 풍자했다. (후렴: "개구쟁이 같으니라고, 까불이 잭!")

우드스톡 페스티벌로부터 4개월도 지나지 않아, 롤링 스톤스는 캘리포니아의 알타몬트 스피드웨이에서 무료 공연을 열었다. 주최 측은 당시 '반문화의 무법자 형제들'로 낭만화되었던 헬스 엔젤(오토바이 폭주족)들을 경호원으로 고용했다. 공연의 (그리고 아마도 1960년대 전반의) 분위기는 위키피디아에서 인용한 아래 글에 잘 포착되어 있다.

> 150킬로그램이 넘고 LSD에 취한 데다가 벌거벗은 거구의 서커스 공연자가 난폭하게 군중을 뚫고 무대로 돌진했다. 그는 사방으로 사람들을 밀쳤다. 그러자 한 무리의 폭주족이 무대에서 뛰어내려, 그가 정신을 잃을 때까지 곤

봉으로 때렸다. [출처 표기가 필요함.]

그 뒤에 벌어진 일에 대해서는 별도의 출처를 찾을 필요가 없다. 다큐멘터리 「김미 쉘터」에 고스란히 포착되어 있기 때문이다. 한 폭주족이 제퍼슨 에어플레인의 기타리스트를 무대 위에서 구타했고, 믹 재거는 갈수록 난폭해지는 군중을 진정시키려고 노력했으나 소득이 없었고, 젊은 남자 청중 하나는 총을 꺼내 들었다가 또 다른 폭주족의 칼에 찔려 죽었다.

1950년대에 록 음악이 등장했을 때, 정치인과 성직자는 그것이 도덕을 타락시키고 무법성을 장려한다면서 헐뜯었다(클리블랜드의 '록앤롤 명예의 전당 및 기념관'에서는 고루한 어르신들이 호통을 쳐 대는 모습을 담은 재미난 비디오 영상을 볼 수 있다.). 우리는 이제, 그들이 옳았다고 — 눈물을 삼키며 — 인정해야 할까? 1960년대 대중문화의 가치들과 동시대 폭력 범죄의 증가를 연결지어야 할까? 직접적으로는 물론 아니다. 상관관계는 인과 관계가 아니다. 아마도 제3의 요인이, 즉 문명화 과정의 가치들에 대한 반격이라는 요인이 대중문화의 변화와 폭력적 행동의 증가를 둘 다 일으켰을 것이다. 더군다나, 베이비붐 세대의 압도적 다수는 아무런 폭력도 저지르지 않았다. 어쨌든 태도와 대중문화가 서로를 강화하는 것은 틀림없는 사실이다. 적어도 취약한 개인들과 하위문화들이 갈팡질팡 휘둘리기 쉬운 사회 변두리에서만큼은 비문명화를 지향하는 사고방식이 실제 폭력을 조장한다고 인과의 화살표를 그려도 좋을 것이다.

인과 관계로 꼽을 만한 한 요소는, 사법 정의를 담당하는 리바이어던이 스스로를 불구화한 현상이었다. 록 가수가 공공 정책에 직접 영향을 미치는 일은 드물었지만, 작가와 지식인은 영향을 미쳤다. 그들은 시대정신에 감화된 나머지, 새로운 방종함을 합리화했다. 마르크스주의는 폭력적 계급 투쟁을 더 나은 세상을 향한 길로 묘사했다. 허버트 마르쿠제, 폴 굿맨 같은 유력한 사상가들은 마르크스주의나 무정부주의를 프로이트에 대한 새로운 해석과 융합시키려고 노력했다. 성적, 감정적 억압을 정치적 억압과 연결 짓고, 금지로부터의 해방을 혁명적 투쟁의 일환으로 옹호하는 것이었다. 말썽꾼은 반항아나 비순응주의자로 여겼다. 혹은 인종 차별, 가난, 나쁜 양육 방식의 피해자로 여겼다. 공공 기물에 멋대로 그래피티를 그리는 사람은 '예술가'가 되었고, 도둑은 '계급 전사'가, 동네의 문제아는 '공동체 지도자'가 되었다. 똑똑한 사람들마저 래디컬 시크(유명 인사들이 멋있어 보이기 위해서 좌파적 이데올로기를 지지하고 나서는 유행을 가리킨 표현 — 옮긴이)에 도취되어 믿기 힘들 만큼 멍청한 짓을 저질렀다. 명문 대학을 졸업한 사람들이 폭탄을 제조하여 군대 의전 행사에서 터뜨리는가 하면, '과격파'가 무장 강도를 저지르며 경비원을 사살할 때 차를 몰아 도주를 도왔다. 뉴욕 지식인들은 마르크스를 들먹이는 입담 좋은 사이코패스들에게 꾀어 넘어가 그들의 출옥을 요구하는 로비를 벌였다.[120)]

성 혁명이 시작된 1960년대 초에서 페미니즘이 부상한 1970년대 사이에는 여성의 섹슈얼리티에 대한 통제가 세련된 남성들의 특권으로 여겨졌다. 대중 소설과 영화에는 성적 강요와 질투 어린 폭력을 자랑하는 장면들이 나왔다. 비틀스의 「런 포 유어 라이프」, 닐 영의 「다운 바이 더 리버」, 지미 헨드릭스의 「헤이 조」, 토니 오린스의 「후 두 유 러브?」와 같은 록 음악 가사에도 나왔다.[121)] 심지어 '혁명적이고' 정치적인 저자들도 그런 태도를 합리화했다. 블랙 팬서의 지도자였던 엘드리지 클리버는

1968년에 발표해 베스트셀러가 된 회고록 『갇힌 영혼』에서 이렇게 말했다.

> 강간은 반란 행위였다. 나는 백인의 법률과 그들의 가치 체계를 거역하고 짓밟는다는 점에서 희열을 느꼈다. 나로서는 그들의 여자들을 더럽힌다는 점이 가장 만족스러웠는데, 왜냐하면 과거에 백인들이 흑인 여성들을 이용했던 사실에 몹시 분개했기 때문이다. 나는 복수하고 있다고 느꼈다.[122]

어째서인지 그의 정치 원칙은 자신의 반란 행위 때문에 더럽혀진 여자들의 권리를 고려하지 않았으려니와, 비평가들도 그 책에 대한 반응에서 그 점을 고려하지 않았다(《뉴욕 타임스》: "탁월하고 시사적인 책", 《네이션》: "주목할 책 …… 아름다운 글이다.", 《애틀랜틱 먼슬리》: "지적이고 격동적이고 열정적이고 유창한 남자").[123]

판사들과 입법자들도 범죄를 합리화하는 분위기를 포착했다. 그들은 범법자를 철창에 가두기를 꺼렸다. 영화 「더티 해리」 시리즈를 보면, 당시 시민의 자유권이 개혁되는 바람에 수많은 악랄한 범죄자가 '기술적 조항에 의거하여 풀려났다'는 느낌이 든다. 실제로는 영화에서 말하는 그 정도는 아니었지만, 범죄율이 높아지면서 법 집행이 후퇴한 것만은 사실이었다. 1962년에서 1979년까지 미국에서는 범죄가 체포로 이어질 확률이 0.32에서 0.18로 낮아졌고, 체포가 투옥으로 이어질 확률은 0.32에서 0.14로 낮아졌다. 범죄가 투옥으로 이어질 확률은 0.10에서 그 5분의 1인 0.02로 낮아졌다.[124]

불량배가 거리로 돌아오는 것보다 더 큰 재앙은, 법 집행 기관과 공동체가 서로 유리됨으로써 시민들의 삶이 악화되는 것이었다. 부랑, 빈둥거림, 구걸 등의 일상적 무질서는 범죄가 아니라고 간주되었고, 공공 기물 파손, 그래피티, 개찰구 뛰어넘기, 노상 방뇨 등의 경범죄는 경찰 레이

더망에 잡히지 않았다.[125] 간헐적으로나마 효과적인 향정신성 약물과 정신 이상에 대한 인식 변화 때문에 정신 병동은 텅 비었고, 노숙자는 늘었다. 자기 동네에 이해관계가 있는 상인들이나 주민들이라면 지역의 불량 행위를 감시하겠지만, 그들은 공공 기물 파괴, 구걸, 강도에 굴복하여 교외로 물러난 터였다.

1960년대 비문명화 과정은 정책 결정자에게는 물론이요, 평범한 개인의 선택에도 영향을 미쳤다. 많은 젊은이가 더 이상 매기의 농장에서 일하지 않겠다고 결정했다. 그들은 건강한 가정을 추구하는 대신 남자들끼리 무리를 지어 다니면서 우세 경쟁, 모욕과 사소한 공격, 폭력적 보복이라는 예의 악순환에 빠져들었다. 성 혁명은 남자들에게 결혼 의무 없는 풍부한 성적 기회를 제공함으로써 수상쩍은 자유를 배가시켰다. 어떤 남자들은 마약 거래라는 수지맞는 사업에서 한몫 잡으려 했는데, 그 세계에서는 자력 구제만이 자신의 재산권을 행사하는 방법이었다 (1980년대 말의 싸구려 농축 코카인 시장은 약을 소량씩 팔 수 있었기 때문에 진입 장벽이 특히 낮았다. 덕분에 십대 판매상이 대거 유입되었고, 이것은 1985~1991년까지 살인율이 25퍼센트 증가한 데 기여했을 것이다.). 무릇 암시장에는 폭력이 따른다는 점 외에도, 마약은 친근한 구식의 알코올과 더불어 사람들의 금제를 낮춤으로써 부싯깃에 불똥을 튀기는 역할을 했다.

비문명화는 특히 아프리카계 미국인 사회에 큰 타격을 입혔다. 그들은 역사적으로 이류 시민이라는 불이익을 품고 있는 처지였고, 그 때문에 그러잖아도 많은 젊은이가 건전한 생활 방식과 밑바닥 생활 방식 사이에서 동요하던 터라, 새로운 반 기성세력이 그들을 나쁜 방향으로 몰아가기가 쉬웠다. 그들은 백인보다 형법 제도의 보호를 적게 받았다. 경찰의 오래된 인종주의와 사법계의 새로운 아량이 결합했기 때문이다. 막상 범죄 피해자는 흑인에 편중된 형편이었는데 말이다.[126] 형법 제도에 대한 불신은 냉소주의로, 심지어 피해망상으로 이어졌고, 그들은 자력 구제 정의가 유일한 대안이라고 느꼈다.[127)]

설상가상으로, 아프리카계 미국인 가정에게는 또 다른 특징이 있었다. 흑인 아기들 중 적잖은 비율이 (요즘은 대다수이다.) 사생아로 태어나고, 많은 아이가 아버지 없이 자란다는 점이었다. 이 현상은 사회학자 대니얼 패트릭 모이니한이 1965년의 유명한 보고서「흑인 가족: 국가적 행동을 요구하는 논거」에서 처음 지적했는데, 처음에는 사람들의 비난을 들었지만 결국에는 정당한 관찰임을 인정받았다.[128)] 1960년대 초부터 가시적으로 드러난 이 경향성은 성 혁명 때문에 더욱 증폭되었을지도 모른다. 어그러진 복지 혜택도 젊은 여성으로 하여금 아이 아빠 대신 '국가와 결혼하게끔' 장려함으로써 사태를 증폭했을지도 모른다.[129)] 나는 부모의 영향을 강조하면서 편모슬하에서 자란 소년은 역할 모델이나 부성의 훈육이 없기 때문에 폭력적인 어른이 되기 쉽다는 주장에 회의적이다(모이니한 자신도 아버지 없이 자랐다.). 그러나 아버지 없이 자라는 아이가 많은 사회는 다른 이유에서 폭력으로 이어질 수 있다고 본다.[130)] 젊은 남자들이 자식을 기르는 대신 끼리끼리 어울려 다니며 우세 경쟁을 할 테니까. 카우보이들의 술집, 서부의 광산촌만큼이나 도시에서도 이런 조합에는 불이 붙기 쉽다. 물론 이 경우에는 여자가 없었기 때문이 아니다. 여자들에게 남자들을 문명화된 생활 방식으로 유인할 만한 협상력이 없었기 때문이다.

1990년대의 재문명화

1960년대의 범죄 급증을 서구의 폭력 감소가 원상 복귀하는 것으로 이해하는 것, 혹은 폭력의 역사적 경향성이 주기적이라 시대에 따라 요요처럼 오르락내리락한다는 뜻으로 이해하는 것은 착각이다. 미국의 살인율은 최근에 가장 최악이었던 때조차 — 1980년에 인구 10만 명당 10.2명 — 1450년 서유럽의 4분의 1이었고, 전통적 이누이트 부족의 10분의 1이었으며, 비국가 사회들의 평균에 비하면 50분의 1에 불과했다 (그림 3-4 참고).

그조차도 주기적으로 등장하는 값이나 더 나쁜 미래를 암시하는 값이 아니라, 최고 수위였다. 그러다가 1992년에는 이상한 일이 벌어졌다. 살인율이 전해보다 10퍼센트 가까이 낮아졌고, 이후에도 7년 동안 계속 낮아져서 1999년에는 1966년 이래 최저치인 5.7명을 기록했다.[131] 더 놀랍게도, 살인율은 그 이후에도 7년 동안 꿈쩍하지 않았다. 심지어는 더욱 더 낮아져 2006년에는 5.7명이었으나 2010년에는 4.8명이 되었다. 그림 3-18을 보라. 위쪽 선은 1950년 이래 미국의 살인율 경향이다. 21세기에 새로 도달한 저점까지 포함되어 있다.

그래프의 아래 선은 1961년 이래 캐나다의 살인율 경향이다. 캐나다인의 살인율은 미국인의 3분의 1 미만이다. 한 원인은 캐나다에서는 19세기에 기마 경관들이 이주자들보다 먼저 서부 변경으로 이동함으로써 폭력적인 명예의 문화를 배양할 필요가 없었기 때문이다. 이런 차이에도 불구하고 캐나다의 살인율은 이웃한 미국의 살인율과 나란히 오르내렸고(1961~2009년 사이에 두 곡선의 상관 계수는 0.85이다.), 1990년대에도 미국에 버금가게 가라앉았다. 미국은 42퍼센트 감소했고, 캐나다는 35퍼센트 감소했다.[132]

캐나다와 미국의 궤적이 평행하다는 점은 1990년대의 대대적 범죄 감소 현상에서 놀라운 점이다. 두 나라는 경제 동향과 형법 정책이 달랐는데도 폭력의 감소를 비슷하게 경험했던 것이다. 서유럽 나라들도 대부분 마찬가지였다.[133] 그림 3-19는 유럽 주요 5개국의 지난 세기 살인율을 보여 준다. 우리가 추적하는 역사적 궤적이 뚜렷하게 드러나 있다. 살인율은 오랫동안 줄곧 감소했다가, 격동의 1960년대에 들어 반등했다가 최근에 더 평화로운 수준으로 돌아오기 시작했다. 서유럽 주요국들은 하나같이 이런 감소세를 보였고, 영국과 아일랜드는 한동안 예외일 것처럼 보였지만 2000년대가 되자 그들의 수치도 낮아졌다.

사람들은 살인을 줄였을 뿐 아니라 다른 종류의 가해도 삼갔다. 미국에서는 모든 주요 범죄 발생율이 절반 가까이 떨어졌다. 강간, 강도, 가중 폭행, 불법 침입, 절도, 자동차 절도까지.[134] 그 효과는 통계는 물론이거니와 일상에서도 확연히 드러났다. 관광객과 젊은 전문직 종사자가 도심으로 돌아왔고, 범죄는 대통령 선거 운동의 주요 쟁점에서 물러났다.

이것은 어느 전문가도 예측하지 못한 현상이었다. 심지어 감소가 진

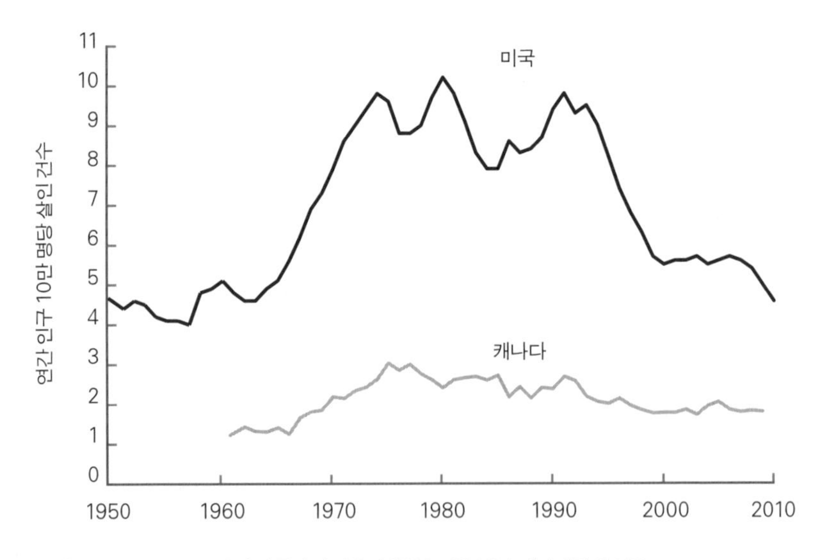

그림 3-18. 1950~2010년 미국의 살인율과 1961~2009년 캐나다의 살인율.

출처: 미국의 데이터: FBI Uniform Crime Reports 1950-2010; U.S. Bureau of Justice Statistics, 2009; U.S. Federal Bureau of Investigation, 2010b, 2011; Fox & Zawitz, 2007. 캐나다의 데이터, 1961~2007년: Statistics Canada, 2008. 캐나다의 데이터, 2008년: Statistics Canada, 2010. 캐나다의 데이터, 2009년: K. Harris, "Canada's crime rate falls," *Toronto Sun*, Jul. 20, 2010.

행되는 중에도 사람들은 1960년대에 시작된 범죄 증가가 더 심해지리라 고 입을 모아 예측했다. 제임스 Q. 윌슨은 1995년에 이렇게 썼다.

> 지평선 너머에는 곧 바람을 타고 우리에게 밀려올 구름이 숨어 있다. 인구는 다시 어려질 것이다. 1990년대 말에는 14~17세 인구가 지금보다 100만 명 더 많아질 것이다. 추가의 100만 명 중 절반은 남자일 것이다. 그중 6퍼센트는 재범률이 높은 범죄자가 될 것이다. 젊은 강도, 살인자, 도둑이 지금보다 3만 명 더 많아지는 것이다. 대비하라.[135]

다른 범죄 해설자들도 지평선 너머 구름에 대해 현란한 표현을 덧붙였다. 제임스 앨런 폭스는 2005년쯤에 "피바다"가 예측된다면서 그 범죄의 파도는 "하도 거세서 1995년마저 좋았던 옛 시절로 보이게 만들 것"이라고 말했다.[136] 존 디율리오는 2010년까지 "거리의 슈퍼프레데터

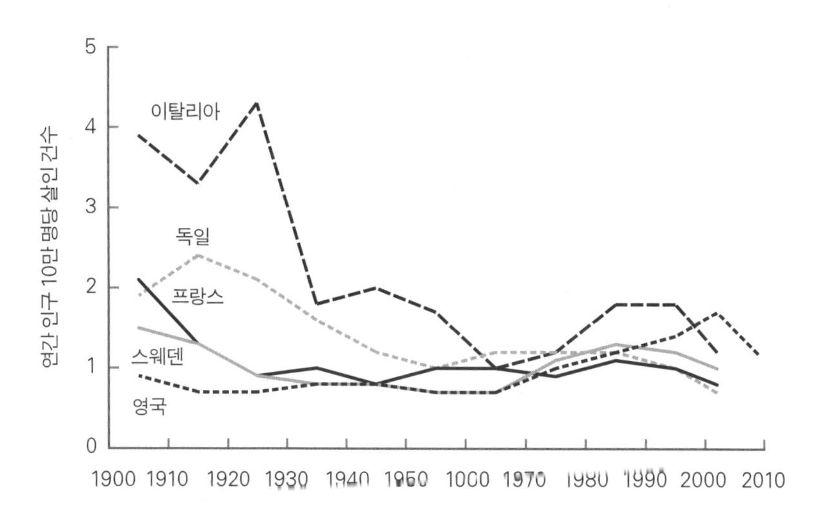

그림 3-19. 1900~2009년 서유럽 다섯 나라의 살인율.

출처: 데이터: Eisner, 2008. 예외적으로 2009년 영국 데이터: Walker et al., 2009; 인구 추정치: U.K. Office for National Statistics, 2009.

(생태계의 최고 포식자에서 빌려 온 표현으로, 폭력과 살상을 즐기는 청소년 범죄자들을 가리키는 표현 — 옮긴이)"가 25만 명 넘게 새로 공급되어 "블러즈나 크립스는 그에 비하면 온순해 보일" 것이라고 말했다(블러즈와 크립스는 1970년대부터 로스앤젤레스에서 활동한 갱단으로, 서로 라이벌인 것으로 유명하다. — 옮긴이).[137] 1991년, 런던 《타임스》의 편집자는 "2000년이면 뉴욕은 배트맨 없는 고담시가 되어 있을 것이다."라고 예측했다.[138]

전설적인 뉴욕 시장 피오렐로 라과디아가 지금 그 필자들의 처지라면, 그의 그 유명한 말 "내가 저지르는 실수는 멋진 거야!"로 변명했을지도 모르겠다(윌슨은 "사회 과학자들은 절대로 미래를 예측하려 들지 말아야 한다. 과거를 예측하는 것만으로도 충분히 괴로우니까."라는 말로 이 문제를 익살스럽게 받아넘겼다.). 살인 해설자들의 실수는 최근의 인구 구성 경향성을 지나치게 믿은 점이었다. 1980년대 말 마약으로 인한 폭력 증가는 십대 인구가 많아진 점과 관계있었다. 그리고 십대 인구는 1990년대에도 베이비붐의 여파로 계속 늘었다. 그러나 범죄 성향이 강한 **전체** 연령 집단, 즉 십대만이 아니라 이십대까지 포함한 인구는 1990년대에 오히려 줄었다.[139] 게다가 통계를 이렇게 바로잡아도, 여전히 이것으로는 1990년대 범죄 감소를 설명할 수 없다. 인구의 연령별 분포는 서서히 변하는 법이다. 마치 인구분포도라는 비단뱀의 배 속에서 각각의 연령별 돼지들이 서서히 밀려나는 것처럼. 하지만 1990년대의 범죄율은 7년 연속 내리막이었고, 신속히 새로운 저점을 달성한 후 내리 9년 그 수준을 유지했다. 1960년대 범죄 증가와 마찬가지로, 연령 집단의 폭력 **발생율** 자체가 변한 탓에 집단 **규모**가 주는 효과는 완전히 삼켜졌던 것이다.

범죄 경향성에서 흔히 또 다른 용의자로 거론되는 경제 역시, 이 현상을 설명하는 데에는 별반 더 낫지 않았다. 미국에서는 1990년대에 과연 실업률이 낮아졌다. 하지만 캐나다에서는 오히려 높아졌는데, 그럼에도 강력 범죄는 미국처럼 줄었다.[140] 프랑스와 독일도 실업률은 높아졌지만 폭력은 줄었고, 거꾸로 아일랜드와 영국은 실업률은 낮아졌지만 폭력은 늘었다.[141] 이것은 언뜻 느끼기만큼 놀라운 일은 아니다. 범죄학자들은 실업률과 폭력 범죄 발생률이 무관하다는 사실을 예전부터 알았다(재산 범죄 발생률과는 상관관계가 조금 있다.).[142] 대공황 이래 최악의 침체를 야기한 2008년 금융 붕괴 이후 3년 동안, 미국의 살인율은 14퍼센트 더 **떨어졌다**. 범죄학자 데이비드 케네디는 기자에게 이렇게 설명했다. "사람들은 경제가 폭락하면 범죄가 심해진다고 굳게 믿지만, 그렇지 않습니다. 그 생각은 지금까지도 한 번도 옳은 적이 없습니다."[143]

경제 지표 중 불평등 항목은 폭력에 대한 예측 지표로서 실업률보다는 보통 더 낫다.[144] 그러나 1990~2000년까지 미국에서는 소득 불평등 표준 지수인 지니 계수가 오히려 **높아졌고**, 범죄는 그동안 감소했다. 거꾸로 1968년에는 지니 계수가 저점을 기록했지만, 범죄는 치솟았다.[145] 불평등을 끌어들여 폭력성의 변화를 설명할 때의 문제는, 그것이 한 주나 한 나라를 포괄하는 폭력률과는 상관관계가 있지만 그 내부에서의 시계열적 폭력률 변화와는 상관관계가 없다는 점이다. 아마도 불평등 자체가 아니라 정부 통치나 안정된 문화적 속성들처럼 불평등과 폭력 양쪽에 영향을 미치는 또 다른 요소가 진짜 원인이기 때문일 것이다(이를테면, 불평등이 심한 사회에서는 가난한 동네가 경찰의 보호를 받지 못하여 폭력적인 무정부 상태로 변한다.).[146]

그럴싸한 거짓 단서는 또 있다. 일부 이론가들은 모종의 사건들에 뒤이어 조성되었던 미국의 '국가적 분위기'와 동시대의 사회적 경향성을 연결해서 생각하려고 한다. 그러나 2001년 9월 11일의 테러 공격은 미국에 어마어마한 정치적, 경제적, 감정적 소요를 일으켰지만, 살인율이 그에 반응하여 움직이지는 않았다.

✤ ✤ ✤

1990년대의 범죄율 감소는 위의 가설들보다 더 희한한 또 다른 가설을 탄생시켰다. 내가 사람들에게 폭력의 역사적 감소에 대한 책을 쓰고 있다고 말하자, 여러 사람이 그것은 이미 해결된 현상이라고 알려 주었다. 그들의 설명에 따르면, 폭력 발생률이 준 것은 1973년 로 대 웨이드 소송에서 연방 대법원 판결로 낙태가 합법화되었기 때문이다. 원치 않는 임신으로 잉태된 아이들 중 커서 범죄자가 되었음 직한 아이들이 애초에 태어나지 않았으니까. 임신이 내키지 않거나 자격 미달인 산모가 대신 낙태를 했기 때문이라는 것이다. 나는 경제학자 존 도너휴와 스티븐 레빗이 2001년에 이 이론을 제안했을 때 귀동냥을 했지만, 너무 그럴싸하게 들려서 오히려 사실이 아닐 것 같았다.[147] 그때까지 간과되었던 하나의 사건을 가지고서 거대한 사회적 경향성을 설명해 냈다고 주장하면서 느닷없이 나타난 가설은 대개 당시에는 뒷받침하는 데이터가 좀 있더라도 결국에는 거의 틀림없이 거짓으로 밝혀지는 편이다. 그러나 레빗은 저널리스트 스티븐 더브너와 함께 베스트셀러 『괴짜 경제학』을 써서 이 이론을 대중화시켰고, 덕분에 많은 독자는 1970년대에 장차 범죄자가 될 태아들이 낙태되었기 때문에 1990년대에 범죄가 감소했다고 믿게 되었다.

공정을 기하고자 밝히는데, 레빗은 정확히 로 대 웨이드 판결이 범죄 감소를 야기한 네 원인 중 하나일 뿐이라고 말했다. 또한 그는 정교한 상관관계 통계로 연관성에 대한 주장을 뒷받침했다. 가령 그는 1973년 이전에 낙태를 합법화했던 소수의 선도적 주들이 범죄율 하락도 제일 먼저 겪었다는 것을 보여 주었다.[148] 하지만 이 통계는 길고 가설적이고 가느다란 인과의 사슬에서 양 끝을 대뜸 비교하면서 — 첫 번째 고리는 낙태를 합법적으로 할 수 있다는 것이고, 마지막 고리는 20년 뒤의 범죄 감소이다. — 중간 고리들은 모조리 무시한다. 그 중간 고리로는 낙태가 합법적으로 가능하면 사람들이 원치 않는 아이를 덜 낳는다는 가정, 부모가 원치 않는 아이는 범죄자가 되기 쉽다는 가정, 낙태로 선별된 최초의 세대가 1990년대 범죄 감소의 선봉에 섰다는 가정 등이 있다. 그러나 사실 전체적 상관관계에 대해서는 다른 설명도 가능하고(이를테면, 낙태 합법화에 앞장섰던 크고 자유주의적인 주들은 마약 유행의 흥망도 선봉에서 겪었다.), 중간 고리들은 알고 보면 허약하거나 존재하지 않는 가정들이다.[149]

우선, 괴짜 경제학 이론은 여자들이 원치 않는 임신을 하는 비율이 1973년 전후로 비슷했다고 가정한다. 아이가 태어나느냐 마느냐만이 달랐다는 것이다. 그러나 낙태가 합법화되었을 때, 연인들은 그것을 산아제한에 대한 보완책으로 여겨 피임 조치 없는 섹스를 더 많이 했을지도 모른다. 만일 여자들이 원치 않는 임신을 더 많이 하게 되었다면, 낙태를 더 많이 선택하더라도 결국 원치 않는 아이의 출생 비율은 일정했을 수 있다. 오히려 더 **늘었을** 수도 있다. 낙태라는 선택지에 대담해진 여자들이 순간의 열기에 휩쓸려 피임 없는 섹스를 더 많이 한 뒤, 임신 후에는 꾸물거리면서 낙태를 미루거나 결국 낙태할 마음을 고쳐먹었다면 말이다. 실제로 1973년 이래 취약 계층 여성들에게서 — 가난하고, 미혼이고, 십대이고, 아프리카계 미국인인 산모들 — 태어난 아기의 비율은 괴짜 경제학의 예측대로 줄기는커녕 늘었다. 그것도 아주 많이.[150] 어쩌면 내가 앞에서 했던 짐작이 정말로 이 사실에 대한 설명일지도 모른다.

범죄적 성향이 있는 인구 **내부에서** 여성 개개인의 차이는 어떨까? 이 점에서 괴짜 경제학 이론은 사태를 아예 거꾸로 말한 것 같다. 본의 아니게 임신하여 양육할 준비가 안 된 산모들 중에서 임신을 끝내는 여자들은 좀 더 장래를 생각하고, 현실적이고, 규율이 잡힌 사람일 가능성이 높다. 반면에 산달까지 가져가는 여자들은 좀 더 체념적이고, 무질서하고, 말썽쟁이 사춘기 자식을 떠올리기보다는 귀여운 아기만 떠올리는 미숙한 사람일 가능성이 높다. 이 점은 여러 조사에서 확인되었다.[151] 낙태를 택하는 젊은 산모들은 유산하거나 산달까지 이르러 출산하는 산모들보다 더 나은 학점을 받고, 복지 수당에 의존할 가능성이 더 낮고, 학교를 마칠 가능성이 더 높다. 그러므로 낙태 합법화는 오히려 범죄에 **더** 취약한 세대를 낳았을 가능성이 있다. 유전적으로든 환경적으로든 성숙함과 자기 통제를 더 잘 행사할 가능성이 있었음 직한 아이들을 솎아 냄으로써.

그리고 범죄의 심리적 원인에 대한 괴짜 경제학 이론의 설명은 「여어, 크룹케 경사」라는 노래의 수준이다(뮤지컬 「웨스트 사이드 스토리」에서 갱 단원이 경찰관에게 부르는 노래 — 옮긴이). 갱 단원은 자기 부모를 들먹이면서 "그들은 나를 원하지 않았지만, 어쨌든 나를 가졌어. 어이쿠! 그래서 내가 못된 거라고!"라고 노래한다. 이 말은 그럴싸하게 들리지만 사실이 아니다. 설령 부모가 원치 않았던 아이가 자라서 범죄를 더 많이 저지르더라도, 그것은 범죄 성향의 환경에서 사는 여자가 원치 않는 임신을 더 많이 하기 때문이지 원치 않는 임신 자체가 직접적으로 범죄 행동을 일으키는 것은 아니다. 유전적 요인을 고정한 채 양육의 효과와 아이의 또래 환경 효과를 대조해 본 연구들에서는 언제나 또래 환경이 이겼다.[152]

마지막으로, 정말로 1973년 이후 낙태가 쉬워진 점 때문에 범죄를 꺼리는 세대가 탄생했다면, 범죄 감소는 제일 어린 집단부터 시작되었어야 한다. 그리고 그들이 늙어 감에 따라 차차 위쪽 연령 집단으로 감소가 진행되었어야 한다. 이를테면, 1993년의 16세 인구는 (낙태가 대활약했던 1977년에 태어났다.) 1983년의 16세 인구보다 (낙태가 불법이었던 1967년에 태어났다.) 범죄를 덜 저질렀어야 한다. 비슷한 논리로, 1993년의 22세 인구는 계속 폭력적이었어야 한다. 로 판결 이전인 1971년에 태어났으니까. 로 판결 이후 태어난 첫 세대가 이십대가 되었던 1990년대 말에서야 비로소 이십대 연령 집단의 폭력성이 감소했어야 한다. 그러나 현실은 반대였다. 로 판결 이후 태어난 첫 세대가 1980년대 말과 1990년대 초에 성년이 되었을 때, 그들은 살인 수치를 아래로 끌어내리지 않았다. 오히려 유례없는 소란을 피웠다. 범죄 감소는 더 **나이 많은** 연령 집단에서 시작되었다. 로 판결보다 훨씬 이전에 태어났던 그들이 먼저 총칼을 내려놓았고, 낮아진 살인율은 그들로부터 연령 척도의 아래로 흘러내렸다.[153)]

그러면, 최근의 범죄 감소를 설명하는 게 가능하기는 할까? 많은 사회 과학자가 시도했으나, 그들이 얻은 최선의 결론은 원인이 다중적이었다는 것뿐이다. 그리고 그 원인들이 정확히 무엇인지는 아무도 확신하지 못한다. 너무나 많은 일이 한꺼번에 벌어졌기 때문이다.[154)] 그래도 나는 두 가지 포괄적인 설명이 가능하다고 본다. 첫째는 리바이어던이 더 강해졌고, 똑똑해졌고, 효율성이 커졌다는 점이다. 둘째는 1960년대에 반문화가 전복하려고 애썼던 예의 문명화 과정이 제 방향을 되찾았다는 점이다. 문명화 과정은 아예 새 국면에 접어들었던 것 같다.

1990년대 초, 미국인들은 강도, 공공 기물 파괴, 달리는 차에서의 총격에 신물이 났다. 국가는 여러 가지로 형법 제도를 강화했다. 제일 효율적인 방법은 제일 잔인한 방법이었다. 좀 더 많은 남자를 좀 더 오래 철창에 가두는 것이었다. 미국의 투옥률은 1920년대에서 1960년대 초까지 거의 일정했고, 1970년대 초까지 살짝 감소하기까지 했다. 그러나 이후에는 다섯 배 가까이 솟았다. 지금은 200만 명 이상이 감옥에 갇혀 있어, 세계 최고의 투옥률을 자랑한다.[155] 이것은 **전체 인구의** 0.75퍼센트에 해당하고, 젊은 남자만 따지면 훨씬 더 높은 비율이 된다. 특히 아프리카계 미국인들이 그렇다.[156] 미국의 투옥 열풍은 1980년대에 몇몇 변화에 따라 시작되었다. 의무적 선고 법률(가령 캘리포니아의 '삼진 아웃 법'), 교도소 건설 열풍(과거에는 "내 뒷마당에는 안 돼!"라고 외치던 시골 공동체들이 이제는 경제적 자극을 환영했다.), 마약과의 전쟁(코카인을 비롯한 통제 물질을 소량만 지니고 있어도 범죄로 치부했다.) 등이다.

좀 더 교묘한 메커니즘으로 범죄 감소를 설명하는 이론들과는 달리, 대대적 투옥이 범죄율을 낮춘다는 것은 거의 보나마나 사실이다. 그 메커니즘에 관여하는 부속이 몇 안 되기 때문이다. 투옥은 범죄 성향의 사람들을 물리적으로 거리에서 몰아내고, 그들을 무력화하고, 그들이 저질렀음 직한 범죄를 통계에서 지워 낸다. 투옥은 소수의 사람이 다수의 범죄를 저지를 때 특히 효과적이다. 필라델피아의 범죄 기록을 대상으로 한 고전적 조사에서는, 젊은 남성 인구의 6퍼센트가 범죄의 절반 이상을 저지르는 것으로 드러났다.[157] 범죄를 제일 많이 저지르는 사람들은 체포 위험에 노출될 기회도 제일 많으므로, 그런 사람들이 제일 쉽게 걸려져서 감옥으로 간다. 게다가 폭력 범죄를 저지르는 사람들은 장기적 편익보다 즉각적 만족을 선호하는 경향이 있기 때문에, 다른 방식으로도 소동에 휘말린다. 그들은 학교에서 자퇴하고, 일을 그만두고, 사고에 휘말리고, 싸움을 일으키고, 좀도둑질이나 공공 기물 파괴에 개입하고, 술이나 마약을 남용할 가능성이 높다.[158] 마약 상용자와 다른 경범죄자를 적극적으로 낚아 올리는 체제에서는 폭력적인 사람들도 적잖이 곁다리로 그물에 걸릴 테니, 길거리에 나다니는 폭력적인 사람의 수가 더욱 더 적어진다.

투옥은 사람들에게 더 가깝게 느껴지되 덜 직접적인 억제 효과를 통해서 폭력을 줄일 수도 있다. 출옥한 전과자는 다시 범죄를 저지르기 전에 한 번 더 생각해 볼 테고, 그를 아는 사람들은 그의 전철을 밟기 전에 다시 생각해 볼 것이다. 그러나 (무력화 조치와는 달리) 투옥의 억제 효과를 증명하기란 말처럼 쉽지 않다. 어느 시점의 통계이든 본질적으로 그 효과에 반대되는 모습을 보여 주기 때문이다. 범죄율이 높은 지역일수록 많은 사람을 감옥에 넣을 테니, 투옥이 범죄를 줄이기커녕 **늘린다**는 착각을 일으키는 것이다. 그러나 연구자들은 적절한 재치를 발휘함으로써 억제 효과를 확인해 볼 수 있다(가령 한 시점의 투옥 증가와 나중 시점의 범죄 감소 사이에 상관관계를 살펴보거나, 교도소 정원을 줄이는 법원 명령이 나중에 범죄 증가로 이어지는지를 살펴본다.). 레빗과 다른 범죄 통계학자들의 분석에 따르면, 투옥은 억제 효과가 있었다.[159] 복잡한 통계보다 현실의 실험을 선호하는 사람이라면 1969년 몬트리올 경찰 파업에 주목해 보자. 경찰들이 근무지를 떠난 지 몇 시간 만에, 안전하기로 유명한 그 도시에서 은행 강도 6건, 방화 12건, 약탈 100여 건, 살인 2건이 벌어졌다. 곧 경찰들이 불려와서 질서를 회복해야만 했다.[160]

하지만, 투옥 열풍이 범죄 감소로 이어진다는 주장이 물샐틈없을 만큼 확고하지는 않다.[161] 우선, 감옥 열풍은 1980년대에 시작되었지만 폭력 감소는 10년 뒤에야 시작되었다. 캐나다에서는 투옥 열풍이 없었는데도 폭력률이 낮아졌다. 물론 이런 사실이 투옥의 중요성을 주장하는 이론을 반증하지는 않겠지만, 연구자는 추가의 가정을 덧붙일 수밖에 없다. 투옥 효과는 시간에 따라 누적되다가 임계를 넘어서면 국경을 건너서까지 넘친다거나 하는 식으로.

대량 투옥은, 실제로 폭력을 줄이더라도, 나름의 문제를 초래한다. 일단 최고로 폭력적인 사람들을 가두고 나면, 다음에는 가두면 가둘수록 급격히 수익이 감소할 것이다. 갈수록 덜 위험한 사람이 감옥에 들어올 테고, 그들을 거리에서 없앰으로써 얻는 폭력률 감소 수익은 점점 더 적어질 것이다.[162] 따라서 투옥에는 최적의 비율이 있다. 그러나 미국 형사 제도가 그 지점을 발견할 것 같지는 않다. 선출직 정치인들이 투옥률을 계속 높이려 하기 때문이다. 판사를 임명하지 않고 선출하는 구역에서 특히 그렇다. 너무 많은 사람이 너무 오래 감옥에 갇혀 있다고 주장하는 후보자는 상대의 텔레비전 광고에서 '범죄에 무른' 사람으로 낙인찍힐 것이고, 공직에서 내쫓길 것이다. 그 때문에 현재 미국은 필요 이상으로 많은 사람을 가두고 있고, 그 피해는 많은 남자를 감옥에 빼앗긴 아프리카계 미국인 사회에게 불평등하게 돌아가고 있다.

1990년대에 리바이어던이 효율을 높인 두 번째 방법은 경찰력을 불리는 것이었다.[163] 1994년에 빌 클린턴 대통령은 번득이는 정치적 천재성을 발휘했다. 국가 경찰력에 경관을 10만 명 추가하겠다고 약속하는 법안을 지지함으로써 반대 보수파의 세력을 꺾어 놓았던 것이다. 경찰이 늘면 범죄자를 더 많이 잡을 수 있거니와, 경찰이 더 쉽게 눈에 띄기 때문에 애초에 범죄를 저지르지 않도록 억제하는 효과가 있다. 그리고 많은 경찰관이 **순경**이라는 오래된 별명을 되찾아, 차에 앉아서 무전을 기다리다가 현장으로 달려가는 대신 동네를 걸어서 순찰하면서 감시했다. 보스턴을 비롯한 몇몇 도시에서는 가석방 담당관이 순찰을 따라다녔다. 가석방 담당관은 동네 최악의 말썽꾼들을 개인적으로 알뿐더러, 그들이 약간이라도 규칙을 위반하면 도로 잡아들일 권한이 있다.[164] 뉴욕에서는 경찰 본부가 지역별 범죄 보고를 꼬치꼬치 추적하여, 어떤 구역에서 범죄율이 상승할 기미가 보이면 얼른 그 서장에게 압력을 가했다.[165] 경찰을 눈에 띄게 만드는 것과 더불어, 시민들을 성가시게 하는 경범죄도 단속하라고 지시했다. 그래피티, 쓰레기 투기, 공격적인 구걸, 공공장소에서 음주와 방뇨, 정지 신호에 선 차들을 꾀죄죄한 고무걸레로 대충 닦아 주고는 대가를 뜯어내는 행동 등이다. 이런 조치의 논리에 대해서는 제임스 Q. 윌슨과 조지 켈링이 그 유명한 깨진 유리창 이론에서 처음 설명했다. 질서 정연한 환경은 경찰과 주민이 헌신적으로 평화를 유지하고 있다는 점을 상기시키는 반면, 파괴되고 무질서한 환경은 책임지는 사람이 아무도 없음을 상기시킨다는 것이다.[166)]

더 커지고 똑똑해진 경찰력이 실제로 범죄를 줄였을까? 여기에 대한 연구는 혼란스러운 변수들 때문에 사회 과학 연구가 뒤죽박죽이 되어 버리는 전형적인 사례이지만, 대충 큰 그림만 보자면 답은 '일부 그렇다.'이다. 정확히 어떤 개혁이 솜씨를 부렸는지는 말할 수 없지만 말이다. 여러 분석이 암시하는 바, 달라진 치안의 **어떤 요소인가가** 실제로 범죄를 줄였다. 그리고 경찰 개혁에 가장 노력했던 뉴욕에서 범죄율이 가장 크게 줄었다. 뉴욕은 한때 부패한 도시의 전형이었지만 이제 미국에서 제일 안전한 도시로 꼽힌다. 범죄율은 한때 전국 평균의 두 배였지만 그동안 줄곧 하락했고, 다른 지역들의 감소세가 한풀 꺾인 2000년대에도 계속 떨어지고 있다.[167)] 범죄학자 프랭클린 짐링은 『미국의 대대적인 범죄 감소』에서 "만일 더 많은 경찰, 더 공격적인 치안, 관리의 개혁이라는 조합이 정말로 최대 35퍼센트의 범죄 감소를 이뤄 냈다면(전국 감소 건수의 절반에 해당한다.), 이것은 대도시 치안의 역사가 기록된 이래 단연 최고의 방범 성과"라고 말했다.[168)]

그중에서도 특히, 깨진 유리창 이론에 입각한 치안의 효과는 어떨까? 대부분의 학자들은 깨진 유리창 이론을 싫어한다. 폭력률이 빈곤과 인종주의 같은 '근본 원인'보다 법과 질서에 따라 달라진다는 사회적 보수주의자들의 (전 뉴욕 시장 루디 줄리아니도 포함된다.) 견해를 증명하는 것처럼 보이기 때문이다. 그리고 통상적인 상관관계 기법으로는 깨진 유리창 이론을 확인하기가 거의 불가능하다. 그런 정책을 시행한 도시들은 동시에 경찰도 많이 고용했기 때문이다.[169] 하지만 최근 《사이언스》에 발표된 어느 기발한 연구들은 실험적 조작과 제대로 된 대조군이라는 과학의 황금률을 사용함으로써 그 이론을 지지하는 결과를 얻었다.

네덜란드의 세 연구자는 흐로닝언에서 시민들이 자전거를 세워 두는 골목길을 하나 골랐다. 그리고 자전거 손잡이마다 광고 전단을 붙였다. 통근자들은 자전거를 타기 전에 전단을 떼어야 했는데, 연구자들이 쓰레기통을 죄다 치운 터라 전단을 집에 가져가거나 땅에 내버려야 했다. 자전거 위에는 그래피티를 금지하는 경고문이 눈에 띄게 붙어 있었고, 벽은 실험자들이 일부러 그래피티로 뒤덮어 놓았거나(실험 조건) 깨끗하게 비워 놓았거나(대조 조건) 둘 중 하나였다. 그 결과, 불법 그래피티가 있을 때는 통근자들이 전단을 땅에 버리는 경우가 두 배 더 많았다. 깨진 유리창 이론의 예측과 정확하게 일치한다. 또 다른 실험에서는 골목길에 방치된 쇼핑 카트 속에 전단이 흩어져 있을 때, 그리고 멀리서 불법 폭죽이 터지는 소리가 들릴 때, 사람들이 전단을 더 많이 투기했다. 이런 효과는 쓰레기 투기 같은 무해한 위반에만 국한되지 않았다. 또 다른 실험에서, 연구자들은 주소가 제대로 적혔고 속에 5유로 지폐가 든 것이 뻔히 보이는 봉투를 우편함에 툭 튀어나오게 꽂아 두고 행인들을 유혹했다. 이때 우편함이 낙서로 뒤덮였거나 주변이 쓰레기로 지저분하면, 행인의 4분의 1이 그것을 훔쳤다. 우편함이 깨끗할 때는 8분의 1만이 훔쳤다. 단정한 환경이 책임감을 일깨우는 까닭에 대해서 연구자들은 그것이 억제 효과를 발휘하기 때문이라기보다는 (흐로닝언 경찰은 쓰레기 투기를 거의 처벌하지 않는다.) 사회적 규범을 신호하기 때문이라고 주장했다. 이 장소에서는 모든 사람들이 규칙을 지킨다는 신호를 주는 것이다.[170]

✤ ✤ ✤

1990년대 범죄율 폭락을 이해하려면, 궁극적으로는 규범의 변화를 살펴보아야 한다. 30년 전의 범죄 급증을 설명할 때도 규범의 변화가 도움이 되었던 것처럼 말이다. 미국에서는, 특히 뉴욕에서는 치안 개혁이 거의 틀림없이 폭력의 급감을 거들었지만, 캐나다와 서유럽은 미국 수준으로 감옥과 경찰을 증강하지 않았는데도 (정도의 차이는 있으나) 비슷한 감소세를 겪었다. 덕분에 끈질긴 범죄 통계학자들 중에서도 일부는 손을 들었고, 측량하기 어려운 문화적, 심리적 변화가 설명의 큰 부분을 차지할 것이라고만 결론 내렸다.[171)]

1990년대의 대대적인 범죄 감소는 재문명화 과정이라 불러도 무방한 감수성 변화의 일환이었다. 우선, 1960년대의 얼빠진 생각들 중 일부가 매력을 잃었다. 공산주의의 몰락을 목격한 사람들은 그 경제적, 인도적 파국을 깨우침으로써 혁명적 폭력에서 낭만성을 지웠고, 총구를 겨눠 부를 재분배한다는 지혜에 대해서도 의심을 품었다. 강간과 성적 학대에 대한 인식이 높아져, '기분 좋다면 저질러라'라는 정서는 해방이라기보다 불쾌하게 느껴졌다. 도심 폭력의 타락상은 — 운전자의 총기 난사에 걸음마 하는 아기들이 맞는 것, 십대들의 장례식이 열리고 있던 교회에 불량배가 칼을 휘두르며 난입하는 것 — 더 이상 인종 차별이나 빈곤에 대한 반응으로서 이해할 만하다고 치부될 수 없는 수준이었다.

그 결과, 문명화 공세가 밀어닥쳤다. 7장에서 이야기하겠지만, 1960년대가 남긴 긍정적 유산은 시민권, 여성권, 아동권, 동성애자 권리를 둘러싼 혁명이었다. 이 유산은 베이비붐 세대가 기성세대가 된 1990년대부터 세를 굳혔다. 강간, 폭행, 증오 범죄, 동성애자 괴롭히기, 아동 학대가 타파해야 할 표적이 되자, 법과 질서는 반동적 대의에서 진보적 대의로 재편되었다. 사람들이 취약한 집단을 위해 집, 직장, 학교, 거리를 안전하게 만들려고 노력하자(가령 페미니스트들의 '밤을 되찾자' 시위), 모두에게 더 안전한 환경이 만들어졌다.

1990년대 문명화 공세에서 가장 인상적인 현상은 아프리카계 미국인 사회에서 등장했다. 공동체는 청년들을 재문명화하는 임무를 스스로 짊어졌다. 한 세기 전 서부의 평화화 과정처럼, 이번에도 도덕적 에너지는 대부분 여성과 교회에서 나왔다.[172] 보스턴에서는 레이 해먼드, 유진 리버스, 제프리 브라운이 이끈 성직자 조직이 경찰이나 사회 복지 기관들과 공조하여 갱들의 폭력을 단속했다.[173] 그들은 지역 사회에 대한 지식을 활용하여 폭력배 중에서도 누가 제일 위험한지 알아냈고, 그들에게 경찰과 공동체가 지켜보고 있다는 경고를 주었다. 가끔은 갱들과 직접 만났고, 갱들의 어머니나 할머니와도 만났다. 또한 근래에 괴롭힘을 당한 갱 단원에게 집중하여 그에게 복수하지 않겠다는 선언을 시킴으로써 복수의 악순환을 끊었다. 이런 개입에 효과가 있었던 것은 체포 위협 때문만은 아니었다. 청년들의 입장에서 외부 압력은 체면을 깎이지 않고도 물러설 '출구'에 해당했다. 치고받던 두 남자가 자신들보다 더 약한 중재자의 손에 마지못해 떨어지는 것과 비슷하다. 1990년대 '보스턴의 기적'은 이런 노력 덕분이었다. 당시 살인율은 5분의 1로 떨어졌고, 이후에도 약간의 변동은 있었지만 낮게 유지되었다.[174]

경찰과 법정도 나름대로 노력했다. 그들은 가혹한 억제와 무력화를 꾀하기보다 문명화 과정의 두 번째 단계, 즉 사람들에게 정부의 힘이 적법하다는 인식을 높이는 방향으로 형사 처분을 사용하기 시작했다. 형벌 제도가 제대로 작용하는 경우, 그것은 모든 합리적 행위자들이 빅 브라더가 자신을 24시간 지켜보다가 부정한 이득이 눈에 띄면 당장 덮쳐서 이득을 상쇄하는 대가를 부과할 것이라고 믿기 때문만은 아니다. 어떤 민주 국가에게도 사회 전체를 스키너 상자로 만들 만한 자원이나 의지는 없다. 국가는 전체 범죄 중에서 몇몇 **표본**만을 적발하고 처벌할 수 있다. 표본 추출은 공정해야 한다. 그래야만 시민들이 체제의 정당성을 인식한다. 국가가 정당성을 얻는 핵심은, 누구든 자신은 물론이거니와 자신의 적도 법을 어기는 순간 처벌 가능성에 시달리게끔 체제가 짜여 있다고 생각하게 만드는 것이다. 그래서 모두들 약탈, 선제공격, 사적 보복에 대한 금제를 내면화하도록 만드는 것이다. 그러나 과거에 미국의 많은 사법 관할권에서는 처벌이 몹시 변덕스러워, 처벌이 금지된 행동에 대한 예측 가능한 결과라기보다는 난데없이 걸려든 불운으로 여겨질 지경이었다. 범법자들은 보호 관찰 심리를 빼먹거나 마약 검사에 통과하지 못해도 면책을 받았고, 다른 동료들도 그렇게 빠져나가는 것을 보았다. 그러다가 어느 날 갑자기, 그들의 입장에서는 재수 없게, 복역을 선고받는 것이었다.

그러나 이제 판사들은 경찰과 공동체 지도자들과 공조하여, 큰 범죄에 대해 엄격하되 예측 불가능한 처벌을 내리던 방향에서 작은 범죄에 대해 작되 예측 가능한 처벌을 내리는 방향으로 대응 전략을 확장했다. 가령, 보호 관찰 심리를 빼먹으면 며칠 내로 당장 구치소에 넣겠다고 보장하는 것이다.[175] 이런 전환은 인간 심리의 두 가지 속성을 이용한다(더 자세한 설명은 우리 본성의 선한 천사를 다루는 장에서 하겠다.). 하나는 사람들이 ― 특히 법과 마찰을 빚기 쉬운 사람들이 ― 미래를 가파르게 할인하기 때문에, 가설적이고 지연된 처벌보다 분명하고 즉각적인 처벌에 더 잘 반응한다는 점이다.[176] 다른 하나는 사람들이 타인이나 제도와의 관계를 도덕적으로 인식한다는 점이다. 즉 서로 우세 경쟁을 하는 관계로 보거나, 혹은 상호성과 공정성을 따르는 계약 관계로 본다는 점이다.[177] 판사 스티븐 앨름은 '엄격하게 집행하는 보호 관찰' 프로그램을 고안했는데, 그 프로그램의 성공 이유를 이렇게 말했다. "체제가 일관되고 예측 가능하지 않다면, 그래서 무작위로 처벌한다면, 사람들은 이렇게 생각한다. 내 보호 관찰관은 나를 싫어해. 아니면, 누군가 나에게 편견을 갖고 있어. 누구나 법을 어기면 똑같은 방식으로 똑같은 취급을 받는다고 보지 않는 것이다."[178]

폭력을 억제하려는 새로운 공세들은 또한 문명화 과정의 내면적 강제자였던 감정 이입과 자기 통제력을 향상시키려고 노력한다. 보스턴에서는 '텐포인트 연합'이라는 시도가 있었다. 열 가지 목표를 선언하는 강령 때문에 붙은 이름이었는데, 가령 이런 목표였다. "우리는 문화적 변화를 촉진하고 선전하여, 흑인 공동체 내 청년들의 물리, 언어 폭력을 줄인다. 개인으로든 집단으로든 인간성을 저해하는 생각 및 행동에 대해 대화, 내성, 반성을 개시한다." 그들이 주력한 프로그램으로 '휴전 작전'이라는 것이 있었다. 데이비드 케네디가 설계한 이 프로그램은 "오로지 외부의 압력에 의해서 선언된 도덕성만으로는 충분하지 않다."는 이마누엘 칸트의 신조를 명시적으로 따랐다.[179] 저널리스트 존 시브룩은 그 프로그램이 주최했던 감정 이입 구축 모임에 참가했던 경험을 이렇게 묘사했다.

> 내가 참석했던 모임에서는 모임을 통해서 비행 청소년들을 변화시켰으면 좋겠다는 분명한 열망이, 거의 복음주의적이라고 할 만한 열망이 느껴졌다. 청소년들보다 나이가 더 많고 한때 갱 단원이었다는 아서 펠프스가, 모두들 팝스라고 불렀는데, 웬 여성이 탄 휠체어를 밀면서 한가운데로 들어왔다. 그녀는 37세의 마거릿 롱이었고, 가슴 아래가 마비된 상태였다. 펠프스는 울면서 말했다. "17년 전에 나는 이 분을 총으로 쐈습니다. 이제 나는 매일 매일 그 사실을 감내하면서 평생을 살아갑니다." 그러자 롱이 울부짖었다. "나는 봉

지에다가 일을 봐야 해요." 그녀는 휠체어 주머니 안쪽에서 인공 항문 봉지를 꺼내어, 경악하며 바라보는 청년들 앞에 치켜들었다. 마지막 연사였던 선도원 애런 풀린스 3세가 "너희들의 집이 불타고 있다! 너희들의 건물이 불타고 있다! 너희들은 스스로를 구해야 한다! 모두 기립!"이라고 외치자, 모인 사람들의 4분의 3이 재깍 일어섰다. 끈에 매달린 꼭두각시들처럼 벌떡.[180)]

또한, 1990년대의 문명화 공세는 책임감이라는 가치를 찬양함으로써 폭력적인 삶의 매력을 떨어뜨렸다. 당시 워싱턴 D.C.에서 열려 대대적으로 보도되었던 두 집회는 남자들의 자식 부양 의무를 천명했다. 하나는 흑인들이, 다른 하나는 백인들이 조직한 집회였는데, 루이스 파라칸의 100만 인 행진과 보수 기독교 단체인 프라미스 키퍼스의 행진이었다. 두 운동은 자기 인종 중심주의, 성 차별, 종교적 원리주의의 불쾌한 기운을 풍겼지만, 이후의 더 대대적인 재문명화 과정을 예시했다는 점에서 역사적으로 중요하다. 정치학자 프랜시스 후쿠야마는 『대붕괴』에서 1990년대에 폭력률이 낮아짐에 따라 이혼, 복지 제도에의 의존, 십대 임신, 퇴학, 성병, 십대의 자동차 사고와 총기 사고 등등 다른 사회 병리적 징후들도 잦아들었다고 말했다.[181)]

지난 20년의 재문명화 과정은 단순히 중세 이래 서구를 휩쓸었던 문명화 흐름이 재개된 것만은 아니었다. 원래의 문명화 과정은 국가 통합과 상업 성장의 부산물이었지만, 최근의 범죄 감소는 대체로 사람들의 안녕을 도모하고자 의도적으로 설계한 문명화 공세들의 결과였다. 문명에 따르는 겉치레들이 우리가 진심으로 중시하는 감정 이입 및 자기 통제 능력과 분리된 것도 새로운 점이었다.

1990년대가 1960년대의 비문명화를 도로 뒤집지 않은 유일한 영역은 대중문화였다. 펑크, 메탈, 고스, 그런지, 갱스터, 힙합 같은 최신 장르의 대중 음악가들에 비하면 롤링 스톤스는 여성 기독교 금주 협회처럼 보인다. 요즘 할리우드 영화들은 과거 어느 때보다 유혈 낭자하다. 마우스를 한 번만 클릭하면 제약이라고는 없는 포르노를 볼 수 있다. 비디오 게임이라는, 전혀 새로운 폭력적 오락이 중요한 여가 활동이 되었다. 그러나 문화에서는 이처럼 퇴폐의 징후가 불어남에도 불구하고, 현실에서는 오히려 폭력이 줄었다. 재문명화 과정은 문화의 시계를 「오지와 해리엇」 시절로 되감지 않고도 어찌어찌 사회적 역기능의 파고를 되돌린 셈이다. 요전 날 저녁, 나는 붐비는 보스턴 지하철에서 웬 험악하게 생긴 청년을 보았다. 남자는 검은 가죽 옷을 입었고, 가죽 부츠를 신었고, 문신을 잔뜩 새겼고, 고리와 징을 여기저기 뚫었다. 다른 승객들은 그에게서 멀찍이 거리를 두었다. 그때 그가 고함쳤다. "이 할머니에게 자리를 양보할 사람 없습니까? **이 분이 당신의 할머니라고 생각해 보세요!**"

1990년대에 성인이 된 X세대에 대한 상투적 이미지는 그들이 매체에 밝고, 냉소적이고, 포스트모던하다는 것이다. 그들은 어떤 태도를 가장할 줄 알다. 여러 스타일을 시도해 본다. 수상쩍은 문화 장르들에 두루 몰두하면서도 어디에도 지나치게 빠지지 않는다(이 점에서 그들은 록 가수의 헛소리를 진지한 정치 철학으로 여겼던 베이비붐 세대의 젊은 시절보다는 세련되었다.). 오늘날 많은 서구 사회가 이런 분별을 행사하고 있다. 저널리스트 데이비드 브룩스는 2000년에 쓴 『보보스』에서 많은 중산층이 '부르주아 보헤미안'이 되었다고 지적했다. 그들은 비주류 사람들의 겉모습을 흉내 내지만, 실상은 철저히 관습적인 생활 방식을 따른다.

카스 바우터르스는 만년의 엘리아스와 나눴던 대화에서 영감을 얻어, 우리가 문명화 과정의 새 단계를 살아가고 있다고 주장했다. 이것은 내가 앞에서 언급했던 장기적 탈형식화 경향성과 같은 말이다. 엘리아스가 '감정적 통제에 대한 통제된 비통제'라고 불렀던 것, 바우터르스가 제3의 천성이라고 부르는 것이 이 과정에서 생겨난다.[182] 우리의 제1의 천성은 자연적인 삶을 다스리는 진화된 동기들로 이뤄져 있고, 제2의 천성은 문명사회에서 내면화된 관습들로 이뤄져 있다. 제3의 천성은 그런 관습들에 대한 의식적 고찰로 이뤄져 있다고 할 수 있다. 그런 고찰을 통해서 우리는 문화 규범 중 어떤 측면은 고수할 가치가 있고 어떤 측면은 효용이 다했는지를 평가한다. 수백 년 전 선조들은 자발성과 개인성의 징후를 모조리 찍어 눌러야만 스스로를 문명화할 수 있었겠지만, 지금은 이미 비폭력의 규범이 공고해졌기 때문에 이제는 구식이 되어 버린 일부 금지들은 오히려 어겨도 괜찮다. 이렇게 생각하면, 요즘 여자들이 살갗을 많이 드러내거나 남자들이 공공장소에서 욕설을 하는 것은 문화적 퇴락의 신호가 아니다. 오히려 그 반대다. 사회가 이미 철저히 문명화되었기 때문에 그런 행동을 해도 남들이 괴롭히거나 공격할 걱정이 없다는 것을 보여 주는 신호이다. 소설가 로버트 하워드는 이렇게 말했다. "문명화된 인간은 미개인보다 더 무례하다. 버릇없이 굴어도 머리통이 쪼개지지 않는다는 것을 알기 때문에." 칼로 포크에 콩을 얹어도 되는 시대는 이미 와 있는지도 모르겠다.

4장

인도주의 혁명

당신에게 어리석은 일을 믿게 만들 수 있는 자는 잔혹한 일을 저지르게 만들 수도 있다.

— 볼테르

세상에는 괴상한 박물관이 많고 많다. 캘리포니아 주 벌링게임에는 만화 주인공의 머리가 달린 사탕통이 500개 넘게 진열된 페즈 사탕통 박물관이 있다. 파리 관광객들은 그 도시의 하수도 체계만을 소개하는 박물관을 관람하려고 줄을 늘어선다. 텍사스 주 매클린에 있는 악마의 밧줄 박물관은 "철조망의 모든 것을 속속들이 이모저모 관람객에게 알려 준다." 도쿄의 메구로 기생충 박물관은 관람객에게 "전혀 무섭지 않게 기생 생물에 대해 생각해 보고 기생 생물의 멋진 세계를 배워 보라." 고 권한다. 후사비크에는 "아이슬란드에서 발견되는 거의 모든 육상, 해양 포유류들의 음경 부위를 100여 점 수집한" 음경 박물관이 있다.

그런데 하루쯤 시간을 내어 관람할 마음이 안 드는 곳을 고르라면, 나는 단연 이탈리아 산지미냐노의 중세 고문 및 범죄학 박물관을 꼽겠다.[1] www.tripadvisor.com의 유용한 소개에 따르면, "입장료는 8유로다. 10여 개의 작은 방에 총 100~150점의 물건이 전시된 것을 감안하면 꽤 비싸다. 그러나 학살에 관심이 있는 사람이라면, 이곳을 지나치지 말아야 한다. 고문과 처형에 쓰였던 기구들의 원본이나 복제품이 돌벽으로 둘러싸인 으슥한 방들에 진열되어 있다. 모든 진열품에는 이탈리아어, 프랑스어, 영어로 된 훌륭한 설명문이 딸려 있다. 설명은 아무리 사소한 점도 간과하지 않는다. 몸의 어떤 구멍에 집어넣는 기구인지, 어떤 부위를 탈구시키는 기구인지, 일반적인 고객은 누구였고, 피해자는 어떤 괴로움을 겪고 어떻게 죽었는지."

현대사를 많이 읽어서 어지간한 잔학 행위에는 면역이 생긴 독자라도, 중세의 잔인함을 전시한 그곳에서는 틀림없이 뭔가 충격적인 것을 발견할 것이다. 스페인 종교 재판소에서 썼던 유다의 요람이란 게 있다. 발가벗긴 희생자의 손발을 묶고, 허리에 쇠로 된 벨트를 둘러 그것으로 몸을 들어 올린 뒤, 날카로운 쐐기 위에 몸을 얹어 항문이나 질을 꿰뚫는 것이다. 피해자가 근육을 이완시키면, 쐐기의 뾰족한 끝이 근육을 찢었다. '뉘른베르크의 처녀'는 아이언메이든의 한 종류로, 못들이 피해자의 급소를 관통해 너무 빨리 고통을 종식시키는 일이 없도록 세심하게 배열되어 있다. 중세의 연속 판화를 보면, 피해자의 발목을 묶어 매단 뒤 가랑이 사이로 톱을 넣어 몸통을 반으로 벤다. 설명문에는 유럽 전역에서 반역, 마술, 군사적 불복종 등의 범죄에 이 처형법을 썼다고 적혀 있다. '서양배'라는 둥근 기구는 쫙 벌어지면서 끝에는 못이 박혀 있고 나무 손잡이가 달려 있는데, 이것을 입이나 항문이나 질에 쑤셔 박은 뒤 스크루를 돌려 벌림으로써 몸을 안쪽부터 찢었다. 이 도구는 남색, 간통, 근친상간, 이단, 신성 모독, '사탄과의 성적 교합'을 벌하는 데 쓰였다. '고양이 발톱' 혹은 '스페인식 간지럼 도구'는 갈고리 여러 개를 묶은 것으로, 피해자의 살점을 찢어발기는 데 쓰였다. '오명의 가면'은 돼지나 나귀의 머리처럼 생긴 가면으로, 피해자에게 씌워 사람들 앞에서 수치를 주는 동시에 그 날이나 옹이를 코나 입에 쑤셔 넣어 울부짖지 못하게 막았다. '이단자의 갈퀴'는 양 끝에 뾰족한 못들이 달린 막대기로, 한쪽 끝은 피해자의 턱 밑에 괴고 반대쪽 끝은 목 밑에 대어 피해자가 근육의 긴장을 풀면 스스로 양쪽을 꿰뚫게 되는 기구였다.

고문 박물관의 기구들은 특별히 희귀하지 않다. 중세 고문 도구 수집품은 산마리노, 암스테르담, 뮌헨, 프라하, 밀라노, 런던탑에도 있다. 『종교 재판』, 『예술 속의 고통』 같은 커피 테이블 책에서는 말 그대로 수백 종류의 고문에 대한 그림을 볼 수 있다. 그림 4-1에 그중 몇 점을 실었다.[2)]

물론 고문은 과거만의 일이 아니다. 고문은 현대에도 저질러졌다. 경찰국가들이 저질렀고, 폭도들이 인종 청소와 집단 살해 중에 저질렀고, 민주 정부들이 취조나 방첩 활동 중에 저질렀다. 제일 악명 높은 사례는 9/11 테러 이후 조지 W. 부시 행정부가 저질렀던 고문이다. 그러나 최근의 간헐적이고, 은밀하고, 일반적으로는 매도되는 소수의 고문들은 중세 유럽에서 수백 년 동안 저질러졌던 제도적 가학성에 비길 바가 못 된다. 중세의 고문은 은폐되거나 부인되거나 완곡하게 표현되지 않았다. 그것은 잔혹한 체제가 정적들을 겁주는 방법, 혹은 온건한 체제가 테러 용의자로부터 정보를 캐내는 전술을 넘어섰다. 광란에 빠진 군중이 비인간화된 적에 대한 증오에 휩싸여 저지른 짓도 아니었다. 아니, 고문은 일상의 평범한 구성 요소로서 공적인 삶에 녹아들어 있었다. 그것은 어엿한 처벌 방법으로 장려되고 칭송되었다. 예술적, 기술적 창의성을 발휘하는 출구이기도 했다. 고문 도구는 아름답게 조각되고 장식된 것이 많았다. 도구는 단순한 매질처럼 신체적 통증만을 가하는 것이 아니라 본능적 공포를 자아내는 설계를 추구했다. 신체의 민감한 구멍들을 꿰뚫고, 몸의 외피를 침범하고, 피해자를 수치스러운 자세로 전시하고, 피해자의 체력이 쇠하면 통증이 커지다가 끝내 불구가 되거나 죽는 자세를 취하게 했다. 고문자는 당대 최고의 해부학, 생리학 전문가였다. 그들은 그런 지식을 이용해서 고통을 극대화했고, 통증을 마비시킬지도 모르는 신경 손상을 피했고, 피해자가 가급적 오래 의식을 유지하게끔 만들었다. 피해자가 여성이라면, 가학성에 에로틱한 기색이 감돌았다. 고문자들은 여자를 발가벗겼고, 종종 가슴과 생식기를 표적으로 삼았다. 냉혹한 농담으로 피해자의 고통을 농락했다. 프랑스에서는 유다의 요람을 '야경꾼'이라고 불렀다. 피해자를 잠 못 들게 하는 능력 때문이었다. 고문자들은 피해자를 쇠로 만든 황소 속에 넣고 산 채로 구워서 황소의 주둥이로 야수가 울부짖는 듯한 비명이 터져 나오게 만들었다. 평화를 어지럽힌 죄로 고발된 남자에게는 '소란꾼의 뿔피리'를 씌웠다. 그것은 플루트나 트럼펫을 닮은 기구로, 기구에 달린 쇠 올가미를 피해자의 목에 채우고 죔쇠를 손가락에 끼워 뼈와 관절을 으스러뜨렸다. 고문 기구는 동물을 본떴거나 별난 이름이 붙은 것이 많았다.

중세 기독교는 잔인함의 문화였다. 온 대륙의 국가적, 지역적 정부들이 고문을 자행했다. 눈멀게 하기, 낙인찍기, 손, 귀, 코, 혀 자르기, 그 밖의 신체 절단이 경범죄에 대한 처벌로서 법적으로 승인되었다. 처형은 가학성의 향연이었다. 연장된 죽음의 시련이 그 절정을 장식했다. 화형

그림 4-1. 중세와 근대 초기 유럽의 고문.

출처: 톱으로 썰기: Held, 1986, p. 47. 고양이 발톱: Held, 1986, p. 107. 꼬챙이로 뚫기: Held, 1986, p. 141. 화형: Pinker, 2007a. 유다의 요람: Held, 1986, p. 51. 바퀴에서 부수기: Puppi, 1990, p. 39.

주에서 태우기, 바퀴로 부수기, 말(馬)로 사지를 찢기, 곧창자 꿰뚫기, 내장을 굴레에 감으면서 끄집어내기. 그리고 목매달기도 있었는데, 목을 단숨에 부러뜨리는 것이 아니라 서서히 잡아당겨 졸리게 만드는 것이었다.[3] 교회도 종교 재판, 마녀사냥, 종교 전쟁 중에 가학적 고문을 자행했다. 이름 한번 얄궂게도 교황 인노첸시오 4세가 1251년에 고문을 허가했고('인노첸시오'가 결백함, 죄 없음을 뜻하는 단어라서 하는 말이다. — 옮긴이), 도미니쿠스회 수사들은 즐거이 그것을 수행했다. 『종교 재판』에 따르면, 교황 바오로 4세(1555~1559년) 치하에서 종교 재판은 "노골적으로 피를 갈망했다. 도미니쿠스회 수사이자 한때 종교 재판관이었던 바오로는 그 자신이 열렬하고 솜씨 좋게 고문과 잔혹한 대량 살인을 저질렀던 자로서, 그 재주 덕분에 1712년에 성인으로 추대되었다."[4]

고문은 단순히 거친 정의의 구현이 아니었다. 단순히 더 큰 폭력의 위협으로 폭력을 억제하는 조잡한 시도가 아니었다. 사람들을 고문대나 화형주로 보냈던 위반 행위는 대부분 폭력적이지 않았다. 요즘이라면 법적 처벌 대상으로 여기지 않을 것이 많았다. 이단, 신성 모독, 배교, 정부에 대한 비판, 가십, 잔소리, 간통, 성적 일탈 행위 등이 그랬다. 교회법과 세속법은 로마법의 영향을 받아, 용의자에게 고백을 끌어내고 선고를 내리는 데에 고문을 이용했다. 그러나 그것은 사람이 고통을 멈추기 위해서라면 어떤 소리라도 지껄인다는 명백한 사실을 무시한 처사였다. 따라서 자백을 얻어 내려는 고문은 사람들을 억제하고, 겁주고, 공범이나 무기의 소재처럼 확인 가능한 정보를 캐내려는 고문보다 더 몰상식하다. 그러나 어떤 논리적 부조리도 사람들의 재미를 방해하지 못했다. 불길에 휩싸인 피해자가 기적적으로 견디지 못하고 그냥 타 죽으면, 사람들은 그것을 유죄의 증거로 여겼다. 호수에 던져진 마녀 용의자가 물 위로 떠오르면, 사람들은 그것을 마녀의 증거로 간주하여 그녀를 목매

달아 죽였다. 거꾸로 그녀가 가라앉아 익사하면, 사람들은 그것을 무죄의 증거로 여겼다.[5)]

고문을 동원한 처형은 지하 감옥에 숨겨지기는커녕 대중의 오락이었다. 구경꾼들은 피해자가 비명을 지르며 몸부림치는 광경을 보면서 환성을 올렸다. 바퀴에 부서진 몸, 교수대에 매달린 몸, 철창에 갇힌 채 방치되어 비바람을 맞으며 굶어 죽은 피해자의 썩어 가는 몸. 이런 것은 익숙한 일상 풍경이었다(지금도 뮌스터 대성당과 같은 유럽의 몇몇 공공건물에는 그런 철창이 매달려 있다.). 고문은 또 참여 스포츠였다. 구경꾼들은 차꼬에 매인 피해자를 간질이고, 때리고, 절단하고, 돌로 치고, 진흙과 배설물을 짓이겨 질식하게 만들었다.

제도적 잔인함은 결코 유럽만의 일이 아니었다. 다른 문명들의 기록에도 수백만 명의 피해자에게 가해졌던 수백 가지 고문 기법들이 남아 있다. 아시리아, 페르시아, 셀레우코스, 로마, 중국, 힌두, 폴리네시아, 아즈텍, 많은 아프리카 왕국과 아메리카 원주민 부족에. 잔혹한 살해와 처벌은 이스라엘, 그리스, 아랍, 오스만 투르크 사람들의 기록에도 남아 있다. 2장의 마지막에서 보았듯이, 최초의 복잡한 문명들은 사실상 **모두** 고문과 절단으로 피해자 없는 범죄를 처벌했던 전제주의 신정 정치였다.[6)]

이 장은 오늘날 우리로 하여금 이런 관습에 경악하는 반응을 보이게 만든 역사의 중요한 변환을 다룰 것이다. 근대 서구와 세계 대부분의 지역에서, 사형은 사실상 사라졌다. 정부가 국민에게 행사하는 폭력은 극단적으로 줄었고, 노예제는 폐지되었고, 사람들은 잔인함에 대한 갈증을 잃었다. 이 모두가 역사적으로는 단편과도 같은 짧은 기간에 벌어졌다. 17세기 이성의 시대에 시작되어 18세기 말 계몽 시대에 절정에 도달한 과정이었으니까.

어떤 진보는 — 이것이 진보가 아니라면 무엇이 진보란 말인가. — 사상에 의해 추진되었다. 제도적 폭력을 최소화하거나 없애야 한다는 구체적인 논증에 의거해서. 또 어떤 진보는 감수성의 변화에 의해 추진되었다. 사람들은 다른 인간들에게 좀 더 **공감하기** 시작했고, 남들의 괴로움에 더 이상 무감각하지 않았다. 이런 힘이 융합되어, 새로운 이데올로기가 생겨났다. 생명과 행복을 모든 가치의 중심에 두는 이데올로기, 이성과 증거를 사용하여 제도를 설계하는 이데올로기. 이런 이데올로기를 휴머니즘(humanism)이나 인권(human rights)이라고 불러도 좋을 것이고, 이 이데올로기가 18세기 후반 서구인의 삶에 갑작스럽게 미친 충격을 인도주의 혁명(Humanitarian Revolution)이라고 불러도 좋을 것이다.

요즘은 계몽주의(Enlightment)를 조소하듯 언급하는 경우가 많다. 좌파의 '비판 이론가'들은 계몽주의가 20세기 재앙의 원인이었다고 비난한다. 바티칸과 미국 지적 우파의 보수적 신정주의자들은 계몽주의의 관용적 세속주의를 버리고 자신들이 생각하기에 도덕적으로 더 명료한 중세 가톨릭의 원칙으로 바꾸고 싶어 한다.[7] 온건한 세속적 작가들조차 계몽주의를 샌님들의 복수였다고 여기며, 인간을 요정과도 같은 합리적 행위자라고 믿었던 순진한 신념이라고 폄훼한다. 이런 황당한 기억 상실과 배은망덕이 가능한 것은 역사의 자연스러운 눈속임 때문이다. 1장에서 보았듯이, 우리는 과거의 잔학 행위 이면에 있었던 현실을 망각의 구덩이에 던져 버린 채, 오직 진부한 관용어구나 상징으로만 그것을 기억한다. 이 장의 서두가 지나치게 시각적이었는가? 나는 계몽주의가 끝장낸 옛 현실이 어땠는지를 여러분에게 상기시키기 위해서 일부러 그랬다.

물론, 어떤 역사적 변화도 청천벽력처럼 단숨에 벌어지지 않는다. 인도주의의 흐름은 계몽주의 전후 수백 년 동안 이어졌고, 서구가 아닌 세계 다른 지역에서도 존재했다.[8] 그러나 『인권의 발명』에서 역사학자 린 헌트는 인류가 인권을 또렷하게 선언한 두 번의 역사적 순간이 있었다고 말했다. 첫 번째는 1776년 미국 독립 선언과 1789년 프랑스 인권 선언이 있었던 18세기 말이었다. 두 번째는 1948년 세계 인권 선언 이래 수십 년 동안 여러 권리 혁명이 이어진 20세기 중반이었다(7장 참고).

앞으로 이야기하겠지만, 인권 선언들은 그저 말잔치만은 아니었다. 인도주의 혁명은 대부분의 인류 역사에서 전혀 비난할 일이 아니라고 여겨졌던 여러 야만적 관행을 일소했다. 그런데 인도주의 정서의 발전을 가장 극적으로 보여 주는 한 대표적 관습의 소멸은 그로부터 훨씬 이전에 벌어졌다. 그 관습이 사라진 시기를 제도적 폭력 감소의 시작점이라고 볼 만하다.

미신적 살해: 인간 제물, 마녀, 피의 비방

제도적 폭력 중에서도 가장 무지몽매한 형태는 인간 제물이다. 피에 대한 신들의 갈망을 채우기 위해서 무고한 사람을 고문하고 죽이는 일이다.[9]

성경에서 아브라함이 이삭을 결박했던 이야기는 기원전 1000년 무렵에 인간 제물이 상상도 할 수 없는 일은 아니었음을 보여 준다. 이스라엘 사람들은 자신들의 신이 어린아이가 아니라 양과 소를 도살해서 바치라고 요구하기 때문에 이웃 부족들의 신보다 도덕적으로 우월하다고 뻐겼다. 그러나 유혹은 늘 존재했던 것 같다. 「레위기」 18장 21절에서 다음과 같이 금하는 것을 보면 말이다. "너희는 너희 자식을 몰렉에게 제물로 바쳐서는 안 된다. 그렇게 너희 하느님의 이름을 더럽혀서는 안 된다." 그 후손들은 사람들이 옛 관습으로 돌아가는 것을 막으려고 수백 년 동안 조치를 취했다. 기원전 7세기, 요시아 왕은 "사람들이 몰록에게 제 아들딸을 불태워 바치는 것을 막으려고" 도벳의 제단을 훼손했다.[10] 유대인 사이에서는 바빌론으로부터의 귀향 이후 인간 제물 풍습이 사라졌지만, 유대교의 분파 중 하나에서는 그것이 일종의 이상으로서 살아남았다. 그 분파는 신이 인류에게 더 가혹한 운명을 가하지 않는 대가로 무고한 한 남자의 고문과 희생을 인정했다고 믿는다. 바로 기독교다.

인간 제물은 모든 주요 문명들의 신화에 등장한다. 히브리와 기독교 성경 외에도, 그리스 전설에서는 아가멤논이 출항에 알맞은 순풍이 불기를 기원하는 마음으로 딸 이피게네이아를 바쳤다고 읊는다. 로마 역사에는 한니발을 저지하려는 시도로 네 노예를 산 채로 묻었다는 일화가 있다. 웨일스의 드루이드 전설에서는 요새 건설용 재료가 자꾸 사라지는 것을 막기 위해서 사제들이 아이를 바쳤다고 한다. 팔이 무수히 달린 힌두 여신 칼리, 날개 달린 아즈텍 신 케찰코아틀을 둘러싼 전설에도 인간 제물이 등장한다.

인간 제물은 매혹적인 신화, 그 이상이었다. 2000년 전의 로마 역사가 타키투스는 게르만 부족이 그 풍습을 따르는 것을 실제로 목격했다고 썼다. 플루타르코스는 카르타고에서 실제로 벌어졌던 일을 묘사했다. 오늘날 관광객은 그곳에서 희생된 아이들의 그을린 유해를 볼 수 있다. 인간 제물은 하와이, 스칸디나비아, 잉카, 켈트(습지에서 발견된 린도맨을 기억하는가?) 전통 부족들에서도 기록되었다. 멕시코의 아즈텍, 인도 동남부의 콘드, 서아프리카의 아샨티, 베닌, 아호메 사람들 사이에서도 실제로 벌어졌던 일이었고, 수천 명씩 희생되곤 했다. 매슈 화이트는 1440~1524년 사이에 아즈텍에서 매일 약 40명이 희생되었다고 추정했

다. 기간 전체로는 120만 명인 셈이다.[11)]

제물을 바치기 전에는 보통 고문을 실시했다. 아즈텍 사람들은 피해자를 불에 집어넣고, 죽기 전에 꺼낸 뒤, 가슴을 갈라, 펄떡이는 심장을 도려냈다(영화 「인디애나 존스와 미궁의 사원」은 앞뒤가 안 맞게도 1930년대 인도에서 칼리 여신에게 제물을 바치는 장면이라면서 이 광경을 재연했다.). 보르네오의 다야크 사람들은 대나무 바늘과 칼날로 피해자의 몸에 1000개의 상처를 내어, 피 흘리며 천천히 죽어 가게 했다. 아즈텍 사람들은 제물 수요를 충족하기 위해서 전쟁에 나가 포로를 잡아 왔다. 콘드 사람들은 아예 그 목적으로 아이를 키웠다.

무고한 사람을 죽이는 행위는 다른 미신적 관습들과 결합했다. 가령 기단(基壇) 제물이라는 것이 있었다. 요새, 왕궁, 신전의 기단에 피해자를 매장함으로써 신들의 고결한 영역에 인간이 뻔뻔하게 침입한 죄를 덜려는 풍습으로, 웨일스, 독일, 인도, 일본, 중국에서 시행되었다. 역시 여러 왕국에서 (수메르, 이집트, 중국, 일본 등) 독자적으로 발전시킨 기발한 발상은 장례 제물이었다. 왕이 죽으면 수행원과 첩들을 함께 묻는 것이다. 인도에는 순사라는 변형판이 존재한다. 미망인이 남편의 시체를 태우는 장작더미에 몸을 던지는 풍습이다. 중세부터 이 풍습이 법으로 금지된 1829년까지, 이 무의미한 풍습으로 약 20만 명의 여성들이 목숨을 잃었다.[12)]

이 사람들은 대체 무슨 생각이었을까? 다른 제도적 살해들은, 물론 용납할 수 없는 것은 마찬가지이지만, 적어도 이해는 된다. 권력자는 적을 제거하기 위해서, 말썽꾼을 억제하기 위해서, 자신의 용맹을 과시하기 위해서 사람을 죽였다. 그러나 죄 없는 아이를 희생하는 것, 제물을 확보하려고 전쟁을 일으키는 것, 제물로 운명 지어진 계급을 어릴 때부터 길러 내는 것, 이런 것은 도무지 권력을 유지하는 비용 효율적 방법으로는 보이지 않는다.

정치학자 제임스 페인은 폭력의 역사를 다룬 통찰력이 돋보이는 책에서 이런 의견을 냈다. 고대에는 고통과 죽음이 너무나 흔했기 때문에 고대인들이 타인의 생명에 낮은 가치를 부여했다는 것이다. 그렇다 보니 자신에게 도움이 될 가능성이 있는 풍습이라면, 설령 그 대가가 타인의 목숨을 바치는 것일지라도, 그런 행위에 대한 문턱이 낮아졌다. 나아가 그들이 신을 믿었다면, 인간 제물은 신에게 이득을 요구하는 방법으로서 쉽게 떠올랐을 것이다. 그리고 대부분의 고대인은 신을 믿었다. "그들의 원시적인 세상은 전염병, 기근, 전쟁 등 위험과 고통과 기분 나쁜 놀라움으로 가득했다. 자연스레 그들은 '대체 어떤 신이 이런 세상을 창조했을까?' 하고 자문했을 것이다. 그럴싸한 대답은 사람들이 피 흘리고 괴로워하는 것을 보면서 즐거워하는 가학적인 신이라는 것이다."[13] 그러니 그들은 이렇게 생각했을지도 모른다. 신이 인간의 피를 매일 일정량 요구한다면, 아예 사전에 공급하는 것이 어떨까? 내가 아니라 저 사람의 피라면 더 좋고.

어떤 지역에서는 기독교 포교자들이 인간 제물 풍습을 없앴다. 아일랜드에서 성 파트리치오가 그랬다. 또 어떤 지역에서는 유럽 식민주의자들이 없앴다. 아프리카와 인도에서 영국인들이 그랬다. 인도의 영국군 사령관이었던 찰스 네이피어는 지역민들이 순사의 폐지에 불평하자 이렇게 대꾸했다. "과부를 태워 죽이는 게 당신들의 풍습이란 말이군요. 좋습니다. 그렇다면 우리도 풍습이 있습니다. 우리는 남자들이 여자를 산 채로 불태우면, 그 남자들의 목에 밧줄을 걸어 매답니다. 장작더미를 맘껏 쌓으세요. 내 목수들이 그 옆에서 교수대를 지을 테니까요. 당신들은 당신들의 풍습을 따르고, 우리는 우리 풍습을 따릅시다."[14]

그러나 대부분의 지역에서는 이 풍습이 저절로 사라졌다. 이스라엘 사람들 사이에서는 기원전 600년경에 폐지되었고, 그리스, 로마, 중국, 일본에서는 그로부터 몇 백 년 뒤에 폐지되었다. 국가가 문해 능력을 갖추며 성숙해지자, 왜인지는 몰라도 결국 사람들은 인간 제물을 포기했다. 한 가지 설명은 엘리트의 문해 능력, 역사에 대한 기초적인 지식, 이웃 사회와의 접촉이 결합함으로써 사람들이 피에 굶주린 신이라는 가설은 틀렸다고 판단하게 되었다는 것이다. 사람들은 처녀를 화산에 던져도 병이 낫거나, 적에게 이기거나, 날씨가 좋아지는 것은 아니라는 것을 추론해 냈다. 또 다른 설명도 있다. 페인은 이쪽을 선호하는데, 사람들이 좀 더 부유하고 예측 가능한 삶을 살게 되면서 숙명론이 좀먹었고, 타인의 생명에 대한 가치가 높아졌다는 것이다. 두 이론 모두 가능성이 있지만, 증명하기는 둘 다 어렵다. 인간 제물 폐지와 맞물렸던 과학적, 경제적 변화를 찾아내기가 어렵기 때문이다.

인간 제물 폐지에는 늘 도덕적 색채가 가미된다. 폐지를 경험한 사람들은 자신들이 진보를 이루었다는 것을 알고, 아직까지 구습에 집착하는 미개한 외국인들을 혐오스럽게 바라본다. 일본에는 인간 제물 폐지에 기여했음이 분명한 공감의 확장을 잘 보여 주는 일화가 있다. 기원전 2세기에 황제의 아우가 죽었다. 사람들은 전통적인 장례 제물로서 그의 측근들을 그와 함께 묻었다. 그런데 희생자들은 며칠 동안 숨이 붙은 채 "밤새 울며 통곡하여", 황제를 비롯한 산 사람들의 마음을 어지럽혔다. 그로부터 5년 뒤에 황제의 아내가 죽자, 황제는 관습을 바꾸어 산 사람 대신 점토로 만든 조각상을 무덤에 넣었다. 페인에 따르면, "사람의 생명을 소비하는 것이 너무나 비싼 일이 되었기 때문에, 황제는 신을 속이는 편을 택했다."[15)]

✤ ✤ ✤

인간 희생양을 무차별적으로 갈구하는 살벌한 신. 이것은 불행에 대한 이론치고는 조잡하다. 사람들은 이 이론에서 벗어난 뒤에도, 자신에게 벌어지는 나쁜 일에 대한 설명으로 초자연적 요소를 찾았다. 달라진 점이라면 설명이 구체적인 상황에 대해 좀 더 정밀하게 조율되었다는 것이다. 불행을 겪는 사람들은 여전히 자신이 초자연적인 힘의 표적이 되었다고 생각했다. 다만 그 힘을 휘두르는 것은 보편적인 신이 아니라 구체적인 개인이었다. 그런 개인의 이름이 마녀였다.

마녀 행위는 수렵 채집 사회와 부족 사회에서 복수의 동기로 가장 흔했다. 당시 사람들의 인과 이론에 따르면, 세상에 자연사(死)란 없었다. 눈에 보이는 원인으로 설명되지 않는 죽음이라면 눈에 보이지 않는 원인, 곧 마법으로 설명되었다.[16] 이런 정신 나간 논리 때문에 그토록 많은 사회가 냉혹한 살인을 용인했다는 것이 우리에게는 통 믿기지 않는다. 그러나 인간의 어떤 인지적 속성들이 반복적인 이해관계의 충돌과 결합할 때, 인간은 그런 일도 충분히 용납할 만하다고 느끼게 된다. 인간의 뇌는 자연에서 숨은 힘을 읽어 내도록 진화했다. 눈에 보이지 않는 힘까지도.[17] 그리고 증명 불가능의 영역을 집적거린다면, 창의성을 발휘할 여지가 커지는 법이다. 마녀 고발은 이기적인 동기와 뒤섞이기도 했다. 인류학자들에 따르면, 부족 사회 사람들은 업신여길 만한 사람을 골라서 마녀로 고발함으로써 그 구실로 손쉽게 그들을 제거했다. 경쟁자를 누르기 위해서(경쟁자가 정말로 마술적인 힘을 갖고 있다고 허풍을 떤다면 더 좋았다.), 지역적 평판을 두고 경쟁할 때 사람들에게 자신이 더 경건하다고 주장하기 위해서, 고약하고 괴상하고 부담스러운 이웃을 없애기 위해서 고발했다. 상대에게 대신 앙갚음할 친척이 없다면 더 좋았다.[18]

불행의 책임을 남에게 뒤집어씌움으로써 손실의 일부나마 벌충하려고 마녀 고발을 이용하는 경우도 있었다. 요즘 미국 사람들이 바닥의 갈라진 틈에 걸려 넘어지거나 뜨거운 커피를 제 몸에 쏟고서는 아무나 눈앞에 보이는 사람을 고소해 버리는 것과 비슷하달까. 나아가 무엇보다도 강력한 동기는 상대가 자신에 대해 흉계를 꾸미고서는 그 자취를 은폐하는 것을 막기 위해서였다. 마녀로 몰린 상대는 공격에 대한 물리적 연관성은 반박할 수 있을지라도 비물리적 연관성은 반박할 수 없을 테니까. 마리오 푸조의 소설 『대부』에서, 비토 콜레오네는 "사고를 개인적인 모욕으로 받아들이는 사람에게는 사고가 발생하지 않는다."는 원칙을 말한다. 영화에는 콜레오네가 다른 마피아 일가에게 이렇게 말하는 장면이 있다. "나는 미신을 믿는 사람입니다. 만약 내 아들한테 불행한 사고가 닥치면, 예를 들어 내 아들이 벼락을 맞으면, 나는 그것을 여기 계신 분들의 탓으로 돌릴 겁니다."

도덕주의적 고발은 도덕주의적 고발을 하지 않는 사람에 대한 비난으로 확대된다. 그래서 비정상적인 대중적 망상과 집단 광기로 마치 눈덩이처럼 불어난다.[19] 15세기에는 두 수사가 『마녀의 망치』라는 책으로 마녀들의 정체를 폭로했다. 역사학자 앤서니 그래프턴의 표현을 빌리면, "몬티 파이선(1970년대 전후로 활동했던 영국의 유명 코미디 그룹 — 옮긴이)과 『나의 투쟁』을 기묘하게 섞은 듯한" 책이다.[20] 그 책의 계시와 「출애굽기」 22장 18절의 "너희는 주술쟁이 여자를 살려 두어서는 안 된다."라는 구절에 감화되어, 프랑스와 독일의 마녀사냥꾼들은 이후 200년 동안 6만~10만 명에 이르는 마녀들을 죽였다(85퍼센트가 여성이었다.).[21] 처형은 보통 화형이었고, 사전에 고문을 가하여 죄를 고백시켰다. 아기를 잡아먹었다거나, 배를 난파시켰다거나, 작물을 파괴했다거나, 안식일에 빗자루를 타고 날아다녔다거나, 악마와 교접했다거나, 악마인 연인을 개나 고양이로 변신시켰다거나, 평범한 남자에게 음경이 사라졌다고 믿게 만듦으로써 불능으로 만들었다거나 하는 죄목이었다.[22)]

마녀 고발의 심리는 또 다른 피의 비방으로 변질되었다. 중세 유럽에서 유대인들이 우물에 독을 타고 유월절에 기독교인의 아이를 죽여 그 피로 무교병을 만든다는 헛소문이 빈번했던 것처럼 말이다. 그 탓에 중세 영국, 프랑스, 독일, 북해 저지대 국가들에서 유대인이 수천 명 학살되어, 해당 지역의 유대 인구가 몰살하기도 했다.[23)]

마녀사냥은 언제나 상식 앞에 취약하다. 여자가 빗자루를 타고 날거나 남자를 고양이로 바꾼다는 것은 객관적으로 말해 불가능한 일이다. 충분히 많은 사람이 의견을 교환하고 통념에 의문을 던지면, 이런 사실은 그다지 어렵지 않게 증명할 수 있다. 중세에도 이 뻔한 사실을 지적하는 성직자나 정치가가 간간이 등장했다. 그들은 마녀는 없다고 말했고, 따라서 누군가를 마녀로 박해하는 것은 도덕적으로 잘못된 짓이라고 말했다(안타깝게도 일부 회의론자들은 직접 고문대에 오르고 말았다.).[24)] 이런 목소리는 이성의 시대에 더욱 또렷해졌다. 에라스뮈스, 몽테뉴, 홉스와 같은 유력 작가들도 포함되었다.

과학 정신에 물들어 몸소 마녀 가설을 확인해 본 관료들도 있었다. 밀라노의 한 판사는 자신이 직접 노새를 죽인 뒤, 어느 하인이 저지른 짓이라고 그를 비난하고는 그에게 고문을 가했다. 그러자 하인은 범죄를 고백했다. 심지어 다시 고문 당할 것이 두려운 나머지 교수대에서조차 고백을 철회하지 않았다(요즘은 인간 피험자를 보호하는 위원회가 있기 때문에 이런 실험을 절대로 승인하지 않는다.). 판사는 그 길로 자신의 법정에서 고문을 철폐했다. 작가 대니얼 매닉스가 들려준 일화도 있다.

독일 브라운슈바이크의 대공은 자신의 공국에서 종교 재판관들이 쓰는 기법에 충격을 받아, 저명한 두 예수회 학자에게 심문을 감독해 달라고 요청했다. 사제들은 꼼꼼하게 조사한 뒤 대공에게 말했다. "종교 재판관들은 맡은 바 임무를 다하고 있습니다. 마녀들의 자백으로 연루된 사람들만 체포하고 있습니다."

"그렇다면 저와 함께 고문실로 가시지요." 대공이 제안했다. 사제들은 그를 따라, 어느 가련한 여인이 래크에서 몸을 잡아 늘이는 형벌을 받는 현장으로 갔다. "내가 직접 심문하겠네." 대공이 제안했다. "여인아, 너는 자신이 마녀라고 자백했다. 그런데 나는 이 두 남자가 마법사가 아닐까 의심하고 있다. 네 의견은 어떠냐? 집행관, 래크를 한 번 더 돌리게."

"그만, 그만!" 여자가 비명을 질렀다. "그 말씀이 맞습니다. 저는 저들을 안식일에 종종 보았습니다. 저들은 염소, 늑대, 다른 동물로 둔갑할 수 있습니다."

"저들에 대해서 또 무엇을 아느냐?" 대공이 물었다.

"마녀들이 저들의 아이를 낳았습니다. 한 여자는 저들을 아비로 둔 자식을 여덟이나 낳았습니다. 아이들은 머리가 두꺼비와 같고 다리가 거미와 같습니다."

대공은 소스라친 사제들에게로 몸을 돌렸다. "친구들이여, 내가 당신들에게도 고문으로 자백을 받아 내야 하겠습니까?"[25]

사제 중 한 명이었던 프리드리히 스피 신부는 이 체험으로 크게 감화되어 1631년에 책을 썼다. 그의 책은 독일 대부분의 지역에서 마녀 고발을 끝낸 데 기여했다고 한다. 마녀 박해는 17세기부터 잦아들었고, 많은 유럽 국가가 그때부터 그 제도를 폐지했다. 1716년은 영국에서 최후로 마녀를 교수형에 처한 해였고, 1749년은 유럽 전역에서 최후로 마녀를 화형에 처한 해였다.[26]

인간 제물이든 피의 비방이든 마녀 박해든, 제도화된 미신적 살해는 결국 두 가지 압력에 굴복했다. 하나는 지적 압력이었다. 사람들은 어떤 사건이 당사자에게는 중대한 의미가 있더라도 다른 의식적 존재가 꾀한 짓이 아니라 비인격적인 물리적 힘과 순전한 우연에 의해 벌어진 일일 수도 있음을 깨우쳤다. '네 이웃을 사랑하라.', '모든 인간은 평등하게 태어났다.' 등등과 어깨를 나란히 하는 또 다른 위대한 도덕적 발전의 원칙은 오늘날 자동차 범퍼 스티커로 자주 쓰이는 이 문장일 것이다. '똥 같은 일도 있기 마련.'

두 번째 압력은 설명하기가 좀 더 어렵지만 못지않게 강력했다. 사람들이 인간의 생명과 행복에 더 큰 가치를 부여하게 되었다는 점이다. 우리는 왜 판사가 고문의 비도덕성을 증명하기 위해서 실험 삼아 하인을 고문했다는 이야기에 질겁하는가? 한 사람을 해쳐서 많은 사람을 구하는 일인데? 왜냐하면, 우리는 전혀 모르는 타인일지라도 그 또한 인간이라는 사실에 기초하여 그에게 공감하기 때문이다. 그런 공감에 기초하여, 실체가 있는 현실의 인간에게 괴로움을 가하는 짓을 철저히 금지하기 때문이다. 우리는 자신의 불행을 남들의 탓으로 돌리려는 본성까지 없애지는 못했지만, 그 유혹을 폭력으로 분출하지 않도록 방지하는 점에서는 조금씩 성공을 거두었다. 사람들이 타인의 안녕을 점차 더 중요하게 여기게 된 것은 인도주의 혁명이 그 밖의 야만적 풍습들을 폐지하는 과정에서도 공통적으로 기여한 요소였다.

미신적 살해: 신성 모독, 이단, 배교에 대한 폭력

인간 제물과 마녀 화형은 사람들이 상상력을 발휘해 어떤 목적을 추구할 때 발생할 수 있는 해악의 두 사례이다. 또 다른 사례는 망상을 쫓아 살해를 저지르는 정신 이상자들이다. 묵시록적 인종 전쟁을 앞당기려고 했던 찰스 맨슨, 조디 포스터의 관심을 받으려고 살인을 저지른 존 힝클리가 그렇다. 그러나 더 큰 피해는 피와 살을 지닌 사람들의 목숨을 경시하는 종교적 믿음에서 나왔다. 이승의 고통을 내세에서 보상 받을 수 있다거나, 비행기를 마천루에 들이받는 조종사는 천국에서 72명의 처녀를 얻을 수 있다거나 하는. 1장에서 보았듯이, 예수를 구세주로 받아들이면 영원한 지옥불을 피할 수 있다는 믿음은 남들에게도 그 믿음을 강요하거나 의혹을 제기하는 사람들을 침묵시켜야 할 도덕적 명령이 된다.

증명 불가능한 신념의 더 큰 위험은, 폭력적 수단으로 그것을 변호하려는 유혹이 든다는 점이다. 사람들은 자신의 신념에 집착하게 된다. 그 신념의 타당성이 자신의 능력을 반영하기 때문에, 자신에게 권위를 주기 때문에, 자신의 지휘를 합리화하기 때문에. 누군가의 신념에 도전하는 것은 그의 존엄, 지위, 권력에 도전하는 것이다. 그리고 그 신념이 오로지 믿음에만 의존할 때는 만성적으로 취약하기 마련이다. 돌이 위로 굴러가지 않고 아래로 굴러 내린다는 신념은 누구도 기분 나쁘게 하지 않는다. 제정신이라면 누구나 제 눈으로 볼 수 있으니까. 그러나 아기가 원죄를 안고 태어난다거나, 신이 세 인간의 형태로 존재한다거나, 알리는 마호메트 이래 두 번째로 신성한 인간이라거나 하는 신념은 다르다. 사람들이 이런 신념에 따라 삶을 조직하면, 그리고 그런 신념이 없어도 잘 사는 듯한 사람을 보면 — 그 신념을 그럴듯하게 논박하는 사람이라면 더 나쁘다. — 그때는 자신이 바보로 보일 위험에 처한다. 게다가 신념이 오로지 믿음에 기반할 때는 회의주의자에게 설득력 있게 그 진실성을 변호할 수가 없으므로, 신자들은 불신에 대해 분노로 대응하기 쉽다. 그리고 자신의 삶에 의미를 부여하는 것에 대한 모욕을 뭐든지 제거하려 든다.

중세와 근대 초기 기독교 세계에서 이단자와 불신자를 박해하느라 낸 희생자 수는 우리의 상상을 뛰어넘는다. 그리고 20세기가 유독 폭력적인 시대라는 통념을 뒤엎는다. 그런 신성한 살육에서 정확히 얼마나 죽어 나갔는지는 알 수 없지만, 잔학 행위 전문가들의 추정치에서 대강 감을 잡을 수는 있다. 정치학자 R. J. 럼멜이 『정부에 의한 죽음』과 『국가 살해의 통계』에서 제시한 수치, 역사학자 매슈 화이트가 『모든 끔찍한 일들의 책』과 웹사이트 '대대적인 불화로 인한 죽음'에서 제시한 수치가 그런 자료이다.[27] 이들은 기존에 통계가 알려지지 않았던 사건들까지 포함하여 가급적 모든 전쟁과 학살의 사망자 수를 헤아리려고 노력했다. 구할 수 있는 자료들을 뒤지고, 정상성 점검 및 편향으로 인한 오차 참작으로 자료의 신빙성을 평가하고, 수치의 범위가 넓다면 중간값을 선택했다. 그것은 신빙성 있는 최저값과 최고값의 기하 평균일 때가 많았다. 나는 중세와 근대 초기에 대해서 럼멜의 추정치를 사용하겠다. 그것이 화이트의 값보다 대체로 낮기 때문이다.[28]

1095~1208년 사이, 십자군이 소집되었다. 십자군은 무슬림 투르크에게서 예루살렘을 수복하는 '정당한 전쟁'을 치름으로써 죄를 사하고 천국행 티켓을 얻으려 했다. 십자군은 행군하는 도중에 만난 유대 마을들을 파괴했다. 니카이아, 안티오케이아, 예루살렘, 콘스탄티노플을 포위하여 약탈한 뒤, 무슬림과 유대 인구를 모조리 학살했다. 럼멜은 사망자 수를 100만 명으로 추정한다. 당시 세계 인구는 약 4억 명으로 20세기 중반의 6분의 1쯤이었으니, 십자군 학살의 사망자 수를 오늘날의 인구에 대한 비율로 계산하면 약 600만 명이다. 나치의 유대인 집단 살해에 맞먹는 셈이다.[29]

13세기, 프랑스 남부의 카타리파(派)는 알비파(派)라는 이단 교리를 받아들였다. 선하고 악한 두 종류의 신이 있다고 믿는 교리였다. 분노한 교황은 프랑스 왕과 결탁하여 군대를 파견했고, 군대는 알비파 약 20만 명을 죽였다. 당시의 전술이 어땠는가 하면, 군대는 1210년에 브람 시를 점령한 뒤 패배한 병사들 중 100명을 뽑아 코와 윗입술을 자르고, 한 사람을 제외한 나머지 모두의 눈을 파내고, 그 한 사람으로 하여금 모두를 이끌고 카바레 시로 행군하도록 했다. 카바레 시민들은 공포에 질려 당장 항복했다.[30] 요즘 우리가 카타리파 교인을 한 명도 만나지 못하는 까닭은 알비파 십자군이 모조리 궤멸시켰기 때문이다. 역사학자들은 이 사건을 명백한 집단 살해로 분류한다.[31]

알비파를 억압한 직후, 유럽에는 다른 이단들도 근절하기 위한 종교 재판소가 세워졌다. 15세기 말에서 18세기 초까지, 스페인의 종교 재판소는 유대교와 이슬람교에서 개종한 사람들을 집중 겨냥했다. 그들이 구습으로 되돌아갔다고 의심했기 때문이다. 16세기 톨레도의 기록을 보면, 한 여자는 토요일에 깨끗한 속옷을 입었다는 이유로 고발되어 종교 재판을 받았다. 그것이 유대교의 은밀한 상징이라는 것이다. 그녀는 래크와 물고문을 당했고(상세하게 설명하진 않겠지만 워터보딩[피해자의 얼굴에 천이나 비닐을 덮은 뒤 그 위로 물을 부어 질식을 유발하는 고문법 — 옮긴이] 고문보다도 심했다.), 며칠 동안 요양하다가, 다시 고문을 당했다. 그동안 그녀는 무엇을 자백하면 되는지를 필사적으로 생각해 내려 했다.[32] 오늘날 바티칸은 종교 재판의 사망자가 수천 명이라고 주장하지만, 그것은 세속 당국으로 반송되어 처형과 구금을 당했던 (종종 느린 사형이나 마찬가지였다.) 무수한 피해자를 빠뜨린 것이다. 신세계의 지부들에서 당한 피해자도 빠뜨린 것이다. 럼멜은 스페인 종교 재판의 사망자를 35만 명으로 추정한다.[33]

종교 개혁 이후, 가톨릭은 개신교로 개종한 수많은 북유럽 인구에 대처해야 했다. 그 사람들은 자기 지역의 군주나 왕이 개종했기 때문에 하는 수 없이 따라서 개종한 경우가 많았다.[34] 개신교는 개신교대로, 두 기독교 분파 중 어느 쪽과도 관계 맺길 원치 않는 종파들을 다뤄야 했다. 유대인도 물론 다뤄야 했다. 개신교도들은 스스로 가톨릭에 대한 이단자로서 악독한 박해를 당했으니만큼 이단자 박해를 탐탁지 않아 했으리라 싶겠지만, 현실은 그렇지 않았다. 마르틴 루터는 6만 5000단어짜리 논고 『유대인의 거짓말에 대하여』에서 기독교인은 신의 '거부와 비난을 받은 이들을' 다음과 같이 다루라고 조언했다.

> 첫째, …… 그들의 시나고그와 학교에 불을 지르고 …… 타지 않는 것은 흙으로 덮거나 가려서 누구도 다시는 그 돌과 재를 보지 못하게 하라. …… 둘째, 그들의 집도 태우고 파괴하기를 권한다. …… 셋째, 그들의 기도서와 탈무드는 지독한 우상 숭배, 거짓, 저주, 신성 모독을 가르치니, 모두 빼앗으라. …… 넷째, 향후 랍비들이 목숨과 팔다리를 잃은 고통에 대해서 설교하지 못하도록 막으라. …… 다섯째, 유대인에게 주었던 안전 통행증을 모두 폐지하라. …… 여섯째, 그들에게 고리대금을 금하고, 모든 현금과 금은 재물을 빼앗아 따로 보관하라. 일곱째, 젊고 건강한 유대인 남녀의 손에 도리깨, 도끼, 괭이, 가래, 실패, 물렛가락을 쥐여 주어, 그들이 아담의 자녀에게 주어진 운명대로 (「창세기」 3[:19]) 구슬땀을 흘려 먹을 것을 벌게 하라. 그들에 따르면 우리는 저주 받은 이교도인데, 그런 우리가 땀 흘리는 동안 그들은 신의 백성이랍시고 난로 곁에서 빈들거리고, 먹고 방귀 뀌고, 무엇보다도 자신들의 신이 기독교의 신보다 높다고 신성 모독적으로 떠벌리고, 이러는 것은 온당치 않다. 우리도 다른 나라의 상식을 모방하여 …… 그들을 영원히 이 나라에서 내쫓자.[35]

유대인들은 적어도 목숨만은 대부분 부지했다. 재세례파는 (오늘날 아미시파와 메노파의 전신이다.) 그런 자비조차 얻지 못했다. 그들은 출생 시 세례를 받을 것이 아니라 각자가 스스로 신앙을 확인해야 한다고 믿었고, 루터는 그런 그들을 죽여야 한다고 선언했다. 개신교의 또 다른 창설자인 장 칼뱅도 신성 모독과 이단에 대해 비슷한 견해를 지녔다.

> 어떤 사람들은 그것이 말로만 이루어진 범죄이기 때문에 심하게 처벌할 것까지는 없다고 말한다. 그러나 우리는 개의 주둥이는 막으면서도, 사람이 멋대로 입을 열어 내키는 대로 말하는 것은 내버려 둬야 한단 말인가? …… 하나님은 거짓 예언자를 자비 없이 돌로 쳐 죽이라고 분명히 말씀하셨다. 우리는 하나님의 명예가 걸린 문제에서는 타고난 연민을 억제해야 한다. 아버지가 자식에게 매를 아껴서는 안 되고, 남편이 아내에게, 친구가 제 목숨보다 더 소중한 친구에게 매를 아껴서는 안 된다.[36]

칼뱅은 자신의 주장을 몸소 실천했다. (삼위일체를 의심한) 작가 미카엘 세르베투스에게 화형을 내린 것이 좋은 예였다.[37] 가톨릭에 대항한 세 번째 중요한 반항아는 헨리 8세로, 그의 정권은 매년 평균 3.25명씩 이단자를 화형시켰다.[38]

십자군과 종교 재판을 일으킨 사람들이 한쪽에 서고 랍비와 재세례파와 유니테리언파를 죽인 사람들이 반대쪽에 섰으니, 1520~1648년 사이 유럽의 종교 전쟁이 지독하고 잔혹하고 길었던 것은 무리가 아니다. 그저 종교 때문만이 아니라 영토와 왕조의 세력을 놓고서 싸울 때가 많았지만, 종교 차이가 사람들의 성미를 더 뜨겁게 달군 것은 사실이었다. 군사 역사학자 퀸시 라이트의 분류에 따르면, 통칭 종교 전쟁에는 프랑스 위그노 전쟁(1562~1594년), 80년 전쟁이라고도 하는 네덜란드 독립전쟁(1568~1648년), 30년 전쟁(1618~1648년), 영국 내전(1642~1648년), 엘리자

베스 1세가 아일랜드, 스코틀랜드, 스페인에서 치른 전쟁(1586~1603년), 신성 동맹 전쟁(1508~1516년), 카를 5세가 멕시코, 페루, 프랑스, 오스만 제국에서 치른 전쟁(1521~1552년)이 포함된다.[39] 이 전쟁들의 사망률은 어마어마했다. 30년 전쟁에서는 오늘날 독일에 해당하는 지역의 대부분이 초토화되었고, 인구는 3분의 1 가까이 줄었다. 럼멜은 사망자를 575만 명으로 보는데, 당시 세계 인구에 대한 비율로 계산하면 제1차 세계 대전 당시 유럽 사망률의 두 배가 넘고 제2차 세계 대전 사망률과 엇비슷하다.[40] 역사학자 사이먼 샤마는 영국 내전으로 50만 명가량이 죽었다고 추정하는데, 비율로 따지면 제1차 세계 대전보다 큰 손실이다.[41]

유럽인들은 17세기 후반이 되어서야 비로소 그릇된 미신적 신념 때문에 사람을 죽이는 행위에 대한 열의를 잃었다. 30년 전쟁을 마감한 1648년 베스트팔렌 조약은 모든 지방 군주가 제 나라를 개신교 국가나 가톨릭 국가로 결정할 수 있고 소수 교파도 그 속에서 그럭저럭 평화롭게 살 수 있어야 한다고 선언했다(교황 인노첸시오 10세는 이 결정을 흔쾌히 받아들이지 못했다. 그는 그런 평화가 "무효이고, 공허하고, 실효성 없고, 공정하지 못하고, 저주 받을 만하고, 나무랄 만하고, 어리석고, 어느 시대에서든 의미와 효과가 없다."고 단언했다.).[42] 스페인과 포르투갈의 종교 재판소는 17세기부터 기세가 꺾였고, 18세기에 더욱 쇠퇴하여, 1834년과 1821년에 각각 문을 닫았다.[43] 영국은 1688년 명예혁명 이후 종교적 살해를 그만두었다. 기독교 세계의 여러 분파들은 지금까지도 간헐적으로 작은 충돌을 일으키지만(북아일랜드의 개신교와 가톨릭, 발칸 반도의 가톨릭과 정교회), 오늘날의 분쟁은 신학적이라기보다는 인종적이거나 정치적이다. 유대인은 1790년대부터 서구 사회에서 동등한 법적 권리를 인정받았다. 처음에는 미국, 프랑스, 네덜란드에서였고, 이후 한 세기에 걸쳐서 유럽의 나머지 지역에서도 그렇게 되었다.

✤ ✤ ✤

유럽인들은 어째서 이교를 믿는 동포들을 영원한 파문의 위험에 내버려 두어도 괜찮다고 결정하기에 이르렀을까? 어째서 나쁜 선례 때문에 다른 사람들까지 그 운명에 꾀어드는 것을 그냥 내버려 두게 되었을까? 어쩌면 그들은 종교 전쟁 때문에 지쳤을지도 모른다. 그러나 그렇다면 왜 10년이나 20년이 아니라 30년 후에야 지쳤을까? 한 가지 짐작되는 요인은, 사람들이 인간의 생명에 더 큰 가치를 부여하기 시작했다는 사실이다. 새로운 존중은 일면 정서적 변화였다. 사람들에게 타인의 고통과 즐거움에 동일시하는 습관이 생겨난 것이었다. 그러나 또 어떤 면에서는 지적, 도덕적 변화였다. **영혼**에 가치를 두는 태도가 **생명**에 가치를 두는 태도로 바뀐 것이었다. 영혼의 신성함이라는 교리는 얼핏 고상하게 들리지만, 사실은 대단히 해롭다. 그에 따르면 지상의 삶은 인간이 거치는 일시적인 단계이자 인간 존재에서 무한히 작은 일부분에 지나지 않기 때문이다. 또한 죽음은 사춘기나 중년의 위기와 같은 삶의 통과의례에 지나지 않는다.

영혼이 아니라 생명을 도덕적 가치의 소재지로 여기는 점진적 변화를 거든 것은 회의주의와 이성의 득세였다. 누구도 삶과 죽음의 차이나 고통의 존재 따위는 부정할 수 없다. 그러나 불멸의 영혼이 육체를 빠져나간 뒤에 어떻게 되는가 하는 문제에 대해서 신념을 지니려면 세뇌가 필요하다. 이성의 시대라고 불리는 17세기는 작가들이 경험과 논리로써 신념을 정당화해야 한다고 주장하기 시작한 때였다. 그런 주장은 영혼과 구원에 대한 교리를 잠식했고, 남들에게 칼을 겨눠 (혹은 유다의 요람 따위를 써서) 못 믿을 일을 믿게끔 강요해야 한다는 정책을 무너뜨렸다.

에라스뮈스를 비롯한 회의적 철학자들은 인간 지식이 본질적으로 허약하다고 지적했다. 우리 눈이 시각적 착각에 속는 판국에(노는 수면에서 꺾인 것처럼 보이고, 원통형 탑은 멀리서 사각형처럼 보인다.), 어찌 그보다 덧없는 무언가에 대한 신념을 품는단 말인가?[44] 칼뱅이 1553년에 미카엘 세베르투스를 화형시키자, 종교적 박해라는 발상 자체를 전면적으로 점검하는 시선이 등장했다.[45] 프랑스 학자 세바스티안 카스텔리오는 사람들이 상호 양립 불가능한 신념을 굳게 믿는 것이 얼마나 비합리적인 일인지를 지적함으로써 고발을 이끌었다. 그는 그런 신념에 의거한 행동이 얼마나 끔찍한 도덕적 결과를 낳는지도 지적했다.

> 칼뱅은 자신이 옳다고 말하고, [다른 종파는] 자신이 옳다고 말한다. 칼뱅은 그들이 틀렸으니 심판해야 한다고 말하고, 그들도 그렇게 말한다. 누가 판단할 것인가? 누가 칼뱅을 모든 종파들의 결정권자로 임명하여 그만이 죽일 수 있다고 말할 것인가? 그는 자신이 하나님의 말씀을 갖고 있다고 말하지만, 남들도 그렇다. 이것이 확실한 문제라면, 대체 누구에게 확실하다는 것인가? 칼뱅에게? 그렇다면 왜 그는 자명한 진실에 대해서 이토록 많은 책을 쓰는가? …… 이처럼 사태가 불확실한 까닭에, 우리는 이단을 단지 우리와 의견이 다른 사람으로 정의하는 수밖에 없다. 따라서 우리가 이단을 죽이려고 하면 그 논리적 결과는 모두가 절멸하는 전쟁이다. 양쪽 모두 자신이 옳다고 확신하기 때문이다. 칼뱅은 프랑스와 다른 나라들을 침략해 도시를 쓸어버리고, 모든 주민을 칼로 치고, 아기와 가축은 물론이요 남녀노소 봐주지 않고 모조리 죽여야만 할 것이다.[46]

17세기에는 바뤼흐 스피노자, 존 밀턴("진실과 거짓이 드잡이하도록 내버려 두라. …… 진실이 강하니까."라고 썼다.), 아이작 뉴턴, 존 로크 등이 이런 논증을 지지했다. 새롭게 등장한 근대 과학은 기존의 굳은 믿음이 완전히 거짓일 수 있음을 증명했고, 세상은 신의 뜻이 아니라 물리 법칙에 따라 작동한다는 것을 증명했다. 가톨릭교회는 갈릴레오에게 고문을 들먹여 위협하고 후에 물리계에 대한 올바른 믿음으로 밝혀진 생각을 신봉한다는 이유로 평생 가택연금을 명했는데, 결국 스스로에게 하등의 도움이 되지 못한 짓이었다. 사람들은 유머와 상식을 가미한 회의적 사고방식이 미신에 도전하는 것을 차츰 허용했다. 『헨리 4세』 1부에서 글렌다워는 "나는 지옥 밑에서 악령을 불러낼 수도 있다."고 허풍을 떤다. 그러자 핫스퍼는 대꾸한다. "그 따위야 나도 할 수 있죠. 누군들 그걸 못하나요. 하지만 당신이 부를 때 정말로 나타나느냐 하는 게 문제죠." 프랜시스 베이컨은 신념이 관찰에 의거해야 한다는 원칙을 말한 사람으로 종종 거명된다. 그는 이런 일화를 들려주었다. 어떤 사람이 예배당으로 인도되었다. 그곳에서 그는 신에게 기도를 올린 덕분에 난파선에서 무사히 탈출한 선원들을 그린 그림을 보았다. 그 그림이 신의 힘을 증명하지 않느냐는 질문에, 그는 대꾸했다. "옳습니다. 하지만 기도를 올린 뒤에 익사한 사람들은 어디 그려져 있습니까?"[47]

잔인하고 괴상한 처벌

미신과 교리의 허울이 벗겨짐으로써 고문의 구실이 하나 사라졌지만, 세속적 범죄와 비행에 대한 처벌로는 고문이 여전히 사용되었다. 고대, 중세, 근대 초기 사람들은 잔인한 처벌을 완벽하게 합리적인 일로 여겼다. 처벌의 핵심은 당하는 사람에게 엄청난 불행을 안김으로써 그도 다른 사람들도 두 번 다시 금지 행위를 엄두 내지 않도록 만드는 것이다. 이런 논리라면, 처벌은 가혹할수록 그 의도를 더 잘 완수한다. 그리고 국가의 치안 및 사법 제도가 효율적이지 않을 경우, 작은 처벌로 최대의 효과를 내야 한다. 기억에 남을 만큼 잔혹한 처벌을 실시함으로써, 목격자들이 모두 겁에 질려 복종하고 소문을 퍼뜨려 다른 사람들까지 겁먹게 만들어야 한다.

하지만 잔인한 처벌의 실용적 기능은 그 매력의 일부에 지나지 않았다. 관중은 잔인함이 사법적으로 쓰이지 않을 때도 잔인함을 **즐겼다.** 이를테면, 동물에 대한 고문은 즐겁고 떳떳한 놀이였다. 16세기 파리에서는 고양이 화형이 인기 있는 오락이었다. 고양이를 밧줄에 묶어 무대 위로 들어 올린 뒤, 천천히 불 위로 내렸다. 역사학자 노먼 데이비스에 따르면, "동물이 고통에 겨워 울부짖으며 그슬리고, 구워지고, 마침내 숯이 되는 광경을 보면서, 왕과 왕비를 포함한 관객들은 깍깍 웃어 댔다."[48] 개싸움, 소몰이, 닭싸움, '범죄' 동물의 공개 처형, 곰 곯리기가 인기였다. 곰 곯리기란 곰을 말뚝에 묶은 뒤 개들을 풀어 물어뜯게 하는 놀이로, 그러다가 개들이 죽기도 했다.

적극적으로 고문을 즐기지 않는 사람이라도, 싸늘한 무관심을 보였다. 당대 최고의 세련된 신사였을 듯한 새뮤얼 피프스는 1660년 10월 13일 일기에 이렇게 적었다.

> 채링크로스로 가서 사람들이 해리슨 소장을 목매달고, 할복하고, 능지처참하는 장면을 구경했다. 그는 그런 상태에 처한 사람치고는 최대한으로 쾌활해 보였다. 처형자들이 곧 그의 목을 베었고, 그의 머리와 심장을 사람들에게 들어 보였다. 기쁨의 함성이 왁자하게 울렸다. …… 거기에서 각하의 집으로 갔다가, 커턴스 대령과 셰플리 씨를 데리고 선태번으로 가서 굴을 사 주었다.[49]

해리슨이 "그런 상태에 처한 사람치고는 최대한으로 쾌활해 보였다."는 싸늘한 농담은 처형자가 그의 목을 약간만 조르고, 내장을 꺼내고, 거세하고, 그의 눈앞에서 그의 장기를 꺼내 불태우고, 끝내 그의 목을 자르는 장면을 가리킨 것이었다.

우리가 '체형(corporal punishment)'이라는 완곡어법으로 기억하는 덜 현란한 처벌들도 실은 극악한 고문이었다. 오늘날 많은 사적 관광지에는 차꼬나 칼이 전시되어 있다. 아이들은 그것을 쓰고 기념사진을 찍는다. 다음은 18세기 영국에서 두 남자에게 칼을 씌운 장면에 대한 묘사이다.

> 한 명은 키가 작아서 머리 넣는 구멍에 머리가 닿지 않았다. 집행관들은 그러거나 말거나 그의 목을 쑤셔 넣었고, 가련한 남자는 서 있다기보다 매달리게 되었다. 곧 남자는 얼굴이 흙빛으로 변했고, 콧구멍과 눈과 귀에서 피가 뿜어져 나왔다. 그래도 군중은 사납게 그를 공격했다. 집행관들이 칼을 열자, 가련한 남자는 받침대에 털썩 엎어져 죽었다. 다른 남자는 사람들이 던진 물건에 맞아 비틀리고 다친 채, 회복의 가망 없이 그냥 그대로 매달려 있었다.[50]

체형의 또 다른 종류는 채찍질이었다. 영국 선원들 사이에서, 그리고 아프리카계 미국인 노예들이 건방지게 굴거나 빈둥거릴 때 채찍질이 자주 쓰였다. 채찍은 다양하게 개조되었다. 피부를 잘 찢고, 살점을 다진 고기처럼 뭉개고, 근육을 썰어 뼈를 드러내기 위해서였다. 찰스 네이피어는 18세기 말 영국 군대에서 채찍질 1000번의 벌이 드물지 않았다고 회상했다.

> 나는 피해자들이 처벌을 마저 받기 위해서 병원에서 서너 차례 나갔다 오는 것을 보았다. 채찍질은 한 번 당할 때마다 죽음을 감수해야 할 만큼 심한 벌

이었다. 채 아물지 않은 부드러운 새살이 다시 채찍을 맞아 찢겨 나가는 것은 끔찍한 광경이었다. 나는 채찍질 당하는 사람을 수백 명 보았는데, 보통 피부가 완전히 갈라지거나 떨어져 나가면 크나큰 통증은 가라앉았다. 사람들은 처음 한 번에서 300번까지는 몸을 뒤틀며 비명을 질렀지만, 그 후에는 800번에서 1000번까지 가더라도 신음 소리 하나 없이 견뎠다. 그들은 죽은 듯이 누워 있었다. 내리치는 사람은 죽은 살덩어리에 채찍을 휘두르는 듯했다.[51)]

킬홀(keelhaul, 용골 끌기)이라는 단어는 요즘 입으로 꾸짖는 것을 일컫는 말로 쓰인다. 그런데 그 문자적 의미는 영국 해군의 또 다른 처벌 방법을 가리킨다. 선원을 밧줄에 묶어 선체 바닥으로 통과시키는 방법이었다. 피해자는 익사하거나, 배 밑에 다닥다닥 붙은 따개비에 쓸려 살이 너덜너덜 난도질되었다.

영국과 네덜란드에서는 16세기 말부터 경범죄에 대한 처벌로서 투옥이 고문과 절단을 대체했다. 그러나 딱히 개선이라고 할 수는 없었다. 죄수는 음식, 옷, 밀짚에 대해 돈을 내야 했고, 자신이나 가족이 돈을 못 내면 아무것도 없이 지내야 했다. '족쇄 경감'에 돈을 내는 경우도 있었다. 돈을 내면 가시가 박힌 쇠 올가미나 다리를 묶어 두는 쇠막대기를 풀어준다는 뜻이었다. 해충, 혹한과 혹서, 배설물, 빠듯하고 상한 음식은 비참함을 더할 뿐만 아니라 질병을 키워서, 감옥은 사실상 죽음의 수용소였다. 노역장으로 운영되는 감옥도 많았다. 제대로 먹지 못한 죄수들은 깨어 있는 시간의 대부분에 나무를 패고, 바위를 깎고, 쳇바퀴를 밟았다.[52)]

✤ ✤ ✤

18세기는 서구의 제도적 잔인함에서 전환점이었다. 영국에서는 개혁가들과 위원회들이 전국 감옥에서 목격한 '잔인함, 야만성, 착취'를 비판했다.[53] 고문 처형에 대한 생생한 보고가 대중의 양심을 긁었다. 1726년 캐서린 헤이스의 처형을 묘사한 글에 따르면, "불꽃이 몸에 닿자 그녀는 당장 맨손으로 장작을 밀어 버리려 했지만, 그것을 조금 흩뜨렸을 뿐이다. 처형자는 그녀의 목에 감긴 밧줄을 당겨 목을 조르려 했지만, 불길이 손에 닿아 화상을 입자 그만두었다. 사람들은 더 많은 장작을 모닥불에 던졌다. 그녀는 서너 시간 만에 재로 변했다."[54]

바퀴로 부수기라는 무덤덤한 표현은 그 처벌의 참혹함을 전혀 포착하지 못한다. 한 기록에 따르면, 피해자는 "격류처럼 쏟아지는 핏물 속에서 몸을 뒤틀며 비명을 지르는 거대한 인형이 되었다. 흡사 바다괴물의 네 촉수처럼 미끈미끈하고 흐물흐물한 날것의 살점이 으깨진 뼈 조각들과 뒤섞여 인형처럼" 보였다.[55] 1762년, 64세의 프랑스 개신교도 장 칼라는 가톨릭으로 개종하려는 아들을 죽인 죄로 고발되었다. 사실 그는 아들의 자살을 감추려 한 것뿐이었다.[56] 사람들은 공범의 이름을 알아내겠다며 그를 취조했다. 매다는 형틀과 물고문을 가했고, 바퀴에서 몸을 부쉈다. 그는 두 시간 동안 고통에 시달린 끝에야 자비롭게도 교살형을 당했다. 그는 뼈가 으깨지는 순간에도 결백을 주장했고, 목격자들은 그 끔찍한 광경에 마음이 움직였다. 쇠 곤봉이 그를 때리는 소리는 "사람들의 영혼 밑바닥에서 울렸고", "그 자리에 있는 모든 사람들의 눈에서 너무나도 뒤늦은 눈물이 격류처럼 쏟아졌다."[57] 볼테르는 이 사건을 문제시하며, 프랑스가 이처럼 '잔학한 구습'을 좇는 잔인한 나라임을 모른 채 외국인들은 세련된 문학과 아름다운 여배우로만 판단하니 이 얼

마나 아이러니한 일이냐고 성토했다.[58]

다른 저명 작가들도 가학적 처벌을 신랄하게 비판했다. 어떤 작가들은 볼테르처럼 수치의 언어를 사용했다. 그런 관행은 야만적이고, 미개하고, 잔인하고, 원시적이고, 식인적이고, 잔학하다고 말했다. 몽테스키외를 비롯한 또 다른 작가들은 기독교인들이 한때 로마, 일본, 무슬림에게 잔인한 취급을 받았던 것을 탄식하면서도 이제 똑같은 잔인함을 서로에게 가하는 위선을 지적했다.[59] 또 다른 작가들은 의사이자 미국 독립 선언서 서명자였던 벤저민 러시처럼, 처벌의 표적이 된 사람들과 독자들이 공통으로 지닌 인류애에 호소했다. 1787년에 러시는 "우리가 혐오하는 남녀의 영혼과 육체도 우리의 친구나 친척과 똑같은 물질로 만들어져 있다. 그들도 그들의 동족이다."라고 말했다. 우리가 그들의 비참함에 아무런 감정과 공감을 느끼지 못한다면 "공감의 원칙은 …… 작동을 멈출 것이고, 곧 인간의 가슴에서 설 자리를 잃을 것"이라고 했다.[60] 사법 제도의 목표는 잘못을 저지른 자를 해치는 것이 아니라 갱생시키는 것이어야 하고, "범죄자의 개조는 공개적 처벌로는 결코 이뤄지지 않는다."고도 덧붙였다.[61] 영국의 변호사 윌리엄 이든도 잔인한 처벌이 대중을 잔혹하게 만드는 효과를 지적했다. 그는 1771년에 이렇게 썼다. "우리는 서로를 산울타리에 선 허수아비마냥 썩어 가게 내버려 두고 있다. 우리의 교수대는 인간들의 시체로 그득하다. 그런 광경에 강제로 익숙해지는 것이 대중의 정서를 무디게 하고 자비로운 선입견을 파괴하는 것 외에 다른 어떤 효과가 있는지 의심해 보아야 하지 않을까?"[62]

누구보다 큰 영향력을 미쳤던 사람은 밀라노의 경제학자이자 사회과학자였던 체사레 베카리아였다. 그가 1764년에 써서 베스트셀러가 된 『범죄와 처벌』은 볼테르, 드니 디드로, 토머스 제퍼슨, 존 애덤스 등등 모든 중요한 정치 사상가들에게 영향을 미쳤다.[63] 베카리아는 최초의 원칙으로부터 이야기를 전개했다. 사법 제도의 목표는 '최대 다수의 최대 행복'이라는 원칙이다(나중에 제러미 벤담이 이 표현을 공리주의의 표어로 채택했다.). 그렇다면 처벌은 사람들이 스스로 입는 피해보다 더 큰 피해를 남에게 가하는 것을 막기 위해서 쓰일 때만 타당하다. 따라서 처벌은 범죄가 주는 피해에 비례해야 한다. 무슨 신비로운 우주적 정의의 저울을 맞추기 위해서가 아니라, 적절한 유인 구조를 구축하기 위해서이다. "사회에 끼치는 피해가 서로 다른 두 범죄에 대해서 동등한 처벌을 내린다면, 사람들이 최대의 이득을 얻기 위해서 가급적 최대의 범죄를 저지르려고 하는 것을 막을 방법이 없다." 또한 냉철한 시각으로 사법적 정의를 바라보면, 처벌의 가혹함보다 확실성과 신속성이 더 중요하다는 결론이 나온다. 재판은 공개적으로 진행되어야 하고 증거에 의존해야 한다는 결론, 사형이 억제 정책으로서 꼭 필요한 것은 아니며 국가에게 허용된 힘에 해당하지도 않는다는 결론도 함께 나온다.

베카리아의 글이 모두를 감화시키지는 못했다. 교황성은 그의 책을 금서 목록에 올렸고, 법학자이자 종교학자였던 부글랑의 피에르프랑수아 뮈야르는 격렬한 반박을 펼쳤다. 뮈야르는 베카리아의 동정적인 감수성을 조롱하며, 그가 세월의 시험을 거친 체계를 무모하게 잠식하려 한다고 비난했다. 원죄에서 시작된 인간의 타고난 타락에 맞대응하려면 강한 처벌이 필요하다고 주장했다.[64]

그러나 결국에는 베카리아의 생각이 승리를 거두었다. 몇 십 년 만에 거의 모든 서구 국가들이 사법적 고문을 폐지했다. 신생 독립국이 된 미국도 '잔인하고 괴상한 처벌'을 금한다는 헌법 수정 제8조의 유명한 표현에 따라 그렇게 했다. 고문 폐지를 정확하게 도표화하기는 어렵지만(나라마다 서로 다른 시기에 서로 다른 용도를 불법으로 규정했기 때문이다.), 그림 4-2의 누적 그래프를 보면 유럽 15개국과 미국이 자국에서 실시되던 주요한 사법 고문들을 언제 폐지했는지 알 수 있다.

나는 그림 4-2와 이 장의 다른 그래프들에서 18세기의 시작과 끝을 표시해 두었다. 이 놀라운 역사적 시기에 얼마나 많은 인도주의 개혁이 개시되었는지를 강조하기 위해서이다. 또 다른 개혁은 동물에 대한 잔인한 행위를 금한 것이었다. 1789년에 제러미 벤담은 지금까지도 동물 보호 운동의 표어로 쓰이는 문장을 통해서 동물권의 논리를 설명했다. “문제는 그들이 **생각할 수 있는가** 없는가가 아니다. 그들이 **말할 수 있는가** 없는가도 아니다. 그들이 **고통을 느끼는가** 아닌가이다.” 1800년에는 곰 괴롭히기를 금지하는 최초의 법안이 의회에 상정되었다. 1822년에 의회는 ‘가축에 대한 부당한 처우에 관한 법’을 통과시켰고, 1835년에는 보호 범위를 황소, 곰, 개, 고양이까지 넓혔다.[65] 계몽 시대에 생겨난 인도주의 운동들이 으레 그랬듯이, 동물에 대한 잔인함에 반대하는 운동은 권리 혁명의 시대였던 20세기 후반에 두 번째 바람을 탔다. 2005년에는 영국

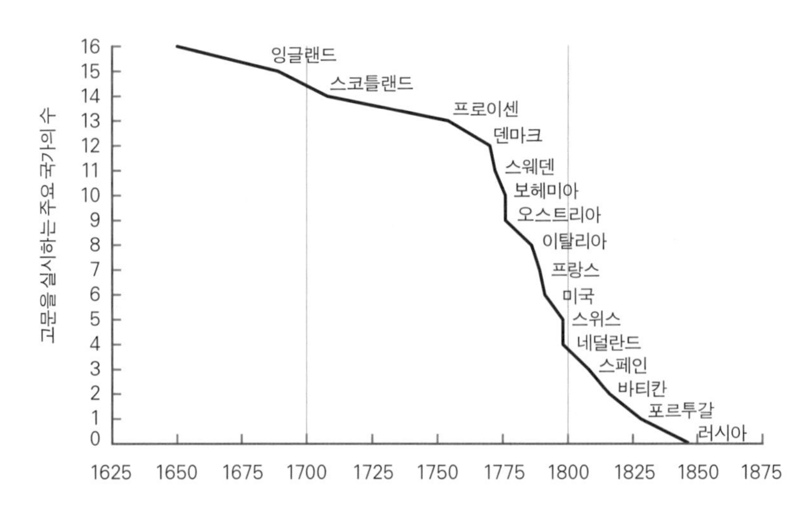

그림 4-2. 사법 고문 폐지 연표.

출처: Hunt, 2007, pp. 76, 179; Mannix, 1964, pp. 137-38.

에서 최후까지 남은 법적 유혈 스포츠, 즉 여우 사냥이 금지되어 절정을 이루었다.

사형

1783년에 영국이 낙하식 교수형을 도입하고 1792년에 프랑스가 단두대를 도입했을 때, 그것은 도덕적 발전이었다. 피해자의 의식을 순식간에 앗아 가는 처형은 괴로움을 질질 끄는 처형보다 더 인간적이기 때문이다. 그러나 여전히 처형은 극심한 폭력이었다. 대부분의 인류 역사에서 대부분의 국가가 그랬듯이 변덕스럽게 사용할 때는 더 그랬다. 성경의 시대, 중세, 근대 초기에는 이런저런 사소한 무례와 위반을 죽음으로 처벌하곤 했다. 남색, 헛소문, 양배추 훔치기, 안식일에 땔감 줍기, 부모에게 말대꾸하기, 왕궁의 정원을 비판하기 등등.[66] 헨리 8세의 재위 말년에는 런던에서 **매주** 10건 이상 처형이 벌어졌다. 1822년 영국 법전에는 밀렵, 위조, 사육장에서 토끼 훔치기, 나무 자르기 등을 포함한 사형 죄목이 222건 기재되어 있었다. 당시 평균적인 재판 시간이 8.5분이었으니, 틀림없이 죄 없는 사람들도 잔뜩 교수대로 갔을 것이다.[67] 럼멜은 예수의 시대에서 20세기까지 사소한 위반으로 처형된 사람의 수를 1900만 명으로 추정한다.[68]

18세기가 끝날 무렵, 사형이 사형 길에 올랐다. 예로부터 시끌벅적한 축제나 마찬가지였던 공개 교수형은 영국에서 1783년에 폐지되었다. 교수대에 시체를 전시해 두던 관행은 1834년에 폐지되었고, 222건이었던 사형 죄목은 1861년에 4건으로 줄었다.[69] 19세기에는 많은 유럽 국가가 살인과 반역죄 이외의 다른 범죄들에 대해서 사형 집행을 그만두었고, 결국 거의 모든 서구 국가들이 사형 자체를 폐지했다. 그림 4-3을 보면 이야기가 빠르다. 현재 유럽의 53개 국가 중 러시아와 벨라루스를 제외한 모든 나라가 일반적인 범죄에 대한 사형 언도를 폐지했다(한 줌의 국가들은 반역과 심각한 군사적 위법 행위에 대해서는 사형을 명시하고 있다.). 사형 폐지는 제2차 세계 대전 이후 가속되었지만, 한참 전부터 인기를 잃었다. 가령 네덜란드는 1982년에 공식적으로 사형을 폐지했지만, 1860년 이래 한 명도 처형하지 않았다. 국가가 마지막으로 사형을 집행한 때와 공식적으로 사형을 폐지한 때 사이의 간격은 평균 50년이다.

오늘날 사형은 인권 침해로 널리 인정된다. 2007년 유엔 총회는 사형에 대한 비강제적 모라토리움을 찬성 105표 대 반대 54표로 선언했는데(기권 29표), 1994년과 1999년에는 합의에 실패했었다.[70] 결의안에 반대한 나라들 중 하나는 미국이다. 미국은 다른 종류의 폭력에서 그런 것처럼 사형에서도 서구 민주 국가들 사이에서 예외적인 존재이다(사실 '예외적인 **존재들**'이라고 말해야 옳을지도 모른다. 주로 북부에 해당하는 17개 주는 이미 폐지했고 —4

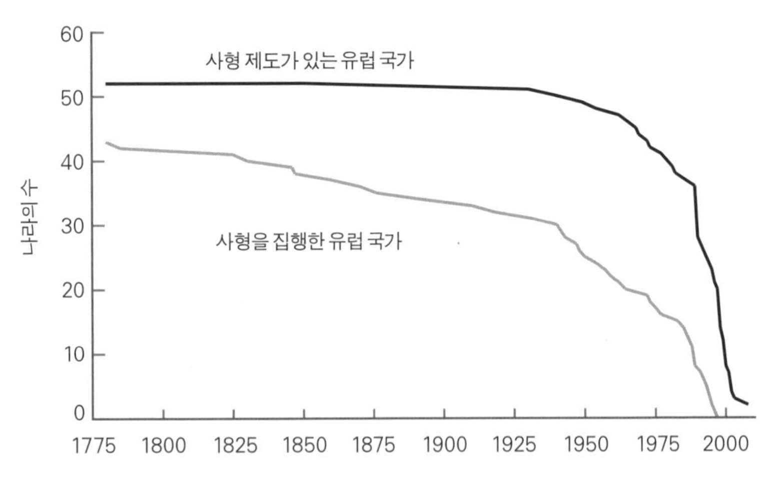

그림 4-3. 유럽 국가들의 사형 폐지 연표.

출처: French Ministry of Foreign Affairs, 2007; Capital Punishment U.K., 2004; Amnesty International, 2010.

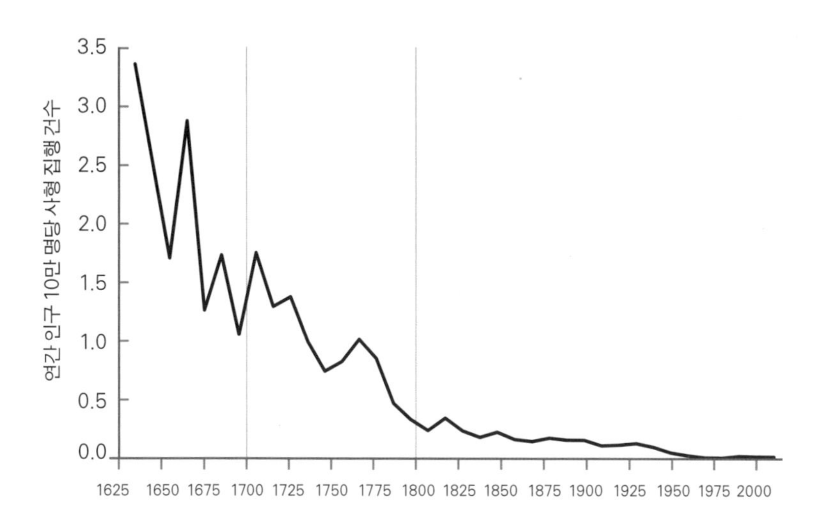

그림 4-4. 미국의 사형 집행률, 1640~2010년.

출처: Payne, 2004, p. 130, based on data from Espy & Smykla, 2002. 2000년과 2010년으로 끝나는 두 10년 단위의 수치는 다음 자료에서 얻었다.: Death Penalty Information Center, 2010b.

개 주는 지난 2년 안에 그랬다. — 18번째 주는 45년 동안 한 건도 집행하지 않았다.).[71] 그런데 미국의 사형이 악명 높기는 해도, 그것은 현실이라기보다는 상징적인 의미이다. 그림 4-4를 보자. 미국의 인구 대비 사형 집행률은 식민지 시절 이래 곤두박질쳤다. 17세기와 18세기에 제일 가파르게 하락했는데, 서구에서 다른 여러 제도적 폭력들이 감소하던 시기였다.

잘 보면 지난 20년 동안 가까스로 보일 만큼 곡선이 부풀었다. 1960년대, 1970년대, 1980년대의 살인 급증에 대응한 강경 대책을 반영한 것이다. 그러나 현재 미국에서 '사형'은 허구에 가깝다. 의무적 재심 제도 때문에 대부분의 처형은 무기한 미뤄지고, 전국 살인자의 0.몇 퍼센트 정도만 결국 사형에 처해진다.[72] 게다가 가장 최근의 추이는 내리막이다. 최고를 기록했던 해는 1999년이었고, 이후 연간 처형 건수는 거의 반으로 줄었다.[73]

사형 비율이 감소함과 동시에 사형 죄목도 줄었다. 17, 18세기에는 사람

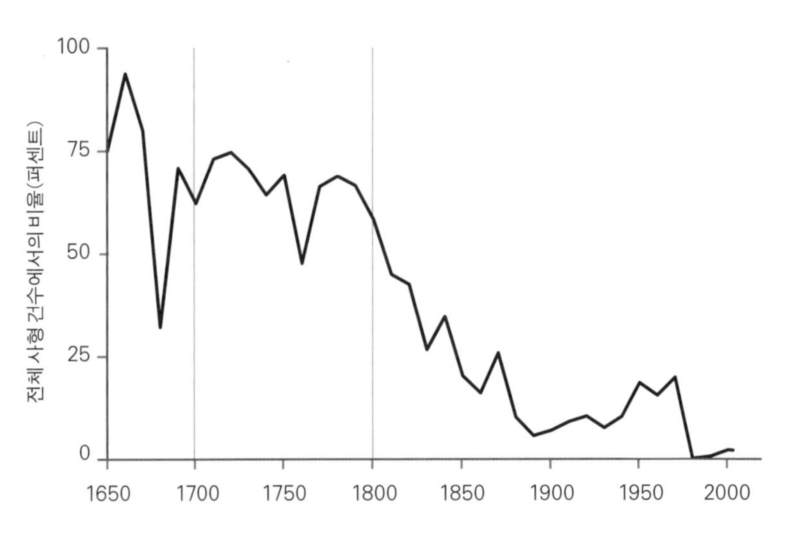

그림 4-5. 미국에서 살인이 아닌 다른 범죄로 처형된 건수의 비율, 1650~2002년.
출처: Espy & Smykla, 2002; Death Penalty Information Center, 2010a.

이 도둑질, 남색, 항문 성교, 수간, 간통, 마술, 방화, 출산 은폐, 강도, 노예의 반항, 위조, 말 도둑질 때문에 처형될 수 있었다. 그림 4-5는 식민지 시절 이래 미국에서 살인이 아닌 다른 죄목으로 처형된 비율을 보여준다. 최근 몇 십 년 동안 살인이 아닌데도 사형이 집행된 유일한 범죄는 '살인 모의'였다. 2007년에 연방 대법원은 '피해자의 생명을 앗아 가지 않은 이상' 어떤 범죄에 대해서도 사형을 적용해서는 안 된다고 규정했다(단 간첩 활동, 반역, 테러와 같은 소수의 '국가에 대한 범죄'에 대해서는 여전히 가능하다.).[74]

사형 방법도 바뀌었다. 미국은 화형과 같은 고문 처형을 진작 폐지했을 뿐만 아니라, 좀 더 '인도적인' 방법들을 시험해 왔다. 문제는 즉각적인 죽음을 효율적으로 보장하는 방법일수록 (가령 머리에 총알을 몇 발 쏘는 것) 보는 사람들에게 끔찍하게 느껴진다는 점이다. 사람들은 자신들이 폭력을 동원하여 산 육체를 죽인다는 사실을 떠올리고 싶어 하지 않는다. 그래서 밧줄과 총알이라는 물리적인 방법은 가스와 전기라는 보이지 않는 대리인으로 바뀌었고, 다시 전신마취 하에 독극물을 주사하는 준의료 과정으로 바뀌었다. 이마저도 죽어 가는 죄수에게 지나친 스트레스를 준다는 비판이 있을 지경이다. 페인은 이렇게 말했다.

> 입법가들은 거듭된 개혁으로 사형을 온건하게 바꿔 왔다. 덕분에 오늘날의 사형은 과거 사형의 자취에 지나지 않는다. 끔찍하지 않고, 신속하지 않고, 현재의 제한된 용도로는 확실하지도 않다(살인 200건 중 약 1건만 사형으로 이어진다.). 이럴진대 미국에 사형이 '존속한다'는 말이 무슨 의미가 있을까? 만일 미국에 전통적인 형태의 탄탄한 사형 제도가 있다면, 우리는 연간 약 1만 명의 죄수를 처형하고 있을 것이다. 완벽하게 무고한 사람도 수십 명 포함될 것이다. 우리는 피해자에게 고문을 가해 죽일 것이고, 그것을 전국 텔레비전으로 방송하여 아이를 비롯한 모든 시민들이 시청할 것이다(매일 27건씩 사형이 집행되면 다른 프로그램을 방영할 시간이 거의 없으리라.). 사형 옹호자들이라도 이런 상상에 질겁할 텐데, 그것은 그들조차도 인간의 생명을 점점 더 존중하도록 바뀌어 온 흐름에 감화되었다는 뜻이다.[75]

상상컨대, 18세기에는 사형 폐지가 무모해 보였을 것이다. 오싹한 처형에의 두려움으로 사람들을 억제하지 않으면, 다들 이득이나 복수를 위해서 살인을 서슴지 않을 것만 같았으리라. 그러나 지금 우리는 사형 폐지로 수백 년의 살인율 감소가 역전되지 않았다는 것을 잘 안다. 사형 폐지는 살인율 감소와 나란히 진행했다. 현대 서유럽 국가들은 사람을 전혀 처형하지 않는데도 살인율은 세계 최저 수준이다. 이것은 제도적 폭력이 한때 사회의 온전한 기능에 필수 불가결한 요소로 보였지만 일단 폐지되자 그것 없이도 사회가 완벽하게 잘 굴러간다는 것을 보여 준 여러 사례 중 하나이다.

노예제

대부분의 문명 역사에서, 노예 제도는 예외가 아니라 규칙이었다. 히브리 성경과 기독교 성경은 노예제를 변호했고, 플라톤과 아리스토텔레스는 그것을 문명사회에 꼭 필요하고 자연스러운 제도로 정당화했다. 민주정을 표방했던 아테네에서도 페리클레스의 시대에 인구의 35퍼센트가 노예였다. 로마 공화국에서도 그랬다. 노예는 언제나 중요한 전리품이었고, 나라 없는 사람들은 인종을 막론하고 노예로 붙잡힐 위험에 시달렸다.[76] 노예라는 뜻의 단어 **슬레이브**(slave)는 **슬라브**(Slav)에서 왔는데, 사전이 알려 주듯이 '중세에 슬라브 사람들이 노예로 널리 포획되고 부려졌기 때문이다.' 국가와 군대는 노예 포획 장치로 기능하지 않을 때는 자기 백성들의 노예화 방지 장치로 기능했다. 이런 노래 가사도 있지 않은가. "브리타니아여, 지배하라! 브리타니아는 바다를 지배한다. 브리튼 사람은 결코, 결코, 결코 노예가 되지 않으리." 아프리카 사람들은 유럽 사람들에게 노예로 잡히기 한참 전부터 다른 아프리카 사람들에게 노예로 잡혔고, 북아프리카와 중동의 이슬람 국가들에게도 예속되었다. 그런 나라들 중 일부는 최근 들어서야 노예제를 법적으로 폐지했다. 카타르는 1952년에, 사우디아라비아와 예멘은 1962년에, 모리타니는 1980년에 폐지했다.[77]

전쟁 포로에게는 노예가 되는 것이 그 대안인 학살보다 나을 때가 많았고, 노예제는 많은 사회에서 농노, 고용, 군역, 직업 길드처럼 더 온화한 형태로 변해 갔다. 그러나 폭력은 정의상 노예제에 내재된 요소이다. 만약에 어떤 사람이 노예의 일을 다 하되 물리적 제지와 처벌 없이 언제든 그만둘 수 있다면, 우리는 그를 노예라고 부르지 않을 것이다. 폭력은 노예의 삶에서 상시적인 요소였다. 「출애굽기」 21장 20~21절이 말하듯이, "어떤 사람이 자기 남종이나 여종을 몽둥이로 때렸는데 종이 그 자리에서 죽었을 경우, 그는 벌을 받아야 한다. 그러나 종이 하루 이틀을 더 살면, 그는 벌을 받지 않는다. 종은 그의 재산이기 때문이다." 노예는 제 몸에 대한 소유권이 없기 때문에, 비교적 괜찮은 대접을 받더라도 늘 악랄한 착취의 가능성에 직면했다. 하렘의 여자들은 수시로 강간을 당했고, 그들을 지키는 내시들은 칼로 고환을 자른 뒤 — 흑인 내시들은 생식기 전체를 잘랐다. — 과다 출혈로 죽지 않도록 끓는 버터로 소작을 해야 했다.

그중에서도 아프리카 노예 무역은 인류 역사에서 가장 잔혹한 장이다. 16~19세기까지 적어도 150만 명의 아프리카인이 대서양을 건너는 노예선에서 죽어 갔다. 그들은 사슬로 한데 묶인 채 갑갑한 오물투성이 화물칸에서 여행했다. 어느 목격자가 말했듯이 "해안에 무사히 당도한 사람들도 이루 형언할 수 없을 만큼 비참한 모습이었다."[78] 이후 밀림과 사막을 행군하여 해안가나 중동의 노예 시장으로 가는 길에 수백만 명이 더 스러졌다. 노예 상인들은 얼음 장수의 사업 모형에 따라 자신들의 화물을 취급했다. 즉 화물의 일정 비율이 운반 중에 으레 없어지기 마련이라고 생각했다. 노예 무역으로 죽어 간 아프리카인의 수는 적어도 1700만 명이고, 어쩌면 6500만 명에 육박한다.[79] 노예 무역은 운송 중에 사람들을 죽였을뿐더러, 생생한 육체를 끊임없이 공급함으로써 소유주들이 노예를 죽도록 부려 먹고 새 노예로 교체하도록 장려했다. 상대적으로 건강한 노예들도 채찍질, 강간, 절단, 가족과의 생이별, 즉결 처형의 그늘에서 살아갔다.

시대를 불문하고 일부 소유주들은 노예와 개인적으로 친해진 뒤에는 그들을 해방시켜 주었다. 노예들의 뜻에 따른 경우도 있었다. 중세 유럽을 비롯한 일부 장소에서는 노예제가 차츰 농노와 소작제로 바뀌었다. 사람들을 속박해 두는 것보다 풀어 주고 세금을 거두는 편이 더 쌌기 때문이거나, 국가가 약해서 소유주들의 재산권을 보장해 주지 못하기 때문이었다. 그러나 제도로서의 노예 소유에 반대하는 대중 운동은 18세기 초에야 일어났고, 이후 급속히 그 관습을 멸종으로 몰아갔다.

사람들은 왜 궁극의 노동 절약 장치를 포기했을까? 오래전부터 역사학자들은 경제적 요소나 인도적 요소가 노예제 폐지에 어느 정도로 기여했는가를 두고 옥신각신했다. 1776년, 애덤 스미스는 노예제가 급여를 지급하는 고용 노동보다 훨씬 비효율적이라고 논증했다. 후자만이 포지티브섬 게임이라는 이유였다.

> 노예의 노동은 언뜻 유지 비용만 드는 것처럼 보이겠지만, 사실 그것은 다른 어떤 방법보다도 값비싼 노동이다. 스스로 재산을 가질 수 없는 사람은 최대한 많이 먹고 가능한 한 적게 일하는 것 외에 다른 관심사가 있을 수 없다. 그런 사람에게서 생필품 구입에 필요한 것 이상의 노동을 얻으려면 폭력으로 짜내는 수밖에 없다. 자발적으로는 나오지 않는다.[80]

정치학자 존 뮬러는 "스미스의 의견에는 추종자가 따랐지만, 얄궂게도 노예 소유주들은 아니었다. 그것은 스미스가 틀렸거나, 노예 소유주들이 형편없는 사업가들이었다는 뜻이다."라고 지적했다.[81] 경제학자 로버트 포겔, 스탠리 엥거먼 등은 스미스의 이론이 적어도 남북 전쟁 이전 남부에 대해서는 부분적으로나마 틀렸다고 결론지었다. 당시 남부의 경제는 비교적 효율적이었기 때문이다.[82] 그리고 다들 알다시피 남부의 노예제는 비용 효율적인 생산 기법으로 점진적으로 변해 가기는커녕 전쟁과 법률로 근절되어야만 했다.

세계 다른 곳에서도 노예제를 끝내려면 총과 법이 필요할 때가 많았다. 한때 가장 왕성한 노예 무역 국가였던 영국은 1807년에 노예 무역을 법으로 금했고, 1833년에는 제국 전체에서 폐지했다. 1840년대에는 경제 제재와 해군력의 4분의 1가량을 투입하면서까지 다른 나라들에게도 노예 무역에서 발을 빼라고 압력을 가했다.[83]

대부분의 역사학자들은 영국의 노예제 폐지 정책이 인도적 동기에서 추진되었다고 본다.[84] 1689년, 로크는 『통치에 관한 두 편의 논고』로 노예제의 도덕적 기반을 망가뜨렸다. 비록 그를 포함하여 많은 지적 후예들이 위선적이게도 그 제도로 이익을 보기는 했지만, 그들이 자유, 평등, 보편 인권을 주창한 덕분에 호리병의 요정이 풀려나서 이후에는 누구든 그 관행을 정당화하기가 껄끄러워진 게 사실이었다. 인도적 근거에서 고문을 비난했던 여러 계몽 시대 작가들은 같은 논리를 노예제에도 적용했다. 가령 프랑스의 자크피에르 브리송이 그랬다. 이어 퀘이커 교도들이 합류했다. 그들이 1787년에 창설한 노예 무역 폐지 협회는 큰 영향력을 발휘했다. 설교자, 학자, 흑인 자유 시민, 한때의 노예, 정치인도 가세했다.[85]

그와 동시에, 다른 많은 정치인과 설교자는 노예제를 **옹호했다.** 그들은 성경이 그 관습을 승인했다는 점, 아프리카 인종의 열등함, 남부의 삶의 방식을 보존할 당위, 노예들이 자유의 몸이 되면 스스로 살아가지 못할 것이라는 가부장적 염려 등을 들먹였다. 그러나 이런 합리화는 지적, 도덕적 점검 앞에서 시들해졌다. 지적 논리에 따르면 사람이 다른 사람을 소유하는 것, 그리하여 사회 계약을 통해 서로의 이해관계를 협상하는 의사 결정자들의 공동체로부터 임의로 그를 배제하는 것은 어떻게도 변호할 수 없는 일이었다. 제퍼슨이 말했듯이, "인류의 다수는 등에 안

장을 진 채 태어나고 선택된 소수는 정당하게 그들에게 올라타도록 부츠와 박차를 신은 채 태어난 것은 아니다."[86] 노예의 삶을 일인칭으로 기술한 책들은 사람들의 도덕적 반감을 부추겼다. 『아프리카인 올로다 에퀴아노 인생의 흥미로운 이야기』(1789년), 『미국의 노예, 프레더릭 더글러스의 생애』(1845년)와 같은 자서전도 있었지만, 그보다 더 영향력이 컸던 것은 해리엇 비처 스토의 소설 『톰 아저씨의 오두막, 혹은 비천한 자들의 삶』(1852년)이었다. 소설에는 어머니가 자식들과 생이별하는 절절한 장면, 다정한 톰이 다른 노예에게 채찍질하기를 거부한 죄로 죽도록 맞는 장면이 묘사되어 있었다. 이 책은 30만 부나 팔렸고, 노예제 폐지 운동의 촉매가 되었다. 일설에 에이브러햄 링컨은 1862년에 스토를 만나서 "당신이 바로 이 큰 전쟁을 일으킨 작은 여인이로군요."라고 말했다고 한다.

미국 역사상 가장 파괴적이었던 전쟁이 끝난 1865년, 노예제는 헌법 수정 제13조에 따라 폐지되었다. 다른 나라들은 그 전에 폐지한 곳이 많았고, 프랑스는 멋쩍게도 두 번이나 폐지했다. 처음은 1794년 프랑스 혁명의 여파에서였고, 1802년에 나폴레옹이 다시 허락한 뒤 1848년에 제2공화정에서 두 번째로 폐지되었다. 다른 나라들도 신속히 뒤따랐다. 노예제 폐지의 연표는 여러 백과사전에 나와 있다. 영토를 어떻게 나누고 무엇을 '폐지'로 간주하느냐에 따라 약간씩 차이는 있지만, 패턴은 모두 같다. 폐지 선언은 18세기 말부터 폭발적으로 늘었다. 그림 4-6은 1575년 이래 공식적으로 노예제를 폐지한 국가들과 식민지들의 누적 숫자를 보여 준다.

노예제와 밀접하게 연관된 또 다른 관행은 채무 노예(debt bondage)였다. 성경 시대와 고전 시대부터 빚을 갚지 못한 사람은 노예가 되거나, 감옥에 갇히거나, 처형되었다.[87] 오늘날 엄격한 처분을 뜻하는 형용사 드

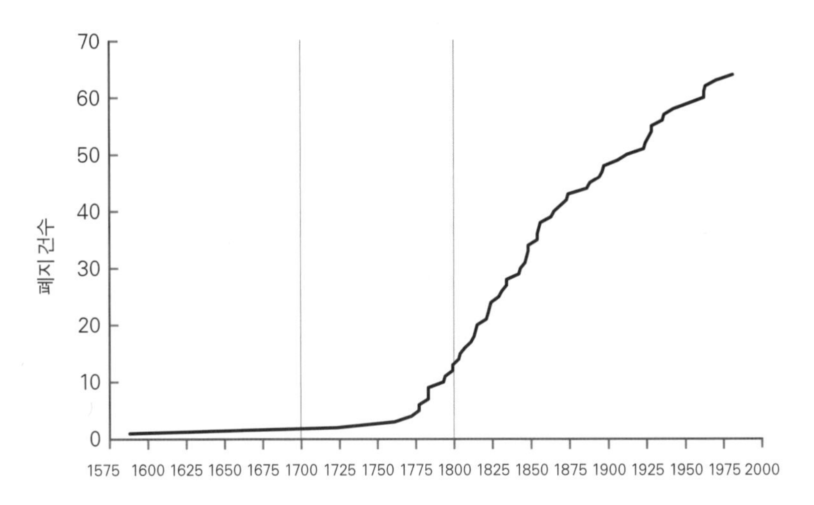

그림 4-6. 노예제 폐지 연표.

출처: 내가 찾은 가장 종합적인 목록은 다음 자료였다. 'Abolition of slavery timeline,' Wikipedia, http://en.wikipedia.org/wiki/Abolition_of_slavery_timeline, retrieved Aug. 18, 2009. 정치적 통치 영역 내에서의 공식적인 노예제 폐지를 나열한 '근대 연표' 항목들을 모두 포함시켰다.

라코니언(draconian)은 그리스의 입법자 드라콘(Draco)의 이름에서 왔는데, 그는 기원전 621년에 채무자를 노예화하는 법을 성문화했다. 『베니스의 상인』에서 샤일록이 안토니오의 살점을 1파운드 잘라 낼 권리를 얻었던 것도 이 관행을 상기시키는 사례이다. 16세기가 되면 체불자를 노예로 삼거나 처형하는 일은 없어졌지만, 대신 그들을 수천 명씩 채무자 감옥에 가두곤 했다. 그들은 파산한 사람임에도 자신이 먹을 음식값을 내야 했다. 때로는 감옥 창문을 통해서 밖을 지나는 행인에게 구걸하여 연명했다. 19세기 초 미국에서는 많은 여성을 포함한 수천 명의 체불자가 채무자 감옥에서 시들어 갔는데, 그중 절반은 10달러도 안 되는 빚 때문이었다. 1830년대에 등장한 개혁 운동은 노예 반대 운동과 마찬가지로 이성과 감성에 두루 호소했다. 의회 위원회는 "여하한 경우라도 채권자에게 채무자의 신체에 대한 권리를 주는 것은" 정의의 원칙에 어긋난다고 논증했고, "억압 받는 모든 피해자들이 자신과 함께 파산에 연루된 아내, 자식, 친구를 모조리 대동한 채 우리 앞에 모여 선다면, 인류가 몸서리칠 만한 광경이 연출될 것"이라고 말했다.[88] 결국 채무 노예는 1820~1840년 사이에 거의 모든 주에서 폐지되었고, 유럽에서는 1860년대와 1870년대에 대부분 폐지되었다.

페인은 채무자에 대한 태도의 역사야말로 삶의 모든 측면에서 폭력이 감소해 온 신비로운 과정을 잘 보여 주는 사례라고 말했다. 서구 사회는 처음에는 채무자를 노예로 만들거나 처형했다. 다음에는 그들을 구금했고, 그 다음에는 그들의 자산을 몰수하여 빚을 갚게 했다. 페인은 자산 몰수조차도 일종의 폭력이라고 지적한다. "존이 외상으로 식료품을 사고서 나중에 빚 갚기를 거부한들, 그가 폭력을 쓴 것은 아니다. 그런데 식료품 장수가 법정으로 가서 경찰로 하여금 존의 차나 은행 계좌를 압류하게 한다면, 식료품 장수와 경찰이야말로 먼저 힘을 쓴 사람들이다."[89] 설령 보통 사람들이 그렇게 생각하지 않더라도 그것이 일종의 폭력이라는 것은 엄연한 사실이기에, 그런 관행마저 차츰 사라졌다. 파산법은 채무자 처벌이나 자산 몰수에서 벗어나 채무자에게 새로 시작할 기회를 주는 방향으로 바뀌었다. 오늘날은 많은 나라가 채무자의 집, 차, 연금, 배우자 자산을 보호한다. 개인이나 회사가 파산 선언을 하면 많은 빚을 탕감 받을 수 있다. 아마도 채무자 감옥 시절의 사람들은 이런 관용이 자본주의의 몰락을 가져올 것이라고 예측했으리라. 자본주의는 빚의 변제에 기반한 제도이니까. 그러나 상업 생태계는 이 수단을 잃은 대신 신용 조회, 신용 등급 평가, 대출 보험, 신용카드 등등 차용자를 법적 강압 조치로 위협하지 않고도 경제생활을 지속시키는 보완책을 진화시켰다. 아무도 알아차리지 못하는 새에 폭력의 한 종류가 통째 증발했고, 같은 기능을 대신할 메커니즘이 현실에 나타났던 것이다.

물론, 노예제를 비롯한 여러 형태의 속박은 지상에서 완전히 근절되지 않았다. 최근 들어 사람들을 납치해 노동이나 매춘을 강요하는 인신매매가 널리 보도되자, 어떤 사람들은 상황이 18세기 이래 조금도 변하지 않았다고 주장한다. 그들은 몇몇 지역에서 은밀하게 자행되는 일과 전 세계에서 떳떳하게 자행되던 일 사이에 아무런 차이가 없는 것처럼 말하는데, 이것은 통계에 무지하고 도덕적으로 둔감한 발언이다. 현대의 인신매매가 가증스러울지언정, 옛 아프리카 노예 무역의 공포와 같다고 말할 수는 없다. 2003년부터 '유네스코 인신매매 통계 프로젝트'를 추진한 데이비드 파인골드는 오늘날 인신매매의 온상에 대해 이렇게 말했다.

> 오늘날의 인신매매를 소유적 노예제(chattel slavery)와 — 특히 대서양 횡단 노예 무역과 — 동일시하는 것은 허약한 견해이다. 18세기와 19세기의 아프리카 노예들은 납치를 당하거나 전쟁에서 생포되었다. 그들은 배로 신세계로 건너가서 평생 노역에 시달렸고, 자신들은 물론이요 그 자식들도 그 운명에서 벗어나지 못했다. 요즘의 인신매매 피해자 중에서도 일부는 납치되는 경우이지만, 대부분은 …… 이주가 끔찍하게 잘못 풀린 경우이다. 환경에 의해 강제된 면은 있지만, 대부분은 물질적으로 더 나은 삶, 더 흥미진진한 삶을 찾아 자발적으로 집을 나선 경우이다. 그러다가 강압과 착취를 겪는 상황에 휘말린 것이다. 그리고 이 상황이 평생 지속되는 경우도 드물다. 또한 …… 인신매매를 당한 사람이 영구적이고 세습적인 계급이 되는 경우도 드물다.[90)]

파인골드에 따르면, 인신매매 피해자 수치는 활동가 단체들이 보고하고 기자들과 비정부 조직들이 받아서 인용하는 것으로, 보통 근거가 없거나 해당 단체의 주장을 지지하도록 부풀려졌다. 더구나 그 활동가들도 그동안 이뤄진 환상적인 발전을 인정한다. '노예를 해방하라'라는 단체의 의장인 케빈 베일스는 다음과 같은 성명을 냈다. 첫머리에 의심스러운 통계가 언급되기는 하지만, 사태를 바라보는 시각만큼은 올바르다. "오늘날 노예의 수는 절대 숫자로 보면 과거 어느 때보다도 크지만, 세계 인구에 대한 비율로 보면 아마도 가장 낮은 수준이다. 오늘날 우리는 법정 싸움을 할 필요가 없다. 이미 모든 나라에서 노예를 법으로 금하고 있으니까. 경제적 논쟁을 할 필요도 없다. 노예제에 의존하는 경제는 아무 데도 없으니까(19세기에는 온 산업이 붕괴할 수도 있었다.). 도덕적 논쟁을 할 필요도 없다. 그것을 정당화하려는 사람은 이제 아무도 없으니까."[91]

이성의 시대와 계몽주의는 여러 폭력적 제도를 갑작스럽게 끝장냈다. 반면에 또 다른 두 가지 폭력은 지속력이 강했고, 이후에도 200년 동안 세계 여러 지역에서 자행되었다. 폭정, 그리고 주요국 사이의 전쟁이다. 이런 제도를 끌어내리려고 했던 최초의 체계적인 운동들은 시작부터 목 졸리다시피 하다가 우리 시대에 와서야 겨우 기세를 폈지만, 모두 인도주의 혁명 시절의 대대적인 사상 및 감수성 변화에서 유래했다고 볼 수 있다. 그러니 이 자리에서 그것들도 마저 소개하겠다.

전제 정치와 정치적 폭력

사회학자 막스 베버의 유명한 정의에 따르면, 정부는 폭력의 적법한 사용을 독점하는 제도이다. 그렇다면 정부는 속성상 폭력을 행사하도록 설계된 제도인 셈이다. 이상적으로는 범죄자와 침략자에 대한 억제 정책으로서만 예비해 두어야 하겠지만, 수천 년 동안 많은 정부는 그런 제약을 지키지 않고 거침없이 폭력에 탐닉했다.

최초의 복잡한 국가들은 '우두머리가 백성을 마음대로 죽이고도 처벌을 면할 권리를 행사했다'는 점에서 모두 전제 정치였다.[92] 로라 벳직은 바빌론, 히브리, 로마 제국, 사모아, 피지, 크메르, 나체스, 아즈텍, 잉카, 아프리카 아홉 개 왕국의 기록에서 전제 정치의 증거를 찾았다. 전제 군주는 권력을 다윈주의적인 면에서 유리하게 이용한다. 호화롭게 살면서 거대한 하렘이 제공하는 서비스를 즐기는 것이다. 영국이 인도를 식민 통치했던 초기 기록에 이런 일화가 있다. "수랏의 무굴 왕조 통치자가 잔치를 열었다. …… 갑자기 주최자가 성질을 내면서 춤추던 아가씨들을 모조리 그 자리에서 참수하라고 명령했고, 그 바람에 잔치는 난폭하게 중단되었다. 영국인 손님들은 망연자실했다."[93] 영국인들이 망연자실할 수 있었던 것은 그들의 모국이 불과 얼마 전에 전제 정치를 과거사로 만들었기 때문이다. 헨리 8세만 해도 이런저런 이유로 기분이 나쁠 때 아내 둘을 처형했고, 그 연인으로 의심되는 남자들을 여럿 죽였고, 많은 고문(顧問)과 (토머스 모어, 토머스 크롬웰 등등) 성서 번역가 윌리엄 틴들과 그 밖에도 수만 명을 죽이지 않았는가.

멋대로 사람을 죽이는 전제 군주의 권력은 세계 여러 설화의 배경이었다. 현명한 솔로몬 왕은 아기를 살해하겠다고 으름장 놓음으로써 산모들의 분쟁을 해결했다. 셰에라자드 이야기는 페르시아 왕이 매일 새로운 신부를 죽인다는 설정에서 시작된다. 인도 오리사 주의 전설에서, 나라싱하데바 왕은 정확히 1200명의 장인에게 정확히 12년 만에 신전을 지으라고 명령하고 실패하면 모두 처형하겠다고 말한다. 닥터 수스의 『바살러뮤 커빈스의 모자 500개』에서, 주인공은 왕의 면전에서 모자를 벗지 않은 죄로 머리가 날아갈 뻔한다.

칼로 흥한 자는 칼로 망하리니, 대부분의 인류 역사에서 정치적 살인은 — 도전자가 지도자를 죽여 그 자리를 차지하는 것이다. — 권력 교체의 주된 메커니즘이었다.[94] 정치적 살인자는 현대의 암살자와는 다르다. 후자는 정치적 선언이 목표이고, 역사책에 기록되기를 바란다. 아니면 그냥 미치광이다. 반면에 정치적 살인자는 보통 정치 엘리트이고, 지도자를 죽여서 그의 자리를 차지하려고 하며, 자신의 계승이 적법한 행위로 인식되리라고 기대한다. 사울, 다윗, 솔로몬 왕은 모두 살인 음모의 표적 혹은 실행자였다. 율리우스 카이사르는 (제국이 나뉘기까지 통치했던 총 49명의 로마 황제 중에서) 경호원, 고위 관료, 가족에게 살해된 34명 중 하나였다. 마누엘 아이스너의 계산에 따르면, 600년에서 1800년까지 유럽 군주 8명 중 1명꼴로 재위 중에 살해되었다. 범인은 주로 귀족이었고, 살인자 중 3분의 1이 왕위를 차지했다.[95]

지도자들은 서로 죽일 뿐만 아니라 백성들에게 수시로 대량 폭력을 휘둘렀다. 고문하고, 가두고, 처형하고, 굶기고, 파라오식 건설 사업에서 죽도록 부려 먹었다. 럼멜은 20세기까지 정부에게 살해된 피해자를 1억 3300만 명으로 추정했고, 총계가 최대 6억 2500만 명에 이를지도 모른다고 말했다.[96] 그렇다 보니, 일단 약탈과 혈수를 통제한 사회에서는 **정부의** 폭력을 줄이는 것이 폭력을 더 줄이는 길이었다.

많은 나라에서는 17세기와 18세기부터 폭정과 정치적 살인이 줄었다.[97] 아이스너는 중세 초기부터 1800년까지 유럽의 국왕 살해(regicide) 비율이 5분의 1로 줄었다고 추정했다. 특히 서유럽과 북유럽의 변화가 두드러졌다. 영국 의회와 맞대결했던 스튜어트 왕조의 두 왕은 이런 변화를 잘 보여 주는 사례이다. 1649년에 찰스 1세는 그 일로 참수를 당했지만, 그 아들 제임스 2세는 1688년에 명예혁명을 통해 유혈 사태 없이 폐위되었다. 그는 쿠데타를 피하고서도 국외 추방을 당했을 뿐이다. 1776년에 미국 혁명주의자들은 찻잎에 세금을 매기는 행위나 군인들을 민가에 기숙시키는 행위로까지 '전제 정치'의 수준을 낮춰 정의했다.

정부가 점차 폭정을 줄이는 동안, 사상가들은 정부의 폭력을 가능한 한도에서 최소로 끌어내릴 수 있는 원칙적 방도를 고심했다. 그 시작은 개념의 혁명이었다. 사람들은 정부를 사회의 유기적 일부로서 당연시하는 대신, 혹은 신으로부터 지배권을 위임 받은 존재로 여기는 대신, 일종의 장치로 간주하기 시작했다. 정부는 개인들이 집단으로 복지를 제고하고자 발명한 기계 장치와 같다고 보았다. 물론, 정부는 의도적으로 발명된 것이 아니다. 역사가 기록되기 한참 전부터 정부는 존재했다. 따라서 이런 사고방식은 적잖은 상상력의 도약이 있어야만 가능했다. 홉스, 스피노자, 로크, 루소, 후대의 제퍼슨, 해밀턴, 제임스 매디슨, 존 애덤스 등은 자연 상태에서 인류의 삶이 어땠을지를 상상해 보았고, 사고 실험을 통해 그때 합리적 행위자들의 집단이 자신들의 삶을 개선하기 위해서 어떤 방안을 떠올렸을지를 추측해 보았다. 그런 궁리에서 도출된 제도는 신정 정치나 세습 군주제와는 전혀 닮지 않았을 것이다. 자연 상태의 합리적 행위자들이 '짐이 곧 국가다.'라고 말하는 신성한 왕권을 선택할 리가 있을까? 근친결혼으로 태어난 열 살짜리 소년을 왕으로 옹립할 리가 있을까? 아무리 시뮬레이션을 해 봐도 그럴 가능성은 상상하기 어렵다. 그 대신, 통치 받는 사람들을 위해서 일하는 정부가 만들어질 것이다. 홉스의 표현대로 "모든 사람들이 두려워하는" 정부의 힘은 백성을 잔혹하게 다룸으로써 정부 자신의 이해를 추구해도 좋다는 면허가 아니다. 그것은 "남들도 똑같이 하는 조건으로 자신이 기꺼이 …… 이런 것들에 대한 권리를 버리고, 남들에게 자유를 허락하는 대신 자신도 자유를 누리는 것으로 만족하겠다."는 개인들의 협의를 이행할 임무일 뿐

이다.[98]

홉스도 이 문제를 깊이 생각하진 않았다고 봐도 좋을 것이다. 그는 개인들이 군주나 위원회에게 어떤 방식으로든 맨 처음 단 한 번 권위를 부여한다고 상상했고, 그 다음에는 다시 의문을 제기할 이유가 없을 만큼 개인들의 이해가 완벽하게 구현될 것이라고 상상했다. 그러나 우리는 전형적인 미국 국회 의원이나 영국 왕족을 떠올리기만 해도(총통, 정치 위원 따위는 말할 것도 없다.), 이것이 재앙으로 가는 길임을 금세 알 수 있다. 현실의 리바이어던은 인간들이다. 우리가 전형적인 호모 사피엔스에게서 기대하는 탐욕과 어리석음을 다 가진 인간들이다. 로크는 권력자들이 "스스로 만든 법률을 따를 의무에서 스스로를 면제시키고, 법률을 제정하고 시행할 때 사적인 희망에 맞춰 재단하고, 그럼으로써 사회와 정부의 목적에 어긋나거니와 공동체의 이해와 분리된 이해를 추구할" 유혹에 시달릴 것이라고 간파했다.[99] 로크는 입법부와 행정부의 분리를 요구했고, 정부가 제 임무를 수행하지 않을 때는 국민에게 그것을 끌어내릴 힘이 있어야 한다고 주장했다.

홉스와 로크의 후예들은 이런 사고방식을 한 단계 더 발전시켰다. 그들은 오랜 연구와 토론을 거쳐 미국 입헌 정부의 설계를 내놓았다. 그들은 어떻게 하면 허물 있는 인간들로 구성된 통치체가 사람들의 상호 약탈을 막을 정도로만 힘을 행사하게 만들 것인가, 어떻게 하면 그것이 그 힘을 남용하여 스스로 가장 파괴적인 약탈자가 되는 상황을 막을 것인가 하는 문제에 몰두했다.[100] 매디슨이 썼듯이, "만일 인간이 천사라면, 정부는 필요 없을 것이다. 만일 천사가 인간을 다스린다면, 정부에 대한 외부의 통제도 내부의 통제도 필요 없을 것이다."[101] 새로운 정부의 설계에는 로크의 권력 분립 이상이 명시되었다. "야심은 야심으로 상쇄해야 하기 때문이다."[102] 그 결과 정부는 행정부, 사법부, 입법부로 나뉘었다.

연방제를 통해서 주들과 국가 정부가 권위를 나눠 갖게 했다. 정부가 사람들의 바람에 조금이라도 신경 쓰게 만들기 위해서, 또한 권력을 질서 있고 평화롭게 이전하기 위해서, 주기적으로 선거를 치르기로 했다. 더 중요한 점은 정부의 사명을 — 국민의 동의 하에 그들의 생명, 자유, 행복 추구를 보장하는 일로만 — 제한했다는 것, 또한 정부가 국민에게 폭력을 행사할 때 넘어서는 안 될 선을 권리 장전 형태로 명시했다는 것이다.

미국 체계의 또 다른 혁신은 포지티브섬 협동의 평화화 효과를 명백히 인식한 점이었다. 헌법의 통상, 계약, 수용 조목에 온화한 상업의 이상이 반영되어, 정부가 국민의 상호 교환 방식에 지나치게 끼어들지 못하도록 막았다.[103]

18세기에 시범적으로 실시된 민주주의들은 복잡한 신기술의 1.0버전이라고 할 만한 것이었다. 영국의 실행은 강도가 약했고, 프랑스의 실행은 지독한 재앙이었고, 미국의 실행에는 흠이 있었다. 배우 아이스티는 토머스 제퍼슨이 헌법 초안을 검토하면서 이렇게 중얼거렸을 것이라는 말로 그 흠을 멋지게 꼬집었다. "보자. 발언의 자유, 종교의 자유, 언론의 자유, 깜둥이는 소유할 수 있음. …… 괜찮은걸!" 그러나 모든 형태의 민주주의는 그 설계를 개량할 수 있다는 장점이 있었다. 민주주의는 비록 제한적이기는 해도 종교 재판, 잔인한 처벌, 전제 권력으로부터 자유로운 영역을 규정해 두었고, 그 영역이 스스로를 확장할 수단도 포함했다. "우리는 다음과 같은 것들을 자명한 진리로 믿는 바, 모든 사람은 평등하게 창조되었다." 미국 독립 선언서의 이 발언은, 비록 당시에는 위선으로 보였을지라도, 그로부터 87년 뒤에 노예제를 끝장낼 때나 그보다 또 한 세기 뒤에 다른 인종적 탄압을 불식시킬 때 사람들이 끄집어내어 내세울 근거가 되었다. 그것은 헌법에 내장된 권리 확장 장치였다. 세상에 풀려난 민주주의의 이상은 갈수록 널리 영향을 미쳤고, 앞으로 이야기하겠지만 정부의 등장 이래로 가장 효율적인 폭력 감소 요인이 되었다.

주요국들의 전쟁

대부분의 인류 역사에서, 전쟁에 대한 정당화는 율리우스 카이사르가 간명하게 표현한 논리로 손쉽게 해결되었다. "왔노라, 보았노라, 이겼노라." 정복은 정부의 일이었다. 제국들이 융성했고, 제국들이 몰락했고, 온 인구가 절멸하거나 노예화했다. 누구도 그것이 이상하다고 생각하지 않았다. '위대한 누구'라는 존칭을 얻은 역사적 인물들은 위대한 예술가, 학자, 의사, 발명가, 혹은 인류의 행복과 지혜를 증진시킨 사람들이 아니었다. 너른 영토와 그곳의 사람들을 정복한 독재자들이었다. 만약에 히틀러의 운이 좀 더 지속되었다면, 그는 아돌프 대제로 역사에 이름을 남겼을 것이다. 요즘도 보통의 전쟁사들은 독자에게 군마, 갑옷, 화약에 대해서는 잔뜩 알려 주면서도 그 광시곡 때문에 무수히 많은 사람이 죽고 다쳤다는 점은 그저 막연하게만 언급한다.

한편, 전쟁에 휘말린 개인들의 수준으로 시선을 좁혀 그 도덕적 차원을 살펴본 사람들도 늘 있었다. 기원전 5세기 중국 철학자로 유교와 도교의 경쟁 종교를 창시했던 묵자는 이렇게 말했다.

> 한 사람을 죽이는 것은 중죄이고, 10사람을 죽이면 죄가 10배가 되고, 100사람을 죽이면 죄가 100배가 된다. 세상의 모든 왕들이 이 점을 알지만, 가장 큰 범죄에 대해서는 — 다른 나라와의 전쟁 — 그것을 칭송한다!
>
> 약간 검은 것은 검다고 말하면서 대단히 검은 것은 희다고 말한다면, 그는 흑백을 구분하지 못하는 사람이다. …… 그러므로 작은 범죄를 작다고 말하면서 무엇보다도 큰 범죄인 전쟁의 악을 깨닫지 못하고 오히려 칭송하는 사

람은 옳고 그름을 구분하지 못하는 것이다.[104)]

서구에서도 간간이 평화의 이상에 경의를 표한 선각자들이 있었다. 예언자 이사야는 "그들은 칼을 쳐서 보습을 만들고, 창을 쳐서 낫을 만들리라. 한 민족이 적에게 칼을 쳐들지 않고, 다시는 전쟁을 배우지도 않으리라."라는 희망을 표했다.[105)] 예수는 "너희는 원수를 사랑하여라. 너희를 미워하는 자들에게 잘해 주고, 너희를 저주하는 자들에게 축복하고, 너희를 학대하는 자들을 위해 기도하여라. 네 뺨을 때리는 자에게는 다른 뺨을 내밀어라."라고 설교했다.[106)] 기독교는 평화주의 운동으로 시작했건만, 312년에 로마의 콘스탄티누스 대제가 창공에서 '이것을 가지고 네가 승리하리라.'는 글자와 함께 불타는 십자가를 보고서 로마 제국을 전투적 기독교 국가로 개종시킨 뒤에는 사태가 나빠졌다.

이후 1000년 동안 평화주의도 전쟁에의 환멸도 주기적으로 등장했으나, 거의 쉼 없는 전쟁 상태를 종식시키는 데에는 기여하지 못했다. 『브리태니커 백과사전』에 따르면, 중세 국제법은 다음과 같은 전제를 따랐다. "휴전이나 평화에 합의하지 않은 이상, 독립된 기독교 사회들 사이의 국제 관계는 기본적으로 전쟁 상태였다. (2) 개별적인 통행 허가증이나 조약에 의거하여 예외로 규정되지 않은 이상, 외국인은 통치자가 절대적으로 자기 재량에 따라 취급해도 좋았다. (3) 공해(公海)는 무인 지대로, 누구든 마음대로 할 수 있었다."[107)] 15세기, 16세기, 17세기에 유럽 국가들은 전쟁이 매년 약 세 건씩 새로 터지는 비율로 서로 싸웠다.[108)]

전쟁을 반대하는 도덕적 논거는 누구도 반박할 수 없다. 가수 에드윈 스타가 노래했듯이, "전쟁이라. 흥! 그게 무슨 소용이지? 말짱 헛일이지. 전쟁은 아들들이 싸우다 목숨을 잃는 것, 그래서 수많은 어머니들의 눈에 눈물이 흐르는 것"이다. 그러나 대부분의 역사에서 이 논리는 채택되지 못했다. 두 이유 때문이었다.

하나는 남이 존재한다는 문제다. 어떤 나라가 전쟁을 더 이상 하지 않기로 결정하지만 이웃 나라는 계속한다고 하자. 그 나라의 쇠스랑은 이웃의 창에 적수가 되지 못할 것이고, 그 나라는 침략군을 맞이하는 입장에 처할 것이다. 로마를 이웃으로 둔 카르타고의 운명, 무슬림 침략자들을 맞이한 인도의 운명, 프랑스인과 가톨릭교회를 맞이한 카타리파의 운명, 독일과 러시아 사이에 낀 여러 나라가 여러 시점에 처했던 운명이 꼭 이랬다.

평화주의는 국가 **내부의** 군사 세력에게도 취약하다. 국가가 전쟁에 휘말렸거나 그럴 찰나일 때, 지도자는 평화주의자를 겁쟁이나 배신자와 구별하기 어렵다. 재세례파는 인류 역사에서 끊임없이 박해 당했던 수많은 평화주의 종파 중 하나였다.[109]

반전 정서가 세력을 얻으려면, 동시에 많은 구성원에게 영향을 미쳐야 한다. 그리고 경제적, 정치적 제도를 기반으로 삼아야 한다. 그렇지 않은 한, 전쟁 없는 미래라는 전망은 모두들 갑자기 착해져서 계속 그렇게 살기를 희망하는 데 의존할 수밖에 없다. 평화주의는 이성의 시대와 계몽 시대에 이르러서야 비로소 기특하지만 효과 없는 정서였던 것이 실제적 의제를 지닌 운동으로 진화했다.

전쟁의 헛됨과 악랄함을 납득시키는 한 방법은 풍자의 소격 효과를 이용하는 것이다. 도덕주의자는 비웃음을 당할 수 있고, 논객은 입막음을 당할 수 있지만, 풍자가는 같은 요지를 은밀하게 사람들에게 전달할 수 있다. 풍자가는 청중에게 외부자의 — 바보, 외국인, 여행자 등 — 관점을 취해 보라고 꾐으로써, 청중으로 하여금 자기 사회의 위선과 그것을 북돋운 인간 본성의 결함을 깨닫게 만든다. 청중이 농담을 이해한다면, 독자와 관객이 작품에 흠뻑 몰입한다면, 규범을 구구절절 반격하지 않고서도 그것을 해체한 작가의 견해에 암묵적으로 공감하게 되는 셈이다. 가령, 셰익스피어의 팔스타프는 역사상 너무나 많은 폭력의 근원이었던 명예의 관념에 대해서 문학 역사상 가장 훌륭한 분석을 선보인다. 할 왕자가 "자네는 신에게 죽음을 빚졌네."라고 말하면서 전투에 나갈 것을 종용하자, 팔스타프는 이런 생각에 빠진다.

> 아직 기한이 안 됐어. 그 전에 미리 갚기는 싫다고. 독촉도 받지 않았는데 이렇게 일찌감치 나서서 갚을 이유가 뭐란 말인가? 그래, 그런 건 상관없는 일이지. 다만 명예가 나를 찔러 댈 뿐. 그래, 하지만 내가 나설 때 그 명예란 놈이 손을 떼면 어떡한다? 명예가 잘린 다리를 도로 붙여 주나? 어림없지. 팔은? 어림없지. 부상의 고통을 없애 주나? 어림없지. 그러면 명예란 놈은 수술의 재주가 전혀 없단 말인가? 없고말고. 그러면 명예란 대체 무엇이지? 말일 뿐이지. 그러면 명예란 말은 대체 무엇이지? 공기일 뿐이지. 계산이 나오는군! 누가 명예를 갖고 있지? 요전 수요일에 죽은 그 놈이지. 그가 그걸 느낄까? 아니지. 그가 그 소리를 들을까? 아니지. 그러면 그것은 느껴지지도 않는 것이란 말인가? 그렇지, 죽은 사람에게는. 그렇다면 명예란 것이 산 사람과는 함께 살지 않는단 말인가? 바로 그거야. 왜지? 사람들의 험담이 그걸 가만히 놔두지 않을 테니까. 그렇다면 내게 그것은 필요 없어. 명예란 묘비에 새겨진 비문일 뿐. 이것으로 내 교리문답은 끝내겠다.[110)]

사람들의 험담이 그것을 가만히 놔두지 않을 것이라니! 그로부터 100여 년 뒤인 1759년, 새뮤얼 존슨은 퀘벡의 원주민 추장이 7년 전쟁 중에 자기 부족민에게 '유럽인들이 벌이는 전쟁의 기술과 규칙성'에 대해서 이렇게 발언하는 장면을 상상했다.

그들에게는 문자로 씌어진 법이 있다. 그들은 그 법을 땅과 바다를 창조한 이로부터 받았다고 자랑한다. 인간이 목숨을 다하더라도 그 법 때문에 행복해질 것이라고 믿는다. 어째서 그 법이 우리에게는 전달되지 않았을까? 그들이 왜 그것을 숨기는가 하면, 그들 자신이 늘 그것을 위반하기 때문이다. 전해 듣기로, 그들의 첫 번째 계율은 남이 자신에게 행하지 말았으면 하는 일을 남에게 행하지 말라는 것이다. 그런데 어떻게 그들이 원주민의 나라에게 그 법을 설교하겠는가? ……

이제 탐욕의 자식들이 서로 칼을 뽑아 들었다. 서로 자신에게 전쟁을 결정할 권리가 있다고 말한다. 우리는 그 살육을 초연하게 지켜보자. 유럽인이 한 명 죽을 때마다 이 땅에서 폭군과 강도가 한 명 사라지는 것임을 기억하자. 양쪽 나라가 말하는 권리란 새끼 토끼에 대한 독수리의 권리, 새끼 사슴에 대한 호랑이의 권리가 아니고 무엇이겠는가?[111)]

조너선 스위프트의 『걸리버 여행기』(1726년)는 관점 전환을 겪게 만드는 전형적인 작품이다. 아래에 인용한 대목에서는 소인국에서 거인국으로 시점이 바뀐다. 스위프트는 걸리버의 입을 빌려, 거인국 왕에게 고국의 최근 역사를 설명한다.

내가 지난 세기에 우리 나라에서 일어난 역사적 사건들을 이야기해 주자, 왕은 정말로 놀랐다. 그러고는 그것은 음모, 반역, 살인, 학살, 혁명, 추방이 무더기로 쌓인 것뿐이라며, 탐욕, 파벌, 위선, 배반, 잔혹, 분노, 광기, 증오, 시기, 욕정, 악의, 야심이 최악으로 드러난 것이 아니냐고 말했다. ……

왕은 이어 말했다. "자네는 인생의 많은 부분을 여기저기 방랑하면서 보냈으니, 부디 자네 고국의 수많은 악덕으로부터 벗어나 살았기를 바라네. 그러나 자네가 내게 직접 해 준 말과 내가 자네로부터 가까스로 억지로 짜낸 답변들을 참고하자면, 자네 고향의 사람들 대부분은 자연이 지구 표면에 살게 놔둔 작은 유해 해충들 중에서도 가장 악독한 종자라고 결론 내릴 수밖에 없군."[112]

프랑스에서도 풍자가 등장했다. 블레즈 파스칼(1623~1662년)은 『팡세』의 한 부분에서 다음과 같은 대화를 상상했다. "자네는 왜 자네의 이익을 위해 나를 죽이는가? 나는 무장도 하지 않았네." "자네는 왜 강 저편에 살지 않는가? 친구여, 만일 자네가 나와 같은 편에 산다면 나는 살인자가 되겠지만, 자네가 나와 반대편에 살고 있으니 나는 영웅이고, 이 살인은 정당하다네."[113] 볼테르의 『캉디드』(1759년)도 가상 인물의 입을 빌려 통렬한 반전 논리를 펼쳤다. 가령 전쟁을 정의하기를, "군복을 입은 100만 명의 암살자가 유럽 이쪽 끝에서 저쪽 끝까지 떠돌며 자신들의 일용할 양식을 얻기 위해 규율에 따라 살인과 약탈을 저지르는 일"이라고 했다.

전쟁의 위선과 비열함을 암시한 풍자와 더불어, 18세기에는 전쟁의 비합리성과 회피 가능성을 주장한 이론들이 등장했다. 선두에 선 것은 온화한 상업 이론이었다. 상업의 포지티브섬 이득이 전쟁의 제로섬 혹은 네거티브섬 비용보다 더 매력적이라고 주장하는 이론이다.[114] 수학적 게임 이론은 그로부터 200년 뒤에야 등장할 테지만, 그 핵심적 발상은 말로도 쉽게 표현할 수 있었다. 대관절 왜 돈과 피를 흘려 가며 타국을 침략해 재물을 약탈한단 말인가? 더 적은 비용으로 그것을 사 올 수 있고, 우리도 그들에게 팔 수 있는데? 생 피에르 신부(1713년), 몽테스키외(1748년), 애덤 스미스(1776년), 조지 워싱턴(1788년), 이마누엘 칸트(1795년) 등은 자유 무역이 각국의 물질적 이해관계를 하나로 묶음으로써 상대의 안녕에 높은 가치를 부여하게 만든다는 점에서 무역을 찬양했다. 칸트는 이렇게 말했다. "조만간 모든 사람들에게 상업 정신이 전파될 것이다. 그것은 전쟁과 공존할 수 없다. …… 따라서 국가들은 엄격한 도덕적 동기에서는 아닐지라도, 어쨌든 고결한 평화의 대의를 장려할 수밖에 없다."[115)]

퀘이커 교도들은 노예제 폐지 조직을 만들었던 것처럼 전쟁에 반대하는 운동 조직을 만들었다. 퀘이커파가 비폭력에 헌신한 것은 신이 개개인의 생명을 통해서 말씀하신다는 신앙 때문이었지만, 그들이 금욕적인 기술 파괴주의자가 아니라 영향력 있는 사업가였다는 점도 대의에 전혀 손해가 되지 않았다. 그들은 갖가지 활동 중에서도 특히 런던 로이즈 보험 협회, 바클레이스 은행, 펜실베이니아 식민지를 세웠다.[116)]

당시의 반전 문건들 중에서 제일 주목할 만한 것은 칸트의 1795년 에세이 「영구 평화론」이다.[117)] 칸트는 몽상가가 아니었다. 그는 에세이의 제목에 대한 자조적 고백으로부터 글을 시작했는데, 어느 여관의 간판에 묘지 사진과 함께 그 말이 적혀 있는 것을 보았다고 했다. 이어 칸트는 영구 평화를 향한 여섯 단계의 예비 조치를 설명하고, 세 가지 포괄적 원칙을 설명했다. 예비 단계는 다음과 같다. 평화 조약에서 전쟁이라는 선택지를 아예 없앨 것, 국가가 다른 국가를 흡수하지 말 것, 상비군을 폐지할 것, 정부가 돈을 빌려 전쟁 자금을 대지 말 것, 다른 국가의 내정에 개입하지 말 것, 교전국들은 암살, 독살, 반역 선동 등 향후의 평화에 대한 신뢰를 해치는 전술을 피할 것.

칸트의 '절대 조항'들은 더 흥미롭다. 그는 인간 본성에 대해 굳은 신념을 갖고 있었다. 다른 글에서 "비뚤어진 나뭇가지와도 같은 인간성에서는 진정으로 곧바른 것이 만들어질 수 없다."고 쓰기도 했다. 따라서 그는 홉스식 전제에서 이야기를 시작했다.

어깨를 맞대고 살아가는 사람들끼리 평화를 유지하는 것은 자연스러운 상태가 아니다. 전쟁이 자연스러운 상태이다. 공공연한 적대감이 항시 존재한다는 뜻은 아니지만, 적어도 전쟁의 위협이 상존한다는 뜻이다. 따라서 우리는 평화 상태를 의도적으로 구축해야 한다. 서로의 적대감에 대해 안전을 확보하려면 그저 적대 행위를 저지르지 않는 것만으로는 부족하기 때문이다. 그리고 모든 나라들이 이웃 나라들에게 안전을 약속하지 않는 한(이런 일은 문명국가에서만 가능하다.), 모든 나라들은 안전을 요구하는 이 이웃 나라를 적으로 취급할 것이다.

칸트는 이어 영구 평화의 세 가지 조건을 개괄했다. 첫째, 국가들은 민주 국가여야 한다. 칸트 자신은 **공화국**(republic)이라는 용어를 선호했는데, **민주주의**(democracy)는 대중 통치를 뜻하는 단어라고 여겼기 때문이다. 그가 염두에 둔 것은 자유, 평등, 법치에 헌신하는 정부였다. 칸트는 두 가지 이유에서 민주 국가들은 서로 잘 싸우지 않는다고 주장했다. 하나는 민주 국가가 애초에 비폭력을 기초로 설계된 정부('순수한 법 개념에서 생겨난 정부') 형태이기 때문이다. 민주 정부는 국민의 권리를 보호하기 위해서만 힘을 행사한다. 칸트는 또 민주 국가가 다른 나라를 다룰 때도 이 원칙을 외면화하기 쉽다고 추론했다. 다른 나라라고 해서 자국 국민보다 더 무력 지배를 받아 마땅할 이유가 없기 때문이다.

더욱 중요한 점으로, 민주 국가는 전쟁을 피하는 경향이 있다. 전쟁의 이득은 지도자들에게 돌아가지만 그 대가는 국민들이 치르기 때문이다. 독재 국가에서는 "전쟁 선언이 세상에서 제일 결정하기 쉬운 일이다. 통치자는 전쟁에 직접 참여할 필요가 없고, 그는 국가의 소유자일 뿐 구성원이 아니고, 그의 식탁, 사냥, 별장, 궁정 기능과 같은 쾌락에는 최소한의 희생만 가해지기 때문이다. 그래서 그는 너무나 사소한 이유로도 흡사 파티를 결정하듯이 전쟁을 결정한다." 반면에 국민이 고삐를 쥔 나라라면, 사람들은 어리석은 해외 원정에 자신들의 돈과 피를 낭비하는 것에 대해서 신중히 따져 볼 것이다.

칸트가 꼽은 영구 평화의 두 번째 조건은 "각국의 법률이 자유 국가들의 연방에 기초할 것"이었다. 그는 "국가 연맹"이라고도 표현했다. 일종의 국제적 리바이어던인 이 연방은 분쟁에 대해 객관적인 제삼자의 심판을 제공한다. 그래서 모든 나라들이 늘 자신이 옳다고 믿는 문제를 벗어난다. 개인들이 끔찍한 무정부 상태에서 벗어나기 위해서 각자의 자유 중 일부를 국가에게 이양하는 사회적 계약에 동의하듯이, 국가들도 그래야 한다. "관계를 맺고 살아가는 국가들이 오로지 전쟁만을 낳는 무법 상태에서 벗어날 합리적 방안은 하나뿐이다. 개인들처럼 국가들도 야만적 (무법적) 자유를 포기하고, 공통의 법률이 주는 구속에 적응하고, 그럼으로써 여러 나라들로 구성된 하나의 국가를 설립하는 것이다. 그 나라는 세계 모든 나라들을 포함할 때까지 지속적으로 커질 것이다."

칸트는 군대를 지닌 세계 정부를 염두에 두지는 않았다. 그는 국제법이 스스로 구속력을 지닐 수 있다고 보았다. "모든 나라들이 (말로나마) 법 개념에 경의를 표하는 것을 볼 때, 인간에게는 분명 자기 내면의 사악한 성향을 (이것을 부인할 수는 없다.) 다스리기를 원하는 성향과 남들도 그러기를 바라는 더 큰 도덕적 성향이 잠자고 있다." 그러고 보면 「영구 평화론」의 저자는 누구나 보편화될 수 있는 준칙에 따라 행동해야 한다는 정언 명령을 제안했던 사람이 아닌가. 이 대목에서 칸트의 말이 약간 몽상처럼 들리기 시작하지만, 그는 이 생각을 민주주의의 확산과 결합시킴으로써 다시 현실로 끌어내렸다. 민주 국가들끼리는 상대 국가의 통치 원칙이 타당하다는 것을 잘 안다. 이 점에서 민주 국가는 편협한 신념에 기초하는 신정 국가와 다르다. 친족, 왕조, 카리스마적 지도자에게 의존하는 독재 국가와도 다르다. 한 나라가 이웃 나라도 정부 형태라는 문제에 있어서 자신과 같은 해답을 발견했고 그에 따라 자신과 같은 방식으로 정치를 조직한다고 믿는다면, 어느 쪽도 상대의 공격을 걱정할 필요가 없다. 상대에게 선제공격을 가할 유혹도 느끼지 않을 것이다. 따라서 모두가 홉스의 함정에서 벗어날 수 있다. 오늘날 스웨덴은 이웃이 '가장 뛰어난 노르웨이(독일 국가 1절의 '가장 뛰어난 독일'을 빗댄 표현이다. — 옮긴이)' 건설 계획을 꾸미면 어쩌나 하는 걱정에 잠 못 들지 않으며, 노르웨이도 마찬가지다.

영구 평화의 세 번째 조건은 '보편적 환대' 혹은 '세계 시민권'이다. 한 나라의 국민이 군대를 끌고 가지 않은 이상 다른 나라에서도 안전하게 살 수 있어야 한다는 것이다. 이것은 소통과 상업처럼 국경을 넘는 '평화적 관계'가 세계 인구를 하나의 공동체로 엮음으로써 '한 장소에서의 권리 침해가 전 세계에서 느껴지기를' 바라는 것이다.

알다시피, 풍자가들의 전쟁 조롱과 칸트의 현실적인 전쟁 감소 방안은 서구 문명을 향후 150년간의 재앙으로부터 막아 줄 만큼 널리 받아들여지지는 않았다. 그러나 그것은 씨앗을 심는 행위였다. 씨앗은 후대에 만개하여, 세계를 전쟁으로부터 멀어지게 만들 것이었다. 그리고 그런 새로운 태도가 즉각적으로 가한 충격도 있었다. 역사학자들은 1700년 무렵부터 전쟁에 대한 사람들의 태도가 변했다고 지적한다. 이제 지도자들은 평화를 사랑한다고 공언하며, 자신은 강압에 의해 어쩔 수 없이 전쟁을 치를 뿐이라고 주장했다.[118] 뮬러는 이렇게 말했다. "율리우스 카이사르처럼 '왔노라, 보았노라, 이겼노라.'라고 단순하고 솔직하게 선언하는 것은 더 이상 가능하지 않았다. 이제는 그 말이 '왔노라, 보았노라, 나는 가만히 보고만 있었는데 그가 나를 공격했고, 그래서 나는 이

졌노라.'로 차츰 바뀌었다."[119]

좀 더 구체적인 변화를 보여 주는 현상도 있었다. 제국의 세력에 대한 매력이 줄었다는 점이다. 세계에서 제일 호전적인 나라들 중 네덜란드, 스웨덴, 스페인, 덴마크, 포르투갈 등은 군사적 패배에 대해서 군사력 증대와 명예 회복 계획으로 응대하는 일을 18세기부터 그만두었다. 그들은 정복 게임에서 손을 뗐고, 전쟁과 제국은 딴 나라들에게 맡긴 채 자신은 상업 국가로 변모했다.[120] 5장에서 이야기하겠지만, 그 결과로 열강들 간의 전쟁은 더 짧아졌고, 덜 빈번해졌고, 더 소수의 나라들에게 국한되었다(단, 군사 조직의 발전 때문에 일단 전쟁이 벌어지면 피해는 더 컸다.).[121]

게다가, 이보다도 더 큰 변화는 더 나중에 벌어질 것이었다. 지난 60년 동안 주요국 간의 전쟁이 놀랍도록 감소한 현상은 어쩌면 이마누엘 칸트의 상아탑 이론에 대한 뒤늦은 입증일지도 모른다. 이것은 '영구 평화'까지는 아니더라도 틀림없이 '긴 평화'이고, 지금도 계속 길어지고 있다. 계몽 시대의 위대한 사상가들이 예측했듯이, 이 평화는 단순히 사람들이 전쟁을 비난하기 시작한 탓만은 아니었다. 민주주의 확산, 통상 확대, 국제 조직 성장에 힘입은 것이었다.

어째서 인도주의 혁명인가?

우리는 수천 년 동안 문명의 일부였던 잔인한 관행들이 불과 한 세기만에 폐지된 것을 목격했다. 마녀 살해, 죄수 고문, 이단자 박해, 일탈자 처형, 외국인 노예화는 — 속이 뒤집히도록 잔인하게 실시되던 관행이었건만 — 흠잡을 데 없는 행동에서 상상조차 못할 행동으로 빠르게 바뀌었다. 페인은 이 변화를 설명하기가 참으로 어렵다고 말한다.

무력 사용이 폐지된 경로는 상당히 뜻밖이다. 가끔은 신비롭기까지 하다. 너무나 신비로워서, 나는 무언가 더 높은 힘이 작용한 게 아닐까 생각하고 싶을 지경이다. 역사를 보노라면 고질적이고 자기 강화적인 폭력적 관습이 수시로 등장하기 때문에, 우리가 그것을 극복했다는 사실이 흡사 마술처럼 느껴진다. 인류는 엄청나게 유익한 이 방침을 — 무력 사용을 줄이는 방침 — 어떻게 점진적으로 채택하게 되었을까? 의식적으로 추구하거나 합의한 적도 없었는데 말이다. 이 의문을 설명하려다 보면 결국에는 그저 '역사'를 가리키는 수밖에 없다.[122)]

인류가 일부러 추구하지 않았지만 신비롭게 진행된 발전의 예로, 채무자를 폭력으로 벌하는 관행이 장기적으로 사라진 것을 들 수 있다. 대부분의 사람들은 이런 경향성이 있다는 것조차 깨닫지 못했다. 또 다른 예는, 영어권 국가에서 민주주의 원칙이 명문화되기 한참 전부터 정치적 살인이 사라져 갔다는 것이다. 이 경우, 의식적으로 설계된 개혁에 앞서 감수성의 희미한 변환이 선결 과제였을지도 모른다. 경쟁 파벌들이 모두 살인을 권력 배분의 좋은 수단으로 여기는 생각을 버리지 않고서야 어떻게 안정된 민주주의가 시행될 수 있겠는가. 최근 많은 아프리카 국가와 이슬람 국가에서 민주주의가 뿌리 내리는 데 실패한 것을 보면, 폭력을 둘러싼 규범 변화가 구체적인 통치 방식 변화에 앞서야만 하는 것일지도 모른다.[123)]

그렇지만, 점진적인 감수성 변환은 그 변화를 붓으로 적어서 실행하지 않는 이상 현실의 관행을 바꾸지 못할 때가 많다. 노예 무역 폐지는 도덕적으로 동요한 사람들이 권력자를 설득하여 법을 통과시키고 총과 군함으로 법을 지키도록 만든 결과였다.[124)] 유혈 스포츠, 공개 교수형, 잔인한 처벌, 채무자 감옥도 결국 도덕 선동가들의 공개 토론에 감화된 입법가들의 법률 덕분에 금지되었다.

따라서, 인도주의 혁명을 설명할 때 암묵적 규범이냐 명시적인 도덕적 논증이냐 둘 중 하나로 결정할 필요는 없다. 두 요인은 서로 영향을 미쳤다. 감수성이 변했기 때문에 관습을 의문시하는 사상가들이 쉽게 모습을 드러냈으며, 그들의 논리가 더 쉽게 청중을 확보하고 채택되었다. 논리는 권력 수단을 휘두르는 사람들을 설득한 것은 물론이거니와, 술집이나 식탁의 일상적인 토론에도 끼어들어 전체 문화의 감수성에 스며듦으로써 한 번에 한 명씩 여론을 바꿨다. 그리고 위에서 어떤 관습을 법으로 금지한 탓에 일상에서 그 행위가 사라지면, 사람들의 머릿속에 존재하는 현실적인 선택지들의 메뉴에서도 그 행위가 지워진다. 사무실과 교실에서의 흡연을 떠올려 보라. 그것은 한때 흔한 일이었지만 금지된 일로 바뀌었고, 더 나중에는 상상조차 못할 일로 바뀌었다. 마찬가지로, 노예제나 공개 교수형과 같은 관습은 산 사람들 중에서 누구도 그것을 기억하지 못할 만큼 시간이 흐른 뒤에는 아예 상상조차 불가능하여 더 이상 토론에 오르내리지 않는 일로 바뀌었다.

인도주의 혁명이 일상의 감수성에 남긴 가장 큰 변화는 다른 생명의 고통에 대한 반응이다. 요즘 사람들이라고 해서 도덕적으로 무결한 것은 아니다. 사람들은 근사한 물건을 탐내고, 부적절한 상대와의 섹스를 몽상하고, 가끔은 자신을 공개적으로 모욕 준 사람을 죽이고 싶어 한다.[125] 그러나 어떤 사악한 욕망들은 애초에 더 이상 사람들의 머리에 떠오르지 않는다. 요즘 사람들은 고양이를 태워 죽이고 싶어 하지 않는다. 하물며 인간은 말할 것도 없다. 이 점에서 우리는 몇 백 년 전의 선조와 다르다. 그들은 다른 생명에게 이루 형용할 수 없는 괴로움을 가하는 것을 허락했고, 실시했고, 심지어 즐겼다. 그들은 무엇을 느꼈던 것일까? 오늘날 우리는 왜 그것을 안 느낄까?

우리는 8장에서 가학성의 심리를, 9장에서 감정 이입의 심리를 알아본 다음에야 이 질문에 대답할 수 있다. 지금은 역사적 변화에 대해서만 이야기하자. 어떤 역사적 변화들이 잔인함을 탐닉하는 행위를 반대하도록 영향을 미쳤을까? 이번에도 우리의 과제는 감수성과 행동의 변화에 선행했던 외생적 변화를 찾는 것이다. 그래야만 사람들이 덜 잔인해졌기 때문에 잔인한 짓을 그만두었다고 말하는 순환 논리에서 벗어날 수 있다. 자, 사람들의 환경에서 과연 무엇이 바뀌었기에 인도주의 혁명이 시작되었을까?

하나의 후보는 문명화 과정이다. 근대로의 전환기에 사람들이 자기 통제를 더욱 연마했음은 물론이고 감정 이입 능력도 키웠다는 엘리아스의 주장을 떠올려 보자. 사람들은 도덕적 개선을 꾀했다기보다, 농업이나 약탈 대신 상호 교환 그물망에 의존하도록 변해 가는 사회 속에서 번성하기 위해서 관료와 상인의 머릿속을 짐작하는 능력을 키우려고 했다. 잔인한 취향은 분명 협동의 가치와 충돌한다. 당신의 배가 갈리는 것을 보면서 이웃들이 즐거워하리라고 생각한다면, 어떻게 그 이웃들과 함께 일하겠는가. 문명화 과정이 이끈 개인적 폭력 감소는 가혹한 처형의 수요도 줄였을 것이다. 요즘 '범죄에 대한 강경책'을 요구하는 목소리가 범죄율에 따라 오르내리는 것과 마찬가지이다.

인권을 연구하는 역사학자 린 헌트는 문명화 과정의 또 다른 파생 효과를 지적한다. 바로 위생과 예절의 개선이다. 도구를 써서 먹는다든지, 섹스를 은밀한 공간에서만 한다든지 하는, 신체 분비물을 남의 눈에 안 띄게 처리하고 옷에 묻히지 않는다든지 하는. 헌트에 따르면, 예절의 향상은 사람이 **자율적 존재**라는 인식에 ― 사람은 누구나 자신의 육체를 소유하고, 그 육체는 사회의 소유가 아니라 그 자체로 온전하다는 인식 ― 기여했다. 신체의 온전성은 점차 존중해야 하는 가치로 여겨졌다. 아무리 사회의 이익을 위해서라도, 한 사람을 희생한 채 그 온전성을 침해할 수는 없다고 여겨졌다.

개인적으로 나는 구체적인 이론을 선호하는 취향이라, 청결이 도덕적 감수성에 미친 영향에 관해서 좀 더 단순한 가설이 있을지도 모른다고 생각한다. 한마디로, 사람들이 타인을 덜 불쾌하게 느끼게 되었다는 것이다. 인간은 오물과 신체 분비물에 대한 혐오감을 타고난다. 요즘 사람들이 분뇨 냄새를 풍기는 노숙자를 꺼리듯이, 옛날 사람들은 이웃이 역겹게 느껴졌기 때문에 더 냉담하게 대했을지도 모른다. 설상가상 사람들은 본능적 혐오감에서 도덕적 혐오감으로 쉽게 넘어가기 때문에, 불결한 것을 곧 타락하고 추악하여 경멸할 만한 것으로 취급한다.[126] 20세기 잔학 행위 연구자들은 한 집단이 다른 집단에게 우위를 획득했을 때 너무나 쉽게 잔혹성을 분출한다는 사실에 놀라워했다. 이에 대해서 철학자 조너선 글러버는 비인간화의 하향 나선이라는 설명을 내놓았다. 사람들은 경멸하는 소수 집단을 불결한 곳에서 살도록 강요한다. 그러면 그들은 더 동물적이고 비인간적인 듯 보인다. 그러면 지배 집단은 그 때문에 그들을 더 학대하고, 그들은 그 때문에 더 타락하여, 결국 압제자들의 양심을 찌를 만한 요소가 모조리 제거된다.[127] 비인간화의 나선은 문명화 과정을 거꾸로 감은 것일지도 모른다. 즉, 수백 년 동안 청결과 존엄이 높아짐으로써 타인의 안녕에 대한 존중도 높아졌던 역사적 변화가 거꾸로 돌아가는 과정일지도 모른다.

그러나 안타깝게도, 문명화 과정과 인도주의 혁명은 시기가 맞지 않는다. 그래서 하나가 다른 하나의 원인이라고 보기 어렵다. 문명화 과정을 추진했던 정부와 상업의 등장, 살인의 급격한 감소가 이미 수백 년 동안 진행된 와중에도, 사람들은 야만적 처벌, 왕의 권력, 폭력을 동원한 이단자 억압에 대해서는 별로 신경 쓰지 않았다. 오히려 국가는 강력해질수록 더 잔인해졌다. 일례로 (처벌이 아니라) 자백을 끌어내기 위한 고문은 중세에 많은 나라가 로마법을 되살리면서 다시금 도입했다.[128] 그러니 17세기와 18세기의 인도주의 정서를 가속한 요인은 그와는 다른 무엇이었을 것이다.

한 대안은, 삶이 편해지면서 사람들이 좀 더 연민을 품게 되었다는 가설이다. 페인은 "사람들이 부자가 되면, 그래서 더 잘 먹고, 더 건강하고, 더 편해지면, 자신의 생명을 더 귀하게 여길 뿐만 아니라 남들의 생명도 더 귀하게 여기게 된다."고 추측했다.[129] 과거에는 생명의 가치가 낮았지만 갈수록 그 가치가 높아졌다는 가설은 넓은 역사적 범위에서 대강 맞는 말이다. 세계는 수천 년에 걸쳐 인간 제물이나 가학적 처형과 같은 야만적 관습에서 멀어졌고, 사람들은 좀 더 오래, 좀 더 편하게 살게 되었다. 17세기 영국이나 홀란드처럼 잔학 행위 폐지의 선봉에 섰던 나라들은 당대에 가장 부유했다. 오늘날 노예, 미신적 살해, 기타 야만적 풍습을 실시하는 역행하는 국가들은 세계에서 제일 가난한 지역들이다.

그러나 생명이 값싼 것이었다는 가설에도 문제가 있다. 당대에 부유한 편이었던 나라들 중에서도 가학성의 온상인 곳이 많았다. 로마 제국이 그랬다. 그리고 요즘 절단이나 돌로 쳐 죽이기 같은 가혹한 처벌을 행하는 나라들은 중동의 부유한 석유 수출국일 때가 많다. 더욱 큰 문제는 시기가 어긋난다는 점이다. 근대 서구의 부의 역사를 도표화한 그림

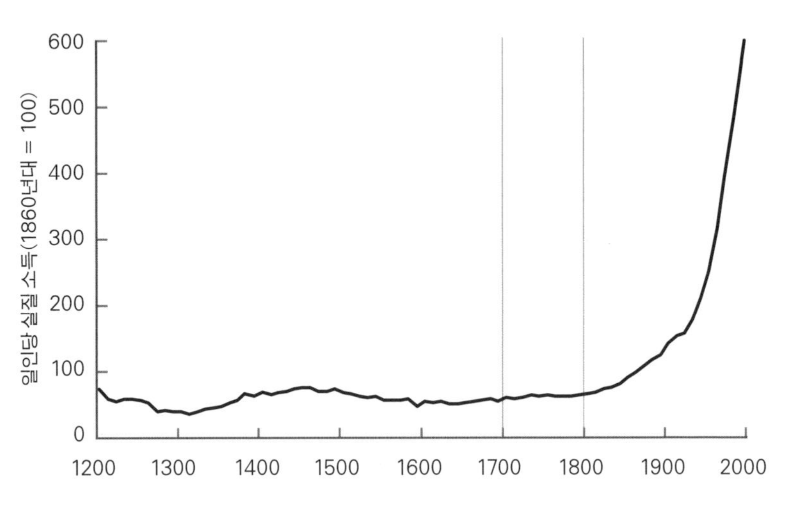

그림 4-7. 1200~2000년 영국의 일인당 실질 소득.
출처: 그래프: Clark, 2007a, p. 195.

4-7을 보자. 경제 역사학자 그레고리 클라크의 표로, 1200년에서 2000년까지 영국의 일인당 실질 소득을 표시했다(정해진 분량의 음식을 사는 데 돈이 얼마나 드느냐로 따졌다.).

물질적 풍요는 19세기 산업 혁명의 도래와 함께 비로소 상승세를 탔다. 1800년 이전에는 맬서스의 수학이 압도했다. 식량 생산이 늘더라도 늘어난 입을 먹이는 데 들어갔기 때문에 인구는 변함없이 가난했다는 뜻이다. 영국만이 아니라 전 세계가 마찬가지였다. 1200~1800년까지 경제적 풍요의 여러 잣대, 가령 소득, 일인당 칼로리, 일인당 단백질, 여성 한 명당 생존하는 자식 수 등은 유럽의 어느 나라에서도 상승세를 보이지 않았다. 수렵 채집 사회의 수준을 가까스로 웃도는 정도였다. 산업 혁명으로 더 효율적인 제조 기법이 도입되고 운하와 철도 같은 하부 구조가 건설된 뒤에야, 유럽 경제가 비로소 성장하기 시작했고 대중이 더 유복해졌다. 그에 반해 우리가 설명하려는 인도주의적 변화들은 17세기에 벌써 시작되었고, 18세기에 가장 집중되었다.

설령 물질적 풍요와 인도주의적 감수성의 상관관계가 확인되더라도, 그 이유를 꼬집어 말하기는 어려울 것이다. 돈은 단지 배를 불려 주고 비를 피할 처마만을 마련해 주는 것이 아니다. 돈으로는 더 나은 정부, 더 높은 식자율, 더 큰 이동성, 더 많은 재화를 살 수 있다. 게다가 과연 가난과 비참이 타인의 고통을 즐기도록 만드는가 하는 점도 분명치 않다. 정반대 예측도 쉽게 할 수 있기 때문이다. 고통과 결핍을 직접 겪어 본 사람일수록 남에게 그런 것을 가하지 않으려 하며 반대로 안락하게 살아 온 사람일수록 타인의 괴로움을 현실로서 느끼지 못한다고 말이다. 과거에 생명이 값싸게 여겨졌다는 가설은 마지막 장에서 다시 이야기하겠다. 지금은 사람들의 연민을 키운 외생적 변화의 후보를 더 찾아보자.

산업 혁명 이전에 일찌감치 생산성이 증대했던 기술로는 책 생산 기술이 있다. 구텐베르크가 인쇄기를 발명한 1452년 이전에는 책을 일일이 손으로 써서 만들었다. 그 과정은 시간이 오래 걸렸을 뿐만 아니라 — 250쪽짜리 책에 해당하는 것을 생산하려면 37인-일이 소요되었다. — 재료와 에너지 면에서도 비효율적이었다. 필사한 글씨는 인쇄한 글씨보다 읽기 어렵기 때문에, 필사본은 더 커야 했다. 따라서 종이를 더 많이 썼고, 장정과 보관과 운송도 더 비쌌다. 구텐베르크 이후 200년 동안 출판은 최첨단 사업이었다. 인쇄와 제지의 생산성은 20배 넘게 높아졌는데(그림 4-8 참고), 산업 혁명기 영국 경제의 전체 성장률보다 빠른 속도였다.[130)]

효율화된 출판 기술은 출간 붐을 일으켰다. 그림 4-9를 보자. 매년 출

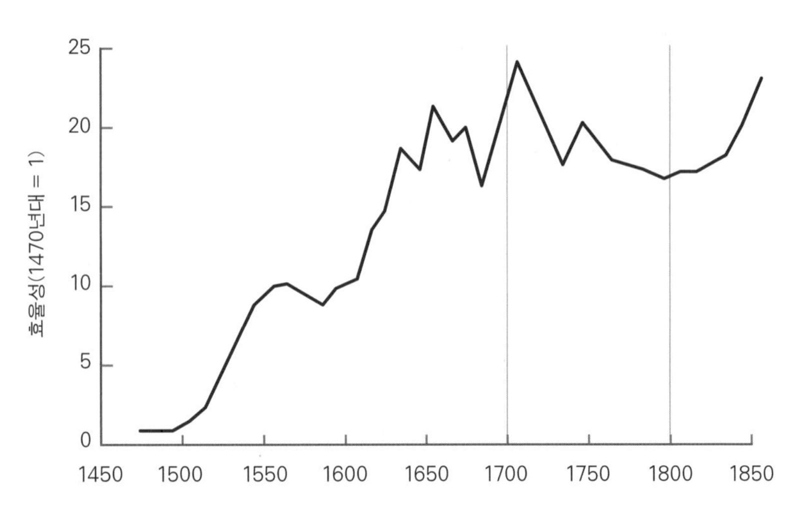

그림 4-8. 1470~1860년대 영국의 책 생산 효율.

출처: 그래프: Clark, 2007a, p. 253.

간되는 권수는 17세기에 상당히 늘었고, 18세기 말로 갈수록 치솟았다.

책은 귀족과 지식인만의 노리개가 아니었다. 문학 연구자 수잔 킨이 말했듯이, "18세기 말에는 런던과 지방 도시에 순회도서관이 널리 보급되었고, 그들이 빌려 주는 책은 대부분 소설이었다."[131] 책이 더 많아지고 싸지자, 독서의 유인이 커졌다. 의무 교육과 표준 검사가 도입되기 전의 식자율을 정확히 알기는 어렵지만, 역사학자들은 대리로 쓸 만한 교묘한 잣대들을 이용한다. 가령 혼인 등록증이나 법정 진술서에 직접 서명했던 사람의 비율을 살펴보는 것이다. 그림 4-10에 클라크가 수집한 두 시계열 데이터가 표시되어 있다. 살펴보면 17세기에 영국의 식자율은 두 배가 되었고, 세기 말에는 영국 남성의 과반수가 읽고 쓸 줄 알았다.[132]

식자율은 서유럽 다른 지역에서도 높아졌다. 17세기 말에는 프랑스 국민의 과반수가 읽을 줄 알았다. 다른 나라들은 한참 뒤부터 추정치가

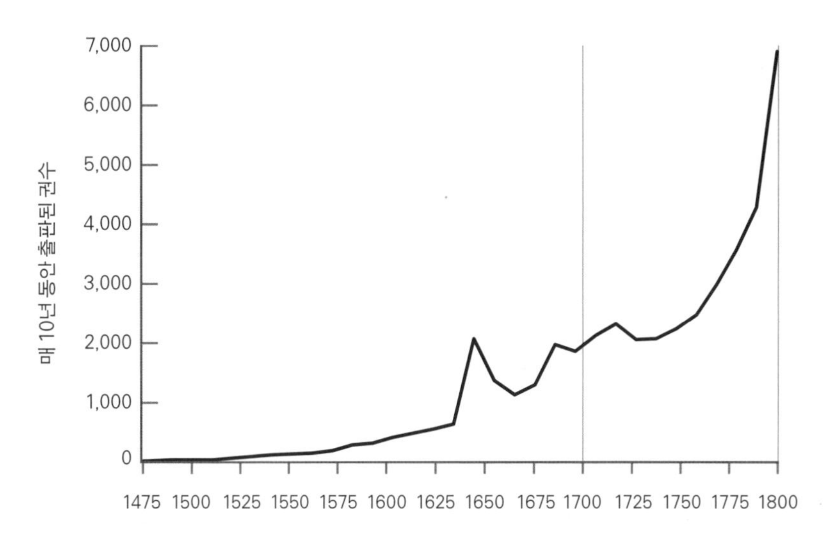

그림 4-9. 1475~1800년 영국에서 매 10년 동안 출판된 책의 권수.

출처: Simons, 2001; graph adapted from http://en.wikipedia.org/wiki/File:1477-1799_ESTC_titles_per_decade,_statistics.png.

등장하지만, 어쨌든 19세기 초에는 덴마크, 핀란드, 독일, 아이슬란드, 스코틀랜드, 스웨덴, 스위스에서도 남자들의 과반수가 글을 읽을 줄 알았다.[133] 사람들은 더 많이 읽었을 뿐 아니라, 예전과는 다른 방식으로 읽었다. 역사학자 롤프 엥겔징은 이 발전을 독서 혁명이라고 불렀다.[134] 사람들은 종교적 글만 읽기보다는 세속적 글을 읽었고, 집단으로 읽기보다는 혼자서 읽었고, 책력, 기도서, 성경과 같은 소수의 종교적 텍스트를 반복해서 읽기보다는 소책자나 정기 간행물과 같은 광범위한 시사 매체를 읽었다. 역사학자 로버트 단턴은 이렇게 말했다. "전환점은 18세기 말이었던 것 같다. 당시 더 많은 읽을거리가 더 많은 대중에게 미쳤다. 19세기 들어 기계화된 제지 공법, 증기 인쇄기, 라이노타이프, 거의 보편적인 문해 능력이 발달하면서 독서 인구가 거대한 비율로 늘어날 것을 내다볼 수 있는 시점이었다."[135]

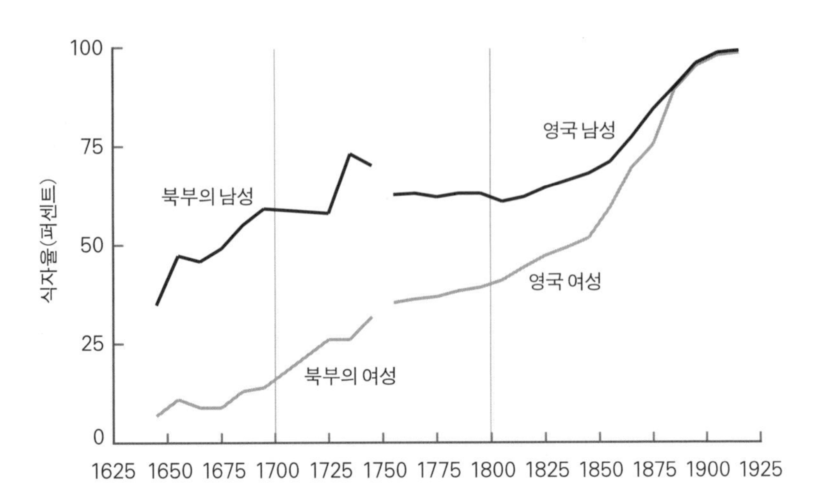

그림 4-10. 1625~1925년 영국의 식자율.
출처: 그래프: 다음을 변형. Clark, 2007a, p. 179.

17세기와 18세기에는 사람들이 읽을 내용도 더 많았다. 과학 혁명은 사람들에게 일상의 경험이란 미시적인 차원에서 천문학적인 차원까지 이어진 방대한 연속선 상의 좁은 영역일 뿐임을 가르쳐 주었고, 우리가 사는 행성은 창조의 중심이 아니라 한갓 별을 공전하는 바위일 뿐임을 가르쳐 주었다. 유럽인은 아메리카, 오세아니아, 아프리카를 탐험하고 인도와 아시아로 가는 해상 경로를 발견함으로써 신세계를 열어젖혔고, 덕분에 독자들은 자신과는 전혀 다르게 살아가는 이국적인 사람들이 존재한다는 것을 알게 되었다.

나는 인도주의 혁명의 개시를 거든 외생적 변화로서 쓰기와 읽기 능력의 성장이 제일 유력한 후보라고 생각한다. 마을과 친족으로 이루어진 비좁은 세상은 오감을 통해 접근할 수 있었고, 교회라는 유일한 정보 제공자를 통해 이해할 수 있었다. 그러나 이제 그것은 사람들, 장소들, 문화들, 사상들로 붐비는 변화무쌍한 만화경이 되었다. 그리고 정신의 확장은 여러 이유에서 대중의 감정과 신념에 좀 더 인간적인 면을 더해 주었을 것이다.

감정 이입과 생명 존중의 성장

연민은 다른 생명체 앞에서 자동적으로 솟구치는 반사적 반응이 아니다. 9장에서 자세히 말하겠지만, 모든 문화는 제 친족, 친구, 아기에 대해서는 공감으로 반응하면서도 그보다 더 넓은 범위의 이웃, 낯선 사람, 외부자, 그 밖의 감각 있는 존재들에 대해서는 그런 반응을 억제하는 경향이 있다. 철학자 피터 싱어는 『확장하는 원 — 사회 생물학과 윤리』(번역서 제목은 '사회 생물학과 윤리'이다. — 옮긴이)에서 인류가 자기 못지않게 소중하게 여기는 대상의 범위를 역사적으로 점차 넓혀 왔다고 주장했다.[136] 그렇다면 흥미로운 의문이 떠오른다. 과연 무엇이 감정 이입의 범위를 넓혔을까? 문해 능력의 확장이 좋은 후보이다.

독서는 관점 취하기(perspective-taking)의 기술이다. 당신의 머릿속에 다른 사람의 생각이 들어 있다면, 당신은 그 사람의 관점으로 세상을 보는 셈이다. 당신이 직접 경험할 수 없는 장면과 소리를 접하는 것은 물론, 그의 마음으로 들어가서 잠시나마 그의 태도와 반응을 공유한다. 뒤에서 이야기하겠지만, 누군가의 관점을 채택한다는 의미의 '감정 이입(empathy)'은 그에 대해 연민을 느낀다는 의미의 '감정 이입'과는 다르다. 그러나 전자는 자연스럽게 후자로 이어진다. 당신은 타인의 관점을 취함으로써 그도 당신과 굉장히 비슷하지만 같지는 않은 어떤 일인칭, 현재 시제, 지속적인 의식의 흐름이라는 것을 떠올린다. 남의 글을 읽는 버릇을 통해서 남의 생각 속으로, 나아가 그의 기쁨과 고통 속으로 들어가는 버릇을 갖게 된다고 말해도 지나친 비약은 아닐 것이다. 칼을 뒤집어 써서 얼굴이 흙빛이 된 남자, 불타는 장작을 밀어내려고 필사적으로 애쓰는 여자, 200번째 채찍질에 몸부림치는 남자. 이런 사람들의 관점으로 잠시나마 들어가 본다면, 우리가 그런 잔인한 짓을 누구에게든 꼭 가해야 하는가 하는 의문을 검토할 수밖에 없을 것이다.

타인의 관점을 취하는 것은 다른 방식으로도 사람들의 믿음을 바꿀 수 있다. 외국인, 탐험가, 역사학자의 눈으로 세상을 본다는 것은 당연시되던 규범을 ('원래 그렇게 하는 거야.') 명시적인 관찰로 ('그것이 현재 우리 부족의 방식이야.') 바꾸는 것이다. 이런 자의식은 그 관행을 다른 방식으로 할 수는 없는지를 자문하게 되는 첫 단계이다. 그리고 시간이 흐르면 첫째가 꼴찌가 될 수도 있고 꼴찌가 첫째가 될 수도 있다는 사실을 앎으로써, '운이 나빴다면 내가 저 처지였겠지.'라고 곱씹는 버릇이 생길 수도 있다.

독자를 편협한 관점에서 벗어나게 만드는 문해력의 힘은 사실적인 글에만 국한되지 않는다. 앞에서 말했듯이, 풍자 문학은 장광설이나 잔소리 없이 사람들의 감수성을 바꾸는 효과적인 방법이다. 풍자는 독자를 가상의 세계로 이동시키고, 그곳에서 자기 자신의 어리석음을 관찰하게끔 한다.

한편, 사실적인 픽션도 그 나름대로 독자의 감정 이입을 확장시킨다. 자신과는 처지가 다른 사람들의 생각과 감정으로 끌어들이는 것이다. 문학을 공부하는 학생들은 소설의 역사에서 18세기가 전환점이었다고 배운다. 그때 소설은 대중오락이 되었다. 18세기 말에는 영국과 프랑스에서 매년 100종 가까이 새 소설이 출간되었다.[137] 이전의 서사시들이 영웅, 귀족, 성인의 공적을 노래한 데 비해, 이때의 소설들은 평범한 사람들의 갈망과 상실을 생생하게 그렸다.

린 헌트는 인도주의 혁명의 절정기였던 18세기 말이 또한 서간체 소설 장르의 절정기였음을 지적한다. 서간체 소설들은 주인공의 입으로 직접 이야기를 전달했다. 그래서 실체가 없는 화자가 멀리서 바라보며 묘사할 때와는 달리, 인물의 생각과 감정이 즉각적으로 노출되었다. 18세기 중반에는 여성 주인공의 이름을 딴 세 멜로드라마 소설이 뜻밖의 베스트셀러가 되었다. 새뮤얼 리처드슨의 『파멜라』(1740년)와 『클라리사』(1748년), 루소의 『쥘리, 혹은 신 엘로이즈』(1761년)였다. 다 큰 남성 독자들이 자기와는 아무런 공통점이 없는 평범한 여성이 (하녀일 때도 있었다.) 겪는 금지된 사랑, 견디기 힘든 정략결혼, 잔인한 운명의 반전을 읽으며 눈물을 쏟았다. 은퇴한 군인 하나는 루소에게 이런 편지를 썼다.

> 당신 때문에 나는 그녀에게 미쳤습니다. 그러니 그녀의 죽음이 내게 얼마나 고통스러웠을지 상상해 보십시오. …… 나는 일찍이 이토록 향기로운 눈물은 흘려 보지 못했습니다. 이 책은 내게 너무나도 강한 영향을 미쳤기 때문에, 나는 그 숭고한 순간에 죽으라면 기꺼이 죽었을 것입니다.[138]

계몽 시대 철학자들은 독자가 소설을 통해서 타인과 동일시하고 공감한다는 점을 칭송했다. 디드로는 리처드슨을 칭송하며 이렇게 썼다.

> 당신은 제아무리 조심하더라도 그의 작품 속 어느 배역에 동일시하게 된다. 그래서 대화에 빠져들고, 찬성하고, 비난하고, 감탄하고, 짜증내고, 분개한다. 나는 난생 처음 극장 구경을 한 아이처럼 수시로 "믿지 마, 그가 너를 속이는 거야." 이렇게 외쳤지만, 그러면서도 스스로에게 놀라지 않았다. …… 그의 인물들은 평범한 사회에서 왔고 …… 그가 묘사한 열정들은 나도 느끼는 것이다.[139]

성직자들은 물론 이런 소설을 비난했다. 금서 목록에도 올렸다. 어느 가톨릭 사제는 이렇게 썼다. "이런 책을 펼치면, 인물들이 신과 인간의 정의를 어기는 장면, 자식이 부모의 권위를 멸시하는 장면, 결혼과 우정의 신성한 결합이 깨어지는 장면을 거의 어디에서나 찾아볼 수 있다."[140)]

헌트는 다음과 같은 인과의 사슬을 제안했다. 독자들이 자신과 처지가 다른 사람들에 대한 서간체 소설을 읽고, 그럼으로써 타인의 입장이 되어 보는 능력을 키우고, 그럼으로써 잔인한 처벌 등 반인륜적 악습에 반대하게 된다. 그러나 여느 상관관계와 마찬가지로 이 상관관계도 다르게 설명될 가능성을 배제할 수 없다. 어쩌면 사람들의 감정 이입 능력은 다른 이유에서 커졌을지도 모른다. 그래서 사람들이 서간체 소설을 잘 받아들이게 되었고, 동시에 타인에 대한 학대를 염려하게 되었을지도 모른다.

그렇지만 전폭적인 인과 관계를 주장하는 가설이 영문학 교사들의 환상만은 아닐지도 모른다. 일단 사건들의 순서가 올바르다. 출판술의 발전, 책의 대량 생산, 문해 능력의 확산, 소설의 인기는 18세기의 주요한 인도주의적 개혁들에 앞서서 벌어졌다. 베스트셀러 소설과 회고록은 망각된 계층의 피해자들이 겪는 괴로움을 광범위한 독자들에게 알림으로써 정책 변화를 이끌기도 했다. 『톰 아저씨의 오두막』이 미국에서 노예 폐지 정서를 고조시키던 무렵, 찰스 디킨스의 『올리버 트위스트』(1838년)와 『니콜러스 니클비』(1839년)는 영국 구빈원과 고아원의 아동 학대로 사람들의 시선을 집중시켰고, 리처드 헨리 데이나의 『돛대 아래의 2년: 선원 생활의 개인적 기록』(1840년)과 허먼 멜빌의 『하얀 재킷』은 선원들에 대한 채찍질을 끝내는 데 일조했다. 20세기에는 에리히 마리아 레마르크의 『서부 전선 이상 없다』, 조지 오웰의 『1984』, 아서 케슬러의 『한낮의 어둠』, 알렉산드르 솔제니친의 『이반 데니소비치의 하루』, 하퍼 리의 『앵무새 죽이기』, 엘리 위젤의 『밤』, 커트 보네거트의 『제5 도살장』,

알렉스 헤일리의 『뿌리』, 안치민의 『진달래』, 아자르 나피시의 『테헤란에서 롤리타를 읽다』, 앨리스 워커의 『은밀한 기쁨을 간직하며』(여성 생식기 절단을 다룬 소설이다.)가 자칫 무시되었을지도 모르는 피해자들의 고통을 대중에게 인식시켰다.[141] 영화와 텔레비전은 더 많은 청중에게 가 닿았고, 더 직접적인 경험을 제공했다. 가공의 내러티브가 사람들의 감정이입을 부추기고 행동을 자극할 수 있다는 것을 보여 준 실험들에 대해서는 9장에서 이야기하겠다.

소설이라는 장르, 특히 서간체 소설이 감정 이입 확산에 결정적이었든 아니든, 독서의 폭발적 성장은 독자로 하여금 자신만의 편협한 관점에서 벗어나는 습관을 갖게 만듦으로써 인도주의 혁명에 기여했을 것이다. 그리고 독서는 또 다른 방식으로도 기여했을지 모른다. 도덕적 가치와 사회 질서에 대한 새로운 발상들이 자랄 온상을 제공하는 방식으로.

문예 공화국과 계몽주의적 인도주의

데이비드 로지의 1988년 소설 『작은 세상』에서, 어느 교수는 엘리트 대학이 퇴물이 되었다고 믿는 이유를 이렇게 설명했다.

> 현대 사회에서 정보는 예전보다 이동시키기가 훨씬 더 쉬워졌어. 사람도 마찬가지지. …… 지난 20년 동안 학술계를 변혁시킨 것이 세 가지가 있는데 …… 제트 비행기, 직통 전화, 제록스 복사기. …… 전화와 복사기와 학회 참가 보조금만 있으면 만사 오케이. 그러면 세상에서 유일하게 정말로 중요한 단 하나의 대학, 바로 글로벌 캠퍼스에 접속해 있는 셈이지.[142]

모리스 잽 교수의 말은 핵심을 찔렀지만, 1980년대의 기술들을 과대

평가한 편이었다. 위의 문장이 쓰인 지 20년이 흐른 지금, 그 기술들은 이메일, 디지털 문서, 웹사이트, 화상 회의, 스카이프, 스마트폰에 추월당했다. 더구나 위의 문장이 쓰이기 200년 **전에도**, 당대 기술들이 — 범선, 인쇄된 책, 우편 제도 — 벌써 정보와 사람의 이동성을 높이고 있었다. 그 결과는 같았다. 지구촌 캠퍼스, 공공의 영역, 17세기와 18세기의 표현을 빌리자면 문예 공화국(The Republic of Letters)이다.

21세기 독자가 인류의 지성사를 되돌아보면, 18세기 블로고스피어에 깊은 인상을 받지 않을 수 없다. 당시에는 책이 나오자마자 매진되었다. 금세 재쇄를 찍었고, 대여섯 개 언어로 번역되었고, 소책자나 서신이나 다른 책을 통해서 정신없이 논평이 쏟아졌다. 로크, 뉴턴 같은 사상가들은 수만 통의 편지를 주고받았다. 볼테르는 1만 8000통 넘게 썼다. 요즘의 책으로 묶으면 15권은 됨 직하다.[143] 이런 담화는 오늘날의 기준으로 보자면 더디기 짝이 없는 속도로 — 수 주, 가끔은 수 개월에 걸쳐 — 전개되었지만, 사상이 발표되고 비판되고 통합되고 개선되고 권력자의 주목을 받게 되기에는 충분히 빠른 속도였다. 좋은 예가 베카리아의 『범죄와 처벌』이다. 이 책은 단숨에 센세이션을 일으켰고, 유럽 전역에서 잔인한 처벌을 폐지하려는 운동에 추진력을 주었다.

시간과 공급자가 충분하다면, 사상의 시장은 사상을 유포하는 것은 물론이거니와 그 내용도 바꾼다. 아무것도 없는 상태에서 혼자 무언가 가치 있는 것을 만들어 낼 만큼 똑똑한 사람은 아무도 없다. 뉴턴은 (결코 겸손한 사람이 아니었음에도) 1675년에 동료 과학자 로버트 훅에게 보낸 편지에서 "내가 좀 더 멀리 보는 것은 거인들의 어깨에 올라탔기 때문입니다."라고 시인했다. 인간의 정신은 복잡한 생각들을 하나로 묶고, 그것을 다른 사상들과 결합하여 더욱 복잡하게 조립하고, 그 조립품들을 묶어 더 큰 장치로 만들고, 그것을 또 다른 발상들과 결합하고, 이렇게 계속 나아가는 데 능숙하다.[144] 그러기 위해서는 기능 확장용 소프트웨어나 부품이 지속적으로 공급되어야 하는데, 그것은 여러 정신들이 엮인 그물망에서만 가능하다.

지구촌 캠퍼스는 사상의 복잡성뿐만 아니라 품질도 높인다. 은둔한 고립 상태에서는 갖가지 기이하고 유해한 사상이 곪기 쉽다. 그때 최고의 소독제는 햇빛이다. 나쁜 사상을 다른 사람들의 비판적 시선에 노출시키는 것은 그것이 시들어 죽어 갈 계기를 제공하는 셈이다. 따라서 문예 공화국에서는 미신, 독단, 전설의 수명이 짧아진다. 범죄 통제와 국정 운영에 대한 나쁜 생각들도 마찬가지다. 누군가의 죄를 확인하기 위해서 그에게 불을 붙여서 타는지 안 타는지 본다는 것은 멍청하기 짝이 없는 생각이다. 여자가 악마와 교접했다는 이유로, 혹은 악마를 고양이로 둔갑시켰다는 이유로 처형하는 것도 어리석기 짝이 없는 생각이다. 당신이 세습 절대 군주가 아닌 이상, 세습 절대 군주가 최적의 정부 형태라는 생각에 설득되기란 여간해서는 힘들 것이다.

로지가 1988년에 세상을 좁히는 기술로 묘사했던 것들 중에서 오늘날 인터넷 때문에 퇴물로 전락하지 않은 것은 제트 비행기뿐이다. 요즘도 어떤 경우에는 얼굴을 맞댄 소통에 대한 대체재가 없기 때문이다. 비행기는 사람들을 한자리에 모은다. 그런데 도시에 사는 사람들은 이미 한자리에 있다. 그래서 도시는 오래전부터 사상의 도가니였다. 세계적인 도시는 다양한 사람들을 임계량 이상 모을 수 있다. 도시의 구석구석은 괴짜들의 안식처가 된다. 이성의 시대와 계몽 시대는 한편으로 도시화의 시대였다. 런던, 파리, 암스테르담은 지적 시장이었고, 사상가들은 그런 도시들의 살롱, 커피하우스, 서점에 모여 당대의 사상을 토론했다.

암스테르담은 사상들의 경기장에서 특별한 역할을 맡았다. 암스테르담은 네덜란드의 황금기였던 17세기에 붐비는 항구로 발전했다. 도시는 재화, 사상, 돈, 사람의 유입에 개방적이었다. 가톨릭, 재세례파, 다양한 종파의 개신교 신자들이 살았고, 선조 대에 포르투갈에서 추방된 유대인들도 살았다. 많은 출판사가 있었다. 그들은 논쟁적인 책을 인쇄하여 그것이 금서로 지정된 나라에 수출하는 비상한 사업 수완을 자랑했다. 암스테르담의 한 시민, 스피노자는 성경을 문헌적으로 분석함으로써 인격적 신의 여지를 제거한 범신론을 발전시켰고 그래서 1656년에 유대인 공동체에서 제명 당했다. 사람들은 종교 재판의 기억을 생생하게 간직한 터라 그의 책이 주변 기독교인들에게 파문을 일으킬까 봐 염려했던 것이다.[145] 그러나 스피노자에게는 그 사건이 딱히 비극은 아니었다. 만일 그가 고립된 마을에 살았다면 괴로웠겠지만, 그는 그저 짐을 싸 들고 다른 동네로 옮겼다가 다시 네덜란드의 관용적인 도시 레이덴으로 옮겼다. 그가 옮긴 곳의 작가, 사상가, 예술가 사회는 그를 환영했다. 존 로크도 1683년에 찰스 2세에 대한 음모에 가담했다는 의혹을 샀을 때 암스테르담을 피신처로 이용했다. 르네 데카르트도 자주 주소를 바꿨다. 한 장소에서 머물다가 분위기가 격해지면 옮기는 식으로 홀란드와 스웨덴을 오갔다.

경제학자 에드워드 글레이저는 도시의 성장이 자유 민주주의를 탄생시켰다고 본다.[146] 억압적 독재자는 모든 국민들의 경멸을 받는 상황에서도 권력을 유지할 수 있다. 경제학자들이 사회적 딜레마 혹은 무임승차자 문제라고 부르는 딜레마 때문이다. 독재 정치에서 독재자와 심복들은 권력을 유지하려는 동기가 강력하지만, 국민 개개인에게는 그를 퇴위시킬 동기가 없다. 민주주의의 편익은 모든 국민들이 나눠 갖는 데 비해 독재자의 보복을 감수할 위험은 반역자가 홀로 져야 하기 때문이다. 그러나 도시라는 용광로는 금융가, 법률가, 작가, 출판업자, 잘 조직된 상인들을 한 곳에 모은다. 사람들은 술집과 길드 회관에서 지도자에게 도전할 계획을 꾸밀 수 있고, 할 일을 분담하여 위험을 나눌 수 있다. 고대 아테네, 르네상스 시절 베네치아, 혁명기 보스턴과 필라델피아, 북부 저지대 도시들에서 그런 방식으로 새로운 민주주의가 잉태되었다. 요즘도 도시화와 민주화는 함께 가는 경향이 있다.

정보와 사람의 유입이 지니는 전복의 힘은 일찍이 정치적, 종교적 폭군에게 효과가 없었던 적이 없다. 폭군들이 말과 글과 조직을 억압하는 것은 그 때문이다. 민주 국가들이 권리 장전에서 그 통로들을 보호하는 것도 그 때문이다. 도시와 문해력이 성장하기 전에는 해방적인 사상이 생겨나고 통합되기가 어려웠다. 그러므로 17세기와 18세기에 성장한 세계주의는 인도주의 혁명에 부분적으로 기여했다고 할 만하다.

물론, 사람과 사상이 한데 모인 것만으로는 그 사상이 어떻게 진화할지 알 수 없다. 문예 공화국과 세계적인 도시들의 성장 그 자체로는 18세기에 인도적 윤리가 생겨난 이유를 설명할 수 없다. 오히려 고문, 노예, 전제 정치, 전쟁에 대해 더욱 더 기발한 논리가 생겨났을 수도 있는 것 아닌가.

나는 두 가지 발전이 사실상 연결되어 있다고 보는 입장이다. 자유롭고 합리적인 행위자들의 거대한 공동체가 사회 운영 방침에 대해 다 함께 협의한다면, 그리고 논리적 일관성과 바깥세상으로부터의 피드백을 그 지침으로 삼는다면, 그때 그들의 합의는 틀림없이 특정한 방향으로 흐를 것이다. 이것은 분자 생물학자들이 발견한 DNA 염기의 종류가 왜 네 가지인지를 설명할 필요가 없는 것과 마찬가지다. 생물학자들이 연구를 제대로 했고, DNA 염기의 종류가 정말로 네 가지라면, 장기적으로는 다른 결론이 발견될 가능성이 거의 없었다. 마찬가지로, 계몽된 사상가들이 결국에는 아프리카 노예 무역, 잔인한 처벌, 전제 군주, 마녀와 이단자 처형에 반대하는 논증을 펼치게 된 까닭도 어쩌면 구태여 설명할 필요가 없다. 공평무사하고 합리적이고 정보를 지닌 사상가들이 찬찬히 검토하는 이상, 그런 관습들을 무한히 정당화할 수는 없는 법이다. 한 사상에 이어 여러 사상들이 탄생하는 사상의 우주는 그 자체로 외생적인 힘이다. 사상가들의 공동체가 일단 그 우주로 들어서면, 물질 환경과는 무관하게 그들은 특정한 방향으로 이끌릴 것이다. 나는 이런 도덕적 발견의 과정이 인도주의 혁명에서 중요한 요인이었다고 본다.

나는 이 설명을 한 단계 더 밀어붙이려 한다. 수많은 폭력적 제도가 그토록 짧은 기간에 무릎을 꿇었던 것은 각각을 처단한 논리들이 이성의 시대와 계몽 시대에 등장했던 일관된 철학의 계보에 속했기 때문이다. 홉스, 스피노자, 데카르트, 로크, 데이비드 흄, 메리 아스텔, 칸트, 베카리아, 스미스, 메리 울스톤크래프트, 매디슨, 제퍼슨, 해밀턴, 존 스튜어트 밀. 이런 사상가들의 생각은 하나로 뭉쳐 단일한 세계관을 이루었다. 우리는 그것을 계몽주의적 인도주의(Enlightenment humanism)라고 부를 수 있다(고전 자유주의[classical liberalism]라고도 불리지만, **자유주의**[liberalism]라는 단어는 1960년대 이후 다른 뜻도 많이 갖게 되었다.). 지금부터 내가 이 철학을 간략히 설명해 보겠다. 여러 계몽주의 사상가들의 견해를 거칠되 그럭저럭 일관되게 혼합한 이야기라고 보면 된다.

시작은 회의주의(skepticism)이다.[147] 인류가 저지른 어리석음의 역사를 보면, 그리고 우리 자신이 망상과 오류에 취약한 것을 보면, 인간은 분명 오류를 저지르는 존재이다. 따라서 우리는 어떤 것을 믿기 전에 충분한 **이유**를 찾아보아야 한다. 신앙, 계시, 전통, 독단, 권위, 황홀하게까지 느껴지는 주관적 확실성. 이런 것은 실수의 지름길이다. 지식의 원천으로는 기각되어야 한다.

우리가 확신할 수 있는 것이 있기나 할까? 데카르트는 가능한 한 가장 훌륭한 답을 주었다. 그것은 자기 자신의 의식이다. 나는 내가 무엇을 알 수 있는지 생각해 본다는 그 사실 때문에, 내게 의식이 있다는 것을 안다. 나는 내 의식이 여러 종류의 경험으로 구성되었다는 것도 안다. 바깥세상과 다른 사람들에 대한 인식, 감각적이거나(음식, 안락함, 섹스) 정신적인(사랑, 지식, 아름다움의 음미) 쾌락과 고통 등이다.

우리는 또한 이성에 헌신한다. 우리가 질문을 던지고, 여러 대답을 평가하고, 그 대답들의 가치를 남에게 설득시키는 것이 곧 이성을 발휘하는 행위이다. 따라서 우리는 이성의 타당성을 암묵적으로 시인하는 셈이고, 나아가 이성을 신중하게 적용해서 얻은 결론은, 그것이 무엇이든, 받아들인다. 수학과 논리학의 정리들이 그렇다.

우리가 물리적 세계에 대해서 무언가를 논리적으로 **증명하기란** 불가능하다. 그러나 물리적 세계에 대한 어떤 믿음들이 사실임을 **확신할** 수는 있다. 이성과 관찰을 적용하여 세계에 대한 잠정적 일반론을 발견하는 것, 그것을 우리는 과학이라고 부른다. 과학은 세계를 설명하고 조작하는 데에서 눈부신 성공을 거두며, 우리에게 우주에 대한 지식이 가능하다는 것을 알려 주었다. 확률적이고 늘 수정해야 하는 지식이지만 말이다. 따라서 과학은 지식을 얻는 방식에 대한 패러다임이다. 특정 기법이나 제도가 아니라 가치 체계이다. 세계를 설명하려고 노력하는 것, 후보로 떠오른 설명들을 객관적으로 평가하는 것, 지식이 늘 임시적이고 불확실하다는 점을 인식하는 것. 이것이 곧 과학이다.

이성이 필수 불가결하다고 해서 개개인이 늘 이성적이라거나 열정과 망상에 휘둘리지 않는다는 말은 아니다. 단지 사람은 이성을 행사할 **능력이 있다**는 뜻이다. 개인들의 공동체가 이 재능을 연마하기로 결정하고 공개적이면서도 공정하게 사용하기로 선택하면, 그들이 집단 이성의 발휘를 통해서 장기적으로 더 건전한 결론을 내릴 수 있다는 뜻이다. 링컨의 말마따나, 모든 사람을 잠깐은 속일 수 있고 몇몇 사람을 영원히 속일 수도 있지만 모든 사람을 영원히 속일 수는 없다.

세상에 관한 여러 신념들 중에서 우리가 특히 굳게 믿는 것은, 남들도 우리처럼 의식이 있다는 생각이다. 남들도 우리와 같은 재료로 만들어졌다는 것, 우리와 같은 목표를 추구한다는 것, 우리에게 고통과 기쁨을 일으키는 사건에 대해서 남들도 고통과 기쁨의 신호를 드러내며 반응한다는 것이다.

같은 논리에 따르면, 겉으로는 우리와 여러 모로 다른 사람들일지라도—성별, 인종, 문화 등—근본적으로는 우리와 같을 것이다. 셰익스피어의 샤일록은 이렇게 물었다.

> 유대인에게는 눈이 없소? 유대인에게는 손, 장기, 정신, 감각, 애정, 열정이 없소? 유대인도 기독교인과 같은 음식을 먹고, 같은 무기에 다치고, 같은 병에 걸리고, 같은 치료법에 낫고, 겨울과 여름에 똑같이 춥고 더워하지 않소? 당신들이 우리를 찌르면 우리에게 피가 흐르지 않소? 당신들이 우리를 간질이면 우리가 킬킬대지 않소? 당신들이 우리에게 독을 먹이면 우리가 죽지 않소? 그러니 당신들이 우리를 푸대접하면 우리가 복수하는 게 당연하지 않소?

문화가 달라도 인간의 기본 반응은 공통된다는 사실에는 심오한 의미가 있다. 첫째, 그것은 보편적 본성이 존재한다는 뜻이다. 공통의 기쁨과 고통, 공통의 추론 기법, 공통적인 어리석음에의 취약성(복수에의 갈망은 물론이다) 다 포함될 것이다. 우리는 이런 인간 본성도 세상의 다른 것들처럼 얼마든지 연구할 수 있다. 그리고 삶의 방식을 결정할 때 그 지식을 고려할 수 있다. 과학 지식이 의혹을 던질 때는 직관을 에누리해서 받아들여야 한다는 점까지도.

보편 심리의 또 다른 의미는, 전혀 다른 사람들끼리도 원칙적으로는 정신의 만남을 가질 수 있다는 것이다. 나는 당신의 이성에 호소하여 당신을 설득하려고 노력할 수 있다. 나와 당신이 둘 다 생각하는 존재라는 사실에 의거하여, 나와 당신이 둘 다 받아들이는 표준 논리와 증거를 이용하는 것이다.

이성의 보편성은 중대한 깨달음이다. 도덕이 어디에서 비롯하는지를 결정해 주기 때문이다. 내가 당신에게 나에 관한 어떤 일을 해 달라고 호소하면서 — 발을 치워 달라거나, 재미로 찌르지 말라거나, 내 아이를 물에서 건져 달라거나 — 당신이 진지하게 받아들이기를 원한다면, 내 이익을 당신의 이익에 앞세우는 방식으로 요청해서는 안 된다(내가 당신의 발을 밟고, 당신을 찌르고, 당신의 아이가 빠져 죽게 내버려 둘 권리를 유지해서는 안 된다.). 내가 그렇게 주장하려면, 나도 당신을 똑같이 대해야만 한다. 내가 서 있는 곳은 내가 서 있으니까 우주에서 특별한 지점이라고 당신을 설득할 수는 없다. 마찬가지로, 나는 나이고 당신은 내가 아니니까 내 이익만 특별하다고 주장할 수는 없다.[148]

왜 당신과 나는 함께 이런 도덕적 이해에 도달해야 할까? 논리적으로 일관된 대화를 나누기 위해서는 아니다. 우리가 서로의 이해를 동시에 추구할 수 있는 유일한 방법은 서로 이기주의를 버리는 것이기 때문이다. 우리가 잉여를 나누고, 서로의 아이가 곤란에 처했을 때 구해 주고, 서로를 칼로 찌르지 않는 편이 잉여가 썩어 가도 혼자 쌓아 두고, 서로의 아이가 빠져 죽게 내버려 두고, 쉼 없이 혈투를 벌이는 편보다 서로에게 더 낫다. 인정하건대, 내가 이기적으로 당신을 착취하고 당신이 바보처럼 당한다면 내게는 좀 더 좋을 것이다. 그러나 그것은 당신도 마찬가지다. 그리고 우리가 둘 다 그런 이득을 추구하면, 결국에는 둘 다 나빠진다. 모름지기 중립적인 관찰자라면, 그리고 합리적인 대화가 가능한 사이라면, 둘 다 이기적이지 않은 상태야말로 둘 다 목표로 삼을 상태라는 결론에 도달할 것이다.

그렇다면, 도덕성이란 웬 복수심 강한 신이 불러 주었거나 어떤 책에 적혀 있는 임의적인 규제들의 집합이 아니다. 특정 문화와 부족의 관습도 아니다. 그것은 사람들이 서로 관점을 바꿔 본 결과이다. 이 세상에 허락된 포지티브섬 게임의 기회이다. 세계의 주요 종교들이 발견한 여러 형태의 황금률에 이런 도덕의 기초가 드러나 있다. 스피노자가 말한 영원의 관점(Viewpoint of Eternity), 칸트의 정언 명령(Categorical Imperative), 홉스와 루소의 사회적 계약(Social Contract), 로크와 제퍼슨이 말한 '모든 인간은 평등하다는 자명한 진실'에도 드러나 있다.

보편적 본성이 존재한다는 사실적 지식, 그리고 누구도 자신의 이익을 남보다 앞세울 근거는 없다는 도덕적 원칙. 우리는 이것으로부터 인간사의 운영 방식에 대해 많은 통찰을 끌어낼 수 있다. 가령 정부는 좋은 것이다. 무정부 상태에서 사람들이 자기 이익만 추구하고, 자기 기만에 빠지고, 타인에게도 이런 단점이 있다고 걱정하게 되면 상시적으로 분란이 일어날 테니까. 그보다는 모두들 폭력을 포기하기로 동의하는 한 자신도 폭력을 포기하고 공평무사한 제삼자에게 권위를 맡기는 편이 모두에게 더 낫다. 그러나 그 제삼자도 천사가 아니라 인간일 것이므로, 그 힘을 다른 사람들의 힘으로 견제해야 한다. 그럼으로써 통치자들이 피통치자들의 동의 하에서만 다스리도록 해야 한다. 통치자들은 더 큰 폭력을 막기 위한 최소한의 폭력 외에는 피통치자들에게 무력을 행사하지 말아야 한다. 그리고 개인들이 협동과 자발적 교환을 통해서 융성하도록 하는 제도들을 육성해야 한다.

내가 지금까지 펼친 논증을 인도주의라고 불러도 좋을 것이다. 누구도 부인할 수 없는 단 하나의 가치, 즉 인간의 번영만을 유일한 가치로 인정하기 때문이다. 우리는 스스로 기쁨과 고통을 경험하고, 그것을 위한 목표들을 추구한다. 따라서 다른 감각 있는 행위자들에게도 똑같은 권리가 있다는 사실을 합리적으로 부인할 수 없다.

이런 이야기가 너무나 진부하고 뻔하게 들리는가? 그것은 당신이 계몽주의의 자식이기 때문이다. 당신이 이미 인도주의 철학을 흡수했기 때문이다. 사실 역사적 사실로만 판단하자면, 이것은 전혀 진부하지 않고 빤하지도 않은 말이다. 계몽주의적 인도주의가 반드시 무신론은 아니다(신을 자연적 우주와 동일시하는 이신론과는 양립 가능하다.). 그러나 성서, 예수, 의식, 종교법, 신의 의도, 불멸의 영혼, 내세, 구세주의 도래, 개개인에게 반응하는 신 등등의 요소는 전혀 사용하지 않는다. 세속적 가치들의 원천에 대해서도 그것이 인간의 번영에 필요하지 않다고 판단한다면 똑같이 일축해 버린다. 가령 특정 국가나 인종이나 계층의 위신, 남자다움이나 품위나 영웅주의나 영광이나 명예처럼 집착의 대상이 된 미덕들, 그 밖의 신비로운 힘, 탐색, 운명, 변증법, 투쟁 등이 그렇다.

나는 18세기와 19세기에 펼쳐진 여러 인도적 개혁들의 밑바탕에서 계몽주의적 인도주의가 명시적이든 암묵적이든 영향을 미쳤다고 주장한다. 이 철학이 명시적으로 소환된 사례를 들라면, 자유 민주주의의 설계 과정을 꼽을 수 있다. 특히 미국 독립 선언서의 '자명한 진실' 운운하는 대목에서 가장 투명하게 드러났다. 나중에 이 철학은 세계 다른 곳으로도 퍼졌고, 다른 문명들에서 독립적으로 생겨났던 인도주의적 주장들과 융합되었다.[149] 그리고 이 철학은 우리 시대에 펼쳐진 권리 혁명들에서도 다시금 추진력을 얻었다.

이런 성과에도 불구하고, 계몽주의적 인도주의는 처음에는 별반 성공을 거두지 못했다. 이 철학은 야만적인 관습들의 폐지에 기여했고 최초의 자유 민주주의로 이어지는 교두보가 되었지만, 세계 대부분의 지역에서 사람들은 그 온전한 의미를 철저히 무시했다. 한 이유는 우리가 이 장에서 살펴본 계몽주의의 힘들과 앞 장에서 살펴보았던 문명화의 힘들이 긴장 관계에 있다는 문제였다. 그러나 사실은 그 둘을 조화시키기가 그리 어렵지 않은데, 이 점은 내가 지금부터 설명하겠다. 한편 또 다른 반대 이유는 좀 더 근본적이었고, 그 결과도 좀 더 파국적이었다.

문명과 계몽주의

계몽 시대의 뒤를 쫓아 프랑스 혁명이 왔다. 민주주의를 약속했던 잠깐의 시기에 뒤따라 국왕 살해, 반란, 광신, 폭동, 공포, 선제적 전쟁이 이어졌고, 과대망상적 황제와 정신 나간 정복 전쟁으로 절정을 이뤘다. 혁명기와 그 여파에 살해된 사람이 25만 명이 넘었고, 혁명전쟁과 나폴레옹 전쟁에서 죽은 사람도 200만~400만 명 사이였다. 이런 재앙을 곱씹다 보면, 사람들이 '이것 이후에 왔으므로 이것 때문이다.'라고 추리했던 것이나 좌우파 지식인들이 일제히 계몽주의를 비난했던 것도 당연한 일로 보인다. 그들은 말했다. 그런 재앙은 인간이 지식의 열매를 따 먹고, 신에게서 불을 훔치고, 판도라의 상자를 연 대가라고.

계몽주의가 공포 정치와 나폴레옹에 책임이 있다는 이론은 아무리 좋게 말해도 의심쩍다. 정치적 살인, 학살, 제국주의 팽창 전쟁은 문명만큼 오래되었고, 오래전부터 프랑스를 비롯한 모든 유럽 군주 국가들의 일상이었다. 그리고 혁명가들에게 영감을 주었던 프랑스 철학자들은 지적 경량급으로서, 홉스, 데카르트, 스피노자, 로크, 흄, 칸트로 이어지는 논리의 흐름을 대표하지 않았다. 게다가 미국 혁명은 계몽주의의 각본에 좀 더 충실하게 따랐는데도 200년 넘게 지속될 자유 민주 국가를 세상에 내놓지 않았던가. 책의 끝부분에서 나는 역사적 폭력 감소의 데이터가 계몽주의적 인도주의를 증명하는 자료이자 좌우파 비판가들을 반박하는 자료라고 주장하겠다. 그런데 비판가 중 하나였던 영국-아일랜드 작가 에드먼드 버크에게는 우리가 특별히 관심을 쏟을 만하다. 버크의 논증은 내가 폭력 감소의 또 다른 요인으로 여기는 문명화 과정에 호소하기 때문이다. 두 설명은 겹치지만 — 둘 다 감정 이입의 확장과 포지티브섬 협동에 평화화 효과가 있음을 지적한다. — 인간 본성에서 어느 측면을 강조하느냐가 다르다.

버크는 세속적 보수주의의 지적 아버지였다. 경제학자 토머스 소웰은 그 철학이 인간 본성에 대한 비극적 전망에 바탕을 둔다고 말한 바 있다.[150] 세속적 보수주의의 시각에 따르면, 인간은 지식, 지혜, 덕성의 한계에 영원히 얽매인 존재다. 인간은 이기적이고 근시안이라, 제 마음대로 하도록 내버려 둔다면 만인의 만인에 대한 홉스식 전쟁에 빠져들 것이다. 인간을 그 심연으로부터 지켜 주는 것은 단 하나, 사람들이 문명사회의 규범에 순응함으로써 몸에 익힌 자기 통제와 사회적 조화의 습관이다. 사회적 관습, 종교적 전통, 성적 규범, 가족 구조, 유구한 정치 제도는 불변의 인간 본성이 지닌 결함들에 대한 보완책으로서 시간의 시험을 견뎠다. 그런 것들은 과거에 인류를 야만에서 건져 올렸을 때만큼이나 현재도 필수 불가결하다. 설령 누구도 그 논리를 말로는 표현할 수 없더라도.

버크에 따르면, 최초의 원칙들로부터 사회를 철저히 설계할 수 있을 만큼 똑똑한 사람은 세상에 없다. 사회는 자발적으로 발달하는 유기적 체계이다. 감히 한 인간이 이해하는 척할 수 없는 무수한 상호 작용과 조정에 의해 다스려지는 존재이다. 우리가 그 작동 방식을 말로 포착하지 못한다고 해서 그것을 내다 버리고 요즘의 유행 이론에 맞게 재발명해도 되는 것은 아니다. 서투른 땜질은 의도치 않은 결과만을 낳을 것이고, 폭력적 혼돈으로 치달을 것이다.

버크의 생각은 분명 지나치다. 고문, 마녀사냥, 노예제가 오래된 전통이니까 그에 반대하는 선동을 해서는 안 된다는 말, 그런 제도들이 갑자기 폐지되면 사회가 야만으로 타락할 것이라는 말은 미친 소리로 들린다. 그것은 미개한 관습이었다. 그리고 앞에서 말했듯이, 사회는 한때 불가결하다고 여겼던 폭력적 관습이 사라진 뒤에 얼마든지 보완할 방법을 찾아낸다. 인도주의는 발명의 어머니가 될 수 있다.

그러나 버크의 말에 일리가 있기는 하다. 일상의 상호 작용에서든 정부의 작동에서든, 개혁이 성공적으로 시행되려면 그에 앞서 문명화된 행동을 주문하는 암묵적 규범이 존재해야 할지도 모른다. 그런 규범의 발달이 바로 페인이 말했던 신비로운 '역사의 힘'일지도 모른다. 민주주의 원칙이 구체적으로 표현되기 한참 전부터 정치적 살인이 자발적으로 사라졌던 것도 그랬고, 어떤 관습이 이미 감소세에 접어든 뒤에 폐지 운동이 최후의 일격을 가하는 순서로 일이 진행된 것도 그랬다. 오늘날 개발 도상국들이 오래된 미신, 군벌, 부족 간의 혈수를 떨쳐 내지 않는 한 그곳에 자유 민주주의가 정착되기 어렵다는 점도 그 때문일 수 있다.[151]

우리는 폭력 감소를 설명할 때 문명과 계몽주의를 상충하는 대안으로 여길 필요가 없다. 어떤 시기에는 암묵적인 감정 이입, 자기 통제, 협동의 규범들이 선두에 서고 이성적으로 표현된 평등, 비폭력, 인권의 원칙들이 뒤를 따랐을테고, 또 다른 시기에는 그 반대였을 것이다.

이렇게 순서가 바뀔 수 있다는 점을 들어, 왜 미국 혁명이 프랑스 혁명만큼 파국적이지 않았는가 하는 의문을 풀 수 있을지도 모른다. 미국 건국의 아버지들은 계몽주의의 후예였을 뿐만 아니라 영국에서 비롯된 문명화 과정의 후예였다. 그들에게는 자기 통제와 협동이 이미 제2의 천성이었다. "인류 일반의 의견을 정중하게 존중하기 위해서, 그 국민들은 자신들이 분리해야만 하는 이유를 분명하게 선언하지 않을 수 없다." 미국 독립 선언서는 이토록 점잖게 설명한다. "신중한 사려가 명하는 바, 오래 존속한 정부를 사소하고 일시적인 이유에서 바꾸지 말아야 한다는 것은 당연한 일이다." 그들은 정말로 신중했다.

그러나 그들의 점잖음과 신중함은 무심한 습관이 아니었다. 건국의 아버지들은 인간 본성의 한계를 의식적으로 고찰했다. 버크는 바로 그 한계 때문에 의식적 고찰이 어려울 것이라고 걱정했지만 말이다. 매디슨은 이렇게 물었다. "정부란 인간 본성에 대한 가장 큰 고찰이 아니고 달리 무엇이겠는가?"[152] 그들은 인간 본성의 악덕들에 잘 대응하도록 민주주의를 설계해야만 한다고 보았다. 특히 지도자의 권력 남용 유혹에 대비해야 했다. 미국 혁명가들이 인간 본성을 제대로 이해했다는 점이야말로 프랑스 혁명가들과 제일 크게 다른 점이었을지도 모른다. 프랑스 혁명가들은 낭만적이게도 자신들이 인간의 한계를 없애고 있다고 믿었다. 공포 정치의 제작자였던 막시밀리앙 로베스피에르는 1794년에 이렇게 썼다. "프랑스 사람들은 나머지 인류보다 2000년을 앞선 듯하다. 이 사람들 속에서 살아 본다면, 이들을 아예 다른 종으로 간주하고 싶어질지도 모른다."[153]

나는 『빈 서판』에서 인간 본성에 대한 두 극단적인 전망이 — 결점에 체념하는 비극적 전망과 결점을 부정하는 유토피아적 전망 — 정치적 우파와 좌파 이데올로기의 깊은 괴리를 보여 준다고 말했다.[154] 그리고 우리가 현대 과학에 비추어 인간 본성을 더 잘 이해함으로써 둘 중 어느 쪽보다도 더 세련된 정치로 가는 길을 알 수 있을 것이라고 제안했다. 인간의 마음은 빈 서판이 아니다. 그리고 어떤 정치 체제도 지도자를 신

격화하거나 시민을 개조하려 들어서는 안 된다. 그러나 이 모든 한계에도 불구하고 인간 본성에는 자기 참조적이고 수정 가능하고 조합론적인 추론 체계가 갖춰져 있기 때문에, 그것으로 제 한계를 인식할 수 있다. 그러므로 특정 시대 인간들의 추론에 흠이나 오류가 있었다고 해서 계몽주의적 인도주의의 엔진인 합리성 자체를 반박할 수는 없다. 이성은 늘 한 발 물러설 수 있다. 늘 결함에 주목할 수 있다. 그리고 다음번에는 그 결함에 넘어가지 않도록 규칙을 수정할 수 있다.

피와 흙

두 번째 반계몽주의 운동은 18세기 말과 19세기 초에 뿌리내렸다. 그 중심지는 영국이 아니라 독일이었다. 이사야 벌린의 에세이와 철학자 그레이엄 개러드의 책이 그 운동의 다양한 지류들을 살펴본 바 있다.[155] 반계몽주의는 루소에서 비롯했고 요한 하만, 프리드리히 야코비, 요한 헤르더, 프리드리히 셸링 같은 신학자, 시인, 에세이스트가 발전시켰다. 버크가 공격한 표적은 계몽주의적 이성이 사회 안정에 미친 의도치 않은 결과였던 데 비해, 이 사람들의 표적은 이성의 기반 그 자체였다.

이들에 따르면, 계몽주의의 첫 번째 실수는 개인의 의식에서 시작한 점이었다. 문화와 역사에서 분리되어 탈형태화한 개인적 이성의 소유자란 계몽주의 사상가의 상상일 뿐이다. 사람은 추상적 사고의 담지체가 아니고 — 막대기 위에 뇌를 꽂은 것이 아니고 — 감정을 지닌 육체이자 자연의 일부이기 때문이다.

두 번째 실수는 보편적 인간 본성과 보편적으로 타당한 추론 체계가 있다고 가정한 점이었다. 사람은 누구나 문화에 귀속되어 있고, 그 신화와 상징과 서사시에서 의미를 찾는다. 진실은 하늘에 뜬 명제처럼 누구나 볼 수 있는 것이 아니다. 그 장소의 역사에서만 독특하게 드러나고, 그 주민들의 삶에 의미를 주는 서사와 전형 속에 조건 지워진 것이다.

이런 사고방식에서는, 합리적 분석가가 전통적 믿음이나 관습을 비판하는 것은 요점을 빗나간 것이다. 그 신념에 따라 살아가는 사람들의 경험 속으로 직접 들어가 본 사람만이 진정으로 그것을 이해할 수 있기 때문이다. 가령 성경은 유다 언덕에서 양을 치던 고대 목동들의 경험을 재현하고서야 비로소 음미할 수 있다. 모든 문화에는 독특한 **슈베르풍크트**(Schwerpunkt), 즉 중력의 중심이 있다. 우리는 그것을 파악하려고 노력하지 않는 한, 그 문화의 의미와 가치를 이해할 수 없다.[156] 세계주의는 미덕이기는커녕 "사람을 가장 사람답게 만들고 가장 그답게 만드는 모든 것을 벗어 버리는 일"이다.[157] 보편성, 객관성, 합리성은 퇴출된다. 낭만주의, 생기론, 직관, 비합리주의가 들어온다. 헤르더는 자신이 힘을 보탠 '슈트룸 운트 드랑(Sturm und Drang)' 운동, 즉 질풍노도 운동을 이렇게 요약했다. "나는 생각하기 위해 존재하는 것이 아니다. 느끼고, 살려는 것이다! …… 심장이여! 온기여! 피여! 인류여! 삶이여!"[158]

그러므로, 반계몽주의의 후예는 객관적으로 진실하거나 선한 목표가 아니라 자신의 창조성으로 빚어낸 독특한 목표를 추구한다. 그 창조성의 원천은 낭만주의 화가들과 작가들의 주장마따나 자신의 진정한 자아일 수도 있고, 우주적 영혼이나 신성한 불꽃과 같은 모종의 초월적 개체일 수도 있다. 벌린은 이렇게 상술했다.

> 사람들은 다시금 창조적 자아를 초개인적 '유기체'와 동일시하며, 자신을 그 요소나 구성원으로 보고 있다. 현세의 자신을 국가, 교회, 문화, 계층, 혹은 역사 그 자체와 같은 어떤 강력한 힘의 소산으로 여기는 것이다. 공격적 민족주의, 계층의 이해와 자신을 동일시하는 것, 문화 혹은 민족, 진보의 힘. 이

런 일군의 정치적, 도덕적 개념들은 — 이것들은 미래에 의해 인도되는 역사의 역동적 파도로서, 이기적 이득이나 다른 세속적 동기를 꾀하여 자행되었다면 혐오와 경멸을 받을 만한 행위들을 설명하고 또 정당화한다. — 계몽주의의 중심 주제를 완강하게 배격하는 자각의 신조가 다양하게 표현된 것이다. 그 계몽주의는 누구나 객관적인 발견과 해석의 기법을 올바르게 적용함으로써 진실, 올바름, 선함, 아름다움 등등의 타당성을 깨우칠 수 있고 또한 누구나 그런 기법을 사용하고 입증할 수 있다고 보았다.[159]

반계몽주의는 폭력을 해결해야 할 문제로 여기는 가정도 기각했다. 투쟁과 유혈은 자연의 질서에 내재된 현상이므로, 생명에서 생기를 뽑아내고 인류의 운명을 전복시키지 않는 이상 제거할 수 없다고 했다. 헤르더는 "인간은 조화를 갈망하지만, 자연은 그 종에게 무엇이 좋은지를 더 잘 안다. 자연은 투쟁을 갈망한다."라고 말했다.[160] '피투성이 이빨과 발톱의 자연'(테니슨의 표현이다.)에서 벌어지는 투쟁을 미화하는 것은 19세기 회화와 문학의 흔한 주제였다. 이것은 후에 과학의 분위기를 풍기는 '사회 다윈주의' 형태로 개량되었지만, 사실 반계몽주의와 다윈과의 연관성은 시대착오이고 부당하다. 왜냐하면 『종의 기원』은 낭만적 투쟁주의가 유행 철학이 된 지 한참 뒤인 1859년에 출간되었고 다윈 자신은 철두철미한 자유주의적 인도주의자였기 때문이다.[161]

반계몽주의는 19세기에 세를 떨친 여러 낭만적 운동들의 원천이었다. 그중 일부는 예술에 영향을 미쳐, 숭고한 음악과 시를 남겼다. 다른 일부는 정치 이데올로기가 되어, 폭력의 감소세를 뒤집는 끔찍한 사건들을 낳았다. '피와 흙(blood and soil)'이라는 이름으로 불린 전투적 민족주의가 그런 이데올로기였는데, 민족 집단과 그 유래가 된 땅은 독특한 도덕적 특징을 지닌 유기적 총체이며 그 장엄함과 영광이 개별 구성원들의 생명과 행복보다 더 소중하다는 생각이었다. 또 다른 이데올로기는 낭만적 전투주의였다. "전쟁은 고귀하고, 고무적이고, 고결하고, 영예롭고, 영웅적이고, 흥미진진하고, 아름답고, 신성하고, 짜릿하다."는 생각이었다(뮬러가 간추린 표현이다.).[162] 세 번째는 마르크스 사회주의였다. 역사는 계급 간의 영예로운 투쟁 과정이고, 결국 부르주아의 복종과 프롤레타리아의 우세로 정점을 이룰 과정이라는 생각이었다. 네 번째는 국가사회주의였다. 역사는 민족 간의 영예로운 투쟁 과정이고, 결국 열등한 민족의 복종과 아리안인의 우세로 정점을 이룰 과정이라는 생각이었다.

인도주의 혁명은 역사적 폭력 감소 과정에서 하나의 이정표였고 인류의 자랑스런 업적이었다. 미신적 살해, 잔인한 처벌, 변덕스런 처형, 소유 노예제는 지구에서 완전히 근절되지는 않았을지언정 변두리로 밀려났다. 문명의 시초부터 인류에게 어두운 그림자를 드리웠던 전제 정치와 주요국 간의 전쟁이 균열을 보이기 시작했다. 이런 발전들을 묶어 냈던 계몽주의적 인도주의 철학은 일단 서구 세계에 발을 붙인 뒤, 좀 더 폭력적인 이데올로기들이 비극적으로 제 수명을 다할 때까지 가만히 때를 기다렸다.

5장

긴 평화

전쟁은 인류만큼 오래된 듯하다. 반면에 평화는 근대의 발명이다.

— 헨리 메인

1950년대 초, 영국의 탁월한 두 학자가 전쟁의 역사를 고찰했다. 그리고 향후 세계가 무엇을 기대해야 하는지에 대해 예측을 감행했다. 한 사람은 아마도 20세기의 가장 유명한 역사학자였던 아널드 토인비(1889~1975년)였다. 토인비는 양차 세계 대전 당시에 영국 외무부에서 근무했고, 전후에 열렸던 평화 회의에 두 번 모두 정부 대표로 참석했으며, 기념비적 역작인 12권짜리 『역사의 연구』를 써서 26개 문명권의 흥망성쇠를 기록했다. 그가 1950년에 바라보았던 역사의 패턴은 낙관적인 전망을 허락하지 않았다.

> 최근 서구 역사에서, 전쟁은 점점 더 센 강도로 잇따라 벌어졌다. 1939~1945년의 전쟁이 이 크레센도의 절정이 아니라는 것은 이미 분명해 보인다.[1]

토인비는 제2차 세계 대전의 그림자 아래에서, 그리고 냉전과 핵 시대의 여명에 즈음하여 이 글을 썼으므로, 충분히 음울하게 예측할 만했다. 다른 뛰어난 논평가들도 비관적이었으며, 종말의 날이 임박했다는 예측은 향후 30년 동안 이어졌다.[2]

두 번째 학자는 자격 조건이 이와는 전혀 딴판이었다. 루이스 프라이 리처드슨(1881~1953년)은 물리학자이자 기상학자이자 심리학자이자 응용 수학자였다. 그가 명성을 주장할 만한 성과는 수치적 일기 예보 기법을 고안한 것이었는데, 그것을 실행할 만큼 강력한 컴퓨터가 등장하는 시점으로부터 수십 년 앞선 것이 탈이었다.[3] 리처드슨의 미래 예측은 위대한 문명들에 대한 박람강기한 지식에서 나온 것이 아니라, 한 세기 이상에 걸쳐 벌어진 폭력적 충돌 수백 건의 데이터를 통계적으로 분석한 데서 나왔다. 리처드슨은 토인비보다 더 신중했고 더 낙관적이었다.

> 이번 세기에 발발한 두 세계 대전 때문에, 우리는 막연하게 세상이 더 호전적으로 변하고 있다고 믿기 쉽다. 그러나 이 믿음은 논리적으로 점검할 필요가 있다. 어쩌면 오랫동안 제3차 세계 대전이 벌어지지 않을 미래가 올지도 모른다.[4]

리처드슨은 인상 대신 통계를 선택하여, 세계적인 핵전쟁은 불 보듯 뻔하다는 통념을 물리쳤다. 그로부터 반세기 넘게 지난 오늘날, 우리는 저명한 역사학자가 틀렸고 무명의 물리학자가 옳았다는 것을 안다.

나는 이 장에서 리처드슨의 예지에 관한 뒷이야기를 소개하겠다. 주요국 간의 전쟁에서 어떤 경향성이 나타나는가 하는 이야기이다. 그 경향성은 뜻밖의 희소식으로 절정을 이룬다. 언뜻 크레셴도를 그리는 듯했던 전쟁들이 새로운 정점으로 치닫지 않았다는 소식이다. 지난 20년 동안, 세계의 관심은 다른 종류의 충돌로 옮겨 갔다. 좀 더 작은 나라들 사이의 전쟁, 내전, 집단 살해, 테러 등이다. 여기에 대해서는 6장에서 다루겠다.

통계와 내러티브

20세기의 역사는 폭력이 역사적으로 감소했다는 주장에 찬물을 끼얹는 것처럼 보일지 모른다. 사람들은 흔히 20세기를 역사상 가장 폭력적인 세기라고 부른다. 전반부에는 세계 대전, 내전, 집단 살해가 쉼 없이 펼쳐졌다. 매슈 화이트는 이것을 헤모클리즘(Hemoclysm), 즉 피의 홍수라고 명명했다.[5] 헤모클리즘은 사상자 수 측면에서 이루 헤아릴 수 없는 비극이었을 뿐 아니라, 역사의 움직임에 대한 인류의 이해를 뒤엎은 격변이었다. 과학과 이성이 진보를 이끌리라던 계몽주의의 희망은 사라졌고, 음울한 진단이 뭉텅이로 쌓였다. 죽음의 본능이 재발했다는 둥, 근대성에게 내려진 심판이라는 둥, 서구 문명의 결함에 대한 비판이라는 둥, 인류가 과학 기술과 파우스트적 거래를 맺은 결과라는 둥.[6]

그러나 한 세기는 50년이 아니라 100년이다. 20세기 후반부는 강대국들이 역사적으로 유례없이 오랫동안 전쟁을 피한 시기였다. 역사학자 존 개디스는 이것을 긴 평화(Long Peace)라고 불렀다. 게다가 못지않게 놀라운 일이 뒤따랐다. 냉전이 용두사미로 종결된 것이다.[7] 우리는 이 뒤

틀린 세기의 다중 인격적인 면을 어떻게 이해해야 할까? 또한 21세기의 전쟁과 평화에 대해서 어떤 전망을 품을 수 있을까?

역사학자 토인비와 물리학자 리처드슨의 경쟁하는 예측에서 보듯이, 일정 기간에 걸쳐 펼쳐진 사건들을 이해하는 방식에는 상호 보완적인 두 방식이 있다. 전통적 역사학은 과거에 대한 내러티브와 같다. 그런데 과거를 되풀이하지 않기 위해서 과거를 기억해야 한다는 조지 산타야나의 조언을 받들려면, 우리는 과거에서 **패턴**을 읽어 내야 한다. 그래야만 과거의 어떤 면을 현재로까지 일반화해도 좋은지 알 수 있다. 그런데 유한한 관찰들에서 일반화해도 좋은 패턴을 읽어 내는 일이야말로 과학자의 장기이다. 따라서 우리는 패턴 추출에 관한 몇몇 과학적 교훈을 역사 데이터에 적용해 봐도 좋을 것이다.

논의의 편의상, 제2차 세계 대전이 역사상 가장 파괴적인 사건이었다고 가정하자(원한다면 헤모클리즘 전체를 그렇게 봐도 좋다. 두 세계 대전과 그것에 관련된 집단 살해들을 길게 연장된 하나의 역사적 일화로 간주할 수도 있으니까.). 우리는 그 사실에서 전쟁과 평화의 장기적 경향에 대해 무엇을 알아낼 수 있을까?

아무것도 알아낼 수 없다는 것이 그 답이다. 역사상 가장 파괴적인 사건은 어느 세기가 되었든 존재해야만 한다. 그리고 그것은 서로 전혀 다른 여러 장기적 경향성들의 일부가 될 수 있다. 토인비는 제2차 세계 대전을 상승하는 계단의 한 단계로 보았다. 그림 5-1의 왼쪽과 같다. 이 못지않게 우울한 또 다른 흔한 주장은 전쟁이 주기적이라는 것이다. 그림 5-1의 오른쪽과 같다. 우울한 전망이 으레 그렇듯이, 사람들은 두 모형으로부터 이런저런 블랙 유머를 끌어냈다. 웬 남자가 건물 옥상에서 떨어지면서 한 층 한 층 지날 때마다 그곳 사람들에게 "아직까진 괜찮아!"라고 외쳤다는 이야기를 들어 보았는지? 추수 감사절 전날, 한 칠면조가 지난 364일 동안 농부들과 칠면조들이 평화를 유지해 온 데 대해

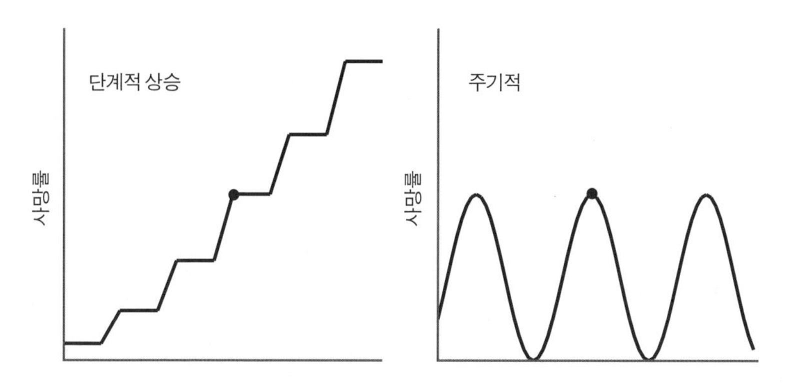

그림 5-1. 전쟁의 역사적 경향성에 대한 두 가지 비관적 가능성.

감사를 표현했다는 농담도 있다.[8)]

역사의 과정은 정말로 중력 법칙이나 행성의 운행처럼 결정론적일까? 수학자들에 따르면, 어떤 유한 집합의 점들에 대해서든 그것들을 잇는 곡선을 무한히 많이 그릴 수 있다. 그림 5-2는 동일한 일화를 매우 다른 두 내러티브에 포함시킨 또 다른 두 곡선을 보여 준다.

왼쪽 그림은 제2차 세계 대전이 통계적 우연이었을지도 모른다는 극단적 가능성을 묘사한다. 그것이 단계적 상승의 일부가 아니었고, 앞으로 올 일을 알리는 전조도 아니었으며, 어떤 경향성의 일부도 아니었다는 것이다. 이런 의견은 언뜻 가당찮아 보인다. 사건의 전개가 정말로 무작위적이었다면, 대체 어떻게 히틀러, 무솔리니, 스탈린, 일본 제국의 잔혹한 침략, 홀로코스트, 스탈린의 숙청, 굴라크(소련 강제 노동 수용소 — 옮긴이), 두 번의 원자폭탄 투하 등등의 많은 재앙이 겨우 10년 안에 발생했단 말인가(이전 20년 동안 벌어진 제1차 세계 대전과 수많은 전쟁과 집단 살해는 말할 것도 없다.)? 그리고 역사책에 나오는 보통의 전쟁들은 사망자가 수십 명이나 수백 명이나 수천 명이다. 아주 드물게나 수백만 명 수준이다. 전쟁이 정말로 무작위적으로 발발한다면, 사망자 5500만 명을 기록하는 전쟁

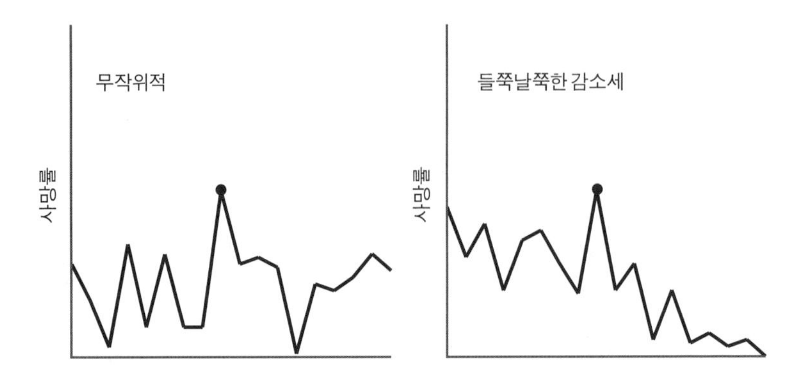

그림 5-2. 전쟁의 역사적 경향성에 대한 두 가지 덜 비관적인 가능성.

은 발생 확률이 천문학적으로 낮지 않겠는가? 리처드슨은 이 두 직관이 인지적 망상이라고 지적했다. 일단 철의 주사위가 구르기 시작하면(독일 총리 테오발트 폰 베트만홀베그가 제1차 세계 대전 전야에 했던 말이다.), 우리의 변변찮은 상상력이 내다보는 것보다 훨씬 더 불행한 결과가 얼마든지 일어날 수 있다는 것이다.

그림 5-2의 오른쪽은 거의 낙관적으로 보일 만큼 덜 비관적인 내러티브에 제2차 세계 대전을 포함시켰다. 정말로 그 전쟁은 들쭉날쭉한 감소세에서 홀로 솟아오른 봉우리였을까? 주요국 간의 전쟁이 줄어드는 기나긴 하락세에서 최후의 발악이었을까? 언뜻 드는 느낌과는 달리, 이 가능성은 지나친 몽상이 아니다.

현실에서 전쟁의 장기적 궤적은 여러 경향들의 중첩일 것이다. 여러분도 알다시피, 날씨 같은 복잡한 시계열 패턴은 여러 곡선들의 합성물이다. 날씨 곡선은 가령 계절의 주기적 리듬, 매일의 무작위적 변동, 지구 온난화의 장기적 경향성 등을 합친 것이다. 그와 비슷하게, 이 장의 목표는 국가 간 전쟁의 장기적 경향성을 구성하는 요소들을 알아내는 것이다. 나는 그 경향성에 다음과 같은 특징이 있다고 주장할 것이다.

- 주기 없음.
- 무작위성이 크게 작용함.
- 전쟁의 파괴력은 계속 증가했으나, 최근 그 추세가 역전되었음.
- 전쟁의 다른 차원들은 모두 감소세를 보였고, 따라서 국가 간 전쟁은 전체적으로 감소했음.

그렇다면 20세기는 인류가 영영 타락으로 빠져든 세기가 아니었다. 오히려 반대였다. 20세기의 도덕적 경향성은 폭력을 꺼리는 인도주의였다. 그 경향성은 계몽 시대에 시작되었고, 점증하는 파괴력의 주체들과 결합된 반계몽주의 이데올로기 때문에 잠깐 가려졌다가, 제2차 세계 대전이 끝난 뒤에 기세를 되찾았다.

나는 전쟁의 궤적을 이해하는 두 방식을 섞어서 이야기하면서 이런 결론에 도달할 것이다. 하나는 리처드슨과 그 후예들이 사용했던 통계학이고, 다른 하나는 전통적 역사학자들과 정치학자들이 사용했던 내러티브 방식이다. 토인비의 오류, 즉 복잡한 통계 현상에서 거대한 환영의 패턴을 읽어 내고 그것을 자신만만하게 미래로 연장하는 인간적 습성을 피하려면 통계적 접근이 필수적이다. 그러나 통계 없는 내러티브가 맹목적이라면, 내러티브 없는 통계는 공허하다. 역사는 방정식에서 생성된 깔끔한 곡선들로 이루어진 화면 보호기 같은 패턴이 아니다. 그 곡선들은 개인들의 결정과 무기의 효과에 좌우되었던 현실의 구체적인 사건들을 추상화한 것일 뿐이다. 그러니 우리는 그래프에 드러난 이런저런 계단, 경사, 톱니무늬가 어떻게 지도자, 군인, 총검, 폭탄의 행동으로부터 생겨났는지도 설명해야 한다. 이 장은 먼저 통계에 집중했다가 다음에 내러티브로 넘어갈 것이다. 어쨌든 전쟁의 장기적 궤적처럼 복잡한 현상을 이해하려면 둘 다 필요하다는 것을 잊지 말자.

20세기는 정말로 최악의 세기였을까?

'20세기는 역사상 가장 피비린내 나는 세기였다.' 이 말은 무신론, 다윈, 정부, 과학, 자본주의, 공산주의, 진보적 이상, 남성 등등 갖가지 악의 화신들을 나무라는 상투어가 되었다. 그런데 이 말이 과연 사실일까? 지나간 다른 세기들에 대한 수치나 그 유혈성에 대한 언급으로 이 주장을 뒷받침하는 사람은 찾아보기 힘들다. 사실 우리는 어느 세기가 최악이었는지를 영영 알 수 없을 것이다. 20세기의 사망자 수를 정확히 헤아리기가 어렵고, 하물며 이전 세기들은 더 어렵기 때문이다. 그야 어쨌든, 20세기가 가장 피비린내 나는 세기였다는 통설을 망상으로 볼 만한 이유가 두 가지 있다.

첫째로, 20세기의 폭력적 사망 건수가 이전보다 많았던 것은 사실이지만, 20세기의 인구 자체가 많았다는 점을 감안해야 한다. 1950년의 세계 인구는 25억 명이었다. 그것은 1800년의 약 2.5배에 해당하고, 1600년의 4.5배, 1300년의 7배, 기원후 1년의 15배이다. 그러니 우리가 가령 1600년의 전쟁과 20세기 중반 전쟁의 파괴력을 비교하려면 1600년의 사망자 수에 4.5를 곱해야 한다.[9)]

둘째는 **역사적 근시안**(historical myopia)으로 인한 착각이다. 우리가 현재와 가까운 시대일수록 그 세부 사항을 더 많이 알아낼 수 있다는 문제이다. 역사적 근시안은 대중의 상식과 전문가들의 역사학에 모두 영향을 미친다. 인지 심리학자 아모스 트버스키와 대니얼 카너먼에 따르면, 사람들은 상대 빈도를 어림할 때 가용성 휴리스틱(availability heuristic)이라는 지름길을 본능적으로 이용한다. 달리 말해, 사람들은 구체적 사례를 떠올리기 쉬운 사건일수록 그 사건의 확률을 높게 판단한다.[10)] 비행기 추락, 상어 습격, 폭탄 테러처럼 크게 보도되는 사고들의 확률은 과대평가하고, 감전, 추락, 익사처럼 숱하게 쌓이지만 언급되지 않는 사건들의 확률은 과소평가한다.[11] 그 때문에, 우리가 여러 시대들의 살해 밀도를 비교하면서 수치를 조회하지 않는다면, 제일 최근에 벌어졌고 제일 많이 연구되었고 제일 많이 이야기된 분쟁들에 가중치를 두게 될 것이다. 나는 사람들의 역사적 기억을 조사할 요량으로, 인터넷 사용자 100명에게 5분 내에 최대한 많은 전쟁의 이름을 써내라고 해 본 적이 있다. 응답자들의 결과는 세계 대전, 미국이 참전했던 전쟁, 현재에 가까운 전쟁에 몹시 편중되었다. 실제로는 지난 세기들에 벌어진 전쟁이 훨씬 더 많은데도, 사람들은 최근 세기들에 벌어진 전쟁을 더 많이 **기억했다.**

가용성 편향과 20세기 인구 폭발을 바로잡는다면, 즉 역사책을 파헤쳐서 당시의 세계 인구에 따라 사망자 수를 조정한다면, 20세기의 잔학 행위들과 어깨를 나란히 하는 많은 전쟁과 학살을 만나게 된다. 351쪽 표는 화이트가 '(아마도) 인간이 서로에게 행한 나쁜 짓 중 최악의 20(여)가지'라고 부른 목록이다.[12] 각 사망자 수는 여러 역사책과 백과사전에 언급된 수치들의 중앙값 혹은 최빈값이다. 여기에는 전장의 사망자뿐 아니라 굶주림과 질병으로 죽은 민간인 간접 사망자도 포함되어 있으므로, 전장 사망자만 센 것보다는 제법 더 크다. 그러나 최근 사건이든 오래된 사건이든 모두 그렇다는 일관성은 있다. 나는 화이트의 표에 두 열을 덧붙여, 사건 당시 세계 인구가 20세기 중반과 같았다고 가정하고 그 사망률을 적용한 값, 그리고 그에 따라 조정된 순위를 추가했다.

우선, 당신은 이 사건들을 다 아는가(나는 다 몰랐다.)? 둘째, 당신은 제1차 세계 대전 이전에도 그만큼 많은 사망자를 냈던 전쟁이 5건, 잔학 행위가 4건 있었다는 사실을 알고 있었는가? 아마도 많은 독자는 (우리가 아는 한) 인간이 서로에게 행한 최악의 나쁜 짓 21건 중 14건이 20세기 이전 사건들이라는 점에 놀랐으리라. 더구나 이것은 절대 숫자로 따진 것이다. 인구에 대한 비로 조정하면, 20세기의 잔학 행위 중에서 딱 하나만 상위 10건에 포함된다. 역사상 최악의 잔학 행위는 안녹산의 난과 내전이었다. 당나라에서 8년 동안 벌어졌던 그 사건 때문에, 인구 조사에 의하면 당시 총 인구의 3분의 2가 희생되었다. 그것은 당시 세계 인구의 6분의 1이었다.[13)]

물론, 이 수치들을 액면 그대로 믿을 수는 없다. 일부는 미심쩍게도 기근이나 전염병의 사망자 전체를 어떤 전쟁, 반란, 폭정 탓으로 돌린다. 일부는 수학을 몰라서 현대적인 셈법과 기록 기술이 없었던 문화에서 나왔다. 한편 내러티브 역사학에 따르면 옛 문명들도 충분히 엄청난 규모의 학살을 저지를 수 있었다. 기술적 후진성은 장애물이 아니었다. 오늘날 르완다나 캄보디아만 보아도 마체테나 굶주림과 같은 저차원의 기술로 어마어마한 수를 죽이지 않았는가. 먼 옛날의 살인 수단이 죄다 단순한 기술이었던 것만도 아니다. 전투 무기는 당대 최신 기술을 자랑하는 게 보통이었다. 군사 역사학자 존 키건은 기원전 2000년대 중반의 유랑 군대가 전차를 이용하여 침략을 당하는 문명에게 죽음을 퍼부었다고 적었다. "전차에 탄 군인들은 — 한 명은 전차를 몰고, 다른 한 명은 활을 쏘았다. — 갑옷을 갖추지 않은 보병들로부터 100~200야드쯤 떨어진 거리에서 빙글빙글 돌며, 1분에 6명씩 꿰뚫을 수 있었을 것이다. 전차 10대가 10분 동안 그렇게 하면 사망자가 500명 이상 발생했을 테니, 당시의 소규모 군대로서는 솜 강 전투에 맞먹는 사망자 규모였던 셈이다."[14)]

스키타이, 훈, 몽골, 투르크, 마자르, 타타르, 무굴, 만주 족과 같은 스텝의 기마 민족들도 효율이 뛰어난 학살 기술을 갖추었다. 이 전사들은 세심하게 세공한 합성궁(나무판, 힘줄, 뿔을 풀로 붙여 만든 활)으로 노략질과 습격을 저지르면서 2000년 동안 엄청난 사망자 수를 기록했다. 상위 21건

순위	이유	세기	사망자 수 (명)	20세기 중반의 인구로 조정한 사망자 수(명)	조정된 순위
1	제2차 세계 대전	20세기	5500만	5500만	9
2	마오쩌둥(주로 정부가 야기한 기근)	20세기	4000만	4000만	11
3	몽골의 정복	13세기	4000만	2억 7800만	2
4	안녹산의 난	8세기	3600만	4억 2900만	1
5	명나라의 몰락	17세기	2500만	1억 1200만	4
6	태평천국의 난	19세기	2000만	4000만	10
7	아메리카 원주민의 절멸	15~19세기	2000만	9200만	7
8	이오시프 스탈린	20세기	2000만	2000만	15
9	중동 노예 무역	7~19세기	1900만	1억 3200만	3
10	대서양 횡단 노예 무역	15~19세기	1800만	8300만	8
11	티무르 렌크 (태멀레인)	14~15세기	1700만	1억	6
12	영국령 인도(주로 방지 가능했던 기근)	19세기	1700만	3500만	12
13	제1차 세계 대전	20세기	1500만	1500만	16
14	러시아 내전	20세기	900만	900만	20
15	로마의 몰락	3~5세기	800만	1억 500만	5
16	콩고 자유국	19~20세기	800만	1200만	18
17	30년 전쟁	17세기	700만	3200만	13
18	러시아의 혼란기	16~17세기	500만	2300만	14
19	나폴레옹 전쟁	19세기	400만	1100만	19
20	중국 내전	20세기	300만	300만	21
21	프랑스 종교 전쟁	16세기	300만	1400만	17

중에서 3, 5, 11, 15번이 이들의 짓이었고, 인구 비로 조정한 순위에서는 상위 6건 중 4건을 차지했다. 몽골은 13세기에 이슬람 영토를 침략했을 때 메르브 시 한 곳에서만 130만 명을 학살했고, 바그다드에서는 80만 명을 학살했다. 몽골을 연구한 역사학자 J. J. 손더스는 이렇게 묘사했다.

몽골 족이 학살에서 보여 준 냉혹한 야만성에는 형용할 수 없이 불쾌한 데가 있다. 그들은 운 나쁜 마을 주민들을 성벽 밖 벌판에 집결시키고 도끼로 무장한 몽골 기병 한 명마다 10명, 20명, 50명씩 죽이게 했다. 살인자들은 명령을 충실히 따랐다는 증거로 피해자의 귀를 잘라 가야 할 때도 있었다. 그들이 그것을 자루에 담아서 장교들에게 가져다주면, 장교들이 수를 헤아렸다. 학살 며칠 후, 그들은 황폐한 마을로 다시 군대를 보냈다. 굴이나 지하실에 숨은 가련한 사람들을 찾아내어 몽땅 죽이기 위해서였다.[15]

몽골의 첫 지도자 칭기즈 칸은 인생의 쾌락을 이렇게 정의했다. "남자가 누리는 최고의 즐거움은 적을 정복하여 눈앞에서 쓸어 내는 것이다. 그들의 말을 타고, 그들의 소유물을 훔치는 것이다. 그들이 소중하게 생각했던 사람들의 얼굴이 눈물로 얼룩지는 것을 보고, 그들의 아내와 딸을 제 팔로 움켜 안는 것이다."[16] 현대 유전학이 확인한 바, 이 말은 허풍이 아니었다. 옛 몽골 제국의 영토에 오늘날 거주하는 사람들 중 8퍼센트가 공유하는 Y 염색체는 내력이 칭기즈 칸 시대까지 거슬러 올라간다. 그 염색체는 칭기즈 칸과 그의 아들들, 그들이 제 팔로 움켜 안았던 수많은 여인에게서 유래했을 가능성이 높다.[17] 실로 다른 정복자들의 기준을 훌쩍 높이는 성과였지만, 몽골 제국의 복권을 노렸던 투르크인 티무르 렌크(태멀레인이라고도 한다.)는 기 죽지 않고 최선을 다했다. 그는 서아시아에서 도시를 정복할 때마다 포로를 수만 명씩 학살했고, 그들의 두개골로 미나레트라는 탑을 세워서 업적을 과시했다. 한 시리아 목격자는 각각 사람의 머리 1500개로 만들어진 탑을 28개 보았다고 헤아렸다.[18]

최악의 사건 목록을 보면, 조직적 폭력 면에서 19세기는 평화로웠지만 20세기는 양자적 도약을 이루었다는 통념도 사실이 아니다. 우선, 19세기 초에 벌어졌던 지극히 파괴적인 나폴레옹 전쟁을 19세기에서 잘라 내야만 도약이 성립한다. 다음으로, 19세기 나머지 기간에 전쟁이 잠잠했다는 것은 유럽에만 적용되는 말이다. 다른 대륙에서는 유혈 사태가 많았다. 중국 태평천국의 난(종교 때문에 야기된 반란으로서 아마도 역사상 가장 끔찍한 내전이었을 것이다.), 아프리카 노예 무역, 아시아와 아프리카와 남태평양 전역에서 벌어진 제국주의 전쟁. 그리고 목록에도 들지 못한 굵직한 사건이 2건 더 있었다. 미국 남북 전쟁(사망자 65만 명), 그리고 1816~1827년까지 남아프리카를 정복하면서 100만~200만 명 사이를 죽였던 줄루 족의 히틀러, 샤카의 치세였다. 내가 빠뜨린 대륙이 있나? 아, 남아메리카. 그곳에서도 전쟁이 많았다. 특히 삼국 동맹 전쟁은 40만 명을 죽였다. 당시 파라과이 인구의 60퍼센트 이상이 죽었는데, 비율로 따지면 현대의 가장 파괴적인 전쟁일지도 모른다.

물론, 극심한 사례들의 목록이 곧 경향성은 아니다. 20세기 전에 주요한 전쟁과 학살이 더 많았더라도, 애초에 20세기 전에 세기가 더 많지 않았는가. 그림 5-3은 화이트의 상위 20건을 100건으로 확장하고 수치를 당시 세계 인구에 대한 비로 조정한 뒤, 그것들이 기원전 500년에서 기원후 2000년까지 어떤 형태로 분포하는지 살펴본 것이다.

흩어진 점들에서 두 패턴이 단박 눈에 띈다. 하나는 가장 심각한 전쟁과 잔학 행위가 — 세계 인구의 0.1퍼센트가 넘게 죽은 사건 — 2500년의 기간에 제법 고르게 퍼져 있다는 점이다. 다른 하나는 구름 모양

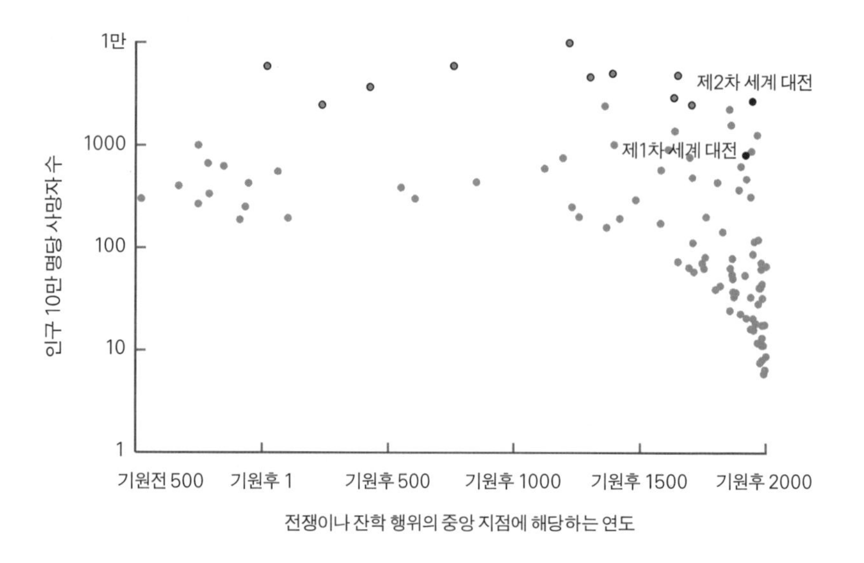

그림 5-3. 인류 역사상 가장 끔찍했던 전쟁과 잔학 행위 100건.

출처: 화이트의 데이터를 다음 자료에서 얻은 세계 인구에 따라 조정했다.: McEvedy & Jones, 1978. 점은 사건 발생 기간의 중앙 지점에 찍었다. 이 추정치들은 전쟁과 잔학 행위의 지속 기간에 비례하도록 규모를 조정한 것이 아니다. 동그라미를 친 점은 20세기의 두 세계 대전보다 사망률이 높았던 사건들이다. 시대순으로 다음과 같다. 신나라, 중국 삼국 시대, 로마의 몰락, 안녹산의 난, 칭기즈 칸, 중동 노예 무역, 티무르 렌크, 대서양 횡단 노예 무역, 명나라의 몰락, 아메리카 정복.

의 데이터가 오른쪽 아래로 갈수록 가늘어진다는 점이다. 즉, 현재로 올수록 점점 더 작은 충돌이 많아진다는 점이다. 이 깔때기를 어떻게 설명할까? 까마득한 옛날 선조들은 작은 학살을 꺼리고 큰 학살에만 심취한 탓일까? 그럴 성 싶지는 않다. 화이트는 좀 더 그럴듯한 설명을 제시했다.

> 지난 200년 동안 너무나 많은 사람이 죽은 것처럼 보이는 것은 그저 우리에게 그 시기에 대한 기록이 더 많기 때문일지도 모른다. 오랫동안 이 연구를 해 온 사람으로서, 내가 20세기의 대량 살인 중에서 이전에 공표되지 않았던 것을 새로 발견한 지는 꽤 오래되었다. 그러나 나는 오래된 책을 펼칠 때마다, 먼 과거에 어디에선가 수십만 명이 죽었지만 지금은 잊힌 사건을 매번

새롭게 발견한다. 어쩌면 단 한 명의 기록자가 오래전에 사망자 수를 적어 두었지만 지금은 그 사건이 희미한 과거로 잊혔는지도 모른다. 또 어쩌면 오늘날 소수의 역사학자들이 그 사건을 재검토했지만 사망자 수가 자신의 과거 인식에 맞지 않는다는 이유로 그 데이터를 무시했는지도 모른다. 가스실이나 기관총 없이 그렇게 많은 사람을 죽이는 것은 불가능하다고 생각하는 바람에, 그와 반대되는 증거는 믿을 수 없는 수치라고 기각했을지도 모른다.[19]

더군다나, 몇몇 기록자가 적어 두었지만 이후 잊히거나 기각된 학살 한 건마다 애초에 기록되지도 못한 학살이 틀림없이 여러 건 더 있었을 것이다.

이런 역사적 근시안을 조정하지 못하면, 역사학자들조차 그릇된 결론에 빠질 수 있다. 윌리엄 에크하르트는 기원전 3000년까지 올라가는 전쟁 목록을 작성한 뒤, 시간을 한 축으로 하여 사망자 수 그래프를 그렸다.[20] 그 그래프에서는 전쟁으로 인한 사망률이 5000년 동안 계속 증가하고, 16세기부터 더욱 기세를 올려, 20세기에 폭발적으로 치솟는다.[21] 그런 하키스틱 모양의 그래프는 거의 틀림없이 착각이다. 제임스 페인이 지적했듯이, 역사적 근시안을 교정하지 않은 채 전쟁이 증가했다고 말하는 주장은 "16세기 수도사들보다는 연합 통신이 전 세계 분쟁에 대한 정보를 좀 더 종합적으로 수집하는 자료원"임을 증명할 따름이다.[22] 페인은 에크하르트가 활용했던 자료 중 하나를 검토함으로써 이것이 단순한 짐작이 아니라 진정한 문제임을 보여 주었다. 페인이 고른 것은 퀸시 라이트의 기념비적 저작 『전쟁의 연구』였다. 1400~1940년까지의 전쟁들을 나열한 그 책에서 라이트는 1875~1940년까지의 전쟁들 중 99퍼센트에 대해 시작된 달과 끝난 달을 못 박을 수 있었지만, 1480~1650년까지의 전쟁들 중에서는 13퍼센트에 대해서만 그렇게 할 수 있었다. 먼 과거의 기록은 가까운 과거의 기록보다 훨씬 불완전하다는 사실을 뚜렷이 보여 주는 일화이다.[23)]

역사학자 레인 타게페라는 이런 근시안을 다른 방법으로 정량화했다. 그는 역사 연감을 펼치고서, 쪽마다 줄자를 대어 각 세기에 할당된 문단 길이를 재어 보았다.[24)] 그리고 그 데이터를 로그 척도로 도표화했다. 편차가 워낙 컸기 때문이다(로그 척도에서는 기하급수적 곡선이 직선으로 그려진다.). 그림 5-4가 그 그래프이다. 살펴보면, 현재에서 과거로 갈수록 역사책에서 그 시대가 다뤄진 분량이 줄어든다. 기울기는 지난 250년 동안 가파르다가 이후에는 좀 완만해지지만, 어쨌든 3000년 동안 줄곧 기하급수적으로 떨어진다.

이것이 소수의 소규모 전쟁들이 고대 기록자들의 눈에서 벗어난 문제일 뿐이라면, 우리는 사망자 수가 과소평가되지 않았다고 안심해도 좋을 것이다. 대부분의 사망자는 누구도 눈치채지 않을 수 없는 대규

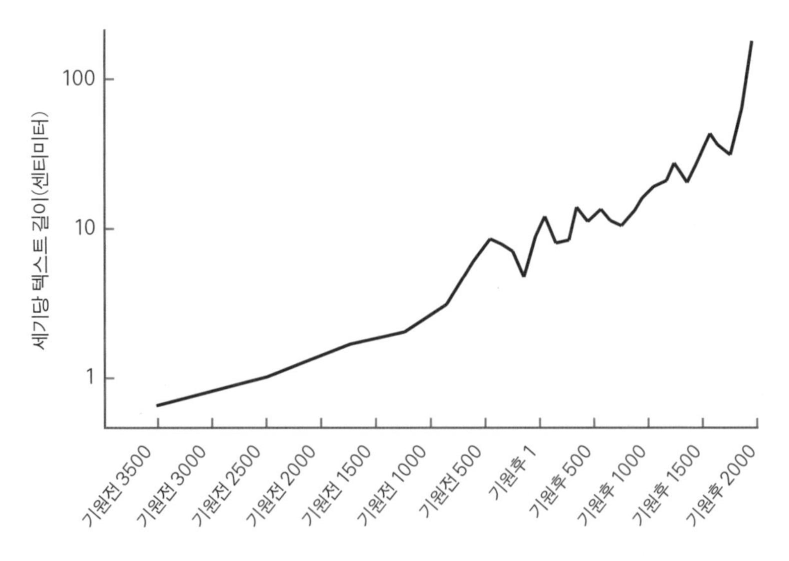

그림 5-4. 역사적 근시안: 역사 연감에서 세기당 할당된 본문 길이를 센티미터로 잰 것.

출처: 데이터: Taagepera & Colby, 1979, p. 911.

모 전쟁들에서 발생했을 테니까. 그러나 어쩌면 단순히 추정치가 모호한 것을 넘어, 추정에 도입된 편향 때문에 사망자가 적게 헤아려졌을지도 모른다. 키건은 '군사적 지평선(military horizon)'이라는 것이 있다고 말했다.[25] 그 지평선 아래에는 습격, 매복, 소규모 분쟁, 영역 다툼, 혈수, 약탈 등등 역사학자들이 '원시' 전쟁으로 간주하여 기각하는 사건들이 있고, 지평선 위에는 조직적으로 정복하고 점령했던 군사 행동이 있다. 요즘 전쟁에 관심 있는 사람들이 직접 의상을 입고 재현하거나 장난감 병사들로 재현하는 세트피스 전투들이 후자에 포함된다. 터크만이 '사적인 전쟁'이라고 불렀던 14세기의 전투들을 기억하는가? 기사들이 상대의 농민을 최대한 많이 죽이라는 유일한 전략에 따라서 맹렬한 기세로 서로 싸웠던 것 말이다. 그런 학살은 무슨무슨 전쟁으로 명명되어 역사책에 한 자리를 차지하는 일이 거의 없다. 우리가 군사적 지평선 아래의 충돌들을 줄여서 헤아린다면, 이론적으로는 한 시대의 희생자 수를 통째 날려 버릴 수도 있다. 만일 후대의 리바이어던들 간 충돌보다 과거의 무정부 봉건 사회, 변경 지역, 부족 사회의 충돌에서 군사적 지평선 밑으로 떨어지는 사례들이 더 많았다면, 우리 눈에는 과거가 실제보다 덜 폭력적이었던 것처럼 보일 것이다.

인구, 가용성 편향, 역사적 근시안을 조정할 경우, 20세기가 역사상 가장 유혈적인 세기였다는 주장은 전혀 확실하지 않은 말이 되어 버린다. 그 편견을 치우는 것이 전쟁의 역사적 궤적을 이해하는 첫 단계였다면, 다음 단계는 전쟁의 시간적 분포를 면밀히 살펴보는 것이다. 그리고 여기에서도 우리가 놀랄 일이 많다.

치명적 싸움의 통계 1부: 전쟁의 시기

루이스 리처드슨은 평화를 숫자로 분석하려는 자신의 시도가 두 가지 선입견에서 비롯한다고 말했다. 그는 퀘이커 교도로서 "전쟁의 도덕적 악이 도덕적 선을 능가한다."고 믿었다. 비록 '후자가 눈에 잘 띄지만' 말이다.[26] 한편 과학자로서는 전쟁에 대해 설교는 너무 많고 지식은 너무 적다고 생각했다. "의분은 너무나도 손쉽고 만족스러운 기분이라서, 그것에 반대되는 사실에 주의를 기울이지 못하도록 가리는 경향이 있다. 독자가 내게 '이해는 곧 용서'라는 잘못된 원칙에 따라 윤리를 포기한 것이 아니냐고 묻는다면, 나는 '지나친 힐난은 곧 이해의 부족'이기에 일시적으로 윤리적 판단을 유예했을 뿐이라고 답하겠다."[27]

리처드슨은 세계 각국의 백과사전과 역사책을 뒤져, 1820~1952년 사이에 끝난 315건의 '치명적 싸움(deadly quarrel)들'에 대한 데이터를 모았다. 그는 몇 가지 벅찬 문제에 부딪쳤다. 하나는 대부분의 역사가 숫자를 개략적으로만 말한다는 점이었고, 다른 하나는 전쟁을 늘 분명하게 헤아릴 수 있는 건 아니라는 점이었다. 전쟁은 갈라지고, 합쳐지고, 수시로 점멸한다. 제2차 세계 대전은 하나의 전쟁이었을까? 아니면 유럽에서 하나, 태평양에서 하나, 이렇게 두 전쟁이었을까? 하나의 전쟁이라면, 그 시작점은 보통 거론되는 1939년이 아니라 일본이 중국을 본격적으로 침략한 1937년이 아니었을까? 혹은 일본이 만주를 점령한 1931년이 아니었을까? 리처드슨은 이렇게 관찰했다. "전쟁이 이산적인 것이라는 생각은 사실에 맞지 않는다. 전쟁은 낱개성(thinginess)이 부족하다."[28]

낱개성 부족은 물리학자에게 친숙한 현상이다. 리처드슨은 두 가지 수학적 기법으로 그 문제를 처리했다. 우선, 그는 전쟁에 대해 쉽게 파악하기 힘든 '정확한 정의'를 찾는 대신에 낱낱의 사건들보다 평균을 우선시하기로 했다. 불명료한 분쟁들이 등장하면 한 번은 그것들을 하나의 싸움으로 뭉치고 다음에는 그것들을 둘로 나누기를 체계적으로 반복했다. 그러면 장기적으로 오류가 상쇄되리라고 예상했다(우리가 5를 기준으로 반올림하는 원리도 이런 것이다. 절반은 올림이 되고, 절반은 내림이 될 것이다.). 그리고 그는 천문학의 관행을 빌려 와서, 각각의 싸움에 규모를 부여했다. 전쟁의 사망자 수를 10을 밑으로 하는 로그(거칠게 설명하자면, 그 수에 나열된 0의 개수와 같다.)로 표시한 것이다. 로그 척도는 일반적인 선형 척도와는 달리 측정이 약간 부정확하더라도 크게 문제가 되지 않는다. 이를테면, 전쟁에서 10만 명이 죽었는가 20만 명이 죽었는가 하는 불확실성은 크기가 5냐 5.3이냐 하는 불확실성으로 변환된다. 다음으로 그는 로그로 표현한 규모 값들을 분류했다. 2.5에서 3.5까지(즉, 사망자 316명에서 3162명까지), 3.5에서 4.5까지(3163명에서 3만 1622명까지) 등등. 로그 척도의 또 다른 이점은 영역 다툼에서 세계 대전까지 다양한 규모의 싸움들을 하나의 그림으로 시각화하게 해 준다는 점이다.

또한 리처드슨은 어떤 종류의 싸움을 포함시킬 것인가, 어떤 사망자를 헤아릴 것인가, 얼마나 작은 규모까지 포함시킬 것인가 하는 문제에 맞닥뜨렸다. 그가 역사적 사건을 데이터베이스에 포함시키는 기준은 '의도적 살의'가 있는가 하는 점이었다. 따라서 종류와 규모를 불문하고 모든 전쟁, 그리고 반란, 봉기, 치명적 폭동, 집단 살해도 포함시켰다. '전쟁'이란 단어에 어울리는 사건이 무엇이냐를 두고 입씨름하는 대신에 '치명적 싸움'이라는 표현을 분석 단위로 명명한 것도 그 때문이었다. 규모를 가늠할 때는 전투에서 죽은 군인들, 의도적으로나 부수적으로 살해된 민간인들, 질병이나 가혹한 환경에 노출되어 죽은 군인들까지 포함시켰다. 다만 질병이나 가혹한 환경에 노출되어 죽은 민간인들은 포함하지 않았다. 그것은 살의라기보다 태만의 문제였다고 보았기 때문이다.

리처드슨은 역사 기록에 중요한 빈틈이 있다고 안타까워했다. 한 번에 4~315명 사이의 인원을 죽인 혈수, 습격, 소규모 분쟁이 (규모 0.5에서 2.5까지) 그것이었다. 그런 사건은 범죄학자가 기록하기에는 너무 대규모였고, 역사학자가 기록하기에는 너무 소규모였다. 리처드슨은 레지널드 쿠플랜드가 동아프리카 노예 무역에 대해 했던 말을 인용하면서 군사적 지평선 아래에 있는 싸움들의 문제를 설명했다.

> "주된 공급 방식은 선택한 지역에서 조직적으로 노예를 약탈하는 것이었다. '다 캐낸' 지역이 늘어남에 따라 약탈 장소는 점차 내륙으로 이동했다. 아랍인들은 직접 약탈에 나서기도 했지만, 보통은 그곳 부족장을 선동해서 이웃 부족을 공격하게 만들었다. 무장한 노예와 총을 공급하여 승리를 보장했던 것이다. 당연히 '온 나라가 화염에 휩싸일' 때까지 부족 간 전쟁이 늘었다."
>
> 이 개탄할 관습을 어떻게 분류할 것인가? 그것은 2000년 동안 지속되었다가 1880년에 끝난, 아랍인과 흑인 사이의 하나의 거대한 전쟁이었을까? 그렇게 본다면 그것은 역사상 어떤 전쟁보다도 많은 사망자를 낸 전쟁이었을 것이다. 그러나 쿠플랜드의 묘사로 판단하건대, 노예 약탈은 한 아랍인 대상과 한 흑인 부족이나 마을 사이의 소규모 치명적 싸움들이 무수히 모인 것으로 보는 편이 합리적이다. 그것은 규모 1, 2, 3에 해당하는 싸움들이었을 것이다. 상세한 통계는 구할 수 없다.[29]

라틴 아메리카에서 일어난 80건의 혁명, 러시아에서 일어난 556건의 농민 봉기, 중국에서 일어난 477건의 분쟁에 대해서도 상세한 통계를 구할 수 없었다. 리처드슨은 그런 일이 있었다는 것은 알았지만 통계에서는 제외할 수밖에 없었다.[30]

한편, 그는 척도의 최저점으로서 규모 0의 사건들을 포함시켰다. 살인 통계를 포함시킨 것이다. 살인은 사망자 규모가 1인 싸움이다($10^0 = 1$). 그는 셰익스피어의 포셔라면 이렇게 반대할 것이라고 예상했다. "살인과 전쟁을 혼동해서는 안 됩니다. 살인은 혐오할 만한 이기적 범죄이지만, 전쟁은 영웅적이고 애국적인 모험입니다." 리처드슨은 이렇게 대답했다. "그렇지만 둘 다 치명적 싸움입니다. 1명을 죽이면 악행이지만 1만 명을 죽이면 명예가 된다는 점이 이상하다고 생각해 본 적 없습니까?"[31]

리처드슨의 315건의 싸움을 분석함으로써 (컴퓨터도 없던 시절이었다.) 인류의 폭력을 조감하고, 역사학자들과 자신의 선입견에서 제기된 갖가지 가설을 확인해 보았다.[32] 대부분의 가설은 데이터에 직면하여 살아남지 못했다. 일례로, 공통 언어를 쓴다고 해서 두 당파가 전쟁을 꺼리지는 않았다(수많은 내란과 19세기 남아메리카 국가들을 떠올려 보라.). 에스페란토어의 이름에까지 표현되었던 사람들의 '희망'은 고작 그 정도였다('에스페란토'가 에스페란토어로 '희망하는'이라는 뜻이다. — 옮긴이). 경제 지표들도 별다른 예측을 해내지 못했다. 부유한 나라가 가난한 나라만을 골라 체계적으로 싸움을 건 것은 아니었고, 그 역도 아니었다. 일반적으로 무기 경쟁에 의해 전쟁이 촉발되는 것도 아니었다.

살아남은 일반화 가설도 소수 있었다. 오래된 정부의 존재는 싸움을 억제했다. 국경의 같은 편에서 사는 사람들끼리 내전을 일으킬 가능성보다는 다른 편에서 사는 사람들이 국가 간 전쟁을 일으킬 가능성이 높았다. 국가들은 이웃 나라들과 더 많이 싸웠지만, 강대국은 모두와 싸우는 경향이 있었다. 아마도 제국의 영토가 워낙 널리 뻗어 있어서 거의 모든 나라가 이웃이 되기에 그럴 것이다. 어떤 문화는, 특히 군사적 이데올로기를 가진 문화는, 유달리 전쟁을 잘 일으켰다.

그러나 리처드슨의 발견 중에서 불후의 것을 꼽으라면, 단연 전쟁의 통계적 패턴에 관한 발견들이었다. 그가 일반화한 결론 중 세 가지는 탄탄하고 심오하지만 과소평가되었다. 그 내용을 이해하려면, 우리는 잠시 곁가지로 빠져서 확률의 역설을 먼저 이해해야 한다.

✤ ✤ ✤

이렇게 가정하자. 당신이 사는 곳은 1년 내내 언제든 벼락을 맞을 가능성이 일정하다. 벼락은 무작위로 떨어지는데 그 확률은 매일 같고, 빈도를 따지자면 한 달에 한 번꼴이다. 월요일인 오늘, 당신의 집이 벼락을 맞았다. 그렇다면 당신의 집에 **다음번** 벼락이 떨어질 가능성이 가장 높은 날은 언제일까?

답은 화요일인 '내일'이다. 물론 확률이 높지는 않다. 그 확률이 0.03쯤 된다고 하자(대강 한 달에 한 번꼴이다.). 그렇다면 이제 다음번 벼락이 화요일이 아닌 수요일에 떨어질 확률을 계산해 보자. 그러기 위해서는 두 가지 사건이 벌어져야 한다. 첫째는 벼락이 수요일에 떨어지는 사건으로, 그 확률은 0.03이다. 둘째는 **벼락이 화요일에 떨어지지 않는** 사건이다. 안 그러면 다음번 벼락의 날이 수요일이 아니라 화요일이 되니까. 우리가 원하는 확률을 계산하려면, 벼락이 화요일에 떨어지지 않을 확률(1 빼기 0.03이므로 0.97)과 벼락이 수요일에 떨어질 확률(0.03)을 곱해야 한다. 그 값은 0.0291로, 화요일의 확률보다 약간 낮다. 목요일은 어떨까? 목요일이 문제의 날이 되려면, 벼락이 화요일에 치지 말아야 하고(0.97) 수요일에도 치지 말아야 하고(역시 0.97) 목요일에는 쳐야 하므로, 계산하면 0.97×0.97×0.03, 즉 0.0282이다. 금요일은? 0.97×0.97×0.97×0.03, 즉 0.274다. 하루하루 지날수록 확률은 낮아진다(0.0300 …… 0.0291 …… 0.0282 …… 0.0274). 어떤 날이 다음번 벼락의 날이 되려면 이전 모든 날들에 벼락이 없어야 하는데, 날짜가 늘어날수록 연속 행렬이 계속 이어질 확률은 낮아지기 때문이다. 정확하게 말하면 그 확률은 지수적으로 낮아진다. 감소 속도가 갈수록 더 빨라진다는 말이다. 30일 뒤에 다음번 벼락이 칠 확률은 $0.97^{29} \times 0.03$으로, 겨우 1퍼센트가 넘는다.

이 문제를 정확하게 맞히는 사람은 거의 없다. 나는 인터넷 사용자 100명에게 이 질문을 던져 보았다. '**다음번**'이라는 단어를 강조 처리하여 응답자들이 간과하지 않도록 하면서. 그러나 그중 67명은 '매일 확률이 같다.'는 답을 택했다. 이 답은 직관적으로는 설득력이 있지만 틀렸다. 확률이 매일 같다면, 지금으로부터 1000년 뒤의 확률이나 한 달 뒤의 확률이나 같을 것이다. 그것은 집이 1000년 동안 벼락을 맞지 않을 가능성이 한 달 동안 맞지 않을 가능성과 같다는 말이다. 나머지 응답자들 중에서 19명은 한 달 뒤일 가능성이 제일 높다고 생각했다. 100명 중 5명만이 '내일'이라고 맞혔다.

통계학자들은 이 벼락 예제를 푸아송 과정이라고 부른다. 19세기 수학자이자 물리학자였던 시메옹드니 푸아송의 이름을 딴 것이다. 푸아송 과정에서는 사건들이 연속적으로, 무작위로, 독립적으로 발생한다. 이를테면 하늘의 신인 주피터가 매 순간 주사위를 굴려, 1이 두 개 나오면 천둥을 내던지는 것이다. 주피터는 다음번에도 주사위를 굴려 결정하며, 바로 앞에 벌어졌던 일은 전혀 기억하지 않는다. 우리가 방금 살펴본 이유 때문에, 푸아송 과정에서는 사건들의 간격이 지수적으로 분포된다. 달리 말해, 긴 간격일수록 더 적게 발생한다. 이것은 무작위로 발생하는 사건들이 마치 무리 지어 등장하는 것처럼 보인다는 뜻이기도 하다. 사건들이 고르게 분포되려면 오히려 **비**무작위 과정이 필요한 것이다.

인간의 마음은 이 확률 법칙을 좀처럼 이해하지 못한다. 나는 대학원생일 때 청각 실험실에서 일했다. 피험자가 삐 소리를 들을 때마다 잽싸게 단추를 눌러야 하는 실험이 있었다. 삐 소리는 무작위로 나도록 되어 있었다. 즉, 푸아송 과정을 따르게 되어 있었다. 역시 대학원생이었던 피험자들도 이 사실을 알았지만, 그들은 실험이 시작되자마자 부스에서 나와서 내게 말했다. "무작위 사건 발생기가 고장 난 것 같은데요. 삐 소리가 몰려서 나요. '삐삐삐삐삐 …… 삐 …… 삐삐 …… 삐입삐입삐삐삐' 이렇게요." 그들은 무작위성의 소리가 정확하게 그렇다는 것을 깨닫지 못했던 것이다.

이런 인지적 착각에 처음 주목한 사람은 수학자 윌리엄 펠러였다. 그는 1968년에 쓴 확률 교과서의 고전에서 이렇게 말했다. "훈련 받지 않은 사람의 눈에는 무작위성이 규칙성, 혹은 무리 짓는 경향성으로 보인다."[33] 무리 짓기 착각의 사례를 몇 가지 소개하면 다음과 같다.

런던 대공습 펠러는 이런 일화를 말했다. 제2차 세계 대전 중, 런던 시민들은 독일의 V-2 로켓이 도시의 일부 구역에만 여러 차례 떨어지고 어떤 구역에는 한 번도 떨어지지 않았다는 사실을 알아차렸다. 사람들은 로켓이 특정 동네를 표적으로 삼는다고 믿었다. 그러나 통계학자들이 런던 지도를 작은 모눈으로 나누어 공습 횟수를 세어 보니, 그 분포는 푸아송 과정을 따랐다. 한마디로, 폭탄은 무작위로 떨어졌다. 토머스 핀천의 1973년 소설 『중력의 무지개』에도 이 일화가 등장한다. 소설 속에서 통계학자 로저 멕시코는 폭탄의 낙하 분포를 정확하게 예측하지만, 구체적인 장소까지 예측하지는 못한다. 멕시코는 자신이 초능력자가 아니라고 해명해야 하고, 대피할 곳을 알려 달라는 사람들의 절박한 요구를 물리쳐야 한다.

도박꾼의 오류 이른바 큰손 중에는 도박꾼의 오류 때문에 재산을 잃는 경우가 많다. 이것은 확률 게임에서 비슷한 결과가 연달아 나오면(룰렛 바퀴에서 붉은 숫자가 연달아 나오거나 주사위 게임에서 7이 연달아 나오는 것이다.) 다음번에는 다른 결과가 나올 것이라는 믿음이다. 트버스키와 카너먼에 따르면, 사람들은 진짜로 동전을 던져서 얻은 연속 결과(가령 뒤뒤앞앞뒤앞뒤뒤뒤뒤)를 지어낸 것으로 생각하기 쉽다. 앞이나 뒤의 연속 서열이 직관적으로 짐작하는 것보다 더 길기 때문이다. 반면에 긴 연속 서열을 피해 가짜로 꾸민 결과(가령 앞뒤앞뒤뒤앞뒤앞앞뒤)는 진짜라고 생각한다.[34]

생일 역설 한 방에 최소 23명이 있을 경우, 그중 2명의 생일이 같을 확률은 50퍼센트가 넘는다. 이 사실을 알려 주면 대부분의 사람들이 놀란다. 57명이라면 확률은 99퍼센트로 높아진다. 이때는 달력 위에 가상의 무리들이 존재하는 셈이다. 생일이 될 수 있는 날의 개수는 한정되어 있으므로(366개), 생일들이 연중 흩어지다 보면 몇몇은 같은 날에 떨어질 수밖에 없다. 모종의 신비로운 힘이 있어서 그것들을 떨어뜨려 놓지 않는 한.

별자리 내가 제일 좋아하는 이 사례는 생물학자 스티븐 제이 굴드가 뉴질랜드 와이토모의 유명한 개똥벌레 동굴로 여행을 갔다가 발견했다.[35] 동굴의 캄캄한 천장에 벌레들의 불빛이 콕콕 박혀 있기 때문에, 그곳은 마치 천문관처럼 보인다. 그러나 차이점이 하나 있는데, 별자리가 보이지 않는 것이다. 굴드는 그 까닭을 이렇게 추리했다. 개똥벌레는 먹성이 좋기 때문에 잡아챌 수 있는 거리에 있는 것이라면 뭐든 먹어 치운다. 그래서 녀석들은 일정한 넓이의 천장에서 자리 잡을 때 서로 멀찌감치 거리를 두고, 그 결과 별들보다 더 고르게 분포하게 된다. 별들은 적어도 우리가 보는 시점에서는 하늘에 무작위로 흩어져 있다. 그러나 바로 그 때문에 숫양, 황소, 쌍둥이 등등 다양한 형태를 그리는 것처럼 보이고, 패턴에 굶주린 두뇌들은 수천 년 동안 그런 무늬에 무슨 의미가 있는 것처럼 생각했다. 굴드의 동료인 물리학자 에드 퍼셀은 나중에 무작위로 점을 찍는 컴퓨터 프로그램을 짜서 굴드의 직관을 확인해 주었다. 가상의 별들은 주어진 공간에 아무런 제약 없이 찍히게 했다. 반면에 가상의 벌레들에게는 각자 주변에 좁은 영역을 주었고, 그곳에는 다른 벌레가 침입하지 못하게 했다. 그 결과가 그림 5-5이다. 어느 그림이 어느 쪽인지 여러분도 금세 짐작하리라. 왼쪽 그림, 그러니까 덩어리, 선, 빈 공간, 가느다란 실 따위가 보이는 그림이 (당신의 관심사에 따라 동물, 누드, 성모 마리아일 수도 있다.) 별들처럼 무작위로 찍힌 점이다. 마구잡이로 보이는 오른쪽 그림이 개똥벌레들처럼 서로 거리를 두고서 찍힌 점이다.

리처드슨의 데이터 마지막 예제는 역시 물리학자인 우리의 친구 루이스 프라이 리처드슨이 제공했다. 이것은 자연적으로 발생하는 현상에 대한 실제 데이터이다. 그림 5-6을 보자. 선분들은 지속 기간이 다양한 여러 사건들을 뜻한다. 가로축은 시간이고, 세로축은 규모이다. 리처드슨은 이 사건들이 푸아송 과정을 따른다는 것을 보여 주었다. 사건들의 시작과 끝이 무작위적이라는 말이다. 어쩌면 우리 눈에 몇 가지 패턴이 보일지도 모른다. 특이하게도 왼쪽 위에는 선분이 없다든지, 오른쪽 위에는 두 선분이 둥실 떠 있다든지. 그러나 이제 여러분도 그런 환영을 불신하는 법을 배웠으리라. 리처드슨이 확인한 바, 이 규모들의 분포에서 시간적으로 처음부터 끝까지 통계적으로 유의미한 경향성은 하나도 없다. 맨 뒤의 두 이상치를 손가락으로 가리면 무작위성의 인상이 좀 더 온전해진다.

여러분은 이 데이터가 무엇을 뜻하는지 짐작했을 것이다. 각 선분은 하나의 전쟁이다. 수평축은 1800~1950년까지 기간을 25년씩 자른 것이다. 수직축은 전쟁의 규모를 뜻한다. 즉, 10을 밑으로 한 로그로 변환한 사망자 수이다. 바닥은 2(사망자 100명)이고, 꼭대기는 8(사망자 1억 명)이다. 오른쪽 위의 두 선분은 제1차 세계 대전과 제2차 세계 대전이다.

전쟁의 시기에 대해 리처드슨이 발견한 중요한 사실은 그 시작이 무

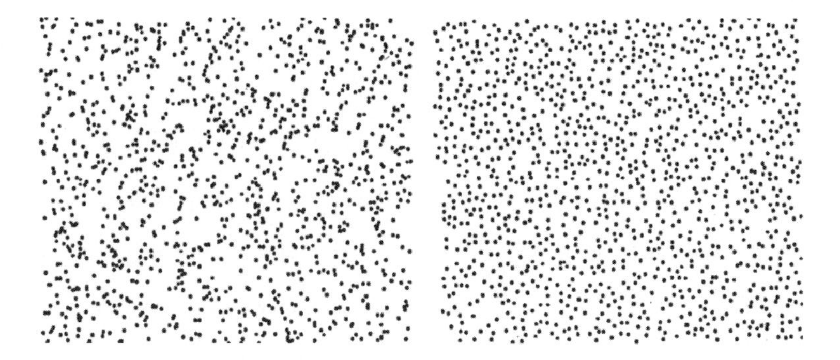

그림 5-5. 무작위 분포와 비무작위 분포.

출처: Displays generated by Ed Purcell; reproduced from Gould, 1991, pp. 266-67.

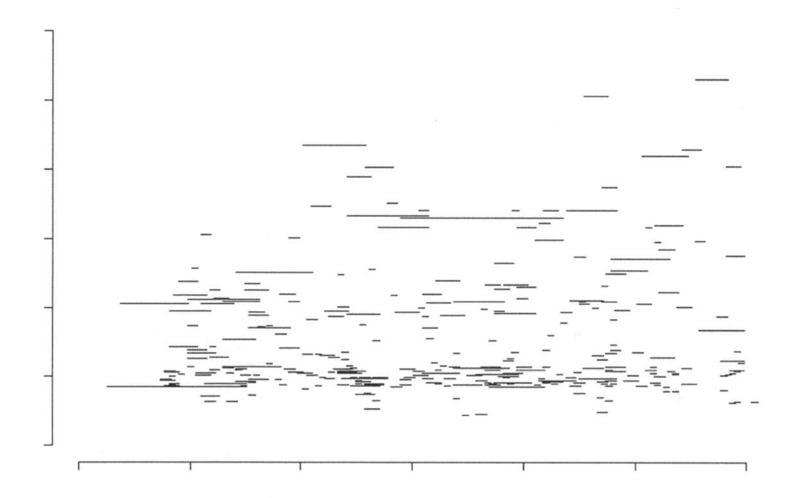

그림 5-6. 리처드슨의 데이터.

출처: 그래프: Hayes, 2002, 데이터: Richardson, 1960.

작위적이라는 점이다. 이것은 전쟁의 신인 마르스가 매 순간 주사위를 굴려, 1이 두 개 나오면 두 나라를 골라 전쟁을 시킨 것과 마찬가지다. 마르스는 다음 순간에도 주사위를 굴려 결정하고, 바로 앞에 벌어졌던 일은 전혀 기억하지 않는다. 그렇다면 전쟁이 시작되는 시점들 사이의 간격은 지수적으로 분포할 것이다. 즉, 짧은 간격은 많고 긴 간격은 적을 것이다.

전쟁의 이런 푸아송적 특징은 역사에서 가상의 무리들로 이루어진 별자리를 찾아내는 내러티브를 망가뜨린다. 또한 인류 역사에서 거대한 패턴, 주기, 변증법을 찾는 이론들을 당황시킨다. 사실, 끔찍한 충돌이 한 번 벌어졌다고 해서 세계가 전쟁에 지쳐 평화로운 소강상태를 맞는 일은 없다. 한 쌍의 교전국이 지구에 내뱉은 세균 때문에 온 세계가 전쟁에 감염되는 일도 없다. 세상이 평화로울 때라도 마치 무시할 수 없는 가려움처럼 전쟁에 대한 욕망이 착실히 쌓여 결국 급작스런 폭력으로 분출되는 일도 없다. 아니다. 마르스는 그저 주사위를 계속 굴릴 뿐이다. 리처드슨 전후에 다른 연구자들이 취합한 대여섯 가지 다른 전쟁 데이터들도 이 결론을 지지한다.[36]

또 리처드슨은 전쟁의 시작만이 아니라 그 종결도 무작위적이라는 사실을 발견했다. 이것은 평화의 여신인 팍스가 매 순간 **그녀의** 주사위를 굴려, 6이 두 개 나오면 교전국들이 무기를 내려놓도록 만드는 것과 마찬가지다. 리처드슨은 일단 작은 전쟁(규모 3)이 시작되면, 이후에는 매년 50퍼센트보다 살짝 낮은 확률(0.43)로 그것이 종결될 가능성이 있음을 확인했다. 그렇다면 대부분의 전쟁은 2년 조금 넘게 지속된다는 말이 아닐까? 당신이 고개를 끄덕였다면, 내 말에 제대로 주의를 기울이지 않았다는 뜻이다! 종결 가능성은 매년 일정하므로, 전쟁은 1년 뒤에 끝날 확률이 가장 높다. 2년 안에 끝날 확률은 그보다 약간 낮고, 3년 안에 끝날 확률은 그보다 더 낮고, 이렇게 계속 이어진다. 큰 전쟁(규모 4에서 7)도 마찬가지다. 이때는 해가 바뀌기 전에 전쟁이 끝날 확률이 0.235이다. 전쟁의 지속 기간이 지수적으로 분포하므로, 제일 짧은 전쟁이 제일 흔한 것이다.[37] 그렇다면 교전국들이 '자신들의 체제에서 공격성을 남김없이 끌어낸' 후에야 정신을 차린다는 생각, 전쟁은 '갈 데까지 가려고'

하는 모종의 '타성'이 있다는 생각은 다 거짓말이다. 실제로는 전쟁이 시작되자마자 모종의 반전 세력들의 조합이 — 평화주의, 두려움, 완패 등등 — 종전의 압박을 가한다.[38]

전쟁이 무작위로 시작되고 끝난다면, 전쟁에서 역사적 경향을 찾아보는 일 자체가 무의미할까? 그렇지 않다. 푸아송 과정의 '무작위성'은 연속된 사건들의 관계에 해당하는 속성이다. 한마디로, 사건들 사이에 아무런 관계가 없다는 말이다. 사건 발생기는 주사위와 마찬가지로 기억이 없다. 그러나 확률이 오랫동안 늘 일정해야만 한다는 법칙은 없다. 가령 마르스는 주사위에서 1이 두 개 나오면 전쟁을 일으키기로 했던 것을 두 눈의 합이 3, 6, 7일 때 일으키기로 바꿀 수 있다. 그렇다면 시간에 따라 확률은 달라지지만 무작위성은 그대로일 것이다. 한 전쟁의 발발이 다른 전쟁의 확률을 더 높이거나 낮추지 않는다는 점은 그대로인 것이다. 이 경우에는 전쟁이 역사적으로 감소할 가능성이 여전히 유효하다. 달리 말해, 비정상(nonstationary) 푸아송 과정에서 비율 매개 변수가 감소한다면 충분히 가능하다.

나아가, 전쟁이 푸아송 과정이면서 동시에 주기성을 보이는 것도 수학적으로 가능하다. 마르스가 주사위를 굴려 나오는 결과들 중 3퍼센트에 대해서 전쟁을 일으키다가 6퍼센트로 바꾸고 다시 3퍼센트로 돌아오고, 이렇게 왔다 갔다 하는 것도 이론적으로 가능하다는 말이다. 그러나 현실에서는 비정상 푸아송 과정을 정상적 과정의 망상적 무리들과 구분하는 것이 늘 쉽지만은 않다. 우리는 무리가 몇 개만 있어도 전체 체계가 부풀었다 꺼졌다 한다고 속기 쉽다(이른바 비즈니스 주기가 그렇다. 사실 그것은 일정 기간을 두고 반복되는 진정한 주기라기보다는 경제 활동에 숨은 일련의 예측 불가능한 요동들이다.). 시계열 데이터에서 주기성을 확인할 때 쓰는 훌륭한 통계 기법들이 있긴 하지만, 그것들은 우리가 확인하려는 주기보다 데이터 집합의 시간 범위가 훨씬 더 길 때만 잘 작동한다. 그래야만 가상의 주기가 그 속에 여러 차례 삽입될 수 있기 때문이다. 분석 결과를 확인하려면, 또 다른 데이터 집합에 대해서 분석을 되풀이해 보는 것도 도움이 된다. 우리가 특정 데이터 집합의 무작위 무리에 불과한 현상에 대해서 주기를 '과잉 맞춤'했을 가능성도 있기 때문이다. 리처드슨은 규모 3, 4, 5의 전쟁에 대해서 갖가지 가능한 주기를 검토해 보았다(규모가 더 큰 전쟁들은 너무 띄엄띄엄 발생하는지라 확인할 수 없었다.). 그러나 아무것도 찾지 못했다. 이후 다른 분석가들은 더 긴 데이터 집합들을 살펴보았는데, 관련 문헌에는 5, 15, 20, 24, 30, 50, 60, 120, 200년 단위의 주기를 관찰했다는 주장들이 등장한다. 그러나 이토록 허약한 후보들이 이토록 많다면, 오히려 전쟁이 유의미한 주기를 따르지 않는다고 결론짓는 편이 더 안전하다. 전쟁을 정량적으로 연구하는 대부분의 역사학자들은 내 결론을 지지한다.[39] 전쟁 통계 연구의 또 다른 개척자인 사회학자 피티림 소로킨은 이렇게 결론 내렸다. "역사는 엄격한 주기성, '철칙', '보편적 획일성'을 지지하는 사람들의 생각처럼 단조롭거나 창의성이 부족하지 않다. 다른 한편으로는 정해진 시간 주기마다 정해진 개수의 혁명을 일으킬 만큼 엔진처럼 지루하거나 기계적이지도 않다."[40]

그렇다면, 20세기 헤모클리즘은 일종의 우연이었을까? 그렇게 생각하는 것 자체가 희생자들에게 엄청난 실례처럼 느껴진다. 그러나 치명적 싸움의 통계에서 반드시 그런 극단적 결론이 나오는 것은 아니다. 장기간에 걸친 무작위성은 확률의 변화와 공존할 수 있다. 그리고 분명 1930년대의 확률은 다른 시기의 확률과는 달랐을 것이다. 나치 이데올로기는 '인종적으로 우월한' 아리안인의 생활 공간을 확보하고자 폴란드 침공을 정당화했고, 그 이데올로기는 나아가 '인종적으로 열등한' 유대인의 말살을 정당화했다. 독일, 이탈리아, 일본을 관류한 공통점은 군국주의였다. 나치즘과 공산주의 이데올로기 사이에는 반계몽주의적 유토피아 이상주의라는 공통분모도 있었다. 그리고 설령 전쟁이 장기간에 걸쳐 무작위로 분포하더라도, 가끔은 예외가 있을 수 있다. 일례로 제1차 세계 대전이 발발함으로써 유럽에서는 제2차 세계 대전과 비슷한 전쟁이 터질 확률이 더 높아졌을 것이다.

우리가 통계로 사고할 때, 특히 무리 짓기 망상을 인식할 때, 역사의 이런 일관된 내러티브를 **과장하기** 쉽다. 주기, 크레센도, 충돌 경로 같은 역사적 세력 때문에 그 사건은 반드시 일어나야 했다고 믿는 것이다. 그러나 그런 확률들이 다 갖춰져 있었더라도, 대단히 우연한 어떤 사건들이 없었다면 규모 6이나 7의 사망자를 내는 전쟁은 터지지 않았을지도 모른다. 그리고 그런 우연은 우리가 역사의 테이프를 되감아 다시 돌린다면 그때도 똑같이 발생하란 법이 없다.

1999년에 화이트는 그해에 가장 자주 이야기되었던 질문에 답해 보았다. "20세기 가장 중요한 인물은 누구였을까?"라는 질문이었다. 화이트의 선택은 가브릴로 프린치프였다. 대관절 가브릴로 프린치프가 누구야? 프린치프는 오스트리아-헝가리의 프란츠 페르디난트 대공이 보스니아를 방문했을 때 그를 암살했던 19세의 세르비아 민족주의자였다. 일련의 실수들과 사고들이 이어지는 바람에 대공이 프린치프의 저격 거리 안에 들어왔던 것이다. 화이트는 프린치프를 선택한 이유를 이렇게 설명했다.

여기, 결국 8000만 명의 목숨을 앗아 간 연쇄 반응을 혼자 힘으로 개시한 남자가 있다.

도전해 보시죠, 알베르트 아인슈타인!

이 테러리스트는 고작 두어 발의 총탄으로 제1차 세계 대전을 일으켰다. 전쟁은 네 군주국을 파괴했고, 그로 말미암아 힘의 공백이 발생하자 러시아에서는 공산주의자가 독일에서는 나치가 그 공백을 메웠고, 이어 그들이 제2차 세계 대전에서 싸웠다. ……

어떤 사람들은 당시 축적된 긴장으로 보아 조만간 강대국들의 전쟁이 불가피했다고 말함으로써 프린치프의 중요성을 축소하지만, 내가 볼 때 그것은 NATO와 바르샤바 조약 기구의 전쟁이 불가피하다고 말하는 것만큼이나 설득력이 없다. 점화의 계기가 없었다면 대전은 피할 수 있었을 것이고, 대전이 없었다면 레닌도 히틀러도 아이젠하워도 없었을 것이다.[41]

가정법 시나리오에 몰두한 다른 역사학자들, 가령 리처드 네드 리보 등도 비슷하게 주장했다.[42] 역사학자 F. H. 힌즐리는 제2차 세계 대전에 대해서 이렇게 썼다. "역사학자들은 제2차 세계 대전의 원인이 아돌프 히틀러의 인간성과 목표였다는 지당한 결론에 거의 만장일치로 동의한다." 키건도 동의했다. "유럽에서 오로지 한 명만이 진정으로 전쟁을 원했다. 아돌프 히틀러였다."[43] 정치학자 존 뮬러는 이렇게 결론지었다.

이런 진술들이 암시하는 바, 유럽에 또 한 번의 세계 대전을 향한 추진력 따위는 없었다. 역사적 상황이 어떤 중요한 측면에서 그런 쟁투를 요구한 것도 아니었고, 유럽 주요국들이 전쟁으로 끝나기 쉬운 충돌 궤도에 올라 있었던 것도 아니었다. 아돌프 히틀러가 정치보다 예술에 투신했다면, 그가 1918년에 참호에서 영국군의 가스 공격에 좀 더 철저하게 당했다면, 1923년의 뮌헨 비어홀 폭동에서 그의 옆 사람이 아니라 그가 총에 맞았다면, 그가 1930년의 교통사고에서 살아남지 못했다면, 그가 독일의 지도자가 되지 못했다면, 혹은 1939년 9월 이전에 언제든 공직에서 제거되었다면(1940년 5월 이후에도 가능했을지 모른다.), 유럽 최대의 전쟁은 거의 틀림없이 벌어지지 않았을 것이다.[44]

나치 집단 살해도 마찬가지다. 6장에서 살펴보겠지만, 집단 살해 연구자들은 사회학자 밀턴 힘멜파브의 1984년 에세이 제목에 대체로 동의한다. "히틀러가 없다면 홀로코스트도 없다."[45]

확률은 시점의 문제이다. 충분히 가까운 거리에서는 개별 사건들에게 명확한 원인이 있는 것처럼 보인다. 우리는 동전 던지기의 결과조차도 시작 조건과 물리 법칙에서 예측해 낼 수 있다. 능숙한 마술사는 그런 법칙을 이용해서 매번 앞면만 나오게 던질 수 있을 것이다.[46] 그러나 멀찌감치 물러나서 더 많은 사건을 광각으로 보면, 무수한 원인들의 총합이 때로는 상쇄되고 때로는 한 방향으로 정렬되는 광경이 눈에 들어온다. 물리학자이자 철학자였던 앙리 푸앵카레는 우리가 결정론적 세계에서 우연의 작동을 목격하는 이유를 두 가지로 설명했다. 하나는 다수의 시시한 원인들이 더해져서 가공할 효과를 내는 경우이고, 다른 하나는 우리의 눈을 벗어난 하나의 작은 원인이 우리가 놓칠 리 없는 크나큰 효과를 결정하는 경우이다.[47] 조직적 폭력의 경우, 누군가 전쟁을 원했을지도 모른다. 그는 올지 안 올지 모르는 적당한 순간을 기다린다. 그의 적은 응전하거나 물러나기로 결정한다. 총알이 날아다닌다. 폭탄이 터진다. 사람들이 죽는다. 이런 각각의 사건은 신경 과학, 물리학, 생리학 법칙에 따라 미리 결정될 것이다. 그러나 총체적으로는 하나의 행렬에 담긴 수많은 원인이 뒤섞여 이따금 극단적인 조합을 만들어 낸다. 20세기 전반부에 어떤 이데올로기, 정치, 사회의 조류들이 세상을 위험하게 만들었던 것은 분명하지만, 또한 그 시대는 극단적인 불운이 이어진 시기이기도 했다.

궁극의 질문으로 돌아가자. 전쟁이 터질 확률은 증가했는가, 감소했는가, 내내 일정했는가? 리처드슨의 데이터는 증가를 보이기 쉬운 편향을 갖고 있었다. 데이터가 나폴레옹 전쟁 직후부터 시작됨으로써 역사상 가장 파괴적이었던 전쟁 하나를 맨 앞에서 잘라 냈고, 제2차 세계 대전 직후에 끝남으로써 역사상 가장 파괴적이었던 또 다른 전쟁으로 맨 끝을 바싹 끌어 올렸기 때문이다. 리처드슨은 이후 수십 년을 지배할 긴 평화를 목격하지 못했다. 그러나 그는 기민한 통계학자였기 때문에, 그런 일이 통계적으로 가능하다는 것을 알았다. 그는 양 끝의 극단적인 사건들에 오도되지 않은 채 시계열의 경향성을 분석하는 꾀바른 방법을 떠올렸다. 가장 단순한 방법은 전쟁을 규모에 따라 분류한 뒤, 각각의 분류에 대해 별도로 경향성을 살펴보는 것이었다. 그 결과, 그는 다섯 가지 범위 (3에서 7) 중 어디에서도 유의미한 경향성을 확인하지 못했다. 경향성이 있다손 쳐도 오히려 약간의 감소세였다. 그는 이렇게 썼다. "인류가 1820년 이래 덜 호전적으로 변해 왔다는 단서가 있다. 결정적인 증거라고는 할 수 없다. 최선의 관찰에 따르면, 전쟁 횟수는 역사적으로 약간 줄었다. …… 그러나 우연한 변이들을 제치고 명백히 드러날 정도로 뚜렷하지는 않다."[48] 유럽과 아시아의 전화(戰火)가 채 꺼지지 않은 때에 이런 글을 썼다니, 그가 사실과 이성으로써 가벼운 인상과 통념을 억제한 위대한 과학자였음을 보여 주는 대목이다.

앞으로 이야기하겠지만, 과학자들이 다른 데이터 집합들로 전쟁 빈도를 분석한 결과도 같은 결론을 가리켰다.[49] 그러나 전쟁 빈도가 이야기의 전부는 아니다. 규모도 중요하다. 리처드슨이 인류의 호전성 감소를 추론한 것은 두 세계 대전을 따로 떼어 둘만의 범주로 분류한 결과가 아닌가? 그런 범주에서는 통계가 헛되지 않은가? 이런 지적은 정당하다. 그는 다른 분석에서는 규모에 상관없이 모든 전쟁을 동일하게 취급했다. 제2차 세계 대전을 사망자 1000명의 1952년 볼리비아 혁명과 똑같이 취급했다. 한편 리처드슨의 아들은 그에게 이런 지적을 했다. 데이터를 큰 전쟁과 작은 전쟁으로 나눌 경우, 양쪽이 상반된 경향을 보인다는 것이다. 작은 전쟁은 빈도가 상당히 감소하는 경향이었지만, 큰 전쟁은 수는 적어도 빈도는 다소 늘어나는 경향이었다. 달리 말해, 1820~1953년까지 전쟁들은 빈도가 줄었지만 파괴력이 커졌다. 리처드슨은 이 대비되는 패턴이 통계적으로 유의미하다고 결론 내렸다.[50] 우리는 다음 소제목에서 이것 또한 명민한 결론이었음을 확인할 것이다. 다른 데이터 집합들로 보더라도, 1945년까지 유럽을 포함한 주요국들의 전쟁 사정은 대체로 횟수는 줄지만 파괴력은 커지는 방향이었다.

그래서, 인류의 호전성이 커졌다는 말인가, 줄었다는 말인가? 하나로 대답할 수는 없다. '호전성'은 두 가지 상황을 뜻한다. 국가들이 쉽게 전쟁에 돌입하는 상황을 뜻할 수도 있고, 전쟁이 발발했을 때 많은 사람이 죽는 상황을 뜻할 수도 있다. 상상해 보자. 인구가 같은 두 나라가 있다. 한 나라에는 숲에 불 지르기를 좋아하는 청소년 방화범이 100명 있다. 그러나 그 나라는 숲들이 서로 동떨어져 있어서, 불이 나도 큰 피해 없이 꺼진다. 다른 나라에는 방화범이 2명뿐이다. 그러나 그 나라는 숲들이 모두 이어져 있어서, 작은 불씨가 걷잡을 수 없게 번진다. 산불 문제는 어느 나라가 더 심각할까? 어느 쪽으로도 주장할 수 있다. 무모한 탈선행위의 규모에서는 첫 번째 나라가 심하고, 심각한 피해의 위험에서는 두 번째 나라가 심하다. 총 피해 규모는 어느 나라가 더 클까? 작은 불이 많이 나는 쪽일까, 큰 불이 적게 나는 쪽일까? 그것도 분명하지 않다. 이 질문에 답하려면, 우리는 시기에 대한 통계에서 규모에 대한 통계로 넘어가야 한다.

치명적 싸움의 통계 2부: 전쟁의 규모

리처드슨은 치명적 싸움의 통계에 대해서 두 번째 중요한 발견을 했다. 사망자가 수천 명인 싸움은 몇 건인지, 수만 명인 싸움은 몇 건인지, 수십만 명인 싸움은 몇 건인지, 이렇게 규모별로 싸움의 수를 헤아린 결과였다. 작은 전쟁은 많고 큰 전쟁은 적다는 사실은 별반 놀랍지 않았다. 놀라운 점은, 그것들 사이의 관계가 너무나 깔끔하다는 점이었다. 리처드슨은 규모별 싸움의 수 로그값과 싸움당 사망자 수 로그값으로 그래프를 그려, 그림 5-7과 같은 결과를 얻었다.

과학자들은 물리학과 같은 경성 과학에서 데이터가 완벽한 직선을 그리는 데에 익숙하다. 가령 온도에 따른 기체 부피가 그렇다. 그러나 난삽한 역사적 데이터가 이토록 깔끔하게 행동하리라고는 꿈에도 기대하지 않는다. 우리가 보는 데이터는 잡다한 싸움들에서 나왔다. 역사상 최악의 격변에서 바나나 공화국의 쿠데타까지, 산업 혁명의 여명에서 컴퓨터의 등장까지 아우르는 데이터이다. 그렇듯 각양각색인 점들이 완벽한 대각선을 그리는 모습에는 입이 벌어질 수밖에 없다.

어떤 개체의 **빈도**에 대한 로그값이 그 개체의 **크기**에 대한 로그값과 비례하는 데이터, 그래서 로그-로그 척도에서 직선이 그려지는 그래프를 가리켜 멱함수 분포(power-law distribution)라고 한다.[51] 이런 이름이 붙은 것은, 로그를 풀어서 원래 숫자로 볼 때 개체의 확률은 그 크기에 일

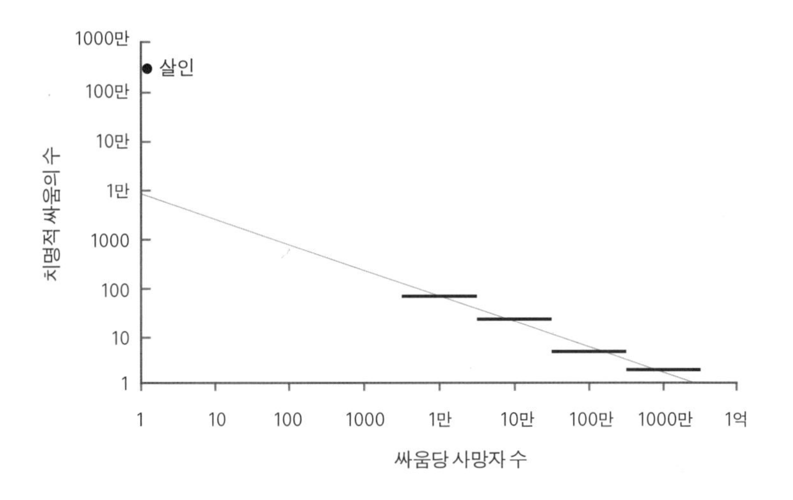

그림 5-7. 치명적 싸움의 규모별 건수, 1820~1952년.

출처: 다음 그래프의 변형: Weiss, 1963, p. 103. 데이터: Richardson, 1960, p. 149. 1820~1952년의 범위는 전쟁이 끝난 해를 가리킨다.

정한 거듭제곱(멱)을 적용하고(로그-로그 그래프에서는 이 거듭제곱이 직선의 기울기로 시각적으로 드러난다.) 그것에 어떤 상수를 더한 값과 비례하기 때문이다. 위의 데이터에서는 거듭제곱 값이 -1.5였다. 사망자 수가 10배 커질 때마다 그 규모에 해당하는 전쟁의 수는 약 3분의 1로 준다는 뜻이다. 리처드슨은 전쟁 그래프에 살인(규모 0의 싸움)도 표시하고, 그 데이터도 전반적인 정량적 패턴을 따른다고 주장했다. 살인은 가장 작은 전쟁보다도 피해가 훨씬, 훨씬 더 작지만, 발생 빈도는 훨씬, 훨씬 더 잦다는 뜻이다. 그러나 살인은 수직축의 꼭대기에 홀로 외로이 있다. 전쟁들의 연장선이 수직축에 닿는 지점보다 훨씬 더 높은 곳에 있다. 따라서 리처드슨이 모든 치명적 싸움들을 연속선 상에서 이야기한 것은 무리수였다. 그는 대담하게도 살인의 점에서 급강하하는 곡선을 그려 전쟁의 선과 이음으로써 역사 기록에서 누락된 사망자 한 단위, 십 단위, 백 단위의 싸움들에 해당하는 수치를 계산해 냈다(군사적 지평선 아래에 있기 때문에 범죄학과 역사학 사이의 틈에 빠진 소규모 분쟁들을 말한다.). 그렇지만 지금 우리는 살인과 소규모 분쟁을 무시하고 전쟁에만 집중하자.

혹시 리처드슨이 이런 표본을 얻은 것은 순전한 운이었을까? 50년 뒤, 정치학자 라르스에리크 세데르만은 새 데이터 집합으로 그래프를 그려 보았다. '전쟁 상관관계 프로젝트(Correlates of War Project)'가 구축한 데이터로, 1820~1997년까지 국가 간 전쟁 97건에 대해 전사자 수를 취합한 데이터 집합이었다(그림 5-8).[52] 그런데 이 데이터도 로그-로그 좌표에서 직선으로 떨어졌다(그래프 작성 방식은 약간 달랐지만, 우리 논의에서는 문제가 되지 않는다.).[53]

과학자들은 두 가지 이유에서 멱함수 분포에 흥미를 느낀다.[54] 첫째는 공통점이 없으리라고 여겼던 대상들의 측정 결과에서 이 분포가 거듭 나타난다는 점이다. 멱함수 분포의 최초 사례 중 하나는 1930년대에 언어학자 G. K. 지프가 작성한 영어 단어 빈도 그래프였다.[55] 방대한 텍

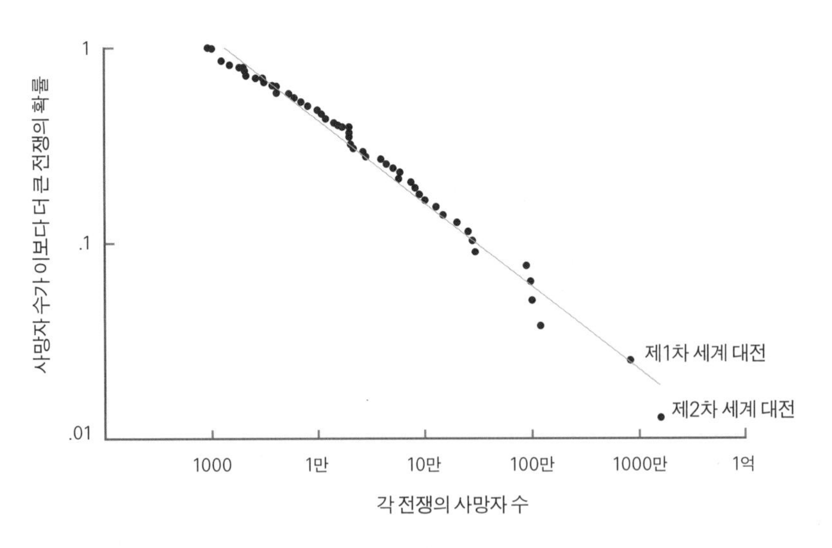

그림 5-8. 규모에 따른 전쟁의 확률, 1820~1997년.

출처: 그래프: Cederman, 2003, p. 136.

스트를 놓고서 여러 단어들이 등장하는 횟수를 세어 보면, 전체 어휘 분석 단위의 1퍼센트 이상을 차지할 만큼 극단적으로 자주 등장하는 단어가 10여 개 있다. The(7퍼센트), be(4퍼센트), of(4퍼센트), and(3퍼센트), a(2퍼센트) 등이다.[56] 다음으로, 1에서 1만 회의 중간 빈도로 등장하는 단어가 3000개쯤 있다(confidence, junior, afraid 등). 그리고 100만 번 중 한 번꼴로 등장하는 단어가 수만 개 있다(embitter, memorialize, titular 등). 그보다도 더 드물게 등장하는 단어는 수십만 개 있다(kankedort, apotropaic, deliquesce 등).

멱함수 분포의 또 다른 예는 1906년에 경제학자 빌프레도 파레토가 발견했다. 이탈리아의 소득 분포를 보니, 한 줌의 인구는 황당할 정도로 부유한 데 비해 훨씬 더 많은 인구는 찢어지게 가난했던 것이다. 이후 멱함수 분포는 온갖 장소에서 나타났다. 도시 인구, 사람 이름의 인기, 웹사이트의 인기, 과학 논문의 인용 횟수, 책과 음반의 판매량, 생물학적 분류군에 속하는 종 수, 달 분화구의 크기…….[57]

멱함수 분포의 두 번째 주목할 만한 특징은 넓은 범위에 걸쳐서 늘 같은 모양이라는 점이다. 이것이 왜 충격적일까? 우리에게 더 친숙한 다른 분포와 비교해 보자. 정규 분포, 가우스 분포, 종형 분포라고 불리는 분포이다. 남자들의 키나 고속도로를 달리는 자동차들의 속도를 측정하면, 대부분의 수치가 평균 근처에 몰리고 양쪽으로 갈수록 가늘어져서 종처럼 생긴 곡선이 그려진다.[58] 그림 5-9는 미국 남성들의 키를 잰 정규 분포이다. 178센티미터쯤 되는 사람은 아주 많고, 168센티미터나 188센티미터인 사람은 그보다 적고, 152센티미터나 203센티미터인 사람은 그보다도 적고, 58센티미터보다 작거나 272센티미터보다 큰 사람은(『기네스 세계 기록』에 실린 두 극단 값이다.) 아무도 없다. 세계 최장신 남자와 최단신 남자의 비는 4.8이다. 당신은 키가 600센티미터인 남자는 절대로 없다는 데 돈을 걸어도 좋을 것이다.

반면에 어떤 개체들에 대한 측정에서는 수치가 전형적인 값을 중심에 두고 몰리지 않는다. 양쪽으로 대칭적으로 감소하지도 않고, 아담한 범위 내에 다 들어오지도 않는다. 도시 크기가 좋은 예다. '전형적인 미국 도시의 크기는 얼마일까?' 이 질문에 답하기는 쉽지 않다. 뉴욕은 인구가 800만 명이지만, 『기네스 세계 기록』에 따르면 '소도시'로 간주할 만한 최소의 자치체는 버지니아 주 더필드인데 그 인구는 겨우 52명이다. 최대와 최소 도시의 비는 15만이다. 남자들의 키가 기껏 다섯 배 차이였던 것과는 전혀 다르다.

또한 도시들의 크기 분포는 종형 곡선이 아니다. 그림 5-10의 검은 선을 보라. 선은 L 모양으로, 왼쪽에 높다란 등뼈가 있고 오른쪽에 기다란 꼬리가 있다. 이 그래프에서 도시 인구는 통상적인 선형 척도로 검은 수평축에 표시되어 있다. 10만 명인 도시들, 20만 명인 도시들, 이런 식이다. 각 인구에 해당하는 도시들의 수는 검은 수직축에 비율로 표시되어

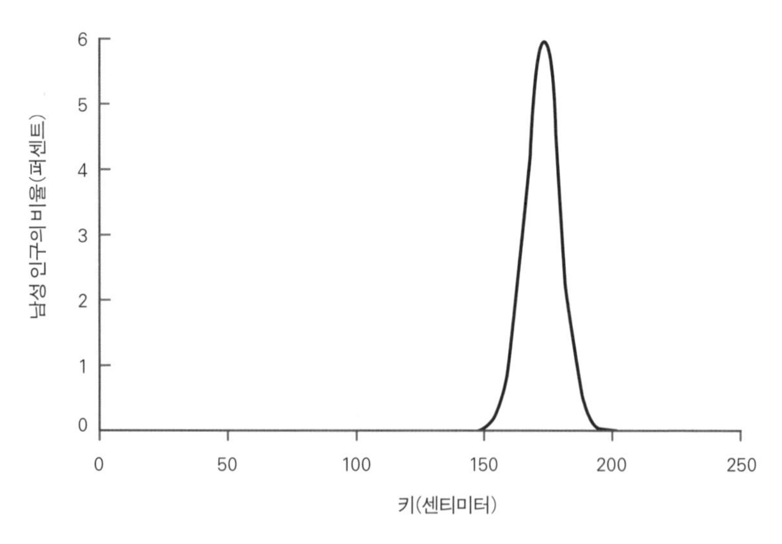

그림 5-9. 남성들의 키(정규 분포 혹은 종형 분포).

출처: 그래프: Newman, 2005, p. 324

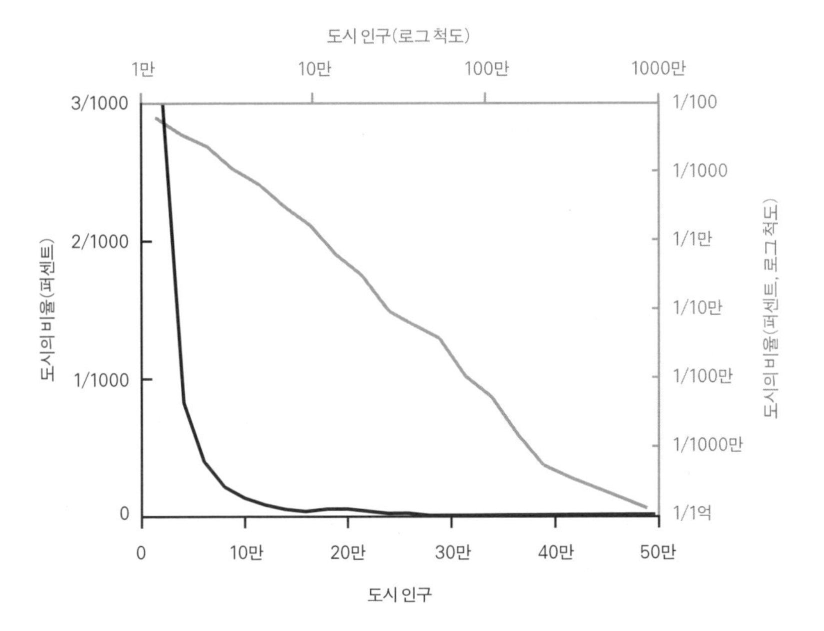

그림 5-10. (멱함수 분포를 따르는) 도시들의 인구를 선형 척도와 로그 척도로 표시한 것.
출처: 다음 그래프를 변형: Newman, 2005, p. 324.

있다. 미국 도시의 0.003퍼센트는 인구가 2만 명이고, 0.002퍼센트는 3만 명이고, 0.001퍼센트는 4만 명이고, 이런 식이다. 인구가 클수록 비율이 낮다.[59] 이제, 그래프 위쪽과 오른쪽의 회색 축을 보자. 똑같은 숫자들을 로그 척도로 표시한 것으로서, 값 자체가 아니라 자릿수(0의 개수)가 일정 간격으로 배치되어 있다. 인구는 1만 명, 10만 명, 100만 명으로, 각 인구에 해당하는 도시의 수는 0.01퍼센트, 0.001퍼센트, 0.0001퍼센트로, 이렇게 자릿수로 눈금이 매겨져 있다. 축을 이렇게 잡아 늘이면, 분포에 신기한 일이 벌어진다. L자형 곡선이 직선으로 펴지는 것이다. 이것이 바로 멱함수 분포의 특징이다.

전쟁으로 돌아가자. 전쟁들은 멱함수 분포를 따르므로, 이 분포의 수학적 특징을 알면 전쟁의 속성과 발생 메커니즘을 이해하는 데 도움이 될지도 모른다. 우선, 전쟁 그래프와 같은 지수값을 지닌 멱함수 분포에서는 고정된 평균이 없다. '전형적인 전쟁'이란 없다는 말이다. 즉, 전쟁이 발발하면 우리가 예상하는 어떤 수준까지 사망자가 쌓인 뒤 이후에는 자연적으로 잦아들리라고 기대해서는 안 된다는 말이다. 평균적으로도 그렇지 않다.

또한, 멱함수 분포는 **척도가 없다**. 로그-로그 그래프의 선을 위로 쫓든 아래로 쫓든, 모양이 늘 직선이다. 수학적으로 말한다면, 단위를 확대하거나 축소하더라도 분포의 모양이 늘 같다는 뜻이다. 컴퓨터 파일이 많이 있는데, 2킬로바이트짜리 파일의 수가 1킬로바이트짜리 파일 수의 4분의 1이라고 하자. 한 발 물러나서 더 큰 범위를 보더라도 사정이 같다. 2메가바이트 파일의 수는 1메가바이트 파일 수의 4분의 1이고, 2테라바이트 파일의 수는 1테라바이트 파일 수의 4분의 1이다. 이 상황을 전쟁으로 바꾸면 이렇다. 사망자 1000명의 작은 전쟁에서 사망자 1만 명의 중간 전쟁으로 갈 확률은 얼마일까? 그것은 사망자 1만 명의 중간 전쟁에서 사망자 10만 명의 큰 전쟁으로 갈 확률과 같고, 사망자 10만 명의 큰 전쟁에서 사망자 100만 명의 기록적인 전쟁으로 갈 확률과도 같으며, 기록적인 전쟁에서 세계 대전으로 갈 확률과도 같다.

마지막으로, 멱함수 분포는 '꼬리가 두껍다.' 극단적인 값도 무시할 수 없을 만큼 존재한다는 뜻이다. 우리는 키가 6미터인 남자나 시속 800킬로미터로 달리는 차는 결코 볼 수 없을 테지만, 인구 1400만 명의 도시, 베스트셀러 목록에 10년 동안 올라 있는 책, 지구에서 맨눈으로 보일 정도로 큰 달 분화구는 아마도 볼 수 있을 것이다. 사망자 5500만 명을 기록하는 전쟁도 마찬가지다.

멱함수 분포는 꼬리가 두껍기 때문에, 데이터의 규모가 로켓처럼 치솟더라도 곡선은 가파르게 떨어지지 않고 완만하게 감소한다. 이것은 극단값의 가능성이 **지극히 낮지만 천문학적으로 낮지는** 않다는 뜻이다. 이 차이는 중요하다. 우리가 키 6미터의 남자를 만날 가능성은 천문학적으로 낮다. 절대로 불가능하다는 데 목숨을 걸어도 좋다. 그러나 도시 인구가 2000만 명으로 늘 가능성, 책이 20년 동안 베스트셀러일 가능성은 지극히 낮을 뿐이다. 아마도 현실로 벌어지지 않겠지만, 벌어지는 경우를 상상할 수는 있다. 이것이 전쟁에서 어떤 의미인지는 따로 이야기할 필요도 없을 것이다. 세계가 사망자 1억 명의 전쟁을 목격할 가능성은 지극히 낮고, 사망자 10억 명의 전쟁을 목격할 가능성은 그보다 더 낮다. 하지만 핵무기 시대를 살아가는 오늘날 우리의 겁에 질린 상상력과 멱함수의 수학이 동의하는 바, 그 가능성이 천문학적으로 낮지는 않다.

지금까지 나는 전쟁의 원인을 플라톤식 추상으로서 이야기했다. 마치 방정식이 군대를 전쟁에 내보내는 것처럼 말했다. 그런데 우리가 정말로 이해해야 하는 문제는 **왜** 전쟁들이 멱함수 분포를 따르는가 하는 점이다. 심리, 정치, 기술이 어떻게 조합되었기에 이런 패턴이 생겼을까? 현재로서는 답을 확실하게 말할 수 없다. 멱함수 분포를 낳는 메커니즘은 종류가 무척 많고, 개중 어느 것이 전쟁에 작용하는지 알아볼 만큼 데이터가 정교하지 않기 때문이다.

그래도 우리는 치명적 싸움들이 척도 없는 분포를 따른다는 점에서 전쟁의 추진력에 대한 통찰을 얻을 수 있다.[60] 직관적으로 보면, 그것은 **규모가 중요하지 않다**는 뜻이다. 싸우는 연합체들에게 영향을 미치는 심리적 역학, 그리하여 위협, 후퇴, 엄포, 교전, 확전, 버티기, 항복을 결정하게 만드는 게임 이론적 역학은 그 연합체가 거리의 불량배이든, 군벌이든, 강대국 군대이든 다 같게 적용된다. 이것은 인간이 사회적 동물로서 연합체를 꾸리고, 그것이 더 큰 연합체로 뭉치고, 그것이 더 커지고, 이렇게 자연적으로 이어지기 때문일 것이다. 그러나 어느 차원에서든 연합체는 단 하나의 파벌이나 개인 때문에 전쟁터로 내몰릴 수 있다. 그 개인이 불량배 두목이든, 군사 지도자이든, 왕이든, 황제이든.

우리가 실제 멱함수 분포가 생성되도록 무력 충돌의 모형을 만들어 본다고 하자. 규모가 중요하지 않다는 직관은 어떻게 적용하면 좋을까?[61] 제일 단순한 방법은 연합체들의 크기 자체가 멱함수 분포를 따른다고 가정하고, 그들이 싸우는 횟수는 그들의 수에 비례한다고 가정하고, 그들이 겪는 손실은 각자의 크기에 비례한다고 가정하는 것이다. 앞에서 말했다시피, 인간의 여러 연합체 중 도시들의 크기는 실제로 멱함수 분포이다. 우리는 그 이유도 안다. 멱함수 분포를 낳는 메커니즘으로서 가장 흔한 것은 선호적 연결(preferential attachment)이라는 현상이다. 무언가가 크면 클수록 새 구성원을 더 많이 끌어들이는 현상이다. 이것을 누적 이득, 부익부 빈익빈, 마태 효과라고도 부른다. 마지막 표현은 「마태복음」 25장 29절에서 왔는데, 빌리 할리데이가 노래 가사에서 그 요지를 멋지게 요약한 바 있다. "가진 사람들은 더 얻고, 없는 사람들은 더 잃죠." 인기 있는 웹사이트가 더 많은 방문객을 끌어들여 더 유명해지고, 베스트셀러 도서가 베스트셀러 목록에 올라 더 많이 팔리고, 인구가 많은 도시가 많은 직업적, 문화적 기회를 제공하여 더 많은 사람을 끌어들인다(한번 파리를 구경한 사람을 어떻게 농장에 묶어 두겠는가?).

리처드슨도 이 단순한 설명을 고려했다. 그러나 숫자가 맞지 않았다.[62] 만일 치명적 싸움이 도시 크기를 반영한다면, 싸움의 규모가 10분의 1로 줄 때마다 그런 싸움의 수는 10배로 늘어야 한다. 그러나 실제로는 최대 4배 이상 늘지 않았다. 게다가 최근에는 도시가 아니라 국가가 전쟁을 하는데, 국가들의 크기는 멱함수 분포가 아니라 로그 정규 분포를 따른다(한쪽으로 이그러진 종형 곡선이다.).

또 다른 메커니즘은 복잡계 과학이 제안했다. 복잡계 과학은 서로 다른 재료로 만들어졌음에도 비슷한 패턴으로 조직되는 구조들의 법칙을 연구한다. 복잡계 이론가들은 자기 조직적 임계성이라는 패턴을 드러내는 체계에 흥미가 있다. '임계성(criticality)'은 낙타의 등을 부러뜨리는 최후의 지푸라기와 같다. 작은 입력이 갑자기 큰 출력을 낳는 것이다. '자기 조직적(self-organized)' 임계성이란, 낙타의 등이 정확히 원래의 강도대로 복구되고 이후 다양한 크기의 지푸라기들이 다시 그것을 부러뜨리는 상황이다. 모래더미 위에 모래가 졸졸 쏟아지는 상황이 좋은 예다. 이때 모래더미는 주기적으로 다양한 크기의 사태(沙汰)를 일으키는데, 사태들의 크기는 멱함수 분포를 따른다. 그러다가 경사가 너무 낮아져서 모래더미가 안정해지면 더 이상 사태가 일어나지 않지만, 위에서 계속 모래가 졸졸 쏟아지기 때문에 금세 경사가 가팔라지고 금세 다시 사태가 일어난다. 지진과 산불도 비슷한 사례이다. 산불로 숲이 타면 나무들이 무작위로 도로 자라고, 그것들이 무리를 지으면서 얽혀서 또 다른 산불의 연료가 된다. 정치학자들은 전쟁을 이런 산불에 비유하여 모형화한 컴퓨터 시뮬레이션을 개발했다.[63] 띄엄띄엄 자란 나무들이 이어져서 큰 숲이 되듯이, 그런 모형에서 국가는 이웃 국가를 정복하여 더 큰 국가가 된다. 숲에 떨어진 담배꽁초가 작은 덤불을 태우고 말 수도 있고 큰 산불로 번질 수도 있듯이, 국가들의 시뮬레이션에서 하나의 비안정화 사건이 소규모 충돌을 일으킬 수도 있고 세계 대전을 일으킬 수도 있다.

이런 시뮬레이션에서 전쟁의 파괴력은 교전국들과 그 동맹들의 영토 넓이에 주로 좌우된다. 그러나 현실에서는 다르다. 양측의 지속 의지, 즉 상대가 먼저 무너질 때까지 버티겠다는 의지도 파괴력의 차이를 낳는 요인이다. 현대사에서 최악의 충돌들 중 일부는 이런 소모전이었다. 미국 남북 전쟁, 제1차 세계 대전, 베트남 전쟁, 이란-이라크 전쟁이 그랬다. 양쪽은 전쟁 기계의 아가리에 계속 인원과 군수품을 투입하면서 상대가 먼저 소진되기를 바랐다.

진화에 게임 이론을 처음 적용했던 생물학자 존 메이너드 스미스는 이런 대치 상태를 소모전 게임(War of Attrition game)으로 모형화했다.[64] 두 경쟁자는 귀중한 자원을 놓고 서로 상대보다 오래 버티려고 한다. 그렇게 기다리는 동안 비용은 착실히 쌓인다. 어쩌면 자연에서 이런 시나리오가 처음 등장한 상황은 동물들이 각자 방어를 든든하게 갖춘 채 영역을 놓고 겨룬 상황이었을지도 모른다. 녀석들은 한쪽이 먼저 자리를 뜰 때까지 상대를 뚫어져라 노려본다. 이때 동물들이 치르는 대가는 대치 중에 낭비하는 시간과 에너지이다. 그 자원을 사냥이나 짝짓기에 쓸 수도 있기 때문이다. 소모전 게임은 최고가를 입찰한 사람이 물건을 얻되 진 사람이 불렀던 낮은 입찰액만큼 **둘 다** 손해를 보는 경매 방식과 수학적으로 동일하다. 이것을 물론 전투에도 적용할 수 있다. 이때는 병사들의 목숨을 지출로 간주한다.

소모전은 게임 이론에서 합리적 행위자들이 각자 이익을 추구하다 보니 머리를 맞대어 집단적이고 구속력 있는 합의를 내렸을 때보다 나쁜 결과를 낳고 마는 역설적 시나리오의 한 종류이다(죄수의 딜레마, 공유지의 비극, 1달러 경매 게임도 이런 종류의 시나리오이다.). 소모전에서 양쪽은 어떤 전략을 택해야 할까? 이베이 웹사이트의 경매자들에게 할 만한 충고가 여기에도 적용된다. 경합되는 자원의 가치를 감정한 뒤에 그 한계까지만 입찰하라는 것이다. 문제는 이 전략을 상대가 이용해 먹기 쉽다는 점이다. 그는 당신보다 1달러만 더 걸면 (혹은 조금만 더 버티면 혹은 군사를 한 번만 더 보내면) 이긴다. 그는 당신이 생각하는 가치에 근접한 대가를 치르고 물건을 얻겠지만, 당신은 역시 그만큼 잃었는데도 아무것도 얻지 못한다. 그러면 당신은 미쳐 버릴 것이다. 따라서 당신은 '언제나 상대보다 1달러 더 부른다'는 전략을 쓰고 싶어진다. 그도 마찬가지다. 결과는 쉽게 짐작할 수 있으리라. 진 사람도 대가를 치르는 소모전의 괴팍한 논리 때문에, 입찰자들은 지출이 물건 가치를 초과한 뒤에도 계속 입찰하곤 한다. 둘 다 더 이상 이길 수 없겠지만, 둘 다 어쨌든 지기 싫은 것이다. 게임 이론에서는 이런 결과를 '파멸적 상황(ruinous situation)'이라고 부르고, 가끔은 '피로스의 승리'라고도 부른다. 이것만 보아도 여기에는 심오한 군사적 의미가 있다.

소모전 게임에서 진화할 수 있는 또 다른 전략은, 행위자가 각자 버티는 시간을 **무작위로** 선택하되 그 시간들의 평균이 자원 가치에 맞먹도록 조절하는 것이다(지출은 즉각적임을 명심하자.). 그러면 장기적으로는 누구나 지출만큼의 가치를 얻을 것이다. 문제는 버티는 시간이 무작위이기 때문에 상대의 항복 시기를 예측할 수 없고, 그래서 상대보다 확실히 오래 버틸 수도 없다는 점이다. 달리 말해, 행위자들은 이런 규칙을 따른다. 매 순간 주사위 한 쌍을 굴리되, (가령) 4가 나오면 양보하고 4가 나오지 않으면 계속 던진다. 물론 이것은 푸아송 과정이다. 따라서 이제 여러분도 버티는 시간이 지수 분포를 따른다는 것을 알아차렸을 것이다(버티는 시간이 늘어난다는 것은 주사위의 연속 결과가 계속 이어진다는 뜻인데, 그 확률은 서열이 길수록 낮아진다.). 경쟁은 한쪽이 포기할 때 끝나므로, 경쟁에 걸리는 시간 역시 지수적으로 분포한다. 지출이 시간이 아니라 병사인 전쟁 모형으로 돌아가면, 현실의 소모전이 게임 이론의 소모전 모형을 닮았고 다른 조건들도 같을 경우에 소모전의 규모는 지수 분포를 따를 것이다.

물론, 우리가 알다시피 현실의 전쟁은 멱함수 분포를 따른다. 그 꼬리는 지수 분포의 꼬리보다 더 두껍다(극단적인 전쟁의 수가 더 많다는 뜻이다.). 그러나 지수 분포를 멱함수 분포로 바꾸는 방법이 있다. 또 다른 지수적 과정이 존재하여 값을 조정한다면 가능하다. 그리고 소모전에는 바로 그 일을 가능하게 할지도 모르는 특징이 있다. 한쪽이 곧 포기할 의향을 누설한다면, 가령 얼굴을 씰룩거리거나 창백해지거나 초조한 기색을 드러낸다면, 그 '텔(포커에서 패에 따라 바뀌는 몸짓 언어를 가리키는 표현 — 옮긴이)'을 읽은 상대는 조금만 더 버팀으로써 매번 물건을 따낼 수 있을 것이다. 그렇기 때문에, 리처드 도킨스의 말마따나, 소모전을 자주 치르는 종에서는 포커페이스가 진화하리라고 기대해도 좋다.

그렇다면, 생물체가 그 반대 신호를 이용할 수도 있지 않을까? 임박한 항복의 신호가 아니라 굳건한 결의의 신호를 이용하는 것이다. 한쪽이 '나는 버티겠어, 물러나지 않겠어.'라고 암시하는 반항적인 포즈를 취한다면, 상대는 싸움을 확장해서 서로 망하느니 이쯤에서 포기하고 손실을 줄이는 편이 합리적이다. 그러나 우리가 포즈를 가식이라고 부르는 데는 이유가 있다(포즈를 취한다는 뜻의 단어 'posture'에서 온 'posturing'은 가식을 뜻한다. — 옮긴이). 팔짱을 끼고 노려보는 일쯤은 어느 겁쟁이라도 할 수 있지만, 상대는 그것이 허세임을 쉽게 간파한다. 자신의 말이 진심임을 알리려면, 신호가 **값비싼** 것이어야만 — 제 손을 촛불에 집어넣거나, 제 팔을 칼로 베거나 — 한다(물론 그 물건이 그에게 특별히 귀할 때만, 혹은 경쟁이 격화되면 자신이 반드시 이긴다고 믿는 구석이 있을 때만 그렇게 자진하여 대가를 치를 가치가 있다.).

소모전의 경우, 시간에 따라 비용 감수의 의지가 **변하는** 지도자를 상상할 수 있다. 충돌이 진행되고 결의가 강화되면 그는 점차 의지가 강해진다. 그의 모토는 이렇다. '우리 병사들의 죽음을 헛되게 할 수 없으니, 우리는 계속 싸우리라.' 손실 회피, 매몰 비용의 오류, 밑 빠진 독에 물 붓기라고 불리는 이런 사고방식은 명백히 비합리적이지만, 사람들의 의사 결정에 놀랍도록 만연한 현상이다.[65] 사람들은 지나간 세월이 아까워서 학대 받는 결혼 생활을 지속하고, 표 값이 아까워서 재미없는 영화를 끝까지 보고, 도박으로 잃은 돈을 찾겠다며 다음번에 두 배로 걸고, 이미 많은 돈을 쏟아부었기 때문에 가망 없는 일에 돈을 퍼붓는다. 심리학자들은 사람들이 왜 이렇게 매몰 비용에 목을 매는지 완전히 이해하지 못하지만, 흔한 해석은 그것이 헌신을 공개적으로 알리는 신호라는 것이다. 그 사람은 이렇게 선언하는 셈이다. "내가 일단 결정을 내렸다 하면 한 입으로 두말하지 않는다고. 나는 그렇게 약하거나 어리석거나 우유부단하지 않다고." 소모전 같은 결의의 경쟁에서, 손실 회피는 비싸지만 바로 그렇기 때문에 믿을 만한 신호이다. 손실 회피는 자신이 항복하지 않을 것임을 알림으로써 자신보다 한 라운드 더 버티려는 상대의 전략에 선제공격을 날리는 행위이다.

앞에서 언급했듯이, 리처드슨의 데이터에는 전쟁이 치명적일수록 교전자들이 더 오래 싸운다는 증거가 있다. 전쟁이 발발한 후 몇 년째에 끝날 확률은 몇 년이 되었든 큰 전쟁보다 작은 전쟁이 더 높았다.[66] 헌신이 증폭되는 현상은 '전쟁 상관관계 프로젝트'의 데이터에서도 드러났다. 긴 전쟁은 단지 길기 때문에 사망자가 많은 것이 아니었으며, 기간으로만 예측한 수준보다 더 큰 피해를 기록했다.[67] 통계를 벗어나 실제 전쟁이 치러지는 방식을 보아도 현실에서 그런 메커니즘이 작동하는 것을 관찰할 수 있다. 역사상 가장 끔찍했던 전쟁들은 한쪽이나 양쪽 지도자들이 명백히 비합리적인 손실 회피 전략을 고집한 탓에 그렇게까지 파괴적인 경우가 많았다. 히틀러는 제2차 세계 대전 최후의 몇 달 동안, 패배가 자명한 시점을 한참 넘겨서까지 광적으로 싸웠다. 일본도 그랬다. 린든 존슨 대통령이 베트남 전쟁에 점점 더 많은 자원을 쏟자, 파괴적 전쟁에 대한 대중의 생각을 반영한 이런 노래 가사가 씌어졌다. "우리는 거대한 진흙탕에 허리까지 빠졌네, 그런데도 저 바보는 계속 가라고 하지."

시스템 생물학자 장바티스트 미셸은 소모전에서 헌신의 확대가 멱함수 분포를 낳을 수 있다고 내게 알려 주었다. 지도자들이 이전의 헌신에 대한 일정 비율을 다음번에 투입한다고 가정하면 된다. 가령 이전까지 투입했던 병력의 10퍼센트를 다음 공세에 투입하는 식이다. 이처럼 일정 비율로 증가시키는 방식은 베버의 법칙이라는 유명한 심리학적 발견과 상통한다. 사람들은 기존 강도에 대해 일정 비율이 넘는 증가분만을 알아차린다는 법칙이다(방에 전구가 10개 켜져 있었다면, 11번째 전구가 켜졌을 때 우리는 그 사실을 알아차린다. 그러나 전구가 100개 켜져 있었다면, 101번째 전구가 켜졌을 때 우리는 그 사실을 알아차리지 못한다. 이때는 전구가 **10개** 더 켜져야만 우리가 더 밝아진 것을 눈치챈다.). 리처드슨은 희생된 목숨도 이렇게 인식된다고 말했다. "평화로운 시기에 신문들은 영국 잠수함 테티스의 손실에 대해 며칠이나 유감을 표했지만, 전쟁 중에는 비슷한 손실을 간결하게만 발표했다. 이런 대비는 사람들이 증가분을 기존의 양에 대해 상대적으로 판단한다는 베버-페히너 원리의 예시일지도 모른다."[68] 이 관찰을 지지하는 여러 실험들을 검토하여 확인한 심리학자 폴 슬로빅의 최근 리뷰도 있다.[69] "1명이 죽으면 비극이지만, 100만 명이 죽으면 통계이다."라는 말은 스탈린이 했던 말이라고 잘못 인용되곤 하는데, 좌우간 숫자는 틀렸을지라도 인간 심리에 대한 진실을 포착한 말임에는 분명하다.

전쟁 확대가 과거의 헌신에 비례한다면(그리고 전장에 투입된 병력의 사망률이 일정하다면), 전쟁을 질질 끌수록 손실은 마치 복리처럼 지수적으로 증가할 것이다. 그리고 전쟁이 소모전 게임이라면, 그 지속 기간은 지수적 분포를 따를 것이다. 앞에서 이야기했던 수학 법칙을 상기하자. 어떤 변수가 지수적 분포를 따르는 다른 변수에 대한 지수 함수일 경우, 그것은 멱함수 분포를 따른다.[70] 결론적으로, 위와 같은 확전과 소모전의 조합이 전쟁 규모의 멱함수 분포를 설명하는 최선의 방법이 아닐까 싶다.

전쟁이 왜 멱함수 분포를 따르는지는 정확하게 알 수 없어도, 멱함수 분포의 성격에서 — 척도가 없고 꼬리가 두껍다. — 추측하자면 아마도 규모와 무관한 여러 기저의 과정들이 개입했을 것이다. 무장한 연합체는 언제나 좀 더 커질 수 있다. 전쟁은 언제나 좀 더 길어질 수 있다. 손실은 언제나 좀 더 심해질 수 있다. 애초에 얼마나 크고, 길고, 심했느냐와는 무관하게 언제나 그럴 가능성이 있다.

치명적 싸움의 통계에 대해서, 다음으로 무엇을 물어야 할까? 답은 분명하다. 다수의 작은 전쟁들과 소수의 큰 전쟁들 중에서 어느 쪽이 더 많은 목숨을 빼앗을까 하는 질문이다. 멱함수 분포 자체는 답을 주지 못한다. 규모별로 전쟁들의 피해를 합했을 때 그 값이 다 같은 데이터도 상상할 수 있기 때문이다. 가령 사망자가 1000만 명인 전쟁은 1건이고, 100만 명인 전쟁은 10건이고, 10만 명인 전쟁은 100건이고, 계속 이렇게 이어지다가 사망자가 1명인 살인은 1000만 건일 수도 있다는 말이다. 그러나 지수가 1보다 큰 분포에서는(전쟁이 그렇다.) 숫자들이 비대칭적으로 꼬리 쪽으로 치우친다. 그런 멱함수 분포를 가리켜 80:20 법칙이라고 하고, 파레토 법칙이라고도 한다. 인구 중 부유한 20퍼센트가 부의 80퍼센트를 통제한다는 법칙이다. 비가 정확하게 80:20은 아닐 수도 있지만, 많은 멱함수 분포가 이런 치우침을 드러낸다. 가장 인기 있는 20퍼센트의 웹사이트들이 전체 접속 수의 3분의 2를 차지하는 식이다.[71)]

리처드슨은 모든 치명적 싸움들의 사망자를 규모별로 취합해 보았다. 그림 5-11은 컴퓨터 과학자 브라이언 헤이스가 그것을 도표화한 것이다. 실체가 묘연한 소규모 싸움(사망자 3명에서 3162명까지)들을 취합한 회색 막대들은 실제 데이터가 아니다. 리처드슨이 참조했던 자료에서는 범죄학과 역사학 사이의 빈틈에 빠진 이런 데이터를 구할 수 없었다. 대신 그는 살인에서 소규모 전쟁까지 매끄러운 곡선을 긋고, 그로부터 가상의 수치들을 얻었다.[72] 그러나 이 막대들이 있든 없든, 그래프 모양은 충격적이다. 양 끝이 뾰족하고, 가운데가 푹 꺼졌다. 이것은 곧 치명적 폭력 중에서 제일 파괴적인 종류는 (적어도 1820~1952년까지) 살인과 세계 대전이었다는 뜻이다. 다른 싸움들이 죽인 수는 훨씬 적었다. 이 현상은 이후 지금까지 60년 동안에도 유효했다. 미국은 한국 전쟁에 참전하여 3만 7000명이 죽었고, 베트남 전쟁에서 5만 8000명이 죽었으며, 그밖에는 그 수준에 육박한 전쟁이 없었다. 그렇지만 미국의 살인 피해자는 **매년** 평균 1만 7000명이다. 1950년부터 지금까지 더하면 100만 명 가까이 된다.[73] 세계적으로도 살인은 전쟁에 관련된 사망 건수를 능가한다. 기아나 질병 등 전쟁으로 인한 간접 사망까지 포함해도 그렇다.[74]

리처드슨은 살인에서 세계 대전까지 규모를 불문하고 모든 치명적 싸움들이 일으킨 죽음을 다 더해, 그것이 전체 사망자에 대한 비율로 얼마나 되는지 계산했다. 답은 1.6퍼센트였다. 그는 이렇게 말했다. "사람들이 전쟁에 엄청나게 관심을 쏟는 것에 비해, 이 수는 생각보다 작다. 전쟁을 즐기는 자들은 어쨌거나 전쟁이 질병보다는 덜 치명적이라고 말함으로써 취향을 변명할 수 있을 것이다."[75] 이 현상 역시 지금까지 유효하고, 격차도 여전히 상당하다.[76]

130년 동안 벌어진 전쟁들의 사망자 중 77퍼센트를 두 세계 대전이 차지한다는 것은 놀라운 발견이다. 전쟁은 우리가 멱함수 분포에서 익숙한 80:20 법칙조차 따르지 않는 듯하다. 전쟁은 대신 80:2 법칙을 따른다. 전쟁의 **2퍼센트**가 사망자의 80퍼센트 가까이를 차지하는 것이다.[77] 이토록 치우친 상황이니, 세계적으로 전쟁 사망자를 막으려고 노력하는 사람들은 대규모 전쟁 예방을 우선시해야 할 것이다.

이 비가 암시하는 바, 일관된 역사적 내러티브와 치명적 싸움의 통계

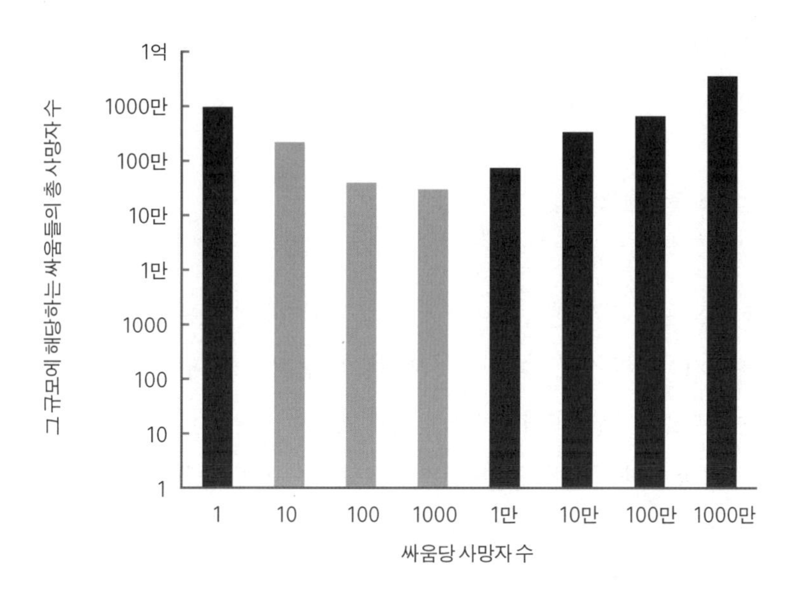

그림 5-11. 규모별 싸움들의 사망자 수.
출처: 그래프: Hayes, 2002. 데이터: Richardson, 1960.

를 조화시키려는 욕망은 까다로운 일일 수밖에 없다. 우리는 20세기 역사에서 깔끔한 스토리라인을 읽어 내려는 욕망이 있는데, 통계에 관한 두 착각이 그 욕망을 더욱 증폭시킨다. 하나는 무작위로 분포된 사건들에서 유의미한 덩어리를 찾아내는 성향이다. 다른 하나는 극단값의 확률이 천문학적으로 낮다고 보는 종형 곡선식 사고방식으로, 그 때문에 우리는 극단적인 사건 뒤에는 반드시 특별한 계획이 숨어 있을 것이라고 추측한다. 이렇게 생각하는 한, 현대사에서 가장 끔찍했던 두 사건의 발생 가능성이 낮기는 해도 천문학적으로 낮은 것은 아니라는 사실을 좀처럼 받아들이기가 어렵다. 설령 시대적 긴장이 전쟁 발발 확률을 높였더라도, 그렇다고 해서 전쟁이 반드시 터져야만 하는 것은 아니었다. 그리고 전쟁이 일단 터지면, 이미 엄청난 파괴력을 보여 주었더라도 언제나 그보다 좀 더 파괴적으로 발전할 가능성이 존재한다. 어떤 의미에서 두 세계 대전은 엄청나게 넓게 분포한 파괴력의 통계에서 끔찍하리만치 운이 나쁜 두 표본일 뿐이었다.

강대국들의 전쟁 궤적

리처드슨은 전쟁 통계에 대해서 두 가지 광범위한 결론에 도달했다. 전쟁의 시기는 무작위적이라는 것과 전쟁의 규모는 멱함수 분포를 따른다는 것이었다. 그러나 핵심적인 두 매개 변수가 — 발생 확률과 피해 규모 — 시간에 따라 어떻게 변하는지에 대해서는 그가 별달리 할 말이 없었다. 전쟁의 빈도는 줄고 살상력은 커졌다는 그의 의견은 1820~1950년까지로 국한되었고, 그의 데이터 집합 속에 드문드문 나열된 전쟁들로만 제한되었다. 그렇다면, 요즘 우리는 전쟁의 장기적 궤적에 대해서 얼마나 더 알까?

기록으로 남은 역사의 시작부터 현재까지 세계의 모든 전쟁들을 수집해 놓은 데이터 집합은 없다. 설령 있더라도 우리는 그것을 해석하지 못할 것이다. 인간 사회는 오랜 세월에 걸쳐 극적이고 변덕스러운 변화를 겪었다. 따라서 전 세계 사망자를 하나의 숫자로 표현한 값은 천차만별의 사회들을 뭉뚱그린 것이 될 것이다. 그러나 정치학자 잭 레비는 우리에게 특히 중요한 시간과 공간 범위에서만이라도 전쟁의 궤적을 선명하게 보여 주는 데이터 집합을 취합해 냈다.

시간적 범위는 1400년대 말에서 시작된다. 화약, 항해술, 인쇄기가 이른바 근대의 막을 올렸다고 이야기되는 시기이다(**근대**[modern]라는 단어의 여러 정의 중 하나이다.). 당시는 또 조각보처럼 나뉜 중세 남작령들과 공국들로부터 군주 국가가 등장하기 시작한 때였다.

레비는 **열강**(Great power system)에 속하는 나라들에 초점을 맞췄다. 열강이란 특정 시기에 전 세계로 위세를 떨쳤던 소수의 국가들을 말한다. 레비는 어느 시대든 몇 안 되는 그 350킬로그램짜리 고릴라들이 대부분의 소동을 일으켰다는 사실을 발견했다.[78] 일례로 라이트가 500년 동안 전 세계에서 벌어진 전쟁들을 수집한 데이터 집합을 보면, 전체의 약 70퍼센트에 열강이 참여했다. 그중에서도 네 나라는 유럽의 모든 전쟁들 중에서 최소한 5분의 1에 참여했다는 찜찜한 명예를 안았다.[79] (이것은 지금도 사실이다. 프랑스, 영국, 미국, 소련/러시아는 제2차 세계 대전 이래 다른 어떤 나라보다도 많이 국제 분쟁에 관여했다.)[80] 강대국 동맹에 들었다 빠졌다 했던 나라들의 경우, 빠졌을 때보다 들었을 때 전쟁을 훨씬 많이 치렀다. 우리가 강대국들에게 집중할 때의 또 다른 이점은, 그들의 발자국이 워낙 크기 때문에 그들이 벌인 전쟁은 당대 기록자의 시야를 벗어날 일이 없었다는 점이다.

전쟁 규모의 멱함수 분포가 한쪽으로 기운 데에서 예측할 수 있듯이, 강대국 간 전쟁의 사망자 수는 (특히 여러 강대국이 동시에 휩쓸린 전쟁은) 전체 사망자에서 상당히 큰 비율을 차지한다.[81] 아프리카 속담 중에 코끼리 싸움에 풀이 다친다는 말이 있다(으레 그렇듯이 여러 부족이 자기네 속담이라고 말한다.). 게다가 이 코끼리들은 자꾸만 서로 싸우는 버릇이 있다. 더 큰 종주국의 고삐에 매이지 않았고, 홉스적 무정부 상태에서 신경을 곤두세운 채 무시로 서로 흘깃거리기 때문이다.

레비는 우선 강대국의 기준을 정하고, 1495~1975년까지 그 기준에 맞는 나라들을 나열했다. 대부분 큰 유럽 국가였다. 프랑스와 잉글랜드/영국/대영 제국은 그 기간 내내 포함되었고, 합스부르크 왕조가 다스렸던 나라들은 1918년까지, 스페인은 1808년까지, 네덜란드와 스웨덴은 17세기와 18세기 초에, 러시아/소련은 1721년부터, 프로이센/독일은 1740년부터, 이탈리아는 1861~1943년까지 포함되었다. 유럽 바깥

강국들도 소수 포함되었다. 오스만 제국은 1699년까지, 미국은 1898년부터, 일본은 1905~1945년까지, 중국은 1949년부터. 레비는 연간 1000명 이상의 사망자를 낸 전쟁들 중에서 ('전쟁 상관관계 프로젝트'를 비롯하여 많은 데이터 집합이 연간 전사자 1000명을 '전쟁'의 기준으로 삼는다.) 한쪽은 강대국이고 반대쪽은 최소한 국가 이상인 전쟁들을 골랐다. 식민 전쟁과 내전은 제외했다. 단, 강대국이 딴 나라의 내전에 끼어들어 반란군을 거든 경우는 포함했다. 그것은 강대국과 다른 나라 정부가 맞붙은 것이나 마찬가지이기 때문이다. 나는 이 레비의 데이터를 2000년까지 25년 더 늘였다. 레비의 자문을 구하면서, '전쟁 상관관계 프로젝트'의 데이터를 덧붙였다.[82)]

맨 먼저, 거인들의 충돌을 살펴보자. 적어도 한쪽이 강대국이었던 전쟁들이다. 여기에는 레비가 '전면전'이라고 부른 전쟁들이 포함되었는데, 우리는 그것을 '세계 대전'이라고 불러도 좋을 것이다. 적어도 제1차 세계 대전이 그 이름값을 한다면 말이다. 이것은 전 세계를 끌어들인 싸움이라는 뜻이 아니라, 열강의 대부분을 끌어들인 싸움이라는 뜻이다. 그런 전쟁으로는 30년 전쟁(1618~1648년, 7개 강대국 중 6개 나라가 참여했다.), 네덜란드의 루이 14세 전쟁(1672~1678년, 7개 중 6개 나라), 아우크스부르크 동맹 전쟁(1688~1697년, 7개 중 5개 나라), 스페인 왕위 계승 전쟁(1701~1713년, 6개 중 5개 나라), 오스트리아 왕위 계승 전쟁(1739~1748년, 6개 중 6개 나라), 7년 전쟁(1755~1763년, 6개 중 6개 나라), 프랑스 혁명전쟁과 나폴레옹 전쟁(1792~1815년, 6개 중 6개 나라), 그리고 두 세계 대전이다. 둘 이상의 강대국이 싸운 전쟁은 이 밖에도 50건 더 있다.

전쟁의 충격을 시대별로 보여 주는 한 잣대는, 사람들이 강대국 간 전쟁으로 인한 혼란, 희생, 우선순위 급변을 견뎌야 했던 시간이 그 기간의 몇 퍼센트였나 하는 점이다. 그림 5-12를 보자. 25년을 단위로 하

그림 5-12. 강대국들이 서로 싸운 해의 비율, 1500~2000년.
출처: 다음 그래프를 변형: Levy & Thompson, 2011. 25년 단위로 묶친 데이터들이다.

여, 강대국 간 전쟁이 벌어졌던 해가 그 기간의 몇 퍼센트였는지 보여준다. 초반의 두 시기에는 (1550~1575년, 1625~1650년) 선이 천장에 닿아 있다. 강대국들이 25년 중 25년을 싸웠다는 말이다. 이 시기는 제1차 위그노 전쟁, 30년 전쟁 등 유럽의 끔찍한 종교 전쟁들로 꽉 차 있었다. 이후로는 확연한 내리막이다. 세기가 지날수록 강대국들이 서로 싸우는 시간이 줄었다. 다만 프랑스 혁명전쟁과 나폴레옹 전쟁이 포함된 사반세기, 두 세계 대전이 포함된 사반세기처럼 이따금 부분적으로 역전이 되기는 했다. 그래프의 오른쪽 발치에서는 긴 평화의 첫 징후가 엿보인다. 1950~1975년까지 강대국 간 전쟁은 1건 있었고(1950~1953년까지 벌어졌던 한국 전쟁으로, 미국과 중국이 대결했다.), 이후에는 하나도 없었다.

이제, 뒤로 물러나서 넓게 바라보자. 한쪽에는 강대국이, 반대쪽에는 강대국이든 아니든 다른 국가가 있었던 전쟁 100여 건을 살펴보자.[83] 확대된 데이터 집합에서는, 전쟁을 치렀던 해라는 그림 5-12의 잣대를 두 차원으로 더 나눠 볼 수 있다. 하나는 빈도이다. 그림 5-13은 사반세기 단위로 전쟁의 횟수를 표시한 그래프이다. 여기에서도 500년 동안 줄곧 감소하는 경향성이 눈에 띈다. 강대국들은 차츰 전쟁을 치르지 않게 되었던 것이다. 20세기 마지막 사반세기에는 레비의 기준에 맞는 전쟁이 4건뿐이다. 중국과 베트남 간의 두 전쟁(1979년과 1987년), 이라크의 쿠웨이트 점령을 되돌리기 위해서 유엔의 인가로 벌였던 전쟁(1991년), 유고슬라비아가 코소보에서 알바니아인을 학살하는 것을 막고자 NATO가 가했던 폭격이다(1999년).

두 번째 차원은 지속 기간이다. 그림 5-14는 전쟁들이 평균적으로 얼마나 끌었는지를 보여 준다. 역시 감소하는 경향이지만, 17세기 중반에는 급등했다. 이것은 30년 전쟁이 정확하게 30년을 끌었다고 단순하게 계산했기 때문이 아니다. 레비는 다른 역사학자들의 관행을 좇아, 30년 전쟁을 시기적으로 좀 더 좁은 4건의 전쟁으로 나누었다. 그렇게 잘랐

그림 5-13. 강대국들이 관여한 전쟁의 빈도, 1500~2000년.

출처: 그래프: Levy, 1983. 마지막 한 점은 다음 자료에서 왔다.: Correlates of War InterState War Dataset, 1816-1997, Sarkees, 2000. 1997~1999년의 데이터: PRIO Battle Deaths Dataset 1946-2008, Lacina & Gleditsch, 2005. 25년 단위로 묶친 데이터들이다.

는데도 그 시절의 종교 전쟁들은 참혹하리만치 길었던 것이다. 그러나 이후에는 강대국들이 전쟁을 시작하기가 무섭게 끝내려고 했다. 그 경향성은 20세기 마지막 사반세기에 최고조에 달했다. 이 시기에 강대국들이 관여한 전쟁 4건의 지속 기간은 평균 97일이었다.[84)]

파괴력은 어떨까? 그림 5-15는 강대국이 하나 이상 참가했던 전쟁들의 사망자 수를 로그로 표시했다. 생명 손실은 1500년에서 19세기 초까지 증가했고, 19세기 나머지 기간에는 아래로 꺾였다가, 두 세계 대전을 거치며 다시 올라가서, 20세기 후반에 다시 가파르게 추락했다. 500년 내내 일단 전쟁이 발발하면 그 파괴력은 갈수록 강해졌다는 인상이다. 아마도 군사 기술과 조직이 발전했기 때문일 것이다. 정말로 그렇다면, 이 교차하는 경향성은 — 수의 감소와 파괴력의 증가 — 리처드슨의 추론과 일치한다. 리처드슨보다 기간을 다섯 배로 늘여서 점검했는데도 말이다.

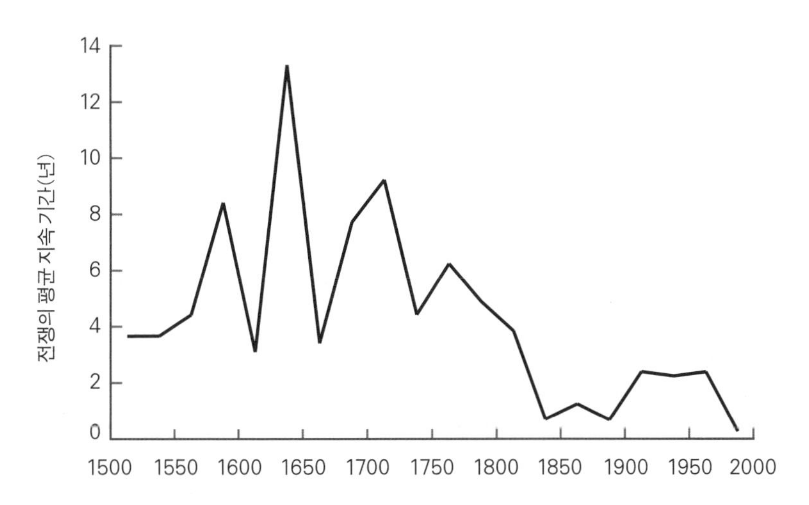

그림 5-14. 강대국들이 관여한 전쟁의 지속 기간, 1500~2000년.

출처: 그래프: Levy, 1983. 마지막 한 점은 다음 자료에서 왔다.: Correlates of War InterState War Dataset, 1816-1997, Sarkees, 2000. 1997~1999년의 데이터: PRIO Battle Deaths Dataset 1946-2008, Lacina & Gleditsch, 2005. 25년 단위로 뭉친 데이터들이다.

그러나 그림 5-15로 그 인상을 증명할 수는 없다. 이 그래프는 전쟁의 빈도와 규모를 함께 표시했기 때문이다. 그래서 레비는 순수한 파괴력만을 따로 떼어, '집중도(concentration)'라는 잣대로 표시할 수 있음을 보여 주었다. 집중도란 국가가 연간 경험한 피해 규모를 말한다. 그림 5-16은 그 잣대를 적용한 그래프이다. 여기에서는 강대국 간 전쟁의 파괴력이 제2차 세계 대전까지 착실히 증가했다는 사실이 좀 더 뚜렷이 드러난다. 19세기 후반에 전쟁이 뜸했던 점 때문에 현상이 가려지지 않았기 때문이다. 충격적인 대목은 20세기 후반이다. 앞선 450년 동안 비틀비틀하던 상승세가 갑자기 역전되었다. 20세기 후반은 강대국 간 전쟁의 수와 전쟁당 살상력이 **둘 다** 감소했다는 점에서 독특했다. 이런 한 쌍의 내리막은 긴 평화의 전쟁 회피 성향을 반영한다. 이제 우리는 통계에서 내러티브로 옮겨서 이런 경향성 이면의 구체적인 사건들을 이해해 볼 텐데, 그 전에 보다 넓은 시야에서 전쟁의 궤적을 바라보아도 이런 경향성이 드러난다는 사실을 확실히 해 두자.

유럽에서 전쟁의 궤적

강대국들이 관여한 전쟁은 제한적이지만 중요한 무대였다. 우리는 그곳에서 전쟁의 역사적 경향성을 구경할 수 있었다. 또 다른 무대는 유럽이다. 유럽은 다른 어떤 대륙보다 전쟁 사망자 데이터가 철저히 갖춰진 곳이고, 전 세계에 다대한 영향을 미쳤던 대륙이다. 지난 500년 동안 세계의 많은 지역이 유럽 제국들의 일부였고, 또 다른 많은 지역은 그 제국들에 대항하여 싸웠다. 기술, 패션, 사상과 같은 인간의 여느 활동들처럼, 전쟁과 평화의 경향성도 유럽에서 생겨나 세계로 넘쳐흐른 경우가 많았다.

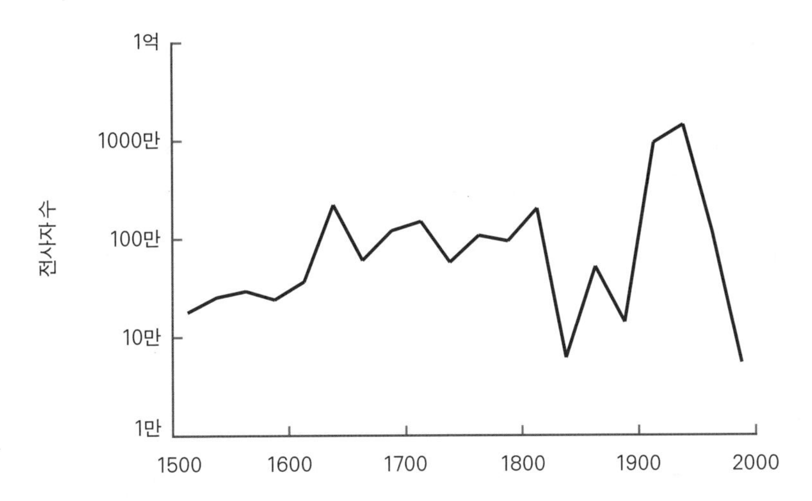

그림 5-15. 강대국들이 관여한 전쟁의 사망자 수, 1500~2000년.

출처: 그래프: Levy, 1983. 마지막 한 점은 다음 자료에서 왔다.: Correlates of War InterState War Dataset, 1816-1997, Sarkees, 2000. 1997~1999년의 데이터: PRIO Battle Deaths Dataset 1946-2008, Lacina & Gleditsch, 2005. 25년 단위로 뭉친 데이터들이다.

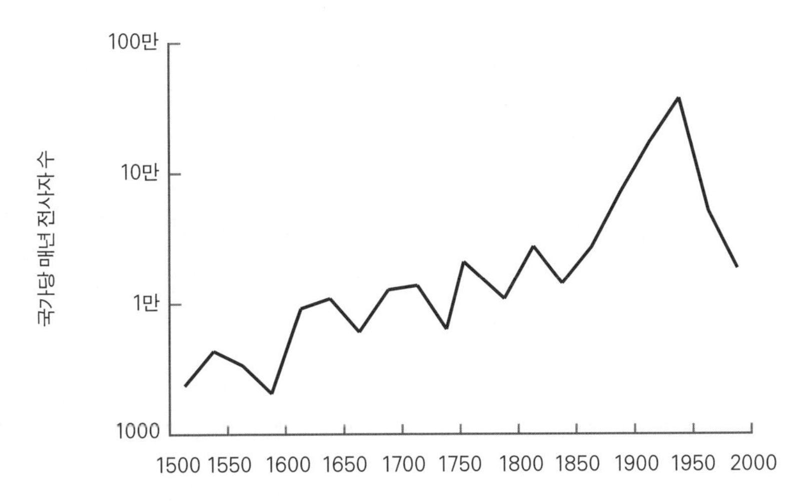

그림 5-16. 강대국들이 관여한 전쟁의 사망자 집중도, 1500~2000년.

출처: 그래프: Levy, 1983. 마지막 한 점은 다음 자료에서 왔다.: Correlates of War InterState War Dataset, 1816-1997, Sarkees, 2000. 1997~1999년의 데이터: PRIO Battle Deaths Dataset 1946-2008, Lacina & Gleditsch, 2005. 25년 단위로 뭉친 데이터들이다.

유럽의 역사적 데이터를 광범위하게 살펴보는 것은 우리가 시야를 넓힐 기회이기도 하다. 강대국이 관련된 국가 간 전쟁만이 아니라 덜 강력했던 나라들 간의 전쟁, 사망자 1000명 기준을 넘지 않는 충돌, 내전, 집단 살해, 그리고 기근과 질병으로 인한 민간인 사망자까지 살펴볼 수 있기 때문이다. 이런 폭력들까지 합친다면 어떤 그림이 그려질까? 작은 충돌들의 높다란 등뼈와 큰 충돌들의 기다란 꼬리가 그려질까?

정치학자 피터 브레케는 치명적 싸움들의 궁극적 목록을 작성하고 있다. 그는 그것을 '충돌 카탈로그(Conflict Catalog)'라고 부른다.[85] 그의 목표는 1400년 이래 작성된 모든 역사적 문헌에서 무력 충돌에 대한 정보를 샅샅이 찾아내는 것이다. 그는 리처드슨, 라이트, 소로킨, 에크하르트, 전쟁 상관관계 프로젝트, 역사학자 에번 루어드, 정치학자 칼레비 홀스티가 작성한 목록을 통합하는 일부터 시작했다. 그런 목록들은 대부분 어떤 충돌을 포함시킬 것인가에 대한 기준이 높았고, 무엇을 국가로 간주할 것인가에 대해서는 법리적 기준을 따랐다. 브레케는 그 기준을 완화했다. 연간 32명 이상의 사망자를 낸 충돌이면 무엇이든 포함했고(리처드슨의 척도에서 규모 1.5에 해당한다.), 일정 영토에 대해서 유효한 통치권을 행사했던 정치 단위가 관련된 충돌이라면 무엇이든 포함했다. 다음으로 그는 도서관에서 역사책과 도표 책을 샅샅이 뒤졌다. 다른 나라의 자료나 다른 언어로 씌어진 자료도 많이 참고했다. 멱함수 분포에서 예상할 수 있다시피, 이렇게 기준을 느슨하게 하면 변두리에 있던 사건들이 소수 들어오는 것이 아니라 홍수처럼 많이 쏟아져 들어온다. 브레케는 기존 데이터 집합들을 다 합한 충돌 건수보다 세 배 더 많은 수를 확인했다. 현재 '충돌 카탈로그'에는 1400년에서 2000년까지 벌어졌던 충돌 4560건이 포함되었고(개중 3700건이 스프레드시트에 입력되어 있다.), 결국에는 6000건을 포함할 예정이다. 그중 약 3분의 1에는 사망자 추정치가 딸려 있다. 브렉케는 이것을 군사적 사망자(전장에서 죽은 군인들)와 총 사망자(전쟁으로 인한 기아와 질병 때문에 죽은 민간인 간접 피해자도 포함한다.)로 나누었다. 그리고 친절하게도 2010년 버전의 데이터 집합을 내게 제공해 주었다.

자, 단순하게 충돌 건수를 헤아리는 것부터 시작하자. 강대국이 얽힌 전쟁뿐만 아니라 크고 작은 모든 치명적 싸움들을 헤아리는 것이다. 그림 5-17에 표시된 수치들은 유럽의 전쟁 역사를 또 다른 독립적인 시각에서 바라보게 한다.

이번에도, 무력 충돌의 한 차원인 발생 빈도에서 감소세가 확연하다. 이야기의 시작인 1400년에는 유럽 국가들이 매년 3건씩 새로운 충돌을 일으켰다. 그러나 이후에는 곡선이 아래로 휘어, 서유럽에서는 거의 0건이 되었고 동유럽에서는 1건 미만이 되었다. 동유럽의 마지막 반동조차도 약간 오도의 소지가 있다. 한때 오스만 제국이나 소련에 속했다는 이유만으로 '유럽'에 포함된 나라들에서 발생한 충돌이 절반쯤 되기 때문이다. 요즘은 그런 나라들을 보통 중동, 중앙아시아, 남아시아로 분류한다(터키, 조지아, 아제르바이잔, 다게스탄, 아르메니아 등등).[86] 동유럽 국가들의 나머지 충돌은 과거 유고슬라비아나 소련에 속했던 공화국들에서 벌어졌다. 이 지역은 — 유고슬라비아, 러시아/소련, 터키 — 20세기 첫 사반세기에 유럽의 무력 충돌 급등을 담당한 곳이기도 했다.

희생자 수는 어떨까? 바로 이 부분에서, '충돌 카탈로그'의 넓은 포용력이 요긴하게 쓰인다. 멱함수 분포에 따르면, 강대국 간 전쟁 중에서도 제일 큰 것들이 전체 사망자에서 큼직한 부분을 차지해야 한다. 적어도 지금까지의 그래프들이 기준으로 삼았던 사망자 1000명을 넘는 전쟁들 중에서는. 그러나 일찍이 리처드슨은 전통 역사학과 데이터 집합들이 놓친 작은 충돌들이 굉장히 많아서 그것을 다 합하면 사망자가 상당히 더 많아질 가능성이 있다고 경고했다(그림 5-11의 회색 막대들을 말한다.). '충돌 카탈로그'는 그 회색 지대로 내려가서, 전통적인 군사적 지평선 아래의 소규모 분쟁, 폭동, 학살까지 모두 나열해 보려는 최초의 장기적 데이터 집합이다(과거 세기에는 아예 기록되지도 못한 충돌들이 더 많았겠지만 말이다.). 안타깝게도 카탈로그는 아직 작성 중이라, 현재로서는 전체의 절반에만 사망자 수치가 딸려 있다. 그것이 완성될 때까지는, 누락된 값이 있을 경우 해당 사반세기의 중앙값을 대신 채워 넣는 방법으로 유럽의 사망자 궤적을 거칠게나마 일별하는 수밖에 없다. 브라이언 애투드와 나는 그 값들을 계산하고, 종류와 규모를 불문하여 모든 충돌들의 직간접적 사망자 수를 다 더하고, 그것을 당시 유럽 인구로 나눈 뒤, 선형 척도로 그래프를 그렸다.[87] 그림 5-18은 유럽에서 폭력적 충돌의 역사를 (임시적이지만) 최대한 살펴본 그림이다.

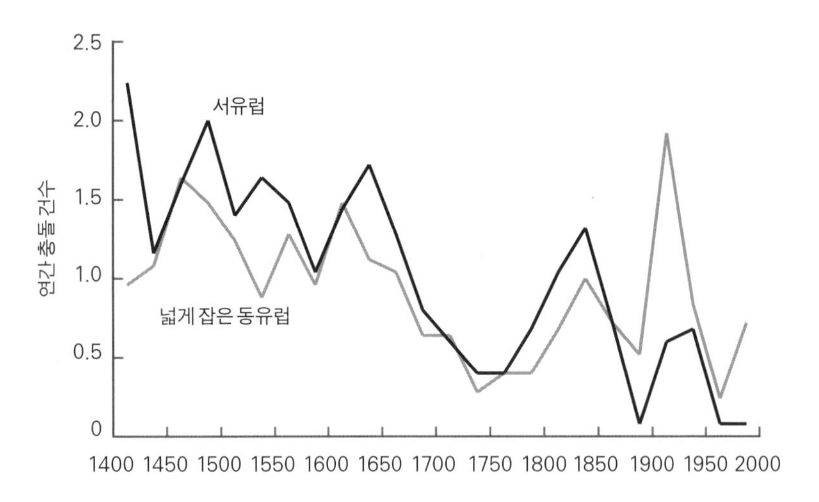

그림 5-17. 넓게 잡은 유럽 대륙에서 연간 발생한 충돌 건수, 1400~2000년.

출처: Conflict Catalog, Brecke, 1999; Long & Brecke, 2003. 충돌은 25년 단위로 뭉쳐서 표시했고, 국가 간 전쟁, 내전, 집단 살해, 반란, 폭동을 포함했다. '서유럽'은 오늘날의 영국, 아일랜드, 덴마크, 스웨덴, 노르웨이, 프랑스, 벨기에, 룩셈부르크, 네덜란드, 독일, 스위스, 오스트리아, 스페인, 포르투갈, 이탈리아에 해당하는 영토를 뜻한다. '동유럽'은 오늘날의 키프로스, 핀란드, 폴란드, 체코, 슬로바키아, 헝가리, 루마니아, 옛 유고슬라비아 연방 공화국들, 알바니아, 그리스, 불가리아, 터키(유럽 지역과 아시아 지역 모두), 러시아(유럽 지역만), 조지아, 아르메니아, 아제르바이잔, 기타 캅카스 지역 공화국들의 영토를 뜻한다.

인구 대비로 계산하더라도, 1950년까지 이어진 전반적 상승세가 사라지지 않았다. 유럽의 살상력이 인구 증가를 능가하여 커졌다는 뜻이다. 그런데 그중에서도 유혈적이었던 세 시기가 그래프에서 툭 튀어나와 있다. 제2차 세계 대전이 포함된 사반세기를 제외할 때, 유럽에서 사람이 살기에 가장 위험했던 때는 종교 전쟁들이 있었던 17세기 초였다. 다음은 제1차 세계 대전이 포함된 사반세기였고, 그 다음은 프랑스 혁명전쟁과 나폴레옹 전쟁 시기였다.

요컨대, 유럽의 조직적 폭력은 대충 이렇게 진행되었다. 1400년에서 1600년까지는 낮지만 꾸준한 수준으로 충돌이 벌어졌다. 그러다가 종교 전쟁의 참극이 벌어졌고, 프랑스의 혼란이 지나간 뒤 1775년까지는 충돌이 덜컥대며 잦아들었다. 19세기 중후반은 눈에 띄는 소강상태였다. 그러다가 20세기에 헤모클리즘이 벌어졌고, 이후에는 곡선이 바닥

그림 5-18. 넓게 잡은 유럽 지역에서 충돌로 인한 사망률, 1400~2000년.

출처: Conflict Catalog, Brecke, 1999; Long & Brecke, 2003. 수치들은 25년 단위로 뭉친 '총 사망자 수' 열에서 가져왔다. 중복된 항목은 제거했고, 누락된 항목은 해당 사반세기의 중앙값으로 메웠다. 과거 인구 추정치는 다음 자료에서 사반세기 마지막 해의 값으로 가져왔다.: McEvedy & Jones, 1978. '유럽'의 정의는 그림 5-17과 같다.

에 붙을 정도로 유례없이 낮아진 긴 평화가 왔다.

우리는 지난 500년 동안 열강과 유럽의 폭력에서 발견한 꾸준한 추세들과 갑작스런 요동들을 어떻게 이해해야 할까? 드디어 통계가 내러티브 역사학에게 바통을 넘길 때가 되었다. 나는 다음 절부터 그래프 이면의 이야기를 하겠다. 충돌을 세는 연구자들의 수치를 데이비드 벨, 니얼 퍼거슨, 아자르 가트, 마이클 하워드, 존 키건, 에번 루어드, 존 뮬러, 제임스 페인, 제임스 시헌 등 여러 역사학자들과 정치학자들이 작성한 내러티브와 합해 보겠다.

개요는 이렇다. 그림 5-18의 지그재그 선을 네 가지 흐름의 합성물로 보자. 근대 유럽은 작지만 잦은 전쟁들이 상존하는 홉스적 상태에서 시작했다. 그러다가 차츰 정치 단위들이 통합되어 더 큰 국가를 이루자, 전쟁 횟수는 줄었다. 동시에 일단 벌어진 전쟁은 더 치명적이었다. 군사 혁명으로 더 크고 효율적인 군대가 탄생했기 때문이다. 마지막으로, 유럽 국가들은 어느 시기에는 개인의 이해를 유토피아적 전망에 종속시키는 전체주의 이데올로기에 경도되었다가, 다른 시기에는 개인의 이해를 궁극의 가치로 높이는 계몽주의적 인도주의에 경도되었다.

홉스적 배경, 그리고 왕조의 시대와 종교의 시대

지난 1000년 동안, 유럽 역사의 배경은 대체로 쉼 없는 교전 상태였다. 중세 기사들의 습격과 혈수가 끝나는가 싶더니, 뒤이어 등장한 다른 정치 단위들도 끊임없이 전쟁에 휩쓸렸다.

유럽에서 벌어진 총 전쟁 건수만 보아도 말문이 막힌다. 브렉케는 '충돌 카탈로그'의 전편 격으로 900년에서 1400년까지 벌어진 1148건의 충돌을 확인한 바 있다. 카탈로그에 담긴 수만도 1400년에서 현재까지

1166건이다. 1100년 동안 매년 약 2건씩 새로운 충돌이 터진 셈이다.[88] 충돌의 대다수는, 심지어 강대국이 연관된 굵직한 전쟁 중에서도 대부분은, 최고로 세심한 역사학자들을 제외한 모든 사람들의 의식에서 깡그리 지워졌다. 무작위로 예를 들어 보자. 덴마크-스웨덴 전쟁(1516~1525년), 슈말칼덴 전쟁(1546~1547년), 프랑스-사무아 전쟁(1600~1601년), 폴란드-오스만 전쟁(1673~1676년), 윌리히 계승 전쟁(1609~1610년), 오스트리아-사르데냐 전쟁(1848~1849년). 교양 있는 사람들조차 뭔지 몰라 멍청하게 바라볼 이름들이다.[89]

전쟁은 현실에서 만연했을 뿐 아니라, 이론에서 흔쾌히 받아들여졌다. 하워드에 따르면, 통치 계층 사람들에게 "평화는 전쟁 사이의 짧은 막간"이었고 전쟁은 "거의 자동적인 행위이자 자연의 질서였다."[90] 루어드에 따르면, 15세기와 16세기의 전투들은 사망률이 비교적 낮았지만, "설령 사망률이 높아도 그것이 통치자나 군사 지도자에게 무거운 짐이 되었다는 증거는 없다. 사람들은 그것을 전쟁의 불가피한 대가로 여겼고, 그 자체로 명예롭고 영광스러운 일로 여겼다."[91]

그들은 왜 다퉜을까? 홉스가 꼽았던 '세 가지 주된 싸움 원인'이 동기였다. 포식(주로 토지에 대해서), 남들의 포식에 대비한 선제공격, 신뢰성 있는 억제 정책이나 명예의 추구였다. 부족, 기사, 군벌의 습격이나 혈수와 후대 유럽 전쟁들의 주된 차이점은 개인이나 일족이 아니라 조직적 정치 단위들이 전쟁을 치렀다는 점이다. 상업과 혁신이 아니라 토지와 자원에서 부가 생성되는 시대에는 정복과 약탈이 신분 상승의 주된 수단이었다. 요즘 우리에게는 영토 통치가 딱히 매력적인 직업으로 느껴지지 않는다. 그러나 '왕처럼 살다'라는 표현이 상기시키듯이, 몇 백 년 전에는 그것이 풍족한 음식, 편안한 쉼터, 아름다운 물건, 말만 하면 제공되는 오락, 생후 1년을 넘기는 자식들 등등 쾌적한 삶의 요소들을 얻는 길이었다. 그리고 왕의 서자라는 성가신 존재가 늘 있었다는 점에서 알 수 있듯이, 활발한 성생활은 하렘을 소유한 술탄들 못지않게 유럽의 왕들도 누린 특권이었다. '시중 하녀'라는 말은 첩을 뜻하는 완곡어법이었다.[92)]

그러나 지도자들은 물질적 보상만을 노리지 않았다. 그들은 우세, 명예, 장엄함과 같은 정신적 욕구를 충족시키려 했다. 지도를 굽어보며 자신의 영토를 뜻하는 색깔이 남들의 색깔보다 몇 제곱인치 더 넓게 색칠된 것을 감상하는 그 지복의 순간을. 루어드에 따르면, 통치자들은 명목뿐인 지배령에 대해서 실질적인 권위가 없는 경우에도 '누가 누구에게, 어느 영토에게 충성을 빚지느냐 하는 이론적 지배권을 놓고서' 전쟁을 벌였다.[93)] 전쟁은 자존심 대결일 때가 많았다. 한 지도자가 다른 지도자에게 칭호, 예의, 좌석 배치 따위의 형식으로 경의를 표하느냐 마느냐가 유일한 쟁점이곤 했다. 깃발을 내려 경의를 표하길 거부했다든지, 깃발에 경례를 붙이지 않았다든지, 문장에서 어떤 상징을 제거하길 거부했다든지, 대사를 앞장세우는 관례를 따르지 않았다든지 하는 상징적 모욕 때문에 전쟁이 야기되곤 했다.[94)]

물론, 어떤 정치 단위가 지배적인 단위로 존속하려고 애쓰는 동기는 유럽 역사에서 늘 일관되게 존재했다. 그러나 그 단위의 정의가 바뀌었고, 더불어 싸움의 성격과 범위가 바뀌었다. 루어드는 전쟁의 데이터를 내러티브 역사학과 결합하려는 시도들 중 가장 체계적이었던 『국제 사회의 전쟁』에서, 유럽의 무력 충돌 역사를 다섯 '시대'로 나눌 수 있다고 주장했다. 각 시기에 서로 우세를 점하고자 싸웠던 단위들의 성격에 따라 정의한 것이다. 그가 말한 시대들은 한 줄로 늘어선 화차라기보다는 겹쳐지며 꼬인 밧줄 가닥과 비슷하다. 하지만 전쟁에 관한 굵직한 역사적 변화들을 정리하는 데 도움이 되는 체계이다.

✤ ✤ ✤

루어드는 1400~1559년까지 진행된 첫 시대를 왕조의 시대라고 불렀다. 이 시기에는 '왕가', 혹은 혈연에 기반한 확장된 연합체들이 유럽의 패권을 겨뤘다. 통치권 세습이라는 발상이 어째서 끝없는 전쟁의 계승으로 가는 지름길인지는 생물학을 조금만 살펴보면 알 수 있다.

모름지기 통치자는 영속적 권력에 대한 갈망과 자기 수명의 유한성에 대한 깨달음을 조화시켜야 하는 딜레마에 직면한다. 자연스러운 해결책은 후손을 후계자로 지명하는 것이다. 보통은 장남이다. 사람은 자신의 유전적 후손을 자신의 연장으로 생각하거니와, 자식은 부모에게 애정이 있으니 국왕 살해로 간편하게 계승을 앞당기고 싶어 하는 충동이 억제될 것이다. 개체가 죽기 직전에 자기 몸에서 성체 클론을 분리해 낼 수 있는 종이라면, 이 해법으로 정말 문제가 해결될 것이다. 그러나 호모 사피엔스의 생물학에는 이 계획을 어그러뜨리는 특징이 몇 가지 있다.

첫째, 인간은 만성형이다. 신생아는 미숙하게 태어나고, 유아기는 길다. 그 말인즉, 아들이 아직 통치하기에 어린 나이일 때 아버지가 덜컥 죽을 수 있다는 뜻이다. 둘째, 성격 형질은 다유전자형이기 때문에, 평균으로의 회귀라는 통계 법칙을 따른다. 부모의 용기와 지혜가 제아무리 특출한들 자식은 평균적으로 그보다 못하다는 법칙이다(비평가 레베카 웨스트가 지적했듯이, 645년 역사의 합스부르크 왕조에서 '천재는 한 명도 없었고, 유능한 통치자는 두 명뿐이었고, …… 얼간이는 무수히 많았고, 저능아와 미치광이도 적지 않았다.').[95] 셋째, 인간은 유성 생식을 한다. 그 말인즉, 모든 인간은 두 가계의 유전적 유산이므로, 한 가계가 아니라 두 가계가 살아 있는 인간의 충성을 요구하거나 죽은 인간의 수입을 요구할 수 있다는 뜻이다. 넷째, 인간은 성적 이형을 보이는 종이다. 그 때문에 평균적으로는 여성이 남성보다 정복과 폭정에서 감정적 만족을 덜 느낀다지만, 기회가 주어지면 기꺼이 그 취향을 계발할 여성도 많다. 다섯째, 인간은 일부다처 성향이 좀 있기 때문에, 남성이 많은 서자를 두어 적자의 경쟁자를 양산할 수 있다. 여섯째, 인간은 다산을 한다. 생식 가능한 연령기에 자식을 여럿 낳는다. 이것은 부모-자식 갈등의 무대가 된다. 아버지가 가계의 생식적 특권을 다 행사하기도 전에 아들이 그것을 차지하고 싶어 하는 문제이다. 형제간 경쟁의 무대도 된다. 부모가 장자에게 쏟는 투자를 동생이 탐내는 문제이다. 일곱째, 인간은 족벌적이라서 제 자식만이 아니라 형제의 자식에게도 투자한다. 이런 생물학적 현실 하나하나가, 가끔은 여러 개가 동시에, 죽은 군주의 정당한 후계자가 누구인가 하는 문제에서 의견 대립을 일으킬 여지가 있다. 유럽 사람들은 무수한 왕조 전쟁으로 그 문제를 설왕설래했다.[96]

✣ ✣ ✣

루어드는 1559년을 종교의 시대가 개막한 해로 정했다. 이 시대는 베스트팔렌 조약으로 30년 전쟁이 끝난 1648년까지 이어졌다. 경쟁하는 종교 연합체들이 도시와 국가의 지배권을 놓고서 최소한 25건의 국제 전쟁과 26건의 내전을 벌였다. **'하나의 왕, 하나의 법, 하나의 신앙'** 원칙에 따라 종교와 제휴한 통치자들까지 낄 때도 많았다. 보통 개신교와 가톨릭이 싸웠지만, 러시아의 혼란 시대에는(보리스 고두노프의 치세와 로마노프 왕조 사이의 공백 기간을 말한다.) 가톨릭과 정교회가 패권을 다퉜다. 종교적 열정은 기독교 세계에 국한되지 않았다. 기독교 국가들과 터키의 이슬람교도들이 싸웠고, 이슬람의 수니파와 시아파는 터키와 페르시아 사이에서 4건의 전쟁을 치렀다.

351쪽의 잔학 행위 목록에서 인구 대비로 매긴 상위 21건 순위 중 13등, 14등, 17등을 이 시대가 제공했다. 그림 5-15와 5-18에서 죽음의 봉우리로 표시된 부분이다. 이 시대가 살해의 신기록을 세웠던 것은 머스킷 총, 파이크 창, 대포와 같은 군사 기술의 발전 덕분이었지만, 그것이 살육의 주된 원인은 아니었다. 이후에도 기술의 살상력은 꾸준히 향상되었지만 사망자 수는 바닥으로 내려왔기 때문이다. 루어드는 대신 종교적 열정을 원인으로 지목했다.

> 그것은 무엇보다도 전쟁이 민간인들에게까지 확대되었기 때문이다. 민간인은 (특히 다른 신을 섬기는 사람들이라면) 소모해도 좋은 존재로 여겼기 때문에, 전쟁의 잔혹성과 사망자를 늘리는 결과로 이어졌다. 사람들은 참혹한 유혈 행위를 신의 분노 탓으로 돌렸다. 알바 대공은 나르던 시를 정복하여 남성 인구를 모조리 죽이고는(1572년), 그들이 뻣뻣하고 완고하게 저항했기 때문에 신이 심판을 내린 것이라고 주장했다. 후대의 크롬웰도 마찬가지였다. 그는 드로이다에서 군대에게 끔찍한 살육을 허락하고서는(1649년), 그것을 '신의 정당한 심판'으로 선언했다. 이 잔인한 역설 때문에, 신앙의 이름으로 싸우는 사람들은 그렇지 않은 사람들보다도 상대에게 인간미를 보여 주지 않을 때가 더 많았다. 이 현상은 종교적 충돌로 황폐해진 지역들의 끔찍한 손실에 반영되었다. 전투로 인한 인명 손실도 있었고, 굶주림과 작물 파괴로 인한 손실도 있었다.[97]

'30년 전쟁'이나 '8년 전쟁'과 같은 이름들, 그리고 전쟁 지속 시간을 표시한 그림 5-14에서 적수가 없을 만큼 뾰족한 이 시기의 봉우리를 보면 알 수 있듯이, 종교 전쟁은 격렬했을 뿐 아니라 도무지 끝을 몰랐다.

외교사학자 개릿 매팅리는 당시에 전쟁 종결의 중요한 메커니즘이 작동하지 않았다고 설명했다. "종교 쟁점이 정치 쟁점을 압도하자, 적국과의 타협은 이단이자 배신으로 보이게 되었다. 가톨릭과 개신교를 나누는 문제들은 더 이상 타협 가능하지 않았다. 그 결과 …… 외교 접촉이 줄었다."[98] 이데올로기적 열광이 군사적 화재의 촉진제로 작용한 경우는 이때가 마지막이 아닐 것이었다.

주권 국가의 시대에 드러난 세 가지 흐름

역사학자들은 1648년의 베스트팔렌 조약이 종교 전쟁을 진화하는 데 그치지 않고 최초의 근대적 국제 질서를 구축했다고 본다. 유럽은 교황과 신성 로마 제국 황제가 명목상으로 다스리던 복잡한 조각보 지형에서 벗어나 주권 국가들로 구획 지어졌다. 주권 국가 시대에 부상한 국가들은 여전히 왕조와 종교에 얽혀 있었지만, 실제로는 정부, 영토, 상업적 제국에 국가의 위신을 걸었다. 우리가 지금껏 살펴본 모든 통계에서 드러났던 교차하는 두 경향성, 즉 전쟁의 빈도가 점점 줄되 파괴력은 점점 더 커진 추세는 바로 이때, 주권 국가들이 강화되는 과정에서 시작되었다(엄밀히 말하자면 1648년보다 훨씬 더 일찍부터 진행되어 온 과정의 정점에 해당했다.).

전쟁이 줄어든 주된 이유는 서로 싸울 단위들의 수가 줄었기 때문이다. 3장에서 이야기했듯이, 유럽의 정치 단위는 30년 전쟁 시절에 500개 가량이었지만 1950년대에는 30개 미만으로 줄었다.[99] 그렇다면 전쟁 빈도 감소는 그저 회계적인 속임수가 아닐까? 외교관들이 지우개를 쓱싹 휘두름으로써 교전 상대들을 분리하던 선이 지도에서 사라졌고, 덕분에 그들의 충돌은 '국가 간 전쟁'을 다루는 책에서 마술처럼 사라져 '내전'을 다루는 책으로 숨어든 게 아닐까? 그러나 이것은 실질적인 감소였다. 리처드슨이 보여 주었듯이, 넓이가 일정할 때 국경 내의 내전 건수는 국경 밖의 전쟁 건수보다 훨씬 적었다(영국을 떠올려 보라. 영국에서는 350년 전부터 진정한 내전이 한 건도 없었지만, 국가 간 전쟁은 숱하게 치렀다.). 이것은 리바이어던의 논리를 잘 보여 주는 또 다른 사례이다. 작은 남작령들과 공국들이 뭉쳐서 큰 왕국이 되자, 중앙 권력은 그들끼리 싸우지 않도록 막았다. 국가가 개인들끼리 살해하지 않도록 막는 것과 같은 이유에서였다(농부가 가축들끼리 서로 죽이지 않도록 막는 것과도 비슷하다.). 군주의 입장에서는 영역 내부의 사적인 싸움은 무엇이든 말짱한 손실이기 때문이다. 전쟁 빈도 감소는 엘리아스의 문명화 과정을 입증하는 또 다른 사례이다.

전쟁의 치사율이 커진 것은 이른바 군사 혁명 때문이었다.[100] 국가들은 전쟁에 진지해졌다. 한편으로는 개량된 무기, 특히 대포와 총 때문이었지만, 더 많은 사람을 모아서 죽고 죽이게 한 탓이 더 컸다. 중세 유럽과 왕조의 시대에, 통치자들은 많은 농민을 무장시키고 전투 훈련을 시키는 것을 당연히 걱정스러워 했다(통치자들이 "혹시라도 잘못되면 어쩌나?" 하고 자문하는 소리가 들리는 듯하다.). 그래서 대신 임시변통으로 군대를 모집했다. 용병을 고용했고, 불량배나 건달처럼 돈으로 병역을 회피하지 못하는 사람들을 징집했다. 찰스 틸리는 「조직적 범죄로서 전쟁 만들기와 국가 만들기」라는 글에서 이렇게 썼다.

> 전시에 …… 어엿한 일국의 관리자들이 종종 사략선에게 권한을 위임했고, 가끔은 도적 떼를 고용해서 적을 습격하게 했고, 정규군에게는 전리품을 챙기라고 장려했다. 왕을 섬기는 병사들과 선원들은 민간인을 약탈하여 필요한 것을 조달할 권리가 있었다. 그들은 물건을 징발하고, 강간하고, 약탈하고, 전리품을 챙겼다. 그리고 군대가 해산된 뒤에도 계속 하던 대로 했지만,

왕의 보호는 받지 못했다. 해산된 배들은 해적선이 되었고, 해산된 군대는 도적이 되었다.

방향이 거꾸로일 때도 있었다. 가끔은 무법자들의 세계가 왕에게 최고의 군사 공급원이었다. 로빈 후드가 왕의 궁수가 되었다는 전설은 아마도 신화이겠지만, 신화는 관습을 기록하기 마련이다. 폭력의 '정당한' 사용과 '정당하지 않은' 사용의 구분은 군대가 얼추 통합되고 상시화되는 과정에서 아주 천천히 생겨났다.[101]

통합되고 상시화된 군대는 더 효율적이었다. 이전의 군대를 구성했던 불한당들은 민간인을 많이 해칠 줄은 알았지만, 조직적 전투에서는 형편없었다. 그들에게는 용맹과 규율이 아무런 매력이 없었기 때문이다. 뮬러는 이렇게 설명했다.

누가 뭐래도 범죄자의 모토는 '셈퍼 파이(항상 충성하라.)', '모두가 하나를 위해 하나는 모두를 위해', '의무, 명예, 국가', '만세', '진주만을 기억하라.' 따위가 아니고, '돈을 갖고 튀어라.'이다. 범죄자가 전투에서 (혹은 은행을 털던 도중에) 비명횡사하는 것은 본질적으로 어리석은 짓이다. 폭력의 스릴을 위해 죽는 것은 대단히 비합리적인 짓이고, 전리품을 획득하기 위해 죽는 것은 더욱 더 비합리적인 짓이다. 스릴이든 전리품이든 죽을 때 갖고 갈 수는 없으니까.[102]

16세기와 17세기에 군사 혁명을 겪으면서, 국가들은 전문적인 상비군을 꾸렸다. 사회 밑바닥 사람들만이 아니라 사회의 위아래를 아울러서 남자들을 모집했다. 반복 훈련, 세뇌, 잔혹한 처벌을 섞어서 그들을 조직적 전투에 맞게 다듬었다. 규율, 극기, 용맹의 기율을 주입시켰다. 덕분에 그런 군대끼리 충돌하면 삽시간에 많은 사망자가 발생했다.

군사 역사학자 아자르 가트는 군사 '혁명'이 잘못된 이름이라고 본다. 사실은 점진적 발달이었다는 것이다.[103] 군대의 효율화는 몇 백 년에 걸쳐 그 밖의 **모든 것**을 효율화한 기술적, 조직적 변화의 일부였다. 어쩌면 전투의 살상력을 바싹 끌어올린 공은 그런 의미의 군사 혁명이 아니라 나폴레옹에게 돌아가야 할 것이다. 나폴레옹은 양측이 병력을 보존하려고 애쓰면서 앉은 자리에서 싸우던 전투를, 동원 가능한 모든 자원을 쏟아부어 적을 궤멸시키는 과감한 공격 전투로 바꾸었다.[104] 또 다른 '발전'은 산업 혁명을 이용하는 것이었다. 산업 혁명 덕분에 국가는 19세기부터 점점 더 많은 병력을 건사할 수 있었고, 그들을 더 신속하게 최전선으로 보낼 수 있었다. 재생 가능한 총알받이 공급원이 확보되자 소모전 게임이 가능해졌다. 덕분에 전쟁은 멱함수 분포에서 꼬리를 향해 더 멀리 밀려났다.

군사력이 오래도록 도움닫기 하는 동안, 전투 빈도를 끌어내리는 두 번째 세력이 있었다(첫 번째는 국가의 통합이다.). 많은 역사학자는 18세기를 기나긴 유럽 전쟁사에서 잠깐의 소강기로 본다. 4장에서 나는 홀란드, 스웨덴, 덴마크, 포르투갈, 스페인 같은 제국들이 강대국 게임을 그만두고 정복에서 상업으로 에너지를 돌렸다고 말했다. 브렉케도 '상대적으로 평화로웠던 18세기'라는 표현을 썼다(적어도 1713~1789년까지는 그렇다고 했다.). 그림 5-17의 U자 모양에서, 그리고 그림 5-18에서 종교 전쟁과 프랑스 전쟁이라는 두 봉우리 사이에 야트막한 계곡이 있는 W자 모양에서 이 현상이 드러나 있다. 루어드에 따르면, 주권 국가의 시대였던

1648~1789년까지 "군사적 목표는 상대적으로 제한적이었다. 많은 전쟁은 어쨌든 무승부로 끝났고, 어느 나라도 목표를 최대한 확보하지 못했다. 긴 전쟁이 많았지만, 전투 기법이 의도적으로 제한될 때가 많았기 때문에 인명 피해는 이전이나 이후 시대에 비해 심하지 않았다." 그때도 물론 유혈적인 전투가 몇몇 있었다. 7년 전쟁으로 알려진 세계 전쟁이 그랬다. 그러나 데이비드 벨이 지적했듯이, "역사학자는 참상의 다양한 색조를 구별할 줄 알아야 한다. 18세기가 전쟁에 군침을 흘리는 사냥개를 서커스 공연용 푸들로 바꿔 놓진 못했을지라도 …… 당시 충돌의 참상은 유럽사에서 **최저 수준**이었다."[105]

4장에서 말했듯이, 이런 평정은 이성의 시대, 계몽 시대, 다가오는 고전적 자유주의와 관련된 인도주의 혁명의 일환이었다. 종교적 열광이 잦아들자 전쟁은 더 이상 종말론적 기세로 타오를 필요가 없었다. 지도자들은 최후의 한 명까지 싸우기보다 협상을 맺었다. 주권 국가들은 상업 세력이 되었고, 제로섬 정복보다 포지티브섬 무역을 선호했다. 인기 작가들은 명예를 해체했고, 전쟁을 살인과 등치시켰고, 유럽의 폭력적 역사를 비웃었고, 군인이나 피정복민의 관점을 취했다. 철학자들은 정부를 재정의하여, 그것은 군주의 변덕을 집행하는 수단이 아니라 개인의 생명, 자유, 행복을 향상시키는 수단이라고 규정했다. 철학자들은 또 정치 지도자들의 힘을 제약하고 그들에게 전쟁 회피의 동기를 안길 방법을 모색했다. 이런 생각은 위에서 아래로 흘러내렸고, 적어도 당대의 몇몇 통치자의 태도에 스몄다. 그들의 '계몽된 절대주의'는 여전히 절대주의였지만, 계몽되지 않은 절대주의보다는 확실히 더 나았다. 그리고 미국과 영국에서는 자유 민주주의가 (나중에 보겠지만 이것은 평화화 세력으로 작용하는 듯하다.) 처음으로 발판을 마련했다.

반계몽주의 이데올로기들과 민족 국가의 시대

물론, 사태는 끔찍하게 나빠지기만 했다. 프랑스 혁명과 혁명전쟁, 나폴레옹 전쟁은 무려 400만 명의 목숨을 앗았다. 그 일련의 사건들은 인간이 인간에게 저지른 최악의 21가지 사건 중 한 자리를 차지했고, 전사자 수를 표시한 그림 5-18에서 뾰족한 봉우리로 솟았다.

루어드는 1789년을 민족 국가의 시대가 시작된 해로 지목했다. 앞선 주권 국가의 시대에 활약했던 국가들은 문어발처럼 뻗은 왕조 제국들이었다. 하나의 고향, 언어, 문화를 공유하는 집단이라는 의미에서의 '민족 국가'로 고정되지 않았다. 반면에 새 시대의 국가들은 민족과의 정렬 관계가 더 깔끔했고, 다른 민족 국가들과 패권을 다퉜다. 민족 국가의 염원 때문에 유럽에서는 독립 전쟁이 30건 벌어졌고, 벨기에, 그리스, 불가리아, 알바니아, 세르비아가 자치권을 얻었다. 그 염원은 이탈리아와 독일의 국가 통일 전쟁도 부추겼다. 한편 유럽인은 아시아와 아프리카 사람들이 아직 국가적 자기표현에 적합하지 않다고 간주했으므로, 유럽 민족 국가들은 그들을 식민화하여 국가의 영광을 드높였다.

이런 체계에서 볼 때, 제1차 세계 대전은 민족주의적 갈망들이 최고조에 이른 사건이었다. 처음 불꽃을 일으킨 것은 합스부르크 제국에 대항한 세르비아 민족주의였고, 서로 대립한 독일 민족과 슬라브 민족의 민족주의적 충성심이 불을 지폈으며(곧 영국과 프랑스도 그렇게 되었다.), 결국 다민족 제국이었던 합스부르크와 오스만이 해체되고 중유럽과 동유럽에 새로운 민족 국가들이 탄생하는 사건으로 막을 내렸다.

루어드는 민족 국가의 시대를 1917년까지로 본다. 미국이 전쟁에 뛰어듦으로써 전쟁의 구실이 독재에 대항하는 민주주의의 투쟁으로 바뀐 해였고, 러시아 혁명으로 최초의 공산주의 국가가 탄생한 해였다. 세계는 이데올로기의 시대로 들어섰다. 민주주의와 공산주의가 제2차 세계 대전에서 나치즘에 맞서 함께 싸웠고, 이어진 냉전에서는 서로 싸웠다. 루어드는 1986년에 글을 쓰면서 '1917년~'이라고 뒤를 열어 두었지만, 이제 우리는 '~1989년'이라고 닫아 줄 수 있다.

민족 국가의 시대라는 개념은 약간 억지스럽다. 루어드는 민족적 정서가 프랑스 혁명전쟁과 나폴레옹 전쟁에 불을 붙였다는 의미에서 그때부터 시작한다고 했지만, 사실 그 전쟁들은 프랑스 혁명이 남긴 이데올로기의 잔재 때문에 벌어졌다고도 할 수 있다. 당시는 물론 이데올로기의 시대가 도래하기 한참 전이었지만 말이다. 더구나 그 시대는 뚱뚱한 샌드위치처럼 보인다. 양 끝에는 엄청나게 파괴적인 전쟁들이 있었고, 가운데에는 기록적인 평화의 시기들이 있었다(1815~1854년, 1871~1914년).

마이클 하워드는 지난 200년 동안 네 세력이 영향력을 겨뤘다고 보는 편이 이 시기를 더 잘 이해할 수 있다고 주장했다. 네 세력이란 계몽주의적 인도주의, 보수주의, 민족주의, 유토피아 이데올로기이다. 이들은 가끔 일시적으로 동맹을 맺었다.[106] 프랑스 혁명에서 나폴레옹이 나왔다는 점 때문에 유럽인은 나폴레옹 시절을 프랑스 계몽주의와 연결 짓지만, 사실 그것은 최초의 파시즘으로 보는 편이 낫다. 나폴레옹은 미터법이나 민법 법전과 같은 소수의 합리적 개혁을 실시했지만(프랑스의 영향을 받은 지역에서는 지금도 그 제도들이 많이 살아남았다.), 다른 측면에서는 계몽주의의 인도적 발전을 난폭하게 과거로 되돌렸다. 나폴레옹은 쿠데타로 권력을 쥐었고, 입헌 정부를 진압했고, 노예제를 다시 도입했고, 전쟁을 미화했고, 교황을 통해 황제 칭호를 받았고, 가톨릭을 국교로 다시 지정했고, 세 명의 형제와 한 명의 매제를 외국 왕위에 앉혔고, 생명을 범죄에 가깝도록 경시하면서 무자비한 영토 확장 원정을 벌였다.

벨은 혁명기와 나폴레옹 시대 프랑스가 민족주의, **그리고** 유토피아

이데올로기의 결합에 사로잡혔다고 말했다.[107] 앞선 기독교의 유토피아적 이상주의나 나중에 올 파시즘과 공산주의처럼, 그 이데올로기는 구세주적이었고, 묵시록적이었고, 확장적이었고, 스스로의 올바름을 확신했다. 상대는 누구든 구제불능의 악으로 여겼다. 신성한 대의를 위해 반드시 제거해야 하는 존재론적 위협으로 여겼다. 벨에 따르면, 군사적인 유토피아적 이상주의는 인도적 진보를 추구하는 계몽주의의 이상이 일그러진 형태이다. 혁명가들에게 칸트의 "영구 평화는 기초적인 도덕률에 합치하기 때문에 가치 있는 것이 아니라 문명의 역사적 진보에 합치하기 때문에 가치 있는 목표였다. …… 그 때문에 미래 평화의 이름으로는 그 어떤 수단도, 심지어 적을 궤멸시키는 전쟁마저도 정당화된다는 생각이 뒤따랐다."[108] 칸트 자신은 이런 반전을 경멸했다. 칸트는 그런 전쟁이 "온 인류의 무덤 위에서 영구 평화를 가져다줄 것"이라고 말했다. 구부러진 나무와도 같은 인간성을 칸트 못지않게 통감했던 미국의 설립자들도 제국적 혹은 구세주적 지도자의 등장에 대해서 바람직한 두려움을 품었다.

프랑스 이데올로기가 총검으로 온 유럽에 전파되었다가 막대한 대가 끝에 마침내 격퇴되자, 이번에는 그에 대응하는 여러 움직임이 생겨났다. 4장에서 언급했듯이, 그것들은 반계몽주의 사상으로 통칭할 수 있다. 하워드에 따르면, 그런 움직임들의 공통분모는 "개인이 이성과 관찰만으로 공정하고 평화로운 사회의 기본 법칙을 써낼 수는 없다는 생각, 인간은 어디까지나 공동체의 구성원이고, 자기도 모르게 공동체에 의해 빚어진 존재이며, 따라서 공동체가 그의 충성을 요구해 마땅하다는 생각"이었다.

앞에서 반계몽주의의 두 흐름을 이야기했던 것을 기억하는가? 그 흐름들은 프랑스로 인한 혼란에 정반대 방식으로 대응했다. 첫 번째 흐름은 에드먼드 버크의 보수주의였다. 사회적 관습은 인류의 어두운 면을 길들인 문명화 과정의 실행 도구로서 시간의 시험을 견딘 것이므로 지식인과 개혁가가 명시적으로 정식화한 명제들 못지않게 존중되어야 한다고 보는 견해였다. 사실 버크식 보수주의는 그 자체가 이성의 훌륭한 적용으로, 계몽주의적 인도주의에 작은 손질을 가한 것뿐이었다. 반면에 요한 고트프리트 폰 헤르더의 낭만적 민족주의는 그 이상을 산산조각 냈다. 낭만적 민족주의자들은 인류의 보편성이라고 불리는 무언가에 매몰되지 않는 독특함이 민족 집단에게 — 헤르더의 경우에는 **폴크**(Volk), 즉 독일 민족에게 — 존재한다고 믿었고, 민족 집단은 합리적인 사회적 계약보다는 피와 흙의 유대로 묶인다고 생각했다.

하워드는 "계몽주의와 반계몽주의, 개인과 부족의 변증법이 19세기 내내 유럽 역사에 침투하면서 그 형성에 적잖이 관여할 것이었고, 다음 세기에는 세계 역사에 침투할 것이었다."라고 썼다.[109] 버크식 보수주의, 계몽주의적 자유주의, 낭만적 민족주의는 두 세기 동안 상대를 바꿔 가며 동맹을 맺었다(때로는 속을 알 수 없는 협력자 관계가 되었다.).

1815년 빈 회의에서 강대국 정치가들은 향후 한 세기 동안 지속될 국제 관계 체제를 정립했다. 무엇보다도 안정을 목표로 삼았다는 점에서, 그것은 버크식 보수주의의 승리였다. 그럼에도 불구하고, 하워드의 관찰을 빌리면, 그 계획가들은 "프랑스 혁명 지도자들의 후예인 만큼이나 계몽주의의 후예였다. 그들은 왕의 신성한 권리도 교회의 신성한 권위도 믿지 않았다. 그러나 혁명이 엉망으로 어지럽힌 내부 질서를 회복하고 유지하려면 교회와 왕이라는 도구가 필요했기에, 그들의 권위를 모든 곳에서 회복하고 수호해야 했다."[110] 더 중요한 점은, "그들이 주요국 간 전쟁을 더 이상 국제 체제에서 불가피한 요소로 받아들이지 않았다는 것이다. 과거 25년의 사건들은 그 위험을 너무나 잘 보여 주었다." 강대국들은 평화와 질서를 보존할 의무를 졌다(그들은 그 둘을 거의 같게 보았다.). 그들이 결성한 유럽 협조 체제는 국제 연맹, 국제 연합, 유럽 연합의 선구였다. 국제적 리바이어던은 19세기 유럽의 장기적 평화에 대해 공로를 인정받아 마땅하다.

그러나 그 안정은 불균질하게 섞인 민족 집단들에게 군주가 강제로 가한 것이었다. 이내 집단들은 자신의 문제에 대한 발언권을 행사하며 아우성치기 시작했다. 그 결과가 민족주의였다. 하워드에 따르면, 그것은 "보편 인권에 기초했다기보다는 모든 민족들이 투쟁으로 자신만의 국가를 구축할 권리, 그렇게 생겨난 국가가 스스로를 방어할 권리에 기초했다." 단기적으로는 평화가 딱히 바람직하지 않았다. 평화는 "모든 민족들이 자유로워진 뒤에야 가능할 것이다. 그렇게 될 때까지 [민족들은] 폭력을 사용해 자유를 얻을 권리를 주장했다. 그들의 민족 해방 전쟁은 빈 체제가 예방하려고 했던 바로 그런 혼란이었다."[111]

민족주의 정서는 금세 갖가지 다른 정치 운동들과 결합했다. 일단 민족 국가가 등장하자 그것이 새로운 기성 체제가 되었고, 보수주의자들은 그 기성을 보전하려고 애썼다. 군주가 나라의 상징이 되면서 보수주의와 민족주의는 점차 융합했다.[112] 지식인들 사이에서는 낭만적 민족주의가 역사의 꿋꿋한 변증법적 진보를 믿는 헤겔주의와 뒤엉켰다. 루어드는 헤겔주의를 이렇게 요약했다. "무릇 역사는 어떤 신성한 계획이 성취되는 과정이다. 주권 국가는 그 계획이 스스로를 구현한 존재이고, 전쟁은 주권 국가들이 서로의 차이를 해소하는 방식이며, 그 결과 우월한 국가가 (가령 프로이센이) 득세하여 신성한 목적이 충족된다."[113] 이런 사상은 결국 파시즘과 나치즘의 구세주적, 군사적, 낭만적 민족주의 운동을 낳았다. 이와 비슷하게 역사를 꿋꿋이 진행되는 폭력적 해방의 변증법으로 간주하되 민족을 계층으로 바꾸면, 그 사상이 곧 20세기 공산주의

의 기반이다.[114)]

영국, 미국, 칸트식 계몽주의를 물려받은 자유주의자들은 점증하는 군국주의에 반대하지 않았을까? 그런 생각이 들 법하다. 그러나 그들은 곤경에 처한 상태였다. 군국주의에 반대한다고 해서 독재 군주나 제국을 변호할 수는 또 없었던 것이다. 하는 수 없이 자유주의는 '민족 자결(self-determination of peoples)'의 가면을 쓴 민족주의를 승인했다. 막연하나마 그것에는 민주적인 분위기가 있었기 때문이다. 안타깝게도, 민족주의가 겉으로 풍긴 인도주의의 분위기는 치명적인 제유법에 의존한 것이었다. '민족(nation)' 혹은 '민족 집단(people)'이란 용어는 그것을 구성하는 남녀노소 개개인을 뜻하게 되었고, 나아가 정치 지도자들을 뜻하게 되었다. 피와 살을 지닌 수많은 사람이 한 명의 통치자, 하나의 국기, 군대, 영토, 언어와 동일시되었다. 자유주의적 민족 자결 원칙은 우드로 윌슨이 1916년 연설에서 제창하여 제1차 세계 대전 이후 세계 질서의 기반이 되었는데, '민족 자결'의 내재적 모순을 제일 먼저 간파한 사람은 다름 아니라 윌슨의 국무 장관이었던 로버트 랜싱이었다. 랜싱은 일기에 이렇게 썼다.

> 그 표현에는 다이너마이트가 담겨 있다. 그 말은 결코 달성할 수 없는 희망을 부추길 것이다. 수천 명의 목숨을 대가로 치를까 봐 두렵다. 결국 그 말은 악평을 받을 것이고, 실제로 그 원칙을 행사하려는 사람들을 막기에는 너무 늦은 시점까지 미처 위험을 알아차리지 못한 어느 이상주의자의 꿈으로 불릴 것이다. 그 표현을 발설한 것은 얼마나 큰 재앙이런가! 어떤 참상이 벌어질런가! 자신이 뱉은 말 때문에 죽어 간 사람들을 헤아리는 자의 심정을 생각해 보라![115)]

랜싱이 틀린 점이 하나 있었다. 그 대가가 수천 명이 아니라 수천만 명의 목숨이었다는 점이다. '민족 자결'이 위험한 것은, 어떤 민족 문화적 집단이 어떤 땅과 동일하다는 의미에서의 '민족'이란 존재할 수 없기 때문이다. 나무나 산과 같은 풍경의 요소와는 달리, 사람은 발이 있다. 사람은 더 좋은 기회가 있는 장소로 움직이고, 나중에 친구와 친척까지 초대한다. 집단들이 섞이면서 풍경은 프랙탈처럼 바뀐다. 소수 집단 내에 소수 집단 내에 소수 집단이 생긴다. 어떤 영토에서 주권을 행사하는 정부는 스스로 '민족'을 구현한다고 주장하지만, 사실은 거주자 중 많은 이들의 이해를 구현하지 않는다. 그러면서도 한편으로는 다른 영토에 거주하는 사람들에 대한 소유권을 주장한다. 만일 우리가 정치적 경계와 인종적 경계가 일치하는 세상을 낙원으로 여긴다면, 지도자들은 인종 청소와 민족 통일 캠페인으로 낙원을 앞당기려고 할 것이다. 또한 자유 민주주의와 인권에의 확고부동한 헌신이 없는 상태에서는, 민족과 정치적 통치자를 동일시하는 제유법 때문에 어떤 국제적 연합이든 (가령 국제 연합 총회가) 우스꽝스러운 모조품으로 변질될 것이다. 시시한 독재자에 지나지 않는 통치자들이 국가들의 동맹에서 환영 받을 테고, 제 국민을 굶기고 가두고 죽이는 데 대한 전권을 인정받을 테니까.

19세기에 유럽의 오랜 평화를 중단시킨 또 다른 사조는 낭만적 군사주의였다. 즉, 전략적 목표와는 별개로 전쟁 그 자체를 건전한 활동으로 받드는 관점이었다. 자유주의자이건 보수주의자이건 전쟁이 영웅주의, 자기희생, 남자다움과 같은 훌륭한 정신적 자질을 끌어낸다고 생각했고, 따라서 전쟁은 부르주아 사회의 나약함과 물질주의를 정화하고 활력을 고취시킬 치료법으로서 꼭 필요하다고 했다. 요즘은 사람을 죽이고 물자를 파괴하는 사업에 감탄할 만한 장점이 내재되어 있다는 생각은 미친 소리로 들릴 뿐이지만, 당시에는 작가들이 그런 생각을 마구 뱉어 냈다.

> 전쟁은 거의 언제나 사람들의 마음을 넓히고 인격을 향상시킨다.
>
> — 알렉시스 드 토크빌

> [전쟁은] 삶 자체이다. …… 우리가 먹고 먹혀야만 세상이 살아갈 수 있다. 전쟁을 치르는 나라는 번성하고, 무기를 내려놓는 나라는 곧 죽는다.
>
> — 에밀 졸라

> 전쟁의 장엄함은 하찮은 한 인간이 국가라는 위대한 개념 속에서 철저히 사멸한다는 데 있다. 전쟁은 동포를 위한 희생의 훌륭함 …… 사랑, 우정과 같은 상호 정서의 힘을 제대로 보여 준다.
>
> — 하인리히 폰 트라이치케

> 전쟁이 예술의 근본이라고 내가 말했을 때, 전쟁이 인간의 모든 미덕과 재능의 근본이라는 뜻도 담겨 있었다.
>
> — 존 러스킨

> 전쟁은 끔찍하지만 필요하다. 사회 경직과 정체로부터 국가를 구원하기 때문이다.
>
> — 게오르크 빌헬름 프리드리히 헤겔

[전쟁은] 정화이자 해방이다.

— 토마스 만

전쟁은 인류 진보에 필요하다.

— 이고르 스트라빈스키[116)]

대조적으로 평화는 "꿈이고, 하물며 유쾌한 꿈도 아니다." 독일의 군사 전략가 헬무트 폰 몰트케는 계속해서 "전쟁이 없으면 세계는 물질주의에서 나뒹굴 것이다."라고 말했다.[117)] 프리드리히 니체도 동의했다. "인류가 전쟁을 잊을 수 있다고 크게 기대하는 것은 (사실은 기대하는 것 자체가) 망상이자 단순히 기분 좋은 정서일 뿐이다." 영국 역사학자 J. A. 크램은 평화를 가리켜 "세계가 우둔한 만족에 잠긴" 상태라고 했다. "태양의 심장에 얼음이 스밀 때에야, 자취 없이 캄캄해진 별들이 제 궤도에서 벗어날 때에야, 비로소 실현될 악몽"이라고 했다.[118)]

전쟁에 반대한 사상가, 예를 들어 칸트, 애덤 스미스, 랠프 월도 에머슨, 올리버 웬들 홈스, H. G. 웰스, 윌리엄 제임스도 전쟁을 좋게 말한 적이 있었다. 제임스는 1906년에 「전쟁의 도덕적 등가물」이라는 글을 썼는데, 이때 그 등가물은 전쟁처럼 **나쁜** 것이 아니라 전쟁처럼 **좋은** 것을 뜻했다.[119)] 그가 서두에서 당시의 군사적 낭만주의를 비아냥거리기는 했다.

그런 '공포'는 우리의 유일한 대안으로 여겨지는 세상에서 탈출하는 대가치고는 싼 편이다. 점원과 선생의 세상, 남녀 공학과 동물 애호의 세상, '소비자 연맹'과 '자선 단체'의 세상, 무한한 산업주의와 뻔뻔한 여성주의의 세상 말이다. 더 이상 조소도, 준엄함도, 용맹도 없다니! 가축우리 같은 그딴 세상은 꼴 보기도 싫다!

그러나 뒤이어 이렇게 시인한다. "우리는 새로운 정력과 배짱으로, 군인들이 충성스럽게 고수하는 남자다움을 이어 가야 한다. 군사적 덕목이 영구적인 결합제가 되어야 한다. 용감함, 나약함의 경멸, 개인적인 이익의 포기, 명령에의 복종이 앞으로도 국가 건설의 주춧돌이 되어야 한다." 그래서 그는 강제 징병 제도를 추천했다. "우리 귀공자들을 소집하여" 탄광, 주물소, 어선, 건설 현장으로 보냄으로써 "그들에게서 유치함을 벗기자."고 주장했다.

낭만적 민족주의와 낭만적 군사주의는 서로 부채질했다. 독일이 특히 그랬다. 독일은 유럽 국가들의 대열에 늦게 합류했고, 자신도 제국이 되어야 마땅하다고 느꼈다. 한편, 영국과 프랑스의 낭만적 군사주의는 사람들에게 전쟁의 전망이 생각만큼 끔찍하지는 않다고 보증했다. 오히려 반대라고 했다. 힐레르 벨록은 "나는 거대한 전쟁을 갈망한다! 그것은 유럽을 빗자루로 쓸어버릴 것이다!"라고 썼다.[120] 폴 발레리도 비슷하게 느꼈다. "나는 괴물 같은 전쟁을 갈망하다시피 한다."[121] 셜록 홈스마저 가담했다. 아서 코넌 도일은 1914년에 홈스의 입을 빌려 말했다. "전쟁은 냉혹할 것이라네, 왓슨, 우리 중 적잖은 수가 그 포화에 스러지겠지. 그럼에도 그것은 신이 일으킨 바람이라네. 폭풍이 걷힌 뒤에는 더 깨끗하고 훌륭하고 강인한 땅이 햇살 아래 놓여 있을 것이라네."[122] 은유가 융성했다. 빗자루, 상쾌한 바람, 가지를 치는 가위, 깨끗하게 쓸어가는 폭풍, 정화의 불. 시인 루퍼트 브룩은 영국 해군에 입대한 직후에 이렇게 노래했다.

> 이제 심판의 시간을 만나게 하신 신께 감사하오니,
> 그는 우리의 젊음을 붙잡고, 우리를 잠에서 깨워,
> 흔들림 없는 손, 맑은 눈, 예리해진 힘으로,

돌아서게 하네, 깨끗한 물에 뛰어드는 사람들처럼.

"당연히, 그들은 깨끗한 물에 뛰어든 것이 아니라 피 웅덩이를 헤치고 나아가야 했다." 2004년에 비평가 애덤 고프닉은 제1차 세계 대전으로부터 한 세기 가까이 지나서도 여태 그 전쟁의 발발 원인을 알아내려고 애쓰는 일곱 권의 책에 대한 서평에서 그렇게 말했다.[123] 그것은 얼얼할 정도의 살육이었다. 겨우 4년 만에 전투에서 860만 명이 죽었고, 전체로는 약 1500만 명이 죽었다.[124] 낭만적 군사주의만으로는 이 살육의 향연을 설명할 수 없다. 작가들은 최소한 18세기부터 줄곧 전쟁을 미화했지만, 19세기 나폴레옹 이후에는 전례없이 오랫동안 강대국 간 전쟁이 없었다. 전쟁은 파괴적 흐름들이 일으킨 최악의 폭풍이었다. 마르스 여신의 강철 주사위 때문에 느닷없이 발생한 폭풍이었다. 군사주의와 민족주의라는 이데올로기적 배경, 강대국들의 신용을 위협하는 갑작스런 명예 경쟁, 지도자들을 겁주어 선제공격으로 이끄는 홉스의 함정, 저마다 신속한 승리를 자신하는 망상, 막대한 병력을 전선으로 운반할 수 있고 그들이 도착하자마자 벨 수 있는 전쟁 기계들, 양쪽이 지수적으로 커지는 비용을 쏟아부어 파멸의 상황에 이르고야 마는 소모전 게임. 어느 세르비아 민족주의자의 운수 나쁜 날 때문에 이 모든 일이 시작되었던 것이다.

이데올로기의 시대 속 인도주의와 전체주의

1917년에 시작된 이데올로기의 시대에는 19세기 반계몽주의의 운명론적 신념 체계에 따라 전쟁의 경로가 정해졌다. 낭만적 군사주의는 이탈리아 파시즘과 일본 제국주의의 팽창 계획을 고취시켰고, 거기에 사이비 인종 과학을 더한 것이 독일 나치즘이었다. 이 나라들의 지도부는 근대 서구의 퇴폐적 개인주의와 보편주의에 맞섰고, 각자가 자국에게 마땅히 주어진 영역을 호령할 운명이라고 믿었다. 이탈리아는 지중해, 일본은 환태평양, 독일은 유럽이었다.[125] 제2차 세계 대전은 그 운명을 현실로 펼치려는 침략에서 시작되었다. 한편, 낭만적 군사주의에 물든 공산주의는 소련과 중국의 팽창 계획을 부추겼다. 이 나라들은 점점 더 많은 나라에서 프롤레타리아 혹은 농민이 부르주아를 진압하여 정권을 잡는 변증법적 과정이 펼쳐지기를 바랐고, 자신들이 그 과정을 돕기를 바랐다. 미국은 이런 움직임을 제2차 세계 대전 말에 그어진 국경과 비슷한 수준에서 봉쇄하겠다고 결심했고, 냉전은 그 산물이었다.[126]

그런데 이 내러티브에는 20세기에 가장 영구적인 영향을 미쳤을지도 모르는 한 가지 중요한 플롯이 빠져 있다. 뮬러, 하워드, 페인을 비롯한 정치 역사학자들이 상기시킨 바, 19세기에는 또 다른 움직임이 있었다. 계몽주의의 전쟁 비판도 이어지고 있었던 것이다.[127] 자유주의가 민족주의에게 약한 모습을 보였던 것과는 달리, 계몽주의는 인간 개개인의 이해가 가장 중요하다는 생각을 버리지 않았다. 그리고 민주주의, 상업, 보편 시민권, 국제법을 평화의 현실적인 수단으로 꼽았던 칸트의 이론을 주장했다.

19세기와 20세기 초 반전 운동의 두뇌 집단은 존 브라이트 같은 퀘이커 교도들, 윌리엄 로이드 개리슨 같은 노예제 폐지론자들, 존 스튜어트 밀이나 리처드 코브던 같은 온화한 상업 이론 지지자들, 레오 톨스토이, 빅토르 위고, 마크 트웨인, 조지 버나드 쇼, 철학자 버트런드 러셀 같은 평화주의 작가들, 앤드루 카네기나 (평화상으로 유명한) 알프레드 노벨 같은 산업가들, 많은 페미니스트들, 일단의 사회주의자들(이들의 모토는 '총검을 쥔 자도 맞는 자도 노동자'였다.)이었다. 일부 도덕 활동가들은 전쟁을 회피하고 억제하기 위한 새로운 제도들을 꾸렸다. 헤이그의 국제 중재 재판소, 전쟁 행위를 토론했던 일련의 제네바 협약 등이었다.

평화가 대중적 센세이션을 일으킨 것은 두 권의 베스트셀러 덕분이었다. 1889년에 오스트리아 소설가 베르타 폰 주트너는 전쟁의 섬뜩함을 일인칭으로 기술한 소설, 『무기를 내려놓으시오!』를 발표했다. 영국 저널리스트 노먼 에인절은 1909년에 『유럽의 시각적 환상』이라는 소책자를 냈고, 나중에 그것을 『거대한 환상』이라는 책으로 확장했다. 에인절은 그 책에서 전쟁이 경제적으로 무익하다고 주장했다. 원시 경제에서는 약탈이 수지맞는 일이었을지도 모른다. 황금, 땅, 자급자족하는 장인들의 생산물 등의 유한 자원에 부가 담겨 있었으니까. 그러나 교환, 신용, 분업에서 부가 창출되는 세상에서는 정복으로 부자가 될 수 없다. 광물은 땅에서 저절로 튀어나오지 않고, 곡물은 스스로 수확하지 않는다. 정복자는 비용을 들여 광부에게 캐게 해야 하고 농부에게 기르게 해야 한다. 정복자는 외려 더 가난해질 수도 있다. 정복에는 돈과 목숨이 드는 데다가, 상업을 통해 모두가 이득을 누릴 수 있는 신뢰와 협동의 그물망을 망가뜨리기 때문이다. 독일이 캐나다를 정복한들 소득이 없을 것이고, 매니토바 주가 서스캐터원 주를 정복한들 소득이 없을 것이다.

반전 운동은 독자들에게 인기가 높았지만, 주류 정치는 그것을 진지하게 받아들이기에는 지나치게 이상적인 생각으로 여겼다. 누군가는 주트너를 "은은한 어리석음의 향기"라고 불렀고, 그녀의 독일 평화 협회를 "남녀 공히 감상적인 자들로 구성된 희극적인 바느질 모임"이라고 불렀다. 에인절은 친구들로부터 "그런 짓을 그만두지 않았다가는 괴짜들, 유행을 쫓는 자들, 샌들을 신고 턱수염을 기르고 견과류만 먹으면서 지고의 사상을 추종하는 자들과 한통속으로 여겨질 것"이라는 충고를 들었다.[128] H. G. 웰스는 쇼를 "나이 들고서도 소꿉장난이나 하는 사람"으로 평하며, 이렇게 덧붙였다. "우리가 전쟁을 치르는 동안, 마치 병원에서 비명을 질러 대는 백치 아이처럼 쇼의 반주(伴奏)는 계속 울려 퍼질 것이다."[129] 에인절은 전쟁이 한물간 것이라고 주장하지 않았는데도 — 그는 그저 전쟁으로는 경제적 목적이 달성되지 않는다고 주장했고, 명예에 심취한 지도자들이 그럼에도 불구하고 모두를 전쟁으로 이끌 수 있다는 점을 걱정했다. — 독자들은 그렇게 해석했다.[130] 에인절은 제1차 세계 대전 이후 웃음거리가 되었다. 요즘도 그는 전쟁의 소멸이 임박했다고 믿는 순진한 낙관론의 상징으로 여겨진다. 내가 이 책을 쓰는 동안, 나를 찾아와서 걱정스럽게 노먼 에인절에 대해 알려 준 동료가 한 명이 아니었다.

그러나 뮬러에 따르면, 최후의 승자는 에인절이다. 제1차 세계 대전은 서구 주류의 낭만적 군사주의를 끝장냈고, 전쟁이 궁극에는 바람직하거나 불가피하다는 생각마저 끝장냈다. 루어드는 이렇게 지적했다. "제1차 세계 대전은 전쟁에 대한 전통적 태도를 바꾸었다. 더 이상 고의적인 개전(開戰)을 정당화할 수 없다는 생각이 역사상 처음으로 거의 보편적으로 퍼졌다."[131] 유럽이 막대한 인명 및 자원 손실로 비틀거렸기 때문만은 아니었다. 뮬러가 지적했듯이, 이전에도 유럽에는 이에 비견할 만큼 파괴적인 전쟁들이 있었지만 그때 국가들은 툭툭 털고 일어나서 아무것도 배우지 못했다는 듯이 재깍 새로운 전쟁에 뛰어들었다. 치명적 싸움의 통계에서도 싫증의 기미는 전혀 없지 않았던가. 뮬러는 이번에는 결정적인 차이가 있었던 탓이라고 설명했다. 언어로 구체적으로 표현된 반전 운동이 배경에 줄곧 도사리고 있다가 "내가 그렇다고 말했잖아."라고 나섰다는 점이다.

변화는 정치 지도자들과 문화 전반에서 드러났다. 거대한 전쟁의 파괴력이 분명해지자, 사람들은 그것을 '모든 전쟁을 끝낼 전쟁'으로 재정의했다. 그 전쟁이 끝나자, 세계 지도자들은 전쟁 포기를 공식적으로 선언하고 앞으로의 전쟁을 막을 국제 연맹을 창설함으로써 희망을 현실화하려고 노력했다. 지금 되돌아보면 서투르게만 느껴지는 조치들이지만, 당시에 그것은 과거와의 급진적인 결별이었다. 수백 년 동안 전쟁은 영광스럽고 영웅적이고 명예로운 것으로 간주되지 않았던가. 군사학자 카를 폰 클라우제비츠의 유명한 말을 빌리자면 그저 "다른 수단에 의한 정치의 연장"으로 간주되지 않았던가.

제1차 세계 대전은 최초의 '문학적 전쟁'이라고도 불렸다. 씁쓸한 회고담들이 몰려나와, 1920년대 말에는 이미 전쟁의 비극성과 헛됨이 상식이 되었다. 당시의 위대한 작품으로는 시그프리드 서순, 로버트 그레이브스, 윌프레드 오언의 시와 회고록, 베스트셀러 소설이자 영화였던 『서부 전선 이상 없다』, T. S. 엘리엇의 시 「텅 빈 사람들」, 헤밍웨이의 소설 『무기여 잘 있거라』, R. C. 셰리프의 희곡 「여행의 끝」, 킹 비더의 영화 「대행진」, 장 르누아르의 영화 「거대한 환상」 등이 있다. 마지막 영화의 제목은 에인절의 소책자에서 왔다. 인도주의적인 예술 작품들이 으레 그렇듯이, 독자는 이런 이야기를 읽으면서 자신이 일인칭으로 체험하는 듯한 느낌을 받았고, 타인의 고통에 좀 더 공감하게 되었다. 『서부 전선 이상 없다』에는 젊은 독일 병사가 자신이 방금 죽인 프랑스 사람의 시체를 뒤지는 불후의 장면이 있다.

당연히 그의 아내는 여전히 그를 생각하고 있으리라. 그녀는 그에게 무슨 일이 벌어졌는지 모른다. 그는 그녀에게 자주 편지를 썼을 것처럼 보였다. 그녀는 앞으로도 그의 편지를 받을 것이다. 내일이라도, 일주일 뒤라도. 어쩌면 잠깐 길을 잃었던 편지가 한 달 뒤에 도착할지도 모른다. 그녀는 그것을 읽을 것이고, 그 속에서 그는 여전히 그에게 말을 걸리라. ……

나는 그에게 대고 말했다. "…… 나를 용서해요, 친구. …… 어째서 사람들은 우리에게 당신들도 우리와 똑같은 가련한 인간일 뿐이고, 당신들의 어머니도 우리의 어머니와 똑같이 걱정할 것이고, 당신들도 우리와 똑같이 죽음을 두려워하고, 똑같이 죽으면서 똑같이 고통을 느낀다는 것을 말해 주지 않았을까요?" ……

"나는 당신의 아내에게 편지를 쓰겠습니다." 나는 죽은 남자에게 얼른 덧붙였다. …… "당신에게 방금 한 말을 그녀에게도 모조리 이야기하겠습니다. 그녀가 고통스러워하지 않도록 내가 도울 테고, 당신의 부모도, 당신의 아이도……." 나는 머뭇거리면서 그의 지갑을 집어 들었다. 지갑이 내 손에서 미끄러져 활짝 열렸다. …… 그 속에는 여자와 어린 소녀의 사진들이 들어 있었다. 담쟁이가 뒤덮인 벽 앞에서 찍은 아마추어 사진사의 작은 사진들이었다. 그것과 함께 편지들도 들어 있었다.[132)]

또 다른 병사는 어쩌다 전쟁이 시작되었느냐고 물었다가 이런 답을 듣는다. "보통 한 나라가 다른 나라에게 심한 모욕을 주었기 때문이지." 병사는 대꾸한다. "나라가? 이해가 안 됩니다. 독일의 산은 프랑스의 산에게 모욕을 줄 수 없습니다. 강도 나무도 밀밭도요."[133)] 뮬러는 이런 문학을 통해서 전쟁이 더 이상 영광스럽고 영웅적이고 신성하고 짜릿하고 남자답고 정화적인 것이 아니라는 결론이 내려졌다고 말했다. 이제 전쟁은 비도덕적이고 혐오스럽고 미개하고 헛되고 멍청하고 낭비적이고 잔인한 것이었다.

게다가 그 못지않게 부조리한 것이었다. 제1차 세계 대전의 직접적인 원인은 명예 대결이었다. 먼저 오스트리아-헝가리 지도자들이 세르비아에게 대공 암살을 사과하고 국내 민족주의 운동을 자신들이 만족할 만한 수준까지 소탕하라는 모욕적인 최후통첩을 전달했다. 그러자 러시아가 친구 슬라브 사람들을 대신하여 역정을 냈고, 독일은 친구 독일어 사용자들을 대신하여 러시아의 역정에 역정을 냈고, 결국 영국과 프랑스까지 가담하여, 체면과 모욕과 수치와 평판과 신용의 대결은 통제 불능으로 격화했다. 그들은 '이류 국가로 떨어질지도' 모른다는 두려움 때문에 고약한 치킨 게임에서 서로를 향해 돌진했다.

명예는 유럽의 피투성이 역사 내내 전쟁의 중요한 원인이었다. 그러나 팔스타프가 지적했듯이, 명예는 한낱 말일 뿐이다. 요즘 표현으로는 사회적 구성물이라고 해도 좋겠다. 그리고 '사람들의 험담이 그것을 가만히 놔두지 않을 것이다.' 정말로, 곧 험담이 등장했다. 동서고금을 통틀어 최고의 반전 영화는 막스 형제의 「식은 죽 먹기」(1933년)일 것이다. 그루초 막스가 연기한 루퍼스 T. 파이어플라이는 프리도니아의 새 지도자로서, 이웃 나라 실바니아 대사와 평화 협정을 맺어야 한다.

> 사랑하는 조국 프리도니아가 세계와 평화를 유지하는 데 총력을 기울이지 않아서야, 내게 주어진 크나큰 신뢰에 대한 보답이 아닐 테지. 트렌티노 대사를 만나게 되어 기쁘군. 우리 나라를 대신하여 그에게 진실한 우정의 악수를 청해야지. 그도 틀림없이 내 취지에 걸맞은 행동으로 응할 거야.
>
> 그런데, 안 그러면 어쩌지? 거참 볼 만한 광경이겠군. 내가 손을 내밀었는데 그가 맞잡지 않는다면 말이야. 내 위신에 퍽도 도움이 되겠어, 안 그래? 내가, 이 나라의 우두머리가, 외국 대사에게 퇴짜를 맞다니! 녀석은 제가 뭐라고 생각하기에 여기까지 와서 우리 국민들 앞에서 나를 얼간이로 만든담? 생각해 보라고. 내가 손을 내밀었어. 그런데 그 하이에나 같은 놈이 악수를

받아들이지 않아. 젠장, 치사하게 허세나 부리는 놈 같으니라고! 녀석에게 본때를 보여 주겠어, 두고 보라고! [대사가 들어온다.] 그래서, 네 녀석이 내 악수를 거부했다는 거지? [대사의 따귀를 때린다.]

대사: 티스데일 씨, 보자보자 하니 안 되겠군요! 이제 어쩔 수 없습니다! 이건 전쟁 선포예요!

이 대목에서 어처구니없이 노래가 터져 나오고, 막스 형제들은 운집한 병사들의 철모를 실로폰처럼 두드리면서 총알과 폭탄을 요리조리 피한다. 그동안 병사들의 제복이 계속 바뀌는데, 처음에는 남북 전쟁의 제복이었다가 다음에는 보이스카우트로, 영국 근위병으로, 너구리 가죽 모자를 쓴 변경 개척자로 바뀐다. 사람들은 전쟁을 결투에 빗대기도 했는데, 알다시피 결투는 결국 비웃음을 받으며 사라졌다. 전쟁도 그렇게 쪼그라들고 있었다. 어쩌면 오스카 와일드의 예언이 실현되었는지도 모른다. "전쟁이 사악한 것으로 여겨지는 한, 그 매력은 언제까지나 간직될 것이다. 그것이 천박한 것으로 여겨질 때, 그 인기가 사라질 것이다."

당대의 또 다른 고전적인 전쟁 풍자 영화는 찰리 채플린의 「위대한 독재자」(1940년)였다. 여기서는 농담의 표적이 달랐다. 일반적인 가상 국가의 성마른 지도자가 표적이 아니었다. 왜냐하면 대부분의 대중은 이미 군사적인 명예의 문화에 알레르기 반응을 보이고 있었기 때문이다. 어릿광대들은 그 대신 뻔히 동시대 독재자임을 알 수 있는 분장을 하고서 시대착오적 이상을 추구했다. 한 명장면에서, 히틀러와 무솔리니로 분장한 인물들은 이발소에서 상의하다가 서로 의자를 높여서 상대를 이기려 든다. 그러다가 둘 다 천장에 머리를 박는다.

뮬러에 따르면, 1930년대에는 유럽의 전쟁 기피 풍조가 독일 대중과 군사 지도자들에게까지 퍼졌다.[134] 독일인들은 베르사유 조약에 대한 악감정이 컸지만, 그것을 바로잡기 위해서 정복 전쟁을 일으키겠다는 사람은 거의 없었다. 뮬러는 당시 총리가 될 가능성이 조금이라도 있었던 지도자들을 모두 살핀 뒤, 히틀러 외에는 어느 누구도 유럽 정복의 열망을 보이지 않았다고 결론 내렸다. 역사학자 헨리 터너는 독일군의 쿠데타조차도 제2차 세계 대전으로 이어지지는 않았으리라고 주장했다.[135] 히틀러는 전쟁에 대한 세상의 염증을 이용했다. 그는 거듭 평화에 대한 사랑을 천명했다. 그는 자신을 막을 사람이 없다는 것을 알았다. 사실 아직은 그를 막을 수 있었던 시기였는데 말이다. 뮬러는 히틀러의 전기들을 검토함으로써, 세계 최대 격변에 대한 책임은 대체로 이 한 명의 인간에게 있다는 견해를 옹호했다. 다른 역사학자들도 이런 견해를 많이 갖고 있다.

> 1933년에 국가에 대한 통제력을 확보한 뒤, [히틀러는] 신속하고 단호하게 현재의 적대자나 미래의 적대자를 회유하고, 으르고, 압도하고, 허를 찌르고, 강등하고, 많이 죽였다. 그에게는 엄청난 에너지와 정력, 탁월한 설득력, 뛰어난 기억력, 강한 집중력, 압도적인 권력욕, 자신의 임무에 대한 광신적인 확신, 기념비적인 자신감, 독특한 대담성, 대단한 거짓말 능력, 최면을 거는 듯한 웅변 스타일, 자신을 방해하거나 자신이 의도한 행동 경로에서 벗어나게 만들려는 사람을 철저히 무자비하게 대하는 능력이 있었다. ……
> 히틀러는 작업의 재료로 쓸 만한 혼돈과 불만이 필요했다. 물론 본인 스스로 그런 것을 많이 만들어 냈지만, 분명 도움도 필요했다. 그를 숭배하듯이 빌붙는 동료들, 멋대로 조작하고 움직일 수 있는 훌륭한 군대, 최면에 걸려 살육으로 인도될 대중. 혼란에 빠져 있고, 사분오열하고, 속기 쉽고, 근시안적이고, 배짱이 없는 상대 나라들, 그리고 싸움보다 먹히기를 택할 이웃 나라들. 히틀러는 이런 조건들도 물론 스스로 많이 만들었지만, 자신에게 주

어진 세상의 조건을 받아들인 뒤 그것을 제 목적에 맞게끔 다시 빚고 조작했다.[136)]

5500만 명이 죽은 뒤에야(일본의 동아시아 정복으로 인한 최소 1200만 명의 사망자도 포함한 수치이다.), 세계는 다시 한 번 평화에게 기회를 줄 수 있는 위치로 돌아갔다.

긴 평화: 몇 가지 숫자들

나는 이 장의 상당 부분을 할애하여 전쟁 통계를 소개했다. 그러나 이제 1945년 이후의 가장 흥미로운 통계를 볼 때가 되었다. 0의 통계이다. 0은 역사상 가장 치명적이었던 전쟁이 끝나고 한 세기의 3분의 2가 지나는 동안 갖가지 전쟁들의 칸에 놀랍도록 많이 기입된 숫자이다.

• 0은 충돌에서 핵무기가 사용된 횟수이다. 현재 다섯 강대국이 핵무기를 갖고 있고, 모두가 그동안 전쟁을 치렀다. 그렇지만 그들이 격분하여 터뜨린 핵무기는 하나도 없었다. 강대국들이 상호 자살이나 다름없는 전면적 핵전쟁을 피했기 때문만은 아니다. 그들은 더 작고 '전략적인' 핵무기를 전장이나 적군 시설 폭격에서 쓰는 것도 꺼렸다. 그런 핵무기들의 파괴력은 통상적인 폭탄과 비슷한 편인데도 말이다. 미국은 자국이 핵을 독점했기 때문에 상호 확증 파괴를 걱정할 필요가 없었던 1940년대 말에도 핵 사용을 꺼렸다. 나는 이 책에서 폭력을 정량화할 때 줄곧 비율을 사용했다. 만약에 국가들이 실제로 저지른 파괴의 규모를 그들이 최대한 **저지를 수 있었던** 능력, 즉 당시 보유했던 파괴력에 대한 비로 계산해 본다면, 세계 대전 이후는 다른 어떤 시대와 비교하더라도 값의 단위가 다를 만큼 평화로운 시대로 확인될 것이다.

이것은 결코 기정사실이 아니었다. 냉전이 갑자기 끝나기 전에는 많은 전문가가 (알베르트 아인슈타인, C. P. 스노, 허먼 칸, 칼 세이건, 조너선 셸 등등) 열핵 반응으로 인한 종말의 날이 닥칠 가능성을 높게 보았다. 결코 피할 수 없다고까지 생각하진 않았더라도 말이다.[137] 이를테면, 저명한 국제관계 연구자 한스 모겐소는 1979년에 이렇게 썼다. "세계는 제3차 세계대전을 향해 속수무책 나아가고 있다. 그것은 전략적 핵전쟁이다. 나는 그것을 막을 방법이 전혀 없다고 믿는다."[138] 《핵 과학자 게시판(Bulletin of the Atomic Scientists)》의 웹사이트에 따르면, 그들의 목표는 "핵무기에 대한 심도 깊은 분석, 기고, 보고서를 통해서 대중에게 널리 알리고 정책에 영향을 미치는 것"이다. 그들은 1947년부터 유명한 '지구 종말의 날 시계'를 공개했다. "인류가 파국적인 파괴에 — 그것을 자정으로 비유했다. — 얼마나 가까이 갔는지 보여 주는" 척도이다. 시계는 분침이 자정 7분 전을 가리키는 상태로 공개되었고, 이후 60년 동안 앞뒤로 몇 번 움직이면서 가깝게는 자정 2분 전까지(1953년), 멀게는 자정 17분 전까지(1991년) 가리켰다. 그러다가 2007년에 《게시판》은 60년 동안 결과적으로 고작 2분 움직인 시계는 손봐야 한다고 결정했는데, 이때 그들은 방식을 조정하는 대신 자정을 새로 정의했다. 이제 종말의 날은 '생태계의 피해, 범람, 파괴적 폭풍, 가뭄의 증가, 북극의 해빙' 등을 뜻한다. 이것은 일종의 진보가 아니겠는가.

• 0은 냉전의 주인공인 두 초강대국이 전장에서 서로 싸운 횟수이다. 물론 그들은 가끔 상대의 작은 동맹국과 싸웠고, 종속국 간의 대리전을 부추겼다. 그러나 미국이나 소련이 경합 지역으로 군대를 보내면 (가령 베를린, 헝가리, 베트남, 체코슬로바키아, 아프가니스탄) 상대는 물러나 있었다.[139] 이 차이는 굉장히 중요하다. 앞에서 보았듯이, 큰 전쟁 하나가 작은 전쟁 여러 개보다 훨씬 더 많이 죽이기 때문이다. 과거의 강대국들은

적국이 중립국을 침략하면 전장에서 불쾌함을 표현했다. 그러나 1979년에 소련이 아프가니스탄을 침공했을 때, 미국은 모스크바 하계 올림픽에서 대표단을 철수시킴으로써 불쾌함을 표현했다. 냉전은 미하일 고르바초프가 권력을 쥔 직후인 1980년대 말에 모든 사람들이 놀라는 가운데 총성 한 방 없이 막을 내렸다. 이어 베를린 장벽이 평화롭게 철거되었고, 소비에트 연방이 대체로 평화롭게 해체되었다.

• 0은 1953년 이래 강대국들이 서로 싸운 횟수이다(어쩌면 1945년으로 봐야 할지도 모른다. 한국 전쟁 이전의 중국은 강대국 클럽에 끼워 주지 않는 정치학자가 많기 때문이다.). 1953년부터 지금까지 전쟁이 없다는 이 기록은 종전의 최장 기록이었던 19세기의 38년과 44년을 가뿐히 깬다. 1984년 5월 15일을 기점으로 세계 강대국들은 로마 제국 이래 역사상 최장 기간 서로 평화를 유지한 셈이다.[140] 튜턴 족이 로마에 도전했던 기원전 2세기 이래, 이렇게 오래 군대가 라인 강을 건너지 않은 시대는 또 없었다.[141]

• 0은 제2차 세계 대전이 끝난 뒤 서유럽 나라들이 서로 싸운 국가 간 전쟁 횟수이다.[142] 그리고 소련이 잠시 헝가리를 침공했던 1956년 이래 유럽 전체에서 국가 간 전쟁이 발생한 횟수이다.[143] 그 전에는 유럽 국가들이 1400년부터 줄곧 **연간** 두 건씩 새로운 무력 충돌을 일으켰다는 점을 잊지 말자.

• 0은 1945년 이래 세계의 주요 선진국들이 (일인당 소득에서 상위 44개 나라를 말한다.) 서로 싸운 국가 간 전쟁 횟수이다(이번에도 1956년의 헝가리 침공은 예외이다.).[144] 오늘날 우리는 작고 가난하고 후진적인 나라에서 전쟁이 벌어지는 것을 당연하게 여기지만, 두 번의 세계 대전과 이름이 하이픈으로 연결된 과거 유럽의 숱한 전쟁들은 (프랑스-프로이센 전쟁, 오스트리아-프로이센 전쟁, 러시아-스웨덴 전쟁, 영국-스페인 전쟁, 영국-네덜란드 전쟁) 상황이 늘 그렇지는 않았다는 사실을 일깨운다.

• 0은 1940년대 말 이래 선진국들이 다른 나라를 정복함으로써 영토를 확장한 횟수이다. 폴란드가 지도에서 지워지는 일은 더 이상 없었고, 영국이 인도를 제국에 추가하는 일도, 오스트리아가 발칸 반도의 외딴 나라를 삼키는 일도 없었다. 또한 0은 1975년 이래 어떤 나라가 다른 나라의 **일부**라도 정복한 횟수이고, 1948년 이래 어떤 나라가 다른 나라를 영구적으로 정복한 횟수와도 크게 차이 나지 않는다(이 변화는 잠시 뒤에 자세히 이야기하겠다.).[145] 강대국들의 확장은 오히려 거꾸로 진행되었다. 유럽 국가들은 '세계 역사상 최대의 권력 이전'이라고 불리는 과정을 밟으면서 방대한 영토를 포기했다. 제국들은 문을 닫았고, 식민지들에게 독립을 허락했다. 때로는 평화롭게 벌어진 변화였고, 때로는 그 나라들이 식민 전쟁을 이기겠다는 의지를 잃은 탓이었다.[146] 6장에서 이야기하겠지만, 지금은 전쟁의 두 종류가 — 식민지를 얻으려는 제국 전쟁, 식민지를 유지하려는 식민 전쟁 — 통째 자취를 감췄다.[147]

• 0은 제2차 세계 대전 이후 국제적으로 국가의 지위를 인정받은 나라들 중 정복을 당해 존재가 지워진 나라의 수이다(1975년 남베트남과 북베트남의 통일을 정복으로 보느냐, 국제화된 내전의 종식으로 보느냐에 따라 남베트남은 예외일 수도 있다.).[148] 대조적으로, 20세기 전반부에는 22개 나라가 점령되거나 흡수되었다. 당시에는 총 국가 수가 지금보다 훨씬 적었는데도 말이다.[149] 1945년 이래 수십 개 나라가 독립했고, 이후 몇몇 나라는 조각이 났지만, 1950년 세계 지도에 그어졌던 선들은 2010년의 지도에도 대체로 고스란히 남아 있다. 한때 통치자들이 제국주의적 팽창을 자신의 직무로 간주했던 세상에서는 이 또한 놀라운 발전이다.

✤ ✤ ✤

이 장의 요지는, 이런 0들도 — 긴 평화를 뜻한다. — 과거 역사에서 수시로 등장하여 폭력을 줄였던 심리적 조율의 결과라는 것이다. 이 경우에는 구체적으로 선진국 주류 사회에서 (그리고 차차 전 세계에서) 전쟁을 범주화하는 공통의 인식이 변한 탓이다. 대부분의 인류 역사에서, 권력과 위신과 복수를 열망하는 유력 인사들은 정치 네트워크가 자신의 열망을 재가하리라고 믿어도 좋았다. 그 열망을 충족하려는 시도에 희생된 사람들에 대해서는 공감하지 않을 것이라고 믿어도 괜찮았다. 한마디로, 그들은 전쟁의 정당성을 믿었다. 물론 전쟁의 심리적 요소들은 여태 존재하지만 — 우세, 복수, 냉담, 부족주의, 집단 사고, 자기기만 — 1940년대 말 이래 유럽과 다른 선진국들에서는 이것이 해체되기 시작했다. 그래서 전쟁이 줄었다.

어떤 사람들은 개발 도상국에서는 여전히 전쟁이 벌어진다는 점을 들어 이 대단한 발전을 깎아내린다. 폭력이 준 게 아니라 위치를 바꾼 것뿐일지도 모른다는 것이다. 나중에 6장에서 세계 다른 지역들의 무력 충돌을 살펴볼 테니, 지금은 일단 그 반대가 옳지 않다는 것만 짚고 넘어가자. 폭력 보존의 법칙 따위는 없다. 세계의 어느 지역에서 폭력이 억압되면 그것이 축적되었다가 다른 지역에서 불룩 솟는, 그런 체계는 없다. 부족 전쟁, 내전, 사적인 전쟁, 노예 약탈, 제국 전쟁, 식민 전쟁은 수천 년 전부터 개발 도상국들의 영토를 달구었다. 몇몇 가난한 지역에서 전쟁이 계속되는 세상이 부유한 나라와 가난한 나라에서 **동시에** 전쟁이 벌어지는 세상보다 낫다. 부유하고 강력한 국가는 비교할 수 없이 더 큰 피해를 일으킬 수 있기 때문에 더더욱 그렇다.

긴 평화는 당연히 영구 평화가 아니다. 역사의 통계를 이해하는 사람이라면, 앞으로는 절대로 강대국, 선진국, 유럽 국가 간의 전쟁이 일어나지 않으리라는 예측은 감히 못할 것이다. 그러나 확률은 우리에게 유의미한 기간 내에도 바뀔 수 있다. 강철 주사위가 전쟁을 개시하는 확률이 감소할 수 있다. 멱함수 선이 가라앉거나 기울 수 있다. 세계 대부분의 지역에서는 바로 그런 일이 벌어졌던 것으로 보인다.

통계적 이해를 바탕으로 하여 제기할 만한 대안의 가능성이 하나 더 있다. 어쩌면 확률은 전혀 변하지 않았을지도 모른다. 평화의 기간은 사실 무작위로 길어지고 있을 뿐인데, 우리가 그것을 과대 해석하는 것일지도 모른다. 마치 우리가 전쟁과 잔학 행위의 무작위 분포에 나타난 덩어리들을 과대 해석하기 쉬운 것처럼 말이다. 어쩌면 전쟁의 압력은 줄곧 쌓이고 있고, 당장이라도 폭발할지 모른다.

그러나 또 어쩌면 그렇지 않을지도 모른다. 치명적 싸움의 통계를 보자면, 전쟁은 진자나 압력솥이나 충돌하는 덩어리가 아니다. 전쟁은 과거에 대한 기억이 없는 주사위 게임이고, 심지어 확률이 변하는 게임일 수도 있다. 평화가 무한히 이어질 수도 있음을 역사로 증명해 보이는 나라도 많다. 뮬러가 꼬집었듯이, 전쟁의 열병이 정말로 주기적이라면 "지금쯤 스위스, 덴마크, 스웨덴, 네덜란드, 스페인 사람들은 싸움을 앞두고 **으르렁거리고** 있어야 한다."[150] 요즘 캐나다 사람들과 미국 사람들이 세계 최장의 무방비 국경을 넘는 침략이 늦어도 한참 늦었다며 매일 잠 못 이루는가?

그저 순수한 운이 연속되었을 가능성은 어떨까? 역시 그럴듯하지 않다. 전후 시대는 500년 전에 강대국들이 이 땅에 등장한 이래 가장 긴 평화의 시대이다.[151] 유럽 국가들도 예의 호전적 역사를 통틀어 가장 긴 평화를 이어 가고 있다. 지난 세기들의 전쟁 발생률을 고려할 때, 오늘날 긴 평화의 0들과 0에 가까운 수치들은 어떤 통계 기법으로 확인하더라도 가능성이 극히 낮은 사건이다. 1495~1945년 사이 강대국 간 전쟁 발생률을 기준으로 삼는다면, 65년 동안 강대국 간 전쟁이 단 한 건만 벌어질 확률은 (그 한 건은 간신히 강대국 간 전쟁에 포함시킬 만한 한국 전쟁이다.) 1000분의 1이다.[152] 시작점을 1815년으로 잡아서 나폴레옹 이후 평화로웠던 19세기부터만 따져 기준을 낮추더라도, 우리에게 불리한 이 조건에서조차 전후 강대국이 관여한 전쟁이 최대 네 건만 벌어질 확률은 0.004가 못 된다. 유럽 국가 간 전쟁이 최대 한 건만 벌어질 확률은 (그 한 건은 1956년 소련의 헝가리 침공이다.) 0.0008이다.[153]

물론, 확률 계산은 우리가 사건을 어떻게 정의하느냐에 달려 있다. 실제로 벌어진 일을 다 아는 상태에서 추정한 값과('데이터 스누핑'이라고도 하는 사후 비교이다.) 미리 예측한 값은(계획적 비교, 혹은 사전 비교) 전혀 다르다. 앞에서, 한 방에 57명이 있으면 그중 2명의 생일이 같을 가능성은 100분의 99라고 말했다. 이때 우리는 생일이 같은 두 사람을 먼저 확인한 뒤에 그 날짜를 짚는 것이다. 이에 비해, 누군가가 **나와** 생일이 같을 가능성은 7분의 1이 못 된다. 이때 우리는 날짜를 먼저 정하는 셈이다. 이 차이를 이용해서 사기를 칠 수도 있다. 가령 주식 시장의 향방에 대해 가능한 모든 예측을 하나씩 적은 뉴스레터들을 발송한다고 하자. 몇 달 뒤, 수신자 중 일부는 순전히 운 때문에 계속 정확한 예측만 받았을 것이고, 그래서 발송자를 천재라고 생각할 것이다. 긴 평화를 의심하는 사람들은 전쟁 없는 시기가 길게 이어진 뒤에 사후적으로 그것을 두고 소란을 피우는 것은 데이터 스누핑이나 마찬가지라고 주장할 수 있으리라.

그러나 실은, 지금으로부터 약 20년 전부터 일군의 학자들이 정확한 예측을 글로 남겼다. 그들은 전쟁 없는 년도가 쌓여 가고 있다고 지적했고, 그것을 새로운 사고방식 탓으로 돌렸으며, 그 사고방식은 앞으로도 그대로일 것이라고 기대했다. 글 제목과 작성 년도만 봐도 충분하다. 베르너 레비의 『전쟁의 종말이 다가온다』(1981년), 존 개디스의 「긴 평화: 전후 국제 체제의 안정화 요소들」(1986년), 칼레비 홀스티의 「묵시록의 기수들: 문 앞에 와 있는가, 비껴가는가, 퇴각하는가?」(1986년), 에번 루어드의 『무뎌진 칼: 현대 국제 정치에서 군사력의 침식』(1988년), 존 뮬러의 『종말의 날에서 물러나다: 주요 전쟁의 쇠퇴』(1989년), 프랜시스 후쿠야마의 「역사의 종말인가?」(1989년), 제임스 리 레이의 「노예제 폐지와 국제 전쟁의 종말」(1989년), 칼 케이슨의 「전쟁은 구식이 되었나?」(1990년).[154] 1988년에 정치학자 로버스 저비스는 그 학자들이 눈치챈 현상을 이렇게 설명했다.

> 전후 시기의 가장 충격적인 특징은 바로 그 이름이다. '전후'라고 불릴 수 있는 것은 강대국들이 1945년 이래 더 이상 싸우지 않았기 때문이다. 강력한 국가들 사이에 그토록 기나긴 평화가 유지되는 것은 선례가 없었던 일이다.[155]

이 학자들은 자신이 요행스러운 운의 연속에 속아 넘어간 게 아니라 미래 예측을 뒷받침하는 기저의 변화를 정확하게 지목했다고 자신했다. 1990년 초, 케이슨은 뮬러의 1989년 책을 검토한 서평에서 마지막에 이런 추신을 덧붙였다.

> 유럽의 — 그리고 전 세계의 — 국제 구조에 심대한 변환이 진행되고 있는 것이 분명하다. 과거에는 그런 변화가 전쟁으로 마무리되는 것이 예사였다. 그러나 내가 이 서평에서 소개한 논증에 따르면, 이번에는 그 변화가 전쟁 없이 벌어질 것이다(관련 국가들 내부의 폭력은 반드시 없다고는 할 수 없겠지만.). 1월 중순인 지금까지는 예감이 좋다. 저자와 독자들은 이 예측을 매일 열심히,

또한 초조하게 확인해 보게 되리라.[156)]

국가 간 전쟁의 쇠퇴를 일찌감치 내다본 발언은 군사 역사학자들의 입에서 나왔을 때 특히 통렬하다. 그들은 평생을 전쟁의 연대기에 빠져 산 사람으로서, 이번에는 다를지도 모른다는 가능성에 대해 누구보다 심드렁해야 마땅하기 때문이다. 1993년, 존 키건은 (하도 습관적으로 '탁월한' 군사 역사학자라고 불려서 그 표현이 이름의 일부처럼 느껴지는 인물이다.) 역작 『전쟁의 역사』에서 이렇게 썼다.

> 평생 전쟁에 대해 읽었고, 전쟁에 나간 사람들과 어울렸고, 전쟁 현장을 방문하며 그 영향을 관찰한 내가 볼 때, 전쟁은 인간들 사이에서 불만을 해소하는 바람직한 수단, 혹은 생산적인 수단으로서의 매력을 더 이상 갖지 못하는 것 같다. 하물며 합리적인 수단이 아님은 말할 것도 없다.[157)]

그 못지않게 탁월한 마이클 하워드는 1991년에 이미 이렇게 썼다.

> 고도로 발전한 사회들 간의 크고 조직적인 무력 충돌이라는 의미에서의 전쟁은 재발하지 않을 가능성이 상당히 높다. 안정된 국제 질서의 틀이 굳건히 확립될 가능성이 높다.[158)]

이들보다 결코 덜 탁월하지 않은 에번 루어드, 우리가 600년의 전쟁사를 돌아볼 때 안내인이 되어 주었던 그는 그보다도 앞선 1986년에 이렇게 썼다.

> 무엇보다도 놀라운 점은 유럽의 변화이다. 유럽에서 국제적 전쟁이 사실상

멎었다는 점이다. …… 유럽에서 이전 세기에 벌어진 전쟁의 규모와 빈도를 감안할 때, 이것은 엄청난 변화이다. 어쩌면 전쟁사의 모든 시점을 통틀어 가장 충격적인 불연속으로 꼽힐 만할지도 모른다.[159)]

그들은 20여 년 뒤에도 과거의 평가를 수정할 이유를 찾지 못했을 것이다. 진화 심리학이라는 홉스식 현실주의를 가미하고 선배들보다 더 넓은 범위를 다룬 군사 역사학자 아자르 가트는 2006년에 쓴 『인류 문명에서 전쟁』에서 이렇게 말했다.

부유한 자유 민주 국가들 사이에 …… 진정한 평화의 **상태**가 발달한 것 같다. 그 바탕에는 그들끼리의 전쟁이 가상의 선택지로도 사실상 제거되었다고 진심으로 믿는 마음이 깔려 있다. 역사에서 일찍이 이런 일은 없었다.[160)]

긴 평화: 태도와 사건

'진정한 평화의 **상태**'라는 가트의 말에서 강조 표시한 부분은 선진국 간 전쟁 횟수가 0이라는 현상은 물론이거니와, 그 나라들의 사고방식 변화도 지칭한다. 선진국들은 전쟁을 개념화하고 대비하는 방식에서 대대적인 변화를 겪었다.

1500년 이래 전쟁의 치사력이 갈수록 높아졌던 것은 (그림 5-16 참고) 징집이라는 연료 공급원이 있었기 때문이다. 국가가 군대를 재생 가능한 육체들로 채울 수 있었던 것이다. 나폴레옹 전쟁 시기에 대부분의 유럽 국가에는 모종의 징병 제도가 있었다. 양심적 거부는 거의 상상할 수 없는 개념이었고, 모집 방식은 1960년대에 미국 청년들을 두렵게 했던, '안녕하십니까?'로 시작되는 전보보다 훨씬 덜 정중했다. 영어에서 '**강제**

로 입대시키다(pressed into service)'라는 숙어는 '강제로 동원하다'라는 뜻으로 쓰이는데, 이것은 정부에 고용된 불량배가 길거리에서 남자들을 마구 낚아 육군이나 해군에 집어넣었던 강제 모병단 제도에서 온 말이다(미국 독립 전쟁 중 미국 해군은 거의 전부 이런 모병단이 조달한 인원이었다).[161] 의무 병역이 남자의 인생에서 상당 기간을 소비하는 경우도 있었다. 19세기 러시아에서는 농노의 경우 최대 25년을 복역했다.

징병은 국가가 개인에게 이중으로 무력을 가하는 것이다. 사람들은 강제로 병역을 치르는 데다가, 병역을 치르면서 불구가 되거나 죽을 확률이 높다. 존재론적 위협의 시절이 아닌 경우, 징병의 범위는 국가가 어디까지 힘을 행사할 의사가 있는지를 보여 주는 지표와 같다. 제2차 세계 대전 이후 수십 년 동안, 의무 병역 기간은 세계적으로 착실히 줄었다. 미국, 캐나다, 유럽 국가 대부분은 강제 징집을 아예 폐지했다. 다른 나라들에서도 강제 징집은 전투원 훈련 제도라기보다 국민 의식을 함양하는 제도로 기능한다.[162] 페인은 역사가 오래된 48개 국가를 대상으로 1970~2000년까지 병역 기간 통계를 수집했다. 나는 거기에 2010년 자료를 덧붙여 그림 5-19를 그렸다. 징집은 냉전이 끝나기 전인 1980년대 말부터 감소세였다. 1970년에는 이 나라들 중에서 징집하지 않는 나라의 비율이 19퍼센트였지만, 2000년에는 33퍼센트로 높아졌고 2010년에는 50퍼센트가 되었다. 추가로 최소 두 나라가 2010년대 초에 징병을 폐지할 계획이기 때문에(폴란드와 세르비아), 수치는 곧 50퍼센트를 넘을 것이다.[163]

전쟁 친화성의 또 다른 지표는 인구 대비 군대 규모이다. 징집으로 채웠든, 군대에서는 원하는 것을 뭐든 할 수 있다고 꾀는 텔레비전 광고로 모집했든. 페인에 따르면, 국가가 군복을 입히는 인구의 비율은 그 나라가 군사주의 이데올로기를 얼마나 포용하는지를 보여 주는 최적의 잣대

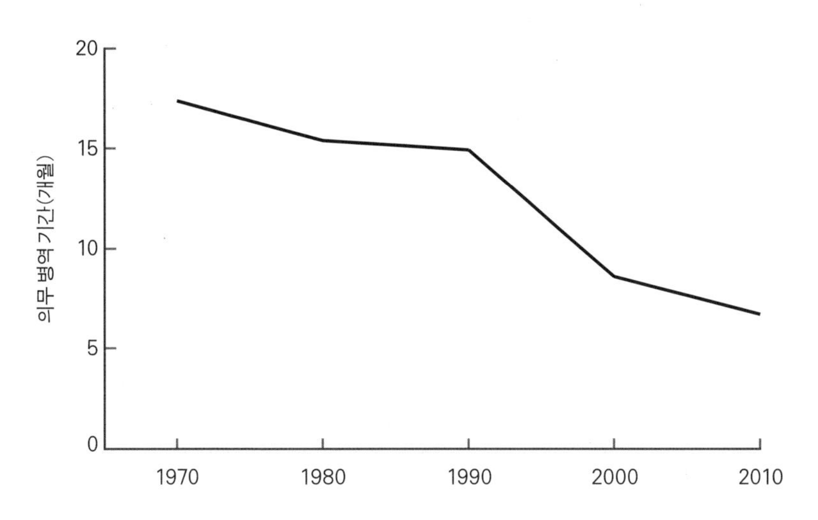

그림 5-19. 역사가 오래된 48개 주요 국가의 징집 기간, 1970~2010년.

출처: 1970~2000년 그래프: Payne, 2004, p. 74. 다음 데이터를 썼다.: International Institute for Strategic Studies(London), *The Military Balance*, various editions. 2010~2010년 데이터: *The Military Balance* (International Institute for Strategic Studies, 2010). 부족한 부분은 다음 자료로 보완했다.: *The World Factbook*, Central Intelligence Agency, 2010.

이다.[164] 미국은 제2차 세계 대전 이후 동원을 해산했지만, 곧 냉전으로 새 적이 생겼기 때문에 군대를 전전 수준으로 축소시키지는 않았다. 그러나 그림 5-20을 보면, 1950년대 중순 이후로는 감소세가 급격하다. 유럽은 그보다 더 일찍부터 군사 부문에 인적 자본을 투자하기를 꺼렸다.

오스트레일리아, 브라질, 캐나다, 중국을 비롯한 다른 큰 나라들도 지난 50년 동안 군대를 줄였다. 냉전이 끝난 뒤에는 그런 경향성이 세계로 퍼졌다. 오래된 나라들의 평균값은 1988년에 인구 1000명당 군 인력 9명으로 최고를 기록했고, 이후에는 줄어서 2001년에는 5.5명 미만으로 떨어졌다.[165] 감축된 인력 중 일부는 세탁, 급식 같은 비전투 기능을 민간 조달업자에게 아웃소싱한 결과였다. 또한 부유한 나라에서는 최전선 병력을 로봇이나 원격 조종기로 교체했다. 그러나 로봇 전쟁 시대는 아직 먼 미래이다. 최근 상황으로 보아, 여전히 군대 규모 예측에서 으뜸

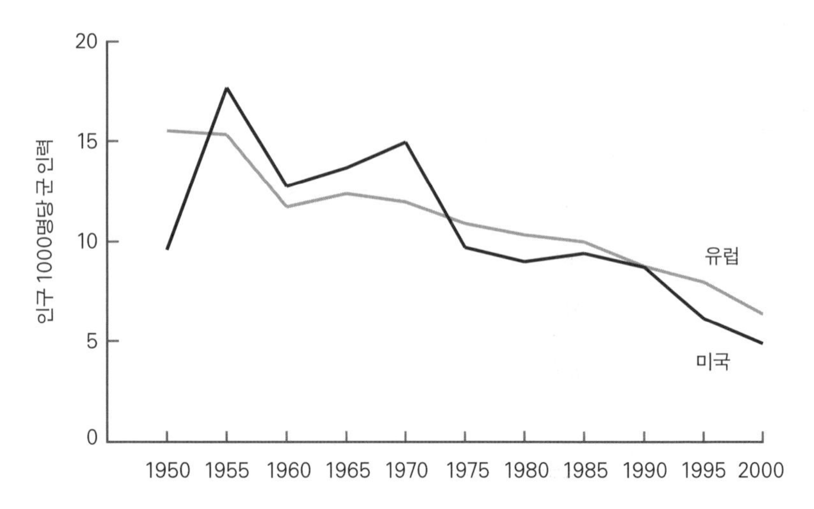

그림 5-20. 미국과 유럽에서 군 인력의 비율, 1950~2000년.

출처: Correlates of War National Material Capabilities Dataset (1816-2001); http://www.correlatesofwar.org, Sarkees, 2000. 가중치를 두지 않은 5년 단위 평균. '유럽'에 포함된 나라는 벨기에, 덴마크, 핀란드, 프랑스, 그리스, 헝가리, 아일랜드, 이탈리아, 룩셈부르크, 네덜란드, 노르웨이, 폴란드, 루마니아, 러시아/소련, 스페인, 스웨덴, 스위스, 터키, 영국, 유고슬라비아이다.

가는 제약은 현장에 투입할 신병의 수이다. 말이 나왔으니 말인데, 군 인력의 로봇화는 우리가 지금까지 살펴본 경향성의 한 징후이다. 국가들이 막대한 비용을 들여서 그런 기술을 개발하는 것은 국민의 생명이 그만큼 더 소중하고 비싼 것이 되었기 때문이다(뒤에서 이야기하겠지만 외국인의 생명도 마찬가지다.).

전쟁은 사람들의 마음에서 시작되므로, 평화의 방어는 사람들의 마음에서부터 구축해야 한다.

— 유네스코의 모토

긴 평화가 우연이 아님을 보여 주는 지표가 또 있다. 지도자들과 대중의 사고방식이 변했음을 확인시켜 주는 몇 가지 정상성 점검 항목들이다. 전쟁 친화적 사고방식의 모든 요소들은 — 국가주의, 영토에 대한 야심, 국제적 명예의 문화, 대중의 전쟁 수용, 인적 비용에 대한 무관심 — 20세기 후반부에 선진국에서 한물간 것이 되었다.

그 신호탄은 1948년에 48개 나라가 세계 인권 선언에 서명한 사건이었다. 선언은 이런 조항으로 시작된다.

> 제1조. 모든 인간은 자유롭게 태어났고, 동등한 존엄과 권리를 지닌다. 모든 인간은 이성과 양심을 갖고 있으며, 서로 우애로 행동해야 한다.
>
> 제2조. 모든 인간은 이 선언에 명시된 모든 권리와 자유를 누릴 자격이 있다. 인종, 피부색, 성별, 언어, 종교, 정치적 견해를 비롯한 여타 견해, 국적과 사회적 출신, 재산, 태생이나 기타 지위 등등 그 무엇을 근거로 한 차별도 있어서는 안 된다. 나아가 그 사람이 속한 국가나 영토의 정치적, 사법적, 제도적 지위를 근거로 한 차별도 있어서는 안 된다. 그곳이 독립국이든, 신탁 통치령이든, 자치권이 없는 곳이든, 달리 주권에 제약이 있는 곳이든 모두 마찬가지이다.
>
> 제3조. 모든 인간은 개인의 삶, 자유, 안전을 누릴 권리를 지닌다.

이런 선언은 듣기 좋은 말일 뿐 속 빈 강정이 아닐까? 그러나 정치 영역에서 인간 개개인이야말로 궁극의 가치라는 계몽주의적 이상을 승인하기 위해서, 서명국들은 궁극의 가치가 국가, 민족, 문화, 폴크, 계층 등의 연합체라는 한 세기 동안의 원칙으로부터 결별해야 했다(하물며 궁극의 가치가 군주이고 백성은 그의 소유라는, 그보다 더 앞선 원칙은 말할 것도 없다.). 세계 인권 선언의 필요성은 1945~1946년 뉘른베르크 전범 재판에서 드러났다.

몇몇 변호사들이 나치가 폴란드 같은 점령국에서 저지른 집단 살해에 대해서만 전범을 기소할 수 있다고 주장했던 것이다. 옛 사고방식에 따르면 나치가 제 영토 내에서 저지른 짓은 남들이 왈가왈부할 일이 아니었기 때문이다.

강대국들이 서명에 주저했다는 점도 선언이 허풍만은 아니었다는 증거이다. 영국은 식민지들 때문에, 미국은 흑인들 때문에, 소련은 괴뢰 국가들 때문에 우려했다.[166] 그러나 엘리너 루스벨트가 83번의 모임을 주재하면서 잘 이끈 덕분에 선언은 반대 없이 통과되었다(다만 소련 지역에서 기권 여덟 표가 나왔다는 점으로 신랄한 분위기를 짐작할 수 있다.).

그 시대가 반계몽주의 이데올로기와 의절했다는 점은 45년 뒤에 바츨라프 하벨이 명확하게 지적했다. 체코슬로바키아에서 비폭력 벨벳 혁명으로 공산주의 정부가 전복된 뒤 최초의 대통령이 되었던 극작가 출신의 하벨은 이렇게 썼다. "유럽이 민주적 기반에서 하나로 통합한다는 발상은 민족 국가를 국가 생명의 지고의 표현으로 간주했던 과거 헤르더식 사상을 극복한다는 점에서 위대하다."[167]

긴 평화에 기여한 한 가지 역설적인 요소는 국경의 동결이었다. 유엔은 기존 국가들과 국경들이 불가침의 존재라는 규범을 세웠고, 무력으로 그것을 바꾸려는 시도는 죄다 '공격'으로 악마화했다. 이런 새로운 사고방식 때문에, 영토 확장은 아예 테이블에서 치워졌다. 이제 그것은 국제 관계 게임에서 둘 수 있는 적법한 수가 아니었다. 국경은 합리적이지 않을 수 있다. 그 속의 정부에게 그곳을 다스릴 자격이 없을 수도 있다. 그야 어쨌든, 폭력으로 국경을 재조정하는 것은 이제 정치가들의 마음에서 애초에 가능한 선택지가 아니었다. 기존 국경을 불가침으로 여기는 것은 일반적으로 평화화 효과가 있었다. 그 이유는 정치학자 존 바스케스가 잘 지적했다. "전쟁의 논리적 근거가 되는 온갖 쟁점 중에서도 영토 문제는 가장 자주 전쟁과 결부되었다. 거의 모든 국가 간 전쟁은 어떤 식으로든 영토 문제에 결부되었다."[168)]

정치학자 마크 차허는 이 변화를 정량적으로 측정했다.[169)] 1951년 이래 국경에 중요한 변화를 일으킨 침략 사건은 10건뿐이었고, 그나마 전부 1975년 전이었다. 대부분 인구 밀도가 낮은 내륙이나 섬에 국기를 꽂은 경우였고, 일부는 정복자의 영토가 확장된 게 아니라 새로운 정치체가 탄생하는 결과를 낳았다(방글라데시가 그랬다.). 10건은 제법 많은 것처럼 보이겠지만, 그림 5-21이 알려 주듯이 이전 300년에 비하면 가파른 하강에 해당했다.

이스라엘은 규칙을 입증하는 예외이다. 1949년에 이스라엘과 아랍 군대가 멈춰 섰던 구불구불한 '녹색 선(그린 라인)'은 당시 어느 쪽에게도 받아들일 만한 것이 못 되었다. 특히 아랍 국가들에게 그랬다. 그러나 이후 수십 년 동안 국제 사회는 오로지 그 선만을 이스라엘의 올바른 국경선으로 여겼고, 그린 라인은 거의 신적인 위치를 차지하게 되었다. 이스라엘은 국제 압력에 굴복하여 과거에 여러 전쟁으로 점령했던 영토의 대부분을 양도했으며, 아마도 우리 생애 내에 나머지 지역에서도 철수할 것이다. 앞으로도 소규모 영토 교환이 더 있을 테고, 국경 이동을 금지하는 규범이 도시 분리를 금지하는 규범과 충돌하는 예루살렘에 대해서는 좀 더 복잡한 협정을 맺어야겠지만 말이다. 인도네시아의 동티모르 합병과 같은 다른 점령들도 원상 복귀되었다. 최근의 가장 극적인 사례는 1990년에 있었다. 사담 후세인이 쿠웨이트를 침공하자(1945년 이래 유엔 가입국이 다른 유엔 가입국을 통째 삼킨 유일한 사건이었다.), 혼비백산한 다국

그림 5-21. 영토가 재분배된 전쟁의 비율, 1651~2000년.

출처: 데이터: Zacher, 2001, tables 1 and 2. 데이터는 50년 단위로 그 중간 지점에 찍었지만, 20세기 후반은 25년마다 표시했다.

적 연합이 잽싸게 그를 권좌에서 몰아냈다.

국경을 신성시하는 심리는 감정 이입이나 도덕적 추론보다는 규범과 터부에서 나온다(이 주제는 9장에서 다루겠다.). 점잖은 나라들에게는 정복이 더 이상 상상 가능한 선택지가 못 된다. 오늘날 민주 국가의 정치인이 딴 나라를 정복하자고 제안한다면, 대중의 반응은 논박이 아니라 난처함, 황당함, 혹은 웃음일 것이다.

차허는 영토 보전의 규범이 정복뿐만 아니라 다른 종류의 국경 수정도 논외로 몰아냈다고 말했다. 탈식민화 시절에 독립한 신생 국가들의 국경은 수십 년 전에 어느 제국 행정관이 지도에 대충 그은 것이라서, 한 민족의 고향을 반으로 가르거나 여러 적대 부족을 한 덩어리로 모으기 일쑤였다. 그럼에도 새 지도자들이 한자리에 둘러앉아 백지 지도와 연필을 놓고 처음부터 국경을 다시 그리자는 움직임은 없었다. 소련과 유고슬라비아 연방이 해체되었을 때도, 내부에서 공화국과 지방을 나누던 점선이 주권 국가들을 나누는 실선으로 고스란히 이어졌다. 다시 그리는 일은 없었다.

지도에 임의로 그은 선을 신성화하는 것이 비논리적인 일로 보일 수도 있지만, 아무리 임의적이고 정당화하기 어려운 규범이라도 사람들이 그것을 존중하는 데는 이유가 있다. 게임 이론가 토머스 셸링이 지적했듯이, 협상의 양측이 자리를 박차고 나갈 때보다 타협할 때 더 나아질 선택지가 다양하게 존재할 경우, 무엇이 되었든 인식적으로 두드러진 경계표가 있다면 그것을 계기로 삼아서 양쪽 다 이득을 보는 합의안을 끌어낼 수 있다.[170] 예를 들어, 사람들은 가격을 흥정할 때 양쪽이 제안한 값의 차이를 나눠 부담하기로 함으로써 "그렇게 합시다."에 도달한다. 혹은 어림수로 타협을 본다. 공정한 가격이 얼마인지 따지면서 무한정 입씨름하지는 않는다. 멜빌의 『모비딕』에서 고래잡이들은 잡힌 고래는 잡은 사람의 것이라는 규범에 따른다. 그럼으로써 '더없이 성가시고 폭력적인 분쟁'을 피할 수 있다는 걸 알기 때문이다. 변호사들은 소유가 법의 거의 전부라고 즐겨 말한다. 좋은 담장이 좋은 이웃을 만든다는 것은 상식이다.

영토 보전의 규범을 존중한다면, 1930년대 유럽 지도자들이 히틀러를 놓고 벌였던 토론 같은 것은 더 이상 불가능하다. 그때만 해도 히틀러가 독일 국경을 독일 민족의 거주 영역과 일치시키기 위해서 오스트리아 전체와 체코슬로바키아의 큰 덩어리를 삼키는 일이 완벽하게 합리적인 일로 여겨졌던 것이다. 사실 이 규범은 19세기 말과 20세기 초에 민족 지도자들이 집착했던 민족 국가와 그 자매인 민족 자결에의 원칙을 꾸준히 잠식해 왔다. 여러 민족 집단이 섞여 프랙탈처럼 된 지역에 반듯한 국경을 긋는다는 것은 기하학적으로 불가능한 목표이기 때문이다. 요즘 사람들은 불가능을 달성하려고 끊임없이 시도하기보다는 기존 국경으로 살아가는 편이 낫다고 여긴다. 전자는 인종 청소와 민족 통일을 위한 정복을 야기하기 마련이니까.

영토 보전의 규범은 수많은 불공평을 낳는다. 필연적으로 어떤 민족 집단은 자신들의 안녕을 호의적으로 살펴 주지 않는 정치체 속에서 살게 되기 때문이다. 이슈멜도 이 점을 놓치지 않았다. 그는 "저 가공할 작살잡이 존 불(영국을 뜻한다. — 옮긴이)에게 가련한 아일랜드는 잡힌 고래가 아니고 무엇이겠는가?"라고 생각한다. 유럽의 평화로운 국경 중에서 일부는 편리하게도 제2차 세계 대전 중이나 이후에 진행된 대대적인 인종 청소 때문에 인구가 균질해진 지역이다. 독일인과 슬라브인 수백만 명을 강제로 삶터에서 뿌리 뽑아 내쫓았던 것이다. 오늘날의 개발 도상국들은 심지어 더 높은 기준을 고수한다. 사회학자 앤 히로나카가 지적했듯이, 그런 지역에서는 국가를 반드시 보존해야 하고 국경을 절대로 바꾸면 안 된다는 고집 때문에 내전이 더 길어지는 경향이 있다. 그러나 전반적으로 봐서는 신성한 국경의 규범이 세상에게 바람직한 거래였던 것 같다. 6장에서 이야기하겠지만, 다수의 작은 내전으로 인한 사망자는 소수의 큰 국가 간 전쟁으로 인한 사망자보다 적다. 하물며 세계 대전은 말할 것도 없다. 이것은 치명적 싸움의 멱함수 분포와 일맥상통하는 결과이다. 게다가 내전도 발생 횟수와 피해 규모가 줄었다. 현대 국가가 민족 정기의 보고에서 벗어나 인권을 준수하는 다민족 사회적 계약으로 진화하고 있기 때문이다.

전후에는 국가주의, 정복과 더불어 또 다른 이상이 점차 희미해졌다. 바로 명예다. 루어드는 지나치게 간략한 말로 설명했다. "사람의 생명에 부여된 가치는 일반적으로 과거보다 현재에 더 높은 것 같고, 국가 위신(혹은 '명예')에 부여된 가치는 과거보다 현재에 더 낮은 듯하다."[171] 냉전이 한창일 때 소련 지도자였던 니키타 흐루쇼프는 새로운 감수성을 이렇게 표현했다. "나는 가면무도회에서 방귀를 뀌었다고 대뜸 자살하는 제정 시대 장교가 아니다. 전쟁에 나가는 것보다는 물러나는 편이 낫다."[172] 많은 국가 지도자가 이 말에 동의하여, 옛날이었다면 전쟁에 나서도록 자극했을 만한 도발에도 조용히 물러나거나 발포만은 삼갔다.

1979년, 미국은 잇따른 두 모욕에 — 러시아의 아프가니스탄 침공, 이란 정부가 방관한 반미 세력의 미국 대사관 점거 — 고작 올림픽 보이콧과 텔레비전 야간 생중계로 대응했다. 지미 카터는 나중에 이렇게 말했다. "나는 이란을 무기로 파괴할 수도 있었다. 그러나 그 과정에서 인질들이 목숨을 잃을 것 같았고, 이란인 2만 명을 죽이고 싶지도 않았다. 그래서 공격하지 않았다."[173] 강경론자들은 카터의 소심함에 격분했지만, 그들의 영웅인 로널드 레이건도 1983년에 베이루트에서 폭탄 테러로 미국 군인 241명이 사망했을 때 그저 레바논 주둔군을 몽땅 철수시키는 것으로 대응했다. 레이건은 1987년에 이라크 전투기가 미국 군함 스타크호의 선원 37명을 죽였을 때도 차분하게 지켜만 보았다. 2004년 마드리드에서 이슬람 테러 단체가 기차에서 폭탄을 터뜨렸을 때, 스페인 사람들은 흥분하여 반이슬람 행동에 나서기는커녕 이라크 참전을 결정했던 정부를 투표로 몰아냈다. 참전 때문에 공격을 받았다고 느낀 사람들이 많았던 것이다.

명예를 앞세우지 않았던 사건으로 가장 중대한 사례는 1962년 쿠바 미사일 위기의 해소였을 것이다. 애당초 국가 위신을 추구하다가 위기가 촉발되기는 했지만, 일단 흐루쇼프와 케네디가 관여한 뒤에는 서로 체면을 살릴 필요가 있음을 인식하고 사태를 양자가 함께 풀 문제로 규정했다.[174] 케네디는 터크만이 제1차 세계 대전에 대해서 쓴 『팔월의 포성』을 읽었고, 지도자가 '사적 열등감과 위엄에 대한 콤플렉스' 때문에 국제적 치킨 게임을 내달리면 격변이 벌어진다는 사실을 잘 알았다. 로버트 케네디는 회고록에서 그 위기를 이렇게 회상했다.

> 어느 쪽도 쿠바를 놓고 전쟁을 벌이기를 원하지 않았다. 그 점은 우리가 동의했다. 그러나 어느 쪽이든 먼저 한 발을 내딛을 수 있었고 — '안전', '자존심', '체면' 때문에 — 그러면 상대는 대응해야 할 것이었다. 역시 안전, 자존심, 체면 때문에. 그러면 저쪽도 다시 반응할 테고, 사태는 격화하여 무력 충돌로 이어질 것이었다. 대통령은 이것을 피하고 싶어 했다.[175]

제정 시대 장교에 대한 농담에서 알 수 있듯이, 흐루쇼프도 명예의 심리학을 인식하고 있었다. 그 역시 게임 이론에 대한 통찰을 갖고 있었다. 그는 위기가 팽배했던 시점에 케네디에게 이런 분석을 제시했다.

> 지금 우리는 당신이 전쟁의 매듭을 지어 놓은 이 밧줄의 양 끝을 서로 잡아당기지 말아야 합니다. 우리가 세게 당길수록 매듭은 더 단단해질 것입니다. 결국 매듭이 너무 단단해서 묶은 사람조차 풀 수 없는 때가 올 테고, 그때는 잘라서 끊는 수밖에 없을 것입니다.[176]

그들은 서로 양보함으로써 매듭을 풀었다. 흐루쇼프는 쿠바에서 미사일을 철수했다. 케네디는 터키에서 미사일을 철수했고, 쿠바를 침공하지 않겠다고 약속했다. 이런 단계적 긴장 완화는 유별난 행운에 의한 것만은 아니었다. 냉전기 초강대국 간 대결의 역사를 분석한 뮬러는 그 과정이 에스컬레이터에 오르는 것보다는 사다리를 오르는 것과 비슷하다고 결론지었다. 지도자들은 수차례 위험천만한 상승을 시작했지만, 한 단계 오를 때마다 고소 공포증이 커졌기 때문에 늘 신중하게 도로 내려오는 조치를 택했다.[177)]

소련이 비록 냉전 중에 신발을 두드려 대는 허세를 아끼지 않았지만(1960년 유엔 총회에서 흐루쇼프가 신발을 벗어 단상을 두드렸던 일화를 가리킨다. — 옮긴이), 그 지도부는 세상에 또 한 번의 동란을 안기는 일을 피했다. 미하일 고르바초프가 처음에는 소비에트 블록의 소멸을, 나중에는 연방 자체의 소멸을 허락했던 것이다. 역사학자 티머시 가턴 애시는 이것을 가리켜 "충격적이리만큼 놀라운 힘의 단념"이자 "역사에서 개인의 중요성을 명쾌하게 보여 준 사례"라고 평했다.

애시의 마지막 발언은 역사의 우연성이 양방향으로 작동한다는 사실을 일깨운다. 여기가 아닌 다른 평행 우주에서는 대공의 운전사가 사라예보에서 운전대를 잘못 꺾지 않았을지도 모른다. 비어홀 폭동에서 경찰관이 다른 사람에게 총을 겨누었을 것이다. 그리하여 역사에는 세계 대전이 한 번, 혹은 두 번 덜 일어났을 것이다. 그렇지만 또 다른 평행 우주도 가능하다. 미국 대통령이 합동 참모 본부의 조언을 경청하여 쿠바를 침공하는 세상, 소련 지도자가 베를린 장벽 붕괴에 탱크 소집으로 반응하는 세상. 그리하여 역사에는 한두 번의 세계 대전이 더 벌어졌을 수도 있다. 그러나 만연한 사상과 규범에 따라 변동 가능한 확률이 정해진다고 할 때, 우리 세상에서 20세기 전반에는 프린치프와 히틀러가 시대를 결정하고 후반에는 케네디, 흐루쇼프, 고르바초프가 시대를 결정한 것은 그다지 놀랄 일이 아니었다.

✤ ✤ ✤

20세기 가치들의 풍경에서 또 다른 역사적 격변은, 민주 국가의 대중이 지도자의 전쟁 계획에 저항한 것이었다. 1950년대 말과 1960년대 초에 핵폭탄 금지 시위가 벌어졌다. 그 유산인 삼지창 기호는 다른 반전 운동들의 상징으로 채택되었다. 1960년대 말에 미국은 베트남 전쟁 반대 시위로 가리가리 찢겼다. 반전 신념은 남녀를 막론하고 감상적인 족속에게만 국한되지 않았다. 샌들을 신고 턱수염을 기른 이상주의자는 소수의 괴짜가 아니었고, 1960년대에 성인이 된 세대의 상당수를 차지했다. 제1차 세계 대전을 개탄한 예술 작품들은 종전 후 10여 년이 지나서 등장했던 데 비해, 1960년대 대중 예술은 핵무기 경쟁과 베트남 전쟁을 실시간으로 비난했다. 황금 시간대 텔레비전 프로그램(「스마더스 브라더스 코미디 아워」, 「M*A*S*H」), 많은 대중 영화와 노래에 반전사상이 침투했다.

「캐치-22」 •「페일세이프」 •「닥터 스트레인지러브」 •「마음과 정신」 •「FTA(군대를 해방하라)」 •「나는 어떻게 전쟁에서 승리했는가」 •「자니 총을 들다」 •「왕이 된 사나이」 •「M*A*S*H」 * 「오! 얼마나 사랑스런 전쟁인가」 •「제5 도살장」(모두 영화 제목이다. — 옮긴이)

「앨리스의 식당」 •「바람만이 아는 대답」 •「잔인한 전쟁」 •「파괴 전야」 •「난 넝마 되어 죽을 운명 같아」 •「평화에게 기회를」 •「해피 크리스마스(전쟁은 끝났다.)」 •「난 더 이상 행진하지 않아」 •「간밤에 이상한 꿈을 꾸었네」 •「머신 건」 •「전쟁광들」 •「항공기 조종사」 •「스리-파이브-제로-제로」 •「턴! 턴! 턴!」 •「유니버설 솔저」 •「무슨 일이지?」 •「신은 우리의 편」 •「전쟁(이게 무슨 소용이지?)」 •「거대한 진흙탕에 허리까지 잠겨」 •「꽃들은 모두 어

디로 갔나?」(모두 노래 제목이다. ― 옮긴이)

1700년대와 1930년대처럼, 이 시기 예술가들도 설교로 전쟁의 비도덕성을 부각하는 데 그치기보다는 풍자로 전쟁의 우스꽝스러움을 드러냈다. 1969년 우드스톡 공연에서 컨트리 조 앤드 더 피시는 「난 넝마 되어 죽을 운명 같아」라는 쾌활한 노래를 불렀는데, 후렴구는 이렇다.

하나, 둘, 셋, 우리는 왜 싸우고 있지?
내게 묻지 마, 상관없으니까, 다음 정거장은 베트남이다!
다섯, 여섯, 일곱, 천국의 문을 열어라.
이유를 고민할 시간은 없어. 우와! 우린 모두 죽을 거야.

알로 거스리는 1967년에 발표한 모놀로그 「앨리스의 식당」에서, 징집 명령을 받은 뒤 뉴욕 모병 센터의 군 정신과 의사에게 보내진 남자의 이야기를 들려주었다.

나는 그곳으로 가서 말했다. "의사 양반, 나는 죽이고 싶어요. 정말, 정말, 정말 죽이고, 죽이고 싶어요. 정말, 정말, 내 이빨에서 피와 핏덩이와 내장과 혈관을 보고 싶어요. 불 탄 시체를 먹고 싶어요. 정말로 죽이고, 죽이고, 죽이고, 죽이고 싶어요." 급기야 나는 펄쩍 펄쩍 뛰면서 외쳤다. "죽여, 죽여." 그러자 의사도 펄쩍 펄쩍 뛰었고, 우리는 둘 다 펄쩍 펄쩍 뛰면서 외쳤다. "죽여, 죽여." 그러자 하사관이 다가와서 내게 메달을 꽂아 준 뒤, 이렇게 말하면서 복도로 내보냈다. "자네는 바로 우리가 찾던 사람이군."

이런 문화적 순간을 베이비붐 세대의 향수로 치부하기 쉽다. 코미디언 톰 레러는 "그들이 모든 전쟁을 이겼지만, 좋은 노래는 우리가 다 갖고 있다."는 말로 이런 현상을 풍자했다. 그러나 어떻게 보면 진정으로 전투를 이긴 것은 우리였다. 전국적 시위의 여파가 한창일 때, 린든 존슨은 1968년 대통령 선거에서 당의 지명을 받지 않겠다고 발표함으로써 온 나라를 놀라게 했다. 시위가 갈수록 통제 불능이 되자 그에 대한 반발로 1968년에 리처드 닉슨이 당선되기는 했으나, 닉슨도 군사적 승리가 아니라 체면을 세우는 철수로 전쟁 계획을 전환했다(추가로 미국인 2만 명과 베트남인 100만 명이 전투에서 죽은 뒤의 일이었지만.). 미군은 1973년 휴전 후 철수했다. 의회는 추가 개입을 금지하고 남베트남 정부에 대한 지원금을 삭감함으로써 사실상 전쟁을 끝냈다.

이후 미국은 이른바 '베트남 증후군'에 빠져 일체의 군사적 행동을 꺼린다는 평을 들었다. 1980년대가 되면 벌써 충분히 회복해서 작은 전쟁을 여럿 치렀고 여러 대리전에서 반공 세력을 뒷받침했지만, 미국의 군사 정책은 두 번 다시 예전과 같지 않을 것이었다. '인적 손실 두려움', '전쟁 회피', '도버 원칙'(국기를 드리운 채 도버 공군 기지로 돌아오는 관의 수를 최소화하라는 명제)이라고 불리는 이 현상 때문에, 매파적 대통령들조차 이 나라는 많은 사상자를 내는 군사적 모험을 감수하지 않는다는 점을 인식했다. 1990년대가 되면, 미국에서 정치적으로 허락되는 유일한 전쟁은 원격 기술로 실시하는 국부 공격뿐이었다. 병사 수만 명을 쓰러뜨리는 소모전은 더 이상 허락되지 않았고, 드레스덴, 히로시마, 북베트남에서처럼 외국 민간인에게 대량 학살의 공습을 퍼붓는 일도 허락되지 않았다.

변화는 군대 내부에서도 분명하게 드러났다. 계급을 막론하고 모든 군사 지도자들은 불필요한 살해가 국내에서는 대민 관계의 재앙이고, 국외에서는 동맹을 멀어지게 만들고 적국을 대담하게 만드는 비생산적 사건이라는 사실을 인식하게 되었다.[178] 해병대는 '윤리적 해병대 전사'

라는 새로운 신사도를 주입하는 무예 과정을 설치했다.[179] 그곳의 교리 문답은 이런 식이다. "윤리적 전사는 생명의 수호자이다. 누구의 생명? 자신과 타인의 생명. 어떤 타인? 모든 타인." 이런 규율을 주입하는 방편으로, 대원들의 공감 이입을 넓히는 우화적인 이야기를 종종 동원한다. 가령 로버트 험프리가 들려주는 '사냥 이야기' 같은 것이다. 험프리는 군인으로서의 성실성에 흠 한 점 없는 은퇴 장교로, 제2차 세계 대전 중 이오지마에서 소총 소대를 이끌었다.[180] 그가 들려주는 이야기 속 미군 부대는 가난한 아시아 나라에서 복무하고 있다. 어느 날, 부대원들이 기분 전환 삼아 멧돼지 사냥을 나간다.

그들은 수송부에서 트럭을 빌려 삼림으로 향했다. 도중에 어느 마을에 들렀다. 잡목 숲을 뒤지며 길잡이 역할을 할 그 나라 남자를 몇 명 고용하기 위해서였다.

마을은 몹시 가난했다. 오두막은 진흙으로 지었고, 전기나 수도는 없었다. 길은 포장되지 않은 흙길이었고, 온 마을에서 악취가 풍겼다. 파리 천지였다. 남자들은 부루퉁해 보였고, 걸친 옷은 더러웠다. 여자들은 얼굴을 가렸고, 아이들은 넝마를 걸친 채 코를 줄줄 흘렸다.

미군 하나가 트럭에서 내리면서 말했다. "냄새가 코를 찌르네." 다른 병사가 말했다. "이 사람들은 꼭 동물처럼 사는걸." 마지막으로 젊은 공군 하나가 말했다. "그러게, 이 사람들은 왜 살까. 차라리 죽는 게 낫겠는데."

달리 뭐라고 하겠는가? 정말로 그렇게 보였으니까 말이다.

그때, 트럭에 있던 나이 든 하사관이 입을 열었다. 그는 늘 말수가 적고 조용한 타입이었다. 솔직히, 군복만 벗으면 동네를 주름잡는 건달로 보인다고 해도 괜찮은 사람이었다. 그가 젊은 항공병에게 말했다. "저 사람들은 살 이유가 없다고 생각하나? 정말로 그렇게 생각한다면, 내가 칼을 줄 테니 이걸 갖고 당장 트럭에서 뛰어내려 저들 중 한 명을 죽이는 게 어떤가?"

트럭에는 죽은 듯한 침묵이 깔렸다…….

하사관은 계속 말했다. "저들이 자기 목숨을 왜 귀하게 여기는지는 나도 모른다. 어쩌면 저 코흘리개 꼬마들 때문일지도 모르고, 바지를 입은 저 여자들 때문일지도 모르지. 하지만 무엇이 되었든, 저들은 자기 목숨을 아끼고 자기가 사랑하는 사람들의 목숨을 아끼는 거야. 우리 미국인하고 똑같아. 그러니까 저 사람들에 대한 험담을 당장 그만두지 않는다면 저들이 우리를 이 나라에서 쫓아낼 거야!"

[한 병사가] 우리 부유한 미국인들은 어떻게 저 농부들을 존중한다는 사실을 증명할 수 있는가, 저들의 궁핍에도 불구하고 인간으로서의 동등함을 믿는다는 사실을 어떻게 보여 주면 좋은가, 하고 물었다. 하사관은 쉽게 대답했다. "이 트럭에서 뛰어내려, 진흙과 양의 똥에 무릎까지 담글 용기가 있어야 하네. 얼굴에 미소를 띤 채 마을을 가로지를 용기가 있어야 하네. 가장 냄새나고 가장 겁먹은 농부를 만나면, 그의 얼굴을 바라보면서, 오로지 자네의 눈빛만으로, 그에게 이런 뜻을 전달해야 하네. 나는 당신이 나와 같은 인간이라는 걸 압니다. 나처럼 아파하고, 나처럼 소망하고, 누구나 그렇듯이 자식에게 좋은 것을 주고 싶어 하는 인간이라는 것을. 이런 식으로 하지 않는다면 우리는 질 거라네."

윤리적 전사의 규율은, 비록 열망에 그칠지라도, 미국 군대가 베트남 농부를 **구크**(gook), **슬로프**(slope), **슬랜트**(slant)라고('오물'이라는 뜻의 구크는 피부색이 짙다는 뜻에서, '기울어짐'을 뜻하는 슬로프와 슬랜트는 눈이 치켜 올라갔다는 뜻에서 붙었다. ─ 옮긴이) 불렀던 시절로부터 아주 멀리 왔음을 알려 준다. 군대가 미라이 학살과 같은 민간인에 대한 잔학 행위를 조사하기를 미적거렸던 때로부터 아주 멀리 온 것이다. 윤리적 전사 프로그램을 거들었던 전직 해군 대령 잭 호번은 편지에서 내게 이렇게 말했다. "내가 해병대에 입대했던 1970년대에는 모토가 '죽이자, 죽이자, 죽이자.'였습니다. 당시에 해병들에게 '가능하다면 적도 포함하여 모든 사람들의 수호자가 되라.'고 가르칠 수 있는 확률은 0퍼센트였을 겁니다."

물론, 미국은 21세기 첫 10년 동안 아프가니스탄과 이라크에서 전쟁을 이끎으로써 자신이 전쟁을 전혀 꺼리지 않는다는 것을 보여 주었다. 그러나 이 전쟁들도 옛 전쟁들과는 달랐다. 둘 다 국가 간 전쟁 단계는 짧았고, 희생자가 (역사적 기준으로 볼 때) 적었다.[181] 이라크에서는 대부분의 사망자가 전후 무정부 상태에서의 공동체 간 폭력 때문에 발생했다. 미국인 4000명의 희생은 2008년에 새 대통령이 당선되는 데 한몫했고(베트남에서의 5만 8000명과 비교해 보라.), 새 대통령은 2년 안에 전투를 종결했다. 아프가니스탄에서 미국 공군은 반(反)탈레반 공습이 한창이던 2008년에도 인도적 규약을 지켰다. 국제 인권 감시단이 "민간인에 대한 피해를 최소화하는 훌륭한 기록을 세웠다."고 칭찬할 정도였다.[182] 정치학자 조슈아 골드스타인은 코소보와 두 이라크 전쟁에서 스마트 타게팅 정책이 민간인 희생을 크게 줄인 점을 논하면서, 2009년에 미국이 아프가니스탄과 파키스탄에서 탈레반과 알카에다 표적들에게 무장한 무인 비행기를 사용했던 것을 이렇게 평했다.

> 예전에는 군대가 교전 세력의 은신처로 직접 쳐들어갔고, 도중에 수만 명의 민간인을 죽이거나 소개시켰고, 부정확한 포화와 공습으로 온 도시와 마을을 폐허로 만들면서 기껏 소수의 적군을 잡았지만, 요즘은 무인 비행기가 날아가서 교전 세력이 모여 있는 그 집에만 미사일 단 한 발을 떨어뜨린다. 가끔 미사일이 엉뚱한 집을 때리기도 하지만, 어떤 역사적 기준으로 비교하더라도 민간인 사망률이 극적으로 준 것만은 분명하다.

이런 추세가 깊숙이 진행되었고, 이제 우리는 그것을 당연시하기 때문에, 2010년 2월에 아프가니스탄에서 미사일 한 발이 잘못 발사되어 민간인 10명이 죽은 사건은 뉴스 일 면에 날 정도였다. 물론 이 사건은 그 자체로 끔찍한 비극이지만, 대대적인 군사적 공세에 비교적 낮은 수준의 민간인 피해가 따르는 전반적인 현상에서 하나의 예외적 사건에 지나지 않았다. 8년의 전쟁에서 그것이 가장 큰 사건이었다. 그럼에도 10명의 죽음 때문에 아프가니스탄의 미군 지휘관은 아프가니스탄 대통령에게 극진하게 사과했고, 세계 언론은 공세 중의 중요한 사건이라며 대대적으로 보도했다. 민간인 10명을 죽이는 것쯤은 괜찮다는 말이 아니다. 이전 어느 전쟁에서도, 불과 몇 년 전만 해도, 이런 수준의 민간인 사망은 관심의 파문을 일으키지 못했을 것이라는 말이다. 과거에 민간인 사망은 유감스럽기는 하되 필수적이고 불가피한 전쟁 부산물로 간주되었다. 그 규모가 상당할 때조차. 더 이상 이런 가정이 적용되지 않는 시대에 들어섰다는 것은 정말로 좋은 소식이다.[183)]

골드스타인의 평가는 사실로 확인되었다. 2011년에 《사이언스》는 위키리크스가 공개한 문서들의 데이터, 그리고 미국이 이끌었던 군사 연합의 민간인 사망자 데이터를 보도했다. 후자는 이전까지 기밀로 분류된 것이었다. 자료에 따르면, 2004~2010년까지 아프가니스탄에서 민간인 사망자는 약 5300명이었다. 대부분은 (약 80퍼센트) 연합 세력이 아니라 탈레반 반군에 의한 것이었다. 이 추정치를 두 배로 늘리더라도, 대규모 군사 작전의 민간인 사망자로는 유별나게 적은 편이다. 베트남 전쟁에서는 적어도 민간인 80만 명이 전장에서 죽었다.[184)]

미국이 전쟁에 대한 태도가 크게 변했다면, 유럽은 옛 모습을 찾아볼 수 없을 정도로 변했다. 외교 정책 분석가 로버트 케이건은 "화성에서 온 미국인, 금성에서 온 유럽인"이라는 표현을 썼다.[185)] 2003년 2월,

유럽 도시들에서는 미국이 주도하는 이라크 침공을 앞두고 대대적인 항의 시위가 벌어졌다. 런던, 바르셀로나, 로마에서 각각 100만 명이 운집했고, 마드리드와 베를린에서 50만 명 이상이 모였다.[186] 런던 시위대의 피켓에는 이런 말이 적혀 있었다. "석유를 위한 희생은 그만", "미친 카우보이 질병을 멈춰라", "진정한 불량 국가 미국", "전쟁 대신 차나 마셔라", "이런 짓은 이제 그만", 그리고 간결한 한마디, "그만". 독일과 프랑스는 미국과 영국에게 가세하기를 분명히 거부했고, 스페인은 직후에 손을 뗐다. 유럽의 반대가 이보다는 적었던 아프가니스탄 전쟁조차 주로 미군 병사들이 싸웠다. 미군은 44개 국가로 구성된 NATO 군사 작전의 인원 중 절반을 차지한다. 게다가 유럽 군인들은 전장의 미덕 면에서 어느새 달갑잖은 평판을 얻었다. 한 캐나다 육군 대위는 2003년에 카불에서 내게 보낸 편지에 이렇게 썼다.

> 오늘 아침 칼라시니코프 콘체르토가 울려 퍼지자, 나는 우리 병영의 감시탑 보초들이 발포하기를 이제나저제나 기다렸습니다. 다들 잠에 빠졌나 생각했지요. 그런 일이 예사였으니까요. 우리 탑들은 분데스베퍼(독일 연방군 — 옮긴이)가 맡고 있는데, 그들은 지금까지 일을 잘 못했습니다……. 그들이 탑에 있다는 전제에서 말입니다만. 이렇게 말할 만한 것이, 독일군은 이미 여러 차례 탑을 방기했습니다. 처음에는 로켓에 맞아서였습니다. 나머지 경우에는 탑이 추워서라던가 그랬습니다. 내가 독일 중위에게 신의와 기초적인 병영 예절이 부족한 것 아니냐고 따지자, 그는 탑에 히터를 제공하는 것은 캐나다의 책임 아니냐고 대꾸하더군요. 나는 병사들에게 따뜻한 옷을 제공하는 것은 독일의 책임이라고 쏘아붙였습니다. 카불은 스탈린그라드가 아니라는 말도 덧붙이고 싶었지만, 꾹 다물었습니다.
>
> 요즘 독일군은 옛날과 다릅니다. 다른 사람들이 "그들은 베어마흐트(나치 독

일군 — 옮긴이)가 아니야."라고 말하는 것을 나도 자주 들었습니다. 우리 국민의 역사를 고려할 때, 이것은 정말로 좋은 일일 겁니다. 하지만 현재 내 안전은 헤렌폴크(지배 민족이란 뜻으로, 나치가 스스로 지칭했던 말 — 옮긴이)의 후손들이 서는 불침번에 달렸기 때문에, 나는 아무리 그래도 살짝 걱정이 되기는 합니다.[187)]

『군인들은 다 어디로 갔나? 현대 유럽의 변화』라는 책에서(영국에서는 『폭력의 독점: 왜 유럽인은 전쟁을 혐오하는가』로 나왔다.), 역사학자 제임스 시헌은 유럽 사람들이 국가의 개념 자체를 바꿨다고 주장했다. 국가는 더 이상 민족의 위엄과 안전을 드높이는 군사력의 독점 소유자가 아니다. 사회적 안전과 물질적 복지의 제공자일 뿐이다. 어쨌든 '미친 카우보이' 미국인들과 '항복하는 겁쟁이 원숭이' 유럽인들의 차이에도 불구하고, 지난 60년 동안 양쪽의 정치 문화가 나란히 전쟁에서 멀어졌다는 것은 아직까지 남은 차이보다도 역사적으로 더 의미 깊다.

긴 평화는 핵 평화인가?

무엇이 제대로 되었던 것일까? 음울한 전문가들, 종말의 날 시계, 수백 년의 유럽 역사가 무색하게시리, 왜 제3차 세계 대전이 벌어지지 않은 것일까? 무엇이 탁월한 군사학자들로 하여금 '놀라운 규모의 변화', '전쟁사에서 가장 충격적인 불연속', '일찍이 역사에 없었던 일'과 같은 경솔한 표현을 쓰게 만들었을까?

그 답이 명백하다고 생각하는 사람이 많다. 바로 핵폭탄이다. 핵폭탄 때문에 전쟁은 상상할 수 없을 만큼 위험해졌고, 지도자들은 겁을 먹어 착실해졌다. 핵 공포로 인해 구축된 균형이 그들을 억제하여, 인류 전체는 아니라도 문명을 절멸시킬 홀로코스트로 격화할지도 모르는 전쟁을 막았다.[188] 윈스턴 처칠은 의회에서 한 마지막 주요 연설에서 이렇게 말했다. "숭고한 아이러니의 과정에 의해, 우리는 안전이 공포의 건강한 자식이고 생존이 절멸의 쌍둥이인 시대에 도달했는지도 모르겠습니다."[189] 외교 정책 분석가 케네스 월츠는 같은 논리로 "핵의 축복에 감사해야 한다."고 말했다. 엘스페스 로스토는 핵폭탄에 노벨 평화상을 주자고 제안했다.[190]

그러나 우리는 이것이 사실이 아니기를 바라자. 긴 평화가 핵 평화라면, 이것은 바보들의 낙원인 셈이다. 하나의 사고, 하나의 오해, 고귀한 체액에 집착하는 한 명의 공군 장군만으로도 묵시록이 시작될 수 있기 때문이다('고귀한 체액'이란 영화 「닥터 스트레인지러브」에 나오는 대사이다. — 옮긴이). 다행스럽게도, 면밀한 검토에 따르면 핵 절멸의 위협이 긴 평화에 기여했다는 가설은 사실이 아니다.[191]

우선, 대량 살상 무기가 전쟁을 향한 진군에 제동을 걸었던 예는 일찍이 한 번도 없었다. 노벨 평화상을 만든 인물은 1860년대에 자신의 발명품인 다이너마이트가 "1000번의 국제 협정보다도 먼저 평화를 가져올 것"이라고 썼다. "전 군대가 일순간 철저히 파괴될 수 있다는 사실을 알면, 사람들이 틀림없이 귀중한 평화를 지키려 할" 테니까.[192] 잠수함, 대포, 무연 화학, 기관총에 대해서도 비슷한 예측이 있었다.[193] 1930년대에는 비행기가 투하하는 독가스 때문에 문명과 인류가 끝장날 것이라는 공포가 널리 퍼져 있었다. 그러나 이 두려움도 전쟁을 종결시키지 못했다.[194] 루어드는 이렇게 말했다. "대단히 파괴적인 무기의 존재만으로 전쟁을 억제할 수 있다는 증거는 역사에서 거의 찾아볼 수 없다. 1939년에 세균 무기, 독가스, 신경가스, 다른 화학 무기들이 전쟁을 억제하지 못했다면, 오늘날 핵무기라고 해서 그럴 이유가 없다."[195]

게다가, 핵 평화 이론은 핵무기가 없는 나라까지 전쟁을 삼가는 이유를 설명하지 못한다. 1995년에 캐나다와 스페인이 어업권을 놓고 승강이를 벌였던 사건, 아니면 1997년에 헝가리와 슬로바키아가 다뉴브 강 댐 건설을 놓고 옥신각신했던 사건은 왜 전쟁으로 격화하지 않았을까? 과거에는 유럽 나라들의 위기가 종종 그렇게 발전하지 않았던가. 긴 평화의 시대에, 선진국 지도자들은 어떤 상대라야 뒤탈 없이 공격할 수 있을지 (독일과 이탈리아는 괜찮고 영국과 프랑스는 안 된다는 등) 계산하지 않았다. 그들은 애초에 군사적 공격 자체를 염두에 올리지 않았다. 핵을 소유한 대부들 때문에 억제된 것도 아니었다. 미국이 캐나다와 스페인에게 가자미를 둘러싼 분쟁이 지나치게 떠들썩해질 경우 핵으로 한 대 때려 주겠다고 으름장을 놓은 것은 아니었다.

초강대국들은 어떨까? 뮬러는 그들이 서로 안 싸우는 이유는 더 간단하다고 했다. 그들은 재래식 전쟁의 전망만으로도 충분히 억제된다는 것이다. 제2차 세계 대전은 조립 라인에서 대량 생산한 탱크, 대포, 폭격기로 수천만 명을 죽이고 도시를 폐허로 만들 수 있다는 사실을 생생히 보여 주었다. 손실이 제일 컸던 소련의 경우에는 특히 그 교훈이 분명했다. 핵전쟁이 일으킬 피해는 상상 초월이지만, 재래식 전쟁이 일으킬 피해도 상상은 가능하되 여전히 어마어마하다. 그 근소한 차이 때문에 강대국들이 싸우지 않는다고 보기는 어렵다.

마지막으로, 핵 평화 이론은 그동안 실제로 일어난 전쟁 중 비핵 세력이 핵보유국을 자극한 경우가 (혹은 핵보유국에게 굴복하지 않은 경우가) 많았다는 점을 설명하지 못한다. 핵 위협은 정확히 그런 대결을 억제해야 하는 것 아닌가?[196] 북한, 북베트남, 이란, 이라크, 파나마, 유고슬라비아가 미국에게 반항했다. 아프가니스탄, 체첸 반군이 소련에게 반항했다. 이집트가 영국과 프랑스에게, 이집트와 시리아가 이스라엘에게, 베트남이 중국에게, 아르헨티나가 영국에게 반항했다. 소련은 미국만 핵무기를 가졌고 자신은 갖지 않았던 시기(1945~1949년)에 동유럽에 지배력을 확립했다. 핵보유국을 몰아세운 나라들의 행동은 자살 행위가 아니었다. 존재론적 위험에도 불구하고, 그들은 핵 대응의 은근한 위협은 허풍에 불과하다는 사실을 정확히 예상했다. 아르헨티나 군부는 포클랜드 제도 침공을 명령할 때 영국이 부에노스아이레스를 방사능 분화구로 만들어 보복하지는 않으리라고 확신했다. 1967년과 1973년에, 이스라엘은 운집한 이집트 군대에게 핵으로 신빙성 있는 위협을 가하지 못했다. 하물며 카이로에 대한 위협은 더 먹히지 않았다.

셸링과 정치학자 니나 타넨발트는 각자 '핵 터부'에 대한 글을 쓴 바 있다. 핵 터부란 핵무기가 다른 무기들과 전혀 다른 독특한 공포라는 인식이 모두에게 확립된 것을 뜻한다.[197] 전략적 핵무기가 단 하나 쓰이더라도, 그리고 그 피해가 재래식 무기와 비슷한 수준이더라도, 사람들은 그것을 역사의 파열이자 상상조차 어려운 다른 세상으로 가는 문으로 받아들일 것이다. 모든 형태의 핵폭발이 이런 오명을 입었다. 중성자 폭탄은 열핵 피해가 최소화되는 반면 일시적 방사능 분출로 사람을 죽이는 무기인데, 개발 도중 실험실에서 사산되었다. 사람들의 보편적 혐오감 때문이었다. 정치학자 스탠리 호프먼의 말마따나 그런 폭탄은 정당한 전쟁에 대한 도덕 철학적 조건을 더 잘 만족시키는데도 말이다.[198] 1950년대와 1960년대에는 '평화의 원자력'이라는 반쯤 정신 나간 계획이 있었다. 운하 굴착, 항구 굴착, 로켓 추진 등등에 핵폭발을 이용하자는 계획이었다. 이제 이것은 무지몽매했던 시절에 대한 황당한 기억으로 남았다.

물론, 나가사키 이래 핵무기가 사용되지 않았다는 사실만으로는 철저한 터부가 되기에 턱없이 부족하다.[199] 핵폭탄은 저절로 만들어지지 않는다. 각국은 핵무기 설계, 제작, 운반, 사용 조건 설정에 엄청난 공을 들였다. 그러나 이런 활동은 현실의 전쟁 계획과는 거의 교차하지 않는 가상의 세계 내부로만 한정되었다. 게다가 터부의 심리학이 — 어떤 생각은 생각하는 것조차 악하다는 상호 이해 — 관여했다는 뚜렷한 신호가 있다. 핵전쟁 전망에 가장 흔하게 따라붙는 말, 즉 '상상할 수 없다'는 표현이다. 1964년에 베리 골드워터가 베트남에 대한 전략적 핵무기 사용을 언급하자, 린든 존슨 선거 운동 본부는 유명한 '데이지' 광고를 내보냈다. 소녀가 데이지 꽃잎을 세는 장면이 핵폭발 카운트다운으로 이어지는 영상이다. 사람들은 이 텔레비전 광고가 존슨의 압승에 약간이나마 기여했다고 본다.[200] 로버트 오펜하이머가 1945년 최초의 폭발 시험을 보면서 바가바드기타를 인용한 이래, 핵무기에는 늘 종교적 은유가 따라붙었다. 오펜하이머는 "이제 나는 죽음이 되었다. 세계들의 파괴자가 되었다."라고 말했다. 더 자주 쓰이는 표현은 묵시록, 아마겟돈, 시간의 종말, 심판의 날과 같은 성경의 언어이다. 케네디와 존슨 행정부에서 국무 장관을 지냈던 딘 러스크는 만일 미국이 핵무기를 썼다면 "후세대에게 카인의 가면을 씌운 것이나 마찬가지였을 것"이라고 말했다.[201] 폭탄 개발에 기여한 연구를 수행했던 물리학자 앨빈 와인버그는 1985년에 이렇게 물었다.

> 우리는 히로시마가 신성시되는 과정을 목격하고 있는 것일까? 히로시마는 심오하고 신비로운 어떤 사건, 성경의 사건에 맞먹는 종교적 힘을 지닌 사건으로 격상되는 중일까? 내가 그것을 증명할 수는 없지만, 히로시마 40주기에 쏟아진 엄청난 관심은 마치 중요한 종교 축일을 기념하는 것처럼 보였다. …… 히로시마의 신성화는 핵 시대에 벌어진 가장 희망적인 변화일 것이다.[202]

핵 터부는 점진적으로 등장했다. 1장에서 말했듯이, 히로시마 이후 최소 10년 동안 미국인들은 원자폭탄을 귀엽게 여겼다. 1953년에 아이젠하워 행정부의 국무 장관 존 포스터 덜레스는 핵무기를 둘러싸고 '거짓된 차별'과 '터부'가 있다고 개탄했다.[203] 1955년에 대만과 중화 인민 공화국을 둘러싼 위기가 발발하자, 아이젠하워는 이렇게 말했다. "전투에서 이 무기를 엄격한 군사적 표적에 대해서만, 그리고 엄격한 군사적 목적에서만 쓸 수 있다면, 총알이나 다른 무기들과 똑같이 사용하지 않을 이유가 없다."[204]

그러나 이후 핵무기에는 낙인이 찍혔고, 이런 발언은 한계를 넘어선 것이 되었다. 사람들은 핵무기의 파괴력이 역사상 다른 무기와는 차원이 다르다는 것, 핵무기는 전쟁에서 비례의 개념을 깨뜨린다는 것, (뒷마당의 낙진 대피소나 책상 밑에 웅크리는 훈련 등) 핵에 대한 민방위 계획은 우스꽝스러운 짓이라는 것을 서서히 이해했다. 낙진의 방사능이 오래도록 남아서 폭발 후 수십 년 동안 염색체 손상과 암을 일으킬 수 있다는 것을 깨우쳤다. 지상 폭발 실험의 낙진으로 이미 전 세계의 빗물은 스트론튬 90으로 오염되었다. 칼슘을 닮은 그 방사성 동위 원소는 아이들의 뼈와 이빨에 스민다(말비나 레이놀즈의 반전 노래 「그들이 비에 무슨 짓을 했지?」에 영감을 준 사건이다.).

미국과 소련은 위험천만한 기세로 핵 기술을 계속 개발했지만, 위선적일지라도 그들 역시 여러 회의와 발언을 통해 핵 감축을 중요하게 인정하기 시작했다. 시민 수백만 명과 라이너스 폴링, 버트런드 러셀, 알베르트 슈바이처와 같은 공인들이 시위와 청원에 나섰다. 점증하는 압력에 못 이겨, 초강대국들은 우선 모라토리엄을 선언했다. 다음으로 지상 핵 실험 금지를 선언했고, 그 다음으로 일련의 군비 통제에 동의했다. 결정적인 변환점은 1962년의 쿠바 미사일 위기였다. 린든 존슨은 데이지 광고로 골드워터를 악마화함으로써 이런 변화를 유리하게 이용했고, 1964년에는 다음과 같은 공개 발언으로 핵무기의 절대적인 경계를 상기시켰다. "우리는 실수해서는 안 됩니다. 재래식 핵무기라는 것은 없습니다. 위험이 가득했던 지난 19년 동안, 어떤 나라도 상대에게 원자폭탄을 쓰지 않았습니다. 지금 그렇게 한다는 것은 일급의 중요성을 띠는 정치적 결정입니다."[205]

세계의 행운이 이어지고 핵 없는 20년이 30년, 40년, 50년, 60년으로 길어지면서, 핵 터부는 규범이 상식으로 변하는 과정을 통해 스스로 강화했다. 이제 핵무기 사용은 상상할 수 없게 되었다. 누구나 그것이 상상할 수 없는 일임을 알고, 남들도 그 점을 안다는 것을 알기 때문이다. 갈수록 효력이 떨어지는 핵 위협으로는 큰 전쟁이든 (베트남) 작은 전쟁이든 (포클랜드) 저지할 수 없었다는 것, 그것은 아마겟돈의 무기한 연기에 치르는 작은 대가였다.

물론, 규범의 상호 인식에만 오롯이 의존하는 규범은 갑작스런 국면 전환에 취약하다. 강대국 클럽 바깥의 핵보유국이 — 가령 인도, 파키스탄, 북한, 아마도 곧 이란까지 — 핵무기 사용은 상상할 수 없는 일이라는 공통의 인식에 동참하지 않으면 어쩌지? 우리는 이렇게 걱정할 만하다. 아니, 걱정해야 한다. 더 나쁜 상황은 테러 조직이 핵무기를 슬쩍 손에 넣는 것이다. 그러면 그들은 반드시 터부를 깨뜨릴 것이기 때문이다. 국제 테러의 핵심은 상상할 수 있는 가장 끔찍한 장면으로 세계에 충격을 가하는 것이다. 일단 한번 핵폭발이 벌어져서 선례가 서면, 모든 제약이 풀릴지도 모른다. 비관론자는 심지어 이렇게 주장할 수 있다. 긴 평화가 지금까지는 핵 억제력에 의존하지 않았더라도, 이것은 어차피 덧없는 소강상태에 불과하다고. 핵무기 증식으로 평화는 끝날 것이고, 개발도상국의 웬 미치광이가 행운의 연속에 종지부를 찍을 것이고, 크고 작은 나라를 막론하고 터부가 힘을 잃을 것이라고.

분별 있는 사람이라면 누구나 오늘날의 아슬아슬한 핵 안전에 대해 침착할 수 없는 게 당연하다. 그러나 이 점에서도 실제 상황은 생각만큼 나쁘지 않다. 핵 테러 전망은 6장에서 점검할 테니, 지금은 핵보유국에 대해서만 살펴보자.

희망적인 신호는, 핵 확산이 사람들의 예상만큼 무시무시한 속도로 진행되지 않았다는 점이다. 1960년 대통령 선거 토론에서 존 F. 케네디는 1964년까지 '핵무기 보유국이 10개, 15개, 20개는' 되리라고 예측했다.[206] 1964년에 중국이 첫 실험을 실시함으로써 겨우 20년 만에 그 수가 다섯이 되자, 우려는 커졌다. 톰 레러는 「다음은 누구?」라는 노래에서 고삐 풀린 핵 확산에 대한 대중의 두려움을 잘 포착했다. 레러는 자기가 볼 때 조만간 핵보유국이 될 것 같은 나라들을 줄줄이 읊는다("다음은 룩셈부르크 / 하지만 누가 알겠어? 모나코일지도 모르지.").

그러나 레러의 예언을 충족시킨 나라는 이스라엘뿐이었다("시편에서 '신은 나의 목자'라고 했지만 / 혹시 모르니까, 우리도 폭탄을 마련해 두는 게 좋겠어!"). 전문가들은 일본이 1980년까지 '틀림없이 핵무기 확보를 개시할 것'이라고 예측했고 통일 독일이 '핵무기 없이는 안전하지 않다고 느낄 것'이라고 예측했지만, 예상과 달리 두 나라는 핵무기 개발에 흥미가 없는 듯하다.[207] 그리고 믿거나 말거나, 1964년 이래 많은 나라가 한때 **확보**했던 핵무기를 **포기**했다. 뭐라고? 정말이다. 이스라엘, 인도, 파키스탄, 북한은 현재 핵무기 제작 능력이 있지만, 남아프리카 공화국은 아파르트헤이트 체제가 붕괴하기 직전인 1989년에 저장고를 해체했고, 카자스흐탄, 우크라이나, 벨라루스는 해체된 소련에서 물려받은 무기고에 대해 '고맙지만 됐다'고 말했다. 역시 믿거나 말거나, 핵무기를 추구하는 비핵 국가의 수는 1980년대 이래 곤두박질쳤다. 그림 5-22는 정치학자 스콧 세이건의 데이터로 그린 그래프이다. 1945년 이후 해당 년도에 핵무기 개발 프로그램을 갖고 있었던 비핵 국가 수를 보여 준다.

곡선의 내리막이 보여 주듯이, 알제리, 오스트레일리아, 브라질, 이집트, 이라크, 리비아, 루마니아, 남한, 스위스, 스웨덴, 대만, 유고슬라비아는 각자 다른 시기에 핵무기를 추구했으나 나중에 마음을 돌렸다. 이스라엘의 공습에 설득되어 그런 경우도 있었지만, 자발적으로 선택한 경우가 더 많았다.

핵 터부는 얼마나 위태로울까? 불량 국가 하나가 이윽고 터부를 깨뜨려 결국 전 세계가 무시하게 될까? 어떤 무기 기술이든 조만간 사용되기 마련이고 그리하여 떳떳한 것이 된다는 사실을 역사가 보여 주지 않았던가?

독가스 이야기에서 — 제1차 세계 대전에서 공포의 정수였다. — 답을 찾아보면 좋을 것 같다. 정치학자 리처드 프라이스는 『화학 무기 터부』에서 20세기 전반부에 화학 무기에 낙인이 찍힌 과정을 상술했다. 전쟁 행위를 규제하는 일련의 국제 협정 중 하나였던 1899년 헤이그 조약은 할로포인트 탄환(중공탄), 공중 투하 폭탄(비행기의 발명은 이로부터 4년 뒤였기 때문에 이때는 기구에서 떨어뜨리는 것을 말했다.), 발사 무기로 독가스를 쏘아 보내는 행위를 금지했다. 이후 벌어진 일들을 떠올리면, 이 조약은 말만 번드르르한 이빨 빠진 선언들의 쓰레기통에 던져야 할 또 하나의 후보로 보인다.

그러나 프라이스는 제1차 세계 대전 교전국들이 최소한 이 조약을 존중할 필요는 느꼈다고 지적했다. 독일은 전쟁터에 치명적인 가스를 살

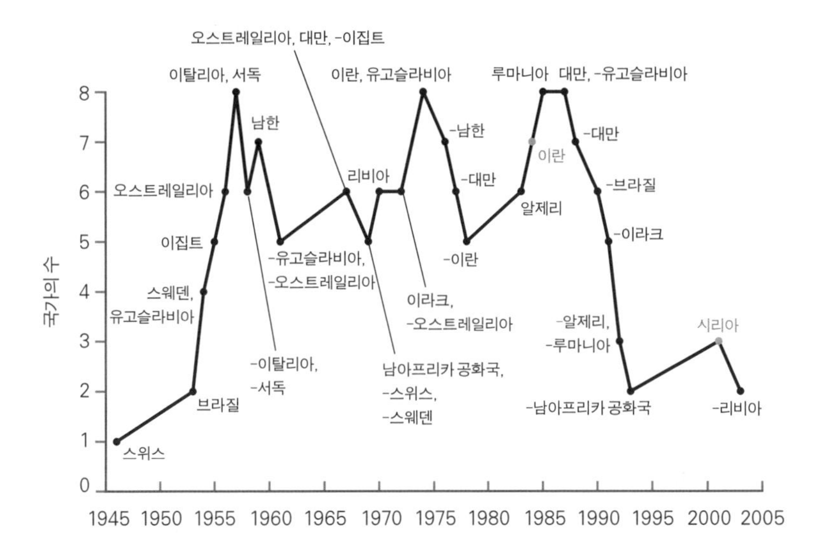

그림 5-22. 핵무기를 추구했다가 그만둔 비핵 국가, 1945~2010년.

국명 앞에 '-'가 붙은 것은 그해에 그 나라의 핵 프로그램이 종결되었다는 뜻이다. 회색으로 표시된 나라는 2010년에 핵무기를 추구하고 있다고 짐작되는 나라이다. 이스라엘이 2007년에 시리아의 핵 시설로 의심되는 곳을 폭격하기는 했지만, 2010년에 시리아는 국제 원자력 기구의 사찰을 거부했기 때문에 여전히 활동 국가 목록에 올라 있다. 출처: 다음 그래프를 변형: Sagan, 2009. 다음의 업데이트된 정보도 포함함: Sagan, 2010, provided by Scott Sagan and Jane Esberg.

포할 때 프랑스의 최루탄 사용에 대한 보복이라고 항변했다. 그리고 포탄으로 가스를 날려 보낸 것이 아니라 그냥 실린더를 열어 가스가 바람을 타고 적에게 날아가도록 했기 때문에 조문 위반이 아니라고 주장했다. 물론 설득력이 전무한 논리이지만, 독일이 그 행위를 정당화할 필요를 느꼈다는 사실은 주목할 만하다. 이후 영국, 프랑스, 미국은 독일의 불법 사용에 대한 보복으로 자신들도 그렇게 한다고 주장했고, 나중에는 (미국을 포함한) 비서명국들이 갈등에 가담했기 때문에 결국 모두가 조약의 효력이 파기되었음을 인정할 수밖에 없었다.

전쟁 후, 화학 무기에 대한 반감은 세계로 퍼졌다. 1925년 제네바 의정서가 제도화한 금지 조항은 허점이 적다. 의정서는 이렇게 선언했다.

"이로써 전쟁에서 질식 가스, 독가스, 기타 가스, 그와 유사한 모든 액체, 물질, 기구의 사용은 문명 세계의 보편적 의견에 따라 정당하게 금지된다. …… 사용 금지는 …… 국제법의 일부로 보편적으로 인정될 것이고, 국가들의 양심과 행동을 모두 구속할 것이다."[208] 133개 국가가 서명했지만, 많은 서명국이 기존의 화학 무기 재고는 억제 수단으로서 유지할 권리를 지켰다. 윈스턴 처칠은 이렇게 썼다. "우리 스스로는, 독일이 먼저 이 유독한 무기를 쓰지 않는 한 우리도 쓰지 않겠다고 굳게 결의했다. 그러나 우리는 독일인을 잘 알기에, 방대한 규모의 대비를 소홀히 하지 않았다."[209]

정말로 그 종이 한 장이 효과를 발휘했는지는 모르겠지만, 국가 간 전쟁의 독가스 사용 금지 터부는 잘 지켜졌다. 제2차 세계 대전의 전장에서는 놀랍게도 독가스가 한 번도 쓰이지 않았다. 양측이 몇 톤씩 비축하고 있었는데도 말이다. 양측은 상대보다 먼저 독가스를 전투에 재도입하는 불명예를 피하고 싶었다. 특히 나치는 자신들의 대륙 점령을 영국이 용인할지도 모른다고 희망하던 시기에 그랬다. 또한 양측은 보복을 두려워했다.

자칫 멈출 수 없는 확산을 일으켰을지도 모르는 불안한 사건에 직면해서도 구속은 지켜졌다. 유럽에서는 연합군이 실수로 독가스를 살포한 사건이 적어도 두 건 있었다. 그때 연합군은 독일 지휘관들에게 해명을 전달했고, 독일군은 그 말을 믿고 보복을 삼갔다.[210] 약간의 인지적 구획화도 도움이 되었다. 1930년대에 파시스트 이탈리아는 아비시니아에서 독가스를 썼고, 일본 제국은 중국에서 썼다. 그러나 지도자들의 마음에서 이런 사건은 논외로 차단되었다. 주요국 사이에서가 아니라 세계의 '비문명화된' 지역에서 벌어진 사건이었기 때문이다. 누구도 그 사건을 터부를 무효화하는 침해로 간주하지 않았다.

1930년대 이후의 독가스 사용은 1967년에 이집트가 예멘에게 사용했던 것, 1980~1988년 전쟁에서 이라크가 이란 세력들에게 (자국의 쿠르드 시민들에게도) 사용했던 것이 전부였다. 사담 후세인의 영락에는 그가 터부를 깬 것이 한몫했을지도 모른다. 그의 독가스 사용에 대한 반감 때문에 2003년 미국이 전쟁을 주도했을 때 반대가 일부 줄었고, 그 전쟁으로 결국 후세인이 실각했다. 2006년 이라크 전범 재판에서 후세인에게 씌워진 일곱 죄목 중 두 가지가 독가스 사용과 관계있었다. 결국 그는 그해에 처형되었다.[211] 전 세계 국가들은 1993년에 공식적으로 화학 무기를 폐지했고, 알려진 모든 비축량은 현재 해체되는 중이다.

하고많은 전쟁 무기 중에서 왜 하필 독가스만 유독 혐오스럽게 여겨졌을까? 너무나도 비문명적이라고 간주되어 나치마저 전투에 쓰지 않았을 정도로(알다시피 그들은 다른 용도로 쓰는 데는 거리낌이 없었다.)? 이유는 언뜻 명확하지 않다. 물론 가스로 죽는 것은 대단히 불쾌하다. 그렇지만 금속 조각에 관통되거나 몸이 찢겨 죽는 것도 똑같이 불쾌하다. 수치로만 보면, 가스는 총알이나 폭탄보다 훨씬 덜 치명적이다. 제1차 세계 대전에서 독가스에 당한 사람 중 겨우 1퍼센트 미만이 그 부상으로 죽었다. 가스로 인한 사망자를 다 더한 값은 총 전사자의 1퍼센트에 못 미친다.[212] 화학전이 군사적으로 지저분하기는 해도 — 바람 방향에 목매는 상황을 좋아할 지휘관은 없을 것이다. — 독일은 됭케르크에서 독가스로 영국군을 몰살시킬 수 있었을 것이고, 미국은 환태평양 동굴에 숨은 일본 병사들을 독가스로 쉽게 근절할 수 있었을 것이다. 화학 무기가 적용하기 어려운 것은 맞지만, 화학 무기만 그런 것은 아니다. 대부분의 무기 기술은 처음 도입될 때 비효율적이다. 가령 최초의 화약 무기는 장전에 오래 걸렸고, 조준이 어려웠고, 병사의 눈앞에서 터지기 일쑤였다. 화학 무기가 야만적이라는 비난을 받은 최초의 무기도 아니었다. 긴 활과

파이크의 시대에 화약 무기는 비도덕적이고, 남자답지 못하고, 비겁한 것으로 매도되었다. 어쩌다가 화학 무기가 터부가 되었을까?

한 가능성은 인간이 독에 대해 특별한 반감을 품고 있다는 점이다. 사람들은 정상적인 예절을 잠시 보류하고 전사들에게 활동을 허락하는 경우에도, 똑같은 활동을 할 잠재력이 있는 적에 대해서 정확하게 재빨리 힘을 행사하는 것만 허용한다. 평화주의자라도 영화나 비디오 게임에서 사람들이 총에 맞고 칼에 찔리고 폭탄에 날아가는 모습은 즐길 수 있겠지만, 전쟁터에 푸르스름한 안개가 깔려 서서히 병사들을 시체로 만드는 광경에서 재미를 느끼는 사람은 없는 것 같다. 예로부터 독살자는 유달리 사악하고 비겁한 살인자로 매도되었다. 독살은 전사가 아닌 마술사의 방법이고, 남성이 아닌 여성의 방법이다(여성은 부엌과 약상자를 무시무시하게 장악하고 있기 때문이다.). 문학 연구자 마거릿 핼리시는 『유독한 여인들』에서 그 고정관념을 이렇게 묘사했다.

> 남자들의 무기인 칼이나 총과는 달리, 독은 상대할 가치가 있는 적수들 간의 공정한 결투에서 명예로운 무기로 쓰일 수 없다. 그렇게 비밀스런 무기를 쓰는 남자는 경멸할 가치조차 없다. 공개적으로 인식된 경쟁 관계란 일종의 유대 관계와 다름없다. 서로 가치 있는 상대에게 용맹을 과시할 기회를 주는 것이기 때문이다. …… 결투자는 공개적이고 정직하고 강하다. 독살자는 사기꾼이고 음흉하고 약하다. 총이나 칼을 쥔 남자는 위협적이지만, 스스로 그렇게 선언했으므로, 그가 노리는 희생자도 스스로 무장할 수 있다. …… 독살자는 우월하고 은밀한 지식으로 육체적 열등함을 보완한다. 독살을 꾀하는 약한 여자는 총을 쥔 남자 못지않게 치명적이다. 그러나 그녀는 비밀리에 계획을 꾀하므로, 희생자는 더 무방비한 상태에 놓인다.[213]

우리가 과거의 진화 과정이나 문화로부터 독살에 대한 혐오감을 물려받았더라도, 그것이 전쟁 행위에서 터부로 자리 잡으려면 역사적 우연의 응원이 필요했을 것이다. 프라이스는 제1차 세계 대전에서 민간인에게는 독가스가 한 번도 계획적으로 쓰이지 않았던 것이 결정적 계기였으리라고 추측한다. 적어도 그 부분에서만큼은 터부를 깨는 선례가 전혀 작성되지 않았다. 이후 1930년대에 가스 살포 비행기가 온 도시를 절멸시키리라는 공포가 널리 퍼졌던 데에 힘입어, 사람들은 모든 종류의 화학 무기 사용을 절대로 반대하는 데 의견을 모았다.

화학 무기 터부와 핵무기 터부의 유사성은 확연하다. 핵무기가 비교할 수 없이 더 파괴적인데도, 오늘날 두 가지는 '대량 살상 무기'로 뭉뚱그려 불린다. 두 터부가 서로 상대를 연상시키면서 힘을 얻기 때문이다. 아파하며 천천히 죽어 간다는 점, 전장과 민간의 경계가 없다는 점도 두 무기에 대한 두려움을 증폭한다.

화학 무기의 경험은 세상에 미약하나마 희망 찬 교훈을 주었다. 적어도 핵 시대의 무시무시한 기준으로 보면 희망이라 할 만하다. 그것은 모든 치명적 기술이 군사 도구 상자에서 영구 부품이 되지는 않는다는 교훈이었다. 어떤 요정은 호리병에 도로 가둘 수 있다. 때로는 도덕적 정서가 국제 규범으로 고착되어 전쟁 행위에 영향을 미칠 수 있다. 그 규범은 고립된 예외를 버틸 만큼 튼튼할 수 있다. 게다가 예외가 반드시 통제 불능의 확전으로 이어지는 것은 아니다. 이 발견은 특히 희망적이다. 세계 전체를 고려할 때 너무 많은 사람이 이 사실을 깨우치는 것은 좋지 않겠지만 말이다.

✤ ✤ ✤

세계가 화학 무기를 치웠다면, 핵무기도 그럴 수 있을까? 최근, 미국을 상징하는 명사들이 「핵무기 없는 세계」라는 이름의 이상주의적 성명서를 내놓았다. 그 상징들이란 '피터, 폴, 메리'가 아니라 조지 슐츠, 윌리엄 페리, 헨리 키신저, 샘 넌이었다.[214] 슐츠는 레이건 행정부의 국무 장관이었다. 페리는 클린턴 시절 국방 장관이었다. 키신저는 닉슨과 포드 시절 안보 보좌관이자 국무 장관이었다. 넌은 상원 군사 위원회 위원장이었고, 오래전부터 국방에 가장 정통한 입법자로 명망이 났다. 이들 중 몽상적 이상주의자 소리를 들을 사람은 아무도 없다.

그들을 지지하는 사람들 역시, 존 F. 케네디 시절부터 민주당과 공화당 행정부에서 일하며 전쟁에 단련된 정치인 드림팀이다. 전직 국무 장관 다섯 명, 전직 안보 보좌관 다섯 명, 전직 국방 장관 네 명이 포함되었다. 한때 그런 직위를 차지했던 동창들 중에서 현재 생존한 사람의 4분의 3이 단계적으로, 검증 가능하게, 구속력 있게 모든 핵무기를 제거하자는 성명서에 기꺼이 서명했다. 요즘은 이 계획을 글로벌 제로라고 부른다.[215] 버락 오바마와 드미트리 메드베데프가 연설에서 그들을 지지했고(오바마가 2009년 노벨 평화상을 받은 여러 이유 중 하나였다.), 여러 정책 두뇌 집단들이 실행 방안을 고민하기 시작했다. 추진 일정은 네 단계로 구성될 것이다. 협의, 축소, 확인, 그리고 2030년에 최후의 탄두를 해체한다는 계획이다.[216]

지지자들의 이력에서 짐작할 수 있듯이, 글로벌 제로의 이면에는 실제적인 현실 정치가 깔려 있다. 냉전이 끝난 뒤로 강대국들의 핵 무기고는 어리석은 것이 되었다. 이제는 초강대 적국의 존재론적 위협을 억제하는 데 필요하지도 않거니와, 핵 터부가 있으니 다른 군사적 목적으로도 전혀 쓸모가 없다. 핵 보복의 위협은 비국가 테러리스트들을 억제하는 데도 쓸모가 없다. 테러리스트들의 폭탄에는 발신 주소가 없기 때문이다. 그리고 만일 그들이 종교적 광신자라면, 그들이 겁먹을 만큼 소중하게 여기는 존재는 현세에 하나도 없을 것이다. 여러 핵무기 감축 협정은 칭찬할 일이었지만, 무기 수천 개가 저장고에 쌓여 있고 제작 기술이 잊히지 않은 상황에서 그것은 지구촌의 안전에 별반 차이를 가져오지 못한다.

글로벌 제로 이면의 심리는 핵무기 **사용**의 터부를 **소유**의 터부로 확장하자는 것이다. 터부가 터부로 기능하려면, 모 아니면 도라고 선명하게 분류하는 경계선을 모두가 인식해야 한다. 그런데 0과 0보다 많음을 가르는 경계선은 다른 무엇보다도 선명하다. 주변에 핵으로 무장한 이웃이 하나도 없다면, 어떤 나라도 핵으로 무장한 이웃으로부터 자신을 보호하기 위해 핵무기를 확보하겠다는 말로 자신을 정당화할 수 없다. 또한 핵을 물려받은 다른 나라들도 위선적으로 기존 무기를 유지할 권리를 가지고 있다고 주장할 수 없다. 만일 선진국들이 핵무기를 한물간 역겨운 것으로 보아 꺼린다면, 개발 도상국들이 그것을 확보함으로써 선진국처럼 보이려고 노력하는 일도 있을 수 없다. 핵무기를 확보하려고 집적거리는 불량 국가나 테러 집단은 온 세계의 눈 밖에 날 것이다. 그들은 강력한 도전자가 아니라 타락한 범죄자로 여겨질 것이다.

문제는, 어떻게 여기에서 거기까지 가느냐이다. 무기 해체 과정에는 취약한 기간이 있기 마련이다. 그동안 남은 핵 세력들 중 하나가 확장주의적 광신자의 손아귀에 떨어지기 쉽다. 각국은 적국이 그렇게 될 경우에 대비하여 몰래 몇 개를 남겨 놓고 싶을 것이다. 불량 국가는 자신이 핵 보복의 표적이 되지 않는다는 사실이 분명해지는 순간, 핵 테러리스트를 지원할지도 모른다. 그리고 핵무기는 없어도 제작 지식이 남아 있는 세상이라면 — 그 요정만큼은 도로 호리병에 가둘 수 없는 게 분명하다. — 한 번의 위기 때문에 재무장 쟁탈전이 개시될 수도 있다. 일등으로 완성한 나라는 상대가 우위를 차지하기 전에 선제공격을 날리고 싶을 것이다. 셸링, 존 도이치, 해럴드 브라운 등 일부 핵전략 전문가들은 핵 없는 세계의 가능성에 대해서, 심지어 그것이 바람직한가에 대해서 회의적이다. 한편 다른 전문가들은 구체적인 일정표와 안전장치를 설계하여 그들의 반대에 대답하려고 노력하고 있다.[217)]

이런 불확실성을 고려할 때, 핵무기가 조만간 독가스의 전철을 밟을 것인가 하는 문제는 누구도 확실하게 예측할 수 없다. 그러나 폐지를 실현 가능한 전망으로 논한다는 점 자체가 그동안 긴 평화를 이끌어 온 힘을 보여 주는 증거이다. 정말 그렇게 된다면, 그것은 폭력의 궁극적 감소를 대표하는 일일 것이다. 핵 없는 세상이라니! 어떤 현실주의자가 그런 꿈을 꾸었겠는가?

긴 평화는 민주주의 평화인가?

긴 평화가 공포의 건강한 자식도 절멸의 쌍둥이도 아니라면, 대체 무엇의 자식일까? 우리는 전후에 융성하여 전쟁에 대항했던 보편적 세력으로 볼 만한 외생적 변수를 — 즉, 평화의 일부가 아닌 다른 변화를 — 짚어 낼 수 있을까? '선진국은 전쟁을 꺼렸기 때문에 전쟁을 그만두었다'는 설명보다 더 설득력이 있는 다른 인과 관계가 과연 존재할까?

4장에서 우리는 몇 가지 예측을 제공하는 200년 된 이론을 만나 보았다. 이마누엘 칸트의 이론이었다. 『영구 평화론』에서 칸트는 국가 지도자들이 더 착해지거나 온화해지지 않아도 전쟁 동기가 감소하게끔 만드는 세 가지 조건을 이야기했다.

첫째는 민주주의이다. 민주 정부는 국민들 사이의 갈등을 합의된 법률로써 해소시키도록 설계되었다. 민주 국가는 다른 국가를 대할 때도 이 윤리를 외면화한다. 또한 모든 민주 국가는 다른 민주 국가의 작동 방식을 잘 안다. 모름지기 민주 국가는 한 개인에 대한 숭배, 구세주에 대한 신념, 집단주의 사명 따위에서 생성된 것이 아니라 모두 동일한 합리적 기초로부터 구축되었다. 그래서 민주 국가 사이에는 신뢰가 생기고, 신뢰는 서로 상대의 선제공격이 두려워서 자신이 선제공격을 하고 싶어 하는 홉스적 악순환의 싹을 자른다. 마지막으로 민주 국가의 지도자는 국민에게 책임이 있으므로, 국민의 피와 부를 희생하여 제 영광을 높이는 한심한 전쟁을 덜 일으킨다.

오늘날 이 이론은 '민주주의 평화'라고 불린다. 긴 평화의 설명으로서 이 이론을 지지하는 증거가 둘 있다. 첫째는 경향성들이 옳은 방향으로 진행되었다는 점이다. 유럽 대부분의 지역에서, 민주주의는 놀랄 만큼 뿌리가 얕다. 동쪽 절반은 1989년까지 공산주의 독재에 장악되었고, 스페인, 포르투갈, 그리스는 1970년대까지 파시스트 독재 치하였다. 독일은 군사주의 군주국으로서 첫 세계 대전을 일으켰고, 역시 군주국이었던 오스트리아-헝가리와 손잡았다. 나중에는 나치 독재 하에서 다시 세계 대전을 일으켰고, 이때는 파시스트 이탈리아와 손잡았다. 프랑스도 민주주의를 제대로 시행하기 위해서 다섯 번이나 시도해야 했고, 그 사이에는 군주국, 제국, 비시 정부로 존재했다. 지금으로부터 그리 멀지 않은 과거에, 많은 전문가는 민주주의가 망할 것이라고 생각했다. 1975년에 대니얼 패트릭 모이니한은 이렇게 탄식했다. "미국식 자유 민주주의는 19세기 군주제와 비슷한 처지가 되어 가고 있다. 그것은 유물이나 다름없는 정부 형태로서, 고립된 장소와 특이한 장소에서만 드문드문 남았고, 특수한 환경에서는 어쩌면 잘 작동하겠지만, 미래와는 아무런

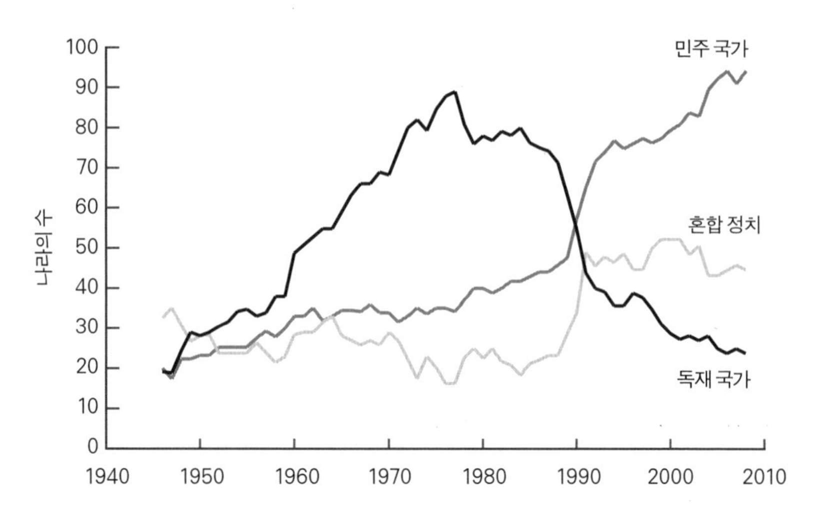

그림 5-23. 민주주의, 독재, 혼합 정치, 1946~2008년.
출처: 다음 그래프를 변형: Marshall & Cole, 2009. 2008년 인구가 50만 명 이상인 나라만 헤아렸다.

관련이 없다. 그것은 과거의 세상이지, 미래의 세상이 아니다."[218]

아무래도 사회 과학자들은 미래 예측을 해서는 안 될 모양이다. 과거 예측만으로도 힘든 모양이다. 그림 5-23을 보자. 제2차 세계 대전 이후 민주주의, 독재, 혼합 정치(완전한 민주주의도 완전한 독재도 아닌 나라를 말한다.)의 세계적 운명이 표시되어 있다. 모이니한이 민주주의의 죽음을 선언한 해는 통치 형태들의 상대적 운명이 갈리는 고비였다. 그리고 실은 민주주의야말로 미래의 세상이었다. 선진국에서는 특히 그랬다. 남유럽은 1970년대에, 동유럽은 1990년대에 완전히 민주화되었다. 현재 유럽에서 독재로 분류되는 나라는 벨라루스뿐이고, 러시아 외에는 모두 어엿한 민주 국가들이다. 민주주의는 아메리카 대륙에서도 우세하고, 남한이나 대만처럼 태평양 지역 중에서도 발전된 나라에서 그렇다.[219] 민주주의가 국제 평화에 기여하느냐 마느냐를 차치하더라도, 민주 국가는 자기 국민에게 최소한의 폭력을 가하는 정부 형태이기 때문에 그 득세는 그 자체로 폭력의 역사적 감소에서 하나의 이정표로 인정되어야 한다.

민주주의 평화를 지지하는 두 번째 현상은 이따금 역사의 법칙으로까지 받들어지는 통설이다. 2008년에 전 영국 총리 토니 블레어가 「더 데일리 쇼」의 존 스튜어트와 나눴던 대화에 그 내용이 잘 설명되어 있다.

스튜어트: 혹시 우리 대통령을 만나 보셨습니까? 그분은 자유를 엄청 좋아하죠. 모든 나라가 민주주의가 되면 더 이상 싸움이 벌어지지 않을 거라고 믿는답니다.

블레어: 뭐, 역사적 사실로서, 민주 국가끼리 서로 전쟁을 치른 예가 없기는 합니다.

스튜어트: 그럼 제가 하나 여쭤 보죠. 아르헨티나, 민주주의입니까?

블레어: 음, 민주주의입니다. 대통령을 선거로 뽑으니까요.

스튜어트: 영국, 민주주의입니까?

블레어: 그런 편이죠. 아무튼 제가 있었던 얼마 전까지는 그랬습니다.

스튜어트: 음 …… 두 나라가 서로 싸우지 않았습니까?

블레어: 정확하게 말하자면, 아르헨티나가 민주주의가 아닐 때 그랬습니다.

스튜어트: 젠장! 그분을 한번 이겨 보나 했더니만.

선진국들이 제2차 세계 대전 이후에 민주 국가가 되었고, 민주 국가끼리는 전쟁을 벌이지 않는다면, 선진국들이 제2차 세계 대전 이후에 전쟁을 그만둔 이유가 설명된 셈이다.

스튜어트의 회의적인 질문이 보여 주듯이, 지금까지 민주주의 평화 이론에는 점검의 시선이 쏟아졌다. 이 이론이 2003년 부시와 블레어의 이라크 침공에 논거를 제공한 뒤에 더욱 그랬다. 역사광들은 가능성 있는 반례를 찾아내며 즐겼다. 아래는 화이트가 수집한 몇몇 후보들이다.

- 그리스 전쟁, 기원전 5세기: 아테네 대 시라쿠사
- 포에니 전쟁, 기원전 2세기와 3세기: 로마 대 카르타고
- 미국 혁명, 1775~1783년: 미국 대 영국
- 프랑스 혁명전쟁, 1793~1799년: 프랑스 대 영국, 스위스, 네덜란드
- 1812년 전쟁(미영 전쟁), 1812~1815년: 미국 대 영국
- 프랑스-로마 전쟁, 1849년: 프랑스 대 로마 공화국
- 미국 남북 전쟁, 1861~1865년: 북부 연방 대 남부 연방
- 미국-스페인 전쟁, 1898년: 미국 대 스페인
- 보어 전쟁, 1899~1901년: 미국 대 트란스발 공화국, 오렌지 자유국
- 제1차 인도-파키스탄 전쟁, 1947~1949년: 인도 대 파키스탄
- 레바논 내전, 1978, 1982년: 이스라엘 대 레바논
- 크로아티아 독립 전쟁, 1991~1992년: 크로아티아 대 유고슬라비아
- 코소보 전쟁, 1999년: NATO 대 유고슬라비아
- 카르길 전쟁, 1999년: 인도 대 파키스탄
- 이스라엘-레바논 전쟁, 2006년: 이스라엘 대 레바논[220)]

사람들은 각 반례에 대해서 그들이 진정한 민주 국가였는지 점검해 보았다. 그리스, 로마, 남부 연방은 노예를 소유했다. 영국은 1832년까지 대중의 참정권이 보잘것없는 수준인 군주국이었다. 그 밖의 전쟁들은 잘 봐주어야 풋내기 민주주의이거나 주변적 민주주의였던 국가들이 치렀다. 레바논, 파키스탄, 유고슬라비아, 19세기 프랑스와 스페인이 그랬다. 그리고 20세기 초반까지 여성에게는 투표권이 주어지지 않았는데, 나중에 이야기하겠지만 여성은 남성보다 투표에서 좀 더 평화로운 선택을 하는 경향이 있다. 민주주의 평화 이론을 옹호하는 사람들은 20세기 이전을 대뜸 삭제할 때가 많다. 신생 민주 국가나 불안정한 민주 국가도

지운다. 그러고는 20세기부터는 성숙하고 안정된 두 민주 국가가 서로 전쟁을 치른 예가 없다고 주장한다.

반면, 민주주의 평화 이론을 비판하는 사람들은 '민주주의'의 범위를 그렇게 좁게 잡을 경우 애당초 그 속에 포함되는 나라가 많지 않고, 따라서 확률의 법칙상 양쪽 다 민주 국가인 전쟁을 몇 개라도 찾아내는 것이 더 이상한 일이라고 꼬집는다. 강대국이 아닌 이상 국가들은 국경을 접할 때만 싸우기 쉬우므로, 대부분의 이론적 조합은 어차피 지리적으로 제외되는 셈이다. 뉴질랜드와 우루과이가, 벨기에와 대만이 전쟁을 치르지 않은 이유를 설명하려고 민주주의까지 들먹일 필요는 없을 것이다. 만약에 연표의 앞쪽을 좀 더 도려내어 데이터를 한층 제한하면(어떤 사람들은 제2차 세계 대전 이후로 한정한다.), 좀 더 냉소적인 이론으로 긴 평화를 설명할 수 있다. 냉전이 시작된 이래, 세계를 압도하는 세력이었던 미국의 동맹들끼리는 서로 싸운 적이 없다는 이론이다. 더군다나 긴 평화의 다른 현상들은 — 가령, 강대국 간 전쟁이 한 번도 없었다는 사실은 — 애당초 민주주의 평화 이론으로 설명되지 않으므로, 비판자들은 오히려 핵무기이건 재래식 무기이건 상호 억제력에 의한 현상이라고 주장한다.[221]

민주주의 평화 이론의 마지막 두통거리는, 민주 국가들이 늘 칸트의 말처럼 착하게 행동하지는 않는다는 점이다. 적어도 전반적인 호전성에 관해서는 그렇다. 민주 국가가 스스로의 법치적 폭력 사용 및 평화적 갈등 해소 원칙을 다른 국가에게도 외면화한다는 가정은 영국, 프랑스, 네덜란드, 벨기에가 식민지를 획득하고 방어하고자 벌였던 수많은 전쟁과 맞지 않는다. 1838년에서 1920년까지 그런 전쟁이 적어도 33건 있었다. 1950년대까지, 심지어 1960년대까지도 (알제리에서의 프랑스) 몇 건 더 있었다. 민주주의 평화 이론의 지지자에게 그 못지않게 심란한 다른 사례는 냉전 시대 미국의 해외 개입이다. CIA는 이란(1953년), 과테말라(1954년), 칠레(1973년)에서 그럭저럭 민주적이었던 정부의 전복을 거들었다. 그 정부들의 좌편향이 마음에 들지 않는다는 이유였다. 여기에 대해 이론의 지지자들은 유럽 제국주의가 일거에 사라지지는 않았지만 자국에서 민주주의가 득세함에 따라 해외에서 빠르게 사라졌다고 반론한다. 그리고 미국의 개입은 훤히 보이는 활동이 아니라 은밀히 감춰진 작전이었으므로, 오히려 규칙을 증명하는 예외라고 반론한다.[222)]

토론이 이랬다저랬다 바뀌는 정의(定義), 제 입맛대로 고른 사례, 임시변통의 변명으로 퇴행한다면, 치명적 싸움의 통계를 불러들일 때가 되었다는 뜻이다. 두 정치학자 브루스 러셋과 존 오닐은 정의를 확실히 내리고, 혼란스러운 변수들을 통제하고, 민주주의 평화 이론의 정량적 형태 하나를 점검함으로써, 이론에 새 생명을 불어넣었다. 그들이 시험한 가설은 민주 국가들끼리는 **절대로** 전쟁을 벌이지 않는다는 가설이 아니었다(그러면 잠재적 반례 하나하나가 생사가 걸린 문제가 된다). 다른 조건들이 같다면, 민주 국가들이 비민주 국가들보다 전쟁을 **덜** 벌인다는 가설이었다.[223)]

러셋과 오닐은 뒤엉킨 변수들의 효과를 분리하는 통계 기법을 씀으로써 얽히고설킨 매듭을 풀었다. 다중 로지스틱 회귀라는 기법이다. 예를 들어 설명해 보자. 당신은 줄담배를 피우는 사람이 심장 발작을 더 자주 일으킨다는 사실을 발견했다. 흡연은 운동 부족과 함께 가는 경향이 있지만, 당신은 심장 발작의 위험이 운동 부족보다는 흡연 때문이라는 가설을 확인하고 싶다. 당신은 먼저 잡음 변수, 즉 운동 수준으로 최대한 많은 심장 발작 데이터를 설명하려고 노력한다. 대규모 표본으로 남자들의 건강 기록을 살펴본 결과, 평균적으로 운동을 일주일에 한 시간 더 할 때마다 심장 발작 확률이 일정량 준다는 것을 확인했다. 상관관계는 아직 완벽하지 않다. 어떤 사람은 게으름뱅이인데도 심장이 건강하지만, 어떤 사람은 운동광인데도 체육관에서 쓰러지지 않는가. 이때, 특정 운동 수준에 대해서 당신이 예측한 심장 발작 확률과 실제 측정된 확률의 차이를 가리켜 **잔차**(residual)라고 한다. 이 잔차 집합 속 숫자들이야말로 당신의 진짜 관심사인 흡연 효과를 알아볼 자료이다.

다음으로, 당신은 두 번째 자료를 이용해서 분석의 여지를 확보한다. 흡연자는 평균적으로 운동을 적게 하지만, 어떤 흡연자는 많이 한다. 거꾸로 비흡연자 중에서도 어떤 사람은 운동을 거의 안 한다. 여기에서 두 번째 잔차 집합이 나온다. 즉, 남자들의 운동 수준으로부터 당신이 예측한 흡연률과 실제 흡연률의 차이이다. 마지막으로, 당신은 흡연-운동 관계에서 남은 잔차(남자들의 운동 수준으로부터 예측한 흡연률에 비해 그들의 실제 흡연률이 얼마나 더 높거나 낮은가 하는 정도)와 운동-심장 발작 관계의 잔차(남자들의 운동 수준으로부터 예측한 심장 발작 확률에 비해 그들의 실제 심장 발작 확률이 얼마나 더 높거나 낮은가 하는 정도)가 상관관계가 있는지 살펴본다. 잔차끼리 상관관계가 있다면, 당신은 흡연이 심장 발작과 상관관계가 있다고 결론지어도 좋다. 물론 흡연과 심장 발작이 둘 다 운동과 상관관계가 있지만, 그 정도를 넘어선 상관관계가 있다는 말이다. 또 흡연률은 생애의 이른 시점에서 측정하고 심장 발작 확률은 생애의 후반에서 측정한다면(흡연 때문에 심장 발작이 발생하는 것이 아니라 심장 발작 때문에 흡연을 하게 되는 가능성을 배제하기 위해서다.), 흡연이 심장 발작을 **일으킨다**는 주장으로까지 나아갈 수 있다. 이런 다중 회귀 분석으로는 뒤엉킨 예측 변수를 두 개만이 아니라 얼마든지 더 많이 분석할 수 있다.

다중 회귀 분석의 일반적인 문제점은, 풀어헤치려는 예측 인자의 수가 많을수록 데이터가 더 많이 필요하다는 점이다. 잡음 변수 각각이 데이터의 변이를 최대한 빨아들이기 때문에 변수가 많을수록 변이가 많이 '소모되고', 당신은 그 나머지를 가지고서 정말로 알아보려는 가설을 확인할 수밖에 없다. 그런데 인류에게는 다행스럽지만 사회 과학자들에게는 불행하게도, 국가 간 전쟁은 그리 자주 터지지 않는다. '전쟁 상관관계 프로젝트' 데이터에는 1823~1997년까지 어엿한 국가 간 전쟁으로 집계된 사건이 겨우 79건이고(사망자가 연간 1000명 이상인 사건들), 1900년 이후에는 49건이다. 통계를 돌리기에는 너무 적다. 그래서 러셋과 오닐은 훨씬 더 큰 데이터베이스로 눈을 돌렸다. 국가가 군대에 경계 태세를 발령한 경우, 화살을 한 발 쏜 경우, 전투기를 긴급 출격시킨 경우, 칼을 맞부딪친 경우, 기병도를 달가닥거린 경우, 그 밖에도 다른 여러 방식으로 군사적 몸 풀기를 한 경우 등등 온갖 국가 간 군사 분쟁을 포함한 목록이었다.[224] 실제 전쟁이 한 번 벌어졌을 때마다 그와 비슷한 원인으로 촉발되었지만 전쟁에는 이르지 않았던 분쟁이 더 많았다고 가정하면, 전쟁과 동일한 원인으로 생긴 분쟁들은 풍부한 대용품이 될 수 있다. '전쟁 상관관계 프로젝트'에는 1816~2001년까지 그런 국가 간 군사 분쟁이 2300건 넘게 집계되어 있다. 데이터에 굶주린 사회 과학자들을 충분히 만족시킬 숫자이다.[225]

러셋과 오닐은 우선 분석 단위를 수집했다. 분석 단위는 1886~2001년까지 각 년도에 전쟁 위험이 조금이라도 있었던 한 쌍의 나라였다. 연구자들은 두 나라가 이웃이거나 한쪽이 강대국이면 무조건 위험이 있는 것으로 간주했다. 여기에서 주목할 데이터는 그 쌍이 그해에 실제로 군사 분쟁을 겪었는가 여부이다. 다음으로, 연구자들은 두 나라 중 **덜** 민주적인 쪽이 전해에 얼마나 민주적이었는지 살펴보았다. 민주 국가가 아무리 전쟁을 꺼려도 더 호전적인 (아마도 덜 민주적인) 상대 때문에 전쟁에 끌려드는 것까지 피할 수는 없다는 가정에서였다. 1940년에 민주 국가 네덜란드가 독일 침략군과 전쟁을 벌인 것을 두고 네덜란드를 나무랄 사람은 아무도 없을 테니, 연구자들은 1940년의 네덜란드-독일 쌍에서 1939년 독일의 민주주의 점수를 최저점으로 잡기로 결정했다.

국가의 민주성을 결정하는 문제에서 사후 평가의 유혹을 피하고자, 특히 한심한 선거를 근거로 스스로를 '민주주의'라고 부르는 국가가 있다는 점을 감안하고자, 러셋과 오닐은 '정치 형태 프로젝트'의 점수를 가져왔다. 그 프로젝트는 해당 국가의 정치 과정이 얼마나 경쟁적인지, 지도자가 얼마나 공개적으로 선택되는지, 지도자의 권력에 얼마나 제약이 가해지는지에 따라 0~10 사이로 민주주의 점수를 매긴 것이다. 러셋과 오닐은 현실 정치에서 군사 분쟁에 영향을 준다고 언급되는 여러 변수들도 집어넣었다. 예를 들어 두 나라가 공식 동맹 관계인지 아닌지(동맹국은 덜 싸운다.), 한쪽이 강대국인지 아닌지(강대국은 문제를 일으키는 경향이 있다.), 둘 다 강대국이 아니라면 한쪽이 반대쪽보다 상당히 더 강력한지 아닌지(두 나라의 체급 차이가 크면 결론이 기정사실일 터라 덜 싸운다.) 등이다.

그래서, 결과는 어땠을까? 다른 조건들이 모두 같을 때, 정말로 민주 국가들끼리는 군사 분쟁에 덜 휘말렸을까? 답은 확실하게 '그렇다'였다. 둘 중 덜 민주적인 나라가 완전한 독재 국가라면, 평균적인 위험 수준에 비해 분쟁 가능성이 두 배나 되었다. 둘 다 완전한 민주 국가라면, 분쟁 가능성은 절반 이상 줄었다.[226]

알고 보니, 민주주의 평화 이론은 지지자들의 바람보다도 성과가 훨씬 더 좋았다. 증거에 따르면, 민주 국가들은 서로 분쟁을 피하는 것은 물론이거니와 전반적으로도 분쟁을 꺼리는 것 같았다.[227] 민주 국가들이 초록은 동색이라 서로 안 싸우는 것은 아니었다. 독재 국가의 평화, 즉 독재 국가들끼리 서로 분쟁을 피하는 도둑 간의 신의는 없었기 때문이다.[228] 민주주의 평화 이론은 데이터 집합의 전체 기간인 115년에 대해서 유효했고, 1900~1939년까지, 그리고 1989~2001년까지라는 하위

기간에 대해서도 유효했다. 이것은 민주주의 평화가 냉전기 팍스 아메리카나의 부산물이 아니라는 뜻이다.[229] 말이 나왔으니 말인데, 팍스 아메리카나나 팍스 브리타니카의 징후는 전혀 없었다. 두 나라의 군사력이 세계 제일이었던 해가 그들이 여러 강대국 중 하나였던 해에 비해 더 평화롭지는 않았다.[230] 신생 민주 국가가 이 이론의 껄끄러운 예외라는 증거도 없었다. 소련 몰락 이후 발트해와 중유럽 국가들이 민주주의를 포용했던 것을 떠올려 보라. 아니면 1970년대와 1980년대에 남아메리카 국가들이 군사 정부를 떨쳐 냈던 것을 떠올려 보라. 그런 나라들 중 누구도 이후 전쟁에 돌입하지 않았다.[231] 러셋과 오닐이 민주주의 평화 이론에서 찾아낸 한계는 단 하나였다. 그것이 1900년경부터 효력을 발휘했다는 점이다. 19세기의 숱한 반례를 상기한다면 누구나 미리 짐작할 수 있었던 사실이겠지만 말이다.[232]

민주주의 평화 이론은 깐깐한 시험을 제법 잘 통과했다. 그렇다고 해서 우리가 다들 자유의 전도사가 되어 독재 국가를 일일이 침략하며 민주 정부를 세워야 한다는 뜻은 아니다. 민주주의는 철저히 외생적으로 사회에 부여되는 것이 아니다. 민주주의란 훌륭한 민주 국가들이 따르는 정부 작동 방식의 과정들, 그 이상이다. 민주주의는 문명화된 태도들의 구조와 얽혀 있다. 그런 태도들 중 두드러진 것으로는 정치적 폭력을 포기하는 태도를 꼽을 수 있다. 영국과 미국에서는 정치 지도자들과 적수들이 서로 죽이는 습관을 떨친 뒤에야 민주주의의 기틀이 마련되었다. 그런 구조가 없는 상태에서는 설령 민주주의가 적용되더라도 내부의 평화를 장담할 수 없다. 실제로 허약한 신생 민주 국가들은 국가 간 전쟁을 벌이지는 않아도 내전을 더 많이 벌인다. 이 점은 6장에서 살펴보겠다.

민주 국가들이 국가 간 전쟁을 꺼린다는 점만 따지더라도, 민주주의를 제1의 원인으로 축성하기에는 이르다. 민주주의를 시행하는 국가들은 부익부 빈익빈이라는 마태 효과에서 행복한 쪽에 해당한다. 민주 국가는 전제 군주가 없는 것은 물론이거니와, 상대적으로 더 부유하고, 건강하고, 교육 수준이 높고, 국제 무역과 국제 조직에 열려 있다. 긴 평화를 이해하려면, 이런 영향들을 따로따로 떼어 살펴야 한다.

긴 평화는 자유주의 평화인가?

민주주의 평화는 간혹 자유주의 평화의 특수한 사례로 여겨진다. 이때 '자유주의'란 고전 자유주의를 뜻하지 않는다. 정치와 경제의 자유를 강조하는 입장을 말하지, 좌파 진보주의를 말하는 것이 아니다.[233] 자유주의 평화 이론은 온화한 상업의 원리를 포함한다. 무역은 상호 이타주의의 한 형태로, 양쪽에게 포지티브섬 이득을 주고 서로 이기적인 이유에서 상대의 안녕을 바라게끔 만들기 때문이다. 로버트 라이트는 협동의 역사적 확장을 살펴본 책 『넌제로』에서 상호성에 최고의 위치를 부여하며 이렇게 표현했다. "우리가 일본을 폭격하지 말아야 하는 수많은 이유 중 하나는 그들이 내 미니밴을 만들기 때문이다."

세계화(globalization)라는 오늘날의 유행어는 지난 수십 년 동안 국제 무역이 급성장했음을 일깨운다. 무역을 더 쉽고 싸게 만드는 많은 외생적 발전이 있었다. 제트 비행기와 컨테이너선 같은 운송 기술, 텔렉스, 장거리 전화, 팩스, 위성, 인터넷 등의 전자 통신 기술, 관세와 규제를 줄이는 무역 협정, 자본이 국경을 쉽게 넘도록 해 주는 국제 금융 및 환전 통로, 육체노동과 물리적 원료 대신에 발상과 정보에 의존해 온 현대 경제 등이다.

역사에는 자유로운 무역과 큰 평화가 상관관계를 보인 사례가 많다. 18세기에는 전쟁의 소강과 상업의 포용이 함께 진행되었다. 왕이 발행하던 면허와 독점권은 자유 시장으로 바뀌었고, 이웃의 것을 빼앗아 부자가 되자는 중상주의 사고방식은 모두가 득을 보는 국제 무역의 사고방식으로 바뀌었다. 18세기 네덜란드나 20세기 후반 독일과 일본처럼 강대국 게임과 그에 수반된 전쟁에서 손 뗀 나라들은 상업 강대국이 되는 데 국가의 열망을 쏟았다. 한편 1930년대에는 보호주의 관세 때문에 국제 무역이 저하되었는데, 당시 국제 긴장이 고조했던 것도 그 때문이었을 것이다. 오늘날 미국과 중국의 친선은 무역의 평화화 효과를 보여주는 최근 사례이다. 두 나라는 제조품이 한 방향으로 흐르고 달러가 반대 방향으로 흐른다는 것 외에는 공통점이 거의 없기 때문이다. 사실 현대의 분쟁 예방을 설명하는 이론으로 민주주의 평화 이론에 대적하는 또 다른 통설이 있는데, 이른바 골든 아치 이론이다. 맥도날드가 있는 나라들끼리는 전쟁을 치른 예가 없다는 주장이다. 명백한 빅맥 공격으로 볼 만한 유일한 사례는 1999년에 NATO가 유고슬라비아를 짧게 공습한 사건이었다.[234]

일화들은 그렇다 치고, 사실 많은 역사학자는 무역이 평화를 가져온다는 일반 법칙에 회의적이다. 1986년에 존 개디스는 이렇게 썼다. "그것은 믿으면 기분 좋은 이야기이지만, 그것을 증명할 역사적 증거는 놀랍도록 적다."[235] 분명, 고대와 중세에는 무역을 뒷받침하는 하부 구조가 개선된 것만으로 평화가 찾아오지 않았다. 배와 도로처럼 무역을 장려하는 기술은 약탈도 장려한다. 때로는 경로마저 같다. 당시 사람들은 '상대가 더 많으면 무역을, 우리가 더 많으면 약탈을'이라는 규칙을 따랐다.[236] 나중에는 무역으로 얻을 이득이 너무나 탐난다는 이유로 저항하는 식민지와 약소국에게 함포를 들이대며 무역을 강제하기도 했다. 19세기 아편 전쟁이 악명 높은 사례이다. 영국은 자기네 악덕 상인들이 중국에서 중독성 아편을 팔게 해 주려고 중국과 싸웠다. 게다가 강대국 간 전쟁은 서로 상당한 규모로 무역을 하던 나라끼리의 조합이 적지 않았다.

노먼 에인절의 주장은 본인의 의도와는 달리 무역-평화 연관성 가설의 평판을 해쳤다. 사람들은 그의 말을 오해하여 자유 무역이 전쟁을 없앤다는 뜻으로 받아들였는데, 그로부터 불과 5년 뒤에 제1차 세계 대전이 터졌던 것이다. 이론의 회의론자들은 교전국들의 경제가 전쟁 전에 유례없는 수준으로 서로 의존했다는 점을 거듭 지적한다. 영국과 독일 사이에도 무역량이 상당했다는 것이다.[237] 사실은 에인절도 강조했던 바이지만, 국가가 경제적 무익함을 이유로 전쟁을 피하는 것은 애초에 경제적 번영에 흥미가 있을 때의 이야기이다. 많은 지도자는 국가적 위신을 세우기 위해서, 혹은 유토피아 이데올로기를 실천하기 위해서, 혹은 자국의 입장에서 역사적으로 불공평했던 일을 바로잡기 위해서, 약간의 번영쯤은 기꺼이 희생한다(약간이 아닐 때도 많다.). 국민들도 그런 지도자를 따르곤 한다. 심지어 민주 국가에서도.

앞에서 숫자 계산을 통해 민주주의 평화 이론을 지켜 냈던 러셋과 오닐은 자유주의 평화 이론도 시험해 보았다. 사실 두 연구자는 누구 못지않은 회의론자였다. 분석 결과, 제1차 세계 대전 직전에 국제 무역이 국지적 절정을 기록한 것은 사실이었다. 그러나 국내 총생산에 대한 무역의 비율은 제2차 세계 대전 이후 수준에 비하면 낮은 편이었다(그림 5-24).

또한, 무역이 평화화 세력으로 작용하려면 조건이 있다. 한 나라가 갑자기 보호주의로 기울어 교역 상대의 물자 공급을 끊는 일을 막는 국제 협정이 있어야 한다. 가트가 지적했듯이, 20세기에 들어설 무렵 영국과 프랑스는 자기 식민지 내부의 무역만으로 먹고 사는 제국적 경제 자립국이 되겠노라고 노상 떠들었다. 독일 지도자들은 당황했고, 자신들도 제국이 되어야겠다고 생각했다.[238]

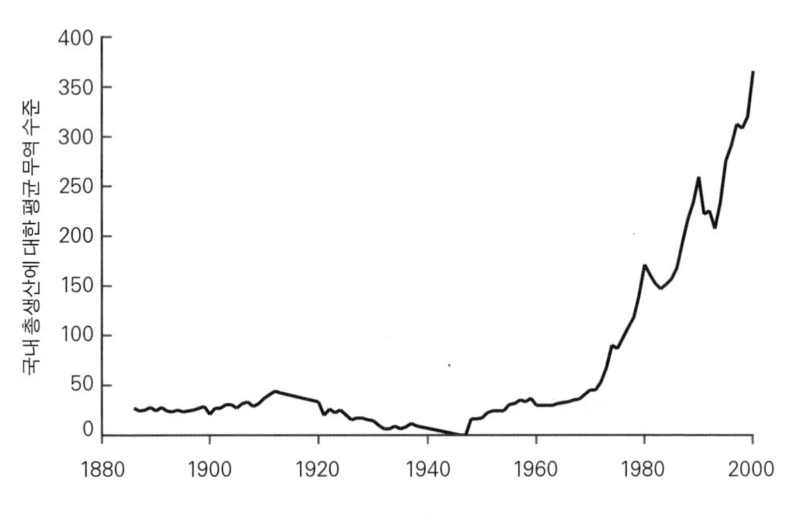

그림 5-24. 국내 총생산(GDP) 대비 국제 무역, 1885~2000년.

출처: 그래프: Russett, 2008. 데이터: Gleditsch, 2002.

사례와 반례가 둘 다 넘치고, 무역과 그 밖의 바람직한 요인들이 (민주주의, 국제 조직 가입, 동맹 결성, 전반적 번영) 통계적으로 혼란스럽게 얽혀 있으니, 이제 다중 회귀 분석을 실시할 때다. 러셋과 오닐은 분쟁 위험이 있는 모든 국가 쌍들에 대해, 무역에 더 많이 의존한 쪽의 무역량을 (국내 총생산에 대한 비율로) 데이터로 입력했다. 그 결과, 어떤 해에 무역에 더 많이 의존한 나라일수록 이듬해에 군사 분쟁에 휘말릴 가능성이 낮았다. 민주주의, 양국의 세력 차이, 강대국 지위, 경제 성장 같은 변수들을 통제하고서도 말이다.[239] 무역의 평화화 효과가 그 나라의 발전 수준에 달려 있다는 것을 보여 준 또 다른 연구들도 있다. 무역 비용을 낮추는 금융, 기술 하부 구조를 갖춘 나라일수록 무력행사 없이 분쟁을 해결할 가능성이 크다는 것이다.[240] 이것은 폭넓은 역사적 변화들로 인해 국가의 경제적 유인이 전쟁에서 무역으로 기울었다는 에인절과 라이트의 주장에 합치한다.

러셋과 오닐에 따르면, 평화에 기여하는 것은 양국의 쌍방 무역만이 아니었다. 각 나라의 전반적인 무역 의존성도 기여했다. 즉, 세계 경제에 개방된 나라일수록 군사 분쟁에 참여할 가능성이 낮았다.[241] 우리는 여기에서 온화한 상업 이론의 확장 형태를 그리게 된다. 국제 무역은 국가의 상업 정신에서 한 면모일 뿐이다. 해외 투자에 대한 개방성, 개인들이 구속력 있는 계약을 맺을 자유, 자급자족이나 물물교환이나 강탈 대신 자발적 재화 교환에 의존하는 정도 등이 다른 면모들이다. 상업을 이렇게 넓은 의미로 볼 때, 그 평화화 효과는 민주주의의 평화화 효과보다도 더 튼튼한 듯하다. 민주주의 평화는 한 쌍의 국가가 **둘 다** 민주 국가일 때만 강하게 작용하지만, 상업은 둘 중 한쪽만 시장 경제일 때도 효과를 보인다.[242]

이 발견을 접한 몇몇 정치학자들은 자본주의 평화라는 이단적 발상을 떠올렸다.[243] 자유주의 평화 이론에서 **자유주의**란 단어는 민주주의의 정치적 개방성과 자본주의의 경제적 개방성을 둘 다 지칭한다. 그런데 자본주의 평화라는 이단 이론에 따르면, 사실은 둘 중 경제적 개방성이 대부분의 평화화 효과를 발휘한다. 좌파들은 이 논증에 말문이 막힐 테지만, 이론의 옹호자들은 민주주의에 대한 칸트의 논증을 자본주의에도 대체로 적용할 수 있다고 주장한다. 자본주의 경제는 정부의 명령과 통제가 아니라 시민들 간의 자발적 계약으로 돌아간다. 덕분에 칸트가 민주 공화국에 부여했던 몇몇 장점들 중 일부는 자본주의에도 부여된다. 이를테면, 국가 내부에서 통용되는 자발적 협상의 윤리는 (법치적 권력 이행의 윤리와 더불어) 다른 나라와의 관계에서도 자연스럽게 외면화된다. 어떤 나라가 자유 시장 경제를 갖고 있다면, 그 투명성과 명징성 덕분에 이웃 나라들은 그 나라가 전시 체계로 돌입하지 않으리라고 안도한다. 덕분에 홉스의 함정이 진정되고, 지도자는 위험천만한 허세나 벼랑 끝

전술로 뛰어들지 못하도록 속박된다. 그리고 지도자의 권력이 투표함으로 제약되든 말든, 시장 경제에서는 생산 수단을 통제하는 이해 관계자들이 정치 권력을 제약하기 마련이다. 그들은 국제 무역의 파열로 사업에 차질이 오는 것을 반대할 테니까. 이런 제약 때문에 명예, 위엄, 우주적 정의를 추구하는 지도자의 개인 야심에 제동이 걸릴 것이고, 작은 도발에 무모한 확전으로 응수하려는 유혹에도 제동이 걸릴 것이다.

민주주의는 자본주의이기 쉽고, 역도 마찬가지이다. 그러나 이 상관관계는 완벽하지 않다. 중국은 자본주의이지만 독재 국가이다. 인도는 민주주의이지만 최근까지 굉장히 사회주의적이었다. 이런 어긋남을 이용하여, 여러 정치학자들은 군사 분쟁이나 다른 국제 위기에 관한 데이터를 놓고 민주주의와 자본주의를 대비하여 분석해 보았다. 러셋과 오닐처럼, 다른 연구자들의 결론은 국제 무역이나 세계 경제에의 개방성 등 자본주의의 여러 변수에 확실한 평화화 효과가 있다는 것이었다. 반면에 민주주의와 자본주의의 상관관계를 통계적으로 제거했을 때도 민주주의가 평화에 기여하느냐 하는 문제에 관해서는 러셋과 오닐에게 동의하지 않는 연구자들이 있었다.[244] 요컨대, 정치적 자유주의와 경제적 자유주의의 상대적 기여에 대해서는 현재 연구자들이 회귀 분석의 늪에 빠진 상태이지만, 자유주의 평화라는 상위 이론만큼은 토대가 굳건하다.

자본가를 '죽음의 상인'이나 '전쟁의 나리'로 불렀던 시절을 기억하는 사람에게, 자본주의 평화는 발상만으로도 충격이다. 저명한 평화 연구자 닐스 페테르 글레디치는 이 역설을 놓치지 않았다. 그는 2008년 국제 정치학회 회장 취임 연설에서 1960년대 평화 시위의 슬로건을 업데이트하여 이렇게 말했다. "전쟁은 관두고, 돈이나 벌어라."[245]

긴 평화는 칸트적 평화인가?

제2차 세계 대전의 여파를 겪던 시절, 지도적 사상가들은 무엇이 잘못이었는지를 절박하게 고민했다. 그리고 반복을 막기 위한 계획을 논의했다. 뮬러는 그중 가장 인기 있었던 계획을 이렇게 설명했다.

> 서구의 몇몇 과학자들은 전무한 살상 효율을 자랑하는 무기 개발에 참여했던 죄책감에 시달린 나머지, …… 실험과 연구에 쏟을 시간을 아껴 인간사를 고민했다. 그들은 금세 결론에 도달했고, 물리계를 논할 때는 결코 쓰지 않았을 법한 복음주의적 확실성을 드러내며 그 결론을 설명했다. 아인슈타인은 위대한 물리학 업적을 이룰 때 주권 국가 스위스의 국민이었음에도 불구하고, 다른 사람들처럼 자신도 스위스의 사례에 영향 받지 않았음을 증명했다. 아인슈타인은 "큰 힘을 지닌 주권 국가들이 존재하는 한, 전쟁은 불가피하다."고 선언했다. …… 그를 비롯한 과학자들은 다행스럽게도 문제를 해결할 방법을 발견했다고 말했다. "세계 정부의 창설만이 인류의 임박한 자기 파멸을 막을 것이다."[246]

세계 정부는 리바이어던의 논리를 곧장 연장한 것처럼 보인다. 개인 간 살인, 당파 간 사적인 전쟁, 내전 등의 해결책이 폭력 사용을 독점하는 국가 정부라면, 국가 간 전쟁의 해결책은 **군사력**의 정당한 사용을 독점하는 **세계** 정부가 아니겠는가? 1948년에 버트런드 러셀은 소련에게 당장 세계 정부 방안에 따르든지 미국의 핵 공격을 받든지 선택하라는 최후통첩을 전달하자고 제안했다.[247] 다른 지식인들은 러셀의 수준까지는 가지 않았지만, 아인슈타인, 웬들 윌키, 허버트 험프리, 노먼 커즌스, 로버트 메이너드 허친스, 윌리엄 O. 더글러스 등등 많은 사람이 세계 정부를 지지했다. 유엔이 점차 세계 정부로 변할 것이라고 생각한 사람도 많았다.

요즘 세계 정부 운동은 괴짜들이나 과학 소설 애호가들 사이에서나 살아 있다. 한 가지 문제는, 정부가 제대로 기능하려면 피통치자들 사이에 어느 정도 상호 신뢰와 공통 가치가 있어야 하는데 그것이 전 지구적으로 구축되기는 어렵다는 점이다. 또 다른 문제는, 세계 정부에게 대안이 없다는 점이다. 다른 정부에게서 더 나은 통치를 배워 올 수 없고, 불만을 품은 구성원이 다른 곳으로 이주할 수도 없으므로, 정체와 오만이 자연적으로 제어되지 않을 것이다. 모든 나라들이 기꺼이 그 통치를 환영하는 형태의 정부로 유엔이 변모할 가능성도 낮다. 유엔 안전 보장 이사회는 걸핏하면 거부권을 행사하다가 결국 쥐꼬리만 한 권위만을 양보하는 강대국들 때문에 무력화되었고, 총회는 세계인의 의회라기보다 독재자들의 즉흥 연설대가 되었다.

칸트가 『영구 평화론』에서 상정한 '자유 국가들의 연방'은 국제적 리바이어던에는 한참 못 미치는 형태였다. 그것은 지구적인 초거대 정부라기보다는 차츰 범위를 넓혀 가는 자유 공화국들의 클럽이고, 무력의 독점보다는 도덕적 정당성이라는 유연한 힘에 의존한다. 현대에 그와 동등한 것을 찾자면 오히려 정부 간 국제기구(IGO)이다. 참가국들에게 공통의 이해가 있는 분야에서 제한적으로나마 각국의 정책을 조정할 권한을 지닌 관료 기구를 뜻한다. 국제 조직 중 세계 평화에 최고의 실적을 기록한 단체는 유엔이 아니라 유럽 석탄 철강 공동체일 것이다. 프랑스, 서독, 벨기에, 네덜란드, 이탈리아가 1950년에 창설한 이 기구는 석탄과 철이라는 두 중요한 전략적 필수품의 시장을 감시하고 생산을 조절한다. 기구는 참가국들의 — 특히 서독의 — 역사적 경쟁심과 야심을 공통의 상업 행위 속에서 가라앉히려는 방안으로서 설계되었다. 석탄

철강 공동체는 유럽 경제 공동체의 무대를 닦았고, 그로부터 유럽 연합이 탄생했다.[248)]

역사학자들은 이런 조직이 서유럽의 집단의식에서 전쟁을 몰아내는 데 기여했다고 본다. 이런 조직은 사람, 돈, 물건, 생각이 국경을 쉽게 통과하게 만듦으로써 군사 경쟁의 유혹을 약화시켰다. 미합중국이 존재하기 때문에 가령 미네소타와 위스콘신 간 군사 경쟁의 유혹이 약화되는 것과 마찬가지이다. 이런 조직은 국가들을 하나의 클럽에 몰아넣고 지도자들끼리 사귀며 협동하게 함으로써 일종의 협동 규범을 강제했다. 또한 공평한 심판으로 기능함으로써 소속국들 간의 분쟁을 중재했다. 방대한 시장이라는 당근을 내걺으로써, 소속을 원하는 국가로 하여금 제국을 포기하거나 (포르투갈이 그렇다.) 자유 민주주의에 헌신하게 (옛 소련 위성국들이 그랬고, 조만간 터키도 그럴 것이다.) 했다.[249)]

러셋과 오닐은 정부 간 국제기구 소속을 평화의 삼각형에서 세 번째 꼭지점으로 제안했다. 그들은 칸트에게서 그 삼각형이 나왔다고 말했는데, 나머지 두 꼭지점은 민주주의와 무역이다(사실 칸트가 『영구 평화론』에서 무역을 꼭 짚어 지목하진 않았지만 다른 곳에서 칭송한 바 있기 때문에, 러셋과 오닐은 그렇게 삼각형을 그려도 무방하다고 본다.). 국제 조직의 사명이 반드시 유토피아적이거나 이상주의적일 필요는 없다. 국방, 화폐, 우편, 관세, 운하 통행, 어업권, 오염, 관광, 전쟁 범죄, 도량형, 도로 신호 등등 무엇이 되었든 그것을 조정하기 위한 정부들의 자발적 협회라면 된다. 그림 5-25를 보자. 그런 조직에 가입한 정부의 수가 20세기에 착실히 늘었음을 알 수 있다. 특히 제2차 세계 대전 직후의 융기가 눈에 띈다.

정부 간 국제기구 가입은 평화에 독자적으로 기여했을까, 아니면 민주주의와 무역에 편승한 것뿐일까? 이 점을 확인하고자, 러셋과 오닐은 한 쌍의 국가가 공통으로 소속된 기구의 수를 헤아린 뒤 민주주의 점수,

무역 점수, 현실 정치의 변수들과 함께 회귀 분석에 넣었다. 결론은 칸트가 세 가지를 모두 옳게 맞혔다는 것이다. 민주주의는 평화를 선호한다. 무역은 평화를 선호한다. 정부 간 국제기구 소속도 평화를 선호한다. 세 변수 모두에서 상위 10위에 든 국가 쌍들은 평균을 기록한 쌍들에 비해 그해에 군사 분쟁을 겪을 가능성이 83퍼센트나 더 낮았다. 달리 말해, 확률이 0에 아주 가까웠다.[250)]

칸트는 더 넓은 의미에서도 옳았을까? 러셋과 오닐은 세련된 상관관계 분석으로 칸트의 삼각형을 옹호했다. 그러나 상관관계에서 끌어낸 인과 관계 가설은 늘 취약하다. 우리가 설명하려는 현상 및 우리가 설명에 동원한 변수들의 진정한 원인인 다른 어떤 숨은 요인이 있을지도 모른다. 칸트의 삼각형에서는 평화화의 주역으로 짐작되는 세 요소가 사실 더 심오하고 더 칸트적인 다른 원인에 의존할지도 모른다. 그것이 무엇인가 하면, 갈등이 발생했을 때 강자가 약자에게 제 뜻을 강제하기보다 모든 관계자가 받아들일 만한 수단을 통해 해결하려는 자세이다. 국

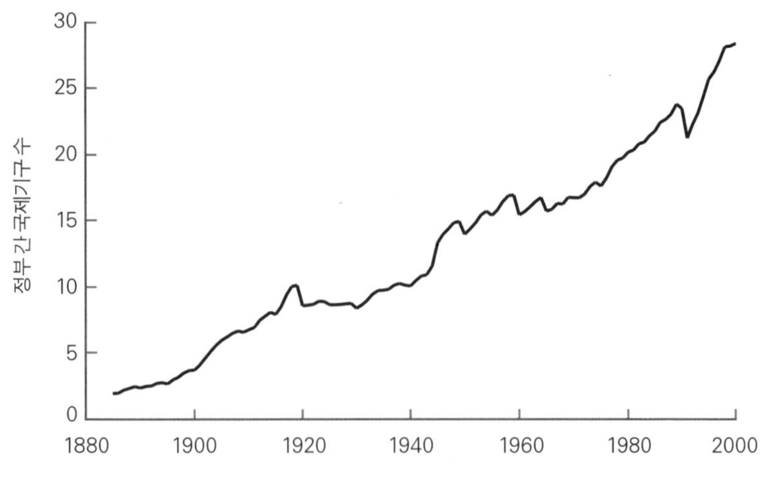

그림 5-25. 한 쌍의 국가가 공통으로 가입한 정부 간 국제기구의 평균 개수, 1885~2000년.
출처: 그래프: Russett, 2008.

가는 내부의 당파들이 살인을 권력 할당의 수단으로 쓰는 데 질린 뒤에야 안정된 민주 국가가 될 수 있다. 또한 국가는 일방적인 영광보다 상호 번영을 더 중요하게 여겨야만 상업에 참여한다. 자신의 주권을 약간 양도하더라도 상호 이득을 누리겠다는 마음이 있어야만 정부 간 국제기구에 가입한다. 요컨대, 국가와 그 지도자는 칸트의 변수들에 동의 서명을 할 때 자신의 행동 원칙이 보편화되는 방향으로 움직이는 셈이다. 그렇다면 긴 평화는 국제 무대에서 정언 명령이 득세한 것으로 해석될 수 있을까?[251)]

많은 국제 관계 연구자가 이 생각에 콧방귀를 뀔 것이다. 편향되게도 '현실주의'라고 불리는 유력한 이론은 세계 정부가 부재한 상황일 때 국가들은 영원히 홉스식 무정부 상태로 존재한다고 본다. 지도자들은 사이코패스처럼 행동하고, 자국의 이익만을 고려하고, 도덕성이라는 감상적인 (그리고 자살적인) 생각에 따라 유화되지 않으리라는 것이다.[252)]

현실주의를 변호하는 사람들은 이것이 인간 본성의 결과라고 말하곤 하는데, 그들이 기저에 깐 인간 본성 이론이란 인간은 누구나 이기적이고 합리적인 동물이라는 생각이다. 그러나 꼭 그렇지만은 않다. 8장과 9장에서 이야기하겠지만, 인간은 또한 **도덕적** 동물이다. 인간의 행동이 공평무사한 윤리적 분석에 비추어 도덕적이라는 뜻이 아니다. 인간의 행동은 감정, 규범, 터부를 기반으로 하는 도덕적 직관에 따른다는 뜻이다. 이런 자질이 있다고 해서 인간이 자동으로 평화를 향해 나아가는 것은 아니다. 그러나 어떤 역사적 순간에 지도자들과 그 연합체들의 도덕적, 인지적 자질이 평화로운 공존을 선호하는 방향으로 마침 알맞게 조합될 수 있다고 상상하는 것은 감상적인 생각도 비과학적인 생각도 아니다. 어쩌면 긴 평화는 그런 상태일지도 모른다.

그렇다면, 삼각형의 세 가지 칸트적 원인들과 더불어 무엇보다도 궁극적인 또 하나의 칸트적 원인도 긴 평화에 기여했을 것이다. 선진국의 유력한 구성원들이 따르던 규범이 진화하여, 전쟁은 인류의 안녕을 대가로 치르기 때문에 본질상 비도덕적이라는 믿음을 흡수하게 되었을 것이다. 또, 전쟁으로 더 큰 피해를 막을 수 있음이 확실한 드문 상황에서만 전쟁이 정당화된다는 믿음을 흡수하게 되었을 것이다. 그렇다면, 발달한 국가들 간의 전쟁은 인도주의 혁명의 초기에는 나무랄 데 없는 일로 여겨졌지만 차츰 논쟁적인 일로, 비도덕적인 일로, 상상할 수 없는 일로, 이윽고 애당초 생각되지 않는 일로 바뀐 다른 옛 관습들의 전철을 밟을 것이다. 노예제, 농노제, 바퀴로 부서뜨리기, 내장 꺼내기, 곰 곯리기, 고양이 화형, 이단자 화형, 마녀 익사시키기, 도둑 목매달기, 공개 처형, 썩어 가는 시체를 교수대에 전시하기, 결투, 채무자 감옥, 채찍질, 용골 끌기가 모두 그랬다.

그렇다면, 무엇이 선진국들로 하여금 전쟁을 인도주의적으로 피하도록 만들었을까? 그 외생적 원인은 무엇일까? 나는 4장에서 인도주의 혁명을 가속한 요인으로 출판, 문해력, 여행, 과학, 그 밖에도 사람들의 지적 지평과 도덕적 지평을 넓힌 세계주의 세력들을 꼽았다. 20세기 후반에도 분명 이와 비슷한 요인들이 있었다. 텔레비전, 컴퓨터, 위성, 원격 통신, 제트기 여행, 과학과 고등 교육의 유례없는 확장이다. 소통의 권위자 마셜 매클루언은 전후의 세계를 '지구촌'이라고 불렀다. 하나의 촌락에서 사는 사람들은 서로의 운명을 직접적으로 느낀다. 인간이 감정 이입할 수 있는 범위가 자연적 상태에서 촌락이라면, 그 촌락이 전 지구로 확장되었을 때, 우리는 친척과 부족으로만 이루어진 촌락에 살던 때보다도 동료 인간들에게 더 많은 관심을 품을지도 모른다. 아침 신문을 폈을 때 1만 5000킬로미터 떨어진 곳에 사는 어느 작고 헐벗고 겁에 질린 소녀가 네이팜탄 공습을 피해 달려오는 모습을 사진으로 보고 그 눈동자와 눈을 마주치는 세상에서는 어느 작가도 감히 전쟁이 '인간의 모든 미덕과 재능의 근본'이라거나 '사람들의 마음을 넓히고 인격을 향상시킨다'는 의견을 낼 수 없다.

어떤 사람들은 냉전의 종식과 소련의 평화로운 해체도 20세기 말에 사람과 사상의 이동성이 커진 현상과 연결 지어 생각한다.[253] 소련은 언론과 여행을 전체주의적으로 통제함으로써 권력을 유지하려고 했지만, 1970년대와 1980년대에는 그것이 심각한 핸디캡이 되었다. 복사기, 팩스, 개인용 컴퓨터 (물론 막 태동하던 인터넷도) 없이 현대 경제를 운영한다는 것은 우스꽝스러운 일일 뿐더러, 과학자나 정책 연구자가 번영을 구가하는 서구의 사상을 배우지 못하도록 국가가 막는 것도 더 이상 가능하지 않았다. 전후 세대가 록 음악, 청바지, 기타 갖가지 개인적 자유의 권리들을 알지 못하도록 막는 것도 불가능했다. 미하일 고르바초프는 세계주의적 취향의 사나이였다. 서구를 여행하고 서구에서 공부한 분석가들을 행정부에 기용했다. 소련 지도부는 1975년 헬싱키 협정에서 향후 인권에 헌신할 것을 구두로 약속했고, 인권 활동가들은 국경을 넘는 조직망을 통해서 소련 대중이 그 약속을 지키게끔 하려고 노력했다. 고르바초프의 **글라스노스트**(개방) 정책 덕분에 1989년에는 알렉산드르 솔제니친의 『수용소 군도』가 무사히 연재되었다. 그런가 하면 인민 대표 회의의 토론이 텔레비전으로 중계되어, 수백만 러시아 사람들이 과거 지도부의 잔혹함과 현재 지도부의 무능함을 깨달았다.[254] 실리콘칩, 제트 비행기, 전자기 스펙트럼은 사상을 유포시켜, 철의 장막이 부식되는 데 한몫했다. 오늘날 중국의 독재는 기술과 여행이 자유화 세력으로 작용한다는 가설에 도전하는 듯하지만, 현재의 중국 지도부는 마오의 고립된 체제에 비하면 비할 수 없이 덜 살인적이다. 구체적인 수치는 6장에서 소개하겠다.

반전 정서가 마침내 자리 잡은 데는 또 다른 이유가 있을지도 모른다. 그림 5-18에서 보았듯이, 유럽에서 폭력적 죽음의 궤적은 세 봉우리가 우뚝 솟고 — 종교 전쟁, 프랑스 혁명전쟁과 나폴레옹 전쟁, 두 번의 세계 대전 — 그 발치마다 널찍한 유역이 깔린 풍경이었다. 유역들은 뒤로 갈수록 앞의 것보다 고도가 낮았다. 세계 지도자들은 격변이 끝날 때마다 재발을 방지하려고 애썼다. 그들의 조약과 협약이 영원히 지속되지는 않았지만, 그래도 조금쯤 성공을 거두었다. 우리가 숫자를 제대로 이해하지 못한 채 역사를 읽으면, 긴 평화의 나날이 끝을 향해 가고 있고 머지않아 더 큰 전쟁이 올 것이라고 결론 내릴 수도 있다. 그러나 푸아송 분포로 띄엄띄엄 흩어진 전쟁들에는 아무런 주기성이 없다. 누적과 방출의 주기는 없다. 세계가 지난 실수에서 배우고 매번 분쟁의 확률을 더 낮추려고 노력하는 것을 막을 방해물은 아무것도 없다.

라르스에리크 세데르만은 칸트의 에세이들로 돌아가서, 영구 평화에 대한 칸트의 처방에서 한 가지 반전을 발견했다. 칸트는 국가 지도자들이 기초적 원칙으로부터 평화의 조건을 유도할 수 있을 만큼 현명하리라는 망상은 추호도 품지 않았다. 사람들이 씁쓸한 역사적 경험에서 배워야 하리라는 것을 잘 알았다. 「세계주의 관점에서 본 보편 역사의 이념」이라는 글에서 칸트는 이렇게 말했다.

> 전쟁들, 긴장되고 쉴 새 없는 대비, 그 때문에 평화로운 시절에조차 모든 국가가 내적으로 느낄 수밖에 없는 고통. 자연은 이런 것을 수단으로 삼아서, 국가들이 모종의 조치를 시도하도록 이끈다. 처음에는 그 시도가 불완전할 것이다. 그러나 결국에는, 무수한 황폐와 격변과 심지어 내부의 힘을 모조리 소진하는 일까지 겪은 뒤에는, 야만적인 무법 상태를 등지려는 조치가 성공할 것이다. 그런데 사실 그 결론은 굳이 수많은 슬픈 경험을 겪지 않고도 이

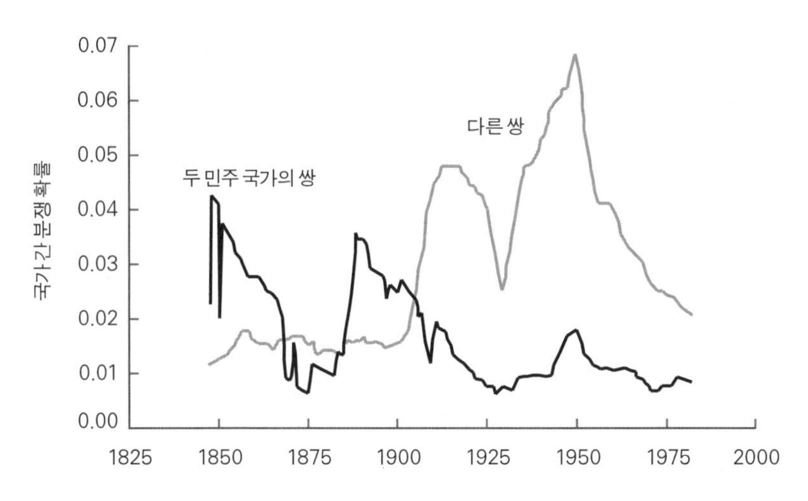

그림 5-26. 두 민주 국가로 이루어진 쌍들과 다른 쌍들의 군사 분쟁 확률, 1825~1992년.
출처: 그래프: Cederman, 2001. 분쟁 위험이 있는 국가 쌍들의 20년 이동 평균을 표시했다.

성을 통해 얻을 수 있었던 것이다.[255)]

세데르만은 칸트의 이른바 '학습을 통한 평화' 이론을 칸트의 '민주주의를 통한 평화' 이론과 통합하자고 제안한다. 민주 국가를 포함하여 모든 국가가 처음에는 호전적인 상태에서 시작하고(강대국이 민주 국가가 된 예가 많기 때문이다.) 어떤 국가이든 갑작스럽고 끔찍한 전쟁에 허를 찔릴 수 있겠지만, 그럼에도 불구하고 재앙에서 배우는 능력은 민주 국가가 더 낫다. 정보에 대한 개방성과 지도자가 짊어진 의무 때문이다.[256)]

세데르만은 두 민주 국가로 구성된 쌍들과 그렇지 않은 쌍들에 대해서 1837~1992년까지 군사 분쟁의 궤적을 그려 보았다(그림 5-26). 민주 국가들의 선이 비죽배죽 경사진 것을 보자. 그들은 호전적으로 시작했고, 이후에도 간간이 분쟁률이 하늘로 치솟는 충격을 겪었다. 그러나 일단 봉우리에 오른 뒤에는 언제나 신속하게 도로 바닥으로 떨어졌다. 세데르만은 성숙한 민주 국가들의 학습 곡선이 신생 민주 국가들의 학습 곡선보다 더 가파르다는 사실도 발견했다. 독재 국가들도 큼직한 전쟁으로 갑작스레 충격을 받은 뒤에는 더 평화로운 수준으로 내려왔지만, 그 과정은 더 느리고 불규칙했다. 그러니 20세기 헤모클리즘 이후 세계의 민주 국가들이 '전쟁에 지쳤다'거나 '실수에서 배웠다'는 모호한 추측에는 일말의 진실이 있을지도 모른다.[257)]

1960년대 반전 유행가들은 전쟁의 어리석음에 대한 증거가 늘 우리 눈앞에 있지만 우리가 그것을 고집스럽게 거부한다는 주제를 즐겨 노래했다. "얼마나 더 많은 사람이 죽어야만 너무 많은 사람이 죽었다는 것을 알게 될까? 친구여, 그 대답은 바람이 말해 주고 있지." "군인들은 다 어디로 갔을까? 한 사람도 빠짐없이 묘지로 갔지. 사람들은 언제나 배우게 될까?" 지난 500년은 왕조의 전쟁, 종교의 전쟁, 주권 국가의 전쟁, 민족주의의 전쟁, 이데올로기 전쟁의 시대였다. 전쟁의 분포에서 작지만 많은 전쟁들이 등뼈를 이루고 끔찍하지만 드문 전쟁들이 꼬리를 이룬 시대였다. 데이터가 암시하는 바, 그 세월이 지나고서야 비로소 우리가 배우게 되었는지도 모른다.

6장

새로운 평화

맥베스의 자기 정당화는 미진했다. 그래서 그의 양심이 그를 집어삼켰다. 그렇다, 이아고조차도 순한 양이었다. 셰익스피어가 창조한 악인들의 상상력과 정신적 강인함은 고작 10여 구의 시체 앞에서 멎었다. 그들에게는 이데올로기가 없었기 때문이다.

— 알렉산드르 솔제니친

인류 역사상 가장 심대했던 위협이 사라졌으니, 세계정세 논평가들의 입에서도 안도의 한숨이 새어 나오지 않았을까? 전문가들의 예측과는 달리 소련의 탱크가 서유럽을 침공하는 일은 없었고, 쿠바나 베를린이나 중동의 위기가 핵 홀로코스트로 격화하는 일도 없었으니까 말이다.[1] 세계의 도시들은 증발하지 않았다. 대기가 방사성 낙진으로 유독해지고 태양을 가린 검은 재로 포화되어 호모 사피엔스가 공룡의 전철을 밟는 일은 일어나지 않았다. 그뿐 아니다. 통일 독일은 제4제국으로 돌변하지 않았다. 민주주의는 군주제의 전철을 밟지 않았다. 강대국들과 선진국들은 제3차 세계 대전에 돌입하지 않았다. 오히려 긴 평화가 찾아왔고, 그것은 점점 더 길어지고 있다. 전문가들도 몇 십 년 전부터는 세계의 운명이 나아지고 있음을 깨달았겠지?

아니다. 권위자들은 어느 때보다도 침울하다! 1989년에 존 그레이는 "역사의 고전적 지형도, 즉 강대국들이 경쟁하는 지형도로의 회귀와 …… 민족 통일을 요구하는 주장들과 전쟁들"을 예견했다.[2] 2007년에 《뉴욕 타임스》 사설은 그런 회귀가 벌써 벌어지고 있다고 말했다. "[1989년으로부터] 얼마 지나지 않아, 악순환의 나선은 예의 피투성이 경로를 따라 착실히 원점으로 돌아가고 있다. 이데올로기적 폭력과 절대주의가 새로운 돌풍을 일으키며 그것을 밀고 나가고 있다."[3] 정치학자 스탠리 호프먼은 냉전 종식 후 들리는 소식이라고는 '테러, 자살 폭탄, 난민, 집단 살해뿐'이라 학생들에게 국제 관계를 가르칠 의욕이 나지 않는다고 말했다.[4] 비관론은 당파를 초월한다. 2007년에 보수 작가 노먼 파드호리츠는 『제4차 세계 대전』이라는 책을 냈고('이슬람 파시즘과의 기나긴 투쟁'에 관한 내용이란다.), 진보적 칼럼니스트 프랭크 리치는 세계가 '어느 때보다도 위험한 장소'가 되었다고 주장했다.[5] 리치가 옳다면, 2007년의 세계는 두 세계 대전 때보다, 1949년과 1961년의 베를린 위기 때보다, 쿠바 미사일 위기 때보다, 여러 중동 전쟁 때보다 더 위험하다는 말이다. 정말이지 위험하다.

왜 이렇게 음울할까? 한편으로는 전문가 사업에 시장의 힘이 미친 결과이다. 시장은 폴리애나(미국 작가 엘리너 포터의 1913년 소설 제목이자 주인공 이름으로, 낙천주의자의 대명사 — 옮긴이)보다 카산드라를 선호하니까. 다른 한편으로는 인간의 성정에서 비롯한 결과이다. 데이비드 흄이 관찰했듯이, "현재를 비난하고 과거를 찬미하는 경향은 인간 본성에 깊숙이 뿌리 내린 것이라, 심오한 판단력과 광범위한 학식을 갖춘 사람들에게도 영향을 미친다." 그러나 내가 생각하기에는, 오늘날 저널리스트들과 지식인들의 문화가 수학을 잘 모르는 탓이 아주 크다. 저널리스트 마이클 킨슬리는 최근 이렇게 썼다. "베이비붐 세대는 미국이 지구의 절반을 돌아간 먼 곳에서 죽고 죽이던 시절에 성인기에 접어들었는데, 이제 그들이 은퇴할 때가 되자 나라가 그 지겨운 짓을 똑같이 하고 있다. 얼마나 실망스러운 일인가."[6] 이 말은 미국인 5000명의 죽음이 5만 8000명의 죽음과 지겹도록 똑같은 일이라는 뜻이고, 미국이 죽인 이라크인 10만 명과 역시 미국이 죽인 베트남인 수백만 명이 지겹도록 똑같은 일이라는 뜻이다. 우리가 숫자를 예의 주시하지 않는다면, '유혈이 낭자하면 톱뉴스가 된다'는 방송 편성 정책 때문에라도 '기억하기 쉬울수록 더 자주 일어났던 일'이라는 인지적 착각에 빠질 것이다. 그리고 거짓된 불안을 느낄 것이다.[7]

이 장에서는 이런 새로운 비관론을 부추긴 세 가지 조직적 폭력을 살펴보자. 앞 장에서는 강대국과 선진국의 전쟁에 집중했기 때문에 이런 종류의 폭력들은 후다닥 훑기만 했다. 긴 평화는 이런 종류의 갈등까지 없애지는 못했다. 그래서 사람들은 세상이 '어느 때보다도 위험한 장소'라는 인상을 받는다.

첫 번째 조직적 폭력은 강대국 간 전쟁을 제외한 나머지 모든 전쟁들을 아우른다. 특히 주목할 것은 내전, 그리고 개발 도상국들이 주로 겪는 군부, 게릴라, 준군부의 전쟁이다. 이런 전쟁은 '케케묵은 증오'를 연료로 삼아 타오르는 '새로운 전쟁' 혹은 '저강도 충돌'이라고 불린다.[8]

칼라슈니코프 총을 든 아프리카 십대들의 모습은 지구가 짊어진 전쟁의 짐이 줄지 않았고 그저 북반구에서 남반구로 옮겨졌을 뿐이라는 느낌을 지지한다.

이른바 새로운 전쟁은 민간인에게 특히 파괴적이라고 일컬어진다. 기아와 질병을 뒤에 남기기 때문인데, 대개의 전쟁 사망자 집계에서는 이런 피해가 누락된다. 요즘 널리 언급되는 말로, 20세기 초에는 전쟁 사망자의 90퍼센트가 군인이고 10퍼센트가 민간인이었던 데 비해 20세기 말에는 비율이 역전되었다는 이야기가 있다. 콩고 민주 공화국처럼 전쟁으로 가리가리 찢긴 나라에서는 나치 홀로코스트에 맞먹는 엄청난 수의 사망자가 기근과 전염병 때문에 발생했다고들 한다.

우리가 살펴볼 두 번째 조직적 폭력은 특정 인종이나 정치 집단에 대한 대량 살해이다. 지난 100년은 '집단 살해의 시대' 혹은 '집단 살해의 세기'로 불린다. 논평가들은 인종 청소가 근대성과 함께 등장했고, 초강대국들이 패권을 쥐면서 잠시 억제되었다가, 냉전의 종식과 함께 본때를 보여 주겠다며 돌아와서 지금은 과거 어느 때보다 만연하고 있다고 분석한다.

세 번째는 테러이다. 미국이 2001년 9월 11일에 공격을 받은 뒤, 테러에 대한 두려움에서 거대한 관료주의가 생겨났고, 두 차례 해외 전쟁이 벌어졌고, 정계에서는 집착에 가까운 논의가 이어졌다. 테러 위협은 미국에게 '존재론적 위협'을 가한다고 했고, '우리 삶의 방식을 끝장'내거나 '문명 자체를' 끝장낼 수 있다고 했다.[9]

물론, 각각의 재앙들은 계속해서 사람들의 목숨을 앗아 가고 있다. 내가 이 장에서 던질 질문은 그 피해가 정확하게 얼마나 되는가, 피해가 지난 몇 십 년 동안 늘었는가 줄었는가이다. 정치학자들이 이런 종류의 파괴를 측정하기 시작한 것은 불과 최근의 일인데, 분석 작업은 놀라운 결론에 도달했다. **모든 종류의 살해들이 감소세였던 것이다.**[10] 감소는 극히 최근의 일이라서 — 지난 20년 안쪽이다. — 앞으로도 지속되리라고 확신하기는 어려우므로, 잠정성을 고려하는 의미에서 나는 이것을 새로운 평화(New Peace)라고 부르겠다. 그럼에도 이 경향성은 진정한 폭력의 감소를 뜻하고, 우리가 신중하게 주목할 가치가 있다. 그 크기는 상당하고, 그 부호는 종래의 상식과는 반대이다. 그리고 우리가 지금까지 무엇을 제대로 했는지 확인함으로써 미래에도 그것을 더 할 수 있을 것이라는 암시를 준다.

세계 나머지 지역에서 전쟁의 궤적

강대국들과 유럽 국가들이 왕조의 시대, 종교의 시대, 주권 국가의 시대, 민족주의의 시대, 이데올로기의 시대를 거치고, 두 번의 세계 대전으로 파괴되고, 이윽고 긴 평화로 접어든 600년 동안, 세계 나머지 지역은 무엇을 했을까? 유럽 중심으로 편향된 역사 기록 때문에 안타깝게도 그 곡선을 확신 있게 추적하기란 거의 불가능하다. 식민주의 출현 이전에 아프리카, 아메리카, 아시아의 넓은 지역에서는 포식, 혈수, 노예 약탈이 벌어졌다. 그런 사건들은 군사적 지평선 아래로 떨어지는 사건이었거나, 어떤 역사학자도 소리를 들을 수 없는 깊은 숲 속에서 벌어졌다. 식민주의도 전쟁을 통해 시행될 때가 많았다. 강대국은 식민지를 획득하고, 반발을 억압하고, 경쟁자를 쫓아내기 위해서 전쟁을 치렀다. 이 시기에는 내내 전쟁이 많았다. 브렉케의 「충돌 카탈로그」를 보면, 1400년에서 1938년까지 아메리카에서는 폭력적 충돌이 276건, 북아프리카와 중동에서는 283건, 아프리카 사하라 이남에서는 586건, 중앙아시아와 남아시아에서는 313건, 동아시아와 동남아시아에서는 657건 기록되었다.[11] 역사적 근시안 때문에 우리가 그 전쟁들의 빈도와 살상력의 추이를 믿을 만하게 그려 볼 수는 없지만, 5장에서 이야기했듯이 그런 전쟁들도 충분히 파괴적이었다. 내전과 국가 간 전쟁 중에는 비례적으로 유럽의 어느 전쟁보다 더 치명적인 것도 있었다(어떤 경우에는 절대적으로 따져도 그랬다). 중국 태평천국의 난, 남아메리카 삼국 동맹 전쟁, 남아프리카의 샤카 줄루 정복 시기 등이 그랬다.

유럽과 강대국들과 선진국들이 평화로운 0을 쌓아 가기 시작한 1946년 무렵부터 비로소 본격적으로 전 세계에 대한 기록이 시작되었다. 1946년은 오슬로 평화 연구소의 베서니 라시나, 닐스 페테르 글레디치, 그 밖의 동료들이 꼼꼼하게 수집한 'PRIO 전투 사망자 데이터 집합'에서 다루는 첫해이기도 하다.[12] 이 데이터 집합은 연간 25명 이상 죽였다고 알려진 무력 충돌이라면 뭐든지 포함한다. 그중 연간 1000명 이상의 큰 충돌은 '전쟁'으로 승격시켰다. '전쟁 상관관계 프로젝트'의 정의와 일치하는 셈이다. 그러나 그 외에는 별달리 특별하게 취급하지 않았다(나는 **전쟁**[war]이라는 단어를 규모를 막론하고 모든 무력 충돌을 가리키는 비전문적 의미에서 계속 쓰겠다.).

PRIO 연구자들은 최대한 신뢰할 만한 기준을 쓰기를 원했다. 그래야만 하나의 고정된 잣대로 세계 여러 지역들을 비교하고 시간에 따른 경향성을 그릴 수 있을 테니까. 엄격한 기준이 없다면 — 어떤 전쟁에서는 직접적인 전사자만 헤아리고 다른 전쟁에서는 전염병과 기근으로 인한 간접 사망자까지 포함한다면, 혹은 어떤 지역에서는 군대 간의 전쟁만 헤아리고 다른 지역에서는 집단 살해도 포함한다면 — 비교는 무의미할 것이고, 이런저런 대의를 위한 선전에 쉽게 이용될 것이다. PRIO 분석가들은 역사 자료, 매체 보도, 정부와 인권 단체의 보고서를 샅샅이 뒤져 가급적 객관적으로 전쟁 사망자를 집계했다. 그들의 수치는 보수적이다. 아니, 틀림없이 줄여 잡은 수치일 것이다. 그저 추측만 가능한 수치나 원인을 확실히 짚을 수 없는 피해는 제외했기 때문이다. 다른 충돌 데이터베이스들도 이것과 비슷한 기준과 겹치는 데이터를 쓴다. 웁살라 충돌 데이터 프로젝트(UCDP)의 데이터는 1989년부터 시작되고, 스톡홀름 국제 평화 연구소(SIPRI)는 UCDP의 데이터를 조정해서 쓰며, 인간 안전 보고 프로젝트(HSRP)는 PRIO와 UCDP 데이터 집합을 모두 가져다 쓴다.[13)]

루이스 리처드슨처럼, 이 충돌 계수자들도 낱개성의 부족 문제를 다뤄야 했다. 그래서 그들은 강박적일 만큼 엄밀한 기준에 따라 충돌을 분류했다.[14)] 첫째 분류는 대량 폭력을 그 원인에 따라서, 그리고 못지않게 중요한 가산성(可算性)에 따라서 세 종류로 구분한 것이다. '전쟁(war)' 개념은 조직적이고 사회적으로 정당화된 대규모 살상에 적용하는 것이 가장 자연스럽다(그보다 약한 형태인 '무력 충돌[armed conflict]'도 마찬가지다.). 따라서 '전쟁'은 적어도 한쪽 교전자가 정부인 상황, 양쪽이 무언가 구체적인 자원을 놓고 겨루는 상황, 보통 영토나 정부 조직을 놓고 싸우는 상황으로 정의된다. 이 점을 분명히 하기 위해서, 데이터 집합들은 이런 좁은 의미의 전쟁을 '국가 기반 무력 충돌(state-based armed conflict)'이라고 부른다. 데이터 집합의 시작점인 1946년부터 자료가 존재하는 유일한 종류의 충돌이다.

두 번째 분류는 '비국가(nonstate)' 혹은 '공동체 간(intercommunal)' 충돌이다. 군벌, 민병대, 준민병대가 서로 맞서는 상황이다(종종 민족 집단이나 종교 집단과 제휴한다.).

세 번째 분류는 임상적으로 '일방적 폭력(one-sided violence)'이라고 불리며, 정부가 저질렀든 민병대가 저질렀든 모든 집단 살해, 정치 살해, 기타 비무장 민간인에 대한 학살을 포함한다. PRIO 데이터 집합은 이 일방적 폭력을 제외한다. 한편으로는 폭력을 원인에 따라 분류하기 위한 전략적 선택이었지만, 또 한편으로는 역사학자들이 집단 살해에는 관심을 두지 않고 전쟁에만 집중해 온 오랜 전통의 유산이었다. 집단 살해가 전쟁보다 더 파괴적인 인명 손실 행위로 인식된 것은 극히 최근의 일이다.[15] 집단 살해 데이터 집합은 루돌프 럼멜, 정치학자 바버라 하프, UCDP가 수집했는데, 이것은 다음 절에서 살펴보겠다.[16]

연구자들은 세 분류 중 첫 번째인 국가 기반 충돌을 더 세분했다. 그 기준은 정부가 싸운 상대이다. 전형적인 전쟁은 **국가 간**(interstate) 전쟁이다. 1980~1988년 이란-이라크 전쟁처럼 두 국가가 맞서는 것이다. **국외**(extrastate) 혹은 **체제 외**(extrasystemic) 전쟁도 있다. 정부가 국경 바깥의 어떤 상대, 보통 국가로 인식되지 않는 상대에 대해 전쟁을 벌이는 것이다. 대개는 국가가 식민지를 획득하려고 토착 세력과 싸우는 제국 전쟁, 혹은 1954~1962년까지 프랑스가 알제리에서 그랬던 것처럼 식민지를 유지하려고 싸우는 식민 전쟁이다.

마지막으로 내전 혹은 **국내**(intrastate) 전쟁이 있다. 정부가 봉기, 반란, 분리주의 운동 세력과 싸우는 것이다. 이것은 더 세분되어, 전적으로 내부적인 내전과 (가령 최근 종결된 스리랑카 전쟁에서는 정부와 타밀 반군이 싸웠다.) 외국 군대가 끼어들어 **국제화된 국내**(internationalized intrastate) 전쟁이 있다. 후자의 경우, 외국군은 반란군에 맞서 정부를 보호하려고 개입할 때가 많다. 아프가니스탄과 이라크 전쟁은 둘 다 국가 간 분쟁으로 시작했지만(전자에서는 미국과 동맹군이 탈레반 통제 하의 아프가니스탄과 맞섰고, 후자에서는 미국과 동맹군이 바트당 통제 하의 이라크와 맞섰다.), 정부가 전복되고 침략군이 그 나라에 남아 새 정부를 폭동으로부터 보호하는 순간부터는 국제화된 국내 충돌로 재분류되었다.

이제 어떤 사망자를 헤아릴 것인가 하는 문제가 남았다. PRIO와

UCDP 데이터 집합은 직접 사망자, 즉 **전투 관련 사망자**(battle-related death)만을 헤아렸다. 총에 맞고, 칼에 찔리고, 몽둥이에 맞고, 가스를 마시고, 폭탄에 당하고, 빠져 죽은 사람들, 혹은 싸움의 일환으로 의도적으로 계획된 굶주림에 당한 사람들이다. 가해자 스스로도 부상을 우려해야 하는 상황이라고 할 수 있다.[17] 희생자는 병사일 수도 있고, 십자포화에 갇히거나 '부수적 피해'로 살해된 민간인일 수도 있다. 전투 관련 사망자 통계에서는 질병, 기아, 스트레스, 하부 구조 붕괴로 인한 **간접 사망자**(indirect death)는 배제한다. 직접 사망자와 간접 사망자를 더해 전쟁에 귀속시킬 수 있는 총 사망자를 계산할 때는 그 합계를 **초과 사망자**(excess death)라고 부른다.

이 데이터 집합들은 왜 간접 사망자를 제외했을까? 이런 종류의 고통을 역사책에서 지우려는 것은 아니다. 오로지 직접 사망자만을 확실하게 헤아릴 수 있기 때문이다. 게다가, 행위자가 자신이 일으킨 효과에 대한 책임을 진다는 것이 무슨 뜻인가 물었을 때 우리의 직관적 대답에는 직접 사망자만이 부합한다. 행위자가 자기 행위의 효과를 내다보고, 그 발생을 의도하고, 통제가 불가능한 중간 고리를 지나치게 많이 거치지 않고서도 일련의 사건을 통해 그 일을 일으킨다는 뜻에서 그렇다.[18] 간접 사망자 추정의 난점은 우리가 상상력을 동원하여 철학적 문제를 풀어야 한다는 점이다. 우리는 전쟁이 일어나지 않은 세상을 상상하고 그 세상의 사망자를 어림하여 그것을 기준으로 삼아야 하는데, 이것은 가히 전지적인 능력을 요구한다. 전쟁이 터지지 않았더라도 전복된 정부의 무능 때문에 어차피 기근이 발생하지 않았을까? 그해에 가뭄이 있었다면 어땠을까? 기근 사망자는 전쟁 탓인가, 기후 탓인가? 기아 사망률이 전쟁 전부터 줄었다면, 전쟁이 터지지 않았을 경우 그것이 계속 줄었으리라고 가정해야 할까? 아니면 전쟁 직전의 수준으로 동결해야 할까?

사담 후세인이 쫓겨나지 않았다면, 현실에서 그의 퇴장 이후 벌어졌던 공동체 간 폭력의 사망자보다 그가 권좌에서 죽였을 정적의 수가 더 많았을까? 1918년 독감이 낳은 4000만~5000만 명 사이의 희생자를 제1차 세계 대전 사망자 1500만 명에 더해야 할까? 전쟁 때문에 많은 군인이 참호에 꽉꽉 채워지지 않았다면 독감 바이러스가 그토록 악랄하게 진화하지는 않았을 테니까 말이다.[19] 간접 사망자를 추정하려면 수백 개의 충돌에 대해서 이런 질문들에 일관되게 답해야 하는데, 불가능한 과제이다.

일반적으로 전쟁은 여러 측면에서 동시에 파괴적이다. 전투에서 사람을 많이 죽이는 전쟁일수록 기근, 질병, 서비스 붕괴로 인한 사망자도 많다. 따라서 전투 사망자의 경향성은 어느 정도까지는 총 파괴력의 경향성에 대한 대리 지표가 된다. 물론 늘 그런 것은 아니다. 이 장의 뒷부분에서는 하부 구조가 허약한 개발 도상국들이 선진국들보다 그런 파급 효과에 더 취약할까 하고 물을 것이다. 충돌의 총 사망자에 대한 전투 사망자의 비율이 역사적으로 변했는지, 그 때문에 인명 희생 지표로서 전투 사망자가 그릇된 지표가 되었는지도 살펴보겠다.

이제 우리에게는 충돌 데이터 집합이라는 정교한 도구가 있다. 이것은 전 세계에서 벌어진 최근 전쟁들의 궤적에 대해 무엇을 알려 줄까? 20세기를 전체적으로 조망한 그림 6-1에서 시작하자. 이 그래프는 라시나, 글레디치, 러셋이 '전쟁 상관관계 프로젝트'의 1900~1945년 데이터를 PRIO의 1946~2005년 데이터에 맞춰 손질한 수치를 세계 인구로 나눠, 사람이 전투에서 죽을 위험도를 한 세기에 걸쳐 표현한 것이다.

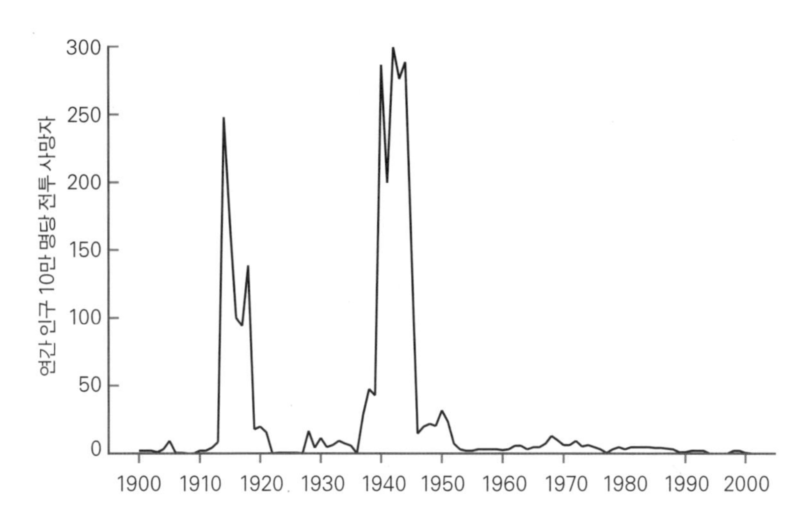

그림 6-1. 국가 기반 무력 충돌에서 전투 사망자 비율, 1900~2005년.

출처: 그래프: Russett, 2008, based on Lacina, Gleditsch, & Russett, 2006.

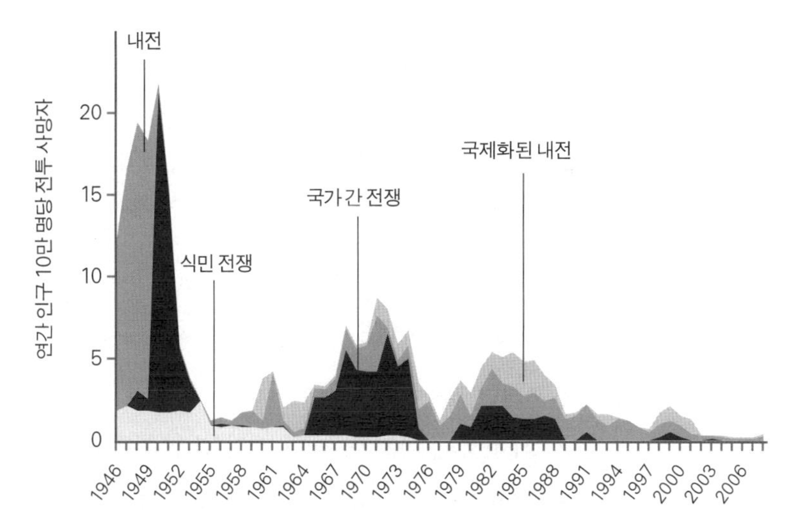

그림 6-2. 국가 기반 무력 충돌에서 전투 사망자 비율, 1946~2008년.

국가 기반 무력 충돌에서 민간인과 군인 전투 사망자를 세계 인구로 나눈 것이다. 출처: UCDP/PRIO Armed Conflict Dataset; see Human Security Report Project, 2007, based on data from Lacina & Gleditsch, 2005, updated in 2010 by Tara Cooper. 가능한 경우에는 '최선의' 추정치를 썼고, 그렇지 않은 경우에는 '최고'와 '최저' 추정치의 기하 평균을 썼다. 세계 인구 수치는 다음에서 가져왔다.: U.S. Census Bureau, 2010c. 1946~1949년 인구 데이터는 다음에서 가져왔고, 다른 데이터와 단위를 맞추기 위해서 1.01을 곱했다: McEvedy & Jones, 1978.

그래프는 두 세계 대전의 섬뜩한 파괴력을 상기시킨다. 두 세계 대전은 오르막의 한 계단도, 진자의 주기적 흔들림도 아니었다. 울퉁불퉁한 저지대에서 거대하게 솟구친 봉우리였다. 1940년대 초 이후 전투 사망자 비율의 감소세는 가팔랐다. 세계는 두 번 다시 그런 수준을 목격하지 않았다.

눈 밝은 독자라면 감소세 속에 감소세가 있음을 알아차렸을 것이다. 종전 직후에는 낮은 봉우리들이 몇 있었지만 오늘날에는 그마저도 평평해진 것이다. 이 추세를 그림 6-2로 확대해서 보자. 이 그래프는 또 전쟁 원인에 따라서 사망자를 세분하여 보여 준다.

이것은 영역 그래프이다. 각 층은 국가 기반 충돌 중에서도 특정 종류 충돌의 전투 사망자 비율을 보여 주고, 층들이 쌓인 총 높이는 모든 충돌들의 비율을 합한 것과 같다. 먼저 궤적의 전체적인 형태를 보자. 거대한 스키점프처럼 생긴 제2차 세계 대전의 봉우리를 잘라 낸 뒤인데도, 지난 60년 동안 전투 사망자의 비율은 또다시 가파르게 떨어졌다. 맨 마지막에 오는 21세기 첫 10년은 종잇장처럼 얇다. 이 시기에도 중반에는 충돌이 31건 진행되었지만(이라크, 아프가니스탄, 차드, 스리랑카, 수단 등), 전투 사망자 비율은 놀랄 만큼 낮았다. 연간 10만 명당 약 0.5명으로, 세계에서 가장 평화로운 사회들의 살인율보다도 낮았다.[20] 물론 이 수치들은 줄여 잡은 것이다. 보고된 전투 사망자만 헤아렸기 때문이다. 그러나 그 점은 전체 시계열에 대해서 다 마찬가지이다. 설령 최근 수치를 다섯 배로 불리더라도, 연간 10만 명당 8.8명이라는 세계 살인율 평균보다 여전히 낮다.[21] 절대 숫자로 말하자면, 연간 전투 사망자는 90퍼센트 이상 줄었다. 1940년대 말에는 연간 약 50만 명이었던 것이 2000년대 초에는 약 3만 명이었다. 믿거나 말거나, 1960년대 포크송들의 꿈은 지구적, 역사적, 정량적 관점에서 현실이 된 셈이다. 세계는 전쟁을 (거의) 끝냈다.

떡 벌어진 입을 수습하고, 정확히 어떻게 된 일인지 종류별로 살펴보자. 왼쪽 바닥의 옅은 층부터 시작하자. 그것은 지구 상에서 종적을 감춘 전쟁 종류, 즉 국외 전쟁과 식민 전쟁에 해당한다. 강대국이 식민지를 놓치지 않으려고 벌인 전쟁은 대단히 파괴적일 수 있었다. 프랑스가 1946~1954년까지 베트남을 유지하려고 벌였던 전쟁이나(전투 사망자 37만 5000명) 1954~1962년까지 알제리를 유지하려고 벌였던 전쟁이(전투 사망자 18만 2500명) 그랬다.[22] 그러나 '세계 역사상 최대의 권력 이전' 이후에는 이런 전쟁이 더 이상 존재하지 않는다.

다음으로, 검은 층을 보자. 국가 간 전쟁이다. 이것은 세 개의 큼직한 덩어리로 뭉쳐 있는데, 각각이 이전보다는 얇아졌다. 첫 번째는 1950~1953년까지 벌어졌던 한국 전쟁을 포함한 영역이고(4년간 전투 사망자 100만 명), 다음은 1962~1975년까지 벌어졌던 베트남 전쟁을 포함한 영역이고(14년간 전투 사망자 160만 명), 마지막은 이란-이라크 전쟁을 포함한 영역이다(9년간 전투 사망자 64만 5000명).[23] 냉전 종식 뒤에는 국가 간 전쟁이 두 건 눈에 띈다. 전투 사망자 2만 3000명의 제1차 걸프전과 사망자 5만 명의 1998~2000년 에리트레아-에티오피아 전쟁이다. 새 천 년의 첫 10년은 국가 간 전쟁이 드물었고, 대체로 짧았고, 전투 사망자가 상대적으로 적었다(인도-파키스탄과 에리트레아-지부티 충돌인데, 이것들은 연간 사망자 1000명이라는 엄격한 기준에서는 '전쟁'으로 분류되지 않는다. 아프가니스탄과 이라크의 신속한 정권 교체도 이 시기에 포함된다.). 2004년, 2005년, 2006년, 2007년, 2009년에는 국가 간 충돌이 없었다.

긴 평화는 — 즉, 강대국들과 선진국들이 전쟁을 꺼리는 현상 — 세계 나머지 지역으로 퍼지고 있다. 강대국이 되기를 바라는 나라들은 더 이상 제국을 세우거나 약한 나라를 괴롭혀서 제 위대함을 과시할 필요를 느끼지 않는다. 중국은 '평화로운 상승'을 자랑하고, 터키는 '이웃과의 문제 제로'라고 불리는 정책을 자랑하며, 최근 브라질 외무 장관은 "이웃 나라가 10개나 되는데도 지난 140년 동안 전쟁을 한 번도 일으키지 않았다고 자랑할 수 있는 나라는 많지 않을 것"이라고 뽐냈다.[24] 동아시아도 유럽의 전쟁 싫증에 감염된 듯하다. 제2차 세계 대전 이후 수십 년 동안 그곳은 세계 최고의 유혈 지역이었고, 중국, 한국, 인도차이나 반도에서 파괴적인 전쟁이 벌어졌다. 그러나 1980~1993년까지 충돌 횟수와 전투 사망자가 급락했고, 이후 역사적으로 유례없이 낮은 수준을 유지하고 있다.[25]

국가 간 전쟁이 꺼져 가는 동안, 내전은 불붙었다. 그림 6-2에서 왼쪽의 큼지막한 진회색 쐐기를 보자. 그것은 주로 1946~1950년 중국 내전의 전투 사망자 120만 명 때문이다. 1980년대에도 좀 더 옅은 회색 덩어리가 꼭대기에 불룩 얹혀 있다. 여기에는 소련이 뒤를 봐주었던 아프가니스탄 내전의 전투 사망자 43만 5000명이 포함되었다. 1980년대와 1990년대에 구불구불 이어진 진회색 층은 앙골라, 보스니아, 체첸, 크로아티아, 엘살바도르, 에티오피아, 과테말라, 이라크, 라이베리아, 모잠비크, 소말리아, 수단, 타지키스탄, 우간다 등에서 벌어졌던 작은 내전들의 합이다. 이조차도 2000년대에는 더 가늘어져, 더 날씬한 층이 되었다.

이 숫자들의 의미를 더 선명하게 파악하려면, 사망자를 전쟁의 두 주요한 차원으로 나눠서 살펴보면 좋다. 각 종류의 전쟁이 얼마나 많았는가, 그리고 각 종류가 얼마나 치명적이었는가 하는 것이다. 그림 6-3은 충돌의 종류별로 사망자 수는 무시하고서 발생 횟수만을 보여 준다. 사망자 수는 최소 25명까지 낮은 것도 있음을 명심하자. 식민 전쟁이 사라지고 국가 간 전쟁이 감소하는 동안, 국제화된 내전은 냉전 직후 잠깐 사라졌다가 유고슬라비아, 아프가니스탄, 이라크 등지의 치안 유지 전쟁 때문에 다시 등장했다. 냉전 직후 잠깐 사라졌던 까닭은 소련과 미국이 종속국의 뒤를 봐주는 일을 그만두었기 때문이다. 그러나 제일 큰 뉴스는 순수한 내전의 수가 1960년 무렵 폭발하기 시작하여 1990년대 초에 정점을 이루었고, 2003년을 거치며 감소했다가, 마지막에 살짝 반등했다는 점이다.

두 그래프의 영역 크기가 왜 이렇게 다를까? 그것은 전쟁의 멱함수 분포 탓이다. 달리 말해, L자형 분포의 꼬리에 있는 소수의 전쟁들이 사망자 수에서는 큰 비율을 차지하기 때문이다. 1946~2008년까지 충돌 260건에서 발생한 전투 사망자 940만 명 중 절반 이상이 고작 5개 전쟁에서 발생했다. 그중 셋은 국가 간 전쟁이었고(한국, 베트남, 이란-이라크), 둘은 국가 내 전쟁이었다(중국, 아프가니스탄). 사망자 감소는 주로 그 두꺼운 꼬리를 감아올림으로써, 즉 가장 파괴적인 전쟁의 수를 줄임으로써 이루어졌다.

전쟁들이 **규모별**로 전체 사망자에 대한 기여도가 다른 것과 더불어,

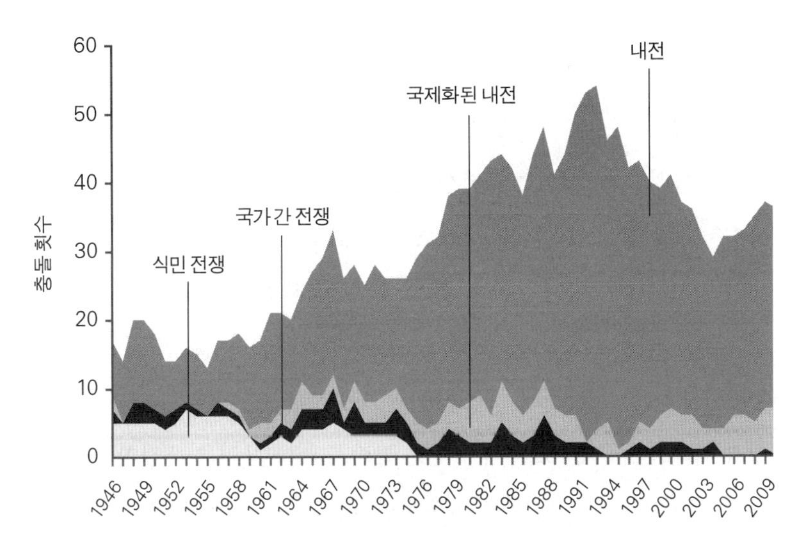

그림 6-3. 국가 기반 무력 충돌의 횟수, 1946~2009년.

출처: UCDP/PRIO Armed Conflict Dataset; see Human Security Report Project, 2007, based on data from Lacina & Gleditsch, 2005, updated in 2010 by Tara Cooper.

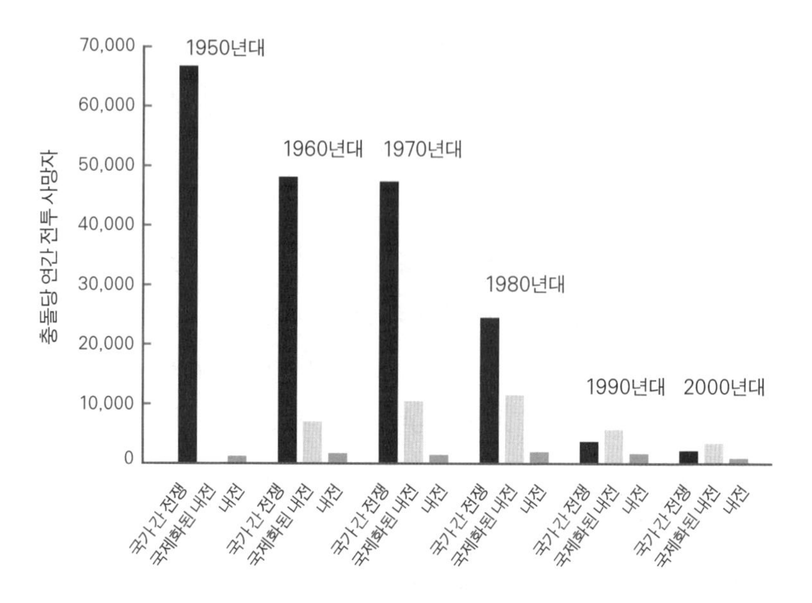

그림 6-4. 국가 간 전쟁과 내전의 치명도, 1950~2005년.

출처: UCDP/PRIO Armed Conflict Dataset, Lacina & Gleditsch, 2005; adapted by the Human Security Report Project; Human Security Centre, 2006.

종류별 기여도도 상당히 차이가 난다. 그림 6-4를 보자. 전쟁의 두 번째 차원, 즉 평균적으로 한 전쟁에서 사망자가 얼마나 났는지를 보여 준다.

최근까지 가장 치명적인 전쟁은 **단연** 국가 간 전쟁이었다. 한 쌍의 리바이어던이 총알받이를 모으고, 포탄을 쏘고, 서로의 도시를 산산조각 내어 어마어마한 사상자 수를 쌓는 데에 비길 것은 따로 없었다. 큰 격차로 뒤를 잇는 2위와 3위는 리바이어던이 사면초가에 몰린 다른 나라 정부를 지지하기 위해서 무력을 보낸 경우, 그리고 식민지를 계속 쥐고 있기 위해서 무력을 보낸 경우이다. 꼴찌를 기록한 것은 내전이다. 적어도 1940년대 말 중국의 살육 이후에는 내전의 파괴력이 한결 줄었다. 강대국들이 별로 신경 쓰지 않는 작은 나라에서 칼라슈니코프를 휘두르는 반란자 무리가 정부를 괴롭힐 때는 피해가 좀 더 제한적이다. 그리고 그 치사율조차 지난 25년 동안 줄었다.[26] 1950년에는 (종류를 불문하고) 무력 충돌 1건당 평균 3만 3000명이 죽었지만, 2007년에는 1000명 미만이었다.[27]

제2차 세계 대전이 끝난 뒤 갈등의 궤적이 크게 요동쳐 새로운 평화의 소강상태로 가라앉은 현상, 이것을 어떻게 이해해야 할까? 한 가지 굵직한 변화는 무력 충돌의 무대가 바뀐 것이다. 오늘날 전쟁은 주로 가난한 나라에서 벌어진다. 중부와 동부 아프리카에서 중동, 서남아시아, 인도 북부로 뻗어 동남아시아로 내려오는 호 안에서 대부분 벌어진다. 그림 6-5를 보자. 2008년에 충돌이 진행되었던 지점을 검은 점으로 표시했고, 최저 수입을 기록하는 '10억 빈곤층'이 사는 나라를 짙게 칠했다. 갈등의 절반 이상은 세계 인구 중 가장 가난한 6분의 1이 사는 나라들에서 벌어진다. 2000년 이전 수십 년 동안에는 중앙아메리카, 서아프리카와 같은 다른 가난한 지역에도 갈등이 퍼져 있었다. 경제와 전쟁, 지리와 전쟁의 연관 관계는 결코 역사적 상수가 아니다. 유럽 부자 나라들이 500년 동안 줄기차게 서로 싸웠던 것을 잊지 말자.

오늘날 가난과 전쟁의 연관 관계는 매끄러운 선을 그리기는 해도 대단히 비선형적이다. 부유한 선진국들은 내전 위험이 사실상 0이다. 일인당 연간 국내 총생산이 1500달러(2003년 미국 달러 기준) 안팎인 나라들은 5년 안에 새 충돌이 터질 확률이 약 3퍼센트로 좀 더 높다. 그리고 그 지점을 넘어서면 위험이 솟구친다. 일인당 연간 국내 총생산이 750달러인 나라들에서는 6퍼센트이고, 500달러인 나라들에서는 8퍼센트이고, 250달러로 먹고사는 나라들에서는 15퍼센트이다.[28]

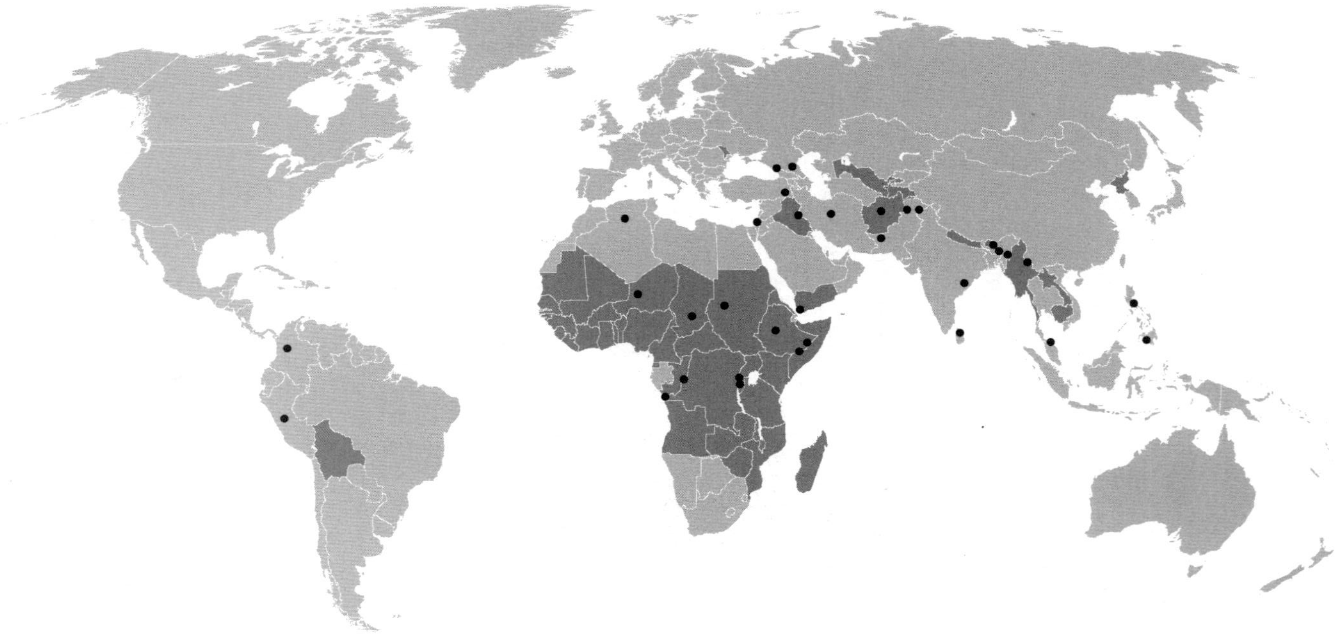

그림 6-5. 무력 충돌의 지리적 분포, 2008년.

짙은 회색으로 칠해진 나라들은 세계에서 가장 가난한 '10억 빈곤층'이 사는 곳이다. 점들은 2008년에 무력 충돌이 진행된 지역이다. 출처: 데이터: Håvard Strand and Andreas Forø Tollerfsen, Peace Research Institute of Oslo(PRIO); 지도는 다음을 변형했다.: Halvard Buhaug and Siri Rustad in Gleditsch, 2008.

이 상관관계에 대한 단순한 해석은 가난이 전쟁을 일으킨다고 보는 것이다. 가난한 사람들은 생존을 위해 빈약한 자원을 놓고 경쟁하기 때문이라는 것이다. 그야 물론 물이나 경작지를 둘러싸고 벌어지는 충돌도 있지만, 실제 연관 관계는 훨씬 더 복잡하다.[29] 우선, 인과의 화살표가 반대 방향을 가리킬 수도 있다. 즉, 전쟁이 가난을 일으킬 수도 있다. 도로, 공장, 곡물 창고를 짓자마자 날려 먹는 상황에서는, 그리고 숙련 노동자와 관리자가 자꾸만 작업장에서 쫓겨나고 총에 맞아 죽는 상황에서는 부를 생산하기가 어렵다. 전쟁은 '역행된 발전'이라고 불린다. 경제학자 폴 콜리어는 전형적인 내전의 비용이 500억 달러에 달한다고 추산했다.[30]

게다가, 풍요든 평화든 땅에 묻힌 귀중한 물질에서 바로 나오는 것이 아니다. 여러 가난하고 전란에 찢긴 아프리카 나라들에는 금, 석유, 다이아몬드, 전략적 금속이 넘치는 데 비해, 부유하고 평화로운 벨기에, 싱가포르, 홍콩 등에는 자연 자원이랄 것이 없다. 아마도 문명화된 무역 사회의 규범과 기술이라는 세 번째 요소가 풍요와 평화 양쪽의 진정한 원인일 것이다. 설령 가난이 충돌을 일으키더라도 희귀 자원을 둘러싼 경쟁 때문은 아닐 것이다. 그보다는 국가가 약간의 풍요로 구입할 수 있는 것들 중 가장 중요한 것이 국내 평화 유지를 위한 효율적인 경찰력과 군대여서이다. 경제 발전의 열매는 게릴라보다 정부에게 더 많이 흘러들어간다. 개발 도상국 중 경제적 신흥 강호들이 상대적으로 평온한 것도 이 때문이다.[31]

가난의 효과가 어떻든, 그런 경제 지표들과 그 밖의 '구조적 변수들'은 최근 내전 상황의 변동을 온전히 설명하기에는 변화가 너무나 느리다. 가령 국가 인구 구성에서 젊은이와 남성이 차지하는 비율이 그런 변수이다.[32] 다만 그런 변수들의 효과는 그 나라의 통치 형태와 상호 작용한다. 사실 그래프에서 1960년대에 내전의 쐐기가 두꺼워진 데에는 명백한 유발 기제가 있었다. 바로 탈식민화다. 유럽 국가들은 식민지를 정복하고 반란을 진압하면서 원주민들에게 잔혹한 짓을 했지만, 제법 제대로 기능하는 경찰, 사법, 공공 서비스 하부 구조를 구축한 것도 사실이었다. 유럽인이 특정 인종 집단을 편애하기는 했지만, 그들의 주 관심사는 식민지 전체를 통제하는 것이었기 때문에 법과 질서를 제법 광범위하게 적용했다. 한 집단이 다른 집단에게 지나치게 가혹한 짓을 가하고도 면책되는 일이 없도록 살피는 편이었다. 그랬던 식민 정부들이 떠나면서, 유능한 통치도 함께 사라졌다. 1990년대 중앙아시아와 발칸 반도에서도 수십 년 동안 그들을 지배했던 공산주의 연방이 갑자기 해산된 뒤에 이와 비슷한 반(半) 무정부 상태가 분출했다. 한 보스니아 크로아티아 사람은 유고슬라비아가 해체된 뒤에야 민족 간 폭력이 터진 까닭을 이렇게 설명했다. "옛날에 우리가 평화롭고 조화롭게 살았던 까닭은 100미터마다 경찰관이 서서 우리가 서로 못 견디게 사랑하는지 확인했기 때문이죠."[33]

식민지였다가 독립한 신생 정부의 운영자는 독재자나 도둑 정치가일 때가 많았고, 가끔 정신 이상자도 있었다. 그들은 국가의 많은 부분을 무정부 상태로 버려두어, 사람들의 약탈과 갱 전쟁을 초래했다. 3장에서 폴리 위스너가 뉴기니의 비문명화 과정을 묘사했던 것과 비슷하다. 독재자와 일족은 세입을 몽땅 빨아들였고, 독재 세력에게 내쫓긴 집단들에게는 쿠데타나 봉기 외에는 변화의 희망이 없었다. 독재자는 사소한 무질서에 변덕스럽게 반응했다. 한참 가만히 두다가 갑자기 암살대를 보내 마을을 초토화하고는 했다. 이것이 사람들의 반감에 더욱 불을 지폈다.[34] 이 시절을 상징하는 존재는 중앙아프리카 제국의 장베델 보카사일 것이다. 과거에 중앙아프리카 공화국이라고 불렸던 소국의 이름을 그가 그렇게 바꾸었다. 그는 아내가 17명이었고, 몸소 정적을 찔러 죽였고(인육을 먹었다는 소문도 있다.), 그의 제복을 본뜬 값비싼 의무 교복에 학생들이 항의하자 죽도록 구타했고, 황제로 자칭하는 대관식을 치르기 위해서 세계 최빈국에 속하는 나라의 1년 세입에서 3분의 1을 쏟았다(황금 왕좌와 다이아몬드가 박힌 왕관까지 갖추었다.).

냉전기에는 많은 폭군이 강대국의 가호로 권좌를 지켰다. 강대국들은 프랭클린 루스벨트가 니카라과의 아나스타시오 소모사에 대해서 했다는 말, "그는 개자식이지만 그래도 우리 개자식이라오."라는 논리를 따랐다.[35] 소련은 세계 공산주의 혁명을 전진시키려는 곳이라면 어느 체제에든 동정적이었고, 미국은 소련의 궤도에서 벗어나 있으려는 곳이라면 어느 체제에든 동정적이었다. 프랑스를 비롯한 다른 강대국들은 자국에게 석유와 광물을 공급하는 곳이라면 어느 체제하고든 좋은 관계를 유지하려고 했다. 독재자의 무기와 자금은 이쪽 초강대국에서 왔고, 그와 싸우는 반란군의 무기와 자금은 저쪽 초강대국에서 왔으며, 두 후견국은 충돌이 얼른 끝나는 것보다는 끝내 자국의 피후견인이 이기는 것을 보고 싶어 했다. 그림 6-3에서, 1975년 무렵 내전이 두 번째로 팽창한 것을 알 수 있다. 당시는 포르투갈이 식민 제국을 해체한 때였고, 미국이 베트남 전쟁에서 패배한 것을 보고서 세계 각지의 반란군들이 대담해진 때였다. 내전은 1991년에 51건으로 가장 많았는데, 바로 그해에 소련이 사라졌다는 것은 우연이 아니다. 냉전이 부추겼던 대리전들이 함께 사라졌던 것이다.

그러나 충돌의 감소분 중 대리전이 사라진 탓으로 볼 수 있는 것은 5분의 1뿐이다.[36] 세계의 갈등을 지피는 연료 중 또 하나를 제거한 사건은 공산주의의 종말이었다. 공산주의는 루어드가 명명한 이데올로기의 시대에 최후까지 남은 반인도주의적 강령이자 투쟁을 미화하는 강령이었다(새로 등장한 이슬람 이데올로기에 대해서는 이 장의 뒷부분에서 다루겠다.). 이데올로기는 종교적이든 정치적이든 하나같이 전쟁을 치명적 분포의 꼬리로 밀어붙인다. 이데올로기는 지도자를 격분시켜, 인명 대가에는 아랑곳하지 않고 파괴적 소모전에서 상대보다 오래 버티도록 만든다. 전후의 가장 치명적인 세 충돌은 중국, 한국, 베트남의 공산주의 체제 때문에 격화했다. 그들은 광신적인 헌신으로 상대보다 오래 버티려고 했다. 마오쩌둥은 인민의 목숨이 자신에게는 아무 의미가 없다는 말을 서슴없이 했다. "우리는 인구가 아주 많다. 조금 잃어도 괜찮다. 그런들 무슨 차이가 있겠는가?"[37] 한번은 그가 '조금'이 얼마인지 정량화해서 말했는데, 당시 중국 인구의 절반인 3억 명이었다. 그는 대의를 위해서라면 인류에서도 그만큼의 비율을 기꺼이 희생하겠다고 말했다. "사태가 최악으로 치달아 인류의 절반이 죽더라도, 나머지 절반은 제국주의가 남김없이 파괴되고 온 세계가 사회주의가 된 세상에서 살아남을 것이다."[38]

중국의 옛 동지였던 베트남으로 말하자면, 그 전쟁에서 미국의 오판을 지적한 글이 이미 무수히 많다. 그 일로 혼쭐이 났던 결정권자들이 직접 고백한 글도 있다. 미국의 가장 뼈아픈 오판은 북베트남 정부와 베트콩이 인명 손실을 얼마나 부담할 수 있는지를 과소평가한 점이었다. 전쟁 당시, 딘 러스크나 로버트 맥나마라와 같은 미국 정책가들은 북베트남처럼 후진적인 나라가 세계 최강의 군대에 저항한다는 사실을 못 미더워 했다. 강도를 한 단계만 더 높이면 그들을 굴복시킬 수 있다고 자신했다. 존 뮬러는 이렇게 썼다.

> 1816년 이후 국제 전쟁과 식민 전쟁에 참여했던 수백 개 국가를 대상으로 전전 인구에 대한 전투 사망자 비율을 계산해 보면, 베트남은 명백히 극단적인 사례이다. …… 베트남 공산주의자들이 감수한 전투 사망자 비율은 광신

적이고 종종 자살적이었던 제2차 세계 대전 당시 일본인의 비율보다 약 두 배 더 높았다. 베트남 공산주의자처럼 높은 사망률을 감수했던 소수의 다른 교전국들은 제2차 세계 대전 당시 독일인이나 소련인처럼 국가의 존립을 위해 목숨 걸고 싸운 경우였지, 북베트남처럼 팽창을 위해 싸운 것은 아니었다. 미국은 베트남에서 믿기 힘들 만큼 효율적인 조직과 상대했던 것 같다. 그들은 인내가 있었고, 규율이 단단히 잡혔다. 지도부는 집요했고, 타락과 방종에 취해 기력을 떨어뜨리는 일이 거의 없었다. 공산주의자들은 자주 대규모 군사적 후퇴를 겪었고 압박과 탈진의 시기를 겪었지만, 언제나 스스로를 재정비하고 재무장하여 돌아왔다. 한 미국 장군이 말했듯이, '그들은 미국이 상대했던 역사상 최고의 적'이었을지도 모른다.[39)]

"너희가 우리를 10명 죽이면, 우리는 너희를 한 명 죽일 것이다. 결국에는 너희가 지칠 것이다."라고 했던 호치민의 예언은 옳았다. 미국 민주주의는 북베트남 독재자가 기꺼이 희생하려고 하는 인명의 아주 작은 일부만을 희생할 뜻이 있었다(호치민의 말 속 10명에게 직접 의견을 물어본 사람은 없었지만.). 미국은 결국 다른 면에서는 모두 유리했는데도 소모전을 내주고 말았다. 그러나 중국과 베트남은 1980년대까지 이데올로기적 국가에서 상업 국가로 변신하며 국민에 대한 공포 통치를 완화했다. 이제는 그들도 불필요한 전쟁으로 그만한 손실을 입을 의지가 줄었다.

명예, 영광, 이데올로기에 덜 고무되고 부르주아적 삶의 쾌락에 더 유혹되는 세상에서는 사람들이 덜 살해된다. 2008년에 조지아는 압하스와 남오세티야의 작은 영토에 대한 통제권을 놓고 러시아와 닷새간 전쟁을 벌였다. 나중에 조지아의 대통령 미헤일 사카슈빌리는 점령에 대항하는 폭동을 조직하지 않았던 이유를 《뉴욕 타임스》 기자에게 이렇게 설명했다.

우리에게는 선택지가 있었습니다. 이 나라를 체첸으로 만드느냐 — 그럴 만한 인구와 장비는 충분했습니다. — 아니면 아무것도 안 하고 현대 유럽 국가로 남느냐. 결국에는 우리가 그들을 쫓아냈겠지만, 그러려면 산속으로 들어가 수염을 길러야 했을 것입니다. 우리나라에게 그것은 철학적, 감정적으로 엄청난 부담이었을 것입니다.[40)]

이 설명은 멜로드라마처럼 들리고, 솔직하지도 않다. 러시아는 조지아를 점령할 의사가 없었다. 그러나 이 말 속에는 긴 평화의 뒤안에 남겨진 개발 도상국들이 취할 선택지가 무엇인지 잘 표현되어 있다. 산속으로 들어가 수염을 기르든지, 아무것도 안 하고 현대 국가로 남든지.

냉전 종식과 이데올로기 쇠퇴 외에, 지난 20년 동안 내전을 약간 줄이고 지난 10년 동안 전투 사망자를 크게 줄인 또 다른 요인은 무엇이었을까? 왜 선진국에서는 충돌이 사실상 사라졌음에도 개발 도상국에서는 존속할까(2008년에 36건이었고, 하나를 제외한 나머지는 모두 내전이었다.)?

칸트의 삼각형에서 출발하는 것이 좋겠다. 민주주의, 경제 개방, 국제 사회 가입이라는 세 요소를 고려해 보자. 5장에서 보았던 러셋과 오닐의 통계 분석은 전 세계를 아울렀지만, 국가 간 분쟁만을 다뤘다. 오늘날 충돌의 대부분이 벌어지는 개발 도상국들의 내전에 대해서는 평화의 삼인조가 얼마나 유효할까? 알고 보니, 각각의 변수에 중요한 반전이 있었다.

충분한 민주주의가 전쟁을 억제한다면, 약간의 민주주의라도 아예 없는 것보다는 낫지 않을까? 그게, 내전에 대해서는 그렇지가 않다. 우리는 이 장 앞부분에서 (그리고 3장에서 세계 살인율을 이야기할 때) 혼합 정치라는 개념을 만났다. 완전한 민주주의도 완전한 독재도 아닌 통치 형태이다.[41] 정치학자들은 준민주주의, 집정관 체제, 허접스러운 정부(내가 제일 좋아하는 표현으로, 어느 학회에서 엿들었다.)라고도 부른다. 이런 행정부는 제대로 하는 일이 하나도 없다. 독재적 경찰국가와는 달리, 이런 정부는 국민을 겁박하여 침묵시키지 않는다. 그렇다고 순수한 민주 국가처럼 그럭저럭 공정한 법 집행 체계를 갖추지도 않는다. 대신에 그들은 지역의 범죄에 공동체 전체를 말살시키는 무차별 보복으로 대응하곤 한다. 진화하기 전 옛 형태였던 독재 정치로부터 도둑 정치 습관을 물려받아, 통치자의 일족에게만 수입을 나눠 주고 일자리를 마련해 준다. 그 일족은 경찰의 보호, 법정에서 유리한 판결, 무슨 일이든 하려면 꼭 필요한 수많은 허가를 미끼로 삼아 사람들로부터 뇌물을 강탈한다. 사람들이 누추함에서 벗어나는 유일한 길은 공무원이 되는 것이고, 공무원이 되는 유일한 길은 권력을 쥔 친척을 두는 것이다. 만일 '민주 선거'로 정부 통제권을 장악할 기회가 있다면, 귀하지만 여럿이 나눌 수 없는 이권을 둘러싼 여느 경쟁만큼이나 선거가 중차대한 사건이 된다. 일족, 부족, 민족 집단은 상대를 겁박해 투표함에서 손 떼게 만들고, 자신들에게 유리한 결과가 나오지 않으면 싸워서 결과를 뒤집으려고 한다. 「전 세계의 충돌, 통치, 국가적 허약함에 관한 보고서」에 따르면, 혼합 정치에서는 민족 간 내전, 혁명전쟁, 쿠데타 등등 "사회적 전쟁이 발발할 확률이 민주 국가보다 약 6배 높고, 독재 국가보다도 2.5배 더 높다."[42]

앞 장의 그림 5-23은 폭력에 대한 혼합 정치의 취약성이 왜 문제인지를 보여 준다. 독재 국가가 줄기 시작한 1980년대 말부터 혼합 정치는 오히려 늘었기 때문이다. 현재 혼합 정치는 중앙아프리카에서 중동을 거쳐 서남아시아까지 뻗은 초승달 모양 지역에 퍼져 있는데, 이것은 그림

6-5에 표시된 분쟁 지역과 대체로 겹친다.[43]

정부 권력이 승자 독식의 복권과 같을 경우, 특히 정부가 석유, 금, 다이아몬드, 전략적 금속 등의 횡재를 통제하는 경우에는 내전 취약성이 증폭된다. 이런 노다지는 축복이기는커녕 이른바 자원의 저주를 불러온다. 다른 말로 풍요의 역설, 바보의 금이라고도 한다. 재생 불가능하고 독점하기 쉬운 자원을 잔뜩 가진 나라는 경제 성장이 더디고, 허접스러운 정부가 서고, 폭력이 더 많다. 베네수엘라 정치인 후안 페레스 알폰소의 말마따나 '석유는 악마의 배설물'이다.[44] 국가는 자원 때문에 저주에 걸릴지도 모른다. 자원은 그것을 독점한 사람에게, 대개는 통치 엘리트이지만 때로는 지방 군벌에게, 권력과 부를 몰아주기 때문이다. 지도자는 황금알을 낳는 거위에 들러붙는 경쟁자를 쫓기에 급급할 뿐, 상호 의무 속에서 사회를 살찌우고 하나로 엮을 상업망을 육성하는 데는 아무런 유인을 느끼지 못한다. 콜리어는 경제학자 담비사 모요를 비롯한 여러 정책 분석가들과 함께 이와 연관된 다른 역설에도 관심을 집중시켰다. 십자군을 닮은 유명 인사들이 그토록 애지중지하는 해외 원조는 또 다른 독이 든 성배일 뿐이라는 역설이다. 원조는 지속 가능한 경제 하부구조를 건설하는 데 쓰이지 않고 지도자에게 집중되어, 그에게만 부와 권력을 안길 수 있다. 세 번째 저주는 코카인, 아편, 다이아몬드 같은 값비싼 밀매품이다. 불법 은닉처와 유통 경로를 확보하려다 보니 흉악한 정치인이나 군벌이 설 자리가 마련되는 것이다.

콜리어는 "바닥의 국가들이 비록 우리와 함께 21세기를 살고는 있지만, 그들의 현실은 내전, 전염병, 무지가 횡행했던 14세기이다."라고 말했다.[45] 문명화 과정의 목전이었던 그 무참한 세기와의 비유는 참으로 적절하다. 뮬러는 『전쟁의 자취』에서 오늘날 세계 무력 충돌의 대부분은 전문적인 군대들이 영토를 놓고 벌이는 싸움이 아니라고 지적했다. 그보다는 젊은 무직자 무리가 군벌이나 지방 정치인을 섬기며 약탈, 겁박, 복수, 강간을 자행하는 경우이다. 중세 영주가 사적인 전쟁을 치르려고 모집했던 사회의 쓰레기들과 비슷하다. 뮬러는 이렇게 썼다.

> 사람들은 이런 전쟁을 '새로운 전쟁', '민족 간 충돌', 더욱 장대하게는 '문명의 충돌'이라는 이름으로 부른다. 그러나 사실 전부는 아닐지라도 대부분은 범죄자, 강도, 깡패로 이뤄진 패거리의 기회주의적 포식에 더 가깝다. 그 규모가 놀랍도록 작을 때도 많다. 그들은 절박한 정부에게 용병으로 고용되어, 혹은 거의 독립적인 군벌이나 도적 떼로서 무력 충돌을 벌인다. 이 폭력의 사업가들이 저지르는 피해는 때로 막대하다. 주된 먹잇감인 일반 시민들에게 특히 그렇다. 그들은 흔히 민족적, 국가적, 문명적, 종교적 수사를 끌어들이지만, 사실은 범죄와 별반 분간되지 않는 일이다.[46)]

뮬러는 목격자들의 증언을 인용하여, 1990년대의 악명 높은 내전과 집단 살해는 대부분 마약과 술에 취한 난동꾼 무리가 저질렀다고 말했다. 보스니아, 콜롬비아, 크로아티아, 동티모르, 코소보, 라이베리아, 르완다, 시에라리온, 소말리아, 짐바브웨, 그 밖의 아프리카-아시아 초승달 모양 분쟁 지역에서 그랬다. 뮬러는 1989~1996년 라이베리아 내전의 '군인'들을 이렇게 묘사했다.

> 전투원들은 '람보', '터미네이터', '정글 킬러'와 같은 폭력적인 미국 액션 영화의 주인공처럼 치장하곤 했다. 환상적인 가명을 쓰는 사람도 많았다. 액션 대령, 미션 임파서블 대위, 살인 장군, 젊은 킬러 대령, 정글 왕 장군, 사악한 킬러 대령, 전쟁 보스 3세 장군, 예수 장군, 트러블 소령, 알몸뚱이 장군, 그리고 물론 람보 장군. 특히 초기에는 기묘한 복장도 즐겼다. 미치광이 같아 보

일 때도 있었다. 여성용 드레스와 가발과 팬티스타킹, 사람 뼈를 사용한 장신구, 손톱 색칠, 심지어 (아마도 단 한 사례이겠지만) 꽃무늬 변기 시트로 만든 머리 장식도 있었다.[47)]

정치학자 제임스 피어론과 데이비드 레이틴은 오늘날의 내전이 가볍게 무장한 소수의 남자들로 치러진다는 데이터를 확보함으로써 이런 일화를 뒷받침했다. 그런 무리는 제 지역에 대한 지식을 활용해서 국가군의 손아귀를 빠져나가고, 정보원과 정부 공감 세력을 겁박한다. 그들은 자신들의 반란이나 농촌 게릴라 전쟁에 무수한 구실을 갖다 붙이지만, 그 본질은 민족, 종교, 이데올로기 경주라기보다는 길거리 깡패나 마피아끼리의 영역 다툼이다. 피어론과 레이틴이 1945~1999년까지 발생한 122건의 내전을 회귀 분석한 결과는 다음과 같았다. 일인당 소득이 같을 때(이것을 정부가 확보한 자원에 대한 대리 지표로 간주했다.), 민족이나 종교가 다양한 나라, 소수 종교나 언어를 정책적으로 차별하는 나라, 소득 불평등이 심한 나라의 내전 발발 확률이 딱히 더 높지는 **않았다**. 그보다는 인구가 많고, 산악 지형이고, 신생 정부이거나 불안정한 정부이고, 석유를 상당량 수출하는 산유국이고, (아마도) 젊은 남성의 비율이 높은 나라에서 발생하기 쉬웠다. 피어론과 레이틴은 이렇게 결론지었다. "우리의 이론적 해석은 경제적 해석이라보다 홉스적 해석이다. 국가가 상대적으로 약하고 변덕스러우면, 두려움과 기회에 자극 받아 지방에서 통치자를 꿈꾸는 자들이 득세한다. 그들은 '세금을 걷을' 권리를 사칭하고, 가혹한 정의를 집행하고, 종종 더 큰 대의를 표방한다."[48)]

✤ ✤ ✤

탈식민화로 인한 무정부적 비문명화 과정에서 내전이 급등했다면, 최근의 감소는 재문명화 과정을 반영할지도 모른다. 국민을 착취하기보다는 보호하고 섬기는 유능한 정부들이 생겨난 것이다.[49] 많은 아프리카 나라는 보카사 스타일의 정신 이상자 대신 책임감 있는 민주주의자를 권좌에 앉혔다. 넬슨 만델라는 역사상 가장 위대한 정치가라고도 할 수 있다.[50]

이런 전환에는 이데올로기 변화도 필요했다. 해당 국가만이 아니라 국제 사회가 폭넓게 변해야 했다. 역사학자 제라르 프루니에는 1960년대 아프리카에서 식민 지배로부터의 독립은 구세주적 이상이었다고 지적했다. 신생 국가는 주권 국가의 장치들을 마련하는 것을 최우선 과제로 삼았다. 이를테면 항공 노선, 관저, 나라 이름이 붙은 시설들이었다. '종속 이론가'들의 영향을 받은 나라도 많았다. 그 이론가들은 제3세계 정부가 세계 경제와의 접촉을 끊고 자급자족 산업과 농업을 육성해야 한다고 주장했는데, 요즘은 대부분의 경제학자들이 그것을 극빈으로 가는 지름길로 여긴다. 때로 경제 국수주의는 폭력 혁명을 미화하는 낭만적 군사주의와 결합했다. 1960년대의 두 아이콘이 그 흐름을 잘 상징한다. 부드러운 색깔로 화사하게 그려진 마오쩌둥의 초상과 날카로운 윤곽으로 늠름하게 묘사된 체 게바라의 초상이다. 영광스런 혁명가들의 독재가 인기를 잃으면, 민주 선거가 새 묘약이 되었다. 누구도 문명화 과정의 시시한 제도들, 즉 유능한 정부, 경찰력, 무역과 상업을 뒷받침하는 든든한 하부 구조 따위에서 낭만을 느끼지 못했다. 그러나 역사에 따르면 그런 제도들이야말로 만성적 폭력 감소에 꼭 필요한 선결 조건이고, 다른 모든 사회적 이득에도 마찬가지이다.

바로 이 점을, 지난 20년 동안 강대국, 기부국, 정부 간 국제기구(가령 아프리카 연합)가 강조했다. 이들은 무능한 폭군이 통제하는 나라를 배척하고, 처벌하고, 망신 주고, 몇몇 경우에는 침공했다.[51] 정부 부패를 추적하고 근절하는 조치들을 널리 시행했고, 세계 무역에서 개발 도상국에게 불리하게 작용하는 장벽을 확인하는 작업도 진행했다. 화려하지 않은 이런 조치들의 조합이, 1960년대부터 1990년대 초까지 내전의 횡행을 야기했던 개발 도상국 정부와 사회의 병리적 사고방식을 되돌렸을지도 모른다.

나아가 괜찮은 정부는 상당히 민주적이고 시장 지향적인 편이다. 자유주의 평화 이론은 국가 간 전쟁의 회피를 설명하는 데 기여했다. 그래서 여러 연구자들은 내전 데이터 집합에도 회귀 분석을 적용하여, 자유주의 평화의 징후를 찾아보았다. 평화의 첫 지주인 민주주의가 내전의 **횟수**를 줄이지 못한다는 사실은 앞에서 말했다. 미덥지 못한 혼합 정치일 때는 더욱 그랬다. 그러나 민주주의가 내전의 **심각성**만큼은 줄이는 듯하다. 정치학자 베서니 라시나에 따르면, 다른 통상적인 변수들을 일정하게 놓았을 때, 민주 국가에서 벌어진 내전의 전투 사망자는 비민주 국가 사망자의 절반에도 못 미친다. 글레디치는 자유주의 평화 이론을 점검한 2008년 분석에서 "민주 국가는 대규모 내전을 거의 겪지 않는다."고 결론지었다.[52] 민주주의 평화 이론의 두 번째 지주인 세계 경제에의 개방성은 이보다 더 강력하여, 내전의 확률과 심각성을 **둘 다** 끌어내리는 듯하다. 이때 개방성은 무역, 해외 투자, 조건부 원조, 전자 매체에의 접근성 등을 포함하는 개념이다.[53]

✤ ✤ ✤

칸트의 평화 이론은 평화의 무게를 세 지주 위에 얹었는데, 그 세 번째는 국제 조직이다. 그중에서도 내전 감소의 공을 크게 주장할 만한 조직이 있다. 국제 평화 유지군이다.[54] 탈식민 시절에 내전이 누적되었던 것은 내전이 발생하는 속도가 증가해서라기보다는 종결 속도보다 발생 속도가 더 컸기 때문이다(연간 1.8건이 종료된 데 비해 연간 2.2건이 새로 발발했다.). 그래서 쌓였던 것이다.[55] 1999년에는 내전의 평균 지속 기간이 무려 15년이었다! 상황은 1990년대 말과 2000년대에 바뀌기 시작했다. 새 내전이 벌어지는 것보다 기존 내전이 꺼지는 속도가 더 빨랐다. 또, 끝장을 볼 때까지 싸우기보다는 분명한 승자 없이 협상으로 타결되는 경향을 보였다. 예전에는 잿불이 몇 년 동안 연기를 피우다가 다시 타올랐겠지만, 이제 영영 꺼지는 경우가 더 많았다.

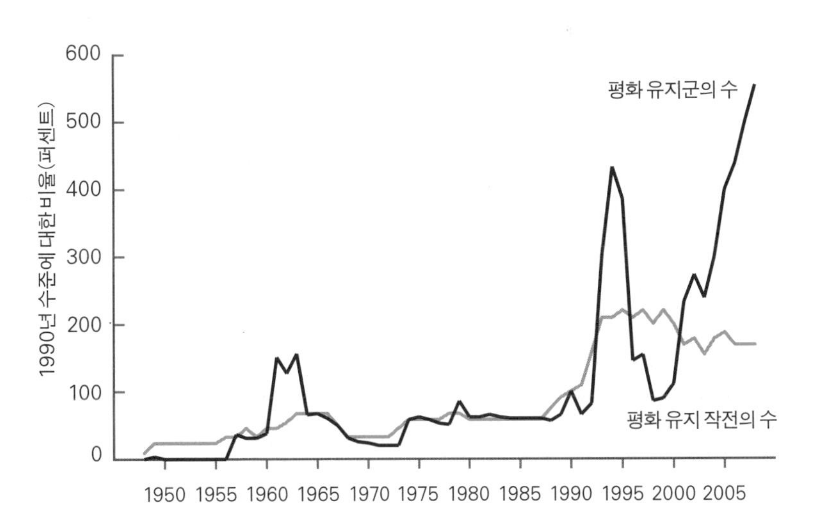

그림 6-6. 평화 유지군 활동의 증가, 1948~2008년.

출처: 그래프: Gleditsch, 2008, based on research by Siri Rustad.

평화의 폭발은 평화 유지군의 폭발적 성장과 궤를 같이했다. 그림 6-6을 보자. 국제 사회는 1980년대 말부터 평화 유지 작전을 늘렸다. 더 중요한 점으로, 평화 유지군 인원을 늘려 임무를 제대로 처리할 수 있게 했다. 그 전환점은 냉전의 종식이었다. 강대국들은 마침내 대리전의 승리보다는 갈등의 종결에 더 관심을 기울이게 되었다.[56] 평화 유지군의 성장은 인도주의 시대를 알리는 신호였다. 유색 인종을 죽이는 전쟁을 비롯하여 모든 전쟁은 갈수록 불쾌한 것으로 여겨졌다.

유엔이 갖가지 단점에도 불구하고 잘하고 있는 한 가지가 평화 유지군이다(유엔은 처음부터 전쟁을 예방하는 데는 성과가 그다지 좋지 않다.). 정치학자 버지니아 페이지 포트나는 『평화 유지군은 효력이 있는가?』에서, 책 제목에 대한 대답은 "분명하고 우렁찬 예스"라고 말했다.[57] 포트나는 1944~1997년까지 115건의 내전 휴전에 대한 데이터를 모은 뒤, 평화 유지 작전이 전쟁의 재점화 가능성을 낮췄는지 살펴보았다. 데이터에는 유엔의 작전은 물론이고 NATO나 아프리카 연합과 같은 상설 기구들, 그리고 국가들의 임시 연합이 벌인 작전도 포함했다. 그녀에 따르면, 평화 유지군의 존재는 휴전 후 전쟁이 재발할 위험을 **80퍼센트**나 낮췄다. 평화 유지 작전이 늘 성공한다는 뜻은 아니다. 보스니아와 르완다의 집단 살해가 두 두드러진 실패 사례일 것이다. 다만 평화 유지군은 평균적으로 전쟁의 재개를 막는다. 꼭 상당한 규모의 군대일 필요는 없다. 깡마른 심판이 엉겨 붙은 하키 선수들을 떼 놓을 수 있듯이, 가볍게 무장했거나 전혀 무장하지 않은 파견단도 민병대들 사이에 개입하여 다들 무기를 내려놓도록 유도할 수 있다. 그 일에 실패하더라도, 파견단은 더 큰 규모의 군대를 불러들이는 인계 철선처럼 기능할 수 있다. 평화 유지 세력이 반드시 푸른 헬멧의 유엔 평화 유지군이어야 할 필요도 없다. 선거를 감독하고, 경찰을 개혁하고, 인권을 감시하고, 나쁜 정부의 기능을 감독하는 실무자들도 차이를 낼 수 있다.

평화 유지군은 왜 효력이 있을까? 첫 번째 이유는 **리바이어던**에서 바로 나온다. 무장한 대규모 파견단은 평화 협정을 깨뜨린 쪽을 직접 벌할 수 있다. 따라서 공격자가 감수해야 할 비용이 높아진다. 그들이 부과하는 비용과 편익은 물질적인 것일 수도 있지만, 평판일 수도 있다. 한 파견단원은 모잠비크의 아폰소 들라카마가 이끄는 국민 저항 운동(RENAMO) 반군이 모잠비크 정부와의 평화 협약에 서명한 이유를 이렇게 설명했다. "들라카마에게는 진지한 대접을 받는 것, 칵테일 파티에 가는 것, 존중 받는 것이 대단히 중요한 일이었다. 그는 유엔을 통해서 정부가 RENAMO를 '무장 강도떼'라고 부르지 못하게 만들었다. 그에게는 청원의 대상이 되는 것이 기분 좋은 일이었다."[58]

소규모 파견단도 평화 유지에 효과적일 수 있다. 상대의 선제공격이 두려워서 먼저 선제공격을 하려 하는 홉스의 함정으로부터 양측을 해방시키기 때문이다. 평화 유지군의 간섭을 받아들인다는 행위 자체가 더 이상 공격하지 않겠다는 양측의 주장이 진지하다는 것을 증명하는 값비싼 (따라서 믿을 만한) 신호이다. 일단 평화 유지군이 주둔하면, 협정이 이행되도록 감시함으로써 안전을 강화하고 양측에게 상대가 몰래 재무장하지 않는다는 사실을 확인시킨다. 평화 유지군은 또 일상적인 치안 활동을 맡아, 자칫 복수의 악순환으로 격화할지도 모르는 작은 폭력 행위를 저지한다. 협정을 파기하고 싶어 하는 다혈질이나 방해꾼을 찾아낸다. 방해꾼이 도발적인 공격을 감행하더라도, 평화 유지군은 그 표적에게 그것은 공격의 재개를 알리는 신호탄이 아니라 예외적인 불량한 짓일 뿐이라고 듬직하게 안심시킨다.

평화 유지 작전은 다른 수단을 통해서 영향을 미칠 수도 있다. 이를테면 반란군이나 군벌에게 자금을 대는 밀매 무역을 박멸하려고 노력할 수 있는데, 사실 자금을 주는 쪽이나 받는 쪽이나 같은 사람들일 때가 많다. 아니면, 평화를 지키는 지도자에게는 지역 개발 사업 자금을 주겠다고 유인할 수 있다. 그래서 그런 사람들의 세력을 키우고 유권자들에게 인기를 끌도록 돕는 것이다. 어느 시에라리온 사람은 카바라는 대통령 후보자에 대해 이렇게 말했다. "카바가 가는 곳에 백인들이 가고, 유엔이 가고, 돈이 간다."[59] 그리고 제3세계 군인들은 (근대 이전 군인들처럼) 약탈 기회를 보수로 받는 경우가 있으므로, 알몸뚱이 장군과 그 동지들을 시민 사회로 도로 불러들이는 '동원 해제, 무장 해제, 재통합' 프로그램에 돈을 쓸 수도 있다. 이데올로기적 강령을 지닌 게릴라도, 경멸하는 적이 아니라 중립적인 관계자에게서 뇌물이 나온다면 자신이 돈에 팔려 넘어간 게 아니라는 느낌을 받는다. 혹은 정치 지도자를 압박하여, 경쟁자에 해당하는 정치 집단이나 민족 집단에게 정부의 문호를 열라고 주문할 수 있다. 금전적 유인책이 있을 때 미워하는 적이 아니라 중립적인 관계자에게 양보할 수 있다면, 그것은 체면을 유지할 기회가 된다. 시에라리온의 유엔 실무자 데즈먼드 맬로이는 이렇게 관찰했다. "평화 유지군은 협상 분위기를 조성한다. [양보는] 자존심의 문제인데, 그것은 인간의 특성이다. 그러니 존엄과 자존심을 잃지 않을 수 있는 협상 메커니즘이 필요하다."[60]

고무적인 통계에도 불구하고, 뉴스 독자들은 콩고 민주 공화국, 이라크, 수단, 기타 죽음의 지역에서 벌어지는 살육에 하도 익숙한지라 영 안심이 안 될지도 모른다. 우리가 살펴본 PRIO/UCDP 데이터는 두 가지 면에서 제한적이다. 첫째는 국가 기반 충돌만 포함했다는 점이다. 적어도 한쪽이 정부인 전쟁만 다루었다는 말이다. 둘째는 전투 관련 사망자만 포함했다는 점이다. 전투 무기에 의한 사망자만 헤아렸다는 말이다. 이런 스포트라이트에서 벗어난 데이터를 살펴본다면, 경향성은 어떻게 바뀔까?

첫 번째로 제외되었던 것은 비국가 충돌이다(공동체 간 폭력이라고도 한다.). 군벌, 민병대, 마피아, 반란 집단, 준군부 등이 종종 민족 집단과 연대하여 서로 싸우는 경우이다. 이런 충돌은 보통 실패한 국가에서 벌어진다. 그럴 수밖에 없다. 정부를 끌어들일 생각조차 않는 전쟁이라는 것은 국가가 폭력의 독점에 실패했다는 뜻이니까.

비국가 충돌의 문제는, 최근까지 전쟁 연구자들이 그것에 흥미가 없었다는 점이다. 아무도 기록을 남기지 않았고, 그래서 헤아릴 것이 없고, 경향성을 도표화할 수 없다. '전쟁의 재앙'을 방지하는 것이 사명인 유엔조차도 공동체 간 폭력에 대해서는 통계를 작성하지 않는다(사실은 전쟁 이외의 다른 모든 무력 충돌에 대해서 그렇다.). 왜냐하면 유엔 소속국들은 사회 과학자들이 자기네 국경 안에서 여기저기 쑤시고 돌아다니기를 원치 않기 때문이다. 사악한 정부가 저질렀던 폭력이나 무능한 정부가 예방하지 못한 폭력이 세상에 노출되기를 원치 않기 때문이다.[61]

그럼에도, 역사를 넓게 보면 오늘날의 비국가 충돌이 수십 수백 년 전보다는 훨씬 드물다는 것을 짐작할 수 있다. 예전에는 지구 상에서 국가의 통제를 받는 땅이 훨씬 좁았기 때문이다. 부족 간 전투, 노예 강탈, 습격자들과 기마 부족의 약탈, 해적의 공격, 귀족과 군벌의 사적인 전쟁. 이런 것이 모두 비국가 충돌이었고, 수천 년 동안 인류의 재앙이었다. 중국에서는 '군벌 시대'라고 불리는 1916~1928년까지 경쟁 군벌들 때문에 고작 10여 년 동안 90만 명 이상이 살해되었다.[62]

비국가 충돌은 2002년부터 집계되기 시작했다. UCDP는 그해에 '비국가 충돌 데이터 집합'을 꾸리기 시작했고, 그로부터 세 가지 통찰을 얻었다. 첫째, 어떤 해에는 비국가 충돌이 국가 기반 충돌만큼 많았다. 이것은 공동체 간 전투가 만연했다는 징후라기보다는 전쟁이 그만큼 희소해졌다는 징후이다. 충돌의 대부분이 아프리카 사하라 이남에서 벌어졌다는 것은 그다지 놀랍지 않지만, 중동에서도 수가 늘고 있다(이라크가 두드러진다.). 둘째, 비국가 충돌은 정부가 관여하는 충돌보다 훨씬 적은 사망자를 낸다. 대략 4분의 1이다. 이것 역시 놀랍지 않다. 정부란 정의상 폭력의 사업가나 다름없기 때문이다. 셋째, 2002~2008년까지(2008년은 데이터 집합에서 제일 최근 년도이다.) 사망자 수는 대체로 감소했다. 2007년은 이라크에서 공동체 간 폭력이 가장 치명적이었던 해였는데도 말이다.[63] 결론적으로, 우리가 아는 한도 내에서는 비국가 충돌이 무력 충돌 희생자의 세계적 감소세에 대한 반례가 될 만큼 많은 사람을 죽이는 것 같지 않다. 비국가 충돌은 새로운 평화의 반례가 아니다.

두 번째 문제는 좀 더 심각하다. 전쟁으로 말미암아 악화된 기아, 질병, 무법 상태 때문에 사망한 민간인 간접 희생자의 문제이다. 사람들은 종종 한 세기 전에는 전쟁 사망자의 10퍼센트가 민간인이었는데 지금은 90퍼센트가 되었다고 말하곤 한다. 최신 역학(疫學) 조사들은 민간인 '초과 사망자'가 (직접 사망자와 간접 사망자를 더한 값이다.) 끔찍하게 많다는 결과를 내놓아 이 주장을 지지했다. 그 조사자들은 매체 보도나 비정부 기구의 집계를 이용하는 대신, 표본 집단을 선별하여 그들에게 아는 사람 중에서 살해된 사람이 있는지를 직접 물은 뒤 그 비율을 전체 인구에 대해 외삽하는 방법을 썼다. 2006년 의학 저널《랜싯》에 발표된 조사 결과도 그런 기법을 써서 2003~2006년까지 이라크 전쟁 사망자를 60만 명으로 추산했다. 같은 기간에 대해 PRIO가, 그리고 좋은 평가를 받는 비정부 기구 '이라크 사망자 집계'가 추정한 전투 사망자는 8만~9만 명 사이였는데, 이것보다 압도적으로 큰 셈이다.[64] 한편 콩고 민주 공화국에 대한 조사는 내전 사망자를 540만 명으로 보았는데, 이것은 PRIO 추정치의 35배이다. 심지어 PRIO가 수집한 1946년 이후 모든 전쟁들의 **총** 전투 사망자의 절반을 넘는다.[65] PRIO의 수치들이 최저 선임을 감안해도 (원인이 밝혀진 사망만 포함한다는 엄격한 조건 때문이다.) 차이가 너무 크다. 그래서 넓게 볼 때 과연 전투 사망자 감소를 평화의 진전으로 해석해도 좋은가 하는 의심이 든다.

인명 희생 수치는 늘 도덕적으로 이용되기 마련이므로, 위의 세 숫자가 각각 20세기, 부시의 이라크 침공, 아프리카에 대한 세계의 무관심을 비난하는 데 이용되며 널리 유포된 것은 어쩌면 당연한 일이다. 그러나 자료를 객관적으로 살펴보면, 수정주의자들의 추정치는 신뢰도가 떨어진다(말할 필요도 없겠지만, 그렇다고 해서 우리가 전시 민간인 사망에 무심해도 좋다는 뜻은 아니다.).

우선, 민간인 사망 비율이 10퍼센트에서 90퍼센트로 역전되었다는 통설은 철저한 낭설로 드러났다. 정치학자 앤드루 맥(HSRP), 조슈아 골드스타인, 애덤 로버츠는 각기 이 밈의 출처를 추적했다. 그들은 이 주장을 실증하는 데이터가 존재할 리 없음을 잘 알았다.[66] 또한 이 주장이 기본적인 정상성 점검도 통과하지 못한다는 것을 잘 알았다. 인류 역사의 대부분에서 농부들은 스스로 기른 것을 먹고 살았고, 잉여는 거의 생산하지 못했다. 그 땅에 얹혀사는 군대가 있다면 시골 인구를 쉽사리 굶주림으로 몰아넣을 수 있었다. 특히 30년 전쟁은 민간인을 무수히 학살했을 뿐만 아니라, 민간인의 집, 작물, 가축, 물 공급을 일부러 망가뜨림으로써 정말로 끔찍한 규모의 민간인 사망자를 냈다. 미국 남북 전쟁은 봉쇄, 작물 태우기, 땅을 초토화시키는 작전으로 어마어마한 민간인 희생자를 냈다(『바람과 함께 사라지다』에서 스칼렛 오하라가 "신에게 맹세코, 다시는 굶지 않겠어!"라고 맹세했던 이면에는 이런 역사적 사실이 있었다.).[67] 제1차 세계 대전에서는 전선이 인구 밀집 지역을 통과하면서 도시와 마을에 포탄을 퍼부었고, 양측은 상대의 민간인들을 봉쇄하여 굶겨 죽이려고 했다. 그리고 앞에서도 언급했듯이, 1918년 독감의 희생자를 전쟁의 간접 사망자로 포함시킨다면 민간인 사망자는 몇 배로 늘 것이다. 제2차 세계 대전도 홀로코스트, 공습, 독일과 일본 도시들에 대한 '제5 도살장'식 폭격, 그리고 한 번도 아닌 두 번의 원자폭탄 투하로 20세기 초에 민간인을 격감시켰다. 오늘날의 전쟁이 아무리 민간인에게 위험하더라도 그보다 훨씬 더 나쁠 것 같지는 않다.

골드스타인, 로버츠, 맥은 밈이 조금씩 왜곡되며 전달되는 사슬을 추적함으로써, 한 시대의 전투 사망자 수를 다른 시대의 전투 사망자, 간접 사망자, 부상자, 난민 수와 비교하는 식으로 서로 다른 종류의 사망자 추정치가 뒤섞였다는 사실을 확인했다. 맥과 골드스타인은 전쟁 중 민간인 사망자가 전투 사망자의 절반쯤 된다고 추정하는데, 이 비는 전쟁에 따라 달라지지만 시간에 따라 커지지는 않았고 오히려 최근에 상당히 줄었다. 이 점은 뒤에서 다시 이야기하겠다.

최근의 역학적 추정치 중에서 가장 널리 언급되는 것은 《랜싯》에 실렸던 이라크 사망자 수이다.[68] 이라크 보건 종사자 여덟 명으로 구성된 조사팀은 18개 지역을 가가호호 방문하여 최근에 가족 중에서 죽은 사람이 있는지 물었다. 이후 연구자들은 2003년 침공 이후의 사망률에서 침공 이전 몇 년간의 사망률을 뺐다. 그리고 그 차이가 전쟁에 의한 것이라고 보고, 그 비율에 이라크 총 인구를 곱했다. 그랬더니 침공이 발생하지 않았을 경우에 비해 65만 5000명이 더 죽었다는 결과가 나왔다. 게다가 초과 사망자의 92퍼센트는 직접적인 전투 사망자였다. 가족들의 증언에 따르면 총에 맞고, 공습에 당하고, 자동차 폭탄에 당한 경우였다. 질병이나 기근으로 인한 간접 사망이 아니었다. 정말로 그렇다면, 표준적인 사망자 집계는 실제의 약 7분의 1로 줄여 잡았던 셈이다.

그러나 표본을 치밀한 기준으로 고르지 않는다면, 전체 인구로의 외삽은 엄청나게 빗나간 결과를 낳을 수 있다. 마이클 슈파가트와 닐 존슨의 통계 연구진은 이 추정치의 신뢰도가 떨어진다는 것을 확인했다. 조사된 가족들 중 지나치게 많은 수가 간선도로나 교차로 옆처럼 폭격과 총격이 제일 많이 벌어지는 곳에 살았던 것이다.[69] 세계 보건 기구가 조사 결과를 개선한 값은 《랜싯》 수치의 4분의 1이었다. 이마저도 응답자들의 거짓말, 이사, 기억 오류를 보완하기 위해 원래 추정치에 35퍼센트의 오차 범위를 덧붙인 것이었다. 그렇게 부풀리지 않은 수치는 약 11만 명으로, 전투 사망자 수치에 훨씬 더 가깝다.[70]

또 다른 역학 연구진은 13개 국가의 전쟁 사망자를 소급 조사한 뒤 그 결과를 외삽함으로써 20세기 중반 이래 전투 사망자가 줄었다는 결론 자체를 반박했다.[71] 슈파가트와 맥의 연구진은 그 조사도 다시 점검해 보았다. 그 결과, 추정치들이 지리적으로 너무 넓게 흩어져 있기 때문에 시간에 따른 사망자 추적의 용도로는 쓸모가 없음을 확인했다.[72]

콩고 민주 공화국 내전에서 540만 명이 죽었다는 보고는 어떨까(90퍼센트가 질병과 굶주림으로 죽었다고 한다.)?[73] 이것 역시 부풀린 이야기로 드러났다. 이 수치를 계산한 국제 구조 위원회(IRC)는 전쟁 전 사망률을 지나치게 낮게 잡고 (아프리카 사하라 이남 전체의 사망률을 썼는데, 이것은 콩고 민주 공화국의 사망률보다 훨씬 더 낮았다.) 전쟁 중 사망률은 지나치게 높게 잡은 뒤 (IRC가 인도적 지원을 제공하는 지역에서만 집계했는데, 곧 전쟁 피해를 가장 심하게 입은 지역들이다.) 후자에서 전자를 뺐다. HSRP는 콩고 민주 공화국의 간접 사망자가 많았음은 인정하면서도 — 100만 명은 넘을 것이다. — 소급 조사로 얻은 초과 사망자 수를 조심해서 받아들여야 한다고 지적했다. 표본 추출의 함정은 물론이려니와, 과연 전쟁이 벌어지지 않았다면 어땠을까 하는 미심쩍은 추측을 해야 하기 때문이다.[74]

놀랍게도, HSRP가 수집한 증거에서 지난 30년 동안 전쟁 중 질병과 굶주림으로 인한 사망률은 높아지긴커녕 **줄어드는** 추세였다.[75] 전쟁이 아이들을 비롯한 생명들에게 오히려 유익했다는 말인가 싶겠지만, 요점은 그게 아니다. 이 현상은 개발 도상국에서 영양실조와 굶주림으로 인한 사망이 착실히 줄었다는 것, 요즘의 내전은 소규모 반란 세력이 제한된 지역에서 싸우기 때문에 그 감소세를 되돌릴 만큼 파괴적이지 않다는 것을 보여 줄 따름이다. 의료와 식량 지원이 전쟁 지역으로 급파된다면 사망률 감소세가 외려 가속될 수도 있다. 인도적 휴전 상태에서 지원이 실시될 때도 많기 때문에 더더욱 그렇다.

어떻게 그럴 수 있을까? 보통 사람들은 유니세프가 '어린이 생존 혁명'이라고 부르는 현상을 잘 모른다(성인 생존과도 관계있지만, 다섯 살 미만 아동이 제일 취약하기 때문에 도움의 효과가 제일 극적으로 드러난다.). 요즘의 인도적 지원은 옛날보다 현명하다. 원조 기구는 문제 지역에 돈만 던져 넣는 대신, 공중 보건 분야의 과학적 발견들을 활용하기 시작했다. 어떤 재난이 최악의 인명 피해를 내는가, 각각의 재난에 대해 어떤 대처가 가장 비용 효율적인가 하는 지식이다. 개발 도상국의 유아 사망은 대부분 다음 네 원인에서 발생한다. 말라리아, 콜레라나 이질 등의 설사성 질병, 폐렴이나 독감이나 결핵 등의 호흡기 감염, 그리고 홍역. 그런데 모두 예방이나 치료가 가능하다. 그것도 종종 놀랍도록 싸게 가능하다. 모기장, 말라리아 예방약, 항생제, 정수기, 구강 수분 공급 조치(깨끗한 물에 소금과 설탕을 약간 녹여 마시는 것이다.), 예방 접종, 모유 수유(설사병과 호흡기 질병을 줄인다.)는 엄청나게 많은 생명을 살린다. 지난 30년 동안 예방 접종이 구한 목숨만 2000만 명이었다(1974년에는 세계 아동의 5퍼센트만 예방 접종의 보호를 받았지만 현재는 75퍼센트이다.).[76] 별도의 조리가 필요하지 않은 치료용 식량은 영양실조와 굶주림을 크게 줄인다. 가령 땅콩버터처럼 끈끈하고 포일에 포장되어 있는 플러피넛이란 음식은 아이들이 좋아한다고 한다.

이런 조치들이 동시에 적용됨으로써 그간 전쟁의 인명 피해가 대폭 줄었고, 간접 사망자 증가가 전투 사망자 감소를 상쇄하거나 심지어 능가한다는 우려도 불식되었다. HSRP에 따르면, 한국 전쟁에서는 4년 동안 매년 인구의 약 4.5퍼센트가 질병과 기아로 사망했다. 한편 콩고 민주공화국 내전에서는, 지나치게 비관적인 간접 사망자 추정치 500만 명을 인정하더라도 매년 인구의 1퍼센트에 해당한다. 한국 전쟁에 비하면 4분의 1도 안 되게 준 셈이다.[77]

아직 전쟁의 잔재로 크나큰 비참을 겪고 있는 개발 도상국들에서 밝은 면을 찾기는 쉽지 않다. 비참을 정량화한 수치들을 깎아내리는 것은 무정한 짓으로 보일지도 모른다. 그 숫자들이 지원금과 관심을 모으는 선전에 쓰이기 때문에 더욱 그렇다. 그러나 사실을 바로잡는 것은 도덕적 명령이다. 그저 수치의 신뢰도를 유지하기 위해서만은 아니다. 세계적으로 전쟁 사망자가 줄었다는 발견은 이제 연민하기에도 지쳐 가난한 나라들은 치료 가망이 없는 지옥이라고 치부할지도 모르는 뉴스 독자들의 냉소를 몰아낼 수 있다. 그리고 숫자를 깎아내린 요인을 이해하는 것은 우리 스스로의 이타성을 자축하기 위해서가 아니라, 인류의 행복을 증진시킨 그 활동을 더 많이 하는 방향으로 나아가기 위해서다. 우리는 통계가 일깨운 놀라운 사실을 명심해야 한다. 즉각적 독립, 자연 자원, 혁명적 마르크스주의(효과가 있을 때), 선거 민주주의(효과가 없을 때)처럼 신 나 보이는 것들이 오히려 폭력적 사망을 늘릴 수 있고, 효율적인 법 집행, 세계 경제에 대한 개방성, 유엔 평화 유지군, 플럼피넛처럼 지루해 보이는 것들이 감소 효과가 있다는 점 말이다.

집단 살해의 궤적

우리 유감스러운 종이 저지르는 다채로운 폭력 중에서도 집단 살해는 유별나다. 가장 극악하기 때문만은 아니다. 가장 이해하기 어렵기 때문이다. 왜 사람들이 돈, 명예, 사랑을 놓고 치명적 싸움에 휘말리는지, 왜 사람들이 나쁜 짓을 한 사람을 지나치게 처벌하는지, 왜 사람들이 무기를 들고 전투를 벌이는지, 이런 의문들은 우리가 쉽게 이해한다. 그러나 여자, 아이, 노인을 막론하고 죄 없는 사람 수백만 명을 학살하고 싶어 하는 사람은, 아무리 우리가 같은 인간으로서 이해해 보려고 애써도 도무지 이해가 안 된다. 집단 살해(genocide)라고 부르든(인종, 종교, 민족 등등 벗어날 수 없는 어떤 소속 상태를 이유로 사람들을 죽이는 것), 정치 살해(politicide)라고 부르든(정치적 소속을 이유로 사람들을 죽이는 것), 국가 살해(democide)라고 부르든(정부나 군부가 어떤 이유에서든 민간인을 대량 살해하는 경우), 분류에 따른 학살은 피해자의 **행동**이 아니라 **존재**를 표적으로 삼는다. 그래서 이득, 두려움, 복수라는 통상적인 동기로는 설명이 안 되는 것처럼 보인다.[78)]

집단 살해는 희생자 수만으로도 우리의 정신에 충격을 안긴다. 럼멜은 집단 살해의 피해를 헤아린 최초의 역사학자였는데, 20세기에 정부에 의해 살해된 사람이 1억 6900만 명이었다는 추정치로 유명하다.[79)] 이 숫자는 지나치게 크게 잡은 것이지만, 20세기에 전쟁 사망자보다 국가 살해 사망자가 더 많았다는 주장에는 다른 전문가들도 대체로 동의한다.[80)] 매슈 화이트는 그동안 발표된 추정치들을 종합하여 검토한 결과, 국가 살해에서 8100만 명이 죽었고 인재로 간주할 수 있는 기근에서 4000만 명이 죽었다고 계산했다(주로 스탈린과 마오쩌둥 때문이었다.). 도합 1억 2100만 명이다. 한편 전쟁에서는 교전 중 군인 3700만 명과 민간인 2700만 명이 죽었고, 추가로 전쟁으로 인한 기근 때문에 1800만 명이 죽었다. 도합 8200만 명이다.[81] (다만 화이트는 국가 살해 사망자의 절반쯤이 전쟁 중에 발생했고, 전쟁이 없었다면 아마도 그런 학살이 불가능했을 것이라고 덧붙였다.)[82]

그토록 많은 사람을 그토록 짧은 시간에 죽이려면 죽음의 대량 생산 기법이 필요하다. 이 점이 공포에 한 겹을 더 두른다. 나치의 가스실과 소각장은 언제까지나 집단 살해의 가장 충격적인 시각적 상징으로 남을 것이다. 그러나 고출력의 살상을 자행하기 위해서 반드시 현대 화학과 철도가 필요한 것은 아니다. 프랑스 혁명가들은 1793년 방데 지역의 봉기를 진압할 때 이런 묘안을 떠올렸다. 죄수들을 바지선에 꽉꽉 태운 뒤, 배를 수면 밑으로 가라앉혀 인간 화물이 모두 익사할 때까지 내버려 둔다. 그러고는 다시 띄워서 다음 화물을 태운다.[83] 홀로코스트에서도 가장 효율적인 살해 수단은 가스실이 아니었다. 나치는 **아인자츠그루펜**(Einsatzgruppen), 즉 이동 처형 부대로 더 많은 사람을 죽였다. 전차를 탄 아시리아인이나 말을 탄 몽골인처럼 발사 무기로 무장하고 기동성을 갖춘 군대가 그들의 선례였던 셈이다.[84] 1972년 부룬디에서 투치 족이 후투 족을 집단 살해했을 때(22년 뒤 르완다에서 거꾸로 벌어질 집단 살해의 전 단계였다.), 한 가해자는 이렇게 말했다.

> 기술이야 여러 가지가 있다. 이것저것 많다. 한 건물에, 감옥이라고 하자. 2000명을 몰아넣을 수도 있다. 그렇게 큼직한 방들이 있다. 그 건물을 잠근다. 그 속의 사람들은 보름 동안 먹지도 마시지도 못하고 방치된다. 그 뒤에 문을 연다. 그러면 시체들이 있다. 그들은 맞은 것도 아니고, 아무 일도 당하

지 않았다. 그냥 죽었다.[85]

'포위'라는 평범한 군사 용어 뒤에는 도시의 식량을 박탈한 뒤 쇠약해진 생존자들을 죽이는 전략이 예로부터 비용 효율적인 절멸 기술이었다는 역사가 숨어 있다. 프랭크 초크와 쿠르트 요나손은 『집단 살해의 역사와 사회학』에서 "역사 교과서 저자들은 고대 도시의 파괴가 거주자들에게 무슨 의미였는지를 거의 알려 주지 않는다."고 지적했다.[86] 한 예외는 「신명기」이다. 「신명기」에는 아시리아인이나 바빌론인의 정복 행위에 기반하여 소급적 예언을 펼친 대목이 있다.

> 너희의 원수들이 너희를 에워싸 곤경에 처하게 하니, 너희는 너희 몸에서 난 소생을, 너희 주 하느님께서 너희에게 주신 아들딸들의 살을 먹을 것이다. 너희 중에서 가장 고상하고 온순한 남자도 제 형제들과 제 품의 아내와 남은 자식들에게 험악한 눈을 하며, 자기가 먹고 있는 제 자식의 살점을 누구에게도 주려고 하지 않을 것이다. 너희의 원수가 너희의 모든 성을 에워싸 너희를 곤경에 몰아넣어 아무것도 남지 않을 것이기 때문이다. 너희 가운데 가장 고상하고 온순한 여자, 한 번도 맨 발바닥을 땅에 댄 적 없을 정도로 고상하고 온순한 여자도, 제 품의 남편과 제 아들딸에게 험악한 눈을 하고, 심지어 제 두 다리 사이에서 나온 어린 것들과 자기가 낳은 자식들에게도 그렇게 할 것이며, 아무것도 없는 상태가 되면 은밀히 그들을 잡아먹으려 할 것이다. 너희의 원수가 너희의 모든 성을 에워싸 너희를 곤경에 몰아넣어 아무것도 남지 않을 것이기 때문이다.[87]

규모와 방법을 차치하더라도, 집단 살해의 가해자들은 이유 없는 가학성에 탐닉한다는 점에서 우리의 도덕적 상상력을 마비시킨다. 어떻게 가해자가 피해자를 조롱하고 고문하고 절단하다가 죽였는지에 대해서는 대륙과 시대를 막론하고 많은 목격자가 기록을 남겼다.[88] 도스토옙스키는 『카라마조프의 형제들』에서 1877~1878년 러시아-터키 전쟁 당시 터키인들이 불가리아에서 자행했던 잔학 행위를 묘사했다. 그들은 태중의 아이를 산모의 자궁에서 뜯어내는가 하면, 죄수의 귀를 못으로 울타리에 박아서 하룻밤 방치했다가 이튿날 교수형에 처했다. "사람들은 인간이 '동물처럼' 잔인하다고 말하지만, 그것은 동물들에게 천부당만부당하고 모욕적인 말이야. 어떤 동물도 인간처럼 잔인하진 못해. 인간처럼 기교적이고 예술적으로 잔인할 수는 없어. 호랑이는 그저 물어뜯어 죽일 뿐이지. 호랑이가 사람의 귀를 못에 박아 하룻밤 놓아두는 일은 결코 없어. 만약에 그럴 능력이 있더라도 그러지 않을 거야."[89] 나 역시 집단 살해의 역사를 읽으면서 평생 꿈자리가 사나울 만한 이미지를 잔뜩 얻었다. 그중에서도 유혈성 때문이 아니라 (물론 그런 기록도 흔해 빠졌다.) 지극한 냉담함 때문에 내 뇌리에 박힌 두 일화가 있다. 둘 다 철학자 조너선 글러버의 『인간성: 20세기 도덕의 역사』에서 본 이야기이다.

1966~1975년 중국 문화 혁명 당시, 마오쩌둥은 홍위병들에게 '계급의 적'을 겁박하는 약탈을 자행하라고 장려하여 대략 700만 명을 죽였다.[90] 교사, 관리자, 지주나 '부유한 농민'의 자손이 적이었다. 그때 이런 일화가 있었다.

> 젊은 남자들이 노부부의 집을 뒤지다가 귀중한 프랑스 유리 제품이 든 상자를 발견했다. 노인이 그것만은 부수지 말라고 애걸하자, 한 청년이 곤봉으로 노인의 입을 때렸다. 노인의 입에서 피와 이빨이 뿜어져 나왔다. 무릎을 꿇고 울먹이는 노부부를 놓아둔 채, 학생들은 유리 물건을 깨부쉈다.[91]

홀로코스트가 한창일 때, 크리스티안 비르트는 폴란드의 노동 수용소를 지휘했다. 그곳 유대인들은 살해된 동포들의 옷가지를 분류하다가 죽어 갔다. 비르트는 아이들을 모두 떼어 죽음의 수용소로 보냈다.

> 비르트는 단 하나의 예외를 허락했다. …… 열 살쯤 된 유대인 소년에게만은 사탕을 주고, 꼬마 친위대처럼 옷을 입혔다. 비르트는 흰 말을 타고 소년은 조랑말을 탄 채, 둘은 죄수들 속을 돌아다니면서 근거리에서 기관총으로 그들을 쏘아 죽였다(소년의 어머니도 있었다.).[92]

글러버는 겨우 이렇게 한마디 했다. "이 궁극의 경멸과 조롱의 표현 앞에서는, 어떤 혐오와 분노의 반응도 한없이 부족하다."

사람이 어떻게 이런 짓을 저지를까? 분류에 따른 학살을 이해하려면, 이해가 조금이라도 가능할지는 모르겠지만, 범주화의 심리에서 이야기를 시작해야 한다.[93]

사람은 다른 사람을 그 소속, 관습, 외모, 믿음에 따라 머릿속 구획들에 분류한다. 이런 고정관념을 일종의 정신적 흠으로 여기고 싶을지도 모르겠지만, 사실 범주화는 지능의 필수 요소이다. 범주화 덕분에 우리는 직접 관찰한 소수의 특징으로부터 직접 관찰하지 못한 다수의 특징을 유추할 수 있다. 내가 어떤 과일의 색과 모양을 보고 그것을 라즈베리로 분류한다면, 나는 그것이 달콤할 것이고, 내 허기를 채울 것이고, 독은 없다는 것까지 유추할 수 있다. 내가 인간 집단도 다양한 과일들처럼 집단마다 공통된 속성이 있다고 말하면, 정치적 올바름을 따지는 사람들은 새치름한 반응을 보일지도 모르겠다. 그러나 만일 그렇지 않다면, 세상에는 우리가 찬양할 어떤 문화적 다양성도 없을 것이고 우리가 자랑스러워할 어떤 민족적 특징도 없을 것이다. 사람들이 집단으로 뭉치는 것은 정말로 어떤 특징을 공유하기 때문이다. 비록 통계적인 공유이지만 말이다. 그러니 특정 개인을 범주에 따라 일반화하는 것이 그 자체로 결함은 아니다. 요즘 아프리카계 미국인들은 정말로 백인들보다 복지제도에 더 많이 의존한다. 유대인들은 정말로 앵글로색슨 사람들보다 평균 소득이 더 높다. 경영 전공 학생들은 정말로 예술 전공 학생들보다 정치적으로 보수적이다. 어디까지나 평균적으로.[94)]

범주화의 문제는 이것이 종종 통계를 넘어선다는 데 있다. 일례로 우리는 압박을 느끼거나 주의가 산만하거나 감정적일 때, 범주가 근사적 성질일 뿐이라는 사실을 잊고서 마치 모든 남자, 여자, 아이에게 그 고정관념이 적용되는 것처럼 행동한다.[95)] 또 다른 예로, 우리는 범주를 **도덕화**(moralize)하는 경향이 있다. 동지에게는 칭찬할 만한 특징들을 부여하고 적에게는 비난할 만한 특징들을 부여하는 것이다. 제2차 세계 대전 중에 미국인은 독일인보다 러시아인에게 긍정적인 특징이 많다고 여겼다. 그러나 냉전 중에는 거꾸로 생각했다.[96)] 마지막으로, 우리는 집단을 **본질화**(essentialize)하는 경향이 있다. 아이들에게 출생 직후 부모가 바뀐 아기가 친부모의 언어와 양부모의 언어 중 무엇을 말하겠느냐고 물으면, 아이들은 친부모의 언어라고 대답한다. 나이가 들면서는, 특정 민족이나 종교 집단 구성원들은 유사 생물학적인 본질을 공유한다고 생각하게 된다. 그 본질 때문에 집단이 균질하고, 불변하고, 예측 가능하며, 다른 집단과 구분된다고 생각하는 것이다.[97)]

개인을 어떤 범주의 예시로 인식하는 습관은 갈등 상황에서 아주 위험해진다. 그러면 홉스가 말했던 폭력적 동기의 삼인조가 — 이득, 두려움, 억제 — 개인 간 다툼의 불씨를 넘어 민족 간 전쟁의 원인으로 비화하기 때문이다. 역사를 보면 집단 살해도 이 세 동기 때문에 일어나기 마련이고, 뒤에서 말하겠지만 또 다른 두 가지 유해 요인이 더 추가되기까지 한다.[98)]

어떤 집단 살해는 편의의 문제에서 비롯한다. 원주민이 좋은 토지를 차지하고 있거나 물, 식량, 광물과 같은 자원을 독점하고 있다고 하자. 침략자는 제가 그것을 갖고 싶다. 이때 원주민을 몰살하는 것은 잡목을 베거나 해충을 근절하는 것과 다를 바 없다. 이런 일을 가능하게 만드는 심리도 전혀 유별나지 않다. 그저 인간은 상대를 어떻게 범주화하느냐에 따라 그에 대한 공감을 껐다 켰다 할 수 있기 때문이다. 토착민 집단 살해는 땅이나 노예를 편리하게 얻기 위한 일이었고, 희생자는 인간이 아닌 것으로 분류되었다. 그런 집단 살해의 예로는 미국 정착민들과 정부들이 수많은 원주민을 쫓아내고 학살했던 것, 벨기에 왕 레오폴 2세가 콩고 자유국에서 아프리카 부족들을 탄압했던 것, 독일 식민주의자들이 서남아프리카에서 헤레로 족을 절멸시켰던 것, 수단 정부를 등에 업은 잔자위드 민병대가 2000년대에 다르푸르를 공격했던 것이 있다.[99)]

정복자가 원주민을 살려 두어 공물과 세금을 받는 편이 더 편리하다고 판단할 때도, 집단 살해는 또 다른 현실적 기능을 수행한다. 정복자에게는 집단 살해를 감행할 의지가 있다는 평판이 요긴하다. 그러면 상대 도시에게 항복과 죽음 중에서 택하라는 최후통첩을 당당하게 내릴 수 있다. 위협이 신빙성이 있으려면 침략자가 실제로 그것을 실행할 채비가 되어 있어야 하기 때문이다. 칭기즈 칸이 이끈 몽골 약탈자들이 서아시아 도시들을 섬멸한 논리가 이것이었다.

정복자가 도시나 영토를 자신의 제국으로 흡수한 뒤에는, 어떤 봉기이든 무자비하게 엄벌하겠다는 위협으로 계속 지키려 할 수 있다. 기원후 68년, 알렉산드리아 총독은 로마 통치에 저항한 유대인을 진압하기 위해서 로마군을 불러들였다. 역사가 플라비우스 요세푸스는 이렇게 기록했다. "로마인은 일단 [유대인을] 물리친 뒤, 무자비하고 철저하게 그들을 죽이기 시작했다. 어떤 사람은 바깥에서 붙잡았고, 어떤 사람은 제 집에 몰아넣은 뒤 집을 약탈하고 불을 질렀다. 아기에게도 자비를 베풀지 않았고, 노인이라고 봐주지 않았고, 연령을 불문하고 모두를 학살했다. 사방팔방 피가 흘렀고, 유대인 5만 명이 죽어 나뒹굴었다."[100] 20세기에도 반란에 대한 대응책으로 비슷한 전략이 쓰였다. 소련이 아프가니스탄에서 그랬고, 인도네시아와 중앙아메리카의 우익 군사 정부가 그랬다.

비인간화된 사람들이 스스로를 방어할 위치에 놓이거나 아예 형세가 역전될 경우, 집단끼리 서로 두려워하는 홉스의 함정이 구축된다. 양쪽은 상대를 존재론적 위협으로 보고, 선제공격으로 없애야 한다고 본다. 1990년대에 유고슬라비아가 해체된 뒤 세르비아 민족주의자들이 보스니아인과 코소보인을 집단 살해했던 데는 자신들이 학살 희생자가 될지도 모른다는 두려움도 거들었다.[101]

집단 사람들이 자신의 동지가 희생되는 것을 보았다면, 혹은 스스로 희생될 뻔한 위기를 가까스로 면했다면, 혹은 표적이 되었다는 걱정에 편집증적으로 시달린다면, 그들의 마음속에 도덕적 분노가 타올라서 적으로 인식한 자들에게 복수하려 든다. 사실 모든 복수가 그렇듯이, 보복적 학살은 그것을 실시하는 상황에는 아무런 소용이 없다. 그러나 그 시점의 비용이야 어찌 되었든 복수하고 말겠다는 확고하고도 자기 선전적인 **충동**은 어쩌면 진화에 의해, 아니면 문화적 규범에 의해, 그도 아니면 둘 다에 의해, 억제의 신뢰성을 높이는 방편으로서 인간의 뇌에 심어진 특징일지도 모른다.

그러나 포식, 선제공격, 복수라는 홉스의 동기만으로는 설명이 충분하지 않다. 어째서 그것이 거치적거리거나 문제를 일으킨 개인에게만 적용되지 않고 그가 속한 **집단** 전체를 겨눌까? 범주화라는 인지적 습관이 한 이유일 테고, 다른 이유는 영화 「대부 2」에 잘 나타나 있다. 어린 비토 코를레오네의 어머니가 시칠리아 마피아 두목에게 소년의 목숨을 애걸하는 장면이다.

미망인: 돈 프란체스코. 당신은 내 남편을 죽였습니다. 그가 굽히지 않았기 때문에요. 내 큰아들 파올로도 죽였습니다. 아이가 복수를 맹세했기 때문에요. 하지만 비토네는 겨우 아홉 살인 데다가 어리숙해요. 절대로 입을 열지 않을 겁니다.

프란체스코: 말은 두렵지 않소.

미망인: 이 아이는 약해요.

프란체스코: 자라서 강해질 거요.

미망인: 이 아이는 당신을 해치지 않을 겁니다.

프란체스코: 언젠가 그 아이도 남자가 될 테고, 그러면 복수하러 찾아올 거요.

정말 그랬다. 영화에서 나중에 성인이 된 비토는 시칠리아로 돌아가 두목을 알현하기를 청한다. 그리고 노인의 귀에 자기 이름을 속삭인 뒤, 그의 목을 철갑상어처럼 따 버린다.

이처럼 가족, 친족, 부족은 결속력이 있기 때문에 — 특히 죽음에 대해 복수하겠다는 결의가 있기 때문에 — 그중 한 명에게 불만이 있는 사람의 눈에는 그들 모두가 사냥감으로 보인다. 규모가 비슷하고 자주 접촉하는 집단끼리는 복수를 '눈에는 눈' 상호성으로 국한하는 편이지만, 그 규칙이 자주 위반되다 보면 일회적 분노가 만성적 증오로 바뀐다. 아리스토텔레스가 말했듯이, "분노하는 사람은 분노의 대상이 그 대가로 고통 받기를 바라지만, 증오하는 사람은 증오의 대상이 사라지기를 바란다."[102] 그러다가 한쪽이 머릿수나 전략에서 유리한 처지에 놓이면, 그 틈을 타서 최종적인 해결책을 쓸지도 모른다. 혈수를 벌이는 부족들은 집단 살해의 실용적 이점을 잘 알았다. 인류학자 라파엘 카르스텐은 에콰도르 아마존 유역의 히바로 족을 관찰하고 그들의 전쟁 방식을 이렇게 기록했다(전쟁 사망률을 보여 준 그림 2-2에서 기다란 막대기로 등장했던 부족이다.).

> 부족 내의 작은 혈수는 응보의 원칙에 의거한 사적인 피의 복수에 가까운 반면, 다른 부족과의 전쟁은 몰살전의 원칙을 따른다. 이때는 목숨과 목숨의 무게를 재는 고려가 없다. 적을 부족째 섬멸하는 것이 목표이다. …… 승리한 쪽은 상대 부족을 한 명도 살려 두지 않으려고 유념한다. 어린아이들조차도. 그들이 나중에 복수자가 되어 자신들을 찾아올 것을 두려워하기 때문이다.[103]

지구를 반 바퀴 돌아 알바니아로 오면, 인류학자 마거릿 더럼이 어느 부족에 대해 비슷한 일화를 기록했다. 평상시에 그들은 적절한 수준의 복수라는 규범을 지키는 사람들이었다.

> 1912년 2월, 충격적인 무차별 보복의 사례가 보고되었다. …… 판디 바이락[하위 부족] 중 한 집안은 오래전부터 악행으로 이름이 높았다. 강도질을 하고, 사람을 쏘고, 하여튼 부족에게 해충 같은 존재였다. 그래서 모든 원로들이 모여, 그 집안의 모든 남자들에게 죽음을 선고했다. 선발된 사람들은 날짜를 정하고 잠복하여 그들을 기다렸다가 모두 쏘아 죽였다. 그날 그 집안에서 17명이 죽었다. 한 명은 겨우 다섯 살이었고, 다른 한 명은 열두 살이었다.

나는 죄 없는 아이들을 죽인 것을 항의했지만, 그들은 "나쁜 피를 더 이상 퍼뜨려서는 안 됩니다."라고 대답했다. 유전에 대한 믿음이 그토록 확고했기 때문에, 운 나쁘게 임신한 상태였던 여자도 죽이자는 말이 나올 정도였다. 그녀가 밴 것이 아들이라 악이 다시 등장할지도 모른다는 것이었다.[104)]

'나쁜 피'라는 본질주의적 개념은 요람의 복수를 두려워하는 데서 생겨난 여러 생물학적 비유들 중 하나이다. 사람들은 패퇴시킨 적들 중 소수라도 살려 두면 그들이 다시 늘어나서 또 문제를 일으킬 것이라고 예상한다. 인간의 인지는 비유로 작동할 때가 많은지라, 자꾸 증식하는 성가신 존재라는 개념에서 쉽게 해충을 상기한다.[105)] 전 세계 집단 살해 가해자들이 거듭 똑같은 비유를 발견하는 통에 이제는 진부한 표현으로 보일 지경이다. 그들은 경멸하는 사람들을 쥐, 뱀, 구더기, 이, 파리, 기생충, 바퀴, 혹은 원숭이, 비비, 개로 묘사했다(그런 동물이 해충에 해당하는 지역에서 그렇다.).[106)] "서캐를 죽여야 이가 사라진다." 1641년에 아일랜드의 잉글랜드 지휘관은 아일랜드 가톨릭교도 수천 명을 살해하라는 명령을 이렇게 정당화했다.[107)] "서캐가 있으면 이가 생긴다." 1856년에 캘리포니아 정착촌 지도자는 유키 족이 말 한 마리를 죽인 데 대한 복수로 부족민 240명을 살해하기 전에 이렇게 상기시켰다.[108)] "서캐가 이가 된다." 1864년에 존 치빙턴 대령은 샤이엔 족과 아라파호 족 수백 명을 죽인 샌드크리크 학살을 감행하기 전에 말했다.[109)] 궤양, 암, 세균, 바이러스는 집단 살해의 시적 표현에 수사를 제공한 또 다른 음흉한 생물학적 개체들이었다. 히틀러는 유대인을 지칭할 때 여러 비유를 섞어 썼는데, 모두 생물학적 비유였다. 유대인은 바이러스이고, 흡혈 기생충이고, 잡종이고, 유독한 피를 지녔다고 했다.[110)]

인간의 마음에는 생물학적 오염에 대한 방어 기제가 진화되어 있다.

바로 혐오감이다.[111] 혐오감은 원래 신체 분비물, 동물의 신체 일부, 기생 곤충과 벌레, 질병 매개체를 보았을 때 유발된다. 덕분에 사람들은 오염된 물질, 오염된 것처럼 보이는 물질, 그런 물질과 접촉했던 물질을 뱉어낸다. 그런데 이 혐오감은 쉽게 도덕화된다. 도덕적 스펙트럼의 한쪽 극단은 영성, 순수함, 정숙함, 깨끗함과 동일시되고, 반대쪽 극단은 동물성, 더러움, 음탕함, 오염과 동일시된다.[112] 그래서 우리는 혐오스러운 대상에게 물리적 거부감뿐만 아니라 도덕적 경멸을 느낀다. 영어에는 배신자를 **쥐**, **이**, **벌레**, **바퀴** 등등 질병 매개체로 표현하는 비유가 많다. 1990년대에 강제 추방과 집단 살해를 뜻하는 말로 악명을 날린 표현은 **인종 청소**였다.

비유적 사고는 양방향으로 작동한다. 우리는 도덕적으로 평가절하된 사람들에게 혐오의 비유를 적용할뿐더러, 거꾸로 물리적으로 혐오스러운 사람들을 도덕적으로 평가절하한다(4장에서 유럽의 위생 개선이 잔혹한 처벌의 감소를 불렀다는 린 헌트의 주장을 이야기할 때 살펴보았던 현상이다.). 도덕적 연속선의 한쪽 극단에서, 사람들은 흰옷을 입고 정화 의식을 거치는 수도자들을 성인으로 추앙한다. 반대쪽 극단에서, 사람들은 타락과 더러움 속에서 살아가는 사람들을 인간도 아니라고 욕한다. 화학자이자 작가였던 프리모 레비는 독일에서 유대인을 죽음의 수용소로 싣고 가는 기차 속에서 그런 하강 곡선을 목격했다.

> 플랫폼이든 철로 한가운데에서든 남녀 할 것 없이 자리만 있으면 쭈그려 앉아 볼일을 보는 광경에, 친위대 호송단은 재미있다는 표정을 감추지 않았다. 독일인 승객들은 공개적으로 혐오감을 표출하면서 말했다. 이 사람들은 그런 운명을 겪어도 싸다, 저 따위 행동을 좀 보라. 이자들은 **멘센**이 아니다, 인간이 아니다, 동물이다, 그것은 대낮처럼 명백한 일이다.[113]

집단 살해로 가는 감정적 경로들은 — 분노, 두려움, 혐오 — 다양한 조합으로 등장할 수 있다. 20세기 집단 살해의 역사를 다룬 책 『전쟁보다 나쁜』에서, 정치학자 대니얼 골드헤이건은 집단 살해의 원인이 다 같지는 않다고 말했다. 그는 희생자 집단이 **비인간화**되었는가(도덕적 혐오의 표적), **악마화**되었는가(도덕적 분노의 표적), 둘 다인가, 둘 다 아닌가로 집단 살해를 분류했다.[114] 비인간화된 집단은 해충처럼 근절된다. 독일 식민주의자의 눈에 비친 헤레로 족, 터키인의 눈에 비친 아르메니아인, 수단 무슬림의 눈에 비친 다르푸르 흑인, 유럽 정착자의 눈에 비친 토착 부족들이 그랬다. 대조적으로, 악마화된 집단은 기본적인 이성을 갖고 있다고 생각된다. 그렇기에 그들이 유일하고 진실된 신앙을 거부하고 이단을 받아들이는 것이 더욱 괘씸하게 여겨진다. 공산주의 독재의 희생자들이 현대의 이단자들이었고, 반대쪽에서는 칠레, 아르헨티나, 인도네시아, 엘살바도르 우파 독재의 희생자들이 있었다. 다음으로, 철저한 악마가 있다. 인간 이하의 역겨운 존재인 **동시에** 멸시해 마땅한 악마적 집단이다. 나치가 유대인을 이렇게 보았고, 후투 족과 투치 족이 서로를 이렇게 보았다. 마지막으로, 악마나 인간 이하라는 욕설을 듣지만 정치적 포식자라서 은근히 두려움을 사는 집단이 있다. 상대는 이들을 선제공격으로 없애려 한다. 유고슬라비아 해체 이후 발칸 반도의 무정부 상태가 이랬다.

✤ ✤ ✤

인간의 마음에는 본질주의적 습관이 있어, 사람들을 범주로 나눠 뭉뚱그린다. 그리고 그 범주 전체에 도덕 감정을 적용한다. 이 조합 때문에, 개인이나 군대의 홉스식 경쟁이 집단 간 홉스식 경쟁으로 바뀔 수 있다. 지금까지 나는 집단 살해를 이렇게 설명했는데, 불행하게도 집단 살해에는 구성 요소가 하나 더 있다. 솔제니친이 지적했듯이, 사람을 수백만 명 죽일 때는 **이데올로기**가 필요하다.[115] 개인을 도덕화된 범주에 가두는 유토피아적 신념이 강력한 체제에 뿌리 내리면, 그야말로 최대의 파괴력을 발휘한다. 집단 살해 사망자 수 분포에서 이데올로기들이 엄청난 이상치를 만들어 내는 것은 그 때문이다. 불화를 일으켰던 이데올로기로는 십자군 전쟁과 종교 전쟁을 일으켰던 기독교(중국 태평천국의 난도 먼 분파로 포함시킬 수 있다.), 프랑스 혁명에서 정치 살해를 일으켰던 혁명적 낭만주의, 오스만 투르크와 발칸의 집단 살해를 일으켰던 민족주의, 홀로코스트를 일으켰던 나치즘, 그리고 스탈린 치하 소련, 마오쩌둥 치하 중국, 폴 포트 치하 캄보디아에서 숙청, 추발, 테러 기근을 일으켰던 마르크스주의가 있다.

어째서 유토피아 이데올로기가 자주 집단 살해로 이어질까? 언뜻 말이 안 되는 것처럼 느껴진다. 온갖 현실적인 이유 때문에 실제 유토피아를 달성할 수는 없더라도, 완벽한 세상을 추구하다 보면 좀 더 나은 세상이 와야 하지 않나? 완벽을 향해서 60퍼센트쯤 진전한 세상, 아니, 15퍼센트라도 진전한 세상이 와야 하지 않나? 누가 뭐래도 인간은 현재보다 더 나아간 곳을 목표로 삼아야 한다. 모름지기 목표를 높게 잡고, 불가능한 꿈을 꾸고, 존재하지 않는 것을 상상하고, "안 될 게 뭐야?"라고 물어야 하는 것 아닌가?

유토피아 이데올로기는 두 가지 이유에서 집단 살해를 끌어들인다. 첫째, 유해한 공리주의 계산을 하게 만들기 때문이다. 유토피아에서는 모두가 영원히 행복하므로, 그 도덕적 가치는 무한하다. 폭주하는 전차 때문에 다섯 명이 죽을 찰나인데, 전차를 지선으로 돌리면 한 명만 죽는다고 하자. 이때 대부분의 사람들은 방향을 돌리는 것이 윤리적으로 허용되는 일이라고 말한다. 그런데 전차를 돌림으로써 살릴 수 있는 목숨이 1억 명이라고 하자. 아니, 10억 명이라고 하자. 아니, 미래를 무한히 내다보아, 무한하다고 하자. 무한한 행복을 얻을 수 있다면 몇 명을 희생하는 것이 허락될까? 수백만 명쯤은 나쁘지 않은 거래로 보일 수도 있다.

그뿐 아니다. 완벽한 세상에 대한 약속을 듣고서도 그것에 반대하는 사람들이 있다고 하자. 무한한 행복으로 가는 길에 방해물은 그들뿐이다. 얼마나 사악한 자들인가? 계산은 여러분이 해 보라.

유토피아가 집단 살해를 일으킬 수 있는 두 번째 위험 인자는 그것이 깔끔한 청사진을 따라야 한다는 점이다. 유토피아에서는 모든 것에 존재의 이유가 있다. 인간은 어떨까? 글쎄, 인간 집단은 다양하다. 어떤 사람들은 완고하게, 아마도 근본주의적으로, 완벽한 세상과 어울리지 않는 가치를 고집할 것이다. 집단 공유로 돌아가는 세상에서 사업가처럼 보이는 사람, 노동으로 돌아가는 세상에서 현학자처럼 보이는 사람, 신앙심으로 돌아가는 세상에서 불손해 보이는 사람, 통일성으로 돌아가는 세상에서 당파적으로 보이는 사람, 자연으로 회귀한 세상에서 도시적이거나 상업적으로 보이는 사람. 만일 당신이 깨끗한 종이에 완벽한 사회를 설계한다면, 당연히 이런 눈엣가시들을 계획에서부터 지우지 않겠는가?

『피와 흙: 스파르타에서 다르푸르까지 집단 살해와 몰살의 세계사』에서 역사학자 벤 키어넌은 유토피아 이데올로기의 또 다른 희한한 속성을 지적했다. 그들이 가뭇없이 사라진 농경적 유토피아로 연거푸 돌아가려 한다는 점이다. 그들은 그것을 만연한 도시적 퇴폐에 대한 건전한 대안으로 여겨 복원하려 한다. 4장에서 이야기했듯이, 계몽주의가 세계주의적 도시들의 지적 시장에서 생겨났기 때문인지, 독일 반계몽주의는 인간과 토지의 결속을 낭만화했다. 바로 키어넌이 책 제목에서 말한 피와 흙이다. 대도시는 다스리기 어렵고, 인구가 유동적이고, 소수 인종과 직업이 둥지를 틀 빈틈이 있으므로, 조화롭고 순수하고 유기적으로 통일된 세상을 추구하는 사고방식에 대한 모욕이다. 19세기와 20세기 초 민족주의 운동들은 민족 집단들이 각자의 토박이 땅에서 번성하는 유토피아를 마음에 그렸다. 태초에 그 땅에 정착했던 고대 부족의 신화를 바탕에 깔기도 했다.[116] 히틀러가 품었던 이중의 집착 이면에도 농경적 유토피아가 있었다. 그는 한편으로는 유대인이 상업 및 도시와 연관된다고 생각하여 혐오했고, 다른 한편으로는 동유럽 인구를 내쫓음으로써 독일의 도시 거주자들이 이주할 농토를 마련하겠다는 착란적 계획을 세웠다. 마오쩌둥의 거대한 농경적 인민공사들(코뮌), 폴 포트가 캄보디아 도시 거주자들을 시골의 킬링필드로 추방한 것이 또 다른 예다.

상업 활동은 도시에 집중되는 편이거니와, 그 자체가 도덕적 혐오를 일으키는 방아쇠이다. 9장에서 이야기하겠지만, 인간의 직관적인 경제 감각은 구체적인 물건이나 서비스를 등가의 것과 바꾸는 일대일 교환에 뿌리를 둔다. 닭 세 마리와 칼 한 자루를 바꾸는 식이다. 마음은 돈, 이익, 이자, 임대료처럼 추상적이고 수학적인 현대 경제의 도구들을 쉽게 이해하지 못한다.[117] 직관적 경제의 시선에서, 농부와 장인은 구체적이고 가치 있는 무언가를 생산한다. 반면에 상인과 중개인은 새로운 것을 만들지 않은 채 물자를 전달하는 것만으로 이익을 취하므로, 기생충이다. 사실 그들은 서로 낯모르거나 멀리 떨어진 생산자와 소비자의 거래를 주선함으로써 가치를 창출하지만, 그 점은 무시된다. 돈을 얼마 빌려주고 상환 시 추가의 돈을 요구하는 대금업자는 더 큰 경멸의 대상이다. 사실 대금업자는 사람들이 인생에서 돈이 필요한 시기에 돈을 제공함으로써 최선의 용도로 쓰도록 돕는데 말이다. 사람들은 상인과 대금업자의 무형의 기여를 망각한 채, 그들을 흡혈 기생충으로 치부한다(이때도 생물학적 비유가 쓰인다.). 중개인 개개인에 대한 반감은 민족 집단에 대한 반감으로 쉽게 전환된다. 중개업 번창에 필요한 자본은 주로 땅이나 공장이 아니라 전문 기술이라서, 친족과 친구가 공유하기 쉽고 이동성이 높다. 그래서 특정 민족 집단이 중개업이라는 틈새시장에 전문화하는 일이 잦고, 그런 서비스가 부족한 사회로 옮겨 가는 일도 잦다. 옮긴 곳에서 그들은 번성하는 소수 집단이 되고, 그 때문에 질시와 적개심의 표적이 된다.[118] 차별, 추방, 폭동, 집단 살해의 희생자 중에는 중개업에 전문화한 사회, 민족 집단이 많았다. 소련, 중국, 캄보디아의 다양한 부르주아 소수 집단, 동아프리카와 오세아니아의 인도인, 나이지리아의 이보족, 터키의 아르메니아인, 인도네시아와 말레이시아와 베트남의 중국인, 유럽의 유대인이 그랬다.[119]

종종 집단 살해는 지복의 천년 왕국에 앞선 최후의 발작적 폭력으로서 종말론 서사의 클라이맥스에 씌어 있다. 집단 살해 역사학자들은 19세기와 20세기 유토피아 이데올로기들과 전통 종교의 묵시록적 전망들이 유사하다는 점을 지목한다. 대니얼 치롯은 사회 심리학자 클라크 매콜리와 함께 쓴 글에서 이렇게 말했다.

> 마르크스주의 종말론은 사실 기독교 교리의 모방이었다. 태초에 사유 재산도, 계급도, 착취도, 소외도 없는 완벽한 세상이 있었다. 에덴의 정원이다. 그러다 사유 재산의 발견이라는 죄가 왔고, 착취자가 창조되었다. 인류는 에덴에서 추방되어 불평등과 결핍을 겪었다. 이후 인간들은 노예제에서 봉건제로, 다시 자본주의 형식으로 일련의 생산 방식을 실험했고, 계속 해답을 갈구했으나 찾지 못했다. 이윽고 진정한 예언자가 구원의 메시지를 갖고 등장했으니, 그가 바로 카를 마르크스였다. 그는 과학의 진리를 설교했다. 그는 구원을 약속했으나 사람들은 듣지 않았다. 그와 밀접했던 사도들만이 진리

를 간직했다. 그러나 결국에는 종교적 선민인 당 지도자들이 진정한 믿음의 담지자인 프롤레타리아를 개종시킬 것이고, 그들은 함께 더 완벽한 세상을 창조할 것이다. 최후의 끔찍한 혁명이 자본주의, 소외, 착취, 불평등을 쓸어낼 것이다. 역사는 막을 내릴 것이다. 지구는 완벽해졌을 테고, 진정한 신자들이 구원되었을 테니까.[120]

그들은 역사학자 요아힘 페스트와 조지 모스의 연구에 기반하여, 나치 종말론에 대해서도 이렇게 평했다.

히틀러가 천년 제국을 약속한 것은 우연이 아니었다. 그가 약속한 완벽한 천년은 계시록에 약속된 지복의 천년을 닮았다. 계시록에서는 이후 악이 돌아오고, 선악이 거대한 전투를 치러, 신이 사탄에게 최종적인 승리를 거둔다. 히틀러의 나치당과 체제는 대단히 신비주의적이고 종종 기독교적인 종교 전례의 상징들로 가득하다. 그리고 예언자 히틀러에게 주어진 운명이자 사명이라는 더 높은 법에 호소한다.[121]

마지막으로, 직업적 필요조건이 있다. 당신이라면 완벽한 세상을 운영하는 스트레스와 책임감을 원하겠는가? 유토피아의 지도부는 기념비적인 나르시시즘과 무자비함을 기준으로 발탁된다.[122] 지도자는 자신의 대의가 옳다는 확신에 사로잡혀 있고, 장대한 계획의 인간적 결과를 피드백으로 삼아 운영 중에 조정을 가한다거나 점진적으로 개혁해 나가는 것을 참지 못한다. 마오쩌둥이 그랬다. 자신의 초상을 온 중국의 벽에 붙였고 자신의 어록을 담은 빨간 책을 온 인민에게 나눠 주었던 그는, 주치의이자 유일하게 속을 터놓는 상대였던 리즈쑤이의 묘사에 따르면, 아침을 게걸스럽게 삼키고, 첩들의 성적 서비스를 필요로 하며, 온기와 연민이 결여된 사람이었다.[123] 1958년에 마오쩌둥은 계시를 받았다. 농민들이 뒷마당에서 제련소를 운영하여 철강 생산에 기여하면 국가 생산량이 1년 만에 두 배로 늘리라는 계시였다. 할당량을 채우지 못하면 죽이겠다는 위협에 못 이겨, 농민들은 냄비, 칼, 삽, 문손잡이 등등을 쓸모없는 금속 덩어리로 녹여 냈다. 마오쩌둥은 이런 발상도 떠올렸다. 묘목을 더 깊고 촘촘하게 심으면 계급적 결속력이 나무들을 더 강하고 튼실하게 자라게 할 것이고, 그러면 좁은 땅에서 많은 소작을 거둘 수 있으니, 나머지 땅은 초원과 정원으로 이용할 수 있다는 것이었다.[124] 그는 이 전망을 실현하기 위해 농민들을 5만 개의 인민공사로 몰아넣었다. 일부러 늑장을 부리거나 명백한 사실을 지적하는 사람은 계급의 적으로 몰아 처형했다. 마오쩌둥은 대약진 운동이 대후퇴 운동이 되고 있다는 것을 알리는 현실의 신호에 눈과 귀를 닫았다. 그리하여 2000만~3000만 명 사이의 사람들을 죽인 기근을 손수 지휘한 것이나 마찬가지였다.

집단 살해를 이해할 때는 지도자들의 동기가 결정적이다. 왜냐하면, 심리적 요소들이 — 본질주의 사고방식, 탐욕과 두려움과 복수라는 홉스의 역학, 혐오를 비롯한 감정들의 도덕화, 유토피아 이데올로기에 느끼는 매력 — 온 인구를 단번에 휘어잡아 대량 살해를 부추기지는 못하기 때문이다. 집단들은 서로 꺼리고 불신하고 심지어 경멸하면서도 집단 살해 없이 언제까지나 공존할 수 있다.[125] 인종 차별적 미국 남부에서 살았던 아프리카계 미국인, 이스라엘이나 그 점령지에서 사는 팔레스타인인, 아파르트헤이트 시절 남아프리카 공화국의 아프리카인을 떠올려 보라. 나치 독일 지역은 반유대주의가 수백 년 동안 고착된 곳이었지만, 히틀러와 소수의 광신적 심복들 외에는 유대인 근절을 좋은 생각으로 여긴 사람이 없었던 것 같다.[126] 집단 살해가 실제로 자행될 때도, 인구의 소수만이 실제로 살인을 저지른다. 보통 경찰, 군대, 민병대이다.[127]

1세기에 타키투스는 이렇게 썼다. "소수의 사악한 선동, 좀 더 많은 사람의 축복, 모든 사람의 수동적 묵인 속에서 충격적인 범죄가 저질러졌다." 정치학자 벤저민 발렌티노는 『최후의 해결책』에서 20세기 집단 살해에서도 그런 분업이 적용되었다고 말했다.[128] 지도자나 소규모 패거리가 집단 살해의 때가 왔다고 결정한다. 그들은 상대적으로 소수에 불과한 무장 세력에게 진격 명령을 내린다. 진심으로 믿는 사람, 순응주의자, 무뢰한이 (중세 군대처럼 범죄자, 부랑자, 청년 무직자 중에서 모집할 때가 많다.) 섞인 군대이다. 그들은 나머지 인구가 방해하지 않을 것이라고 믿는데, 8장에서 이야기할 사회 심리적 속성들 때문에 정말로 나머지 사람들은 대체로 방해하지 않는다. 본질주의, 도덕화, 유토피아 이데올로기 등 집단 살해에 기여하는 심리 요소들은 여러 구성원들에게 각각 다른 정도로 작용한다. 그런 요인들은 지도자와 진심 어린 신자들의 정신을 완전히 사로잡지만, 나머지 사람들에게는 지도자가 계획을 현실화하는 것을 내버려 두게끔 하는 정도로만 영향을 미치면 된다. 지도자가 죽거나 무력으로 제거되면 학살이 멈춘다는 점을 보더라도 20세기 집단 살해에는 지도자가 필수 요소임을 알 수 있다.[129]

이런 분석의 궤도가 옳다면, 집단 살해는 인간 본성(본질주의, 도덕화, 직관적 경제 감각 등), 홉스식 안전의 딜레마, 천년 왕국 이데올로기, 지도자에게 주어진 기회가 섞여 유독 반응을 일으킴으로써 생겨나는 셈이다. 문제는 이렇다. 이 상호 작용은 역사적으로 어떻게 변했을까?

이것은 대답하기 쉽지 않은 질문이다. 역사학자들이 집단 살해에 특별한 흥미를 품은 적이 없기 때문이다. 고대부터 도서관은 전쟁에 대한 학술 저서로 채워졌지만, 집단 살해에 대한 학술 연구는 거의 없었다. 집단 살해가 더 많은 사람을 죽였는데도. 초크와 요나손은 고대 역사에 대해 이렇게 지적했다. "우리는 제국들이 사라졌고 도시들이 파괴되었다는 것을 안다. 어떤 전쟁은 결과적으로 집단 살해였을 것이라고 짐작한다. 그러나 사건에 휘말린 사람들이 어떻게 되었는지는 알 수 없다. 그들의 운명은 중요하지 않은 것으로 여겨졌다. 언급되더라도, 소나 양이나 다른 가축과 한데 뭉뚱그려 지칭되기 일쑤였다."[130)]

지난 세기들의 약탈, 섬멸, 학살이 오늘날 집단 살해라고 불릴 만한 사건이었음을 깨닫는 순간, 집단 살해는 20세기만의 현상이 아니라는 점이 확실해진다. 고전에 익숙한 사람들은 기원전 5세기 펠로폰네소스 전쟁에서 아테네 사람들이 밀로스 사람들을 죽인 것을 알고 있다. 투키디데스에 따르면, "아테네 사람들은 복무 연령의 모든 남자를 죽이고 여자와 아이를 노예로 삼았다." 또 다른 친숙한 사례는 기원전 3세기 제3차 포에니 전쟁에서 로마 사람들이 카르타고의 도시와 인구를 파괴한 사건이다. 얼마나 철저한 전쟁이었는가 하면, 로마인이 그 땅을 영원히 불모로 만들고자 소금을 뿌렸다는 말까지 있다. 또 다른 역사적 집단 살해는 『일리아드』, 『오디세이』, 히브리 성경 속 이야기들의 원천인 현실의 유혈 사태들, 십자군 원정 중의 학살과 약탈, 이단 알비파에 대한 진압, 몽골 족의 침략, 유럽의 마녀사냥, 유럽 종교 전쟁의 살육 등이다.

최근 발생한 대량 학살의 역사를 기록한 저자들조차 (20세기가) 전무한 '집단 살해의 세기'라는 통설은 신화라고 단언한다. 초크와 요나손은 첫 장에서 "집단 살해는 세계 모든 지역에서 역사상 모든 시기에 자행되었다."고 말하고, 자신들이 소개한 20세기 이전의 집단 살해 사례 11건은 "포괄적이거나 대표적인 사례로 의도한 것이 아님"을 덧붙였다.[131)] 키어넌도 동의했다. "이 책의 핵심적 결론은 집단 살해가 20세기 이전에 실제로 흔히 발생했다는 사실이다." 그의 목차 중 첫 쪽만 봐도 그의 말뜻을 알 수 있다.

1부: 초기 제국주의 팽창기

1. 고전기 집단 살해와 근대 초기의 기억

2. 스페인의 신세계 정복, 1492~1600년

3. 동아시아의 총과 집단 살해, 1400~1600년

4. 근대 초기 동남아시아의 집단 살해적 학살

2부: 정착자 식민주의

5. 영국의 아일랜드 정복, 1565~1603년

6. 식민지 북아메리카, 1600~1776년

7. 19세기 오스트레일리아의 집단 살해적 폭력

8. 미국의 집단 살해

9. 아프리카에서 정착자들의 집단 살해, 1830~1910년[132)]

럼멜은 "황제, 왕, 술탄, 칸, 대통령, 총독, 장군, 기타 통치자가 백성에게, 혹은 자신의 보호나 통제를 받는 사람들에게 가한 대량 살인은 명백히 인류 역사의 일부였다."는 결론에 숫자까지 기입해 넣었다. 그는 20세기 이전의 국가 살해 16건에서 1억 3314만 7000명의 희생자가 났다고 헤아렸고(인도, 이란, 오스만 제국, 일본, 러시아의 사건들을 포함했다.), 모든 국가 살해의 희생자를 다 합하면 6억 2571만 6000명에 이를 것이라고 추측했다.[133)]

이 저자들은 역사에서 사람이 많이 죽은 일화를 무차별적으로 수집해 목록을 작성한 것이 아니었다. 그들은 가령 북아메리카의 인구 격감은 백인들의 절멸 계획보다는 질병 때문이었다고 세심하게 지적한 뒤, 그럼에도 특정 사건들은 명백한 집단 살해**였다고** 말했다. 초기 사례로 1638년에 뉴잉글랜드의 청교도들이 피쿼트 족을 몰살한 사건이 있었다. 직후에 인크리스 매더 목사는 "오늘 우리가 이방의 영혼 600명을 지옥으로 보낸 데 대해" 신께 감사하자고 회중에게 청했다.[134] 이렇게 집단 살해를 찬양해도 매더의 경력에는 전혀 문제가 없었다. 그는 나중에 하버드 대학교의 학장이 되었다. 현재 내가 결연을 맺고 있는 기숙사는 그의 이름을 땄다(모토는 '인크리스 매더의 정신으로!').

매더는 집단 살해를 신께 감사하자고 말했던 최초의 인물도 최후의 인물도 아니었다. 1장에서 보았듯이, 야훼는 히브리 부족에게 수십 건의 집단 살해를 명했다. 기원전 9세기에 모압 족은 **자신들의** 신인 아쉬타르-케모시의 이름으로 여러 히브리 도시 주민들을 학살하여 신의 총애를 되찾았다.[135] (400년경에 씌어진) 바가바드기타에는 힌두교의 신 크리슈나가 인간 아르주나를 힐난하는 대목이 있다. 아르주나가 제 할아버지와 스승이 포함된 적을 베기를 주저했기 때문이다. "세상에 종교 원칙에 따라 싸우는 것보다 더 좋은 일은 없다. 그러니 망설이지 마라. …… 영혼은 어떤 무기로도 조각나지 않고, 어떤 불에도 타지 않는다. …… [그러므로] 너는 비통해 할 가치가 없는 것을 두고 애달파 하는 것이다."[136] 올리버 크롬웰은 여호수아의 정복에서 영감을 얻어, 아일랜드를 재정복할 때 도시의 남녀노소를 모조리 학살했다. 그리고 의회에서 제 행동을 이렇게 설명했다. "신은 우리의 노력을 기뻐하시어 드로이다에서 축복을 내렸습니다. 도시의 적군 병력은 3000명쯤 되었습니다. 우리는 그들을 전부 칼로 베었습니다."[137] 의회는 다음 결론에 만장일치로 동의했다. "의회는 드로이다의 처형이 그들에게 정의로운 조치였고 그것을 경고로 삼을 사람들에게 자비로운 조치였다는 데 동의한다."[138]

충격적이게도, 최근까지만 해도 대부분의 사람들은 집단 살해가 딱히 나쁜 것이라고 생각하지 않았다. 자신에게 벌어지지 않는 한. 16세기 스페인 수도사 안토니오 데 몬테시노스는 예외였다. 그는 카리브 해에서 스페인 사람들이 원주민을 참혹하게 처치하는 데 항의했으나, 그의 표현을 빌리자면, 그의 항의는 '광야에서 외치는 음성'에 지나지 않았다.[139] 중세부터 군사적 기사도라는 것이 있기는 했다. 전쟁에서 민간인 살해를 금하는 기사도였으나, 효력은 없었다. 근대 초기에 에라스뮈스나 후고 그로티우스처럼 항의하는 사상가가 간간이 등장하기도 했다. 그러나 집단 살해에 대한 반대가 흔해진 것은 19세기 말부터였다. 이제 사람들은 미국 서부와 대영 제국에서 원주민이 가혹하게 다뤄지는 데 대해 항의하기 시작했다.[140] 그런 시기였는데도, 미래의 '진보적' 대통령이자 노벨 평화상 수상자인 시어도어 루스벨트는 1886년에 이렇게 썼다. "나는 사람들의 말처럼 죽은 인디언만이 선량한 인디언이라고 믿지는 않지만, 10명 중 9명은 그렇다고 믿는다. 열 번째에 대해서도 너무 자세히 알고 싶지는 않다."[141] 비평가 존 케리는 영국 지식층이 20세기 들어서도 한동안 대중을 악랄하게 비인간화했다고 말했다. 그들에게 대중은 너무나 저속하고 삭막해서 살 가치가 없는 사람들이었다. 집단 살해의 몽상은 드물지 않았다. 1908년에 D. H. 로런스는 이렇게 썼다.

> 내가 마음대로 할 수 있다면, 수정궁처럼 커다란 죽음의 방을 짓겠다. 군악대가 부드럽게 연주하고, 영사기가 환하게 돌아갈 것이다. 나는 뒷골목과 큰 거리로 나가서 사람들을 불러들일 것이다. 모든 병자와 절름발이와 불구자를. 나는 그들을 상냥하게 안내할 것이고, 그들은 지친 감사의 미소를 내게 보낼 것이다. 악대는 '할렐루야 코러스'를 부드럽게 뿜어낼 것이다.[142]

제2차 세계 대전 중 미국인에게 승전한 후 일본인을 어떻게 처리해야 하느냐고 여론 조사로 물었을 때, 10~15퍼센트는 자진하여 몰살을 해결책으로 제시했다.[143]

전환점은 전후에 왔다. 1944년까지만 해도 영어에는 집단 살해를 뜻하는 단어가 없었다. 그해에 폴란드 법학자 라파엘 렘킨은 나치의 통치에 대한 보고서에서 제노사이드(genocide)라는 말을 처음 썼다. 그 보고서는 이듬해 뉘른베르크 전범 재판의 기소자들에게 제공될 자료였다.[144] 유럽 유대인에 대한 나치의 파괴 행위가 지나간 자리에서, 세계는 엄청난 수의 사망자와 해방된 수용소들의 끔찍한 모습에 경악을 금치 못했다. 조립 라인처럼 운영된 가스실과 소각장, 산처럼 쌓인 신발과 안경, 장작처럼 쌓인 시체. 1948년에 렘킨은 유엔으로부터 '집단 살해 범죄의 방지와 처벌에 관한 협약' 승인을 끌어냈고, 그리하여 인류의 집단 살해 역사상 처음으로 이제 집단 살해는 희생자가 누구이든 무조건 범죄가 되었다. 제임스 페인은 조금 괴상하게 느껴지는 진보의 증거를 하나 지목한 바 있다. 요즘의 홀로코스트 부인자들이 최소한 홀로코스트의 실체를 부인해야 한다고는 느낀다는 점이다. 옛날의 집단 살해 범인들과 동조자들은 오히려 그 사실을 자랑했다.[145]

대중이 집단 살해의 공포를 새삼스레 깨우친 데에는 홀로코스트 생존자들이 자신의 이야기를 기꺼이 들려준 것이 적잖은 역할을 했다. 초크와 요나손은 이런 회고가 역사적으로 특이한 현상이라고 말한다.[146] 과거의 집단 살해 생존자는 스스로를 모욕적인 패배자로 간주했다. 그 일에 관해 말하는 것은 역사의 가혹한 평결을 쓰라리게 상기하는 것에 불과하다고 느꼈다. 그러나 새로운 인도주의적 감수성 덕분에 집단 살해는 인류에 대한 범죄가 되었고, 생존자들은 그 범죄를 고발하는 증인이 되었다. 안네 프랑크의 일기에는 아이가 나치 점령 하 암스테르담에서 숨어 살았던 시절이 기록되어 있다. 결국 아이는 베르겐벨젠 수용소로 옮겨져 죽었고, 그녀의 아버지가 전후에 일기를 출간했다. 강제 송환과 죽음의 수용소에 대해 기록한 엘리 위젤과 프리모 레비의 회고록은 1960년대에 출간되었다. 오늘날 『안네 프랑크의 일기』와 위젤의 『밤』은 세계적으로 가장 널리 읽히는 책에 속한다. 이후 알렉산드르 솔제니친, 안치민, 디스 프란은 악몽 같았던 소련, 중국, 캄보디아 공산주의 시절의 고통스런 기억을 독자들과 공유했다. 다른 생존자들도 — 아르메니아, 우크라이나, 집시 — 자신의 이야기를 보탰고, 최근에는 보스니아, 투치, 다르푸르 사람들도 합류했다. 이런 회고록은 역사에 대한 개념을 바로잡는 것이기도 하다. 초크와 요나손이 말했듯이, "역사상 대부분의 기간에는 통치자들만이 뉴스를 생산했지만, 20세기에 처음으로 피통치자들이 뉴스를 만들었다."[147)]

홀로코스트 생존자들과 함께 자란 사람이라면, 그들이 자신의 이야기를 꺼내기 위해서 얼마나 큰 마음의 장벽을 극복해야 하는지 알 것이다. 그들은 전후 수십 년 동안 자신의 경험을 수치스러운 비밀로 간주했다. 희생자가 되었다는 굴욕감과 더불어, 그들이 억지로 내몰렸던 비참한 처지에서는 인간성의 마지막 조각까지 제거될 수 있었으므로, 그들이 그 기억을 잊고 싶어 하는 것은 충분히 용서할 만한 일이다. 나는 1990년대에 가족 모임에 참석했다가, 아우슈비츠에 있었다는 처가 친척을 만났다. 만난 지 몇 초 만에 그는 내 손목을 움켜잡고 당시의 일화를 들려주었다. 한 무리의 남자들이 묵묵히 식사를 하던 중, 한 명이 죽어서 쿵 하고 엎어졌다. 그러자 다른 남자들은 설사로 뒤덮인 그의 시체로 몸을 숙여, 손가락에 낀 빵 조각을 비틀어 꺼냈다. 그것을 함께 나누다가 험악한 말싸움이 벌어졌다. 몇 명이, 비록 가까스로 눈에 띌 정도이지만, 자기 몫이 남들보다 적다고 느꼈기 때문이다. 이런 퇴락의 이야기를 들려주는 데에는 엄청난 용기가 필요하고, 듣는 이가 그것을 그들의 성격이 아니라 환경에 대한 묘사로 이해하리라는 확신이 있어야 한다.

과거 수천 년 동안 집단 살해가 풍성하게 자행되었다는 사실은 20세기가 집단 살해의 세기라는 주장을 반박한다. 그러나 여전히 우리는 집단 살해의 궤적이 20세기 이전에, 도중에, 이후에 어떻게 진행되었는지 궁금하다. 그 수치를 처음으로 한데 모은 정치학자는 럼멜이었다. 그는 2부작 『정부에 의한 죽음』(1994년)과 『국가 살해의 통계』(1997년)에서 1900~1987년까지 집단 살해를 자행했던 체제 141개를 분석했고, 자행하지 않은 체제 73개도 대조군으로 함께 분석했다. 그는 각각의 사건에 대해서 최대한 많은 독립적인 사망자 추정치를 수집했고(친정부 성향의 자료와 반정부 성향의 자료를 둘 다 포함함으로써 양쪽의 편향이 상쇄되리라고 가정했다.), 정상성 점검을 거친 뒤, 가장 옹호할 만한 하나의 값을 범위 중간쯤에서 골랐다.[148] 럼멜의 '국가 살해' 정의는 UCDP의 '일방적 폭력'과 거의 같다. 우리가 일상적으로 쓰는 '살인' 개념과도 상응하지만, 가해자가 개인이 아니라 정부라는 점이 다르다. 희생자는 무장하지 않았어야 하고, 살해는 의도적이었어야 한다. 따라서 럼멜의 국가 살해에는 민족 학살, 정치 살해, 숙청, 테러, 암살대에 의한 민간인 살해(민병대가 저질렀지만 정부가 눈감아 준 사건도 포함된다.), 식량의 봉쇄와 몰수로 인한 의도적 기아, 포로수용소에서의 사망, 그리고 드레스덴, 함부르크, 히로시마, 나가사키처럼 민간인을 표적으로 한 공습이 모두 포함된다.[149] 럼멜은 1994년 분석에서 중국의 대약진 운동을 제외했는데, 그것은 악의가 저지른 짓이라기보다는 어리석음과 냉담함이 저지른 짓으로 보았기 때문이다.[150]

럼멜이 내린 국가 살해의 정의와 책 제목에 '정부에 의한 죽음'이라는 표현이 들었던 탓에, 20세기에 정부들이 국민을 1억 7000만 명 가까이 죽였다는 그의 결론은 무정부주의자들과 급진적 자유주의자들에게 인기 있는 밈이 되었다. 그러나 '예방 가능한 죽음의 주된 원인은 정부'라는 명제는 럼멜의 데이터로부터 도출할 올바른 교훈이 못 된다. 우선 럼멜의 '정부'는 정의가 너무 느슨하다. 그는 민병대, 준군부, 군벌까지 포함했는데, 사실 그런 조직들은 과다한 정부 통치보다는 부족한 정부 통치의 신호로 보는 것이 합리적이다. 화이트는 럼멜의 원 데이터를 점검하여, 목록에 포함된 유사 정부 24곳의 국가 살해 사망자 중앙값은 약 10만 명인 데 비해 공인된 주권 국가들은 3만 3000명이라고 계산했다. 그러므로 정부에 의한 사망자는 그 대안 체제에 의한 사망자에 비해 평균적으로 **더 적어**, 3분의 1쯤 된다고 보는 편이 타당하다.[151] 게다가 최근에는 대부분의 정부들이 국가 살해를 전혀 저지르지 않았다. 오히려 예방 접종, 위생, 교통안전, 치안을 추진함으로써 국가 살해 피해자보다 훨씬 더 많은 생명을 구했다.[152]

그런데 무정부주의적 해석의 주된 문제점은 따로 있다. 모든 정부들이 일반적으로 많은 희생자를 낸 것이 아니고, 한 줌에 불과한 특정 종류의 정부들이 모든 희생자를 냈다는 점이다. 정확하게 말하자면, 141개 체제의 총 국가 살해 사망자 중 4분의 3을 단 네 정부가 발생시켰다. 럼멜은 이들을 천만 학살자(dekamegamurderer)라고 불렀다. 소련이 6200만 명, 중화 인민 공화국이 3500만 명, 나치 독일이 2100만 명, 1928~1949년 중국 국민 정부가 1000만 명이다.[153] 다음으로 11개 백만 학살자(megamurderer)가 총 사망자의 11퍼센트를 냈다. 일본 제국이 600만 명, 캄보디아가 200만 명, 오스만 투르크가 190만 명 등이다. 나머지 사망자 13퍼센트는 126개 체제에게 고루 분포되었다. 집단 살해는 멱함수 분포를 정확히 따르지는 않는다. 높은 등뼈를 구성할 작은 학살들이 애초에 '집단 살해'로 헤아려지지 않는다는 점 때문에라도 그렇다. 그래도 분포는 한쪽으로 엄청나게 치우쳐, 80:4 법칙을 따른다. 총 사망자의 80퍼센트를 4퍼센트의 체제들이 낸 것이다.

또한, 국가 살해는 **전체주의**(totalitarian) 정부들이 저지른 예가 압도적으로 많았다. 공산주의, 나치, 파시즘, 군국주의, 이슬람 체제를 말한다. 전체주의 체제들은 총 사망자의 82퍼센트인 1억 3800만 명을 기록했다. 그중 1억 1000만 명은 (전체의 65퍼센트) 공산주의 체제들이 냈다.[154] 2등은 권위주의 체제, 즉 독재적이지만 기업이나 교회와 같은 독립적인 사회 제도를 용인하는 체제로서, 2800만 명을 죽였다. 민주주의는 200만 명을 죽였는데(주로 제국 식민지에서의 일로, 세계 대전의 식량 봉쇄와 민간인 폭격도 포함되었다.), 럼멜은 민주주의를 개방적이고, 경쟁적이고, 선거를 치르고, 권력이 제한된 정부로 정의했다. 분포가 이토록 심하게 기운 것은, 소련이나 중국과 같은 전체주의 대국들이 멋대로 휘두를 수 있는 잠재적 희생자 수가 절대적으로 많기 때문만은 아니었다. 럼멜이 숫자가 아니라 비율을 따져더니, 20세기 전체주의 정부들의 국가 살해 사망자 수는 자국 인구의 4퍼센트에 달했다. 권위주의 정부들은 1퍼센트였고, 민주주의 정부들은 0.4퍼센트였다.[155]

럼멜은 민주주의 평화 이론을 처음 옹호한 학자 중 하나였다. 그는 그 이론이 전쟁에도 적용되지만 국가 살해에는 더 잘 적용된다고 주장했다. "전체주의적인 공산주의 정부들은 극단의 힘을 갖고 있기 때문에, 사람을 **수천만 명**씩 학살한다. 그러나 민주주의 정부들은 연쇄 살인범 하나 뜻대로 처형하지 못할 때가 많다."[156] 왜 민주주의는 국가 살해를 덜 저지를까? 정의상 그 통치 형태는 포용적이고 비폭력적인 수단으로 갈등을 해결하려고 하기 때문이다. 더 중요한 점으로, 민주 정부에서는 복잡하게 뒤엉킨 제도적 제약들로 인해 권력이 제약된다. 지도자가 멋대로 군대나 민병대를 전국에 산개시켜 수많은 국민을 죽이는 일은 가능하지 않다. 럼멜은 20세기 체제들의 데이터에 회귀 분석을 시행하여, 국가 살해는 부족한 민주주의와 상관관계가 있음을 보여 주었다. 인종 다양성, 경제적 부, 개발 수준, 인구 밀도, 문화 (아프리카, 아시아, 라틴 아메리카, 이슬람, 앵글로색슨 등) 등을 고정해도 마찬가지였다.[157] 럼멜은 교훈이 분명하다고 말했다. "문제는 권력이다. 해답은 민주주의이다. 행동 방침은 자유의 촉진이다."[158]

역사적 궤적은 어땠을까? 럼멜은 20세기에 벌어진 국가 살해들을 연도별로 나눠 보았다. 나는 그 데이터를 전 세계 인구에 대한 비로 바꿔, 그림 6-7의 위쪽에 회색 선으로 표시했다. 전쟁과 마찬가지로, 국가 살해의 사망자는 20세기 중반 헤모클리즘 시절에 야만적으로 폭발했다.[159] 나치의 홀로코스트, 스탈린의 숙청, 일본의 중국과 한국 강탈, 전시 유럽과 일본 도시들의 폭격이 이 유혈 기간에 포함된다. 그로부터 왼쪽으로 내려가는 경사에는 제1차 세계 대전 중 아르메니아의 집단 살해, 소련이 우크라이나인과 이른바 부농이라는 쿨락들을 수백만 명 죽였던 집산화 운동이 포함된다. 오른쪽 경사에는 폴란드, 체코슬로바키아, 루마니아 공산 정부가 독일 민족을 수백만 명 죽였던 사건, 중국의 강제 집산화 피해자가 포함된다. 이 그래프에 조금이라도 희망적인 면이 있다고 말하는 것은 무척 불편한 일이지만, 한 가지 중요한 측면에서는 실제로 그렇다. 1940년대 유혈 사태 이래 세계가 두 번 다시 그와 비슷한 사건을 목격하지 않았다는 점이다. 이후 40년 동안 국가 살해 사망자 비율은 (또한 절대 숫자는) 오르락내리락하기는 해도 가파른 내리막이다(살짝 부푼 부분은 1971년 방글라데시 독립 전쟁 당시 파키스탄 군의 학살과 1970년대 말 캄보디아 크메르 루주의 학살에 해당한다.). 럼멜은 제2차 세계 대전 이후 국가 살해

가 감소한 현상을 전체주의가 쇠퇴하고 민주주의가 득세한 탓으로 돌렸다.[160)]

럼멜의 데이터는 바야흐로 사태가 흥미로워지는 1987년에 끝난다. 이후 곧 공산주의는 몰락하고 민주주의는 융성할 것이었다. 세계는 갑작스럽고 불쾌한 보스니아와 르완다의 집단 살해를 겪을 것이었다. 이런 '새로운 전쟁'들 때문에, 사람들은 인류가 과거로부터 교훈을 얻지 못한 채 여전히 집단 살해의 시대를 살고 있다는 인상을 받는다.

최근, 정치학자 바버라 하프는 집단 살해 통계를 좀 더 연장했다. 르완다 집단 살해 당시, 고작 네 달 만에 약 1만 명의 가해자가 마체테로 투치 족 70만 명 남짓을 죽였다. 후투 족 지도부가 서둘러 모집했던 가해

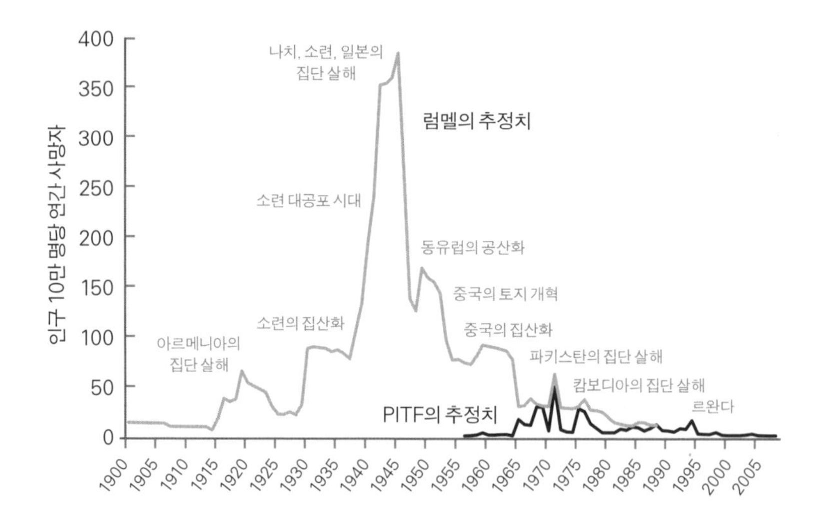

그림 6-7. 집단 살해의 사망률, 1900~2008년.

출처: 회색 선의 데이터, 1900~1987년: Rummel, 1997. 검은 선의 데이터, 1955~2008년: The Political Instability Task Force (PITF) State Failure Problem Set, 1955-2008, Marshall, Gurr, & Harff, 2009; Center for Systemic Peace, 2010. 후자의 사망자 수는 하프의 (Harff, 2005) 표 8.1에 표시된 범위들에 대한 기하 평균으로, 엑셀 데이터베이스의 비에 따라 여러 해에 걸친 것이었다. 세계 인구 수치: U.S. Census Bureau, 2010c. 1900~1949년 인구 수치는 다음 자료에서 가져온 뒤, 다른 수치와 단위를 맞추기 위해서 1.01을 곱했다.: McEvedy & Jones, 1978.

자 중에는 주정뱅이, 중독자, 넝마주이, 폭력배가 많았다.[161] 지금은 당시 강대국들이 군사 개입을 했다면 소규모 **집단 살해자**들을 쉽게 저지할 수 있었다고 믿는 사람이 많다.[162] 그중에서도 빌 클린턴은 자신이 행동에 나서지 않았던 것을 괴롭게 곱씹어야 했기에, 집단 살해의 위험 요인과 경고 신호를 분석하는 과제를 1998년에 하프에게 맡겼다.[163] 하프는 (스탈린 사망 직후이자 탈식민화가 시작된 시점인) 1955~2004년까지 벌어진 41건의 집단 살해와 정치 살해의 데이터를 모았다. 그녀의 기준은 럼멜보다 엄격하여, 렘킨이 말했던 집단 살해 정의와 더 가까웠다. 국가나 무장 세력이 식별 가능한 특정 집단을 몽땅 혹은 일부 파괴하겠다는 의도로 폭력을 휘두른 사건을 말했다. 그런 사건들 중에서 우리가 보통 이해하는 의미의 '집단 살해', 즉 어떤 집단이 특정 민족이라는 이유로 근절 대상으로 지목되는 민족 학살(ethnocide) 사례는 5건뿐이었고, 대부분은 정치 살해이거나 민족 학살과 결합된 정치 살해였다. 즉, 특정 민족 집단이 실제 표적인 특정 정치적 당파와 제휴했다고 여겨진 경우였다.

나는 하프의 PITF 데이터를 럼멜의 데이터와 같은 척도로 그림 6-7에 그려 보았다. 하프의 수치는 전반적으로 럼멜보다 아래에 있다. 1950년대 말이 특히 차이가 큰데, 하프가 대약진 운동의 처형자 수를 훨씬 작게 잡았기 때문이다. 그러나 이후에는 두 곡선이 비슷한 추이를 보인다. 둘 다 1971년에 뾰족 솟았다가 도로 내려간다. 20세기 후반의 집단 살해는 헤모클리즘 시절보다 훨씬 덜 파괴적이었기 때문에, 나는 하프의 곡선만 따로 확대해 보았다. 그림 6-8이다. 여기에는 또 다른 세 번째 사망률 데이터도 표시되어 있다. UCDP의 '일방적 폭력 데이터 집합'으로, 정부나 다른 무장 세력이 연간 25명 이상 민간인 사망자를 낸 경우를 모두 포함한 데이터이다. 가해자가 특정 집단을 통째 죽이려고 하지 않은 경우도 포함했다는 말이다.[164]

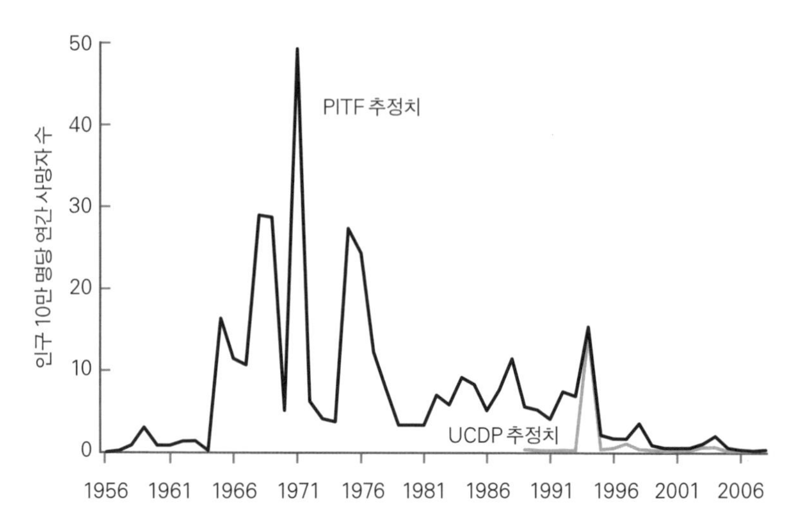

그림 6-8. 집단 살해로 인한 사망률, 1956~2008년.

출처: PITF 추정치, 1955~2008년: 그림 6-7과 같음. UCDP, 1989~2007년은 다음 자료의 '높은 치사율' 추정치를 가져와서 세계 인구로 나눴다.: http://www.pcr.uu.se/research/ucdp/datasets/ (Kreutz, 2008; Kristine & Hultman, 2007) 세계 인구 데이터: U.S. Census Bureau, 2010c.

그래프를 보면, 냉전 이후 20년 동안 집단 살해는 재발하지 **않았다**. 오히려 대량 살인의 봉우리들은 (1950년대 중국을 제외하고) 1960년대 중반과 1970년대 후반에 있다. 그 15년 동안 인도네시아에서 공산주의자들에 대한 정치 살해(1965~1966년, '가장 위험한 해'로 불리며 사망자가 70만 명이었다.), 중국 문화 혁명(1966~1975년, 60만 명가량), 부룬디에서 투치 족의 후투 족 학살(1965~1973년, 14만 명), 파키스탄이 방글라데시에서 저지른 학살(1971년, 170만 명가량), 수단에서 남북이 대립한 폭력 사태(1956~1972년, 50만 명가량), 우간다의 이디 아민 체제(1972~1979년, 15만 명가량), 캄보디아의 광기(1975~1979년, 250만 명), 베트남에서 보트피플의 추방으로 정점에 오른 10년간의 학살(1965~1975년, 50만 명가량)이 발생했다.[165] 한편, 냉전 이후 20년 동안에는 1992~1995년까지 보스니아 학살(사망자 22만 5000명), 르완다 학살(70만 명), 다르푸르 학살(2003년에서 2008년까지 37만 3000명)이 발생했다.

물론 이런 수치들은 잔혹하기 그지없다. 그러나 그래프가 보여 주듯이, 뚜렷한 감소세에서 잠깐 솟은 봉우리들이었을 뿐이다(최근 이 수치들 중 일부가 과장되었다는 연구가 있었지만, 나는 그냥 이 값을 썼다.).[166] 새 천 년의 첫 10년은 지난 50년 중에서 집단 살해가 가장 적은 시기였다. UCDP 추정치는 시간 범위가 더 좁고 그 단체의 다른 추정치들처럼 좀 더 보수적이지만, 패턴은 비슷하다. 1994년 르완다 집단 살해는 다른 일방적 살해들보다 높이 솟은 사건이었고, 이후에는 두 번 다시 그런 사건이 없었다.

하프의 임무는 집단 살해 통계를 취합하는 것만이 아니었다. 위험 인자도 확인해야 했다. 그녀는 거의 모든 집단 살해가 내전, 혁명, 쿠데타와 같은 국가 파탄의 여파로 벌어졌다는 점에 주목했다. 그녀는 국가 파탄이 집단 살해로 이어졌던 사례들에 대한 대조군으로, 가급적 그와 비슷하되 집단 살해로 이어지지 **않았던** 사례 93건을 수집했다. 그러고는 회귀 분석을 실시하여, 사건 한 해 전의 상황에서 어떤 측면이 차이를 빚었는지 알아보았다.

알고 보니, 흔히 중요하게 생각되는 몇몇 인자들은 사실 중요하지 않았다. 일례로 민족 다양성 지표들은 상관이 없었다. 서로 다른 민족들이 함께 살다 보면 필연적으로 묵은 증오가 터져 집단 살해가 벌어진다는 통설을 반박하는 사실이다. 경제 발달 지표들도 상관이 없었다. 나라가 가난할수록 정치 위기가 잦은 것은 사실이고, 정치 위기가 집단 살해의 선행 조건인 것도 사실이지만, 위기를 겪는 나라들 중에서 더 가난한 쪽이 실제로 집단 살해를 더 많이 일으키는 것은 아니었다.

하프는 오히려 다른 여섯 가지 인자를 발견했다. 이 인자들은 전체 사례의 4분의 3에 대해서 집단 살해를 수반하는 위기와 수반하지 않는 위기를 구분 지었다.[167] 첫째는 그 나라의 과거의 집단 살해 역사였다. 아마도 애당초 존재했던 위험 인자가 무엇이든 그것이 하룻밤 새 없어지진 않기 때문이리라. 두 번째 예측 인자는 근래의 정치적 불안정성이었다. 구체적으로 말해, 근래 15년 동안 겪은 체제 위기, 민족 간 전쟁, 혁명전쟁 등이었다. 정부가 위협을 느끼면, 반항적이거나 오염을 일으키는 세력을 집단째 몰살하거나 보복하려는 유혹을 느낀다. 한창 진행되는 혼란을 틈타서 반대 세력이 움직이기 전에 그 목표를 성취하려고 하기 쉽다.[168] 세 번째 인자는 통치 엘리트가 소수 민족 집단에서 나온 상황이다. 그런 지도자는 통치력의 위태로움을 더 많이 걱정하기 때문일 것이다.

나머지 세 예측 인자는 우리가 자유주의 평화 이론에서 익히 보았던 것들이다. 하프는 민주주의가 집단 살해 예방의 핵심 요인이라는 럼멜의 주장을 확인했다. 1955~2008년까지 독재 정부들이 집단 살해를 일으킬 가능성은 완전한 민주 정부나 부분적 민주 정부에 비해 3.5배였다. 다른 요인들을 일정하게 두고도 말이다. 그렇다면 민주주의는 해트 트릭을 기록한 셈이다. 민주주의는 국가 간 전쟁을 덜 일으키고, 대규모 내전을 덜 일으키고, 집단 살해를 덜 자행한다. 부분적 민주주의(혼합 정치)는 어떨까? 피어론과 레이틴의 내전 분석에서 보았듯이 부분적 민주주의는 폭력적인 정치 위기를 맞을 가능성이 독재 정부보다 오히려 더 높지만, 일단 위기가 발생했을 때 집단 살해로 이어질 가능성은 더 낮았다.

또 다른 삼관왕은 무역에 대한 개방성이었다. 하프에 따르면, 국제 무역에 더 많이 의존하는 나라일수록 국가 간 전쟁의 가능성도 내전의 가능성도 더 낮았던 것과 마찬가지로 집단 살해도 덜 자행한다. 그런데 무역에 집단 살해 예방 효과가 있는 것은 국가 간 전쟁과는 달리 무역 자체의 포지티브섬 이득 때문은 아니다. 우리가 말하는 무역(수출입)에는 취약한 민족 집단이나 정치 집단과의 교환은 포함되지 않기 때문이다. 그렇다면 왜 무역이 관계가 있을까? 한 가능성은 A라는 나라가 B라는 나라의 국경 내에 거주하는 집단에게 공동체적 혹은 도덕적 이해관계를 갖고 있는 경우이다. B가 A와 교역하기를 원한다면, B는 그 집단을 몰살하려는 유혹을 억제해야 한다. 또 다른 가능성은 무역에 참가하려는 욕망의 기저에 어떤 평화적 태도가 깔려 있을지도 모른다는 점이다. 가령 국제 규범과 법치를 준수하겠다는 의지, 혹은 순수성, 영광, 완벽한 정의를 꿈꾸는 대신 국민의 물질적 복지를 증진시키겠다는 사명.

집단 살해의 마지막 예측 인자는 배타적 이데올로기이다. 특정 집단을 이상향의 장애물로 보아 '공인된 의무의 세계 바깥에' 두는 통치 엘리트는 좀 더 실용적이고 절충적인 통치 철학을 지닌 엘리트보다 집단 살해를 일으킬 가능성이 훨씬 더 높다. 하프는 마르크스주의, 이슬람주의(특히 샤리아 율법을 엄격하게 적용하는 태도), 군사적 반공산주의, 민족적 경쟁자나 종교적 경쟁자를 악마화하는 민족주의 등을 배타적 이데올로기에 포함시켰다.

하프는 위험 인자들이 집단 살해를 일으키는 경로를 이렇게 설명했다.

> 지난 반세기 동안, 거의 모든 집단 살해와 정치 살해는 캄보디아의 사례처럼 이데올로기적이거나, 이라크의 사례처럼 [1988~1991년 사담 후세인의 이라크 내 쿠르드 족에 대한 군사 행동을 가리킨다.] 보복적이었다. **이데올로기적 집단 살해**로 이어지는 시나리오의 첫 단계는, 불필요하거나 위협적인 요소를 정화함으로써 사회를 새롭게 바꾸기를 바라는 엘리트가 권력을 잡는 것이다. 그들은 보통 내전이나 혁명을 통해 권력을 잡는다. **보복적 집단 살해**는 지연된 내전 중에 발생한다. …… 한쪽이, 보통 정부가, 반란군의 도전을 군사적으로 패퇴시킨 뒤에도 상대의 지지 기반을 깡그리 파괴하려고 하는 경우이다.[169]

그렇다면, 지난 30여 년 동안 집단 살해가 준 것은 국가 간 전쟁과 내전을 줄인 바로 그 요인들의 상승세 때문일지도 모른다. 안정된 정부, 민주주의, 무역에 대한 개방성, 집단 간 투쟁보다 개인의 이해를 중시하는 인도주의적 통치 철학 말이다.

로지스틱 회귀 분석은 대단히 엄밀하지만, 본질적으로는 한 무리의 변수를 입력하여 하나의 확률을 얻는 도구에 지나지 않는다. 그 이면에는 많은 집단 살해의 인명 피해가 한쪽으로 몹시 치우쳐 있다는 현실이 숨어 있다. 소수의 사람이 그보다 더 소수의 이데올로기에게 휘둘려 역사상 어떤 순간에 엄청난 규모의 사망자를 낳는 행동을 취하게 되었던 자세한 과정이 생략되어 있다. 물론, 위험 인자들의 수준이 변함으로써 수천, 수만, 나아가 수십만 명의 사망자를 내는 집단 살해의 확률이 높아질 수 있을 것이다. 그러나 정말로 추악하고 수천만 명의 희생자를 내는 집단 살해는 점진적으로 변하는 정치적 힘들뿐만 아니라 소수의 우연한 발상과 사건에도 의존한다.

마르크스주의 이데올로기의 등장은 말문이 막힐 만큼 많은 인명 피해를 낸 역사적 쓰나미였다. 그것은 소련과 중국의 마르크스주의 체제를 통해 1000만 명 단위의 학살을 일으켰고, 좀 더 간접적이지만 독일에서 나치가 자행한 학살에도 기여했다. 히틀러는 1913년에 마르크스를 읽었다. 비록 그는 마르크스식 사회주의에 질색했지만, 그의 국가 사회주의는 유토피아를 향한 변증법적 투쟁 이데올로기에서 계급을 인종으로 바꾼 것이나 마찬가지였다. 그래서 일부 역사학자들은 두 이데올로기를 '이란성 쌍둥이'로 간주한다.[170] 마르크스주의는 인도네시아와 라틴 아메리카의 군사적 반공산주의 체제들이 자행한 정치 살해의 최초 원인이었고, 냉전기 초강대국들이 1960년대, 1970년대, 1980년대에 세계에서 부추긴 파괴적 내전의 원인이었다. 내 말은 이런 의도하지 않은 결과에 대해서까지 마르크스주의를 도덕적으로 비난해야 한다는 뜻이 아니다. 우리가 어떤 역사적 내러티브를 구축하든, 이 하나의 발상이 불러온 광범위한 반향을 반드시 인식해야 한다는 뜻이다. 발렌티노는 공산주의의 **쇠퇴**가 집단 살해 감소에 적잖이 기여했다고 주장하며, "20세기 대량 학살에서 단연코 제일 중요했던 원인이 이제 역사에서 사라져 가는 듯하다."고 말했다.[171] 그 이데올로기가 다시 유행할 성싶지도 않다. 전성기 마르크스주의 체제들은 "오믈렛을 만들려면 계란을 깨뜨려야 한다."는 말로 폭력을 정당화했다.[172] 그에 대해 역사학자 리처드 파이프스는 역사의 판결을 한마디로 말했다. "인간은 계란이 아니라는 점을 차치하더라도, 문제는 그 살육에서 오믈렛이 만들어지지 않았다는 점이다."[173] 발렌티노는 이렇게 결론지었다. "우리가 '역사의 종말'을 축하하기에는 시기상조이겠지만, 공산주의와 비슷한 급진적 사상이 그만큼 널리 적용되고 수용되지 않는 이상, 다음 세기의 인류는 지난 세기보다 대량 학살을 상당히 더 적게 겪을 것으로 기대해도 좋다."[174]

유일무이한 파괴력을 자랑했던 이데올로기에 더하여, 20세기 특정 시점에 무대를 장악했던 몇몇 지도자들의 파국적인 결정이 있었다. 많은 역사학자가 '히틀러가 없었다면 홀로코스트도 없었다'는 생각에 동의한다는 말은 앞에서 했다.[175] 개인적 집착 때문에 수천만 명을 죽인 폭군이 히틀러만은 아니었다. 스탈린 정치 살해의 전문가인 역사학자 로버트 콘퀘스트는 "대숙청의 성격은 궁극적으로 스탈린의 개인적, 정치적 충동에 달려 있었다."고 결론지었다.[176] 중국도 마찬가지로, 마오쩌둥의 무모한 계획이 없었다면 대약진 운동의 기록적 기근은 상상할 수 없었을 것이다. 역사학자 해리 하딩은 뒤이은 정치 살해에 대해 "수천만 중국인에게 영향을 미쳤던 문화 혁명의 주된 책임은 한 남자에게 있었다.

마오가 없었다면 문화 혁명도 없었을 것이다."라고 말했다.[177] 참으로 적은 수의 데이터 점들이 참으로 큰 파괴의 지분을 차지하기 때문에, 우리가 20세기 최악의 참사들을 완벽하게 설명하기란 영원히 불가능할 것이다. 이데올로기는 그 소수의 인물을 매료시키고 토대가 되어 주었다. 민주주의의 부재는 그들에게 알맞은 기회를 주었다. 그러나 결국에는 그 세 사람의 결정에 수천만 명의 죽음이 달려 있었다.

테러리즘의 궤적

테러는 특이한 폭력이다. 공포와 피해의 비가 비뚤어져 있기 때문이다. 살인, 전쟁, 집단 살해의 사망자에 비교하면, 전 세계 테러의 희생자는 고작 통계적 잡음 범위에 불과하다. 1968년 이래 국제 테러(가해자가 다른 나라에 피해를 일으키는 경우)에 의한 사망자는 연간 400명 미만이고, 1998년 이래 국내 테러에 의한 사망자는 연간 약 2500명이다.[178] 우리가 조금 전까지 다뤘던 숫자들은 이것보다 단위가 둘 이상 높았다.

그러나 2001년 9월 11일 공격 이후, 사람들은 테러에 집착했다. 학자들과 정치인들은 목청 높여 수사적 언변을 쏟아 냈고, **존재론적**(existential)이라는 단어가 (대개 **위협**이나 **위기**라는 단어를 수식한다.) 사르트르와 카뮈의 전성기 이래 이렇게 자주 쓰인 때는 또 없었다. 전문가들은 테러 때문에 미국이 '취약'해지고 '연약'해졌다고 주장했다. 테러가 '현대 국가의 패권'을, '우리 삶의 방식'을, '문명 그 자체'를 없앨 위기라고 경고했다.[179] 일례로, 2005년에 전직 백악관 반테러 관료는 《애틀랜틱》에 기고한 글에서 자신 있게 예언했다. 9/11 공격 10주기가 되는 해에는 카지노, 지하철, 쇼핑몰의 만성적 폭탄 테러, 견착 발사식 대공 미사일에 의한 상업 항공기의 잦은 격추, 화학 공장의 파국적 사보타주 등등으로 미국 경제가 문을 닫았을 것이라고.[180] 국토 안보부라는 대규모 관료 조직이 하룻밤 새 신설되었다. 그들은 극적인 효과를 노리는 안전 조치로 국민들을 안심시키려 했다. 색깔별 테러 경보, 비닐 시트와 덕트 테이프를 상비하라는 조언, 집요한 신분증 확인(조지 W. 부시 대통령의 딸이 가짜 신분증으로 마르가리타를 주문하려다 걸렸을 정도로 가짜가 흔한데도 말이다.), 공항에서 손톱깎이 몰수하기, 시골 우체국 건물에 콘크리트 벽 둘러싸기, 8000곳의 '잠재적 테러 표적' 지정. 그 테러 표적이라는 것에는 미모의 여성들이 인어 복장을 하고 커다란 유리 수조 속에서 헤엄치는 관광 명소인 플로리다의 위키와치스프링스도 포함되었다.

이 모두가 근소한 수의 미국인을 죽인 위협에 대한 대응이었다. 물론, 3000명 가까이 되는 9/11 공격 사망자는 말 그대로 도표에서 벗어난 이상치이다. 테러의 멱함수 분포에서 꼬리 끝에 가 있는 데이터이다.[181] '테러와 테러 대응 연구 컨소시엄'의 '세계 테러 데이터베이스'에 따르면(테러 공격에 대한 공개 데이터 집합으로는 제일 크다.), 1970~2007년까지 세계적으로 사망자가 500명 이상인 공격은 9/11 외에는 딱 하나 더 있었다.[182] 미국에서는 1995년에 티머시 맥베이가 오클라호마시티의 연방 정부 청사에 폭탄을 터뜨려 165명이 죽었고, 1999년에 컬럼바인 고등학교에서 두 십대가 총기를 난사하여 17명이 죽었다. 다른 공격은 열두어 명을 넘은 것이 없었다. 9/11을 제외할 때, 지난 38년 동안 미국 땅에서 테러리스트가 죽인 사람 수는 340명이었다. 그중 — 이른바 테러의 시대가 개막된 날인 — 9/11 이후 사망자는 11명이었다. 국토 안보부는 자신들이 여러 음모를 저지했다고 주장했지만, 알고 보면 그중 다수는 유명한 농담에 등장하는 코끼리 퇴치제나 다름없었다. 코끼리가 없는 날이 하루 더 이어지면 그것이 퇴치제의 효력을 말해 주는 증거라는 농담 말이다.[183]

9/11을 포함하든 포함하지 않든, 미국의 테러 사망자 수를 다른 예방

가능한 사망 원인들의 사망자 수와 비교해 보자. 매년 미국인 4만 명이 교통사고로 죽는다. 2만 명이 추락으로 죽고, 1만 8000명이 살인으로 죽고, 3000명이 익사로 죽고(욕조에서 익사한 300명을 포함한다.), 3000명이 화재로 죽고, 2만 4000명이 사고로 독을 먹어 죽고, 2500명이 수술 합병증으로 죽고, 300명이 침대에서 질식해 죽고, 300명이 위 내용물을 흡입해 죽고, 1만 7000명은 '교통사고가 아닌 다른 불특정 사고들과 그 후유증'으로 죽는다.[184] 1995~2001년까지 매년 테러로 죽은 사람보다 벼락, 사슴, 땅콩 알레르기, 벌침, '잠옷의 발화 혹은 녹아내림'으로 죽은 사람이 더 많았다.[185] 테러 사망자는 워낙 적기 때문에, 그것을 피하려는 경미한 조치가 오히려 위험을 **높일** 수 있다. 인지 심리학자 게르트 기거렌처에 따르면, 9/11 공격 이듬해에 비행기 납치나 사보타주를 염려하여 차를 몰고 가기로 결정한 사람들 중 1500명이 교통사고로 죽었다. 그들은 보스턴에서 로스앤젤레스까지 비행할 때의 사망률이 자동차로 19킬로미터를 달릴 때의 사망률과 같다는 것을 몰랐던 것이다. 달리 말해, 비행기 여행을 피하려다 죽은 사람이 9월 11일에 비행기에서 죽은 사람보다 여섯 배 더 많았다.[186] 게다가 미국은 9/11 공격 때문에 치르게 된 두 전쟁에서 미국과 영국 군인을 납치범의 수보다 훨씬 더 많이 잃었다. 아프가니스탄과 이라크의 사망자는 말할 것도 없다.

테러가 일으키는 공황과 테러가 일으키는 죽음의 불균형은 우연이 아니다. 테러(terror, 공포)라는 말 자체가 분명히 말해 주듯이, 공황이야말로 테러의 핵심이다. 테러리즘의 정의는 때에 따라 조금씩 다르지만('누군가에게는 테러리스트, 다른 누군가에게는 자유의 투사'라는 흔한 표현도 있지 않은가.), 일반적으로 비국가 행위자가 정치적, 종교적, 사회적 목표를 추구하고자 비교전자(민간인이나 비번인 군인)에게 사전에 계획된 폭력을 가하는 것을 말한다. 그럼으로써 정부에게 무언가를 강제하거나, 더 많은 청중을 협박하거나, 사람들에게 메시지를 전달하려고 하는 것이다. 테러리스트의 목표는 정부가 자신의 요구에 굴복하는 것일 수도 있고, 정부의 보호 능력에 대한 대중의 신뢰를 훼손하는 것일 수도 있고, 정부를 자극하여 대대적인 억압을 유도함으로써 시민들이 정부에게 등을 돌리거나 폭력적 혼돈이 벌어지면 그 틈을 노려 자신들이 득세하는 것일 수도 있다. 테러리스트는 개인의 이익이 아니라 대의를 좇아 움직인다는 점에서 이타적이다. 그들은 불시에 은밀하게 행동하기 때문에, 일반적으로 '비겁하다'는 평을 듣는다. 또한 그들은 소통을 추구한다. 그들은 선전과 주목을 원하고, 공포를 통해 그것을 이룬다.

테러리즘은 비대칭 전투의 — 약자가 강자에게 쓰는 전략을 말한다. — 한 형태이다. 공포 심리를 지렛대로 씀으로써, 실제 인명이나 재물에 대한 피해보다 훨씬 큰 감정적 손상을 입힌다. 인지 심리학자 트버스키, 카너먼, 기거렌처, 슬로빅 등은 우리의 위험 인식이 두 정신적 허깨비에게 의존한다는 것을 보여 주었다.[187] 첫째는 파악 가능성이다. 모르는 악마를 다루는 것보다는 아는 악마를 다루는 것이 낫다. 우리는 새롭고, 감지할 수 없고, 효과가 지연되고, 현대 과학으로 제대로 설명되지 않는 위험을 더 많이 걱정한다. 둘째 요소는 불안이다. 우리는 최악의 시나리오를 걱정한다. 통제할 수 없고, 파국적이고, 불수의적이고, (위험에 노출된 사람과 그로 인해 이득을 보는 사람이 다르다는 의미에서) 불공평한 상황을 염려한다. 심리학자들은 이런 착각을 고대의 뇌 회로가 남긴 잔재로 본다. 이 회로는 포식자, 독, 적, 폭풍과 같은 자연의 위험으로부터 스스로를 보호하기 위해서 진화했을 것이다. 인류가 통계 데이터를 취합하기 시작한 20세기 이전에는, 달리 말해 인류 역사의 대부분을 차지하는 통계 이전 세상에서는, 그런 두려움이 경계심을 적절히 할당하는 데 최선의 지침이었을 것이다. 과학적 무지의 시절에는 이런 별난 위험 심리에 또 다른 이점이 있었을지도 모른다. 적의 위협을 과장되게 느낌으로써 그들에게서 최대의 배상을 뜯어내고, 적에 대항하는 동지를 쉽게 규합하고, 적에 대한 선제공격을 정당화하는 것이다(4장에서 이야기했던 미신적 살해가 이런 예다.).[188]

잘못된 위험 인식은 공공 정책마저 왜곡시킨다. 우리는 음식에서 첨가물을 없애고 수돗물에서 잔류 화학 물질을 없애는 데에 많은 돈과 법률을 쏟았는데, 사실 그런 것이 건강에 미치는 위험은 극미량일 뿐이다. 반면에 고속도로 제한 속도를 낮추는 것처럼 틀림없이 생명을 구한다고 증명된 조치들은 대중의 저항에 직면한다.[189] 가끔은 하나의 사고가 대대적으로 보도되어 예언적 상징이 된다. 묵시록적 위험을 알리는 불길한 전조로 여겨지는 것이다. 1979년 스리마일아일랜드 원자력 발전소 사고는 사망자가 한 명도 없었고 암 발생률에도 아마 영향을 미치지 않았을 테지만, 어쨌거나 미국의 원자력 발전 개발을 중단시켰다. 그러니 머지않은 미래에 예상되는 화석 연료 연소로 인한 지구 온난화에 한몫했다고도 할 수 있을 것이다.

9/11 공격도 미국인의 의식에 흉조로 자리 잡았다. 대규모 테러 계획은 새롭고, 감지 불가능하고, (이전의 테러들에 비해서) 파국적이고, 불평등하므로, 파악 불가능성과 두려움을 둘 다 극대화한다. 국토 안보부는 테러리스트의 힘이 작은 피해에 투자하여 큰 심리 수익을 거두는 데에 있다는 점을 제대로 이해하지 못했다. 부서의 사명을 선언할 때 '현대의 테러리스트들은 언제든, 어느 장소에서든, 어떤 무기로든 공격할 수 있다.'는 경고를 앞세움으로써 도리어 더 큰 공포와 두려움을 조장한 걸 보면 말이다. 반면에 오사마 빈 라덴은 그 수익 구조를 제대로 이해했다. 그는 "미국이 북쪽 끝에서 남쪽 끝까지, 서쪽 끝에서 동쪽 끝까지 공포로 가득하다."고 고소해 하면서, 자신은 9/11 공격에 고작 50만 달러를 들임

으로써 미국에게 5000억 달러 이상의 경제적 손실을 끼쳤다고 자랑했다.[190)]

책임감 있는 지도자들 중에는 테러의 산수를 제대로 파악한 사람도 있었다. 존 케리는 2004년 대통령 선거 운동을 할 때 어쩌다 방심한 상태에서《뉴욕 타임스》기자에게 이렇게 말했다. "우리는 원래 자리로 돌아가야 합니다. 테러리스트가 삶의 중심이 아니라 귀찮은 존재에 지나지 않았던 시절로 돌아가야 합니다. 나는 법을 집행했던 몸으로서, 우리가 매춘을 근절하기란 영원히 불가능하다는 것을 잘 압니다. 불법 도박 근절도 마찬가지입니다. 하지만 우리는 그런 조직 범죄를 줄여서 상승세를 타지 못하도록 막을 수 있습니다. 그것이 우리 일상을 매일같이 위협하지는 않습니다. 우리는 그것과 지속적으로 싸워야 하겠지만, 그렇다고 해서 우리의 삶 자체가 위태로운 것은 아닙니다."[191)] 워싱턴에서는 정치인이 진실을 말하는 것을 **개프**(gaffe, 공식 석상의 실수)로 정의한다는 농담을 확인시키듯이, 조지 부시와 딕 체니는 이 발언을 맹공격하면서 케리가 '지도자로 부적격'이라고 비난했다. 케리는 얼른 발언을 철회했다.

그렇다면, 테러리즘의 성쇠가 폭력의 역사에서 중요한 일부가 되는 까닭은 사망자 수 때문이 아니라 공포의 심리를 통해 사회에 가하는 충격의 정도 때문이다. 만일 핵무기 공격의 가능성이 현실이 된다면, 미래에는 테러가 파국적인 인명 피해를 낳을 수도 있을 것이다. 그러나 핵 테러는 다음 절에서 다루고, 지금은 과거에 벌어진 폭력만을 논하자.

테러는 새로운 것이 아니다. 2000년 전 로마가 유다를 정복했을 때, 일단의 저항 투사들이 로마 관료들과 그들에게 협력한 유대인들에게 살

그머니 다가가 칼로 찔러 죽였다. 로마인이 두 손 들고 물러나기를 바랐던 것이다. 11세기에 이슬람 시아파는 신앙에서 멀어졌다고 간주되는 지도자에게 다가가 사람들이 보는 앞에서 찔러 죽이는 기술을 완성했다. 그것은 자살 테러의 초기 형태였다. 왜냐하면 자신도 경호원들에게 즉각 처치될 것임을 알고 있었기 때문이다. 17~19세기까지 인도의 한 종파는 칼리 여신에게 제물로 바치기 위해서 여행자 수만 명을 목 졸라 죽였다. 이 집단들은 아무런 정치적 변화를 이루지 못했지만, 대신 젤롯(Zealot), 아사신(Assassin), 서그(Thug)라는 자신들의 이름을 후대에 남겼다(오늘날은 각각 광신자, 암살자, 폭력단이라는 뜻으로 통한다. — 옮긴이).[192] 그리고 만일 당신이 **무정부주의자**(anarchist)라는 단어에서 검게 빼입은 폭탄 투척자를 연상했다면, 당신은 20세기 초에 횡행했던 한 운동을 떠올리고 있는 것이다. 그들은 '행위의 프로파간다'를 실천한다는 명목으로 카페, 의회, 영사관, 은행에 폭탄을 던졌고, 러시아의 알렉산드르 2세, 프랑스의 사디 카르노 대통령, 이탈리아의 움베르토 1세, 미국의 윌리엄 매킨리 대통령을 비롯한 정치 지도자 수십 명을 암살했다. 이런 이름과 이미지가 이토록 오래간다는 사실은 테러가 문화적 의식에 뿌리박는 힘이 있다는 뜻이다.

테러를 새 천 년의 현상으로 생각하는 사람은 기억력이 부실한 것이다. 1960년대와 1970년대의 낭만주의적 정치적 폭력에는 다양한 군대, 동맹, 연합, 여단, 당파, 전선이 저지른 수백 건의 폭탄 공격, 공중 납치, 총격이 있었다.[193] 미국에는 흑인 해방군, 유대인 보호 연맹, 웨더언더그라운드(밥 딜런의 노래 가사 "바람의 방향은 기상 예보관이 없어도 알 수 있지."에서 딴 이름이다.), FALN(푸에르토리코 독립 단체), 그리고 결코 잊을 수 없는 공생 해방군(SLA)이 있었다. 1970년대에 SLA은 초현실적이기까지 한 일화를 남겼다. 1974년에 그들은 신문 재벌의 상속녀 패티 허스트를 납치한 뒤 세뇌시켜, 집단에 가입시켰다. 그녀는 '타냐'라는 가명을 만들고, 그들의 은행 강도질을 도왔다. 그리고 머리 일곱 개짜리 코브라가 그려진 SLA 깃발 앞에서 베레모를 쓰고 기관총을 든 전투 자세로 찍은 사진을 남겨, 시대를 상징하는 이미지가 되었다(1970년대의 또 다른 상징적 이미지로는 리처드 닉슨이 백악관을 영원히 떠나기 위해 헬리콥터를 타면서 V자를 그려 보이는 모습, 머리카락을 한껏 부풀린 비지스가 흰 폴리에스테르 디스코 양복을 입은 모습이 있다.).

같은 시기에 유럽에는 영국의 급진주의 IRA(아일랜드 공화국군)와 얼스터 자유군, 이탈리아의 붉은여단, 독일의 바더-마인호프갱, 스페인의 ETA(바스크 분리주의 단체)가 있었다. 일본에는 적군파가, 캐나다에는 퀘벡 해방 전선이 있었다. 유럽인에게 테러는 삶의 배경이나 마찬가지였기에, 루이스 부뉴엘의 1977년 사랑 영화 「욕망의 모호한 대상」에는 자동차와 가게가 펑펑 터지는데도 등장인물들이 신경도 안 쓰는 농담 같은 대목이 있다.

그들은 다 어디로 갔을까? 대부분의 선진국에서 국내 테러는 폴리에스테르 디스코 양복의 전철을 밟았다. 잘 알려지지 않은 사실이지만, 테러 단체는 대부분 실패하고 모두 사라진다.[194] 믿기지 않는다면 현재의 세계를 둘러보라. 이스라엘은 여전히 존재한다. 북아일랜드는 여전히 영국에 속한다. 카슈미르는 여전히 인도의 일부이다. 쿠르디스탄, 팔레스타인, 퀘벡, 푸에르토리코, 체첸, 코르시카, 타밀일람, 바스크 지방에 별도의 주권 국가는 없다. 필리핀, 알제리, 이집트, 우즈베키스탄은 이슬람 신정 국가가 아니다. 일본, 미국, 유럽, 라틴 아메리카는 종교적, 마르크스주의적, 무정부주의적, 뉴에이지적 유토피아로 변하지 않았다.

숫자는 이런 인상을 확인시켜 준다. 정치학자 맥스 에이브럼스는 2006년에 쓴 「왜 테러리즘은 효과가 없는가」에서, 미국 국무부가 2001년에 해외 테러 조직으로 규정했던 28개 단체를 살펴보았다. 대부분 수십 년의 활동 역사가 있는 단체들이었다. 순전히 전략적인 승리를 제쳐 둘 경우(언론의 관심, 새로운 지지자, 죄수 석방, 몸값 등이다.), 그들 중에서 세 곳만이 (7퍼센트) 목표를 달성했다. 헤즈볼라가 1984년과 2000년에 레바논 남부에서 다국적 평화 유지군과 이스라엘군을 몰아내는 데 성공했고, 타밀 반군이 1990년에 스리랑카 북동 해안을 장악하는 데 성공했다. 스리랑카는 2009년에 반군이 소탕되어 승리가 무위로 돌아갔으니, 테러 성공률은 42건 중 2건, 즉 5퍼센트도 못 되는 셈이다. 이것은 다른 형태의 정치적 압력보다 훨씬 못한 수준이다. 가령 경제 제재의 성공률은 약 3분의 1은 된다. 에이브럼스는 테러의 최근 역사를 훑은 뒤, 테러가 영토에 관한 제한적인 목표를 추구할 때는 간간이 성공한다고 말했다. 이를테면 외세가 이미 점령에 시들한 상태일 때 그것을 몰아내는 경우인데, 1950년대와 1960년대에 유럽 강국들이 테러가 있든 없든 식민지에서 단체로 손 뗀 것이 좋은 예다.[195] 반면에 테러가 과격한 목표를 달성한 예는 한 번도 없었다. 가령 온 나라에 어떤 이데올로기를 주입하겠다거나 거꾸로 어떤 이데올로기를 근절하겠다는 목표는 성공한 예가 없다. 에이브럼스는 소수의 성공 사례조차 민간인이 아니라 군대를 표적으로 삼은 군사 행동이었으므로 순수한 테러보다 게릴라전에 가까웠다고 지적했다. 민간인을 주된 표적으로 삼은 행위는 늘 실패했다.

정치학자 오드리 크로닌은 『테러리즘의 종말』에서 데이터를 더 폭넓게 조사했다. 1968년 이래 활동한 457개 테러 운동이 대상이었다. 에이브럼스와 마찬가지로, 그녀는 테러가 사실상 아무런 효과가 없다고 결론 내렸다. 테러 단체는 시간에 따라 기하급수적으로 자연 소멸했고, 평균 지속 기간은 5~9년이었다. 크로닌은 "국제 체제에서 국가들은 불멸성을 갖고 있지만, 단체들은 그렇지 않다."고 말했다.[196]

테러리스트들은 원하는 것을 얻지도 못했다. 작은 테러 조직이 국가를 차지하는 경우는 이제껏 한 번도 없었고, 94퍼센트는 **그 어떤** 전략적 목표도 성취하지 못했다.[197] 테러 운동은 지도자가 살해되거나 붙잡혀서, 국가에 소탕되어서, 게릴라나 정치 운동으로 변형되어서 막을 내린다. 내부 다툼 때문에, 창설자가 후임을 앉히지 못해서, 젊은 활동가들이 시민적이고 가정적인 인생의 즐거움을 찾아 떠난 탓에 소멸하는 단체가 많다.

테러 단체는 다른 방식으로도 스스로의 목을 조른다. 그들은 통 진전이 없고 사람들이 질린 것 같으면, 좌절한 나머지 전술을 격화시킨다. 더 뉴스거리가 될 만한 희생자를 노리는 것이다. 유명인이나 존경 받는 인물, 아니면 그저 많은 인원을. 그러면 틀림없이 이목은 끌지만, 그들이 의도했던 방향은 아니다. 오히려 지지자들마저 '지각없는 폭력'에 반감을 느껴 자금을 거두고, 은닉처를 제공하지 않고, 경찰에게 협조하지 않겠다고 했던 약속을 거둔다. 1978년에 이탈리아 붉은여단은 국민들의 사랑을 받는 전직 총리 알도 모로를 납치함으로써 자멸의 길을 걸었다. 그들은 그를 두 달 동안 감금했다가, 총알을 11발 쏘아 죽이고, 시체를 자동차 트렁크에 담아 내버렸다. 그보다 앞선 1970년에 퀘벡 해방 전선은 이른바 10월 위기 도중, 과신에서 나온 자살 행위를 했다. 노동부 장관 피에르 라포르테를 납치하여 그의 묵주로 목 졸라 죽이고 시체를 트렁크에 내버렸던 것이다. 1995년에 맥베이가 오클라호마시티 연방 청사에서 폭탄으로 165명을 죽이자(19명은 아이였다.), 미국은 우익 반정부 민병대를 색출하는 작전을 벌였다. 크로닌의 말마따나, "폭력은 세계 언어이지만 품위도 그렇다."[198]

민간인 공격은 잠재적 공감자를 소원하게 만들 뿐만 아니라, 대중을 자극하여 대대적인 탄압을 지지하게 만든다. 에이브럼스는 이스라엘, 러시아, 미국의 테러 운동에 관한 여론을 추적하여, 대규모 민간인 공격 뒤에는 단체에 대한 여론이 신속히 반대로 돌아섰다는 사실을 확인했다. 사람들은 단체에 협조할 마음과 단체의 불만을 정당한 주장으로 인정하는 마음을 잃었고, 테러리스트들을 존재론적 위협으로 여겨 영구히 진압하는 조치를 지지하게 되었다. 비대칭 전투는 정의상 한쪽이 다른 쪽보다 훨씬 더 강하다. 옛말에 가장 빠른 자가 반드시 경주를 이기는 것은 아니고 가장 강한 자가 반드시 싸움을 이기는 것은 아니라고 했지만, 현실적으로는 강한 쪽에 걸어야 하는 법이다.

테러 활동은 이처럼 실패를 향해 자연스럽게 꺾어져 내리지만, 옛것이 사라지기가 무섭게 새것이 생겨날 수 있다. 세상에는 헤아릴 수 없이 많은 불만이 있으므로, 테러에 효과가 있다는 인식이 현실을 무시한 채 존속하는 한 불만을 품은 사람들이 계속 테러리스트 밈에 감염될 것이다.

테러의 역사적 궤적은 종잡기 힘들다. 통계는 1970년 무렵에야 시작된다. 그제서야 소수의 기관이 통계를 수집하기 시작했지만, 기록 기준과 범위는 제각각이다. 테러 공격을 사고나 살인, 불만을 품은 개인이 날뛴 사건 등등과 분명히 구분하기란 최상의 경우에도 힘들다. 전쟁 지역에서는 테러와 반란의 경계가 흐릿할 수 있다. 또한 통계는 정치적으로 조작된다. 누구는 테러에 대한 두려움을 북돋우려고 숫자를 키우고, 누구는 테러 대응의 성공을 과시하려고 숫자를 줄인다. 국제 테러라면 전 세계가 신경 쓰겠지만, 국내 테러는 국제 테러보다 사망자가 예닐곱 배 많은데도 각국 정부들은 다른 나라가 알 바 아니라고 생각한다. 우리가 아는 가장 종합적인 공개 데이터는 '국제 테러리즘 데이터베이스'로, 이전의 여러 데이터 집합들을 통합한 것이다. 이 그래프의 지그재그 선을 속속들이 액면 그대로 해석할 수는 없다. 기준이 다른 여러 데이터베이스들이 이어지고 겹친 지점이 있을 테니까. 그래도 이른바 테러의 시대에 정말로 테러가 늘었는지 전반적으로 훑어볼 수는 있다.[199]

가장 안전한 기록은 미국 땅에서 벌어진 테러들에 대한 데이터이다. 수가 적어서 하나하나 점검할 수 있다는 점 때문에라도 그렇다. 그림 6-9에 1970년 이래 미국에서 발생한 테러가 모두 표시되어 있다. 로그 척도를 썼는데, 안 그러면 잘 보이지도 않을 만큼 잘게 주름진 카펫에서 9/11만 하늘까지 치솟은 그림이 그려질 것이기 때문이다. 로그 척도를 써서 낮은 고도를 잡아 늘인 덕분에, 1995년 오클라호마시티 사건과 1999년 컬럼바인 사건의 봉우리가 눈에 들어온다(컬럼바인 사건은 '테러'로 보기에는 미심쩍다. 그러나 나는 밑에서 말할 하나의 예외를 제외하고는 원 데이터 집합에 손대지 않았다.). 이 뾰족한 삼인조를 제외할 경우, 1970년 이래 경향성은 굳이 말하라면 증가세라기보다 감소세이다.

서유럽의 테러 궤적은 (그림 6-10) 많은 테러 조직이 실패하고 모두가 사라진다는 명제를 확연히 보여 준다. 2004년 마드리드 기차 폭탄 사건의 봉우리조차 붉은여단과 바더-마인호프강이 활동했던 영광스런 시절로부터의 감소세를 가리지 못한다.

세계적으로는 어떨까? 부시 행정부가 2007년 발표한 통계는 테러가 세계적으로 증가한다는 자신들의 경고를 뒷받침하는 듯했지만, HSRP 연구진은 그 데이터에 이라크와 아프가니스탄 전쟁의 민간인 사망자가 포함되었다는 점을 지적했다. 그것은 만일 세계 다른 지역에서 벌어졌다면 틀림없이 내전 사망자로 분류되었을 데이터이다. 기준의 일관성을 유지하여 그 사망자를 제외하면, 그림이 달라진다. 그림 6-11은 그 사망자를 빼고서 전 세계에서 테러로 인한 연간 사망률을 표시했다(언제나처럼 인구 10만 명당 비율이다.). 전 세계 사망자 수치는 특히 조심스럽게 해석해야

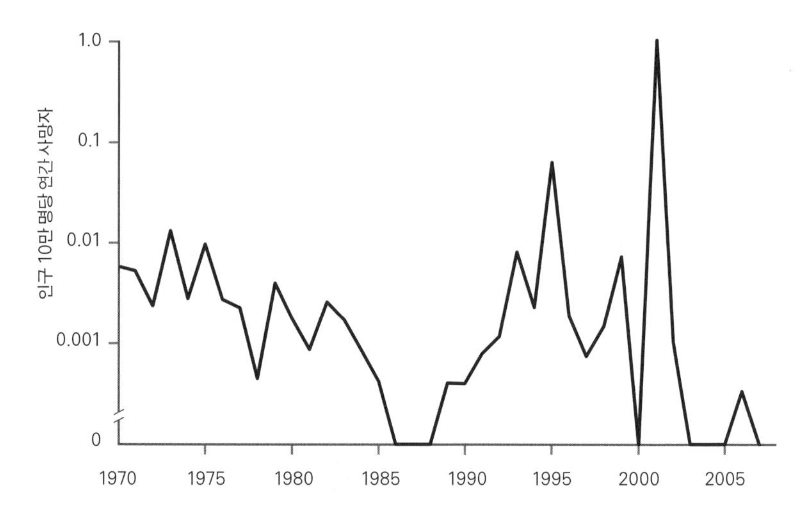

그림 6-9. 미국에서 테러로 인한 사망률, 1970~2007년.

출처: Global Terrorism Database, START (National Consortium for the Study of Terrorism and Responses to Terrorism, 2010, http://www.start.umd.edu/gtd/), accessed on April 6, 2010. 1993년 수치는 동일 단체의 2009년 자료 부록에서 가져왔다. 0의 로그값은 정의되지 않으므로, 사망자가 없는 해에는 임의로 0.0001의 값을 부여했다.

한다. 잡다한 데이터 집합들에서 가져왔고, 각각의 데이터 집합이 얼마나 많은 뉴스 자료를 참조했느냐에 따라 서로의 값 차이가 커졌다 작아졌다 하기 때문이다. 그러나 어떤 데이터 집합에서도 제외되었을 리 없을 만큼 주목도가 높았던 대형 사건들만 포함시킨다면(사망자 25명 이상), 곡선들의 모양은 모두 같았다.

국가 간 전쟁, 내전, 집단 살해의 그래프처럼 이 그래프에도 놀라운 점이 있다. 새 천 년의 첫 10년은 — 흔히 테러 시대의 여명기라고들 한다. — 곡선이 상승하거나 또 한 번의 평탄기를 그리기는커녕 1980년대와 1990년대 초의 봉우리로부터 하강하는 모습이다. 세계적으로 테러는 1970년대 말에 증가하여 1990년대에 감소했다. 그 까닭은 같은 시기에 내전과 집단 살해가 오르내린 까닭과 같다. 탈식민화 이후 민족주

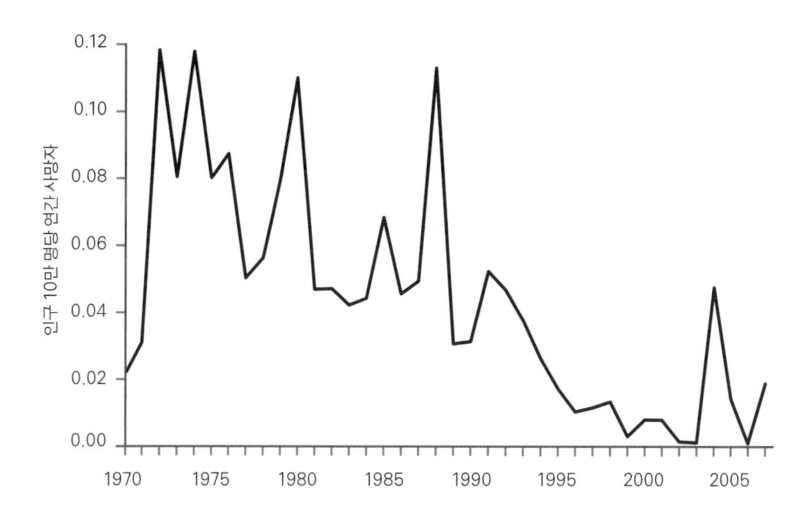

그림 6-10. 서유럽에서 테러로 인한 사망률, 1970~2007년.

출처: Global Terrorism Database, START (National Consortium for the Study of Terrorism and Responses to Terrorism, 2010, http://www.start.umd.edu/gtd/), accessed on April 6, 2010. 1993년 데이터는 내삽한 값이다. 인구 데이터는 다음 자료에서 가져왔고, 0이나 5로 끝나지 않는 해에 대한 수치는 내삽하여 계산했다.: World Population Prospects (United Nations, 2008), accessed April 23, 2010.

의 운동이 등장했고 냉전 중인 초강대국들이 대리전 삼아 그들을 지원했지만, 결국 소련이 몰락하면서 그런 움직임이 잦아들었기 때문이다. 1970년대 말과 1980년대 초의 불룩한 봉우리는 주로 라틴 아메리카 테러리스트들의 소행이었다(엘살바도르, 니카라과, 페루, 콜롬비아). 1977~1984년까지 테러로 인한 인명 피해의 61퍼센트를 그들이 차지했다(많은 경우 군대나 경찰력을 표적으로 삼았지만, '세계 테러 데이터베이스'는 그 의도가 직접적 피해라기보다 사람들의 관심을 끌기 위한 사건이었을 때는 데이터베이스에 포함시켰다.).[200] 라틴 아메리카는 1985~1992년까지 두 번째 상승에서도 지분을 유지했다(전체의 약 3분의 1을 차지했다.). 스리랑카의 타밀 반군(15퍼센트), 인도, 필리핀, 모잠비크의 단체들도 가세했다. 인도와 필리핀의 테러 중 일부는 이슬람 단체의 소행이었지만, 아예 이슬람 국가에서 테러가 발생한 경우는 아주

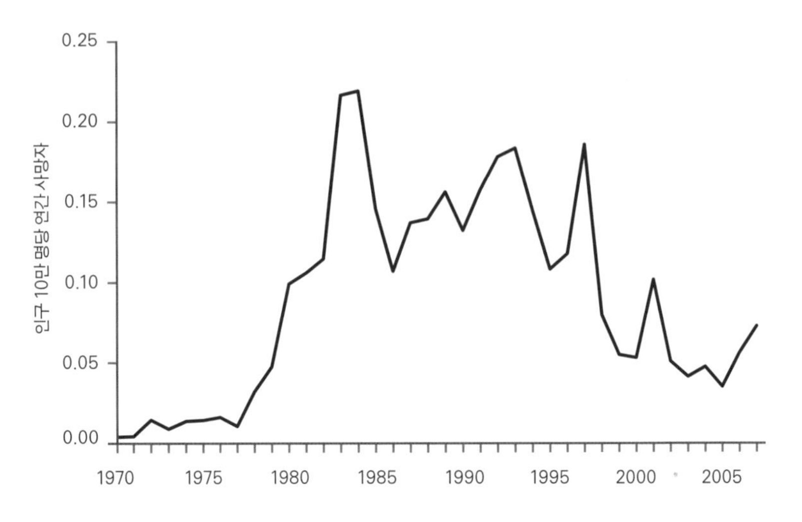

그림 6-11. 전 세계에서 테러로 인한 사망률, 2001년 이후 아프가니스탄과 2003년 이후 이라크는 제외함.

출처: Global Terrorism Database, START (National Consortium for the Study of Terrorism and Responses to Terrorism, 2010, http://www.start.umd.edu/gtd/), accessed on April 6, 2010. 1993년 데이터는 내삽한 값이다. 세계 인구 데이터는 미국 인구 조사국의 것을 썼고, 2007년 인구 추정치는 외삽한 값이다.

적었다. 레바논에서 약 2퍼센트가, 파키스탄에서 1퍼센트가 발생했을 뿐이다. 그러다가 9/11 공격이 1997년 이래 테러의 감소세에 종지부를 찍었다. 더 최근에는 파키스탄이 반등에 기여했는데, 이것은 주로 아프가니스탄 전쟁이 불확실한 국경을 넘어 흘러넘친 여파였다.

자, 그렇다면, 숫자들은 현재가 새로운 테러의 시대는 아니라는 것을 보여 준다. 굳이 평가하자면, 이라크와 아프가니스탄 전쟁을 제외할 경우 오히려 테러는 **줄고** 있다. 그저 과거 수십 년 동안에는 테러가 사람들의 집단의식에서 그다지 중요한 일이 아니었을 뿐이다. 그리고 불과 얼마 전까지만 해도 테러는 유달리 이슬람적인 현상으로 여겨지지 않았다.

그러나 좌우간 지금은 그렇지 않은가? 알카에다, 하마스, 헤즈볼라의 자살 테러리스트들이 곧 느슨해진 고삐를 쥘 것이라고 예상해야 하지 않나? 이라크와 아프가니스탄의 민간인 사망자를 셈에서 빼는 것은 무슨 속셈인가? 많은 사람이 자살 폭탄의 희생자가 아니었는가? 우리가 이런 질문에 답하려면, 이슬람 세계의 테러리즘을 더 면밀히 살펴보아야 한다. 특히 자살 테러를.

9/11이 테러의 시대를 개막하지는 않았더라도, 이슬람 자살 테러의 시대를 예고했다고 주장할 수는 있을 것이다. 9/11 비행기 납치범들은 그 과정에서 자신도 죽을 각오가 없이는 그런 짓을 할 수 없었다. 이후 자살 공격 발생률은 급상승했다. 1980년대에는 연간 5건 미만이었으나 1990년대에는 16건이었고, 2001~2005년 사이에는 180건이었다. 대부분 이슬람 단체의 소행이었고, 모두가 부분적으로나마 종교적 동기를 표현했다.[201] 미국 대테러 센터의 최근 데이터에 따르면, 2008년에는 테러 집단의 소행으로 규정할 수 있는 공격의 총 사망자 중 3분의 2 가까이를 이슬람 수니파 과격분자들이 일으켰다.[202]

민간인을 죽이는 수단으로서, 자살 테러는 악마 같은 독창성이 엿보이는 전략이다. 자살 테러는 최고로 정밀한 무기 배달 방식을 — 손과 발이라는 정교한 조작 및 이동 도구를 인간의 눈과 뇌로 통제한다. — 궁극의 은밀성과 — 수백만의 다른 사람과 똑같아 보이는 사람이다. — 결합시킨다. 그 어떤 로봇도 기술적 세련미에서 이 발치에 미치지 못한다. 단순히 이론적인 이점이 아니다. 자살 테러는 전체 공격 건수에서 소수이지만, 사망자 수에서는 큰 비율을 차지한다.[203] 테러 지도자들에게 이런 비용 효율은 저항할 수 없는 매력이다. 어느 팔레스타인 관료는 성공적인 임무에 필요한 재료가 "하겠다고 나서는 청년 한 명 …… 못, 화약,

가벼운 스위치와 짧은 전선, 수은(온도계에서 쉽게 얻을 수 있다.), 아세톤"뿐이라면서 "개중 가장 비싼 것은 이스라엘 도시까지 가는 교통편"이라고 말했다.[204] 진정한 기술적 장애물은 오직 하나, 청년의 의지이다. 정상적인 경우라면 인간은 죽기를 자처하지 않는다. 이것은 5억 년에 걸친 자연 선택의 유산이다. 테러 지도자들은 어떻게 이 장애물을 극복할까?

물론, 세상에 전쟁이 존재하는 동안 인간은 늘 전쟁에서 죽을 위험에 스스로를 노출시켰다. 그러나 여기에서 중요한 것은 **위험**(risk)이라는 단어이다. 자연 선택은 평균적으로 작용하므로, 큰 적응적 이익을 — 더 많은 땅, 여자, 안전 등을 — 얻을 가능성이 있는 공격자 무리에 속해서 작은 사망 가능성을 감수하는 행위는 진화 과정에서 장기적으로 선호될 수 있다.[205] 그러나 확실한 죽음을 추구하는 의지는 진화적으로 선호될 수 없다. 그런 의지를 만드는 유전자는 시체와 함께 사라질 테니까. 전쟁의 역사에서 자살 작전이 드물었던 것은 어쩌면 당연한 일이다. 수렵 채집 부족들은 전형적인 전투보다 안전한 습격과 매복을 선호했다. 전투를 벌일 때조차, 동료들이 계획하는 위험한 교전에서 빠지기 위해 흉몽이니 흉조 따위를 들먹이기를 부끄러워하지 않았다.[206]

현대의 군대는 병사들이 더 큰 위험을 감수하도록 하는 유인책을 육성한다. 용기를 칭송하고 훈장으로 치하하는 식이다. 반대로 위험을 회피하는 행위에 대해서는 의욕을 꺾는 유인책을 준다. 겁쟁이라고 창피를 주거나 처벌하고, 탈영병은 즉결 처형하는 식이다. 때로는 '대오 종결자'라고 불리는 특수 군인들이 부대의 맨 뒤에서 따라오며, 전진하지 않는 병사는 사살하라는 명령을 받는다. 지도부와 보병들의 이해관계가 충돌하다 보니, 군사적 표현에는 누구나 다 아는 허울이 담기곤 한다. 어느 영국 장군은 제1차 세계 대전의 살육에 대해서 이렇게 기염을 토했다. "단 한 명의 병사도 극심한 포화를 뚫거나 기관총과 라이플의 포화에 직면하는 데에 주저함이 없었다. 끝내 그것이 그들을 쓸어버릴 텐데도……. 그토록 장엄한 용맹, 규율, 결단의 표출은 일찍이 한 번도 보지 못했다. 아니, 상상조차 하지 못했다." 그러나 하사관은 다르게 묘사했다. "우리는 그렇게 탁 트인 지대를 통과하는 것이 쓸데없는 짓임을 겪기 전에도 알았다. 그래도 가야 했다. 앞에는 악마가, 뒤에는 깊은 바다가 있었다. 전진하면 사살된다. 후진하면 군법 회의에 회부되어 사살된다. 어쩌겠는가?"[207]

전사들이 전투에서 죽음의 위험을 받아들이는 이유는 또 있다. 진화생물학자 J. B. S. 홀데인은 형제를 위해 목숨을 내놓겠느냐는 질문에 이렇게 답했다. "아니요, 하지만 두 명의 형제와 여덟 명의 사촌을 위해서라면 기꺼이." 그는 후에 혈연 선택, 포괄적 적응도, 혈연 이타주의라고 불리게 되는 현상을 언급한 것이었다. 자연 선택은 생물체로 하여금 혈연을 위해 희생하게 만드는 유전자를 선호한다. 다만 그 친척에게 돌아갈 이익이 생물체가 치르는 비용을 능가할 때만 그렇고, 이익은 촌수가 멀어질수록 감소한다. 이것은 그 유전자가 친척의 몸속에 있는 **자신의** 복사본들을 도움으로써 편협한 이기적 대안보다 장기적으로 더 큰 이득을 누릴 수 있기 때문이다. 이 이론을 단단히 오해한 비판자들은 생물체가 친족과의 유전자 공유 정도를 의식적으로 계산함으로써 제 DNA가 얻는 이득을 따진다고 상상했다.[208] 그러나 실제로 생물체에게는 통계적으로 자신의 유전적 친척일 가능성이 높은 다른 개체들을 돕는 성향만 있으면 그만이다. 사람이라는 복잡한 생물에게는 그 성향이 형제애라는 감정으로 갖춰져 있다.

인류의 진화 역사에서 대부분을 차지했던 소규모 군 사회에서는 집단이 혈연으로 묶였다. 이웃은 서로 혈연관계일 때가 많았다. 일례로 야노마뫼 족은 마을에서 무작위로 두 사람을 짚으면 다들 사촌 정도로 가까운 친척이고, 그들이 스스로 친척이라고 생각하는 사이는 평균적으로 사촌보다도 더 가깝다.[209] 만일 개인에게 위험한 행동이 동료 전사들에게 도움이 된다면, 이런 유전자 공유 때문에 진화적 이익의 계산이 바뀌어서 목숨과 신체에 더 큰 위험을 감수할 수 있을 것이다. 침팬지가 다른 영장류와 달리 협동적 습격을 하는 이유 중 하나는, 개체가 성적으로 성숙했을 때 수컷이 아니라 암컷이 무리를 떠나는 습성이 있는지라 무리 내 수컷들은 대개 모두 친척이기 때문이다.[210]

진화 이론이 밝혀낸 인간 심리의 모든 측면이 그렇듯이, 이때도 문제가 되는 것은 **실제** 유전적 연관성이 아니라 연관된다고 느끼는 **인식**이다(침팬지는 물론이거니와 수렵 채집인이 뺨을 면봉으로 훑어서 유전자 분석을 의뢰하는 것은 아니니까.). 물론 충분히 오랫동안 인식과 현실에 상관관계가 존재한 경우에만 그럴 것이다.[211] 친족이라고 인식하도록 만드는 요인으로는 함께 성장한 경험, 자신의 어머니가 상대를 돌보는 것을 목격한 경험, 식사를 함께한 경험, 공통 선조의 신화, 공통의 피와 살이라는 본질주의적 직관, 의식과 시련의 공유, 육체적 유사성(머리 모양, 문신, 흉터 형성, 절단 등으로 향상되고는 한다.), 그리고 **우애**, **형제애**, **가족**, **조국**, **모국**, **혈연** 등등의 비유가 있다.[212] 군사 지도자들은 병사들이 서로를 유전적 친족처럼 느껴 생물학적으로 예측 가능한 수준의 위험을 짊어지게끔 만들기 위해서 세상에 존재하는 온갖 기교를 동원한다. 셰익스피어는 전쟁 문학사상 가장 유명한 동기 부여 연설을 쓰면서 그 점을 똑똑히 밝혔다. 헨리 5세가 성 크리스핀의 날에 병사들에게 연설하는 대목이다.

오늘부터 세상이 끝나는 날까지,
성 크리스핀의 날이 오면
누구도 우리를 기억하지 않을 수 없을 것이다.

우리는 소수이나, 행복한 소수이니, 모두가 한 형제로다.
오늘 나와 함께 피를 흘리는 자는
모두 나의 형제일 것이기 때문이다.

현대의 군대도 군인들을 형제애로 묶으려고 안간힘을 쓴다. 대여섯 명에서 수십 명으로 구성된 공격대, 분대, 소대를 편성하여, 그런 단위가 사람을 군대에서 싸우게 만드는 기본적 감정인 형제애의 도가니로 기능하게끔 한다. 군사 심리학 연구를 보면, 군인들은 무엇보다도 자기 소대원들에 대한 충성심에서 싸운다.[213] 작가 윌리엄 맨체스터는 제2차 세계대전에서 해병대원으로 복무했던 경험을 이렇게 회상했다.

사선에 선 남자들은 내 가족이자 내 집이었다. 그들은 말로 설명할 수 없을 만큼 나와 가까웠고, 과거의 어떤 친구보다도, 미래에 올 어떤 친구보다도 내게 가까웠다. 그들은 절대로 나를 저버리지 않았고, 나도 그럴 수 없었다. …… 그들을 죽게 내버리고 나만 살아남아서 어쩌면 그들을 구할 수 있었을지도 모른다고 생각하며 살아가느니, 나도 그들과 함께여야 했다. 나는 이제 안다. 사람은 국기나 국가를 위해서 싸우지 않는다. 해병대나 영광이나 다른 어떤 추상을 위해서 싸우지도 않는다. 사람은 서로를 위해서 싸운다.[214]

20년 뒤, 역시 해병대원이었다가 작가가 된 윌리엄 브로일스는 베트남에서의 경험을 비슷하게 회상했다.

전쟁에서 가장 영속적인 감정, 다른 것이 모두 희미해졌을 때까지 남는 감정은 전우애이다. 전우는 당신이 모든 것을 맡길 수 있는 사람이다. 당신의 생명을 맡길 수 있기 때문이다. …… 극우적 이미지에도 불구하고, 전쟁은 사실 우리 대부분이 살면서 경험할 수 있는 유일한 유토피아이다. 전쟁에서는 개인의 소유와 이득이 아무것도 아니다. 집단이 전부이다. 내가 가진 것을 전우들과 공유해야 한다. 그것은 딱히 선택에 따르는 과정이 아니다. 그 사랑은 이유가 필요 없고, 인종과 성격과 교육을 초월한다. 평화 시에는 서로 간의 차이를 빚어낼 만한 모든 것을 뛰어넘는다.[215]

사람이 극단의 상황에서는 가상의 형제들로 구성된 소대를 구하고자 제 목숨을 내놓을 수 있겠지만, 구체적으로 미래의 어느 날 그들을 대신하여 자살을 감행하겠노라고 차분하게 계획을 세우는 것은 드문 일이다. 만일 그게 가능하다면 전쟁은 상당히 달라질 것이다. 지휘관들은 병사들의 공황과 패주를 막기 위해서(적어도 대오 종결자가 없는 상황에는), 보통 병사 개개인이 확실한 죽음의 임무에 차출되었다는 사실을 모르도록 전투 계획을 짠다. 제2차 세계 대전 당시 폭격 기지에서, 전술가들은 모든 조종사들이 왕복 비행에 필요한 연료를 가뜩 실은 채 목숨을 운에 맡기고 출격하는 대신 제비를 뽑아서 당첨된 소수만을 죽음이 확실한 편도 출격에 내보내면 오히려 생존률이 높을 것이라고 계산했다. 그런데도 지휘관들은 병사들이 운명을 선고 받은 채 오래 기다리다가 조금 낮은 위험을 겪는 것보다는 다 함께 예측 불가능한 높은 위험을 감수하도록 하는 편을 택했다.[216] 자살 테러의 기술자들은 이 장애물을 어떻게 극복할까?

내세 이데올로기는 틀림없이 도움이 된다. 9/11 납치범들에게 사후의 플레이보이 맨션이 약속되었던 것을 떠올려 보라(일본 가미카제 조종사들은 제국의 위대한 정신과 하나가 된다는, 훨씬 덜 생생한 이미지로 만족해야 했다.). 그러나 현대의 자살 테러를 완성시킨 것은 그들보다는 타밀 반군인데, 이들은 환생을 약속하는 힌두교를 믿으면서 자라기는 했지만 집단 자체의 이데올로기는 세속적이었다. 20세기에 제3세계 해방 운동을 활성화했던 민족주의, 낭만적 군사주의, 마르크스-레닌주의, 반제국주의가 평범하게 혼합된 이데올로기였다. 그리고 자살 테러 지망자들에게 왜 참여하려 하느냐고 물어보면, 내세에 처녀가 있건 없던 내세에 대한 기대는 두드러지게 거론되지 않는 편이다. 그러니 즐거운 내세에 대한 기대가 비용-편익 저울에 대한 인식을 한쪽으로 살짝 기울일 수는 있을지라도(무신론자 자살 폭탄범은 상상하기 어려우니까), 그것이 유일한 심리적 추동력은 아니다.

인류학자 스콧 애트런은 임무에 실패했거나 향후 수행할 예정인 자살 테러리스트들을 면담하여, 그들에 대한 세간의 흔한 오해를 반박했다. 그들은 무지하고, 가난하고, 허무주의적이고, 정신에 문제가 있기는커녕 오히려 교육을 잘 받았고, 중산층이고, 도덕심이 있고, 뚜렷한 정신 이상 소견이 없었다. 애트런은 그들의 동기가 혈연 이타주의에서 나올 때가 많다고 결론지었다.[217]

타밀 반군의 사례는 상대적으로 이해하기 쉽다. 그들은 대오 종결자에 비견할 만한 전략을 쓴다. 자살 작전 수행자를 선발한 뒤, 그에게 발을 빼면 가족을 죽이겠다고 위협하는 것이다.[218] 하마스를 비롯한 다른 팔레스타인 테러 단체들의 방법은 이보다 약간 덜 교활하다. 그들은 채찍보다 당근을 쓴다. 테러리스트의 가족에게 후한 연금, 일시불 보상금, 공동체에서의 막대한 명예를 보장하는 것이다.[219] 일반적으로는 극단적 행동을 통해서 생물학적 적응도 면에서의 수익을 기대하기가 어렵지만, 인류학자 애런 블랙웰과 로런스 스기야마가 보여 주었듯이 팔레스타인 자살 테러의 경우에는 가능할지도 모른다. 요르단 강 서안과 가자 지구에는 아내를 구하지 못하는 남자가 많다. 남자의 가족이 신부값을 치를 여력이 없기 때문이다. 그래서 사촌끼리 결혼하는 수밖에 없다. 게다가 많은 여자가 일부다처 혼인을 맺거나 이스라엘에 사는 부유한 아랍인과 결혼하여 결혼 시장에서 빠져나간다. 블랙웰과 스기야마는 팔레스타인 자살 테러리스트의 99퍼센트가 남성이고, 86퍼센트가 미혼이며, 81퍼센트는 팔레스타인의 평균 가족 규모보다 많은 여섯 명 이상의 형제를 갖고 있다는 점에 주목했다. 연구자들은 이것을 비롯한 여러 수치들을 간단한 인구 통계학 모형에 입력하여, 테러리스트가 제 몸을 날려서 얻는 금전적 보수는 그의 형제들이 신부를 얻기에 충분한 정도임을 확인했다. 그렇다면 그의 희생은 번식 면에서 가치가 있다.

또 애트런은 이런 직접적 유인책이 없어도 자살 테러리스트를 모집할 수 있다는 사실을 발견했다. 청년들을 순교로 끌어들이기에 가장 효과적인 미끼는 행복한 형제들의 무리에 합류할 기회이다. 테러 세포는 종종 직업이 없는 젊은 미혼 남성들의 동아리로 시작한다. 카페, 기숙사, 축구 클럽, 이발소, 인터넷 채팅방에 모인 청년들이 어느 날 갑자기 새로운 무리에 헌신하는 데서 삶의 의미를 찾는 것이다. 어느 사회에서나 젊은 남자들은 용기와 헌신을 증명해 보이려고 바보스러운 짓을 하기 마련이다. 집단이 되면 더 그렇다. 개인적으로는 그 짓을 바보스러운 짓이라고 생각하더라도, 집단의 다른 사람들이 그 일을 멋지게 여긴다고 생각하기 때문에 그렇게 한다.[220] (이런 현상은 8장에서 다시 다루겠다.) 집단에의 헌신은 종교를 통해 더욱 강렬해진다. 말 그대로 천국을 믿어서라기보다는 어떤 성전(聖戰), 소명, 전망 추구, 지하드(이슬람교도가 이교도와 벌이는 성전 — 옮긴이)에 푹 빠짐으로써 느끼는 영적인 경외감 때문이다. 종교는 대의에의 헌신을 신성한 가치로 바꿔 놓는다. 그렇게 되면 그 선한 가치는 다른 무엇과도, 제 목숨과도 바꿀 수 없는 것이 된다.[221] 복수에의 갈망도 헌신을 부추긴다. 가령 전투적 이슬람주의는 이슬람 신자들이 세계 곳곳에서 역사의 길목마다 겪었던 피해와 모욕에 복수하겠다는 태도를 취한다. 혹은 신성한 이슬람 땅에 이교도 군대가 존재하는 것과 같은 상징적 모욕에 대한 복수를 추구한다. 애트런은 미국 상원 분과 위원회에서 자신의 연구를 요약하여 이렇게 증언했다.

> 2004년에 마드리드에서 기차를 폭발시킨 청년들, 2005년에 런던 지하철에서 사람을 죽인 청년들, 2006년과 2009년에 미국에서 운항 중인 여객기를 폭파하려고 했던 청년들, 이교도를 죽이겠노라며 이라크, 아프가니스탄, 파키스탄, 예멘, 소말리아 등지에서 멀리까지 여행해 온 청년들. 이런 청년들을 관찰하여 그들이 누구를 우상화하는지, 어떻게 조직되는지, 무엇으로 결속되고 추진되는지를 보면, 오늘날 세계에서 가장 치명적인 테러리스트들에게 영감을 주는 것은 코란이나 종교의 가르침이라기보다는 친구들의 눈앞에서 명예와 존경을 보장하는 짜릿한 대의와 행동의 유혹입니다. 살아서는 결코 누리지 못할 더 큰 세상의 존중과 기억을 친구들을 통해서 영원히 즐기는 것입니다. …… 지하드는 평등하게 균등한 기회를 제공하는 고용주입니다. …… 우애롭고, 속전속결이고, 짜릿하고, 영예롭고, 멋진 것입니다. 그곳에서는 종이칼로 골리앗의 머리를 베는 데 도전하겠다는 사람이라면 누구든 환대 받습니다.[222]

지역의 이맘(무슬림 공동체에서 예배 시 기도를 이끄는 종교 장로 — 옮긴이)들은 이런 과격화에 변변한 영향력을 미치지 못한다. 소란을 일으키고 싶어 하는 청년들이 공동체 원로들에게 안내를 구하는 일은 거의 없기 때문이다. 그리고 알카에다는 중앙 집중적 모집책이라기보다는 분산된 조직망을 독려하는 세계적 브랜드에 가까운 것이 되었다.

✤ ✤ ✤

자살 테러를 자세히 살펴보면, 언뜻 좀 우울해진다. 우리가 싸우는 상대는 머리 여러 개 달린 히드라라서, 지도부를 참수하거나 본진으로 쳐들어갈 수 없다고 느껴지기 때문이다. 그러나 모든 테러 조직은 결국 실패를 향해 나아간다는 사실을 명심하자. 이슬람 테러리즘도 시들기 시작했다는 신호가 있을까?

확실히 그렇다. 그들이 이스라엘에서 지속적으로 벌인 민간인 공격은 세계 다른 지역에서와 동일한 결과를 가져왔다. 즉, 대중의 공감과 협조 의향을 잃었다.[223] 제2차 인티파다(이스라엘에 대한 팔레스타인의 민중 봉기 — 옮긴이)가 시작된 뒤, 특히 2000년에 야시르 아라파트 의장이 캠프 데이비드 협정을 거부한 직후부터, 팔레스타인의 경제, 정치 전망은 착실히 쇠퇴했다. 크로닌은 자살 테러가 장기적으로 대단히 어리석은 전략이라고 평가했다. 표적 국가들은 소수 집단 사람들 중 누가 걸어 다니는 폭탄인지 알 수 없다는 이유로 결국 그들이 자기들 속에서 섞여 살아가는 것을 용인하지 않을 테니까. 이스라엘은 보안 장벽을 쌓은 것 때문에 국제적 비난을 받았지만, 크로닌이 지적했듯이 자살 테러에 직면한 다른 나라들도 모두 비슷한 조치를 취했다.[224] 서안의 팔레스타인 지도부도 최근에는 폭력을 공개적으로 부정하고, 대신 더 나은 통치에 에너지를 쏟고 있다. 팔레스타인 활동가 단체들은 보이콧, 시민 불복종, 평화 시위, 기타 비폭력 저항으로 선회했다.[225] 심지어 라즈모한 간디(모한다스 간디의 손자)와 마틴 루서 킹 3세에게 상징적 지지를 요청하기도 했다. 이것이 팔레스타인 전략의 전환점이 될지는 두고 봐야겠지만, 테러로부터의 후퇴가 역사적으로 전례 없는 일은 아니다.

알카에다의 운명은 이보다 더 큰 이야기이다. 그들의 움직임을 주시해 온 전직 CIA 요원 마크 세이지먼에 따르면, 2004년에는 서구를 표적으로 한 심각한 계획이 10건이었지만 (이라크 침공에 자극 받은 것이 많았다.) 2008년에는 고작 3건이었다.[226] 알카에다의 아프가니스탄 기지가 소탕되었고 지도부가 격감했음은 물론이거니와(2011년에 빈 라덴도 죽었다.), 이슬람권의 여론에서도 호의적인 의견은 진작 가라앉았고 부정적인 의견이 대두했다.[227] 지난 6년 동안 무슬림들은 갈수록 허무주의적인 야만 행위로 보이는 사건들에 반감을 느꼈다. 이 현상은 폭력이 아니라 품위가 국제적 언어라는 크로닌의 말에 부합한다. 운동의 전략 목표들은 — 범이슬람 칼리프, 억압적이고 신정적인 체제를 더 억압적이고 더 신정적인 체제로 교체하려는 것, 이교도에 대한 집단 살해 — 사람들이 그 진정한 의미에 대해 숙고하기 시작하자 차츰 매력을 잃었다. 그리고 알카에다는 모든 테러 단체가 겪는 치명적 유혹에 빠졌다. 좀 더 연민이 느껴지는 희생자에게 좀 더 유혈적인 공격을 가함으로써 계속 조명을 받으려고 한 것이다. 알카에다는 특히 수만 명의 동포 무슬림을 죽인 것이 문제였다. 2000년 중반에 알카에다는 발리의 나이트클럽, 요르단의 결혼 피로연, 이집트의 리조트, 런던의 지하철, 이스탄불과 카사블랑카의 카페들을 공격하여 이렇다 할 목표도 없이 무슬림과 비무슬림을 무차별로 죽였다. '이라크 알카에다(AQI)'라고 불리는 지부는 더욱 저열했다. 그들은 모스크, 시장, 병원, 배구 경기장, 장례식장에서 폭탄을 터뜨렸고, 절단과 참수로 저항자를 잔혹하게 다루었다.

지하드에 대항하는 지하드는 여러 차원에서 전개되고 있다. 사우디아라비아나 인도네시아처럼 한때 이슬람 원리주의에 심취했던 국가들은 더 이상은 안 된다고 결정하고 운동을 소탕하기 시작했다. 운동을 이끌었던 지도자들도 등을 돌렸다. 빈 라덴의 조언자였던 사우디아라비아 성직자 살만 알오다는 2007년에 공개편지로 그를 규탄하며 빈 라덴이 "자살 폭탄 문화를 조장하여 유혈 사태와 고통을 일으키고, 온 이슬람 공동체와 가정들에 파멸을 가져왔다."고 비난했다.[228] 사적인 비난도 불사했다. "내 형제 오사마여, 그동안 얼마나 많은 피를 흘렸는가? 알카에다의 이름으로 …… 무고한 사람들, 어린 아이들, 노인들, 여자들을 얼마나 많이 죽였는가? 수십만, 아니 수백만의 목숨을 등에 지고서 어찌 신을 영접할 것인가?"[229] 알오다의 고발은 공감을 얻었다. 이슬람 단체와 텔레비전 방송국의 웹사이트에 오른 글 중 3분의 2가 호의적이었다. 그는 영국의 젊고 열광적인 무슬림 군중 앞에서 연설하기도 했다.[230] 사우디아라비아의 대(大) 무프티(이슬람교의 법률 권위자 — 옮긴이) 압둘라지즈 알 아시셰이크는 2007년에 공식적으로 파트와(무프티가 코란과 샤리아 율법에 따라 내놓는 종교적, 법률적 해석 — 옮긴이)를 내려, 사우디아라비아 사람이 해외 지하드에 참여하는 것을 금지했다. 그는 빈 라덴 일당이 "자신들의 정치, 군사 목적을 달성하기 위해서 우리 젊은이들을 걸어 다니는 폭탄으로 만든다."고 규탄했다.[231] 같은 해, 알카에다의 또 다른 현자인 이집트 학자 사이이드 이맘 알 샤리프는(파들 박사라고도 불린다.) 『지하드의 이론적 설명』이라는 책을 내며 출간 사유를 이렇게 설명했다. "지하드는 …… 최근 몇 년 동안 심각한 샤리아 위반으로 더럽혀졌다. …… 요즘 어떤 자들은 여성과 아이를 포함한 수백 명의 무슬림과 비무슬림을 지하드의 이름으로 죽인다!"[232]

아랍 여론도 동의한다. 2008년, 한 지하드 웹사이트는 알카에다의 일상 지도자인 아이만 알자와히리를 초청하여 온라인 질의응답을 했다. 한 참가자가 물었다. "실례입니다만, 각하의 축복 하에 바그다드, 모로코, 알제리에서 죄 없는 이들을 죽이는 사람이 대체 누구라고 생각합니까?"[233] 이슬람권 전역의 여론 조사 결과에서도 분노가 드러난다. 요르단, 파키스탄, 인도네시아, 사우디아라비아, 방글라데시에서 자살 폭탄을 비롯한 민간인 대상 폭력을 지지한다고 답한 응답자 수는 2005~2010년까지 묵직하게 가라앉아, 종종 10퍼센트 수준으로 내려앉았다. 이조차 야만적으로 높은 수치라고 생각하는 독자가 있을까 봐, (데이터를 취합한) 정치학자 파와즈 게르게스는 "민간인을 의도적으로 겨냥한 폭탄이나 기타 공격도 자주 혹은 가끔 정당화될 수 있다."는 문항에 미국인 24퍼센트가량이 그렇다고 답했다는 사실을 상기시킨다.[234)]

더 중요한 것은 테러리스트들이 대중의 지지에 의존하는 전쟁 지역의 여론이다.[235)] 2007년 말, 파키스탄 북서 변경 주에서는 알카에다의 지지율이 5개월 만에 70퍼센트에서 4퍼센트로 추락했다. 전 수상 베나지르 부토가 자살 폭탄범에게 암살된 데 대한 반응이었다. 그해 선거에서 이슬람 과격파는 전국 투표수의 2퍼센트를 얻었다. 2002년에 비해 5분의 1로 준 것이었다. 2007년 ABC/BBC의 아프가니스탄 여론 조사에서, 지하드 군사 운동에 대한 지지율은 1퍼센트로 급락했다.[236)] 2006년 이라크에서는 수니파의 다수와 쿠르드 족 및 시아파의 대다수가 AQI를 반대했는데, 2007년 12월에는 AQI의 민간인 공격에 대한 반대가 100퍼센트에 도달했다.[237)]

여론은 여론이고, 그것이 실제 폭력 감소로 이어질까? 테러리스트는 대중의 지지에 의존하므로, 그럴 가능성이 높다. 2007년은 이슬람권에서 테러에 대한 태도가 바뀐 전환점이었는데, 이라크 자살 공격의 전환점이기도 했다. '이라크 사망자 집계' 통계에 따르면, 차량 폭탄과 자살 공격은 2007년에 일일 21건이었으나 2010년에 8건 미만으로 떨어졌다. 여전히 너무 많지만 발전은 발전이다.[238)] 무슬림의 태도 변화에만 공이 있는 것은 아니었다. 2007년 상반기에 미군이 인력을 크게 보충하고 다른 군사적 조정을 가했던 것도 도움이 되었다. 그러나 군사적 변화 중에서도 일부는 태도 변화에 의존한다. 2007년에 무크타다 알사드르가 이끄는 시아파 메흐디 민병대는 휴전을 선언했고, 이후 이어진 이른바 수니파 각성 운동에서 청년 수만 명은 미국이 지원하는 정부에 대한 반란 세력에서 이탈하여 AQI를 저지하는 활동으로 옮겼다.[239)]

테러는 전술일 뿐, 이데올로기나 체제가 아니다. 따라서 우리는 '테러와의 전쟁'에서 영원히 이길 수 없을 것이다. 조지 W. 부시가 더 큰 목표로 선언했던 '세상에서 악을 추방하는 일'이 ('테러와의 전쟁'을 선포했던 9/11 연설에서 함께 선언했다.) 영원히 불가능한 것처럼 말이다. 현재는 전 지구적 미디어의 시대이므로, 세계 어딘가에서는 불만을 품은 이데올로그 중 테러의 뛰어난 투자 수익률에 — 미미한 폭력의 지출로 막대한 공포의 수익을 거둘 수 있다는 점에 — 넘어가는 사람이 늘 존재할 것이다. 세계 어딘가에서는 전우애와 명예의 약속 앞에 목숨까지 내놓는 형제 같은 무리들이 늘 존재할 것이다. 테러가 대규모 반란의 전술이 되면, 인명과 일상에 엄청난 피해를 끼칠 수 있다. 그리고 가설적이나마 핵 테러라는 위협은 **테러**라는 말에 전혀 다른 차원을 부여한다(이 문제는 마지막 절에서 다루겠다.). 그러나 그 밖의 상황에서는, 역사에서 알 수 있고 최근의 일화들에서 확인할 수 있듯이, 테러 운동은 스스로의 파멸을 예고하는 씨앗을 속에 담고 있다.

천사들도 발 딛기 두려워하는 곳

새로운 평화란 냉전 종식 후 20년 넘게 전쟁, 집단 살해, 테러가 가끔 덜컥거리면서도 꾸준히 정량적으로 감소한 현상을 말한다. 이것은 긴 평화만큼 오래되지 않았고, 인도주의 혁명만큼 혁명적이지 않았고, 문명화 과정처럼 문명 전체를 휩쓸지 않았다. 그렇다면 이 현상이 얼마나 더 지속될까 하는 의문이 드는 게 당연하다. 나는 내 생전에 프랑스와 독일이 전쟁을 벌이지 않을 것이고, 고양이 화형과 바퀴로 부수는 관행이 돌아오지 않을 것이고, 식사하던 사람들이 스테이크 칼로 수시로 상대를 찌르거나 코를 베지는 않을 것이라고 합리적으로 확신한다. 그러나 신중한 사람이라면 그 누구도 온 세계의 무력 충돌에 대해서 비슷하게 확신할 수 없을 것이다.

나는 가끔 이런 질문을 받는다. "당신의 논제를 통째 반박하는 전쟁이 (혹은 집단 살해나 테러가) 내일 당장 터지지 말라는 법이 없잖아요?" 이것은 이 책의 요지를 빗나간 질문이다. 내 요지는 인류가 물병좌의 시대에 접어들어(물병좌의 시대는 자유, 평화, 우애의 시대라는 통념이 있다. — 옮긴이) 지구 상 최후의 일인까지 영원히 평화롭게 살게 되었다는 것이 아니다. 내 요지는 폭력이 실제로 상당히 **줄었다는** 것이고, 이 현상을 이해하는 일이 중요하다는 것이다. 폭력 감소는 특정 문화에서 특정 시점에 갖춰진 정치적, 경제적, 이데올로기적 조건들 때문이었다. 그 조건들이 역전되면, 폭력은 언제라도 다시 늘 수 있다.

더구나 세상에는 사람이 엄청나게 많다. 멱함수 분포의 통계와 지난 200년의 사건들이 한 목소리로 알려 주는 바, 소수의 가해자가 얼마든지 막대한 피해를 일으킬 수 있다. 60억 세계 인구 중에서 어쩌다 핵폭탄을 손에 넣은 광신자가 한 명이라도 있다면, 그는 혼자 힘으로 통계를 천장까지 치솟게 만들 수 있다. 그러나 만에 하나 그렇더라도, 우리는 여전히 왜 살인률이 100분의 1로 떨어졌는지, 왜 노예 시장과 채무 감옥이 사라졌는지, 왜 소련과 미국이 쿠바를 놓고 전쟁에 돌입하지 않았는지를 설명해야 한다. 왜 캐나다와 스페인이 가자미를 놓고 전쟁을 벌이지 않는지도 물론.

이 책의 목표는 과거와 현재의 사실을 설명하는 것일 뿐, 미래의 가설을 점치는 것이 아니다. 그래도 누군가는 이렇게 물을지 모른다. 반증 가능한 예측이야말로 과학의 정수가 아닌가? 과거를 이해한다는 주장은 미래로 외삽되는 능력으로 평가해야 하지 않나? 좋다. 나는 향후 10년 동안 굵직한 폭력 사태가 터질 가능성이 — 연간 10만 명이 사망하는 충돌, 혹은 전체 100만 명이 사망하는 충돌 — 9.7퍼센트라고 예측한다. 어떻게 그 숫자를 얻었느냐고? 글쎄, '아마도 벌어지지 않을 것'이라는 직관을 표현할 만큼 작지만 설혹 그런 사건이 벌어지더라도 내가 완전히 틀린 것처럼 보이지는 않을 만큼 큰 숫자를 고른 것뿐이다. 요컨대, 하나의 사건에 대해서 — 이 경우, 향후 10년 동안 대량 폭력이 발발한다는 사건 — 논할 때는 과학적 예측이라는 개념이 무의미하다. 만약에 우리가 수많은 세상이 펼쳐지는 것을 볼 수 있고 그중에서 특정 사건이 발생하는 경우와 발생하지 않은 경우를 헤아릴 수 있다면 그때는 이야기가 다르겠지만, 우리가 가진 세상은 하나뿐이다.

솔직히 나는 다가올 시대에 세계에서 무슨 일이 벌어질지 알지 못한다. 아마 아무도 모를 것이다. 그러나 다들 나처럼 말조심해야 한다고 생각하진 않는 모양이다. 웹에서 '다가올 전쟁'이라는 문자열을 검색하니 200만 건의 결과가 나왔는데, 자동 완성된 문장을 보면 '이슬람과의', '이란과의', '중국과의', '러시아와의', '파키스탄과의', '이란과 이스라엘의', '인도와 파키스탄의', '사우디아라비아에 맞서는', '베네수엘라에 대한', '미국에서의', '서구에서의', '지구의 자원을 둘러싼', '기후 문제를 둘러싼', '물 때문에 벌어질', '일본과의' 등등이 있었다(마지막 것이 1991년 이야기라는 것만 보아도 이런 문제에서 모두가 좀 더 겸손할 필요가 있다는 생각이 들지 않는가?). 『문명의 충돌』, 『불타는 세계』, 『제4차 세계 대전』, (그리고 내가 제일 좋아하는) 『우리는 망했다』와 같은 책 제목도 비슷한 확신을 자랑한다.

누가 알랴? 어쩌면 그들이 옳을지도 모른다. 그러나 이 장의 나머지에서 내가 하고 싶은 말은, 어쩌면 그들이 틀렸다는 것이다. 확실한 파멸을 경고하는 목소리는 이번이 처음이 아니었다. 예로부터 전문가들은 문명을 끝장낼 공중 가스 공격, 지구적 열핵전쟁, 소련의 서유럽 침공, 중국이 인류 절반을 몰살시킬 가능성, 10여 개의 핵보유국, 독일의 영토 회복주의, 일본의 욱일승천, 십대 슈퍼프레데터들이 도시를 초토화시킬 가능성, 줄어드는 석유를 둘러싼 세계 대전, 인도와 파키스탄의 핵전쟁, 9/11 규모의 테러가 매주 일어날 가능성 등을 예측했다.[240] 그렇다면 지금부터 새로운 평화에 대한 네 가지 주된 위협을 살펴보자. 이슬람 문명과의 충돌, 핵 테러, 이란의 핵, 기후 변화이다. 나는 각각에 대해서 '어쩌면 그럴지도 모르지만 어쩌면 아닐지도 모른다'고 주장할 것이다.

이슬람 세계는, 적어도 겉으로는, 폭력 감소에 참여하지 않는 모양새이다. 서구인이 이슬람의 이름으로 자행되는 야만 행위를 신문에서 보고 경악한 지 어느덧 20년이다. 1989년에 이슬람 성직자들은 마호메트를 소설에서 그렸다는 이유로 살만 루슈디를 죽이겠다고 위협했다. 2002년에 나이지리아에서는 미혼의 임신부에게 돌로 쳐 죽이는 처벌을 내렸다. 2004년에 네덜란드에서는 이슬람 국가 여성들의 처우를 다룬 아얀 하르시 알리의 영화를 만들었다는 이유로 제작자 테오 판 호흐가 칼에 찔려 죽었다. 2005년에 덴마크에서는 한 신문이 예언자를 불경하게 묘사한 만평을 게재한 뒤 치명적인 폭동이 뒤따랐다. 수단에서는 학생들이 곰 인형에게 마호메트라는 이름을 붙이는 것을 허락했다는 이유로 영국인 교사를 투옥했고, 채찍질 처벌의 위협까지 가했다. 19명의 무슬림이 약 3000명의 민간인을 죽인 9/11 테러도 물론 빼놓을 수 없다.

서구는 진작 이런 종류의 폭력에서 벗어난 데 비해 이슬람 세계는 여지껏 탐닉하고 있다는 인상은 단순히 이슬람 혐오나 오리엔탈리즘만은 아니다. 이것은 숫자로 확인되는 사실이다. 세계 인구에서 무슬림은 약 5분의 1이고 무슬림이 인구의 다수를 차지하는 나라는 세계의 약 4분의 1인데, 2008년에 발생했던 전체 무력 충돌 중에서 이슬람 국가나 반란군이 연루된 사건은 절반이 넘었다.[241] 다른 인자들을 같게 놓고 볼 때, 이슬람 국가는 비이슬람 국가보다 인구 중 더 큰 비율을 군대로 보낸다.[242] 미국 국무부의 해외 테러 조직 목록에서 3분의 2를 이슬람 단체가 차지하며, (앞에서 언급했듯이) 2008년에 가해자가 확인된 전 세계 모든 테러의 희생자 중 3분의 2 가까이를 수니파 테러리스트들이 냈다.[243]

민주주의의 상승세에 역행하려는 듯, 이슬람 국가들은 4분의 1만이 선거로 정부를 뽑는다. 그런 나라들조차 대부분 민주주의라고 부르기에 미심쩍다.[244] 통치자들은 우스울 만큼 높은 득표율을 기록한다. 그들에게는 반대자를 투옥하고, 반대 당을 불법화하고, 의회를 정지시키고, 선거를 취소시킬 권력이 있다.[245] 어쩌다 보니 이슬람 국가들에게 독재의 위험 인자, 가령 나라가 크거나, 가난하거나, 석유가 풍부하거나 하는 인자들이 있기 때문에 그런 것은 아니다. 이런 인자들을 고정한 채 회귀분석을 해도, 무슬림 인구가 많은 나라일수록 국민의 정치적 권리가 적다.[246] 정치적 권리는 당연히 폭력의 문제이다. 자유롭게 말하고 쓰고 회합해도 감옥에 끌려가지 않을 권리를 말하는 것이기 때문이다.

이슬람 국가들의 법과 관행은 인도주의 혁명의 수혜를 입지 못한 것처럼 보일 때가 많다. 국제 사면 위원회에 따르면, 이슬람 국가의 4분의 3 가까이가 범죄자를 처형하는 데 비해 비이슬람 국가는 3분의 1만 그런다. 게다가 돌로 쳐 죽이기, 낙인찍기, 눈멀게 하기, 혀나 손 자르기, 심지어 십자가형 같은 잔인한 처벌을 쓸 때도 있다.[247] 이슬람 국가에서는 매년 1억여 명의 소녀들이 생식기 절단을 당한다. 성장한 뒤에는 강압적인 아버지, 남자 형제, 남편의 기분을 해친다는 이유로 산(酸)을 뒤집어 써 외모를 망치거나 아예 죽을지도 모른다.[248] 이슬람 국가들은 노예제를 제일 늦게 폐지했고(사우디아라비아는 1962년, 모리타니아는 1980년), 지금까지 인신매매가 이뤄지는 국가 중 다수가 이슬람 국가이다.[249] 많은 이슬람 국가는 마녀 행위를 법전에 범죄로 기재할 뿐만 아니라 흔히 기소한다. 2009년에 사우디아라비아에서는 한 남자가 모국어인 에리트레아어로 기록된 전화번호부를 소지했다는 이유로 유죄를 선고 받았다. 경찰이 그것을 오컬트의 상징으로 오해했던 것이다. 남자는 300번의 채찍질 형을 받았고, 3년 넘게 감옥에 갇혔다.[250]

이슬람 세계에서는 종교적 미신뿐 아니라 과잉 발달한 명예의 문화도 폭력을 용인한다. 정치학자 칼레드 파타와 K. M. 피르커는 이슬람 과격파 조직들의 이데올로기에 '굴욕의 담론'이 관류하고 있음을 지적했다.[251] 그들은 광범위한 갖가지 굴욕을 — 십자군, 서구의 식민 역사, 이스라엘의 존재, 아랍 땅에 주둔한 미군, 이슬람 국가들의 뒤떨어진 성취 등등 — 이슬람에 대한 모욕으로 여기고, 그렇기 때문에 자신들은 그런 행위에 책임이 있는 문명의 개인들에게 무차별로 복수해도 된다고 정당화한다. 사상의 순결함이 부족한 이슬람 지도자들도 표적에 포함된다. 이슬람의 급진 비주류 세력이 따르는 이데올로기는 전형적인 집단 살해 이데올로기이다. 그들에게 역사란 구제 불능인 사악한 계층을 영광스럽게 굴복시키는 것으로 정점에 오를 폭력 투쟁의 과정이다. 알카에다, 하마스, 헤즈볼라, 이란 체제의 대변인들은 상대 집단(시오니스트, 이교도, 십자군, 다신론자)을 악마화하고, 천년의 대격변을 거쳐 낙원이 올 것이라고 말하고, 유대인이나 미국인이나 그 밖에 이슬람을 모욕한다고 여겨지는 사람들을 모조리 죽이는 행위를 정당화한다.[252]

"대체 무엇이 잘못되었을까?" 이렇게 물었던 사람은 역사학자 버나드 루이스만이 아니었다. 2002년, 유엔의 후원으로 모인 아랍 지식인 위원회는 '아랍인을 위해 아랍인이 쓴' 보고서라는 「아랍 인간 개발 보고서」를 냈다.[253] 저자들은 아랍 국가들이 정치적 억압, 경제적 후진성, 여성 억압, 높은 문맹률, 사상의 세계로부터의 자발적 소외에 시달린다고 지적했다. 보고서 작성 당시에 아랍 국가들의 제조업 총 수출량은 필리핀보다 적었고, 인터넷 연결성은 아프리카 사하라 이남보다 부실했고, 연간 특허 등록 건수는 한국의 2퍼센트였고, 아랍어로 번역되는 출판물의 수는 그리스어로 번역되는 수의 약 5분의 1이었다.[254]

과거에도 늘 이런 것은 아니었다. 중세 이슬람 문명은 의문의 여지없이 기독교 세계보다 세련되었다. 유럽인이 고문 기구 설계에 창의성을 발휘하느라 여념 없을 때, 무슬림은 고전 그리스 문화를 보존하고, 인도와 중국 문명의 지식을 흡수하고, 천문학, 건축, 지도 제작법, 의학, 화학, 물리학, 수학을 발전시켰다. 그 시대가 남긴 상징적 유산으로 아라비아 숫자(인도에서 가져온 것이었다.)가 있고, **알코올**, **알제브라**(대수), **알케미**(연금술), **알칼리**, **아지무스**(방위각), **알렘빅**(증류기), **알고리즘** 등의 차용어도 있다. 서구는 과학에서 이슬람을 역전해야 했듯이 인권에서도 뒤져 있었다. 루이스는 이렇게 말했다.

> 이론에서든 현실에서든 이슬람은 대개의 관용성 시험에서 지난 이삼백 년 동안 발달한 서구 민주주의에 비해 점수가 뒤진다. 그러나 다른 기독교 및 기독교 이후 사회들과 체제들에 비한다면 훨씬 우수하다. 물론 이슬람 역사에는 서구처럼 이교도와 불신자를 해방시키고 수용하고 통합한 일은 없었다. 그러나 한편으로, 이슬람 역사에는 스페인의 유대인과 무슬림 추방, 종교 재판, 이교도 처형, 종교 전쟁과 비슷한 사건도 없었다. 하물며 서구가 근래에 저지른 범행과 그에 대한 묵인에 관해서는 더 말할 것도 없다.[255]

이슬람은 어쩌다 선두를 놓쳤을까? 어째서 이성의 시대, 계몽 시대, 인도주의 혁명을 갖지 못했을까? 일부 역사학자들은 코란의 호전적인 구절들을 탓한다. 그러나 서구의 집단 살해적 경전과 비교할 때, 코란의 모든 구절도 교묘한 주해와 진화하는 규범으로써 얼마든지 그 내용을 비틀 여지가 있다.

루이스는 그 대신 역사적으로 모스크와 국가가 분리되지 않았던 점을 지목했다. 마호메트는 영적 지도자인 동시에 정치, 군사 지도자였다. 이슬람 국가에서는 신정 분리 개념 자체가 최근에 등장했다. 종교라는 안경이 지적으로 기여할 잠재력이 있는 사상들을 모두 거르다 보니, 새로운 사상을 흡수하고 통합할 기회가 사라졌다. 루이스가 지적했듯이, 철학과 수학은 고대 그리스어에서 아랍어로 번역되었지만 시, 희곡, 역사 작품은 번역되지 않았다. 풍요롭게 발달한 그들만의 문명사가 있기는 했지만, 그들은 이웃 아시아, 아프리카, 유럽 문명들에게 무관심했고 자신의 이교도 선조들에게도 무관심했다. 고전기 이슬람 문명의 계승자인 오스만 제국은 기계식 시계, 표준 도량형, 실험 과학, 근대 철학, 시와 픽션의 번역, 자본주의 금융 제도를 받아들이지 않았다. 그중에서도 제일 중요한 점은 인쇄기를 거부했다는 것이다(코란이 아랍어로 씌어졌다는 점 때문에, 아랍어를 인쇄하는 것은 신성 모독으로 여겨졌다.).[256] 나는 4장에서 문해력이 뒷받침된 세계주의 사상이 유럽 인도주의 혁명의 촉매였다는 가설을 제안했다. 덕분에 사람들의 감정 이입 범위가 넓어졌고, 사상의 시장이 구축되어 그곳에서 자유주의적 인도주의가 솟아났다. 그러니 어쩌면 오래된 종교의 지배력이 이슬람 문명의 중심으로 새로운 사상이 흘러드는 것을 막아, 상대적으로 편협한 발달 단계에 고착시켰을지도 모른다. 이런 추측을 증명하기라도 하듯이, 2010년에 이란 정부는 대학 인문학 과정의 입학생 수를 제한했다. 최고 지도자 아야톨라 알리 하메네이는 인

문학이 "종교적 원칙과 신념에 대한 회의주의와 의심을 촉진하기 때문"이라고 설명했다.[257]

역사적 원인이 무엇이든, 오늘날 서구와 이슬람 문화 사이에는 넓은 간극이 있는 듯하다. 정치학자 새뮤얼 헌팅턴은 그 간극 때문에 문명의 충돌이라는 새 시대가 도래했다고 주장했다. 그는 그 유명한 이론에서 이렇게 말했다. "유라시아에 가로놓인 문명 간의 거대한 역사적 단층선이 다시금 불타오르고 있다. 서아프리카에서 중앙아시아에 걸친 초승달 모양의 이슬람 국가권 경계가 특히 그렇다. 폭력은 무슬림 사이에서도 벌어지고, 무슬림을 한쪽에 두고 반대쪽에는 발칸의 세르비아 정교도, 이스라엘의 유대인, 인도의 힌두교도, 버마의 불교도, 필리핀의 가톨릭교도를 두고도 벌어진다. 이슬람의 국경은 피투성이다."[258]

문명의 충돌이라는 극적인 개념은 학자들 사이에서 인기를 끌었으나, 현실의 국제 관계 연구자들 중에는 그것을 진지하게 여기는 사람이 거의 없다. 전 세계 유혈 사태 중에서 막대한 비율이 이슬람 국가 내부에서나 그들 사이에서 벌어지고(1980년대 이라크와 이란의 전쟁, 1990년 이라크의 쿠웨이트 침공 등) 역시 막대한 비율이 비이슬람 국가 내부에서나 그들 사이에서 벌어지기 때문에, 문명의 단층은 작금의 세계의 폭력을 정확하게 간추린 표현이라고 보기 어렵다. 그리고 닐스 페테르 글레디치와 할바르드 부헤우가 지적했듯이, 지난 20년 동안 세계 무력 충돌에서 이슬람 국가들과 반군들이 차지하는 **비율**이 (20퍼센트에서 38퍼센트로) 늘기는 했어도 그것은 그들의 절대적인 충돌 **건수**가 늘었기 때문이 아니다. 이슬람권에서는 충돌이 거의 같은 수준을 유지한 데 비해 나머지 세계가 좀 더 평화로워졌기 때문이다. 그림 6-12를 보면 알 수 있다. 내가 새로운 평화라고 부른 현상이 바로 이것이었다.

더 중요한 문제는 '이슬람 문명'이라는 개념 자체다. 이 개념은 말리,

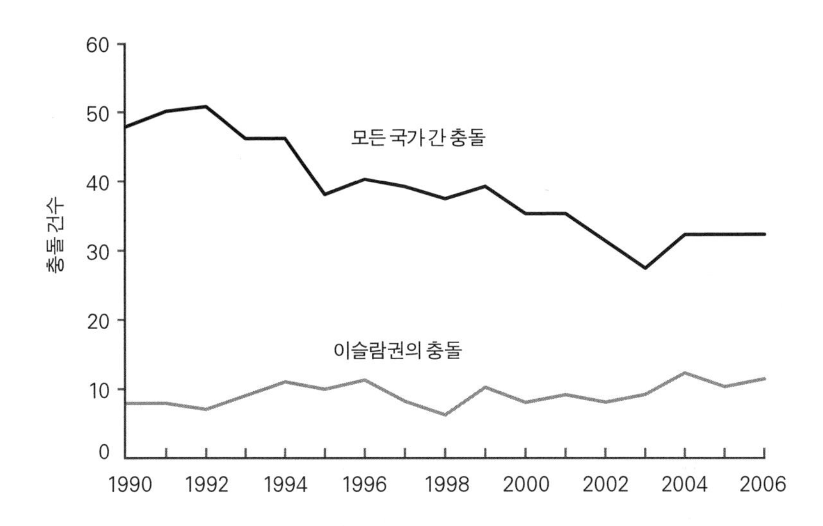

그림 6-12. 이슬람권의 충돌 건수와 세계의 충돌 건수, 1990~2006년.

출처: 데이터: Gleditsch, 2008. '이슬람권의 충돌'은 이슬람 국가나 이슬람 반대 세력이, 혹은 둘 다 연루된 충돌을 말한다. 할바르드 부헤우가 UCDP/PRIO 충돌 데이터 집합과 스스로 분류한 이슬람권 충돌 자료로부터 취합한 데이터이다.

나이지리아, 모로코, 터키, 사우디아라비아, 방글라데시, 인도네시아처럼 각양각색의 나라에서 살아가며 스스로를 무슬림으로 지칭하는 13억 인구를 싸잡아 지칭하기에 적당치 않다. 이슬람권 내부의 차이를 초월하여 대륙과 국가로만 나누는 것은 더더욱 문제가 있다. 서구인은 무슬림을 단 두 가지 의심쩍은 예제로만 아는 편이다. 파트와와 지하드로 머리기사에 오르내리는 광신자들, 그리고 석유의 저주에 걸린 채 그들을 통치하는 독재자들이다. 지금껏 침묵해 온 (사실 강제로 침묵된 적도 많았던) 대다수 무슬림의 신앙은 서구인의 고정관념에 별로 기여하지 못했다. 그 13억 무슬림은 최근 몇 십 년 동안 세계를 휩쓴 자유화 물결에 정말로 아무런 영향도 받지 않았을까?

2001~2007년까지, 세계 이슬람 인구의 90퍼센트를 차지하는 35개 이슬람 국가에서 사람들의 태도를 조사한 대규모 갤럽 여론 조사가 대

답의 단초를 제공한다.[259] 그 결과는 이슬람 국가들이 조만간 세속적 자유 민주주의 국가가 될 리는 없다는 짐작을 확인해 주었다. 이집트, 파키스탄, 요르단, 방글라데시의 무슬림 대다수는 이슬람 법률의 근간인 샤리아 율법이 입법의 유일한 출전이어야 한다고 응답했다. 다른 대부분의 나라에서 대다수의 응답자는 샤리아가 최소한 여러 출전 중 하나여야 한다고 응답했다. 하지만 미국인의 대다수도 성경이 법률의 출전 중 하나여야 한다고 믿지 않는가. 그런다고 해서 일요일에 일하는 자는 돌로 쳐 죽여야 한다고 믿는 사람은 없을 것이다. 무릇 종교는 모호한 알레고리, 아무도 안 읽는 텍스트에 대한 감정적 애착, 그 밖의 여러 무해한 위선들에 기반하여 융성한다. 성경에 대한 미국인의 헌신처럼, 샤리아에 대한 무슬림의 헌신은 그들이 자기네 문화에서 최고라고 여기는 도덕적 태도들에 대한 상징적 유대감에 지나지 않는다. 문자 그대로 간통한 여인을 돌로 쳐 죽이고 싶다는 욕망이 아니다. 현실에서도 샤리아를 자유주의적 목적에 맞게 창의적, 편의주의적으로 읽어 낸 해석이 억압적인 근본주의적 해석에 우세하곤 한다(가령 나이지리아의 그 여성은 실제로 처형되지는 않았다.). 대부분의 무슬림이 샤리아와 민주주의 사이에 모순을 느끼지 못하는 것은 이 때문이다. 실제로 대다수의 무슬림은 겉으로는 샤리아에 대한 애착을 공언하면서도 종교 지도자들이 헌법 기안 행위에 직접 관여해서는 안 된다고 믿는다.

무슬림들이 대체로 미국을 불신하는 것은 사실이다. 그러나 그것은 서구에 대한 전반적인 반감이나 민주주의 원칙에 대한 적대감 때문이 아니다. 많은 무슬림은 미국이 이슬람권에 민주주의가 전파되기를 바라지 **않는다**고 생각한다. 일리 없는 생각은 아니다. 누가 뭐래도 미국은 이집트, 요르단, 쿠웨이트, 사우디아라비아에서 독재 체제를 후원했고, 팔레스타인 영토에서 선출된 하마스 정부를 거부했고, 1953년에는 민주적으로 선출된 이란의 모사데크 정권 전복을 거들었으니까. 프랑스와 독일에 대한 평가는 좀 더 호의적이다. 무슬림의 20~40퍼센트는 서구 문화의 '공정한 정치 체계, 인권, 자유, 평등에 대한 존중'을 높이 산다고 응답했다. 90퍼센트 이상은 자국 헌법에 표현의 자유를 명시하는 것을 지지한다고 응답했고, 종교와 결사의 자유를 지지한다는 응답자도 많았다. 주요 이슬람 국가들에서는 남녀를 불문하고 상당한 규모의 다수 응답자가 여성이 남성의 영향 없이 투표해야 하고, 어떤 직업이든 가질 수 있어야 하고, 남성과 동일한 법적 권리를 누려야 하고, 정부 고위직에서 일할 수 있어야 한다고 응답했다. 그리고 앞에서 보았듯이, 이슬람 세계의 압도적 다수가 알카에다의 폭력에 반대했다. 갤럽 응답자의 7퍼센트만이 9/11 공격을 지지했다. 그것도 알카에다의 인기가 결딴나기 전인 2007년까지만 그랬다.

정치적 폭력은 어떨까? 메릴랜드 대학교 연구진이 북아프리카와 중동의 102개 풀뿌리 이슬람 조직들의 목표를 조사한 결과, 폭력을 지지하는 조직의 비율은 1985년의 54퍼센트에서 2004년의 14퍼센트로 줄었다.[260] 비폭력 시위에 전념하는 조직의 비율은 세 배로 늘었고, 선거 정치에 관여하는 비율은 두 배로 늘었다. 이런 변화는 그림 6-11의 테러 사망자 곡선을 끌어내리는 데 기여했고, 최근에는 뉴스에도 반영되고 있다. 요즘 서구인은 몇 년 전에 비해 이집트와 알제리의 테러에 대한 기사를 훨씬 적게 접한다.

숱한 자유화 세력들도 이슬람 세계의 고립을 조금씩 깎아 낸다. 알자지라와 같은 독립 뉴스 방송국, 걸프만 국가에 진출한 미국 대학의 캠퍼스, 인터넷과 소셜 네트워크 사이트의 침투, 세계 경제의 유혹, 그리고 내부의 억압된 요구, 비정부 기구들, 서구의 여성 동지들이 함께 가하는 여성 권익 신장에의 압력 등이다. 어쩌면 보수적 이데올로그들이 이런 세력에 잘 저항하여 사회를 영원히 중세 상태로 매어 둘지도 모르지만, 또 어쩌면 그렇지 않을 수도 있다.

이 책이 인쇄에 들어가기 직전인 2011년 초, 튀니지와 이집트에서 항의 운동이 봉기하여 지도자를 물러나게 만들었다. 요르단, 바레인, 리비아, 시리아, 예멘 체제도 위협 받고 있다. 결과를 예측하기는 어렵지만, 어쨌든 시위대는 거의 전적으로 비폭력적이며 이슬람 과격파에 반대하는 입장이다. 그들을 움직인 것은 세계적 지하드, 칼리프 체제의 복권, 이교도들의 죽음을 바라는 마음이 아니다. 민주주의, 더 나은 통치, 경제적 활력을 바라는 마음이다. 이런 변화의 바람에도 불구하고, 이슬람 과격파 독재자나 급진적 혁명 단체가 내키지 않아 하는 대중을 억지로 파국적 전쟁에 끌어들일 가능성도 무시할 수 없다. 그러나 내가 볼 때 '이란과의 다가오는 전쟁'은 영영 오지 않을 가능성이 더 높다. 이슬람 국가들이 단결하여 서구에 도전할 가능성도 낮다. 그들은 너무나 다양한 데다가, 문명 전체가 서구에게 반감을 품은 것도 아니다. 터키, 인도네시아, 말레이시아와 같은 일부 국가들은 상당히 자유 민주주의적인 나라로 변하는 중이다. 일부는 계속 '개자식'들이 통치하겠지만, 어쨌거나 '우리의 개자식'들일 것이다. 또 다른 일부는 샤리아 민주주의라는 모순어법을 그럭저럭 헤쳐 나갈 것이다. 알카에다 이데올로기에 지배되는 나라는 아마 없을 것이다. 그렇다면, 새로운 평화의 합리적 위험 요소로 꼽을 만한 것은 이제 세 가지가 남았다. 핵 테러, 이란의 현 체제, 기후 변화이다.

존 케리가 실수로 진실을 말했듯이, 보통의 테러는 일상 자체에 대한

위협이라기보다 다스려야 할 성가신 존재에 지나지 않는다. 그러나 대량 살상 무기를 동원한 테러는 전혀 다른 이야기가 될 수 있다. 수백만 명을 죽이는 테러의 전망은 이론적으로 가능할 뿐더러 테러 통계와도 부합한다. 컴퓨터 과학자 애런 클로젯과 맥스웰 영, 정치학자 크리스티안 글레디치는 1만 1000건의 테러에서 발생한 사망자 수를 로그-로그 척도로 도표화하여 깔끔한 직선으로 떨어진다는 것을 보여 주었다.[261] 테러 공격이 멱함수 분포를 따른다는 말이다. 즉, 테러 발생 메커니즘에 따르면 극단적인 사건의 가능성이 낮기는 해도 천문학적으로 낮지는 않다는 말이다.

세 연구자는 장바티스트 미셸과 내가 전쟁에 대해 제안했던 것과 약간 비슷한 단순한 모형을 제안했다. 지수들의 결합 외에는 다른 복잡한 기교를 부리지 않은 모형이다. 만일 테러리스트들이 공격 계획에 시간을 더 많이 쏟는다면, 사망자 수는 지수적으로 커질 수 있다. 계획에 두 배 더 시간을 들이면 네 배 더 많이 죽일 수 있다는 말이다. 구체적으로 따져 보자. 자살 폭탄범 한 명은 보통 한 자릿수 사망자를 내는데, 그런 계획은 며칠이나 몇 주면 짤 수 있다. 반면에 약 200명을 죽였던 2004년 마드리드 기차 폭탄 테러는 계획에 6개월이 걸렸고, 3000명을 죽였던 9/11 공격은 2년이 걸렸다.[262] 하지만 테러리스트들은 시간을 빌려서 사는 것이나 마찬가지이다. 계획이 하루 더 길어질수록 그것이 망쳐지거나, 취소되거나, 성급하게 시행될 가능성이 하루만큼 더 존재하기 때문이다. 만일 그럴 확률이 늘 일정하다면, 계획에 걸리는 시간들은 지수 분포를 따를 것이다(크로닌은 테러 조직의 수가 시간에 따라 무더기로 감소한다는 것을 보여 주었다. 즉, 지수 곡선으로 감소한다는 것이다.). 지수적으로 증가하는 피해와 지수적으로 줄어드는 성공 가능성을 결합하면, 불안하리만치 꼬리가 두꺼운 멱함수가 나온다. 현실에 대량 살상 무기가 존재하고 대의를 위해 기꺼이 막대한 피해를 가하려는 광신자들이 존재한다는 점을 감안할 때, 기나긴 모의를 통해 끔찍한 사망자 수가 야기될 가능성은 충분히 상상 가능한 확률의 영역에 들어온다.

물론, 통계 모형은 점치는 수정 구슬이 아니다. 우리가 기존의 데이터를 이은 선을 외삽하더라도, 꼬리에 해당하는 대규모 테러의 가능성은 (천문학적으로 낮은 것은 아니더라도) 여전히 지극히 낮다. 더 중요한 문제는 애초에 그렇게 외삽할 수 **없다**는 점이다. 현실에서는 우리가 멱함수 분포의 꼬리로 다가갈수록 데이터들이 이상하게 행동하기 시작한다. 선에서 벗어나서 이리저리 흩어지거나, 지극히 낮은 확률을 향해 아래로 휙 휜다. 테러 피해의 통계 분포는 우리에게 최악의 시나리오를 기각하지 말라고 일깨우지만, 그 가능성이 얼마나 되는지는 말해 주지 못한다.

어쨌든, 그 가능성은 얼마나 될까? 당신은 향후 5년 안에 다음 시나리오가 현실화할 가능성이 얼마나 된다고 생각하는가? (1) 주요 선진국의 수반이 암살된다. (2) 전쟁이나 테러에서 핵무기가 사용된다. (3) 베네수엘라와 쿠바가 결탁하여 한 곳 이상의 라틴 아메리카 국가에서 마르크스주의 반란 운동을 후원한다. (4) 이란이 테러 단체에게 핵무기를 공급하고, 그 단체가 이스라엘이나 미국에 대해서 그것을 사용한다. (5) 프랑스가 핵무기를 포기한다.

나는 인터넷 사용자 177명에게 이런 시나리오 15개를 나열하여 보여 준 뒤, 각각의 확률을 짐작해 보라고 요청했다. 그 결과, 핵폭탄이 터질 확률(2번 시나리오)의 중간값은 0.20이었다. 테러 단체가 이란에서 핵폭탄을 구해 미국이나 이스라엘에게 사용할 확률(4번 시나리오)의 중간값은 0.25였다. 응답자의 절반가량은 후자가 전자보다 더 가능성이 높다고 대답했다. 그러나 그들은 확률에 대한 기초적 실수를 저지른 셈이다. 사건들의 결합에 대한 확률(A와 B가 동시에 발생할 확률)은 사건들이 각각 단독으로 발생할 확률보다 더 클 수 없다. 당신이 붉은 책을 뽑을 확률은 아무 책이나 뽑을 확률보다 낮아야 한다. 당신이 뽑을 수 있는 책 중에서 일부는 붉은색이 아니기 때문이다.

그런데 트버스키와 카너먼이 보여 주었듯이, 대부분의 사람들은 이 실수를 흔히 저지른다. 통계학자나 의료 연구자도 마찬가지였다.[263] 빌이라는 사람이 있다고 하자. 그는 34세로, 지적이지만 상상력이 부족하고, 강박적이고, 좀 둔한 편이다. 학교에서는 수학에 강했지만 예술과 인문학에서는 특출하지 않았다. 그런 빌이 재즈 색소폰을 불 가능성은 얼마나 될까? 빌이 재즈 색소폰을 부는 회계사가 될 가능성은? 많은 사람이 후자를 더 높게 보지만, 그것은 부조리한 선택이다. 세상에는 그냥 색소폰 연주자보다 색소폰을 부는 회계사가 훨씬 적기 때문이다. 사람들은 확률을 판단할 때 법칙보다 상상의 생생함에 의존한다. 빌은 회계사의 고정관념에는 부합하지만 색소폰 주자에는 부합하지 않으므로, 직관이 고정관념을 따르는 것이다.

심리학자들이 결합의 오류(conjunction fallacy)라고 부르는 이 실수는 우리의 각종 추론에 흠을 입힌다. 배심원들은 피고인이 고용인을 그냥 죽인 상황보다는 피고인이 수상쩍은 사업을 하는 사람이라 고용인이 경찰에 신고하는 것을 막기 위해서 죽인 상황이 더 가능성이 높다고 본다(변호인들은 이런 오류를 교묘하게 이용한다. 배심원들이 시나리오를 더 생생하게 느끼게 하기 위해서 가설적인 세부 사항을 한껏 덧붙이는 것이다. 사실 수학적으로는 그럴수록 오히려 확률이 낮아지는데도). 예보 전문가들은 그럴싸하지 않은 결과가 그냥 주어졌을 때보다 (가령 석유 소비가 줄 것이다.) 그럴싸한 이유가 곁들여졌을 때 (유가가 상승하여 기름 소비가 줄 것이다.) 확률을 더 높게 매기는 경향이 있다.[264] 사람들은 모든 원인을 보장하는 비행 보험보다는 테러 피해를 보상하는 비행 보험에 더 기꺼이 돈을 낸다.[265]

여러분도 이제 내가 무슨 말을 하고 싶은지 슬슬 짐작될 것이다. 우리는 이슬람 테러 단체가 암시장이나 불량 국가에게 폭탄을 구입한 뒤 인구 밀집 지역에서 터뜨린다는 가상의 영화를 마음속에서 너무나 쉽게 상영한다. 우리가 스스로 그러지 않더라도, 오락 산업이 숱한 핵 테러 드라마에서 그런 장면을 상영해 주었다. 영화 「트루 라이즈」, 「공포의 총합」, 드라마 「24」 등을 떠올려 보라. 이 서사는 워낙 매혹적이라, 우리는 그런 재앙에 필요한 단계들을 모두 따져 보고 각각의 확률을 모두 곱한 값보다 훨씬 더 높은 확률을 부여하기 쉽다. 내가 실시한 조사에서 응답자들이 그냥 핵 공격보다 이란이 후원하는 핵 테러 공격의 가능성이 더 높다고 답했던 것은 이 때문이다. 내 말은 핵 테러가 불가능하다거나 가능성이 천문학적으로 낮다는 것이 아니다. 깐깐한 분석가가 아니고서는 누구나 지나치게 높은 확률을 부여하기 쉽다는 말이다.

'지나치게 높은' 확률은 어느 정도를 말할까? 나로서는 '확실하다'거나 '가능성이 절반을 넘는다'는 표현은 분명 지나치게 높은 확률로 느껴진다. 1974년, 물리학자 시어도어 테일러는 1990년이면 테러리스트들의 핵 공격을 예방하기에 너무 늦었을 것이라고 단언했다.[266] 1995년, 세계적으로 손꼽히는 핵 테러 방지 활동가인 그레이엄 앨리슨은 당시 상황으로 보아 1990년대가 끝나기 전에 미국을 표적으로 한 핵 공격이 벌어질 가능성이 높다고 말했다.[267] 1998년, 대테러 전문가 리처드 폴켄라스는 "틀림없이 점점 더 많은 비국가 행위자들이 핵무기, 생물 무기, 화학 무기를 획득하고 쓰게 될 것"이라고 말했다.[268] 2003년, 유엔 미국 대사 존 네그로폰테는 2년 내에 대량 살상 무기로 인한 공격이 발생할 '확률이 높다'고 판단했다. 2007년, 물리학자 리처드 가윈은 핵 테러의 가능성이 그해에 20퍼센트이고, 2010년까지 50퍼센트이며, 10년 안에는 거의 90퍼센트라고 추정했다.[269]

텔레비전 기상 예보관처럼, 학자, 정치가, 테러 전문가는 최악의 시나리오를 강조할 동기가 충분하다. 정부를 겁줌으로써 핵무기와 분열성 물질을 단속하게 만들고 그런 물건을 노리는 단체들을 감시하고 잠입하게 만드는 편이 의문의 여지없이 더 현명하니까. 위험을 과대평가하는 것이 과소평가하는 것보다 더 안전하니까. 그러나 그것도 정도가 있다. 미국이 사실 존재하지 않는 대량 살상 무기를 찾아 이라크를 침공했던 값비싼 교훈을 떠올려 보라. 전문가는 벌어지지 않은 재앙을 예측했다고 해서 평판에 타격을 입지 않는다. 반면에 안전하다고 예측한 뒤 방사성 계란을 얼굴에 맞고 싶은 사람은 아무도 없을 것이다.[270]

뮬러, 존 파라치니, 마이클 레비와 같은 소수의 용감한 분석가들은 재앙의 시나리오를 요소별로 점검해 보았다.[271] 우선, 대량 살상 무기라고 불리는 네 무기 가운데 세 가지는 기존의 폭발 무기보다 훨씬 덜 파괴적이다.[272] '더러운' 폭탄이라고도 불리는 방사능 폭탄은 보통의 폭발물을 방사성 물질로(의료 폐기물 따위에서 얻을 수 있다.) 감싼 것으로, 방사능 수치를 일시적으로 미미하게 높일 뿐이다. 우리가 좀 더 고지대로 이사하는 것에 비견할 만큼 사소한 수준이다. 화학 무기는 지하철처럼 밀폐된 공간에서 터뜨리지 않는 이상(그런 곳에서도 통상적인 폭발물이 더 많은 피해를 일으킬 것이다.) 금세 확산하고, 바람에 날리고, 햇빛에 분해된다(제1차 세계 대전에서 독가스로 인한 사망률은 아주 작았다는 사실을 잊지 말자.). 전염병을 일으키는 생물 무기는 개발과 적용이 비싸서 쉽게 손댈 수 없는 데다가, 아마도 서투른 아마추어 실험가일 개발자 자신에게도 위험하다. 생물 무기와 화학 무기가 핵무기보다는 접근성이 훨씬 더 좋은데도 지난 30년 동안 테러에서 고작 세 번만 사용되었던 것은 놀랄 일이 아니다.[273] 1984년, 라즈니쉬를 추종하는 컬트 종교 단체가 오리건 주 식당들의 샐러드를 살모넬라균으로 오염시켰다. 751명이 앓았지만 사망자는 없었다. 1990년,

타밀 반군이 요새를 공격하던 중 탄약이 떨어지자 근처 제지 공장에서 발견한 염소 실린더를 몇 통 열었다. 60명이 다쳤지만 사망자는 없었고, 나중에 기체가 자신들에게 날아오는 바람에 그들은 두 번 다시 그런 짓을 하지 않아야겠다고 생각했다. 일본의 컬트 종교인 옴진리교는 생물 무기 사용을 열 번 시도하여 번번이 실패하다가, 마침내 도쿄 지하철에서 사린가스를 살포하여 12명을 죽였다. 네 번째는 2001년에 미국 언론사와 정부 사무실에 탄저균이 든 우편물이 배달되어 5명이 죽은 사건이었는데, 알고 보니 테러라기보다 연속 살인이었다.

대량 살상 무기라는 명칭에 정말로 어울리는 것은 핵무기뿐이다. 뮬러와 파라치니는 테러리스트들이 핵폭탄 획득에 '근접했다'고 보고했던 다양한 자료의 진위를 점검하여, 사실은 모두 거짓임을 확인했다. 가령 암시장에서 누군가 무기 구입에 '흥미'를 보였던 사건이 실제로 협상을 했다는 이야기로 부풀려졌고, 일반적인 스케치가 상세한 청사진으로 둔갑했고, 희박한 단서가(가령 2001년에 이라크가 알루미늄 튜브를 구입한 것) 개발 계획의 신호로 과대 해석되었다.

핵 테러로 가는 경로들을 하나하나 따져 보면, 성공률이 희박한 사건들이 운 좋게 결합해야만 가능한 일인 경우가 많다. 한때 러시아의 핵무기 보관이 취약했던 시절이 있었겠지만, 대부분의 전문가는 이미 그 시기가 끝났다는 데 동의한다. 어쩌다 흘러나온 핵폭탄이 핵 시장에서 거래되는 일도 없다. 로스앨러모스 국립 연구소에서 핵무기 연구를 감독했던 스티븐 영거는 "뉴스에서 뭐라고 보도하든, 모든 핵 국가들은 몹시 신중하게 보안을 지킨다."고 말한다.[274] 러시아는 체첸을 비롯한 분리주의 단체들의 손에 무기가 들어가지 않도록 진지하게 지켜야 하고, 파키스탄은 최대의 적인 알카에다를 염려한다. 그리고 흔한 소문과는 달리, 안보 전문가들은 파키스탄 정부와 군대 지휘부가 이슬람 극단주의자들에게 장악될 가능성은 사실상 없다고 본다.[275] 핵무기는 허가되지 않은 사용을 방지하기 위해서 복잡한 연동 장치를 갖추고 있으며, 제대로 유지하지 않으면 '방사성 고철'이 되어 버리는 것이 태반이다.[276] 2010년에 버락 오바마 대통령이 핵 테러 예방을 목표로 주최했던 핵 안보 정상 회의에서 47개 참가국은 완성된 무기가 아니라 플루토늄이나 고농축 우라늄과 같은 분열성 물질의 안보에 집중했는데, 그 이유가 바로 이 때문이다.

누군가 분열성 물질을 도둑질할 위험은 존재한다. 정상 회의가 권유한 조치들은 분명히 현명하고, 책임감 있고, 때늦은 것이었다. 그래도 우리는 헛간에서 핵폭탄을 조립하는 이미지에 현혹된 나머지 그것이 불가피하거나 심지어 지극히 현실적인 일이라고 착각해서는 안 된다. 현재 실시되고 있거나 조만간 실시될 안전 조치들은 분열성 물질의 도둑질과 밀수를 어렵게 만든다. 정말로 그런 물질이 사라진다면, 국제적 범인 수색이 가동될 것이다. 제대로 작동되는 핵무기를 개발하려면, 아마추어의 역량을 넘는 정밀 공학 및 제조 기술이 필요하다. 대량 살상 무기 테러에 대해서 대통령과 의회에게 자문을 주었던 길모어 위원회는 그것을 '괴력을 요하는' 과제라고 표현했다. 앨리슨은 핵무기가 "크고, 거추장스럽고, 안전하지 않고, 믿을 만하지 않고, 예측 불가능하고, 비효율적인" 무기라고 말했다.[277] 더구나 재료, 전문가, 설비를 제자리에 마련하는 길에는 발각, 배신, 함정 수사, 실수, 불운이 지뢰처럼 깔려 있다. 레비는 『핵 테러리즘』에서 테러리스트의 핵 공격이 성공하기 위해 갖춰야 할 조건들을 열거하고는, "핵 테러의 머피의 법칙: 잘못될 수 있는 일은 반드시 잘못된다."고 덧붙였다.[278] 뮬러는 그 길에 대충 20가지 장애물이 있다고 보았고, 테러 단체가 각 장애물을 해결할 확률이 반반일 때 전체 성공률은 100만 분의 1이라고 계산했다. 이에 대해 레비는 거꾸로 최대 성공률을 계산해서 범위를 닫아 보았는데, 장애물이 10개뿐이고 각각의 성공률이 80퍼센트라면 핵 테러 집단의 전체 성공률은 10분의 1이라고 했다. 고작 이 정도 확률로는 우리가 피해자가 될 일이 없을 것이다. 설령 테러 단체가 어림셈을 지나치게 낙관적으로 하더라도, 이 희박한 승률을 보고는 성공률이 더 높은 다른 사업에 자원을 쏟는 편이 낫다고 결정할 것이다. 거듭 말하지만, 그렇다고 핵 테러가 불가능하다는 말은 아니다. 다만 많은 사람이 고집하듯이 그것이 불가피하게 임박한 재앙이나 가능성이 대단히 높은 사건은 아니라는 말이다.

요즘 학자들의 말을 믿는다면, 당신이 이 글을 읽는 시점에 새로운 평화는 굵직한 전쟁으로 이미 산산이 깨어졌을 것이다. 아마도 이란과의 핵전쟁으로. 내가 이 글을 쓰는 현재, 이란의 핵에너지 프로그램을 둘러싸고 긴장이 고조되고 있다. 이란은 핵무기 제작에 충분한 농축 우라늄을 갖고 있고, 핵 확산 방지 조약의 사찰이나 여타 제재에 따르라는 국제적 요구를 거절하고 있다. 마무드 아마디네자드 이란 대통령은 그간 서구 지도자들을 조롱했고, 테러 단체들을 지원했고, 9/11 공격은 미국이 조직했다고 비난했고, 홀로코스트를 부인했고, 이스라엘을 '지도에서 쓸어 내자'고 요청했고, 열두 번째 이맘의 재림을 위해 기도했다. 열두 번째 이맘은 평화와 정의의 시대를 이끌고 온다는 이슬람의 구세주로, 일부 시아파의 해석에 따르면 전 세계가 전쟁과 혼돈으로 찢긴 뒤에야 나타난다고 한다.

아무리 좋게 보아도 심란하기 짝이 없는 말들이다. 작가들 중에는 아마디네자드를 제2의 히틀러로 결론짓고, 그가 곧 핵무기를 개발하여 이스라엘에게 사용하거나 헤즈볼라에게 주어 쓰게 하리라고 내다보는 사람이 많다. 그보다 덜 위중한 시나리오라면, 그가 중동을 협박하여 이란의 패권을 인정하게 만들지도 모른다. 그러면 이스라엘이나 미국은 이란의 핵 시설을 선제공격하는 수밖에 선택의 여지가 없을 것이다. 설령 몇 년에 걸친 전쟁과 테러가 따르더라도. 2009년에 《워싱턴 타임스》의 사설은 이렇게 단언했다. "이란과의 전쟁은 불가피하다. 유일한 질문은 이것이다. 그 일이 언제 벌어질 것인가?"[279]

이란 광신자들의 핵 공격이라는 오싹한 시나리오는 분명 가능하다. 그러나 그것이 **불가피**한가? 적어도 가능성이 대단히 높은가? 우리는 비록 아마디네자드를 경멸하고 그의 동기를 냉소적으로 평가하더라도, 앞으로의 세상에 대해 훨씬 덜 위중한 대안을 상상할 수 있다. 존 뮬러, 토머스 셸링, 그 밖의 많은 외교 분석가들이 벌써 그런 시나리오를 상상해 보았고, 그 결과 이란의 핵 프로그램이 세상의 종말은 아니라고 결론 내렸다.[280]

이란은 핵 확산 방지 조약의 가맹국이다. 아마디네자드는 자국의 핵 프로그램이 오로지 에너지와 의료 연구용이라는 점을 거듭 천명했다. 2005년에 (아마디네자드보다 권력이 큰) 최고 지도자 하메이니는 이슬람 문명에서 핵무기를 금한다는 파트와를 내렸다.[281] 그래도 정부가 계속 무기를 개발할 수는 있다. 국가 지도자들이 새빨간 거짓말을 한 예가 역사상 처음도 아닐 것이다. 그러나 그들은 스스로를 그런 궁지로 몰아넣을 경우 (러시아, 중국, 터키, 브라질 등 이란이 의존하는 강대국들을 포함한) 세계의 눈앞에서 신뢰도가 몽땅 박탈되리라는 전망 때문에라도 계획을 잠시 멈출지 모른다.

아마디네자드가 열두 번째 이맘의 귀환을 꿈꾼다고 해서 반드시 핵 홀로코스트로 그것을 앞당기겠다는 뜻은 아닐 것이다. 여러 작가들이 그가 대재앙을 일으킬 날짜라고 자신 있게 예측했던 두 데드라인은 별일 없이 지나갔다(2007년과 2009년이었다.).[282] 그리고 그는 2009년에 NBC 특파원 앤 커리와 가졌던 텔레비전 인터뷰에서 자신의 믿음을 이렇게 설명했다. 진심이야 모르겠지만 말이다.

> **커리**: 대통령께서는 이맘의 도래와 세상의 종말이 우리 생애에 벌어질 것으로 믿는다고요. 그의 도래를 앞당기기 위해서 스스로 무언가를 해야 한다고 생각하십니까?
>
> **아마디네자드**: 나는 그런 말을 한 적이 한 번도 없습니다. …… 나는 평화에 대해서 말했던 것입니다. …… 묵시록적 전쟁이니, 지구적 전쟁이니, 이런 이야기는 모두 시오니스트들이 주장하는 것입니다. 이맘은 …… 논리, 문화, 과학과 함께 올 것입니다. 그는 세상에 더 이상 전쟁이 없도록 하기 위해서 오십니다. 더 이상 적대와 증오가 없도록, 더 이상 갈등이 없도록. 그는 모두에게 형제애를 요구할 것입니다. 그리고 물론 그는 예수 그리스도와 함께 오실 것입니다. 두 분은 함께 돌아오실 것입니다. 함께 세상을 사랑으로 채울 것입니다. 대대적인 전쟁, 묵시록적 전쟁, 기타 등등 세상에 유포된 이야기는 모두 거짓입니다.[283]

유대인 무신론자로서 나는 이 발언에 마음이 턱 놓인다고 말할 수는 없다. 그러나 위에서 한 대목만 바꾼다면, 이것은 독실한 기독교도의 믿음과 그다지 다르지 않다. 많은 기독교인이 믿는 묵시록적 전쟁이나 베스트셀러 소설들이 몽상하는 사건에 비하면 오히려 온건하다. '이스라엘을 지도에서 쓸어 내겠다.'고 번역된 구절이 있었던 연설은 어떨까? 《뉴욕 타임스》의 이선 브로너는 페르시아어 번역가들과 이란 분석가들에게 그 수사의 문맥상 의미를 문의해 보았다. 그들은 아마디네자드가 장기적인 체제 변화를 꿈꾸는 것은 맞지만 가까운 미래의 집단 살해를 꿈꾸는 것은 아니라고 만장일치로 해석했다.[284] 외국어의 허풍이 잘못 번역될 위험에 관해서라면, 흐루쇼프가 "우리가 당신들을 묻어 버리겠다."고 호언장담했다던 일화가 떠오른다. 알고 보니 그것은 '땅에 묻겠다'는 뜻이 아니라 '더 오래 살아남겠다'는 뜻이었다.

이란의 행동은 좀 더 간명한 대안 설명으로 해석할 수 있다. 2002년에 조지 W. 부시는 이라크, 북한, 이란을 '악의 축'으로 규정했고, 곧이어 이라크를 침공하여 지도부를 교체했다. 명백한 재앙의 징조를 감지한 북한 지도부는 신속히 핵 개발 능력을 발전시킴으로써 미국으로 하여금 북한을 침공한다는 생각은 꿈도 꾸지 못하게 만들었다(그들이 기대했던 결과가 틀림없이 이것이었으리라.). 그 직후에 이란도 핵 프로그램을 최고 속도로 가동하기 시작했다. 자신들이 핵무기를 벌써 갖고 있는지, 혹은 신속히 마련할 능력이 있는지 알기 힘든 상황을 만듦으로써 거대한 사탄이 자기들을 침공하겠다는 생각을 억누르도록 만들려는 것이었다.

이란이 공인된 핵보유국이나 보유하고 있을 것으로 의심되는 나라가 되더라도, 핵의 역사를 감안할 때 가장 가능성이 높은 결과는 아무 일도 안 일어나는 것이다. 앞에서 이야기했듯이, 핵무기는 절멸에 대한 억제책 외에는 아무런 쓸모가 없다. 핵 없는 나라들이 핵보유국에게 자주 반발했던 것은 이 때문이었다. 가장 최근의 확산 사례도 그 증거이다. 2004년에는 북한이 핵 능력을 확보할 경우 2010년까지 그것을 테러리스트들과 공유함으로써 남한, 일본, 대만이 군비 경쟁을 벌이게 되리라는 예측이 널리 퍼져 있었다.[285] 그러나 현실에서는 북한이 핵 능력을 확보했음에도 2010년이 지나도록 아무 일이 없었다. 그리고 어느 나라든 통제 불능의 테러 집단에게 사용 통제권도 없이 덜컥 핵무기를 제공함으로써 결과에 책임을 져야 하는 곤란한 입장에 놓이려고 할 것 같지는

않다.[286]

이란은 어떨까? 이란 지도부는 자신들에게 돌아올 이렇다 할 이득도 없이 이스라엘에게 핵무기를 사용하기 전에, 자신들 못지않게 다혈질로 맞대응할 것이 분명한 이스라엘 군사 지도자들의 핵 보복을 예상해야 한다. 또한 핵 터부가 깨진 데 분노한 강대국 연합의 침공도 예상해야 한다. 현 이란 정부는 가증스러운 데다가 많은 면에서 비합리적이지만, 그 주도자들이 자신들의 권력 유지에 그토록 무관심할 것이라고는 생각하기 어렵다. 고작 방사능으로 뒤덮인 팔레스타인에 완벽한 정의를 세우겠다는 이유로, 아니면 예수를 대동하든 말든 열두 번째 이맘의 도래를 추구하겠다는 이유로, 스스로 절멸될 위험을 선택할까? 토머스 셸링은 2005년 노벨상 연설에서 이렇게 물었다. "이란이 고작 핵탄두 몇 개로 자기네 체제의 파괴 외에 무엇을 성취하겠습니까? 핵무기는 누군가에게 줘 버리거나 팔기에는 너무나 귀중합니다. 예비로 비축해 둔다면 미국, 러시아 등 다른 나라들의 군사 행동을 주저하게 만들 수 있는 상황에서 굳이 사람들을 죽이는 데 낭비하기에도 너무나 귀중합니다."[287]

최악의 시나리오에 대한 대안을 상정한다는 것이 위험해 보이겠지만, 최악의 시나리오를 받아들이는 데도 위험은 있다. 2002년 가을, 조지 W. 부시는 미국인들에게 경고했다. "우리는 우리에 대항하여 집결되는 위협을 무시하지 말아야 합니다. 명백한 위기의 증거에 맞선 상황에서, 최종적인 증거를 — 마지막 방아쇠를 — 기다리고 앉아 있을 수는 없습니다. 그것은 버섯구름의 형태로 올 것입니다." 그 '명백한 증거' 때문에 미국은 10만여 명의 목숨과 1조 달러에 가까운 돈을 치르고도 세계를 더 안전하게 만들지 못한 전쟁에 끌려들었다. 우리가 지난 65년 동안 불가피한 파국에 대한 권위자들의 예측이 번번이 거짓으로 밝혀졌던 역사를 무시한 채 이란의 핵무기 사용을 기정사실로 확신한다면, 그보다 더 큰 비용을 치를 모험으로 끌려들지도 모른다.

요즘은 사람들의 마음속에 또 다른 음울한 시나리오가 있다. 지구의 기온이 오르고 있다. 앞으로 몇 십 년 안에 해수면 상승, 사막화, 일부 지역의 가뭄, 다른 지역의 홍수와 허리케인이 따라올 수 있다. 경제가 망가질 것이고, 그리하여 자원 경쟁이 벌어질 것이고, 사람들은 문제 지역을 떠나야 할 것이고, 그들을 환영하지 않는 다른 지역 거주자들과 마찰을 빚을 것이다. 2007년에 《뉴욕 타임스》의 논평은 이렇게 경고했다. "기후로 인한 스트레스는 냉전 시절 미국과 소련의 무기 경쟁이나 오늘날 불량 국가들의 핵무기 확산에 버금가게 위험한 — 게다가 더 처치 곤란한 — 국제 안보의 과제가 될 것이다."[288] 같은 해에 앨 고어와 '기후 변화에 관한 정부 간 패널'은 지구 온난화를 경고하는 활동으로 노벨 평화상을 받았다. 시상 이유는 기후 변화가 국제 안보에 위협이 되기 때문이라는 것이었다. 공포의 해수면이 상승하면 모든 배가 덩달아 올라간다. 장교들로 구성된 한 단체는 지구 온난화를 '불안정의 증폭 요소'라고 부르면서, '기후 변화는 테러와의 전쟁이 연장되는 조건을 제공할 것'이라고 주장했다.[289]

이번에도 나로서는 '그럴지도 모르지만 그렇지 않을지도 모른다'는 반응이 적절한 듯하다. 기후 변화는 크나큰 고통을 야기할 수 있다. 그 때문에라도 완화되어야 마땅하다. 그러나 그것이 반드시 무력 충돌로 이어지지는 않을 것이다. 할바르드 부헤우, 이데안 살레얀, 올레 테이센, 닐스 글레디치 등 전쟁과 평화를 추적해 온 정치학자들은 사람들이 희소 자원을 놓고 전쟁을 벌인다는 통설에 회의적이다.[290] 말라위, 잠비아,

탄자니아 같은 사하라 이남 국가들은 굶주림과 자원 부족이 비극적으로 흔한데도, 그것을 둘러싼 전쟁은 드물다. 허리케인, 홍수, 가뭄, (2004년 인도양을 덮쳤던 것과 같은) 쓰나미가 일반적으로 무력 충돌로 이어지진 않는다. 예를 하나 더 들면, 1930년대에 미국을 덮쳤던 모래 폭풍은 엄청난 파괴를 낳았지만 내전으로 이어지진 않았다. 아프리카는 지난 15년 동안 기온이 착실히 상승했지만, 내전과 전쟁 사망자는 착실히 줄었다. 사람들이 토지나 물에 대한 접근성에 압박을 느끼면 지역적으로 소규모 분쟁이 벌어지는 것은 사실이다. 하지만 진정한 전쟁이 되려면 적대 세력들이 조직과 무장을 갖춰야 하는데, 그것은 단순히 토지나 물이 있고 없고보다는 나쁜 정부, 폐쇄적 경제, 군사적 이데올로기의 영향에 달려 있다. 테러와의 연관성은 테러 전사들의 상상에서나 존재한다. 테러리스트는 자급자족적 농부가 아니라 중하층의 무직자 남성일 때가 많다.[291] 집단 살해로 말하자면, 수단 정부는 다르푸르에서의 폭력을 편리하게도 사막화 탓으로 돌림으로써 인종 청소를 용인하거나 조장한 자신들의 책임으로부터 세상의 시선을 돌리려 했다.

테이센이 1980~1992년까지 무력 충돌들을 회귀 분석한 결과, 나라가 가난하고, 인구가 많고, 정치적으로 불안하고, 석유가 많을수록 충돌을 겪을 가능성이 높았다. 그러나 가뭄, 수자원 부족, 가벼운 토질 저하를 겪는 것으로는 가능성이 높아지지 않았다(심각한 토질 저하는 약간 영향을 미쳤다.). 테이센은 한두 나라를 골라서 분석하기보다 다수(N)의 국가들을 분석한 연구들을 훑은 뒤, 이렇게 결론지었다. "자원 부족과 폭력적 내부 갈등의 연관성을 근거로 파국을 예고했던 분석들은 큰 N을 다룬 문헌에서는 거의 지지를 받지 못했다." 한편 살레얀은 개발 도상국들이 비교적 값싼 기법으로 물 사용 및 농업 관행을 개선하기만 해도 같은 넓이의 땅에서, 심지어 더 좁은 땅에서 커다란 생산량 증대를 이룰 수 있다고 말했다. 또한 선진 민주 국가들에서 그랬듯이, 개발 도상국들도 더 나은 통치로써 환경 훼손으로 인한 인적 비용을 줄일 수 있다고 주장했다. 환경은 기껏해야 혼합물의 한 요소일 뿐이고, 혼합물 전체는 정치 사회 조직에 훨씬 더 크게 의존한다. 따라서 자원 전쟁은 결코 불가피하지 않다. 기후 변화를 겪는 세상이라도.

분별 있는 사람이라면 그 누구든 새로운 평화가 긴 평화가 될 것이라는 예언은 감히 하지 못할 것이다. 하물며 영구 평화가 될 것이라는 예언은 더더욱 할 수 없을 것이다. 앞으로도 전쟁과 테러는 존재할 것이다. 대형 사건도 아마 있을 것이다. 알려진 미지의 것들 외에도 ― 군사적인 이슬람 과격파, 핵 테러리스트, 환경 저하 ― 알려지지 않은 미지의 것들이 있다. 어쩌면 새 중국 지도부가 대만을 삼키기로 결정할지도 모른다. 러시아가 옛 소련 공화국을 한두 개 삼켜서 미국의 대응을 부추길지도 모른다. 공격적인 차베스주의가 베네수엘라 밖으로 넘쳐흘러서, 곳곳의 개발 도상국에서 마르크스주의자들의 봉기와 잔혹한 진압이 벌어질지도 모른다. 어쩌면 바로 이 순간에도, 아무도 듣도 보도 못한 해방 운동의 테러리스트들이 유례없는 파괴의 음모를 짜고 있을지도 모른다. 교활한 광신자의 마음에서 종말론적 이데올로기가 발효되고 있을지도 모르고, 앞으로 그가 주요국을 장악하여 세계를 전쟁으로 몰아넣을지도 모른다. 「새터데이 나이트 라이브」의 시사 해설자 로잔느 로잔나단나가 말하지 않았는가. "그야 언제나 뭔가 있겠죠. 이것 아니면 저것이라도."

그러나, 으스스한 상상력이 확률 감각을 결정하도록 내버려 두어서야 어리석은 일이다. 그야 언제나 뭔가 있겠지만, 그 수가 적을 수도 있고 발생하는 사건들이 다 나쁘란 법도 없다. 지난 20년 동안 전쟁, 집단 살해, 테러가 줄었다는 것은 숫자가 보여 준 사실이다. 싹 사라지지는 않았지만, 많이 줄었다. 세계에 폭력의 할당량이 있다는 사고방식, 그래서 한 곳의 휴전이 다른 곳의 새로운 전쟁으로 환생한다는 생각, 막간의 평화는 군사적 긴장이 차올라서 분출구를 찾을 때까지 중간 휴식일 뿐이라는 생각은 사실에 비추어 틀렸다. 현재 세계 인구 중에서 수백만 명은 세상이 1960년대, 1970년대, 1980년대의 수준이었다면 틀림없이 벌어졌음 직한 내전과 집단 살해가 벌어지지 않았기 때문에 이렇게 살아 있는 것이다. 이 행복한 결과를 선호한 조건들이 — 민주주의, 풍요, 괜찮은 정부, 평화 유지 활동, 개방적 경제, 비인도적 이데올로기의 쇠퇴 — 영원히 지속되리라는 보장은 당연히 없지만, 그것들이 하룻밤 새 사라질 것 같지도 않다.

물론 우리는 위험한 세상에서 살고 있다. 내가 앞에서 강조했듯이, 역사의 통계적 이해에 따르면 폭력적 대재앙의 가능성은 무척 낮기는 하지만 천문학적으로 낮지는 않다. 그러나 우리는 이 말을 좀 더 희망적으로 표현할 수도 있다. 폭력적 대재앙의 가능성은 천문학적으로 낮지는 않을지언정 무척 낮기는 하다고.

7장

권리 혁명

내게는 꿈이 있습니다. 언젠가 이 나라가 모든 인간은 평등하게 태어났다는 자명한 진리를 신조로 삼아 그 진정한 의미를 살아가게 되는 날입니다.

— 마틴 루서 킹 주니어

어릴 때 나는 딱히 강하지도, 빠르지도, 날렵하지도 않았다. 내게 단체 스포츠는 온갖 불명예의 총망라였다. 농구는 링도 못 맞추는 공을 막연히 백보드 방향으로 줄기차게 던지는 것을 뜻했다. 밧줄 타기를 하면 낚싯줄에 엉킨 해초 덩어리처럼 바닥에서 30센티미터쯤 위에서 대롱대롱 매달려 있었다. 야구는 햇볕이 쨍쨍한 외야에 우익수로 서서 뜬공이 내 쪽으로 날아오지 않기만을 기도하는 기나긴 막간극들을 뜻했다.

그러나 나는 한 가지 재능 덕분에 친구들에게서 영원히 따돌림 당하는 신세를 면했다. 나는 아픔을 두려워하지 않았다. 인신공격적 모욕 없이 공정하게 주먹이 날아오는 한, 나는 최고의 싸움꾼들과 치고받을 수 있었다. 체육 선생님이나 캠프 지도원의 세계와는 또 다른 평행 우주에서 소년 문화가 번성했기에, 내가 명예를 회복할 기회라면 얼마든지 있었다.

길거리 하키와 태클 풋볼(헬멧과 보호대 없이 한다.)에서 나는 보드에 몸을 부딪치거나 내동댕이쳐졌고, 스크럼을 짠 몸들 속으로 공을 잡으러 뛰어들었다. 머더볼이라는 것도 있었다. 한 아이가 배구공을 꽉 껴안고 시간을 세기 시작하면 다른 아이들이 그를 흠씬 때려서 공을 놓게 만드는 놀이였다. 말놀이라는 것도 있었다(캠프 지도원들이 엄격히 금한 놀이였는데, 보나마나 변호사들의 명령이었을 것이다.). 뚱뚱한 아이('베개')가 나무에 등을 대고 선다. 같은 팀 아이가 그의 허리를 팔로 감싼 채 허리를 숙이고, 나머지 팀원들도 앞에 숙인 아이의 허리를 잡고 줄줄이 늘어선다. 그러면 반대 팀 아이들이 하나씩 멀리서 달려온 뒤 펄쩍 뛰어 '말' 잔등에 털썩 걸터앉았다. 말이 땅으로 무너지거나, 걸터앉은 아이를 3초 동안 지탱하거나 둘 중 하나였다. 밤에는 너클을 했다. 역시 금지된 카드 게임으로, 이긴 사람은 카드 패의 모서리나 앞면으로 진 사람의 손가락 관절을 찰싹찰싹 후려쳤다. 어느 면으로 얼마나 때리느냐는 펼쳐진 점수에 따라 결정되었고, 움찔하거나 긁거나 지나친 힘을 가하면 안 된다는 복잡한 규칙들이 있었다. 엄마들은 우리 손가락 관절에 딱지나 상처가 없는지 정기적으로 검사하곤 했다.

어른들이 조직한 활동 중에서는 이런 미칠 듯한 즐거움에 필적하는 것이 없었다. 그나마 가까운 것이 피구였다. 공격하는 팀원들 뒤에 숨고, 날아오는 공을 살짝 피하고, 바닥으로 엎어져 피하고, 끝내 고무공이 내

살갗에 찰싹 부딪칠 때까지 요리조리 죽음을 피하는 것, 그것은 황홀한 혼돈이었다. 오웰식으로 '체육(육체 교육)'이라 명명된 커리큘럼에서 내가 진심으로 기대한 스포츠는 피구뿐이었다.

그러나 오늘날 소년들의 젠더는 캠프 지도원, 체육 교사, 변호사, 엄마들과의 오랜 전쟁에서 또다시 패배했다. **피구를 금지하는 학군이 속속 늘고 있기 때문이다**. '전국 스포츠 및 체육 교육 협회(NASPE)'의 성명서는 이유를 이렇게 설명했다. 틀림없이 이 글은 스스로 소년인 적이 없었던 사람, 나아가 평생 소년을 한 명도 만나지 못한 사람이 썼을 것이다.

> NASPE는 피구가 초중고교 체육 프로그램으로 부적절한 활동이라고 생각합니다. 물론 좋아하는 아이도 있을지 모릅니다. 솜씨가 좋고 자신감이 있는 아이들은 그럴 것입니다. 그러나 좋아하지 않는 아이들도 많습니다! 배, 머리, 사타구니에 세게 공을 맞은 학생은 틀림없이 좋아하지 않을 것입니다. 그리고 우리 아이들에게 남을 아프게 해서 이기는 법을 가르치는 것은 적절하지 못합니다.

그렇다. 피구의 운명은 역사적 폭력 감소의 또 다른 신호이다. 오락적 폭력은 인류 계보에서 오랜 역사를 갖고 있다. 싸움 놀이는 영장류의 어린 수컷들 사이에서 흔하다. 소년들이 육체적으로 엎치락뒤치락 노는 것은 인간의 성차 중에서도 가장 뚜렷한 현상이다.[1] 이런 충동을 극단적인 스포츠를 통해 해소하는 것은 문화와 시대를 막론하고 흔한 일이었다. 로마 검투사들의 전투와 중세의 마상 시합은 물론이거니와, 르네상스 시대 베네치아에서는 날카로운 막대기로 싸우는 놀이가 성행했고(귀족과 사제도 동참했다.), 아메리카 원주민 수 족의 소년들은 상대의 머리카락을 거머쥐어 무릎을 꿇리는 시합을 하며 놀았고, 아일랜드에서는 실레일리라 불리는 참나무 곤봉으로 패싸움 놀이를 했고, (19세기 미국 남부에서 유행했던) 정강이 차기라는 스포츠에서는 경기자들이 서로 팔뚝을 엮어 고정한 채 상대가 쓰러질 때까지 발로 상대의 정강이를 찼다. 그 밖에도 현대의 권투 규칙을 기본적인 전술로 적용함 직한 (박치기 금지, 허리 아래 가격 금지 등등) 여러 형태의 맨주먹 싸움들이 있었다.[2)]

그러나 지난 반세기의 양상은 모든 연령의 소년들에게 불리한 방향이었다. 우리가 자발적인 모의 폭력을 즐기는 취향을 완전히 잃지는 않았지만, 사회생활의 재편과 더불어 가장 유혹적인 현실의 폭력들은 금지의 영역으로 쫓겨났다. 이것은 서구 문화가 폭력에 대한 반감을 점점 더 낮은 수준까지 확장해 온 흐름의 일부였다. 전후에는 전쟁이나 집단 살해처럼 수천, 수백만 명을 죽이는 폭력에 대한 반감이 형성되었다. 그 반감은 차츰 폭동, 린치(lynch), 증오 범죄처럼 수백 명, 수십 명, 혹은 한 자릿수의 사람을 죽이는 폭력으로 확대되었다. 그리고 살인만이 아니라 다른 형태의 위해로도, 가령 강간, 폭행, 구타, 협박으로도 확대되었다. 또한 과거에는 보호 대상이 아니었던 피해자들, 가령 소수 인종, 여성, 어린이, 동성애자, 동물과 같은 취약한 계층에게까지 확대되었다. 피구 금지는 이런 변화의 바람을 보여 주는 풍향계이다.

폭력을 쓰려는 유혹에 불명예의 낙인을 찍는 노력, 심지어 범죄시하려는 노력은 시민권, 여성권, 아동권, 동성애자 권리, 동물의 권리 등등 일련의 '권리' 운동들의 형태로 진행되었다. 이런 운동들은 20세기 후반부에 서로 긴밀하게 뭉쳐서 진행되었으므로, 나는 이들을 권리 혁명(Rights Revolutions)으로 통칭하겠다. 그림 7-1을 보면 이 시기에 권리들이 어떻게 전염되었는지 알 수 있다. 1948년에서(세계 인권 선언서의 서명으로 이 시대의 개막을 상징적으로 알렸던 해이다.) 2000년까지 영어로 된 책들 중에서 **시민권**, **여성권**, **아동권**, **동성애자 권리**, **동물권**이라는 용어가 등장하는

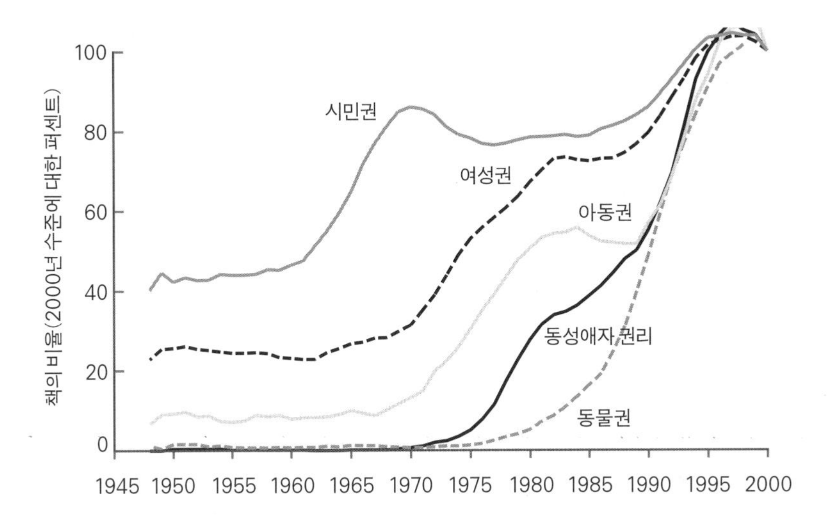

그림 7-1. 영어로 씌어진 책 중에서 **시민권**, **여성권**, **아동권**, **동성애자 권리**, **동물권**이라는 용어가 사용된 비율, 1948~2000년.

출처: 구글 북스로 디지털화된 책 500만 권을 북웜 프로그램으로 분석했다.: Michel et al., 2011. 북웜은 구글 엔그램 뷰어(ngrams.googlelabs.com)의 더 강력한 버전으로, 특정 문자열이 발견되는 책의 비율은 물론이거니와 모든 문헌에서의 비율을 분석할 수 있다. 2000년에 각 용어가 포함된 권수를 기준으로 과거 연도들의 비율을 퍼센트로 표시했고, 4년의 이동 평균을 사용했다.

책의 비율을 보여 준다(2000년 수준에 대한 퍼센트로 표시했다.).

용어들 중 **시민권**과 **여성권**은 시작부터 존재감이 있었다. 그런 사상들이 19세기부터 미국인의 의식에 존재했기 때문이다. **시민권**은 1962~1969년까지 치솟았다. 미국 시민권 운동이 극적인 법적 승리를 쟁취한 시기였다. 그 곡선이 평탄해지자, 뒤이어 **여성권**이 상승했다. **아동권**이 그 뒤를 따랐고, 1970년대에는 **동성애자 권리**가 전면에 나섰으며, **동물권**이 그 뒤를 바짝 따랐다.

상승 곡선들에 시차가 있다는 점은 시사하는 바가 있다. 각각의 운동은 선배 운동들의 성공에 주목하여 그 전술, 수사법, 더 중요하게는 도덕적 논거를 빌려 왔던 것이다. 200년 전 인도주의 혁명에서도 여러 개혁들이 꼬리에 꼬리를 물고 줄줄이 등장했다. 그것은 사람들이 여러 고질적인 관습들을 지적으로 성찰한 결과였고, 피부색, 계층, 국적보다 그 속에 담긴 정신이 경험하는 행복과 고통을 더 중요하게 보는 인도주의 사상이 그 모두를 하나로 연결한 결과였다. 그때나 지금이나, 개인의 권리라는 개념은 정체되어 있는 것이 아니라 단계적으로 상승하는 것이다. 만약에 지각 있는 존재의 생명권, 자유권, 행복 추구권이 그의 피부색 때문에 제약되어서는 안 된다면, 성별, 나이, 성적 지향, 심지어 종과 같은 다른 무관한 특징 때문에 제약되는 것도 안 될 말이 아닌가? 시대와 장소에 따라서는 무딘 습관이나 완력 때문에 사람들이 이런 논리적 결론을 따르지 못할 수도 있지만, 열린사회에서는 그 추진력을 멈출 수가 없는 법이다.

권리 혁명은 인도주의 혁명의 몇몇 주제들을 재현했으며, 문명화 과정의 속성도 하나 재현했다. 근대로의 이행기에 사람들은 폭력 감소가 한창 진행되는 중이라는 사실을 온전히 깨우치지 못했다. 그리고 일단 변화가 공고화하자, 그 과정은 잊혔다. 유럽인들은 자기 통제의 규범을 익히면서 자신들이 문명화, 세련화하고 있다고 느꼈을 뿐, 살인 통계를 끌어내리는 움직임에 참여하고 있다고는 느끼지 못했다. 또한 오늘날 우리는 그런 변화가 남긴 관습의 이면에 어떤 논리가 있는지를 좀처럼 떠올리지 않는다. 이를테면, 식탁에서 칼로 공격하던 행위에 대한 반감에서 칼로 콩을 먹으면 안 된다는 관습이 남았다고는 좀처럼 상기하지 않는다. 미국의 공화당 지지 주들이 종교나 '가족의 가치'를 신성시하는 것은 한때 카우보이 마을이나 탄광촌에서 드잡이하던 남자들을 길들이기 위한 전략이었지만, 오늘날은 더 이상 그렇게 기억되지 않는다.

피구 금지는 또 하나의 폭력 반대 운동, 즉 아동에 대한 학대와 방치를 예방하자는 최근 한 세기 동안의 운동이 지나치게 성공한 나머지 도를 지나친 사례이다. 피구 금지는 때로 문명화 공세가 혼란스런 관습, 사소한 잘못, 터부를 문화에 유산으로 남긴다는 점을 상기시킨다. 아동권 혁명을 포함한 모든 권리 혁명들이 물려준 이런 에티켓은 오늘날 사회에 굉장히 널리 퍼졌다. 그런 태도를 지칭하는 표현도 생겼다. 이른바 정치적 올바름(political correctness)이다.

권리 혁명이 남긴 이상한 유산은 또 있다. 권리 혁명은 끝없이 또 다른 위해에 대한 감수성을 계발하면서 진전하는 법이라, 자신의 지난 발자취를 지움으로써 사람들이 그 성공을 망각하게 만든다. 앞으로 이야기하겠지만, 권리 혁명이 폭력의 여러 분야에서 상당한 감소를 이뤄 냈다는 것은 정량적으로도 측정되는 사실이다. 그런데도 많은 사람은 승리를 인정하지 않으려고 한다. 그것은 한편으로 통계에 무지한 탓이고, 다른 한편으로 활동가들이 사회에 지속적으로 압력을 가하기 위해서 그간의 진전을 부정하며 쉼 없이 목표를 조정하기 때문이다. 1세대 시민권 운동을 일깨웠던 과거의 인종 차별은 린치, 야간 습격, 흑인에 대한 포그롬(pogrom, 조직적 집단 살해), 투표함에 대한 물리적 협박 등의 형태로 벌어졌다. 반면에 오늘날의 전형적인 싸움은 경찰이 고속도로에서 흑인 운전자의 차를 더 자주 세운다는 문제가 아닐까(클래런스 토머스는 결론적으로 성공했지만 논쟁이 분분했던 자신의 1991년 연방 대법관 인준 청문회를 가리켜 '최첨단 린치'라고 표현했는데, 이것은 그의 뒤떨어진 감각을 보여 주는 사건이었지만 동시에 우리가 얼마나 발전했는지를 보여 주는 증거이기도 했다.). 과거의 여성 억압은 가령 남편이 아내를 강간하고 구타하고 감금하는 것을 인정하는 법률이었다. 반면에 오늘날은 엘리트 대학의 공학부에서 남녀 교수 비율이 반반이 안 되는 현상에 그 말이 적용된다. 동성애자 권리를 위한 싸움은 동성애자를 처형, 절단, 투옥하는 법률을 폐지하자는 것에서 시작하여 결혼을 남녀의 계약으로만 규정하는 법률을 폐지하자는 것으로 발전했다. 내 말은 현 상태에 만족하자는 것이 아니다. 남아 있는 차별과 학대에 대한 싸움을 폄하하려는 것도 아니다. 다만 어떤 권리 운동이든 첫 단계는 그 수혜자들에 대한 공격과 살해를 막는 것이었음을 상기시키려는 것이다. 비록 부분적일지라도 이런 승리의 순간들은 우리가 떳떳이 인정하고 음미하고 이해해야 한다.

시민권, 그리고 린치와 인종적 포그롬의 감소

미국의 시민권 운동이라고 하면, 대부분의 사람들은 20년에 걸쳐 벌어졌던 주목할 만한 사건들을 떠올린다. 시작은 해리 트루먼 대통령이 군대에서의 인종 차별을 끝낸 1948년이었다. 1950년대를 거치면서 운동은 속도를 냈다. 연방 대법원이 인종 분리 학교를 금지했고, 로자 파크스가 버스에서 백인 남자에게 자리 양보하기를 거부하다 체포되었고, 마틴 루서 킹이 그에 항의하는 보이콧을 조직했다. 클라이맥스는 1960년대 초였다. 20만 명의 시위대가 워싱턴을 행진하여, 역사상 가장 위대한 연설이라고 해도 좋을 킹의 연설을 들었다. 1965년에 투표권법이, 1964년과 1968년에 공민권법이 통과됨으로써 운동은 완성되었다.

그러나 이런 승리들에 앞서, 더 조용하되 결코 덜 중요하지 않은 승리들이 있었다. 킹은 1963년 연설을 이런 말로 시작했다. "지금으로부터 100년 전, 한 위대한 미국인이 해방 선언에 서명했습니다. 오늘날 우리는 그의 상징적 그림자 속에 서 있습니다. …… 그것은 수백만 흑인 노예들에게 위대한 희망의 봉화였습니다." 그러나 "100년이 지난 지금도 흑인들은 여전히 자유롭지 않습니다." 아프리카계 미국인들이 100년 동안 권리를 행사하지 못했던 이유는 폭력의 위협에 위축된 탓이었다. 정부가 분리와 차별을 규정한 법률을 집행하면서 그들에게 폭력을 쓴 데다가, 이른바 공동체 간 충돌 때문에라도 그들이 제자리를 지킬 수밖에 없었다. 공동체 간 충돌이란 — 인종, 부족, 종교, 언어 등으로 규정된 — 한 시민 집단이 다른 집단을 표적으로 삼는 폭력을 말한다. 미국 곳곳에서 아프리카계 미국인 가정은 쿠 클럭스 클랜(KKK)과 같은 조직적 폭력배의 협박에 시달렸다. 폭도가 공개적으로 특정 개인을 고문하고 처형한 사건이나 — 린치 — 폭도가 특정 공동체를 노려 재물 파괴와 살인의 향연을 벌인 사건이 — 인종적 포그롬(racial pogrom), 혹은 치명적 인종 폭동(deadly ethnic riot)이라고 부른다. — 수천 건이나 되었다.

정치학자 도널드 호로위츠는 치명적 인종 폭동을 다룬 최고의 저작에서, 50개 나라에서 발생했던 150건의 공동체 간 폭력 기록을 조사하여 공통점을 밝혔다.[3] 인종 폭동은 집단 살해와 테러의 특징을 공유하지만, 독특한 특징도 갖고 있다. 다른 두 종류의 집단 폭력과는 달리, 인종 폭동은 계획적이지 않다. 언어로 표현된 이데올로기도 없다. 한 명의 지도자가 지휘하는 것이 아니다. 정부나 민병대가 실행하는 것은 아니지만, 정부가 가해자들에게 공감하여 슬쩍 눈감아 줄 필요는 있다. 그러나 그 심리적 뿌리는 집단 살해와 같다. 한 집단이 다른 집단 구성원들을 본질화하여 파악한다. 그들을 인간 이하로 보거나, 타고난 악마로 보거나, 둘 다로 본다. 폭도가 형성되어, 표적을 공격한다. 선제공격일 수도 있고, 비열한 범죄에 대한 보복일 수도 있다. 그렇지만 그들의 화를 돋운 위협이나 범죄라는 것은 부풀려진 헛소문이거나 새빨간 날조일 때가 많다. 폭도는 마음속 증오에 사로잡혀 악랄하고 맹렬하게 공격한다. 재물을 약탈하기보다는 태우거나 파괴한다. 잘못을 저질렀다고 여겨지는 장본인을 색출하기보다 경멸하는 집단의 사람들을 마구잡이로 죽이고 강간하고 고문하고 절단한다. 총기보다 날붙이처럼 손으로 조작하는 무기를 쥐고서 피해자를 쫓는다. 가해자들은(물론 대체로 젊은 남자들이다.) 황홀한 광란에 빠져 잔학 행위를 저지르고, 나중에도 가책을 느끼지 않는다. 오히려 자신은 참기 힘든 도발에 정당하게 대응했을 뿐이라고 생각한다. 인종 폭동은 표적 집단을 몰살하지 않지만, 테러보다는 훨씬 많이 죽인다. 사망자 수는 평균 10여 명 남짓인데, 수백 명이나 수천 명, 심지어 수십만 명에 이를 수도 있다(1947년 인도와 파키스탄의 분할 이후 전국적으로 벌어졌던 폭동이 그랬다.). 치명적 인종 폭동은 효과적인 인종 청소 수단이다. 사람들은 목숨을 잃을까 두려워서 살던 곳을 떠나고, 그래서 수백만 명의 이민자가 발생한다. 치명적 폭동은 테러처럼 돈과 공포 면에서 사회에 엄청난 비용을 부과할 수 있다. 그리하여 계엄령, 민주주의의 폐기, 쿠데타, 분리주의 전쟁으로 이어질 수 있다.[4]

치명적 인종 폭동은 절대로 20세기의 발명품이 아니다. **포그롬**은 러시아어인데, 19세기에 페일(제정 러시아의 유대인 집단 거주 지역 — 옮긴이)에서 자주 벌어졌던 반유대 폭동을 가리키는 말이었다. 그것은 유럽 유대인을 대상으로 1000년 동안 자행된 공동체 간 살해에서 가장 최근의 물결일 뿐이었다. 17세기와 18세기 영국에서는 가톨릭교도를 표적으로 한 치명적 폭동이 수백 건 터졌다. 그 대응의 일환으로, 치안판사가 폭도 앞에서 즉각 해산하지 않으면 처형하겠다고 위협하는 경고문을 읽는 절차가 법률에 규정되었다. 요즘 우리는 '폭동법을 읽다(to read them the Riot Act)'라는 표현으로 당시의 군중 단속 조치를 기억하고 있다.[5]

미국의 공동체 간 폭력 역사도 유구하다. 17세기, 18세기, 19세기에는 거의 모든 종교 집단들이 치명적 폭동의 공격을 받았다. 필그림파, 청교도, 퀘이커, 가톨릭, 모르몬, 유대인은 물론이고 독일인, 폴란드인, 이탈리아인, 아일랜드인, 중국인 등의 이민자 사회도 마찬가지였다.[6] 6장에서 이야기했듯이, 아메리카 원주민에 대한 공동체 간 폭력은 하도 철저했던 나머지 집단 살해로 분류될 지경이다. 연방 정부는 드러내 놓고 집단 살해를 저지르진 않았지만 여러 차례 인종 청소를 자행했다. 일례로 정부는 '문명화된 다섯 부족'을 고향 남동부에서 현재의 오클라호마 지역으로 강제 추방했다. 원주민들은 이른바 눈물의 길을 따라 걸으면서 질병, 굶주림, 비바람에 노출되어 수만 명이 죽었다. 훨씬 더 가까운 1940년대에 정부는 일본계 미국인 10만 명을 강제 수용소에 넣었다. 교전국 사람들과 인종이 같다는 이유만으로.

그러나 뭐니 뭐니 해도 공동체 간 폭력과 정부 폭력을 가장 오래 겪은 피해자는 아프리카계 미국인들이었다.[7] 우리는 린치를 남부의 현상으로 여기지만, 사실 최고로 잔혹했던 두 사건은 뉴욕에서 벌어졌다. 1741년, 노예 봉기 소문에 이어진 광란극으로 많은 아프리카계 미국인이 화형을 당했다. 1863년에는 (2002년 영화 「갱스 오브 뉴욕」에 묘사된) 드래프트 폭동으로 최소 50명이 린치를 당했다. 남북 전쟁 이후 남부에서는 몇 년 동안 아프리카계 미국인 수천 명이 살해되었다. 20세기 초에도 25개가 넘는 도시들에서 수십 명씩 살해된 인종 폭동이 발생했다.[8]

유럽에서는 19세기 중반부터 모든 종류의 폭동이 감소했다. 미국에서는 19세기 말부터 치명적 폭동이 감소했고, 1920년대에는 궁극적인 쇠퇴에 접어들었다.[9] 제임스 페인이 미국 인구 조사국 자료를 써서 1882년부터 발생한 린치 사건을 취합한 결과, 1890년부터 1940년대까지 그 수가 급락한 것을 알 수 있었다(그림 7-2). 그동안에도 끔찍한 린치 사건은 계속 터졌다. 목매달리거나 불태워진 시체들의 충격적인 사진이 신문에 게재되었고, 전미 유색인 지위 향상 협회(NAACP)를 비롯한 여러 활동가들은 그런 사진을 유통시켰다. 1930년, 교사였던 에이벨 미로폴은 인디애나에서 두 남자가 목매달린 사진을 보고 항의하는 뜻으로 이런 시를 지었다.

남부의 나무에는 이상한 과일이 열린다네.

잎사귀는 피로 물들고 뿌리도 피로 물들어,

검은 몸뚱어리가 남부의 미풍에 산들거리지.

이상한 과일이 미루나무에 매달린다네.

(미로폴과 아내 앤은 후에 소련에 핵 기밀을 넘겼다는 이유로 처형된 줄리어스와 에설 로젠버그 부부의 두 아들을 입양했다.) 미로폴은 시에 노래를 붙였고, 그것은 빌리 할리데이의 대표곡이 되었으며, 1999년에 《타임》은 그 노래를 20세기의 노래로 명명했다.[10] 그러나 우리가 앞에서 종종 마주쳤던 이른바 시기의 역설이 이 경우에도 해당된다. 제일 두드러진 항의는 그 범죄가 벌써 감소세로 돌아선 지 한참 뒤에 등장한다는 역설이다. 최후의 유명한 린치 사건은 1955년에 벌어졌다. 열네 살의 에밋 틸이 백인 여성에게 휘파람을 불었다는 이유로 납치되고, 구타 당하고, 절단되어, 미시시피 강에 시체로 버려진 사건이었다. 틸의 살인자들은 모든 배심원이 백인으로 구성된 겉치레 재판에서 무죄로 방면되었다.

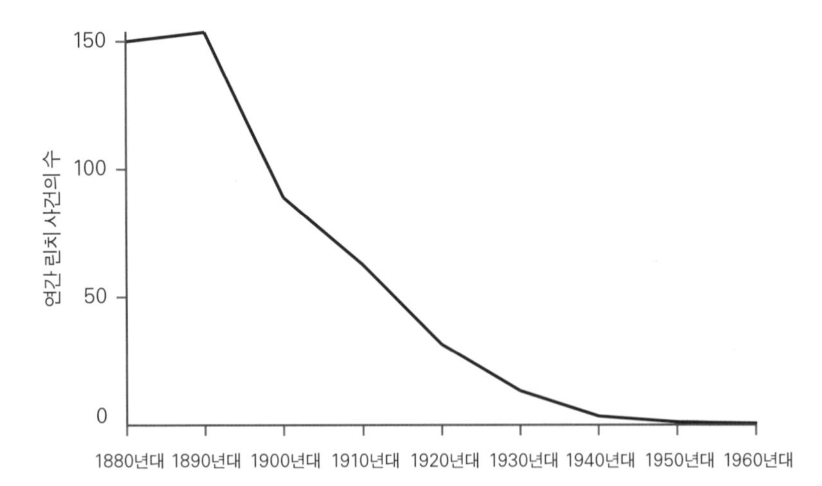

그림 7-2. 미국에서 벌어진 린치 사건의 수, 1882~1969년.

출처: 그래프: Payne, 2004, p. 182.

1990년대 말에 린치가 되살아날지도 모른다는 두려움이 있었다. 미국을 충격에 빠뜨린 악랄한 살인 사건 때문이었다. 1998년, 텍사스의 세 인종 차별주의자가 제임스 버드 주니어라는 아프리카계 미국인 남성을 납치했다. 그들은 그가 의식을 잃을 때까지 때린 뒤, 발목에 사슬을 묶어 픽업트럭에 매달고는 포장도로를 달렸다. 5킬로미터도 못 가, 그의 시체는 지하 배수로에 걸려 가리가리 찢어졌다. 그러나 사실 이 은밀한 살인은 한 세기 전의 린치와는 달랐다. 과거에는 공동체 전체가 축제 분위기에서 한 명의 흑인을 처형하곤 했기 때문이다. 그럼에도 사람들은 이 사건을 지칭하는 말로 **린치**라는 단어를 널리 썼다. 이 사건은 FBI가 이른바 증오 범죄에 대한 통계를 수집하기 시작한 지 몇 년 뒤의 일이었다. 증오 범죄란 어떤 사람의 인종, 종교, 성적 지향 때문에 그를 표적으로 삼는 폭력 행위를 말한다. FBI는 그 통계를 1996년부터 연간 보고서로 발표했으므로, 우리는 버드 살인 사건이 심란한 새 경향성의 일부인지 아닌지 살펴볼 수 있다.[11] 그림 7-3을 보자. 지난 12년 동안 인종 때문에 살해된 아프리카계 미국인의 수이다. 여기에서 수직축은 인구 10만 명당 살인 피해자를 표시한 것이 아니라 **절대 숫자**이다. 기록이 발표된 첫 해였던 1996년에는 인종 때문에 살해된 아프리카계 미국인이 5명이었고, 이후에는 연간 1명으로 줄었다. 살인이 연간 1만 7000건씩 벌어지는 나라에서 증오 범죄 살인은 통계 잡음의 수준인 셈이다.

물론, 가중 폭행(폭행자가 무기를 쓰거나 부상을 입힌 경우), 단순 폭행, 위협(피해자가 개인적 안전에 위험을 느낀 경우)처럼 덜 심각한 폭력은 이보다 훨씬 더 흔하다. 인종이 동기가 된 사건의 절대 숫자는 분명 경각심을 느낄 수준이지만 — 폭행이 연간 수백 건, 가중 폭행이 수백 건, 위협이 1000건쯤 발생한다. — 우리는 이것을 해당 시기 미국의 범죄 통계라는 맥락 속에서 바라보아야 한다. 보통의 가중 폭행은 연간 **100만 건**이나 발생한다.

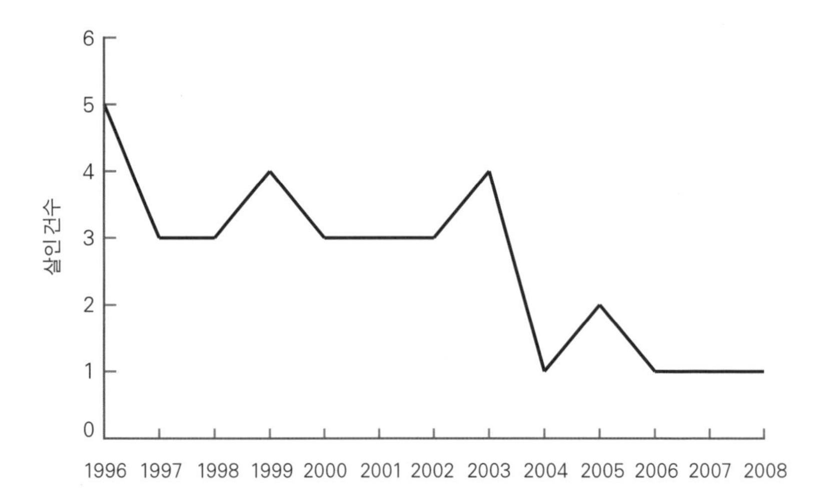

그림 7-3. 아프리카계 미국인에 대한 증오 범죄 살인 건수, 1996~2008년.

출처: 데이터: Annual FBI reports of Hate Crime Statistics (http://www.fbi.gov/hq/cid/civilrights/hate.htm); see U.S. Federal Bureau of Investigation, 2010a.

그렇다면 인종이 동기가 된 가중 폭행은 전체 가중 폭행의 (연간 10만 명당 322건) 0.5퍼센트인 셈이다. 이것은 인종을 불문하고 어떤 이유로든 사람이 살해되는 비율보다 낮다. 게다가 그림 7-4에서 알 수 있듯이, 1996년부터는 증오 범죄의 세 부문이 모두 감소세였다.

린치가 사라지면서, 흑인에 대한 포그롬도 사라졌다. 호로위츠는 20세기 후반에 서구에서는 자신의 연구 주제인 치명적 인종 폭동이 더 이상 존재하지 않는다고 말했다.[12] 1960년대 중반에 로스앤젤레스, 뉴어크, 디트로이트 등 몇몇 미국 도시에서 발생했던 사건들도 인종 폭동이라고 불렸지만, 실제 양상은 전혀 달랐다. 이때는 아프리카계 미국인들이 폭동의 표적이 아니라 장본인이었고, 사망자가 적었으며(대부분 폭동자들 자신이 경찰에 살해된 경우였다.), 대체로 사람이 아니라 재물이 표적이었다.[13] 1950년 이후로는 미국에서 특정 인종이나 민족 집단을 노린 폭동이 한 건도 없었다. 캐나다, 벨기에, 코르시카, 카탈루냐, 바스크처럼 인

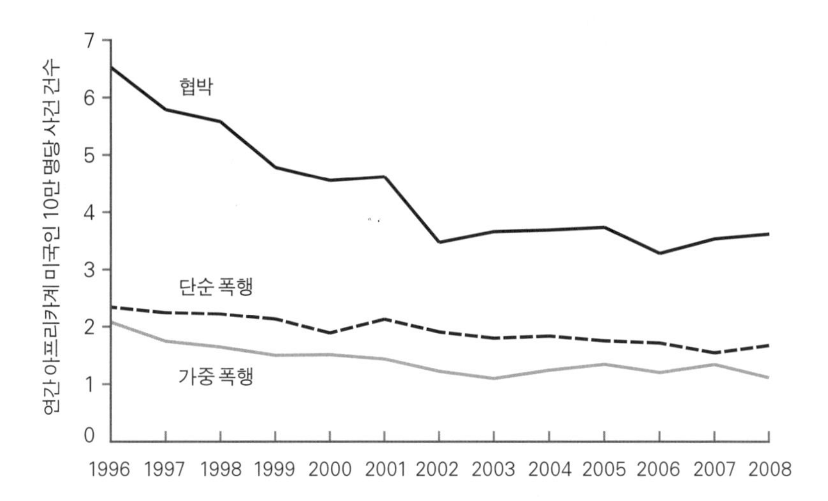

그림 7-4. 아프리카계 미국인에 대한 비치명적 증오 범죄 건수, 1996~2008년.

출처: 데이터: Annual FBI reports of Hate Crime Statistics (http://www.fbi.gov/hq/cid/civilrights/hate.htm); see U.S. Federal Bureau of Investigation, 2010a. 사건 건수는 통계 보고 기관들이 아우른 인구로 나눈 뒤, 2000년 인구 조사에서 아프리카계 미국인의 비율이었던 0.129를 곱한 값이다.

종 마찰이 있는 서구의 다른 지역들도 마찬가지였다.[14)]

1950년대 말과 1960년대 초에 흑인을 대상으로 한 폭력이 일부 발생하긴 했어도, 형태가 달랐다. 그런 공격을 '테러'라고 부른 사람은 드물었지만, 사실상 그 실체는 정확히 테러였다. 그 사건들은 민간인을 겨냥했고, 사망자가 적었고, 널리 보도되었고, 겁주는 것이 목적이었고, 남부의 인종 차별 철폐를 저지하겠다는 정치적 목적에서 저질러진 행위였다. 여느 테러 운동과 마찬가지로, 이런 인종 차별적 테러들은 제 손으로 제 운명을 봉했다. 그들이 한계를 넘어 타락한 탓에 대중의 동정이 피해자들에게 쏠렸던 것이다. 백인만 다니던 학교에 흑인 아이들이 등록하려고 하자 추악한 무뢰한들이 외설스러운 말과 살해 협박을 뱉은 사건들도 있었는데, 그것 역시 대대적으로 보도되었다. 그중에서도 미국인의 문화적 기억에 강한 인상을 남긴 사건이 있었다. 여섯 살 난 루비 넬 브리지스가 연방 법원 집행관들의 호위를 받으며 뉴올리언스의 학교에 처음 등교하던 날의 모습이었다. 존 스타인벡은 회고록 『찰리와 함께한 여행』을 쓰기 위해서 자동차 여행을 하던 중, 그때 마침 뉴올리언스에 있었다.

> 각각의 차에서 건장한 연방 보안관이 네 명 나오더니, 차 안 어딘가로부터 세상에서 가장 자그마할 것 같은 흑인 소녀를 끄집어냈다. 소녀는 새하얗게 빛나는 빳빳한 원피스를 입었고, 새하얀 새 신발은 너무나 작아서 거의 동그랗게 보였다. 아이의 얼굴과 가느다란 두 다리는 흰 옷과 신발에 대비되어 더욱 새카맸다.
>
> 건장한 보안관들이 아이를 연석에 세우자, 바리케이드 너머에서 소란스럽게 비웃는 목소리들이 들려왔다. 작은 소녀는 조롱하는 군중 쪽을 쳐다보지 않았지만, 옆에서 보니 아이의 흰자위가 꼭 겁에 질린 새끼 사슴의 흰자위 같았다. 남자들이 아이를 인형처럼 뱅글 돌려 세웠고, 기묘한 행렬은 넓은 인도를 따라 학교로 걸어 올라가기 시작했다. 남자들이 워낙 덩치가 컸기 때문에 아이는 더 작아 보였다. 그러다가 아이가 희한하게 폴짝 뛰었다. 나는 그것이 무엇인지 알 것 같았다. 그때까지 아이는 가만히 열 걸음 이상 걷는 법 없이 늘 깡총깡총 뛰면서 걸었을 테지만, 이제 습관대로 깡총 걸음을 뗀 순간 무거운 중압감에 눌려서, 아이의 작고 동그란 두 발이 키 큰 경호원들 사이에서 마지못해 보조를 맞췄던 것이다.[15)]

1964년에 잡지 《룩》은 이 장면을 그린 그림을 실었고, 「우리가 안고 살아가는 문제」라는 제목의 그림으로 인해 이 사건은 불멸화되었다. 그 화가는 이상화된 미국에 대한 감상적 이미지와 동의어로 여겨지는 작가, 노먼 록웰이었다. 사람들의 양심을 거스르는 사건은 또 있었다. 1963년에 버밍엄의 교회에서 폭탄이 터져, 주일 학교에 참석했던 흑인 소녀 네 명이 죽었다. 그 교회가 얼마 전까지 시민권 운동 집회 장소로 쓰였던 것이다. 같은 해에 시민권 운동가 메드거 에버스가 KKK에게 살해되었고, 이듬해에는 제임스 채니, 앤드루 굿먼, 마이클 슈워너가 살해되었다. 정부도 폭도와 테러리스트들의 폭력에 동참했다. 고결한 로자 파크스와 마틴 루서 킹을 감옥에 집어넣었고, 평화 시위대를 소방 호스, 경찰견, 채찍, 곤봉으로 공격했다. 그런 장면이 전국 텔레비전으로 방송되었다.

시민권에 대한 반대는 1965년 이래 빈사 상태에 빠졌다. 흑인에 대한 폭동은 먼 옛날의 기억이 되었고, 흑인에 대한 테러는 어느 공동체의 지지도 받지 못했다. 1990년대에 남부 흑인 교회들을 노린 연쇄 방화 사건이 입소문으로 널리 퍼졌지만, 알고 보니 그것은 진위가 불분명한 루머였다.[16] 요즘도 증오 범죄가 크게 보도되기는 하지만, 다행스럽게도 이것은 현대 미국에서 이미 드문 현상이 되었다.

린치와 인종 폭동은 다른 인종 집단에 대해서도, 다른 나라에서도 줄었다. 9/11 공격, 런던의 폭탄 테러, 마드리드의 폭탄 테러는 몇 십 년 전이었다면 서구 사회 전체에서 반이슬람 폭동을 낳았음 직한 상징적 도발이었다. 그런데도 폭동은 일어나지 않았다. 2008년에 한 인권 단체가 무슬림에 대한 폭력을 조사한 결과, 서구에서는 명백한 반이슬람 증오로 사망자가 발생한 사건이 하나도 없었다.[17]

호로위츠는 서구에서 치명적 인종 폭동이 사라진 이유를 여러 가지로 댔다. 첫째, 적절한 통치이다. 폭도는 피해자를 공격할 때 한껏 방종함에도 불구하고 자신의 안전에 대해서는 민감하다. 그들은 경찰이 언제 못 본 체하는지를 잘 알고 행동한다. 따라서 정부가 신속하게 법을 집행하면 폭동을 진압할 수 있을뿐더러, 집단 간 복수의 악순환을 싹부터 잘라 놓을 수 있다. 그러나 그 과정은 사전에 계획해야 한다. 지역 경찰은 종종 가해자들과 같은 인종 집단이므로, 그들의 증오에 공감할지도 모른다. 그러니 동네의 경찰보다는 전문적인 국가 인력이 더 효과적이다. 그리고 전경은 예방하는 사망자보다 스스로 일으키는 사망자가 더 많을 수 있으므로, 폭도 해산 시에 폭력을 최소한으로 쓰도록 훈련 받아야 한다.[18)]

치명적 인종 폭동이 사라진 또 다른 원인은 좀 더 모호하다. 사람들이 폭력을 더 혐오하게 되었다는 점이다. 심지어 폭력으로 이어질 가능성이 눈곱만큼이라도 있는 사고방식이라면 뭐든지 혐오하게 되었다. 앞에서 말했듯이, 집단 살해와 치명적 인종 폭동의 주된 위험 인자는 본질주의 심리이다. 특정 집단 전체를 감각 없는 방해물로, 역겨운 해충으로, 탐욕스럽고 사악하고 이단적인 악한으로 분류하는 심리이다. 정부가 정책으로 이런 태도를 공식화하는 경우도 있다. 대니얼 골드헤이건은 그것을 제거(eliminationist) 정책이라고 부르고, 바버라 하프는 배제(exclusionary) 정책이라고 부른다. 그런 정책은 인종 분리, 강제 동화, 극단적인 경우에는 추방, 집단 살해로 실행된다. 테드 로버트 거는 극단에 못 미치는 수준의 차별 정책도 내전이나 치명적 폭동과 같은 폭력적 인종 충돌의 위험 인자가 된다는 사실을 보여 주었다.[19)]

다음으로, 배제 정책과 정반대로 설계된 정책을 상상해 보자. 소수민족에게 불리한 법률을 샅샅이 지우는 것은 물론이고, 그보다 더 나아가서 **반**(反)배제, **반**(反)제거 조치를 명령하는 정책이다. 이를테면 통합 학교, 교육에서의 헤드 스타트(정부가 저소득층 미취학 아동의 교육을 돕는 사업 — 옮긴이), 그리고 정부, 기업, 교육 부문에서 인종 할당제나 우선권을 마련하는 것이다. 이런 정책을 보통 **교정적 차별**(remedial discrimination)이라고 하는데, 미국에서는 **적극적 우대**(affirmative action)라는 표현으로 통한다. 이런 정책이 집단 살해와 포그롬으로의 회귀를 예방하는 데 얼마나 유효한지는 둘째치고라도, 이것이 과거에 심각한 폭력을 일으키거나 용인했던 배제 정책들에 대한 음화로 설계된 것만은 분명하다. 그리고 이런 정책은 세계적으로 인기를 누려 왔다.

정치학자 빅터 아살과 에이미 페이트는 「1950~2003년 사이 인종에 의거한 정치적 차별의 감소」라는 보고서에서, 1950년 이래 124개 국 337개 소수 민족의 지위를 기록한 데이터 집합들을 검토했다(6장에서 살펴보았던 하프의 집단 살해 데이터 집합과 겹친다.).[20] 두 사람은 소수 민족 차별 정책이 있는 나라들의 비율과 거꾸로 소수 민족에게 유리한 차별 정책이 있는 나라들의 비율을 그래프로 그려 보았다. 그림 7-5를 보라. 1950년에는 전체의 44퍼센트가 부당한 차별 정책을 갖고 있었지만, 2003년에는 19퍼센트였다. 게다가 교정 정책을 둔 정부가 더 많았다.

아살과 페이트가 수치를 지역별로 나눠 본 결과, 공식적 차별이 거의 남지 않은 아메리카와 유럽에서 소수 집단들이 특히 잘 살아가고 있다는 사실이 확인되었다. 아시아, 북아프리카, 아프리카 사하라 이남에서는 소수 집단들이 여전히 법적 차별을 경험하고 있으며, 중동에서는 더 심했다. 그러나 어디에서든 냉전 종식 이래 개선이 있었다.[21] 연구자들은 "모든 곳에서 공식적 차별의 무게가 가벼워졌다. 이 경향성은 1960년대 말에 서구 민주 국가들에서 시작되었고, 1990년대에 전 세계로 퍼졌다."고 결론 내렸다.[22]

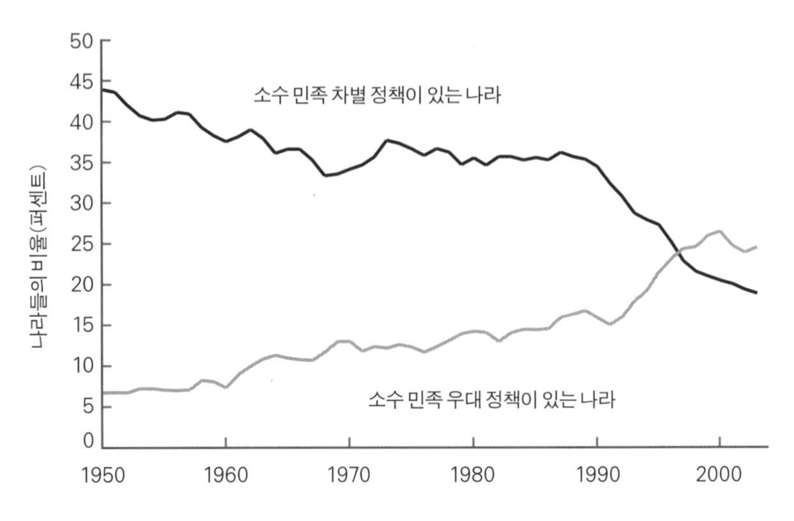

그림 7-5. 차별 정책과 적극적 우대 정책, 1950~2003년.
출처: 그래프: Asal & Pate, 2005.

감소세로 돌아선 것은 정부의 공식적 차별만이 아니었다. 사람들이 각자 마음속에서 상대를 비인간화하고 악마화하는 사고방식도 적어졌다. 미국을 뼛속까지 인종 차별적인 나라로 간주하는 일부 지식인들에게는 이 주장이 의심스러울 것이다. 그러나 우리가 이 책에서 내내 보았듯이, 역사에서 어떤 도덕적 발전이 이뤄지더라도 일부 논평가들은 일찍이 상황이 이렇게 나빴던 적은 없었다면서 고집을 부렸다. 1968년에 정치학자 앤드루 해커는 아프리카계 미국인들이 곧 봉기하여 "교량과 급수관을 다이너마이트로 폭파하고, 건물에 불을 지르고, 관료와 유명인을 암살하고, 이따금 광란극도 펼칠 것"이라고 예측했다.[23] 현실에서는 다이너마이트 폭파도 없었고 광란극도 드물었지만, 그는 꿋꿋하게도 1992년에 『두 나라: 흑인과 백인, 분리된, 적대적인, 불평등한』을 써서

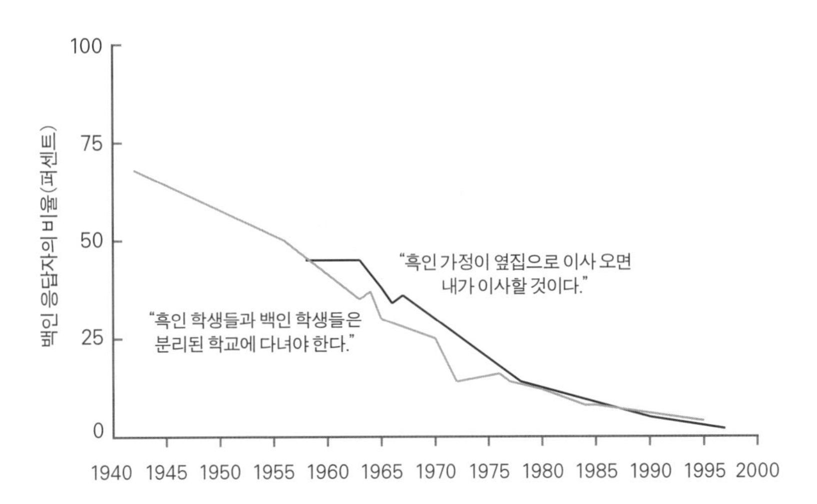

그림 7-6. 미국의 인종 차별 태도, 1942~1997년.

출처: '분리된 학교' 데이터: Schuman, Steeh, & Bobo, 1997, originally gathered by the National Opinion Research Center, University of Chicago. '이사할 것이다.' 데이터: Schuman, Steeh, & Bobo, 1997, originally gathered by the Gallup Organization.

"거대한 인종 간극이 남아 있고, 다가오는 세기에 그것이 봉합될 징조는 거의 없다."고 주장했다.[24] 1990년대는 존경하는 미국인을 묻는 여론 조사에서 오프라 윈프리, 마이클 조던, 콜린 파웰이 빈번히 거명되던 시대였음에도, 식자들 사이에서는 인종 관계에 대한 음울한 분석이 주를 이루었다. 가령 법학자 데릭 벨은 1992년에 '인종주의의 영속'이라는 부제가 붙은 책에서 "인종주의는 우리 사회의 구성 요소로서, 내재적이고, 영구적이고, 파괴할 수 없다."고 말했다.[25]

사회학자 로런스 보보와 동료들은 아프리카계 미국인에 대한 미국인들의 태도를 역사적으로 조사해 보았다.[26] 그 결과를 보면, 노골적 인종주의는 파괴할 수 없기는커녕 그동안 착실히 허물어졌다. 그림 7-6을 보라. 1940년대와 1950년대 초에는 흑인 아이가 백인 학교에 다니는 것을 반대하는 응답자가 다수였다. 1960년대 초만 해도 흑인이 옆집으로

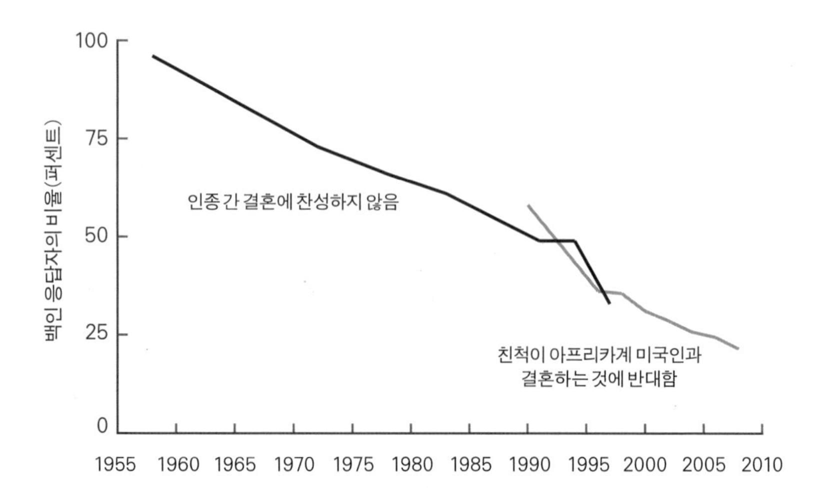

그림 7-7. 인종 간 결혼에 대한 미국 백인들의 태도, 1958~2008년.

출처: '찬성하지 않음' 데이터: Schuman, Steeh, & Bobo, 1997, originally gathered by the Gallup Organization. '반대함' 데이터: General Social Survey (http://www.norc.org/GSS+Website).

이사 오면 자신이 이사하겠다고 답한 응답자가 절반에 가까웠다. 1980년대에는 이런 태도가 한 자릿수로 줄었다.

그림 7-7을 보자. 1950년대 말에는 백인의 5퍼센트만이 인종 간 결혼을 지지했다. 1990년대 말에는 3분의 2가 지지했고, 2008년에는 거의 80퍼센트가 지지했다. "흑인도 아무 직업이나 가질 수 있어야 하는가?"와 같은 몇몇 질문들에 대해서는 1970년대 초에 이미 인종 차별적으로 답한 응답률이 너무 낮아져서, 여론 조사 기관들이 아예 설문지에서 뺐다.[27)]

비인간화하고 악마화하는 사고방식도 줄었다. 과거에 백인들 사이에서는 아프리카계 미국인이 백인보다 게으르고 머리가 나쁘다는 편견이 존재했다. 그러나 지난 20년 동안에는 그런 믿음을 공언하는 응답자의 비율이 계속 줄었다. 요즘은 불평등이 능력 부족 때문이라고 대답하는 비율이 거의 무시할 만하다(그림 7-8).

종교적 편협함도 꾸준히 줄었다. 1924년에는 미국 중산층 가정 고등학생의 91퍼센트가 '기독교는 유일하게 진실된 종교이고 모든 사람이 기독교로 개종해야 한다.'는 명제에 찬성한다고 응답했지만, 1980년에는 38퍼센트만이 찬성했다. 1996년에는 개신교도의 62퍼센트와 가톨릭의 74퍼센트가 '모든 종교는 동등하게 선하다.'는 명제에 찬성했다. 한 세대 전 선조들은 이런 견해에 혼란스러워 했으리라. 16세기 선조들은 말할 것도 없다.[28)]

소수 집단을 비인간화하거나 악마화하는 기색이 약간이라도 있으면 당장 낙인을 찍는 이런 분위기는 여론 조사를 넘어서 현실에도 퍼졌다. 서구에서는 문화, 정부, 스포츠, 일상이 모두 바뀌었다. 미국은 대중문화에 축적된 인종주의적 이미지를 제거하느라 50년 넘게 노력했다. 맨 먼저 아프리카계 미국인에 대한 비열한 묘사가 사라졌다. 블랙페이스라고 불렸던 공연용 분장, 「아모스와 앤디」나 「작은 악당들」과 같은 쇼, 월

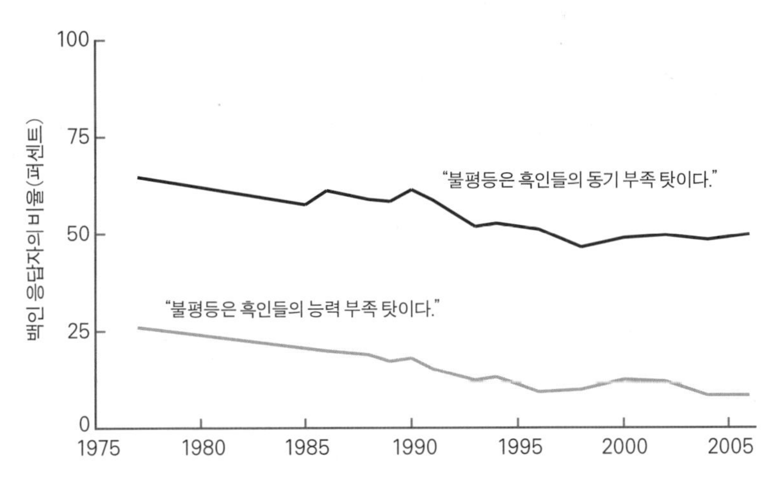

그림 7-8. 아프리카계 미국인에 대한 부정적 견해, 1977~2006년.

출처: 데이터: Bobo & Dawson, 2009, based on data from the General Social Survey (http://www.norc.org/GSS+Website).

트 디즈니의 「남부의 노래」와 같은 영화, 벅스버니 만화 등이었다.[29] 로고, 광고, 잔디밭 장식품에 사용되던 캐리커처들도 사라졌다. 그 전환점은 시민권 운동의 절정기였고, 터부는 다른 민족 집단들로도 빠르게 확장되었다. 내가 어린아이였던 1964년에 '퍼니 페이스(웃긴 얼굴)'라는 가루 음료가 출시되었다. 여러 가지 맛이 있었는데, 그 이름은 구피 그레이프, 라우드 마우스 라임, 차이니즈(중국인) 체리, 인준(인디언) 오렌지였고, 각각에 기괴한 캐리커처가 그려져 있었다. 시기가 나빴다. 2년 만에 마지막 두 가지는 인종색이 없는 추추 체리와 졸리 올리 오렌지로 이름이 바뀌었다.[30] 요즘도 아메리카 원주민에 대한 고정관념을 이용하여 그 이름을 쓰던 유서 깊은 스포츠팀들이 개명하는 분위기인데, 가장 최근에 논란이 된 사례는 노스다코타 대학교의 '파이팅 수'다. 인종과 민족에 대한 경멸적인 농담, 소수 집단에 대한 불쾌한 표현, 인종 간의 선천적 차이에 대한 무지한 몽상은 주류 담론에서 터부가 되었고, 그 때문에 여러 정치인과 언론인의 경력이 끝장났다. 인터넷의 추저분한 공간이나 정치적 우파의 변두리에서는 아직도 악랄한 인종주의가 유통되지만, 그것과 주류 문화 및 정치 사이에는 선명한 구분선이 있다. 일례로, 2002년에 공화당 상원 의원이자 소수당 원내 총무였던 트렌트 로트는 1948년 당시 노골적인 인종 분리주의자였던 스트롬 서몬드의 대통령 선거 출마 노력을 칭송했다가 자기 당에서 쏟아진 맹렬한 공격 때문에 총무직에서 물러났다.

인종 폭력으로 이어질 수 있는 태도를 싹부터 도려내려는 운동은 생각해도 되는 것과 말해도 되는 것의 범위를 규정했다. 사실 사람을 피부색이 아니라 내면으로 판단한다고 공언하는 사회에서는 소수 민족 우대나 특별 지원 제도도 합리적으로 정당화하기 어렵다. 그러나 책임 있는 자리에 앉은 사람들 중 그것을 기꺼이 없애려는 사람은 아무도 없다. 그랬다가는 전문적 분야들에서 아프리카계 미국인의 비율이 감소하고 사회가 다시 양극화될 위험이 있음을 알기 때문이다. 그래서 그들은 소수 민족 우대 제도가 불법으로 판결되거나 투표로 반대될 때마다 '적극적 우대 조치', '다양성' 같은 완곡어법으로 새롭게 포장하여 유지시킨다(가령 대학 입학 특례를 전국 고등학생의 상위 몇 퍼센트에게 주는 대신 고등학교마다 상위 몇 퍼센트에게 주는 식으로 바꾼다.).

인종에 대한 의식은 입학 후에도 이어진다. 많은 대학은 신입생들을 감수성 워크샵에 보내어 각자의 무의식적인 인종주의를 털어놓게끔 한다. 언어 규약을 정해 두고 소수 집단에게 불쾌할지도 모르는 발언은 뭐든 위반 행위로 보는 학교는 더 많다(이런 규약이 법정에 회부된 경우에는 매번 위헌으로 판결되었다.).[31] '인종적 괴롭힘'으로 간주된 사례들 중에는 자기 희화화의 수준에 이른 것도 있었다. 예를 들어, 인디애나 대학교의 한 학생은 KKK의 패배에 대한 책을 읽은 죄로 고발되었다. 표지에 KKK 단원들의 사진이 나와 있다는 게 이유였다. 브랜다이스 대학교의 한 교수는 히스패닉에 대한 인종 차별을 주제로 한 수업에서 '웻백'(wetback, 불법 입국 멕시코인을 가리키는 표현 — 옮긴이)이라는 표현을 언급했다는 이유로 처벌을 받았다.[32] 인종적 '둔감함'을 드러낸 사소한 사건 때문에 (가령 1993년에 펜실베이니아 대학교에서 한 학생이 밤늦게 소란을 피우는 학생들에게 "물소 같은 녀석들아, 닥쳐."라고 고함질렀다. 학생의 모국어인 히브리어에서는 이것이 시끄러운 사람을 뜻하는 속어이지만, 다른 사람들은 그것을 새로운 인종적 욕설로 해석했다.) 학사 일정이 완전히 멎고, 집단적 고행, 속죄, 도덕적 정화의 고통스러운 의식이 이어진다.[33] 이런 위선에 대한 유일한 변명은, 역사적으로 유례없는 인종 간 예절을 지키는 대가로 그 정도는 기꺼이 지불할 만한 비용이라는 것이다(위선의 속성상 이렇게 말하는 것조차 허락되지 않지만 말이다.).

『빈 서판』에서 나는 우리가 인종적 적대감의 복귀를 지나치게 두려워하는 바람에 본성-양육 척도에서 양육 쪽에 인위적으로 힘을 실어 사회 과학을 왜곡시켰다고 주장했다. 인종적 차이와는 무관하고 종 전체에 보편적인 측면들에 대해서도 마찬가지였다. 이 이면에는 우리 본성에서 **무엇 하나라도** 선천적인 것이 있다면 인종이나 민족 간 차이도 선천적일지 모른다는 두려움이 깔려 있다. 거꾸로, 우리가 태어날 때 마음이 빈 서판과 같다면 모든 마음이 동등하게 텅 빈 채 태어나리라고 기대하는 것이다. 그러나 아이러니하게도, 정치적 이유에서 본성을 부정하는 태도는 본성에 대한 어두운 이론을 암묵적으로 받아들이는 것이나 마찬가지이다. 인간이란 자나 깨나 인종적 적의에 빠져들려고 하는 존재이기 때문에 문화 자원을 총동원하여 막아야 한다고 생각하는 것이니까.

여성의 권리, 그리고 강간과 구타의 감소

폭력의 역사를 검토하는 작업은 오늘날 우리가 개탄하는 폭력들을 과거에 사람들이 어떻게 인식했는지를 알고서 도무지 못 믿겠다며 고개를 젓는 일의 반복이다. 강간의 역사도 그런 충격적 사례이다.

강간은 인류가 즐겨 저지르는 잔학 행위 중에서도 고약하다. 강간은 고통, 품위의 타락, 공포, 외상, 여성이 지닌 생존 수단의 강탈, 자손의 유전자에 대한 강제적 침해를 모두 일으킨다. 인류학자 도널드 브라운은 강간을 인간의 보편 특징 목록에 넣었다. 역사적으로도 시대와 장소를 불문하고 어디에서나 강간이 기록되었다. 히브리 성경에 따르면, 한때 강간 당한 여성의 남자 형제들은 그녀를 강간범에게 팔아넘겼고, 신은 군인들에게 과년한 포로를 맘껏 범하라고 명했고, 왕은 첩을 수천 명씩 두었다. 아마존 부족들, 호메로스 시대 그리스, 중세 유럽, 백 년 전쟁 중의 영국에서도 강간이 흔했다(셰익스피어의 대사에 따르면, 헨리 5세는 프랑스의 어느 마을에게 항복하지 않으면 그들의 '순결한 처녀들이 뜨겁고 강압적인 침범의 손아귀에 떨어질 것'이라고 경고했다.). 집단 강간은 세계 어디에서나 집단 살해와 포그롬에 수반되는 요소였다. 최근 보스니아, 르완다, 콩고 민주 공화국의 광란극에서도 마찬가지였다. 군사적 침략에도 집단 강간이 뒤따랐다. 제1차 세계 대전에서 벨기에를 침략했던 독일군, 제2차 세계 대전에서 중국을 침략했던 일본군, 동유럽을 침략했던 러시아군, 방글라데시 독립 전쟁 중의 파키스탄군이 그랬다.[34)]

브라운은 강간이 인간의 보편 속성이듯이 강간에 대한 금기도 보편적이라고 지적했다. 그러나 강간을 **피해자의 시각에서** 바라본 기록을 찾으려면, 역사와 문화를 오랫동안 열심히 살펴보아야만 한다. '강간하지 말지어다'는 십계명에 포함되는 계율이 아니다. 열 번째 계율이 당시 여성의 위치를 말해 주기는 하는데, 여성은 남편의 소유물 중 하나로서 집보다는 뒤에, 하인과 가축보다는 앞에 거론된다. 성경의 다른 대목을 보면, 기혼의 강간 피해자는 간통을 저질렀다고 간주되어 돌에 맞아 죽을 수 있었다. 이 판결은 오늘날의 샤리아 율법으로 이어졌다. 강간은 여성이 아니라 남성에 대한 침해로 여겨졌다. 여자의 아버지나 남편에 대한 침해, 노예라면 그 소유주에 대한 침해로 여겨졌다. 전 세계의 도덕과 법체계가 강간을 이런 식으로 성문화했다.[35)] 강간은 여성의 아버지로부터 여성의 처녀성을 훔치는 행위였고, 여성의 남편으로부터 여성의 정조를 훔치는 행위였다. 강간범은 피해자를 아내로 사들임으로써 체면을 회복할 수 있었다. 강간 당한 책임은 여성에게 있었다. 강간은 남편, 영주, 노예 소유주, 하렘 소유자의 권리였으며, 전쟁의 정당한 전리품이었다.

중세 유럽 정부들이 사법 정의를 국유화하기 시작하면서, 강간은 남편이나 아버지에 대한 불법 행위에서 국가에 대한 범죄로 바뀌었다. 국가는 명목상 여성과 사회의 이해를 대변했지만, 현실에서는 정의의 저울이 피고 쪽으로 기울었다. 강간은 거짓으로 고발하기 쉽고 고발에 대해 변호하기는 어렵다는 이유에서, 범죄 증명이라는 무거운 부담은 여성 소추자의 몫이었다. 당시 많은 법전에서 강간 피해자를 그렇게 불렀다. 판사와 변호인은 "움직이는 바늘에는 실을 꿸 수 없다."면서, 여성의 의지에 반해 억지로 성관계를 하는 것은 불가능하다고 주장했다.[36] 경찰은 강간을 농담처럼 취급했다. 피해자에게 포르노에 가까운 상세한 진술을 요구했고, "누가 당신을 강간하고 싶겠소?", "강간 피해자는 돈을 못 받은 창녀지." 따위의 비꼬는 말로 여성의 주장을 일축했다.[37] 법정에서는 여성이 피고인과 같은 방에 앉아서 자신이 강간범을 유혹하거나 자극하거나 동의하지 않았다는 사실을 증명해야 했다. 많은 나라에서 여성은 성범죄 배심원이 될 수 없었다. 증언에 '무안할지도' 모른다는 이유에서였다.[38]

인류 역사에서 강간이 편재했던 것, 사법 과정에서 피해자가 보이지 않았던 것은 요즘의 도덕적 감수성으로는 이해할 수 없는 일이다. 그러나 계몽주의적 인도주의가 우리의 감수성을 다듬기 전에 진화를 통해서 우리의 욕망과 감정을 형성했던 유전적 이해관계의 관점에서 보면, 모든 것이 이해된다. 강간은 서로 다른 이해관계를 지닌 세 관계자가 얽힌 일이다. 강간범, 여성의 이해관계를 소유한 남성, 여성 자신이다.[39]

진화 심리학자들과 많은 급진적 페미니스트들은 섹슈얼리티의 경제학이 강간을 다스린다는 데 동의한다. 페미니스트 작가 안드레아 드워킨은 이렇게 말했다. "남자는 여자가 가진 것, 즉 섹스를 원한다. 그는 그것을 훔칠 수 있고(강간), 그녀를 설득하여 내놓게 만들 수 있고(유혹), 빌릴 수 있고(매춘), 장기로 대여할 수 있고(미국에서의 결혼), 완전히 소유할 수도 있다(대부분의 다른 사회들에서의 결혼)."[40] 여기에 진화 심리학은 거래의 바탕이 되는 자원에 대한 설명을 덧붙였다. 한 성이 다른 성보다 번식 속도가 더 빠른 종에서는, 더 느리게 번식하는 성의 참여가 희소 자원이 되기 때문에 더 빨리 번식하는 성이 그것을 놓고 경쟁한다.[41] 포유류와 많은 조류에서는 암컷이 더 느리게 번식한다. 암컷은 긴 임신 기간을 겪어야 하고, 포유류라면 수유까지 해야 하기 때문이다. 따라서 암컷은 더 까다로운 편이고, 수컷은 그 때문에 암컷에 대한 접근성이 제약되는 것을 극복할 장애물로 여긴다. 많은 종의 수컷이 암컷을 괴롭히고, 협박하고, 강제로 성교한다. 고릴라, 오랑우탄, 침팬지도 그렇다.[42] 인간의 경우, 다음과 같은 위험 인자들이 결집될 때 남성이 강압적인 성관계를 시도할 수 있다. 남자가 폭력적이고, 냉담하고, 무모한 성격일 때. 다른 수단으로는 상대를 얻지 못하는 실패자일 때. 외부인이라서 사회의 비난을 두려워하지 않을 때. 정복이나 포그롬이 한창인 시기처럼 처벌 위험이 낮다고 판단될 때.[43] 강간의 약 5퍼센트는 임신으로 귀결되므로, 강간범에게는 진화적 이득이 있는 셈이다. 따라서 강간을 일으키는 성향이 무엇이든 그것이 진화 과정에서 솎아질 필요는 없으며, 오히려 유리하게 선택될지도 모른다.[44] 물론 이것은 모든 남자가 '태어날 때부터 강간범'이라거나, 강간범도 '어쩔 수 없었다'거나, 강간이 '자연적인' 행동이므로 불가피하고 용서할 만하다는 뜻이 결코 아니다. 다만, 어째서 강간이 모든 인간 사회에서 고질로 존재해 왔는지 설명해 줄 뿐이다.

강간의 두 번째 관계자는 여자의 가족이다. 특히 여자의 아버지, 남자 형제, 남편이다. 인간 남성은 자식과 그 어미에게 식량, 보호, 보살핌을 제공하는 점에서 다른 포유류 수컷들과 다르다. 그런데 이 투자는 유전적으로 위험하다. 만일 남자의 아내가 은밀한 사통을 하고 있다면, 남자는 딴 남자의 자식에게 투자하는 것일지도 모른다. 그것은 진화적 자살이나 다름없다. 그러니 아내의 간통에 무관심하게 만드는 유전자는 간통을 경계하게 만드는 유전자에게 진화적으로 밀려날 것이다. 언제나 그렇듯이, 유전자가 개체의 행동을 직접 조작하는 것은 아니다. 유전자는 대신 뇌에 저장된 여러 감정들을 형성함으로써 영향을 미친다. 이 경우에는 성적 질투가 그런 감정이다.[45] 남자는 상대의 부정을 생각만 해도 격분하고, 그 가능성을 미리 차단하려고 한다. 한 방도는 여자와 잠재적 애인들을 위협하고, 위협의 신뢰성을 지키기 위해서 필요하다면 기꺼이 실행에까지 옮기는 것이다. 또 다른 방도는 여자의 행동을 통제하고, 여자가 자신의 성적 신호를 스스로에게 유리하게 이용하는 능력을 통제하는 것이다. 아버지들도 딸의 섹슈얼리티에 대해서 흡사 질투처럼 보이는 소유권을 행사하곤 한다. 전통 사회에서는 신부값을 받고 딸을 파는 경우가 많고, 처녀성은 딴 남자의 아이를 배지 않았다는 보장이기 때문에 정조가 곧 상품 가치이다. 아버지는 딸의 정조를 지킴으로써 귀중한 자원을 보호하려 든다. 남자 형제들과 어머니도 조금쯤 그렇게 한다. 사회의 장년 여성들도 젊은 여성들과의 성적 경쟁을 규제할 동기를 갖고 있다.

물론, 남자뿐만 아니라 여자도 질투를 느낀다. 생물학자들은 남자가 자식에게 투자한다는 사실에서 이 현상을 쉽게 예측한다. 남자의 부정은 다른 여자와 그 자식에게 투자가 돌아갈지도 모른다는 위험이므로, 여자에게는 그를 붙잡을 동기가 있다. 물론 상대의 부정에 수반되는 대가는 남녀 차이가 있다. 그렇기 때문에 남자의 질투가 여자보다 더 거세고, 폭력적이고, (감정적 부정행위가 아니라) 성적인 부정행위에 더 집중한다.[46] 반면 여자와 그 친척들이 신랑의 '처녀성'에 집착하는 사회는 세상에 하나도 없다.

진화적 이해관계로 형성된 동기들이 곧장 사회적 관습으로 옮겨지는 것은 아니다. 그러나 사람들은 그런 동기들에 영향을 받아, 법률과 관습을 구축할 때 진화적 이해관계를 보호하는 방향으로 행동한다. 그 결과,

남자들이 각자의 아내와 딸의 섹슈얼리티에 대한 통제권을 서로 인정하는 방향으로 법적, 문화적 규범이 널리 자리 잡았다. 인간의 마음은 비유를 먹고 자라는데, 여성의 섹슈얼리티에 거듭 비유된 개념은 **재산**이었다.[47] 재산은 탄력적인 개념이다. 많은 사회는 형체가 없는 것에 대해서도 법적 소유권을 인정한다. 공간, 이미지, 곡조, 용어, 전자기 대역폭, 심지어 유전자에 대해서도. 그러니 궁극의 소유 불가능 대상, 즉 아이, 노예, 여성처럼 독자적인 이해관계를 갖고 있는 지각 있는 인간에 대해서도 재산 개념이 적용된 것은 크게 놀랄 일이 아닐지도 모른다.

마고 윌슨과 마틴 데일리는 「아내를 소유물로 착각한 남자」라는 글에서, 여성을 아버지나 남편의 재산으로 취급한 세계의 여러 전통 법률들을 망라했다. 재산법에 따르면, 소유자는 자신의 재산을 누구의 방해도 받지 않고 마음껏 팔고 교환하고 처분할 수 있다. 누군가 그것을 훔치거나 훼손했을 때는 자신에게 사태를 바로잡을 권리가 있다는 사실을 온 사회가 인정하리라고 기대해도 좋다. 이런 사회적 계약에서는 여성의 이해가 대변되지 않으므로, 강간은 그녀를 소유한 남자에 대한 위반 행위이다. 강간은 물건을 불법적으로 망가뜨리거나 귀중한 재산을 훔친 행위처럼 개념화되었다. 강간을 뜻하는 단어 'rape'이 'ravage(파괴)', 'rapacious(강탈적인)', 'usurp(탈취)'와 어원이 같은 것만 봐도 알 수 있다. 이 논리에 따르면, 집안 좋고 재산 있는 남자의 보호를 받지 못하는 여성은 강간법의 적용 대상이 아니다. 또한 남편의 아내 강간은 모순된 개념이다. 자신의 재산을 자신이 훔치는 것처럼.

남자들이 투자를 보호하는 또 다른 방법은, 여자가 성적 가치를 도둑맞거나 훼손 당했을 때 그 책임을 전적으로 여자에게 씌우는 것이다. 그러면 여성이 합의 하에 성관계를 맺고서는 강간으로 둘러댈 가능성이 원천 차단된다. 여성은 되도록 위험한 상황을 피하고, 스스로의 자유와 안전에 어떤 대가를 치르더라도 강간범에게 저항해야 하는 처지가 된다.

여성을 재산으로 간주하는 노골적인 표현들은 중세 후기에 해체되었지만, 이 모형은 최근까지도 우리의 법률, 관습, 감정에 끈덕지게 남아 있었다.[48] 여자는 자신에게 '임자가 있다'는 것을 알리고자 약혼반지를 낀다. 남자는 보통 끼지 않는다. 요즘도 결혼식에서 여자의 아버지가 여자를 남편에게 '건네는' 경우가 많다. 여자는 결혼 후 남편을 따라 성을 바꾼다. 1970년대까지만 해도 미국에서 배우자 강간을 범죄로 규정한 주는 하나도 없었고, 사법 체계는 다른 형태의 강간에서도 여자의 이해를 가벼이 취급했다. 배심 절차를 연구하는 법학자들에 따르면, 여자가 경솔하기 때문에 강간 당한다는 속설은 거짓임을 — 현행법은 그런 생각을 인정하지 않는다. — 배심원단에게 반드시 주지시켜야 한다. 그러지 않으면 배심원단의 심의에 자꾸만 그런 생각이 끼어든다고 했다.[49] 감정의 영역에서도, 여성이 강간을 당하면 그 남편이나 남자친구는 저도 모르게 잔인하고 동정심 없는 태도를 취할 때가 많다. "내가 뭔가 도둑맞은 것 같아. 속은 기분이야. 그녀는 오로지 나만의 것이었는데 지금은 아니야."라고 말하곤 한다. 강간 뒤에 결혼이 와해되는 일도 드물지 않다.[50]

드디어 강간의 세 번째 관계자를 이야기할 때가 되었다. 피해자이다. 유전적 계산으로부터 남성이 때로 여성에게 강제로 성관계를 요구하리라는 예측이 나오듯이, 그리고 피해자의 친족이 강간을 자신들에 대한 위반으로 여기리라는 예측이 나오듯이, 유전적 계산으로부터 여성은 강간에 저항하고 강간을 혐오하리라는 예측이 나온다.[51] 유성 생식의 속성상, 여성은 자신의 섹슈얼리티에 대한 통제력을 행사하도록 진화했을 것이다. 여성은 섹스의 시기, 조건, 상대를 스스로 선택해야 한다. 그래야만 자식에게 가장 튼튼하고, 너그럽고, 보호력이 있는 아버지를 마련해 줄 수 있고, 자식을 가장 알맞은 시기에 낳을 수 있다. 언제나 그렇듯이, 여성이 의식적으로든 무의식적으로든 이런 생식적 계산을 일부러 해 보는 것은 아니다. 여성의 뇌에 칩이 박혀 있어 로봇처럼 행동을 통제하는 것도 아니다. 이것은 그저 특정한 감정들이 어떻게 진화했는지를 알려 주는 배경 이야기일 뿐이다. 이 경우에는 여성이 자신의 섹슈얼리티를 통제하려고 하는 결의와 그것이 강탈되었을 때 느끼는 침해의 괴로움이 왜 존재하는가 하는 설명이다.[52)]

요컨대, 강간의 역사는 우리의 관습, 도덕률, 법률을 형성해 온 암묵적 협상에서 여성의 이해가 제거된 역사였다. 대조적으로 강간을 여성에 대한 극악무도한 범죄로 여기는 오늘날의 감수성은 그 이해를 제대로 반영한다. 이 현상은 권력, 전통, 종교적 관습보다는 감각 있는 개인들의 고통과 번영에서 도덕성의 기초를 찾는 인도주의적 사고방식에 따른 것이며, 이 사고방식은 더 나아가 **자율**(autonomy)의 원칙으로 벼려졌다. 이것은 모든 사람이 자신의 몸에 대해 절대적인 권리를 갖고 있고, 그것은 다른 이해관계자들 사이에서 공통의 자원처럼 협상될 것이 아니라는 원칙이다.[53)] 오늘날의 도덕은 강간 당하지 않으려는 여자의 이해, 그녀를 강간하고 싶어 하는 남자의 이해, 그녀의 섹슈얼리티를 독점하려고 하는 남편이나 아버지의 이해, 이 세 이해 사이에서 균형을 잡으려고 하지 않는다. 중요한 것은 자신의 신체에 대한 여성의 소유권이고, 다른 권리 주장자들의 이해는 아무것도 아니다. 전통적 가치 평가가 완전히 뒤집힌 것이다(오늘날 유일하게 인정되는 다른 이해관계는 형사 소송 절차 도중 피고의 권리뿐이다. 그 상황에서는 그의 자율권도 걸려 있기 때문이다.). 자율의 원칙은 계몽시대의 노예제, 전제 정치, 채무 노예, 잔혹한 처벌 폐지에서도 중요한 논거였다.

강간은 늘 피해자에게 잔혹한 행위라는 생각이 요즘은 자명하게 느껴지지만, 옛날 사람들은 이 개념을 천천히 받아들였다. 영국에서는 중세 후기부터 피해자의 이해를 중시하는 방향으로 법적 교정이 이뤄졌다. 그러나 오늘날 인식 가능한 형태로 법률이 정비된 것은 18세기 들어서였다.[54] 계몽의 시대였던 그 시절에 역사상 거의 최초로 여성권이 인식된 것은 우연의 일치가 아니었다. 1700년, 메리 애스텔은 전제 정치와 노예제를 공격했던 논증을 빌려 와서 여성 억압에 확대 적용했다.

> 국가에서 절대 군주가 필요하지 않다면, 가정에서는 왜 필요하단 말인가? 거꾸로 가정에서 필요하다면, 국가에서는 왜 필요하지 않단 말인가? 한쪽에 근거로 댈 수 있는 이유라면 다른 쪽에도 마찬가지로 강력하게 적용될 것이 아닌가…….
>
> 만일 **모든 남자들이 자유롭게 태어났다면**, 왜 모든 여자들은 노예로 태어났는가? 여자들이 남자들의 **변덕스럽고 불확실하고 불분명하고 임의적인 의지에 종속되어 있다면**, 그것은 **완벽한 노예의 상태**라고 보아야 하지 않겠는가?[55]

이 논증이 운동으로 바뀌려면 150년을 더 기다려야 했다. 미국에서는 페미니즘의 첫 물결이 1848년 세니커폴스 회의에서 시작되어 1920년 헌법 수정 19조의 추인으로 매듭지어짐으로써 여성들에게 투표할 권리, 배심원이 될 권리, 결혼해서도 재산을 유지할 권리, 이혼할 권리, 교육 받을 권리가 생겼다. 그러나 강간에 대한 처분이 혁명적으로 바뀐 것은 1970년대의 두 번째 물결에서였다.

여기에는 수전 브라운밀러의 1975년 베스트셀러 『우리의 의지에 반하여』가 크게 기여했다. 브라운밀러는 역사적으로 종교, 법률, 전쟁, 노예제, 치안, 대중문화가 강간에 탐닉했다는 사실을 가차 없이 조명했다. 강간 통계를 제시했고, 강간을 당하는 것과 고발하는 것이 어떤 일인지를 일인칭으로 서술한 증언들을 실었다. 그리고 주요한 사회 제도들에 여성의 관점이 반영되지 않았던 탓에 강간을 가볍게 취급하는 분위기가 형성되었다는 것을 보여 주었다('부득이 강간을 당한다면 차라리 느긋하게 누워서 즐기라.'는 농담이 있는 것처럼.). 그녀가 책을 쓴 시점은 1960년대 비문명화 과정 때문에 폭력이 낭만적 반항으로 여겨지고 성 혁명 때문에 호색함이 문화적 세련미로 여겨지던 시절이었다. 그런 허세는 여자들보다는 남자들의 성미에 더 맞았고, 두 영향이 결합함으로써 강간은 멋있는 일처럼 되어 버렸다. 브라운밀러는 중상 계층의 문화가 강간범을 거북하리만치 영웅적으로 묘사한 사례들을 소개했고, 그런 작품에 굽실거리면서 독자들도 당연히 공감하리라고 가정한 비평들도 소개했다. 가령 스탠리 큐브릭의 1971년 영화 「시계태엽 오렌지」에는 베토벤을 사랑하는 무뢰한이 나온다. 그는 사람들을 마구 때려 기절시키고, 남편의 눈앞에서 부인을 강간하며 즐거워한다.《뉴스위크》에는 이런 극찬이 실렸다.

> 가장 심오한 수준에서, 「시계태엽 오렌지」는 인간성에 대한 오디세이이다. 이 영화는 진정한 인간이란 무엇인가 하는 발언이다. …… 우리 모두의 마음 속에는 어둡고 원시적인 무언가가 있어, 환상의 인물인 알렉스에게 매력을 느낀다. 우리 모두가 품고 있는 즉각적인 성적 만족에 대한 욕망, 분노와 억압된 복수의 본능을 분출하려는 욕망, 모험과 흥분을 필요로 하는 갈망을 알렉스는 행동으로 실천해 보인다.[56)]

이 비평가는 관객에게 두 성별이 있다는 사실을 잊었을까? 브라운밀러는 "어떤 여성도 피노키오 코를 달고 가위를 쥔 불량배가 즉각적 만족, 복수, 모험에 대한 **여성 자신의** 욕망을 실현해 보인다고 믿지 않을 것이다."라고 꼬집었다. 그러나 비평가가 제작자의 의도를 멋대로 해석했다고 비난할 수만은 없다. 큐브릭 자신이 일인칭 복수형을 사용해서 영화의 매력을 설명했기 때문이다.

> 알렉스는 자연 상태의 인간, 즉 사회가 '문명화' 과정을 강제하지 않았을 때 인간이 존재하는 방식을 상징한다. 우리는 죄의식 없이 자유롭게 살인과 강간을 저지르는 알렉스에게 무의식중에 반응하고, 자연스럽고 야만적인 자아로 존재하고자 하는 마음을 품는다. 이렇게 인간의 진정한 본성을 엿볼 수 있다는 점이 이 이야기의 힘이다.[57)]

『우리의 의지에 반하여』는 강간법과 사법 관행 개혁을 전국적 의제로 만드는 데 기여했다. 이 책이 출간되었던 때는 미국에서 배우자 강간을 범죄로 여기는 주가 하나도 없었다. 지금은 50개 주 모두에서 불법이고, 서유럽 나라들에서도 대부분 그렇다.[58)] 강간 위기 센터는 피해자가 강간을 신고하고 극복하는 과정에서 겪는 외상을 덜어 주었다. 요즘 대학 캠퍼스에는 눈 돌리는 곳마다 그런 서비스를 알리는 안내문이 붙어 있다. 그림 7-9는 하버드 대학교의 화장실 세면대에서 많이 볼 수 있는 스티커인데, 학생이 접촉할 수 있는 기관을 다섯 개나 알려 준다.

오늘날 형사 제도는 수준을 불문하고 모든 성폭력을 진지하게 다루도록 규정한다. 최근에 나는 변화를 느끼게 해 주는 일화를 들었다. 우리 대학원생 하나가 보스턴 교외의 노동자 거주지를 걸어가고 있었는데, 남자 고등학생 세 명이 따라붙어 치근대더니 한 명이 그녀의 가슴을 움켜쥐었다. 그녀가 항의하자, 아이는 농담처럼 가볍게 때리겠다고 협박했다. 그녀는 경찰에 신고했다. 경찰은 사복 수사관을 붙여 주었고, 그녀와 수사관은 눈에 안 띄는 차에 앉아 (경찰이 마약 단속에서 몰수한 1978년식 연어색 캐딜락 세비야였다.) 사흘 동안 오후마다 동네를 감시한 끝에 가해자를 찾아냈다. 지방 검사는 그녀와 여러 차례 면담했고, 그녀의 동의 하

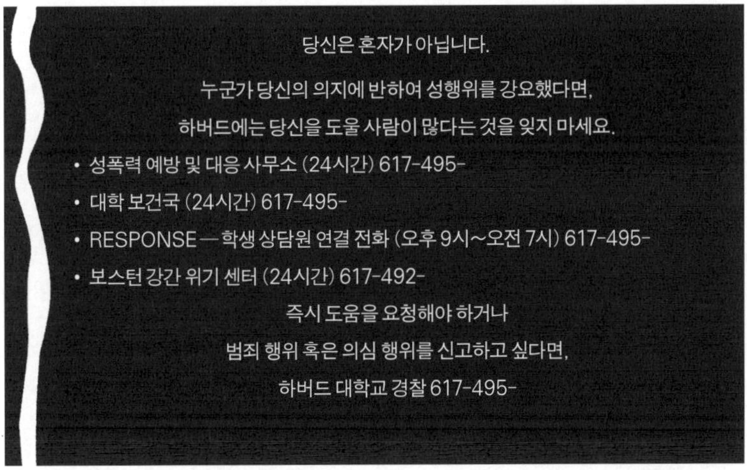

당신은 혼자가 아닙니다.

누군가 당신의 의지에 반하여 성행위를 강요했다면,

하버드에는 당신을 도울 사람이 많다는 것을 잊지 마세요.

- 성폭력 예방 및 대응 사무소 (24시간) 617-495-
- 대학 보건국 (24시간) 617-495-
- RESPONSE — 학생 상담원 연결 전화 (오후 9시~오전 7시) 617-495-
- 보스턴 강간 위기 센터 (24시간) 617-492-

즉시 도움을 요청해야 하거나

범죄 행위 혹은 의심 행위를 신고하고 싶다면,

하버드 대학교 경찰 617-495-

그림 7-9. 강간 예방과 대응 스티커.

에 남학생을 2급 폭행으로 고발했다. 아이는 유죄를 인정했다. 잔혹한 강간조차 대수롭지 않게 다루던 옛 방식과 비교하면, 비교적 사소한 위반에도 사법 제도가 동원되는 요즘의 방식은 정책 변화를 잘 보여 준다.

대중문화에서 강간을 다루는 방식도 몰라보게 달라졌다. 요즘 영화와 텔레비전에서 강간을 묘사하는 까닭은 대체로 피해자에 대한 연민과 공격자에 대한 혐오감을 일으키기 위해서이다. 「로 앤 오더: 성폭력 전담반」과 같은 인기 텔레비전 시리즈는 성폭력자란 사회적 신분에 무관하게 모두 경멸해 마땅한 쓰레기이고 결국에는 DNA 증거가 그들에게 정의를 가한다는 메시지를 못 박는다. 더 충격적인 것은 비디오 게임 산업이다. 게임은 수입 면에서 영화, 음반과 경쟁하는 차세대 매체인데, 내용에 대한 별다른 규제 없이 사방으로 확장하는 추세로서 젊은 남자들이 젊은 남자들을 위해서 개발하는 것이 많다. 게임에는 폭력과 젠더에 대한 고정관념이 판치는데, 단 하나의 활동만은 눈에 띄게 드물다. 법학자 프랜시스 X. 셴은 1980년대부터 출시된 비디오 게임들의 내용을 분석하여, 절대에 가까운 터부를 발견했다.

> 강간은 비디오 게임에 넣어서는 안 되는 유일한 일로 보인다. …… 현실에서는 장난으로 수십 명을 죽이는 것, 그것도 종종 잔혹하게 죽이는 것, 혹은 도시를 몽땅 파괴하는 것이 강간보다 명백히 더 나쁘다. 그러나 비디오 게임에서는 X 버튼을 눌러 다른 캐릭터를 강간하게끔 하는 것이 절대 금지이다. 강간에 대해서만큼은 "그냥 게임인걸." 하는 정당화가 통하지 않는 듯하다. …… 롤 플레잉 게임의 가상 세계에서도 강간은 터부이다.

셴은 전 세계에서 한 줌의 예외들을 발견했는데, 그 각각에 대해서 즉시 격렬한 항의가 빗발쳤다.[59]

그런데 이런 변화가 실제로 강간을 줄였을까? 강간에 관한 자료는 구하기 어렵다. 강간은 실제보다 적게 신고되기로 악명 높고, 동시에 종종 실제보다 더 많이 신고된다(2006년에 듀크 대학교의 세 라크로스 선수에 대한 고발이 결국 반증되었던 사례를 떠올려 보라.).[60] 활동 단체들의 허접스러운 통계가 여기저기 유통되며 상식으로 간주되곤 한다. 가령 대학생 4명 중 1명은 강간을 경험한다는 믿기 힘든 통설이 그렇다(이것은 피해자들조차 인정하지 않는, 지나치게 광범위한 강간 정의에 기반한 주장이다. 이를테면 여성이 만취하여 성관계에 동의했지만 나중에 후회한 경우도 강간으로 포함했다.).[61] 완벽하지 않지만 쓸 만한 데이터로 미국 형사 사법 통계국의 '전국 범죄 피해자 조사'가 있다. 1973년부터 매년 여러 계층을 아우르는 대규모 인구 표본을 체계적으로 인터뷰하여 범죄율을 조사한 것인데, 이 방법을 쓰는 까닭은 피해자 신고율이라는 왜곡 인자를 피하기 위해서이다.[62] 조사 기법에는 과소 신고를 최소화하기 위한 여러 장치가 있다. 인터뷰를 진행하는 사람은 90퍼센트가 여성이고, 1993년에 기법이 개선된 뒤에는 과거 추정치들도 소급 조정하여 전 기간의 데이터가 호환되게 만들었다. 강간을 정의할 때는 폭을 넓게 잡지만 지나치게 넓지는 않다. 완력뿐만 아니라 언어적 협박으로 강요한 성행위도 포함하고, 시도한 경우와 실행된 경우를 모두 포함하고, 남녀 가해자를 모두 포함하고, 동성애와 이성애 사례를 모두 포함한다(사실 대부분의 강간은 남자가 여자에게 저지른다.).

그림 7-10은 지난 40년 동안 강간 발생율을 보여 준다. 35년 만에 수치가 80퍼센트나 감소한 것을 알 수 있다. 1973년에는 12세 이상 인구 10만 명당 연간 250건이었지만, 2008년에는 50건이었다. 실제 감소율은 이보다 더 클지도 모른다. 과거에는 강간이 자주 은폐되었고 사소하게 여겨졌지만 최근에는 중죄로 여겨지는 탓에 여성들이 더 기꺼이 신고하기 때문이다.

3장에서 보았듯이, 1990년대에는 모든 종류의 범죄가 줄었다. 살인에서 자동차 절도까지 두루두루. 그렇다면 강간 감소도 페미니스트들

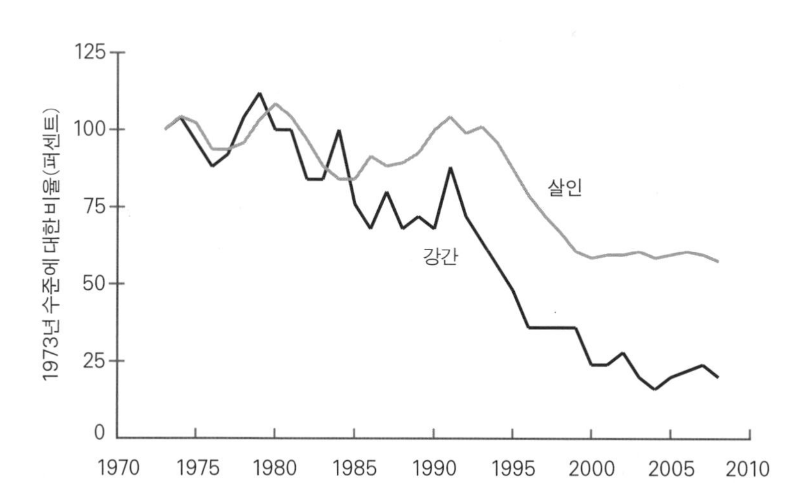

그림 7-10. 미국의 강간율과 살인율, 1973~2008년.

출처: 데이터: FBI Uniform Crime Reports and National Crime Victimization Survey; U.S. Bureau of Justice Statistics, 2009.

의 근절 노력 때문이 아니라 전반적인 범죄 감소의 한 측면이 아닐까? 나는 그림 7-10에 살인율을 함께 표시했는데(FBI의 표준 범죄 보고서 데이터를 썼다.), 둘 다 1973년 값에 대한 비율로 변환하여 두 곡선을 나란히 볼 수 있게 했다. 그래프를 보면, 강간의 감소 추이는 살인과는 다르다. 살인율은 1992년까지 오르락내리락하다가 1990년대에 떨어져 2000년대에 안정되었다. 반면에 강간율은 1979년 무렵부터 떨어지기 시작하여 1990년대에 급락했고, 2000년대에도 계속 낮아졌다. 2008년에 살인율은 1973년 수준의 57퍼센트였지만 강간율은 20퍼센트로 바닥까지 떨어졌다.

이 조사의 경향성이 사실이라면, 강간 감소는 또 하나의 중요한 폭력 감소 사례이다. 그러나 사람들은 이 현상을 거의 전혀 모른다. 강간 퇴치 단체들은 성공을 축하하기는커녕, 여성이 과거 어느 때보다도 위험한 세상에서 살고 있다는 인상을 퍼뜨린다(대학 화장실 스티커를 떠올려 보라.). 지난 30년의 강간 감소는 지난 7년의 살인 감소와는 다르게 설명해야 하는데도, 정치학자들이나 범죄학자들은 그 빈틈에 뛰어들지 않았다. 30년에 걸친 강간율 급감에 대해서는 부서진 유리창 이론도, 괴짜 경제학 이론도 없다.

이 현상은 아마도 여러 원인들이 한 방향으로 힘을 가한 결과일 것이다. 1990년대의 감소세는 더 나은 치안, 거리를 배회하는 위험인물의 감소 등 전반적인 범죄 감소의 원인들을 일부 공유할 것이다. 페미니즘 정서는 본격적인 감소세 이전에도, 도중에도, 이후에도 강간에 집중하여 경찰, 법정, 사회 복지 기관의 관심을 요구했다. 1994년 제정된 '여성에 대한 폭력 방지법'은 강간 예방 자금과 감독을 확충하고 강간 검사와 DNA 검사 비용을 승인함으로써 그들의 노력을 더 향상시켰다. 덕분에 초범이 두세 번째 범죄를 저지를 때까지 기다릴 것 없이 철창에 가둘 수 있었다. 어쩌면 강간 감소가 1990년대 전반적인 범죄 감소의 산물이었던 것 못지않게, 전반적인 범죄 감소가 페미니즘 운동의 산물이었을지도 모른다. 1960년대와 1970년대의 범죄 탐닉이 정체기에 접어들자 페미니즘 운동이 나서서 여성에 대한 공격을 성토함으로써 길거리 폭력을 미화하는 시각을 폭로하고, 공공장소 안전을 권리로서 주장하고, 1990년대 재문명화 과정에 박차를 가했기 때문이다.

페미니즘의 선동이 얻어 낸 조치들이 틀림없이 강간 감소에 기여했지만, 미국인들이 사전에 준비가 되어 있었던 것도 사실이다. 이제는 여성이 경찰이나 법정에게 모욕을 **당해야 한다거나**, 남편에게 아내를 강간할 권리가 확실히 있다거나, 강간범이 건물 계단통이나 차고에서 여성을 노려도 된다고 주장하는 사람은 있을 수가 없었다. 승리는 빠르게 왔다. 보이콧이나 순교자는 필요하지 않았고, 경찰견이나 성난 폭도를 대면할 일도 없었다. 페미니스트들이 강간과의 싸움에서 이긴 것은 유력한 지위에 오른 여성이 많아진 탓도 있었고, 기술 발전 때문에 과거에 여성을 가정과 아이에게 매어 놓았던 성적 분업의 족쇄가 느슨해진 탓도 있었다. 그러나 한편으로는 남녀 모두 점차 페미니스트로 변한 탓도 있었다.

어떤 사람들은 몇몇 사례를 거론하면서 페미니즘에 대한 '반발' 때문에 발전이 거의 없었다고 주장하지만, 데이터에 따르면 미국인들의 태도는 착실히 진보적인 방향으로 바뀌어 왔다. 심리학자 진 트웬지는 여성에 대한 태도를 25년 이상 조사한 표준 설문 결과들을 수집하여 도표화했다. "요즘도 결혼식에서 아내에게 남편을 '따르겠느냐'고 묻는 것은 여성에게 모욕이다.", "여성은 자신의 권리보다 현모양처가 되는 데에 더 신경 써야 한다.", "여성이 남성과 같은 장소에 가고 같은 자유를 누릴 수 있다고 기대해서는 안 된다." 등등에 대한 의견을 묻는 조사들이었다.[63] 그림 7-11을 보자. 1970~1995년까지 대학생 연령의 남녀에게 여성에 대한 태도를 물었던 71개 조사의 평균값이다. 남녀를 불문하고, 세대가 지날수록 응답자들은 점점 더 진보적인 태도를 보였다. 1990년대 초의 남자들이 1970년대의 여자들보다 더 페미니스트일 정도이다. 남부 학생들은 북부 학생들보다 좀 덜 그랬지만, 경향성은 비슷했다. 다른 인구 표본을 대상으로 조사한 결과도 비슷했다.

오늘날 우리는 모두 페미니스트이다. 서구 문화의 기본 관점은 차츰 중성화되었다. 이성과 비유에 이끌려 일반 시민의 관점이 점점 더 보편화된 현상은 18세기 인도주의 혁명의 도덕적 진보를 이끈 엔진이었는데, 그것이 20세기 권리 혁명에서도 다시금 추진력을 발휘했다. 여성의 권리 확장이 소수 민족 권리 확장을 바짝 뒤따른 것은 우연이 아니었다. 미국 건국 이념의 진정한 의미가 모든 인간(남성)은 평등하다는 것이라면, 여성이라고 그렇지 않을 이유가 없지 않은가? 젠더 면에서도 이런 보편화 경향이 진행되었다는 것을 보여 주는 피상적인 신호가 있다. 작가

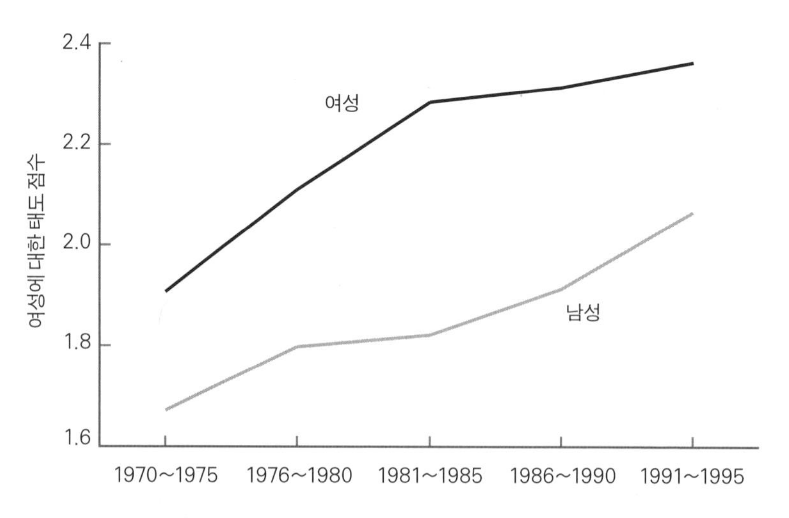

그림 7-11. 미국에서 여성에 대한 태도, 1970~1995년.

출처: 그래프: Twenge, 1997.

들이 인간 일반을 지칭할 때 **그**(he)라는 남성 대명사를 피하게 되었다는 점이다. 그보다 깊이 있는 신호라면, 도덕과 법이 남성 고유의 시점에서만 정당화되지 않도록 조정되었다는 점이다.

강간범은 보통 남성이고, 피해자는 보통 여성이다. 강간 퇴치 운동이 힘을 얻었던 것은 여자들이 힘 있는 자리에 많이 밀고 들어가서 행정의 도구를 자신들에게 유리하도록 바로잡았기 때문만은 아니다. 내 생각에는, 힘 있는 남자들의 주변에 여자가 많아짐으로써 남자들의 인식이 변한 것도 한몫했다. 도덕적 관점은 누가 편익을 누리고 누가 비용을 치를지를 결정하는 데 그치지 않는다. 그것은 애초에 어떤 사건을 어떻게 편익이나 비용으로 분류할 것인가도 결정한다. 섹슈얼리티에 대한 남녀의 해석은 이런 가치 평가의 간극이 가장 심대하게 영향을 미치는 영역이다.

심리학자 캐서린 새먼과 인류학자 도널드 시먼스는 여성 작가들의 성애물을 분석한 『전사를 사랑하는 여인들』에서 이렇게 말했다. "반대 성에게 호소하는 성애물을 접하는 것은 두 성을 갈라놓는 심리적 심연을 응시하는 것과 같다. …… 로맨스 소설과 포르노 비디오의 대비는 너무나 크고 심오해서, 남녀가 사이좋게 지낼 수 있다는 사실이 놀랍게 느껴질 지경이다. 하물며 함께 살며 성공적으로 아이를 키울 수 있다는 것은 더욱 놀랍다."[64] 성애물의 핵심은 소비자에게 상대 성의 요구에 타협하지 않아도 되는 성 경험을 제공하는 것이므로, 성애물은 두 성의 순수한 욕망을 들여다보는 창이 되어 준다. 남성을 위한 포르노는 시각적이고, 해부적이고, 충동적이고, 현란한 난교를 추구하고, 맥락과 인물이 없다. 여성을 위한 성애물은 훨씬 더 언어적이고, 심리적이고, 반성적이고, 연속적 일부일처 관계를 추구하고, 맥락과 인물이 풍성하다. 남자들은 육체와의 성교를 몽상하고, 여자들은 사람과 사랑을 나누기를 꿈꾼다.

강간은 남성 섹슈얼리티의 정상적인 요소가 아니다. 그러나 남성의 욕망이 섹스 상대를 무차별로 선택할 수 있다는 점, 또한 상대의 내면에 무관심할 수 있다는 점 때문에 강간이 가능해진다. '상대'가 아니라 '대상'이 더 적합한 용어일 수도 있다. 섹스에 대한 남녀의 시각 차이는 성적 공격성으로 입은 피해에 대한 인식 차이로 나타난다. 심리학자 데이비드 버스에 따르면, 남자들은 성적 공격성이 여성 피해자에게 얼마나 속상한 일인지를 과소평가하는 데 비해, 여자들은 남성 피해자의 속상함을 과대평가한다.[65] 우리는 전통 법률과 도덕규범이 강간 피해자를 냉담하게 다뤘던 이유를 이런 성차로 좀 더 설명할 수 있다. 그것은 과거에 남성이 여성에게 무자비한 힘을 휘둘렀기 때문만은 아니고, 남성에게는 자신과는 다른 마음을 상상할 줄 모르는 편협함이 있기 때문이기도 하다. 남자들은 낯선 사람이 내가 요구하지도 않은 섹스를 불쑥 제안한다는 생각이 매혹적이기는커녕 불쾌할 수도 있다는 것을 잘 모른다. 그러나 남자가 여자와 함께 일하는 사회, 따라서 자신의 이해를 정당화하면서도 여자의 이해도 고려해야 하는 사회에서는 그런 아둔한 무관심을 계속 갖고 있을 수 없다.

남녀의 이런 간극을 알면, 강간에 대한 '정치적으로 올바른' 이데올로기를 이해하는 데도 도움이 된다. 앞에서 이야기했듯이, 가끔은 성공적인 반폭력 운동의 여파로 사람들이 어떤 에티켓, 이데올로기, 터부를 무턱대고 지키게 된다. 강간의 경우, 강간이 섹스와는 관계없고 권력하고만 관계있다는 생각이 이른바 정치적으로 올바른 시각이다. 가령 브라운밀러는 "강간은 선사 시대부터 현재까지 결정적인 기능을 수행했다. 강간은 **모든** 남자들이 **모든** 여자들을 공포의 상태로 묶어 두는 의도적인 겁박 과정이나 다름없다."고 말했다.[66] 그리고 강간범을 신화 속 미르미돈 족에 비유했다. 개미 떼에서 생겨나 아킬레우스의 용병으로 싸웠다는 부족이다. "경찰에게 붙잡힌 강간범은, 진정한 의미에서는, 사회의 모든 남자들을 대신하여 미르미돈의 기능을 수행하는 사람이다."[67] 이것은 당연히 터무니없는 이론이다. 강간범을 대의를 위해서 싸우는 이타적인 용사로 격상시킨 점도 문제이고, 남자는 누구나 사랑하는 여인이 겪는 강간에서 이득을 얻는 종자라고 싸잡아 중상한 점도 문제이지만, 애초에 어떤 남자도 고작 성관계를 원해서 폭력을 쓰지는 않을 것이라고 가정한 점이 더 큰 문제이다. 이런 생각은 강간범과 피해자의 통계에 대한 수많은 사실과 모순된다.[68] 브라운밀러는 옛 공산주의자 스승의 생각에서 이런 이론을 가져왔다고 하는데, 아닌 게 아니라 인간의 모든 행동을 집단 간 권력 투쟁으로 설명하는 마르크스주의 관념에서는 맞는 말일지도 모른다.[69] 그러나 만일 내게 브라운밀러에게 의견을 제시할 기회가 허용된다면, 이렇게 얘기하고 싶다. 강간이 섹스와 무관하다고 보는 이론은, 별로 내키지 않아 하는 낯선 사람과 비인격적인 섹스를 하고 싶다는 욕망을 차마 몽상하지 못할 만큼 괴상한 것으로 여기는 성에게 더 호소력이 있을지도 모른다고.

폭력 감소에 뒤따라 신성시되어 버린 관습에는 상식도 끼어들지 못하는 듯하다. 오늘날 강간 센터들은 이구동성 이렇게 주장한다. "강간과 성폭력은 섹스나 정욕의 행위가 아니다. 그것은 섹스를 무기로 삼은 공격, 권력, 모욕의 문제이다. 강간범의 목표는 지배이다." (이에 대해 저널리스트 헤서 맥도널드는 "맥주 파티에서 여자들한테 추근대는 사내들의 목표는 오직 하나인데, 가부장제의 복권은 결코 아니다."라고 반박했다.)[70] 이 신성한 믿음 때문에, 상담원들은 학생들에게 분별 있는 부모라면 딸에게 결코 주지 않을 조언을 안긴다. 맥도널드는 어느 대학의 성폭력 예방 사무소 부소장에게 물어보았다. 여학생들에게 "만취하지 말고, 남자와 한 침대에서 자지 말고, 옷을 스스로 벗거나 상대가 벗기도록 허락하지 마라."는 지침을 장려하는지? 부소장은 이렇게 대답했다. "그런 생각은 불편합니다. 그것은 강간이 여학생의 탓이라는 뜻을 담고 있으니까요. 강간은 절대로 여학생의 탓이 아닙니다. 옷차림이 강간이나 폭력을 불러오는 것은 아닙니다. …… 나도 그렇고 우리 상담원들도 그렇고, 어떤 식으로든 피해자의 옷차림이나 절제력 부족을 탓하는 말은 결코 하지 않습니다."

다행스럽게도, 맥도널드가 면담한 학생들은 이른바 정치적으로 올바른 시각이 상식을 가로막게 내버려 두지 않았다. 대학 관계자들의 방침은 신념의 사회학이라는 주제로는 사뭇 흥미롭겠지만, 그야 어쨌든 더 중요한 역사적 발전에 수반된 지엽적 현상에 지나지 않는다. 그 발전이란, 최근 몇 십 년 동안 사회의 태도와 법 집행 과정이 여성의 시각을 포용하도록 확대됨으로써 폭력의 중요한 한 종류가 감소했다는 것이다.

✤ ✤ ✤

여성에 대한 폭력의 또 다른 종류는 아내 때리기, 구타, 배우자 학대, 친밀한 파트너의 폭력, 가정 폭력이라 불리는 것이다. 남자가 현재나 과거의 아내나 여자친구를 완력으로 협박하고, 공격하고, 극단적인 경우에는 죽이는 것이다. 보통은 성적 질투나 여자가 떠날지도 모른다는 두려움이 동기이다. 그러나 여자가 남자의 권위에 도전하거나 가사를 돌보지 않는 등 불복종 행위를 할 때 그것을 처벌함으로써 관계에서 우위를 확립하려는 경우도 있다.[71]

가정 폭력은 남자가 파트너의 자유를, 특히 성적 자유를 통제하는 여러 전략들을 뒷받침하는 수단이다. 어쩌면 이것은 짝 보호(mate-guarding)라는 생물학적 현상과 관계있을지도 모른다.[72] 수컷이 자식에게 투자하고 암컷이 다른 수컷과 짝짓기 할 가능성이 있는 종에서는 수컷이 암컷을 따라다니면서 경쟁 수컷으로부터 떼어 놓을 때가 많다. 보호에 실패했다는 신호를 감지하면, 수컷은 그 자리에서 자신이 암컷과 교미하려고 든다. 인간 사회에서 여자에게 베일을 씌우고, 샤프롱(후견인)을 붙이고, 정조대를 채우고, 수도원에 가두고, 남녀를 떼어 놓고, 여성 생식기를 자르는 관행은 문화적으로 승인된 짝 보호 전략일지도 모른다. 보호를 한층 강화하고자, 남자들은 다른 남자들과 (가끔은 나이 많은 여성 친척들과도) 계약을 맺어 서로의 파트너에 대한 독점권을 법적 권리로 인정받는다. 그 결과, 비옥한 초승달 지대, 극동, 아메리카, 아프리카, 북유럽 문명의 법규에는 여성을 재산과 등치시키는 조항이 거의 똑같이 담겨 있다.[73] 간통은 연애의 경쟁자인 다른 남자가 남편에게 불법 행위를 저지른 것이라고 했다. 이때 남편은 아내를 해치거나, 이혼하거나(신부값은 환불 받는다.), 폭력적으로 복수할 권리가 있다. 간통은 늘 여자의 혼인 여부를 기준으로 정의되었다. 남자의 혼인 여부나 이 문제에 대한 여자 자신의 선호는 중요하지 않았다. 20세기에 들어서도 수십 년 동안, 법률은 가장에게 아내를 '단속할' 권리를 주었다.[74]

서구에서는 1970년대에 여성을 남편의 소유물로 취급하는 법률이 폐지되었다. 이혼법도 더 균형 잡힌 방향으로 바뀌었다. 남자는 이제 간통한 아내나 그 연인을 죽이고 정당방위를 주장할 수 없었다. 아내를 완력으로 감금하거나 완력으로 가출을 막을 수도 없었다. 여자의 가족과 친구가 도망 나온 여자에게 피신처를 제공했다는 이유로 '은닉죄'를 선고 받는 일도 더 이상 없었다.[75] 요즘은 미국 각지에 학대하는 파트너로부터 도망친 여성들을 위한 쉼터가 있다. 사법 체계는 가정 폭력을 범죄로 규정함으로써 여성의 안전을 권리로 인정한다. 경찰은 예전에는 '집안싸움'에서 물러나 있었지만, 지금은 학대 가능성이 있을 경우 경찰이 배우자를 체포하도록 법으로 규정한 주가 많다. 그리고 많은 구역에서는 검사가 학대 가능성이 있는 배우자에게 **의무적으로** 접근 금지 명령을 내려 집과 파트너로부터 떼어 놓아야 하고, 피해자가 원하든 원하지 않든 가해자를 기소해야 한다. 취하도 불가능하다.[76] 원래 이것은 학대, 사죄, 용서, 재범의 악순환에 갇힌 여성을 구출하려는 정책이었지만, 요즘은 간혹 사생활을 지나치게 침범하는 수준으로까지 발전했다. 지니 수크와 같은 일부 법학자들은 이 제도가 여성의 자율권을 부정함으로써 도리어 여성에게 해롭다고 주장한다.

사람들의 태도도 바뀌었다. 과거 수백 년 동안, 사람들은 아내 구타를 결혼의 정상적인 요소로 여겼다. 17세기 극작가 보먼트와 플레처는 "자선과 구타는 가정에서 시작된다."는 경구를 남겼고, 20세기 버스 운전사 랠프 크램든은 "언젠가, 앨리스 …… 퍽! 하고 주둥아리를 때려 줄 테다."라는 대사를 남겼다. 가까이는 1972년에도 다양한 범죄들의 심각도를 물어본 설문 조사에서 배우자 폭력은 140개 항목 중 91위를 차지했다(응답자들은 공원에서 낯선 사람이 강제로 저지르는 강간보다 LSD 판매가 더 나쁜 범죄라고 대답했다.).[77] 이 데이터를 도무지 못 믿겠다는 독자라면, 1974년에 사회 심리학자 랜스 쇼틀런드와 마거릿 스트로가 수행했던 실험에 흥미를 느낄지도 모르겠다. 실험 대상인 학생들은 설문지를 채워 넣던 중, 웬 남녀가 다투는 소리를 들었다(실험자가 고용한 배우였다.). 연구자들이 실험 기법을 설명한 대목을 그대로 인용해 보자.

> 두 사람은 15초쯤 열띤 언쟁을 벌인 뒤, 남자가 여자를 물리적으로 공격하기 시작했다. 남자가 폭력적으로 여자를 쥐고 흔드는 동안, 여자는 몸을 비틀고 저항하고 소리를 질렀다. 여자는 찢어지듯 시끄럽게 비명을 질렀고, 간간이 "이거 놔 줘."라고 호소했다. 비명과 더불어, 두 조건 중 하나가 여러 번 삽입되었다. 낯선 사람 조건에서는 여자가 "나는 당신이 누군지 모른다니까요."라고 소리 질렀고, 부부 조건에서는 "내가 당신하고 왜 결혼했는지 모르겠

어."라고 소리 질렀다.[78]

대부분의 학생들은 검사실을 나가서 웬 소동인가 살펴보았다. 이때 배우들이 낯선 사람을 연기하는 조건이라면, 학생의 3분의 2 가까이가 개입하는 행동을 했다. 보통은 서서히 남녀에게 다가가면서 그들이 싸움을 멈추기를 바랐다. 반면에 배우들이 부부를 연기하는 조건에서는, 학생의 5분의 1 미만이 개입했다. 대학 경찰의 응급 신고 번호가 붙은 전화기가 코앞에 있었는데도 대부분은 수화기를 들지 않았다. 나중에 연구자와의 면담에서 학생들은 그것이 '자기 알 바 아니라고' 대답했다. 1974년에는 낯선 사람 사이에서 용인될 수 없는 폭력이 부부 사이에는 용인되었던 것이다.

요즘은 이런 실험을 수행할 수 없을 것이다. 인간 피험자를 쓰는 연구에 대해 엄격한 연방 규제가 있기 때문인데, 이 역시 우리가 폭력을 꺼리는 시대에 살고 있다는 신호이다. 좌우간 다른 연구들을 보면, 요즘은 남편이 아내에게 폭력을 가하는 것을 자기 알 바 아니라고 여기는 사람이 옛날보다 줄었다. 1995년 조사에서 응답자의 80퍼센트 이상이 가정 폭력을 '아주 중요한 사회적, 법적 문제'로 보았고(빈곤 아동 문제, 환경 문제보다 더 중요하다고 보았다.), 87퍼센트는 여자가 다치지 않았더라도 남자가 아내를 때리면 주변에서 개입해야 한다고 생각했고, 99퍼센트는 남자가 아내를 다치게 할 경우 법적으로 개입해야 한다고 생각했다.[79] 같은 질문을 다른 시대에 물었던 조사 결과에서는 충격적인 변화가 잘 드러난다. 1987년에는 남편이 아내를 허리띠나 회초리로 때리는 것은 잘못이라고 대답한 응답자가 절반에 지나지 않았지만, 10년 뒤에는 80퍼센트가 그런 행동은 언제나 잘못이라고 대답했다.[80] 그림 7-12를 보자. 남편이 아내의 뺨을 때리는 것을 지지하느냐고 물었던 네 설문 조사의 결과를 통계적으로 조정하여 통합한 것이다. 지지한다는 비율은 1968년에서 1994년까지 20퍼센트에서 10퍼센트로 절반이 줄었다. 남자들이 여자들보다 가정 폭력을 좀 더 용인하지만, 그들도 페미니즘의 물결을 타기는 마찬가지였다. 1994년의 남자들은 1968년의 여자들보다 지지율이 낮았다. 미국의 모든 지역이 다 감소세였고, 백인, 흑인, 히스패닉 표본이 다 마찬가지였다.

가정 폭력 자체는 어떨까? 경향성을 알아보기 전에, 여자들도 남자들과 같은 수준으로 가정 폭력을 저지른다는 놀라운 주장의 진위를 따져 보자. 사회학자 머리 스트라우스는 익명으로 비밀을 보장한 여러 차례의 설문 조사에서 응답자들에게 파트너에게 폭력을 쓴 적이 있느냐고 물어, 남녀 차이가 없다는 것을 발견했다고 한다.[81] 그는 1978년에 이렇게 말했다. "옛날 만화에 나오는 것처럼 아내가 밀대를 들고 남편을 쫓거나 냄비와 팬을 집어던지는 장면은 대부분의 사람들이 생각하는 것

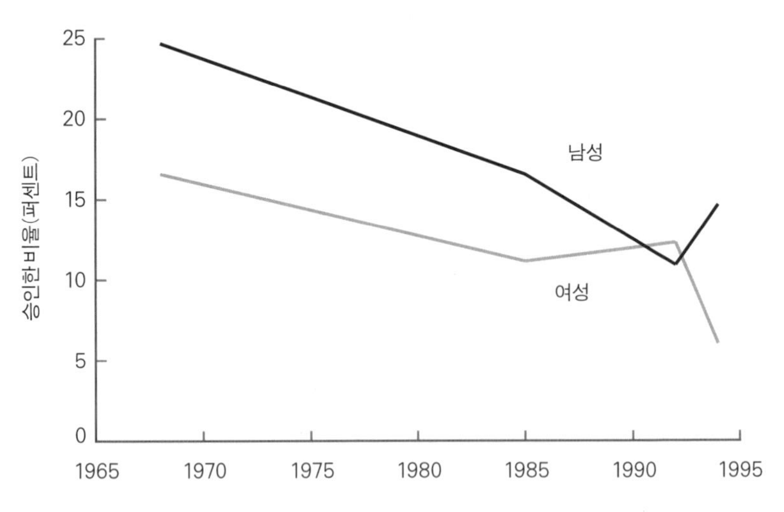

그림 7-12. 남편이 아내의 뺨을 때리는 것을 지지한 미국인의 비율, 1968~1994년.
출처: 그래프: Straus et al., 1997.

보다 (특히 페미니즘에 공감하는 사람들이 생각하는 것보다) 훨씬 현실적이다."[82] 어떤 활동가들은 매 맞는 남자들의 문제가 널리 알려져야 한다고 주장했고, 남자들이 폭력적인 아내나 여자친구로부터 도망쳐 머물 쉼터 조직을 만들어야 한다고 주장했다. 이것은 상당한 반전이 될 수 있다. 만일 여성이 '아내 구타'라는 성별화된 폭력에서 일방적인 피해자가 되지 않고 두 성이 '배우자 구타'에서 동등하게 피해자가 된다면, 여성에 대한 폭력 근절의 일환으로서 아내 구타가 줄었는지를 묻는 것 자체가 잘못일 수 있다.

이 발견을 제대로 이해하려면, 가정 폭력의 정의에 신중하게 접근해야 한다. 사실을 알아보니, 흔한 부부 싸움이 폭력으로 발전하는 경우와(로저스와 하트의 노래 가사처럼 '접시가 날아다니는 대화'이다.) 한쪽이 상대를 체계적으로 협박하고 강제하는 경우를 구별해야 했다.[83] 사회학자 마이클 존슨은 폭력적 관계의 상호 작용에 관한 데이터를 분석하여, 일반적으로 통제 전략은 여러 종류가 공존한다는 사실을 발견했다. 어떤 커플들은 한쪽이 상대를 완력으로 위협하고, 가정의 자산을 통제하고, 상대의 행동을 제약하고, 자식이나 애완동물에 대한 분노와 폭력을 상대에게 돌리고, 칭찬과 애정은 전략적으로 아낀다. 이처럼 통제자가 있는 커플의 경우, 폭력적인 통제자는 거의 절대적으로 남자였다. 그러나 통제자가 아닌 쪽이 폭력을 쓰는 경우에는 거의 늘 여성이었다. 아마도 자신과 자식을 보호하기 위해서일 것이다. 만일 어느 쪽도 통제자가 아니라면, 폭력은 싸움이 통제 불능으로 커질 때만 터졌다. 이때는 남자가 폭력을 쓸 가능성이 여자가 쓸 가능성보다 아주 약간 더 높았다. 이렇게 통제자와 흔한 부부 싸움을 구별하면, 비로소 성별 중립적인 폭력 통계의 수수께끼가 풀린다. 그 설문 조사의 데이터는 통제자가 없는 커플의 부부 싸움이 압도적으로 많았던 것이다. 이때는 여자도 받은 만큼 되갚는다. 그러나 쉼터 입소 기록, 법원 기록, 응급실 기록, 경찰 통계의 데이터는 통제자가 있는 커플의 사례가 압도적으로 많다. 이때는 보통 남자가 여자를 폭력으로 협박하고, 여자가 가끔만 폭력으로 자신을 보호한다. 헤어진 커플은 비대칭이 더 심하다. 이때 스토킹, 협박, 위해를 가하는 쪽은 대부분 남성이다. 다른 연구 결과들을 보아도 만성적 위협, 심각한 폭력, 남성성은 함께 가는 경향이 있다.[84)]

그래서, 세월이 흐르는 동안 변화가 있었을까? 작은 사건들은 — 서로 뺨을 때리거나 떼미는 것 — 아마 아닐 것이다.[85)] 그러나 공격으로 간주될 만큼 심각하여 '전국 범죄 피해자 조사'에 포함되는 사건들은 발생률이 급감했다. 강간 데이터와 마찬가지로, 이 조사의 데이터는 가정 폭력 발생률에 대한 정확한 수치로는 볼 수 없다. 그러나 시간적 경향성을 보여 주는 잣대로는 유용하다. 최근 들어 가정 폭력에 대한 관심이 높아져서 응답자들이 학대를 좀 더 기꺼이 신고했을 테니 더욱 그렇다. 그림 7-13은 법무부가 제공한 1993~2005년의 데이터를 표시한 것이다. 친밀한 파트너가 여성에게 폭력을 가한 사건은 3분의 2 가까이 줄었고, 남성에 대한 폭력은 절반 가까이 줄었다.

실제 감소세는 이 기간 이전에 시작되었을 것이다. 스트라우스의 조사를 보면, 1985년에 여성이 남편의 심각한 폭행을 보고한 건수는 연방 피해자 데이터의 시작점인 1992년 건수의 두 배였다.[86)]

가정 폭력 중에서도 제일 극단적인 형태, 즉 아내 살해(uxoricide)와 남편 살해(mariticide)는 어떨까? 사회학자들에게는 친밀한 파트너가 상대를 죽이는 사건에 대단한 이점이 있다. 정의를 놓고 옥신각신할 필요가 없고, 신고 편향을 걱정할 필요도 없기 때문이다. 죽은 건 죽은 거니까. 그림 7-14는 1976~2005년까지 친밀한 파트너에 의한 살인률을 보여 준다. 동성 인구 10만 명당 비율로 표시했다.

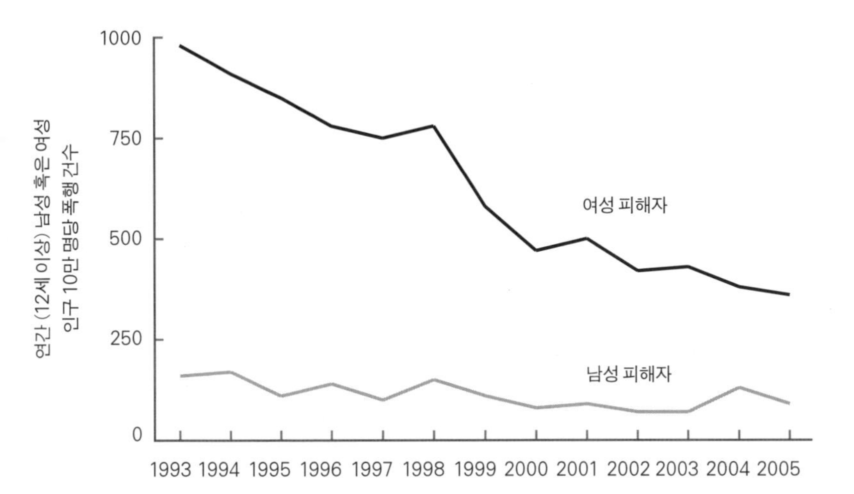

그림 7-13. 미국에서 친밀한 파트너에 의한 폭행, 1993~2005년.

출처: 데이터: U.S. Bureau of Justice Statistics, 2010.

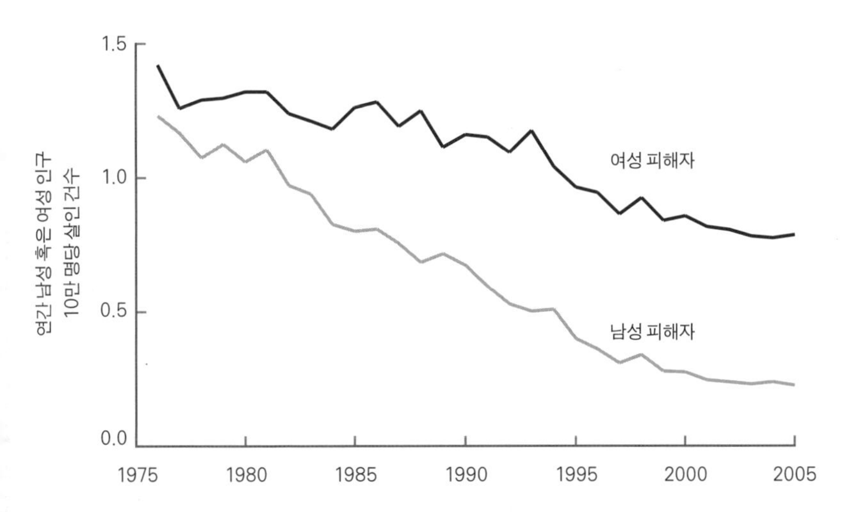

그림 7-14. 미국에서 친밀한 파트너에 의한 살인, 1976~2005년.

출처: 데이터: U.S. Bureau of Justice Statistics, 2011, with adjustments by *the Sourcebook of Criminal Justice Statistics Online* (http://www.albany.edu/sourcebook/csv/t31312005.csv). 인구는 미국 인구 조사국의 자료를 썼다.

역시 상당한 감소세를 볼 수 있다. 그런데 흥미로운 반전이 하나 있었다. 페미니즘은 남자들에게 대단히 좋았다. 페미니즘 운동이 득세한 이래, 남자가 아내, 전 부인, 여자친구에게 살해될 확률은 6분의 1로 줄었다. 이 시기에 남자에 대한 폭력을 없애자는 운동은 없었으므로, 또한 일반적으로 여성은 남성보다 살인을 덜 저지르므로, 가장 그럴듯한 해석은 남편이나 남자친구로부터 자신을 떠나면 해치겠다는 위협을 받았을 때 여성은 살인을 저지르는 경향이 있는데 그동안 여성을 위한 쉼터와 접근 금지 명령이 등장하면서 여자들에게 덜 극단적인 탈출 계획이 주어졌다는 것이다.[87)]

세계적으로는 어떨까? 안타깝게도 뭐라 말하기 어렵다. 살인과는 달리 강간과 배우자 학대의 정의는 나라마다 다르다. 경찰 기록은 오해의 여지가 크다. 여성에 대한 폭력률의 변화는 여성의 신고율 변화에 쉽게 잠식되기 때문이다. 설상가상, 활동가 단체들은 여성에 대한 폭력률을 부풀리고 추세 통계를 숨기는 경향이 있다. 영국 내무부는 잉글랜드와 웨일스에서 범죄 피해자 조사를 실시하지만, 강간이나 가정 폭력의 경향성 데이터는 제공하지 않는다.[88)] 그러나 연간 보고서에 별도로 제시된 데이터들을 합치면, 미국처럼 영국에서도 가정 폭력이 급락한 것을 알 수 있다. 그림 7-15를 보라. 가정 폭력의 정의가 다르고 인구 기준을 잡은 방식도 다르기 때문에 이 수치를 그림 7-13과 나란히 비교할 수는 없지만, 시간적 경향성은 거의 같다. 서구의 다른 민주 국가들도 이와 비슷하게 줄었다고 짐작해도 무방할 것이다. 가정 폭력은 최근 들어 모든 나라들의 관심사였기 때문이다.

미국을 비롯한 서구 국가들은 여성을 혐오하는 가부장주의 사회라는 비난을 종종 듣지만, 세계 나머지 지역은 그보다 훨씬 더 심하다. 앞에서 보았듯이, 밀치거나 뺨을 때리는 사소한 행동까지 포함하여 가정

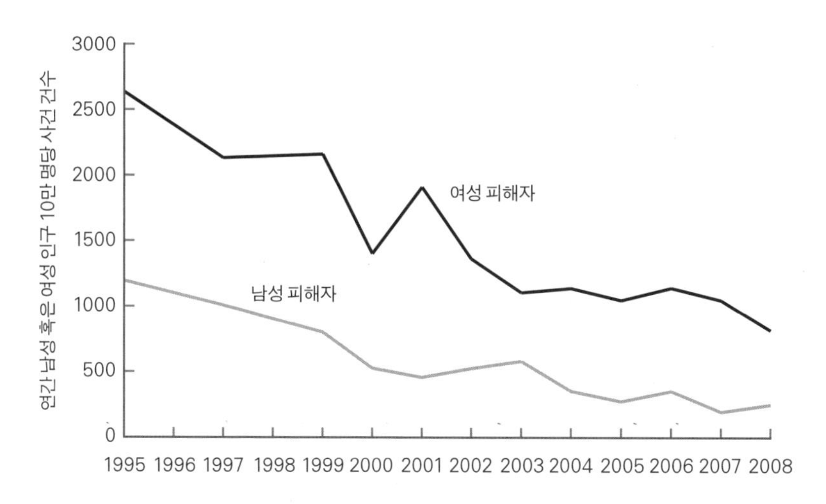

그림 7-15. 잉글랜드와 웨일스의 가정 폭력, 1995~2008년.

출처: 데이터: British Crime Survey, U.K., Home Office, 2010. 데이터 집계: Dewar Research, 2009. 인구 추정치: U.K. Office for National Statistics, 2009.

폭력을 넓게 정의할 때는 미국에서 남녀 차이가 없는 것으로 조사되었다. 캐나다, 핀란드, 독일, 영국, 아일랜드, 이스라엘, 폴란드도 그랬다. 그런데 이런 성별 중립성은 세계적으로 독특한 현상이다. 심리학자 존 아처가 16개 국가의 가정 폭력 조사에서 성비를 살펴본 결과, 비서구 국가들은 — 인도, 요르단, 일본, 한국, 나이지리아, 파푸아뉴기니 — 남성이 구타하는 경우가 더 많았다.[89]

세계 보건 기구는 최근 48개 나라의 심각한 가정 폭력 발생률 데이터가 뒤죽박죽 섞인 보고서를 발표했다.[90] 보고서는 전 세계 여성의 5분의 1에서 2분의 1 사이를 가정 폭력 피해자로 추정했고, 서유럽과 영어권 국가들 바깥에서 훨씬 더 심하다고 했다.[91] 미국, 캐나다, 오스트레일리아는 전해에 파트너에게 맞았다고 보고한 여성이 3퍼센트 미만이었지만, 다른 나라들은 단위가 하나 더 높은 수준이었다. 니카라과의 표본 집단은 27퍼센트, 한국의 표본 집단은 38퍼센트, 팔레스타인의 표본 집단은 52퍼센트였다. 배우자 폭력에 대한 사람들의 태도도 충격적으로 다르다. 남편에게 말대꾸하거나 순종하지 않는 아내를 때릴 권리가 있다고 응답한 비율은 뉴질랜드는 약 1퍼센트, 싱가포르는 약 4퍼센트였다. 반면에 이집트 시골 지역은 78퍼센트였고, 인도 우타르프라데시 주는 50퍼센트에 육박했고, 팔레스타인은 57퍼센트였다.

법률 개혁도 서구 민주 국가들에게 뒤진다.[92] 서유럽 국가의 84퍼센트가 가정 폭력을 불법으로 규정했거나 할 계획이고, 72퍼센트는 배우자 강간을 불법으로 규정했다. 다른 지역들의 두 수치는 다음과 같다. 동유럽은 57과 39퍼센트, 아시아 태평양 지역은 51과 19퍼센트, 라틴 아메리카는 94와 18퍼센트, 아프리카 사하라 이남은 35와 12.5퍼센트, 아랍 국가들은 25와 0퍼센트. 여기에 더해, 아프리카 사하라 이남, 남아시아, 서남아시아는 21세기 서구에서는 드물거나 아예 사라진 체계적 잔학 행위들의 온상이다. 여아 살해, 생식기 절단, 아동 매춘과 성 노예 인신매매, 명예 살인, 순종하지 않거나 지참금이 적은 아내에게 산을 뿌리거나 석유로 태워 죽이는 일, 그리고 전쟁, 폭동, 집단 살해 중의 집단 강간 등등.[93]

여성에 대한 폭력 면에서 서구와 다른 지역들의 차이는 마태 효과로 한데 묶인 다수의 건전한 요인들 중 하나일까? 달리 말해, 민주주의, 번영, 자유 경제, 교육, 기술, 괜찮은 정부와 함께 가는 현상일까? 전적으로 그렇지만은 않다. 한국과 일본은 부유한 민주 국가인데도 여성에 대한 가정 폭력이 빈번한 편이다. 반면에 라틴 아메리카 국가들은 개발이 훨씬 덜 되었는데도 두 성의 폭력률이 좀 더 대등하고, 절대 발생률도 더 낮다. 덕분에 우리에게는 부를 고정했을 때 어떤 사회에서 여성이 더 안전한지 알아볼 수 있는 통계적 여지가 있다. 아처의 분석 결과, 정부와 전문 직종에서 여성 비율이 높은 나라일수록, 그리고 여성의 소득이 가정 소득에서 차지하는 비율이 큰 나라일수록, 여성이 배우자 학대의 피해자가 될 가능성이 낮았다. 또한 개인주의로 분류되는 문화, 즉 누구나 스스로를 자신만의 목표를 추구할 권리가 있는 개인으로 생각하는 문화는 집단주의로 분류되는 문화, 즉 사람들이 스스로를 공동체의 일부로 느끼고 공동체의 이해가 자신의 이해보다 더 중요하다고 생각하는 문화에 비해 여성에 대한 가정 폭력이 적었다.[94] 물론 상관관계가 인과관계를 뜻하지는 않는다. 그러나 서구에서 인도주의적 사고방식이 여성에 대한 폭력을 감소시켰다는 주장과 부합하는 결과이기는 하다. 공동체의 전통보다 개개인의 권리를 중요하게 보고 여성의 관점을 점진적으로 포용한 사고방식이 중요했던 것이다.

나는 이 책의 모든 대목에서 한사코 예측을 꺼렸지만, 다가오는 시대에 여성에 대한 폭력이 세계적으로 감소할 것이라는 예측만큼은 실현 가능성이 극히 높다고 생각한다. 압력은 위에서도 아래에서도 올 것이다. 위에서는, 여성에 대한 폭력이 현재 남은 인권 문제 가운데 가장 급박하다는 데에 국제 사회가 합의했다.[95] '세계 여성에 대한 폭력 추방의 날'(11월 25일)과 같은 상징적 조치도 있고, 쟁점을 널리 알릴 만한 위치에 있는 유엔과 그 소속국들이 수많은 선언서를 발표하기도 했다. 물론 이런 조치에는 구속력이 없지만, 국제적으로 망신을 주는 전략이 장기적으로 변화를 끌어낼 수 있다는 사실은 노예제, 포경, 해적, 사략선, 화학무기, 아파르트헤이트, 지상 핵 실험에 대한 비난의 역사가 이미 보여 주었다.[96] 유엔 여성 개발 기금 대표가 지적했듯이, "오늘날은 국가적 계획, 정책, 법률이 과거보다 더 잘 마련되어 있고, 정부 간 장에서도 움직임이 늘고 있다."[97]

전 세계 사람들의 태도 변화로 보아, 앞으로는 여성이 경제와 정치에 더 많이 진출할 것이다. 퓨 연구소의 '세계 태도 조사 프로젝트'가 2010

년에 22개 국가에서 실시한 설문에 따르면, 대부분의 나라에서 남녀 불문 응답자의 90퍼센트 이상이 여성에게 동등한 권리가 있다고 응답했다. 미국, 중국, 인도, 일본, 한국, 터키, 레바논, 유럽과 라틴 아메리카 국가들이 그랬다. 이집트, 요르단, 인도네시아, 파키스탄, 케냐도 60퍼센트 이상이 동등한 권리에 찬성했고, 나이지리아만 절반 이하였다.[98] 여성이 집 밖에서 일할 수 있어야 한다고 지지하는 비율은 더 높았다. 그리고 갤럽 조사를 잊지 말자. 그 결과를 보면, 이슬람 국가들에서조차 여성의 다수는 여성이 마음대로 투표해야 하고, 아무 직업이나 가질 수 있어야 하고, 정부에서 일해야 한다고 생각했다. 대부분의 국가에서는 남성의 다수도 찬성했다.[99] 억눌린 요구가 분출함에 따라, 그 나라들의 정책과 규범은 여성의 이해를 더 많이 고려하지 않을 수 없을 것이다. 여성이 살면서 남성에게 폭행 당하지 말아야 한다는 명제는 반박이 불가능한 말이다. 그리고 빅토르 위고가 말했듯이, "제 시기가 온 사상보다 더 강력한 것은 없다."

아동의 권리, 그리고 영아 살해, 체벌, 아동 학대, 집단 괴롭힘의 감소

모세, 이스마엘, 로물루스와 레무스, 오이디푸스, 키루스 대왕, 사르곤, 길가메시, 후직(주나라의 창시자)의 공통점은 무엇일까? 모두 버려진 아기였다는 것이다. 모두 부모에게 버림받아 악천후에 노출된 아기들이었다.[100] 무력한 아기가 추위, 굶주림, 포식자의 위험 앞에서 혼자 죽어 가는 이미지는 심금을 울린다. 그러니 버려진 아기가 왕조의 대왕으로 성장하는 이야기가 유대, 이슬람, 로마, 그리스, 페르시아, 아카드, 수메르, 중국 문명의 신화에 두루 존재하는 것도 크게 놀랍지 않다. 그런데 버려진 아기가 이토록 보편적인 전형이라는 사실은 우리에게 좋은 이야기의 요건을 알려 주는 데 그치지 않는다. 이것은 인류 역사에서 영아 살해가 얼마나 흔했는지 알려 주는 사실이기도 하다. 까마득한 과거부터 부모들은 갓 태어난 자식을 많이도 내다 버렸고, 질식시켰고, 목 졸랐고, 때렸고, 익사시켰고, 독살시켰다.[101)]

인류학자 레일라 윌리엄슨이 여러 문화들을 조사한 결과, 영아 살해는 비국가 군 사회와 마을 사회부터 (그중 77퍼센트가 영아 살해 풍습을 인정했다.) 발전한 문명사회까지 모든 대륙과 사회에서 시행되었다.[102)] 최근까지도 신생아의 10~15퍼센트는 출생 직후 살해되었다. 어떤 사회에서는 50퍼센트에 육박했다.[103)] 역사학자 로이드 데모스는 "모든 가계가 적어도 한 번은 영아 살해를 했다. 모든 국가가 그 기원에서는 아이를 제물로 바쳤다. 모든 종교가 그 초기에는 아이를 절단하고 살해했다."고 말했다.[104)]

영아 살해는 아동 학대의 가장 극단적인 형태이지만, 우리의 전통 문화에는 다른 학대도 많았다. 아이를 신에게 바치는 것, 아이를 노예로 팔거나 신부(新婦)로 팔거나 종교적 예속 상태로 넘기는 것, 굴뚝 청소를 시키거나 광산에서 터널을 기게 하는 등 노동을 착취하는 것, 고문의 경계에 근접하거나 넘어서는 체벌.[105)] 우리는 그로부터 먼 길을 왔다. 오늘날은 몸무게 500그램의 미숙아를 대대적인 수술로 살려 내는 시대, 자식이 삼십대가 되기 전에는 경제적 생산성을 기대하지 않는 시대, 아이에 대한 폭력을 피구 수준까지 정의하는 시대이다.

우리는 인간의 생명 연장 욕구에 반대되는 신생아 살해를 어떻게 이해해야 할까? 의사 래리 밀너는 전 세계 영아 살해를 조사한 권위적 저작『마음의 무정함/삶의 가혹함』의 마지막 장에서 이렇게 고백했다.

나는 한 가지 목적을 품고 이 책을 쓰기 시작했다. 서문에서 말했듯이, "왜 사람이 제 자식의 목숨을 빼앗는가? 목 졸라 죽이는가?" 하는 의문을 이해하기 위해서였다. 몇 년 전에 이 의문을 처음 떠올렸을 때, 나는 이것이 자연스러운 방식이 병리적으로 특이하게 변질된 현상일 것이라고 생각했다. 그렇잖아도 생존이 지극히 민감한 균형에 달린 마당에, 자식을 죽이는 성향이 진화에서 보존된다는 것은 합리적이지 않아 보였다. 유전 물질에 대한 다윈의 자연 선택은 잘 적응한 개체의 생존만을 보장한다. 영아 살해 성향은 틀림없이 부적응 행동의 신호이니, 그 합리적 기준을 통과하지 못할 것 같았다. 그러나 내 연구에서 드러난 대답은 달랐다. 연구 결과는 다양한 스트레스 상황에 처했을 때 제 자식을 자발적으로 죽이는 행위가 인간이 실시하는 가장 '자연스러운' 일 중 하나임을 암시했다.[106)]

밀너의 혼란에 대한 해답은 생활사 이론(life history theory)이라고 불리는 진화 생물학의 하위 분야에서 찾을 수 있다.[107)] 어머니가 모든 자식을 무한히 귀하게 여겨야 한다는 직관은 자연 선택 이론의 속뜻이기는커녕, 그 이론에 전혀 부합하지 않는다. 자연 선택은 개체의 기대 수명 전체에 걸쳐서 생식적 산출을 극대화하려고 하므로, 자원을 새 자식에게 투자하는 것과 현재나 미래의 자식을 위해서 아껴 두는 것 사이에서 타협해야만 한다. 포유류는 동물 중에서도 새끼에게 투자하는 시간과 에너지와 먹이가 극단적으로 많은 편이고, 인간은 포유류 중에서도 극단적이다. 임신과 출산은 어머니로서의 투자 경력에서 제1장일 뿐이다. 포유류는 새끼를 임신한 상태보다 낳아서 젖을 물릴 때의 칼로리 지출이 더 크다.[108)] 자연은 일반적으로 매몰 비용의 오류를 혐오하므로, 산모는 자식과 환경의 상태를 평가한 뒤에 좀 더 투자할지, 아니면 이미 태어난 자식이나 앞으로 태어날 자식을 위해 에너지를 아낄지 결정할 것이다.[109)] 만일 신생아가 약하다면, 혹은 제반 상황이 아기의 생존에 불리하다면, 산모는 밑 빠진 독에 물을 더 붓지 않고 손실을 줄인다. 그 대신 한 배에서 가장 건강한 새끼를 선호하거나, 시절이 좋아져서 다시 시도할 수 있을 때까지 기다린다.

생물학자에게 인간의 영아 살해는 바로 이런 선별 행위이다.[110] 최근까지 여성들은 아기에게 2~4년 동안 젖을 물린 뒤에야 온전한 가임 상태로 돌아갈 수 있었다. 많은 아기가 죽었다. 생후 첫해가 특히 위태로웠다. 대부분의 여성들은 자식 중 겨우 두세 명이 어른으로 성장하는 것을 보았고 한 명도 살아남지 못하는 경우도 많았다. 우리 선조들이 살았던 가혹한 환경에서는 여성이 할머니가 되려면 어려운 선택을 반드시 해야만 했다. 선별 이론의 예측에 따르면, 산모는 신생아가 성인으로 생존할 가망이 희박하면 그냥 죽게 내버려 두었을 것이다. 아기에게 드러난 나쁜 징후가 판단 근거가 될 수도 있다. 아기가 기형이거나 생명 반응이 없는 경우이다. 산모가 아기를 성공적으로 기르기 어렵다는 징후에 좌우될 수도 있다. 나이 많은 자식들이 있어서 부담스럽거나, 전쟁과 기근으로 힘들거나, 친척이나 아기 아버지의 지원을 기대할 수 없는 경우이다. 산모가 다시 기회를 노릴 수 있을 만큼 젊은가 아닌가 하는 점도 중요할 것이다.

마틴 데일리와 마고 윌슨은 민족지학적 데이터베이스에서 서로 무관한 사회 60곳을 표본으로 골라, 선별 이론을 확인해 보았다.[111] 다수의 사회에서 영아 살해가 기록되어 있었다. 개중 112건은 인류학자들이 이유도 함께 적어 두었는데, 87퍼센트가 선별 이론에 부합하는 이유들이었다. 아기가 현재 남편의 자식이 아닌 경우, 아기가 기형이거나 아픈 경우, 혹은 성인기까지 생존할 확률이 낮은 경우였다. 아기가 쌍둥이거나, 비슷한 연배의 손위 형제가 있거나, 아버지가 곁에 없거나, 경제적으로 힘든 가정에서 태어난 경우가 맨 마지막 조건에 해당한다고 보았다.

영아 살해가 이토록 보편적이고 진화적으로 이치에 닿는 것을 볼 때, 이것은 겉보기에는 비인간적이지만 사실은 무의미한 살인이 아니라 특수한 종류의 폭력이라고 할 수 있다. 인류학자들이 그런 여성들을 면담했을 때(산모에게는 말하기도 고통스러운 사건이므로 대신 친척과 면담하기도 했다.), 산모들은 아기의 죽음을 피치 못할 비극으로 보고 죽은 아이를 애도할 때가 많았다. 나폴레옹 샤농은 야노마뫼 족 추장의 아내에 대해 이렇게 썼다. "바하미는 내가 현장 연구를 시작할 때 임신한 상태였지만, 아이가 태어나자 죽여 버렸다. 사내아이였다. 그녀는 울먹이면서 선택의 여지가 없었다고 설명했다. 아기는 그녀의 막내 자식인 아리와리와 경쟁해야 할 것이다. 아리와리는 아직 젖을 먹는 상태였다. 그녀는 아리와리의 젖을 일찍 떼어 위험하고 불확실한 상황에 노출시키느니 신생아를 죽이기로 선택한 것이다."[112] 야노마뫼 족은 사나운 부족으로 알려져 있다. 그러나 영아 살해가 반드시 전반적인 호전성의 표현은 아니다. 호전적인 부족 중에서도 일부는 신생아를 거의 죽이지 않는다. 아프리카 부족들이 특히 그렇다. 반면에 상대적으로 평화로운 부족 중에서도 일부는 아기를 자주 죽인다.[113] 밀너의 역작은 19세기 인류학의 창시자였던 에드워드 타일러의 말에서 제목을 땄는데, 타일러는 이렇게 적었다. "영아 살해는 마음의 무정함(hardness of heart)이 아니라 삶의 가혹함(hardness of life)에서 비롯한다."[114]

신생아를 지키느냐 희생하느냐 하는 운명의 갈림길에서, 내적 감정과 문화 규범이 모두 결정에 영향을 미친다. 서구 문화처럼 출생을 찬양하고 아기의 생존을 위해 수단을 가리지 않는 문화는 산모와 신생아의 행복한 유대감이 거의 반사적인 반응이라고 생각하기 쉽다. 그러나 사실 그것은 적잖은 심리 장벽을 극복해야 하는 일이다. 1세기에 플루타르코스는 그 불편한 진실을 폭로했다.

> 막 태어난 아기만큼 불완전하고, 무력하고, 헐벗고, 흐늘흐늘하고, 불결한 것은 또 없다. 자연이 그에게는 세상 빛으로 나오는 깨끗한 통로조차 주지 않았다고 말하고 싶을 정도이다. 신생아는 피범벅에다가 오물로 덮여, 갓 태어난 모습이라기보다 갓 살해된 모습을 더 닮았다. 자연스러운 애정으로 사랑하는 사람이 아니고서는 누구도 만지거나, 들어 올리거나, 입 맞추거나, 안고 싶은 대상이 아니다.[115)]

'자연스러운 애정'은 결코 자동적이지 않다. 데일리와 윌슨은, 그리고 나중에 인류학자 에드워드 하겐은, 산후 우울증과 그 약한 형태인 '베이비 블루스'가 호르몬 기능 부전의 문제가 아니라 산모가 아기의 생사를 결정하는 기간을 겪는 것이라고 주장했다.[116)] 산후 우울증이 있는 산모들은 아기와 감정적으로 분리된 것처럼 느끼며, 아기를 해치는 생각을 자꾸 떠올린다. 최근에 심리학자들이 발견했듯이, 가벼운 우울증은 우리가 평상시에 즐기는 장밋빛 시각보다 삶의 전망을 더 정확하게 평가하도록 돕는다. 우울한 산모의 전형적인 심사숙고는 — "내가 이 부담을 어떻게 지지?" — 현재의 확실한 비극과 그보다 더 클지도 모르는 미래의 비극 사이에서 무거운 선택에 직면한 역사상 모든 어머니들의 정당한 질문이다. 많은 여성은 상황이 견딜 만해지고 우울이 흩어진 뒤에야 아기와 사랑에 빠졌다고 말한다. 그제서야 아기를 둘도 없이 멋진 한 인간으로 보게 되는 것이다.

산후 우울증이 신생아 투자를 평가하는 시기라는 이론을 시험하기 위해서, 하겐은 산후 우울증에 관련된 정신과 문헌을 뒤져서 이론에서 도출되는 다섯 가지 예측을 확인해 보았다. 예상대로, 산후 우울증은 사회적 지원이 부족한 여성(미혼이거나, 별거 중이거나, 결혼이 불만족스럽거나, 부모와 관계가 먼 경우), 난산을 겪은 여성, 건강하지 않은 아기를 낳은 여성, 직업이 없는 여성, 직업이 없는 남편을 둔 여성에게 더 흔했다. 많은 비서구 인구 집단의 산후 우울증 기록에서도 동일한 위험 인자들이 확인되었다(다만 전통적인 친족 기반 사회에 대해서는 적절한 연구를 충분히 확보하지 못했다). 마지막으로, 산후 우울증은 실제 측정된 호르몬 불균형과는 느슨한 관계가 있을 뿐이었다. 산후 우울증이 기능 부전의 문제가 아니라 인간 설계상의 속성이라는 뜻이다.

많은 전통 문화에서는 신생아의 생존이 확실해지는 시기까지 사람들의 감정을 떼어 놓는다. 위험한 시기가 지날 때까지 아기를 만지고, 이름 짓고, 인간으로서 법적 지위를 부여하는 것을 금지한다. 그랬다가 전환의 순간이 오면, 다 함께 기쁨의 의식을 치른다. 서구의 세례나 할례가 그런 풍습이다.[117] 일련의 이정표를 정해 두는 문화도 있다. 가령 전통 유대교에서는 아기가 생후 30일을 견뎌야만 법적으로 온전한 인간으로 인정한다.

내가 여러분에게 영아 살해를 이해시키려고 노력한 것은, 그것을 받아들였던 과거의 유구한 역사와 그것을 혐오하는 오늘날의 감수성 사이에 놓인 머나먼 거리를 조금이라도 좁히기 위해서였다. 그러나 그 간극은 실로 넓다. 설령 우리가 근대 이전의 고단한 삶에 적용되었던 가혹한 진화의 논리를 납득하더라도, 우리 기준으로는 여전히 많은 영아 살해가 이해하기 어렵고 용서하기 불가능한 것처럼 보일 따름이다. 데일리와 윌슨의 목록에는 간통으로 임신한 아기를 죽인 경우, 여자에게 새 남편이 생기자 (혹은 여자가 다른 남자에게 납치되자) 이전 결혼에서 낳은 자식들을 모두 죽인 경우도 있었다. 그리고 데일리와 윌슨이 지적했듯이, 영아 살해에 대한 각양각색의 변명들 중 14퍼센트는 진화 생물학자가 이론에 따라 충분히 예측되는 이유라고 선뜻 분류할 수 없는 것이었다. 아동 제물, 할아버지가 사위에 대한 앙심에서 손자를 죽인 경우, 왕위 요구자를 제거하기 위해서 혹은 친족의 의무를 피하기 위해서 자식을 죽인 경우가 그랬다. 그리고 그중에서도 제일 흔한 것은 아기가 여자라는 이유만으로 죽이는 경우였다.

오늘날 여아 살해는 세계적인 문제로 떠올랐다. 개발 도상국들에서 여성 인구가 엄청나게 부족하다는 인구 조사 결과 때문이다. 여아 부족을 논할 때 흔히 '사라진 1억 명'이라는 통계를 언급하는데, 그 1억 명 중 다수가 중국과 인도에서 사라졌다.[118] 아시아 사람들은 병적인 남아 선호를 갖고 있을 때가 많다. 어떤 나라에서는 임산부가 양수천자나 초음파 검사실로 들어가서 태아가 여자임을 확인하면 바로 옆방으로 옮겨서 낙태 수술을 받는다. 여아 임신을 기술로 쉽게 막을 수 있다는 점 때문에 여아 부족이 현대의 현상으로 보일지도 모르겠지만, 사실 중국과 인도에서는 2000년 전부터 여아 살해가 기록되었다.[119] 중국에서는 산파가 산모의 머리맡에 물이 담긴 양동이를 두었다가 여자아이가 태어나면 익사시켰다. 인도에서는 '아기에게 담배와 대마로 만든 알약을 삼키게 하거나, 젖에 목이 막혀 죽게 하거나, 산모의 가슴에 아편이나 독말풀 즙을 발라 두거나, 아기가 첫 숨을 쉬기 전에 소똥 이긴 것으로 입을 막는' 등 많은 방법이 있었다. 딸이 살아남아도 오래가지 못할 때가 많았다. 부모는 수중의 식량을 아들에게 할당했다. 어느 중국 의사는 이렇게 설명했다. "아들이 아프면, 부모는 당장 아이를 병원으로 보낸다. 하지만 딸이 아프면, '내일까지 두고 보지, 뭐.'라고 말한다."[120]

젠더사이드(gendercide)나 지니사이드(gynecide)라고도 불리는 여아 살해(female infanticide)는 아시아만의 현상이 아니다.[121] 야노마뫼 족은 아들보다 딸을 더 많이 죽인 수렵 채집 부족의 예다. 고대 그리스와 로마에서는 아기를 '강에, 똥더미에, 시궁창에 유기했고, 항아리에 넣어 굶겨 죽였고, 야생의 비바람과 야수들에게 노출되도록 내버렸다.'[122] 중세와 르네상스 유럽에서도 영아 살해가 흔했다.[123] 그리고 그 모든 곳에서 아들보다 딸이 더 많이 죽었다. 아들을 낳기까지는 딸이 태어나는 족족 죽이다가 아들 후에 태어난 딸만 살려 두는 가정도 있었다.

여아 살해는 생물학의 수수께끼이다. 모든 아이에게는 어머니와 아버지가 있으므로, 유전자 때문이든 왕조를 잇기 위해서든 후손을 두려는 사람이라면 제 딸을 솎아 내는 것은 미친 짓이다. 진화 생물학의 기본 원칙에 따르면, 성적으로 성숙한 인구에서 성비가 50:50인 것이 안정적인 균형 상태이다. 남자가 더 많아지면, 딸과 아들 중에서 좀 더 희소한 딸 쪽이 파트너를 찾을 때 더 유리할 것이다. 따라서 다음 세대에서는 딸이 더 많은 자식을 둘 것이다. 거꾸로 여자가 더 많아진다면 아들이 그렇다. 부모가 자연적으로든 인위적으로든 살아남는 후손의 성비를 어느 정도 통제할 수 있다면, 그들이 전체적으로 아들이나 딸 중 한쪽을 선호했던 것에 대해서 그 후손들이 벌을 주는 셈이다.[124]

여아 살해에 대한 한 가지 순진한 가설은, 여성 인구가 인구 성장 속도를 결정한다는 깨달음에서 나왔다. 부족이나 국가의 인구가 식량과 토지에 대한 맬서스적 한계까지 느는 바람에 사람들이 인구 성장을 저지하고자 딸을 죽인다는 가설이다.[125] 그러나 이 이론에는 문제가 있다. 영아를 살해하는 부족과 문명 중에서 환경적 스트레스를 받지 않은 곳이 많다는 점이다. 더 심각한 문제도 있다. 집단 이익을 따지는 순진한 이론들에게 공통적으로 존재하는 치명적 결함인데, 그 메커니즘이 자기 잠식적이라는 점이다. 정책을 어긴 채 딸을 살려 두는 집안은 자신들의 손자 손녀로 인구를 채울 것이다. 반면에 이타적으로 딸을 죽인 집안의 아들들은 독신남이 되어서 자손을 못 남길 것이다. 따라서 여아를 죽이는 가계는 금세 대가 끊어질 것이다. 그렇다면 특정 사회에서 여아 살해가 존속한다는 점은 여전히 수수께끼이다.

진화 심리학은 성별 선호를 설명할 수 있을까? 진화 심리학을 비판하는 사람들은 이 분야가 어떤 현상에 대해서든 늘 기발한 진화적 해석을 내놓을 수 있기 때문에 창의성의 발휘에 지나지 않는다고 말하지만, 이것은 착각이다. 수많은 기발한 진화적 가설들이 데이터를 통해 사실로 확인되었기 때문에 생겨난 착각이다. 사실은 그런 성공이 늘 보장되는 것은 아니다. 유력한 가설 중에는 무척 기발하지만 잘못된 것으로 판명된 가설도 있었다. 트리버스-윌러드 성비 이론을 인간의 여아 살해에 적용한 경우가 그랬다.[126]

생물학자 로버트 트리버스와 수학자 댄 윌러드는 다음과 같이 추론했다. 아들과 딸이 평균적으로 같은 수의 손자를 낳더라도, 각 성이 기대할 수 있는 **최대** 자식 수는 다르다. 적응도가 뛰어난 아들은 다른 남자들을 제치고 여자를 많이 임신시킴으로써 자식을 얼마든지 많이 둘 수 있다. 반면에 딸은 적응도가 뛰어나더라도 생식 기간을 통틀어 최대한 낳아 기를 수 있는 자식 수가 제한된다. 그러나 한편으로 딸은 더 안전한 선택이다. 적응도가 낮은 아들은 다른 남자들과의 경쟁에서 져서 자식을 낳지 못하겠지만, 딸은 적응도가 낮더라도 섹스 상대를 구하지 못하는 일이 드물 것이다. 딸의 적응도가 무관하다는 말은 아니지만 — 당연히 건강하고 매력적인 딸이 그렇지 못한 딸보다 더 많은 자식을 둘 것이다. — 모 아니면 도인 아들보다는 그 차이가 덜 극단적이라는 뜻이다. 부모가 자식의 적응도를 예측함으로써 (가령 자신들의 건강, 영양, 주변을 평가함으로써) 전략적으로 성비를 조절할 수 있다면, 자신들이 경쟁자들보다 상태가 나을 때는 아들을 선호할 것이고 상태가 나쁠 때는 딸을 선호할 것이다.

트리버스-윌러드 이론은 많은 비인간 종에서 사실로 확인되었다. 심지어 호모 사피엔스에서도 약간 확인되었다. 전통 사회에서는 부유하고 지위가 높은 사람일수록 더 오래 살고 더 나은 짝을 더 많이 꾀는 편이므로, 이론에 따르면 지위가 높을수록 아들을 선호하고 낮을수록 딸을 선호해야 한다. 어떤 종류의 선호에서는 (가령 유언장의 유증에서는) 정확히 그렇다.[127] 그러나 가장 중요한 선호에서는 — 신생아의 생사를 결정하는 일 — 이론이 잘 맞지 않는다. 진화 인류학자 세라 허디와 크리스틴 호크는 트리버스-윌러드 이론이 절반만 옳다는 것을 각자 보여 주었다. 인도에서는 카스트가 높을수록 딸을 죽이는 것이 사실이지만, 카스트가 낮을수록 아들을 죽이는 경향은 없다. 사실 세계 **어디에서든** 아들을 죽이는 사회는 찾기 힘들다.[128] 세상의 영아 살해 문화들은 남녀 동등하게 아기를 죽이거나, 여아 살해를 선호하거나 둘 중 하나이다. 여아 살해 문화에서는 트리버스-윌러드 가설이 함께 죽는 셈이다.

여아 살해를 궁극의 여성 혐오로 보면, 페미니즘적 분석도 가능하다. 사회의 성차별이 생명권에까지 확장된 게 아닐까? 여성의 존재 자체가 사형죄가 된 게 아닐까? 그러나 이 가설도 잘 맞지 않는다. 아무리 성차별적인 사회라도 **여자 없는 세상**을 원하지는 않았다(지금도 마찬가지다.). 남자들이 소녀를 절대로 들이지 않는 소년들만의 나무 위 집에서 평생 살 수는 없다. 남자들은 섹스, 자식, 양육, 식량 채집과 요리에서 여자들에게 의존한다. 설령 자기 딸을 죽이는 집안이라도 주변에 여자가 있기를 바란다. 그저 남들이 그녀들을 길러 주기를 바랄 뿐이다. 여아 살해는 일종의 사회적 기생이고, 무임승차자 문제이고, 유전적인 공유지의 비극이다.[129]

무임승차자 문제는 어느 누구도 공동의 자원을 온전히 소유하지 못한 상황에서 발생한다. 이 경우에는 잠재적 신부들의 풀이 그 자원이다. 부모가 재산권을 마음대로 휘두를 수 있는 결혼의 자유 시장에서는 아들과 딸이 대체 가능할 것이다. 한쪽 성이 전반적으로 선호되는 일이 없을 것이다. 어느 집안에 사나운 전사나 튼튼한 노동력이 필요하다면, 아들을 키워서 그 일을 시키든 딸을 키워서 사위를 데려오게 하든 차이가 없다. 아들이 많은 집은 아들을 주고 며느리를 얻을 테고, 거꾸로도 마찬가지다. 물론 사위의 부모는 아들이 자신들과 함께 살기를 바라겠지만, 청년에게 아내를 얻고 싶으면 이쪽으로 와서 살아야 한다고 협상력을 발휘하면 그만이다. 남아 선호는 재산권이 왜곡된 시장에서만 발생한다. 부모가 아들을 소유하되 딸은 사실상 소유하지 못하는 시장이다.

호크스에 따르면, 수렵 채집인 중에서도 부계 거주 사회(딸이 남편을 따라 시댁으로 가서 사는 사회)가 모계 거주 사회(딸이 부모와 함께 살고 남편이 이사 오는 사회)나 부부가 마음대로 거처를 정하는 사회보다 여아 살해가 더 흔하다. 부계 거주 사회는 같은 부족의 이웃 마을끼리 지속적으로 싸우는 상황일 때 흔하다. 혈연으로 묶인 남자들이 한 마을에서 살며 함께 싸우는 것이다. 적이 다른 부족일 때는 그렇지 않다. 이때는 남자들이 부족의 영토 내에서 좀 더 자유롭게 이동한다. 내부 교전 사회는 게다가 악순환에 빠지기 쉽다. 남자들은 아내들이 아들을 얼른 많이 낳게 하기 위해서, 딸이 태어나면 몽땅 죽인다. 그래야 전사가 많아지기 때문이다. 그러면 이웃 마을을 습격하기가 좋고, 자기 마을을 습격으로부터 보호하기도 좋으며, 영아 살해로 격감한 여성 인구를 습격으로 보충하기도 쉽다. 호메로스 시대 그리스의 부족들이 이와 비슷한 덫에 걸렸다.[130]

인도나 중국과 같은 국가 사회는 어떨까? 여아 살해를 실시하는 국가 사회에서도 부모는 아들은 소유하되 딸은 소유하지 못한다. 다만 군사적 이유가 아니라 경제적 이유 때문이라는 것이 호크스의 지적이다.[131]

계층 사회에서 엘리트가 분할 불가능한 부를 갖고 있으면 그 유산은 아들에게 갈 때가 많기 때문이다. 인도에서는 카스트 제도가 시장에 왜곡을 더한다. 카스트가 낮은 천민이 딸을 카스트가 높은 신랑에게 시집보내려면 막대한 지참금을 치러야 한다. 중국에서는 부모들이 늙어 죽을 때까지 아들과 며느리에게 부양을 요구할 수 있지만, 딸과 사위에게는 아니다(그래서 '딸은 엎지른 물'이라는 속담이 있다.).[132] 1978년에 도입된 '한 아이 정책' 때문에, 노년에 부양해 줄 아들을 두려는 부모들의 요구가 더 간절해졌다. 모든 경우에 아들은 자산이지만 딸은 부담이다. 그래서 부모들은 왜곡된 유인에 대해 극단적인 조치로 반응한다. 지금은 중국도 인도도 영아 살해가 불법이다. 중국은 영아 살해가 선별적 낙태에 밀려났다고 하는데, 낙태 역시 불법이지만 널리 실시된다. 인도는 초음파 낙태 기관들이 벌써 진출했는데도 영아 살해가 흔하다고 한다.[133] 여아 살해 관행을 없애려는 압력은 틀림없이 더욱 거세질 것이다. 마침내 정부들이 인구 계산을 해 보고, 오늘의 여아 살해가 내일의 처치 곤란 독신남들을 뜻한다는 사실을 깨달았기 때문에라도(이 현상은 나중에 다시 다루겠다.).[134]

절박한 궁지에 몰린 산모이든, 제 자식이 아닐 것이라고 의심하는 아버지이든, 딸보다 아들을 선호하는 부모이든, 오늘날 서구에서는 아기를 죽이고도 면죄 받는 일은 더 이상 있을 수 없다.[135] 2007년에 미국에서는 출생 430만 건 중 221건의 영아 살해가 있었다. 비율로는 0.00005이고, 역사적 평균값에 비하면 2000분의 1이나 3000분의 1쯤으로 준 셈이다. 그중 약 4분의 1은 출생 당일에 산모가 죽인 경우였다. 1990년대 말에 대대적으로 보도되었던 '쓰레기통 엄마'들이 그랬다. 그들은 임신을 숨겼고, 몰래 아이를 낳았고(고등학교 무도회 중에 낳은 사례도 있었다.), 신생아를 질식시킨 뒤에 시체를 쓰레기통에 버렸다.[136] 이런 산모들의 처지는 선사 시대에 영아 살해의 무대가 된 조건들과 비슷하다. 그들은 젊고, 미혼이고, 혼자 출산하고, 친척의 지원을 기대할 수 없다고 느낀다. 치명적인 학대를 받아 죽는 아기들도 있는데, 계부의 짓일 때가 많다. 또 다른 경우는 우울증에 빠진 여성이 자살하면서 자신이 없으면 아이들도 살 수 없다고 생각해서 자식들을 함께 데려가는 것이다. 산모의 산후 우울증이 산후 정신 이상으로 발전하여 망상 속에 자식을 죽이는 경우도 드물게 있다. 2001년에 다섯 아이를 욕조에서 익사시켰던 안드레아 예이츠 사건이 그랬다.

서구의 영아 살해율은 어떻게 수천 분의 일로 줄었을까? 첫 단계는 그것을 범죄시하는 것이었다. 유대교 성경은 자식 살해를 금한다. 그러나 철저하지는 않아, 생후 한 달 미만의 아기를 죽이는 것은 살인으로 간주하지 않는다. 아브라함과 솔로몬 왕은 이 허점을 이용했고, 야훼 자신도 열 번째 재앙을 내릴 때 이용했다.[137] 탈무드 유대교와 기독교에서는 금지가 더 명확해졌고, 그것이 로마 제국 말기로 전해져서 급기야 하나의 이데올로기가 되었다. 생명은 신에게 속하고 신이 뜻대로 주었다 거두는 것이니 아이의 생명이 부모에게 속하지 않는다는 이데올로기였다. 이 사상은 식별 가능한 개인의 목숨을 뺏는 행위에 대한 터부로 변하여 서구의 도덕률과 법체계에 남았다. 이 터부는 생명의 가치를 속으로 따져 보는 것조차 해서는 안 된다고 금한다(물론 예외는 수두룩하다. 이단자, 이교도, 문명화되지 않은 부족, 적, 수백 가지 법률의 위반자는 예외라고 했다. 요즘 우리도 식별 가능한 개인의 생명이 아닌 **통계적** 생명에 대해서는 그 가치를 계산한다. 군대나 경찰을 위험한 곳에 내보낼 때가 그렇고, 값비싼 보건 조치나 안전 조치를 삭감할 때가 그렇다.).

식별 가능한 생명의 보호를 '터부'라고 부르다니, 조금 이상하게 들린다. 그것은 자명한 일이 아니던가? 우리에게는 생명의 신성함을 따져 보는 행위 자체가 추악한 일로 느껴진다. 그러나 실은 이런 반응이야말로 터부가 터부인 이유이다. 식별 가능한 생명을 보호하는 터부는 지적인 근거에서, 심지어 도덕적 근거에서 충분히 의문시할 수 있다. 1911년에 영국 의사 찰스 머시어는 다음과 같은 논거를 들어, 영아 살해가 더 큰 아이나 성인에 대한 살인보다는 덜 극악한 범죄라고 주장했다.

> 피해자는 다가오는 고통과 죽음을 떠올려 괴로워할 정도로 정신이 발달하지 않은 상태이다. 그것에게는 두려움이나 공포를 느끼는 능력이 없다. 통증을 감지할 만큼 의식이 발달하지도 않았다. 그것이 사라지더라도 가족에게 빈자리가 남지 않을 것이고, 아이들이 부양자나 어머니를 빼앗기는 일이 없을 것이고, 누군가의 친구, 조력자, 동료가 사라지는 일도 없을 것이다.[138]

이제 우리는 영아도 통증을 느낀다는 사실을 알지만, 그 점을 제외한 머시어의 논증은 오늘날의 여러 철학자들에게도 채택되어 — 이런 사람들의 글은 세간에서 조명될 때마다 늘 조롱을 받지만 말이다. — 낙태, 동물권, 줄기세포 연구, 안락사 등 윤리 제도의 회색 지대를 탐구하는 데 적용되었다.[139] 그리고 설령 오늘날 머시어의 관찰을 인정하는 사람이 드물지라도, 이런 생각은 이미 우리의 제도에 스며들었다. 우리는 산모에 의한 신생아 살해와 다른 종류의 살인들을 현실적으로 구분하고 있다. 유럽에서는 아예 법률로 양쪽을 구분할 때가 많다. 영아 살해와 신생아 살해를 별도의 범죄로 규정하거나, 여성의 일시적 정신 이상 주장을 인정한다.[140] 그런 구분이 없는 미국에서도 산모가 신생아를 죽였을 때는 기소하지 않을 때가 많다. 배심원들도 유죄 선고를 거의 내리지 않고, 유죄가 내려지더라도 실형을 면할 때가 많다.[141)] 1997년의 쓰레기통 엄마 사건들처럼 언론이 하도 떠들어서 관대한 처분이 불가능할 때도 있지만, 그 어린 산모들도 3년을 복역한 뒤에 가석방되었다.

핵 터부처럼, 생명에 대한 터부는 일반적으로 아주 좋은 것이다. 아래의 회고를 보자. 화자인 남자의 가족은 1846년에 다른 정착자들과 함께 캘리포니아에서 오리건으로 이주했다. 이동 중에 그들은 버려진 소녀를 만났다. 여덟 살 난 아메리카 원주민 소녀는 굶주렸고, 헐벗었고, 상처투성이였다.

> 남자들이 회의를 열어서 소녀를 어떻게 할지 의논했다. 아버지는 함께 데려가기를 원했지만, 다른 남자들은 아이를 죽여서 비참함을 덜어 주기를 원했다. 아버지는 그것이 고의적인 살인이라고 말했다. 남자들은 투표를 했고, 결과는 아무것도 하지 않은 채 소녀를 발견한 곳에 그대로 놓아두는 것이었다. 어머니와 이모는 어린아이를 버리고 가는 것이 내키지 않았다. 두 사람은 뒤에 남아서 소녀에게 챙겨 줄 만한 것을 다 챙겨 주었다. 이윽고 합류한 두 사람의 눈은 눈물로 젖어 있었다. 어머니는 소녀 앞에서 무릎을 꿇고 하나님에게 아이를 보살펴 달라고 기도 드렸다고 했다. 그러나 말을 관리하던 젊은 청년 하나는 아이를 남겨 두고 온 것을 견디지 못했다. 청년은 되돌아가서 소녀의 머리를 총으로 쏘아, 비참함을 덜어 주었다.[142)]

우리에게는 이 이야기가 충격으로 느껴진다. 그러나 정착자들의 도덕관에서는 아이를 죽게 놓아두는 것이나 적극적으로 삶을 마감시키는 것이 둘 다 가능한 선택지였다. 우리는 노쇠한 반려 동물이나 다리가 부러진 말의 비참함을 덜어 줄 때는 비슷하게 생각하면서도, 인간만은 신성한 분류로 떼어 둔다. 연민과 자비에 기반하여 계산할 때조차 인간의 생명이라는 거부권이 우선하는 것이다. 식별 가능한 인간의 생명권은 결코 타협될 수 없다.

인간 생명에 대한 터부는 나치 홀로코스트에 대한 반응으로 더욱 공고해졌다. 홀로코스트는 단계별로 진행되었다. 처음에는 정신 지체자, 정신병 환자, 장애아를 안락사시키는 데서 시작하여, 다음에는 동성애자, 성가신 슬라브 족, 집시, 유대인으로 확장되었다. 홀로코스트의 기획자들과 그들에게 순응했던 시민들의 마음에서는 한 단계를 받아들이자 다음 단계도 괜찮게 느껴졌을 수 있다.[143] 이제 와서 생각해 보는 바이지만, 만일 그 위험한 경사로의 꼭대기에 선명한 구분선이 있었다면 사람들이 그렇게까지 타락하는 것은 막을 수 있었을지도 모른다. 홀로코스트 이후 인간이 인간의 생사를 조작하는 일은 터부가 되었고, 그 때문에 영아 살해, 우생학, 적극적 안락사에 대한 공개 토론은 생각할 수도 없었다. 그러나 모든 터부가 그렇듯이, 인간 생명에 대한 터부도 현실의 일부 속성들과는 잘 맞지 않는다. 오늘날 생명 윤리를 둘러싼 맹렬한 논쟁의 핵심은 태아 발생(embryogenesis), 코마, 즉각적이지 않은 죽음 등 생명을 가르는 경계가 모호한 상황에서 현실과 터부를 어떻게 조화시킬 것인가 하는 문제이다.[144]

인간 본성의 어떤 강력한 성향과 모순되는 터부는 완곡어법과 위선으로 겹겹이 강화되어야 하며, 실질적으로는 그것이 금지 행위에 별 효력을 못 미칠 수도 있다. 유럽 역사의 대부분에서 영아 살해가 그랬다. 인간은 아기를 키울 여력이 되지 않는 다양한 환경에서도 성관계를 한다는 사실은 어쩌면 인간 본성에 관한 주장들 가운데 논쟁의 여지가 가장 적은 현상일 것이다. 따라서 피임, 낙태, 세심한 사회 복지 체계가 없는 환경에서는 다 클 때까지 돌봐 줄 적절한 보호자 없이 태어나는 아기가 많을 수밖에 없다. 그러니 터부가 있든 없든, 그런 아기들 중 많은 수가 죽을 것이다.

유대-기독교의 영아 살해 금지 계율은 현실의 대대적인 영아 살해 풍습과 1500년 가까이 공존했다. 한 역사학자에 따르면, 중세에는 영아 유기가 "절대적인 면책 하에 대대적으로 실시되었고, 그 현상을 기록한 사람들도 더없이 냉담한 무관심을 드러냈다."[145] 밀너는 부유한 가정의 평균 출산율은 5.1명, 중산층은 2.9명, 가난한 가정은 1.8명이라는 기록을 인용한 뒤에 "그러나 임신 건수도 비슷한 비율이었으리라는 증거는 없다."고 덧붙였다.[146] 1527년에 프랑스의 사제는 "변소가 그 속에 던져진 아이들의 울음소리로 쩌렁쩌렁 울렸다."고 기록했다.[147]

중세 후기와 근대 초기의 여러 시점에서, 형법 체계들은 어떻게든 영아 살해를 줄이려고 노력했다. 그들이 취한 조치는 개선이라기에는 미심쩍었다. 어떤 나라에서는 미혼 하녀의 유방을 정기적으로 검사했다. 젖이 묻은 흔적이 있는데도 여자가 아기를 내놓지 못하면, 그녀를 고문해서 아기를 어떻게 했는지 알아내려고 했다.[148] 산모가 출생 직후 죽은 아기를 숨기려고 한 경우에는 영아 살해로 추정하여 사형에 처했다. 들고양이 두 마리를 여자와 함께 자루에 넣어 봉한 뒤 강물에 던지는 벌이 자주 쓰였다. 설령 이보다 덜 현란한 처벌법을 쓰더라도, 사람들은 차츰 젊은 산모를 처형하여 영아 살해를 줄인다는 데에 양심의 가책을 느꼈다. 게다가 그런 산모는 집주인의 아이를 임신한 하녀일 때가 많았다. 사람들은 자신들이 생명의 신성함을 지킨답시고 남자들에게 거추장스러운 애인을 처리할 수단을 제공하고 있다는 사실을 깨우쳤다.

사람들은 다양한 방법으로 치부를 가렸다. 한때는 '깔고 눕기' 현상이 전염병처럼 번졌다. 산모가 자면서 그만 아기를 깔고 누워 질식시키는 사고였다. 원치 않는 아기를 고아원에 버릴 수도 있었다. 어떤 고아원에는 회전대나 뚜껑문이 설치되어 있어, 여성의 익명성을 지켜 주었다.

고아원의 사망률은 낮게는 50퍼센트에서 높게는 99퍼센트 이상이었다.[149] 여자들은 아기를 유모나 탁아소에 넘기기도 했는데, 그들의 성공률도 비슷했다. 산모와 유모는 까다로운 아기를 진정시켜 준다는 아편, 알코올, 당밀의 영약을 쉽게 구할 수 있었고, 그런 것을 적절한 용량으로 먹이면 정말이지 효과적으로 아기를 잠재울 수 있었다. 영아기를 견뎌 낸 아이들이라도, 디킨스가 『올리버 트위스트』에서 묘사했듯이, "너무 많은 음식이나 옷가지를 제공해야 한다는 불편이 없는" 구빈원으로 보내지곤 했다. 구빈원에서는 "열 명 중에서 여덟 하고 반 정도는 굶주림과 추위로 병에 걸렸든, 어른들의 부주의로 불에 떨어졌든, 사고로 그만 질식할 뻔했든 이런저런 희한한 사건 때문에 비참한 어린 것이 저 세상으로 넘어가, 이 세상에서 알지 못했던 아비의 품에 안겼다." 이런 장치들이 있었는데도 공원, 다리 밑, 시궁창에서 자그마한 시체들이 자주 목격되었다. 1862년에 한 영국 검시관은 "경찰이 죽은 아이를 발견해도 죽은 고양이나 개를 발견한 것 이상으로 신경 쓰는 것 같지 않았다."고 기록했다.[150]

오늘날 서구에서 영아 살해가 수천 분의 일로 감소한 것은 부분적으로 풍요의 선물이다. 절박한 궁지에 몰린 산모가 적어졌기 때문이다. 또한 부분적으로 기술의 선물이다. 안전하고 믿음직한 피임과 낙태가 가능해져서 원치 않는 출산이 줄었기 때문이다. 또한 이 현상은 아이에게 부여하는 가치가 바뀌었음을 반영한다. 사회는 신성한 생명의 원칙을 그저 경건한 열망으로만 내버려 두는 대신, 직접 실천에 나섰다. 누가 낳았든, 출생 시에 얼마나 흐물흐물하고 더럽든, 그 손실이 집안에 빈자리를 남기든 말든, 먹이고 돌보는 데 돈이 얼마나 들든, 모든 아기의 생명은 신성하다고 보기 시작했다. 20세기에는 낙태가 널리 시행되기 전부터도 임신한 어린 여자가 혼자 출산하여 몰래 아기를 죽이는 일이 드물어졌다. 다른 사람들이 대안을 마련해 두었기 때문이다. 미혼 산모를 위한 쉼터, 죽음의 수용소가 아닌 고아원, 엄마 없는 아이에게 양부모나 위탁 부모를 찾아 주는 기관 등등. 정부, 자선 단체, 종교는 왜 생명을 살리는 활동에 돈을 대기 시작했을까? 언뜻 드는 인상으로는, 사람들이 아이를 점점 더 귀하게 여기게 된 것 같다. 사람들의 집단적 관심이 아이들의 이해까지 포함하도록 확장된 것 같다. 아이들이 살아남을 권리까지도. 그렇다면 이제, 아동에 대한 태도에서 다른 측면들을 살펴보자. 최근에 대폭적인 변화가 있었음을 알 수 있다.

아동에 대한 대우를 큰 그림으로 살펴보기 전에, 영아 살해의 역사적 운명을 좀 더 옹졸하게 바라보는 견해에 관해 몇 마디 하고 넘어가야겠다. 이 대안 이론에 따르면, 서구의 영아 살해가 장기적으로 감소한 까닭은 사람들이 아기를 출생 직후 죽이던 관행에서 잉태 직후 죽이는 관행으로 바꿨기 때문이라고 한다.

오늘날 세계 대부분의 지역에서 임신이 낙태로 끝나는 비율은 예전에 영아 살해로 끝나던 비율과 비슷한 것이 사실이다.[151] 서구 선진국들에서는 임신한 여성의 12~25퍼센트가 낙태를 한다. 과거 공산권 국가들에서는 절반을 넘기도 했다. 2003년 미국의 낙태 건수는 100만 건이었고, 유럽과 서구 사회를 통틀어서는 약 500만 건이었고, 세계 나머지 지역은 최소한 1100만 건이었다. 낙태가 폭력의 한 종류라면, 아동에 대한 서구인의 태도에는 발전이 없었던 셈이다. 효과적인 낙태는 1970년대부터 널리 시행되었으므로(미국에서는 1973년 '로 대 웨이드' 대법원 판결 덕분이었다.), 서구의 도덕 상태는 발전하지 않았다. 오히려 붕괴했다.

낙태의 도덕성은 여기에서 논할 문제가 아니다. 그러나 우리는 폭력의 경향이라는 더 넓은 맥락을 살펴봄으로써 사람들이 낙태를 어떻게 **인식**하는지 짐작할 수 있을 것이다. 낙태 합법화에 반대했던 사람들은 우리가 낙태를 인정하는 순간 생명은 싸구려가 되리라고 예상했다. 사회가 슬금슬금 타락하여 영아 살해로, 장애인 안락사로, 아동의 생명에 대한 가치 저하로, 결국 만연한 살인과 집단 살해로 나아갈 것이라고 보았다. 그러나 지금 우리는 단호하게 말해 줄 수 있다. 그런 일은 없었다고. 지난 수십 년 동안 북반구 대부분의 지역에서 낙태가 허락되었지만, 낙태 가능 기한의 경계선이 슬금슬금 올라가서 합법적 영아 살해에 이른 나라는 한 군데도 없다. 낙태가 장애아 안락사를 허용하는 근거가 되지도 않았다. 낙태가 널리 시행되기 시작한 시점부터 지금까지, 모든 종류의 폭력이 꾸준히 줄었다. 그리고 곧 이야기하겠지만, 아이들의 생명에는 더 큰 가치가 부여되었다.

낙태 반대자들은 한편으로는 모든 폭력이 줄면서 다른 한편으로는 태아들이 죽는 이 상황을 엄청난 도덕적 위선으로 볼지 모른다. 그러나 그 불일치에 대해서는 다른 설명이 있다. 현대인은 도덕적 가치를 논할 때 **의식**에 근거하도록 감수성이 변했다. 특히 괴로움과 즐거움을 느끼는 의식을 중요하게 여기게 되었고, 그런 의식을 뇌 활동과 동일시하게 되었다. 이것은 도덕적 깨우침의 원천으로서 과거의 종교와 관습을 버리고 과학과 세속 철학을 택한 변화의 일부이다. 요즘은 심장이 아니라 뇌 활동이 정지한 순간을 법적 사망으로 정의하는 것처럼, 생명의 시작은 태아의 의식이 처음 깨어나는 순간이라고 여긴다. 그리고 의식의 신경 기반에 관한 오늘날의 지식에 따르면 시상과 대뇌겉질 사이에 신경 활동이 일어나는 시점이 바로 그 순간이고, 그 순간은 잉태 후 26주째께 벌어진다.[152] 더 중요한 점은, 사람들이 태아를 완전한 의식을 지니지 않은 개체로 **인식**한다는 점이다. 심리학자 헤서 그레이, 커트 그레이, 대니얼 웨그너의 조사에 따르면, 사람들은 태아가 로봇이나 시체보다는 무언가를 경험할 능력을 더 많이 갖고 있다고 보지만 동물, 아기, 아동, 성인보다는 덜 갖고 있다고 본다.[153] 낙태의 압도적 다수는 뇌가 제대로 기능하기 전에 실시되므로, 사람들은 위와 같은 방식으로 생명의 가치를 이해하는 견해에 따라 그것이 영아 살해나 다른 폭력과는 근본적으로 다르다고 안전하게 개념화한다.

그런데 사람들이 종류를 불문하고 모든 생명의 파괴를 일반적으로 꺼리게 되었다면, 비록 낙태가 살인과 동일시되지 않더라도 사람들이 낙태를 차츰 꺼릴 것이라는 예측이 가능하다. 실제로 그렇다. 잘 알려지지 않은 사실이지만, 낙태율은 세계적으로 꾸준히 줄고 있다. 그림 7-16을 보라. 데이터가 존재하는 주요 지역들의 1980년대, 1996년, 2003년 낙태율을 표시했다(데이터의 품질은 편차가 크다.).

가장 가파르게 감소한 지역은 한때 '낙태 문화'가 있었다고 이야기되는 옛 소련권이다. 공산주의 시대에는 낙태는 쉬웠지만 피임 기구를 구하기는 쉽지 않았다. 여느 공산품처럼 피임 기구도 수요 공급에 따라 분배되지 않고 중앙의 인민 위원들이 배급했기 때문에 늘 부족했던 것이다. 그렇지만 중국, 미국, 아시아, 이슬람 국가들처럼 낙태가 합법인 나라들에서도 낙태는 드물어졌다. 인도와 서유럽에서만 줄지 않았는데, 원래 낙태율이 가장 낮았던 지역들이다.

감소 원인은 대부분 실제적인 것이다. 그동안 낙태보다 피임이 더 싸고 간편해졌다. 피임이 쉬우면, 그것을 이용할 만큼 선견지명이 있고 자기 통제력이 있는 사람들에게는 그것이 첫 번째 선택이 된다. 그러나 낙태를 하는 사람들과 낙태를 안전하고 합법적인 선택지로 간직하고 싶은 동조자들도 낙태를 도덕적 차원에서 인식하기는 할 것이다. 낙태를 범

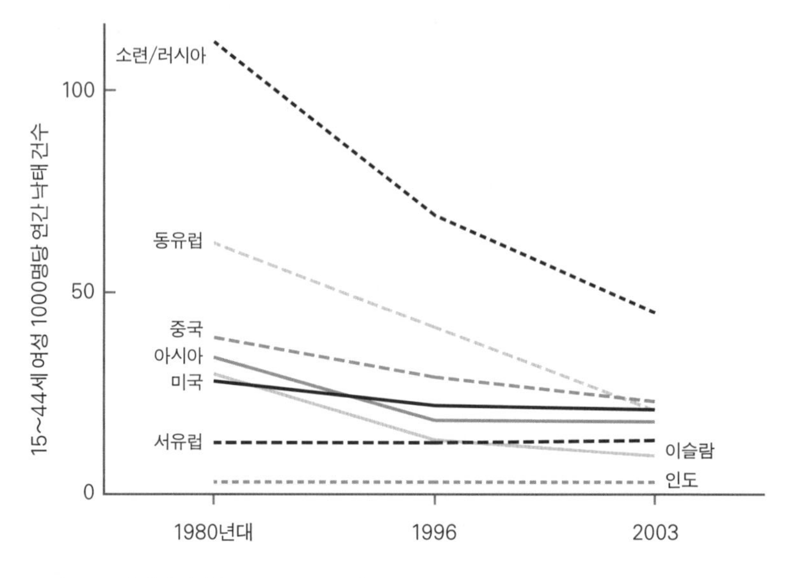

그림 7-16. 세계의 낙태율, 1980~2003년.

출처: 1980년대: Henshaw, 1990; 1996년과 2003년: Sedgh et al., 2007. '동유럽'은 불가리아, 체코슬로바키아/체코 공화국 & 슬로바키아, 헝가리, 유고슬라비아/세르비아-몬테네그로, 루마니아를 포함한다. '서유럽'은 벨기에, 덴마크, 잉글랜드와 웨일스, 핀란드, 네덜란드, 노르웨이, 스코틀랜드, 스웨덴을 포함한다. '아시아'는 싱가포르, 일본, 한국을 포함한다(2003년은 1996년과 같다고 보았다.). '이슬람'은 튀니지와 터키를 포함한다.

죄시하지는 않을지언정 최소화해야 한다고 여긴다. 정말 그렇다면, 현실의 낙태 감소세는 앙심 어린 논쟁을 펼치고 있는 반대파와 찬성파에게 공통적 이해의 기반을 조금이나마 제공할 수 있다. 그것은 낙태를 허용한 나라들도 영아 살해나 다른 폭력으로까지 나아갈 만큼 생명에 무관심해지지는 않았다는 증거이기 때문이다. 오히려 그런 나라들도 낙태를 바람직하지 못한 일로 보고, 모든 생명을 보호하는 운동의 일환으로 낙태율을 줄이고 있는 듯하다.

길고 슬픈 아동 폭력의 역사에서, 출생 당일을 버틴 아이라도 이후 더 가혹한 대접과 잔인한 처벌을 받을 때가 많았다. 수렵 채집인들은 체벌을 절제하는 편이지만, 다른 종류의 사회들에서는 『이상한 나라의 앨리스』에 나오는 다음 원칙을 따르는 것이 지배적인 양육 기법이었다. "꼬마 사내아이에겐 거칠게 말해! 그리고 재채기를 하면 때려 줘야 해."[154] 아이들은 타락한 상태를 타고나기 때문에 완력으로 사회화해야 한다는 생각이 아동 발달 이론으로서 널리 통용되었다. '매를 아끼면 아이를 망친다.'는 표현은 기원전 7세기 아시리아 왕에게 어느 조언자가 한 말이라는데, 「잠언」 13장 24절에 나오는 다음 표현의 기원이 되었을지도 모른다. "매를 아끼는 이는 자식을 미워하는 자, 자식을 사랑하는 이는 벌로 다스린다."[155] 중세 프랑스 시가는 "아이가 커서 교수형 당하는 것을 보느니 어릴 때 매질하는 편이 낫다."고 충고했고, (인크리스 매더의 아들인) 청교도 목사 코튼 매더는 아이의 안녕에 대한 걱정을 좀 더 미래로 확장하여 "지옥에 떨어지느니 매 맞는 편이 낫다."고 말했다.[156]

여느 처벌처럼, 사람들은 아이에게 최대한 불쾌한 경험을 안겨야 한다는 기술적 과제에 창의성을 한껏 발휘하여 부응했다. 데모스는 중세 유럽의 상황을 이렇게 묘사했다.

> 악마가 깃든 아이는 두말할 것 없이 매로 다스려야 했다. 그런 용도로 쓰이는 도구는 가지각색이었다. 아홉 갈래 회초리와 채찍부터 삽, 지팡이, 쇠막대, 양초 다발, 디서플린(작은 사슬들로 만들어진 채찍이다.), 고우드(구두 수선공의 칼처럼 생겨, 아이의 머리나 손을 찌르는 데 쓰였다.), 그리고 특별히 학교에서 쓰는 플래퍼도 있었다. 이것은 한쪽 끝이 서양배처럼 둥글고 그곳에 동그란 구멍이 나 있어서 맞으면 물집이 잡혔다. 문헌에 묘사된 매질은 아이의 몸에 상처와 피가 날 정도로 거의 늘 심했다. 체벌은 영아기부터 시작되었고, 생식기

부근 맨살을 때림으로써 에로틱한 느낌을 줄 때가 많았고, 아이의 삶에서 일상적인 요소였다.[157)]

심각한 체벌은 수백 년 동안 성행했다. 한 조사에 따르면, 18세기 후반에는 미국 아이들의 100퍼센트가 회초리, 채찍, 다른 무기로 맞았다.[158)] 아이들은 법적 처벌도 받았다. 최근 출간된 새뮤얼 존슨의 전기를 보면, 18세기 영국에서 일곱 살짜리 소녀가 속치마를 훔친 죄로 교수형에 처해졌다는 사실이 지나가는 말로 나온다.[159)] 20세기 초에도 독일에서는 아이가 "고집을 부리면 시뻘건 쇠난로 위에 올려놓았고, 침대 기둥에 며칠씩 묶어 두었고, '단련'시킨답시고 찬물이나 눈 속에 내던졌고, 부모가 식사하고 독서하는 동안 아이는 통나무 위에 무릎을 꿇고 앉아서 매일 몇 시간씩 벽을 보고 있도록 시켰다."[160)] 아이들은 배변 훈련기에 관장제로 괴롭힘을 당했고, 학교에서는 "살에서 김이 날 때까지 맞았다."

가혹한 체벌은 유럽만의 일이 아니었다. 고대 이집트, 수메르, 바빌론, 페르시아, 그리스, 로마, 중국, 아즈텍 시대 멕시코에서도 매질이 기록되었다. 그 방법은 '가시로 찌르기, 아이의 손을 묶어 둔 뒤 뾰족한 용설란 잎으로 찌르기, 회초리로 때리기, 말린 칠리고추를 태우는 불길 위로 아이를 들어 올려 매운 연기를 마시게 하기' 등등이었다.[161)] 데모스에 따르면, 20세기에도 일본에서는 아이에게 '일상적인 처벌로 매를 때리거나 향불을 피부에 얹었고, 지속적으로 관장제를 쓰는 잔인한 배변 훈련을 시켰고, …… 걷어차기, 발 묶어 매달기, 찬물로 목욕시키기, 목 조르기, 몸에 바늘 꽂기, 손가락 관절 도려내기'를 실시했다(데모스는 역사학자 겸 정신 분석가였으므로, 제2차 세계 대전의 잔학 행위를 설명할 자료를 잔뜩 확보했던 셈이다.).[162)]

아이들은 심리 고문도 당했다. 아이들의 놀이는 부모가 그들을 버릴지 모르고, 계모와 계부가 학대할지 모르고, 도깨비나 야생 동물이 몸을 훼손할지 모른다는 사실을 일깨우는 이야기로 가득했다. 그림 형제 동화는 천방지축 조심성 없는 아이에게 닥칠 불행을 경고하는 무수한 어린이 문학 작품 중 하나이다. 영국 아기들은 나폴레옹에 대한 자장가를 들으면서 잠들었다.

아가야, 아가야, 그가 네 소리를 들으면,
말을 타고 집 근처를 지나가다가,
당장 들어와서 네 팔다리를 하나하나 찢어 놓을 거란다,
고양이가 생쥐를 찢어 죽이듯이.
그리고 너를 때리고, 때리고, 또 때릴 거란다,
곤죽이 되도록 때리고,
우걱, 우걱, 우걱 먹어 치울 거란다,
한 입씩, 덥석, 덥석, 덥석.[163)]

동요에 반복적으로 등장하는 전형적인 이야기에는 이런 것이 있었다. 아이가 사소한 실수를 저지르거나 부당한 누명을 쓴다. 그래서 계모가 아이를 난자해 죽이고, 아무것도 모르는 아버지에게 그 살을 먹인다. 이디시어 동요 중에는 부당한 일을 당한 피해자가 사후에 누이에게 이렇게 말하는 노래가 있다.

엄마가 나를 죽이고,
아빠가 나를 먹었지.
셰인델아, 그러고는

내 뼈에서 골수를 쪽쪽 빨아 먹고서

남은 것을 창밖으로 던졌단다.[164)]

대체 어떤 부모가 제 자식을 고문하고, 굶기고, 방치하고, 겁주려 한단 말인가? 순진하게 생각하자면, 부모는 자식을 아낌없이 돌보도록 진화했을 것이다. 생육 가능한 후손을 남기는 것이야말로 자연 선택의 전부이니까. 그리고 아이는 부모의 안내에 순순히 따르도록 진화했을 것이다. 다 저 좋으라고 하는 일이니까. 이런 순진한 시각에서는 부모와 아이의 조화가 예상된다. 양쪽이 같은 것을 '원하기' 때문이다. 아이가 건강하고 튼튼하게 자라서 나중에 제 자식을 낳게 되는 것을.

그러나 사실, 자연 선택 이론의 예측은 전혀 다르다. 이 점을 처음 깨우친 사람은 트리버스였다.[165)] 가족의 진화 유전학에는 부모 자식 간의 갈등이 어느 정도 내재되어 있다. 부모는 (자원, 시간, 위험 면에서) 투자를 모든 자식들에게 나눠 주어야 한다. 태어난 자식이든, 태어나지 않은 자식이든 말이다. 혼자 꾸려 갈 수 있는 아이보다는 아직 어리고 무력한 아이에게 부모의 투자가 더 도움이 되겠지만, 만일 모든 조건이 같다면 모든 자식은 똑같이 귀하다. 그러나 아이는 사태를 다르게 본다. 아이는 친형제와 유전자의 절반을 공유하므로 형제의 안녕에도 이해관계가 있지만, 자기 자신과는 유전자의 **전부**를 공유하므로 **자신의** 안녕이 압도적으로 더 중요하다. 부모의 바람(모든 자식들에게 세속적 지원을 평등하게 할당하는 것)과 자식의 바람(형제보다 자신에게 편익이 치우치는 것) 간의 긴장을 가리켜 부모-자식 간 갈등이라고 한다. 갈등의 핵심은 부모가 아이와 그 형제들에게 제공하는 투자인데, 이미 존재하는 형제들만을 말하는 것은 아니다. 부모가 미래의 자식과 손자를 위해서 힘을 아낄 수도 있기 때문이다. 부모가 되는 과정에서 겪는 최초의 딜레마는 — 신생아를 살려 둘까 말까? — 부모-자식 간 갈등의 특수한 경우인 셈이다.

부모-자식 간 갈등 이론은 자식이 투자를 얼마나 원하는지, 부모가 얼마나 줄 채비가 되어 있는지 알려 주지는 않는다. 부모가 아무리 많이 주어도 자식은 그보다 좀 더 많이 원할 것이라고 예측할 뿐이다. 아이가 도움이 필요해서 울면 부모는 그 소리를 무시하지 못하지만, 이때 아이는 객관적으로 필요한 수준보다 좀 더 크게, 좀 더 오래 울려고 할 것이다. 부모는 아이가 위험에 빠지지 않도록 훈육하고 공동체의 효과적인 구성원으로 자라도록 사회화시키는데, 이때 자신들의 편의에 맞는 수준보다 좀 더 강하게 훈육할 것이고, 아이 자신에게 필요한 수준을 능가하여 아이가 형제나 친척과도 잘 적응할 수 있도록 좀 더 강하게 사회화시키려 할 것이다. 늘 그렇듯이 이 설명에서도 목적론적 용어들은 — '원하다', '이해', '무엇무엇을 하도록' 등등 — 말 그대로 그런 욕망이 사람들의 마음속에 있다는 뜻이 아니다. 그 마음 자체를 형성한 진화적 압력을 줄여서 표현한 것뿐이다.

부모-자식 간 갈등은 양육이 늘 의지의 줄다리기인 까닭을 설명해 준다. 그러나 설명되지 않는 의문도 있다. 어째서 사람들이 특정 시대에는 막대기와 회초리로 그 줄다리기를 치르고, 다른 시대에는 잔소리와 타임아웃(일정 시간 동안 아이의 행동을 중지시키는 벌칙 — 옮긴이)으로 치르는가 하는 점이다. 지금 와서 돌아보면, 지난 수천 년 동안 보호자에게 쓸데없는 괴롭힘을 당했던 아이들이 참 안됐다. 전쟁의 비극에서는 양쪽이 상대만큼 사나워야 하지만, 양육의 폭력은 전적으로 일방적이다. 매 맞고 화상을 입으면서 자란 옛날 아이들이라고 요즘 아이들보다 더 말썽쟁이는 아니었다. 더 번듯한 어른으로 자란 것도 아니었다. 오히려 반대였다. 옛날 성인들의 충동적 폭력률은 요즘보다 훨씬 높지 않았던가. 그렇다면, 우리 시대의 부모들은 선조들이 썼던 완력의 작은 일부만으로도 아이를 사회화시킬 수 있다는 사실을 어떻게 발견했을까?

최초의 계기는 이데올로기와 관련되었다. 그리고 다른 많은 인도주의 개혁처럼, 이것도 이성의 시대와 계몽 시대에서 유래했다. 부모-자식 간 갈등에서 아이가 쓰는 전략 때문에 부모들은 시대를 불문하고 언제나 아이를 작은 악마라고 불렀고, 이후 기독교가 득세하자 타고난 방종과 원죄라는 종교적 신념이 그 생각을 비준했다. 1520년대 독일의 한 설교자는 아이들의 마음에 '간음, 사통, 불순한 욕망, 음탕함, 우상 숭배, 마술에 대한 믿음, 적의, 싸움, 열정, 분노, 반목, 불화, 당쟁, 미움, 살인, 만취, 폭식'에의 갈망이 들어 있다고 했다. 이것은 시작일 뿐이다.[166] '때려서 마귀를 몰아내다(beat the devil out of him)'라는 표현은 요즘 꼼짝 못하게 혼낸다는 뜻으로 쓰이지만, 과거에는 그냥 하는 말이 아니었다! 더불어, 삶의 전개에 대한 숙명론 때문에 사람들은 아이의 발달을 부모와 선생의 책임으로 보지 않고 운명이나 신의 뜻으로 보았다.

패러다임 전환은 존 로크의 『교육에 관한 성찰』에서 왔다. 1693년에 출간된 이 책은 금세 입소문을 탔다.[167] 로크는 무릇 아이는 "흰 종이나 밀랍처럼 깨끗하여, 어떤 형태로든 빚어질 수 있다."고 주장했다. 이 원칙은 타불라 라사(tabula rasa), 즉 빈 서판 이론이라고 불린다. 로크는 교육이 "인류에게 큰 차이를" 일으킬 수 있다고 했고, 교사는 제자들에게 공감하면서 그들의 눈높이에서 보아야 한다고 했다. 교사는 학생의 "성정 변화"를 세심하게 관찰해야 하고, 학생이 공부를 즐기도록 도와야 한다. 또한 어린아이에게 어른과 같은 "몸가짐, 진지함, 열중"을 기대해서는 안 된다. 오히려 거꾸로, "아이에게 …… 나이에 맞는 어리석고 유치한 행동을 허락해야 한다."[168)]

아이일 때 받은 대접이 커서 어떤 어른이 되느냐를 결정한다는 생각은 오늘날 상식이다. 그러나 당시에는 새로운 이야기였다. 로크의 동시대 및 후세대 추종자들은 인격 형성기의 중요성을 일깨우기 위해서 비유를 동원하곤 했다. 존 밀턴은 "아침을 보면 하루를 알 수 있듯이, 아이를 보면 어른을 알 수 있다."고 썼다. 알렉산더 포프는 상관관계를 인과관계로 격상시켜, "잔가지일 때 꺾어지면 나무가 기울어진다."고 말했다. 윌리엄 워즈워스는 비유를 아예 뒤집어, "어린이는 어른의 아버지"라고 말했다. 덕분에 사람들은 아이에 대한 태도가 지닌 도덕적, 현실적 의미를 재고하게 되었다. 이제 아이를 때리는 것은 더 이상 아이에게 깃든 악령을 쫓아내는 일이 아니었다. 당장의 짓궂은 말썽을 줄이기 위한 교정책도 아니었다. 인간이 아이일 때 받은 대접이 커서 어떤 어른이 되느냐를 결정한다니, 예측되는 결과이든 예측하기 힘든 결과이든, 그것이 미래 문명의 구성원들을 바꿀 것이 아닌가.

또 다른 게슈탈트 전환은 루소에게서 왔다. 루소는 기독교의 원죄 개념을 원초적 순수성이라는 낭만적 개념으로 교체했다. 1762년 저작 『에밀, 또는 교육에 관하여』에서 루소는 이렇게 썼다. "세상을 쓰신 분의 손을 떠날 때는 모든 것이 선했지만, 인간들의 손에 와서 모든 것이 타락했다." 20세기 심리학자 장 피아제의 이론을 예견하듯이, 루소는 아동기를 각각 본능, 감각, 사상에 집중하는 연속 단계로 나누었다. 그리고 아이는 아직 사상의 나이에 도달하지 못했으므로, 어른처럼 사고하기를 기대해서는 안 된다고 했다. 어른은 아이에게 선악의 규칙을 주입하는 대신, 아이가 자연과 상호 작용하면서 스스로의 경험에서 배우도록 놓아두어야 한다. 아이가 그 과정에서 무언가를 망가뜨리더라도 그것은 해를 끼치려는 의도가 아니라 순수함에서 나온 행동이다. 루소는 "유년기를 존중하라."고 호소했고, "사람이 개입하기 전에 먼저 자연이 오래 작용하게 하라."고 조언했다.[169] 루소에서 영감을 얻은 19세기 낭만주의 운동은 유년기를 지혜, 순수, 창조의 시기로 보았다. 그것은 아이가 훈육으로 얼른 벗어나야 할 시기가 아니라 오래 즐겨야 할 단계라고 보았다. 요즘은 이런 감수성이 친숙하지만, 당시에는 급진적이었다.

계몽 시대에 이르러, 엘리트들은 아동 친화적인 빈 서판 이론과 원초적 순수함 이론을 받아들였다. 그러나 역사학자들은 아동에 대한 실제 대우가 바뀐 시점은 그보다 상당히 더 지난 20세기 초였다고 본다.[170] 경제학자 비비아나 젤라이저는 1870년대에서 1930년대까지 서구 중상층 부모들 사이에서 아동기 '신성화'가 벌어졌다고 말한다. 그때 비로소 아이는 '경제적으로는 가치가 없지만 감정적으로는 가치를 헤아릴 수 없는' 현재의 지위를 얻었다.[171] 영국에서는 이른바 '아기 사육(baby-farming)' 추문이 계기가 되어 1870년에 영아 보호 협회가 창립되었고, 1872년과 1897년에 영아 생명 보호법이 제정되었다. 살균 기법과 소독된 젖병이 비슷한 시기에 등장하여, 영아 살해를 자행하던 유모들에게 아기를 맡기는 일이 줄었다. 산업 혁명은 농장에서 등이 휘어라 일하던 아이들을 제분소와 공장으로 데려와 등이 휘어라 일하게 만들었지만, 차차 법이 개정되어 아동 노동이 제한되었다. 산업 혁명이 성숙하자 오히려 풍요로움이 넘쳐서 영아 사망률이 낮아졌고, 아동 노동의 수요가 줄었고, 사회 복지 사업을 뒷받침할 세입이 마련되었다. 점점 더 많은 아이가 학교에 갔고, 교육은 곧 무료 의무 과정이 되었다. 아동 복지 기관들은 길거리를 누비는 장난꾸러기, 부랑아, 학교를 빼먹고 돌아다니는 무리를 다루기 위해서 유치원, 고아원, 소년원, 야외 캠프, 소년소녀 클럽을 만들었다.[172] 아이들을 겁주거나 훈계하지 않고 재미를 주는 동화가 씌어졌다. 아동 연구 운동(Child Study movement)은 인간 발달을 과학적으로 연구하기 시작했고, 할머니들의 미신과 헛소리를 양육 전문가들의 미신과 헛소리로 교체했다.

우리가 그동안 보았듯이, 인도주의적 개혁의 시기에는 한 집단의 권리에 대한 인식이 비유를 통해서 다른 집단의 권리에 대한 인식으로 이어진다. 왕의 전제성을 남편의 전제성에 빗댄 것이 그랬고, 그로부터 200년 뒤에 시민권 운동이 여성권 운동을 자극했던 것도 그랬다. 학대 아동의 보호도 비유의 덕을 톡톡히 보았는데, 믿거나 말거나 그 대상은 동물이었다.

1874년, 맨해튼에서 열 살 난 메리 엘렌 매코맥의 이웃들이 소녀의 몸에서 수상한 상처와 멍을 발견했다. 소녀는 양모와 그녀의 두 번째 남편 손에서 자라고 있었다.[173] 이웃들은 도시의 교도소, 구빈원, 고아원, 정신병자 수용소를 관할하는 부서인 공공 구호 교정부에 신고했다. 당시에는 아동 보호 법률이 따로 없었기 때문에, 사회 복지 담당자는 미국 동물 보호 협회와 접촉했다. 협회 창립자는 소녀의 고난이 폭력적인 마구간 주인에게서 구조된 말의 고난과 비슷하다고 보았고, 협회가 고용한 변호사는 인신 보호 청구권을 창의적으로 해석한 주장을 뉴욕 주 대법원에 제출하여 아이를 집에서 빼내야 한다고 청원했다. 소녀는 차분하게 증언했다.

> 엄마는 거의 매일 나를 회초리로 팼어요. 비비 꼬인 생가죽 채찍으로 때렸어요. 나는 지금 머리에 멍이 두 개 있는데, 엄마가 채찍으로 때려서 생긴 거예요. 왼쪽 이마의 상처는 엄마가 가위로 낸 거예요. …… 나는 아무한테도 말할 생각을 못했어요. 그러면 또 회초리질을 당할 테니까요.

《뉴욕 타임스》는 「집 없는 작은 아이에 대한 비인간적 대우」라는 제목의 기사에서 소녀의 진술을 고스란히 실었고, 소녀는 결국 집에서 나와 사회 복지 담당자에게 입양되었다. 사건을 맡았던 변호사는 뉴욕 아동 학대 금지 협회를 세웠다. 이것이 세계 최초의 아동 보호 협회였다. 단체는 뒤이어 설립된 다른 협회들과 함께 매 맞는 아이들을 위한 쉼터를 만들었고, 학대 부모를 처벌하는 법률을 제정하도록 로비했다. 영국에서도 부모에게 학대 당하는 아이를 보호하기 위한 첫 소송을 맡은 것은 왕립 동물 학대 금지 협회였고, 그로부터 전국 아동 학대 금지 협회가 생겨났다.

19세기가 끝날 즈음, 서구인은 아이에게 더 큰 가치를 부여하게 되었다. 이것은 갑작스러운 변화도, 단번에 이루어진 발전도 아니었다. 유럽 역사의 모든 시기와 그 밖의 모든 문화에서 사람들은 줄곧 아이에 대한 사랑, 아이를 잃은 애통함, 학대에 대한 환멸을 표현해 왔다.[174] 아이를 잔인하게 다루는 부모조차 그것이 아이에게 최선이라는 미신을 좇아서 그럴 때가 많았다. 그리고 다른 종류의 폭력과 마찬가지로, 아동 학대 감소에 대해서도 그 변화의 원인들을 낱낱이 헤치기는 쉽지 않다. 사상의 계몽, 번영의 증대, 법률 개혁, 규범 변화 등이 동시에 벌어졌기 때문이다.

그러나 원인이 무엇이었든, 변화는 1930년대에 멎지 않았다. 벤저민 스포크의 장기 베스트셀러 『유아와 아동 돌보기』는 1946년 당시에는 급진적인 책으로 여겨졌다. 엄마들에게 아이를 때리지 말고, 애정을 아끼지 말고, 일과를 엄격하게 통제하지 말라고 권유했기 때문이다. 전후 부모들의 너그러움은 유례없는 수준이었지만(그 때문에 베이비붐 세대가 그렇게 방탕해졌다는 잘못된 생각도 퍼졌다.), 결코 최고 수위는 아니었다. 스스로 부모가 된 베이비붐 세대는 아이를 더욱 더 많이 배려했다. 로크, 루소, 19세기 개혁가들 덕분에 아동을 좀 더 부드럽게 다루는 변화가 시작되었고, 그 속도는 최근 몇 십 년 동안 갈수록 더 빨라졌다.

✤ ✤ ✤

1950년 이래, 어른들은 어떤 종류의 폭력이든 아동이 피해자가 되는 것을 꺼렸다. 물론 어른들이 제일 쉽게 통제할 수 있는 폭력은 스스로 아이에게 가하는 폭력, 즉 엉덩이 때리기, 패기, 뺨 때리기, 매질, 회초리질, 채찍질 등등 온갖 형태의 체벌이었다. 체벌에 대한 엘리트들의 견해는 20세기에 극적으로 달라졌다. 기독교 원리주의자가 아닌 이상, 요즘은 매를 아끼면 아이를 망친다고 말하는 사람이 드물다. 허리띠를 거머쥔 아빠, 빗을 쥔 엄마, 상처 난 궁둥이에 베개를 동여매며 훌쩍이는 아이의 모습은 더 이상 가족 오락물의 단골 소재가 아니다.

적어도 스포크 박사 이후부터, 양육의 권위자들은 차차 매질을 금했다.[175] 요즘은 모든 소아과 협회와 심리학 협회가 체벌에 반대한다. 머리 스트라우스가 최근 글 제목에서 "어떤 상황에서도, 절대로, 결코, 아이를 때려서는 안 된다."고 말한 것처럼 누구나 분명하게 명시적으로 표현하는 것은 아니라도 말이다.[176] 전문가들은 세 가지 이유에서 체벌에 반대한다. 첫째는 체벌이 아이의 나중 인생에까지 악영향을 미쳐 공격성, 범죄, 공감 결핍, 우울증을 야기할 수 있다는 점이다. 그런데 아이가 체벌을 겪으면 폭력을 문제 해결 방법으로서 학습하게 된다는 인과 이론에는 논쟁의 여지가 있다. 체벌과 폭력성의 관계를 다르게 설명할 수 있기 때문이다. 이를테면 폭력성을 타고난 부모에게서 폭력성이 강한 아이가 태어나는 것일 수도 있고, 체벌을 용인하는 문화와 이웃은 다른 폭력들도 쉽게 용인할 가능성이 있다.[177] 아이를 때리지 말아야 하는 두 번째 이유는, 체벌이 아이에게 잘못한 내용을 설명하고 꾸짖음이나 타임아웃과 같은 비폭력적 조치를 쓰는 것에 비해 나쁜 짓을 줄이는 데 딱히 더 효과적이지 않기 때문이다. 오히려 아이는 아픔과 수치심 때문에 자신이 무엇을 잘못했는지 생각해 보지 않는다. 그리고 얌전하게 굴어야 할 이유가 오로지 벌을 피하려는 것뿐이라면, 아이는 부모가 딴 곳을 보는 순간 맘껏 말썽을 부릴 것이다. 그런데 체벌에 반대하는 이유로 가장 설득력이 있는 것은 상징적 이유가 아닐까 싶다. 스트라우스는 절대로, 결코 아이를 때려서는 안 되는 세 번째 이유를 이렇게 말했다. "체벌은 가정과 사회에서 비폭력을 추구하는 이상에 모순된다."

부모들은 전문가들의 의견을 귀담아들었을까? 아니면 스스로 비슷한 결론에 도달했을까? 여론 조사에서 '가끔은 아이를 호된 매질로 가르쳐야 한다.'거나 '체벌이 정당한 상황이 있기 마련이다.' 등등의 명제에 동의하는지 물어볼 때가 있다. 동의한다는 응답률은 질문의 정확한 표현에 따라 달라지지만, 여러 시점에 실시된 여론 조사들의 결과를 보면 그 추세는 언제나 감소세였다. 그림 7-17을 보자. 미국의 세 데이터 집합과 스웨덴, 뉴질랜드의 조사 결과로 1954년 이후의 경향성을 알 수 있다. 1980년대 초까지 영어권 국가들의 응답자 중 90퍼센트가량이 체벌에 찬성했지만, 한 세대도 못 지나서 어떤 조사의 경우에는 절반 아래로까지 떨어졌다. 찬성률은 국가와 지역에 따라 달랐다. 스웨덴은 미국이나 뉴질랜드보다 훨씬 낮다. 미국 내에서도 다양했다. 남부의 명예의 문화를 떠올리면 충분히 그럴 만하다.[178] 2005년 조사에서 체벌에 찬성한 응답률은 매사추세츠, 버몬트 같은 북부 민주당 지지 주들에서는 약 55퍼센트였고, 앨라배마, 아칸소 같은 남부 공화당 지지 주들에서는 85퍼센트 이상이었다.[179] 전체 50개 주 어디에서나 체벌 찬성률은 살인율과 궤적이 같았다(두 항목의 상관관계는 -1~1 사이 척도에서 0.52였다.). 이것은 매 맞는 아이가 자라서 살인자가 된다는 뜻일 수도 있지만, 그보다는 체벌을 용인하는 하위문화가 성인의 폭력적인 명예 수호도 부추긴다는 뜻일 것이다.[180] 어쨌든 모든 지역에서 감소세였고, 2006년에는 남부 주들도

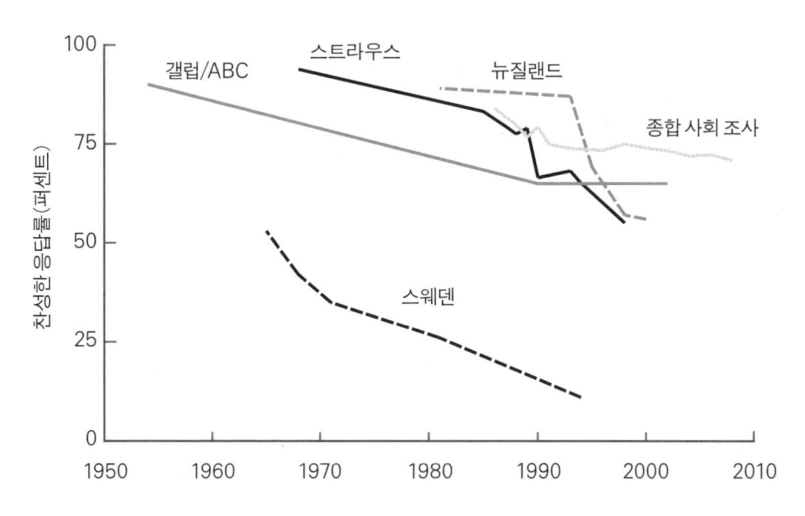

그림 7-17. 미국, 스웨덴, 뉴질랜드에서 체벌에 대한 찬성률, 1954~2008년.

출처: 갤럽/ABC: Gallup, 1999; ABC News, 2002. 스트라우스: Straus, 2001, p. 206. 종합 사회 조사: http://www.norc.org/GSS+Website/, weighted means. 뉴질랜드: Carswell, 2001. 스웨덴: Straus, 2009.

1986년의 중북부, 동부 주들과 같은 수준으로 체벌에 반대했다.[181)]

실제 행동은 어땠을까? 요즘도 부모들은 금지된 물체를 만지려는 아이의 손을 찰싹 때리겠지만, 다른 형태의 체벌은 20세기 후반부에 모두 줄었다. 미국 부모들은 1930년대에 한 달에 세 번 이상, 혹은 1년에 30번 이상 아이를 때렸다. 1975년에는 1년에 열 번 미만으로 줄었고, 1985년에는 약 일곱 번으로 줄었다.[182)] 유럽은 더 급격히 줄었다.[183)] 1950년대에는 스웨덴 부모의 94퍼센트가 아이를 때렸고 심지어 33퍼센트는 매일 때렸지만, 1995년에는 그 수치가 각각 33퍼센트와 4퍼센트로 급락했다. 1992년의 독일 부모들은 그들의 조부모를 뜨거운 난로 위에 올리고 침대 기둥에 묶던 증조부모의 습관으로부터 아주 멀어졌지만, 그래도 여전히 81퍼센트가 아이의 얼굴을 갈겼고, 41퍼센트가 회초리로 때렸고, 31퍼센트가 멍이 들 정도로 구타했다. 그 수치들은 2002년에 각각 14퍼센트, 5퍼센트, 3퍼센트로 내려앉았다.

국가 간 편차는 지금도 크다. 이스라엘, 헝가리, 네덜란드, 벨기에, 스웨덴 대학생 중 십대 때 맞았다고 기억하는 비율은 5퍼센트 미만이지만, 탄자니아와 남아프리카 공화국은 4분의 1이 넘는다.[184] 일반적으로 부유한 나라일수록 아이를 덜 때리는데, 대만, 싱가포르, 홍콩 같은 아시아 개발국들은 예외이다. 미국 내 민족들 사이에서도 국제적 대비가 재현되어, 아프리카계 미국인과 아시아계 미국인은 백인보다 아이를 더 많이 때린다.[185] 그러나 세 집단 모두에서 체벌에 찬성하는 응답률은 줄었다.[186]

스웨덴 정부는 1979년에 체벌을 법으로 금지했다.[187] 곧 다른 스칸디나비아 국가들이 가세했고, 서유럽 여러 나라들이 뒤따랐다. 유엔과 유럽 연합은 모든 회원국에게 체벌 폐지를 요청했다. 많은 나라가 체벌 관행에 대한 대중의 각성 운동을 벌였고, 현재 24개 국가가 법으로 금지한 상태이다.

체벌 금지는 놀라운 변화이다. 과거 수천 년 동안 사람들은 자식을 부모의 소유로 여겼고, 자기 자식을 어떻게 다루든 남이 알 바 아니라고 여겼다. 이 변화는 국가가 가정에 개입하는 다른 조치들과 맥을 같이 하는데, 가령 의무 교육, 의무 예방 접종, 학대 가정으로부터의 분리, 부모의 종교적 반대를 무릅쓰고 아이에게 구급 조치를 실시하는 것, 유럽 국가들이 이슬람 이민자 공동체의 여성 생식기 절단을 금지하는 것 등이다. 어떻게 보면 이것은 국가가 가족만의 친밀한 영역에 전체주의적인 힘을 행사하는 것이지만, 다르게 보면 개인의 자율권을 인식하게 된 역사적 흐름의 일부이다. 아이도 사람이고, 아이도 어른처럼 생명과 신체에 대한 (또한 생식기에 대한) 권리를 갖고 있고, 그것 역시 국가와의 사회적 계약으로 보호되어야 한다는 것이다. 다른 개인이 — 부모가 — 그들에 대한 소유권을 주장한다고 해서 그 권리가 무효화될 수는 없다.

미국의 정서는 정부보다 가족에 무게를 두는 편이라, 현재 부모의 체벌을 법으로 금지한 주는 하나도 없다. 그러나 정부에 의한 체벌, 즉 학교 체벌에 관해서는 미국도 이미 등을 돌렸다. 응답자의 4분의 3이 부모의 체벌에 찬성하는 공화당 지지 주들에서도 학교 체벌 찬성률은 30퍼센트에 불과하고, 민주당 지지 주들에서는 그 절반도 안 된다.[188] 또한 1950년대 이래 학교 체벌 찬성률은 줄곧 감소했다(그림 7-18). 점증하는 반대 의견은 법에도 반영되었다. 그림 7-19는 여전히 학교 체벌을 허용하는 주의 비율이 줄고 있음을 보여 준다.

경향성은 국제적으로 더 두드러진다. 오늘날은 전 세계가 학교 체벌을 인권 침해로 본다. 학교 체벌은 정부가 권한을 초월하여 저지르는 폭력으로 간주된다. 유엔 아동 권리 위원회, 유엔 인권 위원회, 유엔 고문 방지 위원회가 학교 체벌을 규탄했고, 현재 전 세계 국가의 절반이 넘는 106개 국가가 체벌을 금지한다.[189]

다수의 미국인이 여전히 부모의 체벌을 승인하지만, 훈육으로 여기는 가벼운 폭력과 학대로 여기는 심각한 폭력을 점차 또렷하게 구분하고 있다. 엉덩이나 뺨을 찰싹 치는 것쯤은 전자이지만, 주먹으로 때리고, 발로 차고, 회초리로 때리고, 마구 구타하고, 협박하는 것(칼이나 총으로 위협하는 것, 돌출된 곳에서 아이의 몸을 내밀어 떨어뜨리겠다고 위협하는 것)은 후자이다. 스트라우스는 가정 폭력을 조사할 때 부모들에게 오늘날 아동 학대로 간주되는 처벌들을 나열한 체크리스트를 주었는데, 그런 행동을 한다고 인정한 부모의 수는 1975~1992년 사이에 절반 가까이 줄었다. 1975년에는 여성의 20퍼센트가 아이에게 그런 행동을 한다고 응답했지

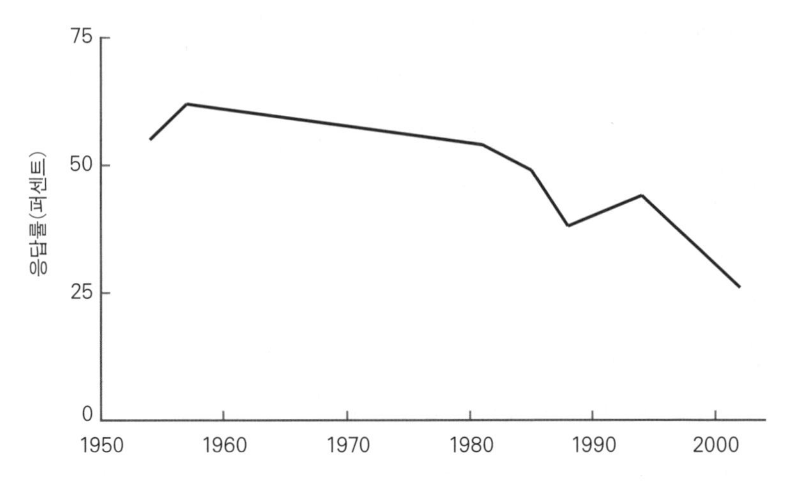

그림 7-18. 미국에서 학교 체벌에 찬성한 응답자, 1954~2002년.

출처: 1954~1994년 데이터: Gallup, 1999; 2002년 데이터: ABC News, 2002.

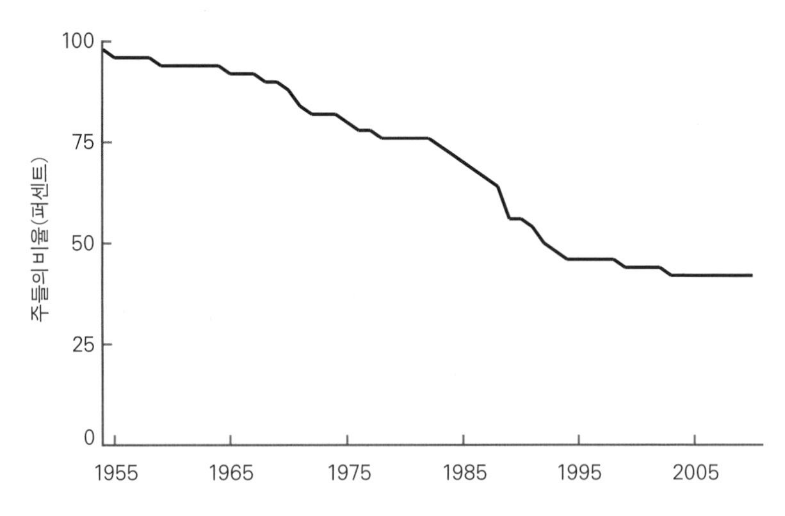

그림 7-19. 미국에서 학교 체벌을 허용하는 주들의 비율, 1954~2010년.

출처: 데이터: Leiter, 2007.

만, 1992년에는 10퍼센트를 약간 넘었다.[190]

폭력 가해자들의 자기 보고는 (피해자들의 자기 보고와는 달리) 문제가 있다. 솔직한 응답은 나쁜 짓을 고백하는 것이나 마찬가지이기 때문이다. 어쩌면 체벌이 감소한 듯한 현상은 단지 체벌을 자백하는 부모가 줄었기 때문일지도 모른다. 예전에는 아이의 몸에 멍이 들어도 부모가 그것을 용인 가능한 훈육의 범위에 속한다고 여길 수 있었을 것이다. 그러나 1980년대부터 여론 주도자, 유명인, 텔레비전 드라마 작가가 아동 학대에 대중의 관심을 촉구하기 시작했다. 그들은 종종 학대하는 부모를 개탄스러운 괴물로 그렸고, 학대 받은 아이에게 영원한 상처가 남는 것처럼 그렸다. 오늘날의 부모들은 이런 흐름을 겪었으니, 화가 나서 아이를 학대했더라도 조사원의 질문에는 입을 닫았을지도 모른다. 우리 모두 알다시피, 이제 아동 학대는 씻을 수 없는 낙인 이상의 끔찍한 것이 되었다. 사람들에게 '아동 학대가 우리 나라에서 심각한 문제인가?'라고 물었을 때 1976년에는 10퍼센트가 그렇다고 답했지만, 1985년과 1999년에는 90퍼센트가 그렇다고 응답했다.[191] 스트라우스는 여론 조사의 감소세가 학대를 용인하는 태도의 감소와 실제 학대 행위의 감소를 둘 다 포착한 것이라고 주장했고, 설령 태도의 영향이 더 크더라도 여전히 축하할 일이라고 덧붙였다. 아동 학대에 대한 관용이 준 데 비해 학대 상담 전화와 아동 보호 경찰관의 수는 늘었다. 경찰, 사회 복지사, 학교 상담사, 자원봉사자는 학대의 징후를 유심히 살피게 되었고, 학대자에게 처벌과 상담을 받게 하고 아이는 최악의 환경에서 빼내 오는 조치를 더 많이 취하게 되었다.

규범과 제도의 변화가 소용이 있었을까? '전국 아동 학대 및 방치 데이터'는 미국 전역의 아동 보호 기관에 접수된 구체적 아동 학대 사례의 데이터를 모으는 사업이다. 심리학자 리사 존스와 사회학자 데이비드 핑켈호어는 그 데이터를 도표화하여, 1990~2007년까지 아동에 대한 신체적 학대가 절반으로 줄었음을 보여 주었다(그림 7-20).

또한 연구자들은 이 시기에 아동에 대한 성적 학대, 그리고 폭행, 강도, 강간과 같은 강력 범죄 발생률도 3분의 1에서 3분의 2 사이로 떨어졌음을 보여 주었다. 피해자 조사, 살인 데이터, 가해자 자백 기록, 성병 발생률 등으로 이 데이터에 대한 정상성 점검을 해 보아도 모두 감소세였다. 실제로 지난 20년 동안 아이들과 청소년들의 삶은 측정 가능한 모든 측면에서 나아졌다. 아이들이 가출하고, 임신하고, 법적인 말썽에 휘말리고, 자살하는 비율도 줄었다. 잉글랜드와 웨일스에서도 아동 폭력이 줄었다. 최근 보고에 따르면, 1970년대 이후 아동의 폭력적 사망률이 40퍼센트 가까이 떨어졌다고 한다.[192)]

1990년대 아동 학대 감소는 부분적으로 성인들의 살인 감소와 궤를 같이 했고, 원인 역시 살인 감소와 마찬가지로 정확하게 짚기 어렵다. 핑켈호어와 존스는 인구 구성, 사형, 싸구려 코카인, 총, 낙태, 투옥 등등 흔히 짐작되는 인자들을 확인해 보았지만, 어느 것도 감소를 설명하지

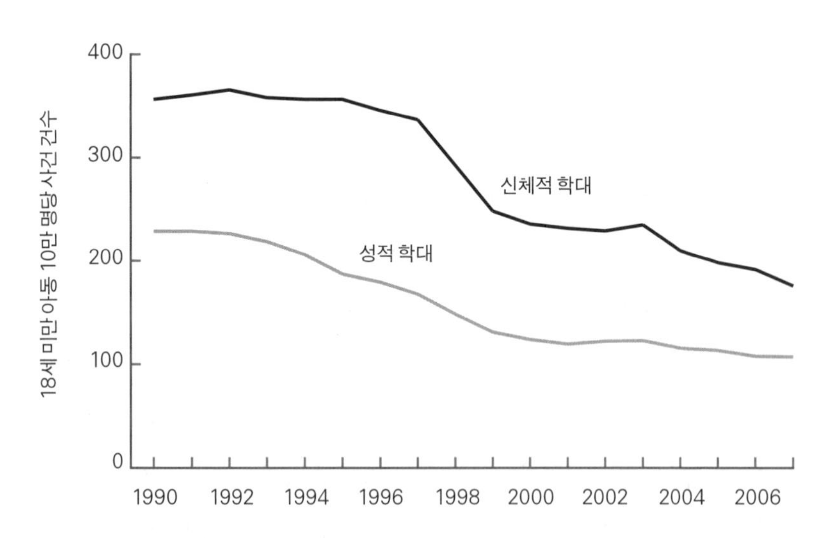

그림 7-20. 미국의 아동 학대, 1990~2007년.

출처: 데이터: Jones & Finkelhor, 2007; see also Finkelhor & Jones, 2006.

못했다. 1990년대 경제적 번영은 약간 관계있었다. 그러나 아동에 대한 성적 학대의 감소는 설명하지 못했고, 경제가 추락하던 2000년대에 또 한 번 신체적 학대가 확 줄었던 것도 설명하지 못했다. 분명 경찰과 사회복지 기관들이 가정 문제에 개입할 인력을 더 많이 고용했던 것이 유효했을 것이다. 그리고 핑켈호어와 존스는 또 다른 외생적 인자를 제안했다. 1990년대 초는 프로작과 리탈린의 시대였다. 어쩌면 우울증과 주의력 결핍 장애에 대한 약물 처방이 대대적으로 늘어났기 때문에 많은 부모가 우울에서 벗어나고 많은 아이가 충동을 통제하게 되었는지도 모른다. 핑켈호어와 존스는 문화 규범의 변화라는, 모호하지만 유력한 인자도 지목했다. 3장에서 보았듯이, 1990년대에는 1960년대의 방탕을 일부 되돌리려는 문명화 공세가 벌어져서 사람들이 차츰 모든 폭력을 역겹게 여기게 되었다. 그리고 미국의 오프라화(Oprahfication, 유명 토크쇼 진행자 오프라 윈프리의 이름을 따, 개인적 고통을 대중 앞에서 고백함으로써 일종의 치유를 얻는 세태를 꼬집은 말 — 옮긴이)는 가정 폭력에 짙은 낙인을 찍는 한편, 그 실태를 공개한 피해자들의 오명을 벗겼다. 심지어 미화한다고 해도 좋을 정도였다.

그동안 많은 아이를 괴롭혔던 또 다른 폭력은 다른 아이들에게 당하는 폭력이었다. 집단 괴롭힘(bullying)은 세상에 아이들이 있는 한 늘 존재하는 현상이었다. 어린 영장류들이 으레 그러듯이, 인간 아이들은 배짱과 힘을 과시함으로써 자기들만의 사회적 무리에서 우세를 다툰다. 많은 회고록에 유년기에 다른 아이들에게 잔인한 짓을 당했던 이야기가 나오고, 덩치 크고 머리 나쁜 골목대장은 대중문화의 단골 캐릭터이다.

「작은 악당들」의 버치와 워임, 「백 투 더 퓨처」 삼부작의 버프 태넌, 「심슨즈」의 넬슨 먼츠, 「캘빈과 홉스」의 모(그림 7-21) 등이 그렇다.

최근까지 어른들은 집단 괴롭힘을 유년기의 시련 중 하나로 대수롭지 않게 생각했다. "애들이 다 그렇지."라고 말하면서, 유년기에 위협을 다뤄 버릇해야 어른이 되어 위협을 다루는 능력이 생긴다고 보았다. 피해자는 하소연할 데가 없었다. 선생님이나 부모에게 불평하면 고자질쟁이나 겁쟁이로 낙인찍혀 인생이 더 고달파질 테니까.

그러나 특정 형태의 폭력을 어쩔 수 없는 것에서 봐줄 수 없는 것으로 뒤집는 역사적 게슈탈트 전환에 따라, 집단 괴롭힘도 제거 대상이 되었다. 첫 움직임은 1999년 컬럼바인 고등학교 총격 사건을 둘러싼 난리통에서 비롯했다. 언론이 사건의 원인에 대한 여러 억측을 — 고스 문화, 운동부 학생들, 항우울제, 비디오 게임, 인터넷, 폭력 영화, 록 가수 메릴린 맨슨 등등 — 서로 증폭하는 와중에 집단 괴롭힘도 그중 하나로 꼽혔던 것이다. 언론의 지겨운 보도에도 불구하고, 사실 두 암살자는 운동부 학생들의 괴롭힘을 받던 고스 추종자가 아니었다.[193] 그런데도 대중은 그 학살을 복수 행위로 해석했고, 전문가들은 도시 전설이 되어 버린 그 견해를 끌어들여 집단 괴롭힘 추방 운동에 힘을 보탰다. 다행스럽게도, 그 이론이 — 오늘의 집단 괴롭힘 피해자가 내일의 카페테리아 저

그림 7-21. 아동에 대한 폭력의 또 다른 형태.

격자가 된다는 이론 — 아니더라도 좀 더 존중할 만한 논거들이 있다. 집단 괴롭힘 피해자는 우울증을 겪기 쉽고, 성적이 나빠지고, 자살 위험이 높아진다는 것 등이다.[194] 현재는 44개 주에 집단 괴롭힘 금지법이 있다. 교과 과정에서 집단 괴롭힘 비판, 감정 이입 장려, 건설적 갈등 해소법을 의무적으로 가르치도록 한 주도 많다.[195] 소아과 의사와 아동 심리학자 단체들은 예방 노력을 촉구하는 성명을 발표했다. 잡지, 텔레비전, 오프라 윈프리 제국, 대통령까지 나서서 이 문제를 내걸었다.[196] 1950년대 커피 광고에서 남편이 아내를 때리는 장면이 요즘 우리에게 거슬리는 것처럼, 세월이 좀 더 흐르면 「캘빈과 홉스」 만화에서처럼 학교 폭력을 까불거리면서 묘사하는 것이 사람들에게 거슬릴지도 모른다.

심리적 악영향을 차치하더라도, 집단 괴롭힘을 반대할 도덕적 근거는 무쇠처럼 튼튼하다. 캘빈의 말마따나, 어른이 되면 이유 없이 사람을 때리고 다닐 수 없다. 어른들은 법률, 경찰, 직장 내 규제, 사회 규범으로 스스로를 보호한다. 그러니 아이들이라고 더 취약하게 방치되어 마땅한 이유가 있을 수 없다. 유일한 이유는 아이들의 시각에서 삶을 바라보지 않는 어른들의 게으름과 냉담함이리라. 세상은 아이에게 더 큰 가치를 부여하는 방향으로 변했고, 그 변화는 도덕 관점 보편화의 일부이므로, 아이들을 친구들의 폭력에서 보호하려는 운동은 필연적으로 벌어질 수밖에 없었다. 아이들을 다른 약탈로부터 보호하려는 노력도 마찬가지이다. 어린이와 청소년은 점심값 훔치기, 물건 망가뜨리기, 성추행 같은 다른 경범죄도 겪지만, 보통 이런 문제는 학교 내부 규제와 법률 집행 사이의 틈바구니에 빠진다. 그러나 차츰 이 문제에서도 어린 인간들의 이해가 중시되고 있다.

그래서, 효과가 있었을까? 효과가 나타나기 시작했다. 2004년, 미국 법무부와 교육부는 「학교 범죄와 안전 지표」 보고서를 냈다. 피해자 조사, 학교 통계, 경찰 통계를 이용하여 1992~2003년까지 학생들에 대한 폭력 실태를 기록한 보고서였다.[197] 집단 괴롭힘 문제는 지난 3년에 대해서만 조사되었지만, 다른 폭력들은 기간 전체를 아울렀다. 그 보고서에 따르면, 학교에서의 싸움이나 위협, 그리고 도둑질, 성폭력, 강도, 폭행 등의 범죄들이 모두 감소하는 추세였다. 그림 7-22를 보라.

최근 언론은 십대 소녀들의 구타 장면을 찍은 영상이 유튜브에서 많이 돌아다닌다는 점을 근거로 또 다른 두려움을 부추겼다. 그러나 미국의 소녀들은 더 난폭해지지 않았다. 여자아이에 의한 살인과 강도 발생률은 지난 40년을 통틀어 최저 수준이고, 여자아이가 가해자이거나 피해자인 총기 소지, 싸움, 폭행, 폭력적 상해 발생률은 지난 10년 동안 감소했다.[198] 그러나 유튜브가 워낙 인기이다 보니, 앞으로도 우리가 동영상 때문에 도덕적 공황에 빠질 일은 더 많을 것이다(가학적인 할머니들? 피에 굶주린 아기들? 킬러 모래쥐?).

아이들에게 이제 아무 문제가 없다고 말하기에는 이르다. 그러나 옛날보다 훨씬 좋아진 것만은 분명하다. 몇몇 측면에서는 아동을 폭력에서 보호한다는 것이 그만 목표를 넘어, 신성한 서약과 터부의 수준으로까지 발전한 경우도 있다.

그런 터부 중 하나로 심리학자 주디스 해리스가 양육 가설(Nurture Assumption)이라고 부르는 것이 있다.[199] 로크와 루소는 보호자의 역할을 바꿈으로써 양육 개념을 혁신했다. 그들 덕분에 보호자는 체벌로 아이에게서 나쁜 행동을 몰아내는 사람이 아니라 아이를 어떤 형태의 어른으로 빚어내는 사람이 되었다. 20세기 말에는 부모가 아이를 학대하고

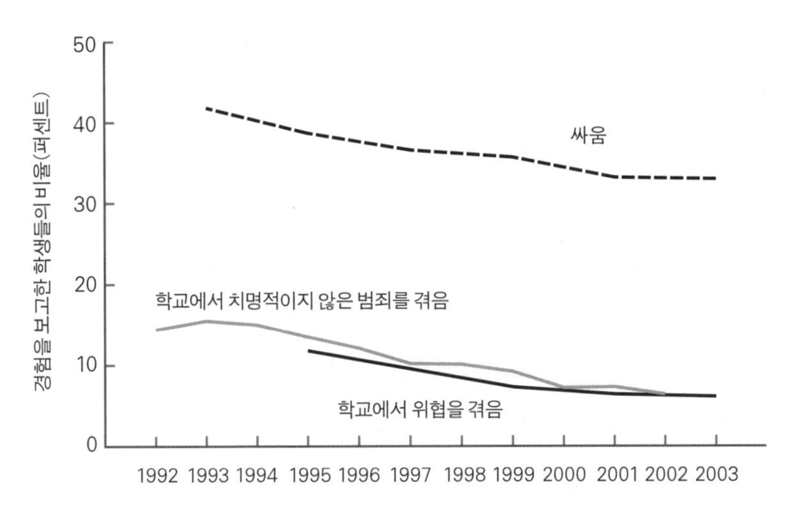

그림 7-22. 미국에서 청소년에 대한 폭력, 1992~2003년.
출처: 데이터: DeVoe et al., 2004.

방치함으로써 피해를 입힐 수 있다는 (옳은) 생각에서 한 발 더 나아가, 부모가 아이의 지능, 성격, 사회성, 정신 질환도 빚어낸다는 (그릇된) 생각이 등장했다. 왜 그릇된 생각일까? 이민자 가정의 자식은 부모가 아니라 또래 친구들의 억양, 가치, 규범을 지닌다는 사실을 떠올려 보라. 아이는 가족보다 또래 집단에 의해 사회화된다. 한 아이를 키우는 데 온 마을이 필요하다고 하지 않는가. 그리고 입양아들에 대한 연구를 보면, 입양아의 성격과 지능 지수는 혈연관계가 없는 양부모의 자녀들과는 상관관계가 없고, 생물학적 형제들과 상관관계가 있다. 이것은 성인기의 성격과 지능이 유전자와 우연에 의해 형성되지만(일란성 쌍둥이라도 그 상관관계가 완벽하진 않기 때문이다.), 부모에 의해 형성되지는 않는다는 뜻이다. 적어도 부모가 모든 자식에게 행하는 행동과는 관계없다는 말이다. 이런 반박에도 불구하고, 양육 가설은 전문가들의 뇌리에 뿌리 내렸다. 그들은 엄마에게 24시간 양육 기계가 되라고 조언한다. 엄마에게는 자신이 돌보는 작은 빈 서판을 끊임없이 자극하고, 사회화하고, 인성을 발달시킬 의무가 있다고 다그친다.

또 다른 신성한 서약은, 폭력의 기미의, 단서의, 자취가 눈곱만큼이라도 있는 것이라면 뭐든 아이들로부터 떼어 내려는 움직임이다. 2009년 시카고에서, 열한 살에서 열다섯 살 사이의 학생 25명이 식당에서 음식 던지며 싸우기라는 전통의 스포츠를 벌였다가 경찰에 붙들렸다. 경찰은 아이들에게 수갑을 채워 호송차로 데려갔고, 범죄자 증명사진을 찍은 뒤, 무모한 행동의 죄를 물었다.[200] 학교 내에서는 무기를 절대로 용납하지 않는다는 정책 때문에, 어느 여섯 살짜리 컵 스카우트 소년은 만능 캠핑 도구를 도시락과 함께 싸 갔다가 소년원으로 보내겠다는 위협을 들었다. 어느 열두 살짜리 소녀는 수업 과제로 종이 집 창문을 도려낼 때 만능칼을 썼다는 이유로 제적을 당했다. 어느 소년은 '미리 준비하라'는 이글 스카우트의 모토에 따라 차에 침낭, 식수, 응급 식량, 길이 5센티미터의 호주머니칼을 보관해 두었다는 이유로 정학을 당했다.[201] 많은 학교가 '쉬는 시간 코치'를 고용했다. 코치의 임무는 아이들이 쉬는 시간에 건설적인 단체 게임을 하도록 호루라기를 불며 유도하는 것이다. 아이들끼리만 놔두면 서로 몸을 부딪치고, 공이나 뜀줄을 놓고 싸우고, 운동장의 일부를 독점하려고 한다는 이유에서이다.[202]

어른들은 또 아이들의 문화에서 폭력 묘사를 추방하려고 노력했다. 1982년 영화 「E.T.」의 클라이맥스에서, 엘리엇은 E.T.를 자전거 바구니에 태우고 경찰 바리케이드를 몰래 빠져나간다. 그런데 2002년에 영화가 20세기 버전으로 재개봉되었을 때, 스티븐 스필버그는 디지털 기술을 써서 경찰관을 무장 해제시켰다. 컴퓨터 영상 작업으로 권총을 무전기로 바꾼 것이다.[203] 요즘 핼러윈이 다가오면 부모들은 아이에게 '긍정적인 의상'을 입히라는 안내문을 받는다. 좀비, 뱀파이어, 슬래셔 영화의 캐릭터가 아니라 역사적 인물, 혹은 당근이나 호박 같은 음식처럼 입히라는 것이다.[204] 로스앤젤레스의 한 학교는 이런 지침서를 보냈다.

> 갱이나 공포 영화 캐릭터를 본뜨면 안 되고, 무섭게 보여도 안 됩니다.
> 가면은 퍼레이드 도중에만 허락됩니다.
> 의상이 특정 인종, 종교, 나라, 장애 상태, 성별을 비하해도 안 됩니다.
> 인조 손톱은 금지입니다.
> 무기도 금지입니다. 가짜도 안 됩니다.

역시 캘리포니아에서, 한 어머니는 이웃집 마당에 장식된 핼러윈 묘비와 괴물들 때문에 아이들이 겁먹을 것이라며 경찰에 증오 범죄로 신고했다.[205]

요즘은 아동의 가치가 높아지다 못해 그것에 지나치게 골몰하는 국면으로까지 진입했다. 아기가 출생 당일에 목 졸려 죽을 일도, 고아원에서 굶어 죽을 일도, 유모에게 독살될 일도, 아버지에게 맞아 죽을 일도, 계모에게 살해되어 파이로 구워질 일도, 광산이나 공장에서 죽도록 노동할 일도, 감염성 질병에 쓰러질 일도, 골목대장에게 두드려 맞을 일도 없으니, 전문가들은 눈곱만큼이라도 더 안전을 증가시키기 위해서 머리를 쥐어짠다. 그러나 안전의 증가분은 수익 체감 곡선을 따르며, 도리어 수익이 줄 때도 있다. 요즘 아이들은 대낮에 야외에서 놀 수 없고(피부암 때문이다.), 풀밭에서 놀 수 없고(사슴진드기), 가판에서 레모네이드를 사 마실 수 없고(레몬 껍질의 세균), 숟가락에 묻은 케이크 반죽을 핥을 수 없다(익히지 않은 계란 속 살모넬라 균). 놀이터는 변호사들의 깐깐한 검사에 따라 바닥에 고무가 깔렸고, 미끄럼틀과 정글짐은 허리 높이로 낮아졌고, 시소는 아예 없어졌다(바닥으로 내려간 아이가 펄쩍 비키는 바람에 높이 올라간 아이가 땅으로 내동댕이쳐질까 봐 그렇다는데, 그것이야말로 시소의 재미가 아닌가?). 심지어 「세서미 스트리트」 제작자들은 초기의 (1969~1974년) 프로그램들을 담은 DVD 세트를 발매하면서 그 쇼가 아이들에게는 적합하지 않다는 경고 문구를 붙였다![206] 아이들이 위험하게시리 정글짐을 오르고, 헬멧 없이 세발자전거를 타고, 파이프 속을 비집고 지나가고, 친절한 낯선 어른에게 우유와 과자를 받아먹는 장면이 나온다는 이유에서였다. 「몬스터피스 극장」 코너는 아예 삭제되었다. 애스콧타이를 매고 실내용 재킷을 입은 앨리스테어 쿠키 캐릭터가(쿠키 몬스터가 연기한다.) 진행자로 나와 매 화가 끝날 때마다 파이프를 꿀꺽 삼키는데, 그 모습이 흡연을 미화할 수 있고 질식 위험이 있다는 게 이유였다.

그러나 유년기의 모습을 가장 크게 바꾼 요인은 뭐니 뭐니 해도 낯선 사람에게 납치될 위험이다. 아동 납치는 공포의 심리학에서 교과서적인 사례이다.[207] 1979년에 여섯 살 난 에이탄 페이츠가 로어 맨해튼에서 통학 버스 정류장까지 가는 길에 실종된 후, 아동 납치는 온 미국인의 관심사가 되었다. 여기에는 세 부류의 이해 집단이 부모들의 마음에 공황을 안기고자 열렬히 노력한 탓이 컸다. 애통한 피해자 부모들이 살해된 자식의 비극을 헛되이 만들려 하지 않은 것은 이해할 만했다. 몇몇 부모는 이 문제에 대한 경각심을 높이는 데 평생을 바쳤다(특히 존 월시는 우유갑에 실종 아동의 사진을 넣자는 운동을 벌였고, 끔찍한 납치 살해를 주로 다루는 오싹한 텔레비전 프로그램 「미국의 지명 수배자들」을 진행했다.). 손쉽고 효과가 확실한 캠페인의 냄새를 맡은 정치인, 경찰서장, 기업 홍보 담당자는 ― 변태들로부터 아이를 지키자는 데 누가 반대하겠는가? ― 실종 아동의 이름을 딴 각종 보호 조치를 선전하며 (코드 애덤, 앰버 경고, 메건 법, 전국 실종 아동의 날 등등) 과시적인 행사를 벌였다. 언론은 사건이 터질 때마다 시청률이 솟구치는 것을 눈치챘으므로, 24시간 중계방송, 끊임없이 재편성하는 다큐멘터리("이것은 모든 부모의 악몽입니다……."), 성범죄만 다루는 「로 앤 오더」 스핀오프 프로그램으로 공포를 부추겼다.

오늘날의 유년기는 옛날과 다르다. 미국 부모들은 아이를 결코 시야에서 놓치지 않는다. 아이에게 운전사를 붙이고, 동반인을 붙이고, 휴대전화로 묶어 놓는다. 그러나 휴대전화는 부모의 불안을 줄이기는커녕, 벨이 울리자마자 아이가 재깍 받지 않으면 이성을 잃게 만들 뿐이다. 아이들이 놀이터에서 알아서 친구를 사귀던 것은 엄마들이 주선한 놀이 데이트(playdate)로 바뀌었다. 1980년대까지는 그런 용어조차 없었다.[208] 40년 전에는 아이들의 3분의 2가 걷거나 자전거로 통학했지만, 지금은 10퍼센트만 그렇다. 한 세대 전에는 아이들의 70퍼센트가 밖에서 놀았지만, 지금은 30퍼센트로 낮아졌다.[209] 2008년, 뉴욕에 사는 저널리스트 레노어 스케나지의 아홉 살 난 아들이 혼자 지하철로 귀가하고 싶다고 엄마를 졸랐다. 그녀는 허락했고, 아이는 무사히 집으로 왔다. 그녀는 이 일화를 《뉴욕 선》 칼럼에 썼는데, 그러자 삽시간에 언론의 관심이 광풍처럼 몰아닥쳤다. 언론은 그녀를 '미국 최악의 엄마'로 명명했다('아홉 살 아이를 혼자 지하철로 귀가시킨 엄마: 칼럼니스트, 아동 독립성 실험으로 논란 일으키다.' 따위의 기사 제목이었다.). 그녀는 이에 대응하는 캠페인을 시작했고 — '어린이 풀어 키우기' — 어른의 지속적인 감독 없이 아이들 스스로 노는 법을 가르치자는 취지에서 '아이를 공원으로 데려가 내버려 두는 날' 제정을 제안했다.[210]

스케나지는 미국 최악의 엄마가 아니다. 다만 어떤 정치인, 경찰관, 부모, 방송 제작자도 하지 않은 일을 했을 뿐이다. 그녀는 사실을 살펴보았다. 우유갑에 인쇄된 실종 아동의 압도적 다수는 변태, 인신매매범, 몸값 사기꾼의 꾐에 넘어가 차에 탄 것이 아니었다. 가출한 십대이거나, 이혼한 부모 중 한쪽이 불리한 양육권 결정에 화가 나서 아이를 무턱대고 데려간 경우였다. 낯선 사람에 의한 납치는 1990년대에 연간 200~300건 사이였지만, 지금은 약 100건이다. 그중 절반가량이 살해된다. 미국에는 5000만 명의 아동이 있으니, 연간 100만 명당 1명 정도 살해되는 셈이다. 이것은 익사 확률의 20분의 1쯤 되고, 교통사고 사망률의 40분의 1쯤 된다. 작가 워릭 케언스의 계산에 따르면, 아이가 낯선 사람에게 납치되어 하룻밤 억류되기를 **바라는** 부모는 아이를 75만 년 동안 집 밖에 버려두어야 한다.[211]

누군가는 이렇게 대꾸할지도 모른다. 아이의 안전은 너무나도 귀중하므로, 이런 조치가 연간 한 줌의 목숨만을 구할지라도 그만한 불안과 비용을 지불할 가치가 있지 않은가? 이런 생각은 그럴싸하게 들리지만, 사실은 그렇지 않다. 우리는 인생의 좋은 것을 위해서 부득이 안전을 양보하며 살아간다. 돈이 생기면 집에 스프링클러를 설치하는 대신 아이의 대학 학자금으로 저축하고, 아이들이 안전한 침실에서 여름 내내 비디오 게임이나 하며 놀게 두는 대신 함께 자동차 여행을 떠난다. 납치로부터의 완벽한 안전을 추구하는 운동은 다른 대가를 무시하는 것이다. 유년기의 경험이 축소되는 것, 아동 비만이 증가하는 것, 직장 여성들이 만성적으로 불안해 하는 것, 젊은이들을 겁주어 아이를 갖지 않도록 만드는 것 등등.

설령 위험의 최소화가 정말로 삶에서 유일하게 좋은 것**일지라도**, 통계를 제대로 모르고 만든 안전 조치는 목표를 달성하지 못할 것이다. 안전 조치 중에는 범죄학자들이 범죄 통제 극장이라고 부르는 것에 해당하는 사례가 많다. 범죄 통제 극장이란 실효는 없지만 아무튼 무언가 하고 있다고 선전하는 것으로, 우유갑 광고가 대표적이다.[212] 고작 50명이 노출되는 위험을 줄이기 위해서 3억 인구가 생활 방식을 바꾸면, 득보다 해를 끼칠 가능성이 높다. 변화가 불러온 뜻밖의 결과가 50명을 **훨씬 능**

가하는 인구에게 영향을 미치기 때문이다. 예를 두 가지만 들자. 부모들이 자식을 학교에 데려다 주려고 모는 차에 치여 죽는 아이의 수는 다른 교통사고로 인한 아동 사망자의 두 배이다. 그러니 자식이 납치범에게 살해되는 것을 막고자 직접 차로 학교에 데려다 주는 부모가 늘수록, 더 많은 아이가 교통사고로 죽는다.[213] 범죄 통제 극장의 또 다른 예로 고속도로에 전광판을 설치하여 실종 아동의 이름을 보여 주는 것이 있는데, 이것은 감속을 유발하고 운전자의 주의를 흩뜨려 사고를 낳기 쉽다.[214]

지난 200년 동안 아동의 생명에 더 큰 가치를 부여한 변화는 역사상 가장 위대한 도덕적 발전의 하나였다. 그러나 그 가치를 무한으로 늘리려고 한 지난 20년의 움직임은 어리석은 결과를 낳을 뿐이다.

동성애자의 권리, 그리고 동성애자 박해와 동성애의 탈범죄화

영국 수학자 앨런 튜링을 가리켜 논리적, 수학적 추론의 속성을 설명했고, 디지털 컴퓨터를 발명했고, 정신-육체 문제를 풀었고, 서구 문명을 구원한 사람이라고 말하는 것은 과장이다. 그러나 지나친 과장은 아닐지도 모른다.[215]

기념비적인 1936년 논문에서, 튜링은 연산 가능한 모든 수학, 논리 공식을 연산할 수 있는 단순한 조작 체계를 서술했다.[216] 그런 조작은 기계로 — 디지털 컴퓨터로 — 쉽게 실행할 수 있었고, 10년 뒤에 튜링은 오늘날 우리가 쓰는 컴퓨터의 원형이라 할 수 있는 실용적 버전을 설계했다. 그 사이 제2차 세계 대전 중에는 영국 암호 해독팀에서 일하면서 나치가 잠수함과 교신할 때 쓰던 암호를 푸는 데 기여했다. 암호 해독은 독일 해군의 봉쇄를 물리치는 데 결정적이었고, 전쟁의 향방을 돌려

놓았다. 그리고 전쟁이 끝난 뒤에 튜링은 인간의 사고를 연산과 동등하게 보는 논문을 써서(요즘도 널리 읽힌다.), 지능을 물리적 체계로 실행할 수 있다는 사실을 설명했다.[217] 나중에는 과학적 난제 중의 난제와 씨름하여 — 어떻게 배아 발달 중에 화학 물질들의 집합으로부터 생물체가 등장하는가? — 기발한 해결책을 제시했다.

서구 문명은 그들이 배출한 천재 중의 천재였던 튜링에게 어떻게 감사를 표현했을까? 1952년에 영국 정부는 그를 체포하고, 보안 허가를 취소하고, 감옥에 가두겠다고 협박하고, 화학적으로 거세하여, 그가 42세를 일기로 자살하도록 몰아붙였다.

튜링이 대체 무슨 짓을 했기에, 이토록 충격적인 배은망덕을 겪었을까? 그는 남성과 성관계를 했다. 당시 영국에서 동성애는 불법이었다. 튜링은 한 세기 전에 또 다른 천재 오스카 와일드를 망가뜨렸던 바로 그 법규에 따라 외설 행위로 고발되었다. 사람들이 튜링을 박해한 데는 동성애자가 소련 요원의 함정에 걸릴 위험이 더 높다는 걱정이 한몫했다. 불과 8년 뒤, 영국 국방 장관 존 프로퓨모가 소련 스파이의 정부와 불륜을 저질렀다는 이유로 사임했을 때는 이미 그런 걱정은 비웃을 만한 생각으로 바뀌었는데 말이다.

늦어도 「레위기」 20장 13절이 여자와 동침하듯 남자와 동침한 남자에게는 사형을 내려야 한다고 규정했던 때부터, 많은 정부는 폭력에 대한 독점권을 사용하여 동성애자를 투옥하고 고문하고 절단하고 죽였다.[218] 동성애자는 외설, 남색, 비역, 부자연스러운 행위, 자연에 거역하는 범죄 등의 죄목을 빌미로 자행된 정부의 폭력을 용케 피하더라도, 이웃 시민들로부터 동성애자 박해, 동성애 혐오 폭력, 반동성애 증오 범죄를 겪을 가능성이 높았다.

동성애 혐오 폭력은, 국가가 후원하는 행위이든 시민들이 자발적으로 저지르는 행위이든, 인간의 폭력 목록에서 수수께끼 같은 항목이다. 공격자에게 아무런 이해관계가 없기 때문이다. 서로 자원을 놓고 경합하는 상황도 아니고, 동성애는 피해자가 없는 범죄이니만큼 그것을 억제한들 더 평화로워지는 것도 아니다. 오히려 이성애 남성은 게이 남성에게 이렇게 반응해야 하지 않을까? "잘됐군! 내가 더 많은 여성을 차지할 수 있으니!" 같은 논리에서, 레즈비언은 상상할 수 있는 가장 극악한 범죄여야 한다. 짝짓기 풀에서 여성이 한꺼번에 둘이나 빠져나가는 일이니까. 그런데도 역사적으로는 레즈비언 혐오보다 게이 혐오가 더 두드러졌다.[219] 남성의 동성애를 범죄로 지목한 법률은 많았지만, 여성의 동성애를 지목한 법률은 없었다. 남성 동성애자에 대한 증오 범죄 건수와 여성 동성애자에 대한 건수는 거의 5 대 1의 비다.[220]

동성애 혐오는 물론이거니와, 동성애 자체도 진화의 수수께끼이다.[221] 동성애 **행위**에 뭔가 알 수 없는 점이 있다는 말이 아니다. 인간은 다형적이고 도착적인 종이라, 이따금 생식에 기여하지 못하는 온갖 생물과 무생물을 대상으로 성적 만족을 추구한다. 남자들은 선박, 감옥, 기숙 학교처럼 남자만 있는 환경일 때 주변 물체 중 여성의 육체를 빼닮은 것으로 대리 만족하곤 한다. 그보다 더 부드럽고 매끄럽고 온순한 대상을 제공하는 소년애(pederasty, 정확하게는 사춘기 이상 청년 남성과 연장자 남성의 연애를 뜻하는 말로, 사춘기 이전 아이를 대상으로 하는 소아성애[pedophilia]와는 구별된다. — 옮긴이)는 많은 사회에서 제도화되었다. 고대 그리스의 엘리트 사회가 유명한 예다. 당연한 말이지만, 동성애가 제도화된 곳에서는 요즘과 같은 형태의 동성애 혐오가 없었다. 여성은 남성보다 섹슈얼리티에 대해 덜 열렬하지만 더 유연하다. 그래서 금욕을 추구하다가, 여러 상대와 성관계를 맺다가, 일부일처 관계를 유지하다가, 동성애를 즐기다가, 하면서 인생에서 여러 단계를 행복하게 거치는 경우가 많다. 미국의 여자 대학들에는 이른바 LUG(Lesbian Until Graduation, 졸업할 때까지만 레즈비언) 현상도 등장했다.[222]

진정한 수수께끼는 동성애 **성향**이다. 왜 이성과의 짝짓기 기회보다 동성과의 짝짓기를 일관되게 선호하는 남녀가 세상에 존재할까? 왜 반대 성과의 짝짓기를 아예 꺼리는 남녀가 존재할까? 적어도 남성의 경우에는, 동성애 성향이 선천적인 듯하다. 게이들은 보통 사춘기 직전에 처음 성적 흥분을 느낄 때부터 동성에게 끌린다고 한다. 그리고 이란성 쌍둥이보다 일란성 쌍둥이끼리 동성애 성향이 더 일치하는 편이므로, 공통 유전자가 모종의 역할을 하는 것 같다. 여담이지만, 동성애는 본성-양육 논쟁에서 '본성'이 정치적으로 올바른 견해에 해당하는 드문 사례이다. 사람들이 다음과 같이 생각하기 때문이다. 만일 동성애가 선천적 성향이라면, 개개인이 게이가 되기로 선택한 것이 아니므로 그 생활 방식을 비난할 수 없다. 그리고 학교나 보이 스카우트 모임에서 동성애자가 이성애자 친구를 동성애자로 바꿔 놓을 수도 없을 것이다.

진화적 수수께끼란, 이성애를 꺼리는 유전적 성향이 어떻게 개체군에 오래 보존되는가 하는 문제이다. 그런 사람들은 후손을 거의, 혹은 전혀 못 남길 텐데 말이다. 어쩌면 '게이 유전자'에는 보완적인 이점이 있을지도 모른다. 여성이 지니면 생식 능력이 향상된다거나 하는 식으로 말이다. 특히 그 유전자가 X 염색체에 있다면, 여성에게는 X 염색체가 두 개 있으므로, 여성이 얻는 이익이 남성이 겪는 불이익의 절반보다 조금만 더 커도 그 유전자가 퍼질 것이다.[223] 혹은, 가상의 그 게이 유전자가 특정 환경에서만 동성애를 발현시킬지도 모르는데, 유전자가 선택을 경험했던 과거에는 그런 환경이 없었을 수도 있다. 문자 이전 사회들의 약 60퍼센트는 동성애가 없거나 극히 드물었다는 민족지학적 조사도 있다.[224] 혹은, 그 유전자가 간접적으로 작용할지도 모른다. 그 유전자가 있으면 태아가 뇌 발달에 관여하는 특정 호르몬이나 항체의 변동에 좀 더 민감하게 반응할지도 모른다.

어떻게 설명하든, 동성애를 장려하지 않는 사회에서 동성애 성향을 갖고 자란 사람들은 사회적 적대감의 표적이 될 수 있다. 전통 사회들 중 동성애에 주목했던 사회들은 반대하는 입장이 관용하는 입장보다 두 배 더 많았다.[225] 그리고 전통 사회이든 현대 사회이든, 불관용을 폭력으로 표현하곤 한다. 골목대장들과 깡패들은 자신의 남자다움을 구경꾼들에게나 서로에게 증명해 보이기 위해서 동성애자를 만만한 표적으로 삼는다. 입법가들은 동성애에 반대하는 자신의 도덕적 신념을 규율과 법규로 구현할 수 있다. 그런 신념은 혐오감과 도덕 감각이 혼선된 탓일지도 모르며, 이 때문에 사람들은 본능적인 반감과 객관적인 부도덕을 혼동하기 쉽다.[226] 동성애자 파트너를 피하려는 충동이 동성애자를 비난하는 충동으로 바뀌는 것도 그런 혼선 때문일 수 있다. 최소한 성경의 시대부터, 사람들은 동성애 혐오 감정을 법률로 옮겨 동성애자에게 사형이나 절단의 벌을 가했다. 기독교와 이슬람 왕국들, 그들의 옛 식민지들이 특히 심했다.[227] 20세기의 섬뜩한 사례로는 홀로코스트 중에 동성애자들을 따로 골라내어 제거했던 일이 있다.

그러나 계몽 시대 들어 사람들은 본능적 충동이나 종교 교리에 기반한 도덕률을 의심하기 시작했고, 그러면서 동성애도 다시 보게 되었다.[228] 몽테스키외와 볼테르는 동성애를 도덕적인 행위로 인정해야 한다고는 말하지 않았지만 탈범죄화해야 한다고 주장했다. 1785년에 제러미 벤담은 한 발 더 나아갔다. 그는 최대 다수의 최대 행복을 가져오는 행위를 도덕적인 것으로 보는 공리주의 추론을 써서, 동성애로 피해를 보는 사람은 아무도 없으므로 동성애는 비도덕적이지 않다고 주장했다. 프랑스는 혁명 이후 동성애를 탈범죄화했고, 이후 수십 년에 걸쳐 다른 소수의 나라들이 뒤를 따랐다. 그림 7-23을 보라. 탈범죄화 추세는 20세기 중반에 박차를 가했고, 1970년대와 1990년대에 폭발적으로 성장했다. 인권 개념이 동성애자 권리 운동에 기름을 끼얹었기 때문이다.

현재는 동성애를 불법으로 규정하지 않는 나라가 120개 가까이 되지만, 다른 80개 나라에서는 여전히 법률로 금지한다. 주로 아프리카, 카리브해, 오세아니아, 이슬람권 국가들이다.[229] 게다가 모리타니, 사우디아라비아, 수단, 예멘, 나이지리아의 일부, 소말리아의 일부, 이란의 전 지역에서는(비록 마무드 아마디네자드는 자기 나라에 동성애는 없다고 말하지만) 동성애에 사형을 선고할 수 있다. 그러나 이 나라들도 압력을 받고 있다. 모든 인권 단체는 동성애 범죄화를 인권 침해로 간주한다. 2008년 유엔 총회에서는 그런 법률의 폐지를 촉구하는 선언서에 66개 국가가 서명했다. 유엔 인권 고등 판무관 나바네템 필레이는 선언을 지지하는 성명서에서 "보편 원칙에는 예외가 없다. 인권은 진정코 모든 인간이 타고난 권리이다."라고 말했다.[230]

그림 7-23을 보면, 미국에서는 동성애 탈범죄화가 좀 늦게 시작되었다. 1969년까지도 일리노이를 제외한 모든 주에서 동성애가 불법이었다. 경찰들은 야간에 따분하다 싶으면 게이들이 모이는 곳을 습격해서 해산시키거나 단골들을 체포했다. 가끔은 경찰봉도 동원했다. 그러나 1969년에 그리니치 빌리지의 게이 댄스 클럽이었던 스톤월 인이 습격당하자 사흘에 걸쳐 항의 폭동이 일어났고, 그 일로 전국의 게이 공동체들이 자극을 받았다. 동성애를 범죄시하거나 동성애자를 차별하는 법률을 폐지하려는 움직임이 일어났고, 그로부터 10여 년 만에 절반 가까운 주들이 동성애를 탈불법화했다. 또 한 번 집중적으로 탈불법화가 진행된 직후였던 2003년, 연방 대법원은 텍사스의 동성애 금지법이 헌법에 위배된다고 판결했다. 당시 앤서니 케네디 대법관은 대법원 다수 의

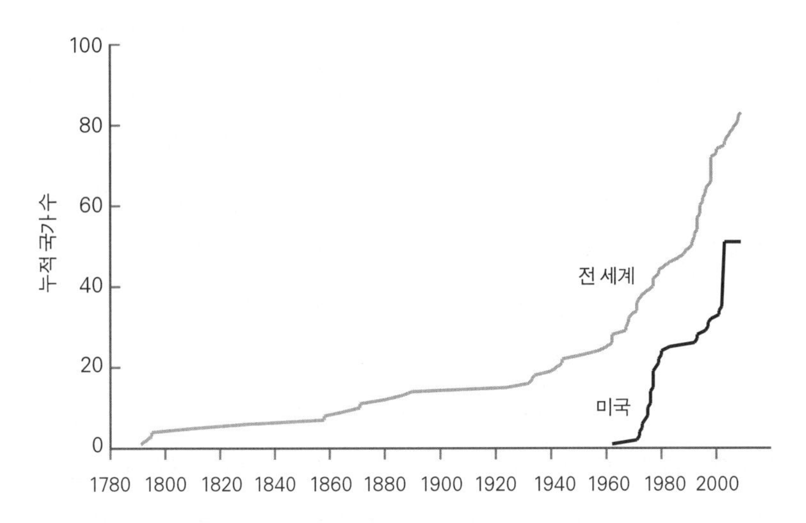

그림 7-23. 미국과 전 세계의 동성애 탈범죄화 연표.

출처: Ottosson, 2006, 2009. 추가 7개 나라(동티모르, 수리남, 차드, 벨라루스, 피지, 네팔, 니카라과)의 데이터는 다음 자료에서 얻었다.: "LBGT Rights by Country or Territory," http://en.wikipedia.org/wiki/LGBT_rights. 현재 동성애를 허용하는 추가 36개 국가의 데이터는 어느 쪽 자료에도 포함되지 않았다.

견을 설명하면서 자율의 원칙을 이유로 들었다. 종교적 신념이나 전통 관습을 강제하기 위해서 정부가 힘을 사용하는 것은 변호할 수 없다는 논리였다.

> 자유는 개인의 자율성을 상정한다. 여기에는 생각, 신념, 표현, 특정 사적 행위들의 자유가 포함된다. …… 물론, 지난 수백 년 동안 동성애 행위를 비도덕적인 것으로 비난하는 강력한 목소리가 존재했다는 사실도 인정해야 할 것이다. 종교적 신념, 옳고 용납할 만한 행동에 대한 관념, 전통적 가정을 존중하는 마음이 그런 비난을 형성했다. …… 그러나 그런 고려들은 우리 앞에 놓인 질문에 대답해 주지 않는다. 작금의 문제는, 형법의 작동을 통해 사회 전체에게 그런 견해를 강제하기 위해서 다수가 국가의 힘을 사용해도 좋으냐 하는 것이다.[231]

1970년대에 여러 지역에서 처음으로 동성애가 합법화된 때부터 15년 뒤에 남은 법률들마저 붕괴하기까지, 동성애에 대한 미국인의 태도는 현격한 변화를 겪었다. 1980년대에는 AIDS 확산을 계기로 동성애자 활동가 단체들이 결집했다. 많은 유명 인사가 동성애자임을 공개했고, 사후에 공개된 사람들도 있었다. 배우 존 길구드와 록 허드슨, 가수 엘턴 존과 조지 마이클, 패션 디자이너 페리 엘리스, 로이 할스턴, 이브 생로랑, 운동선수 빌리 진 킹과 그렉 루가니스, 코미디언 엘렌 드제너러스와 로지 오도넬……. 케이디 랭, 프레디 머큐리, 보이 조지 같은 인기 연예인들은 동성애자로서의 페르소나를 과시했다. 하비 피어스타인, 토니 쿠시너 같은 극작가들은 인기 연극과 영화에서 AIDS를 비롯한 동성애 문제를 다루었다. 「윌 앤드 그레이스」, 「엘렌」 같은 낭만적 코미디나 시트콤에 사랑스러운 동성애자 인물이 등장하기 시작했다. 제리 사인펠드와 조지 코스탄자는 "**우리는 게이가 아니예요!** …… 게이가 뭐 나쁘다는 건 절대 아니지만." 하고 말했다. 동성애가 비난을 벗고, 사회에 받아들여지고, 심지어 고상하게까지 여겨지자, 동성애자들은 성적 지향을 숨길 필요를 덜 느꼈다. 1925년생으로 저명한 언어 심리학자이자 사회 심리학자였던 내 대학원 지도 교수는 1990년에 자전적 에세이를 쓸 때 이런 문장으로 시작했다. "로저 브라운이 동성애자임을 고백할 때, 커밍아웃에 용기를 내야 했던 시절은 벌써 옛말이 되었다."[232]

미국인은 동성애자도 자신이 속한 현실 및 가상 공동체의 일원이라는 사실을 깨달았다. 그러자 그들을 공감의 범위 밖에 놓아두기가 어려워졌다. 그림 7-24를 보자. 동성애가 도덕적으로 잘못인가(두 여론 조사 기관의 데이터이다.), 동성애가 합법이어야 하는가, 동성애자에게 동등한 직업의 기회가 주어져야 하는가 하는 질문에 대한 미국인의 의견을 보여 준다. 마지막 두 질문에 '그렇다.'고 응답한 비율은 위아래를 뒤집어서, 네

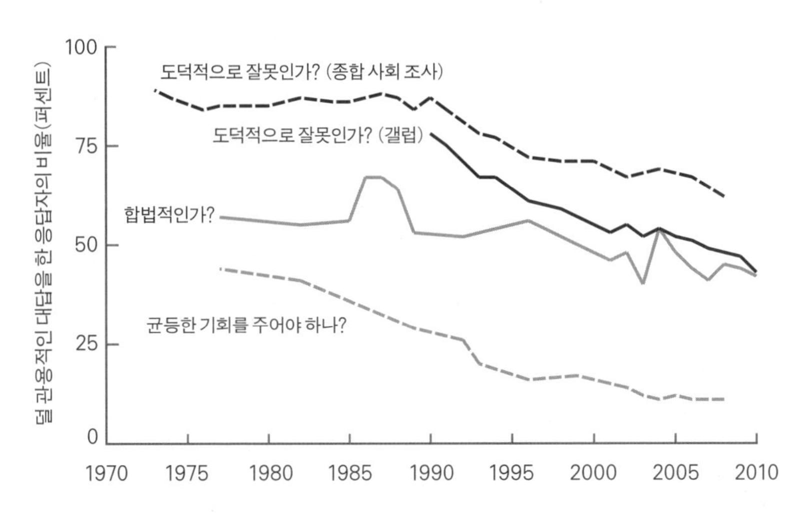

그림 7-24. 미국에서 동성애에 대한 불관용, 1973~2010년.

출처: 도덕적으로 잘못인가?(종합 사회 조사): General Social Survey, http://www.norc.org/GSS+Website. 다른 질문들: Gallup, 2001, 2008, 2010. 모든 데이터는 '그렇다.'라고 응답한 비율을 뜻하고, '균등한 기회를 주어야 하나?'와 '합법적인가?' 질문에 대한 응답률은 100에서 뺀 수치이다.

항목 모두 값이 낮을수록 더 관용적인 반응을 뜻하도록 맞추었다.

응답자들의 의견이 가장 동성애 친화적인 항목, 또한 가장 먼저 감소세를 보인 항목은 기회 균등 부분이다. 시민권 운동 이래 공정성은 상식적인 예절이 되었기 때문에, 사람들은 설령 동성애자들의 생활 방식에는 찬성하지 않더라도 그들에 대한 차별은 인정하지 않게 되었다. 2000년 무렵에는 기회 균등에 반대하는 의견이 괴짜들의 영역으로 떨어졌다. 도덕성 판단 항목은 1980년대 말부터 공정성 항목을 따르기 시작했다. 점점 더 많은 사람이 "그게 뭐 나쁘다는 건 절대 아니지만."이라고 말하게 되었다. 2008년에 갤럽이 낸 보도 자료 제목은 오늘날 미국의 분위기를 요약한다. "동성애의 도덕성에 대해 반반으로 나뉜 미국인: 그러나 동성애 관계의 합법성과 수용을 지지하는 의견이 다수."[233)]

자유주의자가 보수주의자보다 동성애에 더 관대하고, 백인이 흑인보다 더 관대하고, 세속주의자가 종교인보다 더 관대하다. 그러나 그 모든 부문의 사람들이 갈수록 관용하는 방향으로 바뀌고 있다. 개인적 친숙함은 중요한 요소이다. 2009년 갤럽 여론 조사에 따르면, 미국인 10명 중 6명은 커밍아웃한 동성애자 친구나 친척이나 동료가 있다고 했다. 그런 사람들은 동성애자 지인이 없는 나머지 4명에 비해 동성애 관계 합법화와 동성애 결혼에 더 호의적이었다. 그러나 관용은 확산되는 추세이다. 동성애자 지인이 없는 사람들 중에서도 62퍼센트는 동성애자를 만나도 편하게 느낄 것이라고 응답했다.[234)]

여러 부문 중에서도 가장 중요한 부문에서는 변화가 더욱 극적이었다. 최근에 나는 젊은 미국인들 사이에서 동성애 혐오가 심해졌다는 말을 여러 사람에게 들었다. 그들이 그렇게 판단한 이유는 젊은이들이 "너무 게이 같잖아!"라는 표현을 안 좋은 의미로 사용하기 때문이라는 것이다. 그러나 수치가 말하는 바는 다르다. 젊은 응답자일수록 동성애를 더 잘 받아들인다.[235)] 게다가 젊은이들의 수용은 도덕적으로 더 깊은 차원이다. 관용하는 응답자 중에서 나이가 많은 사람들은 동성애의 원인을 이야기할 때 '양육'보다 '본성'을 드는 경우가 점점 더 많아졌다. 본성주의자는 양육주의자보다 동성애에 관대한데, 왜냐하면 개인이 스스로 선택할 수 없는 특징 때문에 그를 비난해서는 안 된다고 느끼기 때문이다. 반면에 십대와 이십대는 양육 설명에 더 공감하는데, **그러면서도** 동성애에 관대하다. 이 조합으로 볼 때, 젊은이들은 애초에 동성애를 잘못으로 보지 않기 때문에 동성애자가 자신의 성적 지향을 '어찌할 수 있는지 없는지'는 아예 논외이다. "게이라고? 그게 뭐 어쨌다고." 하는 태도이다. 물론 일반적으로 젊은 세대가 장년 세대보다 더 진보적이므로, 젊은이들이 인구 계층도에서 위로 올라갈수록 동성애에 대한 관용을 잃을 가능성도 있다. 그러나 내 생각에는 그렇지 않을 것 같다. 젊은 세대의 동성애 수용은 진정한 세대 차이이고, 그 인구 집단(코호트[cohort], 인구를 연령별로 분류했을 때 동일 연령 집단을 말한다. — 옮긴이)은 그 특성을 간직한 채 늙어 갈 것이다. 정말로 그렇다면, 동성애 혐오 세대가 죽어 감에 따라 미국은 동성애에 점점 더 관대해질 것이다.

동성애를 받아들이는 사람들은 경찰과 법정이 동성애자에게 폭력을 쓰지 못하게 막는 것을 넘어, 다른 시민들이 동성애자에게 폭력을 쓰는 것까지 방지하라고 요구한다. 현재 미국의 많은 주와 세계 20여 나라에는 증오 범죄 관련법이 있다. 피해자의 성적 지향, 인종, 종교, 성별이 동기가 된 폭력에 대해서 처벌을 강화하는 법률이다. 연방 정부도 1990년대에 합세했다. 가장 최근의 발전은 2009년의 '매슈 셰퍼드 및 제임스 버드 주니어 증오 범죄 예방법'이다. 셰퍼드는 1998년에 와이오밍에서 구타와 고문을 당한 뒤 울타리에 하룻밤 묶여 있다가 사망한 동성애자 학생의 이름이다(버드는 같은 해에 트럭에 매달려 끌려 다니다가 사망한 아프리카계 미국인의 이름이다.).

그러니 동성애에 대한 관용은 늘었고, 반동성애 폭력에 대한 관용은 줄었다. 그렇지만 새로운 태도와 법률이 실제로 동성애 혐오 폭력을 줄였을까? 요즘은 동성애자가 눈에 훨씬 많이 띈다는 점, 특히 도시, 해안, 대학 사회에서 그렇다는 점 자체가 그들이 암묵적인 폭력의 위협을 덜 느낀다는 증거일 것이다. 그러나 실제 폭력률의 변화를 확인하기는 어렵다. 통계는 FBI가 증오 범죄 데이터를 동기, 피해자, 범죄 속성에 따라 나눠 발표하기 시작한 1996년부터만 있다.[236] 이 수치조차 불확실하다. 피해자의 신고 의지와 지역 경찰이 그것을 증오 범죄로 분류하고 FBI에게 보고하느냐 마느냐에 달렸기 때문이다.[237] 살인 통계는 그런 문제가 없지만, 사회 과학자들에게는 안타깝게도 (물론 인류에게는 다행스럽게도) 동성애자라는 이유로 살해되는 사람은 그다지 많지 않다. 1996년 이후 FBI가 기록한 갖가지 원인의 살인은 연간 1만 7000건인데, 그중 반동성애 살인은 3건 미만이었다. 다른 형태의 반동성애 증오 범죄도 우리가 아는 한 드물다. 2008년에 누군가 성적 지향을 이유로 가중 폭행의 피해자가 될 확률은 동성애자 10만 명당 3명꼴이었지만, 누군가 단지 사람이라는 이유로 피해자가 될 확률은 그 100배였다.[238]

이런 확률들이 갈수록 낮아지는지 아닌지는 알 수 없다. 1996년 이래 동성애자에 대한 네 가지 주요한 증오 범죄 중 세 가지는 발생률이 이렇다 할 변화가 없었다. 가중 폭행, 단순 폭행, 살인이다(어차피 살인은 너무 드물어서 경향성이 무의미하지만.).[239] 그림 7-25는 나머지 한 종류, 즉 실제로 발생률이 **감소한** 협박 사건의 추세를 보여 준다(피해자가 신변의 안전에 위험을 느낀 경우를 말한다.). 비교를 위해 가중 폭행 발생률도 그려 넣었다.

그러니 미국의 동성애자들이 폭행으로부터 더 안전해졌다고는 확실히 말할 수 없어도, 협박, 차별, 도덕적 비난으로부터 안전해진 것만은 분명하다. 어쩌면 제일 중요한 점은 그들이 정부의 폭력으로부터 완벽하게 안전해졌다는 점이다. 수천 년 역사상 처음으로, 전 세계 절반 이상의 나라들에서 동성애자들이 그런 안전을 누리게 되었다. 물론 아직은 충분하지 않지만, 조국의 승전을 거든 사람조차 정부의 해코지로부터 안전하지 않았던 시절에 비하면 발전은 발전이다.

동물권, 그리고 동물에 대한 잔인한 행위의 감소

내가 살면서 저지른 가장 나쁜 짓을 고백할까 한다. 1975년, 대학교 2

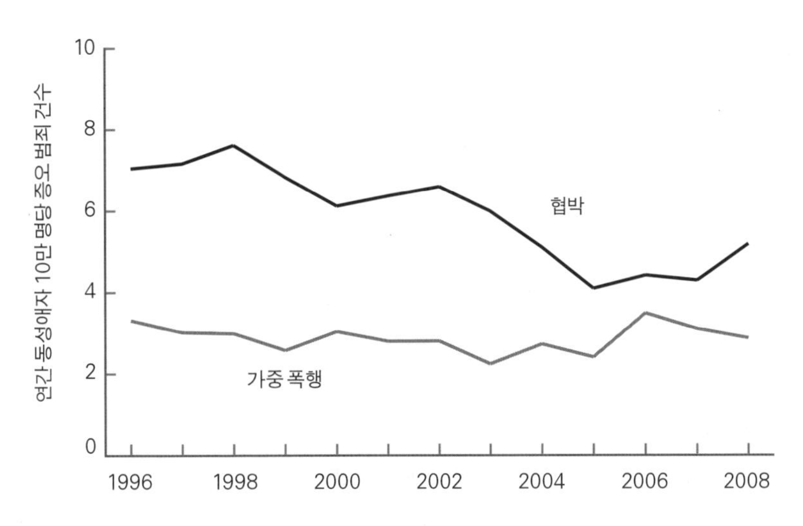

그림 7-25. 미국에서 반동성애 증오 범죄, 1996~2008년.

출처: 데이터: Annual FBI reports of Hate Crime Statistics (http://www.fbi.gov/hq/cid/civilrights/hate.htm). 사건 건수는 통계 보고 기관이 포괄한 인구로 나눈 뒤, 성인 인구 중 동성애자 비율로 흔히 쓰이는 추정치 0.03을 곱했다.

학년이었던 나는 여름방학 동안 동물 행동 실험실에서 조수로 일했다. 어느 날 저녁에 교수가 내게 과제를 맡겼다. 실험실 쥐들 중에서 진행 중인 연구에 참여할 수 없는 작은 녀석이 한 마리 있었다. 교수는 그 녀석으로 다른 실험을 해 보기를 원했다. 첫 단계는 이른바 일시적 회피 조건 형성이었다. 바닥에 충격 발생기가 달린 스키너 상자가 있었다. 타이머도 붙어 있어, 6초마다 자동적으로 충격을 가하게 되어 있었다. 그러나 쥐가 레버를 누르면 10초의 유예가 주어진다. 쥐는 금세 8, 9초마다 레버를 누르는 법을 익혀서 충격을 무한히 미룰 것이다. 내가 할 일은 쥐를 상자에 넣고, 타이머를 맞추고, 퇴근하는 것이었다. 다음 날 아침 일찍 실험실에 와 보면 쥐는 완벽하게 조건화되어 있을 것이었다.

이튿날 아침에 상자를 열었을 때, 나를 반긴 것은 그런 풍경이 아니었다. 쥐는 척추가 흉측하게 굽은 채 통제 불능으로 떨고 있었다. 몇 초 후에 쥐가 발작적으로 펄쩍 뛰어 올랐다. 쥐는 레버 가까이에도 있지 않았다. 쥐는 레버를 누르는 법을 익히지 못했다. 그래서 6초마다 충격을 받으면서 온 밤을 지새운 것이었다. 녀석을 구조하려고 손을 뻗었더니 감촉이 싸늘했다. 나는 얼른 두 층 아래 수의사에게 달려갔지만, 이미 늦었다. 쥐는 한 시간 뒤에 죽었다. 나는 동물을 고문하여 죽였던 것이다.

나는 교수에게 실험 설명을 들을 때부터 뭔가 꺼림칙하다고 느꼈다. 과정이 완벽하게 진행되더라도, 쥐는 12시간을 끊임없는 불안에 떨어야 했다. 그리고 나는 실험이 늘 완벽하게 진행되지는 않는다는 사실을 경험으로 알았다. 교수는 극단적인 행동주의자였기 때문에, '쥐의 입장은 어떨까?'라는 질문은 그에게는 말이 안 되었다. 그러나 나는 아니었다. 나는 쥐도 통증을 느낀다고 의심의 여지없이 믿었다. 나는 교수의 요청으로 실험실에서 일하게 된 것이었고, 내가 이 실험을 거절하더라도 불이익은 없다는 것을 잘 알았다. 그런데도 나는 실험을 실시했다. 윤리적으로 미심쩍지만 심리적으로 안심되는 원칙, 즉 그것이 표준 관행이라는 사실에 의지하여.

이 일화는 20세기의 몇몇 역사적 사건들과 무서울 정도로 비슷하다. 그날 내가 배웠던 심리적 교훈에 대해서는 8장에서 부연 설명하겠다. 지금 내가 양심의 오점을 고백한 까닭은, 당시에는 정말로 그것이 동물을 다루는 표준 관행이었다는 사실을 알리기 위해서이다. 우리는 동물들에게 먹이를 탐할 동기를 부여하기 위해서 녀석들의 체중이 자유 섭식 상태의 80퍼센트로 떨어질 때까지 굶겼다. 작은 동물에게 그것은 극심하고 오랜 허기를 뜻했다. 옆 실험실에서는 비둘기 날갯죽지에 열쇠고리를 두른 뒤에 충격을 가했다. 고리가 비둘기의 살갗을 파고들어 그 아래 근육까지 드러나는 장면을 나도 보았다. 다른 실험실에서는 쥐의 가슴에 안전핀을 꽂아서 그것을 통해 충격을 가했다. 엔도르핀에 관한 실험에서는 동물들에게 피할 방법이 없는 충격을 가했는데, 논문의 표현을 빌리자면 '극단적으로 강렬한 강축하 충격'이었다. 근육이 강직 수축 상태로 굳어 버리기 일보 직전까지 충격을 가한다는 뜻이었다. 이런 냉담함은 실험 상자 밖으로도 번졌다. 듣자 하니 어느 연구자는 성질이 나면 실험에 쓰이지 않은 쥐 중에서 제일 가까운 녀석을 집어 벽에 내던진다고 했다. 또 다른 연구자는 내게 과학 잡지에 실린 사진을 보여 주면서 냉혹한 농담을 공유하려고 했다. 쥐가 털북숭이 등을 바닥에 대고 누워 충격을 피하면서 앞발로 먹이 레버 누르는 법을 익힌 모습에 '침대에서 아침 식사를'이라는 설명이 붙어 있었다.

내가 진심으로 안도하면서 보고하는 바, 그로부터 불과 5년 뒤에는 과학자가 동물의 안녕에 그토록 무관심한 것은 상상할 수 없는 일이 되었다. 아예 불법이었다. 1980년대부터 과학자가 연구와 교육에 동물을 이용할 때는 국제 실험동물 운영 위원회(IACUC)의 승인을 받아야 했다. 아무 과학자나 잡고 물어도 확인할 수 있을 텐데, 위원회는 절대로 무턱대고 승인 도장을 찍어 주지 않는다. 동물 우리의 크기, 먹이의 양과 질, 수의사의 보살핌, 운동과 사회적 접촉의 기회 등이 엄격하게 규정되어 있다. 연구자들과 조수들은 동물 실험 윤리에 대한 강좌를 들어야 하고, 일련의 공개 토론회에 참석해야 하고, 시험에 통과해야 한다. 동물에게 불편이나 고통을 가하는 실험은 특별 규제 대상으로 분류되고, '과학과 인류 복지에 더 큰 이득을' 안길 가능성이 있음을 증명해 보여야 한다.

역시 어느 과학자에게 물어도 확인할 수 있을 텐데, 과학자들 자신의 태도도 변했다. 최근 조사에 따르면, 동물 연구자들은 거의 한 명의 예외도 없이 실험동물이 통증을 느낀다고 믿는다.[240] 오늘날 과학자가 실험동물의 안녕에 무관심하다면 동료들의 경멸을 산다.

실험동물의 처우 변화는 또 하나의 권리 혁명이다. 동물에게 부당한 통증, 부상, 죽음을 가해서는 안 된다는 믿음이 성장한 과정이다. 동물권 혁명은 폭력 감소 중에서도 독특하고 상징적인 사례라서, 폭력의 역사적 감소를 살펴보는 우리의 여정에서 대단원이 되기에 알맞다. 왜 독특할까? 오로지 감각 있는 존재에게 고통을 가해서는 안 된다는 윤리 원칙에만 의거하여 변화가 진행되었기 때문이다. 다른 권리 혁명과는 달리, 동물권 운동은 이해 당사자들이 진전시키지 않았다. 쥐와 비둘기는 자신의 문제를 공론화할 입장이 못 된다. 또한 이것은 상업이나 상호성과 같은 포지티브섬 협상의 결과도 아니었다. 우리가 동물을 좀 더 인도적으로 대우한다고 해서 그들이 우리에게 대가로 줄 것은 없다. 아동권 혁명은 그 수혜자들이 나머지 인생에서 더 나은 인간이 되리라는 약속을 내걸었지만, 동물권 혁명은 그것도 아니었다. 우리가 동물의 이해를 인식하게 된 것은 동물을 대신하여 나선 사람들 덕분이었고, 그 사람들은 감정 이입, 이성, 다른 권리 혁명들로부터 얻은 영감에 따라 행동했다. 발전이 한결같지는 않았다. 동물들이 의견을 말할 수 있다면, 아직은 우리에게 진심 어린 감사를 건네지는 않을 것이다. 그러나 경향성은 분명히 존재하며, 인간과 동물의 관계에서 모든 측면들에 영향을 미치고 있다.

동물 복지에 대한 무관심이라고 하면 실험실과 공장식 사육의 이미지가 절로 떠오른다. 그러나 동물에 대한 냉담함은 현대의 현상이 아니다. 그것은 인류 역사의 기본 상태였다.[241]

동물을 죽여 그 살을 먹는 것은 인간 조건의 일부이다. 우리 선조들은 적어도 200만 년 전부터 동물을 사냥했고, 도살했고, 아마 요리도 했다. 우리의 입, 이빨, 소화관은 고기를 포함하는 식단에 맞게 전문화했다.[242] 고기의 지방산과 완전 단백질은 대사적으로 값비싼 뇌를 진화시키도록 해 주었고, 고기를 구하는 행동은 사회성 진화에 기여했다.[243] 조상들은 동물을 사냥하는 횡재를 통해서 공유와 거래의 가치를 알았을 것이고, 그로부터 상호성과 협동의 무대가 마련되었을 것이다. 혼자 그 자리에서 소비할 수 있는 것보다 더 많은 고기를 갖게 된 행운의 사냥꾼은 나중에 운이 바뀌면 자신이 수혜자가 되리라고 기대하면서 남들과 나누었을 것이다. 또한 남자가 고기를 사냥하고 여자가 식물을 채집하여 보완하면 시너지를 낼 수 있으므로, 남녀를 하나로 묶는 다른 명백한 이유 외에도 그들을 묶는 이유가 되었을 것이다. 고기는 남자가 자식에게 효과적으로 투자하는 방법이기도 하므로, 가족의 유대를 더욱 강화했을 것이다.

인류가 진화하는 동안 고기가 생태적으로 중요했기 때문에, 고기는 인간에게 심리적으로도 중요해졌다. 고기는 맛이 좋고, 먹으면 행복해진다. 많은 전통 문화에는 고기 갈급을 뜻하는 단어가 있었다. 사냥꾼이 동물 시체를 가지고 돌아오면 온 마을이 기뻐했다. 솜씨 좋은 사냥꾼은 존경을 받았고, 더 나은 성생활을 즐겼다. 때로는 명예 덕분에, 때로는 육욕과 육욕을 명시적으로 교환했기 때문에. 대부분의 문화에서 고기가 나오지 않는 식사는 잔치로 여기지 않는다.[244]

고기가 인간사에 그토록 중요했으니, 고기를 제공하는 몸을 지닌 개체들의 안녕이 인간의 우선순위에서 한참 밀렸던 것도 어쩌면 당연하다. 동물에게는 사람 간에 폭력을 누그러뜨리는 통상적인 신호들이 없다. 동물은 사람의 친척이 아니고, 사람과 호의를 교환하지 못하고, 사람의 공감을 일으키는 얼굴과 표정을 갖지 못한 종도 많다. 환경 보호론자들은 사람들이 매력적인 포유류에게만 신경 쓴다고 격분하곤 한다. 씩

웃는 돌고래, 슬픈 눈의 판다, 아기 같은 얼굴의 어린 바다표범처럼 운 좋게도 사람들이 반응하는 얼굴을 가진 동물만 보호한다고 말이다. 못생긴 종들은 알아서 헤쳐 나가야 한다.[245)]

어린이 책에는 수렵 채집인들이 자연을 경외했다는 말이 곧잘 나오지만, 아무리 그래도 그들이 큰 동물을 멸종 위기까지 사냥하거나 붙잡은 동물을 잔인하게 다루기를 꺼릴 정도는 아니었다. 호피 족 어른들은 아이들에게 새를 잡아서 다리를 부러뜨리고 날개를 뜯어낸 뒤 가지고 놀라고 권했다.[246)] 아메리카 원주민의 요리를 소개하는 웹사이트에는 다음과 같은 조리법이 있다.

거북구이

재료:

거북 한 마리

모닥불

방법:

거북을 등이 아래로 가도록 뒤집어 불에 넣는다.

껍질 갈라지는 소리가 들리면 다 구워진 것이다.[247)]

전통 부족 사람들이 동물을 산 채 베고 요리하는 일은 전혀 드물지 않았다. 마사이 족은 소의 피를 받아서 우유와 섞어 맛있게 마셨고, 아시아 유목 민족들은 살아 있는 양의 꼬리에서 지방 덩어리를 조금씩 도려내어 먹었다. 그 용도로 특별히 키우는 양도 있었다.[248)] 애완동물도 거칠게 다뤘다. 최근의 비교 문화 연구를 보면, 개를 애완동물로 길렀던 전통 문화들 중에서도 절반은 개를 서슴없이 죽였다. 보통은 먹기 위해서였다. 개를 학대한 문화도 절반이 넘었다. 아프리카 음부티 족은 '사냥개를 귀히 여기기는 해도 개가 태어난 날부터 죽는 날까지 무자비하게 걷어차면서 길렀다.'[249] 나는 한 인류학자 친구에게 그녀가 연구하는 수렵채집 부족이 동물을 어떻게 다루는지 물었다. 그녀는 이렇게 답장했다.

> 어쩌면 그게 인류학자로서 가장 어려운 부분입니다. 내 약점을 눈치챈 사람들이 온갖 동물 새끼를 가지고 와서 내게 팔아요. 내가 안 사 주면 동물에게 이런저런 짓을 할 거라고 말하면서요. 내가 동물을 멀리 사막으로 데리고 가서 풀어 주면, 사람들이 도로 잡아서 나한테 다시 팔려고 가져온답니다!

가축에 의존했던 초기 문명들은 동물에 대한 태도를 상세하게 규정한 도덕률을 두곤 했지만, 동물이 얻는 이득은 기껏해야 엇갈리는 정도였다. 누가 뭐래도 최우선 원칙은 동물이 인간을 위해 존재한다는 것이었으니까. 히브리 성경에서 하느님이 아담과 이브에게 처음 한 말은 「창세기」 1장 28절에 이렇게 나와 있다. "자식을 많이 낳아 번성하여 땅을 가득 채우고 지배하여라. 그리고 바다의 물고기와 하늘의 새와 땅에서 움직이는 온갖 생물을 다스려라." 아담과 이브는 과일을 먹고 살았지만, 노아의 홍수 뒤에 인류는 육식으로 바뀌었다. 신은 「창세기」 9장 2~3절에서 노아에게 말한다. "땅의 모든 짐승과 하늘의 모든 새와 바다의 모든 물고기가 너희를 두려워하고 무서워할 것이다. 이것들은 너희의 손에 주어졌다. 살아 움직이는 모든 것이 너희의 양식이 될 것이다. 전에 내가 너희에게 주었던 푸른 풀처럼." 기원후 70년경 로마인들이 두 번째 신전을 파괴할 때까지, 히브리 사제들은 수많은 동물을 도살했다. 사람들이 먹기 위해서가 아니라, 잘 구운 스테이크를 신에게 주기적으로 바쳐서 기분을 달래야 한다는 미신 때문이었다(성경에 따르면 신에게는 숯불구이한 소고기의 냄새가 '마음을 달래는 향기'이자 '달콤한 내음'이었다.).

고대 그리스와 로마 사람들도 사물의 체계 속에서 동물의 위치를 비슷하게 생각했다. 아리스토텔레스는 "식물은 동물을 위해 창조되었고, 동물은 인간을 위해 창조되었다."고 말했다.[250] 그리스 과학자들은 그런 견해를 실천으로 옮겨, 포유류를 생체 해부했다. 가끔은 호모 사피엔스도 대상이 되었다(로마의 의학자 켈수스에 따르면, 고대 그리스 시대 알렉산드리아의 의사들은 "왕의 허락 하에 감옥에서 죄수들을 조달하여 산 채 해부함으로써, 아직 그들이 숨이 붙어 있는 동안 자연이 숨겨 둔 부위를 관찰하곤 했다.").[251] 로마의 해부학자 갈레노스는 원숭이보다 돼지로 작업하는 것이 좋다고 말했는데, 원숭이를 칼로 자를 때 그 얼굴에 '불쾌한 표정'이 떠오르기 때문이라고 했다.[252] 우리가 잘 알다시피 그의 동포 시민들은 콜로세움에서 동물을 고문하거나 학살하며 희희낙락했는데, 이때도 두 발로 걷는 영장류를 제외하지 않았다. 기독교 세계로 오면, 성 아우구스티누스와 토마스 아퀴나스는 성경과 그리스의 견해를 결합하여 동물에 대한 무도덕적 취급을 승인했다. 아퀴나스는 이렇게 썼다. "신의 섭리에 따라 [동물은] 인간이 사용하도록 주어졌다. …… 따라서 인간이 그들을 사용하는 것은 죄가 아니다. 죽이든, 다른 어떤 방법으로 이용하든."[253]

동물의 대우를 논할 때, 근대 철학은 시작이 나빴다. 데카르트는 동물이 태엽 장치와 같다고 보았다. 그렇다면 그 속에는 고통이나 쾌락을 느낄 존재가 없다. 우리에게 괴로운 비명처럼 들리는 소리는 경적이나 기계 소리처럼 소음 장치의 출력일 뿐이다. 데카르트는 동물과 인간의 신경계가 비슷하다는 것을 알고 있었는데, 그렇다면 왜 그가 인간에게는 의식을 부여하면서 동물에게는 부정했는지 이상하게 느껴진다. 그러나 그는 신이 인간에게 영혼을 하사했다고 믿었고, 의식은 그 영혼에 깃든다고 믿었다. 그는 자신의 의식을 내성(內省)한 뒤에 이렇게 썼다. "나는 내 자신에게서 어떤 부속을 구별하지 못했고, 나 자신을 명백한 하나의 전체로 파악할 뿐이다. …… 나의 일부분에 대해서 의지, 감각, 인식 등의 능력을 논할 수는 없다. 의지, 감각, 이해는 온전한 전체로서의 마음을 동원하는 행위이기 때문이다."[254] 데카르트는 언어 또한 더 이상 나눌 수 없는 그 무엇, 우리가 마음 혹은 영혼이라고 부르는 그 무엇의 능력이라고 했다. 그렇다면 동물은 언어가 없으니 영혼도 없고, 따라서 의식도 없다. 인간의 몸과 뇌도 동물처럼 태엽 장치에 불과하지만, 인간에게는 영혼이 있다. 데카르트는 영혼이 솔방울샘이라는 뇌 구조를 통해서 뇌와 상호 작용한다고 생각했다.

현대 신경 과학의 관점에서는 이것이 말도 안 되는 소리이다. 우리는 의식이 속속들이 뇌의 생리적 활동에 의존한다는 것을 알고 있다. 언어와 나머지 의식이 분리될 수 있다는 것도 안다. 뇌졸중 환자가 언어 능력은 잃을지언정 지각없는 로봇으로 변하지는 않는다는 점을 보면 분명하다. 그러나 실어증은 1861년에야 처음 기록되었기 때문에(데카르트의 동향 프랑스 사람인 폴 브로카가 발견했다.), 당시에는 데카르트의 이론이 그럴듯하게 들렸다. 이후 수백 년 동안, 의학 실험실에서는 동물을 생체 해부하여 연구했다. 사람 시체 해부는 교회가 금지했기 때문이다. 과학자들은 산 동물의 사지를 잘라서 그것이 재생하는지 관찰했다. 동물의 장을 끄집어냈고, 피부를 벗겼고, 장기를 들어냈다. 눈도 파냈다.[255]

농업이라고 더 인도적이지 않았다. 거세, 낙인, 구멍 뚫기, 귀와 꼬리 짧게 자르기 등은 수백 년 동안 농장의 흔한 관행이었다. 동물을 살찌우거나 고기를 부드럽게 만들기 위한 잔인한 관행들도(푸아그라나 우유만 먹인 송아지에 대한 항의 시위로 우리에게도 익숙하다.) 현대의 발명이 아니다. 영국의 부엌 역사를 다룬 책에는 17세기의 고기 연화 기법들이 나와 있다.

사람들은 농장에서 멀리 이동해 온 가금류를 살찌우기 위해서 장을 꿰맸다. …… 칠면조는 입 정맥을 작게 절개한 후 거꾸로 매달아 피 흘리며 죽게 두었다. 거위는 바닥에 못으로 박았다. 연어와 잉어는 산 채 포를 떠야 살이 단단하다고 했다. 장어는 산 채 껍질을 벗겼는데, 움직이지 못하도록 꼬챙이로 눈을 꿰뚫은 뒤 둘둘 감아 두었다. …… 황소는 개를 풀어 곯린 뒤에 죽이지 않으면 그 살이 소화가 안 되고 건강에 나쁘다고 했다. …… 송아지와 돼지는 살을 부드럽게 만들기 위해서 매듭 진 밧줄로 때려 죽였다. 요즘처럼 죽인 뒤에 살을 두드리는 것이 아니었다. 한 요리법은 이렇게 시작한다. "너무 늙지 않은 붉은 수탉을 준비하여 때려 죽여라."[256]

공장식 사육도 20세기의 현상이 아니다.

엘리자베스 시대에 돼지를 '브로닝'하는 방법, 즉 살찌우는 방법은 "좁아터진 방에 가둬 돼지들이 돌아다니지 못하게 만드는 것"이었다. "돼지들은 늘 배를 붙이고 앉아 있어야만 했다." 또 다른 사람은 이렇게 기록했다. "돼지들은 고통 속에 먹었고, 고통 속에 앉아 있었고, 고통 속에 잠을 잤다." 가금류와 엽조는 캄캄한 곳에 가둬 살을 찌웠다. 아예 눈을 멀게 하기도 했다. …… 거위는 물갈퀴를 바닥에 못으로 박아 두면 살이 찐다고 했고, 17세기 주부들은 산 가금류의 다리를 자르면 살이 더 연해진다고 믿었다. 1686년, 로버트 사우스웰 경은 "소들이 한 여물통에서 계속 먹고 마셔서 도살하기 알맞을 때까지 한 발짝도 움직이지 않는 외양간"을 발명했다고 선전했다. 신사계급이 크리스마스 식탁에 올리는 도싯 양은 특히나 비좁고 캄캄한 오두막에 가둬 길렀다.[257]

그 밖에도 수많은 수천 년 된 관행들이 동물의 고통에 철저히 무심했다. 낚싯바늘과 작살은 석기 시대로 거슬러 올라간다. 어망은 물고기를 서서히 질식시켜 죽인다. 재갈, 채찍, 박차, 멍에, 무거운 짐은 짐 나르는 짐승들의 삶을 비참하게 만들었다. 컴컴한 제분소나 양수장에서 하루 종일 구동축을 끄는 동물들은 특히 그랬다. 『모비딕』을 읽은 독자라면 고래잡이가 얼마나 잔인한지 알 것이다. 3장과 4장에서 이야기했던 유혈 스포츠도 있었다. 고양이를 말뚝에 박은 뒤에 박치기로 죽이는 놀이, 돼지를 몽둥이로 쳐 죽이는 놀이, 곰 괴롭히기, 고양이 화형 관람하기 등등.

오랜 착취와 잔인함의 역사에서, 동물에 대한 처우를 조금이나마 규제하려는 노력도 늘 있었다. 그러나 동물들의 내면을 염려하는 것이 그 동기인 경우는 드물었다. 채식주의, 생체 해부 반대, 그 밖의 동물 보호 운동에는 늘 가지각색의 논리가 존재했다.[258] 그중 몇 가지를 살펴보자.

앞에서 여러 차례 말했듯이, 인간의 마음은 혐오-순수의 연속선을 도덕화하는 경향이 있다. 등식은 척도의 양 끝에서 모두 성립한다. 한쪽 극단에서는 비도덕성을 오물, 육욕, 쾌락주의, 방종과 등치시키고, 반대쪽 극단에서는 미덕을 순수, 정조, 금욕주의, 절제와 등치시킨다.[259] 이런 혼선은 음식에 대한 감정에도 영향을 미친다. 육식은 너절하고 쾌락적인 것, 따라서 나쁜 것이 되고, 채식은 깨끗하고 금욕적인 것, 따라서 좋은 것이 된다.

인간의 마음은 본질화하는 경향도 있다. 그래서 '내가 먹는 것이 곧 나'라는 상투적인 표현을 문자 그대로 받아들이기 쉽다. 죽은 고기를 내 몸에 통합시키는 것은 일종의 오염이라고 느끼고, 동물성의 정수를 소화시키면 자칫 짐승의 성질이 내 몸에 스밀까 봐 염려한다. 아이비리그 대학생들조차도 이런 착각을 한다. 심리학자 폴 로진의 조사에 따르면, 학생들은 거북 고기를 먹고 멧돼지 가죽을 이용하는 사냥꾼 부족은 수영을 잘할 것이라고 생각했고, 거꾸로 멧돼지 고기를 먹고 거북 껍질을 이용하는 부족은 싸움을 잘할 것이라고 생각했다.[260]

낭만적 이데올로기 때문에 육식에서 돌아서는 경우도 있다. 인류 타락 이전을 선망하고, 비기독교적이고, 피와 흙을 강조하는 일부 교리에서는 동물을 정교하게 조달하고 조리하는 것을 퇴폐적인 기술로 묘사하는 데 비해 채식주의는 땅에 의지하여 먹고사는 건전한 방식으로 묘사한다.[261] 비슷한 이유에서, 실험동물을 걱정하는 마음이 과학과 지식 전반에 대한 반감을 부추길 수 있다. 워즈워스는 「주객전도」에서 이렇게 썼다.

> 자연이 안겨 주는 지식은 달콤하도다.
> 매사 간섭하는 우리의 지성이
> 사물의 아름다운 형태를 일그러뜨릴 뿐-
> 우리는 해부하기 위해서 살해한다네.

마지막으로, 하위문화마다 동물을 다루는 방식이 다르다 보니, 상대의 동물 다루는 방식에 대한 도덕적 관심이 상대를 사회적으로 누르는 방편으로 쓰일 수 있다(자신의 방식은 무시한 채.). 특히 유혈 스포츠는 계층 간 싸움의 기회를 풍성하게 제공한다. 일례로 중간 계층은 하위 계층의 닭싸움과 상류 계층의 여우 사냥을 불법화하자고 로비했다.[262] "청교도는 곰 곯리기를 싫어하는데, 곰에게 고통을 안기기 때문이 아니라 구경꾼에게 즐거움을 안기기 때문이다." 토머스 매콜리의 이 말은 폭력 반대 운동이 종종 희생자의 피해가 아니라 잔인한 사고방식을 표적으로 삼는다는 점을 지적했다. 동물 애호가 인간 혐오로 변질될 수 있다는 통찰도 담겨 있다.

유대인의 음식 규율은 고기에 대한 터부 이면에 여러 혼동된 동기들이 존재할 수 있음을 보여 주는 고대의 사례이다. 「레위기」와 「신명기」는 그 규율을 별다른 설명 없이 불쑥 내놓았다. 신이 하찮은 인간들에게 자신의 명령을 정당화할 의무는 없으니까. 그러나 이후 랍비들의 해석에 따라, 그 규율은 동물 복지에 대한 관심을 장려하는 것이 되었다. 모든 고기는 한때 살아 있었고 궁극적으로 신에게 속한 존재에서 왔다는 사실을 상기시키는 점에서라도 말이다.[263] 규율에 따르면, 도살은 전문 푸주한이 실시해야 한다. 푸주한은 잘 갈린 칼로 동물의 목동맥, 기관, 식도를 단번에 깨끗하게 베어야 한다. 실제로 이것은 당시로서는 가장 인도적인 기법이었다. 산 채로 부위를 잘라 내거나 굽는 것보다야 확실히 낫다. 그러나 결코 고통 없는 죽음은 아니므로, 오늘날 몇몇 인도주의적인 사회들은 그 관행조차 금지하려고 한다. 고기와 유제품을 섞지 말라는 규칙은 "자식을 제 어미의 젖에 넣어 끓이지 마라."는 명령에서 나왔는데, 유대인은 이것 역시 동물에 대한 연민을 표현한 규칙으로 해석했다. 그러나 조금만 생각해 보면 알 수 있듯이, 이것은 오히려 관찰자의 감수성을 고려한 규칙이다. 당장 부글부글 끓여질 새끼에게는 소스의 원료 따위는 안중에도 없을 테니까.

완전 채식으로 나아간 문화들도 동기는 가지각색이었다.[264] 기원전 6세기, 피타고라스는 삼각형의 변을 재는 것 말고도 많은 일을 하는 종교를 창시했다. 피타고라스와 그 추종자들은 고기를 꺼렸다. 그들은 영혼이 몸에서 몸으로 환생한다고 믿었으며 동물의 영혼도 마찬가지라고 믿었기 때문이다. 1840년대에 **채식주의자**(vegetarian)라는 단어가 생기기 전에는 고기와 생선을 절제하는 식단을 가리켜 '피타고라스 식단'이라고 불렀다. 힌두교의 채식도 환생 원리에 입각하는데, 마빈 해리스 같은 냉소적인 인류학자들은 좀 더 평범한 설명을 제시했다. 인도에서 소는 소고기 커리의 재료로 쓰일 때보다 밭을 갈거나 젖과 똥(연료와 비료로 쓰인다.)을 공급하는 동물로서 더 소중하기 때문이라는 것이다.[265] 힌두교 채식주의의 영적 논리는 불교와 자이나교에게 전달되었고, 이들은 비폭력 철학에 기반하여 좀 더 명시적으로 동물을 배려했다. 자이나교 수도승은 곤충을 밟지 않기 위해서 빗자루로 발밑을 쓸면서 걷는다. 미생물을 들이마시는 것을 막기 위해서 마스크를 쓰는 사람도 있다.

그러나 채식과 인도주의가 나란히 간다는 직관은 20세기 초에 산산이 깨어졌다. 나치가 동물을 대한 태도 때문이었다.[266] 히틀러와 여러 심복들은 채식주의자였다. 단, 동물에 대한 연민에서 그런 것은 아니었다. 순수함에 대한 집착, 다시 흙과 이어지고 싶다는 신화적 욕망, 유대교의 인간 중심주의 및 육식 의례에 대한 반발 때문이었다. 인간의 도덕 감정 구획화가 어디까지 가능한지 보여 주기라도 하듯이, 나치는 산 사람들에게는 형언할 수 없이 잔인한 실험을 자행하면서도 실험동물에 관해서는 유럽 역사상 유례없이 강력한 보호 법률을 제정했다. 법률에 따르면 농장, 영화 촬영장, 식당에서도 동물을 인도적으로 다루어야 했다. 가령 식당에서는 조리 전에 생선을 마취해야 했고, 바닷가재는 신속히 죽여야 했다. 동물 권리의 역사에서 가장 기이한 이 장이 펼쳐진 뒤, 채식 옹호자들은 육식이 사람의 공격성을 높이고 채식이 사람을 평화롭게 만든다는 오래된 주장을 버릴 수밖에 없었다.

동물에 대한 진정한 윤리적 관심은 르네상스 시대에 처음 표출되었

다. 유럽인은 인도에서는 아무도 고기를 먹지 않는다는 이야기를 듣고서 채식주의에 흥미를 느꼈다. 에라스뮈스, 몽테뉴를 포함한 많은 작가가 사냥과 도살의 잔인함을 비난했다. 레오나르도 다빈치는 아예 채식주의자가 되었다.

그러나 동물권 논증이 본격적으로 펼쳐진 것은 18세기와 19세기에 들어서였다. 그 추진력의 일부는 과학에서 왔다. 데카르트의 실체 이원론, 즉 의식이 뇌와는 무관하게 작용하는 자유로운 개체라고 보았던 이원론은 이즈음 일원론과 속성 이원론에게 밀려났다. 이 이론들은 의식이 뇌 활동과 같다고 보거나 최소한 밀접한 관계가 있다고 보았다. 초기의 이런 신경 생물학적 사고에는 동물 복지에 관한 함의가 담겨 있었다. 볼테르는 이렇게 적었다.

> 어떤 야만인은 우정 면에서 인간보다 훨씬 나은 개를 잡아다가 탁자에 못으로 박고, 산 채 해부한다. 그 이유가 장간막 정맥을 보여 주기 위해서라고 한다. 그러나 당신은 개의 몸속에서 당신과 똑같은 기관들만을 발견할 것이다. 기계론자여, 내게 답해 보라. 자연이 이 동물에게 감정의 모든 원천을 부여한 것이 그저 아무런 감각도 못 느끼게 하기 위해서였겠는가? 이 동물의 신경은 고통을 느끼지 못하는 신경이겠는가?[267)]

4장에서 보았듯이, 제러미 벤담은 예리한 분석을 통해 이 논의의 핵심을 짚었다. 그는 동물에게 생각하고 말하는 능력이 있는가가 아니라 고통을 느끼는 능력이 있는가가 관건이라고 했다. 19세기에 접어들자 인도주의 혁명은 인간을 넘어 다른 감각 있는 존재들에게까지 확장되었다. 처음에는 가학성이 뚜렷한 유혈 스포츠가 표적이었고, 다음에는 짐 나르는 동물, 농장 가축, 실험동물에 대한 학대로 확장되었다. 영국에서 최초로 이루어진 조치는 말에 대한 학대를 금지하는 법률이었다. 1821년에 법안이 하원에 제출되었을 때, 의원들은 그러다가는 개와 고양이를 위한 법률까지 만들어지겠다고 비웃었다. 그리고 20년 만에 정확히 그렇게 되었다.[268] 인도주의와 낭만주의가 결합함으로써, 19세기 전반에 걸쳐 생체 해부 반대 연맹, 채식 운동, 동물 학대 예방 협회 등이 생겨났다.[269] 1859년에 『종의 기원』이 출간되어 생물학자들이 진화 이론을 받아들이자, 의식이 인간에게만 있다는 주장은 이제 더더욱 꺼낼 수 없었다. 19세기 말에는 동물 생체 해부를 금지하는 법률이 통과되었다.

그러나 20세기 중반에는 동물 보호 운동이 힘을 잃었다. 두 번의 세계 대전으로 궁핍함을 겪은 대중은 고기를 원했고, 공장식 농장에서 쏟아진 값싼 고기에 그저 감사할 뿐 고기가 어디에서 오는지는 신경 쓰지 않았다. 또한 1910년대부터 심리학과 철학을 주름잡은 행동주의(behaviorism)는 동물의 경험이라는 것 자체가 순진한 비과학적 개념이며 잘못된 의인화라고 선언했다. 그리고 평화 운동이 19세기에 그랬듯이, 이 시기에 동물 복지 운동은 나쁜 이미지를 갖게 되었다. 위선자들이나 건강식품광들과 관련된 운동으로 비쳤던 것이다. 20세기의 위대한 도덕적 목소리였던 조지 오웰조차 채식을 경멸했다.

> 가끔은 '사회주의'나 '공산주의'라는 단어 자체에 무슨 자석 같은 힘이 있는 걸까 싶다. 그래서 과일 주스만 마시는 사람, 누드 예찬론자, 샌들을 끌고 다니는 사람, 섹스광, 퀘이커 교도, 사이비 '자연 요법' 치료사, 평화주의자, 영국의 페미니스트 등속을 끌어들이는 게 아닐까 싶다. …… 편식하는 괴짜들은 자신의 시체에 5년의 수명을 더하겠다는 희망 때문에 인간 사회로부터 자발적으로 떨어져 나간 족속이다. 그들은 공통의 인간성에서 멀어진 사람들이다.[270]

상황은 1970년대에 급변했다.[271] 영국에서는 1964년에 출간된 루스 해리슨의 『동물 기계』가 공장식 사육의 비참함을 알렸고, 곧 다른 명사들도 문제를 제기하기 시작했다. **동물권**(animal rights)이라는 용어를 만든 사람은 브리지드 브로피였는데, 그녀가 다른 권리들과의 비유를 동원한 것은 의도적인 행위였다. "동물의 문제를 다른 평등주의, 자유주의 이상들과 결부시키고 싶었기" 때문인데, "그런 이상들은 현실에서 비록 간헐적이되 인상 깊은 정치적 결과를 내면서 노예, 동성애자, 여성 같은 다른 억압 계층을 구하는 데 성공했기 때문이다."[272]

진정한 전환점은 철학자 피터 싱어가 1975년에 발표한 『동물 해방』이었다. 이 책은 동물권 운동의 성서라고 불린다.[273] 사실 이 별명은 이중으로 아이러니하다. 싱어는 세속주의자이자 공리주의자이기 때문이다. 벤담이 자연권 개념을 '과장된 넌센스'라고 칭한 이래 공리주의자들은 자연권에 회의적이었지만, 싱어는 벤담의 뒤를 따르는 예리한 논증을 전개하여 우리가 동물에게 굳이 '권리'를 부여하지 않더라도 동물의 **이해**를 온전히 고려하는 것이 옳다는 결론을 끌어냈다. 논증의 출발점은, 우리가 어떤 존재를 도덕적 고려 대상으로 간주할지 말지 결정할 때 그 기준은 지능이 아니라 의식이어야 한다는 깨달음이다. 그렇다면 우리가 어린아이나 정신 지체자를 괴롭혀서는 안 되는 것처럼 동물을 괴롭혀서도 안 된다는 결론이 이어지고, 더 나아가 우리 모두가 채식을 해야 한다는 결론이 이어진다. 우리는 현대의 채식 식단만으로도 잘 살 수 있고, 우리가 동물의 살을 먹음으로써 얻는 쾌락의 근소한 증가분은 동물들이 고통과 때 이른 죽음을 겪지 않는 것에 비하면 확실히 덜 중요하다. 인간이 문화적 전통 때문이든 생물학적 진화 때문이든 혹은 둘 다 때문이든, '자연스럽게' 육식을 하도록 만들어졌다는 사실은 도덕적으로 무관한 문제이다.

브로피와 마찬가지로, 싱어는 동물 복지 운동을 1960년대와 1970년대의 다른 권리 혁명들에게 비유하려고 최선을 다했다. 책 제목부터가 비유이다. 동물 해방(animal liberation)은 식민지 해방, 여성 해방, 동성애자 해방을 암암리에 상기시킨다. 싱어는 **종 차별**(speciesism)이라는 용어도 대중화시켰는데, 이것은 **인종 차별**(racism)과 **성차별**(sexism)의 자매어이다. 한 비평가는 18세기 페미니스트 작가 메리 울스턴크래프트에 대해서 만일 여성에 대한 그녀의 주장이 옳다면 우리가 '짐승'에게도 권리를 부여해야 하지 않겠느냐고 말했는데, 비평가의 의도는 그녀의 논증이 부조리로 귀결한다는 사실을 보여 주려는 것이었겠지만 싱어는 그 비평가의 논리야말로 건전한 귀납이라고 주장했다. 싱어에게는 이런 비유가 수사법 이상의 의미가 있었다. 그는 『확장하는 원 — 사회 생물학과 윤리』에서 도덕 진보의 이론을 제안했다. 자연 선택은 인간에게 자신의 친족과 동맹을 중심에 놓는 감정 이입 능력을 부여했는데, 차츰 그 대상의 폭이 넓어져서 가족에서 마을, 친족, 부족, 국가, 종, 이윽고 감각 있는 모든 생명들까지 포함하게 된다는 이론이다.[274] 여러분이 읽고 있는 이 책은 싱어의 통찰에 크게 빚졌다.

싱어의 도덕적 논증 외에도 동물에 대한 공감을 이끌어 낸 여러 요인이 있었다. 1970년대에는 사회주의자, 과일 주스만 마시는 사람, 누드 예찬론자, 샌들을 끌고 다니는 사람, 섹스광, 퀘이커 교도, 자연 요법 치료사, 평화주의자, 페미니스트가 되는 것이, 심지어 이 모두를 동시에 하는 것이 **좋은 일**로 여겨졌다. 연민에 기반한 채식주의 논리를 뒷받침하는 다른 논리들도 등장했다. 고기는 살찌기 쉽고 독소가 있고 동맥을 막는다는 주장, 기껏 기른 작물을 사람이 아니라 동물에게 먹이는 것은 토지와 식량의 낭비라는 주장, 농장 동물들의 배출물이 환경을 더럽히는 주요한 오염 물질이고 특히 소의 앞뒤에서 나오는 메탄이 온실가스라는 주장 등이다.

✤ ✤ ✤

동물 해방, 동물권, 동물 복지, 동물 운동. 뭐라고 부르든, 1975년 이래 서구 문화는 동물에 대한 폭력을 용인하지 않게 되었다. 변화는 적어도 대여섯 가지 방식으로 뚜렷하게 드러났다.

첫 번째 변화는 앞에서 이야기한 실험동물 보호이다. 오늘날은 과학 활동 중에 산 동물에게 상처, 스트레스, 죽음을 가할 수 없다. 고등학교 실험실의 유서 깊은 관습인 개구리 해부도 잉크병과 계산자의 뒤를 따라 역사의 뒤안으로 사라졌다(어떤 학교들은 그 대신 가상 현실 해부 프로그램인 V-개구리를 쓴다.).[275] 상업 연구소에서 화장품이나 가정용품을 시험할 때 동물을 이용하던 관행도 비난을 받았다. 1940년대에 콜타르가 포함된 마스카라 때문에 여성들이 눈이 머는 사례가 속속 보고되자, 많은 회사가 드레이즈 시험으로 제품의 안전을 검사하기 시작했다. 악명 높은 그 기법은 토끼의 눈에 화합물을 적용하여 손상 여부를 확인하는 것이다. 1980년대까지 보통 사람들은 드레이즈 시험이라는 이름을 들어 본 적이 없었고, 그 기법을 쓰지 않았다는 뜻인 '동물 시험을 거치지 않았음(cruelty-free)' 문구를 알아보는 사람은 1990년대까지도 거의 없었다. 지금은 수천 종의 소비재에 그 문구가 붙어 있고, 가령 '동물 시험을 거치지 않은 콘돔'이라는 표시에도 아무도 놀라지 않는다. 제품 생산 연구실에서는 여전히 동물 시험을 하지만, 점차 규제가 강화되고 시행이 감소하는 추세이다.

또 다른 두드러진 변화는 유혈 스포츠의 법적 금지이다. 2005년부터 영국 귀족들이 집합 나팔과 블러드하운드를 포기해야 했다는 말은 앞에서 했으려니와, 2008년에 루이지애나 주는 미국에서 꼴찌로 닭싸움을 금지했다. 닭싸움은 수백 년 동안 세계적으로 인기 높은 스포츠였고, 금지된 악덕이 흔히 그렇듯이 이 관행도 여전히 지속되고 있다. 특히 라틴 아메리카와 동남아시아 이민자들 사이에서 그렇다. 그러나 미국에서는 이미 감소세에 접어든 지 오래되었고, 다른 많은 나라에서도 불법화되었다.[276]

자랑스러운 투우도 위기에 처했다. 2004년에 바르셀로나 시가 투우사와 짐승의 치명적 대결을 불법으로 규정했고, 2010년에는 금지령이 카탈루냐 지역 전체로 확대되었다. 스페인 국영 텔레비전 방송국은 투우 생중계를 진작 그만두었다. 어린이들이 보기에 너무 폭력적이라는 이유에서였다.[277] 유럽 의회도 대륙 전체에 금지령을 내릴 것을 고려해 왔다. 결투처럼 한때 허영과 관례에 따라 허용되었던 폭력적 관습들과 마찬가지로, 투우도 결국 사라질지 모른다. 다만 연민이나 정부의 금지 때문은 아니다. 비난 때문이다. 어니스트 헤밍웨이는 1932년에 쓴 『오후의 죽음』에서 투우의 원초적 매력을 이렇게 설명했다.

> [투우사는] 죽이는 순간을 영혼으로 즐겨야 한다. 깔끔하게 죽이는 것, 미학적 쾌락과 자부심을 안겨 주는 방식으로 죽이는 것은 언제나 인간의 가장 큰 즐거움 중 하나였다. 죽음의 지배를 순순히 받아들인 인간이라면 '죽이지 말지어다'라는 계율에 자연스럽고도 쉽게 복종할 것이다. 그러나 끝끝내 죽음에 저항하는 인간이라면, 신의 속성이라 할 수 있는 죽음의 부여를 자신의 행위로 만드는 데에서 쾌락을 느끼기 마련이다. 이것이야말로 죽임을 즐기는 남자들이 느끼는 가장 심오한 감정이다. 그들은 자랑스럽고 또 자랑스럽게 그 일을 행한다. 이것은 물론 기독교도의 죄이자 이교도의 미덕이다. 그러나 그 자부심이야말로 투우의 모든 것이고, 진심으로 죽임을 즐기는 것

이야말로 위대한 투우사의 모든 것이다.

30년 뒤, 코미디언 톰 레러는 투우 관람 경험을 좀 다르게 묘사했다. 그는 "세상에 남자가 혼자 힘으로 0.5톤짜리 성난 소고기 찜과 맞서는 장면보다 더 아름다운 것은 없을걸." 하고 감탄하고는, 노래의 클라이맥스에서 이렇게 읊었다.

> 나는 반데리예로의 묘기에 박수를 보냈지,
> 그들이 자신들만의 멋진 방식으로 소에게 칼을 꽂는 것을 보면서.
> 내 동생의 개 로버가
> 차에 치여 죽은 날 이후로
> 그렇게 재밌는 건 처음 봤으니까.

그리고 덧붙였다. "로버를 죽인 것은 폰티악이었지. 어찌나 우아하게 예술적으로 해치웠던지, 목격자들이 운전자에게 로버의 두 귀와 꼬리를 선사할 정도였지." 오늘날 스페인 젊은이들의 반응은 헤밍웨이보다 레러에 가깝다. 그들의 영웅은 투우사가 아니다. 가수나 축구 선수처럼, 무언가를 죽이는 일에서 영적이고 미학적인 자부심을 느끼지 않고서도 유명해진 인물들이다. 스페인에는 여전히 충성스런 투우 팬들이 있지만, 다들 중년 이상이다.

사냥도 감소세를 기록하는 취미이다. 밤비에 대한 연민 때문인지 엘머 퍼드와 관계라도 있기 때문인지(둘 다 애니메이션 캐릭터로, 밤비는 귀여운 아기 사슴이고 엘머 퍼드는 내내 벅스 버니를 쫓아다니지만 골탕만 먹는 솜씨 나쁜 사냥꾼이다. — 옮긴이), 재미로 동물을 쏘아 맞추는 미국인의 수는 줄고 있다. 그림 7-26을 보라. 지난 30년 동안 종합 사회 조사에서 자신이나 배우자가 사냥을 한다고 대답한 응답자의 비율로, 감소세가 뚜렷하다. 사냥꾼의 평균 연령이 꾸준히 높아짐을 보여 주는 통계도 있다.[278]

이것은 미국인들이 텔레비전 앞에 더 오래 앉아 있고 야외 활동을 덜 하기 때문은 아니다. 미국 어류 및 야생 동물 관리국에 따르면, 1996년에서 2006년까지 사냥꾼의 수, 사냥 일수, 사냥에 쓴 돈은 10~15퍼센트쯤 줄었지만 야생 동물 관찰자의 수, 야생 동물 관찰 일수, 야생 동물 관찰에 쓴 돈은 10~20퍼센트 **늘었다**.[279] 사람들은 여전히 동물을 벗 삼고 싶어 하지만 총으로 쏘는 대신 바라보기만 하는 것이다. 최근의 이른바 로컬푸드 열풍 때문에 감소세가 역전될지는 두고 볼 문제이다. 로컬푸드를 선호하는 젊은 도시 전문직 종사자들 중에는 푸드 마일리지(음식의 이동 거리)를 줄이기 위해서, 또한 방목으로 야생의 풀을 먹으면서 지속 가능한 방식으로 자란 뒤 인도적으로 도축된 고기를 얻기 위해서 직접 사냥에 나서는 사람들이 있다니까 말이다.[280]

낚시가 인도적 스포츠라니 상상도 안 되지만, 낚시꾼들도 최선을 다하고 있다. 어떤 사람들은 잡았다가 놓아주는 데서 한 발 더 나아가, 물고기가 수면 위로 올라오기도 전에 풀어 준다. 공기에 노출되는 것은 물고기에게 큰 스트레스이기 때문이다. 그보다 더 좋은 것은 바늘을 쓰지 않는 제물낚시이다. 낚시꾼은 송어가 미끼를 무는 것을 구경하고, 낚싯줄에서 손맛을 좀 느낀다. 그게 다다. 한 낚시꾼은 그 경험을 이렇게 묘사했다. "나는 예전보다 더 자연스러운 방식으로 송어들의 세계에 들어가서 녀석들과 어울립니다. 녀석들의 먹이 리듬을 방해하지 않아요. 물고기는 끊임없이 미끼를 물고, 그럴 때마다 나는 약간의 손맛을 즐길 수 있죠. 더 이상 송어들을 괴롭히거나 해치고 싶지 않습니다. 이제 그러지 않으면서 계속 낚시할 방법도 있고요."[281]

여러분은 아래 비유를 알아보겠는가?

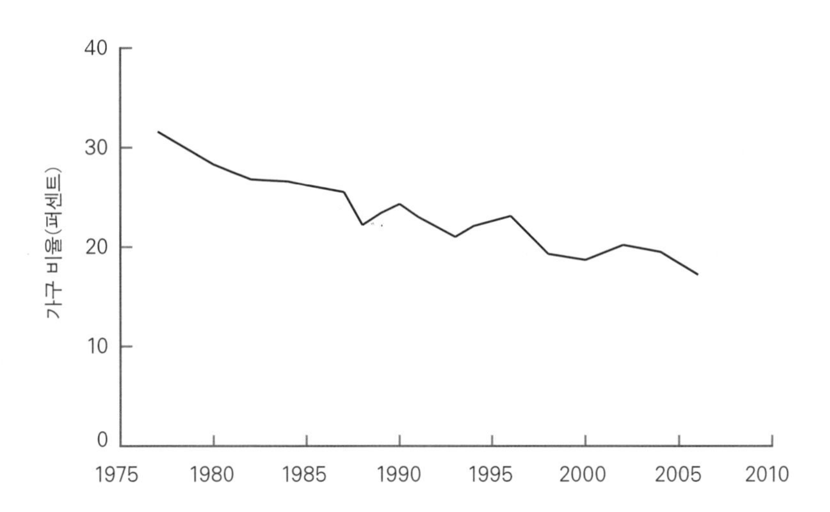

그림 7-26. 미국에서 사냥을 하는 가구의 비율, 1977~2006년.
출처: General Social Survey, http://www.norc.org/GSS+Website/.

이 블로그 글을 작성하면서 나무는 한 그루도 해치지 않았습니다.
이 북트레일러를 제작하면서 햄스터는 한 마리도 해치지 않았습니다.
이 광고를 제작하면서 북극곰은 한 마리도 해치지 않았습니다.
이 리뷰를 쓰면서 염소는 한 마리도 해치지 않았습니다.
이 제품을 생산하면서 다이어트 코크는 한 캔도 해치지 않았습니다.
이 의료 보험 법안에 대한 시위에서 티파티 운동가는 한 명도 해치지 않았습니다.

"이 영화를 제작하면서 동물은 한 마리도 해치지 않았습니다."를 패러디한 말들이다. 알다시피, 이것은 영화의 끝맺음 자막이 올라갈 때 조명과 장비 담당자 이름 뒤에 등장하는 미국 인도주의 협회(AHA)의 공식 승인 문구이다.[282] 말들이 절벽에서 고꾸라져 떨어지는 장면을 찍기 위해서 실제로 말들을 절벽에서 추락시켰던 관행에 대응하고자, 협회는 영화 및 텔레비전 부서를 설치하여 동물 처우에 대한 지침서를 작성했다. 협회는 이렇게 설명한다. "요즘 소비자들은 동물 복지 문제에 점점 더 민감하게 반응하므로, 우리 협회와 함께, 동물 배우를 활용하는 오락 제작자들에게 더 큰 책임감과 의무를 요구해 왔습니다." 협회가 동물 배우라는 용어를 고집하는 까닭은 '동물은 소도구가 아니기' 때문이다. 131쪽이나 되는 『영화 매체에서 동물의 안전한 사용에 대한 지침서』는 1988년에 처음 편찬되었다. 지침서는 **동물**의 정의에서 시작하여('조류, 어류, 파충류, 곤충을 포함하여 모든 감각 있는 생물체'), 모든 동물종과 모든 종류의 사고를 규제 대상으로 포함한다.[283] 내가 무작위로 펼친 페이지에는 이렇게 적혀 있었다.

> **물 효과** (5장의 물 안전도 참고할 것)
>
> 6-2. 동물을 극단적이고 강력한 우비 시뮬레이션에 노출시켜서는 안 된다. 물 효과에 쓰이는 팬의 수압과 속도는 항상 감시해야 한다.
>
> 6-3. 우비 시뮬레이션을 할 때는 바닥에 고무 매트나 다른 미끄럼 방지 깔개를 깔아야 한다. 진흙이 필요할 때는 촬영 전에 협회와 상의하여 깊이를 승인 받아야 한다. 필요하다면 진흙 밑에 미끄럼 방지 깔개를 깔아야 한다.

협회는 "『지침서』가 도입된 이후 촬영장에서 동물 사고, 질병, 사망이 현저히 줄었다."고 자랑한다. 그 근거로 숫자도 댔는데, 나는 그래프를 끼워 넣어 가며 이야기하기를 좋아하는 사람이니 그것을 가져와서 그림 7-27로 실었다. 동물 배우를 학대했기 때문에 협회가 '승인 불가'로 규정한 영화들의 연간 편 수를 보여 주는 그래프이다.

동물의 권리가 새로운 차원에 올랐다는 말을 아직 못 믿겠다면, 2009년 6월 16일에 벌어졌던 사건을 떠올려 보자. 《뉴욕 타임스》는 "하얗고,

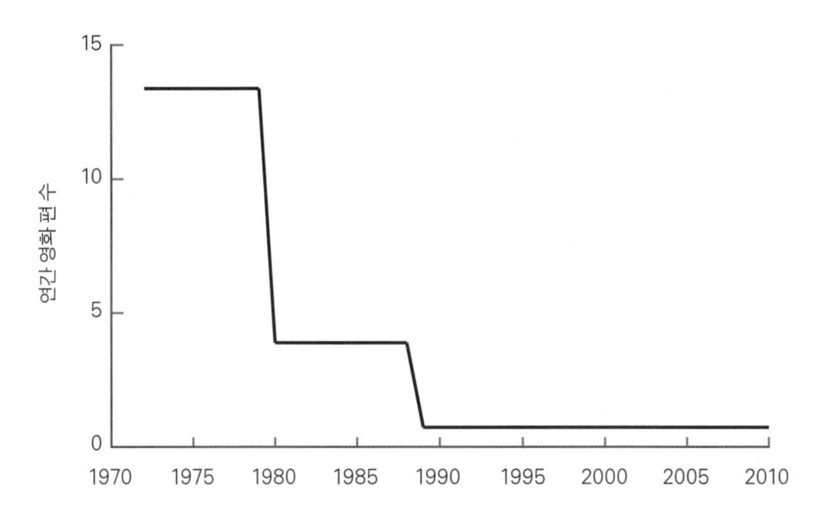

그림 7-27. 동물을 해친 영화의 연간 편 수, 1972~2010년.
출처: American Humane Association, Film and Television Unit, 2010.

방이 132개이고, 파리가 있는 것은 무엇일까?"라는 제목의 기사를 실었다. 답은 백악관으로, 근래 벌레에 시달린다고 했다. 기사 내용은 이렇다. 오바마 대통령이 텔레비전 인터뷰를 하던 중, 커다란 파리가 대통령의 이마 근처를 맴돌았다. 경호원이 얼른 메쳐서 땅에 쓰러뜨리지 않자, 대통령이 직접 나서서 한 손으로 다른 쪽 손등을 쳐서 파리를 잡았다. 해충 구제의 최고 사령관은 그러고는 "내가 잡았습니다."라고 자랑했다. 이 장면은 유튜브에서 인기를 끌었지만, PETA(동물의 윤리적 대우를 위한 사람들)의 불평을 들었다. 단체는 블로그에 "오바마 대통령은 파리 한 마리 못 죽일 사람이라고는 말할 수 없겠다."라고 쓰고, '향후 곤충 사건이 발생할 때' 쓰라며 캐처버그 사의 '인도적 벌레잡이' 제품을 백악관에 보냈다.[284]

✤ ✤ ✤

이윽고 고기로 돌아왔다. 지난 50년 동안 지구에 살았던 모든 동물을 헤아린다면, 그리고 인간이 그들에게 가했던 피해를 헤아린다면, 동물의 처우가 전혀 나아지지 않았다고 주장해야 할 수도 있다. 육계(肉鷄) 혁명이라는 또 하나의 변화가 동물권 혁명의 성과를 부분적으로 상쇄했기 때문이다.[285] 닭은 한때 사치품이었다. 1928년에 미국에 '냄비마다 닭을'이라는 표어가 있었음을 떠올려 보라. 시장은 좀 더 살찐 닭을 좀 더 효율적으로 키워 수요에 대응했다. 설령 좀 더 비인도적인 방식을 쓰더라도. 공장식 양계장의 닭들은 다리가 허약하고, 좁아터진 우리에서 살고, 악취 나는 공기를 마시고, 운반과 도축 과정에서 험하게 다뤄진다. 1970년대 소비자들은 흰 고기가 붉은 고기보다 몸에 더 좋다고 믿었다(미국 양돈 협회는 '또 하나의 흰 고기'라는 표어로 이 현상에 편승했다.). 게다가 가금류는 뇌가 작고 우리와는 생물학적 강(綱)이 다르기 때문에, 많은 사람이 막연히 가금류는 포유류보다 의식 수준이 낮을 것이라고 생각한다. 그 덕분에 닭고기 수요는 막대하게 늘었고, 1990년대 초에는 소고기 수요를 넘어섰다.[286] 그래서 뜻밖에 추가로 수십억 마리의 불운한 생명들이 세상에 나오고 수요에 맞춰 죽게 되었다. 소 1마리의 고기량을 제공하려면 닭 200마리가 필요하기 때문이다.[287] 가금류와 가축을 공장식으로 사육하고 잔인하게 다루는 것은 수백 년 된 관행이므로, 이 불행한 경향성이 딱히 도덕성의 후퇴나 냉담함의 증가를 반영하는 것은 아니었다. 그저 시대를 불문하고 대부분의 사람들은 닭의 일생에 무관심하기 때문에, 아무도 눈치채지 못하는 사이에 경제와 입맛의 변화에 따라 그 숫자가 은밀히 치솟았을 뿐이다. 우리에게 '또 하나의 흰 고기'를 제공하는 동물도 정도는 덜하지만 추세는 같았다.

그러나 흐름은 바뀌기 시작했다. 변화의 한 신호는 채식주의의 성장이었다. 1990년대에 내가 집으로 손님들을 초대했을 때, 한 명이 식탁에 앉으면서 이렇게 말했다. "아, 깜박 잊고 말씀을 안 드렸는데요, 저는 죽은 동물은 안 먹습니다." 당시 이런 일을 겪은 사람이 나만은 아니었으리라. "안 드시는 음식이 있나요?"는 손님을 초대할 때 반드시 물어야 할 에티켓이 되었고, 요즘 학회에서는 저녁 식사 신청자들에게 고무처럼 질긴 닭고기 요리를 흐늘흐늘한 가지 요리로 바꾸겠느냐고 물어본다. 2002년에 《타임》 지는 다음과 같은 제목의 표지 기사로 경향성을 재차 보여 주었다. "당신도 채식주의자가 되어야 할까? 미국인 수백만 명이 고기를 버리고 있다."

식품 산업은 부분 채식자(vegetarian)나 완전 채식자(vegan)를 위한 제품을 풍성하게 내놓아 대응했다. 우리 집 근처 슈퍼마켓의 가짜 고기 코너에는 콩 버거, 가든 버거, 세이탄 버거, 고기 없는 채식 버거 패티, 두부 핫도그, 낫 도그, 스마트 도그, 가짜 베이컨, 저키, 토푸키, 콩 소시지, 소이리초, 칙 패티, 고기 없는 버팔로 윙, 셀레브레이션 로스트, 템페 스트립, 터케티, 채식 단백질 덩어리, 채식 가리비, 튜노 등등의 고기 및 생선 대용품이 진열되어 있다(모두 구체적인 채식 식품 브랜드들이다. — 옮긴이). 이 기술적, 언어적 창의성은 새로운 채식 열풍의 증거인 한편, 고기에 대한 뿌리 깊은 갈망의 증거이다. 푸짐한 아침을 즐기는 사람이라면 채식 베이컨에 두부 스크램블러를 곁들이면 된다. 오믈렛에 소야 카스, 소이마주, 베건렐라 같은 치즈 대용품을 곁들여도 좋다. 디저트로는 아이스 빈, 라이스 드림, 토푸티 같은 아이스크림 대용품이 있고, 여기에 크림 대용품인 힙 휩을 올리고 체리로 장식할 수도 있다. 그러나 고기의 궁극적인 대체물은 배양기로 기른 동물성 조직일 것이다. 이른바 발 없는 고기이다. 한결같이 낙천적인 PETA는 배양기에서 기른 닭고기를 시장에 처음 내

놓는 과학자에게 100만 달러의 상금을 주겠다고 내걸었다.[288]

채식 열풍이 이처럼 눈에 띄는데도, 순수한 채식주의자는 전체 인구에서 몇 퍼센트에 불과하다. 채식주의자가 되기는 쉽지 않다. 주변에 온통 죽은 동물들과 그것을 사랑하는 육식인들이 있거니와, 고기에 대한 갈망은 완전히 제거할 수 없다. 중도 탈락하는 사람이 많은 것도 무리가 아니다. 어느 시점에 조사하든, 채식을 준수하는 사람보다 냉담자로 돌아선 한때의 채식주의자가 세 배 더 많았다.[289] 게다가 채식주의자를 자처하는 사람들 중에도 생선은 채소라고 믿는 사람이 있다. 그들은 생선과 해물은 계속 먹고, 가끔 닭도 먹는다.[290] 또 어떤 사람들은 중국 식당에 간 보수파 유대인마냥 식단 제약을 융통성 있게 운용한다. 좁은 범위의 특정 식품에 대해서는 스스로 면제해 주거나, 외식할 때는 가리지 않고 다 먹는 식이다. 인구 중 채식주의자의 비율이 가장 높은 집단은 십대 소녀인데, 그들의 주된 동기는 동물에 대한 연민이 아닐 수도 있다. 십대 소녀들의 채식은 섭식 장애와 상관관계가 아주 높다.[291]

어쨌든 채식이 늘기는 할까? 우리가 아는 한은 그렇다. 영국 채식 협회는 구할 수 있는 모든 여론 조사 결과를 모아 표로 정리하고 있는데, 나는 그중에서 전국의 응답자들에게 채식주의자인지 아닌지 물었던 조사만을 골라 그림 7-28에 표시했다. 제일 잘 맞는 직선을 그은 결과, 지난 20년 동안 채식주의자는 인구의 약 2퍼센트에서 약 7퍼센트로 세 배 넘게 늘었다. 미국에서는 채식주의자 자원 단체가 여론 조사를 실시했는데, 고기만이 아니라 생선과 가금류를 먹는지도 엄밀하게 물어서 융통성 있게 먹는 사람, 린네 분류 체계를 창의적으로 이해하는 사람을 제외했다. 그 비율은 영국보다 낮았지만 추세는 비슷하여, 대략 15년 동안 세 배 이상 늘었다.

동물 복지에 대한 관심이 높아진다는 여러 신호에도 불구하고 채식

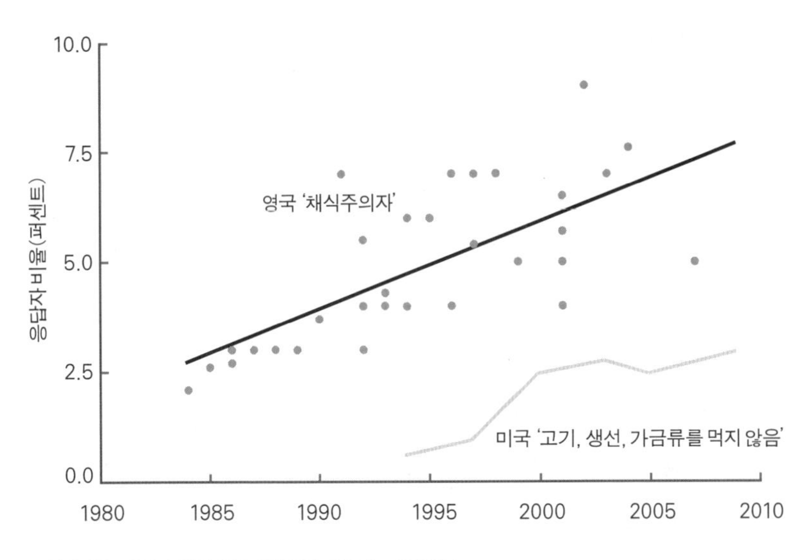

그림 7-28. 미국과 영국에서 채식주의, 1984~2009년.

출처: 영국: Vegetarian Society, http://www.vegsoc.org/info/. 가정 전체에 대해서 묻거나, 학생들에게 묻거나, '엄격한' 채식주의에 대해서 물은 여론 조사는 제외했다. 미국: Vegetarian Resource Group, *Vegetarian Journal*. 2009년: http://www.vrg.org/press/2009poll.htm. 2005년과 2003년: http://www.vrg.org/journal/vj2006issue4/vj2006issue4poll.htm. 2000년: http://www.vrg.org/nutshell/poll2000.htm. 1997년: http://www.vrg.org/journal/vj97sep/979poll.htm. 1994년: http://www.vrg.org/nutshell/poll.htm.

주의자의 비율이 여전히 낮다는 사실은, 비록 증가세라고는 하나, 놀랍게 느껴질 수 있다. 그러나 실은 놀랄 일이 아니다. 채식주의자가 되는 것과 동물 복지를 중시하는 것은 다른 일이다. 채식에는 동물 복지 말고도 다른 동기들이 — 건강, 맛, 환경, 종교, 엄마를 미치게 만들기 — 있는 데다가, 동물 복지에 관심 있는 사람이라도 채식이라는 상징적 선언이 정말로 동물의 고통을 줄이는 최선의 방법인가 의심할 수 있다. 자신이 이타적으로 햄버거를 포기해 보았자 방대한 전국 고기 수요에 손톱만큼도 영향을 미칠 것 같지 않고 소 한 마리의 목숨도 구하지 못할 것 같기 때문이다. 설령 한 마리는 구하더라도, 나머지 소들의 삶은 여전히 나아지지 않을 것이다. 식품 산업의 관행을 바꾸는 일은 이른바 집단행동의 딜레마에 해당한다. 개개인은 자신의 희생이 집단의 복지에는 미미한 영향만을 미칠 것이라고 생각하여 회피하고 싶어 한다.

그러나 채식의 성장은 동물에 대한 관심을 상징적으로 보여 주는 한 지표일 뿐이고, 그 관심은 다른 형태로도 더 폭넓게 드러나고 있다. 어쩌면 고기를 삼가는 원칙을 명시적으로 세우지 않은 사람들도 고기를 점점 덜 먹는지도 모른다(미국은 1980년 이래 포유류 고기 소비가 줄고 있다.).[292] 갈수록 많은 식당과 슈퍼마켓이 손님들에게 메인 요리의 재료가 무엇을 먹고 자랐는지, 발굽이나 발톱을 갖고 있었을 때 얼마나 자유롭게 방목되었는지 알려 준다. 2010년, 미국의 주요 가금류 가공업체 중 두 곳은 좀 더 인도적인 도축 방식으로 바꾼다고 선언했다. 닭을 거꾸로 매달아 목을 따기 전에 먼저 이산화탄소로 기절시키는 방식이다. 홍보 담당자들은 아슬아슬한 줄타기를 잘해야 한다. 손님들은 앙트레의 재료가 생의 마지막 순간까지 인도적으로 다뤄졌다는 사실에 기뻐하겠지만, 정확히 어떤 최후를 맞았는지를 너무 자세히 알고 싶진 않을 것이다. 가장 인도적인 기법이라도 이미지가 썩 좋지는 않다. 한 중역은 "우리가 닭들을 가스로 죽인다고 선전하고 싶지는 않습니다."라고 말했다.[293]

더 중요한 점은, 대다수의 사람들이 법적 조치를 지지한다는 점이다. 법률로 사육업자들과 가공업체들에게 인도적인 처분을 강제한다면 집단행동의 딜레마를 풀 수 있을 테니까. 2000년 여론 조사에서 영국인의 80퍼센트는 "농장 동물들이 더 나은 환경에서 살면 좋겠다."고 답했다.[294] 자유주의 성향이 짙은 미국인들도 정부의 강제를 지지할 의향이 있는 듯하다. 2003년 갤럽 여론 조사에서 응답자의 무려 96퍼센트는 동물들이 겪는 피해와 착취에 대해 최소한의 보호가 필요하다고 답했고, '그냥 동물이니까' 보호할 필요가 없다고 답한 응답자는 3퍼센트에 불과했다.[295] 미국인들은 사냥 금지, 그리고 의학 연구 및 제품 시험에서의 동물 사용 금지에 반대하지만, 62퍼센트는 '농장 동물의 처우에 대한 엄격한 법률'을 지지했다. 그리고 기회가 주어지는 한 그런 견해를 투표에 반영했다. 애리조나, 콜로라도, 플로리다, 메인, 미시간, 오하이오, 오리건 주의 법률에는 가축의 권리가 명시되어 있고, 2008년에 캘리포니아 유권자의 63퍼센트는 '농장 동물 학대 예방법'에 찬성했다. 그 법률에 따르면 동물들이 꼼짝 못 하도록 가두는 송아지 상자, 가금류 우리, 임신한 돼지용 상자가 금지된다.[296] 미국 정치에는 이런 말이 있지 않은가. '캘리포니아가 하면 미국도 한다.'

그리고, '유럽이 하면 캘리포니아도 한다.'고 말해도 좋을지 모른다. 유럽 연합은 동물 보호에 관해 세밀한 규제를 두고 있다. 그런 조치는 '동물이 감각 있는 존재라는 인식에서 출발한다. 전반적인 목표는 동물이 충분히 없앨 수 있는 고통이나 괴로움을 견디지 않아도 되도록 만들고, 주인/사육자가 최소한의 복지 조건을 지키도록 의무화하는 것이다.'[297] 물론, 모든 나라가 150쪽 분량의 규제집을 작성한 스위스만큼 나아간 것은 아니다. 규제집에 따라 스위스에서는 개를 키우는 사람은 누구나 4시간짜리 '이론' 교육을 의무적으로 들어야 한다. 반려동물을 어떻게 재우고, 먹이고, 산책시키고, 놀아 주는지, 동물이 죽었을 때 사체를 어떻게 처분해야 하는지도 세세하게 정해져 있다(산 금붕어를 변기에 내리는 일도 금지된다.). 그런 스위스조차도 취리히처럼 규제 위반이 발생하면 '동물 변호사'를 선임하여 위반자를 형사 법정에 소환하는 정책을 전국으로 확대 시행하자는 2010년 국민 투표에 대해서는 난색을 표했다. 한번은 어느 낚시꾼이 커다란 강꼬치고기와 10분간 힘겨루기를 한 끝에 녀석을 낚아 올렸다고 지역 신문에 자랑했다가 소환되었다(결국 낚시꾼은 방면되었고, 강꼬치고기는 먹혔다.).[298] 미국 보수주의자들에게는 이런 이야기가 악몽처럼 들리겠지만, 그런 그들조차 정부의 동물 복지 규제에는 기꺼이 찬성한다. 2003년 여론 조사에서 공화당원의 다수가 농장 동물 처우에 대한 '엄격한 법률' 통과를 지지했다.[299)]

변화는 어디까지 진행될까? 사람들은 종종 내게 묻는다. 노예제와 고문 폐지부터 시민권, 여성권, 동성애자 권리까지 나아간 도덕적 추진력은 급기야 육식, 사냥, 동물 실험을 폐지하는 단계까지 나아갈까? 우리가 선조들의 노예제에 소스라치는 것처럼, 우리의 22대 손은 우리의 육식에 소스라칠까?

어쩌면 그럴 수도 있지만, 또 어쩌면 아닐 수도 있다. 억압 받는 동물을 억압 받는 사람에게 비유하는 것은 강력한 수사이다. 양쪽 모두 감각 있는 존재인 이상, 논리적 타당성도 묵직하다. 그러나 그 비유가 아주 정밀하지는 않다. 누가 뭐래도 흑인, 여성, 아이, 동성애자는 육계가 아니다. 나는 동물 권리의 궤적이 시간 차이를 두고서 다른 인권들의 궤적을 정확하게 따를 것이라고는 생각하지 않는다. 『우리가 먹고 사랑하고 혐오하는 동물들』에서 심리학자 할 헤르조그는 동물에 대한 태도가 하나의 일관된 도덕 철학으로 수렴하기가 왜 이렇게 어려운지를 여러 이유를 들어 설명했다. 그중 내게 와 닿았던 이유를 몇 가지 말해 보겠다.

한 장애물은 고기에 대한 갈망, 그리고 육식과 더불어 오는 사회적 즐거움이다. 전통적 힌두교, 불교, 자이나교는 고기 없는 사회가 가능하다는 사실을 보여 주었지만, 미국의 채식 점유율이 3퍼센트라는 데서 알 수 있듯이 우리가 전환점에 다다르려면 한참 멀었다. 나는 이 장의 데이터를 수집하다가 2004년 퓨 연구소 여론 조사를 발견하고 자못 흥분했다. 채식을 한다고 말한 응답자가 13퍼센트나 되었기 때문이다. 그러나 설명을 읽어 보니, 그것은 버몬트의 좌파 주지사 하워드 딘을 대통령 후보로 지지하는 사람들을 대상으로 한 여론 조사였다. 그 말인즉, 벤 앤드 제리의 주에서 가장 강경한 그래놀라들 중에서도 87퍼센트는 고기를 먹는다는 뜻이다(아이스크림 회사 '벤 앤드 제리'의 본사가 버몬트 주에 있고, 아침 식사용 볶은 곡물을 말하는 그래놀라는 환경 의식이 투철한 사람들을 가리키는 표현이다. ― 옮긴이).[300]

육식에 대한 갈망보다 더 뿌리 깊은 장애물도 있다. 인간과 동물의 많은 상호 작용은 언제까지나 제로섬 관계일 것이다. 동물은 우리의 집을 갉고, 작물을 먹고, 이따금 아이도 먹는다. 동물은 우리를 가렵게 하고, 피를 보게 한다. 동물은 우리를 괴롭히고 죽이는 질병의 매개체이다. 동물은 또 서로 죽이는데, 우리가 곁에 남기고 싶은 멸종 위기 종도 포함된다. 동물이 실험에 참여하지 않으면 의학은 현 상태로 얼어붙을 것이고, 쥐 대신에 현재와 미래의 수십 억 인구가 고통스럽게 죽어 갈 것이다. 어떤 감각 있는 존재가 받는 어떤 피해이든 동등한 무게를 적용한다는 윤리적 계산에 따르면, 즉 우리 종에게 유리한 집단 중심주의를 적용하지 않고 계산한다면, 동물의 복지를 그와 동등한 인간의 복지와 교환하는 행위는 허락되지 않는다. 이를테면 어린 소녀를 구하자고 들개를 쏘아 죽여서는 안 된다. 물론, 인간의 동물학적 특이성을 근거로 들어 인간의 이해관계에 가산점을 줄 수는 있다. 인간에게는 큰 뇌가 있어서 자신의 생명을 음미할 수 있다는 점, 과거와 미래를 숙고할 수 있다는 점, 죽음을 두려워한다는 점, 조밀한 사회적 연결망으로 자신과 남들의 안녕을 얽는다는 점 등등. 그러나 그와는 무관하게 어쨌든 인간 생명에 대한 터부는 포기해야 할 것이고, 그렇다면 가령 정신적 무능력자의 생명을 보호하는 터부도 없애야 할 것이다. 싱어는 종 차별을 인정하지 않는 도덕성 개념에 담긴 이런 함의를 주저 없이 받아들였다.[301] 그러나 가까운 시일에 그의 견해가 서구의 도덕성을 점령할 일은 없을 것이다.

동물권 운동은 궁극적으로 인간의 사고 영역을 통틀어 가장 알쏭달쏭한 수수께끼들과 충돌할 것이다. 우리의 도덕적 직관이 무너지기 시작하는 영역에 있는 문제들인데, 한 예가 의식이라는 어려운 문제이다. 이것은 대체 어떻게 신경 정보 처리 과정에서 지각이 생겨날까 하는 문제를 말한다.[302] 데카르트가 포유류에게 의식이 없다고 했던 것은 틀린 말이었다. 어류에 대해서도 틀린 것 같다. 그러나 그가 굴에 대해서도 틀렸을까? 달팽이는? 흰개미는? 지렁이는? 우리가 요리, 정원 가꾸기, 집수리, 오락 활동에서 윤리적 확실성을 얻고 싶다면, 반드시 이 철학적 수수께끼에 답해야 한다. 또 다른 역설은, 인간이 합리적이고 도덕적인 행위자인 동시에 피투성이 이빨과 발톱의 자연에도 속한다는 점이다. 내 속의 무언가 때문에 나는 사냥꾼이 무스를 쏘아 죽이는 장면에 반대한다. 그러나 불곰이 무스를 죽이는 장면에는 왜 혼란스럽지 않을까? 어차피 무스가 죽는 것은 같지 않은가? 왜 나는 곰에게 콩으로 만든 무스 대용품을 권해야 한다는 도덕적 명령을 느끼지 않는 걸까? 우리는 육식동물의 점진적 멸종을 꾀해야 할까? 유전자 조작으로 녀석들을 초식 동물로 바꿔야 할까?[303] 우리는 이런 사고 실험에 반발을 느낀다. 옳든 그르든 '자연스럽게' 느껴지는 것에 대해서 약간의 윤리적 무게를 부여하기 때문이다. 그러나 다른 종들의 자연스러운 육식성이 존중할 요소라면, 호모 사피엔스의 자연스러운 육식성은 왜 아닌가? 더구나 우리가 인지적, 도덕적 능력을 활용하여 먹히는 동물들의 고통을 최소화할 수 있다면 말이다.

헤아리기 힘든 이런 문제들 때문에, 동물권 운동은 다른 권리 혁명들의 궤적을 그대로 따르지는 못할 것이다. 그러나 현재는 결승선의 위치를 논할 계제가 아니다. 작은 비용으로도 동물들의 엄청난 고통을 줄일 기회가 아직 차고 넘친다. 최근의 감수성 변화를 볼 때, 동물들의 삶은 앞으로도 분명 개선될 것이다.

권리 혁명은 왜 일어났을까?

이 장의 밑조사를 시작할 때, 나는 긴 평화와 새로운 평화의 기간에 소수 인종, 여성, 아동, 동성애자, 동물을 위한 진보가 함께 진행되었다는 사실을 미리 알고 있었다. 그러나 측정 가능한 폭력의 잣대들이 몽땅 하향세를 보이리라고는 — 증오 범죄와 강간, 아내 구타와 아동 학대, 영화 촬영에서 동물을 해친 건수까지 — 미처 짐작하지 못했다. 지난 50년 동안 이 모든 영역들이 폭력에서 멀어진 것을 어떻게 이해해야 할까?

이런 경향성들은 몇 가지 공통점이 있다. 모두들 인간 본성의 강력한 흐름을 거슬러야 했다는 점이다. 외집단을 비인간화하고 악마화하는 성향, 남성의 성적 탐욕과 여성을 소유물로 보는 정서, 부모-자식 간 갈등이 영아 살해나 체벌로 표출되는 성향, 동성애자에 대한 성적 혐오를 도덕화하는 성향, 육식에의 갈망, 사냥에서 느끼는 짜릿함, 그리고 혈연, 상호성, 카리스마에만 기반하여 감정 이입을 하는 성향 등등.

생물학만으로는 부족하다는 듯, 아브라함 일신교들은 폭력을 장려하는 법률과 믿음을 통해서 수천 년 동안 인간이 지닌 최악의 본능들을 승인해 주었다. 이교도를 악마화하는 것, 여성을 소유하는 것, 아이를 사악한 존재로 보는 것, 동성애자를 혐오하는 것, 동물을 지배하고 그들에게는 영혼이 없다고 보는 것 등등. 아시아 문화도 부끄러워할 점이 많다. 특히 딸들과 집단적으로 의절함으로써 여아 홀로코스트를 부추긴 것이 그렇다. 우리에게는 또 공고한 규범들이 있다. 아내를 때리는 것, 아이를 때리는 것, 송아지를 가둬 키우는 것, 쥐에게 충격을 주는 것 등은 우리가 그것을 허용 가능한 일로 여겼기 때문에 허용된 행위였다.

폭력이 비도덕적인 이상, 우리는 때로 본능, 문화, 종교, 관행을 단호히 거부해야만 도덕적 삶을 살 수 있다. 권리 혁명은 이 점을 똑똑히 보여 주었다. 그 대신, 감정 이입과 이성에 기반하고 권리의 언어로 선언된 윤리가 그 자리를 차지한다. 우리는 감각 있는 다른 존재들의 처지에 스스로를 대입해 봄으로써 그들의 이해를 고려하게 된다. 시작은 다치거나 살해되지 않을 권리이다. 나아가 우리는 인종, 민족, 성별, 나이, 성적 지향처럼 눈길을 끌기는 하되 피상적인 특징들을 무시하게 된다. 종도 어느 정도까지는 마찬가지다.

이 결론은 물론 계몽주의가 주장했던 도덕적 전망과 같고, 계몽주의에서 자라난 인도주의와 자유주의의 요소들도 일부 담겨 있다. 권리 혁명은 자유주의 혁명이었다. 모든 운동이 자유주의적 움직임과 관계가 있었다. 그리고 정도의 차이는 있을지언정 모든 운동이 서유럽에서 시작되어 미국의 자유당 지지 지역, 공화당 지지 지역, 라틴 아메리카와 아시아의 민주 국가들, 좀 더 권위적인 국가들의 순서로 퍼지다가 아프리카와 이슬람 국가들로 끝맺었다. 또한 모든 운동은 서구 문화에 정치적 올바름이라는 표현으로 비아냥을 살 만큼 지나친 예절과 터부를 남겼다. 그러나 숫자가 분명히 보여 주듯이, 이 운동들은 죽음과 고통의 많은 원인을 제거하고 어떤 폭력에도 관용을 보이지 않는 문화로 바꾸는 데 성공했다.

진보적 식자들이 하는 말을 듣노라면, 미국은 40년 넘게 오른쪽으로만 돌진한 것처럼 느껴진다. 닉슨에서 레이건, 깅리치, 부시 부자(父子), 최근의 티파티 운동에 참가한 성난 백인 남자들까지. 그러나 권리 혁명이 손댄 모든 주제에서 — 인종 간 결혼, 여성권 증진, 동성애에 대한 관용, 아이에 대한 체벌, 동물을 다루는 방식 — 보수주의자들은 진보주의자들의 궤적을 뒤쫓았다. 그래서 오늘날의 보수주의자들은 과거의 진보주의자들보다 더 진보적이다. 보수 역사학자 조지 내시는 "이론적으로는 아닐지라도 현실적으로는 오늘날 미국의 보수주의가 1980년대보다 훨씬 왼쪽에 서 있다."고 말했다.[304] (어쩌면 그래서 그 사람들이 그렇게 성이 났는지도 모르겠다.)

무엇이 권리 혁명을 일으켰을까? 긴 평화, 새로운 평화, 1990년대 범죄 감소의 원인을 지정하는 것도 어려웠지만, 여러 갈래의 권리 혁명을 무더기로 끌어냈던 외생적 인자를 지정하기는 그보다 더 어렵다. 그래도 예의 표준 후보들을 살펴볼 수는 있겠다.

전후는 경제적 풍요가 확산된 시절이었다. 그러나 풍요는 사회에 워낙 폭넓은 영향을 미치기 때문에, 혁명의 직접적인 유발 기제에 관해서는 별다른 통찰을 주지 못한다. 우리는 돈으로 교육, 경찰, 사회 과학, 사회 서비스, 일상에 속속들이 침투한 매체, 더 많은 여성을 포함하는 전문 인력, 아이와 동물에 대한 보호를 살 수 있다. 이 중에서 과연 무엇이 차이를 일으켰는지 확인하기는 어렵거니와, 설령 알아내더라도 그렇다면 왜 사회가 하필이면 취약한 집단의 피해를 줄이는 방향으로 다양한 잉여의 재화를 분배했을까 하는 문제가 제기된다. 그리고 내가 비록 엄밀한 통계는 모르지만, 1960년대부터 2000년대까지 다양한 권리 운동들이 상승세를 탔던 시점과 경제적 호불황의 시점 사이에는 별다른 상관관계가 없는 듯하다.

민주 정부는 분명 나름의 역할을 했다. 권리 혁명은 민주주의에서 발생했다. 민주주의는 개인들이 서로 간의 폭력을 줄이기 위해서 맺은 사회적 계약으로 구성되므로, 계약이 확장되어 원래 간과했던 집단까지 포함할 가능성이 늘 있다. 그러나 시점은 여전히 수수께끼이다. 민주주의는 완전한 외생적 변수가 아니기 때문이다. 미국 시민권 운동에서는 민주주의 기제 자체가 쟁점이었다. 흑인의 참정권을 바로잡은 운동이었으니까. 다른 혁명들에서도 새로운 집단이 사회적 계약의 어엿한 참가자로 초대 받거나 스스로 끼어든 뒤에야 정부는 해당 집단 구성원들에게 다른 시민들이 가하던 폭력을 (혹은 정부 스스로가 가하던 폭력을) 제재할 수 있었다.

권리 혁명이 진행되는 동안, 상호성과 무역의 연결망이 확장되면서 물질에 기반했던 경제가 정보에 기반하는 경제로 바뀌었다. 여성은 가사에 덜 매이게 되었고, 조직은 지역의 노동 시장이나 경력자 남성들만이 아니라 더 넓은 인력 풀에서 인적 자원을 찾게 되었다. 여성과 소수집단 구성원도 정부와 상업의 권모술수에 가담하여, 그 작동 과정에 자신들의 이해가 제대로 반영되도록 바꾸었다. 우리는 이 메커니즘을 보여 주는 몇몇 증거를 앞에서 살펴보았다. 일례로 정부와 전문직에 여성이 많이 진출한 나라일수록 여성에 대한 가정 폭력이 적었고, 개인적으로 동성애자를 아는 사람일수록 동성애에 반대할 가능성이 적었다. 그러나 민주주의와 마찬가지로 제도들의 포괄성도 완전히 외생적인 과정만은 아니다. 정보 경제의 숨은 손이 제도들을 이끌어 여성, 소수자, 동성애자를 더 많이 받아들이게 만들었을 수는 있지만, 그들이 온전히 통합되려면 정부가 차별 반대 법률로 압력을 가해야만 한다. 더구나 아동과 동물의 경우에는 상호 교환 시장이 아예 없었고, 도움은 한 방향으로만 흘렀다.

내게 권리 혁명에서 가장 중요했던 외생적 원인을 하나만 고르라고 하면, 사상과 사람의 이동성을 높인 기술들에게 돈을 걸겠다. 권리 혁명의 시대는 또한 전자 혁명의 시대였다. 텔레비전, 트랜지스터라디오, 케이블 방송, 위성, 장거리 전화, 복사기, 팩스, 인터넷, 휴대전화, 문자 메시지, 웹 비디오. 또한 고속도로, 고속 열차, 제트 비행기의 시대였다. 고등

교육에서, 그리고 과학 연구의 가없는 최전선에서 유례없는 성장이 이루어진 시대였다. 이보다 덜 알려진 사실이지만, 이 시기에 출판도 폭발적으로 성장했다. 1960~2000년 사이에 미국의 연간 출간 권수는 다섯 배 가까이 늘었다.[305)]

나는 이 연관성을 앞에서도 언급했다. 인도주의 혁명은 문자 공화국에서 나왔고, 긴 평화와 새로운 평화는 지구촌의 자식이었다. 이슬람 세계에서 무엇이 잘못되었던지를 떠올려 보라. 그들이 인쇄기를 거부했던 것, 책과 그 속에 담긴 사상의 수입에 저항했던 것이 문제였을지도 모른다고 했다.

사상과 사람의 확산은 왜 폭력을 줄이는 개혁으로 귀결될까? 여러 경로가 있다. 가장 뚜렷한 것은 무지와 미신의 타파이다. 대중이 교육을 받고 서로 연결되면, 적어도 집단 차원에서 장기적으로는 유해한 신념의 미몽에서 깨어나기 마련이다. 다른 인종과 민족은 선천적으로 탐욕스럽고 배은망덕하다는 생각, 경제적 불운과 군사적 불운이 소수 민족의 배신 탓이라는 생각, 여성은 강간을 괘념치 않는다는 생각, 아이는 때려서 사회화해야 한다는 생각, 동성애는 도덕적으로 타락한 생활양식을 따르는 사람들이 스스로 선택한 것이라는 생각, 동물은 고통을 느끼지 못한다는 생각. 한때 폭력을 불러들이고 용인했던 신념들이 최근에 타파되는 모습을 보노라면, 당신에게 어리석은 것을 믿게 만들 수 있는 사람은 잔학 행위를 저지르게 만들 수도 있다고 했던 볼테르의 말이 떠오른다.

또 다른 인과적 경로는 사람들에게 타인의 관점을 취해 보라고 권유하는 계기가 많아진다는 것이다. 인도주의 혁명에는 『클라리사』, 『파멜라』, 『줄리』가 있었고, 『톰 아저씨의 오두막』, 『올리버 트위스트』가 있었으며, 구타와 화형과 채찍질에 희생된 사람들에 대한 목격자 증언이 있었다. 이런 감정 이입의 기술들은 전자 시대에 더 넓고 깊게 침투했다. 아프리카계 미국인과 동성애자가 버라이어티쇼에 연예인으로 출연했고, 토크쇼에 초대 손님으로 나왔고, 시트콤과 드라마에 공감 가는 인물로 등장했다. 그들의 투쟁은 소방 호스와 경찰견이 등장하는 실시간 동영상으로 기록되었고, 『찰리와 함께한 여행』, 『태양 속의 건포도』, 『앵무새 죽이기』 같은 베스트셀러 소설과 연극에서 묘사되었다. 방송을 잘 받는 페미니스트들이 토크쇼에 나와 주장을 개진했고, 곧 그들의 견해가 드라마나 시트콤 인물의 입에서 흘러나오게 되었다.

9장에서 더 이야기하겠지만, 타인의 눈으로 세상을 보는 가상 현실적 경험만이 감정 이입과 관심의 범위를 넓힌 것은 아니었다. 지적 명민함도 — 말 그대로 일종의 지성이다. — 거들었다. 그 능력 덕분에 사람들은 각자의 출신과 지위에 갇혔던 편협한 사고에서 벗어나게 되었고, 가설적인 세상을 상상하게 되었고, 기존의 신념과 가치를 지배했던 습관, 충동, 제도를 반성하게 되었다. 이런 반성적 사고방식은 향상된 교육의 산물일 수도 있고, 전자 매체의 산물일 수도 있다. 폴 사이먼은 이렇게 놀라워하지 않았던가(노래 「버블 비닐 속 소년」의 가사 중 — 옮긴이).

지금은 기적과 경이의 나날,
이것은 장거리 전화,
카메라는 슬로 모션으로 우리를 쫓고,
우리는 우리를 바라보네.

정보의 흐름이 도덕의 성장을 촉진하는 세 번째 경로를 보자. '문화 삼부작'을 쓴 경제학자 토머스 소웰, 『총, 균, 쇠』를 쓴 생리학자 제레드 다이아몬드처럼 왜 세계 여러 지역들이 서로 다른 물질적 발전의 궤적을 밟았는지 궁금해 했던 학자들은 이렇게 결론지었다. 물질적 성공의 열쇠는 많은 혁신을 받아 낼 수 있는 유역에 위치하는 법이라고.[306] 제아무리 똑똑한 사람이라도 남들이 기꺼이 사용하고 싶어 할 만큼 유익한 무언가를 혼자 고립되어 발명할 수는 없다. 모든 성공한 혁신가는 거인들의 어깨에 올라섰을 뿐 아니라, 지적 재산권 도둑질을 대대적으로 감행했다. 자신에게 흘러든 여러 지류들의 방대한 유역에서 좋은 발상을 걸러 냈던 것이다. 유럽과 서아시아 문명이 세계를 정복했던 것은 그 상인들과 정복자들이 육로와 해로로 이동하면서 방대한 유라시아 곳곳에서 생겨난 발명들을 뒤에 남겼기 때문이다. 중동의 곡물과 알파벳, 중국의 화약과 종이, 우크라이나의 가축화된 말, 포르투갈의 항해술이 그랬다. 국제성을 의미하는 단어 **코스모폴리탄**(cosmopolitan)이 문자 그대로 '세계 시민'을 뜻하고 편협함을 의미하는 **인슐러**(insular)가 문자 그대로 '섬'을 뜻하는 데는 다 이유가 있었다. 섬이나 접근하기 어려운 고산 지대에 자리 잡은 사회들은 기술적으로 후진적인 경향이 있다. 도덕적으로도 후진적이다. 앞에서 보았듯이, 산악 지역에서는 부족에 대한 충성과 피의 복수를 지배적 윤리로 삼는 명예의 문화가 저지대 이웃들이 문명화 과정을 겪은 뒤에도 오래 살아남는다.

어쩌면 기술 발전에 해당되는 이야기가 도덕 발전에도 해당될지 모른다. 더없이 올바른 예언자가 고립 상태에서 작성한 도덕률보다는 방대한 **정보** 유역에 위치한 개인과 문명이 수집한 도덕적 노하우가 그 지속성과 확장성 면에서 더 뛰어날 수 있다. 어느 권리 혁명의 간추린 역사를 통해서 이 가설을 확인해 보자.

1963년, 마틴 루서 킹은 「비폭력으로의 순례」라는 글에서 자신이 어떤 지적 씨줄과 날줄을 엮어 자신만의 정치 철학을 만들었는지 서술했다.[307] 킹은 1940년대 말과 1950년대 초에 신학 대학원생이었기 때문에 당연히 성경과 정통 신학에 정통했다. 그러나 그는 성경의 역사적 정확성과 예수가 인간들의 죄를 대신하여 죽었다는 교리를 비판했던 월터 라우션부시 같은 변절한 신학자들의 글도 읽었다.

이후 킹은 '위대한 철학자들의 사회 이론과 윤리 이론을 진지하게 연구'하기 시작했다. 그는 이렇게 썼다. "플라톤과 아리스토텔레스에서 루소, 홉스, 벤담, 밀, 로크까지 모든 거장들이 내 정신을 — 변변하진 않았지만 — 자극했고, 나는 그 각각에서 의문을 발견했지만 그럼에도 그들의 연구에서 대단히 많이 배웠다." 킹은 니체와 마르크스도 꼼꼼하게 읽었다(그리고 기각했다.). 다른 자유주의 운동들이 매료되었던 권위주의와 공산주의 이데올로기에 미리 면역을 형성했던 셈이다. 그는 "대륙 신학자 카를 바르트의 반이성주의"는 기각했지만, 라인홀트 니부어의 "인간 본성에 대한 탁월한 통찰, 특히 국가와 사회 집단의 행동에 대한 통찰"에는 감탄하며 "니부어의 사고에서 발견한 요소들 덕분에 나는 인간 본성에 대한 피상적 낙관론의 망상과 그릇된 이상주의의 위험을 깨우쳤다."고 말했다.

킹의 사상이 돌이킬 수 없게 달라진 계기가 또 있었다. 필라델피아에서 당시 하워드 대학교 학장이었던 모드카이 존슨의 강연을 들은 일이었다. 인도를 방문하고 돌아온 직후였던 존슨은 모한다스 간디에 대해서 이야기했다. 얼마 전에 벌어진 인도 독립으로 간디의 영향력이 절정에 달한 시점이었다. 킹은 "간디의 메시지가 너무나도 심오하고 짜릿했기에, 나는 모임을 마치자마자 그의 삶과 업적에 대한 책을 대여섯 권 사들였다."고 적었다.

킹이 즉각 깨우친 바, 간디의 비폭력 저항 이론은 도덕주의적 사랑을 장려하는 주장이 아니었다. 그것은 예수의 가르침에 담긴 비폭력과는 달랐다. 그것은 적을 없애려고 애쓰기보다는 적보다 한 수 앞섬으로써 이기겠다는 현실적 전략이었다. 킹은 이렇게 생각했다. 폭력을 터부시하면, 모험과 아수라장에 이끌려 찾아든 무뢰한과 선동가 때문에 운동이 오염되는 것을 막을 수 있다. 그 때문에 초기에 운동이 패배를 겪더라도, 추종자들 사이에서는 사기와 집중력이 유지될 것이다. 적에게 정당한 응징을 가할 구실을 전혀 주지 않으니, 제삼자는 우리를 도덕적 장부에서 긍정적인 쪽에 기입할 것이고 상대를 부정적인 쪽에 기입할 것이다. 같은 이유에서 적 내부에도 분열이 생긴다. 폭력이 일방적인 것처럼 보인다면, 상대 지지자들 중에도 점차 불편하게 느끼는 사람이 생겨나 떨어져 나갈 것이다. 그동안 우리는 연좌 농성, 파업, 시위 등의 방해 공작으로 의제를 부각할 수 있다. 모든 적에게 이 전략이 통하지는 않겠지만, 어떤 적에게는 통할 것이다.

킹의 역사적인 1963년 워싱턴 행진 연설은 이런 소요학파적 순례에서 수집한 지적 부품들을 재조립한 결과였다. 그는 히브리 예언자들의 이미지와 언어, 고난에 가치를 부여하는 기독교의 전통, 유럽 계몽주의의 이상인 개인의 인권, 아프리카계 미국인 교회의 리듬감 있고 수사적인 비유법, 그리고 자이나교, 힌두교, 영국 문화에 몸담았던 한 인도인에게서 배운 전략을 섞었다.

나머지는 역사가 되었다고 말하고 끝내도 무방하리라. 킹이 재조립한 도덕 장치는 사상들의 풀에 도로 던져졌고, 권리 혁명의 다른 활동가들이 그것을 가져다 썼다. 그들은 킹이 운동에 붙인 이름, 킹이 근거로 든 도덕적 논거, 더 중요하게는 킹의 전략을 대거 차용했다.

역사적으로 볼 때, 20세기 말의 권리 혁명에는 충격적인 속성이 하나 있었다. 폭력을 거의 쓰지 않았고 상대의 폭력을 자극하지도 않았다는 점이다. 물론 킹은 시민권 운동의 순교자가 되었고, 그 밖에도 차별적 테러에 희생된 사람이 몇 있었다. 그러나 우리가 1960년대 하면 떠올리는 도시 폭동들은 시민권 운동의 일부가 아니었다. 그것은 운동의 중요한 이정표들이 대부분 출현한 뒤에 분출한 사건이었다. 다른 혁명들은 아예 이렇다 할 폭력이 없었다. 사상자가 없는 스톤월 폭동이 있었고 동물권 운동의 변방에서 몇몇 테러 행위가 있었지만, 그것이 전부였다. 활동가들은 책을 썼고, 강연을 했고, 행진을 주최했고, 입법가들에게 로비를 했고, 시민들의 서명을 받았다. 그들은 대중에게 약간의 자극만 주면 되었다. 대중은 이미 개인의 권리에 바탕한 윤리를 받아들인 상태였고, 어떤 형태의 폭력이든 반감을 느끼고 있었다. 이것을 과거의 운동들과 비교해 보라. 과거에는 수십만, 수백만 명이 죽어 나가는 유혈 사태를 겪고서야 전제 정치, 노예제, 식민 제국을 끝장낼 수 있었다.

역사에서 심리로

지금까지 우리는 여섯 장에 걸쳐 폭력의 역사적 감소를 살펴보았다. 그러면서 폭력 발생률을 표시한 그래프를 숱하게 보았는데, 어느 그래프에서든 21세기의 첫 10년은 내리막으로 기울어진 경사의 바닥에 해당했다. 아직 세상에는 폭력이 많지만, 우리가 유례없는 시대를 살고 있는 것만은 분명하다. 어쩌면 현재의 상태는 더 큰 평화를 향한 발전의 한 단면일지도 모른다. 또 어쩌면, 현재의 수준이 새로운 표준이 될지도 모른다. 손쉬운 감소는 모두 실천되었고 이제 달성하기 어려운 조치만 남은 터라 더 낮아지기는 힘들 수도 있다. 또 어쩌면, 이것은 금세 사라질 행운들이 요행히 한자리에 모인 것일지도 모른다. 그러나 앞으로 여러 경향성들이 어떻게 뻗어 가든, 과거의 중요한 변화들이 우리를 현재 이곳에 데려다 놓은 것만은 사실이다.

마틴 루서 킹은 유니테리언파 목사이자 노예제 폐지론자였던 시어도

어 파커가 1852년에 쓴 다음과 같은 말을 인용했다.

> 나는 도덕적 우주를 이해하는 척할 마음이 없다. 그것은 기나긴 호를 그리며 뻗어 있고, 내 눈은 겨우 짧은 거리만 닿는다. 나는 눈으로 그 곡선을 내다보고서 계산으로 숫자를 완성할 능력이 없다. 나는 다만 양심으로 내다본다. 그리고 양심의 눈으로 본 바 확신하건대, 그 곡선은 정의를 향해 굽어 있다.[308]

150년이 지난 지금, 우리는 정말로 그 곡선이 정의를 향해 굽어 왔다는 것을 눈으로 똑똑히 볼 수 있다. 파커는 상상조차 못했을 변화가 있었다. 나 또한 도덕적 우주를 이해하는 척할 마음은 없다. 게다가 나는 양심으로 예지하는 능력도 없다. 그러나 과학으로는 어떨까? 다음 두 장에서는 우리가 과학으로 얼마나 이해할 수 있는지 살펴보겠다.

8장

내면의 악마들

그러나 인간이여, 거만한 인간이여,
하찮고 덧없는 권위로 감싸고,
가장 확신하는 것에 대해 가장 무지하니,
그의 허약한 본질은, 성난 원숭이처럼,
너무나 터무니없는 술책들을 저질러
하늘의 천사들을 눈물짓게 하는구나.
— 윌리엄 셰익스피어, 『잣대엔 잣대로』

폭력 감소 현상에서 두 가지 측면이 인간 본성을 이해하는 데 심오한 의미를 띤다. (1) 폭력, (2) 감소이다. 앞선 여섯 장에서 우리는 인류 역사가 유혈 사태의 연속이었음을 알게 되었다. 부족들은 습격과 혈수로 상대 부족 남성들을 학살하다시피 했고, 부모들은 갓 태어난 여자아이를 내다 버렸고, 사람들은 복수와 쾌락을 위해서 고문을 연출했다. 그리고 압운(rhyming) 사전에서 한 페이지를 채울 만큼 다양한 종류의 피해자들을 죽였다. 살인, 국가 살해, 집단 살해, 민족 학살, 정치 살해, 국왕 살해, 영아 살해, 신생아 살해, 자식 살해, 형제 살해, 여아 살해, 아내 살해, 배우자 살해, 자살 테러(이 모든 용어들이 '죽임'을 뜻하는 '-cide'로 끝나기 때문에 압운이 맞는다고 말한 것이다. — 옮긴이). 폭력은 우리 종의 기록 역사와 선사 시대에서 어느 시점에나 존재했고, 한 장소에서 발명되어 다른 곳으로 전파되었다는 증거도 없다.

한편, 앞선 장들에는 폭력의 역사적 추이를 보여 주는 그래프가 60개쯤 있었는데, 그 선들 모두가 왼쪽 위에서 오른쪽 아래로 구불구불 내려왔다. 폭력의 여러 종류 중에서 발생률이 특정 수준에 고정되어 역사적으로 변치 않은 것은 하나도 없었다. 폭력의 원인이 무엇이든, 그것이 식욕이나 성욕이나 수면욕처럼 항상적인 욕구는 아닌 것이다.

폭력의 감소 덕분에, 이제 우리는 수천 년 동안 그 원인을 이해하는 일을 가로막았던 이분법을 버릴 수 있다. 인류가 근본적으로 악한가 선한가, 유인원인가 천사인가, 매인가 비둘기인가, 전형적인 홉스식의 비천한 짐승인가 전형적인 루소식의 고귀한 야만인인가 하는 이분법이다. 자연적 상태로 존재하는 인간들이 반드시 평화로운 협동 상태를 구축하지는 않겠지만, 그렇다고 그들에게 규칙적으로 기갈을 풀어야 하는 피의 갈증이 있는 것도 아니다. 마음이 하나 이상의 구성 요소로 만들어졌다고 보는 개념에는 일말의 진실이 있을 것이다. 능력 심리학(faculty psychology), 다중 지성(multiple intelligences), 정신 기관(mental organs), 모듈성(modularity), 영역 특수성(domain-specificity), 마음을 스위스 만능칼에 비유하는 이론 등이 그런 시각을 취한다. 인간의 본성에는 포식성, 우월성, 복수처럼 폭력으로 몰아가는 동기들이 있지만, 연민, 공정성, 자기 통제, 이성처럼 — 적절한 환경에서는 — 평화로 이끄는 동기들도 있다. 이 장과 다음 장에서는 무엇이 그런 동기들이고 어떤 환경에서 그것들이 발휘되는지 살펴보겠다.

어두운 면

내면의 악마들을 살펴보기 전에, 악마가 존재한다는 점부터 밝히고 넘어가야겠다. 현대 지식 사회에는 인간의 본성에 폭력성을 일깨우는 동기가 존재한다는 생각 자체를 거부하는 경향이 있기 때문이다.[1] 인간이 히피 침팬지에서 진화했다는 가설이나 원시인에게는 폭력의 개념이 없었다는 가설 따위는 인류학적 사실을 통해 진작에 반박되었는데도, 여전히 어떤 사람들은 소수의 썩은 사과가 피해를 일으킬 뿐 나머지 인간들은 다들 평온한 본성을 지녔다고 주장한다.

대부분의 사회에서 대부분의 사람들이 폭력으로 삶을 마감하지 않은 것은 틀림없는 사실이다. 앞에서 본 그래프들의 수직축에는 인구 10만 명당 연간 살인 건수가 새겨져 있었는데, 그 수치는 한 자릿수나 두 자릿수였고 많아 봐야 백 단위였다. 드물게 부족 간 전쟁이나 집단 살해가 벌어진 경우에나 천 단위로 높아졌다. 사람이든 동물이든 대부분의 적대적 접촉은 심각한 피해가 벌어지기 전에 어느 한쪽이 꼬리를 내리는 것으로 끝난다는 것도 틀림없는 사실이다. 전쟁에서조차 도저히 무기를 쏘지 못하는 병사가 많고, 쏘더라도 나중에 외상 후 스트레스 장애에 시달릴 때가 많다. 그래서 몇몇 저자들은 대부분의 인간이 기질적으로 폭력을 꺼린다고 결론지었다. 막대한 사망자 수는 소수의 사이코패스가 얼마나 큰 피해를 끼칠 수 있는지 보여 주는 증거일 뿐이라고 했다.

그러니 나는 대부분의 인간이 ― 친애하는 독자여, 당신도 포함된다. ― 폭력을 저지를 수 있음을 확인하는 것부터 이야기를 시작하겠다. 아마도 실제로 저지를 상황은 평생 만나지 않겠지만 말이다. 우리의 어린 자아부터 살펴보자. 심리학자 리처드 트랑블레는 사람의 평생에 걸쳐 폭력 발생률을 측정해 보았는데, 그 결과 인생에서 가장 폭력적인 시기는 사춘기나 청년기가 아니라 그 이름도 절묘한 미운 두 살이었다.[2] 걸음마를 배우는 시기의 아기들은 아무리 얌전해도 보통 남들을 발로 차고, 물고, 때리고, 싸우지만, 이후에는 물리적 공격의 빈도가 아동기 내내 낮아진다. 트랑블레는 이렇게 말했다. "아기들은 물론 서로 죽이지 않는다. 그러나 그것은 우리가 아기들에게 칼이나 총을 못 만지게 하기 때문이다. 지난 30년 동안 우리는 아이들이 어떻게 공격성을 익힐까 하고 물었다. [그러나] 잘못된 질문이었다. 옳은 질문은 아이들이 어떻게 공격성을 버릴까 하는 것이다."[3]

다음으로 현재 우리들의 내적 자아를 살펴보자. 당신은 싫어하는 사람을 죽이는 환상을 품은 적이 있는가? 서로 독립적인 연구에서, 심리학자 더글러스 켄릭과 데이비드 버스는 폭력률이 예외적으로 낮다고 알려진 인구 집단에게 ― 대학생 ― 이 질문을 던졌다. 그리고 둘 다 충격을 받았다.[4] 남성 응답자의 70~90퍼센트, 여성 응답자의 50~80퍼센트가 전해에 적어도 한 번 살인을 꿈꿨다고 대답했다. 내가 강의에서 이 이야기를 하자 한 학생이 외쳤다. "맞습니다, 그리고 나머지는 거짓말을 하는 겁니다!" 백 번 양보해도 그 응답자들이 클래런스 대로의 이 말에 공감하기는 할 것이다. "나는 사람을 죽인 적은 없지만, 많은 부고를 대단히 기쁘게 읽기는 했습니다."

상상 살인의 동기는 경찰 기록부의 동기와 겹친다. 연인과의 다툼, 위협에 대한 대응, 모욕이나 배신에 대한 복수, 가족의 갈등. 마지막 경우에는 생물학적 부모보다 계부나 계모인 경우가 훨씬 많았다. 머릿속에서 몽상이 세밀한 연극처럼 펼쳐질 때도 많다. 영화 「당신의 부정한」에서 렉스 해리슨이 오케스트라를 지휘하는 동안 머릿속으로 질투의 복수극을 즐겼던 것처럼 말이다. 버스의 조사에서 한 청년은 옛 친구를 '80퍼센트쯤' 죽일 뻔했다고 말했다. 그 친구는 청년의 약혼녀를 유혹하면서 청년이 바람을 피웠다고 거짓말을 했다.

> 우선, 온 몸의 뼈를 부러뜨리겠어요. 손가락 발가락부터 시작해서 천천히 큰 뼈로 진행할 거예요. 다음에는 폐에 구멍을 내고, 다른 기관도 몇 개 뚫어 버리겠어요. 최대한 큰 고통을 준 뒤에 죽인다는 원칙이죠.[5)]

한 여성은 옛 남자친구를 60퍼센트쯤 죽일 뻔했다고 말했다. 그가 다시 합치자고 요구하면서 두 사람의 성관계 장면을 찍은 비디오를 새 남자친구와 친구들에게 보내겠다고 협박했기 때문이다.

> 나는 정말로 실천에 옮겼어요. 그를 저녁 식사에 초대했죠. 그가 부엌에서 샐러드에 넣을 당근을 멍청하게 깎는 동안, 나는 그가 의심하지 않도록 부드럽게 웃으면서 다가갔어요. 칼을 잽싸게 움켜쥔 뒤에 가슴을 여러 번 찔러서 죽이겠다고 생각했죠. 실제로 첫 단계까지는 했지만, 그가 내 의도를 알아차리고 도망갔어요.

실제 살인도 이런 기나긴 몽상 뒤에 이뤄질 때가 많다. 금지의 바다에는 살인의 욕망이라는 거대한 빙산이 떠 있고, 현실에서 저질러지는 소수의 계획적 살인들은 그 빙산의 일각일 뿐이다. 법 정신 의학자 로버트 사이먼은 자신의 책 제목에서 '착한 남자가 꿈꾸는 것을 나쁜 남자는 실천한다.'고 표현했다(프로이트가 플라톤의 말을 변형했던 것을 그가 다시 변형한 것이다.).

살인의 백일몽을 꾸지 않는 사람들도 가상으로 살인을 저지르거나 구경하는 체험에서 강한 쾌락을 맛본다. 사람들은 다양한 장르에서 피투성이 가상 현실에 파묻히고자 막대한 시간과 돈을 지불한다. 성경 이야기, 호메로스 서사시, 순교자 열전, 지옥의 묘사, 영웅 신화, 길가메시, 그리스 비극, 베어울프, 바이외 태피스트리, 셰익스피어 희곡, 그림 형제 동화, 펀치와 주디, 오페라, 살인 미스터리, 페니 드레드풀, 펄프 픽션, 다임 노벨, 그랑 기뇰, 살인 발라드, 느와르 영화, 서부극, 공포 만화, 슈퍼히어로 만화, 쓰리 스투지스, 톰과 제리, 로드 러너, 비디오 게임, 전 캘리포니아 주지사가 등장하는 영화들까지. 문예 비평가 해럴드 섹터는 『야만적 소일거리: 폭력적 오락의 문화사』에서 요즘의 유혈 낭자한 영화들은 과거 수백 년 동안 관객들을 흥분시킨 고문과 절단의 재현에 비하면 온화한 편이라고 말했다. 컴퓨터 영상 제작이 등장하기 한참 전부터, 연출가들은 창의성을 한껏 발휘하여 섬뜩한 특수 효과를 냈다. "인형의 머리가 몸통에서 절단되게 만들어 창에 꿰었고, 배우의 몸에서 가짜 피부가 벗겨지게 만들었고, 동물 피를 담은 주머니를 숨겼다가 구멍을 뚫어 무시무시하고 만족스럽게 피가 분출되게 만들었다."[6]

사람들이 상상에서 저지르는 폭력 행위의 수와 현실에서 저지르는 수가 크게 차이 난다는 점에서 우리는 마음의 구조에 대한 통찰을 얻을 수 있다. 폭력의 통계는 폭력이 인간에게 갖는 중요성을 간과하는 면이 있다. 인간의 뇌는 '평화를 원한다면 전쟁에 대비하라.'는 라틴 격언을 따른다. 사람들은 평화로운 사회에서 살 때조차 엄포와 위협의 논리에 매력을 느끼고, 동맹과 배신의 심리에 매료되며, 인체의 나약함과 그것을 착취하거나 보호할 방법을 골똘히 고민한다. 검열과 도덕적 비난이 늘 존재함에도 불구하고 사람들이 보편적으로 폭력적 오락에서 쾌락을 느끼는 것을 보면, 인간의 마음은 폭력에 대한 정보를 늘 갈망하는 모양이다.[7] 여기에 대한 그럴싸한 설명은, 인간의 진화 역사에서 늘 폭력의 가능성이 존재했기 때문에 그 작동 방식을 이해해야만 잘 살아갈 수 있었다는 것이다.[8]

인류학자 도널드 시먼스는 몹쓸 몽상과 오락의 소재로서 폭력 못지않게 중요한 다른 소재에서도 비슷한 불일치를 확인했다. 바로 섹스다.[9] 사람들은 흔히 금지된 섹스를 몽상하고, 그것을 소재로 예술을 창작한다. 그러나 현실에서 실제로 그러는 경우는 훨씬 드물다. 간통이든 폭력이든 실제 벌어질 가능성은 낮지만, 일단 기회가 온다면 그것이 다윈주의적 적응도 면에서 주는 잠재 이득이 엄청나다. 시먼스는 우리가 무언가를 지나치게 의식한다는 것 자체가 빈도는 낮되 충격은 큰 사건에게 맞춰진 반응이라고 말한다. 우리는 손으로 잡고, 걷고, 말하는 것처럼 일상적인 행동들에 대해서는 몽상하지 않는다. 하물며 그런 내용으로만 이루어진 드라마를 돈 내고 보지는 않을 것이다. 우리의 정신에서 스포트라이트를 차지하는 것은 금지된 섹스, 폭력적 죽음, 월터 미피 풍의 신분 상승이다.

이제, 뇌로 시선을 돌리자. 우리 뇌는 다른 포유류들의 뇌와 비슷하지만 좀 더 크고 굽은 모양이다. 우리 뇌의 주요 부위들은 털북숭이 친척들의 뇌에도 다 있고, 맡는 일도 대체로 비슷하다. 감각이 보낸 정보를 처리하거나, 근육과 분비샘을 제어하거나, 기억을 저장하고 인출하거나 하는 식이다. 그중에 분노 회로(Rage circuit)라고 불리는 것이 있다. 신경과학자 야크 팡크세프는 고양이의 분노 회로 중 일부분에 전류를 흘리자 다음과 같은 일이 벌어졌다고 했다.

> 전기로 뇌를 자극한 지 몇 초 만에, 평온하던 동물의 감정이 변했다. 고양이는 발톱을 드러내고, 송곳니를 보이고, 식식 침을 튀기면서, 맹렬히 내게 돌진했다. 고양이는 사방으로 날뛸 수 있었을 텐데도, 그때의 흥분은 정확히 내 머리를 노린 것이었다. 다행히 강화유리 벽이 성난 짐승과 나 사이를 막고 있었다. 자극이 멎고 몇 십 초쯤 지나자, 고양이는 다시 느긋하고 평온해졌다. 나는 보복을 걱정하지 않고 고양이를 쓰다듬을 수 있었다.[10]

우리 뇌에도 고양이의 분노 회로에 해당하는 것이 있다. 그것 역시 전기로 자극된다. 물론 실험으로 확인한 것은 아니지만, 뇌 수술 중에 그런 일이 있었다. 의사는 이렇게 적었다.

> 자극의 가장 중요한 (또한 가장 극적인) 효과는 광범위한 공격 반응을 일으킨다는 점이다. 적절한 대상에게 조리 있게 말로 표현하는 반응부터(가령 의사에게 "당장이라도 일어나서 당신을 물어 버릴 것 같아요."라고 말했다.) 통제 불능으로 욕설을 내뱉고 물리적인 파괴 행위를 하는 반응까지……. 한 번은 자극이 멎고 30초가 지난 뒤에 환자에게 화가 나더냐고 물었다. 환자는 스스로도 몹시 놀란 말투로, 화가 났었지만 지금은 괜찮다고 대답했다.[11]

고양이는 식식거린다. 사람은 욕한다. 분노 회로가 언어를 활성화하는 것으로 보아, 그것은 기능이 멎은 흔적 회로가 아니라 뇌의 나머지 부분과 기능적으로 연결되어 있을 것이다.[12] 분노 회로는 인간이 아닌 다른 포유류들의 공격성을 제어하는 여러 회로 중 하나이고, 앞으로 살펴보겠지만 인간의 다채로운 공격성을 이해하는 데도 도움을 준다.

✤ ✤ ✤

폭력이 우리 유년기, 환상, 예술, 뇌에 새겨져 있다면, 군인들은 왜 전투에서 발사를 주저할까? 그러려고 전투에 나간 것 아닌가? 유명한 한 연구는 제2차 세계 대전 참전 용사의 15~25퍼센트만이 전투에서 무기를 발사할 수 있었다고 주장했다. 다른 연구들은 발사된 총알마저 대부분 표적을 빗나갔다고 주장했다.[13] 그러나 첫 번째 주장은 미심쩍은 연구에서 나온 말이었고, 두 번째는 논점을 빗나간 말이었다. 전투에서 발사되는 총탄의 대부분은 어차피 개별 병사를 쓰러뜨리는 것이 아니라 적군의 전진을 억제하는 것이 목적이니까.[14] 병사가 정확히 적군 병사를 노리더라도 명중하기 어려운 것은 당연하다. 어쨌든, 전장에서 군인들이 큰 불안을 느낀다고 인정하자. 방아쇠를 당길 순간에 마비되는 군인이 많다고 가정하자.

치명적 폭력 앞에서 돌연 소심해지는 현상은 길거리 싸움이나 술집 난투극에서도 흔하다. 할리우드 서부극의 주먹다짐은 워낙 무시무시해서 나보코프의 험버트가 "끙끙대는 소리, 후련한 소리를 내며 턱을 갈기는 주먹, 배를 걷어차는 발길, 날아들어 덮치는 태클"이라고 묘사할 정도였지만, 현실에서 마초 깡패들의 맞대결은 그런 것과는 거리가 먼 편이다. 사회학자 랜들 콜린스는 실제 싸움들의 사진, 비디오테이프, 목격자 기록을 점검하여, 그것이 로어링 협곡의 활극보다는 지리한 하키 경기에서 반칙이 발생해 2분 벌칙이 주어진 상황과 더 비슷하다는 사실을 발견했다.[15] 두 남자는 서로 노려보고, 말로 도발하고, 팔을 휘둘러 빗맞히고, 멱살을 잡고, 이따금 뒤엉켜 쓰러진다. 부둥켜안은 상황에서 팔 하나가 불쑥 나와 주먹을 두어 방 날리기도 하지만, 그냥 떨어질 때가 더 많다. 두 남자는 고래고래 소리치고 악담을 주고받아 체면을 살린 뒤, 몸보다 자존심에 상처를 입은 채로 헤어진다.

그렇다면, 남자들이 일대일로 충돌할 때 종종 자제심을 발휘한다는 것은 사실이다. 그러나 그것이 곧 인간의 온화함과 연민의 증거는 아니다. 오히려 그 반대다. 그것은 홉스와 다윈의 폭력성 분석에서 충분히 예측되는 결과이다. 2장의 내용을 떠올려 보자. 폭력성은 틀림없이 모든 사람들이 폭력성을 진화시키는 세상에서 진화했을 것이라고 했다(리처드 도킨스의 말마따나, 생물은 반격하는 성향이 있다는 점에서 바위나 강물과는 다르니까.). 그렇다면 내가 먼저 다른 인간을 해칠 때는 다음 두 가지 일을 동시에 하는 셈이다.

1. 표적이 나를 해칠 가능성이 높아진다.
2. 표적은 내가 그를 해치기 전에 자신이 먼저 나를 해쳐야겠다는 목표를 갖게 된다.

내가 아예 그를 죽여 버린들, 그의 친척들이 내게 복수하겠다는 목표를 갖게 될 뿐이다. 그러므로 다윈주의적 생물들은 대칭적 대치 상태에서 먼저 심각한 공격을 가하는 행위를 아주, 아주 조심스럽게 고려해야 한다. 그 자제력을 우리 인간은 불안이나 마비로 경험하는 것이다. 진정한 용기는 신중함이다. 연민과는 무관하다.

다윈주의적 생물들은 보복을 걱정할 필요 없이 증오하는 상대를 제거할 기회가 생기면 얼른 붙잡는다. 침팬지들의 습격이 그런 사례이다. 수컷들이 영역을 순찰하다가 다른 무리의 수컷이 동료들로부터 떨어져 혼자 있는 것을 보면, 수적 우세를 이용하여 상대를 가리가리 찢어발긴다. 국가 이전 시대의 사람들도 정정당당한 전투가 아니라 은밀한 잠복과 습격으로 적을 괴멸시켰다. 인간의 폭력은 대부분 비겁하다. 불시의 일격, 불공평한 싸움, 선제공격, 새벽의 습격, 마피아의 습격, 달리는 차에서의 총격이 다 그렇다.

콜린스는 또 **예측적 공황**(forward panic)이라고 명명한 증후군이 자주 등장한다는 사실을 발견했다. 우리에게 좀 더 친숙한 용어로 말하자면 **광란극**(rampage)이다. 어느 공격적인 집단이 상대 집단의 동정을 엿보거나 대치한 상태로 오래 걱정하고 두려워했다고 하자. 그러다가 상대가 취약한 순간을 포착하면 두려움은 분노로 바뀌고, 야만스러운 광란성이 분출된다. 그들은 도저히 멈출 수 없는 듯한 격분에 휩싸여 적을 때려눕히고, 남자들을 고문하거나 절단하고, 여자들을 강간하고, 재물을 파괴한다. 예측적 공황은 폭력 중에서도 추악하다. 그것은 집단 살해, 대량 학살, 치명적 인종 폭동, 포로 없는 몰살전을 낳는 정신 상태이다. 또한 경찰의 잔혹 행위에 깔린 심리이다. 1991년 로드니 킹 사건이 그런 예였다. 경찰은 고속도로 추격 끝에 킹을 체포했는데, 그가 격렬하게 저항하자 야만스럽게 집단 구타했다. 잔인함에 발동이 걸리면 분노는 황홀경으로 발전한다. 광란극을 벌이는 사람들은 웃고 환성을 올리면서 야만의 축제를 즐긴다.[16]

우리는 훈련을 받지 않아도 누구나 광란극을 저지를 줄 안다. 군대와 경찰에서는 지휘관이 깜짝 놀랄 만큼 불시에 이런 사건이 터지곤 하여, 지휘관은 즉시 진압 조치를 취해야 한다. 과잉 살상과 잔학 행위는 군사 목표나 사법 목표에 전혀 도움이 되지 않기 때문이다. 광란극은 위험한 상대가 전열을 가다듬어 반격하기 전에 순간의 기회를 놓치지 않고 철저히 괴멸시키려는 원시 적응 전략일지도 모른다. 이것은 침팬지들의 치명적 습격과 섬뜩하리만치 비슷하다. 유발 기제도 같다. 상대가 고립되어 있고 우리의 머릿수가 서너 배 더 많을 때만 벌어진다.[17] 광란극의 본능으로 보아, 우리에게는 평소 잠잠하게 가라앉아 있다가 유리한 신호를 접하면 깨어나는 폭력성이 있는 듯하다. 폭력성은 허기나 갈증처럼 시간이 지남에 따라 더 강해지는 욕구가 아닌 것이다.

도덕화 간극과 순수한 악의 신화

『빈 서판』에서 나는 인간 본성의 어두운 면을 부정하는 현대의 경향성은 — 이른바 고귀한 미개인의 원칙 — 19세기 말과 20세기 초에 유행했던 낭만적 군사주의, 공격성 내적 압력 이론, 투쟁과 갈등의 미화 등에 대한 반응이라고 말했다. 현대의 원칙에 의문을 제기한 과학자들과 학자들은 폭력을 정당화한다는 비난을 들었다. 욕설, 중상, 폭행까지 겪었다.[18] 고귀한 야만인 신화는 반폭력 운동이 우리 문화에 과도한 예절과 터부를 남긴 또 하나의 사례인 듯하다.

그런데 이제 나는 인간의 악을 부정하는 이런 태도에 더 깊은 뿌리가 있다고 본다. 어쩌면 그것도 인간 본성일지 모른다. 나는 사회 심리학자 로이 바우마이스터가 『악』에서 보여 준 탁월한 분석 때문에 이렇게 생각하게 되었다.[19] 바우마이스터는 일상의 경범죄에서 연쇄 살인과 집단 살해까지 온갖 파괴 행위를 저지른 사람들이 하나같이 자신에게는 잘못이 없다고 생각한다는 사실을 깨우쳤다. 그리고 악에 대한 대중의 상식적인 이해를 연구하기로 했다. 어째서 세상에는 악을 저지르는 사람은 없는데 악은 이토록 많을까?

심리학자들은 시대를 초월한 수수께끼에 직면했을 때 보통 실험을 해 본다. 그러나 바우마이스터와 동료 알린 스틸웰, 세라 우트먼은 실험실에서 사람들에게 잔학 행위를 저지르게 할 수는 없었다. 대신 그들은 일상에도 그런 행위로 인한 작은 상처들이 있을 것이라고 추측하고, 그것을 확대하여 관찰하기로 했다.[20] 그들은 피험자들에게 자신이 남을 화나게 했던 사건과 남 때문에 자신이 화났던 사건을 하나씩 이야기하라고 했다. 두 질문의 순서는 피험자에 따라 무작위로 바뀠고, 피험자가 두 질문을 곧장 이어서 답하지 않도록 두 질문 사이에 다른 부산한 작업을 시켰다. 대부분의 사람들이 적어도 일주일에 한 번은 화나는 일이 있고, 거의 모든 사람들이 한 달에 한 번은 화나는 일이 있다. 그러니 자료 부족은 걱정할 필요가 없었다.[21] 가해자들과 피해자들은 수많은 거짓말, 깨어진 약속, 규칙과 책임 위반, 비밀 발설, 불공평한 행동, 금전적 갈등을 회상했다.

그러나 가해자와 피해자가 동의한 점은 그게 전부였다. 심리학자들은 응답자들의 이야기를 탐독한 뒤, 사건의 시간적 범위, 양측의 과실, 가해자의 동기, 피해의 여파 등등의 속성으로 내용을 부호화했다. 그 속성들을 합성하여 서사를 만들었더니, 다음과 같은 모습이 되었다.

가해자의 서사: 사건은 내가 피해를 끼친 행동에서 시작되었다. 당시에 나는 그렇게 행동할 이유가 있었다. 어쩌면 나는 직접적인 도발에 반응했던 것일지도 모른다. 혹은 합리적인 사람이라면 누구나 택할 만한 방식으로 그 상황에 대응했을 뿐이다. 나는 그렇게 행동할 권리가 있었다. 그 때문에 나를 비난하는 것은 불공평하다. 피해는 사소했고, 쉽게 고쳐지는 것이었고, 나는 사과했다. 이제 그 일은 잊고, 지난 일로 돌리고, 과거는 과거로 남길 때다.

피해자의 서사: 사건은 상대가 내게 피해를 끼친 행동보다 훨씬 더 예전부터 시작되었다. 그 행동은 오랜 학대의 역사에서 가장 최근의 사건이었을 뿐이다. 가해자의 행동은 비합리적이고, 무분별하고, 이해되지 않는다. 아니면 그는 비정상적으로 가학적인 인간이다. 나는 아무런 죄가 없는데도 그는 내가 고통스러워하는 것을 보고 싶어서 그렇게 행동한 것이다. 그가 입힌 피해는 막대하고, 고칠 수 없고, 영원히 여파가 남을 것이다. 그도 나도 결코 그

일을 잊어서는 안 된다.

두 사람 다 옳을 수는 없다. 정확하게 말하자면, 둘 중 누구도 언제나 옳을 수는 없다. 같은 사람들이 자신이 피해자였던 이야기와 가해자였던 이야기를 모두 제공했으니까. 그렇다면 인간 심리의 무언가가 피해 사건에 대한 해석과 기억을 왜곡하는 것이 분명하다.

당장 이런 의문이 든다. 우리 내면의 가해자가 스스로를 사면하기 위해서 범죄를 덮는 걸까? 아니면 우리 내면의 피해자가 세상의 동정을 구하기 위해서 애써 고통을 키우는 걸까? 심리학자들은 사건이 벌어졌던 순간에 벽에 붙은 파리가 되어 그 장면을 관찰하지는 못했으므로, 회고적 기록으로는 어느 쪽을 믿어야 할지 알 수가 없었다.

그래서 스틸웰과 바우마이스터는 사건을 **통제**할 수 있는 기발한 후속 실험을 떠올렸다. 그들은 다면적으로 해석될 수 있는 이야기를 하나 지어냈다. 어느 대학생이 룸메이트에게 과제를 도와주겠다고 약속해 놓고는 이런저런 이유를 들어 손을 뗐다고 하자. 결국 룸메이트는 낮은 학점을 받았고, 그 때문에 전공을 바꾸었고, 끝내 다른 학교로 옮기게 되었다.[22] (스스로 대학생인) 피험자들이 할 일은 이 이야기를 읽은 뒤에 일인칭 관점에서 최대한 정확하게 다시 서술하는 것이었다. 단, 절반은 가해자의 시점을 취했고 나머지는 피해자의 시점을 취했다. 세 번째 집단도 있었는데, 이들은 삼인칭으로 서술했다. 세 번째 집단이 포함시키거나 누락시킨 세부 사항은 자기 위주 편향과는 무관한 정상적인 기억 왜곡의 기준이 될 것이었다. 심리학자들은 피험자들이 작성한 이야기를 읽으면서, 가해자 혹은 피해자에게 유리한 방향으로 누락되거나 덧붙여진 세부 사항들을 부호화했다.

그래서 우리는 누구를 믿어야 할까? 아무도 믿으면 안 된다. 원본이나 공평한 삼인칭 서술자들의 회상과 비교할 때, 피해자들과 가해자들은 서로 방향은 다르지만 같은 정도로 이야기를 왜곡했다. 자신이 채택한 인물의 행동은 더 합리적으로, 상대는 덜 합리적으로 보이게 하는 방향으로 세부를 빠뜨리거나 덧붙였던 것이다. 놀라운 점은 그들에게 개인적 이해관계가 전혀 없었다는 사실이다. 피험자들은 가상의 사건에 참여하지 않았던 것은 물론이려니와, 실험자로부터 자신이 서술하는 인물에게 공감하라거나 그의 행동을 정당화하라는 주문도 받지 않았다. 일인칭 관점에서 이야기를 읽고 기억하라는 주문을 받았을 뿐이다. 그렇게만 주문 받아도 그들의 인지 과정은 이기적 선전에 동원되었다.

하나의 사건을 공격자, 피해자, 중립적 제삼자의 눈으로 보았을 때 각각 서사가 달라지는 현상은 그림 2-1에서 본 폭력의 삼각형에 겹쳐진 심리적 차원이라고 할 수 있다. 이것을 도덕화 간극(Moralization Gap)이라고 부르자.

도덕화 간극은 자기 위주 편향(self-serving bias)이라는 더 큰 현상의 일부이다. 우리는 누구나 좋은 사람으로 보이려고 노력한다. '좋다'는 것은 효율적이고 능력 있고 가치 있고 유능하다는 뜻일 수도 있고, 착하고 정직하고 너그럽고 이타적이라는 뜻일 수도 있다. 인간에게 자신을 긍정적으로 내보이려는 동기가 있다는 것은 20세기 사회 심리학의 중요한 발견이었다. 초기에 이 사실을 폭로했던 책으로는 사회학자 어빙 고프먼의 『일상에서 자아의 표현』이 있고, 최근에 소개한 책으로는 캐럴 태브리스와 엘리엇 애런슨의 『사람들은 실수를 한다(나만 빼고)』, 로버트 트리버스의 『기만과 자기기만』, 로버트 커즈번의 『왜 모든 사람은 (나만 빼고) 위선자인가』가 있다.[23] 자기 위주 편향의 대표적인 현상은 인지 부조화(cognitive dissonance)이다. 사람들이 자신이 한 일에 대한 평가를 조작함으로써 자신이 스스로의 행동을 잘 통제한다는 인상을 지키려고 애쓰는 성향이다. 레이크 워비건 효과(Lake Wobegon Effect)도 있다(작가 개리슨 케일러가 창조한 가상의 마을 이름으로, 그곳에서는 모든 아이들이 평균 이상이라고 한다.). 많은 사람들이 갖가지 바람직한 재능과 특징에 있어서 자신을 평균 이상으로 평가하는 성향을 말한다.[24)]

자기 위주 편향은 인간이 사회적 동물이기 때문에 치르는 진화의 대가이다. 우리가 집단을 형성하는 것은 서로 자석처럼 끌리는 로봇이기 때문이 아니다. 우리에게 사회적, 도덕적 감정이 있기 때문이다. 우리는 온기와 공감을, 감사와 신뢰를, 외로움과 죄책감을, 질투와 분노를 느낀다. 이런 감정들이 내면의 규제자로 작용하기 때문에, 우리는 사회 생활의 대가로 고통 받지 않으면서도, 즉 사기꾼이나 무임승차자에게 착취당하지 않으면서도 사회 생활의 이득을 — 상호 교환과 협동을 — 누릴 수 있다.[25)] 우리는 우리에게 협동할 것 같은 사람에게 공감, 신뢰, 감사를 느끼고, 우리도 그에게 협동으로 보답한다. 반면 우리를 속일 것 같은 사람에게는 화내고, 배척하고, 협동을 무르고, 처벌한다. 개인의 선행 수준을 결정하는 저울의 양쪽에는 협동자라는 평판에 따르는 존경, 그리고 은밀한 속임수로 얻은 부정한 이득이 놓여 있다. 사회 집단은 다양한 수준의 너그러움과 신뢰도를 지닌 협력자들의 시장이고, 사람들은 그곳에서 들통 나지 않을 정도로만 자신의 너그러움과 신뢰도를 실제보다 높게 선전한다.

이런 도덕화 간극 때문에, 피해자와 가해자는 보상 협상에서 서로 상보적인 전략을 펼친다. 불법 행위를 두고 법정에서 맞붙은 변호사들처럼, 사회적 원고는 피고의 행동이 고의였음을 강조한다. 적어도 불량할 정도로 무심한 태도였다고 강조한다. 더불어 원고의 고통과 괴로움을 강조한다. 대조적으로, 사회적 피고는 자기 행동의 합리성과 불가피성을 강조하고, 원고의 고통과 괴로움을 최소화한다. 이렇게 경쟁하는 관점들이 보상 협상을 결정지으며, 구경꾼들의 공감과 믿음직한 상호 교환자로서의 평판을 더 많이 얻으려는 경쟁을 펼친다.[26)]

도덕 감정이 협동에 대한 적응이라고 처음 주장한 사람은 트리버스였다. 그런데 그는 중요한 반전도 하나 지적했다. 자신의 친절과 능력을 과장해서 표현하는 데는 문제가 따르는데, 남들이 그것을 간파하는 능력을 반드시 발달시킬 것이라는 점이다. 그래서 더 훌륭한 거짓말쟁이와 더 훌륭한 거짓말 탐지자 사이에 심리적 군비 확장 경쟁이 벌어질 것이다. 거짓말은 내적 모순 때문에 들통 날 수도 있고('거짓말쟁이는 기억력이 좋아야 한다.'는 이디시 속담도 있다.), 머뭇거림, 씰룩거림, 홍조, 진땀처럼 겉으로 드러나는 단서 때문에 들통 날 수도 있다. 트리버스는 내처 자연 선택이 이런 단서를 뿌리부터 억제하기 위해서 어느 정도의 **자기**기만(self-deception)을 선호했을 것이라고 대담하게 주장했다. 우리는 남을 더 잘 속이기 위해서 스스로를 속인다.[27)] 그러면서도 무의식의 한 켠에서는 자신의 실제 능력을 냉철하게 인식한다. 그래야만 현실에서 지나치게 멀어지지 않을 테니까. 트리버스는 조지 오웰의 말을 인용하며, 오웰이 누구보다 먼저 이런 생각을 떠올렸다고 말했다. 오웰의 말은 이렇다. "통치의 비결은 스스로의 무류성에 대한 믿음과 과거의 실수로부터 배우는 능력을 결합하는 것이다."[28)]

자기기만은 희한한 이론이다. '자아'가 기만하는 동시에 기만 당한다는 역설적인 주장을 하기 때문이다. 사람들의 자기 위주 **편향**은 쉽게 보여 줄 수 있다. 정육점 저울이 정육점 주인에게 유리하게 영점 조절되는 것만 봐도 알 수 있다. 그러나 사람들의 자기**기만**을 보여 주기는 좀 더 어렵다. 자기기만은 암거래상이 작성하는 이중장부와 비슷하다. 공개 장부는 엿보는 눈들을 위한 것이고, 정확한 정보가 적힌 사적인 장부는 사업 운영을 위한 것이다.[29)]

사회 심리학자 피에르카를로 발데솔로와 데이비드 드스테노는 사람들이 자기기만의 이중장부를 작성하는 순간을 포착하기 위해서 기발한 실험을 고안했다.[30] 그들은 피험자들에게 실험 계획과 평가를 도와 달라고 부탁했다. 피험자 절반에게는 즐겁고 쉬운 과제, 즉 10분 동안 사진을 훑어보는 과제를 줄 것이고 나머지 절반에게는 지루하고 까다로운 과제, 즉 45분 동안 수학 문제를 푸는 과제를 줄 것이라고 말했다. 그러기 위해서 피험자를 둘씩 짝지을 텐데, 과제를 할당하는 방법은 아직 정하지 못했다고 말했다. 그리고 한 쌍의 피험자 중 누가 유쾌한 과제를 맡고 누가 불쾌한 과제를 맡을지 결정하는 두 방법 중 하나를 선택하라고 요구했다. 피험자들은 그냥 자신이 쉬운 과제를 고를 수도 있고, 난수 발생기를 써서 누구에게 무엇이 돌아갈지를 정할 수도 있었다. 인간의 이기심은 어쩔 수 없는 모양이다. 거의 모두가 자신이 유쾌한 과제를 맡는 방법을 선택했으니까. 연구자들은 나중에 그들에게 설문지를 주어, 자신의 결정이 공정했다고 생각하는지를 익명으로 조심스럽게 물었다. 인간의 위선도 어쩔 수 없는 모양이다. 대부분이 그렇다고 답했기 때문이다. 다음으로, 연구자들은 다른 피험자 집단에게 앞선 피험자들의 이기적 선택을 설명한 뒤 그것이 공정한 행동인지 물었다. 예상대로 사람들은 전혀 공정하지 않다고 대답했다. 우리가 자신의 행동과 남들의 행동을 다르게 평가하는 것은 자기 위주 편향의 교과서적 사례이다.

그런데 핵심적인 질문은 그 다음이었다. 자기 위주 편향자들은 마음속 깊이 **정말로** 자신이 공정하다고 믿었을까? 아니면 의식이라는 뇌 속의 의견 조작자가 그렇게 말했을 뿐, 무의식이라는 현실 점검자는 줄곧 진실을 깨닫고 있었을까? 심리학자들은 피험자들에게 일곱 자리 숫자를 외우는 과제를 줌으로써 의식을 **붙들어 둔** 뒤, 그 상태에서 자신의 (혹은 남들의) 행동을 평가해 보라고 시켰다. 그렇게 의식의 주의가 흩뜨러지자, 끔찍한 진실이 튀어나왔다. 피험자들이 남들에게 그랬듯이 자신에게도 가혹하게 평가했던 것이다. 이것은 진실이 줄곧 바탕에 존재하고 있다는 트리버스의 이론을 증명하는 결과이다.

나는 이 결과를 듣고 기뻤다. 한편으로는 자기기만 이론이 이토록 깔끔한 것을 볼 때 틀림없이 진실일 터라서 기뻤지만, 또 한편으로는 이 결과가 인류에게 일말의 희망을 안겨 주기 때문에 기뻤다. 자신에 대한 남부끄러운 진실을 깨닫는 것은 더없이 고통스러운 일이지만 — 그렇기에 프로이트는 부정, 억압, 투사, 반응 형성 등등 끔찍한 순간을 최대한 미뤄 주는 갖가지 방어 기제가 있다고 가정했다. — 이론적으로나마 가능하기는 하다. 그러기 위해서 남들의 비웃음이 필요할 수도 있고, 논쟁이 필요할 수도 있고, 시간이 필요할 수도 있고, 주의 산만이 필요할 수도 있지만, 어쨌든 우리는 자신이 늘 옳지는 않다는 사실을 깨우칠 방법이 있다. 그래도 자기기만 문제에서 자신을 기만해서는 안 될 것이다. 어떤 망신스러운 계기가 없는 이상, 우리는 자신이 저지르거나 입은 피해를 잘못 판단하는 경우가 압도적으로 많으니까.

인간의 심리에 필연적으로 존재하는 이 괴벽을 인식하는 순간, 사회적 삶은 전혀 다르게 보인다. 과거와 현재의 사건들도 마찬가지다. 단순히 모든 분쟁에는 쌍방의 입장이 있다는 뜻만이 아니다. 양측이 **진심으로** 자기 위주의 이야기를 믿는다는 뜻이다. 누구나 자신은 무고하고 오래 고통을 겪은 피해자로 여기고, 상대는 악랄하고 배은망덕하고 가학적인 사람으로 여기는 것이다. 그리고 양측은 자신의 진심 어린 믿음에 부합하는 역사적 서사와 사실적 데이터를 수집한다.[31] 예를 들어 보자.

• 십자군은 종교적 이상주의의 분출로, 지나친 행동이 소수 있었지만 세상에 문화 교환의 결실을 남겼다. 십자군은 유대인 공동체에 대한 악독한 포그롬으로, 유럽의 오랜 반유대주의 역사의 일부였다. 십자군은 이슬람 영토에 대한 잔혹한 침략이었고, 이슬람권이 기독교계에게 당한 기나긴 모욕의 역사에서 서장이었다.

• 미국 남북 전쟁은 사악한 노예제를 폐지하고 자유와 평등의 기치로 건설된 국가를 보존하기 위해서 어쩔 수 없이 벌인 일이었다. 미국 남북 전쟁은 남부의 전통 생활양식을 파괴하려는 중앙의 폭정이 세를 장악한 사건이었다.

• 소련의 동유럽 장악은 사악한 제국이 대륙에 철의 장막을 내린 행위였다. 바르샤바 조약은 소련과 동맹국들을 보호하기 위한 방어 동맹으로, 두 번의 독일군 침략으로 겪었던 끔찍한 피해를 되풀이하지 않기 위한 조치였다.

• 6일 전쟁은 국가 생존을 위한 투쟁이었다. 전쟁은 이집트가 유엔 평화 유지군을 몰아내고 티란 해협을 봉쇄함으로써 시작되었는데, 그것은 유대인을 바다에 빠뜨리려는 계획의 첫 단계였다. 결국 전쟁은 이스라엘이 갈라진 도시를 재통합하고 수호 가능한 국경을 확보함으로써 막을 내렸다. 6일 전쟁은 공격과 정복의 군사 행동이었다. 전쟁은 이스라엘이 이웃 나라들을 침략함으로써 시작되었고, 이스라엘이 그들의 땅을 빼앗고 인종 차별적 체제를 세움으로써 막을 내렸다.

양측은 경쟁적인 시점에서 정보를 왜곡할 뿐만 아니라, 역사를 측정하는 달력도 서로 다르고 역사적 기억에 부여하는 중요성도 서로 다르다. 피해자는 근면한 역사가이자 기억의 육성자이다. 가해자는 실용주의자이고 현재에 굳게 뿌리 내린다. 우리는 보통 역사적 기억을 좋은 것으로 여긴다. 그러나 기억되는 사건이 채 아물지 않은 상처라면, 그래서 시정이 요구되는 일이라면, 기억은 폭력에의 호소가 될 수 있다. '알라모를 기억하라!' '메인호를 기억하라!' '루시타니아호를 기억하라!' '진주만을 기억하라!' '9/11을 기억하라!' 등의 표어는 역사를 복습하라는 권고가 아니라 미국을 전쟁에 끌어들인 전투의 함성이었다. 발칸 반도는 제곱미터당 역사가 너무나 많아 저주 받은 땅이라고들 한다. 1990년대에 크로아티아, 보스니아, 코소보에서 인종 청소를 자행했던 세르비아인은 한편으로 세계에서 가장 고통 받은 민족이었다.[32] 제2차 세계 대전 중 크로아티아의 나치 괴뢰 정부에게 당한 수탈, 제1차 세계 대전 중 오스트리아-헝가리 제국에게 당한 수탈, 더 멀리는 1389년에 코소보 전투에서 오스만 투르크에게 당한 수탈의 기억이 그들을 분노하게 했다. 코소보 전투의 600주년을 추념하는 자리에서 슬로보단 밀로셰비치 대통령은 1990년대 발칸 전쟁을 예견하는 호전적 연설을 한 바 있었다.

1970년대 말, 퀘벡에서 새로 선출된 분리파 정부는 19세기 민족주의의 전율을 재발견했다. 그들이 퀘벡 사람들의 애국심을 고취시키고자 도입한 여러 장치 중 하나는 자동차 번호판의 모토를 '라 벨 프로방스'(아름다운 지방)에서 '즈 므 수비앙'(나는 기억한다.)로 바꾼 것이었다. 정확히 무엇을 기억한다는 말인지는 끝내 밝혀지지 않았지만, 대부분의 사람들은 그것을 7년 전쟁 끝에 1763년에 영국에게 졌던 뉴프랑스에 대한 향수로 이해한다. 그 역사적 기억 때문에 퀘벡에 거주하는 영어 사용자들은 약간 불안해졌고, 내 세대에는 토론토로의 집단 이주가 벌어졌다. 그러나 다행스럽게도 20세기 말의 유럽 평화주의가 19세기 말의 프랑스 민족주의를 이겼다. 오늘날 퀘벡은 세계에서 보기 드물게 세계주의적이고 평화로운 지역이다.

피해자는 너무나 많이 기억하는 반면에, 가해자는 너무나 적게 기억한다. 나는 1992년에 일본에 갔을 때 유용한 일본사 연표가 담긴 관광 책자를 샀다. 그런데 1912~1926년까지의 다이쇼 민주주의 시대 다음은 곧장 1970년의 오사카 만국 박람회였다. 그 사이에 일본에서는 흥미로운 사건이 아무것도 없었나 보다.

기말 과제를 놓고 승강이하는 학생들부터 세계 전쟁을 치르는 국가들까지, 분쟁의 모든 당사자들이 자신의 정당성을 확신하고 역사적 기록으로 그것을 뒷받침한다는 것은 심란한 사실이다. 그 기록에는 새빨간 거짓말도 섞여 있겠지만, 단순히 우리가 중요하게 여기는 사실을 빠뜨리거나 우리가 케케묵은 이야기로 여기는 사실을 신성시하는 편향도 포함되어 있다. 이 깨우침은 왜 심란할까? 어쩌면 나와 상대가 의견이 어긋난 상황에서 상대가 옳고, 내가 내 생각만큼 순수하지 않을 수도 있기 때문이다. 자기기만은 자신에게는 안 보이는 법이므로, 양측이 주먹질하면서도 서로 자신이 옳다고 믿고 어느 쪽도 마음을 고쳐먹으려 하지 않을 것이다.

예를 들어, 오늘날 미국에서 과거의 '위대한 세대'가 정당한 전쟁의 전형인 제2차 세계 대전에 참전했던 것을 새삼스레 재평가하려는 사람은 거의 없다. 그런데 1941년 일본의 진주만 공격 직후 프랭클린 루스벨트가 낭독했던 연설문을 지금 다시 읽어 보면 꽤 심란하다. 그것이 피해자 서사의 교과서적 사례이기 때문이다. 그 연설문에는 바우마이스터가 피해자 서사의 속성으로 분류했던 요소들이 모두 들어 있다. 기억의 맹목적 숭배("영원히 불명예로 기억될 이 날"), 피해자의 무고함 주장("미국은 그 나라와 평화를 유지하고 있었습니다."), 피해 규모의 강조("어제 하와이 군도에 대한 공격으로 미국 해군과 육군이 심각한 피해를 입었습니다. 너무나도 많은 미국인이 목숨을 잃었습니다."), 보복의 정당성("정당성을 갖고 있는 우리 미국인들이 이길 것입니다."). 오늘날 역사학자들은 이 쩌렁쩌렁한 단언들이 그럴싸하기는 해도 완벽한 사실은 아니었다고 말한다. 미국은 일본에게 원유와 기계에 대한 적대적 통상 중지를 가했고, 공격을 예상하고 있었으며, 군사적 피해는 비교적 작았고, 공격에서 사망한 미국인 2500명에 대한 대가로 결국 10만 명을 더 희생하게 되었고, 무고한 일본계 미국인들을 강제 수용소에 넣었고, 소이탄과 핵폭탄을 일본 민간인들에게 떨어뜨려 승리했다. 이것은 인류 역사상 가장 크나큰 전쟁 범죄로 여겨진다.[33]

합리적인 제삼자의 입장에서 잘잘못을 의심할 여지가 없는 문제라도, 심리의 안경을 쓰고 본다면, 악한들은 늘 제 행동이 도덕적이라고 생각할 것이라는 사실이 이해된다. 그 안경을 쓰는 것은 고통스럽다.[34] '히틀러의 관점에서 보도록 노력하자.'는 문장을 읽으면서 당신의 혈압을 한번 재어 보라(오사마 빈 라덴이나 김정일의 관점도 좋다.). 그러나 분명 히틀러도 여느 감각 있는 존재들처럼 **자신의 관점이 있었다**. 역사학자들에 따르면, 심지어 그것은 대단히 도덕적인 관점이었다. 히틀러는 제1차 세계 대전에서 독일이 뜻밖에 패배하는 현실을 경험했고, 그것은 분명 내부의 적이 배신했기 때문이라고 결론지었다. 그리고 그는 전후 연합국의 살인적인 식량 봉쇄와 보복적 배상금에 분개했다. 그는 1920년대의 경제적 혼돈과 노상 폭력에서 살아남았다. 그리고 그는 이상주의자였다. 그에게는 영웅적 희생으로 천년 왕국의 낙원을 앞당기겠다는 도덕적 전망이 있었다.[35]

개인 간 소규모 폭력에서도, 잔혹한 연쇄 살인범마저 자신의 범죄를 축소하고 정당화한다. 그들의 행동이 그토록 섬찟하지만 않았어도 우스꽝스러워 보일 지경으로. 경찰에 따르면, 1994년에 한 연쇄 살인범은 이렇게 말했다. "우리는 두 명을 죽이고, 두 명을 다치게 하고, 여자 하나를 권총으로 때리고, 사람들의 입에 전구를 쑤셔 넣은 것 말고는 별로 사람을 해치지 않았다."[36] 사회학자 다이애나 스컬리가 면담한 연쇄 강간 살인범은 자신이 권총으로 붙잡은 여자들에게 "친절하고 상냥했으며", 여자들도 강간 당하는 것을 즐겼다고 주장했다. 그는 피해자들을 찔러 죽일 때 "죽음이 다가오는 것을 모르도록 언제나 신속하게 해치웠다."는 점이야말로 자신이 친절했던 증거라고 말했다.[37] 소년 33명을 납치, 강간, 살해했던 존 웨인 게이시는 "나는 가해자가 아니라 피해자"라고 말했고, 아이러니한 기색 없이 진지하게 자신은 "유년기를 빼앗긴 피해자"라고 했다. 자신은 어른이 되고서도 늘 피해자였다며, 언론이 영문을 알 수 없게도 자신을 "개자식에 희생양"으로 만들었을 뿐이라고 주장했다.[38]

그보다 더 작은 범죄를 저지른 사람들도 자신을 쉽게 합리화한다. 죄수를 연구하는 학자들은 요즘 교도소에 무고한 희생자가 가득하다고 입을 모아 말한다. 허술한 경찰 수사로 누명을 쓴 죄수가 많다는 말이 아니라, 자기 구제 정의를 추구하고자 폭력을 휘두른 죄수들이 많다는 말이다. 도널드 블랙의 범죄 이론을 기억하는가(3장)? 왜 가해자에게 구체적인 이득이 없는 폭력 범죄가 많은지를 설명하고자, 블랙은 범죄를 일종의 사회적 통제 행위로 보았다.[39] 가해자는 진심으로 모욕이나 배신에 자극된다. 남들은 그의 보복을 지나치다고 보겠지만 — 말다툼 중에 쏘아붙인 아내를 때리는 것, 주차 공간 때문에 거드럭거리는 낯선 사람을 죽이는 것 등 — 그의 관점에서는 정말로 그것이 도발에 대한 자연스러운 반응이고, 거친 정의의 집행이다.

우리에게 이런 합리화가 불편하게 느껴진다는 사실에서, 심리의 안경을 쓰는 행위가 어떤 것인지 알 수 있다. 바우마이스터는 과학자와 연구

자가 가해 행위를 이해하는 관점은 가해자의 관점과 같다고 지적했다.[40] 둘 다 가해 행위로부터 떨어져 있는 무도덕적 입장이다. 둘 다 맥락을 중시하고, 상황의 복잡성에 늘 유의하면서, 그것이 가해의 인과 관계에 어떻게 기여했는지를 따진다. 그리고 궁극에는 피해를 설명할 수 있다고 믿는다. 대조적으로, 도덕주의자의 관점은 피해자의 관점이다. 그들은 존경과 경외감으로 피해를 다룬다. 피해는 발생한 뒤에도 오랫동안 슬픔과 분노를 일으키고, 인간이 일껏 허약한 논리로 합리화해 봤자 영영 우주의 수수께끼로 남는다고 본다. 홀로코스트 기록자들 중에는 홀로코스트를 설명하려고 시도하는 것조차 비도덕적이라고 생각한 사람이 많았다.[41]

바우마이스터는, 여전히 심리의 안경을 쓴 채, 이것을 순수한 악의 신화(myth of pure evil)라고 불렀다. 우리가 도덕의 안경을 썼을 때 채택하는 사고방식은 피해자의 사고방식이다. 악은 그저 피해를 입힐 요량으로 이유 없이 일부러 자행된 행위이고, 뼛속까지 사악한 악당이 자행하는 행위이고, 죄 없고 착한 피해자에게 가해지는 행위이다. 이것이 왜 신화일까? 사실 (심리의 안경을 꿰뚫어 볼 경우) 악은 대체로 정상적인 사람들이 저지르는 행위이기 때문이다. 그들은 피해자의 도발을 비롯한 주변 환경에 대해 자기로서는 합리적이고 정당한 방식으로 반응한 것뿐이다.

순수한 악의 신화는 종교, 공포 영화, 아동 문학, 민족주의 신화, 선정적인 언론 보도에 공통적으로 나타나는 고정관념들을 낳는다. 많은 종교에서 악은 악마로 개체화되거나 — 하데스, 사탄, 베엘제붑, 루시퍼, 메피스토펠레스 — 마니교적인 이원론적 투쟁에서 자애로운 신에 대한 안티테제로 구현된다. 대중문화에서 악은 칼부림하는 사람, 연쇄 살인범, 요괴, 괴물, 조커, 제임스 본드 풍 악당, 혹은 영화의 시대에 따라서 나치 장교, 소련 스파이, 이탈리아 마피아, 아랍 테러리스트, 도시의 불량배,

멕시코 마약 왕, 우주의 제왕, 기업 중역으로 구체화된다. 악한은 돈과 권력을 즐기지만, 그 동기는 막연하고 조잡하다. 그가 정말로 갈망하는 것은 무고한 피해자에게 혼란과 고통을 끼치는 것이다. 악한은 우리의 적이고 — 선의 적 — 외국인일 때가 많다. 할리우드 영화의 악당들은 국적이 없더라도 기본적으로 외국 억양으로 말한다.

순수한 악의 신화는 진정한 악을 이해하려는 시도를 좌절시킨다. 과학자의 관점은 가해자의 관점과 비슷하고 도덕주의자의 관점은 피해자의 관점과 비슷하기 때문에, 과학자는 '변명'을 찾거나 '피해자를 비난'하는 것으로 보이기 마련이다. 혹은 '이해하면 용서하기 마련'이라는 무도덕적 원칙을 옹호한다고 비난 받는다(루이스 리처드슨은 이에 대해 지나친 비난은 이해를 방해한다고 대꾸했다.). 연구자가 분석 결과 가해자의 동기로 내놓은 것이 묵직한 이유가 아니라 — 세상에 고통을 존속시키겠다는 의지, 혹은 인종, 계층, 성별에 대한 억압을 유지하겠다는 의지 — 가벼운 이유라면 — 질투, 지위, 보복 — 악을 상대화한다는 비난이 더욱 거세진다. 연구자가 소수의 사이코패스들이나 해로운 정치 체제의 행위자들에게만 동기를 부여하는 대신 모든 인간들에게 동기를 부여해도 그렇다(고귀한 야만인 이론이 인기 있는 것은 이 때문이다.). 한나 아렌트는 홀로코스트의 수송 담당 아돌프 아이히만의 전범 재판에 관한 글에서, '악의 평범성'이라는 표현을 썼다. 그 남자의 평범성과 동기의 평범성을 포착한 표현이었다.[42] 아이히만에 대한 판단이 옳았는지는 둘째 치더라도(역사학자들은 그가 아렌트의 생각과는 달리 좀 더 단호한 이데올로기적 반유대주의자였다고 본다.), 아렌트는 순수한 악의 신화를 해체하는 데 예지를 발휘했다.[43] 뒤에서 이야기하겠지만, 지난 40년 동안 사회 심리학은 — 그녀에게서 영감을 얻은 연구들도 있다. — 해로운 결과를 낳은 동기들이 대부분 평범하다는 사실을 보여 주었다.[44]

이 장의 나머지에서, 나는 우리에게 폭력성을 부여하는 뇌 구조들과 동기들을 살펴보겠다. 또한 어떤 조건이 그것들을 더 강하게 혹은 약하게 만드는지 살펴봄으로써, 폭력의 역사적 감소에 대한 통찰을 얻을 것이다. 이것은 자칫 가해자의 관점을 취하는 것처럼 보일 수 있겠는데, 사실 그런 위험은 이런 노력에 수반하는 여러 위험들 중 하나에 불과하다. 또 다른 위험은 자연이 우리 뇌를 도덕적으로 유의미한 방식으로 조직했다고 가정하기 쉽다는 점이다. 마치 악을 낳는 뇌와 선을 낳는 뇌가 있는 것처럼 말이다. 앞으로 이야기하겠지만, 이 장에서 설명할 내면의 악마들과 다음 장에서 설명할 선한 천사들은 신경 생물학적으로 구별되는 실체들이라기보다 그저 설명의 편의를 위한 것일 때가 많다. 동일한 뇌 체계가 최선의 행동과 최악의 행동을 모두 일으킬 수도 있기 때문이다.

폭력의 기관들

순수한 악의 신화에서 흔한 증상은 폭력을 동물적 충동과 동일시하는 것이다. **야수 같은**, **야수적인**, **짐승 같은**, **비인간적인**, **야생적인** 등등의 표현도 그렇고, 악마를 뿔과 꼬리가 달린 모습으로 묘사하는 것도 그렇다. 그러나 동물계에서 폭력이 흔한 것은 사실일지라도, 그 폭력이 단일한 충동에서 발생한다고 보는 것은 세상을 피해자의 눈으로 보는 것이다. 인간이 개미에게 저지르는 파괴적인 짓을 떠올려 보라. 우리는 개미를 먹고, 독으로 죽이고, 무심코 밟고, 일부러 짓누른다. 여러 종류의 개미 살해는 서로 다른 동기 때문에 발생하지만, 만일 우리가 개미라면 그런 세밀한 분류에 관해서는 신경 쓰지 않을 것이다. 우리는 모두 **인간이기** 때문에, 인간이 인간에게 저지르는 끔찍한 일들이 모두 하나의 동물적 동기에서 나온다고 생각하기 쉽다. 그러나 생물학자들은 포유류의 뇌에 여러 종류의 공격성을 발현시키는 상이한 회로들이 있다는 사실을 오래전부터 알았다.

동물계에서 가장 눈에 띄는 공격 형태는 포식(predation)이다. 운동선수들의 옷과 국가들의 문장에는 매, 독수리, 늑대, 사자, 호랑이, 곰 등등의 포식 동물이 흔히 장식되어 있다. 작가들은 인간의 폭력을 윌리엄 제임스의 말마따나 '내면의 육식 동물' 탓으로 돌렸다. 그러나 생물학적으로 볼 때, 사냥을 위한 포식은 경쟁자나 위협에 대한 공격성과는 전혀 다르다. 고양이를 키우는 사람은 차이를 알 것이다. 고양이는 바닥에서 딱정벌레를 발견하면 납작 엎드리고, 숨을 죽이고, 강렬하게 집중한다. 그러나 길고양이끼리 마주치면 뒷발로 서고, 털을 세우고, 쉿쉿거리며 우짖는다. 앞에서 신경 과학자들이 고양이의 분노 회로에 전극을 삽입하여 단추를 누름으로써 고양이를 공격 모드로 만들 수 있다고 말했다. 그런데 그 전극을 다른 회로에 삽입하면, 고양이를 사냥 모드로 만들 수도 있다. 그러면 과학자들은 고양이가 환상의 쥐를 쫓아 조용히 포복하는 광경을 보게 된다.[45]

뇌의 많은 체계가 그렇듯이, 공격성을 제어하는 회로들은 위계적으로 조직되어 있다. 근육의 기본 움직임을 제어하는 서브루틴들은 후뇌에 있고, 후뇌는 척수 꼭대기에 있다. 그 서브루틴들의 방아쇠를 당기는 감정 상태들, 가령 분노 회로 등은 더 상위에 위치한 중간뇌와 전뇌에 있다. 신경 과학자들이 고양이의 후뇌를 자극하면 이른바 가짜 분노 반응이 활성화된다. 고양이는 쉿쉿거리고, 털을 세우고, 송곳니를 드러내지만, 그때 사람이 쓰다듬어도 사람을 공격하지는 않는다. 대조적으로 더 상위에 있는 분노 회로를 자극하면, 그로 인한 감정 상태는 가짜가 아니다. 고양이는 미쳐 날뛰면서 실험자의 머리를 향해 돌진한다.[46] 진화는 이런 모듈성을 요긴하게 활용한다. 포유류마다 무기로 쓰는 신체 부위

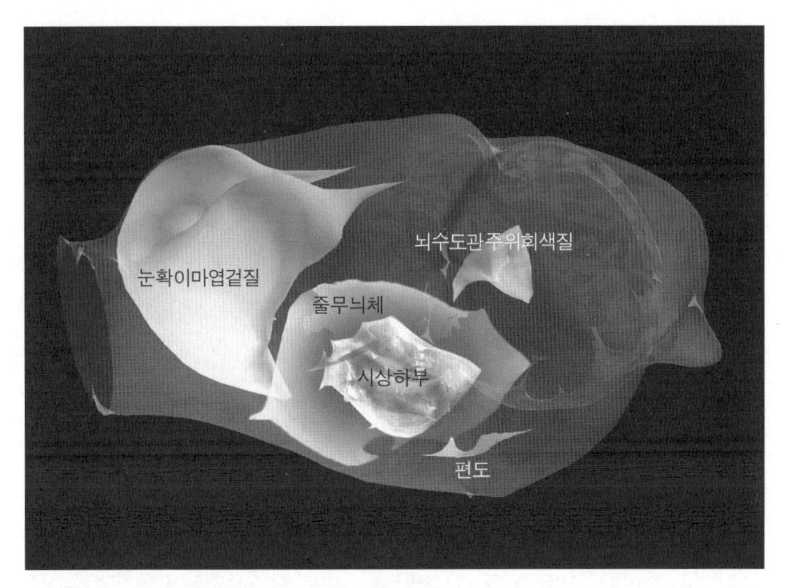

그림 8-1. 쥐의 뇌에서 공격성에 관여하는 주요 구조들.
출처: 다음 이미지를 변형: Allen Mouse Brain Atlas, http://mouse.brain-map.org.

가 다르다. 턱, 송곳니, 뿔, 영장류의 경우에는 손이다. 이런 말초 부위를 제어하는 후뇌 회로들은 계통이 진화함에 따라 재프로그래밍되거나 교체되지만, 감정 상태를 제어하는 중앙의 프로그램들은 놀랍도록 고스란히 보존된다.[47] 사람으로 이어진 계통도 마찬가지라, 신경외과 의사들은 인간 환자들의 뇌에서도 분노 회로에 해당하는 것을 발견했다.

그림 8-1은 쥐의 뇌를 컴퓨터로 재현한 모형이다. 뇌가 왼쪽을 향한 모습이다. 쥐는 늘 킁킁거리면서 후각에 의존하는 동물이라 후각망울이 어마어마하게 크기 때문에, 위의 그림에서는 왼쪽 끝에 있는 그 후각망울을 도려내어 나머지 뇌가 한눈에 들어오게 했다. 여느 사지동물처럼 쥐도 몸이 수평이므로, 우리가 신경계의 '높은' 차원과 '낮은' 차원이라고 생각하는 것이 여기에서는 앞뒤로 배열되어 있다. 고차원적인 인지 능력은, 물론 고차원적이라고 해도 대단하지는 않지만, 앞쪽(왼쪽) 끝

에 있다. 몸을 제어하는 부분은 뒤쪽(오른쪽) 끝에서 척수로 이어져 있다. 그 부분을 다 보여 주었다면 모형의 오른쪽 가장자리가 그림에서 넘쳤을 것이다.

분노 회로는 뇌의 저차원에 해당하는 세 주요 구조들을 잇는 경로이다.[48] 중간뇌에는 뇌수도관주위회색질이라는 고리 모양 조직이 있다. 회색질(출력 섬유에 절연 껍질이 없는 뉴런들이 엉킨 것)로 만들어져 있기 때문에 '회색질'이고 뇌수도관을 둘러싸고 있기 때문에 '뇌수도관주위'인데, 뇌수도관은 중추신경계에서 척수를 따라 올라와서 뇌의 큰 공동들까지 이어지는 관으로서 속에는 액체가 차 있다. 뇌수도관주위회색질에는 분노의 감각 운동적 요소들을 제어하는 회로들이 들어 있다. 뇌에서 통증, 균형, 허기, 혈압, 심박수, 온도, 청각(특히 다른 쥐의 비명)을 받아들이는 부분이 그 회로들에게 신호를 보내고, 동물은 그런 자극을 받으면 초조함과 불안, 혹은 화를 느낀다. 이어 그 회로들이 내놓은 출력 신호가 운동 프로그램으로 전달되면, 쥐는 돌진하고 차고 문다.[49] 생물학적 폭력 연구에서 가장 오래된 발견 중 하나는 통증이나 좌절과 공격성의 연관 관계를 밝힌 것이었다. 우리가 동물에게 충격을 가하면, 혹은 먹이에 접근하지 못하게 막으면, 동물은 가까이에 있는 다른 동물을 공격한다. 살아 있는 표적이 없을 때는 무생물을 문다.[50]

뇌수도관주위회색질은 부분적으로 시상하부의 제어를 받는다. 시상하부는 허기, 갈증, 욕정을 비롯하여 갖가지 감정, 동기, 생리 상태를 통제하는 핵들이 뭉친 덩어리이다. 시상하부는 체온, 혈압, 혈액의 화학적 조성을 감시하며, 뇌하수체 위에 있다. 뇌하수체는 호르몬을 혈류로 내보내는 일을 하는데, 특히 부신의 아드레날린 분비와 생식샘의 테스토스테론, 에스트로겐 분비를 조절한다. 시상하부의 핵들 중 두 가지, 안쪽핵과 배가쪽핵은 분노 회로의 일부이다. '배'란 동물의 배쪽을 가리키는 말로서 '등쪽'과 반대된다. 그러나 인간은 수직으로 선 몸통 위에 뇌가 수직으로 놓이도록 진화했으므로, 이 용어들이 말 그대로 적용되지는 않는다. 인간의 뇌에서는 '배쪽'이 발 방향을 가리키고, '등쪽'이 머리꼭대기 방향을 가리킨다.

시상하부를 조절하는 것은 편도이다. 편도는 라틴어로 '아몬드'라는 뜻인데, 인간의 편도가 아몬드를 닮았다고 해서 그렇게 명명되었다. 편도는 여러 부위로 이루어진 작은 기관이고, 기억과 동기를 담당하는 여러 체계들과 연결되어 있다. 편도는 우리의 생각과 기억에 감정을 입힌다. 특히 공포를 입힌다. 우리가 동물을 훈련시켜 어떤 소리를 들은 뒤에 충격을 기대하도록 만들 때, 그 소리를 불안과 두려움과 연결하여 기억하는 것이 바로 편도이다. 편도는 위험한 포식자를 보았을 때, 같은 종의 다른 개체가 위협할 때도 켜진다. 가령 사람의 편도는 타인의 성난 얼굴에 반응한다.

분노 회로의 위쪽에는 대뇌겉질이 있다. 이것은 대뇌반구의 겉을 얇게 감싼 회색질층으로, 지각, 사고, 계획, 의사 결정을 뒷받침하는 연산을 담당한다. 두 대뇌반구는 여러 개의 엽으로 나뉘는데, 맨 앞에 있는 이마엽은 행동에 관한 결정을 담당한다. 이마엽의 주요 영역으로 눈확이마엽겉질이 있다. 눈확이라고 불리는 두개골의 눈구멍 위에 있기 때문에 눈확이마엽겉질이고, 줄여서 눈확겉질이라고도 한다.[51] 눈확겉질은 편도를 비롯한 다른 감정 회로들과 긴밀하게 연결되어 있고, 감정과 기억을 통합하여 다음에 무엇을 할지 결정하는 일을 돕는다. 동물이 환경에 따라 공격 태세를 조절하는 일은 바로 이 눈알 뒤 눈확겉질이 맡는다. 이때 환경이란 감정 상태는 물론이고 과거에 배운 교훈도 포함된다. 말이 나왔으니 말인데, 내가 분노 제어 과정을 하향식 연쇄 명령처럼 묘사했지만 — 눈확겉질에서 편도로, 시상하부로, 뇌수도관주위회색질로,

운동 프로그램으로 — 실제로는 모든 연결이 양방향이다. 이 요소들과 뇌의 다른 부분들 사이에도 상당한 피드백과 혼선이 있다.

앞에서 언급했듯이, 육식 포유류의 행동에서 포식과 분노는 전혀 다른 형태로 드러난다. 뇌에서도 전혀 다른 부위의 자극 때문에 야기된다. 포식에 관여하는 회로는 팡크세프가 명명한 탐색 체계(Seeking system)의 일부이다.[52] 탐색 체계는 주로 중간뇌의 한 부분에서 시작하여(그림 8-1에서는 안 보인다.) 뇌 중앙의 섬유 다발을 따라(안쪽 앞뇌 다발) 가쪽시상하부로 이어지고, 다시 이른바 파충류 뇌의 중요 부위인 배쪽줄무늬체로 이어진다. 줄무늬체는 여러 평행한 띠들로 이루어져 있고(그래서 줄무늬로 보인다.), 대뇌반구에 깊이 묻혀 있으며, 이마엽과 긴밀하게 연결되어 있다.

탐색 체계를 발견한 사람은 심리학자 제임스 올즈와 피터 밀너였다. 그들이 쥐의 뇌에 전극을 삽입하고 그것을 스키너 상자의 레버와 연결했더니, 쥐는 쉴 새 없이 레버를 눌러서 자기 뇌를 자극하다가 마침내 탈진하여 나가떨어졌다.[53] 연구자들은 처음에 뇌의 쾌락 중추를 발견했다고 생각했지만, 요즘 신경 과학자들은 그 체계가 실제 쾌락보다는 욕구와 갈망의 토대라고 본다(우리는 나이가 들면 욕구에 신중해야 한다는 것을 깨닫는다. 왜냐하면 그것을 손에 넣는 순간 더 이상 즐겁지 않은 경우가 많기 때문이다. 이처럼 욕구와 쾌락을 구별하는 것은 뇌의 구조에 기반한 진실인 셈이다.). 탐색 체계는 뉴런 연결이 아니라 화학 물질을 통해서 하나로 묶인다. 뉴런들은 도파민이라는 신경 전달 물질로 서로 교신한다. 코카인이나 암페타민처럼 도파민을 더 많이 생산하게 만드는 약물은 동물을 신나게 만들고, 항정신병 약물처럼 도파민을 줄이는 약물은 동물을 심드렁하게 만든다(배쪽줄무늬체에는 엔도르핀이나 내인성 아편제 등 다른 신경 전달 물질에 반응하는 회로들도 있다. 이런 회로들은 무언가를 앞서서 갈망하는 행위보다 그것이 주어졌을 때 보상을 즐기는 행위에 더 밀접하게 관계한다.).

동물은 탐색 체계를 통해서 자신이 추구할 목표를 확인한다. 가령 실험실에서는 누르면 음식이 나오는 레버를 찾고, 자연의 육식 동물이라면 탐색 체계가 부여한 동기에 따라서 사냥을 한다. 동물이 사냥감에 살금살금 다가가는 행위는 상상컨대 즐거운 기대의 상태일 것이다. 성공하면, 동물은 먹이를 한 입에 물어 단숨에 해치운다. 이것은 으르렁거리는 분노의 공격과는 전혀 다르다.

동물의 공격은 공세적인 것과 방어적인 것이 있다.[54] 공세적 공격을 일으키는 단순한 유발 기제는 갑작스러운 통증이나 좌절인데, 후자는 탐색 체계가 전달한 신호에 따른다. 인간의 몇몇 원초적 반응에서도 이런 반사 행동이 드러난다. 아기의 두 팔을 갑자기 꽉 누르면, 아기는 분노로 반응한다. 어른은 망치로 손가락을 찧거나 기대하던 것을 얻지 못해 놀라면, 대뜸 공격적으로 욕설을 뱉거나 물건을 망가뜨린다(충격 유지 보수 기법이라고 불리는 컴퓨터 수리 방법, 즉 몇 대 때리는 방법을 떠올려 보라.). 이와 달리 방어적 공격은 공포를 담당하는 뇌 체계에서 유발된다. 쥐라면 상대의 옆구리를 물고 때리는 것이 아니라 상대의 머리로 돌진하는 것이 방어적 공격이다. 공포 체계도 분노 체계와 마찬가지로, 뇌수도관주위회색질에서 시상하부를 거쳐 편도로 이어지는 회로이다. 공포 회로와 분노 회로는 서로 다르고, 각각의 기관에서 서로 다른 핵을 잇지만, 위치가 가깝기 때문에 쉽게 상호 작용한다.[55] 가벼운 공포는 그 자리에 얼어붙거나 도망치는 행동을 일으키지만, 극심한 공포는 다른 자극들과 결합함으로써 분노한 방어적 공격을 일으킨다. 어쩌면 사람의 예측적 공황 혹은 광란극도 공포 체계에서 분노 체계로 자극이 넘어가는 현상과 관계있을 것이다.

팡크세프는 포유류의 뇌에서 폭력을 야기하는 네 번째 동기 체계를 확인하고, 그것을 수컷 간 공격(Intermale Aggression) 또는 우세 체계(Dominance system)라고 불렀다.[56] 공포 체계와 분노 체계처럼 이 회로도 뇌수도관주위회색질에서 시상하부를 거쳐 편도로 흐르지만, 각각에서 또 다른 핵들을 잇는다. 세 핵에는 모두 테스토스테론 수용기가 있다. 팡크세프는 이렇게 썼다. "거의 모든 포유류에서 수컷의 섹슈얼리티에는 적극적인 태도가 필요하다. 그래서 수컷의 섹슈얼리티와 공격성은 보통 함께 간다. 이런 성향들은 실제로 신경축에서 전체적으로 얽혀 있다. 그리고 우리가 아는 바에 따르면, 이런 종류의 공격성을 담당하는 회로는 분노 회로, 탐색 회로와 가까이 있고 아마도 서로 강하게 상호 작용할 것이다."[57] 뇌의 이런 구조를 심리로 바꿔 말하면 다음과 같다. 수컷의 뇌에서 탐색 체계가 작동하면, 그 수컷은 다른 수컷의 공격적 도전을 기꺼이 받아들이거나 심지어 적극적으로 찾아 나선다. 실제로 싸움이 벌어져 한쪽이 지거나 죽을 위험에 처하면, 싸움에 집중하던 태도는 사라지고 앞뒤 안 가리는 분노가 표출된다. 팡크세프는 두 종류의 공격성이 상호 작용을 하기는 하지만 신경 생물학적으로는 상이하다고 강조했다. 안쪽시상하부나 줄무늬체에서 특정 부위가 손상된 수컷은 먹잇감이나 근처에 있던 영문 모를 실험자를 더 많이 공격하지만, 다른 수컷을 더 많이 공격하지는 않는다. 그리고 나중에 더 이야기하겠지만, 동물 수컷에게 (혹은 인간 남성에게) 테스토스테론을 주입하더라도 그가 전반적으로 더 포악해지는 것은 아니다. 그 반대다. 수컷은 오히려 기분이 좋아지고, 경쟁자 수컷과 맞설 때만 좀 더 성마른 반응을 보인다.[58]

사람의 뇌를 보면, 참으로 특이한 포유류라는 사실을 한눈에 알 수 있다. 그림 8-2는 인간의 뇌에서 겉질을 투명하게 처리한 그림이다. 쥐의

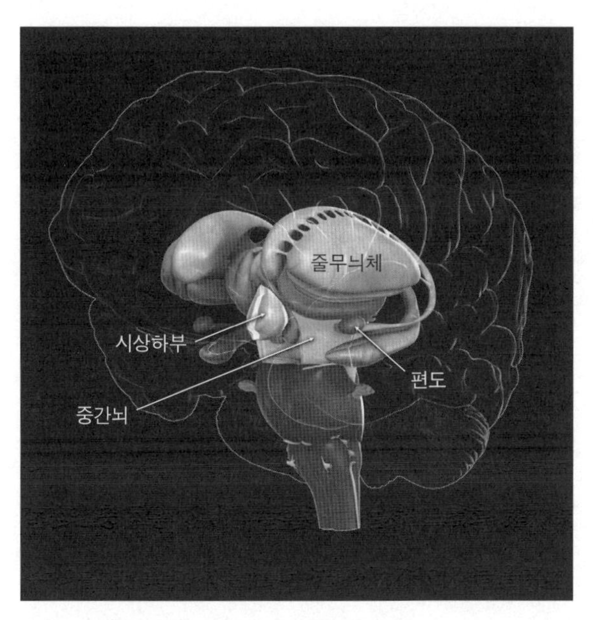

그림 8-2. 인간의 뇌에서 공격성에 관련된 주요 겉질밑 구조들.

출처: 3D 뇌 영상: AXS Biomedical Animation Studio, created for Dolan DNA Learning Center.

뇌에서 보았던 부위들이 여기에도 다 있다. 편도, 시상하부, 뇌수도관주위회색질(중간뇌를 관통하는 뇌척수관을 따라 나 있다.)처럼 분노, 공포, 우세 회로들을 구성하는 기관도 다 있다. 줄무늬체도 눈에 띈다. 말했다시피 줄무늬체는 도파민으로 자극되고, 줄무늬체의 배쪽 부위는 뇌의 목표 탐색을 돕는다.

그러나 쥐의 뇌에서는 이런 구조들이 상당한 부피를 차지했던 데 비해, 인간의 뇌에서는 그보다 훨씬 더 큰 대뇌가 이것들을 감싸고 있다. 그림 8-3을 보자. 큼직한 대뇌겉질은 구겨진 신문지처럼 두개골 속에 욱여넣어져 있다. 이마엽이 큰 부분을 차지하는데, 그림에서 뒤쪽으로 4분의 3 지점까지 뻗어 있다. 이런 구조를 볼 때, 호모 사피엔스의 원시적 분노, 공포, 갈망의 충동은 대뇌가 발휘하는 절제, 도덕화, 자기 통제의 고

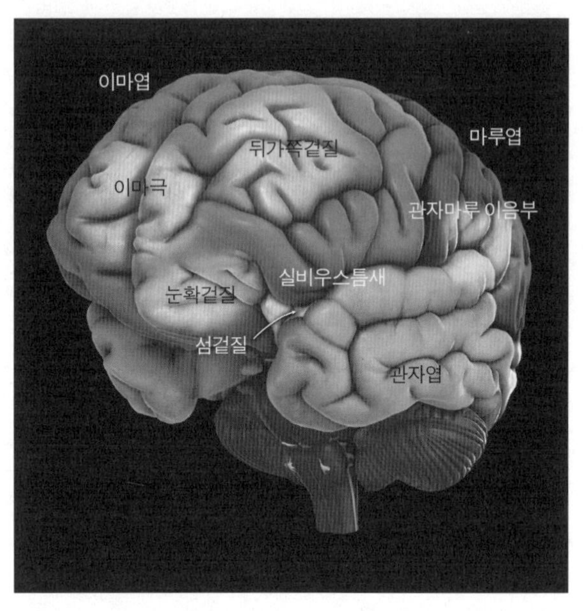

그림 8-3. 인간의 뇌, 공격성을 조절하는 주요 겉질 영역들을 보여 준다.
출처: 3D 뇌 영상: AXS Biomedical Animation Studio, created for Dolan DNA Learning Center.

삐와 싸워야 할 것이다. 그러나 야성을 길들이는 노력이 으레 그렇듯이, 어느 쪽이 우세한지 늘 확실히 알 수 있는 것은 아니다.

이마엽 안에서도 눈확겉질을 보자. 왜 그런 이름이 붙었는지 쉽게 알 수 있다. 눈확을 감싸며 둥글게 움푹 들어간 곳이기 때문이다. 1848년, 과학자들은 눈확겉질이 감정 조절과 관계있다는 사실을 알게 되었다. 피니어스 게이지라는 철도 현장 감독이 쇠막대기로 바위에 발파용 화약을 다져 넣던 중, 폭발이 일어났다. 쇠막대기는 그의 광대뼈를 뚫고 들어가 두개골 위쪽으로 관통했다.[59] 두개골에 난 구멍을 참고로 삼아 20세기에 컴퓨터로 재현한 결과에 따르면, 쇠막대기는 왼쪽 눈확겉질과 대뇌 안면의 배안쪽겉질을 찢었을 것이다(배안쪽겉질은 뇌의 안쪽을 묘사한 그림 8-4에서 보인다.). 눈확겉질과 배안쪽겉질은 하나로 붙어서 이마엽 바닥쪽

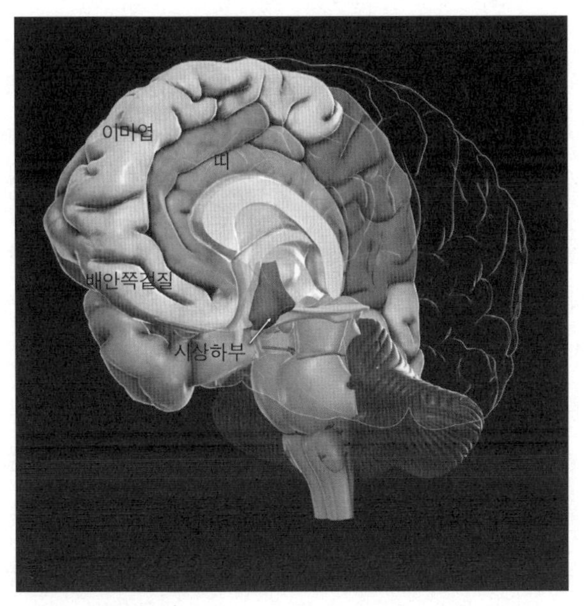

그림 8-4. 인간의 뇌 안쪽을 본 모습.
출처: 3D 뇌 영상: AXS Biomedical Animation Studio, created for Dolan DNA Learning Center.

가장자리를 두르므로, 신경 과학자들은 둘 중 하나의 이름으로 둘 다를 지칭하곤 한다.

게이지는 감각, 기억, 운동 능력은 말짱했다. 그러나 손상된 영역이 중요한 부분이었다는 사실이 곧 밝혀졌다. 담당 의사는 그의 변화를 이렇게 묘사했다.

> 지적 능력과 동물적 성향의 평형이랄까 균형이랄까, 말하자면 그런 것이 망가진 듯하다. 그는 발작적이고, 불손하고, 상스럽고 무례한 말을 수시로 뱉고(예전에는 그런 버릇이 없었다.), 동료들을 존중하지 않고, 규칙이나 조언이 자신의 욕망과 상충하는 것을 견디지 못하고, 집요하리만치 완고할 때가 많다. 그러면서도 한편으로는 변덕스럽게 오락가락하며 앞으로의 계획을 무수히

세우는데, 하나를 계획하자마자 더 적당해 보이는 다른 계획이 떠올라 예전 것을 금세 폐기한다. 지적 능력과 표현에서는 어린아이 같지만, 동물적 열정은 강인한 성인 남성과 같다. 그는 다치기 전에 비록 학교 교육을 받지 못했어도 균형 잡힌 사람이었고, 주변 사람들은 그를 빈틈없고 현명한 일꾼이자 매우 정력적이면서도 진득하게 계획을 실천하는 사람으로 존경했다. 그런 면에서 그가 너무나도 극단적으로 변했기 때문에, 친구들과 지인들은 그가 "더 이상 게이지가 아니다."라고 말했다.[60)]

게이지는 결국 균형을 많이 회복했다. 그리고 이 이야기가 여러 세대에 걸쳐 기초 심리학 수업에서 이야기되면서 부풀려지고 때로 왜곡된 면이 없지 않다. 그러나 오늘날 우리가 눈확겉질의 기능에 대해서 아는 내용은 당시 의사의 묘사와 대체로 일치한다.

눈확겉질은 편도, 시상하부, 그 밖에도 감정에 연관된 부분들과 강하게 연결되어 있다.[61)] 눈확겉질에 빽빽하게 들어찬 뉴런들은 도파민을 신경 전달 물질로 이용하며, 줄무늬체의 탐색 회로와 이어져 있다. 바로 옆에는 섬처럼 고립된 겉질 덩어리인 섬겉질이 있다. 그림 8-3에서 실비우스틈새 밑에 섬겉질의 앞부분이 빼꼼히 튀어나와 있다. 뒷부분은 그 뒤쪽으로 뻗어 있는데, 이마엽과 관자엽 덩어리가 그 위로 늘어져 가리고 있다. 섬겉질은 내장의 감각을 입력 받는다. 위가 팽창한 느낌이라든지 메스꺼움, 온기, 꽉 찬 방광, 심장의 두근거림과 같은 상태들이다. 우리는 '피가 끓는다'거나 '그의 행동에 구역질이 났다'는 표현을 비유로 쓰지만, 알고 보면 뇌는 정말 문자 그대로 받아들이는 것이다. 인지 신경 과학자 조너선 코언의 연구진은 이런 관찰을 했다. 두 피험자 중 한쪽에게 불로소득을 주고 맘대로 나눠 가지라고 했다. 이때 반대쪽 피험자가 상대에게 푸대접을 받았다고 생각하면, 섬겉질이 활성화했다. 그러나 사람이 아니라 컴퓨터가 쩨쩨하게 나눠 주었다고 생각하면, 즉 화를 낼 대상이 없으면, 섬겉질이 활성화하지 않았다.[62)]

앞에서 언급했듯이, 눈알 위의 눈확겉질(그림 8-3)과 안쪽으로 면한 배안쪽겉질(그림 8-4)은 붙어 있다. 둘의 역할을 구분하기가 쉽지 않으므로, 신경 과학자들은 둘을 뭉뚱그려 말하곤 한다. 그래도 눈확겉질은 경험이 유쾌한지 불쾌한지를 결정하는 데 좀 더 관여하는 듯하고(내장으로부터 신호를 받는 섬겉질 옆에 있으니까 그럴 만하다.), 배안쪽겉질은 원하는 것을 얻고 원하지 않는 것을 잘 피했는지를 결정하는 데 좀 더 관여하는 듯하다(탐색 체계가 뻗은 뇌 중선을 따라 놓여 있으니까 역시 그럴 만하다.).[63)] 어쩌면 이 구분이 도덕의 영역에도 영향을 미칠지 모른다. 피해에 대한 감정적 반응과 피해에 대한 판단과 반성을 구별하는 것이다. 그러나 그 경계가 흐릿하기에, 나는 앞으로도 두 부분을 '눈확겉질'로 통칭하겠다.

눈확겉질은 여러 신호들을 받음으로써 — 내장의 감각, 욕망의 대상, 감정적 충동, 겉질의 다른 부분에서 온 감각과 기억도 입력 받는다. — 감정의 조절자로 기능한다. 분노, 온기, 공포, 혐오 같은 본능적 감정들을 받아서 그 사람이 지닌 목표와 통합한 뒤, 적절한 계산으로 신호를 조절하여 원래의 감정 영역으로 돌려보낸다. 냉정한 숙고와 실행을 제어하는 겉질 영역으로도 신호를 올려 보낸다.

신경 해부학이 제시한 이 흐름도는 심리학자들이 환자와 실험실에서 관찰한 내용과 제법 잘 맞는다. 19세기 의학 기록의 미사여구와 21세기의 임상 용어에 차이가 있음을 감안한다면, 눈확겉질이 손상된 환자에 대한 요즘의 다음과 같은 묘사는 피니어스 게이지에게 적용해도 좋을 듯하다. "자제력이 없고, 사회적으로 부적절하게 행동하고, 타인의 기분을 쉽게 오해하고, 충동적이고, 자기 행동의 결과에 무관심하고, 일상생활에서 책임감이 없고, 자신의 상태가 얼마나 심각한지 통찰하지 못하고, 추진력이 약하다."[64)]

심리학자 앤젤라 스카르파와 에이드리언 레인도 비슷한 표현을 나열했는데, 다만 맨 끝에 우리의 논의와 관계있는 항목을 하나 덧붙였다. "논쟁적이고, 행동의 결과에 관심이 없고, 사회적 처신이 불량하고, 충동적이고, 산만하고, 천박하고, 불안정하고, 폭력적이다."[65)] 맨 마지막 항목은 레인이 독자적으로 연구해서 얻은 것이다. 그런데 그는 눈확겉질이 손상된 환자들을 골라서 그들의 성격을 연구한 것이 아니라, 거꾸로 폭력에 취약한 사람들을 골라서 뇌를 검사했다. 특히 반사회적 성격 장애를 지닌 사람들에게 집중했다. 미국 정신 의학회는 반사회적 성격 장애를 "타인의 권리를 전반적으로 무시하고 침해하는 성향"으로 정의하며, 불법 행위, 기만, 공격성, 무모함, 무가책의 특징이 있다고 규정한다. 폭력적 중죄를 저지른 사람들에게는 반사회적 성격 장애가 많은데, 그들 중에서도 말주변, 나르시시즘, 과대망상, 외면적 매력을 소유한 하위 집합은 사이코패스라고 부른다(소시오패스라고도 한다.). 레인이 반사회적 성격 장애로 폭력에 취약한 사람들의 뇌를 스캔한 결과, 눈확겉질 영역이 쪼그라들어 있었다. 그리고 그들의 눈확겉질은 역시 감정을 담당하는 다른 영역들, 가령 편도에 비해 대사가 덜 활발했다.[66)] 레인은 또 충동적 살인범들과 계획적 살인범들의 뇌를 비교했는데, 충동적 살인범들만 눈확겉질 기능에 이상이 있었다. 이것은 눈확겉질의 자기 통제 기능이 폭력을 억제하는 중요한 요소라는 뜻이다.

그러나 어쩌면 여기에는 눈확겉질의 또 다른 임무가 관여하는지도 모른다. 눈확겉질이 손상된 원숭이는 위계 서열에 잘 끼어들지 못하고, 더 많이 싸운다.[67)] 사람도 그 부분이 손상되면 사회적 실책에 무감한 태도를 보이는데, 우연의 일치는 아닐 것이다. 그런 환자는 가령 어떤 여자가 친구가 준 선물을 무심코 헐뜯었다는 이야기, 혹은 파티 참가자 명단에서 친구가 제외된 사실을 무심코 발설했다는 이야기를 듣고도 누가 무슨 말을 잘못했다는 것인지 이해하지 못한다. 그런 말을 들은 친구가 마음을 다쳤을 것이라는 점도 깨닫지 못한다.[68] 레인은 반사회적 성격 장애 환자들에게 자신이 저지른 실책을 글로 써서 읽어 보라고 시켰다. 보통 사람들에게는 이것이 부끄러움, 수치심, 죄책감이 동반된 시련이라 신경계가 반응하지만, 환자들의 신경계는 아무 반응을 보이지 않았다.[69]

요컨대, 눈확겉질은 (이웃인 배안쪽겉질과 함께) 자기 통제, 타인에 대한 공감, 규범과 관습에 대한 감수성 등 여러 평화화 능력에 관여한다. 그럼에도 불구하고, 눈확겉질은 대뇌에서 상당히 원시적인 부분이다. 쥐에도 눈확겉질이 있고, 내장에서 온 신호들을 받아들인다. 그렇다면 폭력을 좀 더 의도적으로, 지적으로 조절하는 기제들은 뇌의 다른 부분에 의존할 것이다.

가해자를 처벌할까 말까 결정하는 과정을 생각해 보자. 우리 내면의 정의감에 따르면, 범인의 과실 여부는 피해 자체만이 아니라 그의 내면 상태에도 달려 있다. 대부분의 형법 체계에서는 라틴어로 **멘스 레아**(mens rea), 즉 범죄 의도가 있어야만 어떤 행위가 범죄로 성립된다. 어떤 여자가 남편이 마시는 차에 쥐약을 넣어 남편을 죽였다고 하자. 그녀를 전기의자로 보내느냐 마느냐 하는 결정은 그녀가 독을 떠낸 병에 '도미노 설탕'이라는 잘못된 딱지가 붙어 있었느냐 '디콘 쥐약'이라는 정확한 딱지가 붙어 있었느냐 하는 점에 크게 좌우된다. 그녀가 자신이 남편에게 독을 먹이고 있으며 그가 죽기를 바란다는 점을 알았는가, 아니면 그저 비극적 사고였는가 하는 것이다. 우리가 **악투스 레우스**(actus reus), 즉 범죄 행위에 대해 철저히 감정적이고 반사적인 반응을 따른다면("그녀가 남편을 죽였대! 세상에나!"), 그녀의 의도와는 무관하게 응보를 가하고 싶은 충동이 인다. 그러나 우리가 죄를 판단할 때는 가해자의 심적 상태가 결정적인 영향을 미치기 마련이고, 바로 그 때문에 도덕화 간극이 존재한다. 피해자는 가해자가 상황을 잘 알면서도 일부러 해쳤다고 주장하는 반면, 가해자는 의도하지 않은 피해였다고 주장한다.

심리학자 리앤 영과 레베카 삭스는 사람들을 fMRI(기능성 자기 공명 영상) 스캐너에 넣은 뒤, 고의적인 피해나 사고에 관한 이야기를 읽게 했다.[70] 그 결과, 가해자의 심적 상태에 비추어 과실을 결정하는 능력은 관자엽과 마루엽의 이음부에 달려 있었다. 그림 8-3에서 환하게 표시된 부분이다(연구에서 실제로 활성화된 곳은 우반구의 해당 영역이었다.). 관자마루이음부는 다양한 정보들이 교차하는 지점에 있다. 자기 몸의 위치에 대한 인식, 타인의 신체와 행동에 대한 인식도 포함된다. 삭스는 그 영역이 이른바 마음 읽기, 직관적 심리학, 마음의 이론이라 불리는 정신 능력에도 필수적이라는 것을 보여 주었다. 쉽게 말해 타인의 신념과 욕망을 이해하는 능력이다.[71]

본능을 넘어서는 도덕적 심사숙고에는 또 다른 종류가 있다. 서로 다른 행동들의 결과를 두고 경중을 따지는 일이다. 도덕 철학에서 노상 등장하는 사례로 이런 것이 있다. 어느 가족이 나치를 피해 지하실에 숨었다. 아기가 울면 소재가 발각되어 아기를 비롯한 가족 전원이 죽을 텐데, 그렇다면 아기를 질식시켜 죽여야 할까? 이런 것도 있다. 폭주하는 전차 앞에 뚱뚱한 남자를 내던지면 철로에 있던 노동자 다섯 명이 치이는 것을 막을 수 있다. 그렇다면 그렇게 해야 할까? 공리주의적 계산에 따르면 둘 다 허락할 만하다. 한 명을 희생하여 다섯 명을 구하니까. 그러나 사람들은 아기를 질식시키거나 뚱뚱한 남자를 내던지는 데 난색을 표한다. 아마도 자신의 맨손으로 무고한 사람을 해친다는 데에 본능적인 반감을 느끼기 때문일 것이다. 그렇다면 논리적으로 이와 대등한 다른 딜레마를 생각해 보자. 폭주하는 전차를 바라보던 방관자는 스위치를 올려 전차를 지선으로 돌림으로써 지선에 있던 한 사람을 희생하고 본선에 있던 다섯 사람을 구할 수 있다. 어떻게 하겠는가? 이 형태로 사람들에게 물으면, 다들 스위치를 올려서 한 명 대신 다섯 명을 구하는 일을 허용해도 좋다고 대답한다. 아마도 자신이 정말로 사람을 죽이는 것처럼 **느껴지지 않기** 때문일 것이다. 자신은 그저 전차가 한 명을 죽이는 것을 막지 못했을 뿐이다.[72]

철학자 조슈아 그린은 코언의 연구진과 함께 이 점을 확인해 보았다. 그 결과, 아기를 질식시키거나 남자를 전차에 내던지는 데 대한 본능적 반감은 편도와 눈확겉질에서 생겨나지만, 최대 다수의 목숨을 구하는 공리주의적 사고는 이마엽의 일부인 뒤가쪽이마앞엽겉질에서 계산되었다. 그림 8-3에 이 부위도 표시되어 있다.[73] 뒤가쪽겉질은 지적, 추상적 문제 풀이에 많이 관여한다. 이를테면 IQ 검사를 받을 때 활성화한다.[74] 사람들이 지하실의 우는 아기 문제를 고민할 때는 눈확겉질(아기를 질식시킨다는 공포에 반응한다.)과 뒤가쪽겉질(구하고 희생할 목숨을 계산한다.)이 모두 활성화하는 동시에 서로 상충하는 충동들을 다루는 또 다른 뇌 영역이 함께 활성화하는데, 바로 앞띠겉질이다. 그림 8-4에 표시되어 있듯이, 앞띠겉질은 뇌의 안면에 있다. 이 문제에서 아기를 질식시켜도 괜찮다고 추론한 사람들은 뒤가쪽겉질이 더 많이 활성화했다.

관자마루이음부와 뒤가쪽이마앞엽겉질은 인간의 진화 과정에서 유달리 성장한 부분으로, 덕분에 우리는 폭력 중에서도 어떤 종류는 정당화할 수 있다고 냉정하게 계산하는 능력을 갖게 되었다. 그러나 우리가 그 결과에 양가적 감정을 느끼는 것으로 보아 — 아기를 질식시키는 것을 폭력으로 볼 것인가, 폭력을 방지한 행위로 볼 것인가? — 우리 대뇌에서도 가장 대뇌적인 핵심 부분은 내면의 악마도, 선한 천사도 아니다. 그것은 폭력을 조장할 수도, 억제할 수도 있는 인지 도구일 뿐이다. 앞으로 살펴보겠지만, 우리는 조장하는 힘과 억제하는 힘 둘 다를 인간 고유의 폭력들에게 아낌없이 적용한다.

이상으로 폭력의 신경 생물학을 짧게 소개했다. 물론 이 정도로는 현재의 과학 지식을 완전히 소개했다고 할 수 없으며, 현재의 과학 지식이 실제 현상을 완전히 설명한다고도 볼 수 없다. 그러나 폭력의 심리적 뿌리가 하나가 아니라는 사실만큼은 여러분이 충분히 납득했기를 바란다. 폭력에는 수많은 뿌리가 있고, 각각은 다른 원칙에 따라 작동한다. 그것들을 이해하려면, 뇌의 하드웨어만이 아니라 소프트웨어도 살펴보아야 한다. 즉, 사람들이 폭력을 행하는 **이유**를 살펴보아야 한다. 그 이유들은 뇌 조직의 미세 회로에 정교한 패턴으로 새겨져 있겠지만, 우리가 DVD를 현미경으로 관찰함으로써 그 속에 저장된 영화를 읽어 낼 수는 없듯이 뉴런을 관찰함으로써 그 이유를 읽어 낼 수는 없다. 그러니 지금부터는 시점을 바꾸어 심리학을 조감하자. 그러면서 심리 현상과 신경 해부학을 이어 보겠다.

폭력의 분류법은 여러 가지가 있지만, 다들 얼추 비슷하게 구분한다. 나는 폭력을 네 종류로 나눈 바우마이스터의 체계를 사용할 텐데, 그중 하나만은 둘로 더 쪼갰다.[75]

폭력의 첫 번째 종류는 실용적, 도구적, 착취적, 포식적 폭력이라고 불러도 좋다. 이것은 가장 단순한 폭력이다. 목적을 위한 수단으로써 힘을 쓰는 것이다. 이때 폭력은 탐욕, 정욕, 야심 등 뇌의 탐색 체계가 설정한 목표를 추구하는 데 이용되며, 뒤가쪽이마앞엽겉질로 상징되는 개인의 지적 능력 전체가 그 과정을 이끈다.

폭력의 두 번째 뿌리는 우세 충동이다. 경쟁자들보다 우월해지려는 동기이다(바우마이스터는 '자기중심주의'라고 불렀다.). 이 충동은 테스토스테론에 의해 자극되는 우세 체계, 다른 말로 수컷 간 공격 체계와 관계있을지도 모르지만, 그렇다고 해서 수컷에게만 국한된 것은 아니다. 심지어 개개인에게 국한된 것도 아니다. 집단들도 서로 우세를 점하고자 경쟁하기 때문이다.

폭력의 세 번째 뿌리는 복수심이다. 피해를 똑같이 되갚으려는 동기이다. 그 직접적인 엔진은 분노 체계이지만, 탐색 체계에서도 이유를 끌어올 수 있다.

폭력의 네 번째 뿌리는 가학성, 즉 남을 해침으로써 얻는 즐거움이다. 알쏭달쏭하기도 하고 끔찍하기도 한 이 동기는 인간 심리에 존재하는 여러 괴벽들의 부산물일지도 모른다. 특히 탐색 체계의 부산물일지도 모른다.

다섯 번째이자 가장 중요한 폭력의 원인은 이데올로기이다. 신실한 신자들이 일군의 동기들을 하나의 교리로 엮어 낸 뒤, 다른 사람들까지 끌어들여 그 파괴적 목표를 달성하려고 하는 것이다. 이데올로기는 뇌의 일부가 아니다. 뇌 전체와도 동일시할 수 없다. 많은 사람의 뇌에 퍼져 있기 때문이다.

포식성

폭력의 첫 번째 종류는 사실 폭력이라고 할 수 없다. 가해자에게 미움이나 분노 따위의 파괴적 동기가 없기 때문이다. 가해자는 그저 바라는 것을 얻고자 최단 경로를 택했는데, 하필 살아 있는 물체가 그 길을 막고 있었을 뿐이다. 이것은 기껏해야 배제를 통해서나 폭력으로 정의될 뿐이다. 공감이나 도덕적 관심과 같은 억제 요소가 부재하다는 측면에서 말이다. 이마누엘 칸트가 말했던 정언 명령의 두 번째 형식은 — 사람을 목적에 대한 수단이 아니라 목적 그 자체로 취급하는 행동이 도덕적 행동이라는 것 — 이런 종류의 폭력을 꺼리는 것이 곧 도덕성이라고 정의한 것이나 마찬가지이다.

포식성은 착취적, 도구적, 실용적 폭력이라고 불러도 좋을 것이다.[76] 이것은 홉스가 분쟁의 첫 번째 원인으로 꼽았던 이익을 노린 침략이다. 도킨스의 생존 기계가 다른 생존 기계를 바위, 강물, 먹이와 같은 환경의 일부로 취급하는 경우이기도 하다. 전쟁은 다른 수단을 사용한 정치의 연장일 뿐이라고 했던 클라우제비츠의 격언을 개체 간에 적용한 것이기도 하다. 왜 은행을 털었느냐는 질문에 대한 윌리 서튼의 답과도 같다. "돈이 거기에 있으니까." 또한 이것은 벽돌로 말을 거세하면 작업 효율이 높아진다는 농부의 조언에 깔린 사고방식이기도 하다. "아프지 않습니까?"라고 묻자 농부는 이렇게 답했다. "손가락이 끼지 않게 조심하면 되지요."[77]

포식적 폭력은 그저 목적을 추구하는 수단이기 때문에, 인간이 추구하는 목적의 개수만큼 종류가 다양하다. 전형적인 사례는 말 그대로의 포식이다. 식량을 구하려고, 혹은 스포츠 삼아 사냥하는 것이다. 여기에는 희생자에 대한 악의가 일절 개입되지 않는다. 사냥꾼은 사냥감을 미워하기는커녕, 귀하게 여기고 숭배한다. 구석기 시대 동굴 벽화부터 사교 클럽의 벽난로 위에 걸린 사냥 기념물까지, 예는 많다. 사냥꾼은 심지어 먹잇감에게 감정 이입을 한다. 감정 이입 그 자체는 폭력에 대한 빗장이 되지 못한다는 증거인 셈이다. 생태학자 루이스 리벤버그는 쿵산 족이 칼라하리 사막에서 사냥감을 쫓을 때 동물의 희미한 흔적만 보고도 현재의 행방과 몸 상태를 추리하는 능력을 연구했다.[78] 그 비결은 감정이입이었다. 자신을 동물의 처지에 대입하여, 동물이 지금 무엇을 느끼며 어디로 도망가려 하는지 상상해 보는 것이다. 포식자의 마음에는 심지어 사랑이 있을지도 모른다. 어느 날 밤, 나는 야구가 9이닝까지 다 끝난 뒤에도 너무 졸려서 소파에서 일어나지도 채널을 바꾸지도 못한 채 스포츠 채널에서 나오는 후속 프로그램을 멍하니 보고 있었다. 낚시 프로그램이었는데, 웬 중년 남자가 어딘지 알 수 없는 물에 알루미늄 보트를 띄워 놓고 큼직한 배스를 연거푸 낚아 올리는 장면이 줄기차게 이어졌다. 남자는 한 마리 한 마리 낚을 때마다 물고기를 뺨에 대고 어루만지면서 쪽쪽 입 맞추는 소리를 내며 정답게 말했다. "아이고, 이 이쁜이! 정말로 이쁘게 생겼구나! 그래, 정말 이쁘네!"

인간이 동물을 포식할 때만큼 가해자의 관점과 — 무도덕적이고, 실용적이고, 심지어 경박하다. — 피해자의 관점이 멀찌감치 벌어진 경우는 또 없을 것이다. 모르긴 몰라도 배스는 어부의 애정을 그대로 돌려줄 마음이 없을 것이다. 대부분의 사람들은 우리가 가지 요리 대신 닭이나 산 가재를 먹으면서 느끼는 추가의 작은 쾌락이 동물들의 희생을 정당화하는지에 대해 동물들에게 의견을 묻고 싶지도 않을 것이다. 바로 그런 무관심 때문에, 사람에 대한 냉혹한 포식적 폭력도 가능하다.

예는 많다. 로마인은 속주의 반란을 진압했다. 몽골인은 정복에 저항하는 도시를 초토화했다. 병사들은 군대가 해산되어도 약탈과 강간을 자행했다. 식민지 정착자들은 토착민을 내쫓거나 학살했다. 갱들은 경쟁자, 밀고자, 비협조적인 관료를 죽였다. 통치자가 정적을 암살하거나 정적이 통치자를 암살했다. 정부들은 반체제 인사를 투옥하거나 처형했다. 교전하는 국가들은 적의 도시에 폭탄을 투하했다. 불량배는 강도나 차량 강탈에 저항하는 피해자를 해친다. 범죄자들은 목격자를 죽여 버린다. 산모들은 못 키울 것 같은 아기를 질식시켜 죽인다. 방어적, 선제적 폭력도 — 그들이 내게 저지르기 전에 내가 먼저 저지르는 것 — 도구적 폭력이다.

포식적 폭력은 너무나 평범하고 쉽게 설명된다는 점에서 인간의 도덕적 풍경 가운데 가장 특이하고 당황스러운 현상일지도 모른다. 우리는 잔학 행위에 대해서 읽고는 — 이를테면 우간다 반군들이 지붕에서 야영하다가 시간을 때울 겸 여자를 납치하고, 결박하고, 강간하고, 끝내 땅으로 떨어뜨려 죽이는 사건 — 고개를 절레절레 흔들며 말한다. "어떻게 인간이 이런 짓을 하지?"[79] 이때 우리는 지루함, 욕정, 놀이 등등 명백한 답이 있는데도 그 답을 거부하는 셈인데, 왜냐하면 가해자의 이득보다 피해자의 고통이 비교가 불가능할 정도로 더 크기 때문이다. 우리는 피해자의 관점을 취하고, 순수한 악의 개념을 취한다. 그러나 사실은 왜 그런 일이 벌어지는가가 아니라 왜 그런 일이 더 자주 벌어지지 않는가를 물어야만 그런 무도한 행위를 이해할 수 있다.

자이나교 승려들은 예외이겠지만, 그 밖의 사람들은 모두 포식적 폭력을 행사한다. 최소한 곤충에 대해서라도. 사람을 노리려는 유혹은 감정적, 인지적 구속 때문에 보통 억제되지만, 소수의 사람들은 그런 구속을 느끼지 않는다. 사이코패스는 남성 인구의 1~3퍼센트를 차지한다. 정확한 수치는 반사회적 성격 장애를 넓게 정의하여 감정이 메마른 이런저런 말썽꾼을 모두 포함하느냐, 아니면 좁게 정의하여 교활한 조작자만 포함하느냐에 따라 달라진다.[80] 사이코패스는 어려서부터 거짓말쟁이에 골목대장이고, 공감과 회한을 전혀 드러내지 않고, 폭력적 범죄자의 20~30퍼센트를 차지하며, 중범죄의 절반을 저지른다.[81] 노인들을 속여 연금을 갈취하거나, 노동자와 주주의 복지에 아랑곳하지 않고 무자비하게 사업을 운영하는 등 비폭력적 범죄도 저지른다. 앞에서 보았듯이, 사이코패스의 뇌는 편도와 눈확겉질이 상대적으로 쪼그라들었거나 반응성이 떨어진다. 그러나 다른 병리학적 징후는 보이지 않을 수도 있다.[82] 일부는 질병이나 사고로 뇌에서 그 부분을 다친 뒤에 사이코패스의 징후를 보이기 시작하지만, 부분적으로나마 유전되는 특질이기도 하다. 사이코패스는 서로 신뢰하는 협력자들로 구성된 집단에서 소수의 인간들이 그 협력자들을 착취하고자 진화시킨 전략일지도 모른다.[83] 어떤 사회이든 민병대나 군대를 사이코패스로만 다 채울 수는 없지만, 약탈과 강간의 가능성이 있는 모험에 그런 남자들이 압도적으로 더 많이 이끌리는 것은 사실이다. 6장에서 보았듯이, 집단 살해와 내전에서는 종종 분업이 이뤄진다. 이론가와 군사 지도자는 운영을 맡고 돌격대는 실행을 맡는데, 적잖은 수의 사이코패스가 이 돌격대에 합류하여 행복하게 폭력을 수행한다.[84]

포식적 폭력의 심리는 두 요소로 구성된다. 인간이 수단과 목적을 추론할 줄 안다는 점, 그리고 도덕적 구속의 능력이 일상에서 매번 자동적으로 발휘되지는 않는다는 점이다. 그런데 포식적 폭력이 실천되는 방식에는 심리학적 반전이 두 가지 더 있다.

포식적 폭력은 전적으로 실용적이지만, 인간의 마음은 추상적 추론에 그리 오래 매달리지 못한다. 마음은 진화를 통해 갖춰진 다른 종류의 폭력, 즉 감정이 팽배한 폭력으로 자꾸 돌아가려는 경향이 있다.[85] 포식의 대상이 폭력에 대응하여 방어 조치를 취하는 순간, 포식자는 감정

이 격화된다. 먹잇감이 된 사람들은 숨거나 재규합하여 포식자에 맞서 싸울 수 있다. 포식자를 선제공격하겠다고 위협할 수도 있다. 피해자들 입장에서는 이것도 도구적 폭력인데, 이러면 양쪽은 안전의 딜레마, 즉 홉스의 함정에 빠지게 된다. 이때 포식자의 심적 상태는 수단과 목적을 냉정하게 분석하던 상태에서 벗어나 혐오, 증오, 분노로 빠진다.[86] 앞에서 이야기했듯이, 가해자는 흔히 피해자를 해충에 빗대고 도덕적 혐오를 느낀다. 혹은, 그들을 존재론적 위협으로 간주하고 증오를 느낀다. 아리스토텔레스가 지적했듯이, 증오는 상대를 벌하려는 것이 아니라 존재를 말살하려는 욕망이다. 말살이 여의치 않으면, 그리고 직접적으로든 제삼자의 개입을 통해서든 피해자를 계속 접해야 하는 상황이라면, 가해자는 그들에게 분노를 느낀다. 포식자는 먹잇감의 방어적 보복에 대해서 마치 자신이 공격을 당한 입장인 양 반응하고, 도덕화된 분노와 보복의 갈망을 느낀다. 도덕화 간극 때문에, 자신의 선제공격은 불가피하고 사소한 것으로 축소하면서 상대의 보복은 이유 없고 파괴적인 것으로 부풀린다. 양측은 과실을 다르게 셈하고 — 가해자와 피해자는 공격 횟수를 서로 다르게 헤아린다. — 그 차이 때문에 보복의 악순환에 빠진다. 이런 역학에 대해서는 다음 절에서 더 이야기하겠다.

자기 위주 편향이 포식적 폭력의 작은 불꽃을 지옥의 불길로 부채질하는 두 번째 방법이 있다. 사람들은 자신의 도덕적 정당성은 물론이거니와 자신의 힘과 전망도 과장해서 생각한다. 자기 위주 편향 중에서도 이런 유형을 긍정적 착각(positive illusion)이라고 부른다.[87] 수백 건의 연구가 보여 준 바, 우리는 자신의 건강, 리더십, 지능, 전문가로서의 유능함, 스포츠 실력, 관리 기술을 과대평가한다. 또한 자신은 운을 타고났다고 비합리적으로 믿는다. 우리는 대부분 자신이 평균적인 사람들보다 더 좋은 직장을 구할 것이고, 더 재주 많은 아이를 낳을 것이고, 더 멋지게 늙으면서 더 오래 살 것이라고 믿는다. 그리고 사고, 범죄, 질병, 우울증, 원치 않는 임신, 지진을 당할 확률은 평균적인 사람들보다 **더 낮다**고 믿는다.

우리는 왜 이런 망상을 품을까? 긍정적 착각은 우리를 행복하게 하고, 자신감을 주고, 정신적 건강을 북돋운다. 그러나 이것은 왜 우리가 그러는가에 대한 설명이 못 된다. 그렇다면 **왜** 뇌가 현실을 기준으로 삼아 만족을 평가하는 대신 비현실적인 평가에서 행복과 자신감을 느끼도록 설계되었을까 하는 질문이 생겨나니까. 가장 그럴듯한 설명은 긍정적 착각이 협상의 전략, 즉 신뢰할 만한 허세라는 것이다. 당신이 위험한 모험을 함께할 동맹을 모집할 때, 유리한 거래를 꾀할 때, 적을 겁주어 물러나게 할 때, 스스로의 힘을 그럴싸하게 과장할 수 있다면 좀 더 유리할 것이다. 그런데 이때 냉소적으로 거짓말을 하는 것보다는 당신도 스스로의 과장을 믿는 편이 낫다. 거짓말과 거짓말 탐지의 군비 경쟁 때문에 당신의 청중에게는 새빨간 거짓말을 꿰뚫는 능력이 있을 테니까 말이다.[88] 당신의 과장이 웃어넘길 만한 것이 아니라면, 청중은 당신의 자기 평가를 깡그리 무시할 수 없다. 왜냐하면 당신에 대해 가장 정보가 많은 사람은 당신이고, 또한 당신은 끊임없이 재난을 겪는 일을 피하기 위해서라도 자기 평가를 **지나칠 정도로** 왜곡하지는 말아야 하기 때문이다. 아무도 거짓말 따위 안 한다면 더 좋으련만, 우리의 뇌는 종의 이득을 위해서 선택된 것이 아니니 어쩔 수 없다. 그리고 과장된 자기 선전가들로 구성된 집단에서 감히 저 혼자 정직할 수 있는 사람은 아무도 없다.[89]

과잉 확신은 포식의 비극을 더 나쁘게 만든다. 만일 우리가 완벽하게 합리적이라면, 성공할 가능성이 있을 때만, 그리고 성공의 전리품이 싸움의 손실을 능가할 때만, 포식적 공격을 개시할 것이다. 같은 논리에서,

약한 쪽은 결과가 기정사실로 보이면 당장 패배를 인정할 것이다. 그런 합리적 행위자들로 구성된 세계에서는 착취 행위는 무수히 많을지언정 싸움과 전쟁은 드물 것이다. 양측이 막상막하라서 싸움으로만 누가 더 센지 결정할 수 있을 때만 폭력이 발생할 것이다.

그러나 긍정적 착각이 존재하는 세상은 다르다. 공격자는 성공 확률을 한참 넘어서는 지경까지 대담하게 공격하고, 방어자는 성공 확률을 한참 넘어서는 지경까지 대담하게 저항한다. 윈스턴 처칠은 "늘 명심하라. 당신이 아무리 쉽게 이길 것 같아도, 상대방 또한 이길 가능성이 있다고 판단하지 않았다면 애초에 전쟁이 없었을 것이다."라고 조언했다.[90] 그 결과는 (게임 이론적 의미와 군사적 의미 모두에서) 소모전이다. 5장에서 보았듯이 소모전은 역사상 가장 파괴적인 사건들을 일으키고, 치명적 싸움의 멱함수 분포에서 대규모 전쟁들의 꼬리를 통통하게 부풀린다.

군사 역사학자들이 오래전부터 지적한 바, 전쟁에서 지도자들은 망상에 가까울 만큼 무모한 결정을 내리곤 한다.[91] 나폴레옹의 러시아 침공과 한 세기 뒤 히틀러의 러시아 침공이 악명 높은 사례이다. 지난 500년 동안 전쟁을 먼저 개시한 나라들의 4분의 1에서 2분의 1은 결국 졌다. 이겨도 피로스의 승리일 때가 많았다.[92] 리처드 랭엄은 바버라 터크만의 『바보들의 행진: 트로이에서 베트남까지』와 로버트 트리버스의 자기기만 이론에 감화되어, 군사적 무능은 데이터 부족이나 전술상 실수가 아니라 과잉 확신의 문제일 때가 많다고 주장했다.[93] 지도자들은 승전 확률을 과대평가한다. 허세는 군대를 규합하고 약한 상대를 겁주는 데는 좋겠지만, 결국에는 애초 그들의 판단만큼 약하지 않은 데다가 그 쪽 나름대로 과잉 확신의 주술에 걸린 적군과 충돌하는 결론으로 귀결될 것이다.

정치학자 도미닉 존슨은 랭엄을 비롯한 다른 연구자들과 함께, 상호 과잉 확신이 전쟁으로 이어진다는 가설을 실험으로 확인해 보았다.[94] 그들은 피험자들에게 적당히 복잡한 전쟁 게임을 시켰다. 한 쌍의 피험자는 자신을 국가 지도자로 상상하여, 국경 분쟁 지역에 묻힌 다이아몬드를 놓고 경쟁했다. 그들은 협상할 수도 있고, 위협할 수도 있고, 값비싼 공격을 개시할 수도 있다. 시합이 끝나는 시점에 돈이 더 많은 사람이 승자이다. 물론 국가가 존속한다는 전제 하에. 피험자들은 서로를 보지 못한 채 컴퓨터로 게임을 했으므로, 남자는 자신의 상대가 남자인지 여자인지 몰랐다. 여자도 마찬가지였다. 시작 전에, 연구자들은 피험자들에게 자신이 상대적으로 게임을 얼마나 잘할지 예측해 보라고 했다. 응답 결과는 깔끔한 레이크 워비건 효과를 드러냈다. 대다수가 자신이 평균보다 더 잘할 것이라고 대답했던 것이다. 그런데, 레이크 워비건 효과에서 자신이 뛰어나다고 대답한 사람들이 전부 **실제로** 자기기만에 빠진 것은 아닐 수 있다. 자신이 평균 이상이라고 대답한 사람이 70퍼센트라고 하자. 인구의 절반은 정말로 평균 이상일 테니, 자신을 과장해서 생각하는 사람은 그중 20퍼센트만일지도 모른다. 그러나 이 게임은 그런 경우가 아니었다. 자기 확신이 더 강한 피험자일수록 성적이 **더 나빴다**. 자신만만한 피험자일수록 선제공격을 많이 했다. 특히 성향이 비슷한 피험자들끼리 경쟁할 때 더 심하여, 후속 대결에서는 아예 상호 파괴적 보복으로 빠져들고는 했다. 어쩌면 여자들은 당연하다고 생각할지도 모르겠는데, 과잉 확신과 상호 파괴를 보여 준 피험자는 거의 전적으로 남자들이었다.

과잉 확신 이론을 현실에서 평가하려면, 과거의 어떤 군사 지도자가 착각했다고 증명하는 것만으로는 부족하다. 그가 운명적인 결정을 내리던 시점에 충분한 정보를 갖고 있었다는 것, 그리고 사심 없는 제삼자가 그 정보를 알았다면 실패를 예측했으리라는 조건도 갖춰져야 한다.

존슨은 『과잉 확신과 전쟁: 긍정적 착각의 피해와 영광』에서 랭엄의 가설을 증명했다. 그는 지도자들이 전쟁의 목전에 내렸던 예측을 살펴본 뒤, 그 예측들이 비현실적으로 낙천적이었고 당시 주어진 정보에 모순되었음을 확인했다. 일례로, 제1차 세계 대전에 돌입하기 전 몇 주 동안 한편으로 묶인 영국, 프랑스, 러시아 지도자들과 반대편으로 묶인 독일, 오스트리아-헝가리, 오스만 제국 지도자들은 다들 전쟁이 일방적인 게임일 것이라고 예측했다. 자신들의 군대가 크리스마스에는 개선할 것이라고 믿었다. 어느 편에서나, 열광한 청년들이 집을 뛰쳐나와 줄줄이 입대했다. 그들이 조국을 위해 죽겠다는 이타주의자라서가 아니었다. 죽을 거라고 생각하지 않았기 때문이다. 그러나 양쪽 다 옳을 리는 없었고, 실제로 옳지 않았다. 미국도 그랬다. 연이은 세 행정부는 감당할 만한 비용으로는 승전하기 어렵다는 정보를 충분히 갖고 있었으면서도 베트남 전쟁을 계속 증강하기만 했다.

존슨은 양쪽 다 우위를 확신하거나 자신감이 하늘을 찌를 때만 파괴적 소모전이 벌어지는 것은 아니라고 말한다. 양측의 주관적 확률을 더한 값이 1을 넘기만 하면 된다. 존슨은 또, 인간의 긍정적 착각이 진화했던 과거의 소규모 전투에 비해 현대의 충돌에서는 과잉 확신이 더 오래 끌 수 있다고 지적했다. 전쟁의 안개가 유달리 자욱하고 지도부가 현실에서 발을 뗀 상태라면 말이다. 현대의 또 다른 위험은 국가 지도부에 오른 사람들이 자기 확신의 분포에서 오른쪽 꼬리, 즉 과잉 확신의 영역에 속하는 인물이기 쉽다는 점이다.

존슨은 민주 국가에서는 과잉 확신으로 인한 전쟁이 비교적 드물 것이라고 예측했다. 민주주의에서는 정보의 흐름이 자유로워, 지도자의 착각에 현실의 찬물을 끼얹기 쉬울 테니까. 그런데 존슨의 발견에 따르면, 차이를 내는 요인은 민주주의 체제의 존재 여부라기보다는 정보의 흐름이었다. 그의 책은 2004년에 나왔는데, 표지 사진 선택은 식은 죽 먹기였다. 그는 항공복을 입은 조지 W. 부시가 항공모함 갑판에 서 있는 유명한 2003년 사진을 썼다. 배경에는 '임무 완수'라고 적힌 플래카드가 걸려 있다. 과잉 확신이 이라크 전쟁 자체에 피해를 준 바는 없지만(물론 사담 후세인의 입장은 다르리라.), 이라크에 안정된 민주주의를 구축한다는 전후의 목표에서는 치명적이었다. 부시 행정부는 파국적으로 실패했다. 정치학자 캐런 알터는 전쟁이 발발하기 **전에** 발표한 분석에서, 부시 행정부의 의사 결정 과정이 비정상적으로 폐쇄적이라고 지적했다.[95] 당시 정책팀은 자신들의 무류성과 미덕을 믿었고, 모순되는 평가를 차단했고, 합의를 강요했고, 개인적으로 떠오른 의혹을 자기 검열했다.[96] 실로 집단 사고 현상의 교과서적 사례라 할 만했다.

이라크 전쟁 직전, 국방 장관 도널드 럼즈펠드는 이런 말을 했다.

> 세상에는 우리가 아는 알려진 것이 있다. 우리는 그것을 안다는 것을 안다. 세상에는 알려진 미지의 것도 있다. 우리는 그것을 모른다는 것을 안다. 그런데 세상에는 알려지지 않은 미지의 것도 있다. 우리는 그것을 모른다는 것조차 모른다.

존슨은 슬라보예 지젝의 발언을 인용하여, 럼즈펠드가 결정적인 네 번째 종류를 빼먹었다고 지적했다. 알려지지 않은 알려진 것, 즉 우리가 이미 알거나 알 수 있지만 무시하거나 억압하고 있는 것이다. 그 알려지지 않은 알려진 것 때문에, 적절한 규모의 도구적 폭력이 (가령 몇 주간의 충격과 공포가) 온갖 폭력을 주고받는 무제한의 전쟁으로 비화한다.

우세 경쟁

가슴을 두드리다, 어깨에 나무 조각을 얹다, 모래에 선을 긋다, 장갑을 벗어 던지다, 오줌을 멀리 싸다. 이 다채로운 숙어들은 본질적으로 무의미하지만 우세(dominance) 경쟁을 자극하는 행동을 뜻하는 표현들이다. 이것은 우리가 포식적, 실용적, 도구적 폭력과는 전혀 다른 폭력을 다루고 있다는 신호이다. 우세 경쟁은 구체적인 이득이 전혀 걸려 있지 않은데도, 인간의 싸움 중에서 가장 치명적인 형태이다. 우세 경쟁의 규모 분포에서 한쪽 극단에는 왕조의 시대, 군주 국가의 시대, 민족주의의 시대에 국가 위신이라는 모호한 목표를 내걸었던 수많은 전쟁이 있다. 제1차 세계 대전도 포함된다. 반대쪽 극단에는 살인의 최대 동기인 '모욕, 욕설, 떠밀기 등 비교적 사소한 원인으로 인한 다툼'이 있다.

마틴 데일리와 마고 윌슨은 살인에 관한 책에서 이렇게 조언했다. "'사소한 다툼'의 관계자들은 시시한 거스름돈이나 당구대로의 접근성보다 훨씬 더 큰 무언가가 걸린 것처럼 행동한다. 우리는 그 문제에 대한 그들의 평가를 존중하며 고려할 필요가 있다."[97] 우세 경쟁은 겉보기와는 달리 우스운 짓이 아니다. 무정부 상태에서 행위자가 자신의 이익을 보호하는 방법은 침탈에 맞서 자신을 방어할 능력이 있다는 평판을 쌓는 것뿐이다. 그 기개를 증명하는 길은 사후에 보복하는 것밖에 없겠지만, 그보다는 피해를 입기 전에 과시해 두는 편이 낫다. 그런데 자신의 암묵적인 위협이 허풍이 아님을 증명하려면, 결의와 보복 능력을 과시해 보일 무대가 필요하다. '나한테 수작 부렸다가는 죽어.'라는 메시지를 광고할 방법이 필요하다. 그리고 모든 사람들은 주변 행위자들의 상대적 싸움 능력을 알아야 한다. 결과가 기정사실인 싸움은 사전에 피하는 것이 누구에게나 낫기 때문이다. 그러지 않으면 양쪽이 쓸데없이 피를 흘릴 테니까.[98] 한 사회에서 구성원들의 상대적 싸움 능력이 안정되어 있고 모두에게 널리 알려져 있다면, 우리는 그것을 위계 서열(dominance hierarchy)이라고 부른다. 위계 서열은 완력에만 기반하는 것이 아니다. 아무리 거친 영장류라도 1 대 3으로 싸워 이길 수는 없으므로, 우세는 동맹을 끌어들이는 능력에도 달려 있다. 동맹들은 무작위로 편을 선택하는 것이 아니고, 더 강하고 약삭빠른 쪽에게 붙는다.[99]

우세 경쟁에서 직접적으로 문제가 되는 쟁점은 정보이다. 바로 이 점에서 우세는 포식과 구별된다. 우세 경쟁도 치명적 충돌로 격화할 수는 있다. 경쟁자들이 막상막하이고 서로 긍정적 착각에 물들었다면 더 그렇다. 그러나 대부분의 우세 경쟁은 과시 행동으로 마무리된다(인간도 동물도 마찬가지이다.). 양측은 자신의 힘을 자랑하고, 무기를 휘두르고, 서로 벼랑 끝으로 몰아붙인다. 그러다가 한쪽이 꼬리를 내리면 끝이 난다.[100] 대조적으로 포식에서는 끝내 욕망의 대상을 얻는 것만이 목표이다.

우세 경쟁의 쟁점이 정보인 데서 생기는 또 다른 함의는, 폭력이 데이터의 교환과 얽혀 있다는 점이다. 평판은 논리학자들이 공통 지식이라고 부르는 것 위에 구축된 사회적 구성물이다. 싸움을 피하려면, 두 경쟁자가 누가 더 강한지 아는 것만으로는 부족하다. 둘 다 상대도 그 사실을 안다는 것을 알아야 하고, 자신이 안다는 것을 상대도 안다는 것을 알아야 하고 …… 이렇게 되풀이된다.[101] 이때 반대되는 의견은 공통 지식을 훼손하므로, 우세 경쟁은 곧 공공 정보의 장에서 벌이는 싸움인 셈이다. 모욕은 그 계기가 된다. 명예의 문화나 결투를 승인하는 문화에서는 더 그렇다. 모욕은 신체적 상해나 도둑질처럼 간주되고, 그래서 폭력적 복수의 충동을 일으킨다(따라서 우세의 심리가 복수의 심리로 변질될 수 있는데, 이 점은 다음 절에서 다루겠다.). 미국의 길거리 폭력을 조사한 연구를 보면, 기사도를 지지하는 청년일수록 이듬해에 심각한 폭력을 저지를 가능성

이 높았다.[102] 또한, 구경꾼이 있으면 두 남자의 논쟁이 폭력으로 격화될 가능성이 높아졌다.[103]

닫힌 집단에서 우세를 경쟁하는 행위는 제로섬 게임이다. 누가 순위가 올라가면 다른 누가 내려가야 한다. 우세 경쟁은 갱단이나 고립된 작업장처럼 작은 집단에서 폭력으로 분출되기 쉬운데, 왜냐하면 그런 곳에서는 그 동아리 내에서의 서열이 개인의 사회적 가치를 전부 결정하기 때문이다. 만일 개인이 여러 집단에 속해 있고 그 집단들을 자유롭게 드나들 수 있다면, 모욕과 멸시를 그렇게까지 중요하게 여기지 않는다. 자신을 존중하는 다른 집단을 더 쉽게 발견할 수 있기 때문이다.[104]

우세 경쟁에 걸린 문제는 정보뿐이기 때문에, 일단 누가 보스인지 결정되면 복수의 악순환 없이 폭력이 마무리될 수 있다. 영장류학자 프란스 드 발이 발견했듯이, 대부분의 영장류 종에서는 두 동물이 싸운 뒤에 화해를 한다.[105] 손을 잡고, 입을 맞추고, 포옹을 하고, 보노보는 섹스도 한다. 그렇게 화해할 것이라면 애초에 왜 싸울까? 그리고 애초에 싸울 이유가 있었다면 나중에 왜 화해할까? 이유는 이렇다. 화해는 장기적으로 서로 이해가 얽힌 개체들 사이에서만 벌어진다. 그들을 묶는 유대는 유전적 관계일 수도 있고, 포식자에 대항하는 집단 방어일 수도 있고, 제삼자에 대항하는 패거리 의식일 수도 있다. 실험실에서는 협동해야만 먹이를 얻을 수 있다는 점일 수도 있다.[106] 둘의 이해가 완벽하게 겹치지는 않을 테니 집단 내에서 우세 경쟁과 보복을 벌일 이유는 여전히 존재하지만, 그렇다고 전혀 안 겹치는 것은 아니므로 서로 무한정 치고받을 수는 없다. 하물며 죽일 수는 더더욱 없다. 영장류의 경우, 어떤 면에서도 이해가 묶이지 않은 상대와의 싸움에는 용서가 없다. 폭력은 쉽게 격화된다. 가령 침팬지는 자기 집단 내에서 싸운 뒤에는 화해하지만, 다른 집단 구성원과 싸웠거나 습격했을 때에는 결코 화해하지 않는다.[107] 다음 장에서 살펴볼 텐데, 인간의 화해도 공통의 이해에 대한 인식에 좌우된다.

오줌 멀리 싸기의 비유가 암시하듯이, 남녀 중 우세 경쟁을 더 많이 벌이는 성별은 오줌 멀리 싸기 경쟁에 적합한 도구를 갖고 있는 쪽이다. 물론 사람을 비롯하여 많은 영장류 종은 암수 모두 우세 경쟁을 벌인다. 보통 같은 성끼리. 그러나 이 문제는 여성보다는 남성의 마음에서 더 중대하게 느껴지는 듯하다. 심지어 어떤 희생도 감수할 만큼 한없이 귀중한 문제라는 신화적 지위로까지 격상되는 듯하다. 남녀가 중시하는 개인적 가치를 조사해 보면, 남자들은 인생의 다른 즐거움보다 지위에 압도적으로 큰 가치를 부여한다.[108] 또 남자들은 위험을 더 많이 감수하고, 더 큰 확신과 과잉 확신을 보인다.[109] 노동 경제학자들은 이런 성차가 소득과 직업적 성공의 성별 격차에 기여하는 한 요소라고 본다.[110]

그리고 남성은 훨씬 폭력적이다. 정확한 비는 사회마다 다르겠지만, 모든 사회에서 남자가 여자보다 더 많이 장난으로 싸우고, 친구를 괴롭히고, 진짜로 싸우고, 무기를 지니고, 폭력적 오락을 즐기고, 살인을 몽상하고, 진짜로 살해하고, 강간하고, 전쟁을 시작하고, 전쟁에 나가 싸운다.[111] 이런 성차는 보편적일 뿐만 아니라, 최초의 도미노는 거의 틀림없이 생물학적 인자이다. 왜냐하면 다른 영장류들도 대부분 이런 차이를 보이고, 성차가 아기 때부터 드러나며, (비정상적인 생식기 때문에) 남몰래 여자로 길러진 사내아이들에게서도 드러나기 때문이다.[112]

성차가 왜 진화했는지는 앞에서 이야기했다. 포유류 수컷은 암컷보다 더 빨리 번식할 수 있기 때문에, 성적 기회를 놓고 경쟁을 벌인다. 반면에 암컷의 우선순위는 자신과 후손의 생존을 담보하는 방향으로 치우친다. 남성은 여성보다 폭력적 경쟁에서 얻을 것이 더 많고, 잃을 것이 더 적다. 아빠 없는 자식의 생존률은 엄마 없는 자식의 생존률보다 높다. 여성이 폭력을 전혀 안 쓴다는 말은 아니지만 — 가수 척 베리는 밀로의 비너스가 잘생긴 갈색 눈동자의 남자와 레슬링 시합을 하다가 양팔을 잃었을 것이라고 상상했다. — 남성보다 폭력에 매력을 덜 느끼는 것은 사실이다. 여성의 경쟁 전략은 주로 가십이나 따돌림처럼 물리적으로는 덜 위험한 관계적 공격이다.[113]

이론적으로는, 짝을 구하기 위한 폭력적 경쟁과 우세를 다투는 폭력적 경쟁이 나란히 갈 필요가 없다. 오늘날 중앙아시아에 칭기즈 칸의 Y염색체가 흔할 만큼 그가 수많은 여성에게 씨를 뿌렸던 사실을 설명하기 위해서 굳이 우세 경쟁까지 들먹일 필요는 없다. 그가 여성들의 아버지와 남편을 죽였다는 점으로 설명되니까. 그러나 사회적 영장류는 우세한 개체에게 복종하는 방식으로 폭력을 조절하기 때문에, 우리 종의 현실 역사에서는 우세와 짝짓기 성공률이 대체로 비례했다. 비국가 사회에서는 우세한 남성일수록 아내가 더 많고, 여자친구도 더 많고, 다른 남자의 아내와도 관계를 더 많이 맺는다.[114] 인류 최초의 여섯 제국을 분석한 결과, 지위와 짝짓기 성공률은 정량적으로 정확히 비례했다. 로라 벳직에 따르면, 황제는 아내와 첩이 보통 수천 명이었고, 왕자는 수백 명이었고, 귀족은 수십 명이었고, 상류층 남자는 최대 10여 명이었고, 중류층 남자는 서너 명이었다.[115] (따라서 많은 하류층 남성은 한 명도 없었을 것이라는 계산이 나온다. 이것은 하류층에서 벗어나려는 강한 유인이 되었을 것이다.) 최근에는 믿을 만한 피임법이 등장하고 인구 구성이 변하면서 상관관계가 약화되었다. 그래도 여전히 부, 권력, 직업적 성공은 남자의 성적 매력을 높인다. 물리적 우세를 시각적으로 가장 잘 보여 주는 단서는 키인데, 키

가 큰 남자일수록 경제적, 정치적, 낭만적 경쟁에서 여전히 우위를 누린다.[116)]

도구적 폭력은 뇌에서 탐색하고 계산하는 영역들을 동원하는 데 비해, 우세 경쟁적 폭력은 팡크세프가 수컷 간 공격 체계라고 불렀던 회로를 동원한다. 사실은 동성 간 경쟁 회로라고 불러야 옳을 것이다. 왜냐하면 여자들의 뇌에도 그 체계가 있고, 인간은 남자도 부모로서 투자한다는 점 때문에 여자들도 남자들 못지않게 짝을 두고 자기들끼리 경쟁할 진화적 동기가 있기 때문이다. 그러나 회로에서 적어도 한 부분, 시상하부의 시각교차앞에 있는 핵만큼은 남자가 여자의 두 배로 크다.[117)] 그리고 회로에 전체적으로 테스토스테론 수용기가 있는데, 남자는 여자보다 혈류 테스토스테론 농도가 다섯 배에서 열 배 높다. 기억하겠지만 시상하부는 뇌하수체를 제어하고, 뇌하수체가 분비한 호르몬은 고환과 부신으로 가서 더 많은 테스토스테론을 생산하게끔 자극한다.

흔히 사람들은 테스토스테론이 남성의 호전성을 일으키는 원인인 것처럼 생각하지만 — 저널리스트 나탈리 앤지어는 테스토스테론을 "사내들로 하여금 너무나도 사내다운 짓을 하게 만드는 물질, 즉 허세 부리고, 떼밀고, 고함지르고, 트림하고, 주먹질하고, 에어 기타를 연주하게 하는 물질"이라고 표현했다. — 생물학자들은 그것을 남성 공격성의 원인으로 비난하는 데에 좀 더 조심스럽다.[118)] 물론 대부분의 조류와 포유류는 테스토스테론 농도가 높아지면 더 난폭해지고, 농도가 낮아지면 덜 난폭해진다. 중성화한 개나 고양이를 기르는 사람은 잘 알 것이다. 그러나 인간의 경우에는 수많은 복잡한 생화학적 이유들 때문에 그 효과를 측정하기가 그리 쉽지 않다. 그리고 흥미로운 한 가지 심리적 이유 때문에 테스토스테론이 공격성과 덜 직접적으로 연결되어 있다.

과학적으로 최선의 추측은, 테스토스테론이 남자의 공격성을 전반적으로 높이지는 않지만 우세 경쟁에 더 기꺼이 나서게끔 만든다는 것이다.[119] 침팬지 수컷은 발정기의 암컷이 가까이 있으면 테스토스테론 농도가 높아진다. 또한 그 농도는 수컷의 위계 서열과도 상관관계가 있는데, 위계 서열은 다시 공격성과 상관관계가 있다. 인간 남성은 매력적인 여성이 가까이 있을 때, 그리고 스포츠처럼 다른 남자들과의 경쟁이 예상될 때 테스토스테론 농도가 높아진다. 시합이 시작되면 더 높아지고, 승부가 결정되면 승자는 더 높아지지만 패자는 그렇지 않다. 테스토스테론 농도가 높은 남자일수록 더 공격적으로 경쟁하고, 성난 표정을 더 많이 짓고, 덜 웃고, 악수할 때 더 세게 쥔다. 실험실에서는 성난 얼굴을 더 오래 응시하고, 중립적인 얼굴을 성난 얼굴로 인식한다. 놀이나 게임에서만 호르몬이 펌프질되는 것은 아니다. 기억하겠지만, 리처드 니스벳이 명예의 심리를 실험했을 때 남부 출신 남자들은 모욕을 당하면 테스토스테론 수치가 솟았다. 그들은 성난 표정을 지었고, 악수를 세게 했고, 거드럭거리는 태도로 실험실을 나갔다. 호전성 수준에서 극단을 보자면, 죄수들은 테스토스테론 농도가 높을수록 폭력 행위를 더 많이 저지른 것으로 나타났다.

테스토스테론 농도는 사춘기와 청년기에 상승하고, 중년기에 감소한다. 남자가 결혼을 하고, 아이를 갖고, 아이와 함께 시간을 보낼 때도 감소한다. 이 호르몬은 부모로서의 노력과 짝짓기 노력의 근본적인 교환관계를 조절하는 내부 장치인 셈이다. 이때 짝짓기 노력이란 상대 성에게 구애하는 행위와 동성 경쟁자를 물리치는 행위를 모두 포함한다.[120] 테스토스테론은 남자를 아빠 아니면 난봉꾼으로 만드는 조절 손잡이일지도 모른다.

남성의 생애 주기에서 테스토스테론의 기복은 호전성의 기복과 그럭저럭 일치한다. 말이 나왔으니 말인데, 폭력의 제1법칙은 — 젊은 남성이

하는 일이라는 것 — 관찰은 쉽지만 설명은 어렵다. 남성이 여성보다 더 폭력적으로 진화해야 할 이유는 명백한 데 비해, 젊은 남성이 늙은 남성보다 더 폭력적이어야 할 이유는 명백하지 않다. 젊은 남성은 앞으로 살 날이 창창하니, 폭력적 도전을 받아들일 때 자신의 수명에서 상대적으로 큰 몫을 차지하는 미래의 수명을 놓고 도박을 하는 셈이다. 그러니 수학적으로는 오히려 반대여야 한다. 살 날이 얼마 남지 않은 남자일수록 좀 더 무모해질 수 있고, 아주 늙은 남자는 특별 기동대가 와서 저지하기 전에 마지막으로 강간과 살인을 맘껏 저지르고 싶을지도 모른다.[121) 왜 그렇지 않은 것일까? 한 이유는 그 대신 자식, 손자, 조카에게 투자하는 선택지가 존재하기 때문이다. 늙은 남성은 물리적으로는 약하지만 사회적으로나 경제적으로는 더 강하므로, 직접 후손을 더 만들기보다 가족을 보호하고 부양함으로써 더 큰 이득을 얻을 수 있다.[122) 또 다른 이유는 인간의 우세 경쟁이 평판의 문제이기 때문이다. 평판은 자기 지속적이고, 오랫동안 보상이 돌아오는 투자이다. 모두가 승자를 사랑하고, 성공은 성공을 부르는 법이니까. 그러므로 경쟁의 초기 단계일수록 평판 면에서 더 큰 이득이 걸려 있다.

그렇다면, 테스토스테론은 남자를 (정도는 낮지만 여자도) 우세 경쟁에 대비시키는 호르몬일 뿐, 폭력의 직접적 원인은 아니다. 우세 경쟁과 무관한 폭력도 많고, 우세 경쟁은 실제 폭력보다 과시 행동이나 벼랑 끝 경쟁으로 마무리되는 경우가 잦기 때문이다. 그렇지만 젊고 무법적인 미혼 남성들의 우세 경쟁으로 인한 폭력에 국한해서는, 직접적인 경쟁이든 각자의 지도자를 대신해서 벌이는 경쟁이든, 세상에 테스토스테론이 너무 많아서 폭력이 생긴다고 말해도 괜찮을 것이다.

✤ ✤ ✤

우세가 사회적 구성물임을 생각하면, 어떤 종류의 사람들이 그것을 지키기 위해서 가장 많이 위험을 무릅쓰는지도 알 수 있다. 지난 25년 동안 유통되었던 폭력에 대한 이런저런 착각 중에서도 이상할 정도로 널리 퍼진 착각은, 낮은 자존감이 폭력을 낳는다는 가설이다. 저명한 전문가 수십 명이 이 이론을 지지했고, 그에 따라 많은 학교가 아이들의 자존감을 높이기 위한 활동을 설계했으며, 캘리포니아 주 의회는 1980년대 말에 '자존감 육성 대책 위원회'까지 꾸렸다. 그러나 바우마이스터의 말마따나 이보다 더 보기 좋게, 우습게, 뼈아프게 틀린 이론은 없을 것이다. 폭력은 낮은 자존감이 아니라 지나친 자존감의 문제이다. 특히 근거 없는 자존감의 문제이다.[123] 자존감을 측정하는 기법으로 조사해 보면, 사이코패스, 깡패, 골목대장, 학대하는 남편, 연쇄 강간범, 증오 범죄 가해자는 척도에서 벗어날 정도로 높은 점수를 낸다. 다이애나 스컬리가 면담했던 많은 강간범은 자신이 '다재다능하고 대단히 우수한 사람'이라고 허풍을 쳤다.[124] 사이코패스나 폭력적인 사람들은 나르시시즘이 있다. 자신의 성취에 비추어서 자신을 평가하지 않고 자신에게 타고난 권리가 있다는 생각에서 자신을 높게 평가한다. 그러나 현실이 침입하는 순간이 있기 마련인데, 그때 그들은 그 나쁜 소식을 개인적 모욕으로 여긴다. 그리고 자신의 취약한 평판을 위태롭게 만든 그 소식의 전달자를 사악한 중상모략자로 여긴다.

정치 통치자가 폭력에 약한 성격이라면, 그 결과는 한층 치명적이다. 운 나쁘게 그들과 가까이 살거나 우연히 마주친 몇 명만이 아니라 수억 명에게 그들의 심적 장애가 영향을 미칠 수 있기 때문이다. 폭군들이 백성의 비참함을 아랑곳하지 않은 채 냉담한 통치와 파괴적인 정복 전쟁으로 일으킨 고통은 상상을 초월했다. 5장과 6장에서 나는 20세기 전쟁 사망자 분포에서 꼬리를 두껍게 만들었던 1000만 학살자들의 전쟁이 어떻게 보면 단 세 사람의 탓이었다고 말했다. 그 셋보다는 시시한 독재자였던 사담 후세인, 모부투 세세 세코, 무아마르 카다피, 로버트 무가베, 이디 아민, 장베델 보카사, 김정일 등도 규모는 작지만 참담함에서는 뒤지지 않을 만큼 국민을 비참하게 만들었다.

정치 지도자의 심리에 관한 연구는 평판이 별로일 만하다. 연구 대상을 직접 시험하기가 불가능한 데다가, 도덕적으로 역겨운 인간을 단순한 병리 현상으로 취급하고픈 유혹이 들기 때문이다. 또 역사 심리학은 히틀러가 왜 히틀러가 되었는지 설명하면서 어처구니없는 정신 분석학적 억측들을 내놓았던 전력이 있다. 히틀러의 할아버지가 유대인이라서, 그가 고환이 하나뿐이라서, 숨은 동성애자라서, 무성적 인간이라서, 성적 페티시즘이 있어서. 저널리스트 론 로젠바움은 『히틀러를 설명하다』에서 이렇게 말했다. "히틀러에 대한 탐색은 일관되고 합의된 하나의 이미지가 아니라 서로 다른 많은 히틀러들, 경쟁하는 히틀러들, 상충하는 관점들을 구현한 상충하는 이미지들을 낳았다. 그 히틀러들은 지옥에서 마주쳐도 자신을 알아보지 못해 '하일' 하고 인사하지도 못할 것이다."[125]

그럼에도 불구하고, 인간을 설명하기보다 분류하려고 하는 겸손한 성격 분류학이 현대 독재자들의 심리를 조금쯤 알려 줄 수는 있을 것이다. 미국 정신 의학회의 『정신 장애의 진단 및 통계 지침서』는 나르시시즘적 성격 장애를 '과대망상, 감탄을 얻으려는 욕구, 감정 이입의 결여가 팽배한 상태'로 정의한다.[126] 정신 질환 진단이 으레 그렇듯이, 나르시시즘은 모호한 분류이다. 사이코패스와 겹치고('남들의 권리를 무시하고 침해하는 상태'), 경계성 성격 장애와도 겹친다('불안정한 기분, 이분법적 사고, 혼란스럽고 불안정한 대인 관계, 자기상[自己像], 정체성, 행동'). 그러나 나르시시즘의 핵심에 있는 세 징후는 — 과대망상, 감탄을 얻으려는 욕구, 감정 이입의 결여 — 자로 잰 듯 독재자들에게 들어맞는다.[127] 독재자들이 세우는 허영의 기념비, 성인전을 방불하는 이미지 제작, 그에게 알랑거리는 군중집회를 보면 뚜렷하다. 나르시시즘적 통치자들은 군대와 경찰을 쥐고 있으니, 조각상에 흔적을 남기는 것을 넘어 광범위한 폭력을 허가한다. 흔한 골목대장이나 깡패처럼 독재자들도 근거 없는 자존감이 언제든 망가질 수 있기 때문에, 자신의 통치에 대한 반대를 비판이 아니라 가증스러운 범죄로 취급한다. 그리고 그들에게는 감정 이입 능력이 없기 때문에, 현실의 적이나 상상의 적을 처벌할 때 제동이 걸리지 않는다. 『정신장애의 진단 및 통계 지침서』에 명기된 또 다른 증상, 즉 "무제한의 성공, 권력, 탁월함, 아름다움, 이상적 사랑에의 환상"을 추구하기 위해서라면 인명의 대가쯤 간단히 무시한다. 이런 환상은 탐욕스러운 정복, 파라오적인 건설 사업, 유토피아 이상향 계획으로 실현된다. 그리고 과잉 확신이 전쟁에서 어떤 피해를 일으키는지는 앞에서 이야기했다.

그야 물론, 모름지기 지도자는 자기 확신이 적잖이 있어야 한다. 그래야 지도자가 될 수 있다. 그리고 심리학의 시대인 현대의 전문가들은 자신이 싫어하는 지도자에게 너무 쉽게 나르시시즘적 성격 장애 진단을 내리는 것이 사실이다. 그러나 추진력이 강한 정치가와 전국을 초토화하며 다른 나라들까지 끌어들이는 사이코패스의 구분은 결코 사소하지 않다. 민주주의의 평화화 속성 중 하나는, 감정 이입이 철저히 결여된 사람은 지도자 선출 과정에서 불리하다는 점이다. 견제와 균형의 제도가 존재하기 때문에 과대망상하는 지도자 한 명이 끼치는 피해가 제약된다는 점도 있다. 독재 정부에서도 지도자의 성격은 — 고르바초프냐 스탈린이냐? — 폭력의 통계에 엄청난 영향을 미친다.

✤ ✤ ✤

우세 경쟁 충동의 피해를 더욱 배가시키는 방식이 또 있다. 사회적 마음의 한 속성 때문인데, 해롭지 않은 일화로 소개해 볼까 한다. 12월이면 내 마음은 우리 지역의 전통으로 따스해진다. 캐나다 노바스코샤 주가 보스턴 시에게 매년 크리스마스트리로 쓰라고 으리으리한 가문비나무를 보내 주는 것이다. 이것은 1917년에 핼리팩스 항에 정박했던 탄약선이 폭발했을 때 보스턴 단체들이 인도적으로 도왔던 데 대한 감사 표시이다. 캐나다 출신으로서 현재 뉴잉글랜드에 사는 나는 두 번 기분이 좋다. 과거에 동포 캐나다 사람들이 너그러운 도움을 받았던 것이 고맙고, 내 이웃 보스턴 시민들에게 사려 깊은 선물이 돌아오는 것이 또 고맙다. 그런데 곰곰이 따지자면 이 의식은 좀 이상하다. 나는 너그러운 행동을 한 쪽도 받은 쪽도 아니기에, 감사를 받을 자격도 표현할 의무도 없다. 나무를 찾고 베어서 보낸 사람들도 원래의 피해자들이나 구호자들을 만난 적이 없다. 나무를 세우고 장식하는 사람들도 마찬가지이다. 내가 아는 한, 비극을 경험했던 사람들 중 지금까지 살아 있는 사람은 한 명도 없다. 그런데도 우리는 개인끼리 동정과 감사를 주고받을 때 느낄 만한 감정을 집단으로 느낀다. 모든 사람의 마음속에는 '노바스코샤'와 '보스턴'이라는 표상이 간직되어 있다. 사람들은 그것에 갖가지 도덕 감정과 가치를 부여한 뒤, 그런 감정과 가치로부터 나온 사회적 행동 속에서 각자의 역할을 한다.

사람의 개인적 정체성 중 일부는 그가 제휴를 맺은 집단의 정체성과 융합된다.[128] 사람의 마음속에 다른 사람들의 자리가 있듯이, 집단들의 자리도 있다. 그리고 모든 집단들은 저마다의 신념, 욕망, 바람직하거나 비난할 만한 특징들을 갖고 있다. 우리의 이런 사회적 정체성은 집단이 개인의 안위에 갖는 중요성에 대한 적응적 특질인 듯하다. 개인의 적응도는 각자의 운에만 달린 것이 아니라 그가 속한 무리, 마을, 부족의 운에도 달려 있기 때문이다. 이런 집단들을 하나로 묶는 힘은 실제 혈연과 가공의 혈연, 상호성의 그물망, 그리고 가령 집단 방어와 같은 공익에의 헌신이다. 어떤 사람들은 집단에 공정한 기여를 내놓지 않는 기생자를 처벌함으로써 공익을 관리하고, 다른 사람들은 그 관리자들에게 집단적 존경을 바친다. 사람의 심리에도 그 밖의 여러 방식으로 집단에 기여하게끔 만드는 요소가 있는데, 바로 집단과 자아의 경계가 부분적으로 흐릿하다는 점이다. 우리는 집단을 대신하여 다른 집단에게 공감하고, 고마워하고, 화내고, 죄책감을 느끼고, 신뢰하고, 불신한다. 그리고 상대 집단 구성원들이 개인으로서 어떻게 행동하느냐와는 무관하게 그들 모두에게 이런 감정을 적용한다.

우리는 충성하는 집단이 경쟁을 벌일 때, 타고난 우세 경쟁 충동을 대리 체험한다. 가령 스포츠팀이나 정당을 응원할 때가 그렇다. 코미디언 제리 사인펠드는 요즘 선수들이 팀을 하도 자주 바꾸기 때문에 팬들은 고정된 선수들의 집단을 응원할 수 없고 그 대신 팀의 로고와 유니폼을 응원하는 처지가 되었다고 꼬집었다. "당신은 당신이 좋아하는 옷들이 다른 도시에서 온 옷들을 무찌르기를 바라면서 응원하고 환호하고 외치는 겁니다." 그야 어쨌든, 우리는 응원하고 환호한다. 스포츠 팬의 기분은 팀의 운명에 따라 오락가락한다.[129] 개인과 집단의 경계 상실은 생화학 실험실에서 실제로 측정할 수 있을 정도이다. 남성들은 응원하는 팀이 이겼을 때 마치 자신이 직접 레슬링이나 단식 테니스에서 경쟁자를 꺾었을 때처럼 테스토스테론 수치가 높아진다.[130] 지지하는 정치가가 선거에서 이기거나 져도 그에 따라 오르내린다.[131]

집단 감정의 어두운 면은, 우리 집단이 다른 집단에게 우세하기를 바란다는 점이다. 설령 상대 집단의 구성원 각자에게 개인적으로는 다르게 느끼더라도. 심리학자 헨리 타이펠의 유명한 실험이 있다. 그는 피험자들을 사소한 차이에 따라 두 집단으로 나누고, 그들에게 그 사실을 알려 주었다. 이를테면 파울 클레를 더 좋아하느냐 바실리 칸딘스키를 더 좋아하느냐 하는 작은 차이였다.[132] 그러고는 각자에게 소정의 돈을 주고, 같은 집단의 구성원 한 명과 다른 집단의 구성원 한 명에게 그 돈을 나눠 주라고 했다. 두 대상은 번호로만 불렸고, 피험자가 어떻게 선택하든 스스로 얻거나 잃는 것은 전혀 없었다. 그런데도 피험자들은 즉석에서 정한 같은 집단의 구성원에게 돈을 더 많이 주었다. 어차피 실험자가 대는 돈인데도, 양쪽 모두에게 이득을 주는 선택지(가령 동료 클레 팬에게 19센트, 상대 칸딘스키 팬에게 25센트)보다는 상대 집단 구성원에게 불리한 선택지(가령 동료 클레 팬에게 7센트, 상대 칸딘스키 팬에게 1센트)를 택했다. 집단에 대한 선호는 어려서부터 나타난다. 자라면서 습득하는 것이 아니라, 자라면서 벗어나야 하는 습관인 듯하다. 발달 심리학자들에 따르면, 유치원생들조차 인종 차별적 태도를 보여 진보적인 부모를 소스라치게 만든다. 아기들조차 인종과 억양이 같은 사람과의 상호 작용을 선호한다.[133]

심리학자 짐 시다니우스와 펠리시아 프라토는 정도 차이는 있을지언정 누구에게나 이른바 사회적 우세(social dominance)의 동기가 있다고 말한다. 좀 더 직관적인 용어로는 부족주의(tribalism)라고 하면 될 것이다. 이것은 사회 집단들 사이에 위계가 구축되기를 바라는 욕망으로, 보통은 자기 집단이 다른 집단들보다 우세하기를 바라는 마음이 함께 있다.[134] 두 연구자는 사회적 우세 성향이 있는 사람일수록 애국주의, 인종주의, 운명, 업보, 카스트, 국가의 운명, 군사주의, 범죄에 대한 강경책, 기존 권위와 불평등의 보존 등의 견해와 가치에 끌린다는 것을 보여 주었다. 거꾸로 사회적 우세에 반대하는 성향의 사람들은 인도주의, 사회주의, 페미니즘, 보편 인권, 정치적 진보주의, 기독교적 평등주의와 평화주의에 끌린다.

사회적 우세 이론에 따르면, 인종은 편견을 둘러싼 논쟁에서 다른 어떤 요소보다도 자주 쟁점이 되지만 심리적으로는 유달리 중요하다 할 수 없다. 타이펠이 보여 주었듯이, 사람들은 몹시 사소한 유사성만으로도 세상을 내집단과 외집단으로 나눈다. 표현주의 화가에 대한 취향으로도 나뉘지 않았던가. 심리학자 로버트 커즈번, 존 투비, 레다 코즈미데스는 우리 진화 역사에서 여러 인종들이 바다, 사막, 산맥으로 분리되어 살았기 때문에 (애초에 인종 차이가 진화한 것도 그 때문이다.) 좀처럼 얼굴을 맞댈 계기가 없었음을 지적했다. 집단의 상대는 오히려 인종이 같은 다른 마을, 일족, 부족이었다. 사람들의 마음에서 실제로 중요한 것은 인종이 아니라 **연합체**(coalition)이지만, 하필 요즘은 (이웃, 갱단, 국가 등) 많은 연합체가 인종과 겹칠 뿐이다. 사실 사람들이 다른 인종에게 보이는 부당한 태도는 다른 어떤 연합체에 대해서도 쉽게 발휘된다.[135)] 심리학자 G. 리처드 터커, 윌리스 램버트, 그보다 나중에 캐서린 킨즐러가 수행한 실험을 보면, 가장 뚜렷한 편견의 기준은 언어였다. 사람들은 낯선 억양으로 말하는 사람을 불신한다.[136)] 이 효과는 **쉽볼렛**(shibboleth)이라는 단어의 기원을 들려주는 「판관기」 12장 5~6절의 재미난 일화로까지 거슬러 올라간다.

> 길앗인들은 에프라임으로 가는 요르단 건널목들을 점령했다. 그리고 도망가는 에프라임인들이 "강을 건너게 해 주시오." 하면, 길앗 사람들은 그에게 "너는 에프라임인이냐?" 하고 물었다. 그가 "아니요." 하고 대답하면, 그에게 "'쉽볼렛'이라고 말해 보라."고 했다. 그가 제대로 발음하지 못하여 "시볼렛." 이라고 하면, 그를 붙들어 요르단 건널목에서 죽였다. 그래서 그때 에프라임

에서 4만 2000명이 죽었다.

✤ ✤ ✤

민족주의(nationalism) 현상은 심리와 역사의 상호 작용으로 이해할 수 있다. 그것은 다음 세 가지가 결합된 결과이다. 부족주의 이면의 감정적 충동, '집단'을 같은 언어, 영토, 조상 따위를 공유하는 사람들로 인지하는 개념, 정부라는 정치 도구.

아인슈타인은 민족주의를 가리켜 "인류의 홍역"이라고 했다. 이 말이 늘 옳다고는 할 수 없다(가끔은 가벼운 코감기 정도이다.). 그러나 정신 질환적 나르시시즘의 집단적 형태, 즉 무턱대고 자신의 탁월성을 주장하는 과대망상에 허약하기까지 한 집단 에고가 민족주의와 결합하여 합병증을 일으키면, 정말로 유해한 질병이 될 수 있다. 앞에서 나르시시즘은 폭력을 야기할 수 있다고 말했다. 나르시시스트가 현실로부터 불손한 신호를 받아 격분할 때다. 나르시시즘과 민족주의가 결합하면, 정치학자들이 **르상티망**(ressentiment, 분노[resentment]를 뜻하는 프랑스어)이라고 부르는 치명적 현상이 등장한다. 자신의 민족과 문명은 역사적으로 위대해질 권리가 있음에도 불구하고 현재 위신이 낮은데, 그것은 오로지 내부나 외부의 적이 행사하는 악의 때문이라고 믿는 상태이다.[137]

르상티망은 나르시시스트가 사로잡히기 쉬운 좌절된 우세의 감정들을 — 굴욕, 시기, 분노 — 끓어오르게 만든다. 리아 그린필드, 대니얼 치롯 같은 역사학자들은 20세기 초 주요 전쟁과 집단 살해의 원인을 독일과 러시아의 르상티망에서 찾았다. 두 나라는 자국이 탁월성을 획득할 정당한 권리를 실천하는 중이라고 생각했고, 간사한 적들이 그동안 그 권리를 부정했다고 믿었다.[138] 오늘날의 러시아와 이슬람 국가들을 관찰하는 학자들도 이 점을 지적한다. 그들 역시 자국이 탁월한 존재가 아닌 상황을 부당하다고 느끼는데, 이런 분노는 평화에 무시하지 못할 위협이다.[139)]

어떤 나라들은 다른 방향으로 향한다. 유럽의 네덜란드, 스웨덴, 덴마크와 같은 나라들은 18세기에 우세 경쟁 게임을 그만두고, 가슴은 덜 뛰지만 더 구체적인 것에 자존감을 걸기로 했다. 돈을 버는 것, 국민들에게 쾌적한 생활을 제공하는 것 등이다.[140)] 캐나다, 싱가포르, 뉴질랜드처럼 애초에 대단해지는 데는 관심이 없었던 나라들과 더불어, 이런 나라들은 결코 초라하지 않되 현실의 성취와 균형이 맞는 정도의 국가적 자긍심을 품고 있다. 이들은 국제 관계에서 거의 말썽을 일으키지 않는다.

집단의 야망은 이웃 민족들의 운명도 결정한다. 민족을 연구하는 학자들은 이웃하여 살아가는 민족들일수록 오래된 증오 때문에 호시탐탐 서로 노리기 마련이라는 통설을 부정한다.[141)] 지구 상에는 6000개가량의 언어가 있고, 사용 인구가 상당히 많은 언어도 최소한 600개는 된다.[142)] 어떻게 계산하더라도, 실제로 발생하는 치명적 인종 충돌의 건수는 이론적으로 발생 가능한 건수에 비해 극히 적다. 제임스 피어론과 데이비드 레이틴은 1996년에 직접 계산을 해 보았다. 그들은 여러 민족 집단들이 분쟁의 불씨를 품은 채 공존하는 두 지역을 골랐다. 1990년대 초에 해산된 소비에트 연방의 옛 공화국들, 그리고 1960~1979년까지 탈식민화한 아프리카였다. 전자에는 45개 민족 집단이 거주하고, 후자에는 160개 이상이 거주한다. 피어론과 레이틴은 내전과 공동체 간 폭력 사건(가령 치명적 인종 폭동)의 수를 헤아린 뒤, 인접한 집단 쌍들의 수와 비교했다. 그 결과, 구소련 지역에서는 가능한 기회의 수에 비해 실제로 폭력이 발생한 수가 4.4퍼센트였고, 아프리카에서는 1퍼센트 미만이었다. 뉴질랜드, 말레이시아, 캐나다, 벨기에, 최근의 미국 등 여러 민족이 섞여 살되 좀 더 개발된 나라에서는 민족 간 비폭력의 실적이 이보다 더 훌륭했다.[143] 이것은 크게 놀랄 일은 아니다. 집단들이 개인들과 다르지 않아서 끊임없이 서로 지위를 겨루더라도, 생각해 보면 개인들도 대부분의 경우에는 주먹을 날리지 않고 살아가니까.

민족 집단들이 유혈 사태 없이 공존할 확률은 여러 요인들에 따라 결정된다. 피어론과 레이틴이 지적한 중요한 유화제는, 한쪽 집단 구성원이 상대 집단 구성원을 공격했을 때 제 집단에서 문제의 인물을 어떻게 처리하는가 하는 점이다.[144] 만일 말썽꾼의 공동체에서 직접 그를 낚아 처벌한다면, 피해를 본 집단은 그 사건을 집단 간 전쟁의 선제공격으로 여기지 않고 개인 간 범죄로 분류할 것이다(국제 평화 유지군은 그 말썽꾼을 반대쪽이 만족하는 수준으로 억제할 수 있기 때문에 평화화 효과가 있다고 앞에서 말했다.). 한편, 정치학자 스티븐 반 에베라는 이데올로기가 더 중요한 요인이라고 주장했다. 뒤섞여 살아가던 민족 집단들이 각자의 국가를 원할 때, 혹은 여러 나라에 흩어진 디아스포라들과 합치고 싶어 할 때, 혹은 이웃 집단의 조상에게 받았던 피해를 두고두고 기억하면서 자신이 상대에게 가했던 피해는 뉘우치지 않을 때, 혹은 자기 집단의 영광스러운 역사를 신화화하면서 다른 집단은 사회적 계약에서 배제하는 허접스러운 정부가 있을 때, 사태가 추악해진다.

오늘날, 온화한 나라들은 내부의 부족주의 심리를 씻어 내면서 민족국가를 재정의하고 있다. 이제 정부는 스스로를 특정 민족 집단의 혼이 서린 결정체로 여기지 않는다. 그 대신, 어쩌다 보니 한 땅덩어리에 살게 된 모든 사람들과 집단들을 포용하는 계약으로 여긴다. 정부의 운영 기제는 일부러 복잡할 때가 많다. 권한 이양, 특수 지위, 권력 공유, 우대 정책이 복잡하게 배치되어 있고, 가령 국가 대표 럭비팀 같은 소수의 국가적 상징이 그것들을 한데 묶는다.[145] 국민들은 피와 흙 대신에 유니폼을 응원한다. 이런 어수선함은 어수선하게 분열된 우리의 자아에 제법 어울린다. 우리는 개인의 정체성은 물론이거니와 서로 겹치는 여러 집단들의 구성원으로서도 정체성을 갖고 있으니까.[146)]

사회적 우세 경쟁은 사내들의 일이다. 남성이 여성보다 우세에 더 집착하는 만큼, 인종주의, 군사주의, 불평등을 편하게 느끼는 태도 따위의 부족주의적 감정도 여성보다 더 강하게 품는다.[147)] 그런데 남성은 인종주의의 피해자가 될 가능성도 여성보다 높다. 흔히 사람들은 인종주의와 성차별을 백인 남성 권력 구조의 양대 버팀목으로 간주하고 흑인 여성은 이중고에 처했다고 보지만, 시다니우스와 프라토는 소수 민족 여성이 소수 민족 남성보다 인종 차별의 표적이 될 가능성이 훨씬 더 **낮다**는 것을 보여 주었다. 남성은 여성에게 가부장적이고 착취적인 태도를 취할지라도 전투적인 태도를 취하지는 않는데, 다른 남성에게는 전투적으로 대한다. 시다니우스와 프라토는 이 차이를 설명하기 위해서 애초에 그런 부당한 태도가 진화한 이유를 언급했다. 성차별은 궁극적으로 남성이 여성의 행동을, 특히 성적 행동을 통제하려는 유전적 동기에서 생겨났다. 그리고 부족주의는 남성 집단이 자원이나 짝을 둘러싸고 다른 집단들과 경쟁하려는 유인에서 생겨났다.

과잉 확신, 개인적 폭력, 집단 대 집단의 적대감, 이 모든 측면에서 남녀가 다르다 보니 사람들은 다음과 같은 질문을 자주 물었다. 만약에 여성이 세상을 운영한다면, 세상은 더 평화로울까? 이 질문은 시제와 어법을 바꿔 물어도 흥미롭다. 오늘날은 옛날보다 여성이 더 많이 나서게 됨으로써 세상이 더 평화로워졌을까? 앞으로 여성이 더 많이 나서면 세상이 지금보다 더 평화로워질까?

나는 세 질문에 모두 조건부 긍정으로 답하겠다. 조건부인 까닭은, 성과 폭력의 관계가 '화성에서 온 남자' 풍의 생각보다는 좀 더 복잡하기 때문이다. 정치학자 조슈아 골드스타인은 『전쟁과 젠더』에서 두 범주가 교차하는 지점들을 점검하여, 역사를 통틀어 모든 사회에서 군인과 지휘관은 압도적으로 남성이 많았음을 확인했다.[148] (아마존 부족을 비롯한 여성 전사들에 대한 고정관념은 역사적 사실이라기보다는 남자들이 게임 속 라라 크로프트, 지나 같은 군장한 젊은 여성의 이미지에 흥분한다는 사실에 힘입은 바가 크다.) 페미니즘이 지배하는 21세기에도 전 세계 군인의 97퍼센트, 전투 군인의 99.9퍼센트가 남성이다(남녀 모두 징병하기로 유명한 이스라엘에서도 여성 전투원은 의무실이나 책상에 앉아서 하는 일을 더 많이 한다.). 또한 남자들은 역사상 모든 정복광, 피에 굶주린 독재자, 집단 살해를 자행한 무뢰한의 목록에서 상위 순위를 휩쓸었다고 빼겨도 좋겠다.

그러나 여성이 모든 유혈 사태에서 늘 양심적인 반대자였던 것은 아니다. 여성이 군대를 이끌거나 전투에 나선 상황이 다양하게 존재했고, 남자들을 부추겨 전장에 내보내는 경우나 병참을 지원하는 경우는 더 잦았다. 옛날처럼 비전투 종군자로 따라다니든, 20세기처럼 산업 역군으로 뒷받침하든 말이다. 스페인의 이사벨 여왕, 영국의 메리 여왕과 엘리자베스 1세 여왕, 러시아의 예카테리나 2세 등 많은 여군주가 내부를 억압하고 외부를 정복하는 일을 무리 없이 수행했다. 20세기에도 마거릿 대처, 골다 메이어, 인디라 간디, 찬드리카 쿠마라퉁가 등의 여성 수반들이 국가를 이끌고 전쟁에 나섰다.[149]

여성의 전쟁 잠재력과 여성이 현실에서 전형적으로 보여 주는 능력이 일치하지 않는 현상은 전혀 역설적이지 않다. 전통 사회의 여자들은 납치, 강간, 적에 의한 영아 살해를 걱정해야 했으므로, 당연히 자기네 남자들이 전쟁에서 이기기를 바랐다. 정규군이 있는 사회에서는, 남녀의 성차(상체 근력, 약탈과 살해를 수행할 의지, 아이를 낳고 기르는 능력 등)와 혼성 군대의 번거로움(남녀의 연애, 동성 간 우세 경쟁 등) 때문에 늘 남자가 총알받이가 되는 쪽으로 성별 분업이 이뤄졌다. 지도력은 어떨까? 어느 시대든 권력자의 위치에 오른 여성들은 직업의 의무를 충실히 수행했고, 그 의무에 전쟁이 포함되는 시대도 많았다. 각축하는 왕조들과 제국들의 시대에 왕이 된 여성은 개인적으로는 평화주의자라도 세상에서 저 혼자 평화주의자로 남을 수는 없었을 것이다. 그리고 남녀의 특징들은 당연히 많이 겹친다. 따라서 비록 평균은 차이가 나더라도, 군사 지도력이나 전투 능력에 관련된 특징에서 대부분의 남자보다 더 유능한 여자가 많이 있기 마련이다.

그러나 역사를 장기적으로 보면, 여성은 늘 평화의 세력이었다. 앞으로도 그럴 것이다. 전통적인 전쟁은 남자들의 게임이었다. 부족 사회 여자들이 이웃 마을을 습격하여 신랑을 납치해 오는 일은 없었다.[150] 아리스토파네스의 「리시스트라테」는 이런 성차를 배경으로 한 이야기이다. 이야기 속에서 그리스 여자들은 남편들을 대상으로 성 파업을 실시함으로써 펠로폰네소스 전쟁을 끝내도록 독촉한다. 19세기 페미니즘은 평화주의와 자주 겹쳤고, 노예제 폐지나 동물권 운동과 같은 다른 반폭력 운동들과도 상당히 겹쳤다.[151] 20세기 여성 단체들은 핵 실험, 베트남 전쟁, 그리고 아르헨티나, 북아일랜드, 구소련, 유고슬라비아의 폭력적 분쟁들에 활발히 항의했다. 간헐적으로 성과도 거두었다. 미국에서 1930~1980년대까지 실시된 여론 조사 300개가량을 점검한 연구에 따르면, 남성 응답자들은 질문의 87퍼센트에 대해 '더 폭력적이고 강압적인 선택지'를 지지했고 나머지 질문에 대해서는 여성과 동점이었다.[152] 가령 남자들은 1939년 독일과의 군사 대결, 1940년 일본과의 대결,

1960년 러시아와의 대결, 1968년 베트남과의 대결을 더 많이 지지했다. 1980년 이래 모든 미국 대통령 선거에서 여성은 남성보다 민주당 후보자에게 표를 더 많이 던졌다. 2000년과 2004년에는 남성의 평균적인 선호와는 달리 여성 유권자의 다수가 조지 W. 부시에 반대했다.[153]

여성이 남성보다 평화를 좀 더 사랑하기는 해도, 한 사회 속에서는 남녀의 의견이 상관관계를 보인다.[154] 1961년에 미국인에게 "공산주의 통치 하에 사느니 전면적 핵전쟁을 치러야 하느냐?"라고 물었을 때, 남성의 87퍼센트가 그렇다고 답한 데 비해 여성은 '겨우' 75퍼센트만이 그렇게 답했다. 여성이 같은 시대와 같은 사회의 남성에 비해 약간 더 평화적일 뿐이라는 증거이다. 남녀의 차이는 국가적으로 의견이 양분된 사안일 때 가장 컸고(베트남 전쟁), 의견이 일치할 때는 그보다 작았고(제2차 세계대전), 사회 전체가 집착하는 사안일 때는 거의 없었다(아랍-이스라엘 충돌의 해결책에 관한 이스라엘과 아랍 사람들의 태도).

그런데 여성들이 직접 전쟁에 반대하지는 않더라도, 여성들의 사회적 위치가 그 사회의 전쟁 선호에 영향을 미친다. 여성권을 인식하는 태도와 전쟁에 반대하는 태도가 나란히 가기 때문이다. 중동에서는 남녀평등에 호의적으로 답한 응답자일수록 아랍-이스라엘 충돌의 비폭력적 해결을 선호했다.[155] 여러 전통 문화에 대한 민족지학 조사를 보면, 여성을 존중하는 사회일수록 전쟁을 덜 벌인다.[156] 현대 국가들도 마찬가지이다. 서유럽에서 시작되어 미국의 민주당 지지 주들로, 다음은 공화당 지지 주들로, 다음은 아프가니스탄이나 파키스탄 같은 이슬람 국가들로 파급되는 예의 인식 변화의 순서가 여기에도 적용된다.[157] 10장에서 이야기하겠지만, 여성에게 권한을 부여하는 사회일수록 젊은 남자들이 떼 지어 정처 없이 다니면서 말썽을 피울 소지가 낮다.[158] 그리고 긴 평화와 새로운 평화의 시대는 여성권 혁명의 시대와 겹쳤다. 무엇이 원인이고 무엇이 결과인지는 알 수 없지만, 생물학과 역사가 알려 주는 바, 다른 조건들이 다 같다면 여성의 영향력이 큰 세상일수록 전쟁이 적을 것이다.

✤ ✤ ✤

우세 경쟁은 무정부 상태에 대한 적응 현상이다. 문명화 과정을 거친 사회나 협정과 규범으로 규제되는 국제 체제에서는 우세 경쟁의 기능이 없다. 무엇이 되었든 우세 개념에서 바람을 빼는 요소라면, 개인 간 싸움과 집단 간 전쟁의 발생률을 낮출 것이다. 우세 경쟁의 바탕에 있는 감정들이 사라질 수 있다는 말은 아니지만 — 그것은 인간의 생물학적 특징에 가깝고, 남성에게는 특히 더 그렇다. — 그것들이 주변화될 수 있다는 말이다.

20세기 중후반을 거치면서, 우세 경쟁과 그에 관련된 남자다움, 명예, 위신, 영광 등등의 덕목이 해체되기 시작했다. 여기에 기여한 것은 탈형식화 현상이었다. 호전적 애국주의를 풍자했던 막스 브라더스의 영화 「식은 죽 먹기」가 좋은 예다. 여성이 직업 세계에 진출한 것도 한몫했다. 여자들은 우세 경쟁을 철부지 남자들의 소란으로 간주하고 심리적 거리를 유지하는 편이기 때문에, 여성의 영향력이 커질수록 우세의 아우라가 빛이 바랜다(남녀가 섞인 환경에서 일해 본 사람이라면, 여자들이 남성 동료들의 쓸데없는 허세를 '전형적인 남성의 행동'으로 깔보는 데에 익숙할 것이다.). 세계주의도 기여했다. 덕분에 사람들은 다른 나라들의 과장된 명예의 문화를 접했고, 그럼으로써 자신의 문화도 돌아보았다. **마초**(macho)는 영어가 최근에 스페인어에서 차용한 단어인데, 남자다운 영웅주의보다는 자기도취하는 허세를 뜻하는 말로서 경멸하는 느낌을 갖게 되었다. 빌리지 피플의 노래 「마초 맨」에서처럼 일부러 과장되게 그려진 모습, 야릇한 동성애적 분위기로 그려진 모습도 남성 우세 경쟁의 겉치레를 깎아내렸다.

우세 경쟁의 매력이 축소된 요인으로 내가 짐작하는 또 다른 요인은, 생물학이 발전하여 지적 문화에 영향을 끼쳤다는 점이다. 우리는 우세 경쟁의 충동이 진화의 흔적이라는 사실을 차츰 이해하게 되었다. 내가 구글북스에서 정량적으로 조사한 결과, 우세 경쟁에 관련된 생물학적 용어들은 최근 들어 부쩍 자주 쓰였다. 1940년부터는 **테스토스테론**이라는 단어가 자주 등장했고, 1960년대부터는 **모이 쪼기 순서**(pecking order)와 **위계 서열**이, 1990년대부터는 **알파 메일**(alpha male)이 자주 등장했다.[159] 1980년대에는 **테스토스테론 중독**(testosterone poisoning)이라는 우스꽝스러운 사이비 의학 용어도 자주 등장했다. 이런 용어들은 우세 경쟁의 소득을 하찮아 보이게 만든다. 남자들이 추구하는 영광이란 영장류다운 상상의 산물일 뿐이라고 은근히 암시한다. 그것은 혈류 화학 물질이 드러내는 증상일 뿐이고, 우리가 수탉이나 비비원숭이에게서 목격할 때는 웃음을 터뜨리기 쉬운 본능적 행동일 뿐이라고 알려 준다. 생물학 용어들이 우리로 하여금 우세 경쟁에서 거리를 두게 만드는 데 비해, **영광스럽다**(glorious)느니 **명예롭다**(honorable)느니 하면서 우세 경쟁의 포상을 구체화한 옛 표현들은 그 성취가 **그 자체로** 영광스럽고 명예로운 것이라는 가정을 깔고 있었다. 그러나 영어로 씌어진 책에서 두 단어의 사용 빈도는 지난 150년 동안 꾸준히 줄었다.[160] 본능이 의식에 알려 주는 바를 고분고분 자연의 이치로 받아들이지 않고 본능 자체를 조명하는 능력, 이것이야말로 본능이 우리를 나쁜 방향으로 이끌 때 그 힘을 뿌리치는 첫 단계이다.

복수

사람들은 자신을 해친 사람을 해치고 말겠다는 결단을 오래전부터 미사여구로 찬양했다. 히브리 성경은 복수(revenge)에 집착한다. "사람의 피를 흘린 자도 피를 흘리리라.", "눈에는 눈", "복수는 나의 것"과 같은 함축적인 표현들이 넘친다. 호메로스의 아킬레우스는 복수를 가리켜 인간의 가슴에서 샘솟는 연기와도 같은 그것이 꿀보다도 달콤하다고 노래했다. 샤일록은 인간의 보편적 특징들의 목록에서 복수가 클라이맥스라고 말했고, 1파운드의 살점을 어디에 쓸 것이냐는 질문에 이렇게 답했다. "물고기 밥으로 쓰지요. 아무 소용이 없다고 해도, 내 복수심은 채워 줄 것이오."

다른 문화 사람들도 보복을 한껏 시적으로 칭송했다. 혈수가 잦은 몬테네그로의 부족에서 태어나 공산주의 유고슬라비아의 부통령이 된 밀로반 질라스는 복수를 가리켜 "우리의 눈동자를 빛나게 하는 것, 우리의 뺨을 달아오르게 하는 것, 우리의 관자놀이를 뛰게 하는 것, 우리의 피가 흘렀다는 것을 안 순간 우리의 목에 돌처럼 박혀 버린 것"이라고 말했다.[161] 어느 뉴기니 남자는 삼촌의 살인자가 화살을 맞아 온몸이 마비되었다는 소식에 "내 몸에서 날개가 돋을 것 같고, 금방이라도 날아오를 것 같고, 몹시 행복하다."고 말했다.[162] 아파치 족 추장 제로니모는 멕시코의 네 개 중대를 학살했던 기억을 음미하며 이렇게 적었다.

> 여전히 적들의 피를 뒤집어쓴 채, 정복의 무기를 쥔 채, 전투와 승리와 복수의 기쁨으로 가슴이 뜨거운 채, 나는 아파치 용사들에게 둘러싸였다. 그들은 나를 아파치 중의 아파치라고 불렀다. 나는 그들에게 죽은 자들의 머리 가죽을 벗기라고 명령했다.

내 사랑하는 사람들을 도로 불러올 수는 없고, 죽은 아파치들을 도로 데려 올 수는 없지만, 나는 복수를 기뻐할 수 있으리라.

그러나 데일리와 윌슨은 이렇게 촌평했다. "기쁘다고? 제로니모는 이 글을 감방에서 썼다. 아파치 족은 궤멸되어 거의 멸종했다. 복수의 충동은 너무나 헛되어 보인다. 엎지른 우유를 슬퍼한들 소용없듯이, 엎지른 피를 되돌릴 수는 없다."[163)]

그렇게 헛됨에도, 복수의 충동은 폭력의 중요한 원인이다. 전 세계 문화의 95퍼센트가 피의 복수를 명시적으로 인정했고, 부족 간 전쟁이 있는 곳에서는 언제나 복수가 주요한 동기였다.[164)] 전 세계 살인의 10~20퍼센트는 복수가 동기이고, 학교 총격 사건과 사적인 폭탄 테러도 복수가 동기일 때가 많다.[165)] 대상이 개인이 아니라 집단일 때는 도시 폭동, 테러, 테러에 대한 보복, 전쟁의 동기가 된다.[166)] 역사학자들에 따르면, 사람들이 공격에 대한 보복으로 전쟁을 결정한 경우에는 시뻘건 분노의 안개가 자욱하게 끼어 있는 때가 많았다.[167)] 미국인들은 진주만 공격을 겪은 뒤 '놀라움, 두려움, 얼떨떨함, 슬픔, 모욕감, 무엇보다도 세상이 뒤집히는 듯한 격분이 섞여 머리가 멎은' 상태였다고 한다.[168)] 전쟁의 대안(가령 봉쇄나 교란책)은 고려도 되지 않았다. 대안을 생각한다는 것만으로도 반역이었다. 9/11 공격에 대한 반응도 비슷했다. 미국이 다음 달에 감행한 아프가니스탄 침공은 장기적으로 효율적인 테러 대응 조치를 전략적으로 결정한 결과라기보다는 어떤 식으로든 보복해야 한다는 기분에 따랐다.[169)] 9월 11일에 3000명을 죽인 테러 자체도 복수가 동기였다. 오사마 빈 라덴은 '미국에게 보내는 편지'에서 이렇게 말했다.

전능하신 알라께서는 복수를 승인하셨다. 그러니 우리에게는 공격에 공격으로 갚을 권리가 있다. 누가 우리의 마을과 도시를 파괴하면, 우리도 그들의 마을과 도시를 파괴할 권리가 있다. 누가 우리의 부를 훔치면, 우리도 그들의 경제를 파괴할 권리가 있다. 누가 우리의 민간인을 죽이면, 우리도 그들의 민간인을 죽일 권리가 있다.[170]

복수는 정치적, 부족주의적 다혈질만 저지르는 짓이 아니다. 그것은 모든 사람들의 뇌에서 쉽게 눌러지는 단추이다. 대부분의 대학생들이 고백했던 살인 환상은 거의 모두 **복수**의 환상이었다.[171] 실험실에서 학생들에게 모욕에 대한 복수를 꾀하도록 유도하기도 쉬웠다. 연구자들은 학생들에게 에세이를 받은 뒤, 그 글에 대한 동료 학생의 모욕적인 평가를 들려주었다(동료 학생은 실험 공모자이거나 가상의 존재였다.). 이 대목에서 알라가 미소를 지었다. 연구자들은 학생들에게 또 다른 실험에 참가하라고 제안했는데, 이 실험에서는 앞서 자신을 비판했던 사람에게 충격을 가하거나, 경적으로 귀청이 떨어지게 만들거나, (최근에는 인간 피험자 위원회가 폭력을 피하도록 권고하기 때문에) 맛에 관한 가짜 실험에서 핫소스를 탄 음료를 억지로 마시게 하는 복수의 기회가 주어졌다. 유혹은 백발백중이었다.[172]

복수는 말 그대로 일종의 충동이다. 한 실험에서는, 피험자가 복수의 충격을 가하려는 찰나에 기계가 고장 나서 (실험자가 속임수를 부려 둔 탓이었다.) 복수가 완성되지 못했다. 이후 연구자들은 피험자들을 가짜 와인 감식 실험에 초대했다. 이때, 자신을 모욕한 사람에게 충격을 가하지 못했던 피험자들은 술로 슬픔을 잊겠다는 듯 와인을 더 많이 마셨다.[173]

복수의 신경 생물학은 중간뇌-시상하부-편도에 걸친 분노 회로에서 시작된다. 동물이 다치거나 좌절하면, 이 회로의 신호에 따라 가까이 있는 잠재적 가해자를 공격한다.[174] 사람은 뇌 전역의 정보가 이 회로로 모인다. 그중에는 공격이 고의인지 사고인지 분간하는 관자마루이음부에서 온 정보도 있다. 그러면 분노 회로는 섬겉질을 활성화하고, 섬겉질은 통증, 혐오, 분노 감각을 일으킨다(기억하겠지만, 섬겉질은 남에게 속았다고 느낄 때 활성화한다.).[175] 이런 감각은 즐겁지 않기 때문에, 우리가 아는 바에 따르면 동물들은 가능하면 분노 회로의 전기 자극을 끄려고 애쓴다.

그러나 이때, 뇌는 그것과는 다른 정보 처리 방식으로 전환할 수 있다. '복수는 달콤하다.', '성내지 말고 대갚음하라.', '복수는 차가울 때 가장 맛있는 요리이다.' 등등의 속담은 감정 신경 과학이 따져 볼 만한 가설이다. 이런 표현들은 뇌의 활동 패턴이 회피적 분노에서 냉정하고 즐거운 탐색으로 바뀔 수 있음을 암시한다. 맛있는 음식을 추구할 때의 뇌 활동과 비슷하게 바뀔 수 있다는 것이다. 종종 그렇듯이, 민간 신경 과학은 옳았다. 도미니크 드 케르뱅과 동료들은 이런 실험을 했다. 남성 피험자들은 실험자가 준 약간의 돈을 다른 피험자에게 맡겼다. 돈을 받은 피험자는 그것을 투자하여 이윤을 거둔 뒤 총액을 투자자와 나눌 수도 있고, 얌체처럼 혼자 가질 수도 있었다.[176] (이런 시나리오를 신뢰 게임[Trust game]이라고 부른다.) 첫 번째 피험자가 돈을 떼어먹힌 경우에는 배은망덕한 상대에게 벌금을 매길 수 있는데, 가끔은 일정 비용을 지불해야만 그 권리를 얻을 수 있었다. 피험자가 그 기회를 따지는 동안 그의 뇌를 스캔했더니, 줄무늬체(탐색 회로의 핵심이다.)의 일부가 활성화하는 것이 드러났다. 우리가 니코틴, 코카인, 초콜릿 따위를 갈구할 때 활성화하는 부분과 같았다. 복수는 정말로 달콤한 것이다. 줄무늬체가 많이 활성화되는 사람일수록 비용을 지불하고서라도 못된 상대를 처벌하기로 결정하는 확률이 높았다. 줄무늬체 활성화가 진정한 욕망을 반영한다는 뜻이다. 그는 대가를 치르고서라도 그 욕망을 이루고 싶은 것이다. 그가 비용을 내기로 결정한 경우, 이번에는 눈확겉질과 배안쪽이마엽겉질이 활성화했다. 이것은 여러 행동 경로들의 쾌락과 고통을 저울질하는 영역으로, 이 경우에는 복수의 비용과 만족감을 저울질한다는 뜻일 것이다.

복수를 하려면 감정 이입을 차단해야 한다. 이 현상도 뇌에서 관찰되었다. 타니아 싱어와 동료들은 위와 비슷한 실험을 설계하여, 남녀 피험자가 동료 피험자에게 신뢰의 보답을 받거나 배신을 당하는 경험을 겪게 했다.[177] 다음으로 피험자들은 먼저 자신의 손가락에 가벼운 충격을 경험한 뒤, 뒤이어 신뢰를 갚은 상대나 배신한 상대가 같은 충격을 받는 모습을 관찰했다. 피험자들은 신뢰할 만한 상대가 충격을 받을 때는 그의 통증을 말 그대로 자신의 통증처럼 느꼈다. 착한 사람이 충격을 받는 것을 보면 **자신이** 충격을 받을 때 활성화했던 섬겉질의 일부가 똑같이 활성화했던 것이다. 배신자가 충격을 받았을 때는 어떨까? 여성 피험자들은 그때도 감정 이입을 차단하지 못했고, 여전히 섬겉질이 활성화했다. 그러나 남성 피험자들은 마음이 굳었다. 남성들은 섬겉질이 활성화하지 않았고, 오히려 줄무늬체와 눈확겉질이 활성화했다. 이것은 목표 추구와 완료의 신호이다. 그 활성화 정도는 남성 피험자들이 직접 복수의 욕망을 말로 표현한 정도와 비례했다. 이 결과는 성차를 강조하는 페미니스트들의 주장과 일맥상통한다. 예를 들어, 캐럴 길리건은 남성에게는 응보적 정의를 추구하는 경향이 있고 여성에게는 자비를 추구하는 경향이 있다고 주장했다.[178] 그러나 실험자들이 경고한 바, 어쩌면 여성들은 처벌의 육체적 속성에 거부감을 느꼈을지도 모른다. 벌금, 비판, 따돌림 같은 처벌이라면 여성들도 남성들처럼 기꺼이 복수했을지도 모른다.[179]

복수가 차갑고 달콤하고 즐겁다는 사실은 부정할 수 없다. 악당이 응보를 받는 이야기는 픽션의 단골 소재이다. 나쁜 놈에게 폭력적 정의를 가할 때 기분이 좋은 것은 더티 해리 캘러핸만이 아니다. 내가 관객으로서 가장 기뻤던 순간은 피터 위어의 유명한 영화 「목격자」 중 한 장면을 본 때였다. 잠복 형사로 나오는 해리슨 포드에게 펜실베이니아 시골의 아미시파 가족과 함께 살라는 임무가 주어진다. 어느 날 그가 아미시 복장으로 빼입은 채 마차를 타고 가족과 함께 마을로 가는데, 웬 시골 불량배들이 길을 막고 괴롭히기 시작한다. 조무래기 하나가 점잖은 가장을 조롱하며 괴롭히는데도, 가족은 평화주의에 충실하게 다른 뺨까지 돌리며 참는다. 밀짚모자를 쓴 포드는 서서히 끓어오르다가 이윽고 조무래기 쪽으로 돌아서고, 보기 좋게 한 방을 먹인다. 녀석들은 놀라고, 관객들은 모두 기뻐한다.

복수라는 이 열병은 정체가 무엇일까? 심리 치료를 좋아하는 오늘날의 문화는 복수를 질병으로, 용서를 치료로 묘사한다. 그러나 사실 복수의 충동에는 더없이 합리적인 기능이 있다. 상대를 억제하는 기능이다.[180] 데일리와 윌슨은 이렇게 설명했다. "억제책이 효과적이려면, 경쟁자에게 나를 희생하여 자신의 이해를 도모하려는 시도는 심각한 처벌로 이어질 것이라는 점을 똑똑히 인식시켜야 한다. 자꾸만 그렇게 경쟁적인 수를 두면 결국에는 애초에 겪지 말아야 할 순 손실을 입게 된다는 점을 인식시켜야 한다."[181] 보복적 처벌이 억제책으로 필요하다는 주장은 그냥 하는 말이 아니다. 협력의 진화를 연구하는 학자들이 수학적 모형과 컴퓨터 모형으로 거듭 증명한 사실이다.[182]

어떤 협력은 설명하기 쉽다. 두 사람이 혈연이거나, 부부이거나, 이해관계가 같은 팀원 혹은 친구라면, 한쪽에게 좋은 것이 반대쪽에게도 좋다. 자연스럽게 공생적인 협력이 생겨난다. 그러나 관련자들의 이해가 부분적으로라도 서로 다를 때, 그리고 각자 상대의 협력 의사를 이용하려는 유혹을 느낄 때는 협동을 설명하기가 어렵다. 이런 진퇴양난을 가장 단순하게 구현한 모형은 죄수의 딜레마(Prisoner's Dilemma)라고 불리는 포지티브섬 게임이다. 「로 앤 오더」 드라마에 이런 에피소드가 있다고 상상해 보자. 두 공범자가 따로 감방에 갇혀 있다. 범행 증거가 부족한 편이라, 지방 검사는 둘에게 각각 거래를 제안한다. 이때 한쪽 죄수가 상대에게 불리하게 증언하고(상대를 '배신하는[defect]' 셈이다.) 상대는 의리를 지킨다면('협력하는[cooperate]' 셈이다.), 불리한 증언을 한 사람은 자유의 몸이 되지만 상대는 10년 형을 살아야 한다. 만일 둘 다 배신하여 상대에게 불리하게 증언하면, 둘 다 감옥에 가되 형기는 6년으로 준다. 만일 둘 다 의리를 지키면, 검사는 그들을 더 가벼운 죄목으로 고발할 수밖에 없기 때문에 둘은 6개월 만에 풀려난다. 그림 8-5는 이 딜레마에서 각각의 경우에 대한 보수(payoff)를 보여 주는 행렬이다. 첫 번째 죄수(레프티)의 선택과 보수는 검은색으로, 상대(브루투스)의 입장은 회색으로 적혀 있다.

그들의 비극은, 둘 다 협력하여 6개월 형의 보상으로 만족해야지만 이것이 포지티브섬 게임이 된다는 점이다. 그러나 현실에서는 둘 다 배신할 것이다. 상대가 어떻게 나오든 자신에게는 그게 낫다고 계산하기 때문이다. 상대가 협력하면 자신은 풀려날 것이고, 상대가 배신하더라도 자기 혼자 협력했을 때의 10년에 비해 더 짧은 6년을 받을 것이다. 그래서 그는 배신한다. 상대도 같은 논리에 따라 배신한다. 결국 둘 다 6년 형을 산다. 각자 이기적으로 굴지 말고 이타적으로 군다면 6개월만 살면 될 텐데 말이다.

죄수의 딜레마는 20세기 가장 위대한 발상 중 하나로 꼽힌다. 사회생활의 비극을 더없이 간명한 공식으로 정제했기 때문이다.[183] 상대가 협

브루투스의 선택

레피더스의 선택		협력	배신
	협력	6개월 (보상) 6개월 (보상)	10년 (속은 자의 보수) 풀려난다 (유혹)
	배신	풀려난다 (유혹) 10년 (속은 자의 보수)	6년 (처벌) 6년 (처벌)

그림 8-5. 죄수의 딜레마.

력하고 자신이 배신하면 개인적으로 최선의 보수가 따르고, 상대가 배신하고 자신이 협력하면 개인적으로 최악의 보수가 따르고, 둘 다 협력하면 전체적으로 최선의 보수가 따르고, 둘 다 배신하면 전체적으로 최악의 보수가 따르는 경우에는 어떤 상황에서든 이 딜레마가 제기된다. 우리 인생의 많은 곤경이 이런 구조이다. 포식적 폭력도 그렇다. 내가 평화주의자에게 공격자로 행세하면 착취의 이득을 혼자 누릴 수 있지만, 공격자에게 공격자로 행세하면 둘 다 피를 볼 것이다. 따라서 둘 다 평화주의자가 되어야 하는데, 상대가 공격자라면 어쩌나 하는 두려움만 없다면 당신은 기꺼이 그렇게 할 것이다. 그동안 죄수의 딜레마와 연관된 다른 비극도 많이 발견되었다. 소모전, 공공재 게임(Public Goods game), 신뢰 게임 등이다. 다들 개인의 입장에서는 이기성의 유혹을 느끼지만 상호 이기성은 파멸로 이어지는 상황이다.

일회성 죄수의 딜레마는 비극이지만, 그보다는 **반복적**(iterated) 죄수의 딜레마가 현실에 더 가깝다. 이것은 참가자들이 상호 작용을 여러 회 반복하면서 보수를 쌓는 상황으로, 협력의 진화에 대한 모형으로도 훌륭하다. 복역 기간 단축이나 돈이 아니라 후손의 수가 보수라고 가정하면 된다. 가상의 생물들이 죄수의 딜레마를 여러 회 반복한다고 하자. 매 회마다 개체들은 상대에게 가령 털 고르기를 해 주어 도울 것인가, 돕지 않을 것인가 선택할 수 있다. 이때 건강 면에서 얻어지는 이득과 시간 면에서 지출되는 비용은 생존 후손의 수로 드러난다. 이런 게임을 반복하는 것은 생물체들이 여러 세대를 거치면서 자연 선택으로 진화하는 과정과 다르지 않으므로, 실험자는 여러 경쟁적인 전략들 중에서 무엇이 후대에 가장 많은 개체 수를 남기는지 관찰할 수 있다. 그 조합 가능성이 무지막지하게 많기 때문에 수학적 증명으로 풀 수는 없지만, 여러 전략들을 간단한 컴퓨터 프로그램으로 작성하여 서로 순환 토너먼트를 치르게 할 수는 있다. 이론가는 가상의 그 진화 투쟁에서 각각의 전략이 얼마나 잘 해내는지 관찰하면 된다.

그런 토너먼트를 최초로 주최한 사람은 정치학자 로버트 액설로드였고, 시합의 승자는 팃포탯(Tit for Tat)이라는 단순한 전략이었다. 이것은 첫 수에는 무조건 협력하고, 상대가 협력하면 계속 협력하되 상대가 배신하면 따라서 배신하는 전략이다.[184] 협력에는 보상이 따르고 배신에는 처벌이 따르므로, 배신자들은 협력으로 전환할 것이다. 그래서 장기적으로 모두가 이득을 본다. 이것은 로버트 트리버스가 그 몇 년 전에 수학적 도구 없이 제안했던 상호 이타성(reciprocal altruism)의 진화 이론과 같은 내용이었다.[185] 교환의 이득은 포지티브섬 보상을 주는데도(각자 자신에게는 작은 비용으로 상대에게 큰 이득을 줄 수 있다.), 각자는 비용을 치르지 않고 이득만 얻고 싶은 마음에서 상대를 착취할 유혹을 느낀다. 도덕적 감정들이 협력에 대한 적응으로 진화했다는 트리버스의 이론은 팃포탯 알고리즘으로 고스란히 번역될 수 있다. 공감의 감정은 첫 수에 협력하는 것이다. 감사의 감정은 협력자에게 협력하는 것이다. 분노의 감정은 배신자에게 배신하는 것으로, 달리 말해 복수하는 것이다. 복수는 도움을 거부하는 방식일 수도 있고, 직접 피해를 가하는 방식일 수도 있다. 그렇다면 복수는 질병이 아니다. 복수는 협력의 필수 요소로, 착한 사람이 착취 당하는 것을 막아 주는 장치이다.

반복적 죄수의 딜레마 토너먼트는 이후 수백 가지가 연구되었고, 그로부터 몇 가지 새로운 교훈이 등장했다.[186] 하나는 안 그래도 단순한 팃포탯을 더 해체하여 성공에 기여한 속성들을 알아낸 뒤, 그것들을 재조합하여 다른 전략으로 만들 수 있다는 점이다. 연구자들은 그런 속성들을 사람의 성격적 특징을 뜻하는 말로 명명했는데, 이것은 단순히 기억을 돕기 위해서만은 아니다. 협력의 역학을 통해서 실제로 사람이 그런 특징을 진화시킨 이유를 설명할 수 있기 때문이다. 팃포탯의 성공에 기여한 첫 번째 속성은 그것이 **착하다**는 점이다. 팃포탯은 첫 수에 협력함으로써, 서로 유익한 협력의 기회를 끌어낸다. 그리고 팃포탯은 먼저 배신을 당하지 않는 이상 배신하지 않는다. 두 번째 속성은 **분명하다**는 점이다. 전략의 실행 규칙이 너무 복잡하면, 상대는 자신의 행동에 이쪽이 어떻게 반응할지 짐작할 수 없다. 그래서 양쪽은 사실상 임의적인 수를 두게 되고, 서로 임의적인 수를 두는 상황에서 최선의 반응은 '언제나 배신하라' 전략을 따르는 것이다. 그러나 팃포탯은 워낙 단순하기 때문에 상대 전략들이 쉽게 이해할 수 있고, 그에 맞춰 자신의 수를 정확하게 조정할 수 있다. 셋째로, 팃포탯은 **보복적이다**. 배신에는 배신으로 응수한다. 가장 단순한 형태의 보복이다. 마지막으로, 팃포탯은 **용서한다**. 회개의 문을 열어 둔다. 상대가 줄곧 배신하다가도 일단 협력으로 바꾸면, 팃포탯은 즉각 협력으로 돌려준다.[187]

알고 보니, 마지막 속성인 용서는 연구자들이 처음 생각했던 것보다 더 중요했다. 팃포탯의 약점은 실수와 오해에 취약하다는 점이다. 어느 참가자가 마음은 협력하려고 했는데 실수로 배신했다고 하자. 혹은 상대의 협력을 배신으로 오해하여 보복으로 배신했다고 하자. 그러면 상대도 보복으로 배신할 테고, 이쪽도 다시 배신할 수밖에 없을 테고, 이렇게 이어져서 모든 참가자들이 무한한 배신의 악순환에 빠질 것이다. 컴퓨터에서 혈수의 상황이 재현되는 것이다. 실제로 현실의 세상은 이처럼 오해와 실수가 잦은 번잡한 곳이므로, 팃포탯보다는 좀 더 많이 용서하는 전략이 더 낫다. 너그러운 팃포탯(Generous Tit for Tat)이라는 그 전략은 가끔 무작위로 배신자를 용서함으로써 다시 협력을 끌어낸다. 무조건적인 용서가 서로를 상호 배신의 수렁에서 끄집어내어 다시 협력의 길로 인도하는 것이다.

지나치게 너그러운 전략에도 문제가 있다. 늘 배신하는 사이코패스와 늘 협력하는 허수아비가 개체군에 소수라도 존재하면 다들 망한다는 점이다. 사이코패스는 허수아비를 착취하며 번성할 것이고, 결국에는 그 수가 많아져 다른 사람들도 모두 착취할 것이다. 이런 세상에서 성공적인 전략 하나는 뉘우치는 팃포탯(Contrite Tit for Tat)이다. 용서하되, 좀 더 분별 있게 하는 전략이다. 뉘우치는 팃포탯은 **자신의** 행동을 기억해둔다. 그래서 자신이 무작위적 실수나 오해를 저질러 상호 배신을 낳았을 때는 상대에게 마음대로 배신할 기회를 한 번 주고, 그 다음에 협력으로 바꾼다. 그러나 상대가 배신을 개시한 경우에는 봐주지 않고 보복한다. 만일 상대도 뉘우치는 팃포탯 전략을 쓴다면, 이 정당한 보복은 눈감아 줄 것이다. 그래서 양측이 다시 협력으로 돌아설 것이다. 요컨대, 사회적 개체들이 서로 협력의 이익을 누리려면 복수만이 아니라 용서와 뉘우침도 필요하다.

협력이 진화하려면, 반복된 만남이 결정적으로 중요하다. 일회적 죄수의 딜레마에서는 협력이 진화하지 않는다. 반복적 죄수의 딜레마라도, 참가자들이 시합 횟수가 한정되어 있다는 사실을 알면 소용이 없다.

게임이 끝을 향할수록 모두가 보복의 걱정 없이 배신하고 싶을 테니까. 비슷한 이유에서, 서로 영원히 시합할 수밖에 없는 참가자들은 — 이사할 수 없는 이웃사촌들이라고 하자. — 짐을 싸서 다른 동네로 가 다른 상대를 찾을 수 있는 참가자들보다 서로 더 많이 용서한다. 당파나 조직 등 사회적 그물망은 가상의 마을이나 다름없다. 집단들끼리 반복적으로 상호 작용해야 하기 때문이다. 그래서 그런 상황에서 사람들은 용서에 기우는 경향이 있다. 서로 배신했다가는 다 함께 망할 테니까.

인간의 협력에는 반전 요소가 하나 더 있다. 사람은 언어가 있기 때문에 상대와 직접 접촉하지 않고도 그가 협력자인지 배신자인지 알아볼 수 있다는 점이다. 우리는 주변에 수소문할 수 있다. 소문을 통해서 그 사람의 과거 행실을 알아볼 수 있다. 게임 이론의 표현을 빌리자면, 이런 간접적 상호성(indirect reciprocity) 때문에 평판과 가십은 우리에게 실제적인 중요성을 띤다.[188]

잠재적 협력자들은 일대일로 거래할 때는 물론이거니와 집단끼리 거래할 때도 이기심과 상호 이익의 균형을 잘 맞춰야 한다. 게임 이론가들은 죄수의 딜레마를 다수의 참가자로 확대한 버전도 연구했는데, 그것이 곧 공공재 게임이다.[189] 참가자들이 공동 자금에 각자 돈을 내면, 총액을 불린 뒤에 모두 공평하게 나눈다고 하자(어부들이 등대 같은 항구 시설을 짓기 위해 갹출하는 경우, 한 구역 상인들이 돈을 거둬 경비를 고용하는 경우를 상상하자.). 집단에게 최선의 결과는 모두가 최대 액수를 내놓는 것이다. 그러나 **개인**에게 최선의 결과는 자신의 기여는 아끼고 남들이 생산한 이득에 무임승차하는 것이다. 그러다 보면 기여액이 점차 줄어 마침내 사라지고, 모두가 나빠질 것이다. 이것이 비극으로 불리는 까닭이다(생물학자 개럿 하딘은 공유지의 비극[Tragedy of the Commons]이라는 동일한 시나리오를 제시했다. 농부들은 마을 공유지에서 제 가축을 방목하려는 유혹을 뿌리치지 못하고, 그 때문에 공유지가 헐

벗어 모두가 피해를 본다. 환경 오염, 남획, 탄소 배출이 현실의 사례들이다.).[190] 그러나 참가자들이 무임승차자를 처벌할 수 있다면, 즉 집단에 대한 착취에 복수할 수 있다면, 모든 참가자에게 정당하게 기여할 동기가 생기기 때문에 모두가 이득을 누린다.

협력의 진화에 대한 모형들은 그동안 엄청나게 복잡다단해졌다. 무수히 많은 세상을 대단히 싸게 시뮬레이션해 볼 수 있기 때문이다. 그러나 그 무수한 세상들 중 가장 그럴싸한 세상들에서는 착취, 복수, 용서, 뉘우침, 평판, 가십, 당파, 이웃애 등등 너무나 인간적인 현상들이 늘 생겨난다.

그래서, 복수가 현실에서 소득이 있을까? 진지한 처벌의 위협이 잠재적 착취자의 마음에 두려움을 심어, 그가 착취를 억제하게 될까? 실험실에서 확인한 답은 '그렇다'이다.[191] 실제 사람들을 모집하여 죄수의 딜레마 게임을 시키면, 사람들은 팃포탯과 비슷한 전략으로 수렴하여 결국 모두가 협력의 결실을 누리는 경향이 있다. 사람들이 신뢰 게임(죄수의 딜레마의 또 다른 형태로, 복수에 관한 뇌 영상 실험에서 썼던 게임이다.)을 할 때, 투자자가 배은망덕한 수탁자를 처벌할 수 있다면 수탁자는 두려움 때문인지 투자금을 공정하게 나눴다. 공공재 게임에서도 참가자들이 무임승차자를 처벌할 수 있을 때는 무임승차하는 사람이 없었다. 자기 글을 혹평받은 피험자에게 혹평자에게 충격을 가해 복수할 기회를 주었던 실험을 기억하는가? 이때 상대가 자신에게 도로 충격을 가할 수 있다는 것을 알면 — 즉, 복수에 대해 복수할 기회가 있다면 — 피험자는 충격 강도를 낮추었다.[192]

복수는 복수자가 기꺼이 보복을 감행한다는 **평판**이 있을 때만, 심지어 값비싼 대가를 치르더라도 기어이 보복한다는 평판이 있을 때만, 억제책으로 제대로 기능한다. 그렇다면 복수의 충동이 왜 이토록 억제하기 어렵고, 소모적이고, 때로 자멸적인지(부정한 배우자나 모욕을 안긴 타인을 죽여 버리는 자기 구제 정의의 집행자들이 그렇다.) 이해할 만하다.[193] 또한 복수는 처벌자가 누구인지를 표적이 똑똑히 알 때 더욱 효과적이다. 그래야 그가 앞으로 복수자에 대한 행동을 조절할 수 있으니까.[194] 그렇다면 자신이 처벌 대상으로 낙점된 이유를 표적이 똑똑히 알 때만 복수자의 갈증이 해소되는 이유도 설명되는 셈이다.[195] 그런 충동은 법학자들이 특정적 억제(specific deterrence)라고 부르는 것을 실현하는 셈이다. 나쁜 짓을 저지른 사람을 꼭 집어 처벌함으로써 그가 범죄를 되풀이하지 않게 만드는 억제책이다.

복수의 심리는 법학자들이 일반적 억제(general deterrence)라고 부르는 행위도 실천한다. 이것은 처벌을 공개적으로 천명함으로써 제삼자들을 겁주어, 그들이 범죄의 유혹을 느끼지 않도록 만드는 억제책이다. 일반적 억제를 심리적으로 풀이하면, 자신을 함부로 가지고 놀았다간 큰일 날 것이라는 평판을 얻으려는 마음이다. ("슈퍼맨의 망토를 잡아당기면 안 돼, 바람에 침을 뱉어선 안 돼, 올드 론레인저의 가면을 벗겨선 안 돼, 짐을 함부로 대해선 안 돼." [1972년에 발표된 짐 크로우치의 노래 「짐을 함부로 대해선 안 돼」에 나오는 가사이다. — 옮긴이]) 실험에 따르면, 사람들은 청중이 보고 있다고 생각할 때는 자신에게 피해를 입힌 상대를 더 가혹하게 처벌했다. 설령 상대 때문에 잃은 금액보다 더 큰 비용을 지불해야만 처벌할 수 있더라도.[196] 그리고 역시 앞에서 보았듯이, 남자들은 주변에 구경꾼이 있으면 언쟁이 싸움으로 격화될 가능성이 두 배 높았다.[197]

복수가 억제책으로 효과적이라는 사실을 알면, 지금까지 수수께끼로 보였던 인간의 많은 행동이 설명된다. 경제학과 정치학에서 인기 있는 합리적 행위자 이론은 최후통첩 게임(Ultimatum game)이라는 또 다른 게임에서 참가자들이 보이는 행동에 머쓱하지 않을 수 없었다.[198] 제안자라고 불리는 피험자는 수락자라고 불리는 다른 피험자와 함께 약간의 돈을 나눠 가진다. 이때 수락자는 제안자가 주는 대로 받거나 거절하거나 둘 중 하나인데, 만일 거절하면 둘 다 한 푼도 못 받는다. 합리적 제안자라면, 자신이 큰 몫을 차지할 것이다. 그리고 합리적 수락자라면, 자신에게 주어진 금액이 아무리 작아도 무조건 받아들일 것이다. 조금이라도 있는 편이 아예 없는 편보다 나으니까. 그러나 실제 실험에서는 제안자가 금액의 절반 가까이를 수락자에게 주고, 수락자는 절반보다 지나치게 작은 액수라면 받아들이지 않는다. 인색한 제안을 거절함으로써 양쪽을 다 벌주는 행위는 아마도 앙심 때문이겠지만, 어쨌든 왜 이들은 이토록 비합리적으로 행동할까? 합리적 행위자 이론의 허점은 복수의 심리를 경시하는 점이다. 제안이 지나치게 인색하면, 수락자는 화가 난다. 앞에서 사람이 화가 나면 섬겉질이 활성화한다는 뇌 연구를 소개했는데, 그 실험은 바로 이 최후통첩 게임을 써서 사람들을 화나게 했다.[199] 화난 수락자는 복수심에 제안자를 처벌한다. 제안자는 보통 이런 분노를 예상하기 때문에, 수락자가 받아들일 만큼 너그러운 금액을 제안한다. 만일 규칙이 바뀌어서 수락자가 금액이 얼마든 무조건 받아들여야 한다면, 제안자는 복수를 염려할 필요가 없기 때문에 더 인색해진다(이런 형태는 독재자 게임[Dictator game]이라고 부른다.).

여전히 수수께끼는 있다. 복수가 억제책으로 진화했다면, 왜 현실에

서 이토록 자주 쓰일까? 냉전 시대의 핵무기처럼, 공포의 균형이 구축됨으로써 모두가 바르게 행동해야 하는 것 아닌가? 왜 세상에는 복수의 악순환이 있을까? 왜 복수가 복수를 낳을까?

주된 이유는 도덕화 간극이다. 사람들은 자신이 끼치는 피해는 정당하고 용서할 만하다고 생각하지만, 자신이 겪는 피해는 이유 없고 가혹하다고 생각한다. 이런 식의 장부 작성 때문에, 격화하는 싸움에 말려든 양측은 공격 횟수를 서로 다르게 헤아리고 피해 규모도 서로 다르게 측정한다.[200] 심리학자 대니얼 길버트의 말마따나, 장기전의 교전자들은 자동차 뒷좌석에 앉아 부모에게 각자 사건 개요를 일러바치는 꼬마들을 닮았다. "얘가 먼저 때렸어요!" "얘가 더 세게 때렸어요!"[201]

잘못된 인식이 분쟁을 격화한다는 사실을 단순한 비유로 보여 준 실험이 있었다. 수크윈더 셔길, 폴 베이스, 크리스 프리스, 대니얼 울퍼트는 원하는 만큼 정확하게 힘을 가해 누를 수 있는 막대기 밑에 피험자의 손가락을 넣었다.[202] 피험자가 할 일은 자신이 느낀 힘과 똑같은 강도로 상대 피험자의 손가락을 3초 동안 누르는 것이었다. 다음에는 상대 피험자도 같은 지침에 따라 첫 번째 피험자의 손가락을 눌렀다. 두 사람이 그렇게 자신이 느낀 힘만큼 상대에게 가하면서 순서가 여덟 번 돌자, 두 번째 피험자가 최종적으로 가한 힘은 최초의 약 **18배**였다. 왜 이런 상승이 벌어질까? 사람들은 자신이 느끼는 힘에 비해 자신이 가하는 힘을 과소평가했다. 그래서 매번 약 40퍼센트씩 압력을 높였다. 현실의 분쟁에서는 촉감이 아니라 도덕 감각을 착각하기 때문에 오해가 생기지만, 어느 쪽이든 그 결과는 고통스러운 상승 나선이다.

나는 이 책에서 폭력의 감소에 대한 주된 공을 리바이어던에게 — 폭력의 정당한 사용을 독점한 정부에게 — 많이 돌렸다. 혈수와 무정부 상태는 함께 간다. 따라서 이제 우리는 리바이어던의 효과 이면에 어떤 심리가 있는지를 알게 되었다. 법은 개자식일지도 모르지만 공평한 개자식이다. 법은 가해자와 피해자의 자기 위주 편향 없이 공정하게 피해를 저울질할 수 있다. 어떻게 결정하든 한쪽은 동의하지 않을 테지만, 정부가 폭력을 독점하기 때문에 패배자는 어떤 행동도 취할 수 없다. 그리고 굳이 행동을 **취하고 싶은** 이유도 적어지는데, 왜냐하면 상대에게 자신의 취약함을 인정하는 것이 아니니까 명예를 회복하려고 끝까지 싸울 이유가 적기 때문이다. 로마의 정의의 여신 유스티티아에게는 액세서리가 세 개 있다. (1) 저울, (2) 눈가리개, (3) 칼. 법의 논리를 간명하게 표현한 것이 아닐 수 없다.

리바이어던은 칼을 겨눠 정의를 실현하므로, 여전히 폭력을 쓰는 셈이다. 그리고 앞에서 말했듯이, 정부의 복수가 지나칠 때도 있다. 인도주의 혁명 이전의 잔인한 처벌과 방탕한 처형, 오늘날 미국의 지나친 투옥이 그런 예다. 범죄를 처벌할 때, 사회의 피해를 최소화하려는 유인책으로서 미세하게 조정된 수준을 넘어 지나치게 가혹할 때가 있는 것이다. 사법적 처벌은 특정적 억제만이 아니라 일반적 억제와 무력화도 추구한다. 게다가 응보주의까지 포함하는데, 이것은 사실상 시민들의 복수심이나 마찬가지다.[203] 우리는 극악한 범죄자가 다시는 범행을 저지르지 않을 것이라고 확신해도, 또한 누구도 그를 따라 하지 않을 것이라고 확신해도, 아무튼 '정의를 집행해야 한다'고 느낀다. 범인도 자신이 끼친 피해에 상응하는 피해를 입어야 마땅하다고 느낀다. 이런 응보주의의 바탕에 깔린 심리적 충동은 충분히 이해할 만하다. 데일리와 윌슨은 이렇게 말했다.

> 거의 신비로운 데다가 결코 억제할 수 없어 보이는 이 도덕 명령은, 진화 심리학의 관점에서 볼 때, 분명한 적응적 기능이 있는 정신적 메커니즘의 표현

> 이다. 위반자가 나쁜 짓에서 이익을 얻지 못하도록 하는 계산법을 통해서 정의를 산정하고 처벌을 집행하는 것이다. 세상에는 속죄니 회개니 신성한 정의니 등등에 대해서 신비주의적이고 종교적이고 어려운 말들이 엄청나게 많지만, 그것은 단지 평범하고 실용적인 문제를 더 고차원적이고 초연한 권위에 귀속시키려는 것뿐이다. 사실은 이기적이고 경쟁적인 행위에서 이익을 얻을 가능성을 0으로 줄임으로써 그런 행위를 단념시키려는 것일 뿐이다.[204]

그러나 어쨌든 그것은 억제할 수 없는 **명령이고**, 우리가 그 명령에 사로잡힌 순간에는 진화의 논리가 눈에 들어오지 않기 때문에, 어쩌면 우리가 현실에서 집행하는 정의와 유인 구조의 연관 관계는 그저 느슨한 수준에 그칠지도 모른다.

심리학자 케빈 칼스미스, 존 달리, 폴 로빈슨은 억제책과 응보주의가 분리되는 가상의 상황을 고안해 보았다.[205] 응보주의는 가해자의 동기가 지닌 도덕적 가치에 민감하다. 가령 횡령자가 부정한 소득으로 사치스러운 생활을 했을 때는, 그가 그 돈을 개발 도상국에 있는 회사의 저임금 노동자들에게 전달했을 때보다 더 가혹한 처벌을 받아야 한다고 느낀다. 반면에 억제책은 처벌 체계의 유인 구조에 민감하다. 범인이 생각하는 범죄의 효용은 붙잡힐 확률에 붙잡혀서 낼 벌금을 곱한 값이라고 하자. 그렇다면, 적발하기 어려운 범죄는 쉬운 범죄보다 더 가혹하게 처벌해야 한다. 비슷한 이유에서, 크게 보도되는 범죄는 보도되지 않는 범죄보다 더 가혹하게 처벌해야 한다. 보도되는 범죄는 일반적 억제책으로서 처벌의 가치를 높이기 때문이다. 심리학자들은 이런 시나리오에 따른 가상의 범죄들을 사람들에게 주고 판결을 내려 보라고 했다. 그 결과, 사람들의 판결은 억제책에는 좌우되지 않았고 응보주의에만 좌우되었다. 달리 말해 사람들은 불량한 동기를 더 가혹하게 처벌했지만, 적발이 어렵거나 크게 보도되는 범죄를 딱히 더 가혹하게 처벌하지는 않았다.

인도주의 혁명 시대에, 공리주의 경제학자 체사레 베카리아는 나쁜 사람을 벌하려는 본능적 충동에서 실용적인 억제책으로 사법 정의를 개혁하자고 제안했다. 그 덕분에 잔인한 처벌이 폐지되었다. 그러나 칼스미스 실험을 보면, 요즘 사람들도 사법 정의를 순전히 공리주의로만 따지는 수준에는 도달하지 못한 듯하다. 그렇지만 나는 『빈 서판』에서 응보주의를 따르는 듯한 사법 관행도 궁극적으로는 억제 기능을 수행한다고 주장했다. 사법 체계가 공리주의로만 지나치게 좁혀지면 범인들이 그것을 가지고 놀 방법을 익힐 수 있는데, 응보주의는 그런 선택지를 차단해 버리기 때문이다.[206)]

아무리 공정한 사법 정의 체계라도, 언제 어디에서나 시민들을 감시할 수는 없다. 시민들이 공정의 규범을 내면화하여 복수심이 격화되기 전에 스스로 억제하기를 기대하는 수밖에 없다. 3장에서 우리는 샤스타 카운티의 농장주들과 농부들이 불만을 어떻게 해결하는지 보았다. 그들은 경찰에게 고자질하지 않고, 상호성, 소문, 이따금 기물 파손, 그리고 작은 피해는 '참는' 방식으로 해결한다.[207)] 왜 어떤 사회에서는 서로 참는데, 어떤 사회에서는 사람들의 눈동자가 반짝이고, 뺨이 붉어지고, 관자놀이가 두근거릴까? 노르베르트 엘리아스의 문명화 과정 이론에 따르면, 정부가 집행하는 정의는 연쇄 효과를 일으켜 시민들로 하여금 자제의 규범을 내면화하게 만든다. 그리하여 복수의 충동을 행사하는 대신 억누르게 만든다. 우리는 2장과 3장에서 정부의 평화화 효과가 치명적 복수를 줄이는 사례를 많이 보았고, 다음 장에서는 특정 맥락에서의 자기 통제가 다른 맥락으로도 퍼질 수 있다는 사실을 실험으로 알아볼 것이다.

3장에서 정부의 존재 자체만으로는 폭력 감소에 한계가 있다는 점도 이야기했다. 살인률이 연간 인구 10만 명당 수백 명에서 수십 명 수준으로 떨어지는 게 고작이다. 한 자릿수까지 더 떨어지려면, 좀 더 모호한 무언가에 의지해야 한다. 이를테면 사람들이 정부와 사회적 계약의 정당성을 인정하느냐 마느냐 같은 요소이다. 경제학자 베네딕트 헤르만, 크리스티안 퇴니, 지몬 게히터는 16개 나라 대학생들에게 공공재 게임을 시켜 보았다(참가자들이 모두 일정액을 내놓으면 총액이 배가되어 모두에게 재분배되는 게임이다.). 이때 서로 처벌할 기회를 주기도 하고, 안 주기도 했다.[208] 연구자들은 결과에 깜짝 놀랐다. 어떤 나라 출신의 참가자들은 공공재에 인색하게 기여한 사람보다 **너그럽게** 기여한 사람을 처벌했던 것이다. 이렇듯 앙심 어린 행위는 당연히 집단에게 나쁜 영향을 미쳤다. 모두들 남들의 기여에 무임승차하려는 최악의 본능을 강화하게 되기 때문이다. 기여액은 줄었고, 결국 모두 손해를 보았다. 이런 반사회적 처벌자들은 지나친 복수심에 휘둘리는 것 같았다. 이들은 남들이 자신의 인색한 기여를 처벌하면 자신의 행동을 뉘우치고 다음에는 금액을 늘리는 대신(미국과 서유럽에서 실시되었던 원래 연구에서는 참가자들이 이렇게 행동했다.), 자신을 처벌한 사람들을 처벌했다. 그 상대들은 이타적인 기여자일 때가 많았다.

미국, 오스트레일리아, 중국, 서유럽 국가처럼 처벌의 표적이 된 사람들이 뉘우친 나라와 러시아, 우크라이나, 그리스, 사우디아라비아, 오만처럼 사람들이 앙심을 품고 보복한 나라의 차이는 무엇일까? 연구자들은 각국의 경제 통계와 국제적 조사 결과를 수집하여, 10여 가지 특징에 대한 다중 회귀 분석을 실시했다. 그 결과, 지나친 복수를 가장 잘 예측하는 지표는 시민 규범이었다. 이것은 소득세를 탈세하거나, 무자격자인데도 정부로부터 혜택을 받거나, 지하철에서 검표원을 피해 무임승차하는 행동 따위를 그 사회의 시민들이 얼마나 용인하는지를 측정하는 잣대이다(사회 과학자들은 시민 규범이 **사회적 자본**[social capital]에서 큰 부분을 차지하고, 물리적 자원보다도 국가 번영에 더 중요한 요소라고 본다.). 시민 규범 자체는 어디에서 나올까? 세계은행이 각국에 매기는 법치(the Rule of Law) 점수라는 것이 있다. 사적 계약이 법정에서 얼마나 잘 이행되는가, 국민들이 법체계를 공정하다고 인식하는가, 암시장과 조직범죄가 얼마나 중요한가, 경찰의 질이 어느 정도인가, 범죄와 폭력의 발생률이 어느 정도인가를 반영하는 지표이다. 위의 실험에서, 각국의 법치 점수는 그 국민들이 반사회적 복수에 탐닉하는 정도를 유의미하게 예측하는 것으로 드러났다. 법치가 엉망인 나라일수록 사람들은 파괴적 복수를 감행했다. 언제나처럼 변수들이 온통 꼬여 있기 때문에 무엇이 원인이고 결과인지 가려내기는 불가능하지만, 어쨌든 이 현상은 리바이어던의 공평무사한 정의가 시민들의 복수 충동에 고삐를 죄어 파괴적 악순환에 빠져들지 않도록 유도한다는 주장과 일치한다.

복수는 이처럼 격화하는 경향이 있지만, 어쨌든 조절 스위치가 딸려 있는 것이 분명하다. 그렇지 않다면, 인간의 도덕화 간극 때문에 모든 모욕은 사사건건 혈수로 번질 것이다. 순서가 돌아갈 때마다 서로의 손가락을 점점 더 세게 누른 피험자들처럼. 현실에서는 복수가 늘 격화하지는 않는다. 법치가 존속하는 시민 사회에서는 더 그렇다. 그리고 복수가 늘 격화하리라고 기대할 이유도 없다. 협력의 진화 모형에서 보았듯이, 성공적인 행위자들은 뉘우침과 용서로써 팃포탯 전략의 복수를 협력으로 되돌리곤 한다. 다른 행위자들과 한 배에 탄 상황일 때는 더욱 그렇다.

『복수를 넘어: 용서 본능의 진화』에서 심리학자 마이클 머컬러는 정말로 복수의 조절 스위치가 존재한다는 것을 보여 주었다.[209] 앞에서 말했듯이, 영장류 종들은 싸운 뒤에 입 맞추며 화해한다. 적어도 서로의 이해가 혈연, 공통의 목표, 공동의 적으로 묶여 있을 때는 그렇다.[210] 머컬러는 인간의 용서 본능도 비슷한 상황에서 활성화한다는 사실을 보여 주었다.

복수 욕망이 가장 쉽게 조절되는 경우는 가해자가 피해자의 자연스러운 감정 이입 범위에 포함되는 때다. 우리는 낯선 이가 저지르면 용서하지 않는 위반 행위도 친척이나 가까운 친구가 저지르면 용서한다. 그리고 감정 이입의 범위가 확장되면(이 과정은 다음 장에서 살펴보겠다.), 용서 가능한 범위도 함께 확장된다.

복수심이 약화되는 두 번째 상황은 가해자와의 관계가 너무 소중해서 차마 끊을 수 없을 때다. 상대를 좋아하지는 않지만 서로 하나로 묶인 처지라서 함께 살아가는 법을 익혀야 하는 경우이다. 미국 대통령 예비 선거 기간에, 같은 당의 경쟁 후보들은 몇 달 동안 서로 비방하고 그 이상의 음해를 가한다. 텔레비전 토론에서 그들의 몸짓 언어를 보면, 서로 못 견딜 만큼 싫어한다는 것을 똑똑히 느낄 수 있다. 그러나 일단 승자가 결정되면 그들은 입술을 깨물고, 자존심을 삼키고, 다른 당이라는 공통의 적에 대항해 하나로 뭉친다. 심지어 승자가 패자를 부통령 후보로 지명하거나 각료로 임명하는 경우도 많다. 공통의 목표가 과거의 적수들을 화해시킬 수 있다는 사실은 1950년대의 유명한 실험이 극적으로 보여 준 바 있다. 로버스케이브라는 곳에서 여름 캠프에 참가한 소년들을 대상으로 한 실험이었다. 양 팀으로 나뉜 소년들은 몇 주 동안 자발적으로 전쟁을 벌였다. 습격하고, 보복하고, 양말에 돌멩이를 넣은 위험한 무기를 휘둘렀다.[211] 그러나 심리학자들이 일부러 '사고'를 꾸며서 캠프의 물 공급을 복구하거나 진창에 빠진 버스를 끄집어내기 위해서 소년들이 협동할 수밖에 없는 상황을 만들자, 소년들은 휴전했고, 적대감을 극복했고, 팀을 넘어 우정을 쌓기까지 했다.

복수의 세 번째 조절 장치는 가해자가 무해함을 확신할 때 작동한다. 용서가 제아무리 따스하고 포근해도, 당신을 해쳤던 상대가 다시 그럴 가능성이 있을 때는 섣불리 무장 해제할 수 없다. 그러니 가해자가 당신의 분노를 회피하고 다시 우방이 되고 싶다면, 더 이상 당신을 해칠 동기가 없다는 점을 충분히 설득해 보여야 한다. 그는 우선 자신이 끼친 피해가 특정 상황에서 비롯한 불운한 결과였을 뿐 두 번 다시 반복되지 않으리라고 주장한다. 고의가 아니었고, 어쩔 수 없는 일이었고, 피해를 예상하지 못했다고 주장할 것이다. 가해자는 사실 자신이 끼친 모든 피해에 대해서 스스로의 변명을 철석같이 믿는데, 이것은 우연이 아니라 도덕화 간극의 일면이다. 이 방법이 통하지 않으면, 그는 당신의 입장에서 서술한 이야기를 받아들일 것이다. 즉 자신이 무언가 잘못했다고 인정하고, 당신의 고통에 공감하고, 피해를 배상하고, 반복하지 않겠다는 다짐으로 신뢰를 약속할 것이다. 한마디로 사과할 것이다. 연구에 따르면, 실제로 이런 전략들은 사무치게 당한 피해자를 누그러뜨리는 효과가 있다.

사과에도 문제가 없지 않다. 말로만 떠드는 것일 수 있다는 점이다. 진심이 아닌 사과는 사과하지 않는 것보다 피해자를 더 격분시킨다. 최초의 피해에 두 번째 피해, 즉 복수를 피하려는 냉소적인 책략까지 덧붙이는 셈이기 때문이다. 그러니 화난 쪽은 가해자의 마음을 들여다보아서 가해 의도가 말끔히 정화되었는지 확인할 필요가 있다. 가해자가 자신이 무해한 존재로 거듭났다는 사실을 보여 주는 장치로는 부끄러움,

죄책감, 당황스러움과 같은 자의식적 감정들이 있다.[212] 가해자의 숙제는 이런 감정을 어떻게 겉으로 드러낼까 하는 점이다. 신호의 문제가 으레 그렇듯이, 이때도 신호가 값비싼 것일수록 더 진실하게 보인다. 영장류에서 복종하는 개체가 우세한 개체를 달래는 방법은 자기 몸을 작게 웅크리고, 시선을 피하고, 연약한 신체 부위를 노출하는 것이다. 인간에게서 이에 해당하는 몸짓은 굽실거리기, 조아리기, 깊숙이 절하기 등이다. 가해자는 겉으로 드러난 신체 부위의 통제권을 자율신경계에게 떠맡길지도 모른다. 혈류, 근육 긴장, 분비샘의 활동을 통제하는 비수의 회로들에게 맡기는 것이다. 사과하면서 얼굴을 붉히고, 말을 더듬고, 눈물을 흘린다면, 냉정하고 차분하고 침착하게 사과하는 것보다 더 진실되어 보인다. 눈물과 얼굴 붉히기는 특히 효과적이다. 감정이 내부에서 느껴지는 것은 물론이고 겉으로도 드러나 공통 지식을 형성하기 때문이다. 감정을 드러내는 사람은 관찰자들이 자신의 감정을 안다는 것을 알고, 관찰자들은 그가 그 사실을 안다는 것을 안다. 공통 지식은 자기기만을 제거한다. 죄지은 쪽이 더 이상 불편한 진실을 부정할 수 없는 것이다.[213]

머컬러는 이런 복수의 조절 장치들이 공공연한 충돌을 줄임으로써 형법 체계를 보완한다고 말했다. 정말로 그렇다면 그 잠재적 보상은 엄청난 셈이다. 사법 체계는 비싸고, 비효율적이고, 피해자의 요구에 제대로 반응하지 못하고, 가해자를 강제로 투옥한다는 점에서 나름대로 폭력적이다. 요즘 많은 공동체는 **회복적 정의**(restorative justice) 프로그램을 운영한다. 이 프로그램은 때로는 형사 재판을 보완하고, 때로는 아예 대체한다. 가해자와 피해자는 조정자 앞에 나란히 앉는데, 가족과 친구가 동행할 때도 있다. 조정자는 피해자에게 괴로움과 분노를 표현할 기회를 주고, 가해자에게는 진심 어린 회한과 피해 보상을 전달할 기회를 준다. 흡사 대낮에 방송되는 진부한 텔레비전 방송처럼 들리지만, 이런 자리는 최소한 진심으로 뉘우치는 가해자에게는 바른 길로 들어설 기회를 주고 피해자를 만족시킴으로써, 너무나 느릿느릿한 사법 체계로 분쟁을 가져가지 않아도 되도록 해 준다.

국제 정세에서 지난 20년은 각국 지도자들이 과거 자기네 정부의 범죄를 줄줄이 사과한 시기였다. 정치학자 그레이엄 도즈는 지난 수백 년을 아울러 '주요한 정치적 사과들에 대한 상당히 종합적인 연대별 목록'을 작성했다. 목록은 '신성 로마 제국의 하인리히 4세가 교황 그레고리오 7세에게 교회와 국가의 충돌을 사죄하기 위해서 눈밭에서 맨발로 사흘간 석고대죄했던' 1077년에 시작된다.[214] 다음 항목은 600년이 더 지나서야 등장한다. 1711년에 매사추세츠 주가 살렘 마녀재판의 희생자 가족들에게 사과한 것이었다. 20세기 들어 첫 사과는 1919년에 독일이 베르사유 조약을 통해서 제1차 세계 대전 개전의 책임을 인정한 것이었지만, 이 장르의 바람직한 대표 사례라고 할 수는 없겠다. 좌우간 지난 20년 동안 쏟아진 사과들을 볼 때, 국가적 자기표현은 새 시대에 접어든 듯하다. 역사상 최초로 지도자들은 자국의 무류성과 정당성이라는 자기 위주 주장보다 역사적 진실과 국제적 화해의 이상을 더 중시했다. 1984년에 일본은 과거 한국 점령에 대해 사과 비슷한 발언을 했다. 일본을 방문한 한국 대통령에게 히로히토 일왕이 "20세기에 불행한 시기가 있었던 것은 유감스러운 일"이라고 말했던 것이다. 그러나 이후 다른 일본 지도자들은 점점 더 허심탄회한 표현으로 사과의 뜻을 밝혔다. 독일은 홀로코스트를 사과했고, 미국은 일본계 미국인들의 억류를 사과

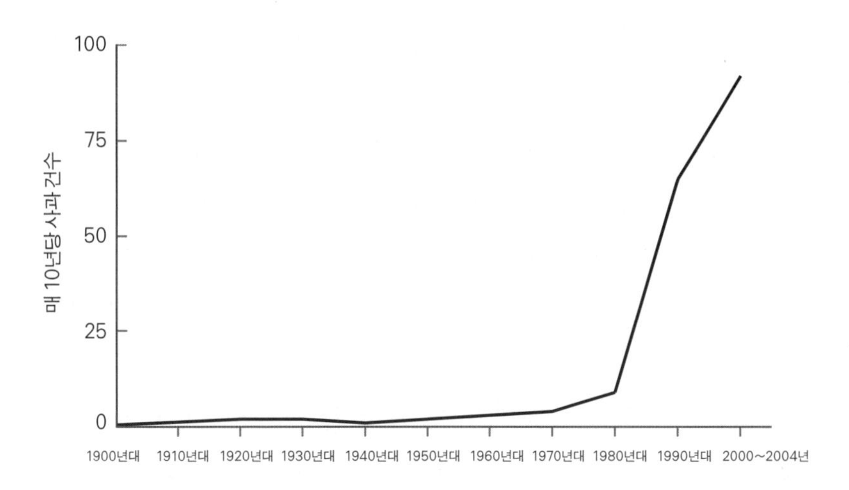

그림 8-6. 정치와 종교 지도자들의 사과, 1900~2004년.
출처: 데이터: Dodds, 2003b, and Dodds, 2005.

했고, 소련은 제2차 세계 대전 중 폴란드 죄수들을 죽인 것을 사과했고, 영국은 아일랜드, 인도, 마오리 족에게 사과했고, 바티칸은 종교 전쟁, 유대인 처형, 노예 무역, 여성 억압을 거든 것을 사과했다. 그림 8-6은 정치적 사과가 우리 시대의 징후임을 여실히 보여 준다.

사과 외에도 인간의 사회적 행동 목록에 갖춰진 여러 회유의 몸짓들이 정말로 복수의 악순환을 방지할까? 정치학자 윌리엄 롱, 피터 브렉케는 2003년에 『전쟁과 화해: 충돌 해소에서 이성과 감정』에서 이 질문을 던졌다. 브렉케는 5장에서 소개했던 '충돌 카탈로그'를 작성한 학자로서, 두 저자는 이 문제도 숫자로 풀어 보았다. 그들은 1888~1991년까지 국가 간 전쟁을 치렀던 나라 114쌍을 고르고, 내전도 430건 수집했다. 그 다음에는 화해의 사건을 — 교전을 벌인 양측 지도자들이 한자리에 모였던 행사나 의례를 — 수집하고, 그것을 사건 전후 몇 십 년 동안의 군사 분쟁 횟수와 대조하여(무력을 과시한 사건과 실제 싸운 사건을 모두 포함했다.) 화해의 효과를 살펴보았다. 연구자들은 합리적 행위자 이론과 진화 심리학을 둘 다 동원하여 가설을 세우고 발견을 해석했다.

그 결과, 국제 분쟁에서는 감정적 제스처가 별 효과가 없었다. 롱과 브렉케는 국제적 화해를 21건 확인했는데, 그중에서 교전자들이 명백하게 차분해진 경우들과 상태가 그다지 달라지지 않은 경우들을 비교해 보았다. 그 결과, 성공은 상징적 제스처가 아니라 값비싼 신호에 달려 있었다. 한쪽이나 양쪽의 지도자가 참신하고, 자발적이고, 위험하고, 취약하고, 번복할 수 없는 평화에의 움직임을 보여 줌으로써 자국이 다시는 적대감을 품지 않으리라는 점을 상대에게 확신시킨 경우였다. 1977년에 안와르 사다트 이집트 대통령이 이스라엘 의회에서 연설했던 것이 전형적인 사례다. 그것은 충격적인 제스처였다. 그리고 틀림없이 비싼 대가를 치렀다. 나중에 사다트가 암살을 당했으니까. 그때 맺은 평화 조약은 지금까지 지속된다. 감정을 표출한 의식은 없었고, 지금도 두 나라가 사이좋게 지낸다고는 결코 말할 수 없지만, 적어도 평화는 이어지고 있다. 롱과 브렉케는 수백 년 동안 대치했던 나라들도 후에 좋은 친구가 될 수 있지만 — 영국과 프랑스, 영국과 미국, 독일과 폴란드, 독일과 프랑스 등 — 그 친목은 화해의 제스처에서 나온 결과라기보다 수십 년 동안 공존한 결과라고 말했다.

앞에서 용서의 심리는 가해자와 피해자가 혈연, 우정, 동맹, 상호 의존으로 묶여 있을 때 가장 잘 작동한다고 말했다. 그렇다면 화해의 제스처가 국가 간 전쟁보다 내전 종식에 더 효과적인 것도 어쩌면 당연하다. 내전의 양측은 최소한 한 땅에서 서로 붙어 있고, 국기나 축구팀과 같은 가상의 유대로 묶여 있다. 때로는 더 깊은 유대도 있다. 언어와 종교를 공유하고, 함께 일하고, 결혼으로 얽힌 경우이다. 반란이나 군벌끼리의 충돌에서는 교전자들이 말 그대로 서로의 아들, 조카, 이웃사촌의 자식일 수 있다. 공동체가 다시 하나로 뭉치려면 자신에게 끔찍한 잔학 행위를 저질렀던 가해자를 어쩔 수 없이 환영해야 할지도 모른다. 이런 유대는 사과와 화해의 제스처를 쉽게 불러온다. 게다가 이때는 국가 **간** 평화를 이끄는 메커니즘, 즉 선의를 증명하는 값비싼 신호보다 이런 제스처가 더 효과적일 수 있다. 내전에서는 양측이 깔끔하게 분리되지 않으므로 단일한 목소리로 말하기 어렵고, 안전하게 메시지를 주고받기 어렵고, 솔선한 시도가 실패했을 때 원 상태로 돌아가기도 어렵기 때문이다.

롱과 브렉케는 1957년 이후 내전을 상징적으로 중단시킨 11건의 화해를 살펴보았는데, 그중 7건(64퍼센트)이 폭력으로 회귀하지 않았다. 이 수치는 인상적이다. 화해가 **없었던** 충돌들 중에서는 9퍼센트만이 폭력을 중단했기 때문이다. 연구자들에 따르면, 성공 사례들의 공통분모는 화해 의식을 통해 상징적이고 불완전한 정의를 집행하는 것이었다. 완벽한 정의를 추구하는 것이 아니었고, 아예 정의를 추구하지 않는 것도 아니었다. 우리가 스피커 근처에 마이크를 두면 출력이 증폭되어 귀청이 떨어질 듯 울리는 것처럼, 응보적 정의는 가해자에게 새로운 피해를 입힘으로써 양측이 경쟁적으로 피해자 의식을 느끼게 만들고, 그 속에서 복수의 욕망을 부추긴다. 그러나 우리가 음량을 낮추면 마이크의 되먹임이 잦아드는 것처럼, 응보적 정의의 정도를 조절하면 공동체 내 폭력의 악순환을 진압할 수 있다. 정의 추구의 욕구를 억제하는 것은 특히 내전 이후에 꼭 필요한 요소이다. 내전 상황에서는 경찰이나 수감 체계와 같은 정의의 제도들이 허약하기 쉽고, 심지어 그런 제도들 스스로 가해자일 때가 많기 때문이다.

내부 갈등에서 화해를 끌어낸 대표적 사례는 남아프리카 공화국이다. 넬슨 만델라와 데스몬드 투투는 우애를 뜻하는 코사 족의 개념인 **우**

분투(ubuntu)를 언급하며, 응보적 정의가 아닌 회복적 정의의 체계를 구축했다. 그리하여 그들은 아파르트헤이트 체제에서 수십 년 동안 폭력적 억압과 반항을 경험했던 나라를 치유했다. 권리 혁명의 전술들이 그랬듯이, 만델라와 투투의 회복적 정의는 무수한 비폭력적 갈등 해소 방안들을 선별하여 이용했고 나중에는 자신들이 그것에 기여했다. 롱과 브렉케는 모잠비크, 아르헨티나, 칠레, 우루과이, 엘살바도르에서도 비슷한 프로그램이 평화를 굳혔다고 본다. 그리고 성공의 묘약에는 네 가지 성분이 있다고 보았다.

첫째는 가감 없이 진실을 알리고 피해를 인정하는 단계를 거치는 것이다. 이것은 가해자가 자신의 해악을 공개적으로 자백하는 진실 화해 위원회의 형태일 수도 있고, 국가 차원의 진실 규명 위원회가 보고서를 작성한 뒤 널리 공표하고 공식적으로 승인하는 형태일 수도 있다. 이런 메커니즘의 목표는 도덕화 간극을 부추기는 자기 위주 편향을 없애는 것이다. 진실 규명은 피를 보는 일은 아니지만, 고백자 입장에서는 고통스러운 감정의 희생을 치른다. 그들은 수치심과 죄책감을 느끼고, 그들의 도덕 무기에서 핵심인 무고함에의 주장이 일방적으로 무장 해제된다. 모두가 개인적으로는 알되 공개적으로는 인정하지 않은 범죄와 공통 지식으로서 '객관적으로' 존재하는 범죄 사이에는 엄청난 심리적 차이가 있다. 우리가 사과할 때 얼굴을 붉히고 눈물을 흘려야 더 효과가 있듯이, 잘못의 공개적 시인은 집단 간 관계의 규칙을 고쳐 쓰도록 돕는다.

화해 성공의 두 번째 주제는 사람들의 사회적 정체성을 명시적으로 고쳐 쓰는 것이다. 달리 말해, 각자가 동일시하는 집단의 정체성을 재정의하는 것이다. 사회에서 줄곧 피해자였던 사람들이 이 과정을 맡아서 진행할 수도 있다. 반란 세력은 정치인, 관료, 기업가로 재정의된다. 군대는 자신이 곧 국가라는 주장을 포기하고, 스스로를 국가의 호위병으로 강등시킨다.

가장 중요해 보이는 세 번째 요소는 불완전한 정의이다. 사회는 원한을 일일이 갚으려 해서는 안 된다. 과거의 위해에 일정한 선을 긋고, 대대적인 사면을 허락해야 한다. 명백한 주모자들과 일부 불량한 추종자들만을 고발해야 한다. 그들에 대한 처벌도 피의 복수가 아니라 평판, 체면, 특권에 타격을 입히는 형태여야 한다. 배상도 요구할 수 있지만, 그것의 회복 가치도 실제 금전적인 것이라기보다 감정의 장부에서 균형을 맞추는 것에 더 가깝다. 롱과 브렉케는 이렇게 평했다.

> 모잠비크를 제외하면, 다른 모든 성공적 화해에서는 정의를 집행하되 철저하게 집행하지는 않았다. 이 사실이 법과 도덕의 관점에서는 한탄스럽고 비극적일 수 있겠지만, 사실 이것은 용서 가설이 예측하는 사회 질서 회복의 조건과 부합한다. 모든 성공적인 화해에서는 응보적 정의를 무시하지 않았지만 완벽하게 성취하지도 않았다. …… 심란하게 느껴질지 몰라도, 사람들은 사면을 허락하여 정의가 상당히 훼손된 상태라도 사회 평화의 이름으로 기꺼이 견딜 수 있는 듯하다.[215)]

한마디로 '평화를 원한다면 정의를 추구하라.'는 자동차 범퍼 스티커를 벗겨 내라는 말이다. 대신에 조슈아 골드스타인이 권한 문구를 붙이는 게 옳겠다. '평화를 원한다면 평화를 추구하라.'[216)]

마지막으로, 교전자들은 언어와 비언어의 제스처를 아낌없이 남발하며 새로운 관계에 대한 각자의 헌신을 신호해야 한다. 롱과 브렉케는 이렇게 관찰했다. "입법자들은 엄숙한 결의안을 통과시켰다. 과거 경쟁 집단의 우두머리들이 평화 협정에 서명한 뒤 포옹했다. 비극을 기리는 동상과 기념비를 세웠다. 교과서를 다시 썼다. 그 밖에도 크고 작은 수많은 행동으로, 과거는 지금과 달랐고 미래는 더 희망 찰 것이라는 생각을 역설했다."[217]

이스라엘과 팔레스타인의 충돌은 현재 진행되는 치명적 복수의 악순환들 중에서도 가장 골치 아픈 사례로 불린다. 폴리애나라도 감히 해결의 실마리를 안다는 주장을 하지 못하리라. 그러나 지금까지 살펴본 화해의 심리를 적용하자면, 적어도 그 해결책의 모습에 대해서는 이스라엘 소설가 아모스 오즈의 전망이 옳은 듯하다.

> 비극은 두 방식으로 해소될 수 있다. 셰익스피어의 해결책이 있고, 체홉의 해결책이 있다. 셰익스피어 비극의 결말에서는 무대에 시체들이 나뒹굴고, 아마도 저 높은 곳 어딘가에 정의가 어른거릴 것이다. 반면에 체홉의 비극에서는 모든 인물들이 환멸을 느끼고, 씁쓸해지고, 상심하고, 실망하고, 철저히 망가진 상태로 끝나지만, 여전히 모두가 살아 있다. 그리고 나는 셰익스피어식이 아니라 체홉식으로 이스라엘/팔레스타인 비극이 해결되기를 바란다.[218]

가학성

인간의 타락상 중 가장 극악한 형태는 무엇일까? 하나만 지목하기는 어렵다. 고를 것이 너무나 많기 때문이다. 그러나 양적으로 집단 살해가 최악이라면, 질적으로 최악은 아마도 가학성(sadism)이다. 누군가 고통스러워 하는 것을 보고 싶다는 이유 외에는 어떠한 목적도 없이 타인에게 고통을 가하다니, 도덕적으로 기괴할뿐더러 지적으로 당황스럽다. 고문자가 피해자의 고통에서 어떤 개인적, 진화적 이익도 얻지 못하는 것처럼 보이기 때문이다. 그리고 다른 죄악들과는 달리, 순수한 가학성은 보통 사람들도 환상에서나마 탐닉하는 죄스러운 쾌락이 아니다. 고양이가 산 채로 타 죽는 것을 보고 싶은 사람은 거의 없다. 그런데도 고문은 과거와 현재에 거듭 등장하는 인간의 오점이다. 가학성은 적어도 다섯 가지 상황에서 모습을 드러낸다.

우선, 가학성은 도구적 폭력에서 생겨날 수 있다. 우리는 적을 겁주기 위해서 고문하겠다고 위협하는데, 위협의 현실성을 담보하려면 적어도 가끔은 실제로 고문을 해야 한다. 고문은 범죄 용의자나 정적에게서 정보를 끌어내는 데도 쓰인다. 경찰과 국가 안보 조직은 '3등급 심문', '온건한 신체적 압력', '강한 취조' 등의 완곡어법 하에 고문을 실시하고, 이런 전술이 실제 효과적일 때도 있다.[219] 그리고 제러미 벤담 이후 도덕 철학자들이 지적했듯이, 고문은 이론적으로도 정당화될 수 있다. 시한폭탄 시나리오가 유명한 사례이다. 무고한 사람을 많이 죽이거나 다치게 할 수 있는 폭발물의 위치를 범죄자만 아는데, 고문으로만 그 소재를 발설하게 만들 수 있는 상황이다.[220]

그러나 고문이 도구적 용도로만 남는 경우가 드물다는 사실이야말로 고문에 반대하는 논거이다. 고문자는 제 흥에 겨워 피해자에게 지나친 고통을 가하기 마련이다. 피해자는 고문을 멈추기 위해서 아무 말이나 지껄이게 되고, 극심한 통증으로 착란에 빠져 아예 아무 반응도 못하게 된다.[221] 혹시라도 피해자가 죽으면, 정보 추출은 무위로 돌아간다. 또한 아부그라이브 수용소에서 미군이 이라크 죄수들을 학대한 사례에서 보듯이, 고문은 유용한 목적을 수행하기는커녕 고문을 방임한 국가에게 전략상 재앙이 될 수 있다. 적을 격분시키고 우방을 멀어지게 하는 것이다.

고문을 발생시키는 두 번째 상황은 형법적, 혹은 종교적 처벌이다. 여기에도 도구적 동기가 없지 않다. 나쁜 짓을 하면 이익을 상쇄하는 고통을 안기겠다고 예고함으로써 악행을 억제하려는 것이다. 그러나 베카리아를 비롯한 계몽 시대 개혁가들이 지적했듯이, 실제 억제력을 따져 본다면 좀 더 온화하지만 좀 더 일관된 처벌로도 충분히 목표를 달성할 수 있다. 그리고 사형이 쓰이는 사회라면, 그것만으로도 중범죄에 대한 억제 유인은 충분하다. 옛날처럼 사형에 앞서서 오랫동안 끔찍하게 고문했던 관행은 필요 없는 것이다. 그러나 현실에서는 체벌과 극형이 종종 잔인함을 위한 잔인함의 향연으로 격화된다.

오락 그 자체도 고문의 동기이다. 로마의 콜로세움이 그랬고, 곰 곯리기나 고양이 화형 같은 유혈 스포츠가 그랬다. 터크만에 따르면, 중세 프랑스 도시들은 시민들이 공개 처형을 즐길 수 있도록 이웃 도시에서 사형수를 사 왔다고 한다.[222)]

군대, 반란군, 민병대의 광란극에 극악한 고문과 절단이 따르기도 한다. 그들이 걱정과 두려움에서 해방된 상태라면, 즉 랜들 콜린스가 예측적 공황이라고 부른 상태라면 더욱 그렇다. 포그롬, 집단 살해, 경찰의 잔학 행위, 그리고 부족 전쟁 등 상대를 완벽하게 궤멸시키는 군사 행위에 가학 행위가 수반된다.

마지막으로 연쇄 살인범이 있다. 성적 만족을 위해서 희생자를 스토킹하고, 납치하고, 고문하고, 절단하고, 죽이는 정신병자들이다. 테드 번디, 존 웨인 게이시, 제프리 다머 같은 연쇄 살인범들은 잡다한 대량 살인자들과는 다르다.[223)] 대량 살인자에는 그냥 미쳐 날뛰는 사람들이 포함된다. 가령 격분한 우편 노동자들이 모욕적 취급에 복수하고 자신들의 힘을 증명해 보이기 위해서 가급적 많은 사람을 죽이고 끝내 자살한 경우, 워싱턴 D.C.의 저격자 존 무하마드처럼 몇 주에 걸쳐 복수심과 우세를 과시했던 대량 살인자가 그런 예다. 대조적으로, 연쇄 살인범의 동기는 가학성이다. 그들은 제 손으로 피해자를 고문하고, 신체를 변형시키고, 절단하고, 내장을 꺼내고, 생명을 서서히 꺼뜨린다는 생각에서 성적 흥분을 느낀다. 인간의 잔학 행위에 물리고 물린 독자라도 해럴드 섹터의 권위 있는 해설서 『연쇄 살인범 파일』을 보면 반드시 충격을 받으리라.

연쇄 살인범은 록 음악, 텔레비전 영화, 할리우드 블록버스터에서 이름을 날리지만, 현실에서는 드문 현상이다. 범죄학자 제임스 앨런 폭스와 잭 레빈은 "연쇄 살인을 저지르는 사람보다 그들을 연구하는 학자가 더 많을지도 모른다."고 말했다.[224] 그 작은 수조차 (우리가 이 책에서 살펴본 모든 폭력 수치와 마찬가지로) 감소하는 추세이다. 연쇄 살인범이 대중적 센세이션을 일으켰던 1980년대에 미국에는 총 200명의 살인범이 있다고 했고, 그들이 연간 70명의 희생자를 냈다. 그러나 1990년대에는 연쇄 살인범이 141명 있었고, 2000년대에는 61명이었다.[225] 이 수치가 실제보다 적을 수도 있지만(연쇄 살인범들은 도망자, 매춘부, 노숙자 등 자취를 감춰도 살인으로 신고되지 않을 만한 사람들을 노리기 때문이다.), 어떻게 계산하더라도 미국에서 한 시기에 연쇄 살인범이 20~30명 이상 돌아다닐 가능성은 없다. 그들의 총 희생자 수는 매년 벌어지는 1만 7000건의 살인 중 아주 작은 부분이다.[226]

연쇄 살인은 새로운 현상이 아니다. 섹터는 연쇄 살인범이 병든 현대 사회의 산물이라는 통념과는 달리 수천 년 전부터 역사의 페이지를 더럽힌 존재였음을 보여 주었다. 유명인 중에는 칼리굴라, 네로, 푸른수염(아마도 15세기 기사 질 드 레를 바탕으로 한 전설일 것이다.), 꼬챙이 블라드 공(드라큘라), 잭 더 리퍼가 그런 사례이다. 학자들은 늑대 인간, 도둑 신랑, 악마의 이발사 같은 전설도 실존 연쇄 살인범 이야기가 구전되는 과정에서 생겼을 것이라고 추측한다. 오늘날 가학적 살인에서 새로운 점은 그 동기를 지칭하는 이름뿐이다. 사디즘이라는 이름은 연쇄 고문자 중에서도 최고의 유명 인사인 도나시앵 알퐁스 프랑수아, 즉 사드 후작에서 유래했다. 그 전에는 연쇄 살인범을 살인광, 피에 굶주린 괴물, 인두겁을 쓴 악마, 도덕적 정신병자 등으로 불렀다.

연쇄 살인범의 현란한 가학성은 역사적으로 드문 현상이었을지언정, 종교 재판관, 광란극 주동자, 공개 처형의 구경꾼, 유혈 스포츠 팬, 콜로세움 관중의 가학성은 전혀 드물지 않았다. 그리고 연쇄 살인범들은 우리가 정확하게 짚을 수 있는 어떤 유전자나 뇌 손상이나 유년기 경험 때문에 그런 도락을 갖게 된 것이 아니다.[227] (연쇄 살인범들이 유년기에 성적, 신체적 학대를 당한 경향은 있지만, 똑같이 그런 일을 겪었는데도 커서 연쇄 살인범이 되지 않은 사람이 수백만 명 있다.) 그러니 어떤 사람이 왜 연쇄 살인범이 되는지 그 경로를 이해한다면, 평범한 사람들이 가학성에 빠지는 경로를 이해하는 데도 도움이 될 것이다. 폭력 중에서도 가장 무분별한 이 종류를 어떻게 이해해야 할까?

가학성이 발달하려면 두 조건이 갖춰져야 한다. 타인의 고통을 즐기는 동기, 그리고 일반적인 상황에서는 그 동기를 행동으로 옮기지 못하도록 막는 제약의 제거이다.

인정하기 괴롭지만, 인간의 본성에는 타인의 고통에서 만족을 느끼는 동기가 적어도 네 가지 존재한다. 첫째는 생명의 허약함에 기괴하게 매료되는 현상으로, **마카버**(macabre)라는 단어로 잘 표현된다. 소년들이 메뚜기 다리를 뜯어내는 것, 확대경으로 개미를 태워 죽이는 것이 이런 심리이다. 어른들이 교통사고 현장에서 목을 빼고 구경하는 것이나 — 그 때문에 몇 킬로미터씩 교통 정체를 일으키는 악덕이다. — 유혈적 오락을 읽고 보기 위해서 가용 소득의 일부를 지출하는 것도 이런 심리이다. 그 궁극의 동기는 아마도 자신의 안전을 포함하여 생명계 전체를 지배하고 싶은 마음이 아닐까. 이런 관음증의 암묵적 교훈은 '저 차의 핸들이 잘못 꺾이거나 저 집의 대문이 열려 있지만 않았어도 저 일이 내게 벌어졌을 수도 있다.'는 것일지 모른다.[228]

타인의 고통을 느끼고 싶어 하는 또 다른 이유는 우세 경쟁이다. 강자의 몰락을 지켜보는 것은 즐거운 일이다. 그가 당신을 괴롭히던 사람이라면 더더욱. 위가 아니라 아래를 볼 때는 당신이 필요에 따라 그들에게 힘을 행사할 수 있다는 것을 알면 안심이 될 텐데, 힘의 궁극의 형태는 뭐니 뭐니 해도 내 뜻대로 타인에게 고통을 가하는 능력이다.[229]

요즘 신경 과학자들은 인간 경험의 어떤 측면이든지 알아보고 싶으면 당장 사람들을 자석에 집어넣는다. 내가 알기로는 아직 가학성에 대한 뇌 영상 연구는 없었지만, 가학성의 옅은 형태라고 할 수 있는 샤덴프로이데(schadenfreude, 남의 불행을 내심 즐기는 심리 — 옮긴이)를 살펴본 실험은 최근 등장했다.[230] 일본 연구자들은 MRI에 남학생들을 눕힌 뒤, 마음속으로 어느 불운한 남자와 동일시하라고 했다. 그 남자는 다국적 정보 기술 기업에 취직하기를 바라지만 성적이 그저 그렇고, 면접을 망치고, 야구팀에서는 만년 후보 선수이다. 그는 결국 보수가 적은 소매점에 취직하고, 좁아터진 아파트에 살고, 여자친구가 없다. 그런 그가 대학 동창회에서 친구를 만난다. 친구는 다국적 기업에서 일하고, 호화로운 콘도에 살고, 번쩍번쩍한 차를 몰고, 프랑스 식당에서 식사하고, 시계를 수집하고, 주말이면 비행기로 휴양지에 다니고, '퇴근 후 아가씨들을 만날 기회도 많다.' 피험자는 상상 속에서 다른 동창생도 둘 더 만나는데, 한 명은 성공했고 다른 한 명은 성공하지 못했지만 둘 다 여자이기 때문에 연구자들이 짐작하기로 — 결과적으로 옳은 짐작이었다. — 피험자의 질투를 일으키지 않을 상대였다. 다음으로, 여전히 자신을 패배자로 상상하고 있는 피험자는 부러워하는 친구에게 불행이 줄줄이 닥치는 이야기를 읽는다. 친구는 욥처럼 이유 없는 고난을 자꾸 당한다. 시험에서 커닝을 했다는 누명을 쓰고, 추악한 헛소문의 피해자가 되고, 여자친구는 바람이 나고, 회사는 자금 곤란에 시달리고, 보너스는 줄고, 차는 고장 나고, 시계는 도둑맞고, 아파트에 낙서가 휘갈겨지고, 프랑스 식당에서 식중독에 걸리고, 휴가는 태풍으로 취소된다. 연구자들은 피험자의 뇌가 고소함에 빛나는 것을 목격했다. 피험자가 가상 경쟁자의 불행을 읽는 동안(위협으로 느끼지 않는 여성들의 불행에 대해서는 그렇지 않았다.), 인간이 무언가를 원하고 좋아할 때 작동하는 탐색 회로의 일부인 줄무늬체가 도쿄의 밤거리처럼 환히 빛났다. 여성 피험자가 부러운 여성 경쟁자의 몰락을 상상할 때도 마찬가지였다.

가학성의 세 번째 상황은 복수이다. 좀 더 건전하게 제삼자의 버전으로 바꾸면, 곧 정의이다. 앞에서 말했듯이 도덕적 처벌의 요점은 악당에게 죄의 대가를 치르게 하는 것이고, 복수는 때로 달콤하다. 복수심은 뇌의 감정 이입 반응을 말 그대로 꺼 버린다(적어도 남자들은 그렇다.). 그리고 복수가 완성되려면 표적이 스스로 자신의 행동에 대한 대가로 고통받는다는 사실을 자각해야 하고, 복수자도 표적이 인식한다는 사실을 알아야 한다.[231] 그런데 복수자가 몸소 표적에게 고통을 가할 때만큼 확실하게 서로 그 사실을 아는 경우가 어디 있겠는가?

마지막으로 성적인 가학성이 있다. 가학성 자체는 흔한 도착이 아니지만 — 사도마조히즘에 탐닉하는 사람들 중에서 사디즘보다 마조히즘에 빠진 사람이 훨씬 더 많다. — 온건한 형태의 지배와 퇴폐는 포르노에서 드물지 않다. 이것은 남성이 더 열렬하고 여성이 더 꺼리는 성이라는 현상의 부산물일 수도 있다.[232] 섹슈얼리티와 공격성의 회로들은 변연계에서 얽혀 있고, 둘 다 테스토스테론에 반응한다.[233]

남성의 공격성에는 성적인 요소가 있다. 많은 군인은 전장에서 적을 패주시켰던 경험을 명백히 성적인 용어로 묘사한다. 한 베트남 참전 용사는 이렇게 말했다. "어떤 사람들한테는 총을 소지하는 것이 지속적인 발기와 비슷합니다. 방아쇠를 당길 때마다 순수한 성적 경험을 하지요."[234] 다른 군인도 동의했다. "나는 사람을 다섯 명 죽일 때 엄청난 힘을 느꼈습니다. …… 그 느낌과 대등한 다른 경험은 사정뿐입니다. 내가 이걸 해냈다는 엄청난 안도감 말이죠."[235] 종종 제도적 고문도 성애화된다. 기독교는 여성 순교자의 신체가 잘리는 광경을 성적으로 묘사했고, 중세에 처지가 바뀌어 기독교가 고문의 주체가 되었을 때도 여성들의 성감대에 고문 도구를 겨누곤 했다.[236] 성인전과 마찬가지로, 후대의 펄프 픽션, 그랑 기뇰, '진짜 범죄 이야기'를 들려준다는 타블로이드 신문 등의 잔혹 오락 장르들도 여성 주인공을 성적 고문과 절단의 위기에 맞세웠다.[237] 경찰국가의 정부 고문자들이 스스로 저지르는 잔학 행위에 성적으로 흥분했다는 보고도 있다. 로이드 데모스는 홀로코스트 생존자의 증언을 이렇게 전한다.

> 친위대 캠프의 사령관은 채찍질이 실시되는 동안 계속 기둥 가까이 서 있었다. …… 그의 얼굴은 음란한 흥분으로 온통 불그레했다. 손은 바지 호주머니에 깊숙이 찔러져 있었다. 내내 자위를 하는 게 분명했다. …… 친위대 사령관들이 채찍질 도중 자위하는 모습을 나는 서른 번 넘게 목격했다.[238]

연쇄 살인범이 거친 섹스의 취향을 극한으로 가져간 경우라고 보면, 연쇄 살인범에 남자도 여자도 있지만 그들 사이에 성차가 있다는 점에서 한 가지 교훈을 얻을 수 있다. 섹터는 「양들의 침묵」 속 잭 크로퍼드처럼 '프로파일러'나 '마음 사냥꾼'을 자칭하는 사람들의 활약에 회의

적이지만, 연쇄 살인범들의 범행 수법에서 범인의 특징을 추리할 수 있는 조건이 딱 하나 있기는 하다고 인정했다. "시체의 목이 그어져 있고, 상체가 칼로 열려 있고, 내장이 제거되어 있고, 생식기가 절단되어 있을 경우, 경찰은 범인이 남자라는 가정을 정당하게 세울 수 있다."[239] 소녀가 자라서 연쇄 살인범이 되는 경우는 없다는 말일까? 그건 아니다. 셱터는 블랙 위도나 죽음의 천사도 여럿 소개했다(블랙 위도는 암컷이 수컷을 잡아먹는 과부 거미의 이름을 따서 남편을 죽이는 여자를 뜻하고, 죽음의 천사는 피해자를 돌보는 척하다가 죽이는 연쇄 살인범을 뜻한다. — 옮긴이). 그러나 그녀들은 다른 방식으로 취미를 즐기는 듯하다. 셱터는 이렇게 설명했다.

> [남성 연쇄 살인범의] 폭력 형태와 — 공격성이 남근적이고, 침입적이고, 강탈적이고, (흔히 낯선 사람의 몸에서 만족을 느낀다는 점에서) 무차별적이다. — 남성의 전형적인 성행위 형태 사이에는 간과할 수 없는 유사성이 있다. 그러므로 가학적 절단 살인은 정상적인 남성 섹슈얼리티의 그로테스크한 왜곡으로 볼 수 있다. ……
>
> 여성 사이코패스들의 타락상도 남성에 뒤지지 않지만, 일반적으로 그녀들은 잔혹한 침입에 흥분하지 않는다. 그녀들은 낯선 사람의 몸을 남근적 물체로 침해하는 행위가 아니라 친밀과 애정을 그로테스크하고 가학적인 방식으로 흉내 내는 행위에서 흥분을 느낀다. 이를테면 자신을 믿는 환자에게 독이 든 약을 숟가락으로 떠먹이는 것, 침대에서 자는 아이를 질식시켜 죽이는 것이다. 한마디로 친구, 가족, 그 밖에 자신에게 의지하는 사람을 온화하게 시체로 바꿔 버리는 것이다. 돌보면서 죽이는 것이다.[240]

✤ ✤ ✤

가학성의 원천이 이렇게 많은데, 실제 가학성을 보이는 사람은 왜 이렇게 적을까? 분명 우리 마음에는 남을 해치는 데 대한 안전장치가 갖춰져 있을 것이다. 그것이 고장 나야만 가학성이 분출하는 것이다.

첫 번째로 떠오르는 안전장치는 감정 이입이다. 우리가 타인의 고통을 느낀다면, 타인을 해치는 것이 자신을 해치는 것처럼 느껴질 것이다. 피해자를 악마화하거나 비인간화하여 감정 이입의 범위에서 쫓아낼 때 가학성이 더 쉬워지는 것은 이 때문이다. 그러나 앞에서 언급했듯이(다음 장에서도 이야기할 것이다.), 감정 이입이 공격성의 제동 장치가 되려면 타인의 마음으로 들어가 보는 버릇만으로는 부족하다. 가학적 범죄자도 가끔 피해자가 어떤 상황에서 가장 괴로워하는지를 직관으로 읽어 내는 변태적 재주를 보여 주기 때문이다. 감정 이입에 더불어 자신의 행복과 타인의 행복을 일치시키는 능력도 필요한데, 이것은 감정 이입이라기보다는 공감이나 연민이라고 불러야 정확하다. 또한 바우마이스터는 공감에 또 하나의 감정이 끼어들어야만 가학적 행동을 저지할 수 있다고 지적했다. 죄책감이다. 바우마이스터는 죄책감이 사후에만 작동하는 것이 아니라고 말했다. 대부분의 죄책감은 예기적이다. 우리는 어떤 행동을 했을 때 죄책감을 느낄 듯한 예감 때문에 그 행동을 꺼린다.[241]

가학성의 또 다른 제동 장치는 문화적 터부이다. 고의로 남을 고통스럽게 하는 행위는 공감으로 억제하는 것은 둘째 치고 애초에 선택지로 생각할 수조차 없다는 믿음이다. 현재는 세계 인권 선언과 1949년 제네바 협정에 따라 고문이 명시적으로 금지된다.[242] 고문이 대중오락이었던 고대, 중세, 근대 초기와는 달리, 오늘날 정부들이 고문을 실시할 때는 거의 늘 은밀하게 한다. 이것은 터부가 널리 인식된다는 뜻인데, 모든 터부가 그렇듯이 겉으로는 위선적으로 지지하면서도 뒤로는 업신여기는 사건도 가끔 벌어진다. 2001년에 법학자 앨런 더쇼위츠는 그런 위선을 지적하며, 민주 국가의 은밀한 고문을 아예 제거하기 위한 법적 메커니즘을 제안했다.[243] 경찰이 용의자를 고문하여 많은 인명을 구할 정보를 캐야 하는 시한폭탄 시나리오 상황이라면, 공정한 판사로부터 허가증을 받아 고문할 수 있게 하자는 것이었다. 그리고 그 외에는 어떤 강압적 취조도 철저히 금하자는 것이었다. 이 제안에 대한 사람들의 반응으로 가장 흔한 것은 분노였다. 더쇼위츠는 고문에 대한 터부를 점검하는 것만으로도 터부를 어긴 셈이었다. 그는 사실 고문의 **최소화**를 시도했는데도, 사람들은 그가 고문을 **지지한다**고 오해했다.[244] 좀 더 신중한 비판자들도 터부의 유용한 기능을 강조했다. 고문을 선택 가능한 방편으로 인정하는 것보다는 시한폭탄 시나리오가 발생하더라도 그때그때 상황에 따라 대처하는 편이 더 낫다는 것이다. 일단 고문을 인정하면 처음에는 시한폭탄이라도 나중에는 더 폭넓은 실제적, 가상적 위협으로 확대될 수 있으니까.[245]

그러나 아마도 가학성에 대한 가장 강력한 억제 장치는 좀 더 원초적인 것, 즉 남을 해치는 것에 대한 본능적 반감이다. 대부분의 영장류는 다른 개체가 고통에 겨워 지르는 비명 소리를 싫어한다. 동료가 충격을 겪는 것을 소리로 듣거나 눈으로 볼 때는 음식도 안 먹으려 한다.[246] 원숭이가 도덕적 가책을 느끼기 때문은 아니다. 동료를 미치게 만드는 무언가가 두렵기 때문이다(동료가 경고 신호를 낸 외부 위협에 대한 반응일 수도 있다.).[247] 스탠리 밀그램의 유명한 실험에서, 참가자들은 은밀히 실험자와 공모한 다른 피험자에게 충격을 가하라는 지침을 고분고분 따르면서도 자신이 가하는 고통으로 인한 비명을 들으면 눈에 띄게 괴로워했다.[248] 도덕 철학자들이 가상으로 제안한 전차 시나리오에서도, 응답자들은 뚱뚱한 남자를 전차에 내던지면 무고한 다섯 명의 목숨을 구할 수 있다는 것을 알면서도 그렇게 한다는 생각에 모두 움찔했다.[249]

현실에서 폭력을 실천했던 사람들의 증언도 실험실 결과와 일치한다. 앞에서 말했듯이, 사람들은 일대일 주먹다짐을 선뜻 벌이지 못한다. 전장의 군인들은 방아쇠를 당길 시점에 굳어 버린다.[250] 역사학자 크리스토퍼 브라우닝이 나치 예비군을 면담한 내용을 보면, 그들이 유대인 근접 총살을 명령 받았을 때 처음 겪은 반응은 물리적 반감이었다.[251] 우리 예상과는 달리, 그들은 첫 살인의 트라우마를 회상할 때 도덕적인 면에서 이야기하지 않았다. 옛 행동에 대한 죄책감을 토로하지도, 죄를 덜기 위해 회고적으로 변명하지도 않았다. 그들은 사람을 가까운 거리에서 죽였을 때 그 비명, 피, 생생한 감각이 얼마나 역겨웠는지를 떠올렸다. 바우마이스터는 그들의 증언을 이렇게 요약했다. "대량 살인을 저지른 첫날, 그들은 영혼의 탐색에 빠지기보다는 말 그대로 구역질을 하고 싶어 했다."[252]

가학성에 이런 장벽이 있다는 것은 알겠다. 그러나 우회로도 있을 것이다. 그렇지 않다면 세상에 가학성이 없을 테니까. 가장 조잡한 우회로는 광란극에서 드러난다. 일시적으로 적을 궤멸시킬 기회가 열리고, 손수 해를 끼치는 데 대한 거부감이 유예되는 상황이다. 반면에 가장 세련된 우회로는 자발적으로 반감을 일시 유예하는 것인데, 우리는 이 능력 때문에 가상 세계에 몰입할 수 있다. 우리 뇌의 일부분은 우리가 지어낸 이야기에 흠뻑 빠지도록 허락하며, 약간의 가상적 가학성에 탐닉하는 것까지 허락한다. 그러나 뇌의 나머지 부분은 이것이 그저 지어낸 이야

기일 뿐임을 줄곧 환기시키므로, 억제 장치가 즐거움을 망치지는 않는다.[253)]

사이코패스는 가학성의 억제 장치가 평생 고장 난 상태이다. 사이코패스는 괴로움의 표현에 반응하는 편도와 눈확겉질의 활성이 무디고, 타인의 이해에 공감하는 능력이 현저히 부족하다.[254)] 연쇄 살인범은 모두 사이코패스이다. 정부로부터 가혹한 취조와 처벌을 받았던 피해자들에 따르면 간수들 중에도 유독 가학성이 두드러진 사람이 있다는데, 그런 사람도 아마 사이코패스일 것이다.[255)] 그러나 대부분의 사이코패스는 연쇄 살인범도, 심지어 가학적 성욕자도 아니다. 중세 유럽처럼 잔인한 대중오락이 유행하는 상황에서는 거의 모든 사람들이 가학성을 즐겼다. 그렇다면 우리는 평범한 사람들이 어떤 경로를 통해서 남에게 재미로 고통을 가하게 되는지를 알아보아야 한다. 사람에 따라 남들보다 그 경로를 좀 더 쉽게 밟는 이가 있을 뿐이다.

가학성은 후천적으로 획득하는 취향이다.[256)] 조사 담당 경찰관이나 간수 같은 정부 고문자들의 경력은 우리의 직관과는 반대되는 궤적으로 발전한다. 언뜻 신참일수록 열의에 넘쳐 과도하게 고문하고 베테랑일수록 유용한 정보를 최대한 끌어낼 만큼만 세심하게 고문의 정도를 조정할 것 같지만, 실은 그렇지 않다. 오히려 베테랑일수록 목적을 넘어서는 수준까지 고문한다. 그들은 그 일을 즐기게 된다. 가학성의 다른 형태들도 이와 마찬가지로 차츰 육성된다. 대부분의 가학적 성애자는 처음에 그들보다 수가 더 많은 피학적 성애자의 요청에 따라 채찍과 목줄을 사용하기 시작하지만, 차차 스스로 즐기게 된다. 연쇄 살인범들도 첫 살인에서는 동요와 불쾌감을 겪고, 사후에는 실망감을 겪는다. 상상했던 것만큼 흥분되는 경험이 아닌 것이다. 그러나 시간이 흐르면 취미가 살아나고, 다음 살인은 더 쉽고 만족스럽게 느껴진다. 그 뒤에는 중독이 되어 버린 욕망을 만족시키기 위해서 갈수록 더 잔인해진다. 중세 유럽처럼 고문과 처형이 대중적이고 흔했을 때는 아마도 온 인구가 이런 적응 과정으로 길들여졌을 것이다.

흔히들 인간은 폭력에 둔감해지기 쉽다고 말하지만, 고문 취향을 획득한 사람은 오히려 반대이다. 생선 가공 공장 옆에 사는 주민들이 갈수록 역겨운 비린내를 못 느끼게 되는 것처럼 고문자가 타인의 괴로움을 갈수록 못 느끼게 되는 일은 없다. 가학적 성애자는 상대의 괴로움에서 기쁨을 느끼고, 연쇄 살인범도 그것을 긍정적으로 갈망한다.[257)]

바우마이스터는 심리학자 리처드 솔로몬의 동기 이론에서 착안하여, 가학성을 색각에 비유했다.[258)] 솔로몬은 인간의 감정이 보색처럼 쌍쌍이 존재한다고 주장했다. 우리가 장밋빛 안경을 끼고 세상을 바라보면 처음에는 세상이 장밋빛이지만 잠시 뒤에는 색깔이 도로 정상으로 보이는데, 그러다가 안경을 벗으면 잠시 세상이 초록빛으로 보인다. 이것은 흰색 또는 회색이라는 중립적 감각이 사실은 붉은빛(정확하게는 장파장) 인지 회로와 초록빛(중파장) 인지 회로의 팽팽한 줄다리기 상태이기 때문이다. 붉은색에 민감한 뉴런들이 오래 과잉 활성화하면, 끝내 둔감해져서 줄을 당기는 힘을 늦춘다. 그래서 우리는 장밋빛이 옅어지는 것으로 인식한다. 그러다가 안경을 벗으면, 붉은빛에 민감한 뉴런들과 초록빛에 민감한 뉴런들이 다시 동등하게 자극된다. 그러나 붉은빛 뉴런들은 감각이 무뎌진 데 비해 초록빛 뉴런들은 푹 쉬어서 활발한 상태이다. 그래서 초록빛이 줄다리기에서 우세해지고, 시야는 초록빛으로 물든다.

솔로몬은 인간의 감정도 이처럼 맞대결하는 회로들의 균형을 통해 평형을 유지한다고 주장했다. 공포는 안심과, 황홀은 우울과, 허기는 포만과 균형을 이룬다. 다만, 감정 대비와 보색 사이에는 차이점도 있다. 경험에 따라 변화하는 방식이 다르다는 점이다. 감정의 경우, 앞선 반응은 갈수록 약해지고 그것에 균형을 맞추는 충동은 갈수록 강해진다. 경험을 반복할수록 감정에 대한 반동이 감정 자체보다 더 예리하게 느껴지는 것이다. 우리가 번지점프를 뛰면, 처음에는 엄청나게 무섭다. 그러나 갑자기 줄이 반동하면서 감속이 느껴지면 짜릿하게 신이 나고, 평온한 황홀감이 짧게 뒤따른다. 그런데 점프를 되풀이하면 갈수록 안심이 되기 때문에, 공포는 더 빨리 물러나고 쾌락은 더 빨리 다가온다. 공포가 안심으로 역전되는 순간이 가장 쾌락적이라고 가정하면, 우리가 예전과 같은 수준의 짜릿함을 맛보기 위해서는 점점 더 위험한 점프를 시도해야 한다. 공포 반응이 갈수록 약해지기 때문이다. 이런 작용-반작용 역학은 첫 느낌이 긍정적인 것일 때도 마찬가지이다. 헤로인을 처음 맞은 사람은 황홀에 젖고, 금단 증상은 미약하다. 그러나 중독자가 될수록 쾌락은 약해지고, 금단 증상은 더 빨리 더 불쾌하게 다가온다. 그 때문에 중독자는 황홀을 맛보려고 약을 한다기보다 금단을 피하기 위해서 강박적으로 약을 하게 된다.

바우마이스터는 가학성도 비슷한 궤적을 따른다고 말했다.[259] 공격자는 처음에 피해자를 해치는 데 거부감을 느끼지만, 불편한 감정은 영원히 지속되지 않는다. 결국에는 안심되고 활기찬 반대의 감정이 찾아와서 균형을 맞춰 놓는다. 그런데 잔혹 행위가 거듭될수록 활기를 되찾는 과정이 점점 더 강력해지고, 거부감을 지우는 순간이 점점 더 빨리 다가온다. 종국에는 그것이 의식을 점령하여 온 과정이 즐거움, 짜릿함, 심지어 갈망으로 치우친다. 바우마이스터의 말마따나 쾌락은 역류하듯 닥친다.

물론, 이런 길항 이론은 좀 거칠다. 이 이론이 사실이라면, 사람들은 머리를 쿵쿵 찧다가 멈추는 순간이 너무나 기분 좋기 때문에 계속 머리를 찧을 것이라는 예측도 가능하다. 실제로는 모든 경험이 첫 반응과 대향 반응의 긴장으로 구성되는 것은 아니고, 언제나 첫 반응은 갈수록 약해지고 두 번째 반응은 갈수록 강해지는 것도 아니다. 심리학자 폴 로진은 무해한 피학성이라고 부를 만한 또 다른 후천적 피학성이 있다고 말했다.[260] 이런 역설적 쾌락의 예로는 매운 고추나 시큼한 치즈나 신 포도주 따위를 먹는 것, 그리고 사우나, 스카이다이빙, 자동차 경주, 암벽 등반 등의 위험한 경험을 하는 것이 있다. 이런 것은 모두 성인의 취향이다. 초심자는 통증, 역겨움, 공포의 첫 반응을 극복해야만 감식가로 발전할 수 있다. 또한 이것들은 모두 스트레스 요인에 대한 노출을 점차 늘림으로써 익힐 수 있다. 이런 취향들의 공통점은 큰 잠재 이익(영양, 의료적 이득, 속도, 낯선 환경에 대한 지식)과 큰 잠재 위험(중독, 위험한 환경에의 노출, 사고)이 결합되었다는 점이다. 이런 취향에서 느끼는 즐거움은 자신의 한계를 밀어붙이는 즐거움이다. 자신이 재난을 당하지 않고서 얼마나 높이, 뜨겁게, 강하게, 빠르게, 멀리 나아갈 수 있는지를 단계적으로 탐사하는 것이다. 어쩌면 그 궁극의 이득은 타고난 두려움과 조심성 때문에 원래 닫혀 있었던 경험 공간에서 자신에게 유익한 영역을 열어젖히는 것인지도 모른다. 무해한 피학성은 이런 지배 동기가 웃자란 것이다. 솔로몬과 바우마이스터가 지적했듯이, 거부감을 극복하는 과정도 이처럼 웃자라서 결국 갈망과 중독이 될 수 있다. 가학성의 잠재 이득은 우세, 복수, 성적 접근성이고, 잠재 위험은 피해자나 그 동맹의 보복이다. 실제로 가학적 성애자들은 감식가가 되며 — 중세 유럽의 고문 도구, 경찰 취조실, 연쇄 살인범의 은신처는 섬뜩하리만치 세련된 모습이다. — 때로는 중독자가 된다.

가학성이 후천적 취향이라는 사실은 두려우면서도 희망을 준다. 우리 뇌에 갖춰진 동기 체계가 그것을 낳는 경로라는 점에서, 가학성은 상존하는 위험이다. 개인이든 보안 조직이든 하위문화이든, 첫 단계를 밟았다가 자칫 더 타락한 단계로 은밀하게 나아갈 수 있다. 그러나 어쨌든 그것은 획득해야만 하는 취향이므로, 우리가 첫 단계를 차단하고 나머지 경로를 환한 햇살 아래 드러낸다면 가학성으로 가는 길을 원천 봉쇄할 수도 있을 것이다.

이데올로기

사람들 개개인이 느끼는 폭력의 이기적 동기는 전혀 부족하지 않다. 그러나 역사에서 정말로 막대한 희생자를 기록했던 상황은 개개인을 초월하여 많은 사람이 하나의 동기를 지닐 때였다. 그것이 바로 이데올로기이다. 포식적 폭력이나 도구적 폭력처럼, 이데올로기적 폭력은 목적에 대한 수단이다. 그러나 이데올로기에서는 더 큰 선을 추구한다는 이상주의적 개념이 그 목표가 된다.[261]

제아무리 이상주의적인 목표를 추구한들, 이데올로기는 인간이 인간에게 저지른 최악의 사건들을 부추긴 동기였다. 십자군, 유럽 종교 전쟁, 프랑스 혁명전쟁과 나폴레옹 전쟁, 러시아와 중국의 내전, 베트남 전쟁, 홀로코스트, 그리고 스탈린, 마오쩌둥, 폴 포트의 집단 살해. 이데올로기가 위험한 까닭은 여러 가지다. 그것은 무한한 선을 약속하기 때문에, 추종자들은 절대로 거래를 하지 않는다. 이데올로기는 유토피아라는 오믈렛을 만들기 위해서는 계란을 얼마든지 깨도 좋다고 허락하고, 적을 무한한 악으로 둔갑시킴으로써 무한한 처벌을 허락한다.

어떤 심리 요소들이 조합될 때 살인적인 이데올로기가 탄생되는가 하는 점은 앞에서 이야기했다. 이데올로기의 인지적 선결 조건은 기나긴 수단-목적 연쇄를 추론할 줄 아는 능력이다. 그 능력 때문에 우리는 바람직한 목적을 이루기 위해서는 불쾌한 수단을 쓸 수도 있다고 생각한다. 사실이지, 인생에는 목적이 수단을 정당화하는 영역이 정말로 존재한다. 치료를 받을 때 쓴 약과 고통스러운 처치를 견디는 것이 그렇다. 수단-목적 추론이 위험해지는 것은 영광스러운 목적의 수단으로서 인간을 해치는 행위가 포함될 때인데, 유감스럽게도 인간의 마음은 그런 방향으로의 연쇄 추론을 부추기도록 만들어져 있다. 우세와 복수의 충동, 다른 집단을 본질화하여 인식하는 버릇, 특히 악마나 해충으로 인식하는 버릇, 공감의 탄력적 범위, 자신의 지혜와 미덕을 과장하여 인식하는 자기 위주 편향 때문이다. 이데올로기가 제공하는 서사는 혼란스러운 사건이나 집단의 불행을 만족스럽게 설명해 준다. 그 서사는 추종자들의 미덕과 능력을 듣기 좋게 칭찬하는 데다가, 그 내용이 사뭇 막연하고 음모론에 가깝기 때문에 회의주의자들의 점검을 끄떡없이 견딘다.[262] 이런 요소들이 한 나르시시스트의 마음에 자리 잡으면, 그래서 감정 이입의 결여, 감탄을 받으려는 욕구, 무한한 성공과 힘과 탁월성과 선에 대한 환상과 뒤섞여 발효되면, 그가 그런 신념 체계를 현실에서 펼쳐 보임으로써 수백만 명이 목숨을 잃을 수 있다.

그런데 이데올로기적 폭력의 진정한 수수께끼는 심리 문제가 아니라 역학(疫學) 문제이다. 어떻게 유해한 이데올로기가 소수의 나르시시스트 광신자들에서 인구 전체로 퍼질까? 그리하여 모두가 기꺼이 그 계획을 수행하려고 나설까? 이데올로기적 믿음은 사악한 것은 물론이고 뻔히 한심한 것도 많다. 정신이 올바른 사람이라면 결코 자발적으로 지지하지는 않을 것 같다. 마녀가 배를 침몰시키고 남자들을 고양이로 둔갑시킨다는 이유로 화형하는 것, 유대인이 아리안 민족의 피를 오염시킨다는 이유로 유럽에서 최후의 한 명까지 죽이려 한 것, 캄보디아에서 안경을 쓴 사람은 지식인이니 곧 계급의 적이라고 간주하여 처형한 것. 이런 비정상적인 대중의 망상과 군중의 광기를 어떻게 설명할까?

집단은 수많은 병리적 사고를 품을 수 있다. 그중 하나는 양극화이다. 의견이 엇비슷한 사람들을 한 집단으로 묶어서 심도 있게 의논하라고 하면, 사람들의 의견은 더 비슷하고 더 극단적인 방향으로 변한다.[263] 진보적인 집단은 더 진보적인 방향으로, 보수적인 집단은 더 보수적인 방향으로 흘러간다. 두 번째 집단적 병리 현상은 둔감화이다. 심리학자 어빙 재니스는 이 역학을 집단 사고(groupthink)라고 불렀다.[264] 집단이 지도자에게 듣기 좋은 말만 해 주고, 의견 차이를 억압하고, 사적인 의심을 검열하고, 내부의 합의에 모순되는 증거를 걸러 내는 현상이다. 세 번째는 집단 간 적개심이다.[265] 당신이 다른 사람과 함께 한 방에 몇 시간 갇혀 있다고 하자. 그는 당신이 싫어하는 견해를 갖고 있다. 당신은 진보주의자인데 그는 보수주의자이거나, 거꾸로라고 하자. 혹은 당신은 이스라엘에 공감하는데 그는 팔레스타인에 공감하거나, 그 거꾸로라고 하자. 모르긴 몰라도 두 사람의 대화는 정중할 것이다. 호의적일 수도 있다. 그렇다면 이제 당신 편이 여섯 명, 상대편도 여섯 명이라고 하자. 아마도 상당한 야유와 얼굴 붉힘이 있을 것이고, 작은 폭동이 벌어질 수도 있다. 이때 문제는 우리의 마음에서 집단이 고유한 정체성을 갖는다는 것, 우리가 집단에 받아들여지기를 원한다는 점, 내 집단이 다른 집단보다 우세하기를 바라는 마음에서 현명한 판단을 무시한다는 것이다.

설령 구체적으로 정의된 어떤 집단과 자신을 동일시하지 않더라도, 우리는 주변에 있는 다른 사람들의 영향을 엄청나게 많이 받는다. 스탠리 밀그램이 실시했던 권위에의 복종 실험에서 나온 중요한 교훈은 피험자들이 주변의 사회적 환경에 크게 의존한다는 사실이었다. 이것은 심리학자들이 널리 인정하는 사실이다.[266] 밀그램은 실험 전에 동료들, 학생들, 몇몇 정신과 의사들에게 의견을 물어보았다. 피험자들에게 동료 피험자에게 충격을 가하라고 지시하면, 그들은 그 명령을 어느 정도까지 따를까? 응답자들은 150볼트를 넘기는 피험자는 거의 없을 것이라고 만장일치로 예측했고(실험에서 '위험: 극심한 충격'이라는 경고가 붙어 있는 단계), 소수의 사이코패스만이 최대 충격치까지 높일 것이라고 예측했다('450볼트-XXX'라고 표시된 단계). 그러나 실제로는 피험자의 **65퍼센트**가 최대 충격치까지 높였다. 피해자가 고통에 겨운 항의마저 멈추고 괴괴한 침묵에 빠진 지 한참 지난 수준이었다. 실험자가 중단하라고 명령하지 않았다면, 피험자들은 아마 혼수상태(혹은 시체)로 보이는 피해자에게 이후에도 계속 충격을 가했을 것이다. 피험자의 성별, 연령, 직업은 이 비율에 거의 영향을 미치지 않았고, 성격에 따라서만 아주 조금 편차가 있었다. 오히려 정말로 중요한 요인은 딴 사람이 근처에 있는가, 그리고 그가 어떻게 행동하는가였다. 실험자가 한 방에 없고 전화나 녹음 메시지로 지침을 전달하면, 복종률이 낮아졌다. 피해자가 옆방이 아니라 한 방에 있을 때도 복종률이 낮아졌다. 피험자가 다른 피험자와 협력해서 작업해야 하는 경우(두 번째 사람은 실험 공모자였다.), 그가 순응을 거부하면 피험자도 거부했다. 반면에 그가 순응하면, 피험자의 90퍼센트가 덩달아 순응했다.

사람은 다른 사람으로부터 행동의 단서를 얻는다는 것, 이것은 사회심리학의 황금기에 도출된 중대한 결론이었다. 당시 심리학 실험들은 무조건적 순응의 위험을 알려 대중을 각성시키는 게릴라 연극이나 다름없었다. 1964년, 키티 제노베제라는 여성이 아파트 안마당에서 강간을 당하고 칼에 찔려 죽었는데도 주민 수십 명이 수동적으로 지켜보기만 했다는 보도가—사실은 거의 지어낸 이야기에 가깝다.—났다. 이 이야기를 듣고, 심리학자 존 달리와 비브 라타네는 이른바 방관자의 무관심이라는 이 현상을 설명할 기발한 실험을 떠올렸다.[267] 왜 우리는 혼자라면 당장 조치를 취할 만한 위급 상황인데도 집단의 일원으로 있을 때는 반응을 안 보일까? 연구자들은 우리가 집단에 속해 있을 때는 남들이 조치를 취하지 않는 것으로 보아 상황이 그렇게 심각하진 않은 모양이라고 판단한다고 가정했다. 실험의 피험자들은 설문지를 작성하다가 칸막이 너머에서 나는 굉음을 들었다. 이어 "아 …… 내 발 …… 못 움직이겠어, 아 …… 발목이 …… 이걸 못 떼어 내겠어."라는 목소리가 들렸다. 믿기 힘들겠지만, 피험자 옆에 앉아 있던 실험 공모자가 아무 일도 없다는 듯이 계속 설문지를 작성하면, 피험자의 80퍼센트가 행동을 취하지 않았다. 반면에 피험자가 혼자 있었을 때는, 30퍼센트만이 반응을 보이지 않았다.

사람들은 꼭 남들의 냉담한 행동을 목격하지 않더라도 평소답지 않게 냉담하게 행동할 수 있다. 그들을 가상의 집단에 소속시킨 뒤, 한 집단이 다른 집단보다 우월하다고 정의하면 된다. 역시나 고전이 된 심리학 실험 겸 도덕성 연극에서(인간 피험자를 보호하는 위원회가 생겨 이런 장르를 금지하기 전인 1971년 실험이었다.), 필립 짐바르도는 스탠퍼드 대학교 심리학부 지하실에 가짜 감옥을 만든 뒤, 피험자들을 무작위로 '죄수'와 '간수'로 나눴다. 그러고는 팰러앨토 경찰까지 동원하여 죄수들을 캠퍼스 영창으로 끌고 왔다.[268] 짐바르도 자신은 교도소장으로 행세했고, 간수들에게는 마음껏 힘을 과시하면서 죄수들에게 두려움을 심어 주라고 제안했다. 집단의 우세 관계를 실감 나게 만들기 위해 간수들에게는 제복, 곤봉, 미러 선글라스를 갖춰 주었고, 죄수들에게는 수치스러운 작업복과 털모자를 입혔다. 불과 이틀 만에, 몇몇 간수들은 역할을 너무 진지하게 받아들여 죄수들을 부리기 시작했다. 죄수들을 발가벗겼고, 맨손으로 변기 청소를 시켰고, 간수를 등에 태운 채 팔굽혀펴기를 하라고 했고, 동성애 행위를 흉내 내라고까지 했다. 짐바르도는 죄수들의 안전을 위해서 6일 뒤에 실험을 중단해야 했다. 그로부터 수십 년 뒤에 쓴 책에서, 그는 가짜 감옥에서 벌어졌던 뜻밖의 학대와 이라크 아부그라이브 수용소에서 벌어졌던 뜻밖의 학대가 유사하다고 지적했다. 집단에게 다른 집단에 대한 권위가 부여된 환경에서는 다른 상황이라면 결코 야만성을 드러내지 않을 사람들도 야만적으로 행동할 수 있다는 것이다.

크리스토퍼 브라우닝, 벤저민 발렌티노 등의 집단 살해 연구자들은 밀그램, 달리, 짐바르도를 비롯한 여러 사회 심리학자들의 실험을 끌어들여, 평범한 사람들이 형언할 수 없는 잔학 행위를 저지르거나 묵인하는 현상을 설명했다. 처음에 방관하던 사람들도 자칫 광기에 휩쓸려서 약탈, 집단 강간, 학살에 참가할 수 있다. 홀로코스트가 한창일 때 군인과 경찰은 비무장 민간인들을 구덩이 앞에 일렬로 세우고는 모두 쏴 죽였는데, 이것은 피해자에 대한 적개심이나 나치 이데올로기에 대한 충성심 때문이라기보다 책임 회피로 전우들을 실망시키지 않기 위해서였다. 대부분의 경우에는 복종하지 않으면 처벌하겠다는 위협 때문에 억지로 한 것도 아니었다(나는 현명한 내면의 판단을 무시한 채 지침에 따라 실험실 쥐에게 충격을 가한 경험이 있는지라, 이 심란한 말을 전적으로 믿는다.). 역사학자들은 당시 경찰, 군인, 간수가 나치의 명령을 거부해서 처벌을 받은 사례는 거의 없었다고 말한다.[269] 9장에서 이야기하겠지만, 사람들은 순응과 복종을 **도덕화**하기까지 한다. 순응과 복종을 바람직한 가치로 격상시키는 것은 인간의 타고난 도덕 감각 중 하나이고, 많은 문화에서 증폭된 현상이다.

밀그램의 실험은 1960년대와 1970년대 초에 실시되었는데, 알다시피 이후 사람들의 태도는 많이 바뀌었다. 오늘날의 서구인도 낯선 상대에게 모질게 굴라는 권위자의 지침에 고분고분 따를까? 스탠퍼드 감옥 실험은 그대로 따라 하기에는 너무 기괴하다. 그러나 마지막 복종 관련 실험으로부터 33년이 지난 2008년, 사회 심리학자 제리 버거는 요즘의 윤리 검열을 통과할 만한 방법을 떠올렸다.[270] 그는 밀그램의 최초 실험에서 150볼트가 결정적인 지점이었다는 데 착안했다. 피해자가 통증을 호소하며 항의하기 시작하는 지점도 150볼트였다. 그 지점까지 줄곧 복종했던 피험자들 중 80퍼센트는 계기판의 최고 충격치까지 내처 나아갔다. 버거는 밀그램의 과정을 재현하되, 150볼트에서 실험을 멈췄다. 그리고 피험자들에게 즉시 실험에 관해 설명함으로써, 사람들이 내심 불안을 감춘 채 타인에게 계속 고문을 가하는 끔찍한 경험을 겪지 않도록 했다. 버거의 의문은 다음과 같았다. 지난 40년 동안은 반항이 유행이었다. 범퍼 스티커는 우리에게 '권위를 의심하라'고 조언했다. "나는 명령을 따랐을 뿐이에요."라는 변명은 비웃음거리에 지나지 않는다는 역사의식이 성장했다. 그런데도 여전히 사람들은 권위자의 명령에 따라 타인에게 고통을 가할까? 답은 '그렇다'였다. 피험자의 70퍼센트가 150볼트까지 진행했던 것이다. 만일 실험자가 그 이상을 허락했다면, 틀림없이 피험자의 대부분은 치명적 수준까지 진행했을 것이다. 그러나 밝은 면도 없지 않았다. 실험자에게 불복한 사람의 비율이 1960년대보다 두 배 가까이 늘었다(당시에는 17.5퍼센트였지만 30퍼센트가 되었다.). 버거의 연구에서는 피험자의 인종이 다양했는데, 과거처럼 균질한 백인 중산층 피험자들로 실험했다면 수치가 더 높게 나왔을지도 모른다.[271] 그야 어쨌든, 대다수의 사람들은 자신의 성향을 거스르면서까지 타인을 해칠 것이다. 그것이 사회의 정당한 사업에 포함된다고 판단한다면.

왜 사람들은 이렇게 자주 양 떼처럼 순응할까? 순응이 본질상 비합리적인 일은 아니다.[272] 여러 사람의 지혜가 한 사람보다 나은 법이고, 자신이 혼자서 다 생각해 낼 수 있는 천재라고 믿기보다는 수많은 사람

의 소중한 지혜가 모인 문화의 지시를 믿는 편이 현명할 때가 많다. 또한 게임 이론가들이 협동 게임이라고 부르는 상황에서는 순응이 미덕이 될 수 있다. 달리 말해, 남들이 다 그렇게 선택한다는 사실 외에는 개인이 그렇게 선택할 합리적 근거가 없는 상황이다. 도로에서 오른쪽 차선으로 주행하느냐 왼쪽 차선으로 주행하느냐 하는 문제가 고전적인 사례이다. 이런 경우에 남들과는 다른 북소리에 맞춰 행진하기를 원하는 사람은 아무도 없을 것이다. 화폐, 인터넷 프로토콜, 공동체의 언어도 이런 예다.

그러나 때로 순응은 개인에게는 이득을 주지만 집단 전체로는 병리 현상을 빚어낸다. 좋은 예로, 초기의 기술 표준이 임계 규모 이상의 사용자에게 전파됨으로써 기반을 다지는 경우가 있다. 사람들은 남들이 그것을 쓰니까 자신도 쓰는데, 그 때문에 더 우수한 경쟁자들이 발붙이지 못하게 된다. 어떤 사람들은 영어 철자법, 쿼티 자판, VHS 비디오테이프, 마이크로소프트 사의 소프트웨어들이 이런 '네트워크 외부성(network externality)' 때문에 성공했다고 주장한다(각각의 경우에 회의론자들도 있지만.). 또 다른 예는 베스트셀러 도서, 패션, 유행가, 할리우드 블록버스터가 예상 밖에 성공하는 경우이다. 수학자 덩컨 와츠는 이런 실험을 해보았다. 그는 사용자들이 개라지 밴드의 록 음악을 내려받을 수 있는 두 웹사이트를 만들었다.[273] 한쪽에서는 노래가 다운로드된 횟수를 사용자가 볼 수 없었다. 이때는 여러 노래들의 인기도 차이가 사소했고, 실험을 반복해도 결과가 안정적이었다. 반면에 다른 웹사이트에서는 노래의 인기도를 사용자가 볼 수 있었는데, 그러자 사용자들은 인기 있는 노래를 더 많이 내려받았다. 그래서 인기 있는 노래가 더 인기를 끄는 긍정적 되먹임 고리가 형성되었다. 처음에는 사소한 차이였던 것이 증폭되어, 소수의 엄청난 성공작들과 다수의 실패작들 사이에 넓은 간격이 생겼다. 그리고 실험을 반복하면 성공작과 실패작의 순위가 종종 바뀌었다.

이런 것을 무리 짓기 행동이라고 부르든, 문화적 반향이라고 부르든, 부익부 빈익빈이라고 부르든, 마태 효과라고 부르든, 사람들이 무리에 따르는 성향 때문에 집단적으로 바람직하지 못한 결과가 나타날 수 있다는 뜻이다. 그러나 위 사례들에서 문화적 결과물은 — 버그가 많은 소프트웨어, 그저 그런 소설, 1970년대 패션 — 별로 해롭지 않은 편이다. 그렇다면 사회 연결망을 통한 순응의 확산 때문에 사람들이 전혀 설득력 없는 이데올로기를 지지하는 일도 가능할까? 사람들로 하여금 속으로는 절대 잘못이라고 생각하는 행동을 실천하게 만드는 일도 가능할까? 히틀러 이후, 그 일개인이 순진한 국가를 속여 넘겼다고 보는 입장과 그가 없었어도 독일은 홀로코스트를 자행했으리라고 보는 입장이 팽팽하게 맞섰는데, 둘 다 받아들이기 힘든 것은 마찬가지이다. 그러나 사회적 역학을 신중하게 분석한 연구들에 따르면, 비록 어느 쪽이든 완벽하게 옳은 설명은 아니지만, 광신적 이데올로기가 인구를 장악하는 일이 상식으로 생각하는 것만큼 어렵지 않을 수 있다.

사회적 역학의 한 종류로, 다원적 무지, 침묵의 나선, 애빌린의 역설 등 다양한 이름으로 불리는 분통 터지는 현상이 있다. 마지막 이름은 텍사스에 사는 어느 가족이 애빌린으로 여행을 떠났다는 일화에서 유래했는데, 찜통 같은 오후에 온 가족이 불쾌한 여행을 떠난 이유는 다들 남들이 가고 싶어 한다고 생각해서였다는 이야기이다.[274] 우리는 개인으로는 한심하게 생각하는 관행과 견해를 남들이 다 좋아한다고 착각하는 바람에 지지할 때가 있다. 대학생들이 토할 때까지 술을 마시는 것에 높은 가치를 부여하는 관습이 고전적 사례이다. 수많은 조사에서 드러났듯이, 학생들 개개인에게 물으면 모두 폭음은 멍청한 짓이라고 대답하면서도 자기 친구들은 모두 그것을 멋진 일로 생각한다고 믿는다. 조사에 따르면, 불량한 청년들이 동성애자를 괴롭히는 것, 미국 남부의 인종 차별, 이슬람 사회에서 순결하지 않은 여성에 대한 명예 살인, 프랑스와 스페인의 바스크 사람들이 ETA 테러 조직을 참아 주는 것도 모두 침묵의 나선 때문에 존속하는 관습이다.[275] 집단 폭행을 지지하는 사람들은 개인적으로는 그것이 좋은 일이라고 생각하지 않지만, 남들은 다 좋은 일로 생각한다고 착각한다.

분별 있는 사람들 사이에 극단적 이데올로기가 뿌리 내리는 현상을 다원적 무지로 설명할 수 있을까? 사회 심리학자들은 객관적 사실에 대한 단순한 판단에서조차 그런 현상이 벌어진다는 것을 오래전부터 알았다. 심리학 명예의 전당에 오를 만한 또 다른 실험에서, 솔로몬 아시는 피험자들에게 영화 「가스등」에 나오는 딜레마를 들이댔다.[276] 피험자는 여섯 명의 다른 피험자와 탁자에 둘러앉았다(물론 다른 사람들은 아시와 한 패였다.). 아시는 그들에게 길이가 다른 세 선분 중 표적 선분과 길이가 같은 것을 알아맞히라고 요구했다. 쉬운 문제였다. 그러나 피험자에 앞서 대답한 여섯 명의 공모자는 다들 빤히 틀린 답을 골랐다. 마지막으로 자기 차례가 왔을 때, 실제 피험자 중 4분의 3은 제 눈을 거역하고 무리의 뜻을 좇았다.

그러나 군중에게 광기가 전염되려면, 사적인 거짓말을 공개적으로 주장하는 것 이상의 조건이 필요하다. 다원적 무지는 카드로 지은 집이다. '벌거벗은 임금님' 이야기가 말해 주듯이, 어린 소년 하나라도 침묵의 나선을 깨뜨리면 거짓 합의는 순식간에 파열된다. 임금님의 헐벗음이 공통 지식이 되는 순간, 다원적 무지는 유지될 수 없다. 그래서 사회학자 마이클 메이시는 강제라는 추가의 요소가 있어야만 다원적 무지가 어린 소년과 진실을 말하는 자들에 맞서서 강고하게 버틸 수 있다고 지적했다.[277] 사람들은 남들이 다 믿는다는 착각에서 가당찮은 신념을 맹세할 뿐 아니라, 맹세하지 않으려는 사람을 처벌하기까지 한다. 그 역시 주된 이유는 남들이 강제를 바란다고 — 역시 착각이지만 — 믿기 때문이다. 메이시와 동료들은 거짓된 순응과 거짓된 강제가 서로 강화함으로써 악순환을 형성한다고 주장했다. 그 때문에 각자 개인으로는 받아들이지 않는 이데올로기에 온 인구가 사로잡힐 수 있다는 것이다.

왜 자신도 기각하는 신념에 대해서 그것을 거부한 이단자를 처벌할까? 메이시와 동료들의 추측에 따르면, 그것은 스스로의 진실성을 증명하기 위해서이다. 다른 강제자들에게 자신은 강령을 편의상 지지하는 것이 아니라 진심으로 믿는다고 보여 주기 위해서이다. 그래야만 처벌을 면할 수 있으니까. 그러나 얄궂게도 그 동료들 역시, 그러지 않으면 자신이 처벌될지도 모른다는 두려움 때문에 이단자를 처벌한다.

처벌에 동참하지 않는 사람을 처벌하는 악순환 때문에 터무니없는 이데올로기가 떠받들어질 수 있다는 가설은 역사적으로 사례가 많다. 마녀재판이나 숙청이 한창일 때, 사람들은 남보다 먼저 고발해야 한다는 악순환에 빠진다. 모두가 숨은 이단자를 고발하려고 혈안이 된다. 그러지 않으면 상대가 자신을 고발할 테니까. 이때 진심에서 우러난 확신의 신호들은 귀중한 자산이다. 솔제니친은 이런 일화를 들려주었다. 모스크바에서 공산당 회의가 끝난 뒤, 마지막으로 다들 스탈린에게 경의를 표했다. 모두 자리에서 일어나 열렬히 박수를 쳤다. 3분이 지나고, 4분이 지나고, 5분이 지나고 …… 감히 먼저 박수를 멈추려는 사람이 나타나지 않았다. 11분이 지나 손바닥이 화끈거릴 무렵, 연단에 있던 어느 공장 관리자가 자리에 앉았다. 그제서야 나머지 참석자들도 고마워하며 자리에 앉았다. 그러나 그 관리자는 그날 밤 당장 체포되어, 강제 노동 수용소에서 10년 형을 살게 되었다.[278] 전체주의 체제에서 사는 사람들은 속마음을 누설하지 않기 위해서 생각을 철저히 통제하는 법을 익힌다. 과거 홍위병이었고 나중에 역사가로서 마오쩌둥 치하에서의 삶을 회고록으로 기록했던 장융은 이런 말을 했다. 마오쩌둥의 모친이 가난한 사람들에게 적선했다는 사실을 찬양한 포스터를 보고 자신은 위대한 지도자의 부모가 현재 계급의 적으로 규탄 받는 부유한 농민이었구나, 하는 이단적 생각이 들었는데, 그러자마자 스스로 그 생각을 억누르고 있더라는 것이다. 세월이 흘러 마오쩌둥의 서거를 알리는 발표를 들었을 때, 장융은 배우의 소질을 있는 대로 끌어모아 우는 척해야 했다.[279)]

거짓된 강제의 악순환 때문에 인기 없는 믿음이 똬리를 틀 수 있음을 보여 주기 위해, 메이시와 동료 데이먼 센톨라, 로브 윌러는 그 가설이 그럴싸하기만 한 것이 아니라 수학적으로 건전하다는 것을 증명했다. 일단 자리 잡은 다원적 무지가 안정된 평형을 유지하는 현상은 증명하기 쉬운 편이다. 강제자들로 구성된 집단에서 저 혼자 일탈하려는 동기를 지닌 사람은 아무도 없을 테니까. 까다로운 대목은 사회가 어떻게 그 상태에 도달하는가 하는 문제이다. 한스 크리스티안 안데르센은 임금님이 재봉사에게 속아 넘어가서 벌거벗고 행진하게 되었다는 터무니없는 전제를 툭 던지고서, 독자들에게 그냥 믿으라고 했다. 아시는 공모자들에게 돈을 주어 거짓말을 시켰다. 그러나 더 현실적인 세상에서는 거짓된 합의가 어떻게 똬리를 틀까?

세 사회학자는 두 종류의 행위자로 구성된 작은 사회를 컴퓨터로 시뮬레이션했다.[280)] 한 종류는 진실한 신자들이다. 그들은 늘 규범에 순응하며, 순응하지 않는 이웃이 주변에 너무 많아지면 그들을 비난하고 나선다. 다른 종류는 속으로 회의하지만 소심한 사람들이다. 이들은 이웃 중 소수가 규범을 강제할 때는 묵묵히 순응하고, 이웃 중 다수가 강제할 때는 자신도 강제에 나선다. 만일 회의주의자에게 순응을 강요하는 세력이 없다면, 거꾸로 회의주의자가 나서서 이웃 신자들에게 회의주의를 강제할 수 있다. 시뮬레이션에 따르면, 인기 없는 규범이 고착되는 현상은 집단의 사회적 연결성에 따라 벌어지기도 하고 벌어지지 않기도 했다. 만일 진정한 신자들이 드문드문 흩어져 있고 모든 사람이 다른 모든 사람과 상호 작용한다면, 그 집단은 인기 없는 신념에 장악될 위험이 없었다. 그러나 만일 신자들이 한 동네에 뭉쳐 있다면, 그들이 이웃 회의주의자들에게 규범을 강제하는 바람에 그 이웃들은 주변의 순응도를 과대평가하게 되고, 자신이 제재 대상이 아님을 증명하려는 마음에서 서로에게 규범을 강제하게 되며, **자신의** 이웃들에게도 강제하게 되었다. 그래서 거짓된 순응과 강제의 연쇄 반응이 벌어졌고, 온 집단에 신념이 퍼졌다.

현실 사회도 이렇다고 말해도 지나친 비유는 아닐 것이다. 제임스 페인은 20세기에 독일, 이탈리아, 일본이 파시스트 이데올로기에 장악된 과정이 공통된 순서를 따랐다고 말한 바 있다. 어느 경우든, 소수의 광신적 집단이 '폭력을 포함한 극단적 조치를 정당화하는 순진하고 격렬한 이데올로기'를 받아들였고, 다음에는 폭력을 기꺼이 수행할 불량배를 모집했으며, 이후 점점 더 많은 인구를 겁박하여 묵인하게 만들었다.[281)]

메이시와 동료들은 밀그램이 처음 발견했던 또 다른 현상도 시뮬레이션해 보았다. 방대한 인구의 모든 구성원들이 상당히 짧은 인연의 사슬을 거쳐 다른 모든 구성원들과 연결된다는 현상이다. 대중적인 밈으로는 여섯 단계 분리 이론이라고 불린다.[282)] 세 연구자는 가상 사회에 소수의 장거리 연결을 무작위로 부여했다. 좀 더 짧은 단계 만에 다른 행위자들과 접촉할 수 있도록 한 것이다. 덕분에 그 행위자들은 다른 동네의 순응도를 알 수 있었고, 거짓 합의의 미몽에서 깨어날 수 있었고, 순응과 강제의 압력에 저항할 수 있었다. 장거리 연결로 먼 동네들을 이은 결과, 광신자들의 강제는 흐지부지되었다. 그들이 충분히 많은 순응주의자를 겁박하지 못하니, 파문이 온 사회를 삼킬 만큼 퍼지지 못했다. 이것을 보면, 발언과 이동의 자유가 허락되고 통신 채널이 잘 발달된 열린 사회일수록 망상적 이데올로기에게 휘둘릴 가능성이 적지 않을까 하는 교훈이 절로 떠오른다.

다음 단계로 메이시, 윌러, 구와바라 코는 현실에서 거짓 합의가 효과적인지 살펴보고자 했다. 즉, 사람들이 자신의 속마음을 표현하면 남들이 깔보지 않을까 하는 걱정 때문에 자신도 내심 동의하는 의견을 가진 타인을 오히려 비판할 수 있을까?[283] 사회학자들은 짓궂게도 대중의 견해가 객관적 가치에 따르기보다는 교양 없어 보일지도 모른다는 두려움에 따라 형성된다고 짐작되는 두 분야를 골랐다. 와인 감식과 학문성 평가였다.

와인 감식 실험에서, 연구자들은 먼저 피험자들에게 스스로의 능력에 대한 불안감을 안겼다. 그들이 예술적 감식안이 뛰어난 사람들로만 선발된 집단에 속했다고 넌지시 알려 준 것이다. 그 집단은 '수백 년의 전통을 자랑하는' 네덜란드 시음법을 하게 될 것이라고 했다(사실 실험자들이 날조한 기법이었다.). 애호가들이 먼저 와인을 평가한 뒤, 다음으로 서로의 와인 감별 능력을 평가하는 기법이었다. 모든 참가자들은 세 잔의 와인을 음미했고, 각각의 부케, 향, 뒷맛, 바디감, 전반적 품질에 대해 점수를 매겼다. 사실 세 와인은 다 같은 병에서 나온 것으로, 그중 하나에는 식초가 더해져 있었다. 아시 실험처럼, 이번에도 진짜 피험자는 자신의 판단을 발표하기 전에 네 실험 공모자의 판단을 먼저 청취했다. 공모자들은 모두 식초가 가미된 잔을 멀쩡한 두 잔 중 한쪽보다 높게 평가했고, 나머지 멀쩡한 잔 하나를 최상으로 평가했다. 그랬더니, 피험자들 중 절반가량은 자신의 미각을 거역한 채 남들의 합의에 따랐다.

그러나 역시 실험 공모자인 여섯 번째 참가자만은 와인을 정확하게 평가했다. 다음은 참가자들끼리 서로를 평가하는 단계였는데, 비밀로 진행된 경우도 있었고 공개적으로 진행된 경우도 있었다. 비밀로 진행된 경우, 피험자들은 정직한 공모자의 판단을 존중하여 그에게 높은 점수를 주었다. 자신은 압박에 못 이겨 순응했으면서도 말이다. 그러나 공개적으로 평가하는 경우, 피험자들은 정직한 평가자에게 낮은 점수를 매김으로써 위선을 가중했다.

학술적 글쓰기에 관한 실험도 비슷했는데, 다만 마지막에 추가된 조치가 있었다. 연구자들은 대학생 피험자들에게 그들이 학자로서 촉망되는 엘리트 집단에 뽑혔다고 말해 주었다. 그들은 블룸즈베리 문예 원탁이라는 유서 깊은 전통에 참가할 텐데, 모두가 하나의 텍스트를 공개적으로 평가한 뒤 서로의 평가 솜씨를 돌아가며 평가하는 자리라고 했다. 그러고는 맥아더 재단의 '천재상' 수상자이자 하버드 대학교의 앨버트 W. 뉴컴 철학 교수라는 로버트 넬슨 박사의 짧은 글을 나눠 주었다(실제로는 그런 교수직도 그런 인물도 없다.). 「미분 위상과 호몰로지」라는 제목의 글은 사실 물리학자 앨런 소칼의 「경계를 넘어서: 양자 중력의 변형 해석학을 위하여」에서 발췌한 내용이었다. 이것은 유명한 소칼 사기극의 핵심 작품으로, 물리학자가 일부러 알아듣기 어려운 말만 골라 쓴 헛소리였다. 소칼은 그것을 저명 학술지 《소셜 텍스트》에 발표함으로써, 포스트모더니즘 인문학의 학술 기준에 대한 최악의 의심이 사실임을 보여준 바 있었다.[284]

피험자들의 명예를 위해 밝히자면, 그들은 사적으로 그 글을 평가할 때는 그다지 좋은 인상을 받지 않았다. 그러나 네 공모자가 열광적인 찬사를 보내는 것을 본 뒤 공개적으로 평가할 때는, 자신들도 높게 평가했다. 그리고 다음 단계로 동료들을 평가할 때, 글에 합당한 낮은 점수를 매겼던 여섯 번째 정직한 참가자에 대해서 사적으로는 높은 점수를 주었지만, 공개적으로는 낮은 점수를 주었다. 이번에도 확인되었듯이, 사람들은 남들이 어떤 견해를 지지한다고 오해할 때는 속마음은 다르더라도 자신도 공개적으로 지지한다. 심지어 지지하지 않는 타인을 짐짓 비난하기까지 한다. 이 실험에 추가된 단계는 다음과 같았다. 연구자들은 새 피험자들을 모집하여, 첫 번째 피험자들이 정말로 그 비상식적인 글을 훌륭하다고 믿은 것 같은지를 물었다. 새 평가자들은 정직한 평가자를 비난했던 피험자들이 비난하지 않았던 피험자들에 비해 잘못된 신념을 더 진지하게 믿는 것 같다고 대답했다. 이것은 신념의 강제가 진실성의 신호로 인식된다는 메이시의 추측을 확인하는 결과이다. 즉, 사람들이 개인으로는 지지하지 않는 신념이라도 자신의 진실성을 증명해 보이고자 남에게 그것을 강제한다는 가설을 지지하는 결과이다. 더 나아가, 구성원 다수가 개인적으로는 지지하지 않는 신념 체계라도 사회 전체가 그것에 장악될 수 있다는 다원적 무지 모형도 지지한다.

시큼한 와인의 부케를 훌륭하다고 평가하거나 학술적 헛소리를 논리적으로 정합하다고 평가하는 것은 그렇다고 치자. 굶주리는 우크라이나 농민에게서 마지막 밀가루마저 몰수하는 것, 유대인을 구덩이 가장자리에 줄 세우고 쏘아 죽이는 것은 전혀 다른 이야기다. 어떻게 평범한 사람들이, 설령 대중의 이데올로기라고 판단한 것을 묵인할 뿐이라도, 자신의 양심을 억누른 채 그런 잔학 행위를 저지를까?

그 답은 도덕화 간극으로 돌아간다. 가해자들은 늘 자신의 행동을 남에게 자극 받은 것, 정당한 것, 비자발적인 것, 중요하지 않은 것으로 포장하는 데 쓸 갖가지 변명의 술책들을 갖고 있다. 앞에서 내가 도덕화 간극을 설명할 때 든 예에서는 가해자들이 이기적 동기에서 저지른 피해를 합리화했다(약속을 어긴 경우, 강도나 강간을 저지른 경우 등). 그런데 사람들은 압박 때문에 하는 수 없이 자신이 아닌 남들의 동기를 실현하기 위해서 저질렀던 잘못도 합리화한다. 가끔은 스스로 신념을 수정함으로써 스스로도 그 행동이 더 정당하게 느껴지도록 만드는데, 그러면 남들에게 정당화하기도 더 쉽다. 인지 부조화 감소라는 이 과정은 인간의 중요한 자기기만 전술이다.[285] 밀그램, 짐바르도, 바우마이스터, 리언 페스팅거, 앨버트 반두라, 허버트 켈먼 같은 사회 심리학자들이 확인한 바, 우리는 자신이 간간이 저지르는 한심한 짓과 도덕적 행위자로서 스스로에 대한 이상적 이미지 사이의 부조화를 여러 방법으로 감소시킨다.[286]

그중 하나는 완곡어법이다. 피해를 조금이나마 덜 비도덕적으로 느껴지는 단어들로 포장하는 것이다. 1946년 에세이 「정치와 영어」에서, 조지 오웰은 정부가 관료적 어법으로 잔학 행위를 숨긴다고 폭로했다.

> 우리 시대에는 정치 발언과 글이 대체로 변호할 수 없는 것을 변호하는 데 쓰인다. 영국의 계속된 인도 통치, 러시아의 숙청과 추방, 일본에 떨어뜨린 원자폭탄 따위를 변호하는 것은 실제로 충분히 가능하지만, 그러자면 그 논리는 대부분의 사람들이 감당할 수 없을 만큼 야만스럽고 정당들이 공언한 목표와도 일치하지 않는 것이 된다. 그렇기에 정치의 언어는 주로 완곡어법, 논점 회피, 아니면 그저 애매모호한 표현으로만 구성될 수밖에 없다. 무방비 상태의 마을을 공중에서 폭격하고, 주민을 벌판으로 내쫓고, 가축을 기관총으로 쏘아 죽이고, 소이탄으로 집을 불태우는 것. 이런 짓을 **평화화**라고 부른다. 농민 수백만 명에게서 농장을 빼앗고, 그들이 몸뚱어리로 짊어질 수

있는 것만 지닌 채 터벅터벅 걸어서 다른 곳으로 옮기게 하는 것. 이런 짓을 **인구 이동** 또는 **국경 조정**이라고 부른다. 재판도 거치지 않고 사람들을 몇 년씩 감옥에 가둬 두는 것, 목덜미를 쏴 죽이는 것, 북극 벌목장으로 보내어 괴혈병으로 죽어 가게 하는 것. 이런 짓을 **회색분자 제거**라고 부른다. 그런 행위를 지칭하면서도 그런 장면이 마음속에 떠오르지 않게 하려면 이런 어법이 필요한 것이다.[287]

오웰은 한 가지 점에서는 틀렸다. 정치적 완곡어법이 자기 시대의 현상이라고 이야기한 점이다. 그로부터 150년 전, 에드먼드 버크는 혁명기 프랑스에서 퍼진 완곡어법을 이렇게 불평했다.

그들은 온갖 언어를 동원해서 학살과 살인에 대한 동의어나 에두른 표현을 찾는다. 흔한 이름으로 불리는 것은 하나도 없다. 학살은 **소동**이라고 불리고, **비등**이라고 불리고, **과잉**이라고도 불리며, **혁명적 힘의 지나친 연장**이라고도 불린다.[288]

최근 수십 년의 예를 몇 가지 들면, **부수적 피해**(collateral damage, 1970년대부터), **인종 청소**(ethnic cleansing, 1990년대부터), **특별 송환**(extraordinary rendition, 2000년대부터) 등이 있다.

완곡어법은 여러 이유에서 효과가 있다. 어떤 단어들은 뜻이 같지만 감정의 색채가 다르다. **날씬함**과 **깡마름**, **뚱뚱함**과 **풍만함**이 그렇다. 야한 단어가 있는가 하면 좀 더 점잖은 동의어도 있다. 그런데 나는 『생각거리』에서 대부분의 완곡어법은 좀 더 음흉하게 작동한다고 말했다. 그때 완곡어법은 단어 자체에 대한 반응을 일으키려는 의도가 아니라, 세상에 관한 다른 개념적 해석을 끌어들이려는 의도이다.[289] 가령 완곡어법은 사실상 거짓말인 표현에 대해 책임을 회피할 그럴싸한 구실을 제공한다. 관련 사실을 잘 모르는 청자라면, 강제 이주를 뜻하는 **인구 이송**(transfer of population)이 이삿짐 트럭이나 기차표 따위를 뜻한다고 이해할 것이다. 단어 선택은 전혀 다른 동기를 암시함으로써 전혀 다른 윤리적 가치 평가를 표현할 수 있다. **부수적 피해**라는 말은 피해가 의도했던 목적이 아니라 의도하지 않았던 부산물이었다는 느낌을 주어, 도덕적으로 정당하다는 느낌을 만든다. 폭주하는 전차가 일꾼 다섯 명을 죽이는 것을 막기 위해서 다른 철로에 있던 불운한 일꾼 한 명을 희생시키고는, 뻔뻔한 얼굴로 그것은 **부수적 피해**였다고 말할 수도 있다. 이런 현상들은 — 감정적 함축, 그럴싸한 책임 회피, 다른 동기의 귀속 — 사람들이 그 행동을 해석하는 방식을 바꾸는 데 이용된다.

도덕적 유리의 두 번째 메커니즘은 점진주의(gradualism)이다. 사람들은 어떤 야만 행위를 한 번에 해치우라면 못하지만, 한 발 한 발 다가가서 빠져들 수는 있다. 그 과정의 어느 시점에서도 자신이 기존의 규범에서 엄청나게 벗어난 일을 한다는 느낌이 안 들기 때문이다.[290] 나치가 악명 높은 역사적 사례이다. 나치는 처음에 장애인과 정신 지체자를 안락사시켰다. 다음에는 유대인의 시민권을 박탈하고, 그들을 괴롭히고, 게토에 감금하고, 추방했다. 마지막에는 **최종적 해결**(the Final solution)이라는 궁극의 완곡어법으로 표현했던 조치들로 절정에 도달했다. 또 다른 예는 사람들이 전쟁을 수행할 때 단계적으로 결정을 내리는 경우이다. 동맹국에 대한 물질적 원조가 어느새 군사 고문으로 바뀌고, 다음에는 점점 더 많은 군인의 투입으로 바뀐다. 소모전일 때 특히 그렇다. 공장에 대한 폭격이 민간인 주거지 근처의 공장에 대한 폭격으로 슬며시 바뀌고, 그것이 다시 민간인 주거지에 대한 폭격으로 슬며시 바뀐다. 밀그램 실험에서, 첫 시도부터 450볼트까지 충격을 확 높이는 사람은 없었을 것이다. 피험자들은 약하게 찌릿거리는 수준부터 단계적으로 수준을 높였다. 밀그램 실험은 게임 이론가들이 증강 게임(Escalation game)이라고 부르는 경우에 해당하는데, 이것은 소모전과 비슷하다.[291] 피험자가 충격이 높아지는 와중에 실험에서 손을 뗀다면, 그는 임무를 완수하고 과학 발전에 기여함으로써 누릴 만족감을 몽땅 잃는다. 그러면 그때까지 자신이 견딘 불안감과 피해자에게 가한 고통이 아무런 보람 없는 일이 된다. 그래서 피험자는 충격을 높일 때마다 한 번만 더 버티는 게 좋겠다고 생각한다. 그러면서 이제나 저제나 실험자가 다 끝났다고 선언하기를 바란다.

세 번째 유리의 메커니즘은 책임의 이동 혹은 확산이다. 밀그램 실험의 가짜 연구자는 어떤 일이 벌어지든 자신이 모든 책임을 진다고 피험자들에게 강조했다. 이 대사를 바꿔서 피험자들이 책임을 져야 한다고 말하면, 순응률이 곤두박질쳤다. 그리고 앞에서 말했듯이, 곁에 다른 피험자가 있어서 기꺼이 지시에 따를 때는 첫 번째 피험자도 더 대담하게 행동했다. 반두라는 이때 책임의 확산이 결정적인 요인임을 보여 주었다.[292] 그는 밀그램과 비슷한 실험을 하되, 피험자에게 그가 선택한 충격 정도를 다른 두 피험자가 선택한 정도와 합하여 평균을 낼 것이라고 알려 주었다. 그랬더니 피험자는 더 높은 볼트를 선택했다. 역사적 사례와의 유사성은 뚜렷하다. 전범으로 고발된 자들은 늘 '지시에 따랐을 뿐'이라는 진부한 변명을 꺼낸다. 학살 지도자들은 군대, 암살대, 관료 등의 조직을 교묘하게 구성함으로써 누구도 자기 개인의 행동이 학살에 꼭 필요하거나 충분한 것이라고 느끼지 못하게 만든다.[293]

평상시의 도덕적 판단을 무력화시키는 네 번째 방법은 거리 두기(distancing)이다. 사람들은 광란극에 휩쓸렸거나 가학성으로 침잠하지 않은 이상, 무고한 타인을 제 손으로 가까운 거리에서 해치고 싶어 하지 않는다.[294] 밀그램 실험에서 피해자와 피험자를 한 방에 두면, 피험자가 충격을 최대로 올리는 비율이 3분의 1이나 줄었다. 피험자가 피해자의 손을 직접 전기 자극 장치에 갖다 대어야 하는 경우, 비율은 절반 이상 줄었다. 히로시마에 원자폭탄을 떨어뜨렸던 에놀라 게이호의 조종사는 10만 명을 한 번에 한 명씩 화염 방사기로 직접 죽이라고 했다면 틀림없이 수락하지 않았을 것이다. 그리고 5장에서 말했듯이, 한 명의 죽음은 비극이지만 100만 명의 죽음은 통계라는 말은 사실이다. 폴 슬로빅은 흔히 스탈린의 말로 여겨지는 저 명제가 사실임을 보여 주었다.[295] 사람들은 위험에 처한 다수의 인간을 (소수라도 마찬가지다.) 마음으로 감싸지 못하지만, 이름과 얼굴을 아는 한 명의 목숨을 구하는 데는 흔쾌히 나선다.

도덕 감각을 못 쓰게 만드는 다섯 번째 방법은 피해자를 헐뜯는 것이다. 어떤 집단을 악마화하고 비인간화하면 그 구성원을 쉽게 해치게 된다는 말은 앞에서 했다. 반두라는 이것이 사실임을 보여 주었다. 실험자는 일부 피험자들 앞에서 몇몇 참가자의 민족성을 대수롭지 않게 비하하는 발언을 중얼거려, 그들이 그 말을 엿듣게 했다.[296] 그 결과, 그 말을 엿들었던 피험자들은 문제의 참가자에게 더 큰 충격을 가했다(사실은 그런 참가자가 있다고 피험자가 생각하게끔 조작한 것뿐이었지만.). 인과의 화살표는 반대로도 흐른다. 사람들이 조작에 굴복하여 누군가를 해친 뒤, 사후에 그 대상에 대한 평가를 깎아내리는 것이다. 반두라는 피해자에게 충격을 가한 피험자의 절반가량이 자신의 행동을 명시적으로 정당화한다는 것을 확인했는데, 그중에는 피해자를 비난하는 사람도 많았다(밀그램도 관찰했던 현상이다.). 그들은 가령 "실험 성과가 나쁜 것은 그가 게으르고, 감독관인 나를 시험하려는 마음이 있었다는 뜻이다."라고 보고했다.

사회 심리학자들이 확인한 도덕적 유리의 장치는 이 밖에도 많다. 반두라의 피험자들은 그런 장치들을 대부분 재발견한 것 같았다. 피해를 최소화하기('그렇게 많이 아프지는 않을 것이다.'), 피해를 상대화하기('누구나 매일 무엇에 대해서든 벌을 받기 마련이다.'), 책임이 요구하는 조건에 기대기('감독관으로서 내 일을 수행하기 위해서 나쁜 놈이 되어야 한다면, 그럴 수밖에.') 등등. 딱 하나 그들이 놓친 것이 있었는데, 흔히 유리한 비교라고 불리는 전술이다. '남들은 더 나쁜 짓도 한다.'는 생각이다.[297)]

이데올로기에는 치료약이 없다. 이데올로기는 인간을 똑똑하게 만드는 여러 인지 능력으로부터 생겨나기 때문이다. 우리는 길고 추상적인 인과의 사슬을 머릿속에 그릴 줄 안다. 남들로부터 지식을 얻는다. 자신의 행동을 남들에 맞추어 조절하고, 때로는 공통의 규범을 지킨다. 팀을 이뤄 일함으로써, 혼자는 해내지 못했을 묘기를 해낸다. 구체적인 세부사항에 일일이 신경 쓰지 않은 채 추상을 즐길 줄 안다. 하나의 행동을 다각도로 해석할 줄 안다. 수단과 목적, 목표와 부산물이 전혀 다른 여러 방식으로.

이런 능력들이 유해하게 조합될 때, 위험한 이데올로기가 얼마든지 분출한다. 누군가 어떤 집단을 악마화하거나 비인간화한 뒤, 그들만 제거하면 무한한 선을 달성할 수 있다는 이론을 구축할 수 있다. 그와 비슷하게 생각하는 한 줌의 추종자들은 불신자를 처벌하는 방법으로 그 발상을 퍼뜨린다. 무리 속에서 살아가는 사람들은 그 발상에 휘둘리거나, 일신의 위협을 느껴 별수 없이 지지한다. 회의주의자들은 침묵을 강요 당하거나 고립된다. 사람은 누구나 자기 위주의 논리에 따르기 마련이라, 내면의 현명한 판단에 위배되는 계획을 기꺼이 수행할 수 있다.

온 나라가 유해한 이데올로기에 전염되는 현상을 확실히 막을 방법은 없지만, 예방책은 하나 있다. 바로 열린사회이다. 사람과 생각이 자유롭게 이동하는 사회, 누군가 다른 견해를 공표했다고 해서 처벌하지 않는 사회이다. 설령 그것이 점잖은 합의에 위배되는 이단적 견해로 보이더라도. 현대의 세계주의적 민주 사회들이 집단 살해와 이데올로기적 내전에 비교적 면역이 있다는 사실은 이 명제를 얼마간 지지하는 증거이다. 그리고 대규모 폭력에 취약한 체제들에서 검열과 편협이 재발하곤 한다는 사실은 같은 동전의 뒷면에 해당하는 증거이다.

순수한 악, 내면의 악마들, 그리고 폭력의 감소

이 장의 시작에서 나는 순수한 악의 신화라는 바우마이스터의 이론을 소개했다. 우리는 어떤 상황을 도덕화할 때 피해자의 관점을 취하기 때문에, 모든 가해자는 가학적이거나 사이코패스라고 여긴다. 따라서 도덕주의자가 볼 때 폭력의 역사적 감소는 정의가 악과 싸워 영웅적으로 승리한 결과이다. 위대한 세대가 파시즘을 패배시켰고, 인권 운동이 인종 차별주의자를 패배시켰고, 로널드 레이건의 1980년대 무기 증강이 공산주의를 몰락시켰다는 식이다. 물론 세상에는 사악한 사람이 있고 — 가학적 사이코패스, 나르시시즘에 빠진 폭군으로 불러 마땅한 자들 — 영웅도 있다. 그러나 폭력의 감소는 대체로 시대의 변화에서 비롯한 것으로 보인다. 즉, 옛 폭군들이 죽은 자리를 새 폭군들이 이어받지 않았기 때문이다. 억압적 체제들이 최후까지 싸우는 일 없이 사라져 갔기 때문이다.

순수한 악의 신화에 대한 대안 이론은 무엇일까? 우리가 서로에게 가하는 피해는 대부분 누구나 품고 있는 평범한 동기에서 나온다는 이론이다. 그렇다면 폭력의 감소는 사람들이 그 동기를 더 뜸하게, 덜 완전하게, 더 특수한 상황에서만 행사하도록 변했기 때문이라는 결론이 나온다. 내면의 악마들을 억누른 선한 천사들에 대해서는 다음 장에서 살펴보겠으나, 어쩌면 내면의 악마들을 확인하는 과정이야말로 그 악마들을 통제하는 첫 단계일 것이다.

20세기 후반부는 심리학의 시대였다. 학계의 연구가 점차 상식에 통합되었다. 우세 위계 서열, 밀그램과 아시의 실험, 인지 부조화 이론이 그랬다. 비단 과학으로서의 심리학이 대중의 인식에 스며들었을 뿐만 아니라, 심리학의 렌즈를 통해서 인간사를 바라보는 습관도 퍼졌다. 문해 능력, 이동성, 기술 발전 덕분에 지난 반세기 동안 인간은 종 차원의 자의식을 발달시켰다. 카메라가 우리를 슬로 모션으로 쫓는 시선, 우리가 우리를 바라보는 시선을 의식하게 된 것이다. 우리는 점차 자신의 상황을 두 시점에서 바라보게 되었다. 하나는 자기 머릿속의 시점으로, 사건을 **있는 그대로** 경험하는 것이다. 다른 하나는 과학자의 시선으로, 사건을 진화한 뇌의 활동 패턴으로 경험하는 것이다. 뇌의 온갖 착각과 오류까지 포함해서.

학문적 심리학이든 상식적 지혜이든, 과연 무엇이 우리를 움직이게 만드는지를 온전히 이해하는 수준에는 한참 못 미친다. 그러나 약간의 심리학이 큰 차이를 낳을 수 있다. 우리가 충분히 피할 수 있는 인간적 비참함의 상당 부분은 우리의 인지적, 감정적 구조 중에서도 소수의 기벽에서 생겨난다.[298] 우리가 그런 기벽을 조금이나마 다 함께 감지했기 때문에 폭력 피해가 다소나마 줄었고, 앞으로도 더 많이 줄 가능성이 있다. 우리 내면의 다섯 악마에게는 각각 독특한 특징이 있다. 우리는 막 그것을 알아차리기 시작했으며, 앞으로도 더 많이 알아내야 한다.

사람들은, 특히 남자들은, 자신의 성공 가능성을 지나치게 확신한다.

그래서 싸움의 결과가 각자 생각했던 것보다 더 참혹하기 마련이다. 사람들은, 특히 남자들은, 개인과 집단의 우세를 놓고 경쟁한다. 우세 경쟁에 뛰어든 사람들은 서로를 있는 그대로의 가치에 따라 분류하지 못하고, 결국 모두 손해를 입는 것으로 끝나기 쉽다. 사람들은 자신의 결백과 상대의 악의를 과장하는 계산법 때문에 복수를 추구한다. 양측이 완벽한 정의를 추구할 때는, 그들 자신은 물론이고 후손들에게까지 분란을 선고하는 셈이다. 사람들은 손수 가하는 폭력에 대한 거부감을 극복할 수 있을 뿐더러, 가끔은 그것을 갈망하는 취향까지 발전시킨다. 혼자서나 동료들과 함께 폭력에 탐닉하는 상황에서 충분히 가학성을 발휘한다. 또한 사람들은 개인적으로는 지지하지 않지만 남들이 지지하는 것처럼 보인다는 이유로 어떤 신념을 지지할 수 있다. 그 신념은 닫힌 사회를 장악할 수 있고, 그래서 모두가 집단 망상의 주술에 걸릴 수 있다.

9장

선한 천사들

우리의 마음에 아무리 조금이라도 박애심이 깃들어 있다는 것은 반박할 수 없는 사실이다. 비록 조금이지만 인류에 대한 우정이, 비둘기의 자질이, 늑대와 뱀의 요소들과 함께 우리의 체질에 섞여 있다. 이 관대한 정서들이 너무나 약하더라도, 그래서 우리의 손이나 손가락 하나 움직이지 못할 정도라도, 여전히 그것들이 우리 마음의 결정을 인도해야 한다. 다른 모든 조건이 같을 경우, 인류에 파괴적이고 위험한 것보다는 유익하고 유용한 것을 냉정하게 선호하도록 이끌어 주어야 한다.

— 데이비드 흄, 『도덕 원리에 관한 탐구』

어느 시대이든, 사람들이 자식을 기르는 방식을 보면 그들이 인간 본성을 어떻게 생각하는지 알 수 있다. 아이가 타락성을 타고난 존재라고 믿는다면, 부모는 자식이 재채기할 때마다 때려서 가르친다. 아이가 순수성을 타고난 존재라고 믿는다면, 부모는 피구를 금지한다. 요전 날, 나는 본성에 관한 최신 유행을 새삼 깨달았다. 나는 자전거를 타고 가다가, 산책을 나온 한 여성과 두 어린아이를 지나쳤다. 한 아이는 법석을 떨며 울고 있었고, 다른 아이는 엄마에게 야단을 맞고 있었다. 내가 세 사람을 앞지르는 순간, 엄마가 엄한 목소리로 이렇게 말했다. "감정 이입을 해 봐!"

우리는 감정 이입의 시대를 살고 있다. 저명한 영장류학자 프란스 드 발이 그렇게 선언했다. 그의 선언은 21세기의 첫 10년 후반부에 인간의 그 능력을 옹호하면서 쏟아진 수많은 책 중 하나였다.[1] 지난 2년 동안 출판된 책들의 제목이나 부제를 몇 소개하자면, 『감정 이입의 시대』, 『왜 감정 이입이 중요한가』, 『감정 이입의 사회 신경 과학』, 『감정 이입의 과학』, 『감정 이입의 간극』, 『왜 감정 이입이 핵심인가(그리고 위험한 상태인가)』, 『세계화 세상의 감정 이입』, 『감정 이입의 확산을 창조하는 회사들은 어떻게 번영하는가』 등이다. 역시 최근 출간된 『공감의 시대』에서 활동가 제러미 리프킨은 다음과 같은 전망을 역설했다.

> 생물학자들과 인지 신경 과학자들은 감정 이입 뉴런이라고도 불리는 거울 뉴런을 발견했다. 그것은 인간을 비롯한 여러 종에서 다른 개체의 상황을 자신의 상황처럼 느끼고 경험하게 만드는 뉴런이다. 인간은 최고로 사회적인 동물인 듯하고, 동료들의 친밀한 참여와 우애를 추구하는 동물인 듯하다.
>
> 사회 과학자들도 인류 역사를 감정 이입의 렌즈를 통해 바라보기 시작하여, 지금까지 숨겨져 있었던 인간적 서사의 흐름들을 발견하고 있다. 그 서사는 인류의 진화를 자연에 대한 지배력의 확장으로 이해하는 대신, 인류가 시공

간적으로 더 폭넓고 다양한 대상에 대해 감정 이입을 확장시키고 강화시킨 과정으로 이해한다. 인간이 기본적으로 감정 이입하는 종이라는 과학 증거는 우리 사회에 심오하고 광범위한 영향을 미칠 것이다. 어쩌면 우리 종의 운명을 결정할지도 모른다.

지금 우리에게 필요한 것은 한 세대 안에 세계적 감정 이입의 상태로 도약하는 것이다. 그래야만 우리가 세계 경제를 부활시키고 생태계의 활력을 되찾을 수 있을 것이다. 그렇다면 이런 의문이 떠오른다. 우리는 어떤 메커니즘을 통해서 감정 이입의 감수성을 더욱 성숙시키고 그 의식을 역사 전체로 확장시킬 수 있을까?[2)]

그러니, 엄마가 길가에서 어린 아들에게 감정 이입 개념을 주입시킨 것은 누이동생을 괴롭히지 말라고 타이르기 위해서만은 아니었을지도 모른다. 그것은 세계적 감정 이입의 상태로 확장하기 위한 노력이었을지도 모른다. 어쩌면 그녀는 『감정 이입 가르치기』, 『아이들에게 감정 이입 가르치기』, 『감정 이입의 뿌리: 한 번에 한 아이씩 세상을 바꾸기』 등등의 책에서 영향을 받았을지도 모른다. 소아과 의사 T. 베리 브레이즐턴은 마지막 책의 저자에 대해서 “모든 학교와 교실에서 시작하여 한 번에 한 아이씩, 한 부모씩, 한 교사씩, 세계 평화를 진작하고 지구의 미래를 보호하려는 원대한 노력을 하고 있다.”고 추천했다.[3)]

밝혀 두건대, 나도 감정 이입에 불만은 없다. 나도 감정 이입을 — 늘 그렇지는 않지만 대체로 — 좋은 것이라고 생각하며, 이 책에서도 여러 차례 감정 이입을 호소했다. 오늘날 사람들이 잔인한 처벌을 외면하고 전쟁의 인명 피해를 더 염려하게 된 까닭은 감정 이입의 확장 때문일 수 있다. 그러나 요즘의 감정 이입은 점차 1960년대의 사랑처럼 되고 있다. 그것은 감상적인 이상이고, 무수한 캐치프레이즈로 칭송되지만(세상을 움직이는 것, 세상에 필요한 것, 당신에게 필요한 모든 것 등등), 폭력을 감소시킨 요인으로서는 과대평가되고 있다. 미국과 소련이 핵무기 경쟁과 대리전 지원을 그만둔 것은 사랑과는 별로 상관이 없었을 것이고, 감정 이입과도 상관이 없었을 것이다. 나도 남들 못지않게 감정 이입 능력이 충만하다고 생각하지만, 그야 어쨌든 내가 신랄한 비평가들을 없애 달라고 청부 살인을 사주하지 않는 것, 주차 공간을 놓고 주먹다짐을 벌이지 않는 것, 내 한심한 짓을 지적하는 아내를 윽박지르지 않는 것, 중국이 미국의 경제적 생산을 따라잡는 것을 막기 위해서 전쟁을 벌이자고 청원하지 않는 것은 감정 이입 때문이 아니다. 만일 내가 그런 폭력의 피해자가 된다면 어떨까 상상해 보고는 그 고통이 느껴져서 움찔하는 것이 아니다. 나는 애초에 그런 방향으로는 생각조차 하지 않는다. 내게 그것은 어리석고, 우습고, 상상할 수 없는 일이다. 그러나 과거 세대에게는 그것이 충분히 상상할 수 있는 선택지였다. 폭력의 감소는 감정 이입의 확장에도 약간은 빚을 졌겠지만, 그보다는 신중함, 이성, 공정성, 자기 통제, 규범과 터부, 인권 개념과 같은 더 냉철한 능력들에게 더 크게 빚졌다.

이 장에서는 우리 본성의 선한 천사들을 이야기하겠다. 그것은 우리를 폭력에서 멀어지게 하는 심리적 능력들이고, 폭력의 역사적 감소는 우리가 그것을 점점 더 많이 발휘했기 때문이다. 감정 이입도 그중 하나이지만, 유일한 것은 아니다. 흄이 250년도 더 전에 지적했듯이, 우리에게 그런 능력이 있다는 것은 반박할 수 없는 사실이다. 요즘도 어떤 사람들은 선행이 진화했다는 사실이야말로 자연 선택 이론의 역설이라고 주장하지만, 사실 그 역설은 수십 년 전에 풀렸다. 세부 사항에서는 논쟁의 여지가 남았지만, 오늘날은 어떤 생물학자도 상호성, 친족애, 기타 여러 형태의 호혜주의 같은 진화적 동역학으로부터 인간의 평화적 공존을 가능케 하는 심리적 능력들이 선택될 수 있다는 사실을 의심하지 않는다.[4] 흄이 1751년에 했던 말은 여전히 사실이다.

> 인간의 두드러진 이기성을 열렬히 주장하는 저 추론가들도, 우리 본성에 미약하나마 미덕의 감정들이 심어져 있다는 말을 듣고서 분개하지만은 않을 것이다. 오히려 반대로, 그들도 기꺼이 한 원리와 다른 원리를 함께 지지한다. 사실 그들의 풍자 정신에서는 (그들은 타락했다기보다 비꼬는 것으로 보인다.) 자연스레 두 시각이 모두 도출되는 법이다. 두 시각은 중요한 불가분의 관계로 연결되어 있다.[5]

나 역시 풍자 정신에 입각하여 감정 이입이 과대 선전되었다고 꼬집었지만, 미덕의 감정들이 중요하다는 점이나 그것이 본성과 불가분의 관계를 맺는다는 점까지 부정하려는 것은 아니다.

여러분은 지금까지 여덟 장에 걸쳐서 인간이 서로에게 저지른 끔찍한 짓과 그런 짓을 부추긴 어두운 본성에 관해서 읽어 왔으니, 선한 천사들에 관한 이 장에서 조금이나마 고무적인 내용을 기대할 자격이 충분하다. 그러나 나는 모두를 기쁘게 하고자 지나치게 행복한 결말을 제안하려는 욕망을 억누를 것이다. 우리 뇌에서 어두운 충동을 억누르는 부분은 우리 선조로 하여금 노예를 부리고, 마녀를 불태우고, 아이를 때리게 만들었던 표준 도구이기 때문에, 그런 능력이 존재한다는 것만으로 우리가 자동적으로 착해진다고는 할 수 없다. 그리고 우리의 본성에는 나쁜 짓을 저지르게 만드는 부분도 있고 착한 일을 하게 만드는 부분도 있다고 말하는 것은 폭력 감소에 대한 만족스러운 설명이 못 된다(그렇다면 전쟁이 벌어지든 평화가 찾아오든 무조건 내 말이 맞을 테니까.). 선한 천사들에 대한 이야기는 그것들이 어떤 메커니즘을 통해서 우리를 폭력에서 멀어지게 하는지만을 설명해서는 안 되고, 그것들이 그 일에 자주 실패하는 이유까지도 설명해야 한다. 그것들이 역사적으로 점점 더 많이 발휘된 이유만을 설명해서는 안 되고, 그것들이 온전히 발휘되기까지 이토록 긴 세월이 걸린 이유도 설명해야 한다.

감정 이입

감정 이입(empathy)이라는 단어는 만들어진 지 100년도 안 되었다. 미국 심리학자 에드워드 티치너가 만들었다고들 하는데, 그는 1909년 강연에서 처음 그 말을 썼다. 그러나 『옥스퍼드 영어 사전』에는 영국 작가 버넌 리가 1904년에 그 단어를 썼다고 나온다.[6] 두 사람 모두 그 단어를 독일어 **아인퓔룽**(Einfühlung, 속을 느껴 본다는 뜻)에서 가져왔고, 일종의 심미적 감상을 뜻하는 표현으로 썼다. 그들에게 그것은 '마음의 근육을 느끼거나 행사한다'는 뜻으로, 가령 우리가 마천루를 보면서 내 자신이 그것처럼 곧고 높게 서 있다고 상상하는 경우를 말한다. 1940년대 중반부터 영어로 씌어진 책에서 그 단어의 인기가 높아졌으며, 그 사용 빈도는 금세 **의지**(willpower)나 **자기 통제**(self-control)와 같은 빅토리아 시대 덕목들의 사용 빈도를 앞질렀다(의지는 1961년에, 자기 통제는 1980년대 중반에 앞질렀다.).[7]

감정 이입이라는 단어가 인기를 얻은 시점은 그 단어에 '공감(sympathy)'이나 '연민(compassion)'과 더 비슷한 새로운 뜻이 생긴 시점과 일치했다. 이렇게 의미가 섞여 버린 까닭은 대중의 심리적 속설이 반영되었기 때문이다. 우리가 타인의 처지를 상상하고, 그의 기분을 느끼고, 그의 처지에 서고, 그의 견해를 취하고, 그의 눈으로 세상을 본다면, 저절로 그에게 박애 정신을 품게 된다는 속설이다.[8] 그러나 이것은 자명한 진리가 아니다. 윌리엄 제임스는 「인간의 맹목성에 관하여」라는 글에서 인간과 인간의 제일 좋은 친구 사이의 유대를 이렇게 고찰했다.

> 인간과 개의 관계를 생각해 보라. 이들은 세상의 다른 어떤 관계보다도 친밀한 유대로 맺어져 있다. 그러나 그 친근한 애정을 넘어선 영역에서는, 어느 쪽이든 상대의 삶에서 유의미한 것에 대해 너무나도 무감각하지 않은가 말이다! 인간은 개가 울타리 밑에 묻어 둔 뼈다귀나 나무와 가로등의 냄새에서 느끼는 황홀감에 무감각하고, 개는 인간이 문학과 예술에서 느끼는 기쁨에 무감각하다. 당신이 지금까지 읽었던 어떤 책보다도 감동적인 연애 소설을 읽으며 앉아 있을 때, 당신의 폭스테리어는 그 행동을 어떻게 판단하겠는가? 그가 비록 당신에 대한 호의로 가득하다지만, 당신의 행동은 그의 이해력을 철저히 넘어선다. 대체 왜 아무것도 못 느끼는 조각처럼 덩그러니 앉아만 있는 걸까! 차라리 자신을 산책에 데려가거나 막대기를 던져 주면 좋을 텐데! 무슨 괴상한 병에 걸렸기에 매일 몇 시간씩 그딴 것을 쥐고서 응시하는 걸까? 모든 움직임이 마비되고 생명의 의식이 깡그리 사라진 채로?[9]

그러니 오늘날 칭송되는 **감정 이입**은 — 타인에 대한 이타적 관심 — 타인의 생각을 이해하고 타인의 감정을 느끼는 능력과는 다른 것이다. 그러면 우선, 갖가지 심적 상태들을 통칭하게 된 그 단어의 여러 의미를 하나씩 떼어 보자.[10]

감정 이입의 원뜻이었고 가장 기계적인 뜻은 **투사**(projection)이다. 자신을 다른 사람, 동물, 물체의 입장에 놓고 그 처지에서 어떤 감각이 느껴질지 상상하는 능력이다. 마천루의 예에서 보듯이, 이런 감정 이입의 대상은 반드시 감정이 **있는** 개체여야 할 필요가 없다. 하물며 우리가 중요하게 여기는 감정을 똑같이 느끼는 개체여야 할 필요는 더욱 없다.

이것과 밀접하게 연결된 기술은 **관점 취하기**(perspective-taking)이다. 이것은 타인의 관점에서 세상이 어떻게 보일지 시각화하는 능력이다. 장 피아제가 유명한 실험으로 보여 주었듯이, 여섯 살 미만 아이는 탁자에 산더미처럼 쌓인 장난감 너머에 앉아 있는 사람의 관점을 시각화하지 못한다. 피아제는 이런 미성숙함을 자기중심성(egocentrism)이라고 불렀다. 아이들의 명예를 위해 덧붙이자면, 이 능력은 어른에게도 쉽지 않다. 지도 읽기, '당신의 현재 위치'라고 표시된 그림을 해독하기, 삼차원 물체를 머릿속에서 회전시키기 등은 이 능력이 뛰어난 사람에게도 골치 아픈 작업이다. 물론, 그래도 그들의 연민의 능력에는 아무런 문제가 없다. 넓게 보아 관점 취하기에는 타인의 관점만이 아니라 생각과 느낌을 짐작하는 것까지 포함된다. 여기에서 우리는 **감정 이입**의 또 다른 의미로 넘어간다.

마음 읽기(mind-reading), **마음의 이론**(theory of mind), **정신화**(mentalizing), **공감 정확도**(empathic accuracy) 등은 타인의 표정, 행동, 상황을 근거로 그의 생각과 느낌을 추측하는 능력을 말한다. 이를테면 간발의 차로 기차를 놓친 사람을 보면서, 그는 아마도 신경질이 났을 테고 지금은 어떻게 제 시간에 목적지까지 갈지 궁리하고 있으리라고 추론하는 일이다.[11] 우리가 타인의 마음을 읽기 위해서 그 경험을 직접 겪어야 할 필요는 없다. 그를 염려할 필요도 없다. 어떤 기분일지 알아맞히면 그만이다. 마음 읽기는 사실 두 능력으로 구성된다. 하나는 생각을 읽는 능력이고(자폐증은 이 능력이 손상된 경우이다.), 다른 하나는 감정을 읽는 능력이다(사이코패스는 이 능력이 손상된 경우이다.).[12] 지능이 높은 사이코패스들 중에는 남들의 감정을 읽는 법을 익혀 그들을 더 능란히 조작하면서도 그 감정의 진정한 결은 이해하지 못하는 이들이 있다. 어느 강간범은 자신의 피해자들에 대해 이렇게 말했다. "그 사람들은 무서웠겠죠? 그런데 사실 나는 이해가 안 됩니다. 나도 무서움을 느낀 적이 있기는 하지만, 전혀 불쾌하지 않았어요."[13] 그들은 타인의 감정 상태를 진심으로 이해할 줄 알든 모르든 어차피 신경 쓰지 않는다. 가학성, 샤덴프로이데, 동물 복지에 대한 무관심도 다른 생명의 심적 상태를 온전히 인지하지만 그렇다고 상대에게 공감할 만큼 마음이 동하진 않는 경우이다.

그러나 대부분의 사람들은 타인의 고통을 목격하기만 해도 **괴로움**(distress)을 느낀다.[14] 우리가 싸울 때 가급적 상대를 다치지 않게 하려는 것, 밀그램 실험에서 피험자들이 자신이 가하는 충격을 걱정했던 것, 나치 예비군이 처음으로 유대인을 근접 총살하면서 역겨움을 느꼈던 것은 모두 이 반응 때문이다. 이런 사례들이 분명히 보여 주듯이, 타인의 고통에서 괴로움을 느끼는 것은 타인의 안녕에 공감하여 염려하는 것과는 다르다. 오히려 그것은 종종 억누르고 싶을 정도로 원치 않는 반응이고, 벗어나고 싶을 정도로 성가신 기분이다. 대부분의 사람들은 비행기에서 빽빽 울어 대는 아기와 나란히 앉았을 때 상당히 괴로워한다. 그러나 이때 사람들의 공감은 아기가 아니라 그 부모에게 향할 때가 많다. 그리고 더 강한 욕망은 다른 자리로 옮기고 싶다는 것이다. 자선 단체 '세이브 더 칠드런'은 궁핍하고 불쌍한 아이들을 찍은 사진에 다음과 같은 문구를 얹어서 잡지에 광고로 실었다. "당신은 하루에 5센트로 후안 라모스를 살릴 수 있습니다. 아니면 그냥 이 페이지를 넘길 수도 있습니다." 대부분의 사람들은 그냥 페이지를 넘긴다.

감정은 **전염성**(contagious)이 있다. '웃어라, 그러면 온 세상이 너와 함께 웃을 것이다.'라는 말도 있다. 시트콤에 웃음소리를 삽입하는 것, 실력 나쁜 코미디언이 회심의 대사 끝에 웃음소리를 모방한 드럼 림숏을 끼워 넣는 것은 그 때문이다.[15] 감정 전염의 또 다른 예는 결혼식이나 장례식에서 눈물이 흐르는 것, 활기찬 파티에서 춤추고 싶어지는 것, 폭탄 테러 시기에 다들 공황에 휩싸이는 것, 넘실대는 배에서 멀미가 전파되는 것 등이다. 좀 더 약한 형태로는 갖가지 대리 반응이 있다. 우리가 운동 선수의 부상에 공감하여 저도 모르게 찡그리는 것, 제임스 본드가 의자에 묶여 얻어맞는 장면에 저도 모르게 움찔하는 것 등이다. 운동 모방도 또 다른 사례인데, 아기에게 사과즙을 먹이면서 저도 모르게 함께 입을 벌리는 행동 등이다.

감정 이입의 팬들은 이런 전염이 인류의 복지에 제일 주효한 의미에서의 '감정 이입'을 낳는 기초라고 주장한다. 그러나 사실 우리가 중요시하는 의미의 감정 이입은 이것과는 다른 반응으로서, 차라리 공감적 관심, 줄여서 공감(sympathy)이라고 불러야 옳다. 공감은 타인의 쾌락과 고통을 인지한 뒤에 그의 안녕과 자신의 안녕을 나란히 놓는 데서 비롯된다. 공감과 감정 전염을 등치시키기가 쉽지만, 두 가지가 다른 것임을 이해하기도 어렵지 않다.[16] 어떤 아이가 짖어 대는 개에 놀라 마구 울부짖는다면, 내 공감적 반응은 아이를 따라 울부짖는 것이 아니라 아이를 안심시키고 보호하는 것이다. 거꾸로 어떤 괴로움은 우리가 결코 대리로 경험할 수 없지만 그것을 겪는 상대에게 훌륭하게 공감할 수 있다. 나라면 산고를 겪는 여성, 강간을 당한 여성, 암으로 아파하는 환자 등이 그런 상대이다. 그리고 우리의 감정 반응은 타인의 감정을 자동으로 베끼는 것이 아니며, 상대를 나와 한편으로 느끼는가 경쟁자로 느끼는가에 따라 180도로 바뀌곤 한다. 스포츠 팬이 홈경기를 볼 때는, 군중이 즐거워하면 자신도 즐겁고 군중이 낙담하면 자신도 낙담한다. 반면에 어웨이 경기를 볼 때는, 군중이 낙담하면 자신은 즐겁고 군중이 즐거워하면 자신은 낙담한다. 즉, 전염이 공감을 결정하는 것이 아니라 공감이 전염을 결정하는 상황이다.

요즘의 감정 이입 열풍은 이런 다양한 의미들을 뒤섞어 **감정 이입**이라는 한 단어로 표현한 데서 비롯한다. **거울 뉴런**(mirror neuron)을 연민이라는 의미의 **공감**과 같은 말로 쓰는 요즘의 유행은 이 혼동의 결정체이다. 리프킨은 “감정 이입 뉴런이라고도 불리는” 거울 뉴런이 “인간을 비롯한 여러 종에서 다른 개체의 상황을 자신의 상황처럼 느끼고 경험하게” 만든다고 썼다. 그리고 인간은 “기본적으로 감정 이입하는 종”으로서 “동료들의 친밀한 참여와 우애를” 추구한다고 썼다. 거울 뉴런 이론에 따르면, 공감은 영장류 선조의 유산으로 우리 뇌에 갖춰진 능력으로서 밝아 오는 새 시대에 우리가 더 많이 행사해야 한다. 적어도 억압해서는 안 된다. 그러나 안타깝게도, “한 세대 안에 세계적 감정 이입의 상태로 도약”하자는 리프킨의 전망은 신경 과학을 잘못 해석한 데에 기초했다.

1992년, 신경 과학자 자코모 리촐라티와 동료들은 원숭이의 뇌에서 특별한 뉴런을 발견했다. 그 뉴런들은 원숭이가 직접 건포도를 집을 때도, 다른 사람이 건포도를 집는 모습을 관찰할 때도 활성화했다.[17] 또 다른 뉴런들은 만지거나 찢는 다른 행동들에게 반응했는데, 역시 원숭이가 직접 수행하든 인지만 하든 모두 활성화했다. 비록 신경 과학자들이 정상적인 상황에서 인간 피험자의 뇌에 전극을 찔러 넣을 수는 없지만, 인간에게도 거울 뉴런이 있다고 믿을 근거는 충분하다. 뇌 영상 실험에 따르면, 사람이 직접 움직일 때나 남이 움직이는 것을 볼 때 모두 활성화하는 부위가 마루엽과 아래이마엽에 있다.[18] 거울 뉴런은 중요하기는 해도 아주 뜻밖의 발견은 아니다. 우리에게 행동을 실시하는 주체와 무관하게 하나의 행동을 늘 동일하게 인식하는 능력이 없다면, 하나의 동사를 일인칭과 삼인칭으로 사용할 줄도 모를 테니까. 그러나 이 발견은 유별나게 과장된 선전으로 부풀려졌다.[19] 한 신경 과학자는 신경 과학에서 거울 뉴런의 발견이 생물학에서 DNA의 발견과 같다고 주장했다.[20] 과학 저널리스트들의 도움과 선동에 힘입어, 다른 사람들도 거울 뉴런을 언어, 의도성, 모방, 문화적 학습, 유행, 스포츠 팬덤, 중보 기도의 생물학적 기반으로 선전했다. 물론 감정 이입도 빼놓을 수 없다.

거울 뉴런 이론의 작은 문제는, 과학자들이 그것을 처음 발견한 붉은 털원숭이가 감정 이입이라고는 눈 씻고도 찾아볼 수 없을 만큼 고약한 종이라는 점이다(모방 능력도 없고, 언어는 물론 없다.).[21] 또 다른 문제는, 뒤에서 더 이야기하겠지만, 거울 뉴런이 뇌 영상 연구로 미루어 볼 때 공감적 관심과는 무관한 영역들에서 주로 발견된다는 점이다.[22] 많은 인지 신경 과학자는 거울 뉴런이 행동의 관념을 정신적으로 표상하는 데 기여할 것이라고 추측하지만, 그마저도 반박이 따른다. 하물며 거울 뉴런이 인간만의 독특한 능력을 설명한다는 허황한 주장은 대부분의 과학자들이 이미 기각했고, 요즘은 거울 뉴런의 활동을 공감 능력과 동일하게 여기는 사람이 거의 없다.[23]

우리가 직접 불쾌한 경험을 할 때와 타인의 불쾌한 경험에 반응할 때 모두 대사적으로 활성화하는 부위가 있기는 하다. 주로 섬겉질이다.[24] 그러나 이런 겹침은 타인의 안녕을 공감하게 하는 **원인**이라기보다 공감한 **결과**라는 점이 문제이다. 피험자가 직접 충격을 받을 때도, 또한 무고한 타인이 충격을 받는 모습을 관찰할 때도 섬겉질이 발화했다는 실험 내용을 기억하는가? 그때 충격을 겪는 사람이 남성 피험자의 돈을 떼어먹은 상대라면, 피험자의 섬겉질은 아무 반응이 없었다. 반면에 줄무늬체와 눈확겉질은 달콤한 복수심으로 반짝 빛났다.[25]

공감적 관심이라는 도덕적 의미의 감정 이입은 거울 뉴런의 자동 반사 반응이 아니다. 그것은 끄고 켤 수 있는 반응이고, 심지어 역(逆)감정 이입으로 도치될 수도 있다. 남이 기분 나쁠 때 나는 기분이 좋아지거나 그 역도 가능하다는 말이다. 역감정 이입의 유발 기제로는 복수가 있다. 스포츠 팬의 반응이 이랬다저랬다 하는 데서 보듯이, 경쟁은 또 다른 유발 기제이다. 심리학자 존 란체타와 배질 엥글리스는 이런 실험을 했다.[26] 피험자의 얼굴과 손가락에 전극을 붙인 뒤, 다른 (가짜) 피험자와 투자 게임을 시켰다. 이때 일부에게는 서로 협동하는 관계라고 알려 주었고, 일부에게는 경쟁하는 관계라고 알려 주었다(실제로는 수익이 상대 피험자의 활동에 따라 달라지지 않았다.). 그들이 시장에서 수익을 거두면 계기판의 눈금이 올라갔고, 손실을 입으면 그들이 약한 충격을 받았다. 피험자가 협동 관계로 인식한 경우에는 상대가 돈을 벌면 피험자의 전극을 통해 기본적인 차분함과 약간의 미소가 감지되었지만, 상대가 충격을 받으면 땀 분비와 약간의 찡그림이 감지되었다. 경쟁 관계로 인식한 경우에는 거꾸로였다. 상대가 괴로워하면 피험자는 느긋하게 미소 지었고, 상대가 잘하면 피험자는 긴장하며 찡그렸다.

감정 전염, 모방, 대리 감정, 거울 뉴런 따위를 뜻하는 감정 이입을 통해서 더 나은 세상을 만들려는 계획의 문제는, 그것이 반드시 우리가 바라는 종류의 감정 이입을 일으킨다는 보장이 없다는 점이다. 언제나 타인의 안녕을 염려하는 공감적 관심만을 일으킨다는 보장이 없는 것이다. 공감은 내생적 반응으로, 사람들의 관계 양식을 만들어 내는 원인이라기보다는 그 결과이다. 우리가 그 관계를 어떻게 인식하느냐에 따라 상대의 고통에 대한 반응은 감정 이입일 수도 있고, 중립일 수도 있고, 심지어 역감정 이입일 수도 있다.

8장에서 폭력성을 뒷받침하는 뇌 회로를 살펴보았듯이, 이제 선한 천사들을 뒷받침하는 회로를 살펴보자. 인간의 뇌에서 감정 이입을 조사한 연구에 따르면, 감정 이입하는 사람의 다른 신념들에 따라서 대리 감정은 더 옅어지기도 하고 더 강해지기도 한다. 클라우스 람, 대니얼 뱃

슨, 장 드세티는 피험자들에게 귀에 이명이 있는 (가상) 환자의 관점을 취해 보라고 했다. 그 환자는 실험적인 요법으로 '치료' 받는데, 헤드폰을 통해서 간간이 터지는 폭발음을 듣고 있어야 한다. 환자는 그때마다 눈에 띄게 움찔한다고 했다.[27] 이때 피험자가 환자에게 감정 이입을 하면서 드러내는 뇌 활동 패턴은 자신이 직접 그런 소리를 들을 때의 패턴과 겹쳤다. 활성화하는 영역들 중 하나는 섬겉질의 일부로, 앞에서 말했듯이 말 그대로나 비유적으로나 내장의 본능적 감각을 표상하는 곳이다(그림 8-3). 또 하나는 편도로, 두렵고 괴로운 자극에 반응하는 아몬드 모양 기관이다(그림 8-2). 세 번째는 앞안쪽띠겉질로(그림 8-4), 대뇌반구의 안면에 있는 띠 모양 조직이다. 이곳은 통증의 동기 측면에 관여하는데, 아픈 감각을 직접 느끼는 것이 아니라 아픔을 끄려는 강한 욕망을 느낀다는 뜻이다(대리 통증 연구에서는 실제 신체 감각을 받아들이는 뇌 영역은 보통 활성화하지 않는다. 그것이 활성화한다면 감정 이입보다 환각에 가까울 것이다.). 피험자들은 역감정 이입을 하는 상황에는 놓이지 않았지만, 상황을 인지적으로 어떻게 해석하느냐에 따라 반응이 달라지기는 했다. 피험자들에게 치료가 효과가 있다고 말해 주면 그들의 뇌가 대리로 느끼는 괴로운 반응이 잦아들었던 것이다. 환자의 고통이 가치 있다는 뜻이니까.

뇌의 연민 능력에 대한 연구들을 종합하면, 이런 그림이 그려진다. 감정 이입 뉴런들로 구성된 감정 이입 중추란 것은 없다. 그저 복잡하게 활성화하고 조절되는 활동 패턴들이 있을 뿐이다. 그 패턴들은 뇌가 상대의 곤경을 어떻게 해석하는가, 그리고 상대와 어떤 관계인가에 따라 달라진다. 감정 이입의 일반적 양상은 대충 다음과 같을 것이다.[28] 관자마루이음부와 그 근처 위관자엽고랑이 타인의 물리적, 정신적 상태를 평가한다. 뒤가쪽이마앞겉질과 그 근처 이마극(이마엽 끄트머리)은 상황의 세부 사항과 그 속에서 이 사람이 품고 있는 전체 목표를 계산한다. 눈확겉질과 배가쪽겉질은 계산 결과를 통합하고, 진화적으로 좀 더 오래되었으며 좀 더 감정적인 영역들의 반응을 조절한다. 편도는 두렵고 괴로운 자극에 반응하는데, 근처 관자극(관자엽 끄트머리)의 해석도 참고한다. 섬겉질은 혐오감, 분노, 대리 통증의 신호를 받아들인다. 띠겉질은 응급 신호에 반응하는 뇌 체계들을 끄고 켜는 일을 돕는데, 가령 양립 불가능한 반응을 요구하는 회로들의 신호나 물리적, 감정적 통증을 입력 받은 회로들에서 온 신호에 즉각 대응한다. 거울 뉴런 이론에게는 안된 일이지만, 이마엽의 운동 계획 영역(실비우스틈새 위, 이마엽 맨 뒷부분)이나 마루엽의 신체 감각 접수 영역처럼 거울 뉴런이 가장 풍부한 영역들은 대체로 이 과정에 관여하지 않는다. 마루엽의 신체 위치 감지 영역이 조금 관여할 뿐이다.

사실 연민이라는 뜻의 감정 이입과 긴밀한 뇌 조직은 겉질이나 겉질하부 기관이 아니라 호르몬 전달 체계이다. 옥시토신은 시상하부에서 생산되는 작은 분자로, 편도와 줄무늬체를 비롯한 뇌의 감정 체계들에 작용한다. 또한 뇌하수체에 의해 혈류로 분비되어 몸 전체에도 영향을 미친다.[29] 원래 옥시토신의 진화적 기능은 출산, 수유, 육아 같은 모성적 활동들을 활성화하는 것이었다. 그러나 한 생명체가 다른 생명체와 지나치게 가까이 있을 때 느끼기 마련인 두려움을 줄여 주는 이 호르몬의 능력은 진화를 거치면서 다른 관계에까지 폭넓게 활용되었다. 예를 들어 성적 각성 상태, 일부일처 종에서 이성애적 유대, 부부나 친구의 애정, 비혈연 개체들의 공감과 신뢰 등이다. 그래서 옥시토신을 포옹 호르몬(cuddle hormone)이라고도 부른다. 뱃슨은 옥시토신이 이처럼 다양한 인간 관계에서 사용된다는 점에 근거하여, 모성적 돌봄이 모든 공감 능력의 진화적 선조라고 제안했다.[30]

행동 경제학 분야의 좀 기이한 실험 중에서 이런 것이 있었다. 에른스트 페어와 동료들은 피험자들에게 신뢰 게임을 시켰다. 피험자가 수탁자에게 돈을 건네면, 수탁자가 그것을 불린 뒤에 자기가 돌려주고 싶은 만큼만 피험자에게 돌려주는 게임이다.[31] 이때 피험자의 절반은 코 스프레이로 옥시토신을 흡입했다. 옥시토신은 코를 통해 뇌로 들어간다. 나머지 절반은 위약을 흡입했다. 그 결과, 옥시토신을 흡입한 피험자들이 낯선 상대에게 돈을 더 많이 맡겼다. 언론은 신나서 떠들며, 곧 자동차 판매상이 전시장의 환기 체계에 호르몬을 뿌려서 순진한 고객들을 등쳐먹을 것이라고 상상했다(감정 이입을 세계적으로 고취시키기 위해서 농약 살포 비행기로 옥시토신을 뿌리자고 제안한 사람은 아직 없었지만). 다른 실험들을 보면, 최후통첩 게임에서는 (피험자가 금액의 일부를 상대에게 건네고 그의 반응을 들어야 하며, 상대는 거부권을 발휘해 둘 다 돈을 못 받게 만들 수 있다.) 옥시토신을 흡입한 피험자들이 더 너그럽게 행동한 데 비해, 독재자 게임에서는 (수령자는 돈을 받거나 말거나 둘 중 하나이고, 제안자가 상대의 반응을 고려할 필요가 없다.) 그렇지 않았다. 옥시토신은 타인의 신념과 욕망에 공감하는 반응을 끌어내는 결정적 방아쇠인 듯하다.

4장에서 나는 감정 이입의 범위 확장이라는 피터 싱어의 가설을 언급했다. 사실은 공감의 범위라고 해야 하리라. 그 범위의 가장 안쪽에 있는 핵은 우리가 자식에게 느끼는 보살핌 본능인데, 그 다정한 반응을 일으키는 기제로 가장 분명한 것은 유아적인 얼굴 생김새이다. 우리는 유아적인 얼굴을 귀엽다고 인식한다. 1950년, 동물 행동학자 콘라트 로렌츠는 우리가 미성숙한 동물의 전형적인 비율을 지닌 개체에게 다정함을 느낀다고 지적했다. 머리, 두개골, 이마, 눈은 상대적으로 크고 주둥이, 턱, 몸통, 팔다리는 상대적으로 작은 것이 그 특징이다.[32] 귀여움 반사(cuteness reflex)는 원래 엄마가 자식을 돌보게 만드는 적응 현상이었겠지만, 자식이 엄마의 양육 반응을 자극하고 영아 살해 반응을 억제하려는 요량으로 그런 속성들을 더욱 과장되게 발달시켰을 수도 있다(물론 자신의 건강과 타협하는 범위 내에서).[33] 운 좋게도 아기처럼 생긴 종들은 우리 인간들에게서 "아유우우우!" 하는 반응을 끌어내고, 우리의 공감적 관심에서 이득을 얻는다. 우리는 들쥐나 주머니쥐보다 생쥐나 토끼를 더 사랑스러워하고, 까마귀보다 비둘기에게 더 공감하고, 밍크 같은 족제비류 모피 동물보다 새끼 바다표범을 더 보호해야 한다고 여긴다. 만화가들은 이런 반사 반응을 활용하여 캐릭터를 더 사랑스럽게 만든다. 곰 인형이나 만화 영화 캐릭터를 설계하는 디자이너들도 그렇다. 생물학자 스티븐 제이 굴드는 미키 마우스의 진화를 설명한 유명한 에세이에서, 그 설치류의 눈과 두개골이 수십 년 동안 차츰 커졌다는 것을 알려 주었다. 녀석의 성격은 얄미운 꼬마 악당에서 기업의 건전한 상징으로 변했다.[34] 굴드는 생전에 보지 못했지만, 2009년에 월트 디즈니 사는 비디오 게임을 출시하면서 미키 마우스의 변신을 꾀했다. 요즘 아이들은 더 '세련되고' '위험한' 캐릭터를 원한다는 판단 하에, 진짜 쥐를 더 닮은 모습으로 미키 마우스를 역진화시켰다.[35]

8장에서 언급했듯이, 보존 생물학자들에게는 귀여움이 성가신 문제이다. 소수의 매력적인 포유류들에게만 관심이 쏠리기 때문이다. 한 단체는 그런 반응을 유용하게 이용하기로 결정하고, 검고 예쁜 눈의 판다를 단체의 로고로 삼았다. 인도주의 단체들이 사진을 잘 받는 아이들을 광고에 동원하는 것도 같은 책략이다. 한편 심리학자 레슬리 제브로위츠는 배심원들이 어려 보이는 피고에게 더 동정적이라는 사실을 발견했다. 공감이 작동하는 탓에 정의가 곡해되는 셈이다.[36] 공감에 의한 불공평을 일으키는 또 다른 요소는 육체적 아름다움이다. 예쁘지 않은 아이들은 부모와 선생에게 더 가혹한 대접을 받고, 학대 피해자가 될 가능성도 더 높다.[37] 외모가 매력적이지 않은 사람들은 정직함, 친절함, 신뢰도, 감수성, 심지어 똑똑함 면에서 더 낮은 평가를 받는다.[38]

물론 우리는 친구와 친척에 대한 공감을 조절할 줄 알고, 못생긴 사람에게도 공감할 줄 안다. 그러나 그때조차 공감은 무차별로 적용되지 않고, 한계가 그어진 범위 내에서만 적용된다. 우리는 그 범위에 포함되는 사람들에게만 모든 도덕 감정들을 적용한다. 그리고 공감은 그런 다른 감정들과 함께 작용해야 하는데, 왜냐하면 사회생활이란 따뜻하고 포근한 감정을 사방으로 퍼뜨리는 것만은 아니기 때문이다. 사회생활에서는 불가피하게 마찰이 발생한다. 우리는 발을 밟히고, 콧대가 꺾이고, 신경이 거슬린다. 우리는 공감과 함께 죄책감과 용서도 느끼는데, 이런 감정들도 같은 범위 내에서 적용되는 경향이 있다. 우리는 공감하는 사람에게 피해를 끼쳤을 때 죄책감을 제일 많이 느끼고, 그들이 우리를 해쳤을 때 제일 쉽게 용서한다.[39] 로이 바우마이스터, 알린 스틸웰, 토드 헤더튼은 죄책감에 관한 사회 심리학 문헌을 검토하여, 그 감정이 감정 이입과 나란히 간다는 사실을 확인했다. 감정 이입을 많이 하는 사람일수록 죄책감을 많이 느끼고(여성이 특히 그런데, 원래 여성은 두 감정을 남성보다 더 많이 느낀다.), 상대방이 감정 이입이 되는 대상일수록 죄책감을 많이 느낀다. 그 효과는 엄청났다. 사람들에게 죄책감을 느꼈던 사건을 떠올리라고 주문하면, 93퍼센트가 가족, 친구, 연인과 관련된 사건을 떠올렸다. 그냥 아는 사람이나 낯선 사람과의 사건을 떠올린 사람은 7퍼센트뿐이었다. 타인에게 죄책감을 불러일으켰던 사건도 비슷한 비율이었다. 우리는 그냥 아는 사람이나 낯선 사람이 아니라 친구와 가족에게 죄책감을 더 많이 갖게 만든다.

바우마이스터와 동료들은 내가 도덕성에 관한 절에서 설명할 구분법을 동원하여 이런 패턴을 설명했다. 그들에 따르면, 공감과 죄책감은 **공동체** 관계의 범위 내에서 작동한다.[40] **교환** 관계, 혹은 동등성 관계에서는 그런 감정이 덜 느껴진다. 우리가 지인, 이웃, 동료, 제휴자, 고객, 서비스 제공자와 맺는 관계가 교환 관계이다. 교환 관계를 규제하는 것은 공정성 규범이며, 여기에는 진심 어린 공감이 아니라 그냥 화기애애한 감정들이 수반된다. 우리가 그들을 해치거나 그들이 우리를 해치면, 명시적으로 벌금, 환불금, 배상금을 논하여 피해를 바로잡는 협상을 벌일 수 있다. 만일 그럴 수 없다면, 우리는 그들과 거리를 두거나 그들을 비난함으로써 마음의 괴로움을 던다. 그런데 교환 관계를 수선할 때 쓰이는 이런 사업적인 보상 협상은 공동체 관계에서는 보통 터부이다. 또한 공동체 관계를 끊는 선택에는 값비싼 대가가 따른다.[41] 그렇기 때문에, 공동체 관계를 수선할 때는 좀 더 어수선하지만 오래가는 감정 접착제, 즉 공감, 죄책감, 용서가 사용된다.

그렇다면, 우리가 공감의 범위를 밖으로 더 확장하여 아기, 복슬복슬한 동물, 공동체 관계로 묶인 사람들 외에 낯선 사람들까지 점점 더 많이 끌어안을 가능성이 있을까? 상호 이타주의 이론과 그것을 실천하는 전략들, 즉 팃포탯을 비롯하여 기타 첫 수에 협력하고 남이 배신하기 전에는 배신하지 않는다는 의미의 '착한' 전략들로부터 답을 예측해 볼 수 있겠다. 위와 같은 의미에서 착한 사람들은 낯선 사람에게 더 쉽게 공감하는 경향성이 있을 것이다. 그 궁극의 (달리 말해 진화적인) 목표는 서로 유익한 관계의 가능성을 탐색하는 것이다.[42] 특히 자신은 비교적 작은 대가를 치르면서 상대에게는 큰 이익을 줄 수 있을 때, 즉 도움이 필요한 사람을 만났을 때, 공감이 행동으로 옮겨지기 쉽다. 또한 서로 유익한 관계를 지향하도록 기름칠하는 공통의 이해가 있을 때, 가령 서로 비슷한 가치를 품고 있거나 공통의 연합체에 속했을 때도 공감이 발휘되기 쉽다.

필요는 귀여움과 마찬가지로 보편적인 공감 유도 기제이다. 심지어 아기들도 어려움에 처한 사람을 돕거나 괴로워하는 사람을 달래려고 애쓴다.[43] 뱃슨이 공감 연구에서 발견한 바, 학생들에게 도움이 필요한 사람을 접하게 하면, 가령 다리 수술을 받고 회복 중인 환자를 접하게 하면, 학생들은 상대가 자신의 사회적 영역 밖에 있는 사람이라도 공감으로 반응했다. 상대가 동료 학생이든, 나이가 많은 낯선 사람이든, 아이든, 심지어 강아지라도 공감이 발휘되었다.[44] 나는 요전 날 바닷가를 걷다가 뒤집힌 투구게를 발견했다. 게는 다리 10개를 공중에 쳐든 채 하릴없이 버둥대고 있었다. 나는 녀석을 뒤집어 주었다. 그리고 녀석이 파도 속으로 미끄러져 들어가는 것을 보면서 행복감이 밀려오는 것을 느꼈다.

우리가 선뜻 돕게 되는 상대가 아니더라도, 우리가 그들과 가치를 공유한다고 인식하거나 다른 유사성이 있다고 인식할 때는 큰 차이가 생긴다.[45] 심리학자 데니스 크레브스는 다음과 같은 고전적 실험을 했다. 그는 학생 피험자에게 두 번째 (가짜) 피험자가 룰렛 게임을 하는 모습을 지켜보게 했는데, 공이 짝수에 떨어지면 보상을 받고 홀수에 떨어지면 충격을 받는 괴상한 게임이었다.[46] 이때 일부 피험자들에게는 두 번째 피험자가 그와 전공이 같고 성격도 비슷하다고 알려 주었고, 다른 피험자들에게는 두 번째 피험자가 학생이 아니고 성격도 그와 다르다고 알려 주었다. 그 결과, 상대가 자신과 비슷하다고 생각하는 피험자들은 상대가 충격을 받는 것을 보면서 땀을 흘렸고 심장 박동이 빨라졌다. 피험자들은 상대가 충격을 받으리라는 예상에 기분이 나쁘다고 말했고, 상대가 더 이상 고통 받지 않게 할 수 있다면 자신이 받을 보수를 포기하겠다고 말했다.

크레브스는 피험자들이 동료를 위해 희생하는 현상을 감정 이입-이타주의 가설로 설명했다. 감정 이입이 이타성을 촉진한다는 이론이다.[47) 그런데 앞에서 지적했듯이 **감정 이입**이란 단어는 모호하기 때문에, 이 이론은 사실 두 가설을 이야기하는 셈이다. 하나는 '공감'의 의미에 기반한 가설이다. 인간에게는 타인의 안녕을 중요하게 여기는 감정 상태가 — 남이 행복하면 우리도 기쁘고, 남이 행복하지 않으면 우리도 심란한 상태 — 있기 때문에 다른 배후의 동기가 없어도 타인을 돕는다는 이론이다. 정말로 그렇다면, 이 이론은 — **공감**-이타주의 가설(sympathy-altruism hypothesis)이라고 부르자. — 쾌락주의 심리학과 이기주의 심리학이라고 불리는 한 쌍의 오래된 이론을 반박하는 셈이다. 쾌락주의 심리학은 인간이 자신에게 즐거운 일만 한다고 보는 견해이고, 이기주의 심리학은 인간이 자신에게 유리한 일만 한다고 보는 견해이다. 물론, 이런 이론들의 순환 논증 형태도 생각해 볼 수 있다. 인간이 남을 돕는다는 사실 자체가 그가 그로부터 즐거움이나 이득을 얻는 게 **틀림없다**는 증거라고 보는 것이다. 그것이 그저 이타성의 가려움을 긁기 위한 행동일지라도. 그러나 우리가 이런 냉소적인 이론들의 가부를 시험해 보면, 도움의 범위를 넓히는 모종의 **독립적인** 배후 동기가 반드시 확인된다. 가령 자신의 괴로움을 달래기 위해서, 대중의 검열을 피하기 위해서, 대중의 존경을 얻기 위해서 등등.

사실 **이타주의**(altruism)라는 단어도 모호하다. 감정 이입-이타주의 가설이라고 할 때 '이타주의'는 심리학적 의미로, 남을 돕는 동기가 다른 목적에 대한 수단이 아니라 그 자체로 목적이라는 뜻이다.[48] 이것은 진화 생물학에서 말하는 이타주의와는 다르다. 진화 생물학자는 동기가 아니라 행동으로 이타성을 정의하므로, 진화적 이타주의란 자신을 희생하여 다른 개체에게 이득을 주는 행동을 뜻한다(생물학자들은 한 개체가 다른 개체에게 이득을 제공하는 두 방식을 구분하기 위해서 이 용어를 쓴다. 또 하나의 방식은 상호주의[mutualism]로서, 한 개체가 자신도 이득을 보면서 다른 개체에게 이득을 주는 행동이다. 곤충이 식물의 꽃가루받이를 하거나, 새가 포유류의 등에서 진드기를 잡아먹거나, 취향이 비슷한 룸메이트들끼리 서로의 음악을 즐기는 것이 이런 경우이다.).[49]

현실에서는 생물학적 이타주의와 심리학적 이타주의가 종종 일치한다. 우리가 무슨 일을 할 동기가 있을 때는 그에 따르는 비용을 감내할 용의도 있기 때문이다. 또한 흔한 오해에도 불구하고, 생물학적 이타주의에 대한 진화 이론의 설명은(개체가 친척을 돕거나 다른 개체와 호의를 교환함으로써 장기적으로는 제 유전자를 돕게 된다고 설명한다.) 심리학적 이타주의와 완벽하게 양립 가능하다. 만일 친척이나 잠재적 상호성 상대를 돕는 값비싼 행동이 장기적으로 제 유전자에 유리하다면, 자연 선택은 개체의 뇌에 자신의 안녕을 따지지 않은 채 그저 수혜자를 도우려는 직접적 동기를 부여함으로써 그 행동을 선호할 것이다. 이타주의자의 유전자가 장기적으로 이득을 누린다고 해서 그를 위선자라고 비난하거나 그의 이타적 동기를 폄하할 수는 없다. 그의 뇌에서는 결코 자신의 유전적 이득이 명시적인 목표로 떠오르지 않기 때문이다.[50]

요컨대, 감정 이입-이타주의 가설의 첫 번째 형태는 심리적 이타주의가 존재한다는 것이고, 이른바 공감의 감정이 그런 이타주의를 장려한다는 것이다. 두 번째 형태는 '투사'와 '관점 취하기'라는 의미의 감정 이입에 기반을 둔다.[51] 이 가설에 따르면, 우리는 타인의 관점을 취함으로써 그에게 공감을 느낀다(그리고 만일 공감-이타주의 가설이 옳다면, 타인의 관점을 취한 사람은 결국 그에게 이타적으로 행동할 것이다.). 그의 처지를 따져 보는 방식이든, 내가 그 사람이라고 상상하는 방식이든 말이다. 이것을 관점-공감 가설(perspective-sympathy hypothesis)이라고 부르자. 4장과 5장에서 나는 혹시 저널리즘, 회고록, 픽션, 역사, 그 밖의 대리 경험 기술들이 인류의 집단적 공감을 넓힘으로써 인도주의 혁명, 긴 평화, 새로운 평화, 권리 혁명을 이끌었을까 하고 물었는데, 이 가설은 그 질문과도 연관되는 셈이다.

뱃슨은 감정 이입-이타주의 가설의 두 형태를 늘 구별해서 논하지는 않았다. 그러나 20년에 걸친 그의 연구는 두 형태를 모두 지지했다.[52]

공감-이타주의 가설부터 따져 보자. 그것을 냉소적인 대안 이론, 즉 사람들이 남을 돕는 것은 오로지 자신의 괴로움을 줄이기 위해서라고 보는 가설과 비교하면 어떨까? 한 실험에서, 피험자들은 동료 피험자 일레인이 학습 실험을 하면서 반복적으로 충격을 받는 모습을 지켜보았다(남성 피험자에게는 일레인이 아니라 찰리를 소개했다.).[53] 일레인은 회가 거듭될수록 눈에 띄게 힘들어 했다. 실험자는 피험자에게 일레인을 대신할 기회를 주었다. 이때, 어떤 경우에는 피험자가 자기 볼일이 끝나면 자유롭게 자리를 뜰 수 있었으므로, 일레인을 대신하겠다는 결정은 순수한 이타주의였다. 그러나 다른 경우에는 피험자가 일레인을 대신할 수 없는 상태에서 그녀가 충격을 받는 모습을 여덟 번 더 꼭 봐야만 했다. 뱃슨은 이렇게 추론했다. 만일 피험자가 가엾은 일레인을 대신하겠다고 결정하는 것이 오직 그녀의 괴로움을 목격하는 자신의 괴로움을 덜기 위해서라면, 피험자가 자유롭게 자리를 떠도 좋은 상황일 때는 굳이 일레인을 대신하겠다고 나서지 않을 것이다. 일레인이 괴로워하며 신음하는 모습을 오래 지켜봐야 하는 상황일 때만 자진해서 대신 충격을 받겠다고 나설 것이다. 크레브스의 실험처럼, 뱃슨은 일레인에 대한 피험자들의 공감을 조작했다. 일부에게는 피험자와 일레인이 동일한 가치와 관심사를 갖고 있다고 말했고, 나머지에게는 그렇지 않다고 말했다(가령 피험자가 《뉴스위크》를 읽는 사람이라면 일레인은 《코스모폴리탄》이나 《세븐틴》을 읽는 사람으로 묘사했다.). 아니나 다를까, 피험자가 일레인과 공통점을 느낄 때는 그녀의 괴로움을 오래 지켜봐야 하는가와는 무관하게 대신 충격을 받겠다고 나섰다. 반면에 피험자가 일레인과 다르다고 느낄 때는, 그녀의 괴로움을 억지로 지켜봐야 하는 조건에서만 대신하겠다고 나섰다. 이 실험 외에도 많은 연구에서 확인된 바, 사람들은 기본적으로 남의 고통을 지켜보는 자신의 괴로움을 덜기 위해서 이기적으로 돕겠다고 나선다. 그러나 사람들이 피해자에게 공감할 때는, 자신의 괴로움을 덜 수 있든 없든 상대의 고통을 덜겠다는 동기가 더 지배적이었다.

또 다른 실험에서, 뱃슨과 동료들은 도움의 두 번째 배후 동기를 시험해 보았다. 사회적으로 옳은 일을 하는 사람으로 보이고 싶다는 욕망이다.[54] 이번에 실험자들은 피험자의 공감을 실험적으로 조작하는 대신, 원래부터 사람들의 공감 능력에는 편차가 있다는 점을 이용했다. 일레인은 다가올 충격이 걱정스럽다고 말했고, 그 말을 들은 피험자들은 자신이 그녀에게 공감, 걱정, 연민, 다정함, 따스함, 인정을 어느 정도 느끼는지 보고했다. 어떤 피험자는 각각의 항목 옆에 높은 수준을 뜻하는 큰 숫자를 적었고, 다른 피험자는 작은 숫자를 적었다.

이어 실험이 진행되었다. 오랫동안 괴로움을 겪었던 일레인은 또다시 충격을 받자 눈에 띄게 불행한 모습이었다. 이때 일레인의 괴로움을 덜려는 피험자들의 욕구가 순수한 박애 정신에서 나왔는지 혹은 착하게 보이고 싶은 마음에서 나왔는지 알기 위해, 실험자들은 교묘한 방법을 썼다. 우선 피험자의 기분을 설문지로 조사한 뒤, 어떤 경우에는 피험자가 모종의 과제를 잘 수행해야만 일레인을 풀어 줄 기회를 주겠다고 했고, 다른 경우에는 피험자가 공로를 인정받을 기회가 없는 상태에서 그냥 일레인을 풀어 주겠다고 했다. 그 결과, 감정 이입을 많이 하는 피험자들은 어느 경우든 안도했지만, 감정 이입을 많이 하지 않는 피험자들은 자신이 공을 세워 그녀를 풀어 준 경우에만 안도감을 느꼈다. 또 다른 실험에서는, 피험자들에게 글자 찾기 과제를 준 뒤 점수가 좋아야만 일레인을 대신할 기회를 주겠다고 했다. 어떤 경우에는 그 과제가 쉽다고 믿게끔 했고(그러면 피험자가 곤경을 모면하고자 일부러 나쁜 점수를 받기가 어렵다.), 다른 경우에는 어렵다고 믿게끔 했다(피험자가 일부러 점수를 나쁘게 받아서 희생 요청을 회피할 수 있다.). 그 결과, 감정 이입을 많이 하지 않는 피험자들은 과제를 대강 수행했고, 어렵다고 여긴 과제에서 점수가 더 나빴다. 반면에 감정 이입을 많이 하는 피험자들은 어려운 과제에서 **더 잘했다**. 자신이 일레인을 대신하려면 좀 더 노력해야 한다고 생각했기 때문이다. 그렇다면 공감은 정말로 진정한 도덕적 관심, 즉 인간을 목적에 대한 수단으로 다루지 말고 그 자체 목적으로 다루라는 칸트적 의미의 도덕으로 이어지는 셈이다. 위의 경우에는, 남을 도움으로써 자신의 기분이 좋아지고 싶다는 목적을 위한 수단조차 아니었다.

위의 실험은 타인이, 즉 실험자가 가한 피해로부터 남을 구출하는 경우였다. 공감에 기반한 이타주의는 **자신이** 남을 착취하려는 성향도 억제할까? 혹은 자신이 남의 도발에 반응하여 복수하려는 성향도 억제할까? 실제로 그랬다. 뱃슨은 이런 실험을 했다. 여성 피험자들이 (가상의) 동료 피험자와 함께 일회성 죄수의 딜레마 게임을 했다. 사업 거래를 흉내 낸 상황에서, 피험자들은 카드를 입찰하여 다양한 개수의 복권을 얻었다.[55] 이때 대부분의 피험자들은 게임 이론가들이 최적 전략이라고 부르는 행동을 선택했다. 즉, 배신했다. 자신이 상대에게 속지 않도록 보장하고 상대를 착취할 가능성을 제공하는 카드를 입찰했던 것이다. 그 때문에, 만일 서로 협동하여 다른 카드를 입찰한다면 더 많은 소득을 거둘 수 있는데도 그보다 나쁜 성과에 머물렀다. 그런데 이때 피험자가 상대를 익명의 존재로 여기지 않고 상대가 쓴 개인적인 글을 읽어서 감정 이입을 하게 되면, 협동률이 20에서 70퍼센트로 껑충 뛰었다. 두 번째 실험에서는, 또 다른 여성 집단이 **반복적** 죄수의 딜레마 게임을 했다. 상대가 배신하면 다음에 자신도 배신으로 보복할 기회가 있는 상황이었다. 이때 피험자들이 배신한 상대에게 협동할 확률은 겨우 5퍼센트였지만, 만일 사전에 상대에게 감정 이입을 했다면 상대를 더 많이 용서하여 45퍼센트까지 협동했다.[56] 공감은 자멸적 착취와 값비싼 보복도 누그러뜨리는 것이다.

이런 실험들에서는 공감을 간접적으로 조작했다. 피험자와 상대가 공유하는 가치를 변동시키거나, 이유가 무엇이든 어떤 피험자는 남들보다 더 자발적으로 감정 이입을 한다는 외생적 인자를 활용했다. 그런데 우리가 폭력 감소를 이해하려면, 공감이 외생적 인자에 의해 조절될 수 있는가 하는 질문이 중요하다.

기억하겠지만, 공감은 보통 공동체 관계에서 표현된다. 그런 관계에는 죄책감과 용서도 따른다. 그렇다면, 공동체 관계를 창조하는 인자라면 무엇이든지 공감도 창조할 것이다. 우리가 공동체 의식을 구축하는 첩경은 사람들에게 상위 목표를 주어 서로 협동하도록 유도하는 것이다(로버스케이브 캠프 실험이 고전적인 사례로, 아이들은 진흙탕에 빠진 버스를 함께 끌어내야 했다.). 갈등 해소 워크샵은 대개 이 원칙에 따라 운영된다. 적대적인 참가자들을 친근한 분위기에서 한곳에 모아 서로 개인으로 친해지게 하고, 갈등 해소법을 찾아내야 한다는 상위의 목표를 안겨 주는 것이다. 그런 환경에서는 상호 공감이 생겨난다. 워크샵은 참가자들에게 상대의 관점을 취하는 훈련을 시킴으로써 공감 형성을 북돋기도 한다.[57] 그러나 이런 사례도 참가자들에게 협동을 강제하기는 마찬가지이고, 수십억 인구를 한곳에 모아 갈등 해소 워크샵을 벌인다는 발상은 당연히 현실적이지 못하다.

공감을 일으키는 외생적 기제로 가장 강력한 것은 아주 값싸고, 널리 적용되며, 이미 우리 곁에 존재한다. 그것은 바로 픽션, 회고록, 자서전, 르포를 읽으면서 타인의 관점을 취해 보는 것이다. 그렇다면, 우리가 공감의 과학에서 다음으로 물어야 할 질문은 이렇다. 우리가 매체를 통해서 타인의 관점을 취하면, 그 작가나 화자, 나아가 그가 대변하는 집단의 구성원들에게 진심으로 공감을 느끼게 될까?

뱃슨의 연구진은 피험자들에게 대학 라디오 방송국의 시장 조사를 도와 달라고 부탁하는 실험을 해 보았다.[58] 피험자가 할 일은 「개인적 뉴스」라는 시험 프로그램을 평가하는 것인데, 그 프로그램의 목적은 "지역의 사건을 보도할 때 사실만 전달하는 것을 넘어서 사건이 관련자의 삶에 어떤 영향을 미쳤는지까지 보도하는 것"이라고 했다. 한 피험자 집단은 '방송의 기술적 측면에 집중하라.'는 지시를 받았다. '묘사된 내용에 대해서 객관적인 관점을' 취하고, 인터뷰 대상자의 감정에 휘말리지 말라는 것이었다. 다른 집단은 '인터뷰 대상자가 그 사건에서 어떻게 느꼈고, 그것이 그의 삶을 어떻게 변화시켰는지 상상해 보라.'는 지시를 받았다. 후자는 타인의 관점을 취하도록 조작된 셈이니, 가설에 따르면 공감을 끌어낼 수 있어야 했다. 물론 조작이 다소 서투르기는 했다. 우리가 평소에 책을 읽고 뉴스를 볼 때는 이렇게 저렇게 생각하고 느끼라는 지시를 받지 않으니까. 그러나 모든 작가들이 익히 알듯이, 독자들은 이야기 속 주인공의 관점을 취하기 쉬운 상황일 때 이야기에 더 몰두한다. 대본가 지망생들이 듣는 오래된 조언으로 '주인공을 내세운 뒤 그를 곤경에 빠뜨려라.'라는 말도 있지 않은가. 그러므로 현실의 매체들도 비록 명시적으로 명령하지는 않더라도 청중에게 주인공에 대한 공감을 요구할 것이다.

첫 번째 실험은 관점 취하기가 정말로 공감을 끌어낸다는 것을 보여 주었다. 이때의 공감은 일레인에게 충격을 가했던 실험에서 나타났던 것과 같은 진실된 공감이었다.[59] 피험자들은 케이티라는 여학생의 인터뷰를 들었다. 케이티는 교통사고로 양친을 잃고서 고군분투 어린 동생들을 키우고 있다고 했다. 나중에 실험자는 피험자들에게 케이티를 도울 기회를 제안했다. 아이를 봐주거나 차를 태워 주는 등 작은 도움이었다. 그런데 이때 사전에 신청서를 조작하여, 많은 학생이 이름을 적은 상황과 단 두 명만 이름을 적은 상황을 만들었다. 전자의 경우에는 피험자가 또래 집단의 압박을 느꼈고, 후자의 경우에는 마음 편하게 케이티의 어려움을 무시할 수 있었다. 그 결과, 피험자들 중에서 인터뷰의 기술적 측면에 집중한 사람들은 남들이 많이 서명한 경우에만 자신도 서명했다. 반면에 케이티의 관점에서 이야기를 들었던 사람들은 남들의 선택과는 무관하게 서명했다.

그런데, 도움을 청하는 인물에게 공감하는 것과 그가 대변하는 집단 전체에게 공감하는 것은 다른 문제이다. 독자들은 톰 아저씨에게만 공감할까, 모든 아프리카계 미국인 노예들에게 공감할까? 올리버 트위스트에게만 공감할까, 모든 고아들에게 공감할까? 안네 프랑크에게만 공감할까, 모든 홀로코스트 희생자들에게 공감할까? 뱃슨은 이 일반화를 시험하는 실험도 해 보았다. 학생 피험자들은 교통사고 후 수혈로 AIDS에 걸린 줄리라는 젊은 여성의 고난을 경청했다(치명적일 수 있는 그 병에 대한 효과적 치료제가 개발되기 전이었다.).

> 상상해 보면 알겠지만, 많이 무서워요. 기침이 나거나 약간 피곤할 때마다 걱정이 되죠. 이게 증상일까? 이제 나빠지는 걸까? 기분이 괜찮을 때도 있지만, 그때도 마음 한구석에서는 언제든 나쁘게 바뀔 수 있다는 생각이 들어요. [침묵] 적어도 지금으로서는 탈출 방법이 없다는 것도 알아요. 사람들이

치료제를 개발하려고 노력하고 있다는 것도 알고, 누구든 결국에는 죽는다는 것도 알아요. 하지만 너무 불공평하게 느껴져요. 너무 무서워요. 악몽 같아요. [침묵] 내 인생은 이제 막 시작된 것 같은데, 그게 아니라 죽어 가고 있으니까요. [침묵] 정말 우울해지죠.[60]

나중에 학생들에게 AIDS 환자에 대한 태도를 설문으로 묻자, 줄리의 관점을 취한 학생들은 기술적으로 평가한 학생들에 비해 더 큰 공감을 드러냈다. 공감이 한 개인에서 그가 대변하는 계층에게 퍼질 수 있다는 증거이다. 그러나 중요한 반전이 있었다. 관점 취하기가 공감에 영향을 미치는 과정은 도덕화의 규제를 받았다. 어쩌면 이것은 공감이 자동반사 반응이 아니라는 사실에서 당연히 예측되는 현상일지도 모른다. 줄리가 여름에 보호 장치 없이 여러 상대와 성관계하다가 AIDS에 걸렸다고 고백한 경우, 줄리의 관점을 취한 학생들은 여전히 AIDS 환자 전체에게 더 많이 공감했지만 AIDS에 걸린 **젊은 여성들**이라는 좁은 계층에 대해서는 더 많이 공감하지 않았다. 남녀 학생들에게 노숙자의 고난을 들려준 실험도 마찬가지였다. 그가 병 때문에 노숙자가 된 경우와 일하기 지겨워서 노숙자가 된 경우에 학생들의 반응이 달랐다.

심리학자들은 이보다 더 밀어붙여, 살인으로 유죄를 선고 받은 사람들에게도 공감이 미치는지 알아보았다.[61] 사람들이 살인자에게도 따스한 감정을 느끼기를 **바라서** 그런 실험을 해 본 것은 아니다. 그러나 공감할 만하지 않은 사람에게조차 조금쯤 공감하는 능력은 잔인한 처벌과 변덕스런 처형에 반대할 때 필요한 능력일 수 있다. 인도주의 혁명이 잔인한 처벌에 대한 개혁을 이룬 것은 이런 일말의 공감 덕분인지도 모르는 노릇이다. 뱃슨은 사이코패스적 포식자에 대한 공감을 끌어내려는 무모한 시도는 하지 않았다. 대신, 경찰 기록부에 등장하는 전형적인 살인 사건과 비슷한 사례를 교묘하게 지어냈다. 피해자가 먼저 가해자를 도발했고, 가해자만큼이나 피해자도 호감을 느끼기 힘든 사람인 경우였다. 제임스가 이웃집 남자를 죽인 사연은 다음과 같았다.

> 금세 상황이 최악으로 치달았습니다. 그가 울타리 너머로 우리 뒷마당에 쓰레기를 쏟았죠. 나는 그의 집 측면 벽에 빨간 페인트를 뿌렸습니다. 그랬더니 그가 우리 차고에 불을 질렀습니다. 차가 든 채로요. 그 차가 나한테 자랑이자 기쁨이라는 걸 그는 잘 알았습니다. 나는 차를 정말로 아끼고 늘 훌륭하게 관리해 두었죠. 내가 뒤늦게 잠에서 깨고 소방차가 불을 다 껐을 때, 차는 이미 망가져 있었습니다. 완전히! 그는 그냥 웃기만 하더군요! 나는 확 돌았습니다. 소리를 지르거나 한 건 아닙니다. 아무 말도 안 했지만, 어찌나 부들부들 떨리는지 가만히 서 있기도 힘들었습니다. 나는 그 순간에 그를 죽이겠다고 결심했습니다. 그날 저녁에 그가 귀가했을 때, 나는 사냥총을 들고 그의 집 현관에서 기다리고 있었습니다. 그는 웃으면서 나더러 겁쟁이라고 하더군요. 쏠 배짱도 없을 거라고요. 하지만 나는 그렇게 했습니다. 그에게 네 발을 쐈습니다. 그는 현관에서 즉사했습니다. 나는 총을 들고 경찰이 올 때까지 거기 가만히 서 있었습니다.
>
> [**면담자**: 후회합니까?]
>
> 지금요? 그럼요. 살인은 나쁜 짓이고, 아무리 그라도 그렇게 죽어서는 안 된다는 것도 압니다. 하지만 그때는 그에게 크나큰 대가를 치르게 하겠다는 생각뿐이었습니다. 그를 내 인생에서 없애겠다는 생각뿐이었습니다. [침묵] 그를 쐈을 때, 커다란 안도감과 해방감을 느꼈습니다. 자유로워진 기분이었습니다. 분노도 두려움도 미움도 없었습니다. 그러나 그런 감정은 겨우 1~2분이었죠. 사실 자유로워진 쪽은 그 사람이고, 나는 평생 감옥에 있어야 할 테니까요. [침묵] 그래서 정말로 여기 있고요.

제임스의 관점을 취한 평가자들은 기술적 평가자들보다 그에게 더 공감했지만, 살인자 전반에 대해서는 아주 조금만 더 긍정적이었다.

이 반전에는 또 반전이 있었다. 1~2주 뒤, 피험자들은 난데없는 전화를 받았다. 교도소 개혁에 관한 여론 조사라고 했다(전화를 건 사람은 실험자의 공모자였지만, 그 사실을 눈치챈 학생은 아무도 없었다.). 조사 문항 중에 살인자에 대한 태도를 묻는 질문이 있었는데, 학생들이 실험실에서 답했던 질문과 비슷한 내용이었다. 그런데 이 정도로 시간적 거리를 두었더니, 관점 취하기의 효과가 두드러지게 드러났다. 2주 전에 제임스의 느낌을 상상했던 학생들이 살인죄 수감자들에게 눈에 띄게 관대했던 것이다. 설득을 연구하는 전문가들은 이런 지연된 영향을 가리켜 수면자 효과(sleeper effect)라고 한다. 사람들은 자신이 지지하지 않는 방향으로 태도를 바꾸도록 만드는 정보를 접하면 — 이 경우에는 살인자에 대한 온화한 감정 — 처음에는 자신이 원하지 않는 그 영향을 인식하여 의식적으로 밀어내지만, 나중에 방어가 사라진 뒤에는 심경이 변한다. 이 연구의 결론은, 사람들이 어떤 집단을 몹시 싫어하더라도 그 속에 포함된 어느 낯선 구성원의 관점을 취하면서 그의 사연을 들으면 그는 물론이거니와 그가 대변하는 집단으로까지 진심으로 공감이 확장된다는 것이다. 이야기를 들은 지 몇 분 뒤에는 아니지만.

모두가 긴밀하게 연결된 세상에서 사는 사람들은 다양한 통로를 통해서 낯선 사람들의 이야기를 듣는다. 얼굴을 맞댄 만남, 언론의 인터뷰, 회고록과 자서전 등등. 그런데 가공의 세상에 바탕을 둔 정보에 대해서는 어떨까? 사람들이 자발적으로 몰입하는 소설, 영화, 텔레비전 드라마에 대해서는? 그런 이야기의 즐거움은 독자가 주인공의 관점을 취하고 그것을 다른 인물, 화자, 자신의 관점과 비교하는 데서 온다. 그렇다면 픽션도 사람들의 공감을 넓히는 은밀한 방법이 될 수 있을까? 1856년에 조지 엘리엇은 이 심리학 가설을 옹호했다.

일반화와 통계에 기반한 호소는 기존에 존재하는 공감, 즉 기존에 활동하던 도덕성을 요구한다. 그러나 위대한 예술가가 제공한 삶의 묘사는 더없이 평범하고 이기적인 사람마저 놀라게 만들고, 자신과 무관한 대상에게 관심을 품게 만든다. 우리는 이것을 도덕성의 원재료라고 불러도 좋을 것이다. 스콧이 우리를 루키 머클배킷의 오두막으로 데려가거나 '두 가축 몰이꾼' 이야기를 들려줄 때, 킹슬리가 우리에게 올턴 로크를 소개하면서 그가 처음 보는 숲으로 이어진 문을 간절히 응시하는 모습을 보여 줄 때, 호넝이 굴뚝 청소부들의 모습을 묘사할 때, 수백 편의 설교와 논문보다도 더 많이 위아래 계층을 이어 주고 야만스러운 배척성을 제거하는 효과가 있다. 예술은 삶과 가장 가깝다. 예술은 우리가 각자 딛고 선 땅 너머로 경험을 넓혀 주고, 다른 인간들과의 접촉을 넓혀 준다.[62]

최근에는 역사학자 린 헌트, 철학자 마사 누스바움, 심리학자 레이먼드 마, 키스 오틀리 등도 픽션을 읽는 것이 감정 이입을 확장시키고 인도주의적 진보를 이끄는 힘이라고 주장했다.[63] 문학 비평가들도 으레 합류하지 않았을까? 요즘은 그들의 연구 대상으로부터 학생도 지원금도 떼지어 등 돌리는 시대이니, 문학이 진보의 힘이라고 열렬히 주장하는 것이 좋지 않을까? 아니다. 오히려 많은 학자는, 대표적으로 수전 킨이 『감정 이입과 소설』에서 그랬듯이, 픽션이 도덕성을 고취시킨다는 가설에 발끈한다. 그들은 그것이 지나치게 평범하고, 치유적이고, 저속하고, 감상적이고, 오프라 윈프리다운 발상이라고 본다. 그들은 픽션이 감정 이입 못지않게 샤덴프로이데를 북돋아서, 공감하기 어려운 인물의 불행에 고소해 하는 마음을 심을 수 있다고 지적한다. 픽션은 '타자'를 얕잡는 고정관념을 영속시킬 수도 있다. 또한 독자들이 실존하지 않는 가련한 인물에게 주목하느라 그들의 관심으로 실제 도움을 얻을 수 있는 산 사람에게는 관심을 안 쏟을지도 모른다. 연구자들은 픽션이 공감을 확장시킨다는 구체적인 실험 데이터가 없다는 점도 정확히 지적했다. 마와 오틀리는 픽션 독자들이 감정 이입과 사회적 감식안 시험에서 더 높은 점수를 받는다는 것을 보여 주었지만, 그 상관관계만으로는 독자가 픽션을 읽기 때문에 더 감정 이입을 하는지 원래 감정 이입을 잘하는 사람이 픽션을 즐겨 읽는지 가릴 수 없다.[64]

그러나 만일 가상의 경험이 현실의 경험과 비슷한 효과를 내지 않는다면, 그 편이 더 놀라울 것이다. 왜냐하면 사람들은 두 가지를 기억에서 종종 혼동하기 때문이다.[65] 그리고 픽션이 공감을 넓힌다는 것을 보여 준 실험이 소수나마 있다. 뱃슨은 라디오 프로그램을 동원한 실험에서, 인터뷰에 응한 헤로인 중독자가 실존 인물인 경우와 배우인 경우를 피험자들에게 들려주었다.[66] 이때 화자의 관점을 취하도록 지시 받은 피험자들은 화자가 가상 인물임을 인식하는 경우에도 헤로인 중독자 전반에게 더 공감하게 되었다(물론 화자를 실존 인물로 인식한 경우에는 증가세가 더 컸다.). 그리고 능숙한 작가의 손에서는 가상의 피해자가 현실의 피해자보다 **더 많은** 공감을 끌어낼 수 있다. 문학 비평가 예멜얀 하케뮐데르는 『도덕 실험실』에서 이런 실험을 소개했다. 그는 피험자들에게 알제리 여성들의 고통을 다룬 글을 읽혔는데, 일부에게는 말리케 모케뎀의 소설 『추방자』 속 주인공의 관점을 취하게 했고, 나머지에게는 잰 굿윈의 폭로성 논픽션 『명예의 대가』를 읽혔다.[67] 그 결과, 소설을 읽은 피험자들이 사실적 기록을 읽은 피험자들보다 알제리 여성들에게 더 많이 공감하여, 그들의 괴로움을 그들의 문화, 종교 유산으로 치부하는 태도를 덜 보였다. 이런 실험으로 보아, 인도주의 혁명에서 먼저 대중 소설들이 등장하고 뒤이어 역사적 개혁이 벌어졌던 것은 그저 우연한 순서만은 아니었을지도 모른다. 관점 취하기를 연습하면 정말로 공감의 범위를 넓히는 데 도움이 되는 것이다.

감정 이입의 과학이 보여 주었듯이, 공감은 진정한 이타성을 촉진할 수 있다. 우리가 다른 계층에 속하는 사람의 관점을 취하면, 그가 가상의 인물이라도, 그 계층에게 공감이 확대될 수 있다. 이것은 역사적으로 사람들이 다른 생명체들의 경험에 더 민감하게 반응하고 그들의 고통을 덜기를 진심으로 바라게 된 현상이 부분적으로나마 인도주의 혁명에 기여했다는 가설을 지지하는 증거이다. 따라서 우리는 폭력의 역사적 감소를 설명할 때, 관점 취하기와 공감이 우리의 인지에 미친 영향을 빼놓아서는 안 된다. 이런 방식으로 감소를 설명할 만한 폭력으로는 잔인한 처벌, 노예제, 변덕스런 처형 등 제도적 폭력은 물론이거니와 여성, 아이, 동성애자, 소수 민족, 동물 등 취약한 집단에 대한 일상의 학대, 그리고 인명 피해에 아랑곳없이 자행되었던 전쟁, 정복, 인종 청소 등이 있다.

그러나 한편으로, 이런 연구는 요즘의 문제들에 대한 해결책으로 '감정 이입의 시대', '감정 이입의 문명'을 추구해선 안 되는 이유를 상기시킨다. 감정 이입에는 어두운 면이 있기 때문이다.[68]

우선, 감정 이입이 그보다 더 근본적인 공정성의 원칙과 충돌할 때는 사람들의 안녕을 **뒤엎을** 수 있다. 뱃슨은 이런 예를 들었다. 피험자들이 셰리라는 열 살 소녀에게 감정 이입을 하면, 중병을 앓는 그 아이를 위해서 의료 처치를 기다리는 줄에서 기꺼이 새치기를 했다. 그 아이보다 더 오래 기다렸고 어쩌면 더 아플 수도 있는 다른 아이들을 밀치고서 말이다. 피험자의 감정 이입이 다른 아이들을 죽음과 고통으로 인도할 수 있는 것이다. 단지 그들에게는 이름과 얼굴이 없다는 이유로. 한편, 셰리의 괴로움을 접했지만 감정 이입하지 않은 사람들은 훨씬 더 공정하게 행동했다.[69] 이 현상을 추상적으로 보여 준 실험도 있었다. 뱃슨에 따르면, 공공재 게임(참가자들이 각자 돈을 낸 뒤 총액을 불려 기여자들에게 재분배하는 게임)에서 참가자가 다른 참가자에게 감정 이입을 하도록 유도된 경우에는(가령 그녀가 방금 남자친구와 헤어졌다는 것을 알게 된 경우에는), 공공재에 내놓아야 할 자신의 기여분을 그 사람에게 주었다. 그 때문에 공공의 자산이 줄어, 모두가 손해를 입었다.[70)]

감정 이입과 공정성의 상충은 실험실에서만 관찰되는 희한한 현상이 아니다. 현실에서도 큰 영향을 미친다. 정치 지도자와 정부 관료가 감정 이입에 따라 행동한다면, 그래서 친척과 벗에게만 다정하게 특권을 나눠 준다면, 낯선 사람들에게 냉정하게 분배할 때보다 사회에게는 큰 해가 된다. 족벌주의는 경찰, 정부, 기업의 능력을 약화시킨다. 게다가 여러 일족과 민족 집단이 삶의 필수 요소를 놓고 제로섬 경쟁을 벌이게 되는데, 그런 경쟁은 쉽게 폭력으로 변질된다. 근대의 사회 제도들은 운영자들이 사회로부터 위임 받은 추상적 의무를 수행할 때 감정 이입의 유대를 초월해야만 제대로 돌아간다.

감정 이입의 또 다른 문제는, 그것이 모든 사람들의 이해를 두루 고려하는 힘이 되기에는 너무 편협하다는 점이다. 거울 뉴런이 있다지만, 감정 이입은 눈길이 닿는 모든 상대에게 공감하게끔 만드는 반사 반응이 아니다. 감정 이입은 우리가 상대와의 관계를 어떻게 해석하느냐에 따라 켜졌다 꺼졌다 하고, 아예 거꾸로 작동하기도 한다. 감정 이입은 귀여움, 잘생긴 외모, 혈연, 우정, 유사성, 공통의 유대 쪽으로 시선을 돌린다. 타인의 관점을 취함으로써 감정 이입의 범위를 넓힐 수는 있지만, 뱃슨이 경고했듯이 그 정도는 크지 않은 편이고 효과가 일시적일 수도 있다.[71] 낯선 사람을 친척이나 친구와 동등하게 느낄 정도로 우리의 감정 이입 기울기가 평평해지기를 바라는 것은 20세기 최악의 유토피아적 이상과 다르지 않다. 그러려면 우리는 본성을 억눌러야 하는데, 그것은 달성할 수 없는 일인 동시에 바람직한 일인지조차 의심스럽다.[72)]

게다가 꼭 그럴 필요도 없다. 감정 이입 범위가 확장되기를 바란다는 것은 우리가 지구 상 모든 인간들의 고통을 느껴야 한다는 뜻이 아니다. 누구에게도 그럴 시간과 에너지가 없으려니와, 감정 이입을 그렇게 얇게 펴뜨리려다가는 감정이 소진되고 동정심이 지쳐 버리고 말 것이다.[73] 구약성서는 우리에게 이웃을 사랑하라고 말하고, 신약 성서는 적을 사랑하라고 말한다. 아마도 우리가 이웃과 적을 사랑해야만 그들을 죽이지 않는다는 도덕적 논리일 것이다. 그러나, 솔직히 말해서 나는 이웃을 사랑하지 않는다. 적은 말할 것도 없다. 나는 그보다 다음과 같은 이상이 더 낫다고 믿는다. 이웃이나 적을 죽이지 마라, 설령 그들을 사랑하지 않더라도.

역사적으로 실제 확장된 것은 감정 이입의 범위라기보다 **권리**의 범위이다. 우리와 멀리 떨어져 있고 전혀 다른 모습일지라도 모든 생명체가 피해와 착취를 겪지 말아야 한다는 생각이 확장된 것이다. 물론, 감정 이입은 그동안 간과된 집단들에게 관심을 기울이자는 통찰을 제공한 점에서 역사적으로 중요했다. 그러나 통찰만으로는 부족하다. 감정 이입이 실제로 중요하게 작용하려면, 그런 집단들에 대한 정책과 규범을 바꾸는 단계까지 나아가야 한다. 그 단계에서야 비로소 감정 이입이 중요한 영향을 미칠 수 있다. 관습적인 인명 피해에 대한 새로운 감수성이 엘리트들의 결정과 대중의 상식적 지혜를 옳은 방향으로 기울일 수 있을 테니까 말이다. 그러나 이성에 관한 절에서 다시 이야기하겠지만, 우리가 감정 이입을 얽어매는 내재적 한계를 극복하기 위해서는 추상적인 도덕적 논증이 꼭 필요하다. 우리의 궁극적인 목표는 정책과 규범이라야 한다. 그것이 제2의 본성이 되어, 감정 이입이 아예 필요하지 않아야 한다. 우리가 사랑만으로는 부족하듯이, 감정 이입만으로도 부족하다.

자기 통제

아담과 이브가 사과를 먹고, 오디세우스가 제 몸을 돛대에 묶고, 개미가 양식을 저장하는 동안 베짱이는 노래 부르며 놀고, 성 아우구스티누스가 "제게 순결을 허락하소서, 그러나 아직은 마옵소서."라고 기도했던 때부터, 사람들은 자기 통제와 씨름했다. 현대 사회에서는 이 덕목이 더 중요하다. 이제 인류가 자연 재앙을 많이 다스리게 되어, 대부분의 고난은 우리가 스스로에게 가하는 것이기 때문이다. 우리는 너무 많이 먹고, 너무 많이 마시고, 담배를 피우고, 도박을 한다. 신용카드를 한도까지 긁고, 위험한 불륜에 빠지고, 헤로인과 코카인과 이메일에 중독된다.

폭력도 대체로 자기 통제의 문제이다. 그간 연구자들은 폭력의 위험 인자를 태산만큼 발견하여 쌓아 두었다. 이기심, 모욕, 질투, 부족주의, 좌절, 과밀, 더운 날씨, 남성성 등등. 그러나 우리 중 절반쯤은 남성이고, 우리 모두가 모욕과 질투와 좌절과 땀나는 날씨를 겪었지만, 그렇다고 해서 우리 모두가 주먹을 날리지는 않는다. 살인 환상이 보편적임을 고려할 때 폭력의 유혹에 면역을 타고난 사람은 없는 모양이지만, 어쨌든 우리는 그것에 저항하는 법을 익혔다.

폭력이 역사상 가장 큰 폭으로 감소했던 현상, 즉 중세 유럽에서 근대 유럽으로 넘어오면서 살인율이 30분의 1로 줄었던 현상은 자기 통제 때문이었다고 해석된다. 노르베르트 엘리아스의 문명화 과정 이론에 따르면, 국가 통합과 상업 성장은 단지 사람들에게 약탈을 꺼릴 유인을 제공하는 데만 그치지 않았다. 그것은 사람들의 머리에 자기 통제의 윤리를 주입하여, 절제와 예절을 제2의 천성으로 만들었다. 그래서 사람들은 식탁에서 칼로 찌르거나 남의 코를 베는 것뿐만 아니라 찬장에 소변보는 것, 공공장소에서 성교하는 것, 식탁에서 방귀 뀌는 것, 갉아먹은 뼈다귀를 서빙 접시에 도로 놓는 것도 꺼리게 되었다. 모욕에 반격하는 사람을 존경하던 명예의 문화는 충동을 다스리는 사람을 존경하는 품위의 문화로 바뀌었다. 1960년대의 선진국들, 탈식민화 직후의 개발 도상국들처럼 폭력 감소세가 역전된 시기에는 자기 통제에 대한 평가도 역전되어, 장로들의 규율보다 청년들의 무모함이 더 높게 평가되었다.

자기 통제 상실은 더 큰 차원에서도 폭력을 일으킨다. 많은 한심한 전쟁과 폭동은 지도자나 공동체가 상대의 무도한 행위에 격분하여 공격함으로써 시작되었는데, 그런 그들도 다음날 아침에는 어제 격분했던 것을 후회했다. 1968년 마틴 루서 킹 암살 직후 아프리카계 미국인들이 자기네 동네에서 방화와 약탈을 저질렀던 것, 2006년에 이스라엘이 헤즈볼라의 기습을 겪은 뒤 레바논의 기반 시설을 초토화했던 것이 그런 예다.[74)]

이번 절에서는 자기 통제의 과학을 살펴봄으로써, 자기 통제가 문명화 과정 이론을 지지하는지 따져 보자. 바로 앞 절에서 감정 이입의 과학을 살펴봄으로써 그것이 공감의 범위 확장 이론을 지지하는지 따져 보았던 것과 마찬가지이다. 문명화 과정 이론은 그 기원이 된 프로이트의 이드, 에고 이론처럼 인간의 신경계에 관해서 여러 강력한 주장들을 제기한다. 그것들을 차례로 살펴보자. 뇌에는 정말로 충동과 자기 통제를 담당하는 경쟁적인 체계들이 있을까? 자기 통제는 과식, 무절제한 성교, 게으름, 경범죄, 심각한 공격 등 모든 악덕을 길들이는 데 소용되는 유일한 재능일까? 만일 그렇다면, 우리가 각자 자기 통제력을 북돋울 방법이 있을까? 개개인의 조절이 사회로 확산되어, 온 사회가 전반적으로 폭력을 절제하도록 바뀔 수 있을까?

우선 자기 통제가 무엇인지 이해하고, 그것이 어떤 상황에서 합리적이고 어떤 상황에서 비합리적인지 알아보자.[75] 순수한 이기심은 — 자신에게는 좋지만 남들에게는 해로운 행동 — 차치하고, 자기 탐닉(self-indulgence)에 — 자신에게 단기적으로는 좋지만 장기적으로는 해로운 행동 — 집중하자. 예는 넘친다. 오늘 마구 먹으면, 내일 살이 찐다. 오늘 니코틴을 흡수하면, 내일 암에 걸린다. 오늘 춤추고 즐기면, 내일 결과에 책임져야 한다. 오늘 섹스를 하면, 내일 임신하거나 성병에 걸리거나 질투에 시달린다. 오늘 무턱대고 공격하면, 내일 그 피해를 감수해야 한다.

나중의 쾌락보다 지금의 쾌락을 선호하는 것이 **본질적으로** 비합리적인 행동은 아니다. 누가 뭐래도 화요일의 당신은 수요일의 당신만큼이나 초콜릿을 먹을 가치가 있다. 오히려 화요일의 당신이 **더** 가치 있다고 말할 수 있다. 초콜릿이 먹고 남을 만큼 충분히 크다면, 그것을 화요일에 먹어도 화요일의 당신과 수요일의 당신이 둘 다 배고프지 않을 것이다. 그러나 수요일에 먹겠다고 아꼈다가 당신이 잠에서 깨기 전에 죽으면, 화요일의 당신도 수요일의 당신도 그것을 즐기지 못한다. 자칫 초콜릿이 상하거나 도둑맞을 수도 있는데, 이때도 당신은 화요일에든 수요일에든 그 쾌락을 즐길 수 없다.

모든 조건이 같다면, 쾌락은 지금 당장 즐기는 것이 남는 장사이다. 우리가 돈을 빌려 주면서 이자를 요구하는 것은 그 때문이다. 내일의 1

달러는 오늘의 1달러보다 가치가 적다(인플레이션이 없다고 가정해도.). 이자는 그 차이에 대한 요금이다. 이자는 단위 시간당 고정 비율로 매겨지므로, 지수적으로 늘어난다. 그것이 곧 복리이다. 이자는 시간이 경과할수록 당신에게 돌아올 돈의 가치가 떨어지는 정도를 정확하게 보상해 주는데, 왜냐하면 가치가 감소하는 양상도 지수적이기 때문이다. 왜 지수적일까? 하루하루 시간이 흘러도, 당신이 그날 죽을 확률이나 차용자가 도망가거나 파산해서 당신이 돈을 못 받을 확률은 매일 일정하다. 따라서 일정 기간 동안 이런 일이 벌어지지 않을 확률은 하루하루 지날 때마다 감소하므로, 당신이 요구하는 보상은 그에 따라 증가한다. 쾌락으로 돌아가자. 오늘의 탐닉과 내일의 탐닉 사이에서 고민하는 합리적 행위자는 쾌락이 지수적 증가보다 더 크게 늘어날 때만 내일의 탐닉을 선택할 것이다. 달리 말해, 합리적 행위자는 **마땅히** 내일을 할인해야 한다. 그래서 내일의 더 적은 쾌락 대신 오늘의 쾌락을 즐긴다. 90세 생일을 성대하게 치르겠다고 평생 구두쇠처럼 아끼는 것은 말이 되지 않으니까.

그러나 우리가 미래를 **지나치게** 할인할 경우, 자기 탐닉은 비합리적인 행동이 된다. 미래의 자신이 멀쩡히 살아서 지금 아끼는 것을 즐길 수 있는데도 미래의 자신에게 실제보다 훨씬 낮은 가치를 매기는 경우이다. 시간 할인율에는 최적의 값이 있다. 수학적으로 계산한 최적 이자율인 셈이다. 그것은 당신의 기대 수명, 지금 아낀 것을 나중에 돌려받을 가능성, 자원 가치를 얼마나 연장할 수 있는가, 삶의 다른 시점에서 그것을 얼마나 즐길 수 있는가 (가령 팔팔할 때와 쇠약할 때 즐기는 정도가 달라지는가) 등에 달렸다. '오늘 먹고 마시고 즐기자, 내일이면 죽을 테니까.' 이 말은 우리가 내일 죽는 게 확실할 때는 완벽하게 합리적인 자원 배분이다. 그러나 사실은 내일이 있는데 마치 없는 것처럼 먹고 마시는 것은 비합리적이다. 지나친 자기 탐닉과 자기 통제 상실은 미래의 자신을 지나치게 할인하는 행동이다. 달리 말해, 지나치게 높은 이자율을 요구하고서는 그 수준이 되어야만 현재의 자신에게서 자원을 빼앗아 미래의 자신에게 할당하겠다고 하는 것이다. 그러나 이자율이 얼마가 되었든, 20세에 흡연으로 느끼는 쾌락이 50세에 암으로 느끼는 고통을 압도할 수는 없다.

현대인의 자기 통제 상실은 우리 신경계에 새겨진 과거의 할인율 때문에 벌어지는 행동일지도 모른다. 과거 선조들이 살았던 불확실한 세상에서는 지금보다 사람들이 훨씬 더 빨리 죽었고, 현재의 저축으로 미래에 이윤을 얻는 제도도 없었다.[76] 경제학자들에 따르면, 사람들에게 노후 대비를 스스로 알아서 하라고 하면 다들 몇 년 안에 죽을 것처럼 저축을 너무 적게 한다.[77] 행동 경제학자 리처드 탈러, 캐스 선스타인 등이 주장하는 '자유주의적 개입주의'는 이 사실에 근거한다. 그들은 정부가 현재의 자신과 미래의 자신이 경쟁하는 경기장을 기울일 필요가 있다고 주장한다. 물론 국민들의 동의 하에.[78] 최적 수준의 연금 저축을 모든 국민에게 기본적으로 부과하는 것이 한 예다. 개인이 선택적으로 가입하는 게 아니라 선택적으로 탈퇴하게 만드는 것이다. 몸에 나쁜 식품에는 판매세를 더 많이 부과하는 것도 또 다른 예다.

의지박약은 그저 미래를 지나치게 할인하는 문제만은 아니다. 우리가 미래의 자신을 지나치게 할인하는 것뿐이라면, 비록 나쁜 선택을 할지언정 시간에 따라서, 혹은 대안이 더 가까이 있다는 이유로 선택이 바뀌는 일은 없을 것이다. 단순히 "디저트 먹자."라고 외치는 내면의 목소리가 "나중에 살쪄."라고 속삭이는 목소리를 누르는 것뿐이라면, 디저트를 5분 뒤에 먹을 수 있든 5시간 뒤에 먹을 수 있든 차이가 없을 것이다. 그런데 현실에서는 시간적 임박성에 따라 선호가 바뀐다. 이것을 **근시안적**(myopic) 할인이라고 부른다.[79] 우리가 밤중에 다음 날 아침 메뉴를 적어서 호텔 문손잡이에 걸어 놓을 때는 과일과 무지방 요구르트를 선택하지만, 아침에 뷔페에서 즉석에 고를 때는 베이컨과 크루아상을 선택하기 쉽다. 연구자들이 많은 종을 대상으로 실험한 것을 보면, 생물체는 두 보상이 시간적으로 떨어져 있을 때 먼저 올 작은 보상보다 나중에 올 큰 보상을 분별 있게 고를 줄 안다. 누군가 당신에게 일주일 뒤에 10달러를 받겠느냐 일주일하고 하루 뒤에 11달러를 받겠느냐 묻는다면, 당신은 후자를 고를 것이다. 그러나 두 보상 중 하나가 현재와 아주 가까우면, 사람들은 자기 통제에 실패한다. 선호가 뒤집혀, 나중의 큰 보상보다 당장의 작은 보상을 고른다. 내일의 11달러보다 오늘의 10달러를 선택하는 것이다. 시간 할인은 할인율이 적절할 때는 합리적이지만, 근시안적 할인으로 선호가 역전될 때는 어떤 면에서도 합리적이지 않다. 그런데도 모든 생물체는 근시안적이다.

수학을 좋아하는 경제학자들과 심리학자들은 근시안적 선호 역전을 가리켜 합리적인 지수적(exponential) 할인 대신 **쌍곡선적**(hyperbolic) 할인을 시행한 탓이라고 설명한다.[80] 미래의 자신을 할인할 때, 우리는 보상의 주관적 가치에 앞으로 기다릴 시간 단위당 일정 비율을 거듭 곱하는 대신(그러면 가치가 원래의 2분의 1, 4분의 1, 8분의 1, 16분의 1 하는 식으로 나아간다.), 원래의 주관적 가치에 갈수록 더 작은 분수를 곱하는(가령 가치가 원래의 2분의 1, 3분의 1, 4분의 1, 5분의 1 하는 식으로 나아간다.) 경향이 있다. 이것을 더 직관적이고 정량적인 방식으로 표현하자면, (지수 곡선은 경사가 완만한 스키 점프대처럼 생긴 데 비해) 쌍곡선은 가파른 경사와 얕은 경사를 붙여 놓은 것처럼 팔꿈치 모양으로 굽은 곡선이다. 이 현상은 근시안적 할인이 뇌의 두 체계가 벌이는 승강이에서 비롯한다는 심리 이론과도 일치한다. 뇌에는 당장의 보상에 대한 체계와 먼 미래 혹은 가상적 보상에 대한 체계가 따로 있다는 것이다.[81] 토머스 셸링은 이렇게 설명했다. "사람들은 가끔 두 자아가 있는 것처럼 행동한다. 한 자아는 깨끗한 폐와 긴 수명을 원하고, 다른 자아는 담배를 사랑한다. 한 자아는 날씬한 몸을 원하고, 다른 자아는 디저트를 원한다. 한 자아는 극기에 관한 애덤 스미스의 글을 읽으면서 자기 계발을 하기를 원하고 …… 다른 자아는 차라리 텔레비전의 옛날 영화를 보기를 원한다."[82] 프로이트의 이드와 에고 이론도, 그리고 일탈은 내면에 존재하는 악마의 소행이라는 전래의 관념도("악마가 시켰어요!"), 자기 통제가 머릿속 작은 인간들끼리 벌이는 줄다리기라는 직관을 표현한 것이다. 심리학자 월터 미셸은 아이들을 대상으로 근시안적 할인에 대한 유명한 실험을 한 뒤(아이들은 지금 마시멜로 하나를 먹는 것과 15분 뒤에 두 개를 먹는 것 사이에서 고통스러운 선택을 해야 했다.), 심리학자 재닛 멧칼프와 함께 즉각적 만족을 원하는 욕망은 뇌의 '뜨거운 체계'에서 나오고 기다리는 인내심은 '차가운 체계'에서 나온다고 주장했다.[83]

우리는 이 장의 앞부분에서 그 차갑고 뜨거운 체계를 살짝 살펴보았다. 그것은 아마도 변연계(그림 8-2에 주요 부분들이 나와 있다.)와 이마엽(그림 8-3)일 것이다. 변연계는 중간뇌에서 시상하부를 거쳐 편도로 이어지는 분노 회로, 공포 회로, 우세 회로를 포함한다. 중간뇌에서 시상하부를 거쳐 줄무늬체로 이어지며 도파민의 자극을 받는 탐색 회로도 포함한다. 이런 회로들은 모두 눈확겉질이나 이마엽의 다른 부분들과 양방향으로 이어져 있다. 이마엽은 그 감정 회로들의 활동을 조절하고, 그 회로들과 행동 통제 활동 사이에 개입하기도 한다. 그렇다면 자기 통제는 변연계와 이마엽의 줄다리기로 설명될까?

2004년에 경제학자 데이비드 레입슨과 조지 로웬스타인은 심리학자 새뮤얼 매클루어, 뇌 영상 전문가 조너선 코언과 팀을 이루어, 근시안적 할인의 역설을 두 체계 사이의 교환으로 설명할 수 있는지 살펴보았다. 그들은 두 체계를 변연계 베짱이, 이마엽 개미라고 불렀다.[84] 스캐너에 누운 피험자들은 가까운 미래의 작은 보상, 가령 5달러와 몇 주 뒤의 큰 보상, 가령 40달러 사이에서 선택했다. 연구자들의 의문은 "당장의 5달러냐 2주 뒤의 40달러냐?"라고 물었을 때와 "2주 뒤의 5달러냐 6주 뒤의 40달러냐?"라고 물었을 때 피험자들의 뇌가 다르게 선택하는가 하는 점이었다. 정말 그랬다. 피험자들에게 당장의 만족 가능성을 당근으로 내걸었을 때는 줄무늬체와 안쪽눈확겉질이 활성화했다. 이마엽에서도 좀 더 냉정하고 인지적인 계산에 관여하는 등쪽가쪽이마앞엽겉질은 어느 경우에나 활성화했다. 더 놀라운 점은, 연구자들이 피험자들의 마음을 말 그대로 읽을 수 있었다는 것이다. 피험자의 가쪽이마앞엽겉질이 변연계 영역보다 더 활발할 때는 그가 나중의 큰 보상을 택하여 만족을 미루는 경향이 있었고, 변연계가 동등하거나 그 이상으로 활발할 때는 가까운 작은 보상에 굴복하는 경향이 있었다.

그림 8-3에서 보듯이, 인간의 뇌는 앞쪽이 묵직하다. 큼직한 이마엽은 여러 부분으로 구성되어 있고, 그것이 담당하는 자기 통제의 종류도 여러 가지이다.[85] 이마엽 맨 뒤쪽에서 뒤통수엽과 맞닿은 부분은 근육을 통제하는 운동띠이다. 그 바로 앞은 운동 명령들을 조직하여 더 복잡한 프로그램으로 만들어 내는 운동앞 영역이다. 거울 뉴런이 처음 발견된 곳이 이 영역이었다. 이마엽 앞부분은 이마앞엽겉질이라고 하며, 우리가 앞에서 여러 차례 만났던 등쪽가쪽겉질, 눈확/배쪽안쪽겉질이 여기에 포함된다. 두 뇌반구의 맨 앞 끄트머리에 해당하는 이마극들도 포함된다. 이마극은 '이마엽의 이마엽'이라고 불리며, 등쪽가쪽이마앞엽겉질과 더불어 우리가 당장의 작은 보상보다 나중의 큰 보상을 선택할 때 활성화하는 부분이다.[86]

전통적인 신경과 의사들(스캐너에 학생들을 집어넣는 대신 뇌 손상 환자들을 치료하는 의사들)은 이마엽이 자기 통제에 가장 깊게 연관된 부분이라는 발견에 놀라지 않았다. 그들의 진료실에는 미래를 지나치게 할인하여 안전

벨트 없이 운전하거나 헬멧 없이 자전거를 타는 바람에 그곳에 오게 된 불운한 환자들이 많기 때문이다. 그런 사람들은 1초 일찍 도로로 나서고 싶다거나 머리카락에 바람을 맞고 싶다는 당장의 작은 보상 때문에 사고를 당해도 이마엽이 온전할 수 있다는 나중의 큰 보상을 포기했다. 그것은 나쁜 거래이다. 이마엽이 손상된 환자들은 자극에 따라 곧이곧대로 행동한다. 그들 앞에 빗을 놓으면, 그들은 당장 그것을 집어서 머리카락을 빗는다. 그들 앞에 음식을 놓으면, 그들은 당장 그것을 입에 집어넣는다. 그들을 샤워기 밑에 세우면, 그들은 누군가 부를 때까지 나오지 않는다. 우리가 자극의 통제력에서 행동을 분리하려면, 즉 스스로의 목표와 계획에 부합하게 행동하려면, 이마엽이 온전해야 한다.

우리가 딱딱한 표면에 머리를 부딪치면, 이마엽이 두개골 앞쪽에 부딪쳐 무차별적으로 손상된다. 피니어스 게이지는 철봉이 뇌를 뚫는 섬뜩한 사고로 눈확겉질과 배쪽안쪽겉질을 깨끗하게 관통 당했지만 이마엽의 가쪽과 맨 앞쪽은 대체로 온전했는데, 이것을 보면 이마엽의 각 부위가 서로 다른 자기 통제를 담당한다는 사실을 알 수 있다. 게이지는 '지적 능력과 동물적 성향의' 균형을 잃었다고 한다. 현재 신경 과학자들은 눈확겉질이 감정과 행동의 주요한 접점이라는 데 합의한다. 눈확겉질이 손상된 환자들은 충동적이고, 무책임하고, 산만하고, 사회적으로 부적절한 행동을 하고, 때로 폭력적이다. 신경 과학자 안토니오 다마지오는 이 증후군을 감정 신호에 대한 무감각 탓으로 돌렸다. 다마지오가 보여 주었듯이, 그런 환자들에게 돈을 따거나 잃을 확률이 천차만별인 카드 게임을 시키면, 그들은 보통 사람들과는 달리 파괴적인 확률의 카드에 걸 때 식은땀을 흘리지 않았다.[87] 식은땀처럼 감정이 추진하는 자기 통제는 — 걱정이라고 표현할 수도 있다. — 진화적으로 오래된 현상으로, 쥐처럼 눈확겉질이 잘 발달된 (그림 8-1을 보라.) 포유류들에게서도 드러난다.

그러나 그보다 더 냉정하고 규칙에 의해 추진되는 자기 통제도 있다. 이런 자기 통제는 이마엽의 겉과 맨 앞부분이 담당하는데, 인간의 진화 과정에서 제일 많이 확대된 영역들이다.[88] 등쪽가쪽겉질이 합리적인 비용 편익 계산에 관여한다는 것은 앞에서 이야기했다. 지연된 두 보상 중 하나를 선택하는 문제, 폭주하는 전차를 지선으로 돌려 한 명을 죽일 것인가 아니면 본선에서 달리도록 그냥 두어 다섯 명을 죽일 것인가 선택하는 문제 등이다.[89] 한편 이마극은 명령의 위계에서 그보다 더 높은 위치에 있다. 신경 과학자들은 우리가 인생의 상충하는 요구들 사이에서 유연하게 타협할 수 있는 것이 이마극 때문이라고 본다.[90] 이마극은 우리가 멀티태스킹을 할 때, 새로운 문제를 살필 때, 잠시 중단했던 일을 재개할 때, 백일몽 상태와 주변 환경에 의식적으로 집중한 상태를 오갈 때 관여한다. 우리가 심적 서브루틴으로 빠졌다가도 원래 하려던 주된 업무로 돌아올 수 있는 것은 이마극 덕분이다. 가령, 요리를 잠깐 멈추고 빠진 재료를 사러 가게로 달려갔다가 돌아와서 다시 조리법을 따라가는 경우이다. 신경 과학자 에티엔 쾨클랭은 이마엽의 기능을 이렇게 요약했다. 이마엽의 맨 뒤쪽은 **자극**에 반응하고, 가쪽이마엽겉질은 **맥락**에 반응하고, 이마극은 **일화**에 반응한다. 우리가 전화가 울리는 소리를 듣고 수화기를 든다면, 자극에 반응하는 것이다. 우리가 마침 친구 집에 있기 때문에 전화가 울리도록 그냥 놓아둔다면, 맥락에 반응하는 것이다. 그런데 친구가 샤워하다가 고개를 내밀고서 전화가 울리면 받으라고 지시한다면, 우리는 일화에 반응하는 것이다.

이처럼 자기 통제에는 여러 차원이 있고, 그중 어느 기능이 망가져도 충동적 폭력이 발생할 수 있다. 아이들에 대한 폭력적 처벌을 예로 들어보자. 현대 서구의 부모들은 폭력에 반대하는 규범을 내면화했기 때문에, 아이를 때린다는 생각만으로도 자동으로 거의 원초적인 반감을 느낀다. 아마 눈확겉질이 집행하는 반응일 것이다. 그러나 지난 시대나 다른 하위문화의 부모들은 ("아빠가 돌아오시면 보자!"라고 말하는 엄마들은) 위반 행위의 심각성에 따라서 체벌을 조절할 것이다. 집인지 공공장소인지, 집이라면 손님이 와 있는 상황인지 아닌지에 따라서. 이때 부모의 자기 통제력이 약하다면, 혹은 아이의 말썽이 너무 심하다고 여겨서 화난 상태라면, 순간적으로 성질을 다스리지 못할 수 있다. 이것은 분노 회로가 이마엽의 통제를 벗어났다는 뜻이다. 그래서 그들은 아이를 흠씬 때리고, 나중에 후회한다.

에이드리언 레인은 사이코패스들과 충동적 살인자들의 눈확겉질이 작거나 반응성이 낮다는 사실을 보여 주었던 연구자인데, 최근 또 다른 뇌 영상 실험을 통해서 변연계가 일으키는 충동과 이마엽이 발휘하는 자기 통제 사이의 불균형이 폭력을 발생시킨다는 이론에 부합하는 결과를 얻었다.[91] 그는 아내를 때리는 남편들로 구성된 표본 집단에게 **분노**, **미움**, **공포**, **두려움**과 같은 부정적 감정 단어가 씌어진 카드를 보여 주며, 뜻은 무시하고 글자의 색깔만 말해 보라고 했다(스트루프 과제라고 불리는 주의력 시험 기법이다.). 그리고 그들의 뇌를 촬영했다. 그 결과, 이들은 색깔을 말하는 속도가 보통 사람들보다 느렸다. 아마도 원래 화를 잘 내는 사람들이라 단어가 전달하는 부정적 감정에 과민하게 반응한 탓일 것이다. 단어의 뜻에 현혹되지 않고 글자를 읽을 수 있는 보통 사람들에 비해, 이들은 (섬겉질과 줄무늬체를 포함한) 변연계 구조가 더 활발했고 등쪽가쪽이마앞엽겉질은 덜 활발했다. 요약하면, 충동적인 폭행자들의 뇌에서는 변연계의 공격 충동은 더 강한 데 비해 이마엽이 발휘하는 자기 통제력은 더 약하다.

✤ ✤ ✤

물론, 대부분의 사람들은 폭력을 휘두를 정도로 자기 통제가 부족하지 않다. 그러나 비폭력적인 다수 인구 중에서도 일부는 남들보다 자기 통제력이 더 뛰어나다. 그리고 지능을 제외할 경우, 건강하고 성공적인 삶의 전조로 자기 통제력만큼 정확한 것은 또 없다.[92] 월터 미셜은 만족 지연에 대한 연구(아이들에게 지금 마시멜로를 하나 먹는 것과 나중에 두 개 먹는 것 중에서 고르라고 했던 실험)를 1960년대 말에 실시했는데, 이후 그 아이들의 성장 과정을 추적했다.[93] 10년 뒤에 그들을 검사했더니, 마시멜로 실험에서 의지력이 강했던 아이일수록 청소년이 되어서 사회에 더 잘 적응했고, 수학 능력 시험 점수가 더 높았고, 학교에 더 오래 남아 있었다. 그로부터 또 10년 뒤와 20년 뒤에 검사했더니, 참을성이 많았던 아이일수록 성인이 되어서 코카인을 덜 했고, 자존감이 높았고, 인간관계가 더 나았고, 스트레스를 더 잘 다루었고, 경계성 성격 장애 증상을 덜 보였고, 더 높은 학위를 취득했고, 더 많은 돈을 벌었다.

많은 청소년과 성인을 대상으로 한 다른 연구들도 결과가 비슷했다. 성인은 마시멜로 두 개쯤이야 무한히 기다릴 수 있겠지만, 앞에서 보았다시피 성인에게는 "지금 5달러를 받겠습니까, 2주 뒤에 40달러를 받겠습니까?"라는 질문을 쓰면 된다. 레입슨, 크리스토퍼 차브리스, 크리스 커비, 앤젤라 덕워스, 마틴 셀리그먼 등에 따르면, 이런 질문에서 나중의 큰 보상을 고른 피험자일수록 성적이 더 좋았고, 몸무게가 덜 나갔고, 담배를 덜 피웠고, 운동을 더 많이 했고, 신용카드 대금을 더 꼬박꼬박 지불했다.[94]

바우마이스터와 동료들은 자기 통제를 좀 다른 방식으로 측정해 보았다.[95] 그들은 대학생들에게 아래의 문장에 대해서 자신의 자기 통제력을 점수로 매겨 보라고 했다.

> 나는 유혹을 잘 이긴다.
>
> 나는 속마음을 불쑥 말한다.
>
> 나는 절대로 통제력을 잃지 않는다.
>
> 나는 감정에 쉽게 휩쓸린다.
>
> 나는 쉽게 성질을 낸다.
>
> 나는 비밀을 잘 지키지 못한다.
>
> 나는 곰곰이 따진 뒤에 행동한다면 더 좋을 것이다.
>
> 나는 쾌락과 재미 때문에 할 일을 못할 때가 있다.
>
> 나는 시간을 잘 지킨다.

연구자들은 피험자들이 사회적으로 바람직한 특징에 체크하기 쉽다는 경향성을 감안하여 점수를 조정한 뒤, 여러 문항에 대한 반응을 하나의 수치로 통합하여 습관적 자기 통제력을 정량화했다. 그 결과, 점수가 높은 학생일수록 성적이 높았고, 섭식 장애가 적었고, 술을 덜 마셨고, 심인성 통증을 덜 느꼈고, 우울증, 불안증, 공포증, 편집증을 덜 겪었고, 자존감이 높았고, 양심적이었고, 가족과 관계가 좋았고, 안정된 우정을 경험했고, 나중에 뉘우칠 성관계를 적게 했고, 자신이 일부일처 관계에서 바람을 피우리라고 상상하지 않는 편이었고, 압박을 '해소'하거나 '바람을 뺄' 필요성을 덜 느꼈고, 죄책감은 더 느꼈지만 수치심은 덜 느꼈다.[96] 자기 통제가 강한 사람들은 타인의 관점을 취하는 능력이 더 뛰어났고, 타인의 고통에 반응할 때 괴로움을 덜 느끼는 편이었다. 그러나 타인에게 더 공감하는 편은 아니었고, 그렇다고 덜 공감하는 편도 아니었다. 흔히 자기 통제가 강한 사람은 꼬장꼬장하고, 억압되어 있고, 신경질적이고, 속으로 삭이고, 긴장되어 있고, 강박적이고, 혹은 심리 성적 발달 이론에서 항문기에 고착되어 있다는 통설이 있지만, 연구 결과는 그 반대였다. 자기 통제가 강한 사람일수록 더 나은 삶을 사는 것 같았다. 자기 통제 척도에서 상위를 차지한 사람들이 정신적으로 제일 건강했다.

그러면, 자기 통제가 약한 사람들이 폭력을 더 많이 저지를까? 정황 증거로 보면 그렇다. 3장에서 자기 통제가 약한 사람들일수록 범죄를 저지른다는 이론을 소개했다(마이클 고트프레드슨, 트래비스 허시, 제임스 Q. 윌슨, 리처드 헤른스타인 등이 주장했다.).[97] 그런 사람들은 정직한 노력으로 거두는 장기적 결실 대신 부정하게 얻는 눈앞의 작은 이익을 택하는데, 철창에 갇히지 않는 것도 장기적 결실에 해당한다. 청소년이든 청년이든 폭력적인 사람들은 학교에서부터 품행이 나쁠 때가 많고, 자기 통제력 결여를 드러내는 다른 골치 아픈 사건에도 쉽게 말려든다. 음주 운전, 마약과 알코올 남용, 사고, 나쁜 성적, 위험한 성관계, 실업, 도둑질이나 기물 파손이나 자동차 절도와 같은 비폭력적 범죄 등등. 폭력적 범죄는 놀랍도록 충동적일 때가 많다. 담배를 사러 편의점에 들어갔다가 순간의 충동에 떠밀려 총을 꺼내 현금 인출기를 강탈하는 식이다. 또는 욕설이나 모욕을 접하자 느닷없이 칼을 꺼내 상대를 찌르는 식이다.

이 이론이 정황적 가설을 넘어서려면, 심리학자들의 자기 통제 개념(당장의 작은 보상과 나중의 큰 보상 중 무엇을 고르는가, 혹은 스스로 자신의 충동성을 어떻게 평가하는가로 측정한다.)과 범죄학자들의 자기 통제 개념(실제 폭력성의 분출로 측정한다.)이 일치한다는 것을 증명해야 한다. 미셸은 도시에 사는 중학교 학생들과 문제아 캠프에 참가한 학생들에게 실험하여, M&M 초콜릿을 나중에 더 많이 받겠다고 기다리는 아이일수록 싸움을 일으키거나 친구를 괴롭히는 일이 적다는 것을 확인했다.[98] 교사들의 학생 평가를 살펴본 연구에 따르면, 교사들이 보기에 더 충동적인 학생일수록 더 공격적이라고 했다.[99] 특히 시사점이 컸던 연구는 심리학자 압샬롬 카스피와 테리 모피트가 뉴질랜드 더니든 시에서 1972~1973년 사이에 태어난 모든 아이들을 출생 시점부터 추적한 조사였다.[100] 3세 때의 실험에서 통제력이 부족하다고 평가된 아이들은 — 충동적이고, 산만하고, 반항적이고, 집중력이 떨어지고, 감정 기복이 심한 아이들 — 21세에 전과자가 되어 있을 가능성이 훨씬 더 컸다(이 연구는 폭력 범죄와 비폭력 범죄를 구별하지 않았지만, 같은 표본 집단을 사용한 나중의 연구들을 보면 두 종류의 범죄는 함께 가는 경향이 있었다.).[101] 그런 아이들이 범죄를 더 많이 저지르는 한 이유는 행동의 결과를 다르게 예상하기 때문인 것 같았다. 설문지 답변을 보면, 통제력이 약한 사람들은 범죄를 저지른 뒤 자신이 체포될 확률, 그리고 자신의 불법 행위가 드러났을 때 친구와 가족의 존경을 잃게 될 확률을 더 낮게 평가했다.

청소년기와 청년기에 범죄성이 변하는 현상은 자기 통제력이 증가하는 현상과 관계가 있다. 이때 통제력은 당장의 작은 보상보다 나중의 큰 보상을 선택하는 정도를 기준으로 측정한 것이다. 변화가 일어나는 한 이유는 뇌가 물리적으로 성숙하기 때문이다. 이마앞엽겉질의 신경 배선은 이십대에 접어들어서야 완료되며, 특히 가쪽과 이마극이 제일 늦게 발달한다.[102] 그러나 자기 통제력만으로 다 설명되는 것은 아니다. 나쁜 짓이 오로지 자기 통제에 달려 있다면, 십대 초반 아이들은 십대 후반이 되면서 점점 말썽을 덜 저질러야 할 것이다. 그러나 현실은 다르다. 왜냐하면, 폭력은 자기 통제만이 아니라 자기 통제가 통제하는 충동들에게도 달렸기 때문이다.[103] 청소년기는 이른바 감각 추구(sensation-seeking) 성향이라는 동기의 성쇠를 겪는 시기인데, 뇌의 탐색 체계가 자극하는 이 동기는 18세에 절정에 이른다.[104] 또 청소년기에는 테스토스테론이 자극하는 남자 대 남자 경쟁심이 커진다.[105] 감각 추구 성향과 경쟁심의 증가가 자기 통제의 증가를 넘어서기 때문에, 십대 후반과 이십대 초반 청년들은 이마엽이 발달하는 시기임에도 불구하고 더 폭력적으로 행동한다. 그러나 결국에는 자기 통제가 우위를 차지하고, 경험도 자기 통제를 강화한다. 스릴과 경쟁에는 대가가 따르고 자기 통제에는 보상이 따른다는 사실을 경험으로 배우는 것이다. 사춘기 범죄성의 궤적은 이 내면의 힘들이 반대 방향으로 밀고 당긴 결과이다.[106]

자기 통제는 사람마다 정도 차이가 있는 안정된 특질이고, 그 차이는 아동기 초기부터 드러난다. 자기 통제의 표준 검사법, 가령 마시멜로 실험이나 그에 상응하는 성인용 실험들의 결과는 유전적 성향의 산물일까, 아닐까? 그것을 알려면 쌍둥이와 입양아를 대상으로 실험해야 하는데, 그런 연구는 아직 없다. 그러나 유전되는 성향이라는 데 걸어도 괜찮을 것이다. 거의 모든 심리 특질들은 부분적으로나마 유전되기 때문이다.[107] 자기 통제는 지능과 부분적으로 상관관계가 있고(-1에서 1 사이 척도에서 0.23의 상관 계수를 보인다.), 두 특질은 같은 뇌 영역에 의존한다. 방식은 좀 다르지만.[108] 지능 자체도 범죄와 상관관계가 높고, — 지능이 낮을수록 폭력 범죄의 가해자 및 피해자가 될 가능성이 더 높다. — 자기 통제의 효과가 사실은 지능의 효과일 가능성이나 그 역일 가능성을 완전히 배제할 수는 없더라도 어쨌든 현재로서는 두 특질이 독립적으로 비폭력에 기여하는 것처럼 보인다.[109] 자기 통제가 유전된다는 단서는 또 있다. 통제력 부족을 특징으로 드러내는 주의력 결핍 과잉 행동 장애(ADHD)가 성격 특질들 중에서 유전율이 가장 높다는 점이다(이 증후군은 일탈, 범죄와도 연관성이 있다.).[110]

지금까지 살펴본 증거들은 모두 폭력과 자기 통제력 결핍 사이에 상관관계가 있음을 보여 주었다. 우선, 어떤 사람들은 남들보다 자기 통제력이 약하다. 그런 사람들은 남들보다 쉽게 나쁜 짓을 저지르거나, 화를 내거나, 범죄를 저지른다. 그러나 상관관계는 인과 관계가 아니다. 어쩌면 자기 통제가 약한 사람들은 지능이 더 낮기 때문에, 혹은 더 열악한 환경에서 자랐기 때문에, 혹은 다른 전반적 불이익을 갖고 있기 때문에 범죄를 더 많이 저지를지도 모른다. 더 중요한 점은, 개인 간 편차가 있는 안정된 특질을 가지고서는 왜 폭력률이 역사적으로 변했는가 하는 우리의 주된 의문에 대답할 수 없다는 점이다. 이 의문에 답하려면, 개개인이 자기 통제를 더 풀거나 쥘 때 폭력성도 그에 따라 변하는지를 살펴보아야 한다. 개인과 사회가 꾸준히 자기 통제력을 계발함으로써 폭력률을 낮출 수 있는지도 살펴보아야 한다. 과연 이런 누락된 고리들을 찾을 수 있을까?

사람이 충동과 싸울 때는, 마치 힘쓰는 일을 하는 것처럼 느껴진다. 자기 통제에 관한 관용구는 힘의 개념을 끌어들인 것이 많다. **의지력**, **의지의 힘**, **강력한 의지**, **자제력** 등등. 언어학자 렌 탈미는 자기 통제의 언어가 역학 관계의 언어를 끌어 쓴다고 지적하며, 우리는 자기 통제력을 뇌 속의 작은 인간처럼 여기고 그 인간이 완강한 반대자와 물리적으로 승강이하는 것처럼 상상한다고 말했다.[111] 우리는 '샐리는 힘들게 문을 밀어 열었다.'라는 문장과 '샐리는 힘들게 마음을 내어 출근했다.'라는 문장에서 같은 문장 구조를 쓰고, '비프는 개를 다스렸다.'와 '비프는 성질을 다스렸다.'에서 같은 문장 구조를 쓴다. 그런데 많은 개념적 비유가 그렇듯이, **자기 통제는 물리적 노력**이라는 비유에도 신경 생물학적으로 일말의 진실이 있었다.

바우마이스터와 동료들의 놀라운 실험에 따르면, 자기 통제력도 근육처럼 지친다. 그들의 실험을 가장 잘 소개하기 위해서, 논문의 연구 기법난에 적힌 문장을 그대로 인용하겠다.

실험 과정. 모든 피험자들은 미각 인식 연구에 참가하겠다고 서명했다. 실험자는 피험자 각각에게 연락하여 개인별 일정을 잡았고, 실험하러 오기 전에 한 끼를 걸러야 하며 적어도 직전 3시간은 아무것도 먹지 말라고 주문했다. 끼니를 거른 피험자가 도착하기 전에, 실험자는 실험실 환경을 세심하게 꾸며 두었다. 방 안의 작은 오븐에서 초콜릿칩 쿠키를 구워, 방에 초콜릿과 빵 냄새가 향긋하게 감돌았다. 피험자가 앉을 탁자에는 두 음식이 진열되어 있었다. 한쪽에는 푸짐하게 쌓인 초콜릿칩 쿠키에 작은 초콜릿까지 곁들여져 있었고, 반대쪽에는 붉고 흰 순무가 사발에 담겨 있었다.[112]

겉치레로 지어낸 가짜 실험은 감각 기억을 조사하는 것이었다. 피험자는 독특한 두 가지 맛 중에서 하나를 경험한 뒤, 약간의 시간 간격을 두고 그 맛의 특징들을 회상할 것이라고 했다. 실험자는 피험자 절반에게는 쿠키를 두세 개 먹으라고 했고, 나머지 절반에게는 순무를 두세 개 먹으라고 했다. 그러고는 방을 나와, 일방향 거울로 피험자를 관찰하면서 피험자가 속임수를 쓰는지 살펴보았다. 논문에는 이렇게 적혀 있다. "여러 피험자들이 초콜릿에 분명한 관심을 보였다. 그들은 초콜릿이 진열된 곳을 하염없이 바라보았고, 소수는 쿠키를 집어 냄새를 맡기도 했다." 피험자는 미각 기억을 시험하기 위해서 15분 동안 기다려야 했다. 그동안 몇 가지 퍼즐을 풀었는데, 연필로 기하학적 도형의 윤곽을 따라 그리되 한 번 갔던 길을 되돌아가거나 연필을 종이에서 떨어뜨리지 말아야 하는 과제였다. 이것으로도 가학성이 부족했던지, 실험자가 제공한 숙제는 사실 절대로 풀리지 않는 문제들이었다. 실험자는 피험자가 얼마나 붙잡고 있다가 포기하는지 그 시간을 쟀다. 그 결과, 쿠키를 먹었던 피험자들은 퍼즐을 풀려고 18.9분을 매달렸고, 34.3회를 시도했다. 반면에 순무를 먹었던 피험자들은 8.4분을 매달렸고, 19.4회를 시도했다. 순무를 먹은 사람들은 쿠키에 저항하느라 정신력을 소진한 나머지 퍼즐을 풀 정신력이 남지 않은 것 같았다. 바우마이스터는 프로이트의 **에고** 개념이 열정을 통제하는 정신 능력을 뜻한다고 보아, 이 현상을 **에고 고갈**(ego depletion) 효과라고 명명했다.

이 연구에는 많은 반대가 제기되었다. 어쩌면 순무를 먹은 사람들은 그저 낙심했거나, 화났거나, 기분이 나빴거나, 배가 고팠을지도 모른다. 바우마이스터의 연구팀은 모든 반대를 확인해 보았다. 연구진은 10년 동안 각종 실험을 더 실시하여, 의지력을 발휘해야 하는 작업이라면 거의 뭐든지 역시 의지력을 요구하는 다른 작업의 성과를 방해한다는 것을 보여 주었다. 다음은 에고를 고갈시키는 작업의 사례들이다.

- 색깔을 뜻하는 단어(가령 푸른 잉크로 '빨강'이라고 씌어진 단어)를 보면서 단어가 지칭하는 색깔이 아니라 단어가 씌어진 색깔의 이름을 대기(스트루프 과제).
- 옆 화면에서 나오는 코미디 영화를 무시한 채, 눈앞의 화면에서 보이는 움직이는 상자들을 추적하기.
- 수업료를 인상하자고 요구하는 연설문을 설득력 있게 작성하기.
- 고정관념을 전혀 사용하지 않은 채 비만자의 전형적인 하루 일과에 관한 글을 쓰기.
- 영화 「애정의 조건」 중 죽어 가는 데브라 윙거가 아이들에게 작별을 고하는 장면을 보면서 감정을 전혀 드러내지 않기.

- 극단적으로 편견이 있는 피험자의 경우, 아프리카계 미국인과 대화하기.
- 머릿속 생각을 모조리 적되, 북극곰에 대해서는 절대로 생각하지 말기.[113]

아래는 그 결과로 발생했던 의지력 상실의 사례들이다.

- 악력기를 오래 움켜쥐는 과제, 애너그램을 푸는 과제, 탁자에 가만히 놓인 상자만 줄기차게 비추는 영상을 보면서 무슨 일이 벌어질 때까지 기다리는 과제에서 더 빨리 포기했다.
- 맛 실험에서 아이스크림을 한 숟가락 먹은 뒤, 다이어트 결심을 깨뜨린 채 아이스크림을 마저 더 먹었다.
- 맛 실험에서 맥주를 더 많이 마셨다. 직후에 가상 운전 실험이 있는 경우에도 마찬가지였다.
- 성적인 생각을 억누르지 못했다. 가령 NISEP이라는 애너그램을 풀 때 **spine**(척추)이 아니라 **penis**(음경)라고 풀었다.
- 남에게 골프 퍼팅을 가르치면서 동시에 대화를 이어 가는 일을 해내지 못했다.
- 매력적인 시계, 자동차, 보트에 더 많은 돈을 지불하겠다는 의향을 밝혔다.
- 짓궂게도 실험자가 팔겠다고 내놓은 껌, 사탕, 과자, 카드 등을 구입하느라 실험의 보수를 날렸다.

연구자들은 조건을 다양하게 통제함으로써 피로, 난이도, 기분, 자신감 부족 등의 대안을 모두 기각했다. 위의 사례들에서 유일한 공통분모는 자기 통제력이 필요하다는 점이었다.

이 연구에서 드러난 한 가지 중요한 점은, 사람들이 자기 통제력을 행사하는 도중에는 개개인의 차이가 감춰진다는 것이다.[114] 금주와 자기 통제를 폄훼했던 1960년대 대중문화가 '네 멋대로 해라.'라는 유명한 모토처럼 순응성까지 폄훼했던 것은 우연의 일치가 아니었다. 사람은 모두 다르지만, 사회는 한 가지를 고집한다. 그렇다면 사람들은 다들 자기 통제를 발휘하여 그 한 가지를 해야 한다. 이처럼 자기 통제가 개인성을 평탄하게 만든다면, 에고가 고갈된 상황에서는 개인성이 도로 표출되지 않을까? 바우마이스터 연구진은 정확히 그런 현상을 목격했다. 아이스크림 맛보기 실험에서, 피험자가 사전에 자기 통제를 행사하지 않았을 때는 다이어트를 하는 사람이든 먹고 싶은 만큼 먹는 사람이든 똑같은 양을 먹었다. 그러나 의지력이 소진되었을 때는, 다이어트를 하는 사람들이 더 많이 먹었다. 그 밖에도 에고 고갈로 드러난 개인 차이로는 고정관념이 있는 사람들과 없는 사람들이 편견을 품는 정도, 술꾼들과 주량이 보통인 사람들의 맥주 소비량, 내성적인 사람들과 외향적인 사람들의 잡담량 등이 있었다.

바우마이스터 연구진에 따르면, 사람들이 — 특히 남자들이 — 의지력을 발휘해야만 성적 욕구를 통제할 수 있다는 빅토리아 시대의 통념도 사실이었다.[115] 연구진은 피험자들이 상대와 감정적으로 얼마나 가깝다고 느껴야만 가벼운 섹스를 나누는지 조사해 보았다. 이 문제는 남녀 불문하고 개인차가 크고, 남녀 사이에도 확고한 차이가 있다. 영화 「애니 홀」에서 다이앤 키튼이 "사랑 없는 섹스는 무의미한 경험이야."라고 말하자 우디 앨런이 "맞아, 하지만 무의미한 경험들 중에서는 최고지."라고 대답했던 것을 떠올려 보라. 연구자들은 피험자 절반에게 에고 고갈 과제를 주었고(자꾸 바뀌는 규칙에 따라 글자들을 지워 나가는 과제였다.), 다음 단계로 모든 피험자에게 자신이 누군가와 잘 연애하는 중인데 어쩌다 매력적인 다른 이성과 한 호텔 방에 있는 상황을 상상하라고 했다. 그때 자신이 유혹에 넘어갈지 아닐지 상상해 보라고 했다. 의지가 피로해졌든 아니든, 사랑 없는 섹스는 무의미한 경험이라고 대답했던 피험자들은 (남녀 모두) 자신이 유혹에 저항하리라고 상상했다. 그러나 가벼운 섹스에 더 개방적인 태도를 보였던 사람들은 일시적 의지박약에 영향을 받았다. 에고가 지친 상황일 때, 그들은 자신이 유혹에 넘어가리라고 더 많이 상상했다.

남녀 차이도 의미심장했다. 의지력이 말짱할 때는 남녀가 다르지 않아, 모두 상상의 불장난에 저항했다. 그러나 의지가 약해지면, 여자들은 여전히 저항하는 데 비해 남자들은 일탈을 더 많이 상상했다. 불장난에 자기 통제가 관여한다는 또 다른 증거로, 피험자들이 스스로 보고한 자기 통제력 수준을 (일시적 에고 고갈은 무시한다.) 분석한 결과가 있다. 자기 통제가 강한 사람들은 남자든 여자든 애인을 속이는 상상을 하지 않는다고 보고했지만, 자기 통제가 약한 사람들 중에서도 남자들은 자신이 애인을 속일 것이라고 상상했다. 이 패턴으로 보아, 자기 통제력 행사에는 남녀 간에 뿌리 깊은 차이가 있는 듯하다. 의지력의 통제에서 풀려날 경우, 남자들은 진화 심리학의 예측에 부합하는 방향으로 행동하는 경향이 있다.

바우마이스터와 게일리엇은 한 발 더 나아가, 자기 통제가 가상의 성적 활동만이 아니라 현실의 성적 활동에도 영향을 미치는지 알아보았다. 그들은 성적 경험이 많은 커플들과 연애를 시작한 지 얼마 되지 않은 커플들을 초대했다. 그리고 커플을 떨어뜨린 뒤, 각자에게 에고 고갈 과제를 주었다(주의를 산만하게 만드는 요소들을 무시한 채 따분한 비디오에 집중해야 하는 과제였다.). 이후 두 사람을 다시 만나게 하고, 실험자가 3분 동안 방을 나가 있음으로써 커플이 애정을 표현할 기회를 주었다. 실험자들은 예의를 아는 사람들이라 커플의 모습을 비디오로 찍거나 일방향 거울로 관찰하거나 하지는 않았다. 대신 피험자 각자에게 그동안 둘 사이에 있었던 일을 정확하게 적어 내라는 비밀 과제를 주었다. 그 결과, 오래된 커플들은 의지가 고갈된 상황에서는 육체적 행동을 약간 **덜 하는** 편이었다. 그들에게는 섹스가 더 이상 열정이 아니고 허드렛일이 된 것 같았다. 그러나 오래되지 않은 커플들은 육체적 행동을 훨씬 더 많이 했다. 연구자들의 보고에 따르면, "그들은 오랫동안 혀를 섞으면서 입을 맞췄고, 더듬거나 애무했고(가령 엉덩이나 여성의 가슴을), 심지어 옷을 벗어 노출했다."

문명화 과정 이론은 중세 유럽인이 자기 통제가 부족했던 탓에 다양한 방탕함을 보였다고 주장했다. 지저분함, 심술궂음, 음탕함, 천박함, 미래에 대한 지나친 할인, 그리고 가장 중요한 폭력까지. 자기 통제의 과학에 따르면, 우[illegible]음의 그 능력이 다양한 방종함에 대처할 수 있다는 짐작은 [illegible]이다. 그런데 폭력도 그런 방종함에 속하는지 아닌지는 확실하지 않다. 앞에서 자기 통제력이 약한 사람은 더 호전적이고 말썽을 많이 피운다고 말했지만, 그렇다면 실험실에서 자기 통제를 조작함으로써 사람들 내면의 야수를 끄집어낼 수도 있을까?

실험실에서 싸움이 터지기를 바랄 연구자는 없으므로, 바우마이스터는 그 대신 핫소스를 이용했다. 그는 음식의 맛과 문자적 표현의 관계를 연구한다고 말하면서, 굶주린 피험자를 실험실로 불렀다.[116] 피험자는 좋아하는 맛과 싫어하는 맛을 말한 뒤, 낙태에 대한 견해를 밝히는 글을 한 편 썼다. 그 다음에 가짜 동료 피험자의 글을 평가했고, 어떤 음식의 맛을 평가한 뒤, 마지막으로 자기 글에 대한 상대 피험자의 의견을 읽었다. 이때 절반은 도넛의 맛, 질감, 향을 평가해야 했고, 나머지 절반은 순무를 평가해야 했다. 그런데 피험자가 그 자극 물질을 입으로 가져가는 순간, 실험자가 외쳤다. "잠깐만요! 죄송합니다. 제가 실수했네요. 이 음식은 당신 것이 아닙니다. 나머지는 먹지 마세요. 제가 잠깐 나가서 다음 단계가 뭔지 알아보고 오겠습니다." 실험자는 피험자를 도넛이나 순무와 함께 남겨 두고서 5분 동안 자리를 비웠다. 이것이 과연 자기 통제를 알아볼 수 있는 유효한 실험인가 의심된다면, 연구자들의 보고서에서 인용한 아래 문장을 보라.

> **피험자들**: 대학생 40명이 학점을 대가로 연구에 참가했다. 그중 7명의 데이터는 모든 분석에서 제외했다. 4명은 자기 글에 대한 의견에 의심을 제기했기 때문이고, 3명은 도넛을 몽땅 먹어 버렸기 때문이다.

그 후 피험자는 자기 글에 대한 상대의 의견을 읽었는데, 그 가짜 의견은 몹시 신랄했다. 또한 피험자는 상대의 맛 취향을 알 수 있었다. 거기에는 상대가 매운 음식을 싫어한다고 적혀 있었다. 이 단계에서 실험자는 피험자에게 감자칩과 '매운맛'이라고 확실히 적힌 핫소스를 주면서 상대에게 줄 간식을 준비해 달라고 부탁했다. 실험자는 나중에 핫소스 용기의 무게를 잼으로써 피험자가 핫소스를 얼마나 썼는지 알 수 있었다. 피험자는 기분을 묻는 설문지도 작성했는데, 화가 났는지 체크하는 항목도 있었다. 그 결과, 도넛을 포기함으로써 자기 통제력이 고갈된 피험자들은 미쳐 날뛰지는 않을지라도 상대에게 확실히 앙갚음했다. 복수의 충동을 억제할 수 없었던지, 모욕을 안긴 상대의 감자칩에 핫소스를 62퍼센트 더 많이 뿌렸던 것이다. 의지가 고갈된 피험자들은 자신을 나쁘게 평가한 비평자가 컴퓨터 게임에서 실수할 때마다 단추를 눌러 그의 귀에 경적을 터뜨리는 과제에서도 상대를 더 많이 괴롭혔다.

사람들의 공격 환상을 알아본 실험도 있었다. 실험자는 피험자들에게 사랑하는 여자친구와 함께 술집에 있는 모습을 상상해 보라고 했다. 그때 경쟁 남성이 다가와서 애인을 추근대기 시작하고, 애인은 그것을 즐기는 듯하다(여성 피험자들에게는 남자친구에게 경쟁 여성이 다가와 말을 거는 시나리오를 주었다.). 피험자가 경쟁자를 저지하자, 남자가 피험자를 밀친다. 손 닿는 곳에는 맥주병이 있다. 실험자는 피험자에게 물었다. "병으로 상대의 머리를 내리칠 가능성이 얼마나 되겠습니까? 당신의 반응을 -100(가능성이 전혀 없음)에서 100(가능성이 대단히 높음) 사이의 척도로 표시하십시오." 자기 통제력이 약한 피험자들이라도, 의지력이 충분히 쉰 상태일 때는 아마도 보복하지 않으리라고 대답했다. 그러나 의지가 고갈된 상태일 때는, 아마도 보복하리라고 대답했다.

(1) 실험실에서 자기 통제력을 약화시키면 충동적 섹스와 폭력을 추구하는 성향이 커진다는 것을 보여 준 바우마이스터의 실험, (2) 자기 통제력이 약한 사람일수록 어릴 때 행실이 나쁘고, 방탕하고, 범죄를 저지르기 쉽다는 상관관계, (3) 이마엽 활동과 자기 통제의 상관관계를 보여 준 뇌 영상 연구, (4) 충동적 폭력과 이마엽 기능 손상의 상관관계를 보여 준 뇌 영상 연구. 이상을 종합하면, 자기 통제를 담당하는 신경 메커니즘이 허약할 때 폭력이 발생하리라는 엘리아스의 추측을 경험적으로 지지하는 증거가 된다.

그러나 증거는 아직 부족하다. 개개인이 수십 년 동안 안정적으로 유지하는 어떤 특질이 있고 그 특질이 몇 분 동안 고갈될 수 있다는 사실만으로는 어떻게 사회가 몇 백 년에 걸쳐 달라지는지를 설명할 수 없다.

각자 타고난 자기 통제력이 어느 정도이든, 그것을 북돋울 방법이 있다는 것까지 증명해야 한다. 자기 통제력이 유전되는 특질인 동시에 시간에 따라 변하는 특질이라는 발언은 전혀 역설적이지 않다. 키가 정확하게 그런 경우이다. 어느 시점이든 사람들 중 일부는 남들보다 더 크지만, 그와 동시에 지난 수백 년 동안 모든 사람들의 키가 전반적으로 더 커졌다.[117)]

인간은 자기 통제를 성찰하기 시작한 순간부터 그것을 향상시킬 방법도 함께 고민했다. 오디세우스는 선원들을 시켜 제 몸을 돛대에 묶었고, 선원들의 귀는 밀랍으로 막았다. 배가 좌초하는 일 없이 안전하게 사이렌들의 유혹적인 노래를 듣고 싶었기 때문이다. 그 때문에, 현재의 자신이 미래의 자신을 불리하게 만드는 기법을 가리켜 오디세우스 기법 혹은 율리시스 기법이라고 부른다. 예는 무수히 많다.[118)] 우리는 빈속으로 장 보러 가지 않는다. 브라우니, 담배, 술을 원하지 않을 때 그것을 내다 버린다. 나중에 원하더라도 못 즐기게 하기 위해서. 자명종 시계는 침대에서 멀리 떨어진 곳에 둔다. 손을 뻗어 시계를 끄고 도로 잠드는 것을 막기 위해서. 우리는 또 고용주가 우리 월급 중 일부를 연금으로 떼어 놓도록 허락한다. 당장 마쳐야 할 일이 있으면, 그 일이 끝날 때까지는 주의를 흩뜨릴 잡지, 책, 기계 따위를 사지 않는다. Stickk.com과 같은 회사에 돈을 맡겨, 우리가 어떤 목표를 달성하면 그 돈의 일부를 돌려받고 달성하지 못하면 우리가 혐오하는 정치 단체에 기부하겠다는 계약을 맺는다. 또한 우리는 변화하겠다는 결심을 공개적으로 밝힌다. 그렇게까지 하고서도 변하지 않으면 평판에 타격을 입을 테니까.

3장에서 보았듯이, 근대 초기 유럽인들이 사용한 오디세우스 기법 중 하나는 날카로운 칼을 식탁에서 치우는 것이었다. 서부극에서 술집에 내걸린 친숙한 경고문도 — '총은 문에서 맡기고 들어오시오.' — 같은 목적이었고, 요즘의 총기 규제 법률이나 무기 감축 협정도 마찬가지이다. 또 다른 전술은 자신을 골칫거리에서 멀리 떼어 놓는 것이다. 가령 기분 상한 경쟁자가 어슬렁거린다고 알려진 장소는 가급적 피하는 것이다. 서로 드잡이하다가 구경꾼의 개입에 마지못해 멱살을 놓는 싸움꾼들도 마찬가지 전술을 쓰는 셈이다. 그렇게 물러나면 자신의 나약함이나 비겁함을 인정하는 것은 아니라는 이점도 있다.

물리적이라기보다 정신적인 자기 통제 전략도 있다. 월터 미셜이 보여 주었듯이, 네 살짜리들도 유혹적인 마시멜로를 무언가로 덮어 두거나, 딴 곳을 바라보거나, 노래를 불러 주의를 돌리거나, 머릿속에서 그것을 달콤하고 맛있는 음식 대신 폭신폭신한 흰 구름으로 재설정하는 경우에는 나중에 마시멜로 두 개를 얻기 위해서 오래 기다릴 수 있었다.[119] 폭력에 관해서라면, 모욕에 대한 인식을 재설정할 수 있다. 그것을 자신의 평판에 대한 참담한 공격으로 보는 대신, 아무런 효과가 없는 행위나 상대의 미성숙함을 보여 주는 행위로 여기는 것이다. "개인적으로 받아들이지 마."라는 조언, "녀석은 그냥 허풍 떠는 거야.", "재는 애라서 그래.", "그쪽 말대로 믿든가."라는 무시, "몽둥이와 돌멩이는 내 뼈를 부러뜨리지만 말은 나를 다치게 하지 못한다."는 속담 등은 모두 인식 재설정 전술이다.

마틴 데일리와 마고 윌슨은 경제학의 최적 이자율과 생물학의 최적 채집 전략을 끌어들여, 세 번째 자기 통제 조작 방법을 제안했다. 그들에 따르면, 생물체들에게는 마치 이자율을 조정하듯이 미래에 대한 할인율을 조정하는 내적 변수가 있다.[120] 변수는 환경의 안정성과 자신의 기대 수명에 따라 조절된다. 내일이 영영 오지 않는다면, 혹은 세상이 너무나 혼란스러워서 저축을 돌려받는다는 확신이 없다면, 내일을 위해 저축해 봐야 소용없다. 데일리와 윌슨은 한 대도시의 여러 동네들을 정량적으로 비교하여, (폭력을 제외한 다른 모든 이유들 때문에) 기대 수명이 짧은 동네일수록 폭력 범죄 발생률이 높다는 것을 발견했다. 이 상관관계는 사람들의 나이가 같을 경우 앞으로의 삶이 적게 남은 사람일수록 더 무모하게 군다는 가설을 뒷받침한다. 물론 환경의 불확실성에 대응하여 자신의 할인율을 높이는 것은 합리적인 행위이지만, 그 때문에 악순환이 구축될 수 있다. 당신이 더 무모해지면 남들이 당신 때문에 또 할인율을 높이는 것이다. 잘되는 사회는 계속 잘되고 못되는 사회는 계속 못되는 듯한 마태 효과는 환경적 불안정성과 심리적 무모함이 서로 부추겨 상승효과를 낸 탓일지도 모른다.

자기 통제력을 북돋우는 네 번째 방법은 영양 상태, 정신, 건강을 개선하는 것이다. 큼직한 이마엽은 대사적으로 요구 사항이 많아, 글루코오스(포도당)를 비롯한 각종 영양소를 무지막지하게 잡아먹는다. 바우마이스터는 자기 통제를 물리적 노력에 빗대는 비유를 더 밀어붙여, 사람들이 신경을 곤두세우거나 의지력을 발휘해야 하는 과제 때문에 에고가 고갈되면 혈당 글루코오스 농도가 곤두박질친다는 사실을 발견했다.[121] 그때 설탕이 든 레모네이드를 마셔서 글루코오스 농도를 회복하면, 후속 과제에서 예의 그 슬럼프를 보이지 않았다(인공 감미료 아스파탐을 탄 레모네이드는 효과가 없었다.). 그렇다면 현실에서 이마엽을 훼손하는 조건들이 — 저혈당, 만취, 마약, 기생충, 비타민과 미네랄 결핍 — 가난한 사람들의 자기 통제력을 더 약화시켜서 충동적 폭력에 취약하게 만든다고 가정해도 지나치지 않을 것이다. 위약을 이용한 여러 실험에서는 죄수들에게 건강 보조제를 제공하면 충동적 폭력이 감소한다는 결과가 나왔다.[122]

바우마이스터는 비유를 한층 밀어붙였다. 의지력이 근육처럼 많이 쓰면 피곤해지고, 에너지를 잡아먹고, 단 음료로 활력을 되찾을 수 있는 것이라면, 운동으로 더 키울 수도 있을까? 우리가 결단력과 결심을 반복적으로 굽혔다 폈다 함으로써 의지력을 더 발달시킬 수도 있을까? 비유를 **지나치게** 문자 그대로 받아들여서는 안 되겠지만 — 불룩해진 두갈래근처럼 이마엽 조직이 더 묵직해지는 것은 아니다. — 겉질과 변연계를 잇는 신경 회로들이 훈련으로 강화될 가능성은 있다. 또한 사람들이 자기 통제 전략을 익히고, 충동을 다스리는 기쁨을 맛보고, 새로 익힌 규율의 기술을 한 행동에서 다른 행동으로 옮겨 적용할 가능성은 있다.

바우마이스터를 비롯한 여러 심리학자들은 운동 비유를 실험으로 확인했다. 피험자들은 몇 주 혹은 몇 달 동안 자기 통제를 요하는 규칙에 따라 생활한 뒤, 에고 고갈 실험에 참가했다.[123] 규칙은 실험마다 달랐다. 먹은 음식을 모조리 기록하기, 운동 관리나 가계부 관리 프로그램에 참가하거나 어떤 기술을 익히기, 이빨을 닦거나 컴퓨터 마우스를 조작할 때처럼 일상적인 활동에서 원래 안 쓰던 손을 쓰기 등이었다. 그중에서도 학생 피험자들의 자기 통제력을 정말로 시험한 것은 말에 제약을 두는 규칙이었다. 욕하지 않기, 완전한 문장으로 말하기, 문장을 '나'로 시작하지 않기 등등. 이런 훈련들 중 몇 가지를 몇 주 동안 복합적으로 실시한 결과, 학생들은 실험실에서 에고 고갈 과제를 할 때 더 큰 저항력을 발휘했다. 게다가 일상에서도 자기 통제력을 더 많이 발휘했다. 담배를 덜 피웠고, 술을 덜 마셨고, 정크푸드를 덜 먹었고, 돈을 덜 썼고, 텔레비전을 덜 보았고, 공부를 더 많이 했고, 설거지감을 개수대에 방치하지 않고 즉시 씻었다. 일상의 허드렛일에서 자기 통제를 발휘하다 보면 그것이 제2의 천성이 되어 다른 태도로도 일반화될 수 있다는 엘리아스의 추측에 또 한 번 힘이 실리는 셈이다.

오디세우스적 제약 기법, 인식 재설정, 변동 가능한 내면의 할인율, 영양 개선, 운동으로 근육을 키우는 것처럼 운동으로 통제력 강화하기. 자기 통제는 이런 기법들로 조절되는 한편, 변덕스러운 유행에 따라서도 조절된다.[124] 어떤 시대에는 자기 통제가 점잖은 인간의 모범적 특징으로 정의된다. 어른, 품위 있는 사람, 신사 숙녀, 사람다운 사람의 특징으로 여겨진다. 다른 시대에는 그것이 뻣뻣함, 내숭, 갑갑함, 융통성 없음, 청교도적 강박으로 야유된다. 가장 최근에 느슨한 자기 통제를 찬양했던 시절은 범죄율이 높았던 1960년대였다. 네 멋대로 해라, 편하게 행동하라, 기분 좋으면 그만이다, 야성에 따라 행동하라, 이렇게 권하던 시대였다. 당시에 사람들이 자기 탐닉을 멋지게 생각했다는 점은 공연을 찍은 영화들을 보면 알 수 있다. 록 가수들은 남들보다 더 충동적으로 행동하려고 어찌나 노력했던지, 사전에 공들여 즉흥적인 행동을 계획한 것처럼 보였다.

이상의 여섯 가지 자기 통제 강화법이 모든 사회 구성원에게 퍼질 수 있을까? 그리하여 사회의 성격을 전체적으로 규정할 수 있을까? 이것은 문명화 과정 이론을 구성하는 연쇄 설명에서 마지막 도미노에 해당한다. 첫 번째 외생적 도미노는 법 집행과 경제 협력의 기회이다. 이것은 객관적인 보수 구조를 바꿈으로써 만족을 연기하는 행동, 특히 충동적 폭력을 피하는 행동이 장기적으로 유리하도록 만든다. 그 효과로 사람들의 자기 통제 근육이 강화되고, 사람들은 (여러 변화가 있겠지만 그중에서도) 폭력의 충동을 억제하게 된다. 단순히 붙잡혀서 처벌 받지 않을 수준까지만 억제하는 것이 아니다. 그보다 한참 더 엄격한 수준까지 억제한다. 이 과정이 긍정적 되먹임 순환을 이룰 수도 있다. 이때 '긍정적'이란 표현은 자기 강화를 뜻하는 기술적 의미이기도 하고, 흔히 우리가 바람직하게 여기는 가치들로 나아간다는 의미이기도 하다. 모두들 자신의 공격성을 통제하는 사회에서는 내가 성마르게 보복하는 성질을 키울 필요가 없을 테고, 덕분에 남들도 부담을 덜고, 이렇게 계속 순환되는 것이다.

심리학과 역사의 간격에 다리를 놓는 방법으로서 사회 전체의 자기 통제 지표가 어떻게 변했는지 살펴볼 수 있다. 앞에서 말했듯이, 이자율이 바로 그런 지표이다. 이자율은 사람들이 현재에서 미래로 소비를 연기할 때 요구하는 보상액을 알려 주기 때문이다. 물론 인플레이션, 소득 증가 기대치, 투자를 돌려받지 못할 위험성 등의 객관적 요인들도 이자율에 영향을 미치지만, 사람들이 지연된 만족 대신 즉각적 만족을 얼마나 더 선호하는가 하는 순수한 심리 요인도 틀림없이 영향을 미친다. 한 경제학자가 말했듯이, 몇 분 뒤에 마시멜로를 두 개 먹는 것보다 당장 하나를 먹겠다고 선택한 여섯 살 아이는 하루에 3퍼센트, 즉 한 달에 150퍼센트의 이자율을 요구하는 것과 마찬가지다.[125)]

4장에서도 만났던 경제사학자 그레고리 클라크는 문명화 과정이 진행되었던 1170~2000년까지 영국의 이자율을 (토지와 집에 대한 임차료의 형태로) 추정해 보았다. 클라크에 따르면, 1800년 전에는 인플레이션이라 할 만한 것이 없었고, 소득은 일정했고, 소유자가 재산을 잃을 위험은 낮았고, 그 위험 역시 일정했다. 정말 그렇다면, 실질 이자율은 사람들이 미래의 자신보다 현재의 자신을 얼마나 더 선호하는지 보여 주는 척도가 될 수 있다.

그림 9-1을 보면, 영국에서 살인율이 급락했던 이 기간에 실질 이자율도 급락하여 처음에 10퍼센트가 넘었던 것이 2퍼센트 수준으로 내려왔다. 다른 유럽 사회들도 비슷한 변화를 보였다. 상관관계가 곧 인과 관계는 아니지만, 유럽이 중세에서 근대로 오면서 폭력이 감소한 현상은 자기 통제와 미래 지향성 강화라는 더 폭넓은 변화의 일부였다고 말했

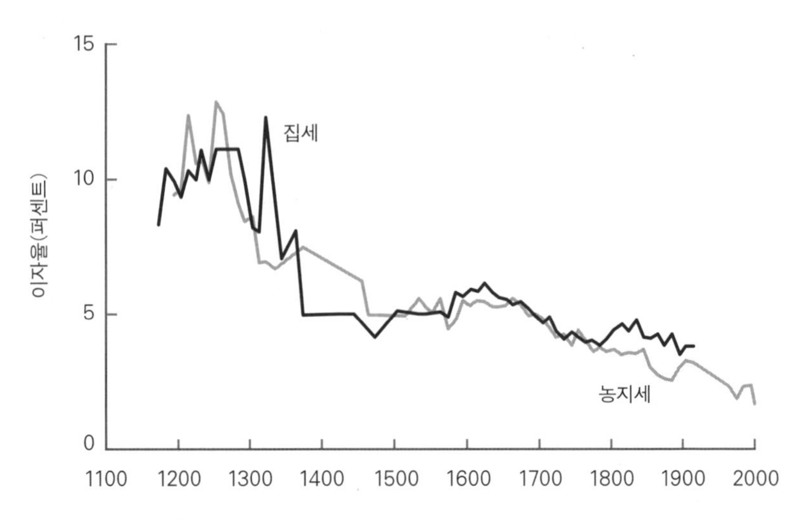

그림 9-1. 영국의 내재 이자율 1170~2000년.
출처: 그래프: Clark, 2007a, p. 33.

던 엘리아스의 의견과 일치하는 사실이기는 하다.

사회의 집단적 자기 통제를 좀 더 직접적으로 측정하는 척도는 없을까? 연간 이자율은 일상에서 매순간 관용을 발휘하여 폭력적 충동을 억누르는 행위와는 아무래도 거리가 있으니까 말이다. 개인에게 적용되는 성격 특질을 사회에 적용하여 본질화하는 데는 위험이 따르지만(어떤 부족 전체를 사나운 사람들이라고 불렀던 것을 떠올려 보라.), 문화들 사이에도 일상의 자기 통제력에 차이가 있는 것 같다는 인상에는 일말의 진실이 있다. 프리드리히 니체는 그리스 신화에서 빛과 술을 관장하는 두 신의 이름을 따서 여러 문화를 아폴론 문화와 디오니소스 문화로 나누었다. 인류학자 루스 베네딕트도 민족지학 연구를 모은 1934년의 고전적 저서 『문화의 패턴』에서 이 분류를 사용했다. 아폴론 문화는 성찰적이고, 자기 통제적이고, 합리적이고, 논리적이고, 정연하다고 간주된다. 디오니소스 문화는 감각적이고, 열정적이고, 본능적이고, 비합리적이고, 혼란스럽다고 간주된다. 요즘은 이 이분법을 언급하는 인류학자가 거의 없지만, 사회학자 헤이르트 호프스테더는 100여 개 나라 중산층 사람들의 설문 응답을 통해 세계의 문화들을 정량적으로 분석한 결과, 그런 구분을 재발견했다.

호프스테더의 데이터에 따르면, 국가들은 여섯 가지 차원에서 저마다 다양한 지점에 놓인다.[126] 그중 한 차원은 장기 지향 대 단기 지향이다. "장기 지향 사회들은 미래의 보상을 지향하는 실용적 덕목을 육성한다. 특히 저축, 끈기, 환경 변화에 대한 적응을 강조한다. 단기 지향 사회들은 과거와 현재에 관련된 덕목을 육성한다. 국가의 자긍심, 전통 존중, '체면' 보전, 사회적 의무 충족 등이다." 또 다른 차원은 방종 대 절제이다. "방종은 인생을 즐기고 재미를 누리는 데 관련된 기초적이고 자연적인 욕구들을 상대적으로 자유롭게 충족하도록 허락한다는 뜻이다. 절제란 사회가 그런 욕구의 충족을 억제하고, 엄격한 사회 규범을 통해서 규제한다는 뜻이다." 두 차원은 자기 통제력과 개념적으로 관련이 있고, 어쩌면 당연하게도 서로 상관관계가 있다(110개 나라 전체적으로 0.45의 상관 계수를 보였다.). 엘리아스라면 두 국가적 특징이 살인율과도 연관되리라고 예측했을 텐데, 사실이었다. 장기 지향 국가의 사람들은 살인을 덜 저질렀고, 방종보다 절제를 강조하는 국가의 사람들도 마찬가지였다.[127]

문명화 과정 이론은, 감정 이입의 범위 확장 이론과 마찬가지로, 원래의 분야와는 거리가 먼 다른 분야의 실험과 데이터로부터도 지지를 얻은 셈이다. 심리학, 신경 과학, 경제학은 엘리아스의 추론을 입증했다. 인간에게는 자기 통제의 능력이 있고, 그 능력은 폭력적 충동과 비폭력적 충동을 둘 다 조절하며, 개인의 일생에서 더 강화되거나 더 넓게 일반화될 수 있고, 사회와 시대에 따라서 수준이 달라질 수 있다.

사실 자기 통제 능력의 장기적 성장에 대한 설명으로 내가 지금까지 전혀 언급하지 않은 또 다른 가설이 있다. 인간이 생물학적으로 진화했기 때문이라는 가설이다. 우리 내면의 선한 천사들 중 마지막으로 남은 도덕성과 이성을 만나기 전에, 이 골치 아픈 의문에 몇 쪽을 할애할 필요가 있겠다.

최근의 생물학적 진화?

사람들은 **진화**라는 단어를 문화적 변화(역사)와 생물학적 변화(유전자 빈도가 세대에 따라 달라지는 현상)를 둘 다 가리키는 말로 편하게 사용한다. 문화적 진화와 생물학적 진화는 틀림없이 서로 상호 작용한다. 일례로, 유럽과 아프리카의 부족들은 가축을 키워 그 젖을 먹으면서부터 어른이 되어도 젖당을 소화시킬 줄 아는 방향으로 유전적으로 진화했다.[128] 그러나 두 과정이 같지는 않다. 이론적으로 둘은 늘 구별된다. 한 사회에서 태어나 다른 사회로 입양되어 자란 아기들을 대상으로 실험해 보면 알 수 있다. 만일 생물학적 진화가 두 사회의 독특한 문화에 대응하는 방향으로 진행되었다면, 입양아들은 평균적으로 그 사회의 토박이 친구들과는 다를 것이다.

사람들은 폭력 감소 현상이 최근의 생물학적 진화 때문이냐고 자주 묻는다. 사회가 평화화 과정이나 문명화 과정을 겪으면서 사람들의 유전자 구조도 덩달아 바뀌었을까? 그래서 과정이 더욱 잘 진행되고, 사람들이 폭력에서 영영 멀어지게 되었을까? 물론 이때의 변화는 문화적 경향성이 게놈에 흡수된다는 라마르크식 변화일 리는 없고, 생존과 생식의 조건들이 바뀐 데 대한 반응인 다윈식 변화일 것이다. 어쩌다 보니 변화한 문화에 더 적합한 유전자를 갖게 된 개인이 이웃보다 더 많은 후손을 남겨, 다음 세대 유전자 풀에 더 많이 기여했을 것이다. 그리하여 집단의 유전자 조성이 차츰 바뀌었을 것이다.

이를테면 이렇게 상상할 수 있다. 평화화 과정이나 문명화 과정을 겪은 사회에서는 충동적 폭력성으로 얻을 수 있는 보수가 홉스식 무정부주의 시절보다 적을 것이다. 그런 사회에서는 성마르게 복수하는 성향이 유리하기보다 해롭기 때문이다. 리바이어던은 사이코패스와 다혈질을 솎아 감옥과 교수대로 보낼 것이다. 반면에 감정 이입을 잘하는 사람들과 냉정하게 판단하는 사람들은 평화롭게 자식을 키울 것이다. 그래서 감정 이입과 자기 통제를 강화하는 유전자들이 번성할 테고, 포식, 우세, 복수의 고삐를 풀어 놓는 유전자들은 쇠퇴할 것이다.

일부다처에서 일부일처로 바뀌는 것처럼 단순한 문화 변화조차도 이론적으로 선택압의 환경을 바꿀 수 있다. 나폴레옹 샤농은 야노마뫼 족 중에서 딴 남자를 죽인 적 있는 남자들이 죽인 적 없는 남자들에 비해 더 많은 아내와 아이를 거느린다고 기록했다. 에콰도르의 히바로(슈아르) 족을 포함한 다른 부족들에서도 비슷한 패턴이 발견되었다.[129] 이런 계산이 여러 세대 지속되면, 결국 기꺼이 죽이는 유전적 성향이 선호될 것이다. 그러나 일부일처로 이행한 사회에서는 이런 생식적 제비뽑기가 사라지므로, 상상컨대 호전성을 선호하는 선택압이 약해질 것이다.

이 책에서 나는 우리 종의 인지적, 감정적 능력들이라는 의미에서의 인간 본성은 폭력의 감소세가 뚜렷했던 지난 1만 년 동안 전혀 변하지 않았다고 가정했다. 따라서 사회에 따른 행동 차이는 엄격히 환경적 원인에 기인한다고 가정했다. 진화 심리학의 표준 가정도 그렇다. 이 가정은 인간 사회들이 서로 나뉘고 달라진 수백, 수천 년은 인류의 전체 존속 기간에 비하면 짧디짧은 일부일 뿐이라는 사실에 기반한다.[130] 적응적 변화는 대개 점진적이므로, 인류의 생물학적 적응은 대부분 수만 년 전의 수렵 채집 생활양식에 맞춰진 것이다. 그 생활양식에서 최근에야 탈피하여 다양하게 분화한 현재 사회들의 특수성에 맞춰진 것이 아니다. 인류의 심리에 통일성이 있다는 사실은 이 가정을 지지한다. 사회를 불문하고 모든 사람에게는 언어, 인과적 추론, 본능적 심리, 성적 질투, 두려움, 분노, 사랑, 혐오와 같은 기본적 능력이 있다. 최근 들어 섞여 살아가는 인구 집단들을 보더라도 이런 능력에서 질적으로 타고난 차이는 드러나지 않는다.[131]

그러나 적응이 고대에 이뤄졌고 인류의 심리에 통일성이 있다는 가정은 어디까지나 가정이다. 생물학적 진화 속도는 여러 인자에 따라 달라진다. 선택압의 세기(한 유전자의 두 변이형을 보유한 사람들이 각각 남기는 후손의 수가 평균적으로 얼마나 차이 나는가.), 인구 구성, 변화에 필요한 유전자의 수, 유전자들의 상호 작용 형태 등등.[132] 많은 유전자가 상호 작용하면서 만들어 내는 복잡한 기관이라면 진화에 억겁의 시간이 걸리겠지만, 하나의 유전자나 독립적으로 작용하는 소수의 유전자들이 만들어 내는 질적 조정은, 그것이 적응도에 충분한 효과를 미치는 한, 불과 몇 세대 만에 벌어질 수도 있다.[133] 따라서 인구 집단들이 여러 인종, 민족, 국가로 갈라진 뒤 지금까지 살아온 수천 년, 어쩌면 수백 년 동안에도 약간의 생물학적 진화가 벌어졌을 가능성을 배제할 수 없다.

일각에서는 자연 선택에 관한 가설들이 귀에 걸면 귀걸이, 코에 걸면 코걸이라고 비난하곤 한다. 타임머신이 발명되기 전에는 절대로 증명할 수 없는 가설들이라는 것이다. 그러나 그렇지 않다. 자연 선택은 생물의 몸과 게놈에 자신이 손댄 흔적을 남기는, 확연하고 기계론적인 과정이다. 인간 게놈 프로젝트의 첫 단계가 완료된 2000년 이래, 자연 선택의 지문을 찾는 일은 인간 유전학 분야에서 가장 흥미로운 활동이었다.[134] 한 가지 기법은 인간에게 있는 어떤 유전자를 다른 종의 해당 유전자와 나란히 놓은 뒤, 침묵 돌연변이(생물체에게 아무런 영향을 미치지 않기 때문에 무작위적 부동[drift]에 의해 계속 축적되기만 했을 변화)의 수와 생물체에게 영향을 미치는 돌연변이(따라서 선택의 표적이 되었을 만한 변화)의 수를 비교하는 것이다. 또 다른 기법은 특정 유전자가 사람에 따라 얼마나 다른지 살펴보는 것이다. 선택을 겪은 유전자라면, 인간 종 전체와 다른 포유류 사이의 차이보다 사람들 사이의 차이가 더 적어야 한다. 또 다른 기법은 모든 사람들에게 똑같이 존재하는 염색체 구간 속에서 문제의 유전자를 찾아보는 것이다. 그런 염색체 구간은 최근에 '선택적 싹쓸이(selective sweep)'가 벌어졌다는 징후이다. 그 속에 포함된 어떤 유용한 유전자 때문에 그 구간이 빠른 선택을 겪어, 미처 돌연변이로 더럽혀지거나 성적 재조합으로 조각조각 뒤섞일 기회가 없었다는 뜻이다. 이런 기법들이 10여 개 넘게 있고, 지금도 계속 다듬어지는 중이다. 이런 기법들은 유전자는 물론이고 게놈 전체에도 적용되므로, 유전자들 중에서 최근에 선택의 표적이 된 비율이 얼마인지 추정할 수 있다.

분석 결과는 놀라웠다. 유전학자 조슈아 에이키는 2009년에 엄격한 검토를 통해 이렇게 결론지었다. "현재 인간의 게놈에서 진행된다고 여겨지는 강력한 선택 사건의 수는 우리가 불과 10년 전에 상상했던 것보다 상당히 더 많다. …… 게놈의 [대략] 8퍼센트는 긍정적 선택압을 받았고, 그보다 더 가벼운 선택압을 받는 비율은 훨씬 더 클 것이다."[135] 선택된 유전자 중 많은 수는 신경계 기능과 연관되므로, 이론적으로 우리의 인지와 정서에 영향을 미칠 수 있다. 게다가 선택 패턴은 인구 집단마다 달랐다.

어떤 기자들은 잘 알지도 못하면서 이것이 진화 심리학에 대한 반박이라고 떠받들었는데, 왜냐하면 그들은 인간 본성이 수렵 채집 생활양식에 대한 적응으로서 형성되었다는 가설에 정치적으로 위험한 속뜻이 있다고 여기기 때문이다. 그러나 실제로는 오히려 선택이 최근에 벌어졌다는 증거가 있을 때, 특히 그것이 인지와 정서의 유전자에 영향을 미칠 때, 훨씬 더 급진적인 형태의 진화 심리학을 허락하는 꼴일 것이다. 우리 마음이 고대의 환경은 물론이거니와 최근의 환경에 의해서도 빚어졌다는 뜻이니까. 그리고 수천 년 동안 국가 사회에서 살았던 인구 집단들에 비해 원주민들이나 이민자들은 현대의 삶에 생물학적으로 덜 적응했으리라는, 도발적인 속뜻도 포함할 것이다. 진화 심리학의 가설이 정치적으로 불편하다는 이유로 그것이 거짓이라고 말할 수는 없다. 그러나 우리가 그것을 사실로 결론짓기 전에 대단히 조심해야 한다는 뜻이기는 하다. 그렇다면, 특정 사회의 폭력 감소가 정말로 그 구성원들의 유전적 변화 때문이라고 믿을 만한 증거가 있을까?

폭력의 신경 생물학에는 자연 선택의 표적이 될 만한 요소가 풍부하다. 쥐를 네다섯 세대만 선택적으로 번식시키면, 기존 실험실 생쥐들보다 확연히 더 공격적이거나 덜 공격적인 계통이 만들어진다.[136] 물론 인간의 폭력성은 쥐와는 비교가 안 되게 더 복잡하다. 그러나 더 폭력적이거나 덜 폭력적인 개인적 변이가 후손에게 유전되는 특질이라면, 선택은 분명 더 많은 후손을 생존시키는 변이형을 선호할 수 있다. 시간이 흐르면, 화내는 유전자와 평화로운 유전자의 비율이 바뀔 것이다. 그러니 우리는 먼저 사람들이 드러내는 공격성 편차 중에서 유전자 변이에 의한 부분이 어느 정도인지 확인해야 한다. 한마디로, 공격성이 유전 가능한지 아닌지 알아보아야 한다.

유전율(heritability)을 측정하는 방법은 적어도 세 가지가 있다.[137] 첫째는 출생 직후 분리되어 자란 일란성 쌍둥이들에게서 그 특질의 상관관계를 살펴보는 것이다. 이들은 유전자는 공유하되 가정 환경은 공유하지 않는다(적어도 표본이 아우르는 환경 범위만큼은 차이 날 것이다.). 둘째는 일란성 쌍둥이(유전자는 모두, 가정 환경은 대부분 공유한다.)가 이란성 쌍둥이(변이 가능한 유전자는 절반만, 가정 환경은 대부분 공유한다.)보다 상관관계가 더 큰지 살펴보는 것이다. 셋째는 생물학적 형제(유전자는 절반을, 가정 환경은 대부분 공유한다.)가 입양된 형제(변이 가능한 유전자를 전혀 공유하지 않고, 가정 환경은 대부분 공유한다.)보다 상관관계가 더 큰지 살펴보는 것이다. 기법마다 장단점이 있지만(가령 일란성 쌍둥이는 이란성 쌍둥이보다 더 자주 범죄의 공범이 될 수 있다.), 장단점이 또 기법마다 다르기 때문에, 만일 기법들의 결과가 하나로 수렴한다면 문제의 특질이 유전된다고 믿을 근거가 충분하다.

이런 기법들로 살펴본 결과, 반사회적 성격이나 법적으로 문제를 일으키는 성향에는 유전되는 요소가 다분했다. 가끔은 그 효과가 환경에 달려 있지만 말이다. 1984년, 덴마크 입양아들을 대상으로 대규모 조사가 실시되었다. 연구자들은 양부모가 범죄자인 집안에서 자란 청소년들과 청년들을 살펴보았는데, 범죄자의 생물학적 자식 중에서는 약 25퍼센트가 범죄자가 된 데 비해 친부모가 범죄자가 아닌 이들 중에서는 15퍼센트만이 자신도 범죄자가 되었다.[138)] 이 조사에서는 자동차 절도와 같은 비폭력 범죄에서만 생물학적 연관성이 드러났기 때문에, 1980년대 교과서들은 비폭력적 범죄성만 유전되고 폭력 자체가 유전되는 경향성은 없다고 가르치곤 했다. 그러나 그것은 성급한 결론이었다. 폭력 범죄로 유죄를 선고 받은 사람은 비폭력 범죄로 선고 받은 사람보다 훨씬 적다. 그래서 폭력 범죄는 표본이 더 작고, 유전율 확인에도 한계가 있을 수밖에 없다. 또 선고율은 형법 체계의 변천에 따라 달라지기 마련이라, 개개인의 폭력성 효과를 압도할지도 모른다.

요즘의 폭력 연구는 좀 더 민감한 척도들을 사용한다. 비밀로 실시하는 자기 보고, 공격성과 반사회적 행동을 측정하는 공인된 척도들, 교사나 친구나 부모의 평가(이를테면 '자신의 이득을 위해서 남을 해친다.'거나 '남에게 고의로 겁을 주거나 불편하게 만든다.'는 항목에 해당하는지 평가하는 것) 등이다. 이런 척도들은 모두 그가 폭력적 범죄자가 될 확률과 상관관계가 있으므로, 훨씬 더 풍부한 데이터를 제공한다.[139] 이런 데이터를 행동 유전학적 도구들로 분석한 결과, 세 기법 모두에서 공격성은 상당히 유전되는 것으로 드러났다.[140]

출생 직후 떨어져 자란 쌍둥이 분석은 행동 유전학에서 가장 희귀한 기법이다. 요즘은 그렇게 자라는 쌍둥이가 드물기 때문이다. 어쨌든 그중 최대 규모였던 미네소타 대학교의 연구를 보면, 떨어져 자란 일란성 쌍둥이들의 공격성은 유전 계수(heritability coefficient)가 0.38이었다(표본에 드러난 공격성의 편차 중 약 38퍼센트가 유전자 변이로 설명된다는 뜻이다.).[141] 입양아 연구는 이보다 흔한데, 가장 잘 수행되었던 연구를 보면 표본 내에서 공격적 행동의 유전율은 0.70이었다.[142] 한편 일란성 쌍둥이와 이란성 쌍둥이의 공격성, 가령 말다툼하고, 싸우고, 위협하고, 재물을 파괴하고, 부모와 교사에게 반항하는 성향을 비교한 연구들은 0.4~0.6 사이의 유전율을 보였다. 아동기와 성인기가 특히 그랬다(사춘기에는 또래 집단의 영향이 유전자의 영향을 가린다.).[143]

최근, 행동 유전학자 이수현과 어윈 발드만은 공격성의 유전학을 다룬 문헌을 모조리 훑었다. 쌍둥이 연구와 입양아 연구도 100건 넘게 포함된 자료였다.[144] 그들은 엄격한 연구 품질 기준을 만족시키면서도 폭넓은 반사회적 성향 대신 공격적 행동(육체적 싸움, 동물에 대한 잔인성, 친구 괴롭히기 등)에만 집중한 19건을 골랐다. 쌍둥이 연구와 입양아 연구 중에서 범죄로 인한 체포와 선고를 살펴본 연구들도 모두 검토했다. 그렇게 계산한 공격적 행동의 유전율은 대략 0.44였고, 범죄성의 유전율은 대략

0.75였다(이중 0.33은 후손에게 고스란히 물려지는 변이인 가산[additive] 유전율이었고, 0.42는 유전자들의 상호 작용으로 발생하는 변이인 비가산[nonadditive] 유전율이었다.). 그들의 범죄성 데이터 집합은 폭력 범죄와 비폭력 범죄를 구별하지 않았지만, 그들이 언급했던 한 덴마크 쌍둥이 연구에서는 두 가지를 분리함으로써 폭력 범죄의 유전율을 약 0.50으로 계산했다.[145] 행동 유전학 연구 결과가 대개 그렇듯이, 가정 환경의 효과는 미미하거나 전혀 없었다. 동네, 하위문화, 개인 고유의 경험 등등 이 기법으로는 쉽게 측정할 수 없는 다른 환경적 측면들은 분명히 영향을 주었겠지만 말이다. 우리는 이 연구들의 정확한 수치를 지나치게 진지하게 받아들여서는 안 되지만, 그것들이 모두 0보다 한참 컸다는 사실은 진지하게 받아들여야 한다. 행동 유전학은 공격성이 유전된다고 확인한 셈이다. 자연 선택은 인구의 평균적인 폭력성을 바꿀 때 쓸 원재료를 갖고 있다.

유전성은 진화적 변화의 필요조건이다. 그러나 그것은 행동에 기여하는 여러 인자들의 혼합적 효과를 한꺼번에 측정한 것이다. 각각의 인자들을 따로따로 떼면, 자연 선택이 우리의 폭력성을 더 높고 낮게 조절할 수 있는 여러 구체적인 경로들이 드러난다. 몇 가지만 살펴보자.

자기 가축화(self-domestication)**와 유아형 보유**(pedomorphy) 리처드 랭엄이 지적했듯이, 우리가 동물을 가축화할 때는 발달 시간표의 몇몇 요소들을 지연시켜 유아적 특징을 성인기까지 유지시킴으로써 길들일 때가 많다. 이 과정을 유아형 보유 혹은 유형 성숙(neoteny)이라고 부른다.[146] 가축화한 계통들이나 종들은 두개골과 얼굴이 좀 더 새끼처럼 생겼고, 성차가 적고, 더 쾌활하고, 덜 공격적이다. 말, 소, 염소, 여우처럼 인간이 일부러 가축화한 농장 동물은 물론이요, 수천 년 전에 인간의 야영지 근처를 어슬렁거리면서 음식 찌꺼기를 얻어먹다가 스스로 가축화를 거쳐 개로 진화한 늑대의 한 종에서도 이런 변화가 드러난다. 나는 2장에서 보노보도 유아형 보유를 거쳐 진화했다고 말했다. 보노보의 원래 선조는 침팬지를 닮았겠지만, 채집 생태가 바뀌면서 수컷의 공격성이 그다지 이롭지 않게 되었다. 랭엄은 구석기 인간들의 화석에서도 유형 성숙적 변화가 관찰된다는 점을 근거로 들며, 지난 3만~5만 년 사이에 인간도 비슷한 과정을 겪었다고 주장했다. 덧붙여 어쩌면 지금도 그 과정이 벌어지고 있을 것이라고 했다.

뇌 구조 신경 과학자 폴 톰프슨에 따르면, 등쪽가쪽이마앞엽을 비롯한 대뇌겉질의 회색질 분포는 유전율이 유독 높다. 일란성 쌍둥이는 그 분포가 거의 같은 데 비해, 이란성 쌍둥이는 훨씬 덜 비슷하다.[147] 이마엽겉질을 뇌의 다른 영역들과 잇는 백색질의 분포도 마찬가지다.[148] 그렇다면 자기 통제를 담당하는 이마엽 회로에도 개인마다 유전적 변이가 있을 수 있고, 따라서 그것이 최근에 자연 선택의 표적이 될 수도 있었을 것이다.

옥시토신 포옹 호르몬이라고도 하는 옥시토신은 공감과 신뢰를 북돋운다. 옥시토신은 뇌의 곳곳에 존재하는 수용기들에게 작용하는데, 수용기들의 개수와 분포는 개체의 행동에 커다란 영향을 미친다. 이와 관련해서 유명한 실험이 있다. 공격적이고 난교성인 초원발쥐에게는 바소프레신(옥시토신과 비슷한 호르몬으로서 수컷의 뇌에서 작용한다.) 수용기가 없다. 그런데 생물학자들이 그 수용기를 생성하는 유전자를 인위적으로 삽입했더니, 세상에, 초원발쥐들이 애초에 수용기가 있는 진화적 사촌 프레리발쥐들처럼 일부일처 생활을 하기 시작했다.[149] 옥시토신-바소프레신 체계의 단순한 유전자 변화만으로도 공감과 유대에, 나아가 공격성 억제에 심대한 영향이 미치는 것이다.

테스토스테론 우세를 다투는 도전에 대해서 사람이 어떤 반응을 보이는가 하는 점은 혈류로 방출되는 테스토스테론의 양에 부분적으로 달려 있다. 뇌의 테스토스테론 수용기 분포 패턴에도 달려 있다.[150] 테스토스테론 수용기 유전자는 개인마다 변이가 있기 때문에, 같은 양의 호르몬이라도 어떤 사람의 뇌에서는 더 큰 영향을 발휘한다. 민감한 수용기를 타고난 남자들은 매력적인 여자와 대화할 때 테스토스테론의 분출을 더 크게 경험한다고 하며(그러면 두려움이 줄고, 위험을 더 많이 감수한다.), 강간범과 살인범으로 구성된 표본 집단에서는 그런 사람의 비율이 평균 이상으로 높았다는 조사도 있다.[151] 테스토스테론을 조절하는 유전 경로는 복잡하지만, 어쨌든 그것이 자연 선택의 표적이 되어 공격적 도전을 기꺼이 받아들이는 성향을 조절할 수 있다는 뜻이다.

신경 전달 물질(neurotransmitter) 신경 전달 물질이란 뉴런에서 배출되는 분자들이다. 이 분자들은 뉴런들 사이의 좁은 틈으로 빠져나가 다른 뉴런 표면의 수용기에 결합함으로써 그 뉴런의 활동을 바꾸고, 그럼으로써 뇌에서 특정 패턴의 신경 자극이 퍼지게 만든다. 그중 중요한 종류로 도파민, 세로토닌, 노르에피네프린(노르아드레날린이라고도 하며, 싸움 혹은 도주 반응을 일으키는 아드레날린과 관련된 물질) 등을 포함하는 카테콜아민이 있다. 카테콜아민은 뇌의 여러 동기 체계와 감정 체계에서 쓰이고, 카테콜아민을 분해하거나 재활용하는 단백질들이 그 농도를 조절한다. 그런 단백질 효소 중에 모노아민 산화 효소 A, 줄여서 MAO-A라는 것이 있다. 이 효소는 신경 전달 물질이 뇌에 계속 쌓이지 않도록 분해하는 일을 맡는다. 신경 전달 물질이 축적되면, 생물체는 위협에 과민하게 반응하면서 공격성을 더 많이 드러낼 수 있다.

MAO-A가 인간의 폭력성에 영향을 미친다는 첫 증거는 어느 네덜란드 가계에서 왔다. 그 집안은 드문 돌연변이 때문에 남자들 중 절반에게는 그 유전자의 작동 형태가 없다(그 유전자는 X 염색체에 있고, 남성은 X 염색체가 하나밖에 없으므로, MAO-A 유전자에 결함이 있어도 그것을 보완할 복사본이 없다.).[152] 적어도 다섯 세대에 걸쳐, 문제의 남자들은 충동적인 공격성을 보였다. 누이를 칼로 위협해 옷을 벗긴 남자가 있는가 하면, 상사를 차로 치려고 한 남자도 있었다.

이보다 좀 더 흔한 변이는 MAO-A 생산량을 결정하는 유전자의 변이이다. 이 유전자가 활성이 낮은 형태라면, 뇌에서 도파민, 세로토닌, 노르에피네프린의 농도가 높아진다. 또한 반사회적 성격 장애를 보일 가능성이 높고, 자기 보고에서 폭력 행위를 고백할 가능성이 높고, 폭력 범죄를 저지를 가능성이 높고, 화난 얼굴이나 겁먹은 얼굴을 보았을 때 편도는 더 강하게 반응하되 눈확겉질은 덜 반응했다. 그리고 심리학 실험에서 자신이 이용당했다고 여기면 동료 피험자에게 핫소스를 억지로 먹이는 경향이 있었다.[153] 사람들의 행동에 영향을 미치는 다른 많은 유전자와는 달리, 저활성 MAO-A 유전자는 다른 성격 특징들과는 상관관계가 없고 공격성에만 꽤 특수하게 작용하는 듯하다.[154]

저활성 MAO-A 유전자를 지닌 사람들이 심한 스트레스를 겪으면서 자라면 특히나 공격성을 띠기 쉽다. 가령 부모에게 학대와 방치를 당한 경우, 학교에서 유급을 당한 경우이다.[155] 정확히 어떤 점이 스트레스 인자로 작용하여 이 유전자의 효과를 끌어내는지는 말하기 어렵다. 삶의 스트레스는 여러 측면에서 동시에 올 때가 많기 때문이다. 어쩌면 또 다른 유전자가 조절 인자일 수도 있다. 학대하는 부모와 학대 받는 자식이 그 유전자를 공유하기 때문에 둘 다 공격성을 띠고, 그 때문에 주변 사람들로부터 부정적 반응을 끌어내는지도 모른다.[156] 그러나 조절 인자가 무엇이든, 저활성 MAO-A 유전자의 효과를 완전히 뒤집지는 못한다. 어느 연구에서든 이 유전자가 인구 집단에게 가장 종합적으로, 혹은 주되게 영향을 미친다고 밝혀졌기 때문이다. 따라서 MAO-A 유전자는 선택의 표적이 될 수 있다. 그렇기 때문에, (이 유전자의 효과가 스트레스 경험에 달려 있다는 사실을 처음 발견한) 모핏과 카스피는 이 유전자의 저활성 형태가 폭력에 기여한다기보다는 고활성 형태가 폭력을 억제한다고 보는 편이 더 정확하다고 말했다. 요컨대, 고활성 MAO-A 유전자는 우리가 삶의 스트레스에 과잉 반응하지 않도록 막아 준다는 것이다. 유전학자들은 인간의 MAO-A 유전자가 실제로 선택을 겪었다는 통계 증거를 발견했지만, 저활성 변이형이나 고활성 변이형을 구체적으로 지목한 증거는 아니었다. 게다가 그것이 공격성에 미치는 효과 때문에 선택되었다는 증거는 없다.[157)]

또한 도파민에 영향을 미치는 다른 유전자들도 일탈 행위에 연관된다. 도파민 수용기(DRD$_2$)의 밀도에 영향을 미치는 유전자의 한 형태가 그렇고, 시냅스에서 여분의 도파민을 쓸어 내어 원래의 뉴런으로 도로 운반하는 도파민 전달 물질(DAT$_1$) 유전자의 한 형태가 그렇다.[158)] 이런 유전자들은 모두 신속한 자연 선택의 좋은 표적이 될 수 있을 것이다.

요컨대, 강하거나 약한 폭력성을 낳는 유전 성향은 이 책에서 우리가 점검했던 역사적 변화의 시기 중에 충분히 진화적 선택을 겪을 수 있었을 것이다. 그런데 정말로 그랬을까? 진화적 변화의 경로가 존재한다는 사실 자체는 실제로 그 경로가 사용되었다는 증거가 못 된다. 진화는 유전적 원재료만이 아니라 인구 집단의 구성(인구수도 중요하고, 다른 집단으로부터 이민자를 받아들인 정도도 중요하다.), 유전의 주사위와 환경의 주사위가 빚어낸 우연한 결과, 문화 환경에 대한 학습이 유전의 효과를 희석시키는 정도 등에도 좌우된다.

평화화 과정이나 문명화 과정을 통해 평화화되거나 문명화된 사람들이 체질적으로도 폭력을 덜 행사하도록 변했다는 증거가 실제로 있을까? 피상적인 평가는 오해의 우려가 있다. 역사에는 어느 나라가 다른 나라 사람을 '야만인'이나 '미개인'으로 평가했던 사례가 많지만, 그런 평가는 본성과 양육을 분리하여 살피려는 시도에서 온 것이 아니라 인종주의에서, 그리고 사회의 차이에 대한 피상적인 관찰에서 왔다. 1788~1868년까지 영국은 기결수 16만 8000명을 오스트레일리아 식민 유형지로 추방했다. 그렇다면 오늘날의 오스트레일리아 사람들은 건국 선조들의 난폭한 성질을 물려받지 않았을까 싶겠지만, 현재 오스트레일리아의 살인율은 모국보다 더 낮아 세계에서 제일 낮은 수준이다. 독일은 1945년 이전에 세계에서 가장 호전적인 사람들이라는 평을 들었지만, 오늘날은 아마 가장 평화적인 사람들일 것이다.

혁명적인 진화 유전체학이 제공한 구체적 증거는 어떨까? 물리학자 그레고리 코크런과 인류학자 헨리 하펜딩은 일종의 선언문인 『1만 년의 폭발: 문명은 어떻게 인류 진화를 가속하는가』에서 인류가 최근에 겪은 선택들을 점검한 뒤, 성격과 행동 면에서의 변화도 포함되는 듯하다고 추측했다. 그러나 그들이 선택을 겪은 유전자라고 거론한 사례들 중에서 행동과 연관되는 것은 하나도 없었다. 소화, 질병에 대한 내성, 피부 착색에 관한 유전자뿐이었다.[159)]

내가 아는 한, 폭력성 면에서 최근에 진화적 변화가 일어났다고 주장할 만한 사례는 둘뿐이다. 과학적 증거가 쥐꼬리만큼이나마 있는 사례로는. 하나는 약 1000년 전에 뉴질랜드에 정착한 폴리네시아인을 선조로 둔 마오리 족의 사례이다. 비국가 사회에서 사냥과 원예 농업을 병행했던 여느 부족처럼, 마오리 족은 전쟁을 많이 치렀다. 가까운 채텀 제도의 모리오리 족을 집단 살해한 적도 있었다. 오늘날에도 마오리 문화에는 전사의 과거를 연상시키는 상징이 많다. 뉴질랜드의 국가 대표 럭비 팀 올블랙스가 사기를 북돋고자 추는 하카 춤이 그렇고, 아름다운 녹옥으로 만들어진 무기들이 그렇다(내 사무실에도 오클랜드 대학교에서 강연하고서 선물로 받은 사랑스러운 전투용 도끼가 하나 있다.). 호평을 받았던 1994년 영화 「전사의 후예」는 뉴질랜드의 마오리 사회가 오늘날 범죄와 가정 폭력에 얼마나 시달리는지를 생생하게 그렸다.

이런 문화적 배경 탓인지, 2005년에 마오리 족 사람들이 유럽인의 후손들보다 저활성 MAO-A 유전자의 빈도가 더 높다는 사실이 발표되자(전자는 70퍼센트, 후자는 40퍼센트였다.), 뉴질랜드 언론들은 재깍 반응했다.[160] 연구를 이끈 유전학자 로드 리는 이 유전자가 마오리 족에서 선택을 경험했다고 주장했다. 위험을 기꺼이 감수하는 성향은 그 선조들이 뉴질랜드까지 험난한 카누 여행을 하는 데 유리했을 것이고, 이후 부족 간 전투를 치를 때도 효과가 있었을 것이다. 언론은 MAO-A 유전자에게 전사 유전자라는 별명을 붙였고, 현대 뉴질랜드의 마오리 족이 높은 수준의 사회 병리 현상을 보이는 것은 그 때문이라고 추측했다.

그러나 전사 유전자 이론은 회의적 과학자들과의 전투를 잘 치러 내지 못했다.[161] 한 문제는 유전자 선택의 징후들이 유전적 병목 현상 탓일 수도 있다는 점이다. 어쩌면 소수의 선조 집단이 가졌던 무작위 유전자 조합이 그저 우연히 번성하는 후손에서 증폭되었을지도 모른다. 또 다른 문제는 그 유전자의 저활성 형태가 중국인 남성들에게는 더 흔한데(중국인 남성들이 지닌 그 유전자의 77퍼센트가 저활성 형태이다.), 중국인은 최근에 전사로부터 유래한 집단이 아니거니와 현대 사회에서 딱히 사회 병리 현상을 보이지도 않는다는 점이다. 이와 연관된 세 번째 문제는, 유럽이 아닌 다른 지역의 인구에서는 그 유전자와 공격성의 연관성이 확인되지 않았다는 점이다. 아마도 다른 방법을 통해 카테콜아민 농도를 조절하도록 진화했기 때문일 것이다(유전자들은 서로 얽힌 그물망 속에서 되먹임 고리로 조절되곤 하므로, 한 유전자의 효과가 떨어지면 다른 유전자가 활성을 높여서 보완하곤 한다.).[162] 전사 유전자 이론은 치명상을 입고 비틀거리는 중이다.

최근의 진화적 변화를 주장할 만한 또 다른 사례는 평화화 과정이 아니라 문명화 과정에 호소한다. 그레고리 클라크는 『원조여 잘 있거라: 짧게 쓴 세계 경제 역사』에서 산업 혁명의 시기와 장소를 설명하려고 했다. 산업 혁명은 역사상 처음으로 성장하는 인구가 다 먹고도 남을 만큼 물질적 복지가 빠르게 증가한 사건이었다(내가 그의 책에서 가져온 그림 4-7을 참고하라.). 클라크는 이렇게 물었다. 하필이면 영국이 그 방법으로 맬서스의 덫을 탈출할 수 있었던 까닭은 무엇일까?

클라크는 영국인의 성격 변화가 답일 것이라고 제안했다. 영국이 기사들의 사회에서 '점원들의 나라'(나폴레옹이 조롱하면서 썼던 표현이다.)로 변한 1250년 무렵부터, 부유한 평민은 가난한 평민보다 자식을 더 많이 남겼다. 아마도 더 일찍 결혼하고, 더 잘 먹고, 더 깔끔하게 살았기 때문일 것이다. 클라크는 그것을 '부자의 생존'이라고 불렀다. 부자는 갈수록 더 부유해지고, **동시에** 더 많은 자식을 낳았다는 것이다. 중상층 사람들은 귀족보다도 후손을 더 많이 남겼다. 귀족들은 마상 시합과 사적인 전쟁에서 서로 머리를 베고 몸통을 자르느라 바빴기 때문이다. 그림 3-7에 이 현상이 표현되어 있다. 그것도 클라크의 데이터를 가져온 것이었다. 한편 경제 전체는 19세기에 들어서야 팽창하기 시작했으므로, 부유한 상인들에게서 더 많이 태어난 자식들은 경제의 사다리에서 아래로 내려갈 수밖에 없었다. 그들은 차츰 더 가난한 평민들의 자리를 대신했고, 그러면서 절약, 근면, 자기 통제, 참을 줄 아는 시간 할인율, 폭력 회피와 같은 부르주아의 특징들을 가지고 갔다. 말하자면 영국인은 중간 계층의 가치들을 진화시켰던 것이다. 그런 가치들은 산업 혁명의 혁신으로 말미암아 열린 상업적 기회를 이용하는 데 유리했다. 클라크는 비폭력성과 자기 통제력이 문화적 습관의 형태로 부모에서 자식으로 전수된다고 말함으로써 정치적 올바름을 감시하는 시선을 피하려는 듯했으나, 책의 요지를 압축해서 소개한 글 「유전적 자본주의자?」에서는 좀 더 강하게 자신의 논지를 펼쳤다.

> 1800년 무렵에 영국 사회가 대단히 자본주의적인 속성들을 — 개인주의, 낮은 시간 할인율, 긴 노동 시간, 높은 수준의 인적 자본 — 갖추게 된 까닭은 산업 혁명이 도래하기까지 장기적으로 안정되게 유지되었던 농업 사회에서 다윈주의 투쟁이 벌어졌던 탓일 것이다. 그렇다면 현대 사회에서 자본주의가 승리한 것은 이데올로기와 이성 못지않게 유전자의 영향이었을지도 모른다.[163]

『원조여 잘 있거라』에는 산업 혁명의 역사적 전조에 대한 계몽적 통계와 재미난 이야기가 잔뜩 있다. 그러나 유전적 자본주의자 이론은 다른 경제 성장 이론들과의 생존 경쟁에서 그다지 잘 해내지 못하는 것 같다.[164] 한 가지 문제는 최근까지 거의 **모든** 사회에서 부자가 가난한 사람보다 자손을 더 많이 남겼다는 점이다. 나중에 산업 혁명으로 폭발적 성장을 하게 되는 사회만 그런 것이 아니었다. 또 다른 문제는 정말로 귀족과 왕족이 부르주아보다 적자를 덜 남겼더라도, 그것을 보충하고도 남을 만큼 많은 서자를 남겼다는 점이다. 그럼으로써 그들은 다음 세대에 자신의 유전자를 훨씬 더 큰 비율로 남겼을 것이다. 세 번째 문제는 제도가 변하는 상황일 경우, 가까운 과거에 중간 계층의 가치를 선택한 역사가 없는 나라라도 놀라운 경제 성장을 이룰 수 있다는 점이다. 전후의 일본이 그랬고, 공산주의 이후의 중국이 그렇다. 가장 중요한 점으로, 클라크는 영국인이 산업 혁명을 일으키지 못한 다른 나라 사람들보다 자기 통제력이 강하거나 폭력성이 덜하다는 것을 보여 주는 데이터를 전혀 제공하지 않았다.

최근에 생물학적 진화가 벌어져 인류가 더 폭력적이거나 덜 폭력적인 방향으로 변했을 가능성은, 이론적으로는 충분하되 실제 증거는 없는 셈이다. 한편 그것이 유전적인 변화가 아닐지도 모른다고 말하는 증거는 있다. 자연 선택으로 설명하기에는 지나치게 짧은 기간 동안 벌어진 변화라는 점이다. 자연 선택이 극히 최근에도 작용했다는 새로운 발견들을 고려하더라도 그렇다. 인도주의 혁명에서 노예제와 잔인한 처벌의 폐지, 권리 혁명에서 소수 민족, 여성, 아이, 동성애자, 동물에 대한 폭력의 감소, 긴 평화와 새로운 평화에서 전쟁과 집단 살해의 급감은 모두 몇 십 년, 심지어 몇 년 안에 벌어졌다. 때로는 한 세대 만에 벌어졌다. 그중에서도 극적이었던 사건은 위대한 범죄 감소 시기라고 불리는 1990년대에 미국의 살인율이 거의 절반으로 줄었던 일이다. 그것은 연간 7퍼센트에 해당하는 급격한 감소였고, 폭력의 한 척도인 살인율은 두 세대 만에 원래의 1퍼센트로 떨어졌다. 그러나 그동안 유전자 빈도에는 조금도 변화가 없었다. 문화적, 사회적 자극이 우리 내면의 선한 천사들(자기 통제, 감정 이입)의 설정을 조절함으로써 폭력성을 통제할 수 있다는 사실에는 반론의 여지가 없으므로, 우리는 최근의 생물학적 진화를 끌어들이지 않고도 폭력 감소를 충분히 설명할 수 있다. 적어도 현재로서는 우리에게 그 가설이 필요하지 않다.

도덕성과 터부

세상에는 도덕이 지나치게 많다. 자기 구제 정의를 추구한답시고 저지른 모든 살인, 종교 전쟁과 혁명전쟁의 사망자, 피해자 없는 범죄와 일탈 행위 때문에 처형된 사람, 이데올로기적 집단 살해의 피해자를 다 더하면, 무도덕적 포식과 정복으로 인한 사망자보다 틀림없이 더 많을 것이다. 인간의 도덕성은 자신이 저지른 어떤 잔학 행위도 용서하며, 자신에게 구체적 이익이 별로 돌아오지 않는 폭력에 대한 동기마저 제공한다. 이단자와 콘베르소 고문, 마녀 화형, 동성애자 투옥, 정조를 잃은 누이나 딸에 대한 명예 살인이 몇몇 사례이다. 그동안 도덕감에 고취된 사람들이 세상에 자아낸 괴로움이 이루 헤아릴 수 없을 정도였음을 떠올리면, 코미디언 조지 칼린의 말에 절로 공감하게 된다. "나는 동기가 과대평가된 가치라고 봅니다. 게으른 놈팡이를 하나 데려와 보세요. 온종일 누워 게임쇼를 보면서 제 성기나 슬슬 쓰다듬는 놈을요. 그게 바로 **죽어도 말썽을 일으키지 않는 사람** 아닙니까!"

비록 인간의 도덕 감각이 인류의 안녕에 미치는 영향이 전체적으로는 부정적이지만, 가끔은 그것이 적절하게 발휘됨으로써 기념비적인 발전을 이룬다. 계몽 시대의 인도주의 혁명, 최근의 권리 혁명이 그렇다. 유해한 이데올로기에 대해서도 도덕 감각은 때로는 질병이지만 때로는 그 치료약이다. 도덕의 일부인 터부의 심리 역시 양날의 칼이다. 사람들은 터부 때문에 종교적, 성적 일탈을 무도한 행위로 여겨 무시무시한 처벌을 가하지만, 한편으로 터부는 사람들의 마음이 정복 전쟁, 화학 무기와 핵무기의 사용, 특정 인종의 비인간화, 강간에 대한 경솔한 언급, 구체적인 한 인간의 생명을 빼앗는 것 따위의 위험한 영역으로 미끄러 들어가지 않게 막아 준다.

이 미치광이 천사를 어떻게 이해해야 할까? 도덕성은 인간 본성 중에서도 가장 강력하게 선의 기원으로 자처하고 나서지만, 현실에서는 우리 내면의 가장 나쁜 악마보다도 더 악마 같지 않은가?

도덕 감각이 폭력 감소에서 수행한 역할을 이해하려면, 몇 가지 심리적 수수께끼를 먼저 풀어야 한다. 첫째, 왜 다른 시대와 다른 문화의 사람들은 우리의 도덕 기준에서는 전혀 도덕적이지 않은 목표를 '도덕적'인 것으로 경험하고 추구할까? 둘째, 왜 도덕 감각은 일반적으로 고통을 줄이기는커녕 늘릴 때가 많을까? 셋째, 도덕 감각은 어떻게 구획화될까? 어째서 강직한 시민이 집에서는 아내와 아이를 때리고, 자유 민주국가가 노예제와 식민지 압제를 시행하고, 나치 독일이 동물을 유례없이 다정하게 대했을까? 넷째, 좋든 나쁘든, 어떻게 도덕성이 행동뿐 아니라 생각으로까지 확장되어 터부의 역설을 낳을까? 물론 최상위의 수수께끼는 이렇다. 그동안 무엇이 바뀌었을까? 역사의 과정이 도덕 감각을 얼마나 변화시켰을까? 그래서 도덕 감각이 폭력 감소에 일조했을까?

도덕과 인간의 도덕 감각을 구별하는 데서 출발하자. 전자는 철학(특히 규범 윤리학)의 주제이고, 후자는 심리학의 주제이다. 극단적인 도덕 상대주의자가 아닌 이상, 우리는 어떤 측면에서든 사람들이 도덕적 신념에 대해 **잘못 판단할 수 있다고** 생각한다. 집단 살해, 강간, 명예 살인, 이단자 고문을 정당화하는 신념은 단순히 우리에게 역겹게 느껴지기만 하는 것이 아니라 분명히 잘못된 것이다.[165] 도덕 실재론자는 도덕적 진리가 수학적 진리처럼 객관적으로 존재한다고 믿을 것이다. 반면에 그렇지 않은 사람은 도덕적 진술에도 어느 정도 근거가 있다고 생각할 것이다. 가령 다른 보편 신념들과의 일관성, 집단적이고 합리적인 숙고로 도출한 최선의 이해가 그 근거라고 생각할 것이다. 그러나 어느 쪽이든, 도덕의 질문과 도덕 심리학의 질문을 구별할 수 있다. 후자는 우리가 도덕적이라고 **느끼는** 정신 과정에 대해서 묻는 것이다. 그것은 인간의 여타 인지, 정서 능력처럼 실험실과 현장에서 연구될 수 있다.

다음으로, 도덕 감각은 그저 어떤 행동을 꺼리는 것만이 아니라 그 행동에 대해 특정한 방식으로 생각하는 것임을 이해해야 한다. 어떤 행동이 비도덕적이라고 느끼기 때문에 꺼리는 것("살인은 나쁘다.")과 그것이 그저 불쾌하기 때문에("나는 콜리플라워가 싫어."), 촌스럽기 때문에("나팔바지는 한물갔어."), 경솔하기 때문에("모기 물린 데를 긁으면 안 돼.") 꺼리는 것 사이에는 심리적으로 중요한 차이가 있다.[166]

첫 번째 차이는, 도덕화된 행동에 대한 거부는 **보편화된다**는 점이다. 당신이 그냥 콜리플라워의 맛을 싫어할 뿐이라면, 남들이 먹든 말든 당신이 알 바 아니다. 그러나 당신이 살인, 고문, 강간을 비도덕적이라고 생각한다면, 스스로가 그 행동을 꺼리는 데 만족하여 남들이 열중하든 말든 무관심할 수는 없다. 그 행동을 하는 사람이 **누구이든** 늘 반대해야 한다.

둘째로, 도덕화된 신념은 **실천된다**. "옳은 것을 알고도 실천하지 않으면 아는 것이 아니다."라고 했던 소크라테스의 금언을 누구나 한결같이 지키는 것은 아니겠지만, 마음속으로는 다들 그러고 싶어 한다. 우리는 도덕적 행동을 근본적으로 가치 있는 목표로 여기고, 다른 이면의 동기는 필요 없다고 본다. 살인이 비도덕적이라고 믿는다면, 살인을 꺼려야 돈을 받을 수 있거나 존경을 받을 수 있다는 대가가 없더라도 아무튼 살인을 꺼린다. 그리고 어쩌다 도덕 계율을 어기면, 변명이 될 만한 대항 계율을 동원하여 실패를 합리화한다. 혹은 자신이 한심하게도 나약했던 탓이라고 말한다. 진짜 악마나 이야기 속 악당이 아니고서야 "나는 살인이 극악무도한 짓이라고 믿지만, 내 목적을 달성하기 위해서라면 무슨 짓이든 할 테다."라고 말하는 사람은 아무도 없다.[167)]

마지막으로, 도덕화된 위반은 **처벌 가능하다**. 살인이 나쁘다고 믿는다면, 살인자의 처벌을 잠자코 인정하는 것에 그쳐서는 안 된다. 반드시 그렇게 되도록 **만들어야 한다**. 살인을 저지르고도 용케 빠져나가는 일은 허락하지 말아야 한다. 이때 '살인' 대신 '우상 숭배', '동성애', '신성 모독', '국가 전복', '무례함', '불복종' 따위를 대입해 보면, 도덕 감각이 악의 주된 추동력이 된다는 사실을 실감할 수 있다.

도덕 감각의 또 다른 특징은 그 신념의 추종자가 구체적으로 설명하고 변호할 수 있는 원칙의 형태가 아니라 규범과 터부의 형태로 작동할 때가 많다는 점이다. 심리학자 로런스 콜버그가 제안한 도덕 발달의 여섯 단계가 있다. 아이가 벌을 피하려고 하는 단계에서 시작하여 철학자의 보편 원칙으로 완성되는 과정인데, 그 중간에는 착한 아이가 되기 위해서 규범에 순응하는 단계, 사회 안정을 유지하기 위해서 관습을 지키는 단계가 있다(이 단계를 영영 벗어나지 못하는 사람도 많다.). 콜버그는 사람들에게 하인츠라는 남자가 죽어 가는 아내를 살리기 위해서 지나치게 비싼 치료약을 약국에서 훔치는 상황을 상상해 보라고 했다. 이런 도덕적 딜레마에 접할 때, 위의 단계에서 머무른 사람들은 자신의 대답을 제대로 정당화하지 못했다. 그저 도둑질은 나쁘고 불법이고 하인츠는 범죄자가 아니니까 훔치면 안 된다고 말하거나, 거꾸로 훔쳐다 주어야 좋은 남편이니까 훔쳐야 한다고 말할 뿐이었다.[168)] 인간의 생명은 사회 규범, 사회 안정, 법률에의 복종을 넘어서는 최우선 가치이므로 훔쳐도 된다는 식으로 원칙적으로 정당화하는 사람은 극히 드물었다.

심리학자 조너선 하이트는 이른바 도덕적 말문 막힘 현상을 통해서 도덕규범의 설명 불가능성을 보여 주었다. 우리는 어떤 행동의 비도덕성을 먼저 순간적인 직관으로 느낀 뒤, 나중에야 **왜** 그것이 비도덕적인지 설명하려고 애쓴다. 그러고도 이유를 못 찾을 때가 많다.[169] 하이트는 사람들에게 오누이가 합의 하에 안전한 섹스를 해도 되는가, 버려진 국기로 변기를 닦아도 되는가, 기르던 개가 차에 치여 죽었을 때 시체를 먹어도 되는가, 죽은 닭을 사서 섹스를 해도 되는가, 어머니가 임종할 때 꼭 무덤을 찾겠다고 약속했던 것을 어겨도 되는가 등을 물었다. 사람들은 매번 안 된다고 대답했지만, 이유를 물으면 뭐라고 설명해야 좋을지 몰라서 허둥거리다가 고작 이렇게 말했다. "모르겠어요, 설명을 못하겠지만, 아무튼 나쁜 짓 같습니다."

이처럼 도덕규범은 사람들이 그 원칙을 제대로 설명할 수 없는 때조차 폭력에 효과적인 제동 장치로 기능한다. 버려진 아이를 자비심에서 죽이는 것, 모욕에 앙갚음하는 것, 다른 선진국에게 전쟁을 선포하는 것 따위의 폭력을 현대 서구 사회가 꺼리는 이유는 사람들이 도덕 문제를 저울질하거나, 상대에게 감정 이입을 하거나, 충동을 억제하기 때문이 아니다. 사람들의 마음에서 그런 폭력 행위가 선택지로 떠오르지 않기 때문이다. 사람들은 그런 행동을 아예 고려하지 않는다. 일부러 피하는 것이 아니다. 요즘 사람들에게 그것은 상상할 수 없는 일, 혹은 어처구니없어 웃어넘길 일이다.

문화마다 도덕화된 행동의 종류가 극단적으로 다르다는 점, 그리고

자기 문화 내에서 도덕적 말문 막힘 현상이 있다는 점. 이 둘을 결합하면, 규범과 터부란 혹 임의적인 것이 아닐까 하는 인상이 든다. 세계 어딘가에는 짝수 개 단어로 구성된 문장을 비도덕적이라고 여기는 문화, 바다가 이글이글 끓는다는 것을 부정하면 비도덕적이라고 여기는 문화가 존재하지 않을까? 그러나 인류학자 리처드 스웨더가 여러 학생들과 동료들과 함께 확인한 바, 세계의 도덕규범들은 소수의 공통 주제를 둘러싸고 형성되어 있다.[170] 현대 서구 사회가 직관적으로 도덕의 핵심으로 여기는 주제들은 — 공정성, 정의, 개인의 보호, 피해 방지 — 사람들이 도덕화의 인지적, 정서적 장치로 치장하는 여러 영역들 중 하나일 뿐이다. 그 사실은 유대교, 이슬람교, 힌두교 같은 고대 종교를 힐끗 보기만 해도 알 수 있다. 그들은 현대 서구 사회와는 다른 관심사, 가령 충성, 존경, 복종, 금욕, 식사나 섹스나 월경과 같은 신체 기능의 규제를 도덕화했으니까 말이다.

스웨더는 세계의 도덕적 관심사들을 세 종류로 나누었다.[171] 자율성(Autonomy)은 현대 서구 사회가 따르는 윤리이다. 이 윤리는 사회가 개인들로 구성되어 있다고 보고, 도덕의 목적은 개개인이 자신의 선택을 잘 행사하고 피해를 입지 않도록 보호하는 것이라고 가정한다. 대조적으로, 공동체(Community)의 윤리는 사회가 부족, 일족, 가족, 제도, 길드, 기타 연합체로 구성된다고 본다. 이때 도덕은 곧 의무, 존경, 충성, 상호 의존이다. 마지막으로, 신성(Divinity)의 윤리는 세상이 신성으로 이루어져 있다고 보고, 사람들의 몸에도 그 일부가 영혼으로 담겨 있다고 본다. 이때 도덕의 목적은 영혼이 타락하거나 더러워지지 않게 보호하는 것이다. 몸이 영혼을 담은 용기일 뿐이라면, 그리고 영혼은 궁극적으로 신의 소유이거나 신의 일부라면, 우리는 제 몸을 마음대로 다룰 권리가 없다. 우리는 섹스나 음식 같은 불결한 형태의 육체적 쾌락을 피함으로써, 몸이 오염되지 않도록 막아야 한다. 혐오감을 도덕화하고 순수함과 금욕을 높이 평가하는 심리의 기저에는 이 신성의 윤리가 있다.

하이트는 스웨더의 삼분법에서 두 개를 반으로 더 쪼갰고, 그렇게 나눈 총 다섯 가지 관심사를 도덕의 기반으로 명명했다.[172] 공동체의 윤리는 내집단 충성(In-group Loyalty)과 권위/존경(Authority/Respect)으로 더 나눴고, 자율성의 윤리는 공정성/상호성(Fairness/Reciprocity, 상호 이타주의의 이면에 있는 도덕이다.)과 피해/보살핌(Harm/Care, 친절과 연민을 육성하고, 잔인함과 공격성을 억제한다.)으로 더 나눴다. 신성의 윤리는 순수함/신성함(Purity/Sanctity)이라는 좀 더 세속적인 이름으로 바꿨다. 그리고 하이트는 세속적인 서구인의 도덕적 직관에서 다섯 가지가 모두 발견된다는 사실을 보여 줌으로써, 이것이 도덕의 보편적 기반이라는 자신의 주장을 뒷받침했다. 예를 들어, 말문 막힘 시나리오에서 피험자들이 근친상간, 수간, 반려 동물 먹기에 반감을 느낀 것은 순수함/신성함 원칙 때문이다. 어머니의 무덤을 방문해야 한다고 느끼는 것은 권위/존경 원칙 때문이다. 국기를 욕 보여선 안 된다고 느끼는 것은 내집단 충성 원칙 때문이다.

그러나 내게는 인류학자 앨런 피스케의 체계가 가장 유용해 보인다. 피스케의 체계는 네 가지 관계 맺기 모형(relational model)에서 도덕화가 이루어진다고 본다. 관계 맺기 모형이란 사람들이 서로의 관계를 규정하는 방식을 말한다.[173] 피스케의 이론은 어떤 사회의 사람들이 자원을 어떻게 나누는지, 그들의 도덕적 집착이 인류 진화 역사 중 어느 단계에 해당하는지, 도덕이 사회마다 어떻게 다른지, 사람들이 도덕을 어떻게 구획화하고 터부로 보호하는지 등을 설명한다. 관계 맺기 모형은 스웨더, 하이트의 분류와도 그럭저럭 병치된다. 뒤 페이지의 표를 보라.

첫 번째 모형인 공동체적 공유(Communal Sharing, 줄여서 공동체성[Communality])는 내집단 충성과 순수함/신성함을 결합한 것이다. 공동체성

<table>
<tr><td>스웨더의 윤리들</td><td>신성</td><td colspan="2">공동체</td><td colspan="3">자율성</td></tr>
<tr><td>하이트의 도덕 기반들</td><td>순수함/ 신성함</td><td>내집단 충성</td><td>권위/존경</td><td>피해/보살핌</td><td colspan="2">공정성/상호성</td></tr>
<tr><td>피스케의 관계 맺기 모형들</td><td colspan="2">공동체적 공유</td><td>권위 서열</td><td colspan="2">동등성</td><td>시장 가격/
합리적-법적</td></tr>
</table>

사고방식을 채택한 사람들은 집단 내에서 자원을 자유롭게 공유하고, 누가 얼마나 주고받았는지를 일일이 기록하지 않는다. 집단은 '하나의 몸'으로 개념화된다. 그것은 공통의 정수에 의해 통합된 것이고, 오염으로부터 보호되어야 한다. 사람들은 신체 접촉, 공동 식사, 통일된 움직임, 제창으로 노래하고 기도하기, 감정적 경험 공유, 공통의 신체 장식과 훼손, 양육과 섹스와 피의 의식에서 체액을 섞는 행위 등등 유대와 융합을 꾀하는 의식을 실시함으로써 직관적인 통일성을 강화한다. 또한 모두가 공통 선조에서 유래했다는 신화, 한 족장에게서 나온 후손이라는 생각, 한 영토에 뿌리 내렸다는 생각, 토템적 동물과의 연관성 등으로 통일성을 합리화한다.

피스케의 두 번째 관계 맺기 모형은 권위 서열(Authority Ranking)이다. 이것은 우세, 지위, 나이, 성별, 몸집, 힘, 부, 선행 등을 기준으로 정의되는 직선적 위계 관계이다. 서열에서 상위에 있는 사람들은 자신이 원하는 것을 가질 권리가 있고, 하위의 사람들에게 공물을 받을 수 있고, 그들의 복종과 충성을 요구할 수 있다. 동시에 그들은 아랫사람들에게 가부장적, 전원적, 노블레스 오블리주적 보호의 책임을 진다. 이 관계는 아마도 영장류의 위계 서열에서 진화했을 것이고, 뇌에서 테스토스테론에 민감한 회로들에 부분적으로나마 의존할 것이다.

동등성(Equality Matching) 모형은 텃포탯 상호성을 포함한다. 그리고 번갈아 실시하기, 동전 던지기, 동등한 비율만큼 기여하기, 일정한 비율로 나누기, "이니 미니 마이니 모."와 같은 언어 공식(차례로 짚으며 "어느 것을 고를까요."라고 읊듯이 사람이나 물건을 공평하게 골라낼 때 쓰는 말 — 옮긴이) 등 자원을 공평하게 나누는 모든 체계를 포함한다. 동물 중에는 명백한 상호성을 보여 주는 예가 거의 없다. 침팬지는, 적어도 자신이 손해를 보는 상황이라면, 기본적인 공정성 감각이 있는 것 같지만 말이다. 동등성 모형의 신경 기반은 뇌에서 의도, 속임수, 갈등, 관점 취하기, 계산을 담당하는 부분들을 포괄한다. 섬겉질, 눈확겉질, 띠다발겉질, 등쪽가쪽이마앞엽겉질, 마루엽겉질, 관자마루엽이음부 등이다. 동등성 관계는 공정함과 직관적 경제 감각의 기반이고, 사람들을 소꿉친구나 전우만이 아니라 이웃, 동료, 지인, 거래 상대와 묶어 준다. 전통 부족 중에는 쓸모없는 선물을 주고받는 의식을 치르는 곳이 많은데, 요즘의 크리스마스 과일 케이크 주고받기와 비슷한 그 전통의 목적은 오직 동등성 관계를 다지는 것이다.[174]

(여러분은 분류들을 비교하고 대조하다가, 하이트의 피해/보살핌 범주가 왜 공정성/상호성 옆에 있으며 피스케의 동등성 모형과 병치되어 있는지 궁금해졌을지도 모른다. 공동체성이나 신성처럼 더 적나라한 관계들 옆에 있어야 하는 것 아닐까? 이것은 왜 그런가 하면, 하이트가 피해/보살핌을 측정할 때 흔히 보살핌의 수혜자가 되는 친구나 친척에 대한 태도가 아니라 일반적인 '타인'에 대한 태도를 물었기 때문이다. 그렇게 물었을 때 사람들의 대답은 공정성에 대한 대답과 완벽하게 비례했는데, 이것은 우연의 일치가 아니다.[175] 상호 이타주의의 논리를 떠올려 보자. 그것은 공정성 감각을 실천하는 것이다. 첫 수에 남에게 협력하고, 배신을 당하지 않는 이상 남을 배신하지 않고, 상대적으로 작은 비용으로 타인에게 큰 이득을 줄 수 있다면 그렇게 행동함으로써 '착하게' 구는 것이다. 보살핌과 피해를 우리의 가까운 주변 너머로 확장한 것이 곧 공정성 논리이다.)[176]

피스케의 마지막 관계 맺기 모형은 시장 가격(Market Pricing)이다. 통화, 가격, 임대료, 임금, 이윤, 이자, 신용, 파생 상품 등 현대 경제를 움직이는 체계들을 말한다. 시장 가격 모형은 숫자, 수학 공식, 회계, 디지털 정보 전달, 공적 계약의 언어에 의존한다. 다른 세 모형과 달리, 이 모형은 모든 사회에 보편적이지 않다. 문해력, 수리 능력, 최근 발명된 정보 기술 등에 의존하기 때문이다. 현대 이전 사람들이 이자와 이윤에 저항감을 많이 보였다는 데에서 알 수 있듯이, 우리에게는 이 모형의 논리가 아직 부자연스럽게 느껴진다. 피스케는 이 모형들을 진화, 아동 발달, 역사 과정에서 등장했던 순서대로 대충 나열할 수 있다고 말했다. 공동체적 공유 > 권위 서열 > 동등성 > 시장 가격 순이다.

내가 볼 때, 시장 가격 모형은 시장이나 가격에만 국한되는 것이 아니다. 이것은 다른 형식적 사회 조직들과 한데 묶어 마땅하다. 수많은 사람이 기술적으로 발전된 사회에서 함께 살아가는 방법으로서 수백 년 동안 연마된 조직들, 계몽되지 않은 사람들에게서는 자발적으로 생겨날 수 없는 조직들을 말한다.[177] 민주주의라는 정치 도구도 그런 조직의 예다. 민주주의에서는 한 명의 독재자(권위)에게 힘이 집중되는 것이 아니라 형식적인 투표 과정을 통해 선출된 대표자들에게 힘이 부여된다. 그리고 법체계가 그들의 특권을 구속한다. 기업, 대학, 비영리 조직도 또 다른 예다. 그런 곳에서 일하는 사람들은 친구나 친척을 마음대로 고용할 수 없고(공동체성), 이권을 선물로 나눠 줄 수도 없다(동등성). 그들은 신탁의 의무와 규제에 단단히 얽매여 있다. 내가 피스케의 이론을 이렇게 수정하는 것은 억지가 아니다. 피스케는 사회학자 막스 베버의 '합리적-법적' 사회적 정당화 개념에서(전통적 방식이나 카리스마적 방식과 대비되는 방식이다.) 지적 영감을 얻었다고 밝혔는데, 그것은 이성에 의해 작동하고 형식적 규칙에 따라 실천되는 규범 체계를 말한다.[178] 그러므로 나는 이 모형을 지칭할 때 좀 더 일반적인 표현인 합리적-법적(Rational-Legal) 모형이라는 용어도 곧잘 쓰겠다.

뭉치고 나누는 방식에는 차이가 있을지언정, 스웨더와 하이트와 피스케의 이론들은 도덕 감각의 작동 방식에 대해서만큼은 의견이 일치한다. 어떤 사회도 황금률이나 정언 명령에 따라 일상의 미덕과 악덕을 정의하지는 않는다는 것이다. 대신에 도덕 감각은 특정 행위가 관계 맺기 모형들 (혹은 윤리들, 도덕의 기반들) 중 하나를 존중하느냐 침해하느냐 하는 점에 따라 결정된다. 자신이 속한 연합체를 배신하고 착취하고 전복했는지, 자기 자신이나 공동체를 오염시켰는지, 적법한 권위에 반항하거나 모욕을 주었는지, 도발이 없었는데도 남을 해쳤는지, 대가를 치르지 않고 이득을 취했는지, 자금을 유용하거나 특권을 남용했는지 등등.

이 분류의 요점은 모든 사회를 요리조리 끼워 맞추려는 것이 아니라, 사회 규범에 대한 문법을 제공하려는 것이다.[179] 그 문법은 문화와 시대의 차이 밑에 깔린 공통의 패턴을 보여 주어야 한다(폭력의 감소도 물론 포함해야 한다.). 그리고 사람들이 당대의 규범을 위반하는 행위에 어떻게 반응할지를 예측할 수 있어야 하고, 도덕 구획화라는 비뚤어진 능력까지도 예측할 수 있어야 한다.

어떤 사회 규범들은 단순히 협동 게임의 한 해결책에 불과하다. 도로에서 우측 주행하는 것, 종이 화폐를 쓰는 것, 주변의 언어로 말하는 것 등이 그렇다.[180] 그러나 대개의 규범들에는 도덕적 의미가 간직되어 있다. 도덕화된 규범은 하나의 관계 맺기 모형, 하나 이상의 사회적 역할(부모, 자식, 교사, 학생, 남편, 아내, 감독, 고용인, 고객, 이웃, 낯선 사람), 하나의 환경(집, 거리, 학교, 일터), 하나의 자원(식량, 돈, 땅, 주거지, 시간, 조언, 섹스, 노동)을 담고 있는 하나의 구획이다. 자신이 속한 문화에서 사회적으로 유능한 구성원이 된다는 것은 이런 규범들을 많이 흡수하고 있다는 뜻이다.

우정을 예로 들어 보자. 가까운 친구 사이는 주로 공동체적 공유 모형에 의존하여 굴러간다. 친구끼리는 저녁 파티에서 음식을 공유하고, 굳이 대차 대조표를 작성하지 않은 채 서로 호의를 베푼다. 그러나 그들도 다른 환경에서는 다른 관계 맺기 모형을 적용해야 한다는 것을 안다.

그들이 공동 작업을 하는데 한쪽이 전문가라서 다른 쪽에게 명령을 내릴 수도 있고(권위 서열), 여행할 때 기름값을 분담할 수도 있고(동등성), 중고차 시세에 맞춰 차를 넘길 수도 있다(시장 가격).

관계 맺기 모형을 위반하는 행위는 두말할 것 없이 잘못된 일로 도덕화된다. 보통의 친구 사이를 다스리는 공동체적 공유 모형에서, 공유에 인색한 것은 나쁜 짓이다. 한편 동등성 모형에 따라 여행에서 기름값을 분담하는 특수한 경우에는, 자기 몫을 안 내는 것이 위반이다. 동등성 모형은 상호 관계가 지속된다는 가정을 깔고 있기 때문에, 약간의 느슨한 회계는 허락한다. 샤스타 카운티의 목축업자들이 서로 입힌 피해를 대충 비슷한 정도의 호의로 보상하고 작은 피해일 때는 보상 없이 넘어가는 것이 그런 예다.[181] 그러나 시장 가격 모형을 비롯한 합리적-법적 모형에서는 피해자가 장기적 보상에 동의하거나 그냥 넘어가리라고 기대할 수 없다. 그는 당장 경찰을 부를 가능성이 높다.

어떤 사람이 그때까지 암암리에 동의했던 관계 맺기 모형의 조건을 위반하면, 다른 사람들은 그를 무임승차자나 사기꾼으로 간주하고 도덕적 분노를 겨눈다. 그런데 어떤 사람이 어떤 자원에 대해서 통상 적용되는 모형 대신 다른 모형을 적용한 경우에는 조금 다른 심리가 발휘된다. 사람들은 그가 규칙을 어겼다기보다 규칙을 '이해하지' 못한 것으로 간주하고, 그 반응은 어리둥절함, 황당함, 어색함부터 충격, 불쾌감, 분노까지 다양하다.[182] 상상해 보자. 식당에서 식사를 마친 손님이 주인에게 즐거운 경험에 감사하면서, 대신 그도 자기 집에 식사하러 오라고 말한다면 어떨까(시장 가격 모형의 상호 작용을 공동체적 공유의 상호 작용처럼 취급한 것이다.)? 거꾸로, 식사 초대를 받은 손님이(공동체적 공유) 지갑을 꺼내면서 집주인에게 밥값을 내겠다고 하면(시장 가격) 어떨까? 집주인이 손님에게 자신은 텔레비전 앞에서 좀 쉴 테니 냄비를 닦으라고 요청한다면(동등성) 어떨까? 손님이 집주인에게 자기 차를 팔겠다고 하고서는 팽팽한 가격 협상을 하려 들면 어떨까? 주인이 손님 커플에게 자리를 파하기 전에 30분쯤 상대를 바꿔서 섹스를 즐기자고 제안한다면?

어긋난 관계 맺기에 대한 감정 반응은 그것이 사고냐 고의냐에 따라 다르고, 어떤 모형이 어떤 모형으로 교체되었는지, 자원의 성격이 무엇인지에 따라서도 다르다. 심리학자 필립 테틀록은 이때 **신성하게** 여겨지는 자원이 결부되면 터부의 심리가 — 누군가 어떤 생각을 발설하기만 해도 분노로 반응하는 것 — 발휘된다고 지적했다.[183] 신성한 가치는 무엇과도 바꿀 수 없다. 신성한 자원은 보통 공동체성, 권위 서열 같은 원초적 모형이 지배하고, 누군가 그것을 동등성이나 시장 가격처럼 좀 더 발전된 모형으로 다루려고 하면 바로 터부 반응이 일어난다. 누군가 당신에게 당신의 아이를 구입하겠다고 제안하면(공동체적 공유의 관계에 느닷없이 시장 가격 관계의 시각을 들이댄 셈이다.), 당신은 얼마를 주겠느냐고 묻지 않고 제안 자체에 기분 나빠 할 것이다. 개인적으로 받은 선물이나 가보를 구입하겠다는 제안도 그렇고, 친구나 배우자나 국가를 배신하면 돈을 주겠다는 제안도 그렇다. 테틀록은 학생들에게 투표권, 병역, 배심원의 의무, 신체 장기, 입양 기관에 맡겨진 아기 등등의 신성한 자원을 공개 시장에서 사고파는 것에 대한 찬반을 물었다. 그러자 대부분의 학생들은 그런 행위에 반대하는 설득력 있는 근거(가령, 그러면 가난한 사람들이 절망적인 상태에서 장기를 판매할지도 모른다는 주장)를 대지 않고, 테틀록이 그런 질문을 던진 데 대해 분노를 표현했다. 학생들의 전형적인 '논증'은 그것이 '부끄럽고, 비인간적이고, 허락할 수 없는 행위'라고 말하거나 "대체 인간이 그래서야 되겠느냐."라고 대꾸하는 것이었다.

터부의 심리가 철저히 비합리적이라고는 할 수 없다.[184] 우리가 소중한 관계를 유지하려면, 올바른 말과 행동을 하는 것만으로는 부족하다.

우리가 제대로 된 심장을 갖고 있다는 사실, 우리를 믿는 사람을 팔아넘기는 것을 놓고 비용 편익을 저울질하지 않는다는 사실을 보여 주어야 한다. 무례한 제안을 받았을 때 격분하며 거부하기보다 조금이라도 약한 반응을 보였다가는 자신이 진실된 부모, 배우자, 시민이 된다는 것이 무엇인지 잘 모른다는 끔찍한 진실을 드러내는 셈이다. 거꾸로 그것을 안다는 것은, 신성한 가치에는 원초적 관계 맺기 모형을 적용하라는 문화 규범을 잘 익혔다는 뜻이다.

이런 오래된 농담이 있다. 남자가 여자에게 100만 달러를 줄 테니 하룻밤 동침하자고 제안한다. 여자는 고려해 보겠다고 대답한다. 그러자 남자는 100달러를 줄 테니 동침하자고 제안한다. 여자는 "대체 나를 어떤 여자로 보는 거예요?"라고 대꾸한다. 남자는 대답한다. "그 문제는 벌써 정해졌지요. 우리는 이제 가격을 놓고 흥정할 뿐." 여러분이 이 농담을 이해한다면, 신성한 가치라는 것들이 대부분 가식이라는 사실을 안다는 뜻이다. 만일 신성한 가치에 대한 거래가 애매하게 표현되거나, 왜곡되거나, 관점이 재설정되면, 사람들은 기꺼이 타협을 받아들인다(위의 농담은 '100만 달러'라는 상징적인 숫자를 사용했는데, 그럼으로써 단순한 돈 거래가 아니라 백만장자가 되어 인생을 바꿀 수 있는 기회인 것처럼 관점이 재설정되었다.).[185] 생명 보험이 처음 도입되었을 때, 사람들은 인간의 생명에 금전 가치를 부여한다는 생각 자체에 격분했다. 아내에게 남편이 죽을 확률을 따지게 한다는 점에 분노했다. 그런 생각은 사실 생명 보험을 기술적으로 정확하게 묘사한 표현들이다.[186] 그래서 보험 산업은 광고를 통해서 상품을 바라보는 관점을 재설정했다. 남편의 입장에서는 그것이 책임감 있고 점잖은 행동인 것처럼 그렸다. 혹시 그가 세상에 없더라도 가족에 대한 의무를 다하게 해 주는 수단이라고.

테틀록은 세 종류의 교환을 구별했다. **일상적** 교환은 하나의 관계 맺기 모형으로 포괄되는 행동이다. 이 친구 대신 저 친구를 고른다든지, 이 차 대신 저 차를 사는 것이다. **터부적** 교환은 한 모형의 신성한 가치와 다른 모형의 세속적 가치를 맞세우는 것이다. 가령 친구, 사랑하는 사람, 신체 장기, 자기 자신을 물물교환이나 현금 거래로 팔아넘기는 것이다. **비극적** 교환은 신성한 가치와 신성한 가치를 맞세우는 것이다. 장기 이식이 필요한 두 환자 중 누구에게 장기를 줄지 결정하는 것, 영화 「소피의 선택」처럼 두 아이 중 한쪽의 목숨만을 선택하는 궁극의 교환이다. 테틀록은 정치의 기술이란 대체로 터부적 교환을 비극적 교환으로 재설정하는 능력이라고 말했다(입장이 반대되는 사람이라면 거꾸로 할 것이다.). 정치가가 사회 보장 제도를 개혁하고 싶다면, 그것을 '노년층과의 신뢰를 깨는 일'(반대편에서는 그렇게 본다.)에서 '근면한 봉급생활자들의 부담을 더는 일' 혹은 '교육비를 더 이상 아끼지 않아도 되는 일'로 재설정해야 한다. 아프가니스탄에 군대를 주둔시키는 결정은 '우리 병사들의 목숨을 위험에 빠뜨리는 일'이 아니라 '자유에 대한 우리 나라의 헌신을 장담하는 일' 혹은 '테러와의 전쟁에서 이기는 일'로 재설정되었다. 뒤에서 이야기할 텐데, 신성한 가치의 재설정은 평화 구축의 심리에도 이용될 수 있으나 지금까지 간과되어 온 전술이다.

새로운 도덕 감각 이론들은 도덕화된 감정, 도덕 구획화, 터부를 설명하는 데 도움이 된다. 그렇다면 이제, 문화마다 도덕화가 달라지는 현상에 이 이론을 적용해 보자. 그리고 더 중요한 문제에도, 즉 역사가 흐름에 따라 도덕화가 달라지는 현상에도 적용해 보자.

특정 사회적 역할에 특정 관계 맺기 모형을 적용하는 관습 중에는 사회를 불문하고 모든 사람에게 자연스럽게 느껴지는 것이 많다. 어쩌면 그런 관습은 인간의 생물학에 뿌리를 둘지도 모른다. 가족끼리 공동체적 공유 모형을 적용하는 것, 가족 내에 권위 서열 모형을 적용하여 연장자를 존경하는 것, 동등성 모형에 따라 물자와 일상적인 호의를 주고받는 것 등이 그렇다. 그러나 그 밖의 자원과 사회적 역할에게 특정 모형만을 적용하는 관습은 시대와 문화에 따라 극단적으로 다를 수 있다.[187)]

서구의 전통적인 결혼 관계에서는 남편이 아내에게 권위를 행사했는데, 이 모형은 1970년대에 거의 전복되었다. 페미니즘에 감화된 부부들은 동등성 모형으로 전환하여, 가사와 육아를 반씩 나누고 각자가 들이는 시간을 엄격하게 감독했다. 그러나 마치 사업처럼 느껴지는 이런 모형은 대부분의 남녀가 갈망하는 친밀감과 충돌하기 때문에, 현대의 부부들은 다시 공동체적 공유 모형으로 정착했다. 그래서 요즘은 양쪽이 가사에서 제 몫을 엄격하게 기여하지 않는 탓에 아내들이 자신이 집안일을 더 많이 하면서도 인정을 받지 못한다고 느끼곤 한다. 배우자들은 예외적인 어떤 영역에서는 합리적-법적 모형도 적용한다. 혼전 계약서를 쓸 때, 이전 결혼에서 낳은 자식에게 유산을 각자 물려주겠다고 유언장에 명시할 때 등이다.

특정 모형과 특정 자원 혹은 사회적 역할을 서로 다르게 연결 짓는 것은 다양한 문화들이 보여 주는 차이점이다. 토지를 교환하고 판매하는 사회에서 자란 사람은 다른 사회가 신부에 대해서도 그렇게 한다는 말을 듣고 충격을 받을 것이다. 역도 가능하다. 어떤 문화에서는 여성의 섹슈얼리티가 집안 남성들의 권위에 복속되지만, 다른 문화에서는 그녀가 그것을 공동체적 관계를 맺고 있는 연인과 자유롭게 공유한다. 또 다른 문화에서는 그녀가 사회의 비난을 걱정할 필요 없이 그것을 동등한 대가와 교환할지도 모른다. 그 경우에는 동등성 모형에 해당한다. 어떤 사회에서는 살인에 대해 희생자의 친족이 복수해야 하고(동등성), 다른 사회에서는 배상금으로 보상 받고(시장 가격), 또 다른 사회에서는 국가가 처벌한다(권위 서열).

우리는 관계 맺기 모형을 위반한 사람에게 분노를 느끼지만, 그가 다른 문화에서 온 사람이라는 것을 알면 화가 조금쯤 누그러진다. 그런 위반이 농담 소재로 쓰일 때도 있다. 옛날 코미디에는 이민자나 시골뜨기가 기차표 가격을 흥정하는 모습, 공원에 양을 풀어 먹이는 모습, 빚 대신 딸을 주겠다고 제안하는 모습이 나온다. 코미디언 사샤 배런 코언은 영화 「보랏」에서 이 공식을 뒤집어, 불쾌한 이민자가 미국인들 속에서 터무니없는 행동을 남발하는데도 문화적 감수성이 예민한 미국인들이 그것을 꾹 참는 광경을 놀린다. 그러나 관용도 바닥날 때가 있다. 신성한 가치를 깨뜨리는 행동, 가령 서구로 온 이민자들이 여성 성기 절단, 명예 살인, 미성년 신부 판매 등을 계속할 때가 그렇다. 거꾸로 서구인이 예언자 마호메트를 소설에서 묘사할 때, 만평에서 풍자할 때, 학생들이 그의 이름을 곰 인형에게 붙이는 것을 허락할 때도 마찬가지이다.

서로 다른 정치 이데올로기들도 관계 맺기 모형을 서로 다른 방식으로 적용한다.[188] 파시즘, 봉건주의, 신정 정치, 그 밖에 과거에서 유래한 이데올로기들은 공동체적 공유나 권위 서열과 같은 원초적 모형에 의존한다. 개인의 이해는 공동체에 묻히고(파시스트[fascist]의 이탈리아 어원은 '꾸러미'라는 뜻이다.), 군사적, 귀족적, 성직적 위계 구조가 공동체를 다스린다. 공산주의는 자원에 공동체적 공유 모형을 적용하려고 했고('능력에 따라 거두고 필요에 따라 분배한다.'), 생산 수단에는 동등성 모형을, 정치적 통제에는 권위 서열 모형을 적용하려고 했다(이론적으로는 프롤레타리아 독재를 추구했고, 현실적으로는 카리스마 있는 독재자 밑에 정치 위원들로 구성된 특권 계급이 있었다.). 대중주의적 사회주의는 토지, 의료, 교육, 양육과 같은 삶의 필수 요소들에 동등성 모형을 적용하려 하고, 반대쪽 극단에서 자유주의자들은 신체 장기, 아기, 의료, 섹슈얼리티, 교육을 비롯한 거의 모든 자원을 시장 가격 모형에 따라 거래하려 한다.

양극단 사이에는 우리가 익히 아는 진보-보수 스펙트럼이 있다. 하이트가 여러 설문 조사로 보여 주었듯이, 진보주의자들이 생각하는 도덕은 피해를 방지하고 공정성을 강제하는 문제이다(스웨더의 자율성 윤리, 피스케의 동등성 모형과 나란히 둘 만한 가치들이다.). 보수주의자들은 내집단 충성(안정, 전통, 애국심 등의 가치), 순수함/신성함(예절, 품위, 종교적 헌신 등의 가치), 권위/존경(권위에 대한 존경, 신에 대한 공경, 젠더에 따른 역할의 인정, 군사 의무 준수 등)까지 포함하여 다섯 기반 전체에 두루 무게를 둔다.[189] 현재 미국에서 벌어지고 있는 문화 전쟁, 즉 세금, 의료 보험, 복지, 동성애자 결혼, 낙태, 군대 규모, 진화 교육, 언론의 신성 모독, 정교 분리를 둘러싼 충돌은 국가의 정당한 도덕적 관심사가 무엇이냐 하는 문제를 서로 다르게 보는 데에서 기인한 바가 크다. 하이트가 지적했듯이, 양극단의 이론가들은 서로 상대를 도덕관념이 없는 사람들로 보지만 사실은 그렇지 않다. 어느 쪽이든 사람들의 뇌에서는 도덕의 회로가 눈부시게 빛나고 있다. 단지 도덕성이란 무엇인가 하는 문제에 대해 서로 다른 개념을 품고 있을 뿐이다.

도덕의 심리와 폭력이 어떻게 연결되는지를 밝히기 전에, 앞 장에서 해소하지 못하고 넘어왔던 심리학적 수수께끼 하나를 관계 맺기 모형 이론으로 풀어 보자. 도덕 발전은 문제의 행동을 죄악으로 규정하기보다는 우스꽝스러운 짓으로 규정하는 감수성 변화를 통해서 이뤄질 때가 많았다. 결투, 투우, 영토 확장 전쟁의 폐지가 그랬다. 유력한 사회 비평가들 중에는 호통치는 예언자가 아니라 약삭빠른 코미디언에 가까운 사람들이 많았다. 스위프트, 존슨, 볼테르, 트웨인, 오스카 와일드, 버트런드 러셀, 톰 레러, 조지 칼린이 그랬다. 인간의 어떤 심리 때문에 농담이 칼보다 강할까?

유머는 우리를 모순에 맞닥뜨림으로써 작동한다. 그런데 그 모순은 다른 기준계로 넘어가면 해소되는 것이 많고, 농담의 소재가 된 가치는 그 다른 기준계에서 더 낮고 천박한 지위를 차지한다.[190] 우디 앨런은 이렇게 농담했다. "나는 내 금시계가 아주 자랑스러워요. 할아버지가 임종하시면서 나한테 판 물건이죠." 처음에 우리는 정서적으로 소중한 가보를 그냥 물려주지 않고 팔았다는 점에 놀란다. 더구나 그걸 팔아 봐야 이득을 누릴 수도 없는 사람이. 다음에 우리는 우디 앨런이라는 인물이 사랑 받는 손자가 아니었다는 사실, 그가 타산적인 괴짜들의 집안에서 태어났다는 사실을 깨닫는다. 농담에서 모순을 자아내는 첫 기준계는 기존에 널리 인정되는 관계 맺기 모형일 때가 많고, 우리는 그 모형을 벗어나야만 농담을 이해할 수 있다. 이 농담의 경우에는 공동체적 공유 모형에서 시장 가격 모형으로 전환해야만 한다.

정치적, 도덕적 의제를 품은 유머는 우리에게 이미 제2의 본성이 된 관계 맺기 모형에 은밀하게 도전한다. 그 모형에서 도출되는 결과는 우리도 내심 느끼듯이 사실 한심하다는 점을 폭로하는 것이다. 영화 「식은 죽 먹기」에서 루퍼스 T. 파이어플라이가 혼자만의 상상에 불과한 모욕에 발끈하여 전쟁을 선포하는 장면은 국가의 위신이라는 권위 서열 모형의 기풍을 해체했다. 당시는 전쟁의 이미지가 짜릿하고 영광스러운 것에서 낭비적이고 어리석은 것으로 바뀌던 시절이라, 사람들은 이 농담을 쉽게 이해했다. 최근에는 풍자도 사회 변화의 촉진제로 기능했다. 1960년대에 인종 차별주의자나 성차별주의자를 아둔한 네안데르탈인으로 묘사했던 것, 베트남 전쟁의 지지자들을 피에 굶주린 사이코패스로 묘사했던 것이 좋은 예다. 소련과 위성 국가들에서도 깊은 풍자의 저류가 흘렀다. 가령 그들은 냉전의 두 이데올로기를 이렇게 정의했다. "자본주의는 인간이 인간을 착취하는 제도이다. 공산주의는 정확히 그 반대이다."

18세기 작가 메리 워틀리 몬터규는 이렇게 썼다. "풍자는 예리한 면도날처럼 / 느끼지도 보지도 못한 사이에 상처를 내야 한다." 그러나 풍자가 그렇게까지 예리한 경우는 드문 편이라, 농담의 대상이 되는 사람들도 유머의 전복적인 힘을 똑똑히 인식하기가 쉽다. 그들은 농담이 신성한 가치를 고의로 모욕했다는 점, 자신들의 품위가 훼손되었다는 점, 사람들이 유머에 웃는 것은 그 사실이 이미 공통 지식이라서 그렇다는 깨달음, 이런 것에 자극되어 분노로 반응할 수 있다. 2005년에 덴마크 일간지 《율란드 포스텐》의 만평 때문에(한 만화에서 마호메트가 천국에서 새로 도착한 자살 폭탄 테러리스트들을 맞으면서 "스톱, 처녀가 다 떨어졌네!"라고 말했다.) 치명적 폭동이 일어났던 것을 떠올려 보면, 신성한 관계 맺기 모형을 고의로 폄훼하는 경우에는 유머가 절대로 웃어넘길 일이 아니다.

도덕 감각을 구성하는 관계 맺기 모형들은 어떻게 사람들이 도덕적으로 정당하다고 느끼는 다양한 폭력을 허락할까? 사회에게 주어진 자유도는 얼마나 될까? 사회가 도덕적 폭력을 억누를 만큼, 더 좋기로는 폭력을 줄일 만큼 자유도가 있을까? 모든 관계 맺기 모형은 규칙을 깨뜨린 사람에 대한 도덕적 처벌을 불러들인다. 그뿐 아니라, 모형마다 독특한 종류의 폭력을 허락한다.[191]

피스케가 지적했듯이, 사람이 반드시 다른 사람과 어떤 모형으로 관계 맺을 필요는 없다. 피스케는 그것을 존재하지 않는(null) 관계, 혹은 무사회적(asocial) 관계라고 불렀다. 사람들은 어떤 관계 맺기 모형에도 포함되지 않는 타인을 **비인간화**한다. 그들에게는 인간 본성의 핵심 속성들이 결여되었다고 간주하고, 사실상 무생물처럼 취급한다. 그래서 마음대로 무시하고, 착취하고, 농락한다.[192] 따라서 무사회적 관계는 정복, 강간, 암살, 영아 살해, 전략적 폭격, 식민지로의 추방, 기타 갖가지 편의주의적 범죄와 같은 포식적 폭력의 무대를 마련한다.

타인을 관계 맺기 모형의 가호 아래에 둔다는 것은 우리에게 그의 이해를 최소한이나마 고려할 의무가 있다는 뜻이다. 공동체적 공유 모형은 공감과 온기를 품고 있다. 그러나 내집단 구성원들에게만 그렇다. 피스케의 동료인 닉 하슬람은 공동체적 공유에서 또 다른 종류의 비인간화가 생겨날 수 있다고 지적했다. 무사회적 관계에 따르는 **기계적** 비인간화가 아니라, 이성, 개성, 자기 통제, 도덕성, 문화처럼 인간만의 특징으로 여겨지는 속성들을 외부자에게는 부여하지 않는 **동물적** 비인간화이다.[193] 이때 사람들은 외부자를 냉담과 무관심이 아니라 혐오와 경멸로 대한다. 공동체적 공유는 심지어 이런 비인간화를 장려할 수도 있다. 배제된 자들에게는 자기 부족을 하나로 묶는 모종의 순수하고 성스러운 본질이 없는 것처럼 보이고, 그들이 동물적 성질로 자기 부족을 오염시킬 것처럼 느껴지기 때문이다. 공동체적 공유는 아늑한 느낌에도 불구하고 부족, 인종, 민족, 종교에 기반한 집단 살해 이데올로기의 심리를 뒷받침한다.

권위 서열 모형에도 양면이 있다. 이 모형은 윗사람에게 아랫사람을 보호하고 지원해야 한다는 가부장적 책임을 부여한다. 따라서 권력자가 백성들 사이의 폭력적 내분을 막는 평화화 과정의 심리 기반이 될 수 있다. 노예 소유주, 식민 통치자, 자비로운 전제 군주에게도 비슷한 방식으로 도덕적 합리화를 제공한다. 그러나 한편으로 이 모형은 무례, 불복종, 거역, 배반, 신성 모독, 이단, 불손함에 대한 폭력적 처벌을 정당화한다. 이것이 공동체적 공유와 결합하면, 한 집단이 다른 집단에게 가하는 폭력마저 정당화한다. 제국적이고 영토 확장적인 정복을 정당화하고, 하위 계급, 식민지, 노예를 복속시키려는 폭력을 정당화한다.

동등성 모형의 상호 교환 의무는 좀 더 어질다. 양쪽 다 상대가 계속 존재하고 번영하는 편이 자신에게도 좋기 때문이다. 또한 이 관계는 쥐꼬리만큼이나마 타인의 관점 취하기를 장려하는데, 앞에서 말했듯이 그 행동은 진정한 공감으로 발전할 수 있다. 개인이나 국가 간 통상의 평화화 효과는 이처럼 교환 상대를 진심으로 사랑하지는 않더라도 가치 있게 여기는 사고방식 때문일지도 모른다. 그러나 한편으로 이 모형은 팃포탯 보복을 합리화한다. 눈에는 눈, 이에는 이, 목숨에는 목숨, 피에는 피인 것이다. 8장에서 보았듯이, 현대 사회의 사람들조차도 형사 처분을 일반적 억제책이나 특정적 억제책이 아니라 응보로 보는 경향이 있다.[194]

합리적-법적 추론은 문자와 숫자를 아는 사회들의 도덕 레퍼토리에만 추가되는 항목으로, 여기에 고유한 직관이나 감정이 따로 있지는 않다. 이 모형은 그 자체로는 폭력을 장려하지도 억제하지도 않는다. 모든 인간에게 한 명도 빠짐없이 명시적인 인권이 주어지고 제 몸과 재산에 대한 소유권이 주어지지 않는 한, 도덕을 초월하여 이윤만을 추구하는 시장 경제는 노예 시장, 인신매매, 총칼을 앞세운 해외 시장 개척 과정에서 사람들을 착취할 수 있을 것이다. 정량적 계산 도구들은 최첨단 전쟁의 살상력을 극대화하는 데 쓰일 수 있을 것이다. 그러나 한편으로 합리적-법적 추론은 최대 다수의 최대 행복을 계산하는 공리주의 도덕에게 이바지할 수 있고, 사회가 폭력의 총합을 줄이고자 경찰과 군대의 정당한 힘을 최소한만 행사하려 할 때 그 최소량이 얼마인지 계량하는 데 쓰일 수도 있다.[195)]

자, 그러면, 도덕의 심리가 역사적으로 어떻게 변했기에 인도주의 혁명, 긴 평화, 권리 혁명과 같은 폭력 감소를 장려했을까?

각 시대에 우세했던 모형이 역사적으로 변한 방향은 아주 분명하다. 피스케와 테틀록은 "지난 300년 동안 전 세계의 모든 사회 체계들이 공동체적 공유 모형에서 권위 서열 모형으로, 동등성 모형으로, 시장 가격 모형으로 갈수록 빠르게 이동하는 경향이 있었다."고 관찰했다.[196)] 내가 7장에서 여론 조사 데이터를 근거로 말했듯이, 사회적 태도 변화에서는 보통 진보주의자들이 선두에 서고 보수주의자들은 뒤늦기는 해도 결국 그 방향으로 따라간다. 하이트가 조사했던 진보주의자와 보수주의자의 도덕적 관심사도 비슷한 내용인 셈이다. 기억하겠지만, 사회적 진보주의자들은 도덕적 관심사의 중요성을 평가할 때 내집단 충성과 순수함/신성함에는 무게를 두지 않았고(피스케는 이 둘을 공동체적 공유로 묶었다.), 권위/존경에도 무게를 두지 않았으며 그 대신 피해/보살핌, 공정성/상호성에 모든 도덕적 관심을 쏟았다. 반면에 사회적 보수주의자들의 도덕 포트폴리오는 다섯 가지 모두를 포함했다.[197)] 그렇다면 오늘날 사회적 진보주의를 지향하는 경향성은 공동체와 권위의 가치들에서 멀어져서 평등, 공정, 자율, 법적으로 보장된 권리에 기반한 가치들로 향하는 방향이다. 진보주의자든 보수주의자든 이런 경향성이 있다는 지적을 부정할 수 있겠지만, 오늘날의 주류 보수 정치인들은 전통, 권위, 결집, 종교를 들먹이면서 인종 차별, 여성의 사회 참여 거부, 동성애 불법화 따위를 정당화하지 않는다는 점을 생각해 보라. 불과 수십 년 전만 해도 보수주의자들은 그렇게 주장했다.[198)]

도덕 자원의 투자를 공동체, 신성, 권위로부터 거둬들이는 것이 어째서 폭력에서 멀어지는 방향일까? 공동체성이 부족주의와 패권주의를 정당화한다는 점이 한 이유이고, 권위가 정부의 억압을 정당화한다는 점도 이유이다. 그러나 더 일반적인 이유는 따로 있다. 도덕 감각의 기반이 좁아지면 좁아질수록, 정당한 처벌 대상이 되는 위반 행위가 적어지기 때문이다. 물론 전통 사회에서든 현대 사회에서든, 진보주의자이건 보수주의자이건, 자율과 공정성을 기반으로 하는 도덕에는 모든 사람들이 동의한다. 정부가 폭행범, 강간범, 살인범을 철창에 가두려고 폭력을 쓰는 데 반대할 사람은 없을 것이다. 그러나 전통 도덕의 수호자들은 그 합의된 기반으로 그치지 않고, 그 위에 더 많은 비폭력 위반 행위를 쌓고 싶어 한다. 동성애, 음란, 신성 모독, 이단, 상스러움, 신성한 상징에 대한 모독 등등. 도덕적 반대의 실효를 얻기 위해서, 전통주의자들은 리바이어던으로 하여금 그런 행위자를 처벌하게 한다. 따라서 법전에서 이런 위반 행위가 지워지면, 국가가 사람들을 곤봉으로 때리고, 수갑을 채우고, 패고, 가두고, 처형할 근거가 줄어든다.

요즘 사회 규범이 시장 가격 모형의 방향으로 움직이는 현상에 많은 사람이 불안을 느낀다. 그러나 그것은, 좋든 나쁘든, 비폭력을 지향하는 경향성을 연장하는 일일 것이다. 시장 가격 모형을 사랑하는 급진적 자유주의자들은 매춘, 마약 소지, 도박을 탈불법화할 것이므로, 정부가 감옥에 가둬 둔 전 세계 수백만 명의 죄수들이 풀려날 것이다(말하나마나, 포주와 마약상은 금주법 시대 갱들의 선례를 따를 것이다.). 무릇 개인의 자유를 지향하는 변화는 다음과 같은 문제를 제기하기 마련이다. 사회적으로 용인된 폭력의 수준을 낮추는 대가로 신성 모독, 동성애, 마약, 매춘처럼 사람들이 직관적으로 나쁘다고 느끼는 행동의 수준을 높이는 것이 도덕면에서 과연 **바람직할까**? 그러나 바로 그 점이 핵심이다. 옳든 그르든, 우리가 전통적인 공동체, 권위, 순수성의 영역으로부터 도덕 감각을 철수시킨다면 반드시 폭력은 감소한다. 고전적 자유주의가 의제로 내건 것이 정확히 바로 그런 축소였다. 개인이 부족과 권위의 힘으로부터 자유로워야 한다는 것, 타인의 자율과 안녕을 침해하지 않는 이상 개인의 선택은 모두 존중되어야 한다는 것.

현대 사회에서 도덕 감각은 단순히 공동체성과 권위에서 멀어지기만 하는 것이 아니라, 합리적-법적 제도를 향해 적극적으로 나아갔다. 이런 변화에도 평화화 효과가 있다. 피스케는 최대 다수의 최대 행복을 목표로 삼는 공리주의 도덕이야말로 시장 가격 모형의 대표 사례라고 말한다(나아가 시장 가격 모형은 합리적-법적 사고방식의 특수 사례에 해당한다.).[199] 앞에서 보았듯이, 체사레 베카리아의 공리주의는 형사 처분을 노골적인 복수심이 아니라 계산된 억제책으로 바꾼 추진력이었다. 제러미 벤담은 공리주의 추론을 이용하여 동성애자 처벌과 동물 학대의 논리를 무너뜨렸고, 일찍이 존 스튜어트 밀도 그것을 이용하여 페미니즘을 지지했다. 1990년대 남아프리카 공화국의 국가 화해 운동에서, 넬슨 만델라와 데스몬드 투투를 포함한 평화 중재자들은 가해자에게 똑같이 갚아 주는 정의 대신 진상 조사, 사면, 최악의 가해자만을 고른 신중한 처벌을 섞어서 썼다. 이것은 적절한 비율로 계산한 처벌을 통해 폭력 감소를 달성한 훌륭한 사례였다. 외국의 도발에 대해 보복 공격보다 경제 제재와 봉쇄 전술로 대응하는 정책도 마찬가지이다.

✤ ✤ ✤

최근의 도덕 심리 이론들이 옳은 궤도를 따르는 것이라면, 우리가 공동체, 권위, 신성, 터부에 대해 느끼는 직관은 인간 본성의 일부일 것이고 따라서 언제까지나 우리와 함께 있을 것이다. 우리가 그 영향을 차단하려고 아무리 노력하더라도. 그러나 이것이 꼭 경계할 일만은 아니다. 관계 맺기 모형들은 서로 통합되거나 포섭될 수 있기 때문에, 우리는 합리적-법적 추론으로 폭력의 총량을 최소화할 때 다른 모형들을 무해한 방식으로, 전략적으로 활용할 수 있다.[200]

공동체적 공유 모형을 인간 생명이라는 자원에 적용하되 가족, 부족, 국가가 아니라 종 전체에 적용한다면, 추상적 인권 개념을 감정으로 뒷받침하는 요소가 될 수 있다. 그때 우리는 하나의 대가족에 속하고, 그 속에서는 어느 누구도 남의 생명과 자유를 강탈할 수 없는 것이다. 권위 서열 모형은 국가가 더 큰 폭력을 막기 위해서 폭력을 독점하는 것을 허락한다. 그리고 국민에 대한 국가의 권위는 민주적 견제와 균형이라는 또 다른 권위에 복속될 수 있다. 대통령이 의회의 법안에 거부권을 행사하는 경우, 의회가 대통령을 탄핵하고 몰아내는 경우가 그렇다. 한편, 우리가 진정으로 귀중하다고 결정한 자원에게는 신성한 가치와 그것을 보호하는 터부를 적용할 수 있다. 개인의 생명, 국경, 화학 무기와 핵무기 사용 금지 등이 그런 자원이다.

인류학자 스콧 애트런은 심리학자 제러미 깅기스, 더글러스 메딘, 정치학자 칼릴 시카키와 함께 터부의 심리가 기발하고도 우회적인 방식으로 평화에 쓰일 수 있다는 가정을 시험해 보았다.[201] 평화 협상은 이론적으로 시장 가격 모형 속에서 진행되어야 한다. 교전 상대들이 무기를 내려놓으면 잉여 이익이 생성되고 — 이른바 평화 배당금이다. — 양측은 그것을 나눠 갖는 데 합의함으로써 종전에 동의한다. 잉여 이익의 일부를 누리기 위해서 각자 극단적인 요구를 포기하는 것이다. 협상 테이블을 박차고 나가서 충돌을 계속할 때 치를 대가보다 그 이익이 더 크기 때문이다.

안타깝게도, 신성함과 터부의 사고방식은 합리적 중재자들이 최선으로 고안한 계획조차 엉망으로 만든다. 어떤 가치가 그 대변자들의 마음에서 신성하다면, 그 가치는 사실상 무한이다. 따라서 다른 어떤 좋은 것과도 바꿀 수 없다. 우리가 자식을 어떤 대가로도 팔아넘기지 않는 것과 마찬가지이다. 국수주의나 종교적 열광에 불타는 사람들은 성지에 대한 통치권, 고대의 잔학 행위에 대한 인정 같은 가치들을 신성하게 여긴다. 평화나 번영을 위해 그것을 양보하는 것은 터부이다. 그런 생각만 하더라도 그 사람은 배신자, 매국노, 첩자, 창녀로 여겨진다.

연구자들은 대담한 실험을 했다. 심리학자들이 편의상 자주 이용하는 표본 집단은 맥주 마실 돈을 벌려고 설문지를 작성하는 수십 명의 대학생들이지만, 이 연구자들은 그것에 만족하지 않았다. 이들은 이스라엘-팔레스타인 분쟁에 실제로 관련된 사람들을 조사했다. 서안에 거주하는 유대인 600여 명, 팔레스타인 난민 500여 명, 팔레스타인 학생 700여 명이었다. 학생들 중 절반은 하마스나 팔레스타인의 이슬람 지하드에 찬성하는 입장이었다. 연구진은 각 집단에서 자신들의 요구를 신성한 가치로 간주하는 열성분자를 어렵지 않게 찾을 수 있었다. 이스라엘 정착자 중 절반 가까이는 유대인이 이스라엘 땅의 일부를 포기하는 것은 결코 있을 수 없는 일이라고 말했다. (서안에 해당하는) 유대 지구와 사마리아 지구도 마찬가지라고 했다. 이득이 아무리 크더라도 말이다. 팔레스타인 학생들 중 절반 이상은 예루살렘에 대한 통치권을 포기하는 것은 결코 있을 수 없는 일이라고 말했다. 이득이 아무리 크더라도 말이다. 난민들 중 80퍼센트는 팔레스타인 사람들이 이스라엘로 '돌아갈 권리'에 대해서 어떤 타협도 있을 수 없다고 말했다.

연구자들은 각 집단을 삼등분하고, 관련자 모두가 신성한 가치에 대해 타협해야만 하는 가상의 평화 협상안을 제시했다. 이른바 두 국가 해결책으로, 이스라엘은 서안과 가자 지구의 99퍼센트에서 철수하되 팔레스타인 난민을 흡수하지 않아도 된다고 했다. 어쩌면 당연하게도, 제안은 별 소용이 없었다. 양측 원칙주의자들은 분노와 혐오로 반응했고, 필요하면 폭력에 호소해서라도 협상에 반대하겠다고 말했다.

연구자들은 피험자들 중 3분의 1에게는 당근을 함께 제공했다. 미국과 유럽 연합이 향후 100년 동안 연간 10억 달러씩 현금 보상을 제공하겠다는 것, 혹은 모든 관계자들이 확실히 평화롭게 번영하리라고 장담하겠다는 것이었다. 예상대로, 당근이 함께 주어지면 원칙주의자가 아닌 사람들은 반대가 약간 누그러졌다. 그러나 원칙주의자들은 자신에게 터부인 거래를 생각해 보라고 주문했다는 점에서 **더 큰** 혐오와 분노를 보였고, 폭력에 호소하겠다고 말했다. 정치-종교 갈등에서 합리적 행위자 개념이 할 수 있는 일은 고작 이 정도다.

이것은 상당히 침울한 현실일 수도 있었지만, 다행히 우리에게는 테틀록의 관찰이 있다. 그는 겉으로 신성한 가치처럼 보이는 것들이 사실은 그렇지 않다는 것, 터부 거래를 현명하게 재설정하면 사람들이 그런 가치에 대해서도 타협한다는 것을 보여 주었다. 그래서 연구자들은 세 번째 가상의 평화 협상안을 마련했다. 역시 두 국가 해결책이지만, 상대가 순전히 상징에 불과한 선언문을 통해서 **자신의** 신성한 가치 중 하나를 포기하는 조건이 따라붙었다. 이스라엘 정착자들에게 제시된 협상안에는 팔레스타인이 "자신들에게 신성한 가치였던 복귀의 권리를 완전히 포기하기로" 하거나, "이스라엘 땅에 대한 유대인의 정당한 역사적 권리를 인정하기로" 하겠다는 말이 있었다. 팔레스타인 사람들에게 제시된 협상안에는 이스라엘이 "팔레스타인에게 독립 국가에 대한 정당한 역사적 권리가 있음을 인정하고, 이스라엘이 팔레스타인 사람들에게 저질렀던 나쁜 일들을 모두 사과하기로" 하겠다는 말이 있었다. 혹은 "이스라엘 사람들이 신성한 권리라고 믿는 서안에 대한 권리를 포기하기로" 하거나, "팔레스타인 사람들의 복귀의 권리가 역사적으로 정당하다는 것을 상징적으로 인정하기로" 하겠다는 말이 있었다(현실적으로 인정하는 것은 아니다.). 수사는 효과가 있었다. 돈이나 평화의 뇌물과는 달리, 적이 신성한 가치를 상징적으로 양보하겠다고 하면, 특히 이쪽의 신성한 가치를 인정하겠다고 하면, 원칙주의자들이 분노, 혐오, 폭력에 의존하겠다는 결의가 줄었다. 어느 쪽이든 그 감소로 인해 원칙주의자가 집단 내 소수로 떨어질 정도는 아니었지만, 적어도 최근 그곳에서 치러졌던 선거들의 결과를 뒤집을 수도 있었을 만한 비율이었다.

우리가 사람들의 도덕 심리를 이렇게 조작할 수 있다는 데에는 심오한 의미가 있다. 세계가 이스라엘과 팔레스타인 갈등의 유일한 현실적 해결책이라고 간주하는 안에 대한 양쪽 열성분자들의 반대를 누그러뜨릴 요소를 **하나라도** 찾아내는 것, 이것은 거의 기적에 가까운 일로 보이기 때문이다. 외교 전문가들은 분쟁자들을 합리적 행위자로 간주하고 평화 협상의 비용 편익을 조작하려고 하는데, 그런 표준 도구들은 도리어 역효과를 내기 쉽다. 그보다는 분쟁자들을 **도덕적** 행위자로 간주하고 평화 협상의 상징적 틀을 조작하는 편이 낫다. 그래야만 조금이나마 서광이 비칠 것이다. 인간의 도덕 감각이 늘 평화의 장애물로만 기능하는 것은 아니지만, 신성과 터부의 사고방식이 자유롭게 활개 칠 때는 그러기 마련이다. 우리가 진정 도덕적이라고 부를 만한 결과를 끌어내려면, 합리적 목표의 안내를 좇아서 그 사고방식을 새롭게 이용해야만 한다.

✤ ✤ ✤

오늘날 우리로 하여금 도덕적 직관을 공동체, 권위, 순수성이 아니라 공정성, 자율성, 합리성에게 할당하도록 장려하는 외생적 원인은 무엇일까?

한 가지 분명한 힘은 지리적, 사회적 이동성이다. 사람들은 더 이상 가족, 마을, 부족의 좁은 세상에서 살아가지 않는다. 그런 세상에서는 순응과 결속이 삶의 핵심이고, 배척과 추방은 사회적 죽음이나 다름없다. 그러나 이제 사람들은 다른 집단에서 살 길을 찾을 수 있다. 다른 세상은 대안의 세계관을 보여 주고, 집단에 대한 무조건 숭배보다 개인의 권리를 중시하는 초당파적 도덕으로 이끈다.

게다가 열린사회에서는 사람들이 재능, 야망, 운을 추구하고자 고향을 떠나 다른 곳으로 이주할 수 있으므로, 권위 서열을 불가침의 자연법칙으로 여기지 않고 역사의 구성물이나 불평등의 유산으로 여기기 쉽다.

다양한 개인들이 섞이고, 상업에 종사하고, 직업 조직과 사회 조직에 속하여 상위의 목표를 달성하고자 협동하면, 순수성에 대한 직관이 희석되기 마련이다. 7장에서 언급했던 예를 다시 말하면, 개인적으로 동성애자를 아는 사람들은 동성애를 더 관용하는 태도를 취한다. 하이트는 이런 관찰도 했다. 미국 선거구 지도를 공화당 지지 (붉은) 주들과 민주당 지지 (푸른) 주들로 큼직하게 나누지 말고 공화당 지지 (붉은) 카운티들과 민주당 지지 (푸른) **카운티**들로 좀 더 잘게 나누면, 좀 더 진보적인 대통령 후보에게 투표한 푸른 카운티들이 해안과 주요한 물길을 따라서 몰려 있다는 것이 눈에 들어온다. 제트 여객기와 주간 고속도로가 등장하기 전에는 바로 그런 곳에서 사람들과 생각들이 섞였다. 그 장소들은 초기의 이점 덕분에 교통, 상업, 언론, 연구, 교육의 중심지가 되었고, 지금까지도 좀 더 다원적인 — 그리고 진보적인 — 지역으로 남았다. 물론 미국 정치의 진보주의는 고전적 자유주의와는 전혀 다르지만, 도덕 영역들에 가중치를 매기는 문제에서는 양쪽이 많이 겹친다. 그러므로 진보주의의 미시 지리학은 이동성과 세계주의가 도덕을 공동체, 권위, 순수성에서 멀어지게 만든다는 증거로 보아도 괜찮을 것이다.[202]

공동체, 권위, 순수성을 전복시키는 또 다른 요인은 역사에 대한 객관적 연구이다. 피스케가 지적했듯이, 공동체성 사고방식은 집단을 영원한 것으로 인식한다. 집단은 불변의 본질을 핵심으로 한데 뭉친 것이고, 그 전통은 태초까지 거슬러 올라간다고 본다.[203] 사람들은 권위 서열도 당연히 영구적이라고 말하곤 한다. 그것은 신이 하사한 것, 혹은 세상을 구성하는 거대한 존재의 사슬에 내재된 것이라고 여긴다. 두 모형은 영구적인 귀족성과 순수성이 제 본질의 일부라고 떠벌린다.

이처럼 역사가 합리화로 점철된 상황일 때, 진정한 역사가는 가든파티에 등장한 스컹크만큼이나 환영 받지 못하는 존재이다. 도널드 브라운은 인간의 보편성을 연구하기에 앞서, 왜 인도의 힌두교도들은 진지한 역사학 면에서 업적이 미미했는가 하고 물었다. 이웃 중국 문명은 전혀 그렇지 않은데 말이다.[204] 브라운은 세습 카스트 사회의 엘리트들이 문헌을 들쑤시고 다니는 학자들의 존재를 달가워하지 않았을 것이라고 짐작했다. 그러다가 혹시 자신들이 영웅과 신에게서 유래했다는 주장에 대한 반박 증거를 발견할 수도 있으니까. 브라운은 아시아와 유럽의 25개 문명을 살펴본 뒤, 세습 계급으로 계층화된 사회들은 신화, 전설, 성인전을 선호하는 데 비해 역사, 사회 과학, 자연 과학, 전기, 현실적 인물 묘사, 보편 교육을 장려하지 않았음을 발견했다. 최근에도 19세기와 20세기의 민족주의 운동들은 글쟁이를 모집하여 자기 나라의 영원무궁한 가치와 영광스러운 과거를 자랑하는 약사를 쓰게 했다.[205] 그와는 거꾸로, 1960년대부터 많은 민주 국가는 수정주의 역사학 때문에 자기 나라의 얕은 뿌리가 발굴되고 추악한 잘못이 공개되는 괴로움을 겪었다. 애국주의, 부족주의, 위계에 대한 신뢰가 준 것은 부분적으로나마 새로운 역사 집필의 유산이다. 요즘도 진보주의자들과 보수주의자들은 교과 과정이나 박물관 전시를 두고 옥신각신한다.

자기 편향 전설에 대한 최고의 해독제는 물론 역사적 사실이지만, 픽션 속 상상의 투사로도 사람들의 도덕 감각을 재교육시킬 수 있다. 많은 이야기에서 주인공은 충성, 복종, 애국심, 의무, 법률, 관습으로 정의된 도덕과 실제 도덕적으로 옹호할 만한 행동 사이에서 갈등을 겪는다. 1967년 영화 「폴 뉴먼의 탈옥」에서, 간수는 폴 뉴먼을 푹푹 찌는 상자에 가두어 벌하면서 이렇게 해명한다. "미안해, 루크. 나는 내 일을 하는 것뿐이야. 이해해 줘." 루크는 대답한다. "싫어. 직업이라고 해서 다 옳은 일이 되는 건 아니지."

이보다 드문 경우이지만, 때로 작가는 독자들의 마음을 뒤흔듦으로써 양심은 옳고 그름을 가리는 일에서 미더운 안내자가 못 된다는 사실을 깨우치게 한다. 허클베리 핀은 미시시피 강을 떠내려가던 중, 짐이 법적 주인으로부터 탈출하여 자유의 땅으로 가도록 돕는 데 대해 문득 죄책감을 느낀다.

> 내가 혼자 속으로 생각하는 동안 짐은 큰소리로 내내 떠들어 댔다. 그는 자신이 자유 주에 도착한 뒤 제일 먼저 할 일이 무엇인지 아느냐고 말했다. 한 푼도 쓰지 않고 돈을 모아서, 왓슨 양의 집 근처 어느 농장 주인이 소유하고 있는 자기 아내를 사 올 것이라고 했다. 그리고 두 사람이 열심히 일해서 두 아이를 사 올 것이라고 했다. 만약에 주인이 팔지 않으려고 하면, 노예 해방

론자를 하나 사서 훔쳐 올 것이라고 했다.

그런 소리를 들으니 나는 몸이 바짝 굳었다. …… 거봐, 아무 생각 없이 행동하니까 이렇게 되지, 나는 속으로 생각했다. 내가 탈출을 도와준 이 검둥이는 드러내 놓고 뻔뻔하게 자기 아이들을 훔칠 것이라고 말하고 있었다. 그 아이들은 내가 알지도 못하는 남자, 내게 아무런 해도 끼치지 않은 남자의 소유물인데 말이다. ……

내 양심은 어느 때보다도 나를 성가시게 했고, 마침내 나는 그 양심에게 이렇게 말했다. "알았으니 그만 해. 아직 늦지 않았어. 첫 불빛을 보면 강가로 노 저어 가서 누구에게든 말하겠어." …… 그러자 모든 근심이 사라졌다. 나는 불빛을 열심히 찾아보면서 속으로 흥얼거리기까지 했다. 머지않아 불빛 하나가 나타났다. ……

짐은 펄쩍 일어나서 카누를 대령했다. 그는 내가 깔고 앉도록 카누 바닥에 자신의 낡은 외투를 깐 뒤, 내게 노를 건넸다. 내가 노를 저어 떠날 때 그가 말했다. "조금만 있으면 저는 기뻐서 소리를 지르면서 이게 다 헉 덕분이라고 말할 거예요. 나는 이제 자유의 몸이고, 헉이 아니면 자유의 몸이 되지 못했을 거라고 말할 거예요. 모두 헉 덕분이죠. 헉은 내 평생 최고의 친구예요. 이 늙은 짐에게 지금 유일한 친구예요."

나는 그를 고발할 생각으로 초조해 하며 노를 저어 가고 있었지만, 짐이 그 말을 하는 것을 듣는 순간 내 안에서 무언가가 확 빠져 나가는 것 같았다.

심장이 두근두근하는 이 장면에서, 원칙, 복종, 상호성, 모르는 사람에 대한 공감을 길잡이로 삼은 양심은 허클베리 핀을 그릇된 방향으로 잡아당겼다. 금세 친구에 대한 공감이 그를 반대로 잡아당겨 옳은 방향으로 돌려놓았지만 말이다(독자들은 인권 개념을 근거로 하여 내심 후자의 방향을 지지한다.). 이 장면은 우리의 도덕 감각이 서로 대립하는 신념들 앞에서 얼마나 취약한지를 가장 잘 보여 주는 묘사일 것이다. 사실 그런 신념들 중 대부분은 도덕적으로 잘못된 것이다.

이성

이성은 각박한 시절을 겪는 듯하다. 대중문화는 전에 없이 깊은 멍청함의 나락으로 떨어지고 있고, 미국의 정치 담론은 바닥을 향해 경주하는 듯하다.[206] 우리는 과학적 창조론, 뉴에이지풍 헛소리, 9/11 음모론, 심령술사 상담 전화, 기승을 부리는 종교적 원리주의의 시대를 살고 있다.

비이성의 확산만으로는 충분하지 않다는 듯, 많은 비평가는 이성의 힘을 십분 발휘하여 이성은 과대평가되었다고 주장한다. 2001년 조지 W. 부시의 취임 직후라 아직 대통령과 언론의 밀월이 이어지던 때, 논설가들은 위대한 대통령이 되기 위해서 반드시 똑똑할 필요는 없다고 주장했다. 가방끈 긴 고위 관료들의 복잡한 계산과 모호한 표현보다는 진실한 가슴과 굳건한 도덕적 명징함이 더 우월하다고 했다. 그들은 말했다. 미국을 베트남의 진흙탕으로 끌어들인 사람은 하버드에서 공부했던 그 똑똑한 양반이 아니었느냐고. 좌파의 '비판 이론가'들과 포스트모더니즘 이론가들, 우파의 종교 옹호자들은 한 가지 점에서만큼은 의견이 일치했다. 두 세계 대전과 홀로코스트는 서구가 계몽 시대 이래 과학과 이성을 육성한 결과로 탄생한 유해한 결실이었다는 것이다.[207]

과학자들마저 지지를 보태고 있다. 심리학자들은 인간이 열정에 따라 움직일 뿐이라고 말한다. 인간은 먼저 행동한 뒤에 나중에 미미한 이성을 발휘하여 본능을 합리화한다는 것이다. 행동 경제학자들은 현실에서 인간의 행동이 합리적 행위자 이론을 벗어난다는 발견에 기뻐하고, 기자들은 그 이론에 한 방 먹일 기회를 놓칠세라 그런 연구를 선전한다. 그 이면에는 인간의 비합리성은 어차피 불가피한 속성이니 안달복달하지 말고 즐기는 편이 낫다는 뜻이 깔려 있다.

마지막 10장만을 남긴 이번 절에서, 나는 오늘날 이성의 상태를 비관하는 평가가, 또한 실제로 그런들 그다지 나쁜 일은 아니라는 정서가 둘 다 잘못이라고 주장하겠다. 현대 사회가 수많은 어리석음에도 불구하고 점점 똑똑해졌다는 것은 분명한 사실이다. 그리고 다른 조건이 다 같다면, 똑똑한 세상일수록 폭력이 적다.

증거를 보기에 앞서, 이성에 대한 몇 가지 선입견부터 일소하자. 조지 W. 부시의 임기가 끝난 마당이니, 덜 똑똑한 지도자가 더 좋다는 이론은 누구에게나 황당하게 느껴질 것이다. 황당함의 이유를 정량화할 수도 있다. 공인들의 심리 특징을 측정하는 작업은 그동안 피상적인 수준에 그쳤지만, 심리학자 딘 사이먼턴은 믿을 만하고, (전문적 계량 심리학의 입장에서) 유효하고, 정치적으로 초당파적인 여러 역사 측정 기법들을 개발했다.[208] 그가 조지 워싱턴에서 조지 W. 부시까지 대통령 42명의 데이터를 분석한 결과, 대통령의 지능 지수, 그리고 새로운 생각과 가치에 대한 개방성은 초당파 역사학자들이 평가한 대통령의 업적과 유의미한 상관관계를 보였다.[209] 부시의 지능 지수는 인구 평균보다는 한참 높았지만, 대통령 중에서는 꼴찌에서 세 번째였다. 경험에 대한 개방성 면에서는 아예 꼴찌로, 0~100점 척도에서 0.0점을 기록했다. 사이먼턴은 부시가 현직에 있었던 2006년에 결과를 발표했는데, 이후 다른 세 역사학자의 조사에서도 상관관계가 확인되었다. 부시는 대통령 42명 중 37등, 36등, 39등을 차지했다.[210]

베트남 전쟁은 어떨까? 케네디와 존슨의 조언자들이 조금만 덜 똑똑했더라면 미국이 전쟁을 피할 수 있었으리라는 은근한 암시는 말이 안 된다. 그들이 떠난 뒤에 가장 뛰어나지도 똑똑하지도 않았던 리처드 닉슨이 더욱 격렬하게 전쟁을 이어 간 것을 보면 말이다.[211] 대통령의 지능과 전쟁의 관계도 정량화할 수 있을지 모른다. (PRIO 데이터가 시작된) 1946년에서 2008년까지, 대통령의 지능 지수와 그의 임기 중에 미국이 관여한 전쟁의 사망자 수는 상관 계수 -0.45으로 음의 상관관계를 보였다.[212] 대통령의 지능 지수가 1점 높아질 때마다 전투 사망자가 1만 3440명 준다고도 말할 수 있다. 물론 더 정확하게 말하자면, 전후 가장 똑똑한 대통령들이었던 케네디, 카터, 클린턴이 미국을 파괴적 전쟁에서 떨어뜨려 놓았다고 보아야 한다.

한편 홀로코스트가 계몽주의의 소산이었다는 생각은 터무니없지는 않을지라도 우스꽝스럽다. 6장에서 말했듯이, 20세기 최대의 변화는 집단 살해가 덜 발생했다는 사실이라기보다는 집단 살해가 나쁘다는 인식이 생겼다는 점이다. 홀로코스트에 기술 장치와 관료 장치가 사용되었다는 사실은 그 인명 피해를 이해하는 데 있어서 부차적인 문제이다. 르완다 집단 살해에서 피투성이 마체테가 쓰였던 점에서 알 수 있듯이, 기술과 관료제는 대량 살인에 꼭 필요한 요소가 아니다. 나치 이데올로기는 동시대의 민족주의, 낭만적 군사주의, 공산주의 운동과 나란히 19세기 반계몽주의의 결실이었을 뿐, 에라스뮈스, 베이컨, 홉스, 스피노자, 로크, 흄, 칸트, 벤담, 제퍼슨, 매디슨, 밀의 사상적 계보를 잇지 않았다. 나치즘의 과학적 허울이 우스운 유사 과학이었다는 사실은 진짜 과학으로 쉽게 증명된다. 계몽주의적 합리성이 홀로코스트에 책임이 있다는 이론에 대해, 철학자 야키 멘셴프로인트는 최근에 쓴 탁월한 에세이에서 이렇게 말했다.

> 나치 이데올로기는 대체로 비합리적이었을 뿐만 아니라 반합리적이었다. 우리는 이 점을 인식하지 않고서는 그토록 파괴적이었던 정책을 도저히 이해

할 수 없을 것이다. 나치즘은 독일 민족에게 기독교 이전의 이교도적 기원이 있다고 믿었고, 자연과 좀 더 '유기적인' 존재로의 회귀라는 낭만적 이상을 채택했으며, 다가올 종말의 날에 인종들 간의 영원한 투쟁이 모두 해소될 것이라는 묵시록적 기대를 키웠다. …… 나치 사상의 핵심은 합리주의 자체는 물론이거니와 합리주의와 경멸스러운 계몽주의와의 연관성까지 멸시한 점이었다. 나치즘의 이데올로그들은 세계에 대한 자연스럽고 직접적인 경험, 즉 **벨탄샤우웅**('세계관')과 개념화, 계산, 이론화를 통해 현실을 분해하는 '파괴적' 지적 활동, 즉 **벨트-안-덴켄**('세계에 대한 생각')이 서로 모순된다고 강조했다. 나치는 자유주의적 부르주아의 '퇴행적인' 이성 숭배에 반대했고, 어떤 타협이나 딜레마로도 제약되거나 약화되지 않는 활기차고 자연스러운 삶의 이상을 옹호했다.[213)]

마지막으로, 마치 개의 몸통을 흔들려고 애쓰는 꼬리처럼, 이성이 감정의 완력과 겨루기에는 힘이 부족하다는 생각을 따져 보자. 심리학자 데이비드 피차로와 폴 블룸은 이것이 실험실에서 관찰된 도덕적 말문 막힘 현상과 기타 도덕적 딜레마에 대한 본능적 반응들을 과잉 해석한 것이라고 주장했다.[214)] 우리의 결정이 정말로 직관을 따르더라도, 어쩌면 직관 자체가 사전에 진행되었던 도덕적 추론의 유산이다. 개인의 숙고이든, 식탁에서의 토론이든, 과거 토론들의 결과로 축적된 규범이든. 사례 연구를 보면, 사람들은 개인의 삶에서 결정적인 순간(가령 여성이 낙태를 결정하는 순간)과 사회 역사에서 결정적인 순간(가령 시민권, 여성권, 동성애자 권리를 주장하며 투쟁하는 시기, 전쟁에 참가한 시기)에 고통스러운 숙고와 고민에 열중한다. 앞에서 살펴보았듯이 과거의 많은 도덕 변화는 고통스러운 지적 논거에서 유래했고, 그 논거에 대한 격렬한 반박도 뒤따르곤 했다. 그러나 일단 토론이 정리되면, 이긴 쪽의 생각은 사람들의 감수성에 깊이 파고든 뒤에 자신의 자취를 지웠다. 오늘날 사람들에게 이단자를 화형해도 되는가, 노예를 부려도 되는가, 아이를 채찍질해도 되는가, 범죄자를 바퀴에서 부서뜨려도 되는가 하고 물으면 사람들은 말문이 막힌 반응을 보일 것이다. 그러나 몇 백 년 전에는 정말로 그런 문제가 토론의 주제였다. 조슈아 그린이 전차 딜레마에 대한 피험자들의 반응을 뇌 스캔을 통해 살핀 연구에서 보듯이, 우리는 직관과 이성이 어떤 신경 해부학적 기반을 토대로 상호 작용하는지도 알 수 있었다. 각각의 도덕 능력은 각기 독특한 신경 생물학적 중추를 갖고 있었다.[215]

"이성은 열정의 노예일 뿐이고, 그래야 마땅하다." 흄의 이 말은 유명하다. 그러나 흄은 사람들에게 충동적으로 행동하라거나, 발끈 화내라거나, 잘못된 상대를 덮어 두고 좋아하라고 조언한 것이 아니었다.[216] 그는 기초적인 논리적 사실을 말한 것뿐이었다. 이성 자체는 한 명제에서 다른 명제로 넘어가는 수단일 뿐이지 명제들의 가치에 대해서는 신경 쓰지 않는다는 점을 지적했던 것이다. 그럼에도 여러 가지 이유에서 이성은 '우리의 체질에 섞인 비둘기의 자질'과 힘을 합쳐서 '우리 마음의 결정을 인도해야' 하고, '다른 모든 조건이 같을 경우, 인류에 파괴적이고 위험한 것보다는 유익하고 유용한 것을 냉정하게 선호하도록 이끌어 주어야 한다.' 그렇다면, 우리가 이성을 어떻게 적용해야 폭력을 감소시킬 수 있는지 살펴보자.

과학 혁명과 이성의 시대가 시기적으로 인도주의 혁명에 앞섰던 것을 떠올리면, 아마도 하나의 거대한 이성이 줄곧 작동했으리라는 생각이 든다. 어리석음이 잔혹함을 낳는다고 했던 볼테르의 경구는 이런 이성을 염두에 둔 말이었다. 허튼 생각들의 정체가 폭로되면 — 신이 인신 공양을 요구한다는 생각, 마녀가 주문을 건다는 생각, 이단자는 지옥에 간다는 생각, 유대인이 우물에 독을 탄다는 생각, 동물은 감각이 없다는 생각, 아이에게 귀신이 들려 있다는 생각, 아프리카 사람은 야만스럽다는 생각, 왕에게 신성한 왕권이 있다는 생각 — 폭력의 논거는 약화되기 마련이다.

두 번째로, 이성은 자기 통제와 나란히 간다는 점에서도 평화를 가져온다. 기억하겠지만, 두 특징은 개인에게서 통계적 상관관계가 있다. 뇌에서 두 특징의 생리적 기반은 서로 겹친다.[217] 자아에게 자아를 통제할 이유를 알려 주는 것이 바로 — 행동의 장기적 결과를 유추한다는 의미에서 — 이성이다.

자기 통제는 미래의 자신에게 피해가 될 경솔한 선택을 피하는 것만이 아니다. 자기 통제는 또한 우리가 기본적인 본능을 억누르고, 그 대신 의식적으로 좀 더 정당화되는 다른 동기를 따른다는 뜻이다. 일례로, 많은 백인은 아프리카계 미국인에게 약간이나마 본능적인 부정적 감정을 품고 있다. 심리학자들은 피험자들이 백인 얼굴과 흑인 얼굴, **좋음**과 **나쁨**과 같은 단어들을 얼마나 빨리 연합시키는지 측정하는 교묘한 실험으로 이 점을 확인했고, 편도의 활성화를 관찰한 뇌 영상 실험으로도 확인했다.[218] 그러나 그림 7-6, 그림 7-7, 그림 7-8에서 보았듯이, 아프리카계 미국인에 대한 사람들의 외면적 태도는 그동안 엄청나게 변했다. 요즘은 백인들과 흑인들이 점잖게 어울려 산다. 우리는 더 나은 판단으로 심리 편향을 극복할 수 있다.

이성은 도덕 감각과도 상호 작용한다. 도덕 충동의 기원인 네 가지 관계 맺기 모형들은 각각 특징적인 추론 스타일과 연결된다. 그 추론 방식들은 서로 다른 수학적 척도들과 하나씩 짝지어지며, 각각 서로 다른 인식의 직관에 따르는 활동이다.[219] 공동체적 공유 모형은 모 아니면 도의 범주로 사고한다(이것을 명목 척도[nominal scale]라고도 부른다.). 개인은 신성한 집단에 속하거나 속하지 않거나 둘 중 하나이다. 이것은 순수한 정수와 잠재 오염 물질을 감지하는 직관적 생물학의 사고방식이다. 두 번째 권위 서열 모형은 순서 척도(ordinal scale)를 사용한다. 서열은 직선적으로 나열되는 법이고, 우리가 그것을 인식할 때 동원하는 장치는 공간, 힘, 시간에 대한 직관적 물리학이다. 서열이 높은 사람은 더 크고, 강하고, 높고, 맨 앞에 오는 것처럼 보인다. 세 번째 동등성 모형은 간격 척도(scale of intervals)로 측정된다. 이 척도는 둘 중에서 어느 쪽이 더 큰지 비교하지만, 비례 개념은 쓰지 않는다. 그저 대상들을 줄 세우고, 헤아리고, 저울에 올려 비교하는 구체적 과정으로만 계산한다. 마지막 시장 가격 모형(그리고 그것을 포함하는 합리적-법적 사고방식)만이 **비례**(proportionality)를 사용하여 추론한다. 합리적-법적 모형에는 분수, 퍼센트, 거듭제곱처럼 직관적이지 않은 수학 상징들이 필요하다. 그리고 앞에서도 언급했듯이 이것은 결코 보편적인 능력이 아니다. 이 능력은 문자와 숫자로 인지를 향상시키는 기술에 의존한다.

비례라는 단어가 수학적 의미 외에도 간혹 도덕적 균형을 뜻한다는 것은 우연이 아니다. 언젠가 지구에서 폭력이 싹 사라지리라고 공언하는 사람은 설교자와 팝 가수뿐이다. 포식자를 억제하고 억제되지 않는 사람을 무력화하기 위해서라도 약간의 폭력은 늘 경찰과 군대의 형태로 존재할 것이다. 예비로 간직한 수단일 뿐이라도. 그러나 더 큰 폭력을 막기 위한 최소한의 폭력, 그리고 통제되지 않은 마음이 불끈 격분하여 거친 정의를 집행하는 행위 사이에는 엄청난 차이가 있다. 거친 텃포탯 보복은, 더구나 자기 위주 편향으로 저울이 기울었을 때는, 갖가지 지나친 폭력을 낳는다. 잔인하고 해괴한 처벌, 말썽꾸러기 아이를 야만스럽게

패는 것, 개발 도상국의 허접스러운 정부가 반란을 잔혹하게 억압하는 것 등등. 그리고 도덕적 진보는 실력 행사를 전체적으로 삼가는 것이 아니라 폭력을 계산된 양만 조심스럽게 적용함으로써 이루어진 경우가 많았다. 베카리아의 공리주의 주장에 따른 형사 처분 개혁, 계몽된 부모들이 아이를 적당히 벌주는 것, 시민들이 폭력의 문턱을 넘지 않은 채 불복종과 소극적 저항을 하는 것, 현대 민주 국가들이 다른 나라의 도발에 계산된 반응을 보이는 것(군사 동원, 위협사격, 군사 시설에 대한 국부 공격), 갈등 후 화해 국면에서 부분 사면을 허락하는 것 등이 그랬다. 이런 형태의 폭력 감소에는 비례 감각이 요구되는데, 그것은 마음이 자연스럽게 해내는 일이 아니라 이성으로 진작되어야만 하는 습관이다.

이성이 폭력에 대항하는 또 다른 방법은, 폭력을 하나의 정신 범주로 추상화한 뒤에 그것을 이겨야 할 경쟁이 아니라 해결해야 할 문제로 해석하는 것이다. 호메로스 시대 그리스인들은 저 높은 곳에 있는 가학적인 꼭두각시 조종자들의 손놀림 때문에 참혹한 전쟁이 발생한다고 생각했다.[220] 그런 생각에도 추상화 능력은 필요하다. 전쟁을 음흉한 적들의 탓으로 돌리는 관점에서는 벗어났으니까. 그러나 전쟁을 신의 탓으로 돌리면, 하찮은 인간들이 현실적으로 전쟁을 줄일 기회는 거의 없다. 전쟁을 도덕적으로 비난하는 관점도 비슷하다. 그런 관점은 전쟁을 구체적인 개체로 파악하기는 하지만, 침략군이 목전에 왔을 때 우리가 어떤 행동을 취해야 하는가에 대해서는 별 지침을 주지 못한다. 진정한 변화는 그로티우스, 홉스, 칸트, 기타 근대 사상가들의 글에서 왔다. 그들은 전쟁을 지적으로 추상화하여 게임 이론의 문제라고 보았고, 제도를 조정하여 예방해야 할 숙제로 보았다. 그로부터 수백 년 뒤, 칸트의 3요소인 민주주의, 상업, 국제 공동체를 포함한 제도적 조정들은 긴 평화와 새로운 평화에서 전쟁이 감소하는 데 기여했다. 쿠바 미사일 위기가 안전하게 해소되었던 것은 케네디와 흐루쇼프가 그 상황을 함께 덫에 걸린 상황이라고 의식적으로 재규정함으로써 어느 쪽도 체면을 잃지 않고 벗어날 방안을 찾았기 때문이다.

이성에 대한 위의 논거들 중, 이성은 목적에 대한 수단일 뿐이고 그 목적은 그 사람의 열정에 달렸다고 했던 흄의 말에 제대로 대답이 된 것은 하나도 없다. 이성은 평화와 조화로 가는 길을 닦을 수 있지만, 그 사람이 평화와 조화를 원할 때만 그렇다. 그 사람이 전쟁과 고통을 즐긴다면, 이성은 전쟁과 고통으로 가는 길도 닦아 준다. 그렇다면, 이성이 우리를 폭력을 덜 **원하는** 방향으로 이끈다고 기대해도 괜찮을까?

엄격한 논리로만 보자면, 그럴 수 없다. 그러나 쉽게 그렇게 바꿀 수 있다. 두 가지 조건만 갖춰지면 된다. 첫 번째는 이성을 발휘하는 사람이 자신의 안녕을 염려한다는 조건이다. 그가 죽음보다 삶을, 불구보다 온전한 몸을, 고통스러운 삶보다 편안한 삶을 선호한다는 조건이다. 인간이 논리만으로는 이런 선호를 가질 수 없지만, 자연 선택의 산물이라면 그 어떤 존재이든 — 엔트로피의 파괴력을 견디고서 이렇게 이성적인 생각을 할 수 있을 때까지 오래 살아남은 존재라면 무엇이든지 — 이런 선호를 가질 가능성이 높다.

두 번째 조건은 그가 자신의 안녕을 침해할 수 있는 다른 행위자들과 한 공동체에 속해 있고, 그들이 서로 메시지를 교환하며 각자의 생각을 이해할 수 있다는 것이다. 이것 역시 논리적으로 필연적인 가정은 아니다. 홀로 고독하게 추론하는 로빈슨 크루소도 가능하고, 백성에게 일체 간섭 받지 않는 우주 유일의 군주도 가능하다. 그러나 자연 선택은 고독한 추론자를 만들지 않았을 것이다. 진화는 개체군에서 작용하며, 호모 사피엔스는 특히 이성적인 동물인 것을 넘어서 사회성과 언어를 지닌 동물이기 때문이다. 우주 유일의 군주조차, 왕관을 쓴 머리는 편히 쉴 틈이 없다는 원칙에 따른다. 그도 이론적으로는 실각할 가능성을 늘 걱정해야 하고, 정말 그렇게 되면 이제까지 아랫사람이었던 상대들을 어떻게 다룰지 걱정해야 한다.

4장의 끝에서 보았듯이, 모든 인간이 사익을 추구하고 사회성을 갖고 있다는 가정이 이성과 결합하면, 비폭력을 목표로 삼는 도덕성이 도출된다. 이때 폭력은 죄수의 딜레마 상황에 처한다. 양측은 상대를 이용하면 이득을 보겠지만, 둘 다 그러지 않는 편이 낫다. 상호 포식에서 둘 다 죽지는 않더라도 둘 다 상처를 입을 테니까. 그런데 게임 이론의 정의에서는 양측이 대화할 수 없고 대화하더라도 서로 믿을 이유가 없지만, 현실에서는 사람들이 서로 상의할 수 있고 감정적, 사회적, 법적 보증으로 약속을 묶어 둘 수도 있다. 그리고 내가 상대에게 나를 해치지 말라고 설득할 때, 나는 스스로도 상대를 해치지 않기로 약속할 수밖에 없다. "네가 나를 해치는 건 나쁜 일이야."라고 말하는 것은 "내가 너를 해치는 건 나쁜 일이야."라고 말하는 것과 다르지 않다. 논리는 '나'와 '너'의 차이를 모르기 때문이다(대화에서 누가 말하느냐에 따라 대명사들의 뜻이 달라지지 않는가.). 철학자 윌리엄 고드윈은 "'나'라는 대명사에는 어떤 마법이 있기에, 나로 하여금 공정한 진리의 결정을 떳떳이 뒤엎게 하는가?"라고 물었다.[221] 이성은 마이크와 데이브를, 리사와 에이미를, 다른 어떤 개인들을 구별하지 않는다. 논리에게 그들은 x들과 y들일 뿐이다. 그러므로 내가 남에게 나를 해치지 말아야 할 **이유**를 이성적으로 호소하는 순간, 나는 남을 해치지 않는 것을 일반적인 목표로서 받아들이는 셈이다. 그리고 내가 자신의 이성을 자랑스러워하고, 그것을 폭넓게 적용하려고 하고, 그것으로 남을 설득하려고 하는 한, 나는 그것을 보편적인 이익 추구에도 적용할 수밖에 없다. 폭력의 회피까지 포함해서.[222)]

물론, 인간은 원초적 이성을 지닌 상태로 창조되지 않았다. 인간은 유인원에서 유래했고, 수억 년 동안 소규모 무리를 지어 살았고, 사냥, 채집, 사회화를 위해서 인지 과정을 진화시켰다. 우리 선조들은 문자, 도시, 장거리 여행, 통신의 등장에 발맞추어 아주 조금씩 이성을 계발했고, 갈수록 더 넓은 관심사에 그것을 적용했다. 과정은 지금도 진행 중이다. 이렇게 세월이 흐를수록 집단적 이성이 연마되면, 근시안적이고 다혈질적인 폭력의 충동이 점차 깎여 나갈지도 모른다. 우리가 갈수록 더 많은 합리적 행위자에 대해서 상대가 나를 대하기를 바라는 방식으로 나도 상대를 대해야 할 테니까.

인간의 인지 능력이 반드시 이 방향으로 진화해야만 하는 것은 아니었다. 그러나 일단 인간이 제약 없는 추론 체계를 습득하면, 처음에는 그것이 식량 조달이나 동맹 확보와 같은 범속한 문제를 위해서 진화했더라도, 나중에는 어떤 명제의 결과에 해당하는 다른 명제들에 대해서도 그것을 적용하기 마련이다. 우리가 모국어를 익혀서 '이것이 쥐를 죽인 고양이다.'라는 문장을 이해하면, 다음에는 '이것이 엿기름을 먹은 쥐다.'라는 문장도 당연히 이해하게 된다. 무엇도 그 발전을 막을 수 없다. 우리가 37+24를 계산하는 법을 익히면, 당연히 32+47을 계산하는 법까지 알게 된다. 인지 과학자들은 이 기술을 체계성(systematicity)이라고 부르며, 언어와 추론을 담당하는 신경 체계들에게 조합 능력이 있기 때문이라고 설명한다.[223)] 그러니 어떤 종의 구성원들이 서로에 대해 추론하는 능력을 갖게 되고, 그 능력을 발휘할 기회가 많아지면, 이르든 늦든 그들은 비폭력을 비롯한 상호 존중의 관행이 서로에게 유리하다는 점을 깨우칠 것이다. 그리고 그 관행을 점점 더 넓게 적용할 것이다.

피터 싱어의 확장하는 윤리 이론은 원래 이런 내용이었다.[224] 나는 사람들이 타인의 관점을 취함으로써 갈수록 더 많은 집단에게 공감을 느끼는 역사적 과정을 명명하고자 싱어의 비유를 빌렸지만, 원래 싱어는 지성을 염두에 두었을 뿐 감정은 염두에 두지 않았다. 그는 철학에 대한 철학자로서, 사람들이 오랜 세월을 거치는 동안 **사고 능력**을 통해서 타인을 더 존중하게 되었다고 주장했다. 존중은 우리가 어깨를 맞대고 살아가는 작은 사회의 구성원들에게만 국한되지 않는다. 우리가 모든 사람들이 이렇게 행동했으면 하고 바라는 한 나를 남보다 선호할 수 없듯이, 우리 집단을 다른 집단보다 선호할 수도 없다. 싱어에 따르면, 윤리의 범위를 계속 팽창시키는 추진력은 부드러운 감정 이입이 아니라 단단한 이성이다.

> 이성을 쓰기 시작한다는 것은 까마득히 위로 뻗어 있되 그 끝이 보이지 않는 에스컬레이터에 올라서는 것이다. 일단 첫 단계를 밟으면, 이후에 우리가 이동할 거리는 우리의 의지와는 무관하다. 우리는 과정이 언제 끝날지 미리 알 수 없다. ……
> 만일 우리가 에스컬레이터가 무엇인지 모르고 탔다면, 처음에는 몇 미터만 이동할 생각이었더라도 일단 오르고 나면 끝까지 가는 수밖에 도리가 없음을 깨달을 것이다. 마찬가지로, 일단 이성이 작동하기 시작하면 우리는 그것이 어디에서 멈출지 알 수 없다. 우리가 어떤 행위를 공평무사한 견지에서 옹호하려고 하는 태도는 인간의 사회성과 집단생활의 조건에서 생겨난다. 그러나 추론하는 존재들의 생각 속에서 그 태도는 곧 독자적인 논리를 갖게 되고, 그 논리가 또 스스로를 확장함으로써 집단의 한계를 넘어서까지 적용되도록 이끈다.[225]

싱어는 이런 주장을 예증하기 위해서 과거 역사의 단계들을 나열했다. 초기 그리스인들의 도덕 범위는 도시 국가로 한정되어 있었다. 아래는 5세기 중엽에 씌어진 비문인데, 의도한 바는 아니겠지만 우리에게는 웃긴 말로 들린다.

> 이 기념비는 대단히 훌륭했던 한 남자를 기리고자 세워졌다. 메가라 출신의 피티온은 일곱 남자의 몸속에서 일곱 개의 창끝을 꺾어 그들을 죽였다. …… 아테네의 세 연대를 구했던 이 남자는 …… 지상에 살면서 그 누구도 울리지 않았고, 이제 모든 이들의 찬사를 받으며 지하로 내려갔다.[226]

플라톤은 그리스인이 다른 그리스인을 유린하거나 노예로 부려서는 안 된다고 주장함으로써 범위를 조금 넓혔다. 그러나 그리스인이 아닌 사람들에게는 여전히 그런 운명을 가했다. 근대 유럽인은 노예화 반대 원칙을 모든 유럽인에게로 넓혀 적용했지만, 아프리카인은 만만한 표적으로 남겼다. 물론 요즘은 누구에게든 노예화가 불법이다.

싱어의 비유에서 유일한 문제는, 도덕적 관심의 역사가 에스컬레이터라기보다 엘리베이터처럼 보인다는 점이다. 그것도 언제까지나 한 층에 머물 것처럼 가만히 있다가 갑자기 덜컹 움직여 다음 층으로 가고, 그곳에서 또 한동안 멈추고, 이렇게 올라가는 엘리베이터이다. 싱어의 연표에서는 약 2500년의 기간 동안 동심원이 네 개 그려졌다. 625년마다 한 단계씩 상승한 셈이다. 이것은 에스컬레이터라기에는 너무 단속적이다. 싱어도 도덕 진보의 단속성을 인정했고, 그것을 위대한 사상가가 드물게 출현하는 탓으로 돌렸다.

> 탐구하는 정신들이 출현하는 시기와 그들의 성공에 관한 한, 역사는 우연들

의 연대기이다. 그럼에도 불구하고, 당대의 도덕이 가하는 제약 내에서나마 이성이 번성하는 한, 장기적 진보는 우연이 아니다. 관습이 이성에게 가하는 한계를 못마땅하게 여기는 뛰어난 사상가가 간간이 등장할 것이다. '출입 금지' 표지판을 싫어하는 것이야말로 이성의 속성이기 때문이다. 이성은 본질적으로 확장적이다. 이성은 보편적 적용을 추구한다. 대항 세력이 찍어 누르지 않는 한, 이성의 새로운 적용은 곧 추론의 영역으로 편입되어 미래 세대에게 물려질 것이다.[227]

그래도 수수께끼는 남는다. 뛰어난 사상가들은 왜 그리도 드물게 세계 무대에 출현했을까? 이성의 확장은 왜 그리도 오래 빈둥거렸을까? 이성이 노예제가 좀 나쁠지도 모른다는 결론에 도달하는 데에 왜 수천 년이나 걸렸을까? 아이를 때리는 것, 보호자가 없는 여성을 강간하는 것, 원주민을 몰살하는 것, 동성애자를 투옥하는 것, 왕의 상처 입은 허영을 달래려고 전쟁을 벌이는 것도 그렇다. 그것이 나쁜 일임을 깨우치기 위해서 아인슈타인까지 필요했을 것 같지는 않다.

한 가지 해석은 이성의 에스컬레이터 이론이 역사적으로 정확하지 않다는 것이다. 어쩌면 인류는 머리가 아니라 가슴에 따라서 도덕 진보의 경사를 올랐을지도 모른다. 또 다른 해석은 싱어가 부분적으로 옳지만, 에스컬레이터는 간간이 출현하는 뛰어난 사상가들 덕분에 움직이는 게 아니라 **모든 사람들**의 사고의 질에 따라서 상승한다는 것이다. 우리가 점점 나아지는 것은 우리가 점점 똑똑해지기 때문일지도 모른다.

믿거나 말거나, 우리는 정말로 더 **똑똑해지고 있다**. 1980년대 초, 철학

자 제임스 플린은 유레카의 순간을 경험했다. 지능 지수(IQ) 검사를 판매하는 회사들이 주기적으로 기준을 조정한다는 사실을 안 순간이었다.[228] 정의상 IQ의 평균은 100이다. 그러나 질문을 몇 퍼센트나 맞혀야 평균이 되는가 하는 문제는 질문의 난이도에 따라 달라진다. 지능 검사 회사들은 어떤 공식을 써서 정답률 척도를 IQ 척도에 얹는데, 공식은 계속 이상을 일으켰다. 수십 년 동안 평균 점수가 착실히 높아졌기에, 평균을 100으로 맞추려면 이따금 공식을 손질해서 이전보다 더 많은 문항을 맞혀야만 일정 IQ 점수를 얻도록 바꿔야 했다. 그러지 않으면 IQ 인플레이션이 일어날 것이다.

플린은 이 인플레이션이 그저 좇아야 할 골칫거리만은 아님을 깨달았다. 그 현상은 최근의 역사와 인간의 마음에 대해서 중요한 무언가를 알려 주고 있었다. 후세대들은 전 세대들과 똑같은 질문을 받았을 때 더 많이 맞혔다. IQ 검사가 측정하는 능력이 무엇이든, 그 점에서 후세대들이 더 나아진 것이다. 20세기 대부분의 기간에 전 세계에서 IQ 검사가 대규모로 시행되었으므로, 한 나라의 지능 점수 변화는 쉽게 도표화할 수 있다. 플린은 전 세계를 뒤져서 오랜 기간 동일한 IQ 검사를 실시한 경우, 혹은 점수 산정 기준을 알기 때문에 여러 수치들을 같은 기준으로 비교할 수 있는 경우의 데이터를 수집했다. 결과는 모든 표본이 다 같았다. IQ 점수는 계속 높아져 왔다.[229] 1994년에 리처드 헤른스타인과 정치학자 찰스 머리는 이 현상을 플린 효과라고 명명했고, 이 이름은 지금까지 살아남았다.[230]

플린 효과는 세계 30개 나라에서 확인되었다. 개발 도상국들도 포함되었고, IQ 검사가 처음 대대적으로 실시되기 시작한 제1차 세계 대전 무렵부터 이미 효과가 드러났다.[231] 영국의 더 오래된 데이터에 따르면, 플린 효과는 1877년에 태어난 영국인들에서부터 벌써 시작되었을지도 모른다(물론 그들은 성인일 때 검사했다.).[232] 증가분은 작지 않았다. 10년마다 평균적으로 IQ 점수가 3씩 높아졌다(표준 편차의 5분의 1에 해당한다.).

그 의미는 충격적이다. 요즘의 평균적인 십대가 1950년대로 시간 여행을 하면, IQ는 118이 될 것이다. 1910년대로 가면, IQ는 130이 되어 또래의 98퍼센트를 능가했을 것이다. 그렇다. 여러분이 정확하게 읽었다. 플린 효과를 액면 그대로 받아들일 경우, 오늘날의 평균적인 사람은 좋았던 옛 시절인 1910년대 사람들의 98퍼센트보다 더 똑똑하다. 좀 더 거슬리게 말하면, 1910년대의 평균적인 사람이 현재로 시간 여행을 오면 IQ가 70이 되어 지적장애의 경계에 놓일 것이다. 일반 지능을 제일 순수하게 측정하는 기법으로 여겨지는 레이븐 순서 행렬 시험에서는 상승세가 더 가팔랐다. 1910년대의 평균적인 사람이 오늘날 그 기법으로 측정하면 IQ가 50일 것이다. 이 값은 지적장애 범위의 한중간으로, '보통' 지체와 '가벼운' 지체 사이에 온다.[233]

분명, 플린 효과를 액면 그대로 받아들일 수는 없다. 1910년의 세상에 오늘날 우리가 지적장애자로 여길 만한 사람들이 북적거린 것은 결코 아니었다. 비판자들은 플린 효과를 사라지게 만들 방법을 찾아보았지만, 뚜렷한 후보들 중에서는 제대로 기능하는 것이 없었다. 평등주의를 지지하는 좌파 작가들과 자수성가를 지지하는 우파 작가들은 오래전부터 지능 개념 자체와 그것을 측정할 수 있다는 도구를 폄훼하려고 애썼다. 그러나 인간의 개인차를 연구하는 학자들은 지능이 측정 가능한 특질이라는 데 사실상 만장일치로 동의한다. 지능은 개인의 삶에서 평생 안정되게 유지되는 편이고, 학문적 성공과 직업적 성공을 거의 모든 차원에서 정확하게 예측하는 지표이다.[234] 혹시 지난 수십 년 동안 학교에서 검사를 하도 많이 한 나머지 아이들이 퀴즈에 통달한 것 아니냐고 생각하는 사람도 있으리라. 그러나 플린이 지적했듯이, IQ 증가세는 줄곧 꾸준했지만 IQ 검사의 인기는 기복이 있었다.[235] 혹시 질문 내용이 문제일까? '『로미오와 줄리엣』을 쓴 사람은?' 같은 질문이 상식이 되었고, 어휘 부문에 나오는 단어들이 일상용어로 퍼졌고, 학교에서 수학을 점점 더 일찍부터 가르친 탓일까? 안타깝게도, IQ 검사에서 증가세가 가장 큰 분야는 상식, 어휘, 산수 능력을 동원하지 **않는** 항목들이었다.[236] 그보다는 유사성('그램과 미터의 공통점은?'), 비유('새와 알의 관계는 나무와 무엇의 관계와 같은가?'), 시각 행렬(격자의 칸마다 기하학적 도형이 그려져 있고, 수험자는 오른쪽 아래 빈칸에 무엇이 들어가야 옳은지 추측하는 문제. 가령 각 행마다 왼쪽에서 오른쪽으로 가면서 도형에 테두리가 생기고, 수직선이 사라지고, 중앙에 검은 구멍이 그려지는 식으로 바뀐다.)과 같은 추상적 추론 능력을 동원하는 항목들이었다. 어휘와 수학 분야는 역사적으로 점수 증가가 **가장 적었고**, 대학 수학 능력 시험처럼 주로 그런 항목들로 구성된 시험에서는 일부 시기에 일부 연령 집단에서 점수가 약간 낮아지기까지 했다.[237] 그림 9-2를 보면, 1940년대 말 이래 미국에서는 전체 IQ 검사와 하위 분야들의 점수가 모두 높아졌다.

플린 효과는 과학계에 떨어진 폭탄이었다. 행렬과 유사성 분야의 점수 상승에 집중할 경우, 수십 년 동안 **일반 지능**이 높아진 것으로 해석할 수 있기 때문이다. 두 분야는 일반 지능을 가장 순수하게 측정하는 지표로 여겨진다. 왜냐하면 한 수험자가 다른 다양한 검사들에서 얻는 점수와 비례하는 경향이 있기 때문이다. 과학자들은 그 경향성을 *g*라고 부르며, *g*의 발견은 심리 검사의 과학에서 가장 중요한 발견으로 간주되곤 한다.[238] 사람들에게 상식적인 의미의 지능을 요구하는 검사를 무엇이든 시켜 보면 — 수학, 어휘, 기하학, 논리, 텍스트 이해, 사실적 지식 등등 — 한 검사에서 뛰어난 사람은 다른 검사에서도 뛰어난 편이다. 이것은 당연한 결론이 아니다. 말재간이 부족한 수학의 명수, 수표책에 절

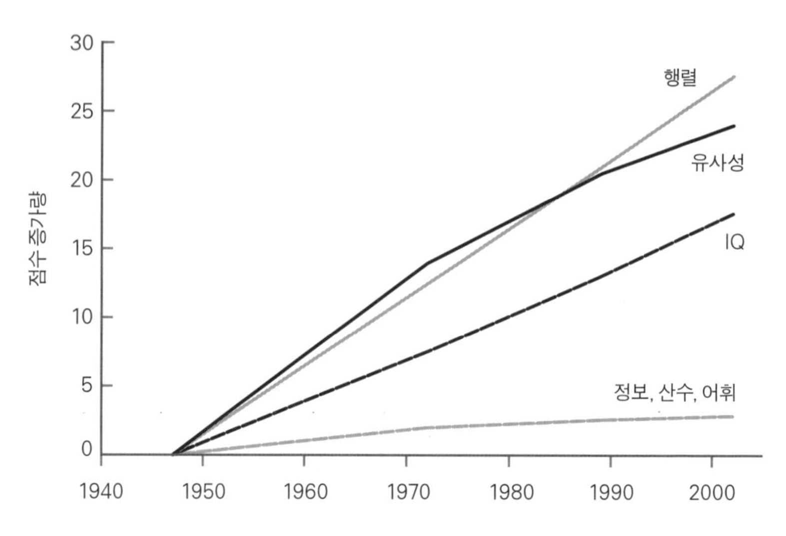

그림 9-2. 플린 효과: 1947~2002년까지 IQ 점수의 상승.
출처: 그래프: Flynn, 2007, p. 8.

절매는 유창한 시인이 얼마든지 있지 않은가. 여러 종류의 지능들이 뇌에서 자원을 경합하기 때문에 수학에 신경 조직이 더 많이 할당되면 언어에는 덜 할당되는 상황, 혹은 그 역의 상황을 얼마든지 상상할 수 있다. 그런데 현실은 그렇지 않았던 것이다. 다른 분야에 비해 상대적으로 수학을 잘하는 사람이나 상대적으로 언어를 잘하는 사람은 있지만, 인구 전체와 비교했을 때는 두 재능이 — 지능 개념과 결부시킬 수 있는 다른 어떤 재능도 — 비례하는 편이다.

게다가 일반 지능은 유전율이 대단히 높고, 가정 환경의 영향은 대체로 받지 않는다(물론 문화적 환경의 영향은 받을 것이다.).[239] 어떻게 그것을 아는가 하면, 성인이 되었을 때의 *g* 지표는 출생 직후 떨어져 자란 일란성 쌍둥이 사이에는 상관관계가 높지만 한 가족으로 자란 입양 형제 사이에는 상관관계가 없기 때문이다. 또 일반 지능은 뇌의 정보 처리 속도, 뇌의 크기, 대뇌겉질에서 회색질의 두께, 겉질 영역을 잇는 백색질의 온전성 등 신경 구조와 기능의 여러 지표들과 상관관계가 있다.[240] 분명 g는 뇌 기능에 작은 영향을 미치는 많은 유전자들의 효과가 종합적으로 발휘된 지표일 것이다.

진짜 폭탄은 플린 효과가 거의 틀림없이 환경에 좌우된다는 점이었다. 자연 선택의 한계 속도는 세대 단위로 측정되지만, 플린 효과는 수십 년이나 수 년 단위로 측정된다. 플린은 자기 이름이 붙은 효과의 설명으로서 영양, 전반적 건강 상태, 이계 교배(자기 지역 사회 바깥의 사람과 결혼하는 것)도 기각했다.[241] 플린 효과를 추진한 요인이 무엇이든, 그것은 유전자, 식단, 백신, 짝짓기 풀 때문이 아니라 **인지적** 환경 때문이었다.

플린 효과의 수수께끼를 푸는 돌파구는 IQ의 상승이 일반 지능의 상승 때문이 **아님**을 깨달은 것이었다.[242] 일반 지능의 상승이 원인이라면 어휘, 수학, 기억력을 비롯하여 모든 하위 검사들의 점수가 높아졌을 테고, 그 정도는 각 검사와 g의 상관관계에 비례했을 것이다. 그러나 실제로는 유사성이나 행렬 같은 분야에만 점수 상승이 집중되었다. 의문의 환경 요인이 무엇이든, 그것은 지능의 어떤 요소를 향상시킬지를 대단히 까다롭게 고르는 셈이다. 그것은 두뇌 능력을 전체적으로 높이지 않고, 추상적 추론에 해당하는 하위 검사들의 점수를 잘 받는 데 필요한 능력만 높인다.

최선의 추측은 이렇다. 플린 효과에는 여러 원인이 있을 것이고, 그것들은 서로 다른 시대에 서로 다르게 작용했을 것이다. 이를테면, 시각 행렬 검사의 점수 향상은 우리의 주변 환경에서 첨단 기술과 상징이 점점 더 풍부해진 탓에 우리가 시각 패턴을 분석하고 그것을 임의의 규칙과 연결하는 작업을 점점 더 많이 했기 때문일지도 모른다.[243] 그러나 우리의 관심사는 도덕적 추론과 관련될지도 모르는 지능의 향상을 이해하는 것인데, 시각적 능숙함은 그 점에서 부차적인 문제이다. 플린은 새롭게 향상되고 있는 그 지능을 (과학 이전과 대비되는) **과학 이후**(postscientific) 사고방식이라고 명명했다.[244] IQ 검사 중 유사성 분야의 전형적인 질문은 이렇다. '개와 토끼의 공통점은?' 답은 둘 다 포유류라는 것이다. 요즘 우리에게는 이 답이 명백해 보이지만, 1900년의 미국인이라면 '개를 써서 토끼를 잡습니다.'라고 대답했을 것이다. 플린에 따르면 이것은 오늘날 우리가 세상을 과학의 범주들로 자동적으로 분류하기 때문인데, 불과 얼마 전까지만 해도 이 '옳은' 대답은 난해하고 부적절한 대답으로 느껴졌을 것이다. 플린이 상상했듯이, 1900년에 검사를 받은 사람은 "둘 다 포유류이든 말든 무슨 상관이죠?"라고 반응했을 것이다. "그의 관점에서 그것은 전혀 중요하지 않은 항목이다. 공간과 시간의 방향, 무엇이 유용한가, 무엇이 자신의 통제 하에 있는가 등이 중요할 뿐이다."[245]

플린은 상상만 했지만, 마이클 콜이나 알렉산드르 루리아 같은 심리학자들이 전근대 사회 사람들을 연구한 기록을 보면 정말로 그런 사고방식이 나온다. 루리아는 소련의 오지에 살던 러시아 농부에게 IQ 검사용 유사성 질문을 던지고, 반응을 기록했다.

> Q: 물고기와 까마귀의 공통점은?
>
> A: 물고기는 물에 살지요. 까마귀는 날지요. 물고기가 수면 근처에 있으면 까마귀가 쫄 수 있겠지요. 까마귀는 물고기를 먹지만 물고기는 까마귀를 먹지 않아요.
>
> Q: 둘을 [가령 '동물'이라는 식으로] 한 단어로 말할 수 있습니까?
>
> A: 그 둘을 '동물'이라고 말하는 건 틀린 겁니다. 물고기는 동물이 아니고 까마귀도 동물이 아닌걸……. 사람은 물고기를 먹지만 까마귀는 안 먹잖소.

루리아의 피조사자는 순수한 가설적 사고방식도 거부했다. 그것은 장 피아제가 (구체적 조작에 대비하여) 형식적 조작이라고 불렀던 인지 단계이다.

Q: 늘 눈이 덮인 지역에서는 모든 곰이 흰색입니다. 노바야제믈랴에는 늘 눈이 덮여 있습니다. 그곳의 곰들은 무슨 색깔일까요?

A: 나는 검은 곰만 봤고, 내가 못 본 것에 대해서는 말하지 않아요.

Q: 하지만 내 말이 무슨 뜻일까요?

A: 사람이 직접 그곳에 가 본 적이 없다면, 말만 갖고서는 아무것도 말할 수 없는 거라오. 만약에 나이가 60이나 80쯤 된 사람이 그곳에서 흰곰을 봤다고 나한테 말해 주면, 그 말은 믿을 테지요.[246)]

플린은 이렇게 적었다. "농부들이 전적으로 옳다. 그들은 분석적 명제와 종합적 명제의 차이를 이해한다. 순수한 논리는 사실에 대해 아무것도 알려 주지 않는다. 오로지 경험만이 알려 준다. 그러나 이런 통찰은 오늘날의 IQ 검사에서는 아무 소용이 없다." 현재의 IQ 검사는 추상적, 형식적 추론을 요구하기 때문이다. 자신의 좁은 세상에 기반한 편협한 지식에서 벗어나는 능력, 순수한 가설적 세계에서 공리의 의미를 탐구하는 능력을.

플린은 사람들이 '과학적 안경'을 끼고 세상을 바라보는 경향이 커진 것이 플린 효과의 대부분을 설명한다고 주장했는데, 그가 옳다면 그 안경을 가져온 외생적 원인은 또 무엇이었을까? 한 명백한 요인은 학교 교육이다. 학교 교육은 청소년들이 피아제가 말한 구체적 조작의 단계에서 형식적 조작의 단계로 나아가도록 안내한다. 어떤 학생들은 교육을 받아도 그 전환을 영영 이루지 못한다.[247)] 20세기에 전 세계 아이들은 점점 더 많은 시간을 학교에서 보냈다. 1900년에 평균적인 미국 성인은 학교 교육을 7년 받았고, 인구의 4분의 1은 4년 미만을 받았다.[248] 고등학교가 의무 교육이 된 것은 1930년대 들어서였다.

그 전환기에 학교 교육의 성격도 바뀌었다. 20세기 초의 읽기 교육은 자리에서 일어나 책을 낭독하는 것이었다. 교육학자 리처드 로스스타인은 이렇게 썼다. "제1차 세계 대전의 신병들은 기초적인 필기 지능 검사에서 낙제할 때가 많았다. 학교를 몇 년 다니면서 소리 내어 읽는 법을 배우기는 했지만, 군대에서는 읽은 것을 이해하고 해석하는 법을 물었는데 그런 기술은 못 배운 사람이 태반이었기 때문이다."[249] 또 다른 연구자 제러미 제노베세는 1902~1913년 고등학교 입학시험과 1990년대에 같은 연령의 고등학교 학생들이 치렀던 시험의 내용을 비교 분석하여, 20세기 교육의 목표가 변했다는 것을 보여 주었다.[250] 사실적 지식에 관한 한, 요즘 청소년들에게는 별로 기대할 것이 없다. 최근의 중요한 지리 시험에서는 세계 지도에서 미국의 위치를 짚으라는 문제가 나왔을 정도이니까! 반면에 그들의 증조부모들은 '[오하이오 주] 콜럼버스에서 멕시코 만까지 자오선을 따라 여행할 때 거치게 되는 주들의 이름을 나열하고 그 주도들의 위치를 표시하라.'는 문제를 받았다. 그에 비해 오늘날의 전형적인 시험 문제는 비율, 양, 다중적 상황 분석, 기초 경제학과 씨름할 것을 요구한다.

식수가 대단히 부족한 지역에 위치한 마을이 있다. 그 마을이 수자원을 관리하고자 실시해서는 안 되는 일은 다음 중 무엇인가?

A. 물 사용을 늘린다.

B. 다른 마을에서 물을 사 온다.

C. 가정마다 물 절약 기기를 설치한다.

D. 수도 요금을 더 높게 매긴다.

수요 공급 법칙이라는 용어를 이해하는 사람이라면 D가 정답이 아님을 쉽게 알 것이다. 그러나 당신의 머릿속에 물웅덩이와 그 물을 마시는 사람들의 모습만 떠오른다면, 물의 가격과 물이 빠르게 줄어드는 현상이 무슨 관계인지 금세 명백하게 이해되지 않을 것이다.

플린은 20세기를 거치면서 과학적 추론이 학교를 비롯한 여러 제도로부터 일상의 사고방식으로 침투했다고 말했다. 더 많은 사람이 사무실에서 전문직으로 일하면서 작물, 동물, 기계 대신 상징을 조작하게 되었다. 여가 시간이 늘었고, 사람들은 독서를 하거나 조합 게임을 하거나 세상 소식을 따라잡으면서 즐겼다. 플린은 과학적 사고방식이 속기적 추상화(shorthand abstraction)의 형태로 일상의 담론에 침투했다고도 지적했다. 속기적 추상화란 어렵사리 익혀야 하는 기술적 분석 도구로서, 일단 그것을 익히면 추상적 관계들을 쉽게 조작할 수 있다. 이 책을 읽을 줄 아는 사람이라면, 따로 과학이나 철학을 공부하지 않았더라도 가벼운 독서와 대화와 언론을 통해서 추상적 개념을 무수히 흡수했을 것이다. **비례, 퍼센트, 상관관계, 인과 관계, 통제군, 플라세보, 대표 표본, 거짓 양성, 경험적, 인과 오류, 통계적, 중간값, 변이성, 순환 논증, 교환 관계, 비용 편익 분석** 등등. 그러나 ― 퍼센트처럼 우리에게는 제2의 본능처럼 느껴지는 ― 이런 개념들도 원래는 학계와 상류층에서 유통되다가 아래로 흘러내렸고, 20세기에 더 자주 인쇄되면서 점차 대중화되었다.[251)]

기술 관료의 속기적 추상화를 흡수한 것은 상류 지식층만이 아니었다. 언어학자 제프리 넌버그는 브루스 스프링스틴의 노래 「강」의 가사를 예로 들었다. "존스타운 건설 회사에서 일자리를 얻었지만 / 요즘은 경제가 나빠서 일이 별로 없어." 넌버그는 평범한 사람들이 '경제'를 마치 날씨와 같은 자연스러운 인과력으로서 입에 올리게 된 것이 지난 40년 안짝의 일이라고 지적했다.[252] 옛날 사람들 같으면 '시절이 나빠서'라고 말했을 것이다. 아니면 유대인, 흑인, 부농 때문이라고 말했을 것이다.

✤ ✤ ✤

이제 우리는 이번 절의 굵직한 두 발상, 이성의 평화화 효과와 플린 효과를 하나로 꿸 수 있다. 우리는 이성의 힘이 향상되면 — 특히 개인의 경험을 제쳐 두고, 편협한 관점에서 벗어나고, 자기 생각을 추상적이고 보편적인 용어로 표현하게 되면 — 사람들이 더 나은 도덕적 행위를 한다는 가설, 여기에 폭력 회피도 포함된다는 가설을 지지하는 증거를 보았다. 20세기에 사람들의 추론 능력이 — 특히 개인의 경험을 제쳐 두고, 편협한 관점에서 벗어나고, 추상적인 용어로 생각하는 능력이 — 착실히 향상되었다는 것도 보았다. 그렇다면 두 발상을 합침으로써 긴 평화, 새로운 평화, 권리 혁명 같은 20세기 후반의 폭력 감소를 설명할 수 있을까? **도덕적** 플린 효과도 있을까? 이성의 상승하는 에스컬레이터는 우리를 폭력적 충동으로부터 멀리 옮겨 놓을까?

이것은 터무니없는 생각이 아니다. 플린 효과에서 가장 많이 향상된 인지 능력, 즉 직접 경험의 구체적 세부 사항으로부터 추상화를 해내는 기술은 우리가 타인의 관점을 취하고 도덕적 고려의 범위를 넓힐 때 발휘해야 하는 바로 그 기술이다. 플린도 아일랜드 출신 아버지와 나눴던 대화를 회상하며 그 연관성을 지적했다. 1884년생이었던 그의 아버지는 상당히 지적이었지만 학교 교육은 못 받은 사람이었다.

아버지는 영국인에 대한 증오가 너무나 커서, 다른 집단에 대한 선입견이 들어설 여지가 없을 정도였다. 그러나 흑인에 대해서는 약간의 인종주의를 품고 있었다. 우리 형제는 아버지를 설득해서 그 생각을 없애려고 했다. "아버지가 어느 날 아침에 일어났더니 피부색이 검게 바뀌었다면 어떻겠어요? 그런다고 아버지가 인간이 아닌 건 아니잖아요?" 아버지는 쏘아붙였다. "내 평생 네가 그렇게 멍청한 소리를 하는 건 처음 듣는구나. 하룻밤 새 피부가 까맣게 바뀌는 사람이 세상에 어디 있다든?"[253)]

곰의 색깔을 생각했던 러시아 농부처럼, 플린의 아버지는 과학 이전의 구체적 사고방식에 고착되어 있었다. 그는 가상의 세계로 들어가 그 결과를 탐구하기를 거부했다. 그것이야말로 우리가 부족주의와 인종주의를 비롯한 자신의 도덕 신념들을 재고해 보는 방법인데 말이다.

마을의 물 사용을 물었던 고등학교 시험 문제를 떠올려도 좋다. 여기에는 무엇보다 비례 개념이 필요하다. 플린은 많은 청소년에게 비례 문제가 엄청나게 어렵게 느껴진다고 말하면서, 이것 역시 플린 효과의 일환으로 향상된 기술이라고 했다.[254)] 앞에서 언급했듯이, 비례적 사고방식은 형사 처분이나 군사 행동에서 폭력의 적절한 사용량을 계산하는 데도 꼭 필요하다. 시험 문제에서 '수자원을 관리하고자'라는 구절을 '범죄율을 관리하고자'로 바꿔 보면, 지능 향상이 어떻게 더 인도적인 정책으로 이어지는지 쉽게 이해할 수 있다. 심리학자 마이클 사전트의 최근 연구에 따르면, '인지 수요'가 큰 사람일수록 — 즉, 정신적 도전을 즐기는 사람일수록 — 형사 정의에 대해 징벌적인 태도를 덜 취하는 편이었다. 연령, 성별, 인종, 교육, 소득, 정치 성향을 모두 고려해도 마찬가지였다.[255)]

플린 효과가 이성의 에스컬레이터를 가속시켜 도덕의 범위를 넓히고 폭력을 줄였다는 가정을 확인하기 전에, 우리는 플린 효과 자체에 정상성 점검을 해 볼 필요가 있다. 요즘 사람들은 정말로 옛날 사람들보다 더 똑똑할까? 플린 자신도 초기 논문에서 자못 못 미더워하는 기색으로 말하기를, 어떤 나라에서는 과거의 채점 기준을 현재에 적용할 경우 학생들의 4분의 1이 '영재'로 분류될 것이고 '천재'로 공인되는 학생도 60배 증가할 것이라고 했다. 그는 "그렇다면 우리가 간과하기에는 너무나 큰 문화의 르네상스가 도래했어야 마땅하다."고 회의적으로 말했다.[256] 그런데 **실제로** 최근 수십 년 동안 우리는 지적 르네상스를 경험했다. 문화 면에서는 아니겠지만, 과학 기술 면에서는 분명히 그랬다. 우주론, 입자 물리학, 지질학, 유전학, 분자 생물학, 진화 생물학, 신경 과학의 지식은 어지러울 만큼 도약했다. 기술은 교체 가능한 신체 부품, 일상적인 게놈 스캔, 외계 행성과 먼 은하를 찍은 근사한 사진, 그리고 수십 억 명의 사람들과 수다를 떨고, 사진을 찍고, 지구에서 자신의 위치를 확인하고, 방대한 음악 컬렉션을 듣고, 방대한 도서관 컬렉션을 읽고, 월드와이드웹의 경이로운 정보에 접속하게 하는 작은 기계 등등 세속적 기적을 안겨 주었다. 이런 기적들은 워낙 빠르게 나타났기 때문에, 우리는 외려 그것을 가능하게 한 생각의 발전에 심드렁하다. 그러나 수백 년의 단위로 역사를 폭넓게 보는 역사학자라면, 현재가 유례없는 두뇌 능력의 시대라는 사실을 놓치지 않을 것이다.

우리는 도덕의 진보에도 심드렁한 편이지만, 역사를 장기적으로 보는 학자들은 지난 60년 동안의 도덕 발전에 놀라워했다. 앞에서 보았듯이, 긴 평화를 목격한 세계 최고의 군사 역사학자들은 믿기 어렵다며 고개를 저었다. 권리 혁명의 이상은 오늘날 교육 받은 사람이라면 누구나 당연하게 여기는 것이지만, 인류 역사에서는 유례없는 생각이었다. 모든 인간은 인종과 신조를 불문하고 동등한 권리를 갖는다는 생각, 여성이 모든 강압에서 자유로워야 한다는 생각, 아이를 절대 때리면 안 된다는 생각, 학생이 또래 친구들에게 괴롭힘을 당하지 않도록 보호해야 한다는 생각, 동성애는 전혀 나쁘지 않다는 생각 등등. 이것은 부분적으로나마 이성을 보다 세심하고 폭넓게 적용한 결과라고 해도 과히 틀린 말은 아닐 것이다.

정상성 점검의 나머지 절반은, 우리의 최근 조상들이 정말로 도덕적 지체 상태였는지 묻는 것이다. 기꺼이 논쟁할 자세로 답하건대, 나는 정말로 그랬다고 본다. 물론 그들은 완벽하게 기능하는 뇌를 지닌 점잖은 사람들이었다. 그러나 그들이 속했던 문화의 집단적인 도덕 세련도를 오늘날의 기준으로 평가한다면, 당시의 광천수 온천이나 특허 의약품을 현대 의학의 기준으로 평가하는 것만큼 원시적으로 보인다. 그들의 믿음은 그저 괴상할 뿐만 아니라 진정한 의미에서 어리석은 것이 많았다. 그런 믿음들은 지적 검증을 견디지 못할 것이고, 스스로 주장했던 다른 가치들과 일관성이 없다고 드러날 것이다. 과거에 그것들이 존속했던 까닭은 당대의 폭 좁은 지성의 스포트라이트가 그것을 자주 비추지 못했기 때문이다.

여러분이 내 판단을 조상들에 대한 중상모략으로 여길지도 모르니, 추상 지능의 상승효과가 쌓이기 전에 흔했던 신념들 중 몇 가지를 소개하겠다. 불과 100년 전에는 족히 수십 명의 위대한 작가들과 예술가들이 전쟁의 아름다움과 고귀함을 극찬했고, 제1차 세계 대전을 간절히 고대했다. '진보적' 대통령 시어도어 루스벨트는 아메리카 원주민의 몰살에 대해 이 대륙을 "궁상스런 야만인들의 보호 구역"으로 만들지 않기 위해서는 불가피했다고 말했고, 인디언 10명 중 9명의 경우에는 "좋은 인디언은 죽은 인디언뿐"이라는 말이 적용된다고 말했다.[257] 또 다른 대통령 우드로 윌슨은 백인 지상주의자로 프린스턴 대학교 총장으로 있을 때 흑인 학생을 받지 않았고, KKK단을 칭송했고, 연방 정부에서 흑인 직원을 쫓아냈고, 소수 민족 이민자들에 대해 "하이픈을 갖고 있는 사람들은 언제든 기회가 닿으면 우리 공화국의 급소를 찌를 칼을 가졌다."고 말했다(이민자를 지칭할 때 '독일계 미국인[German-American]' 하는 식으로 중간에 하이픈을 넣기 때문에 하는 말이다. — 옮긴이).[258] 마지막으로, 프랭클린 루스벨트 대통령은 미국 시민 10만 명을 수용소에 넣었다. 그들이 적군인 일본과 같은 민족이라는 이유만으로.

대서양 건너편에서, 젊은 윈스턴 처칠은 대영 제국이 "야만인에 맞서 벌인 수많은 작고 유쾌한 전쟁들에" 자신도 참가했다고 썼다. 그 작고 유쾌한 전쟁 중 하나에서, 군인들은 "마을에서 마을로 체계적으로 전진하며 모든 집을 부수고, 우물을 메우고, 탑을 폭파하고, 그늘진 나무를 베고, 작물을 불태우고, 저수지를 파괴하여 초토화의 벌을" 내렸다. 처칠은 "아리안 혈통이 승리하기 마련"이라는 논리로 잔학 행위를 변호했고, 자신은 "미개한 부족에게 독가스를 사용하는 것을 강력하게 찬성한다."고 했다. 영국의 관리 소홀로 인도에 기근이 닥쳤을 때도 그는 인도 사람들이 "토끼처럼 번식하게" 내버려 두었기 때문이라고 비난하며, "나는 인도인이 싫다. 그들은 짐승 같은 종교를 지닌 짐승 같은 사람들이다."라고 덧붙였다.[259]

오늘날 우리는 이 남자들의 구획화된 도덕성에 경악한다. 이들은 자기 인종에 대해서는 여러 모로 깨이고 인간적인 사람들이었는데도, 다른 인종도 똑같이 고려하는 정신적 도약을 영영 이루지 못했다. 나는 1960년대 초에 어머니가 나와 누이에게 다음과 같은 온화한 교훈을 주었던 것을 기억한다. 비슷한 교훈을 이후 수십 년 동안 수백만 명의 아이들이 받았다. "나쁜 백인도 있고 착한 백인도 있는 것처럼, 나쁜 흑인도 있고 착한 흑인도 있단다. 사람을 피부색만 보고는 착한지 나쁜지 알 수 없단다." "그 사람들의 행동이 이상해 보이기는 하지. 그렇지만 그 사람들한테는 우리 행동이 이상해 보인단다." 이런 교훈은 세뇌가 아니다. 추론의 길잡이를 주는 것이다. 아이들이 스스로의 판단을 통해 충분히 납득되는 결론에 도달하도록 이끄는 것이다. 100년 전 위대한 정치가들의 신경 회로에도 틀림없이 이런 추론 능력이 존재했을 테지만, 요즘 아이들은 어른들로부터 인지적 도약을 장려 받고 그렇게 얻은 지식을 제2의 본성으로 습득한다는 점이 다르다. **표현의 자유, 관용, 인권, 시민권, 민주주의, 평화적 공존, 비폭력** 같은 속기적 추상들은 (인종주의, 집단 살해, 전체주의, 전쟁 범죄 같은 그 안티테제들도) 그 기원인 정치 담론에서 점점 더 바깥으로 확산되어 결국 모든 사람의 정신적 도구가 되었다. 이 과정을 지능 상승이라고 말해도 괜찮을 것이고, 지능 검사에서 추상적 추론 점수를 끌어올린 변화도 이와 완전히 다르지는 않을 것이다.

도덕적 멍청함은 지도자들의 정책에만 국한되지 않았다. 그것은 미국의 법전에도 씌어 있었다. 과거에 대부분의 지역에서 인종은 강제로 분리되었고, 여성은 증언에 민망하게 느낄 수 있다는 이유로 강간 재판에서 배심원을 맡지 못했고, 동성애는 중죄였고, 남편은 아내를 강간하거나 가두거나 심지어 간통을 저지른 애인과 함께 죽여도 무방했다. 이런 일들이 대다수 독자들의 생애 내에 벌어졌다. 그리고 요즘의 의회가 너무나 멍청하다고 생각하는 사람이 있다면, 아래에 인용된 1876년의 증언을 읽어 보자. 샌프란시스코를 대표하는 변호사가 중국인 이민자의 권리를 논한 공청회에서 했던 말이다.

> [중국인들의] 종교에 대해서라면, 그것은 우리 종교가 아닙니다. 이 말이면 충분하지 않습니까. 우리 종교가 옳다면, 그들의 종교는 틀릴 수밖에 없으니까요. [질문: 우리 종교란 건 무엇입니까?] 우리 종교는 국가들의 운명을 관장하시는 신의 섭리를 믿는 신앙입니다. 지혜로운 하나님께서는 위대한 다섯 일족

에게 이 땅과 나라를 나눠 주겠다고 말씀하셨습니다. 흑인들에게는 아프리카를 주셨고, 백인들에게는 유럽을, 인디언들에게는 아메리카를, 황인들에게는 아시아를 주셨습니다. 하나님은 우리에게 우리가 물려받은 것을 지키라는 의지를 주셨을 뿐만 아니라, 인디언들로부터 아메리카를 훔치라는 의지도 주셨습니다. 그래서 지금은 색슨인들, 아메리카와 유럽 태생의 집안들, 백인들이 유럽과 아메리카를 물려받고, 중국의 황인들은 신께서 그들에게 주신 땅에 국한하여 사는 것으로 합의가 되었습니다. 그들은 선택된 민족이 아니기 때문에, 우리가 야만인들로부터 훔쳤던 이 대륙을 우리로부터 훔칠 권리가 없습니다.[260]

도덕적 추론 면에서 지능이 부족했던 것은 입법가만이 아니었다. 6장에서 보았듯이, 20세기 초에는 많은 문필가가(예이츠, 쇼, 플로베르, 웰스, 로런스, 울프, 벨, 엘리엇 등등) 집단 살해의 수준에 이를 만큼 대중을 경멸했다.[261] 나중에 파시즘, 나치즘, 스탈린주의를 지지한 사람도 많았다.[262] 엘리엇은 위대한 예술가의 영적 우월성을 이렇게 선언했다. "역설적이지만, 아무것도 안 하느니 악행을 저지르는 편이 낫다. 적어도 그때는 우리가 살아 있으니까." 이에 대해 엘리엇의 후세대인 존 캐리는 이렇게 논평했다. "다들 눈치챘겠지만, 이 끔찍한 문장은 악행이 피해자에게 미치는 영향은 쏙 빼놓고 말한다."[263]

플린 효과를 가져온 변화가 도덕의 범위도 넓혔다는 이론은 정상성 점검을 통과한 셈이다. 그러나 그렇다고 해서 그것이 사실이라는 뜻은 아니다. 지능 상승이 폭력 감소로 이어졌음을 보여 주려면, 적어도 다음과 같은 중간 고리를 확인할 필요가 있다. 다른 조건이 다 같을 때, 더 세련된 추론 능력을 가진 사람일수록 (IQ 등의 척도로 평가한다.) 평균적으로 더 많이 협동하고, 도덕적 고려의 범위가 더 넓고, 폭력에 덜 공감해야 한다. 추론 능력이 더 뛰어난 개인들로 구성된 사회는 덜 폭력적인 정책을 쓴다는 것을 보여 주면 더 좋다. 똑똑한 사람과 사회가 정말로 덜 폭력적이라면, 최근의 지능 상승은 최근의 폭력 감소를 설명하는 데 도움이 될 것이다.

이 가설의 증거를 살펴보기 전에, 잘못된 생각부터 확실하게 짚고 넘어가자. 도덕 진보에 관여하는 추론은 두뇌 능력이라는 의미에서의 일반 지능이 아니다. 지능의 여러 측면 중에서도 플린 효과가 끌어올린 측면, 즉 추상적 추론의 계발이다. 일반 지능과 추상적 추론은 상관관계가 높기 때문에 IQ 점수는 일반적으로 추상적 추론 능력에 비례하지만, 엄밀히 이성의 에스컬레이터 가설과 관계있는 것은 후자이다. 같은 이유로, 내가 집중적으로 다룰 추론 능력의 구체적인 편차는 반드시 유전되지는 않는다(반면에 일반 지능은 유전율이 굉장히 높다.). 따라서 나는 집단들의 편차가 전적으로 환경적 요인 때문이라고 계속 가정하겠다.

또 중요한 점으로, 에스컬레이터 가설은 **이성**(rationality)의 영향을 말하는 것이지 — 즉, 사회의 추상적 추론 수준 — **지식인**(intellectuals)의 영향을 말하는 것이 아니다. 작가 에릭 호퍼의 말을 빌리자면, 지식인은 "실온에서는 작동하지 않는다."[264] 지식인들은 대담한 견해, 꾀바른 이론, 포괄적 이데올로기, 20세기 내내 말썽을 일으켰던 형태의 유토피아적 전망에 흥분한다. 그러나 사람들의 도덕 감수성을 넓힌 이성은 그런 장대한 지적 '체계'가 아니라 논리, 명료함, 객관성, 비례 개념의 적용에서 나온다. 어느 시점이든 이런 심적 습관은 인구에 불균등하게 분포되어 있지만, 플린 효과는 모든 사람들의 수준을 높이므로 엘리트이든 평범한 시민이든 다들 크고 작은 계몽의 파고를 겪었다고 보아도 좋다.

이제, 이성적 추론과 평화의 가치를 잇는 일곱 가지 고리를 소개하겠다. 직접적인 고리도 있고, 간접적인 고리도 있다.

지능과 폭력 범죄 첫 번째 고리는 가장 직접적이다. 사회 경제 지위나 여타 변수들을 모두 고정했을 때, 똑똑한 사람일수록 폭력 범죄를 덜 저지르고 폭력 범죄의 희생자가 될 가능성도 낮다.[265] 인과의 화살표가 어느 방향을 가리키는지는 알 수 없다. 똑똑하기 때문에 폭력의 그릇됨과 무용함을 깨우치는지, 똑똑할수록 자기 통제를 더 잘하는지, 똑똑할수록 폭력적인 상황을 미리 잘 피하는지. 그러나 다른 조건이 다 같다면(가령 1960년대에서 1980년대까지의 범죄율 변동을 차치한다면), 사람들은 똑똑할수록 폭력을 덜 저지른다.

지능과 협동 추상성 척도에서 반대쪽 극단으로 가자. 추상적 추론의 가장 순수한 모형인 죄수의 딜레마는 정말로 폭력의 유혹을 누그러뜨릴까? 컴퓨터 과학자 더글러스 호프스태터는《사이언티픽 아메리칸》에 실린 유명한 칼럼에서 일회적 죄수의 딜레마에서는 배신이 합리적 반응으로 보인다는 점을 깊게 고민했다.[266] 그때 우리는 상대가 협동하리라고 믿을 수 없다. 그가 나를 믿을 이유가 없기 때문이다. 그가 배신하는 데 내가 협동한다면 내게는 최악의 결과가 나온다. 호프스태터는 이때 양측이 하나의 전지적 관점에서 딜레마를 내려다볼 경우, 즉 각자의 편협한 입장을 벗어나 바라볼 경우, 둘 다 협동해야 모두에게 최선이라는 판단을 둘 다 내려야 옳다는 데 주목했다. 나는 상대가 이 사실을 깨우칠 것이라고 믿고, 상대도 내가 깨우칠 것이라고 믿는다면, 두 사람은 틀림없이 협동하여 이득을 거둘 것이다. 호프스태터는 양측이 상대의 이성을 믿고, 나아가 나머지 사람들도 그들의 이성을 믿을 것이라고 믿고, 이렇게 순환되는 상황을 가리켜 **초이성**(superrationality)이라고 불렀다. 사람들이 초이성을 갖도록 만드는 방법은 잘 모르겠다고 애석한 듯 덧붙였지만.

지능이 높으면 사람들이 최소한 초이성을 지향하기는 할까? 추론 능력이 뛰어난 사람일수록 상호 협동이 모두에게 최선의 결과를 안긴다는 사실을 알아내고, 상대도 똑같이 추론할 것이라고 판단하고, 그리하여 동시에 신뢰로 도약함으로써 이득을 누릴까? 지능이 다른 사람들을 대상으로 진정한 일회성 죄수의 딜레마를 실험해 본 경우는 없었지만, 최근 **순차적** 일회성 죄수의 딜레마를 실험한 예는 있었다. 이것은 두 번째 피험자가 첫 번째 피험자의 행동을 지켜본 뒤에 자신의 행동을 선택하는 기법이다. 경제학자 스티븐 벅스와 동료들은 수습 트럭 운전사 1000명에게 행렬 IQ 검사와 죄수의 딜레마 실험을 시켰다. 참가의 대가와 보수는 모두 현금이었다.[267] 그 결과, 똑똑한 운전사일수록 첫 수에 협동할 확률이 높았다. 나이, 인종, 성별, 교육, 소득을 모두 통제하고서도. 연구진은 첫 번째 피험자의 수에 대한 두 번째 피험자의 반응도 살펴보았다. 이 반응은 초이성과는 무관하지만, 게임이 반복될 경우 상대의 협동에 협동으로 반응하여 둘 다 이득을 볼 의향이 얼마나 되는지를 반영한다. 그 결과, 똑똑한 운전사일수록 협동에 협동으로, 배신에 배신으로 반응했다.

경제학자 개럿 존스는 지능과 죄수의 딜레마를 다른 경로로 연결했다. 그는 1959~2003년까지 대학에서 수행된 반복적 죄수의 딜레마 실험들을 모조리 수집했다.[268] 총 피험자 수가 수천 명인 36개 실험을 분석한 결과, 평균 수학 능력 시험 점수가 높은 학교일수록 (이 점수는 IQ와 강한 상관관계가 있다.) 학생들이 더 기꺼이 협동했다. 요컨대, 서로 다른 두 조사의 결과는 일치했다. 이득을 예상할 수 있는 전형적인 상황에서 지능은 상호 협동을 장려한다는 것이다. 그렇다면 똑똑한 사회일수록 더 많이 협동하는 사회일 것이다.

지능과 진보주의 실제보다 더 과격하게 들리는 발견을 말할 차례이다. 똑똑한 사람일수록 더 진보적이라는 발견이다. 보수주의자들은 이 진술에 붉으락푸르락할 것이다. 자신들의 지능을 의심하는 소리처럼 들려서도 그렇지만, 대체 왜 사회 과학자들(진보주의자나 좌파가 압도적으로 많다.)은 보수주의가 정신의 결함이라도 되는 양 우파를 저격하는 연구를 하는가 하는 정당한 불평이 튀어나오기 때문이다(테틀록과 하이트도 사회 과학 연구의 이런 정치화에 주의를 환기시켰다.).[269] 그러니 지능과 진보주의를 잇는 증거를 보기 전에, 연관성이 정당한지부터 확인하자.

지능은 사회 계층과 상관관계가 있으므로, 그 점을 통계적으로 제어하지 않는 이상 지능과 진보주의의 상관관계는 중상층의 정치 편향을 반영한 것에 불과할지도 모른다. 그런데 이때 핵심은, 이성의 에스컬레이터 가설이 지능과 고전적 자유주의(classical liberalism)의 상관관계만을 예측한다는 점이다. 고전적 자유주의는 부족, 권위, 전통이 가하는 제약보다 개인의 자율과 안녕을 더 큰 가치로 보는 관점이다. 지능은 이 고전적 자유주의와 상관관계가 있을 것으로 기대된다. 고전적 자유주의는 관점을 서로 교환함으로써 도출된 결과이고, 이것은 이성에 내재된 능력이기 때문이다. 지능은 오늘날 좌파 정치 연합체들과 한데 거론되는 다른 진보 이데올로기들, 가령 대중주의, 사회주의, 정치적 올바름, 정체성 정치학, 녹색 운동과는 상관관계가 있을 필요가 없다. 오히려 고전적 자유주의는 오늘날 우파 연합체들 중에서 자유주의적이면서도 정치적 올바름에 반대하는 당파들의 생각과 더 통할 때가 있다. 그러나 하이트의 조사에 따르면, 대체로 자신의 정치적 견해가 **진보적**이라고 말하는 사람일수록 고전적 자유주의의 핵심인 공정성과 자율성을 공동체, 권위, 순수성보다 더 강조한다.[270] 또한 7장에서 보았듯이, 자칭 진보주의자들은 개인의 자율성 문제에서 선두에 서는 경향이 있고, 그들이 수십 년 전에 개척했던 입장을 오늘날의 보수주의자들이 점차 받아들이는 형세이다.

심리학자 가나자와 사토시는 미국인을 대상으로 한 두 대규모 데이터 집합을 분석하여, 나이, 성별, 인종, 교육, 소득, 종교를 통계적으로 고정할 때 지능은 응답자의 정치적 진보성과 상관관계가 있음을 확인했다.[271] 미국 청소년 건강 장기 연구에 참가한 청년 2만 명의 IQ는 스스로를 '매우 보수적'이라고 평가한 응답자(평균 IQ 94.8)에서 '매우 진보적'이라고 평가한 응답자(평균 IQ 106.4)로 갈수록 높아졌다. 종합 사회 조사에서도 비슷했다. 그리고 지능이 좌파적 진보주의보다 고전적 자유주의와 더 밀접하게 연관된다는 단서도 드러났다. 똑똑한 응답자일수록 정부가 부자의 소득을 빈자에게 재분배할 의무가 있다는 명제(좌파적이지만 고전적 자유주의와는 거리가 있는 명제이다.)에 **덜** 동의하는 편이었지만, 흑인들이 과거에 겪은 차별을 보상하기 위해서 정부가 그들을 도와야 한다는 명제(공정성의 가치를 따를 때 취하게 되는 자유주의적 입장을 표현한 명제이다.)에는 더 많이 동의했다.

지능이 고전적 자유주의와 상관관계가 있는 것을 넘어서 그런 태도를 낳는다는 증거도 있다. 심리학자 이언 디어리와 동료들은 1970년의 한 주에 영국에서 태어난 모든 아이들을 분석했는데, 논문 제목이 내용을 다 말해 준다. 「똑똑한 아이는 계몽된 성인이 된다」.[272] 이때 '계몽'은 계몽주의 사고방식을 가리키는 것이고, 연구자들은 그것을 『옥스퍼드 콘사이스 영어 사전』에 따라 '전통보다 이성과 개인주의를 강조하는 철학'으로 정의했다. 분석 결과, 아이들이 10세에 측정했던 IQ 점수는 (추상적 추론 검사도 포함되었다.) 그들이 30세가 되었을 때 반인종주의, 사회적 진보주의, 일하는 여성을 얼마나 지지할지를 잘 예측하는 지표였다. 이것은 교육, 사회 계층, 부모의 사회 계층을 고정한 결과였다. 사회 경제적 요인들을 통제했다는 점, 그리고 지능 측정과 태도 측정 사이에 20년의 간격이 있었다는 점을 볼 때, 이것은 지능에서 고전적 자유주의로 인과의 화살표가 향한다는 가설을 뒷받침하는 유력한 증거이다. 또 다른 분석에서는 10세에 똑똑했던 아이일수록 어른이 되어서 투표에 참여할 가능성이 높고, 자유주의적 민주당이나 (중도 좌파/자유주의 연합) 녹색당을 찍을 가능성이 높고, 민족주의 정당이나 반이민자 정당을 찍을 가능성이 낮았다. 이번에도 지능은 좌파적 진보주의보다는 고전적 자유주의로 이끄는 것 같았다. 연구자들이 사회 계층 요인들을 통제하면 IQ와 녹색당의 상관관계는 사라졌지만, IQ와 자유주의적 민주당의 상관관계는 남았기 때문이다.

지능과 경제 지식 우파가 지능과 진보주의의 상관관계를 짜증스럽게 여길 것만큼이나 좌파가 짜증스럽게 여길 상관관계를 알아보자. 경제학자 브라이언 캐플런은 역시 종합 사회 조사 데이터에서 똑똑한 사람일수록 경제학자처럼 생각한다는 사실을 발견했다(교육, 소득, 성별, 정당, 정치적 지향을 통계적으로 제어하고도.).[273] 똑똑한 사람일수록 이민, 자유 시장, 자유 무역에 공감했고, 보호주의, 일자리 창출 정책, 정부의 기업 규제에 덜 공감했다. 물론 이런 입장은 폭력과 직접적인 관계가 없다. 그러나 이런 입장이 놓인 영역을 더 넓게 조망하면, 이 입장에서 지능과 비례하는 방향일수록 역사적으로 더 평화로운 방향이었다고 주장할 만하다. 왜냐하면 경제학자처럼 생각한다는 것은 고전적 자유주의의 온화한 상업 이론을 받아들이는 것이기 때문이다. 이 입장은 교역의 포지티브섬 수익은 물론이거니와 확장하는 협동의 그물망에 뒤따르는 부수적 편익을 장려한다.[274] 그리고 세상의 부를 제로섬 게임으로 간주하고서 한 집단이 부유해지려면 다른 집단이 희생되어야 한다고 보는 대중주의, 민족주의, 공산주의 사고방식과 대비된다. 역사적으로도 경제 지식이 부족하면 종종 민족적, 계층적 폭력으로 이어졌다. 못 가진 사람들은 가진 사람들의 재물을 강제로 몰수하고 그들의 탐욕을 처벌해야만 운명을 개선할 수 있다는 결론이 나오기 때문이다.[275] 7장에서 보았듯이 제2차 세계 대전 직후, 특히 서구에서는 인종 폭동과 집단 살해가 줄었는데, 어쩌면 이것은 경제에 대한 통찰이 증가한 현상과 관계있을지도 모른다(오히려 최근에는 그 시절에 비해 경제학 연구가 그다지 활발하지 않았다.). 국제 관계 차원에서도 지난 50년 동안 이웃 나라들을 수탈하는 보호 무역보다 상호 교역이 우세해졌다. 이것은 민주주의, 국제적 공동체 구축과 함께 칸트적 평화에 기여했다.[276]

교육, 지적 능력, 민주주의 칸트적 평화에 대해 말하자면, 그가 민주주의의 세 기둥으로 지목했던 요소들은 모두 이성으로 더 강화될 수 있다. 정치학의 큰 수수께끼 중 하나는 왜 어떤 나라에서는 민주주의가 뿌리를 내리는데 다른 나라에서는 그렇지 않은가 하는 점이다. 소련의 위성국가들 중에서 유럽의 공화국들은 전환에 성공했으나 중앙아시아의 '~스탄'들은 그러지 못한 이유가 무엇일까? 미국이 이라크와 아프가니스탄에 부여한 민주주의가 불안하다는 점 때문에라도 이것은 뼈저린 문제이다.

오래전부터 이론가들은 문해력과 학식을 갖춘 대중의 존재가 제대로 된 민주주의의 선결 조건일 것이라고 추측했다. 내 연구실에서 길을 따라 곧장 내려가면 보스턴 공립 도서관이 있다. 그곳 엔타블러처에는 이런 고무적인 문장이 새겨져 있다. "국가는 질서와 자유의 보호 장치로서 대중의 교양을 필요로 한다." 이 문장을 새긴 사람들이 염두에 두었던 '교양'이란 오하이오 콜럼버스에서 멕시코 만까지 여행할 때 거치는 주들의 주도를 대는 능력이 아니라 문해력과 수리 능력일 것이다. 민주 정부와 시민 사회의 원칙들을 이해하는 능력, 지도자와 정책을 평가하는 능력, 자신과는 다른 사람들과 다양한 문화들을 인식하는 능력, 자신이 이런 지식을 공유하는 교육된 시민들로 구성된 국가의 일부임을 자각하는 능력.[277)] 이런 능력들을 갖추려면 추상적 추론의 능력이 어느 정도 있어야 한다. 이런 능력들은 플린 효과가 향상시킨 능력과도 겹친다. 아마도 플린 효과 자체가 교육으로 추진되기 때문일 것이다.

그러나 보스턴 공립 도서관의 '준비된 민주주의' 이론은 아직까지 사실로 확인된 바 없다. 성숙한 민주주의일수록 시민들이 더 학식 있고 더 똑똑하다는 것은 예전부터 알려진 현상이지만, 성숙한 민주주의는 그 밖에도 좋은 것을 뭐든지 더 많이 갖고 있다. 무엇이 원인이고 결과인지 알 수가 없다. 어쩌면 더 민주적인 국가일수록 더 부유해서 더 많은 학교와 도서관을 갖추고, 덕분에 시민들이 더 많은 교육을 받아 더 똑똑해질지도 모른다. 똑똑함이 민주주의에 앞서지 않고 말이다.

심리학자 하이너 린데르만은 상호 지연 상관관계 분석이라는 사회과학 기법으로 이 매듭을 풀었다(똑똑한 아이가 계몽된 성인이 된다는 것을 보여주었던 영국의 연구도 이 기법을 썼다.).[278)] 여러 나라들의 민주주의 수준과 법치 수준에 점수를 매긴 데이터 집합이 여럿 존재한다. 각 나라 어린이들이 교육 받는 햇수도 쉽게 알 수 있다. 일부 나라들에 대해서는 널리 쓰이는 지능 검사의 평균 점수를 알 수 있고, 국제적으로 공인된 수학 능력 검사들의 점수도 알 수 있다. 린데르만은 두 점수를 통합하여 하나의 지적 능력 지표를 산정했다. 그리고 나라마다 특정 시기(1960~1972년)의 교육과 지적 능력이 다음 시기(1991~2003년)의 번영, 민주주의, 법치 수준을 얼마나 잘 예측하는지 확인해 보았다. 보스턴 공립 도서관 이론이 옳다면, 설령 앞 시기의 경제적 부와 같은 다른 변수들을 통제하더라도 상관관계가 강하게 나타나야 할 것이다. 더 중요한 점으로, 이 상관관계는 앞 시기 민주주의 및 법치와 다음 시기 교육 및 지적 능력의 상관관계보다도 더 강해야 한다. 과거가 현재에 영향을 미치는 것이지, 그 반대는 아니기 때문이다.

자, 보스턴 공립 도서관의 조각가들에게 경의를 표하자! 다른 요인들이 같을 때, 과거의 교양과 지적 능력은 최근의 민주주의와 법치 수준을 (더불어 번영을) 잘 예측했다. 대조적으로, 과거의 부는 현재의 민주주의를 예측하는 지표가 되지 못했다(법치 수준은 약하게나마 예측했다.). 이때 학교 교육 기간보다는 지적 능력이 더 강력한 예측 지표였다. 린데르만에 따르면, 학교 교육은 지적 능력과 상관관계가 있을 때만 예측 지표가 된다. 그렇다면 교육을 통한 추론 능력 함양이 적어도 세계의 일부 지역에서는 민주주의를 강화했다고 결론지어도 크게 무리가 아닐 것이다. 그리고 민주주의는 정의상 정부의 폭력 감소와 결부되고, 통계적으로 국가 간 전쟁, 치명적 인종 폭동, 집단 살해를 꺼리며, 내전의 심각도도 낮춘다.[279]

교육과 내전 개발 도상국들은 어떨까? 케냐나 도미니카 공화국처럼 지능 검사 결과를 추적할 수 있는 나라의 경우, 처음에 시작한 점수는 낮았지만 이후 가파르게 높아졌다.[280] 그 나라들의 추론 능력 향상이 새로운 평화의 한 요인이었을까? 우리가 가진 증거는 정황 증거뿐이지만, 대단히 암시적인 증거이기는 하다. 나는 앞에서 민주주의와 개방 경제의 확산이 새로운 평화의 한 요인이라고 말했는데, 방금 보았듯이 똑똑한 사람일수록 민주주의와 개방 경제를 선호한다. 두 현상을 종합하면, 교육이 활성화될수록 더 똑똑한 시민들이 탄생하고(우리가 지금까지 이야기한 의미에서의 '똑똑함'이다.), 그래서 사람들이 민주주의와 개방 경제를 더 잘 받아들이고, 그래서 결국 평화가 선호된다는 가정을 세울 수 있다.

이 연쇄의 고리들을 일일이 확인하기는 어렵다. 그러나 맨 처음과 맨 끝은 최근의 한 논문에서 상관관계가 입증되었다. 제목만 봐도 내용을 다 알 수 있는 논문이다. 「ABC, 123, 황금률: 교육이 내전에 미치는 평화화 효과, 1980~1999년」.[281] 정치학자 클레이턴 타인은 6장에서 보았던 제임스 피어론과 데이비드 레이틴의 데이터 집합 중 160개 나라와 49개 내전의 데이터를 골라 분석했다. 그 결과, 국가의 교육 수준을 나타내는 네 지표의 점수가 높을수록 — 국내 총생산에서 일차 교육에 투자하는 비율, 학령층 인구 중 일차 교육 기관에 등록한 비율, 청소년 인구 중 이차 교육 기관에 등록한 비율(특히 남성), (효과는 미미한 수준이었지만) 성인의 문해 능력 — 이듬해의 내전 가능성이 낮았다. 효과는 작지 않았다. 일차 교육 기관 등록률이 평균보다 표준 편차 이상 높은 나라들은 평균보다 표준 편차 이상 낮은 나라들보다 이듬해에 내전을 겪을 확률이 73퍼센트 더 낮았다. 물론 과거의 전쟁 경력, 일인당 소득, 인구, 산악 지형, 석유 수출, 민주주의와 준민주주의 수준, 인종 분열과 종교 분열 등등의 요인을 고정한 결과이다.

그렇다면, 이제 이렇게 결론지어도 좋을 것이다. 학교 교육은 사람을 더 똑똑하게 만들고, 똑똑한 사람은 내전을 더 꺼린다. 학교 교육은 다른 방식으로도 평화화 효과를 발휘한다. 정부가 잘하는 일이 하나라도 있다는 것을 보여 줌으로써, 국민들이 정부를 믿게 된다. 학생들에게 도적단이나 군벌이 아닌 다른 직장에서 써먹을 수 있는 기술을 가르친다.

십대 소년들이 길거리와 민병대에서 어슬렁거리지 않게 만든다. 그러나 이런 관련성들은 감질나는 정도에 지나지 않는다. 타인은 교육의 평화화 효과가 '사람들에게 분쟁을 평화롭게 해결할 도구를 제공하는' 점에도 어느 정도 달려 있다고 주장했다.[282)]

정치 담론의 세련화 마지막으로 정치 담론을 보자. 대부분의 사람들은 이것이 줄기차게 멍청해졌다고 믿는다. 발언의 IQ라는 것은 없지만, 테틀록을 비롯한 여러 정치 심리학자들은 통합 복잡성이라는 변수로 발언의 지적 균형, 뉘앙스, 세련됨을 평가한다.[283)] 통합 복잡성이 낮은 구문은 자신의 견해를 제시하고 그것을 줄곧 강조할 뿐, 뉘앙스나 증거가 부족하다. 연구자들은 **절대적으로, 언제나, 확실히, 분명히, 전적으로, 영원히, 반박할 수 없는, 반론의 여지가 없는, 의심할 수 없는, 의문의 여지가 없는** 등등의 표현이 쓰인 횟수를 헤아림으로써 최소 수준의 복잡성을 정량화한다. **보통, 거의, 그러나, 하지만, 아마도** 등등의 단어가 쓰인 구문은 좀 더 미묘한 편이므로, 통합 복잡성이 어느 정도 있다고 판단된다. 하나가 아니라 두 가지 관점을 보여 주는 구문은 점수가 더 높고, 연관성이나 교환 관계나 타협을 논하는 구문은 그보다 더 높고, 그보다 더 상위의 원칙과 체계를 끌어들여 그런 관계를 설명하는 구문은 가장 점수가 높다. 구문의 통합 복잡성은 그것을 쓴 사람의 지능과는 다른 문제이지만, 둘 사이에 상관관계는 있다. 사이먼턴에 따르면 적어도 미국 대통령들에서는 그랬다.[284)]

통합 복잡성은 폭력성과 관계가 있다. 평균적으로 통합 복잡성이 낮은 언어를 쓰는 사람일수록 좌절에 폭력으로 반응할 가능성이 높고, 전쟁 게임에서 쉽게 전쟁에 돌입한다.[285)] 테틀록은 심리학자 피터 슈에드펠드와 함께 20세기 정치적 위기들 중 평화롭게 끝난 사례(1948년 베를린 봉쇄, 쿠바 미사일 위기 등)와 전쟁으로 끝난 사례(제1차 세계 대전, 한국 전쟁 등)를 골라 당시 지도자들의 발언에서 통합 복잡성을 따져 보았다. 그 결과, 통합 복잡성이 낮으면 전쟁이 따르기 쉬웠다.[286] 특히 아랍과 이스라엘의 발언에서, 그리고 냉전 시기 미국과 소련의 발언에서 수사적 단순성과 군사적 맞대결은 강한 연관 관계를 보였다.[287] 이 상관관계의 의미가 무엇인지 정확하게 알 수는 없다. 고집이 센 사람일수록 합의한다는 생각을 미처 못 떠올릴 수도 있고, 아니면 호전적인 사람일수록 자신의 완고한 입장을 보여 주기 위해서 일부러 단순한 수사를 동원할 수도 있다. 테틀록은 실험실과 현실의 연구들을 모두 검토하여, 두 역학이 모두 작용할 것이라고 말했다.[288]

플린 효과는 정치 담론의 통합 복잡성을 높였을까? 정치학자 제임스 로즈노와 마이클 페이건의 연구에 따르면, 그럴 가능성이 있다.[289] 그들은 20세기 초반(1916~1932년)과 후반(1970~1993)에 대해서 미국 의회 증언과 언론 보도의 통합 복잡성을 계산해 보았다. 두 시대에서 대강 비슷한 내용을 다뤘던 논쟁들을 비교했는데, 가령 자유 무역을 단속했던 스무트-홀리 법과 자유 무역을 열었던 NAFTA 조약을 비교했고, 여성에게 참정권을 주었던 논쟁과 남녀평등 헌법 수정안 통과 논쟁을 비교했다. 오늘날 정치광들이 품은 최악의 걱정과는 달리, 거의 모든 경우에 정치 담론의 통합 복잡성은 20세기 초반보다 후반에 **더 높았다**. 유일한 예외는 여성권에 대한 의원들의 발언이었다. 아래는 1917년에 한 의원이 여성의 선거권을 지지하면서 했던 발언이다.

> 연방에서 가장 큰 주이자 영광스럽게도 제가 그 58개 카운티를 대표하는 우리 텍사스 주에서는, 21세가 넘은 사람이라면 죄수, 정신병자, 여성이 아닌 이상 누구나 투표할 수 있게 되어 있습니다. 저는 우리 텍사스 주에서 여성

이 죄수나 정신병자와 함께 분류되기를 바라지 않습니다.[290]

아래는 1972년에 상원 의원 샘 어빈이 남녀평등 헌법 수정안을 반대하면서 했던 발언이다. 어빈은 1896년생이다.

> [이 수정안은] 남녀가 동등하고 법적으로 평등한 인간이라고 말합니다. 그런 온갖 헛소리들을 고려해 준다 이 말입니다. 엄마가 아이들을 놔두고 적과 싸우러 가는 대신 아빠가 집에서 아이들을 돌본다니, 그런 건 절대로 우스꽝스러운 소리입니다. 인디애나 주 의원께서는 그것이 현명한 일이라고 생각할지 모르겠지만, 저는 아닙니다. 제가 볼 때 그것은 한심한 짓입니다.[291]

비록 여성권 논의에서는 의원들이 변함없이 아둔했지만, 다른 28개 항목에 관한 논의는 20세기에 점점 더 세련되게 변했다. 여담이지만, 어빈은 혈거인 같은 퇴물이 아니었다. 그는 존경 받는 상원 의원이었고, 얼마 뒤에는 유명한 워터게이트 위원회의 의장을 맡아 리처드 닉슨을 끌어내림으로써 명사가 될 것이었다. 의원들의 연설에 대한 눈높이가 워낙 낮은 우리에게도 그의 말이 얼빠진 소리로 들린다는 점 때문에라도, 우리는 과거의 정치 담론에 대해 지나친 향수를 품어서는 안 될 것이다.

그런데 한 분야에서만큼은 정치인들이 정말로 플린 효과를 거스르는 것처럼 보인다. 대통령 선거 토론이다. 2008년 텔레비전 토론을 시청했던 사람들은 단 두 마디로 내용을 요약할 수 있었다. '배관공 조'(오바마 대통령의 유세에서 세금 정책을 비판하는 말을 한 것이 방송을 타서 일약 유명인이 되었던 사람의 별명 — 옮긴이). 심리학자 윌리엄 고턴과 제니 딜스는 1960~2008년까지 토론에 나선 후보자들의 언어에 점수를 매겨, 경향성을 정량화했다.[292] 그 결과, 1992~2008년까지 전반적 세련도가 낮아졌고, 경제 관련 발언은 그보다 이른 1984년부터 질이 낮아졌다. 얄궂게도, 대선 토론의 세련도가 후퇴한 것은 정치 전략가들의 세련도가 **발전한** 결과일지도 모른다. 유세 기간의 막판에 벌어지는 텔레비전 토론은 부동층을 겨냥하는데, 그들은 유권자 중에서도 정보가 제일 없고 관심도 제일 없는 사람들이다. 그런 사람들은 인상적인 한 마디나 재치 있는 한 구절을 근거로 선택하기 때문에, 전략가들은 후보자에게 목표를 낮게 잡으라고 조언한다. 2000년과 2004년에는 부시에 맞선 민주당 후보들이 평범함에 평범함으로 맞대응한 탓에 토론 수준이 더욱 낮아졌다. 미국 정치 체계에 이렇게 악용할 수 있는 취약점이 있다는 사실은 평화가 증진되는 현대에 미국이 오히려 두 번의 지리한 전쟁에 말려든 까닭을 설명해 줄지도 모른다.

내가 우리 본성의 선한 천사들 중에서 이성을 마지막으로 소개한 데는 이유가 있다. 일단 사회에 일정 수준의 문명이 자리 잡으면, 폭력을 그보다 더 줄이는 데 가장 희망을 걸 만한 것이 바로 이성이다. 다른 천사들은 우리가 인간으로 존재한 기간 내내 우리와 함께했지만, 그럼에도 기나긴 세월 동안 전쟁, 노예제, 독재, 제도적 가학성, 여성 억압을 방지하는 데 별반 성공하지 못했다. 감정 이입, 자기 통제, 도덕 감각은 물론 중요하다. 그러나 그것들은 자유도가 너무 낮고 적용이 너무 제한적이라서, 최근 수십, 수백 년의 발전을 설명하지 못한다.

우리는 감정 이입의 범위를 충분히 넓힐 수 있다. 그러나 그 탄력성은 혈연, 우정, 유사성, 귀여움에 따라 제한된다. 감정 이입의 범위는 이성이 도덕적 관심의 대상으로 포괄하라고 지시하는 사람들을 다 담기도 전에 탄력성의 한계점에 다다라 파열할 수 있다. 또한 감정 이입은 시시한 감상주의로 여겨져 기각될 위험이 있다. 우리에게 감정 이입의 범위를 넓힐 기술을 알려 주는 것은 이성이고, 가엾은 타인에 대한 연민을 언제 어떻게 정책적 행동으로 바꿀지 알려 주는 것도 이성이다.

자기 통제는 근육처럼 더 강화할 수 있지만, 우리가 내면에서 유혹을 느끼는 해악만을 막아 준다. 그리고 1960년대의 슬로건들은 한 가지 면에서는 옳았다. 인생에는 구속을 벗어나 제 멋대로 해야 하는 순간도 있다는 점에서. 이성은 우리에게 그 순간이 언제인지를 알려 준다. 그것은 타인이 제 멋대로 할 자유를 침해하지 않는 한도에서 내 멋대로 할 수 있는 때라고 말이다.

도덕 감각은 여러 사회적 역할과 자원에 적용할 수 있는 세 종류의 윤리를 제공한다. 그러나 그 적용은 딱히 도덕적이라기보다 부족적, 권위적, 청교도적일 때가 더 많다. 그리고 그 적용들 중에서 무엇을 규범으로 더 공고히 해야 좋을지 알려 주는 것은 이성이다. 게다가 우리가 최대 다수의 최대 행복을 지향하며 나름대로 설계해 볼 수 있는 유일한 윤리인 합리적-법적 사고방식은 우리가 본능적으로 타고난 도덕 감각이 아니다.

이성은 어떻게 이런 요구들을 만족시킬까? 그것은 이성이 무제한적인 조합 체계이기 때문이다. 이성은 새로운 발상을 무수히 생성할 수 있는 엔진이다. 우리가 일단 기초적인 자기 이익 추구 능력과 타인과의 소통 능력을 갖추면, 다음에는 이성 고유의 논리가 이성을 더욱 추진한다. 그러다가 때가 무르익으면, 이성은 점점 더 많은 사람의 이해를 존중하는 방향으로 확장된다. 과거의 추론에서 결함을 알아차리고 그것을 현재에 맞게 개선하는 것도 늘 이성의 몫이다. 여러분이 지금 내 논증에서 흠을 발견한다면, 그 흠을 지목하고 대안적 견해를 구축하게 만드는 것도 이성의 일이다.

흄의 친구이자 역시 스코틀랜드 계몽주의의 선각자였던 애덤 스미스는 『도덕 감정론』에서 처음으로 이런 논증을 제기하면서, 요즘 우리에게도 와 닿을 만한 통렬한 예를 들었다. 우리가 엄청난 수의 사람들에게 끔찍한 재앙이 떨어진 사건을 글로 읽었다고 하자. 가령 중국에서 지진이 나서 1억 명이 죽었다고 하자. 우리가 스스로에게 솔직하다면, 자신의 반응이 대충 다음과 같으리라고 인정할 것이다. 우리는 한참 기분이 나쁠 것이다. 희생자들을 가여워할 것이다. 인생의 덧없음을 곱씹을지도 모른다. 생존자들을 돕기 위해서 수표를 보내거나 웹사이트에서 버튼을 누를지도 모른다. 그러나 그러다가 하던 일로 돌아갈 것이고, 저녁을 먹을 것이고, 잠자리에 들 것이다. 아무 일도 없었다는 듯이. 반면에 우리에게 사고가 떨어진다면, 가령 새끼손가락 하나를 잃는 것처럼 상대적으로 시시한 사고라도, 우리는 엄청나게 더 심란해 할 것이다. 불행한 감정을 도무지 마음에서 지울 수 없을 것이다.

지독하게 냉소적인 이야기로 들리는가? 그러나 스미스는 이어 말했다. 좀 다른 시나리오를 상상하자. 이번에는 우리에게 선택지가 주어진다. 내 새끼손가락 하나를 잃는 것과 중국인 1억 명이 죽는 것 중에서 어느 쪽을 택하겠는가? 스미스는 이때 괴물 같은 선택을 할 사람은 거의 없으리라고 예상했다. 나도 동의한다. 그런데 낯선 사람에 대한 감정 이입은 개인적 불행에 대한 괴로움보다 설득력이 한참 떨어지는 게 사실일진대, 왜 우리는 괴물 같은 선택을 하지 않는 것일까? 스미스는 이렇게 묻고, 우리의 선한 천사들을 비교함으로써 역설에 답했다.

> 따라서, 자기애라는 최고로 강력한 충동에 대적할 수 있는 것은 인간성의 부드러운 힘들이 아니다. 자연이 인간의 가슴에 밝혀 둔 희미한 박애의 불꽃

이 아니다. 그 상황에서 발휘되는 것은 좀 더 강한 힘, 더 강력한 동기이다. 이성, 원칙, 양심, 짐승 속에 거하는 존재, 내면의 인간, 자신의 행동에 대한 위대한 재판관이자 결정권자가 그것이다. 그는 우리가 타인의 행복에 영향을 미치는 행동을 할 때마다 나서서, 우리의 가장 몰염치한 충동마저 깜짝 놀라게 하는 목소리로 이렇게 이른다. 우리는 무수한 사람들 중 하나일 뿐, 어떤 면에서도 남들보다 더 나을 것이 없다고. 우리가 무조건 뻔뻔하게 자기만을 선호한다면 마땅히 남들의 분노, 혐오, 증오를 받을 것이라고. 우리는 오로지 그를 통해서만 자신과 자신에게 관계된 모든 일이 사실 얼마나 하찮은지를 깨우친다. 우리는 오로지 그 공평무사한 관찰자의 눈을 통해서만, 그릇된 자기애의 표출이라는 타고난 성향을 바로잡을 수 있다. 우리에게 관용의 타당성과 불의의 추악함을 보여 주는 것도 바로 그다. 남들이 더 큰 이득을 얻을 수 있다면 자신의 가장 큰 이득마저도 단념해야 적절하다는 것을, 자신이 최대의 이득을 얻고자 남들을 해치는 일은 아무리 작은 피해라도 추한 짓이라는 것을, 바로 그가 우리에게 알려 준다.[293)]

10장

천사의 날개를 타고

인간이 문명 속에서 발전하고, 작은 부족들이 뭉쳐 큰 공동체를 이루면, 가장 단순한 이성이 개개인에게 그의 사회적 본능과 공감을 같은 나라의 모든 구성원들에게로 넓혀야 한다고 알려 줄 것이다. 개인적으로 모르는 사람들에게도. 일단 그 지점에 도달하면, 그의 공감이 모든 국가와 인종의 사람들에게로 더욱 확장되는 것을 막는 것은 오직 인위적 장벽뿐일 것이다.

— 찰스 다윈, 『인간의 유래』

이 책은 '당신은 어떤 낙관적인 생각을 갖고 있습니까?'라는 질문에 대한 대답에서 생겨났다. 다들 그렇듯이 세상의 상황을 우울하게 바라보고 있었던 독자라면, 내가 그러모은 수치들을 보고서 좀 더 낫게 평가하게 되었기를 바란다. 그러나 수십 종류의 감소세, 철폐, 0을 기록한 지금, 내 마음은 낙관보다 감사에 가깝다. 낙관에는 약간의 교만함이 필요하다. 그것은 과거를 불확실한 미래로 연장하는 일이기 때문이다. 나는 인신 제물, 소유적 노예제, 바퀴에서 부서뜨리는 형벌, 민주 국가 간 전쟁이 이른 시일에 복귀하지 않으리라고 믿지만, 현재의 범죄, 내전, 테러 수준이 계속 이어지리라고 예측하는 것은 천사들조차 발 들이기 두려워하는 곳으로 감히 나아가는 일이다. 우리가 확신할 수 있는 것은 지금까지 많은 종류의 폭력이 줄었다는 점, 그리고 우리가 그 이유를 이해하려고 노력할 수 있다는 점이다. 과학자로서 나는 모종의 신비로운 힘이나 우주의 운명이 인류를 영원히 더 높은 곳으로 이끈다는 생각에 당연히 회의적이다. 폭력의 감소는 사회, 문화, 물질 조건들의 결과이다. 이 조건들이 지속된다면 폭력이 계속 낮게 유지되거나 심지어 더 줄 것이고, 조건들이 지속되지 않는다면 그렇지 않을 것이다.

마지막인 이번 장에서, 나는 예측을 시도하지 않을 것이다. 정치인, 경찰서장, 평화 운동가에게 조언을 주려고도 하지 않을 것이다. 내 자격 조건에서 그것은 부정 의료 행위나 마찬가지일 테니까. 나는 다만 폭력을 끌어내린 전반적인 힘들이 무엇이었는지 따져 볼 것이다. 내가 찾는 것은 역사를 다룬 장(2~7장)에서 반복적으로 등장했던 발전들, 동시에 심리를 다룬 장(8장과 9장)에서 논한 인간의 심적 능력들과 관계가 있는 발전들이다. 나는 평화화 과정, 문명화 과정, 인도주의 혁명, 긴 평화, 새로운 평화, 권리 혁명을 꿰는 공통 요소들을 찾아보려고 한다. 그 요소들은 자기 통제, 감정 이입, 도덕성, 이성이 포식, 우세, 복수, 가학성, 이데올로기를 진압한 방식을 기술해야만 한다.

이런 힘들이 하나의 거대한 통합 이론에서 모두 유추되리라고 기대하면 안 된다. 우리가 설명하려는 폭력 감소 현상들은 시기도 피해 수준도 엄청나게 다양하다. 생각해 보라. 만성적 습격과 혈수를 길들인 것, 코 베기와 같은 악랄한 개인 간 폭력이 감소한 것, 인신 공양, 고문 처형, 채찍질과 같은 잔인한 관행들이 사라진 것, 노예제나 채무 노예와 같은 제도들이 폐지된 것, 유혈 스포츠와 결투가 인기를 잃은 것, 정치 살인과 전제 정치가 잠식된 것, 전쟁과 포그롬과 집단 살해가 최근 감소한 것, 여성에 대한 폭력이 감소한 것, 동성애가 탈불법화된 것, 아이와 동물을 보호하게 된 것. 이런 갖가지 폐기된 관행들의 유일한 공통점은 피해자를 물리적으로 아프게 하는 행위라는 것뿐이다. 따라서 우리가 하나의 최종 이론을 언감생심 꿈이라도 꾸려면 일반적인 피해자의 관점을 취하는 수밖에 없는데, 알다시피 그것은 도덕주의자의 관점이다. 반면에 과학자의 관점에서는 가해자들의 동기가 잡다해 보이므로, 그런 동기들에 대항한 힘을 설명하는 요인들도 잡다할 수밖에 없다.

한편으로는 그 모든 발전들이 한 방향을 가리킨다는 것도 부정할 수 없는 사실이다. 역사적으로 볼 때 현재는 잠재적 피해자가 살기에 가장 좋은 시절이다. 사실은 여러 관습들이 뿔뿔이 흩어져 진행해 온 대안 역사도 충분히 상상할 수 있다. 가령 노예제는 폐지되었지만 부모가 아이를 야만스럽게 때리는 짓은 재개하는 세상, 국가가 제 국민들을 갈수록 인간적으로 대하지만 서로 간의 전쟁은 더 많이 하는 세상. 그러나 그런 일은 벌어지지 않았다. 대부분의 관행들이 덜 폭력적인 방향으로 나란히 이동했는데, 우연의 일치라고 보기에는 그 수가 너무 많았다.

반대로 움직인 현상도 일부 있기는 했다. 유럽에서는 제2차 세계 대전까지 전쟁의 파괴력이 줄곧 커졌고(나중에는 전쟁의 빈도와 파괴력이 둘 다 낮아졌지만, 그 전에는 파괴력 증가가 빈도 감소를 무색케 했다.), 독재자들의 집단 살해는 20세기 중반에 절정을 이뤘고, 1960년대에는 범죄율이 상승했고, 개발 도상국들에서는 탈식민화에 이어 내전이 분출했다. 그러나 이후에는 이런 변화들도 모두 체계적으로 줄었으며, 지금 우리가 선 시점에서는 대개의 경향성들이 평화를 가리키고 있다. 비록 우리가 모든 것의 이론을 요구할 자격은 없지만, 이다지도 많은 변화가 한 방향을 가리키는 까닭을 설명해 줄 하나의 이론이 필요하기는 하다.

중요하지만 적절하지 않은 요인들

우선 2~7장에서 이야기한 과정들, 평화들, 혁명들에서 중요하게 작용했으리라고 짐작하기 쉽지만 내가 아는 한은 그렇지 않았던 몇몇 요인을 짚고 넘어가자. 이런 힘들이 사소하다는 뜻은 결코 아니다. 이런 힘들이 폭력 감소 요인으로 일관되게 작용하지는 않았다는 뜻이다.

무기와 군비 축소 폭력에 홀딱 반한 작가들과 폭력에 반감을 느끼는 작가들의 공통점이 있다. 다들 무기에 집중한다는 점이다. 남성 작가가 남성 독자를 대상으로 집필하는 경우가 많은 군사 역사서들은 긴 활, 등자, 대포, 탱크에 집착한다. 비폭력 운동은 대개 군비 축소 운동이라서 '전쟁의 상인'들을 악마로 묘사하고, 반핵 시위를 벌이고, 총기 규제 캠페인을 벌였다. 그와 대비되는 입장이지만 똑같이 무기 중심적인 처방도 있었다. 상상을 능가할 만큼 파괴적인 무기(다이너마이트, 독가스, 핵폭탄)의 발명이 전쟁을 상상할 수 없는 것으로 만들어 주리라는 생각이었다.

분명, 무기 기술은 승자와 패자를 결정하고, 신뢰성 있는 억제력을 발휘하고, 일부 행위자의 파괴력을 증폭시킴으로써 역사의 향방을 여러 차례 바꿨다. 개발 도상국에서 자동화기가 확산되는 현상이 평화에 좋다고 주장할 사람은 아무도 없으리라. 그러나 역사적으로 무기의 파괴력과 치명적 싸움의 인명 피해 사이에서 상관관계를 확인하기는 어렵다. 수천 년 동안 무기는 여느 기술처럼 착실히 발전했지만, 폭력률은 착실히 증가하기커녕 좀 오르락내리락거리면서도 착실히 감소했다. 국가 이전 사람들의 창과 화살은 이후 어떤 무기보다도 높은 사망자 비율을 기록했고(2장), 30년 전쟁의 창병과 기병은 제1차 세계 대전의 대포와 독가스보다 더 큰 인명 피해를 냈다(5장). 16세기와 17세기에 군사 혁명이 있었지만, 그것은 군비 경쟁이라기보다 각국 정부들이 **군대**의 규모와 효율성을 부풀린 군사 경쟁이었다. 산업 기술이 아니라 원시 무기로도 효율적으로 학살할 수 있다는 사실은 집단 살해의 역사가 알려 준다(5장과 6장).

게다가 긴 평화, 새로운 평화, 미국의 위대한 범죄 감소 시기에 폭력이 급격히 줄었던 것은 사람들이 무기를 녹였기 때문이 아니었다. 순서는 보통 거꾸로였다. 냉전이 끝난 뒤에야 비로소 해체된 무기 설비가 평화 배당금의 일부로 여겨졌던 것처럼 말이다. 핵 평화는 어떨까? 핵무기가 세계사의 경로에 큰 영향을 미치지 못했다는 말은 앞에서 했다. 핵무기는 전투에서 쓸모가 없는 데다가 기존 무기들도 충분히 파괴적이었기 때문이다(5장). 강대국들이 핵무기 개발 비용을 정당화하기 위해서라도 그것을 쓸 것이라는 (괴상하지만) 흔한 주장은 완전히 틀린 말로 드러났다.

기술 결정론이 폭력의 역사를 설명하는 데 실패한다는 점은 사실 그다지 놀랍지 않다. 인간의 행동은 단순히 자극에 이끌리는 것이 아니라 목적을 지향한다. 대개의 폭력 사건에서는 한 사람이 다른 사람의 죽음을 바라는가 아닌가 하는 점이 제일 중요하다. 총이 사람을 죽이는 게 아니라 사람이 사람을 죽인다는 총기 규제 반대자들의 진부한 주장은 사실이다(이것이 총기 규제에 찬성하거나 반대하려는 말은 아니다.). 사냥하고, 작물을 거두고, 땔나무를 베고, 샐러드를 만들 도구가 있는 사람이라면 누구든 인간의 육체에 크게 상처를 낼 수 있다. 필요는 발명의 어머니라서,

사람들은 적의 압력에 제대로 대응할 수준까지 얼마든지 기술을 업그레이드한다. 요컨대, 무기는 폭력의 대대적 감소를 낳은 역사적 역학 속에 내재된 요인인 듯하다. 사람들이 광포해지거나 겁먹을 때는 필요한 무기를 개발할 것이고, 냉정함이 지배할 때는 무기가 평화로이 녹슬어 갈 것이다.

자원과 힘 내가 학생이던 1970년대에 어느 교수는 자기 말을 들어주는 사람이라면 누구든 붙잡고 베트남 전쟁의 진실을 알려 주었다. 그는 그 전쟁이 사실 텅스텐 때문이라고 했다. 남중국해는 전구 필라멘트와 초경질 강철에 쓰이는 그 금속의 세계 최대 매장지라고 했다. 공산주의니, 민족주의니, 봉쇄니 하는 논쟁은 사실 핵심 자원을 통제하려고 겨루는 초강대국들의 연막이라고 했다.

베트남 전쟁의 텅스텐 이론은 사람들이 땅, 물, 광물, 전략적 영토와 같은 유한 자원을 놓고 싸우기 마련이라는 자원 결정론의 한 예다. 이런 시각을 취하는 사람들 중에서도 일부는 자원의 불균등한 할당 때문에 충돌이 발생하는 것이니만큼 좀 더 공평하게 자원을 배분하면 평화가 온다고 본다. 또 다른 시각은 '현실주의적' 이론과 이어진다. 그들은 땅과 자원을 둘러싼 충돌을 국제 관계의 영구적 속성이라고 보고, 양측이 상대의 세력권을 침해하지 못하도록 힘의 균형이 유지될 때 평화가 온다고 본다.

자원 경쟁은 역사의 핵심적 역학이었지만, 폭력의 거시적 경향성에 관해서는 별다른 통찰을 주지 못한다. 지난 500년 동안 가장 파괴적이었던 분쟁들은 자원이 아니라 종교, 혁명, 민족주의, 파시즘, 공산주의 등등의 이데올로기 때문에 불붙었다(5장). 그런 분쟁들이 알고 보면 텅스텐이나 다른 자원 때문이라는 주장을 누구도 완벽하게 반증할 수는 없겠지만, 자원 결정론은 아무리 증명하려고 노력해 봤자 괴짜 음모론으로 비칠 뿐이다. 힘의 균형에 대해서는, 소련이 붕괴되었을 때나 독일이 통일되었을 때처럼 판이 뒤집힌 상황이라도 세상이 미친 듯한 쟁탈전에 돌입하지는 않았다. 그런 사건은 선진국들의 긴 평화에 이렇다 할 영향을 미치지 않았고, 개발 도상국들에게는 새로운 평화의 전조가 되었다. 두 사건이 뜻밖에 유쾌하게 끝났던 것도 자원의 발견이나 재분배와는 무관했다. 개발 도상국의 자원은 오히려 축복이 아니라 저주였다. 석유와 광물이 풍부한 나라들은 국민에게 나눠 줄 파이가 더 큰데도 가장 폭력적인 나라에 속했다(6장).

자원 통제와 폭력이 긴밀하게 연관되지 않는다는 사실 또한 크게 놀랄 일이 아니다. 진화 심리학자들이 알려 주었듯이, 남자들은 부유하든 가난하든 여자, 지위, 우세를 놓고 늘 다툰다. 경제학자들이 알려 주었듯이, 부는 자원이 묻힌 땅 자체에서 오는 게 아니라 재주, 노력, 협동을 통해 그 자원을 유용한 물건으로 바꾸는 데서 온다. 부는 사람들이 분업을 하고 그 결실을 교환할 때 성장하며, 그리하여 모두가 승리한다. 그렇다면 자원 경쟁은 자연의 상수가 아니다. 그것은 폭력을 비롯한 여러 사회적 힘들의 그물망에 내재된 요인이다. 사람들은 사회의 하부 구조와 사고방식에 따라 어떤 시기와 장소에는 완성품의 포지티브섬 교환을 선택하고, 또 다른 시기와 장소에는 원재료의 제로섬 경쟁을 선택한다. 후자는 사실상 네거티브섬 경쟁이다. 약탈한 원료의 가치에서 전쟁 비용을 빼야 하기 때문이다. 미국이 캐나다를 침공하여 오대호 항로나 귀중한 니켈 매장량을 압수할 수는 있겠지만, 이미 교역으로 그 편익을 누리는 마당에 굳이 왜 그러겠는가?

부유함 세계는 수천 년 동안 점차 부유해졌고, 그동안 폭력은 점차 줄었다. 사회는 부유해질수록 더 평화로워질까? 어쩌면 가난의 괴로움과 좌절을 일상적으로 겪는 사람일수록 성질이 고약해져서, 더 많이 싸울지도 모른다. 부유한 사회에서 풍요를 맛볼수록 인생을 더 귀하게 여기게 되고, 그 연장선에서 남들의 인생도 더 귀하게 여길지도 모른다.

그러나 부유함과 비폭력의 긴밀한 상관관계는 발견되지 않았다. 오히려 반대로 작용하는 상관관계가 있다. 국가 이전 부족들 중, 어업 자원과 사냥 자원이 풍부한 태평양 북서부와 같은 온대 지역의 정착 부족들에게 노예제, 계급제, 전사 문화가 있을 때가 많았다. 산 족, 세마이 족처럼 물질적으로 수수한 부족들은 폭력성 분포에서 가장 평화로운 쪽이었다(2장). 노예제, 십자가형, 검투사, 무자비한 정복, 인신 공양을 실시했던 것은 고대의 풍요로운 제국들이었다(1장).

민주주의와 여타 인도주의적 개혁을 뒷받침했던 사상들은 18세기에 꽃피었지만, 물질적 안녕은 그보다 상당히 늦게 발전하기 시작했다(4장). 서구에서는 19세기 산업 혁명과 더불어 비로소 부가 쌓였고, 건강과 수명은 19세기 말 공중 보건 혁명과 더불어 비로소 개선되었다. 좀 더 소규모로 보더라도, 부의 변동과 인권에 대한 관심의 변동은 주기가 일치하지 않는 것 같다. 미국 남부에서 면화 가격이 떨어지자 린치가 늘었다는 말이 있지만, 20세기 전반을 압도한 역사적 경향성은 린치가 기하급수적으로 준 것이었다. 광란의 1920년대에도, 대공황기에도, 방향은 바뀌지 않았다(7장). 내가 아는 한, 1950년대 말에 시작된 권리 혁명의 기세는 경기의 고저에 따라 오르내리지 않았다. 그렇다고 해서 그것이 현대 사회의 부유함에 따라온 자동적인 결과도 아니었다. 아시아의 몇몇 잘사는 나라들이 가정 폭력과 체벌을 상대적으로 많이 용인한다는 것을 보면 알 수 있다(7장).

폭력 범죄율이 경제 지표를 밀접하게 쫓아가는 것도 아니다. 미국의 20세기 살인율 감소는 번영의 지표들과는 대체로 무관했다. 살인율은 대공황이 한창일 때 급락했고, 호황기였던 1960년대에는 치솟았고, 2007년에 시작된 대침체 기간에는 새로운 최저 기록을 세웠다(3장). 어쩌면 이 느슨한 상관관계는 경찰 기록부만 보아도 예측할 수 있다. 살인은 현금, 식량 따위의 물질적 동기보다는 모욕과 부정에 복수하려는 도덕적 동기에서 저질러질 때가 많으니까.

그런데 부와 폭력은 한 가지 측면에서만큼은 강력한 상관관계가 있다. 경제 척도에서 바닥에 있는 나라들 간의 차이를 설명하는 대목이다(6장). 앞에서 보았듯이, 일인당 연간 국내 총생산이 1000달러 밑으로 내려가면 그 나라가 내부의 폭력 소요로 분열될 가능성이 치솟는다. 그러나 상관관계 이면의 인과 관계를 규정하기는 어렵다. 돈으로는 많은 것을 살 수 있다. 국가가 돈이 없어 못 사는 것들 중 무엇이 폭력에 책임이 있는지 분명하지 않다. 개인 차원에서 영양과 건강이 나쁘기 때문일 수도 있고, 국가 차원에서 괜찮은 학교, 경찰, 정부가 없기 때문일 수도 있다(6장). 그리고 전쟁은 역전된 개발이나 마찬가지이므로, 가난 때문에 전쟁이 났는지 전쟁 때문에 가난해졌는지 그 정도를 정확하게 측정할 수는 없다.

극단적 가난은 내전과는 관련이 있어도 집단 살해와는 관련이 없는 듯하다. 가난한 나라일수록 정치 위기를 겪기 쉽고 정치 위기는 집단 살해로 이어지기 쉽지만, 이미 위기가 있는 나라일 때 더 가난하다고 해서 집단 살해 가능성이 더 높아지는 것은 아니다(6장). 부유함 척도의 반대편 끝을 보면, 1930년대 말에 독일은 최악의 대공황을 뒤로 한 채 신흥 산업국으로 부상하고 있었지만, 나중에 **집단 살해**라는 말을 낳을 최악의 잔학성은 그때부터 들끓었다.

부와 폭력의 복잡한 관계를 볼 때, 인간은 분명 밥만으로 살 수 없다.

우리는 믿고 도덕화하는 동물이다. 우리의 폭력은 부의 결핍보다 파괴적 이데올로기에서 나올 때가 많다. 좋든 나쁘든 — 보통은 나쁘게 작용한다. — 가끔 사람들은 정신의 순수성, 공동체의 영광, 완벽한 정의라고 여기는 것을 추구하기 위해서 물질의 안락을 기꺼이 포기한다.

종교 그렇다면 이데올로기에 대해 말해 보자. 앞에서 이야기했듯이, 고대의 부족적 신념들은 별달리 좋은 일을 하지 않았다. 세계 어디에서든 사람들은 초자연적인 것을 믿은 나머지 피에 굶주린 신을 달래겠다며 인간의 목숨을 바쳤고, 마녀에게 사악한 힘이 있다고 믿은 나머지 그들을 죽였다(4장). 경전에 그려진 신은 집단 살해, 강간, 노예, 일탈자 처형을 즐겼다. 사람들은 수천 년 동안 그 글을 근거로 자신의 행동을 합리화하면서 불신자를 집단 살해했고, 여성을 소유했고, 아이를 때렸고, 동물을 지배했고, 이단자와 동성애자를 박해했다(1, 4, 7장). 종교계의 권위자들과 호교자들은 잔인한 처벌 폐지, 감정 이입을 이끄는 소설의 보급, 노예제 폐지 등의 인도적 개혁에 격렬하게 반대했다(4장). 편협한 가치가 신성으로 격상되면 타인의 이해를 무시해도 좋다는 허가가 주어지는 셈이고, 타협을 거부하라는 명령이 주어지는 셈이다(9장). 종교는 서양 근대사에서 두 번째로 끔찍한 시대였던 유럽 종교 전쟁의 교전자들을 노엽게 했고, 지금도 중동과 일부 이슬람 국가들의 몇몇 당파들을 노엽게 하고 있다. 오늘날 종교적 우파들과 그 동맹들은 종교를 평화의 힘으로 역설하지만, 그 말은 역사적 사실에 부합하지 않는다.

종교를 변호하는 사람들은 20세기 집단 살해 이데올로기의 양대 산맥이었던 파시즘과 공산주의가 둘 다 무신론적이었다는 점을 강조한다. 그러나 그것은 전자에 대해서는 틀린 말이고, 후자에 대해서는 초점이 빗나간 말이다(4장). 파시즘은 스페인, 이탈리아, 포르투갈, 크로아티아에서 가톨릭과 행복하게 공존했다. 히틀러는 기독교를 거의 이용하지 않았지만, 결코 무신론자는 아니었다. 그는 자신이 신성한 계획을 이행하고 있다고 고백했다.[1] 역사학자들에 따르면, 나치 엘리트들은 나치즘을 독일 기독교와 결합하여 하나의 신앙으로 만들어 냈고, 기독교가 갖고 있던 천년 왕국의 전망과 오랜 반유대주의 역사를 끌어다 썼다.[2] 많은 기독교 성직자들과 회중들은 기껍게 동참했다. 그들은 바이마르 시대의 관용적, 세속적, 세계주의적 문화에 반대한다는 점에서 나치와 공통의 대의를 갖고 있었기 때문이다.[3]

공산주의는 확실히 무신론적이었다. 그러나 하나의 편협한 이데올로기를 거절한다고 해서 자동으로 다른 이데올로기들에 대한 면역까지 생기는 것은 아니다. 대니얼 치롯이 말했듯이(564쪽 참고), 마르크스주의는 기독교 성경에서 최악의 발상을 가져다 썼다. 천년 왕국적 격변으로 유토피아를 가져올 수 있고 인류 타락 이전의 순수성을 회복할 수 있다는 생각이었다. 그리고 공산주의는 개인의 자율과 번영을 정치 체계의 궁극의 목표로 간주하는 계몽 시대 인도주의와 자유주의에 격렬히 반대했다.[4]

동시에, 역사상 특정 시점에서 **특정** 종교 운동이 폭력에 반대한 것도 **사실이다**. 무정부 영역에서는 제도 종교가 이따금 문명화 세력으로 기능했다. 그리고 많은 종교는 자신의 공동체 내에서 도덕성을 담당한다고 자처하므로, 반성과 도덕적 행동의 무대가 될 수 있다. 노예제와 전쟁에 반대하는 계몽주의 논증을 끌어들여 노예제 폐지와 평화주의를 주장하는 효과적인 운동을 조직한 것은 퀘이커 교도들이었고, 19세기의 다른 자유주의 개신교 종파들도 그들에게 가세했다(4장). 개신교 교회는 미국 남부와 서부의 거친 변경을 길들이는 데 기여했다(3장). 아프리카계 미국인들의 교회는 시민권 운동에 조직적 하부 구조와 수사적 능력을 제공했다(마틴 루서 킹이 주류 기독교 교리를 거부하고 간디, 서구 세속 철학, 배교적 인도주의 신학자들에게서 영감을 얻기는 했지만.). 1990년대에 교회는 경찰, 공동체 단체들과 함께 도심에서 흑인의 범죄율을 낮추는 데도 기여했다(3장). 개발도상국에서는 데스먼드 투투 같은 교회 지도자들이 아파르트헤이트나 시민 사회 소요 이후 정치인, 비정부 조직과 함께 화해 운동을 전개함으로써 국가의 상처를 치유했다(8장).

그러니 무신론자 크리스토퍼 히친스의 베스트셀러에 붙은 부제, '종교는 어떻게 모든 것을 망치는가'는 지나친 말이다. 종교는 폭력의 역사에서 단일한 역할을 수행하지 않았다. 다른 어떤 것의 역사에서도 종교는 단일한 세력이 아니었다. 우리가 종교라고 통칭하는 다종다양한 운동들은 그보다 최근에 등장한 세속적 제도들과 구별된다는 점 외에는 서로 공통점이 별로 없다. 그리고 종교적 믿음과 관습은 인류 역사의 내생적 요인들이다. 자신들은 그것을 신의 섭리라고 주장하지만, 사실 그것은 인간사의 지적, 사회적 흐름에 대한 반응들이었다. 그 흐름이 계몽적 방향으로 움직일 때는 종교들도 곧잘 그에 적응했다. 요즘 기독교 신자들이 구약의 피투성이 대목을 신중하게 무시하는 것이 뚜렷한 예다. 물론, 모두가 모르몬 교회처럼 적나라하게 적응한 것은 아니었다. 1890년에 모르몬 교회 지도자들은 예수 그리스도로부터 일부다처제를 중단해야 한다는 계시를 받았다고 말했고(일부다처제가 유타 주의 연방 가입에 걸림돌이 되던 시기였다.), 1978년에는 그때껏 카인의 낙인을 지닌 인간으로 간주했던 흑인도 성직에 받아들이라는 계시를 받았다고 했다. 그러나 그보다 더 섬세한 적응들, 가령 종파 분리, 개혁 운동, 세계 교회 회의, 여타 자유주의 세력들도 종교를 인도주의의 파도에 휩쓸리게 하기에는 충분했다. 종교가 폭력 세력이 되는 것은 원리주의 세력이 대세를 거슬러 부족적, 권위적, 청교도적 제약을 강제할 때뿐이다.

평화주의자의 딜레마

폭력 감소 요인으로 일관되게 작용하지 않았던 역사적 힘들은 이쯤 이야기하면 되었고, 이제 감소 요인으로 작용했던 힘들을 살펴보자. 나는 이 힘들을 모종의 설명 틀 속에 배치하려고 노력했다. 나는 항목들을 하나하나 체크하는 데 그치지 않고, 그것들의 공통점이 무엇인지 통찰하려고 노력하겠다. 우리는 왜 폭력이 언제나 그토록 유혹적이었는지, 왜 사람들이 언제나 폭력을 줄이기를 염원했는지, 왜 폭력을 줄이기가 그토록 어려웠는지, 왜 실제로 폭력을 줄인 변화들이 일어났는지 이해하고 싶기 때문이다. 진정한 설명이 되려면, 이런 변화들은 외생적이어야 한다. 우리가 설명하려는 감소 현상의 일부여서는 안 되고, 현상에 선행하여 현상의 원인이 된 독립적 발전이어야 한다.

폭력의 역학 변화를 이해하는 좋은 방법으로, 협동의 이득(이 경우에는 공격을 참는 것의 이득)을 보여 주는 전형적 모형인 죄수의 딜레마를 다시 떠올리자(8장). 그 이름표를 바꾸어, 평화주의자의 딜레마라고 부르자. 모든 개인과 연합체는 포식적 공격에서 승리하여 이득을 누리고 싶은 유혹을 느끼고(협동자를 배신하는 것과 같은 행동이다.), 똑같은 유혹에 따라 행동하는 상대에게 패배하여 손실을 치르는 일도 피하고 싶다. 그런데 둘 다 공격을 택한다면, 그들은 괴로운 전쟁에 빠져들어(상호 배신) 둘 다 평화의 보수를 택했을 때보다(상호 협동) 더 나쁜 상태에 도달한다. 그림 10-1의 표는 평화주의자의 딜레마를 보여 준다. 내가 소득과 손실에 매긴 값은 임의적이지만, 딜레마의 비극적 구조를 보여 줄 수 있도록 선택했다.

평화주의자의 딜레마는 아무리 과장해도 수학적 모형이라고는 말할 수 없다. 그러나 나는 말로만 하는 설명을 보완하는 방법으로서 계속 이 모형을 언급할 것이다. 우리는 이 수치들에서 폭력의 이중적 비극을 읽

		상대의 선택	
		평화주의자	공격자
나의 선택	평화주의자	평화 (5) 평화 (5)	패배 (-100) 승리 (10)
	공격자	승리 (10) 패배 (-100)	전쟁 (-50) 전쟁 (-50)

그림 10-1. 평화주의자의 딜레마.

을 수 있다. 첫 번째 비극적 요소는, 세상이 이런 보수 구조일 때 평화주의자가 되는 것은 비합리적인 선택이라는 점이다. 상대가 평화주의자라면, 나는 그의 취약성을 이용하고픈 유혹을 느낀다(승리의 10점이 평화의 5점보다 낫다.). 상대가 공격자라면, 나는 그에게 착취 당하는 희생자가 되느니(처참한 100의 손실을 겪는다.) 전쟁의 괴로움을 견디는 편이 낫다(50점의 손실이다.). 어느 쪽이든 공격이 합리적 선택이다.

두 번째 비극적 요소는, 피해자의 손실(이 경우 -100)이 공격자의 이득(10)과는 비교도 안 되게 더 크다는 점이다. 양쪽이 죽을 때까지 끝장을 보는 싸움이 아닌 한, 공격은 제로섬 게임이 아니라 네거티브섬 게임이다. 승자가 이득을 좀 얻기는 하지만, 둘 다 공격하지 않는 편이 더 낫다. 정복자가 땅을 좀 더 얻어서 누리는 이익은 그가 그것을 훔치려고 죽인 사람들이 겪는 불이익에 비하면 하찮다. 강간범이 자신의 충동을 해소하는 그 찰나의 쾌락은 그가 피해자에게 일으키는 고통에 비하면 엄청나게 사소하다. 이런 비대칭은 엔트로피 법칙의 궁극적 결과이다. 우주의 모든 상태들 중 생명과 행복을 지지하는 형태로 정렬된 상태는 극소수이기 때문에, 행복한 상태를 장려하고 만들어 내는 일보다는 행복한 상태를 파괴하여 비참함을 만들어 내는 일이 언제나 더 쉽다. 요컨대, 공평한 관찰자가 더없이 냉정한 공리적 계산으로 전체적인 행복과 불행을 따진다면, 폭력은 늘 바람직하지 못한 것이 된다. 가해자의 행복보다 피해자의 불행이 더 크고, 따라서 세상의 총행복이 줄기 때문이다.

그러나 우리가 공평한 관찰자의 초월적 관점에서 내려와 지상의 관계자들의 관점을 취하면, 폭력을 없애기가 왜 이리도 어려운지를 금세 알 수 있다. 둘 중 어느 쪽이든, 혼자만 평화주의를 선택하는 것은 미친 짓이다. 상대가 공격의 유혹을 느낀다면 자신만 끔찍한 대가를 치를 테니까. 평화주의, 왼뺨을 맞으면 오른뺨도 내미는 것, 칼을 두드려 쟁기를 만드는 것 등등의 도덕적 정서가 폭력을 일관되게 줄이지 못했던 것은 바로 이 '내가 아니라 남이 문제'라는 점 때문이다. 도덕적 정서는 상대도 나와 동시에 그 정서를 느낄 때만 효과가 있다. 역사적으로 폭력이 뜻밖의 시점에 느닷없이 상승 나선이나 하강 나선을 그렸던 것도 어쩌면 이 점으로 설명될지 모른다. 양측은 상대에게 손쉬운 먹이가 되지 않을 만큼 늘 공격성을 유지해야 하는데, 최선의 방어는 공격일 때가 많다. 얄궂게도 서로 공격을 걱정하다 보니 — 홉스의 함정 혹은 안보의 딜레마 — 다들 호전성이 커지는 것이다(2장). 게임이 반복되는 상황이라서 (이론적으로) 보복 위협이 양측을 억제할 때도, 과잉 확신의 전략적 이점과 그 밖의 자기 위주 편향 때문에 양측은 얼마든지 보복의 악순환에 빠질 수 있다. 같은 논리에서, 가끔은 신뢰성 있는 선의의 몸짓에 상대가 선의로 응답함으로써 악순환의 방향이 바뀔 수 있다. 그래서 누구도 전혀 기대하지 않았던 시점에 폭력이 줄 수도 있다.

폭력의 역사적 감소 요소들을 관통하는 공통점은 바로 이 대목에서 찾을 수 있다. 그 요소들은 모두 평화주의자의 딜레마에서 보수 구조를 바꿈으로써 — 격자 속 수치들을 바꿈으로써 — 양측이 평화의 상호 이득을 누리는 왼쪽 위 칸으로 끌리게 만들어야 한다.

지금까지 이야기했던 역사와 심리학에 비추어 볼 때, 나는 세상을 평화로운 방향으로 밀어붙인 다섯 가지 발전이 있었다고 생각한다. 다섯 가지 모두가 정도는 다를지언정 수많은 역사적 추세, 정량적 데이터 집합, 실험 결과에서 효과를 나타냈고, 그 모두가 평화주의자의 딜레마에서 수치들을 바꿈으로써 사람들을 소중한 평화의 칸으로 이끌었다. 앞에서 등장했던 순서대로 그 요소들을 하나씩 살펴보자.

리바이어던

사람들이 서로 해치는 것을 막고자 폭력을 독점하는 국가, 이것은 우리가 이 책에서 만난 폭력 감소 요인들 중 가장 일관된 요인일 것이다. 그 단순한 논리는 그림 2-1의 공격자-피해자-방관자 삼각형으로 묘사되는데, 평화주의자의 딜레마 맥락에서 다시 표현할 수도 있다. 만일 정부가 공격자에게 수익을 상쇄하는 대가를 부과한다면 — 가령 평화 대신 공격을 택했을 때의 이득보다 세 배 더 많은 벌금을 부과한다면 — 잠재적 공격자가 택할 두 선택지의 매력이 달라져서 전쟁보다 평화의 호소력이 더 커진다(그림 10-2).

리바이어던은 — 혹은 그 여성형인 정의의 여신 유스티티아는 — 합리적 행위자의 계산을 바꾸는 것 외에도 공평한 제삼자라는 장점이 있다. 리바이어던이 매기는 벌금은 여느 참가자처럼 자기 위주 편향에 의해 부풀려지지 않는 데다가, 리바이어던은 타당한 복수의 표적이 될 수 없다. 게임을 내려다보는 심판이 존재하면 상대는 선제공격이나 자기방어의 유인을 덜 느낄 테고, 그러면 나도 공격적 태도를 취할 마음이 줄고, 그러면 상대가 더 느긋해지고, 이렇게 이어져서 호전성이 약해지는

		상대의 선택	
		평화주의자	공격자
나의 선택	평화주의자	평화 (5) 평화 (5)	패배 (-100) 승리 - 벌금 (10 - 15 = -5)
	공격자	승리 - 벌금 (10 - 15 = -5) 패배 (-100)	전쟁 - 벌금 (-50 - 150 = -200) 전쟁 - 벌금 (-50 - 150 = -200)

그림 10-2. 리바이어던이 평화주의자의 딜레마를 푸는 방법.

선순환이 형성된다. 그리고 심리학 실험에서 증명되었듯이, 자기 통제에는 일반화 효과가 있다. 그래서 공격을 꺼리는 태도가 습관이 되고, 문명화된 참가자들은 리바이어던이 등을 돌린 순간에도 공격의 유혹을 억제하게 된다.

리바이어던 효과는 2장과 3장의 제목이었던 평화화 과정과 문명화 과정을 뒷받침했다. 군, 부족, 군장 사회가 최초의 국가들의 통제를 받게 되자, 습격과 혈수가 억제되어 폭력적 사망률이 5분의 1로 줄었다(2장). 유럽의 봉토들이 왕국과 주권 국가로 융합되어 법 제도가 통합되자, 살인율은 또다시 30분의 1로 줄었다(3장). 반면에 정부의 손길을 벗어난 무정부 상태의 고립 지역은 폭력적인 명예의 문화를 유지했다. 유럽 주변부와 내륙 산악 지대가 그랬고, 미국 남부와 서부 변경이 그랬다(3장). 사회 경제적 풍경에서의 무정부적 고립 지대도 마찬가지였다. 하층 계급은 일관된 법 집행의 혜택을 누리지 못하고, 밀수업자들도 그것에 의지할 수 없다(3장). 갑작스러운 탈식민화, 실패한 국가, 혼합 정치, 경찰 파업, 1960년대 등등 법 집행이 후퇴한 때는 폭력이 도로 아우성쳤다(3장과 6장). 무능한 정부는 가장 중요한 내전 위험 요소로 밝혀졌다. 폭력으로 황폐해진 개발 도상국들과 그보다 평화로운 선진국들을 가르는 주된 자산이 그 점일 것이다(6장). 법치가 허약한 나라의 사람들을 실험에 초대했을 때, 그들은 이유 없는 보복적 처벌에 탐닉하여 모두에게 더 나쁜 결과를 가져왔다(8장).

홉스가 마음속에 그렸던 리바이어던과 법원 조각상으로 표현된 유스티티아는 둘 다 칼로 무장하고 있지만, 때로는 눈가리개와 저울만으로도 충분하다. 사람들은 신체와 은행 잔고에 대한 타격만큼이나 평판에 대한 타격을 꺼린다. 때로는 영향력 있는 제삼자의 부드러운 압력이나 수치와 배척에의 위협이 경찰이나 군대의 무력적 위협과 동일한 효과를 낸다. 부드러운 힘은 국제 관계 영역에서 중요하다. 세계 정부는 영영 환상일 뿐이겠지만, 제삼자가 간헐적으로 제재를 하거나 상징적으로 무력을 과시하면서 판정을 내리는 것은 큰 영향을 미칠 수 있다. 국가들이 국제 조직에 속할 때, 그리고 국제 평화 유지군을 받아들일 때 전쟁 위험이 낮아지는 현상은 제삼자가 전혀 무장하지 않았거나 가볍게 무장한 경우라도 평화화 효과가 있다는 사실을 정량적으로 보여 주는 두 사례이다(5장과 6장).

리바이어던이 칼을 휘두를 때는, 그 힘을 얼마나 분별 있게 적용하느냐에 따라서 이득이 정해진다. 리바이어던은 피지배자들의 보수 행렬에서 '공격' 칸들에만 벌금을 부과해야 한다. 리바이어던이 네 칸에 무차별적으로 벌금을 부과하고, 자신이 권력을 지키고자 피지배자들을 함부로 다룬다면, 피해를 방지하기는커녕 더 많은 피해를 일으킬 수 있다(2장과 4장). 정부가 보수 행렬에서 올바른 칸에만 적절한 힘을 조심스럽게 적용한다는 점이야말로 민주 국가가 독재 국가나 혼합 정치보다 나은 점이다. 그럴 때 평화주의자의 선택지는 달성할 수 없어 괴로운 꿈이 아니라 저항할 수 없는 선택지로 바뀐다.

온화한 상업

이익의 교환이 제로섬 전쟁을 포지티브섬 상호 이득으로 바꿀 수 있다는 생각은 계몽주의의 핵심 발상이었다. 이 생각은 현대 생물학에서 되살아나, 혈연이 아닌 개체들 사이의 협동이 어떻게 진화했는지를 설명해 주었다. 온화한 상업이라고 불리는 이 개념은 둘 다 평화주의자가 되는 선택지에 교환을 통한 상호 이득의 당의정을 입힘으로써 평화주의자의 딜레마를 푼다(그림 10-3).

온화한 상업은 공격을 받아 패배하는 재앙을 아예 없애진 못한다. 그러나 상대의 공격 동기를 없앰으로써(상대도 평화적 교환으로 이득을 보기 때문에), 그 걱정을 눈앞에서 치워 준다. 상호 협동으로 이득을 볼 가능성은 부분적으로나마 외생적이다. 오직 행위자들의 거래 의지에만 달린 문제가 아니고, 양측이 상대가 원할 만한 무언가를 생산하도록 전문화했는가, 운송, 금융, 기록, 계약 집행 제도처럼 교환을 매끄럽게 하는 하부 구조가 존재하는가에도 달린 문제이기 때문이다. 자발적 교환을 하도록 유인된 사람들은 최선의 거래를 성사시키고자 상대의 관점을 취해 본

나의 선택 \ 상대의 선택	평화주의자	공격자
평화주의자	평화 + 이익 (5 + 100 = 105) 평화 + 이익 (5 + 100 = 105)	패배 (-100) 승리 (10)
공격자	승리 (10) 패배 (-100)	전쟁 (-50) 전쟁 (-50)

그림 10-3. 상업이 평화주의자의 딜레마를 푸는 방법.

다('손님은 왕이다.'라는 말도 있듯이.). 그러면 그것이 서로의 이해를 존중하고 고려하는 단계까지 나아갈 수 있다. 반드시 온기를 동반하는 것은 아니더라도.

노르베르트 엘리아스의 이론에서, 리바이어던과 온화한 상업은 유럽 문명화 과정의 두 추진력이었다(3장). 중세 후기부터 확장한 왕국들은 약탈을 처벌하고 정의를 국유화했음은 물론이요, 화폐나 계약 집행 제도와 같은 교환의 하부 구조들을 구축했다. 그런 하부 구조는 도로나 시계와 같은 기술의 발전, 그리고 이윤, 혁신, 경쟁을 억제했던 터부의 제거와 함께 상업의 매력을 더했다. 그래서 서로 싸우던 기사들이 상인, 장인, 관료로 교체되었다. 역사적 사실은 이 가설을 지지한다. 상업이 실제로 중세 후기부터 팽창했기 때문이다. 그리고 역시 그때부터 폭력적 사망률이 추락했다는 범죄학적 사실도 이 가설을 지지한다(9장과 3장).

도시와 국가 같은 더 큰 연합체에서도 외양선, 새로운 금융 제도, 중상주의 정책의 쇠퇴에 힘입어 상업이 번성했다. 학자들은 18세기에 스웨덴, 덴마크, 네덜란드, 스페인처럼 이전까지 전쟁을 일삼던 제국주의 국가들이 상업국으로 탈바꿈하여 말썽을 덜 일으킨 데에 이런 발달이 기여했다고 본다(5장). 그로부터 200년 뒤에는 중국과 베트남이 독재 공산주의에서 독재 자본주의로 변신하여, 과거 수십 년 동안 그 나라들을 지상에서 가장 위험한 장소로 만들었던 이데올로기적 전쟁 의지를 약화시켰다. 그 밖의 나라들에서도 국가적 영광 추구에서 이윤 추구로의 가치 전환은 호전적인 영토 확장 운동의 기세를 꺾는 데 기여했을 것이다(5장과 6장). 이런 변화는 한편으로는 사람들이 이데올로기에 도덕적 파산 선고를 내리고 그 속박에서 풀려난 탓이겠지만, 다른 한편으로는 세계화한 경제가 제공하는 톡톡한 보상에 유혹된 탓일 것이다.

많은 정량적 연구 결과가 이런 내러티브를 뒷받침한다. 전후 긴 평화와 새로운 평화의 시기는 또한 국제 교역이 팽창한 시기였다. 앞에서 보았듯이, 다른 조건이 다 같다면 서로 교역하는 나라들의 대결 확률이 더 낮다(5장). 세계 경제에 개방적인 나라일수록 집단 살해와 내전을 덜 겪는다는 분석 결과도 잊지 말자(6장). 이 힘은 반대 방향으로도 작용한다. 통상으로 자원에 가치를 더하기보다 석유, 광물, 다이아몬드를 캐는 일로 국부를 쌓는 정부는 내전에 빠질 가능성이 더 높다(6장).

온화한 상업 이론을 지지하는 증거는 국제 관계 데이터만이 아니다. 이 이론은 인류학자들이 예전부터 알았던 한 현상과 일맥상통한다. 그것은 많은 문화가 활발한 교환망을 구축하고 있거니와, 서로 교환하는 물건이 쓸모없는 선물일 때도 있다는 점이다. 그들이 그런 교환을 하는 까닭은 평화 유지에 도움이 되기 때문이다.[5] 바로 이런 민족지학적 기록을 근거로, 앨런 피스케와 동료들은 사람들이 동등성 모형이나 시장 가격 모형을 따를 때는 아무런 관계가 없을 때에 비해 서로 의무로 묶여 있다고 느끼기 쉽고 나아가 서로를 비인간화할 가능성이 낮다고 주장했다(9장).

내가 이 장에서 소개한 다른 평화의 힘들과는 달리, 온화한 상업 이면의 사고방식은 아직 심리학 실험으로 직접 확인되지 않았다. 그러나 우리가 이미 아는 사실도 있다. 사람들이 (원숭이도 그렇다.) 포지티브섬 게임을 할 때는, 즉 협동을 통해서만 모두에게 유익한 목표를 달성할 수 있을 때는, 적대적 긴장감이 해소된다는 점이다(8장). 그리고 현실의 교환 행위는 포지티브섬 게임이 될 수 있다. 그러나 교환 자체가 적대적 긴장감을 낮추는지 아닌지는 아직 알 수 없다. 감정 이입, 협동, 공격성에 관한 방대한 연구 문헌 중에서, 서로 이득이 되는 교환을 막 수행한 사람들이라면 혹시 상대에게 충격을 주거나 상대의 음식에 죽도록 매운 핫소스를 뿌리는 행동을 자제하지 않을까 하는 의문을 확인해 본 실험은 아직 없는 듯하다. 어쩌면 온화한 상업 이론이 연구자들에게 매력적인 발상으로 느껴지지 않아서일지도 모른다. 문화적, 지적 엘리트들은 자신들이 사업가들보다 우월하다고 느끼는 편이라, 평화처럼 고귀한 것의 공이 상인들에게 돌아간다는 생각을 미처 떠올리지 못할 수도 있다.[6)]

여성화

보는 관점에 따라, 야마구치 쓰토무는 세상에서 가장 운이 좋은 사람이거나 세상에서 가장 운이 나쁜 사람이었다. 그는 히로시마의 원폭 투하를 겪고도 살아남았는데, 초토화된 도시를 벗어나 피난할 때 하필 불행한 선택을 했다. 나가사키로 갔던 것이다. 그는 그곳에서도 원폭 투하를 겪었고, 35년을 더 산 뒤 2010년에 93세를 일기로 사망했다. 역사상 단 두 차례의 원폭 공격을 둘 다 겪고도 살아남았던 사람으로서 그는 우리의 존경 어린 관심을 받을 만한데, 그런 그가 죽기 전에 핵 시대의 평화 처방을 이렇게 제안했다. "핵무기 보유국을 다스리는 일은 엄마들에게만 허락되어야 합니다. 그것도 아직 아기에게 젖을 먹이는 엄마들에게만."[7)]

야마구치의 말은 폭력에 대한 가장 기본적인 경험적 일반화를 언급한 것이다. 폭력은 주로 남자들이 저지른다는 사실이다. 남자들은 어릴 때부터 여자들보다 더 폭력적으로 놀고, 폭력을 더 많이 꿈꾸고, 폭력적 오락을 더 많이 즐기고, 폭력적 범죄의 압도적 비율을 저지르고, 처벌과 복수에서 더 많은 기쁨을 느끼고, 어리석은 위험을 감수하면서까지 공격하는 경향이 있고, 호전적인 정책과 지도자에게 표를 더 많이 주고, 거의 모든 전쟁과 집단 살해를 계획하고 수행한다(2장, 3장, 7장, 8장). 이런 성향 면에서 남녀가 겹치고 남녀의 평균 차이가 근소할 때라도, 백중지

세에서는 그 작은 차이가 결과를 정할 수 있다. 그리고 서로가 상대보다 아주 약간 더 호전적이어야 하는 상황에서는 그 작은 차이 때문에 호전성의 악순환으로 빠질 수 있다. 역사적으로 여성이 평화주의, 인도주의 운동에서 발휘한 지도력은 당대의 다른 정치 제도들에 미친 영향과는 비교가 안 될 만큼 더 컸다. 그리고 여성의 이해가 삶의 모든 측면에서 유례없는 영향력을 발휘한 최근 몇 십 년은 선진국 간 전쟁이 차츰 상상할 수 없는 일로 변한 시대였다(5장과 7장). 제임스 시헌은 유럽 국가들의 임무가 과거에는 군사적 유능함이었으나 전후에는 국민을 요람에서 무덤까지 돌보는 일로 바뀌었다고 말했는데, 이것은 전통적인 젠더 역할을 거의 빼쏜 묘사이다.

물론, 야마구치의 구체적 처방에 대해서는 얼마든지 반박할 수 있다. 조지 슐츠는 이런 일화를 들려주었다. 그가 1986년에 마거릿 대처와 대화하면서 로널드 레이건이 미하일 고르바초프에게 핵무기 감축을 제안할 때 자신이 레이건을 지지했다고 말했더니, 그녀가 핸드백으로 자신을 두들겨 팼다는 것이다.[8] 야마구치라면 여기에 대해서 대처의 자식들은 다 컸기 때문이라고 반박하리라. 게다가 자식들이야 어떻든, 대처의 사상은 남성들이 운영하는 세상에 맞춰져 있었다. 야마구치의 처방이 옳은지 그른지 확실히 알 수는 없다. 가까운 시일에 세계의 핵보유국을 여성들이 다스릴 것 같지는 않고, 하물며 젖을 물리는 산모들이 다스릴 것 같지는 않다. 그러나 여성화된 세상일수록 더 평화롭다고 보았던 야마구치의 짐작에는 일리가 있다.

여성 친화적 가치들은 왜 폭력을 줄일까? 남녀의 기본적인 생물학적 차이가 우리의 심리에 남긴 유산이 한 원인이다. 남자는 여자에 대한 성적 접근성을 놓고 서로 경쟁하려는 동기가 크지만, 여자는 자식을 고아로 만들지도 모르는 그런 위험에서 물러나 있으려는 동기가 크다. 제로섬 경쟁에 집착하는 것은 늘 여자보다는 남자이다. 부족 사회와 기사 사회에서 여성을 둘러싸고 벌어졌던 경쟁이든, 현대 사회에서 명예, 지위, 우세, 영광을 둘러싸고 벌어지는 경쟁이든 마찬가지이다. 평화주의자의 딜레마에서 승리의 보상과 패배의 대가 중 일부분이 — 가령 80퍼센트가 — 남성의 자아를 부풀리는 결과와 손상시키는 결과에 해당한다고 가정하자. 그리고 여성 행위자들이 선택지를 결정한다고 가정하자. 그렇다면 심리적 보수들은 줄 수밖에 없다(그림 10-4, '상대의 선택'은 '나의 선택'과 대칭적이므로 간결성을 위해 따로 표시하지 않았다.). 그렇다면 이제 승리보다 평화가 더 매력적이고, 패배보다 전쟁의 대가가 더 크다. 평화주의자의 선택지가 거뜬히 이길 수 있다. 만일 폭력적 충돌에서 남자보다 더 피해를 입기 마련인 여자의 대가를 전쟁 칸에 반영한다면, 이보다 더 극적인 역전이 벌어질 것이다.

물론, 의사 결정에서 여성의 영향력이 커지는 것은 완벽하게 외생적인 현상은 아니다. 흉포한 침입자가 언제라도 덮칠 수 있는 사회라면, 남자든 여자든 패배의 대가가 파국적일 것이다. 이때 표독한 군사적 가치가 아니라 조금이라도 더 온화한 가치를 선택하는 것은 사실상 자살 행위이다. 따라서 여성의 이해를 존중하도록 기운 가치 체계란 이미 포식적 침략으로부터 안전한 사회만이 누릴 수 있는 사치일지도 모른다. 그러나 때로는 폭력과는 무관한 외생적 힘들이 변화를 일으킬 수도 있다. 일례로, 전통 사회에서는 거주 형태가 그런 힘이다. 여자가 자기 가족과 함께 살면서 아버지와 남자 형제의 보호를 받고 남편은 손님으로서 여자를 방문하는 사회는, 여자가 남편의 일족이 사는 동네로 옮겨 가서 시댁의 지배를 받는 사회보다 여자들이 살기에 더 낫다(7장). 한편 현대 사회에서는 만성적인 양육 및 가사의 의무에서 여성을 해방시킨 기술과 경제의 발전이 외생적 힘이다. 가게에서 구입할 수 있는 음식, 노동 절감

		상대의 선택	
		평화주의자	공격자
나의 선택	평화주의자	평화 (5)	굴욕 없는 패배 (-100 + 80 = -20)
	공격자	영광 없는 승리 (10 - 8 = 2)	전쟁 (-50)

그림 10-4. 여성화가 평화주의자의 딜레마를 푸는 방법.

장치, 피임 기술, 늘어난 수명, 정보 경제로의 이행 등이 모두 그렇다.

전통 사회이든 현대 사회이든, 여성에게 유리한 사회일수록 조직적 폭력이 덜 발생하는 편이다(8장). 야노마뫼 족이나 호메로스 시대 그리스처럼 여성을 납치하거나 여성 납치에 복수하기 위해서 전쟁을 일으켰던 부족 사회와 군장 사회에서는 명백히 그렇다(1장과 2장). 그러나 현대에도 국가들 사이에 차이가 드러난다. 서유럽의 여성주의적 민주 국가들은 여성에 대한 정치적, 사법적 폭력의 수준이 낮지만, 아프리카와 아시아의 이슬람 샤리아 국가들에서는 여성 성기 절단, 간통한 여성을 돌로 치기, 부르카를 쓰도록 강요하기 등이 널리 시행된다(6장).

여성화는 사회의 참전 결정에 여성들이 영향력을 행사하는 것만을 말하는 것이 아니다. 남성다운 명예의 문화, 즉 모욕에 대한 폭력적 보복을 인정하고, 체벌로 소년들을 강인하게 만들고, 군사적 영광을 칭송하는 문화로부터 멀어지는 것도 여성화이다(8장). 유럽과 선진국들의 민주 정부, 미국의 진보적 주들에서는 정확히 그런 경향성이 있었다(3장과 7장). 보수 학자들은 현대 서구 사회에서 용감함이나 용맹함 같은 가치들이 상실되고 물질주의, 경박함, 퇴폐, 여성스러움 같은 가치들이 득세함으로써 사회가 쇠퇴하고 있다고 석연한 듯이 말한다. 나는 지금까지 폭력은 더 큰 폭력을 막기 위한 것이 아닌 한 늘 나쁘다고 가정했지만, 사실 그것은 가치 판단의 문제라고 말한 이런 남자들의 지적이 옳다. 우리가 명예와 영광보다 평화를 본질적으로 선호해야 할 논리적 이유는 없다. 그러나 나는 남자다운 행위의 잠재적 피해자들에게도 발언권을 주어야 한다고 본다. 그들은 자신의 생명과 수족이 남성적 가치의 미화를 위해 기꺼이 치를 만한 대가라는 생각에 결코 동의하지 않을 것이다.

여성화는 다른 이유로도 평화적 발전이다. 여성의 이해를 선호하는 사회적, 성적 구조는 남성 간 폭력적 경쟁이 증식하는 늪에서 물을 빼 버린다. 결혼이 그런 구조의 한 예다. 결혼한 남자들은 성적 기회를 놓고 서로 겨루기보다 자기 자식에게 투자한다. 결혼한 남자는 테스토스테론 농도가 낮고, 범죄자로 살 가능성도 낮다. 앞에서 보았듯이, 미국의 살인율은 사람들이 행복하게 결혼했던 1940년대와 1950년대에는 급락했지만 결혼을 미뤘던 1960년대와 1970년대에는 치솟았다. 결혼율이 특히 낮은 아프리카계 미국인 사회는 지금도 살인율이 높다(3장).

또 다른 폭력성 누수 요인은 동등한 남녀 인구이다. 미국 변경의 카우보이 마을이나 금광처럼 남자로만 이루어졌고 치안이 취약한 사회 환경은 거의 늘 폭력적이었다(3장). 서부가 거칠었던 것은, 젊은 남자들이 그곳에 다 몰렸지만 젊은 여자들은 동부에 남았기 때문이다. 그런데 좀 더 사악한 이유에서 사회가 남자로만 채워질 수도 있다. 여자아이를 낙태하거나 출생 후 죽이는 관습 때문이다. 정치학자 발레리 허드슨과 안드레아 덴 부르는 「잉여의 남성, 평화의 결핍」이라는 논문에서, 중국의 전통적인 여아 살해가 진작부터 미혼 남성 인구의 증가로 나타나고 있다는 사실을 보여 주었다.[9] 그런 남자들은 다들 가난하다. 부유한 남자들만이 희소한 여자를 얻기 때문이다. 중국에서는 그런 미혼 남성을 '헐벗은 가지(홀아비를 뜻하는 단어 光棍兒를 말한다. — 옮긴이)'라고 부르는데, 이들은 무리 지어 떠돌아다니면서 자기들끼리 실랑이를 벌이고, 결투를 하고, 정착한 사람들에게 강도질을 하고, 겁을 준다. 그런 무리가 군대로 성장하여 지방 정부와 국가 정부를 위협할 수도 있다. 물론 정부 지도자들은 그런 갱을 폭력적으로 진압할 수도 있지만, 그들을 이용할 수도 있다. 그러기 위해서는 그런 남자들의 도덕관에 친숙한 마초적 통치 철학을 택해야 할 때가 많다. 가장 좋기로는, 그들을 이주 노동자, 식민지 개척자, 병사로 다른 지역으로 내보내는 것이다. 그들의 파괴적 에너지를 수출하는 셈이다. 경쟁 국가의 지도자들이 모두 잉여의 남성 인구를 그렇게 치워 버리려고 하면, 지리한 소모전이 이어질지도 모른다. 허드슨과 덴 부르는 "모든 사회가 그런 충돌로 내몰 만한 헐벗은 가지들을 충분히 갖고 있고, 모든 정부는 아주 기꺼이 그들을 그렇게 치워 버리고 싶을 것이다."라고 지적했다.[10)]

1980년부터는 전통적인 여아 살해에 여아 낙태 산업까지 가세하여, 아프가니스탄, 방글라데시, 중국, 파키스탄, 인도 일부의 인구 구성에 잉여의 남성 인구가 큼직하게 생겨났다(7장).[11)] 잉여의 남성 인구는 가까운 미래의 평화와 민주주의에 불길한 전망으로 작용한다. 물론 장기적으로는 결국 성비가 균형을 찾을 것이다. 한편으로는 여성 태아가 첫 숨을 쉴 권리에 대한 여성주의와 인도주의의 관심 때문이고, 다른 한편으로는 정치 지도자들이 마침내 인구 구성의 산수를 이해하여 딸 양육을 장려하는 유인책을 제공할 것이기 때문이다. 그 결과로 여아가 유리해지면 사회의 폭력성이 줄겠지만, 남녀가 반반인 첫 인구 집단이 태어나 자랄 때까지는 사회가 계속 험난한 여정을 겪을 것이다.

사회가 여성의 이해를 존중하는 수준과 그 사회의 폭력률 사이에는 연관 관계가 하나 더 있다. 폭력은 그냥 남자가 많아서 생기는 문제라기보다 **젊은** 남자가 많아서 생기는 문제이다. 적어도 두 대규모 연구에 따르면, 젊은 남성 비율이 높은 나라일수록 전쟁과 내전을 많이 치른다(6장).[12] 인구 피라미드의 바닥에 젊은 남성층이 두껍게 깔린 사회는 위험하다. 단지 젊은 남자들이 말썽을 즐기기 때문에, 바닥이 묵직한 사회에서는 그들의 수가 신중한 연장자들의 수보다 많기 때문에 그런 것은 아니다. 젊은 남자들에게 사회적 지위와 배우자가 없는 탓도 있다. 경제가 경직된 개발 도상국은 잉여의 청년 인구에게 재빨리 일자리를 마련해 주지 못하기 때문에, 많은 청년이 무직이거나 불완전 고용 상태이다. 공식적으로든 관행적으로든 일부다처 풍습을 어느 정도 실시하는 사회라면, 그래서 더 늙고 부유한 남자들이 젊은 여자를 많이 가로챈다면, 주변화된 과잉의 젊은 인구는 금세 주변화된 과잉의 젊은 남자들로 바뀔 것이다. 그들은 잃을 것이 없으므로, 민병대, 군사적 갱단, 테러 조직에서 일자리와 의미를 찾으려고 한다(6장).

『섹스와 전쟁』이라는 제목은 남성 독자를 꾀는 궁극의 미끼처럼 들리지만, 최근에 그 제목으로 나온 책은 사실 여성에게 권한을 부여해야 한다고 주장하는 선언서였다.[13] 책에서 번식 생물학자 맬컴 포츠, 정치학자 마사 캠벨, 저널리스트 토머스 헤이든은 무수한 증거를 수집하여, 여자들에게 피임 수단과 자신의 의사에 따라 결혼할 자유를 준다면 남자들의 강제에 따라 아기 공장으로 기능할 때보다 자식을 덜 낳는다는 것을 보여 주었다. 그런 나라는 인구 구조의 바닥에서 청년이 두꺼운 층을 이룰 가능성이 낮다(오래된 상식과는 반대로, 나라가 먼저 부유해져야만 인구 성장률이 낮아지는 것이 아니다.). 저자들은 여성에게 자기 생식 능력(남녀가 생물학적 전투에서 늘 각축을 벌이는 영역이다.)의 통제권을 주는 것이야말로 오늘날 세계의 위험 지역들에서 폭력을 줄이는 가장 효과적인 방법이라고 주장했다. 그러나 그렇게 권한을 부여하려면 여성의 생식 능력을 계속 통제하려고 고집하는 보수적인 남성들의 반대를 극복해야 하고, 피임과 낙태에 반대하는 종교들의 반대도 극복해야 한다.

요컨대, 여성화의 다양한 형태들은 — 직접적인 정치 권한 부여, 남성적인 명예의 허세를 꺾기, 여성이 원하는 형태의 결혼, 여자아이가 태어날 권리, 여성이 자신의 생식력을 스스로 통제하는 것 등등 — 폭력을 줄인 요인이었다. 이 역사적 행진에서 뒤처진 지역들은 폭력 감소에서도 뒤처졌다. 그러나 오늘날 세계의 여론 조사 결과를 보면, 가장 무지몽매한 나라들에서도 여성의 권한을 요구하는 억눌린 목소리가 있다. 그리고 많은 국제 조직이 서둘러 그런 변화를 가져오려고 노력하고 있다(6장과 7장). 이것은 당장은 아니라도 장기적으로는 세계에서 폭력적 충돌이 좀 더 감소할 것임을 암시하는 희망적인 신호이다.

확장하는 공감의 범위

마지막 두 평화화 세력은 폭력의 심리적 보수를 엉클어 놓는다. 첫째는 공감의 범위 확장이다. 우리가 세계주의적 사회에서 다양한 표본 집단의 사람들과 접촉하고 그들의 관점을 취할 기회를 많이 겪으면 그들의 안녕에 대한 우리의 감정 반응이 바뀐다고 하자. 이 변화에서 도출되는 논리적 결론으로서, 우리와 그들의 안녕이 속속들이 통합된다고 하자. 우리가 말 그대로 적을 사랑하게 되고, 남들의 고통을 느끼게 된다고 하자. 그렇다면 잠재적 적의 보수가 우리 자신의 보수와 합쳐질 것이고(역도 마찬가지다.), 그 때문에 공격보다는 평화주의가 압도적으로 더 선호할 만한 선택지가 될 것이다(그림 10-5).

물론, 살아 있는 모든 인간에 대해서 나와 그의 이해를 완벽하게 통합한다는 것은 달성 불가능한 열반의 상태이다. 그러나 우리가 타인의 이

나의 선택 \ 상대의 선택	평화주의자	공격자
평화주의자	평화 (5 + 5 = 10) 평화 (5 + 5 = 10)	패배 (-100 + 10 = -90) 승리 (10 + -100 = -90)
공격자	승리 (10 + -100 = -90) 패배 (-100 + 10 = -90)	전쟁 (-50 + -50 = -100) 전쟁 (-50 + -50 = -100)

그림 10-5. 감정 이입과 이성이 평화주의자의 딜레마를 푸는 방법.

해를 조금만 더 존중하더라도 — 가령 타인을 노예로 부리고, 고문하고, 몰살할 때 죄책감을 느낄 수만 있어도 — 우리가 그를 공격할 확률이 달라진다.

우리는 이 인과의 사슬에서 두 연결 고리에 대한 증거를 이미 알고 있다. 우리는 모종의 외생적 사건들이 우리로 하여금 타인의 관점을 취할 기회를 늘린다는 것을 확인했고, 타인의 관점을 취하는 습관이 심리적 공감으로 바뀔 수 있다는 것도 확인했다(4장과 9장). 17세기에 시작된 출판과 교통의 기술적 발전은 문자 공화국과 독서 혁명을 낳았고, 그 속에서 인도주의 혁명의 맹아가 싹텄다(4장). 책을 읽는 사람이 점점 늘었는데, 타인의 마음에 들어가도록 이끄는 픽션도 있었고 사회의 규범을 의문시하도록 이끄는 풍자도 있었다. 노예제, 가학적 처벌, 전쟁, 아이와 동물에 대한 잔인함이 피해자들에게 일으키는 괴로움을 생생하게 묘사한 글에 뒤따라, 그런 관행을 불법화하거나 줄이는 개혁이 등장했다. 물론 선후 관계가 곧 인과 관계는 아니다. 그러나 일인칭 서사를 듣거나 읽은 사람은 화자에 대한 공감이 커진다는 것을 보여 주었던 실험을 고려할 때, 적어도 그럴 가능성은 있다(9장).

문해 능력, 도시화, 이동성, 대중 매체에의 접근성은 19세기와 20세기에 계속 향상되었다. 20세기 후반에는 이른바 지구촌이 형성되어, 사람들이 자기와는 다른 사람들의 존재를 더 많이 인식하게 되었다(5장과 7장). 18세기의 문자 공화국과 독서 혁명이 인도주의 혁명을 부추겼듯이, 20세기의 지구촌과 전자 혁명은 긴 평화, 새로운 평화, 권리 혁명의 진행을 거들었을지도 모른다. 언론 보도가 시민권 운동, 반전 정서, 공산주의의 몰락을 가속한 것 같다는 관찰을 확실히 증명할 수는 없겠지만, 관점-공감 연구들을 보자면 충분히 그럴 수 있다. 사람들이 세계주의 사회에서 섞여 살아가는 것과 인도주의 가치를 지지하는 것 사이에 통계적 연관성이 있음을 보여 준 연구도 여럿 있었다(7장과 9장).[14]

이성의 에스컬레이터

감정 이입의 범위 확장과 이성의 에스컬레이터는 문해 능력, 세계주의, 교육 등 몇 가지 동일한 외생적 원인들에 의해 추진된다.[15] 두 요인은 평화화 메커니즘도 같아, 둘 다 평화주의자의 딜레마에서 나와 상대의 이해를 통합시키는 것으로 설명된다. 그러나 (내가 지금까지 사용한 의미에서) 감정 이입의 범위 확장과 이성의 에스컬레이터는 개념이 서로 다르다(9장). 전자는 타인의 관점을 취함으로써 그의 감정을 내 것인 양 상상하는 것이다. 반면에 후자는 올림푸스적, 초이성적 관점으로 상승함으로써 — 그것은 어느 개인의 관점이 아닌 영원의 관점이다. — 나와 타인의 이해를 동등하게 고려하는 것이다.

이성의 에스컬레이터에는 외생적 원인이 하나 더 있다. 바로 현실이다. 달리 말해, 현실을 파악하려고 노력하는 인간의 심리 구조와는 무관한 논리 관계들과 경험적 사실들이다. 인류가 지적이고 이성적인 제도들을 가다듬고 미신과 모순을 신념 체계에서 몰아내면, 몇몇 결론이 반드시 따라 나오기 마련이다. 사람이 산술 규칙을 익히면 어떤 덧셈이나 곱셈을 반드시 할 줄 알게 되는 것과 비슷하다(4장과 9장). 그리고 그 결론은 폭력을 덜 저지르게 만드는 방향일 때가 많다.

이 책에서 우리는 인간사에 이성을 적용할 때 유익한 결과가 나온 사례를 잔뜩 보았다. 역사의 여러 시점에서 인신 공양, 마녀사냥, 혈수, 종교 재판, 특정 인종 희생 등의 미신적 살해가 무릎을 꿇었던 것은 그런 관습들이 근거로 삼았던 사실적 가정이 대중의 세련된 지적 점검 앞에 무너져 내렸기 때문이다(4장). 노예제, 전제 정치, 고문, 종교적 박해, 동물에 대한 잔인함, 아이에 대한 난폭함, 여성에 대한 폭력, 변덕스러운 전쟁, 동성애자 처형에 반대했던 정교하고 이성적인 논증은 그저 허풍이 아니었다. 그런 논증은 개인과 제도의 의사 결정 과정에 스며들었고, 개인이든 제도든 그런 논증에 주목하면서 개혁을 실시했다(4장과 7장).

물론 감정 이입과 이성이, 심장과 머리가 늘 깔끔하게 구분되는 것은 아니다. 그러나 감정 이입의 범위에는 한계가 있고 우리는 우리와 비슷하고 가까운 사람들을 편애한다는 점을 볼 때, 감정 이입이 현실에서 정책과 규범을 바꾸어 폭력을 줄이려면 이성이라는 보편화 촉진제의 도움이 필요하다(9장). 폭력을 줄이는 현실적인 변화는 단순히 폭력 행위를 금지하는 법적 규제만이 아니다. 폭력의 유혹을 줄이도록 설계된 제도들도 있다. 민주 정부, 칸트식 전쟁 제동 장치, 개발 도상국의 국민 화해 운동, 비폭력 저항 운동, 국제 평화 유지군, 1990년대 범죄 예방 운동과 문명화 공세, 그리고 제1차 세계 대전으로 이어졌던 벼랑 끝 전술이나 제2차 세계 대전으로 이어졌던 유화 정책 대신 국가 지도자들이 쓸 수 있는 봉쇄, 제재, 조심스러운 교전 전술. 이런 것이 모두 좀 더 복잡한 제도적 장치들이다(3장에서 8장까지).

비록 이성의 에스컬레이터는 자주 속도가 떨어지고, 방향이 바뀌고, 저항을 겪지만, 더 폭넓은 효과도 발휘한다. 그것은 부족주의, 권위주의, 순수성을 강조하는 도덕 체계로부터 멀어져 인도주의, 고전적 자유주의, 자율성, 인권을 강조하는 도덕 체계를 향해 움직이기 때문이다(9장). 개개인의 번영을 궁극의 선으로 여겨 최우선으로 고려하는 인도주의 가치 체계는 이성의 소산이다. 왜냐하면 그런 가치 체계는 **정당화**될 수 있기 때문이다. 각자 자신의 이해를 소중하게 여기면서도 서로 이성적 협상을 벌이는 개인들의 공동체라면, 모두가 그런 가치 체계에 합의할 수 있다. 반면에 공동체적 가치 체계, 권위주의 가치 체계는 특정 부족이나 위계 서열 내에서만 소중하게 여겨진다(4장과 9장).

증거에 따르면, 세계주의 흐름에 힘입어 보다 다양한 사람들이 토론에 참가할 때, 표현의 자유 때문에 토론이 어느 방향으로도 진행될 수 있을 때, 사람들이 과거의 실패한 실험을 드러내 놓고 검토할 때, 사회의 가치 체계는 으레 자유주의적 인도주의를 향해 진화한다(4장에서 9장까지). 최근 전체주의 이데올로기들이 쇠퇴한 것, 더불어 그들이 일으켰던 집단 살해와 전쟁이 쇠퇴한 것을 보면 알 수 있다. 권리 혁명에 전염성이 있다는 사실에서도 알 수 있다. 소수 인종에 대한 억압을 옹호할 수 없다는 논리는 여성, 어린이, 동성애자, 동물에 대한 억압으로까지 일반화되었다(7장). 그리고 이런 혁명들이 원래 그것에 반대했던 보수주의자들까지 결국 삼켜 버린다는 점에서도 알 수 있다. 법칙을 증명하는 예외도 존재한다. 세상에서 고립되어 세계의 사상을 받아들이지 못한 사회, 정부나 종교가 언론을 억압하여 입이 막힌 사회일수록 인도주의에 완고하게 저항하면서 부족, 권위, 종교 이데올로기에 매달린다는 점이다(6장). 그러나 새로운 전자적 문자 공화국의 자유화 흐름 앞에서는 그런 사회들도 영원히 버티지 못할 것이다.

어쩌면 이성의 에스컬레이터 비유를 휘그적이고, 현재 중심적이고, 순진한 역사 해석으로 보는 사람도 있을 것이다. 실제로는 유행에 따라 무작위로 움직이는 이데올로기들에게 억지로 방향성을 입혔다는 느낌을 주기 때문이다. 그러나 역사적 사실은 실제로 일종의 휘그적 역사를 지지한다. 자유주의적 개혁들은 서유럽과 미국 해안 지역에서 생겨난 뒤에 시간 간격을 두고서 세계의 더 보수적인 지역으로 퍼진 경우가 많았다(4장, 6장, 7장). 그리고 역시 앞에서 말했듯이, 발달한 추론 능력과 협동, 민주주의, 고전적 자유주의, 비폭력에 대한 포용성 사이에는 상관관계가 있었다. 심지어 인과 관계라고 봐도 좋을 정도였다(9장).

고찰

폭력의 감소는 우리 종의 역사에서 가장 중요하면서도 가장 덜 인식된 발전일지도 모른다. 그 현상에는 우리가 품은 신념들과 가치들의 핵심을 건드리는 함의가 담겨 있다. 역사적으로 인간의 조건이 착실히 더 나아졌는가, 착실히 더 나빠졌는가, 변하지 않았는가 하는 문제보다 더 근본적인 문제가 세상에 어디 있겠는가? 순수로부터의 타락, 종교 경전과 위계의 도덕적 권위, 인간 본성의 타고난 사악함 혹은 자애로움, 역사를 추진한 힘, 그리고 자연, 공동체, 전통, 감정, 이성, 과학에 대한 도덕적 가치 평가 등등 수많은 미결의 개념들이 이 문제에 달려 있다. 나는 이미 무수한 페이지를 할애하여 폭력의 감소를 기록하고 설명했으니, 지금 그 의미를 더 파헤칠 필요는 없을 것이다. 그래도 마지막으로, 우리가 폭력의 역사적 감소에서 무엇을 얻을 수 있는가에 대한 두 가지 고찰을 덧붙이고자 한다.

첫 번째는 우리가 근대성을 바라보는 방식의 문제이다. 이때 근대성이란 과학, 기술, 이성이 인간의 삶을 바꾸고 그와 더불어 관습, 신앙, 공동체, 전통적 권위, 자연과의 합일이 사라진 상태를 말한다.

오늘날의 사회 비평에서는 근대성에 대한 혐오가 중심적이고 고정적인 요소이다. 소읍의 친밀한 분위기에 대한 향수 때문이든, 혹은 생태적 지속 가능성, 공산주의적 통일성, 가족 가치, 종교적 신념, 원시적 공동체주의, 자연과의 조화 등등에 대한 향수 때문이든, 많은 사람이 시계를 거꾸로 돌리기를 갈망한다. 그들은 말한다. 기술이 우리에게 소외, 파괴, 사회의 병리, 의미의 상실, 그리고 맥 맨션, SUV, 텔레비전 리얼리티 프로그램으로 지구를 파괴하는 소비문화 외에 무엇을 주었단 말인가?

낙원으로부터의 추락을 한탄하는 목소리는 지식인들 사이에서 역사가 깊다. 역사학자 아서 허먼이 『서양 역사에서 쇠퇴의 발상』을 통해 보여 준 사실이다.[16] 그러나 낭만적 향수가 상식이 된 1970년대 이래, 통계학자들과 역사학자들은 그 생각에 반대하는 사실 증거를 잔뜩 모았다. 그들의 주장은 책 제목만 보아도 알 수 있다. 『좋은 소식은 나쁜 소식이 틀렸다는 것』, 『세상은 계속 나아지고 있다』, 『좋았던 옛 시절 — 사실은 끔찍했다!』, 『이성적 낙관론의 옹호』, 『향상되는 세계』, 『진보의 역설』, 최근에는 맷 리들리의 『이성적 낙관주의자』, 찰스 케니의 『더 나아지는 세계』가 출간되었다.[17]

근대성의 변호자들은 풍요와 기술이 도래하기 전에 일상이 고난투성이였다는 점을 일깨운다. 우리 선조들은 이와 기생충에 시달렸고, 지하실에 가득 쌓인 자신의 분뇨 위에서 살았다. 식사는 맹맹했고, 단조로웠고, 간헐적이었다. 의료 행위란 의사의 톱과 치과 의사의 펜치를 뜻했다. 남자든 여자든 해 뜰 때부터 해 질 때까지 일했고, 해가 지고 나면 캄캄한 어둠에 휩싸였다. 겨울은 눈으로 고립된 농가에서 몇 달 동안 배고픔, 지루함, 뼈를 깎는 외로움을 견디는 것을 뜻했다.

선조들에게 없었던 것은 평범한 물질적 안락만이 아니었다. 인생에서 더 고차원적이고 고상한 것들, 가령 지식, 아름다움, 인간적 유대도 없었다. 불과 최근까지만 해도 대부분의 사람들은 평생 태어난 장소에서 수 킬로미터를 벗어나지 않았다. 우주의 광활함, 문명의 옛 역사, 생물의 계통, 유전 부호, 미시 세계, 물질과 생명의 구성 요소에 대해서는 모두가 무지했다. 음반, 구입할 만한 가격의 책, 세상에 대한 신속한 뉴스, 위대한 명화의 복제품, 영상으로 촬영된 드라마 따위는 상상할 수 없었거니와, 하물며 그것을 셔츠 주머니에 꼭 들어가는 크기의 장치로 즐긴다는 것은 더욱 상상할 수 없었다. 자식이 멀리 이사하면 부모는 평생 그들을 보지 못하고, 목소리를 듣지 못하고, 손주를 만나지 못할 때가 많았다. 근대성이 생명 자체에게 준 선물도 있다. 인간이 몇 십 년 더 세상에 존재할 수 있게 된 것이다. 여자들은 출산 중에 죽지 않고 아기를 보게 되었고, 아기들은 지상에서의 첫해를 살아남게 되었다. 나는 뉴잉글랜드의 오래된 묘지를 산책할 때면 아담한 무덤들과 가슴 쓰린 비문들이 수두룩하다는 데 늘 충격을 받는다. "엘비나 마리아, 1845년 7월 12일 사망, 4년 9개월. 부모가 흘리는 눈물을 용서해 다오. 바로 이곳에 빛바랜 작은 꽃이 잠들었도다."

최소한 이런 이유 때문에라도 현대의 낭만주의자들이 실제로 타임머신에 타지는 않을 것 같지만, 향수에 젖은 사람들이 늘 마지막으로 꺼내는 도덕적 카드가 한 장 남았다. 현대에 폭력이 넘친다는 점이다. 그들은 말한다. 선조들은 적어도 노상강도, 학교 총격, 테러, 홀로코스트, 세계대전, 킬링필드, 네이팜탄, 강제 노동 수용소, 핵 멸망을 걱정할 필요는 없었다고. 그야 물론이다. 보잉 747, 항생제, 아이팟이 아무리 좋아도 현대 사회와 기술로 인한 괴로움을 감수할 가치가 있다고까지 말할 수는 없다.

감상적이지 않은 역사 기록과 통계 해석이 근대성에 대한 시각을 바꿔 놓는 것은 바로 이 대목이다. 그것들은 평화로웠던 과거에 대한 향수가 망상 중의 망상임을 보여 준다. 요즘 어린이 책들은 원주민의 삶을 낭만화하여 그리곤 하지만, 이제 우리는 그들의 전쟁 사망률이 현대 세계 대전의 사망률보다 높았음을 안다. 중세 유럽을 낭만적으로 바라보는 시선은 정교하게 세공된 고문 도구들을 간과하고, 살해 위험이 오늘날의 30배였다는 사실에 무지하다. 많은 사람이 향수를 느끼는 그 시절에 간통자의 무고한 아내는 코가 잘렸고, 일곱 살 소녀는 속치마를 훔쳤다는 이유로 교수형을 당했고, 죄수의 가족은 족쇄를 느슨하게 해 주는 대가로 돈을 냈고, 마녀는 톱으로 몸이 반으로 갈렸고, 선원은 곤죽이 되도록 채찍질을 당했다. 노예, 전쟁, 고문을 나쁘게 보는 우리의 도덕적 상식은 옛날 사람들에게 달콤한 감상주의로 보였을 것이다. 보편 인권은 말도 안 되는 소리로 들렸을 것이다. 역사에 집단 살해와 전쟁 범죄의 기록이 부족한 것은 당시 사람들이 그런 일을 대수롭지 않게 여겼기 때문이다. 20세기 초반의 두 세계 대전과 많은 집단 살해로부터 70년쯤 흐른 현재에 돌아보면, 그것은 더 끔찍한 격변의 등장을 알리는 조짐도 아니었고 세계가 적응해야 할 새로운 표준도 아니었다. 그것은 그저 국지적 최고점이었고, 이후에는 조금 오르락내리락하면서도 줄곧 내리막이었다. 그런 사건을 낳았던 이데올로기들이 현대성에 침투하여 영원히 남는 일도 없었다. 그런 이데올로기들은 과거의 유물이 되살아난 것뿐이었고, 결국 역사의 쓰레기통에 처박혔다.

물론, 근대성의 힘들이 — 이성, 과학, 인도주의, 개인의 권리 — 언제나 한 방향으로 작용한 것은 아니었다. 그것들이 우리에게 유토피아를 가져다주지는 않을 것이고, 인간이 인간이기 때문에 겪는 마찰과 상처를 없애 주지도 않을 것이다. 그러나 근대성은 분명 우리의 건강, 경험,

지식을 향상시켰다. 그리고 우리는 근대성이 폭력 감소에 기여했다는 점을 그 위에 얹어도 좋을 것이다.

폭력의 감소를 **이미** 눈치챈 사람에게, 그 현상이 그토록 폭넓은 시간과 차원에서 그토록 풍부하게 존재했다는 점은 거의 미스터리로 느껴질 지경이다. 제임스 페인은 '더 높은 곳의 어떤 힘'이 작용한다고 말하고픈 유혹을 느꼈고, 그 과정이 '거의 마술처럼' 보인다고 말했다.[18] 로버트 라이트는 유혹에 거의 굴복했다. 그는 제로섬 경쟁의 감소가 혹 '신성의 증거', '신이 부여한 의미'의 신호, '우주의 작가'가 쓴 이야기가 아닐지 궁금해 했다.[19]

나는 그런 유혹에는 잘 저항하는 편이다. 그러나 그토록 많은 데이터 집합에서 한결같이 폭력이 감소한다는 점은 고민해 볼 만한 수수께끼라는 데 동의한다. 마치 인류 역사에 화살표라도 담겨 있는 듯한 이 현상을 어떻게 이해해야 할까? 우리는 다음과 같은 질문을 던질 만하다. 대체 이 화살표는 무엇일까? 누가 이것을 내걸었을까? 수많은 역사의 힘들이 모조리 유익한 방향으로만 정렬된 이 현상이 어느 신성한 간판장이의 뜻이 아니라면, 일종의 도덕 실재론을 증명하는 것일까? 우리가 과학과 수학의 진리들을 발견하는 것처럼, 어딘가에는 도덕적 진리들도 존재하고 있어서 우리에게 발견되기만을 기다리고 있을까?[20]

내 생각은 이렇다. 평화주의자의 딜레마는 우리가 이 미스터리를 최소한 명료하게 바라보도록 도와준다. 그리고 역사의 비무작위 방향성은 우리에게 도덕성과 목적성을 부여하는 현실의 특정 측면에서 비롯한다는 사실을 보여 준다. 우리 종은 그 딜레마를 안고 태어났다. 왜냐하면 개인마다 궁극의 이해가 다르고, 우리의 연약한 육체는 착취하기 알맞은 대상이고, 착취 당하느니 착취하자는 유혹 때문에 결국 모두에게 고통스러운 충돌을 겪기 쉽기 때문이다. 일방적인 평화는 필패의 전략이고, 공동의 평화는 모두의 손이 닿지 않는 곳에 있다. 이 화나는 상황은 수학적 보수 구조에 내재한 속성이며, 그런 의미에서 현실의 속성이다. 그러니 고대 그리스인이 전쟁을 신들의 변덕 탓으로 돌린 것도, 히브리인과 기독교인이 도덕주의적 신성에 호소함으로써 신이 내세의 보수를 조정하여 현세에 사람들이 인식하는 유인 구조의 변화를 가져올 것으로 믿었던 것도 무리가 아니다.

진화가 빚어낸 형태 그대로의 인간 본성은 행렬에서 왼쪽 위의 평화로운 칸으로 모두를 이동시키는 과제를 감당하지 못한다. 탐욕, 두려움, 우세, 정욕 등등의 동기들이 줄곧 우리를 공격 쪽으로 잡아당기기 때문이다. 팃포탯 보복의 위협이라는 중요한 억제책이 있지만, 그것은 게임이 반복될 때만 협동을 가져온다. 게다가 현실에서는 모든 사람들의 눈금이 자기 위주 편향으로 잘못 조정되어 있으므로, 팃포탯 위협이 안정적인 억제가 아니라 오히려 혈수의 악순환으로 귀결될 수도 있다.

그러나 인간 본성에는 평화의 칸으로 올라가려는 동기들도 포함되어 있다. 공감이나 자기 통제가 그렇다. 또한 우리에게는 언어를 포함한 소통의 통로들이 있고, 조합론적 추론이라는 개방된 사고 체계도 있다. 우리가 토론의 도가니에서 그 체계를 더욱 정련한다면, 나아가 문자를 비롯한 문화적 기억을 통해서 그 산물을 축적한다면, 우리는 보수 구조를 바꿀 전략을 개발함으로써 모두에게 평화의 칸이 더 매력적으로 느껴지도록 만들 수 있을 것이다. 그런 전략 중 하나로, 우리는 현실의 또 다른 추상적 속성에 초이성적으로 호소할 수 있다. 그 속성이란 관점의 교환 가능성, 즉 개인의 편협한 관점이 남들의 관점보다 결코 더 특별하지 않다는 사실이다. 이것을 깨닫는 순간 양측의 보수는 통합되고, 딜레마는 잠식된다.

인간 존재의 중요성을 한껏 부풀려 느끼는 사람이 아닌 이상, 평화주의자의 딜레마에서 벗어나려는 인간의 욕구야말로 우주의 가장 위대한 목적이라고 선언할 사람은 아무도 없을 것이다. 그러나 그 욕구는 완벽히 물리적이라고만 말할 수는 없는 세상의 어떤 상황들에 좌우되는 것처럼 보이므로, 가령 정제 설탕이나 중앙난방처럼 다른 발명을 낳았던 욕구들과는 조금 차이가 있다. 평화주의자의 딜레마라는 이 화나는 구조는 우리를 둘러싼 현실의 추상적 속성이다. 이 딜레마에 대한 가장 종합적인 해결책, 즉 관점의 교환 가능성도 마찬가지이다. 그것은 서구 문화를 비롯하여 여러 도덕적 전통들이 거듭 발견했던 황금률을 뒷받침하는 원칙이다. 인류가 오래전부터 논리학이나 기하학의 법칙들과 씨름했던 것처럼, 인류의 인지 과정은 현실의 이런 측면들과도 오래전부터 씨름해 왔다.

인류가 파괴적 경쟁에서 벗어나는 것이 우주의 목적은 아닐지언정, 인간의 목적임에는 분명하다. 종교를 옹호하는 사람들은 만일 이 세상에 신성한 원칙이 없다면 도덕이 인간의 외부에서 달리 기반을 둘 곳이 없으리라고 오래전부터 주장했다. 그러면 사람들이 자기 이익만을 추구할 테고, 취향이나 유행에 따라 마음대로 변덕을 부릴 테고, 영원히 상대주의와 허무주의의 삶을 살리라고 했다. 그러나 이제 우리는 이 논증이 틀렸음을 잘 안다. 우리가 다 함께 번영할 세속적인 방법을 찾는 것, 특히 우리에게 내재된 비극적 공격성을 극복할 방법을 찾는 것은 우리 모두의 목표가 되어야 한다. 이 목표는 천사들의 틈에 끼는 것보다, 우주와 하나가 되는 것보다, 더 고등한 생물체로 환생하는 것보다 더 고귀하다. 이것은 카리스마, 전통, 완력을 통해 특정 당파들에게만 주입되는 목표가 아니고, 생각할 줄 아는 사람이라면 누구에게나 정당화되는 목표이기 때문이다. 그리고 우리가 이 책에서 살펴본 데이터에 따르면, 이것은 우리가 충분히 진전을 거둘 수 있는 목표이다. 그 발걸음은 가끔 멎기도 하고 완전하지도 않지만, 어쨌든 틀림없는 진전이다.

마지막 고찰이다. 나는 이 책에서 분석적이고 이따금 불경하기까지 한 목소리로 이야기했다. 이제껏 이 주제에 관해서 경건함은 지나쳤고 이해는 부족했다고 생각하기 때문이다. 그러나 그러면서도 나는 숫자 이면의 현실을 한순간도 잊지 않았다. 폭력의 역사를 돌아보는 일은 그 잔인함과 무익함에 거듭 충격을 받는 것이다. 때로는 분노와 혐오와 헤아릴 수 없는 슬픔에 사로잡힌다. 나는 잘 안다. 이 책에 실린 도표들의 이면에는, 일격의 통증을 느끼고서 자신의 생명이 서서히 빠져나가는 것을 지켜보는 청년이 있었다. 그는 자신이 수십 년의 세월을 도둑맞았다는 사실을 인식하면서 죽어 갈 것이다. 고문 피해자도 있었다. 그의 온 의식은 참기 힘든 괴로움으로 완전히 압도되어, 아예 의식이 멎기를 바라는 것 외에는 다른 생각을 할 여지가 없었을 것이다. 또한 자신의 남편, 아버지, 남자 형제가 죽어서 진흙탕에 누워 있다는 것을 알고, 자신도 곧 '뜨겁고 강압적인 침해의 손에 떨어질' 것임을 아는 여성이 있었을 것이다.[21] 이런 고난이 1명에게만, 10명에게만, 100명에게만 떨어진다고 해도 충분히 끔찍하다. 그러나 그 수는 수백 명도, 수천 명도, 수백만 명도 아닌 수억 명이었다. 우리의 마음이 도무지 헤아릴 수 없어서 멈칫거릴 정도의 규모였다. 우리 벌거벗은 유인원이 같은 종족에게 가했던 고통이 어느 정도였는지 깨닫는 순간, 우리의 마음은 가없는 공포를 느

끼지 않을 수 없다.[22)]

그러나 우리의 행성이 고정된 중력 법칙에 따라 우주를 돌고 또 도는 동안, 우리 종은 그 수를 줄이는 방법을 계속 찾아냈다. 그리하여 우리 중에서 점점 더 많은 수가 평화롭게 살다가 자연스럽게 죽을 수 있도록 만들었다.[23)] 우리가 살면서 겪는 온갖 시련에도 불구하고, 아직 세상에 남아 있는 온갖 문제에도 불구하고, 폭력의 감소는 분명 우리가 음미할 업적이다. 그 일을 가능하게 만든 문명과 계몽의 힘들을, 우리는 마땅히 소중히 여겨야 하리라.

주(註)

✤

서문

1. Slovic, 1987; Tversky & Kahneman, 1973.
2. '긴 평화'라는 용어는 다음 책에서 만들어졌다. Gaddis, 1986.
3. Pinker, 1997, pp. 518-19; Pinker, 2002, pp. 166-69, 320, 330-36.
4. Elias, 1939/2000; Human Security Report Project, 2011; Keeley, 1996; Muchembled, 2009; Mueller, 1989; Nazaretyan, 2010; Payne, 2004; Singer, 1981/2011; Wright, 2000; Wood, 2004.

1장

1. 베넷 헤이즐턴과 나는 인터넷 사용자 265명에게 역사적 기간을 둘씩 짝지어 다섯 쌍을 제공하고, 둘 중 어느 쪽에서 폭력적 사망률이 더 높았을 것 같은지 물어보았다. 선사 시대 수렵 채집 군 사회와 최초의 국가, 현대의 수렵 채집 군 사회와 현대의 서

구 사회, 14세기 영국의 살인율과 20세기 영국의 살인율, 1950년대의 전쟁과 2000년대의 전쟁, 1970년대 미국의 살인율과 2000년대 미국의 살인율이었다. 모든 쌍에 대해서 응답자들은 후자가 1.1배에서 4.6배 정도 더 폭력적일 것이라고 답했다. 이 책에서 살펴보겠지만, 사실은 모든 쌍에 대해서 전자의 문화들이 1.6배에서 30배 이상 더 폭력적이었다.

2. B. Cullen, "Testimony from the Iceman," *Smithsonian*, Feb. 2003; C. Holden, "Iceman's final hours," *Science, 316*, Jun. 1, 2007, p. 1261.
3. McManamon, 2004; C. Holden, "Random samples," *Science, 279*, Feb. 20, 1998, p. 1137.
4. Joy, 2009.
5. "2000-year-old brain found in Britain," *Boston Globe*, Dec. 13, 2008.
6. C. Holden, "A family affair," *Science, 322*, Nov. 21, 2008, p. 1169.
7. Gottschall, 2008.
8. Homer, 2003, p. 101.
9. Gottschall, 2008, p. 1.
10. Gottschall, 2008, pp. 143-44.
11. *Iliad* 9.325-27, quoted in Gottschall, p. 58.
12. Kugel, 2007.
13. Genesis 34:25-31.
14. Numbers 31.
15. Deuteronomy 20:16-17.
16. Joshua 6.
17. Joshua 10:40-41.
18. 1 Samuel 15:3.
19. 1 Samuel 18:7.
20. 1 Chronicles 20:1-3.
21. 1 Kings 3:23-28.
22. Schwager, 2000, pp. 47, 60.
23. 성서 원리주의자들은 대홍수가 기원전 2300년 무렵에 났다고 본다. 매케버디와 존스(1978)는 기원전 3000년경의 세계 인구가 약 1400만 명이었고 기원전 2000년경에는 약 2700만 명이었다고 추정했다.
24. Kugel, 2007.
25. Ehrman, 2005.
26. B. G. Walker, "The other Easters," *Freethought Today*, Apr. 2008, pp. 6-7; Smith, 1952.

27. Kyle, 1998.
28. Edwards, Gabel, & Hosmer, 1986.
29. Gallonio, 1903/2004; Kay, 2000.
30. Quoted in Gallonio, 1903/2004, p. 133.
31. Lehner & Lehner, 1971.
32. Grayling, 2007; Rummel, 1994.
33. Quoted in Bronowski, 1973, p. 216.
34. Rummel, 1994.
35. Grayling, 2007, p. 25.
36. John 15:6.
37. Kaeuper, 2000, p. 24.
38. Quoted in Kaeuper, 2000, p. 31.
39. Quoted in Kaeuper, 2000, p. 30.
40. *Henry V*, Act 3, Scene III.
41. Tatar, 2003, p. 207.
42. Tatar, 2003.
43. Schechter, 2005, pp. 83-84.
44. Davies, Lee, Fox, & Fox, 2004.
45. Chernow, 2004.
46. Krystal, 2007.
47. Krystal, 2007; Schwartz, Baxter, & Ryan, 1984.
48. Pinker, 1997, chap. 8.
49. Stevens, 1940, pp. 280-83, quoted in Mueller, 1989, p. 10.
50. Sheehan, 2008; van Creveld, 2008.
51. A. Curry, "Monopoly killer," *Wired*, Apr. 2009.
52. Cooney, 1997.
53. Ad Nauseam, 2000. '체이스 & 샌본'의 광고는 1952년 8월 11일자 《라이프》에 실렸다.
54. 톰 존스가 2010년 11월 19일에 저자에게 보낸 이메일에서, 허가를 받아 게재함.
55. 영국인이자 가톨릭교도인 친구들과의 개인적 대화에서; 또한 S. Lyall, "Blaming church, Ireland details scourge of abuse: Report spans 60 years," *New York Times*, May 21, 2009.

2장

1. From a cartoon by Bob Mankoff.
2. Maynard Smith, 1998; Maynard Smith & Szathmáry, 1997.
3. Dawkins, 1976/1989, p. 66.
4. Williams, 1988; Wrangham, 1999a.
5. Hobbes, 1651/1957, p. 185.
6. Darwin, 1874; Trivers, 1972.
7. Pinker, 1997, 2002.
8. Schelling, 1960.
9. Rousseau, 1755/1994, pp. 61-62.
10. Van der Dennen, 1995, 2005.
11. Goodall, 1986; Wilson & Wrangham, 2003; Wrangham, 1999a; Mitani, Watts, & Amsler, 2010.
12. Maynard Smith, 1988; Wrangham, 1999a.
13. Goodall, 1986.
14. Wilson & Wrangham, 2003; Wrangham, 1999a; Wrangham, Wilson, & Muller, 2006.
15. Wilson & Wrangham, 2003; Wrangham, 1999a; Wrangham & Peterson, 1996; Mitani et al., 2010.
16. de Waal & Lanting, 1997; Furuichi & Thompson, 2008; Wrangham & Peterson, 1996. 보노보와 대중문화: I. Parker, "Swingers," *New Yorker*, Jul. 30, 2007; M. Dowd, "The Baby Bust," *New York Times*, Apr. 10, 2002.
17. de Waal, 1996; de Waal & Lanting, 1997.
18. Furuichi & Thompson, 2008; Wrangham & Peterson, 1996; I. Parker, "Swingers," *New Yorker*, Jul. 30, 2007.
19. Wrangham & Pilbeam, 2001.
20. Plavcan, 2000.
21. White et al., 2009.
22. Plavcan, 2000; Wrangham & Peterson, 1996, pp. 178-82.
23. Diamond, 1997; Gat, 2006; Otterbein, 2004.
24. Cavalli-Sforza, 2000; Gat, 2006.
25. Gat, 2006.
26. Diamond, 1997; Gat, 2006; Kurtz, 2001; Otterbein, 2004.
27. Goldstein, 2011.

28. Gat, 2006; Kurtz, 2001; North, Wallis, & Weingast, 2009; Otterbein, 2004; Steckel & Wallis, 2009; Tilly, 1985.

29. Daly & Wilson, 1988, p. 152.

30. Freeman, 1999; Pinker, 2002, chap. 6; Dreger, 2011; C. C. Mann, "Chagnon critics overstepped bounds, historian says," *Science*, Dec. 11, 2009.

31. Keeley, 1996.

32. Eckhardt, 1992, p. 1.

33. Keeley, 1996; LeBlanc, 2003; Gat, 2006; Van der Dennen, 1995; Thayer, 2004; Wrangham & Peterson, 1996.

34. Chagnon, 1996; Gat, 2006; Keeley, 1996; LeBlanc, 2003; Thayer, 2004; Wrangham & Peterson, 1996.

35. Keeley, 1996.

36. Quoted in Schechter, 2005, p. 2.

37. Valero & Biocca, 1970.

38. Morgan, 1852/1979, pp. 43-44.

39. Burch, 2005, p. 110.

40. Fernández-Jalvo et al., 1996; Gibbons, 1997.

41. E. Pennisi, "Cannibalism and prion disease may have been rampant in ancient humans," *Science*, Apr. 11, 2003, pp. 227-28.

42. A. Vayda's *Maori warfare* (1960), quoted in Keeley, 1996, p. 100.

43. Chagnon, 1988; Daly & Wilson, 1988; Gat, 2006; Keeley, 1996; Wiessner, 2006.

44. Quoted in Wilson, 1978, pp. 119-20.

45. Daly & Wilson, 1988; McCullough, 2008.

46. Bowles, 2009; Gat, 2006; Keeley, 1996.

47. Keeley, 1996; McCall & Shields, 2007; Steckel & Wallis, 2009; Thorpe, 2003; Walker, 2001.

48. Bowles, 2009; Keeley, 1996.

49. Bowles, 2009.

50. Gat, 2006; Keeley, 1996.

51. Keeley, 1996.

52. 3퍼센트의 추정치는 라이트의 1600쪽짜리 저작 『전쟁의 연구』에 나온 수치이다(Wright, 1942, p. 245). 초판은 제2차 세계 대전의 가장 파괴적인 시기가 시작되기 전이었던 1941년 11월에 집필이 마무리되었다. 그러나 수치는 1965년 개정판(Wright, 1942/1965, p. 245)에서도 변하지 않았고, 1964년 요약본(Wright, 1942/1964, p. 60)에서도 그대로였다. 후자에서는 드레스덴, 히로시마, 나가사키를

같은 문단에서 언급했는데도 말이다. 나는 라이트가 수치를 그대로 둔 것이 의도적인 결정이었다고 본다. 아마도 늘어난 전쟁 사망자 수는 더 풍요롭고 덜 치명적이었던 전후 시대에 세계에 더해진 10억 인구로 상쇄되었을 것이다.

53. Keeley, 1996, from Harris, 1975.

54. 전사자 수를 계산할 때, 1900~1945년까지는 '전쟁 상관관계 프로젝트'의 세 데이터 집합(국가 간, 국외, 국내 전쟁)에서 '국가 사망자'와 '총 사망자' 중 더 큰 수치를 채택하고(Sarkees, 2000; http://www.correlatesofwar.org), 1946~2000년까지는 PRIO 전사자 데이터 집합 중 '전사자 최소값'과 '전사자 최대값'의 기하 평균을 구하여 다 더했다(Gleditsch, Wallensteen, Eriksson, Sollenberg, & Strand, 2002; Lacina & Gleditsch, 2005; http://www.prio.no/Data/).

55. 분모에 해당하는 20세기 총 사망자 60억 명 값은 20세기에 살았던 사람의 수가 120억 명이었고(Mueller, 2004b, p. 193) 20세기 말에 살아 있었던 사람의 수는 약 57억 5000만 명이었다는 데에서 계산한 것이다.

56. White, in press; 3퍼센트라는 값은 총 사망자 수를 62억 5000만 명으로 보고 계산한 것이다.; 주석 55를 보라.

57. Iraq Coalition Casualty Count, www.icasualties.org.

58. Human Security Report Project, 2008, p. 29. 전 세계 총 사망자 추정치 5650만 명은 WHO의 수치이다. 20배를 곱한다는 것은 가장 최근에 발행된 WHO의 「세계 폭력 및 건강 보고서」에서 2000년의 '전쟁 관련 사망자' 수를 31만 명으로 추정한 데 따른 것이다. Krug, Dahlberg, Mercy, Zwi, & Lozano, 2002, p. 10.

59. Steckel & Wallis, 2009.

60. Eisner, 2001.

61. Daly & Wilson, 1988.

62. Keeley, 1996, table 6.1, p. 195.

63. Keeley, 1996, table 6.1, p. 195; 20세기의 수치는 빠진 연도들에 대해서 비례 계산한 값이다.

64. Leland & Oboroceanu, 2010, "Total Deaths" column. Population figures are from U.S. Census, http://www.census.gov/compendia/statab/hist_stats.html.

65. 화이트가 추정한 1억 8000만 명의 사망자 수(White, in press)와 20세기의 연간 평균 세계 인구 30억 명으로 계산한 것이다.

66. 미국: www.icasualties.org. 세계: UCDP/PRIO Armed Conflict Dataset, Human Security Report Project, 2007; see Human Security Centre, 2005, based in part on data from Gleditsch et al., 2002, and Lacina & Gleditsch, 2005.

67. Divale, 1972; Ember, 1978; Keeley, 1996. See also Chagnon, 1988; Gat, 2006; Knauft, 1987; Otterbein, 2004. 반 데르 데넨(Van der Dennen, 2005)은 비국가 사

회들 중 전쟁을 거의 혹은 전혀 치르지 않은 사회들의 비율에 대한 추정치를 여덟 개 언급하는데, 그 중간값은 15퍼센트이다.

68. "Noble or savage? The era of the hunter-gatherer was not the social and environmental Eden that some suggest," *Economist*, Dec. 19, 2007.
69. Gat, 2006; Keeley, 1996; Van der Dennen, 2005.
70. Goldstein, 2001, p. 28.
71. Knauft, 1987.
72. Gat, 2006; Lee, 1982.
73. Fox & Zawitz, 2007; Zahn & McCall, 1999; 팍스 보츠와니아나: Gat, 2006.
74. Chirot & McCauley, 2006, p. 114.
75. Quoted in Thayer, 2004, p. 140.
76. Ericksen & Horton, 1992.
77. Wiessner, 2006.
78. Steckel & Wallis, 2009; Diamond, 1997.
79. Kugel, 2007.
80. Gat, 2006; North et al., 2009; Steckel & Wallis, 2009.
81. Steckel & Wallis, 2009.
82. Betzig, 1986; Otterbein, 2004; Spitzer, 1975.

3장

1. Fletcher, 1997.
2. Gurr, 1981.
3. 1장의 주석 1을 보라.
4. Cockburn, 1991; Eisner, 2001, 2003; Johnson & Monkkonen, 1996; Monkkonen, 1997; Spierenburg, 2008.
5. Eisner, 2003.
6. Cockburn, 1991.
7. Eisner, 2003, pp. 93-94; Zimring, 2007; Marvell, 1999; Daly & Wilson, 1988.
8. Keeley, 1996, pp. 94-97; Eisner, 2003, pp. 94-95.
9. Eisner, 2003, 2009; Daly & Wilson, 1988.
10. Eisner, 2003; Clark, 2007a, p. 122; Cooney, 1997.
11. Daly & Wilson, 1988; Eisner, 2003; Eisner, 2008.
12. Elias, 1939/2000, pp. 513-16; discussion on pp. 172-82; Graf zu Waldburg Wolfegg, 1988.

13. Tuchman, 1978, p. 8.

14. Elias, 1939/2000, p. 168.

15. Hanawalt, 1976, pp. 311-12, quoted in Monkkonen, 2001, p. 154.

16. Tuchman, 1978, p. 135.

17. Groebner, 1995.

18. Groebner, 1995, p. 4.

19. Elias, 1939/2000, pp. 168-69.

20. Tuchman, 1978, p. 52.

21. D. L. Sayers, introduction, *The song of Roland* (New York: Viking, 1957), p. 15, quoted in Kaeuper, 2000, p. 33.

22. Elias, 1939/2000, p. 123.

23. Elias, 1939/2000, p. 130.

24. Curtis & Biran, 2001; Pinker, 1997, chap. 6; Rozin & Fallon, 1987.

25. Pinker, 2007b, chap. 7.

26. Hughes, 1991/1998, p. 3.

27. Daly & Wilson, 2000; Pinker, 1997, chap. 6; Schelling, 1984.

28. Brown, 1991; Duerr, 1988-97, but see Mennell & Goudsblom, 1997.

29. Elias, 1939/2000, pp. 135, 181, 403, 421.

30. Wright, 1942, p. 215; Richardson, 1960, pp. 168-69.

31. Levy, Walker, & Edwards, 2001.

32. Tilly, 1985.

33. Daly & Wilson, 1988, p. 242.

34. Daly & Wilson, 1988, pp. 241-45.

35. Tuchman, 1978, p. 37.

36. Tuchman, 1978, p. 37.

37. Cosmides & Tooby, 1992; Ridley, 1997; Trivers, 1971.

38. Mueller, 1999, 2010b.

39. Quoted in Fukuyama, 1999, p. 254.

40. Maynard Smith & Szathmáry, 1997. For a review, see Pinker, 2000.

41. Wright, 2000.

42. de Swaan, 2001; Fletcher, 1997; Krieken, 1998; Mennell, 1990; Steenhuis, 1984.

43. Eisner, 2008.

44. Eisner, 2003.

45. Eisner, 2003; Roth, 2009.

46. Ellickson, 1991; Fukuyama, 1999; Ridley, 1997.

47. Fiske, 1992; 이 책 9장의 '도덕성과 터부' 항목도 보라.

48. Roth, 2009, p. 355. 로스의 책 495쪽에 나와 있듯이, 그의 그림 7.2에서 가져온 성인 목축업자 10만 명당 살인율에 0.65를 곱하여 인구 10만 명당 값으로 바꾸었다.

49. Cooney, 1997; Eisner, 2003.

50. Quoted in Wouters, 2007, p. 37.

51. Quoted in Wouters, 2007, p. 37.

52. S. Sailer, 2004, "More diversity = Less welfare?" http://www.vdare.com/sailer/diverse.htm.

53. Spierenburg, 2008; Wiener, 2004; Wood, 2004.

54. Black, 1983; Wood, 2003.

55. Black, 1983; Daly & Wilson, 1988; Eisner, 2009.

56. Black, 1983, p. 39.

57. See Pinker, 2002, chap. 17.

58. Wakefield, 1992.

59. Black, 1980, 134-41, quoted in Cooney, 1997, p. 394.

60. Cooney, 1997, p. 394.

61. MacDonald, 2006.

62. Wilkinson, Beaty, & Lurry, 2009.

63. Eisner, 2003; Gat, 2006.

64. Mueller, 2004a.

65. LaFree, 1999; LaFree & Tseloni, 2006.

66. 각국의 살인율은 유엔 마약 범죄 사무소 2009년 자료에서 가져왔다. WHO의 추정치가 나와 있을 때는 그것을 썼고, 그렇지 않을 때는 최고 추정치와 최저 추정치의 기하 평균을 사용했다.

67. Krug et al., 2002, p. 10.

68. Elias, 1939/2000, p. 107.

69. LaFree & Tseloni, 2006; Patterson, 2008; O. Patterson, "Jamaica's bloody democracy," *New York Times*, May 26, 2010. 혼합 정치에서의 내전: Gleditsch, Hegre, & Strand, 2009; Hegre, Ellingsen, Gates, & Gleditsch, 2001; Marshall & Cole, 2008. 내전과 범죄의 흐릿한 구분: Mueller, 2004a.

70. Wiessner, 2006.

71. Wiessner, 2006, p. 179.

72. Spierenburg, 2008; Wiener, 2004; Wood, 2003, 2004.

73. Wiessner, 2010.

74. see Pinker, 2002, pp. 308-9.

75. Monkkonen, 1989, 2001. 미국 살인 사건의 약 65퍼센트가 화기로 저질러진다., Cook & Moore, 1999, p. 279; U.S. Department of Justice, 2007, Expanded Homicide Data, Table 7, http://www2.fbi.gov/ucr/cius2007/offenses/expanded_information/data/shrtable_07.html. 그 말인즉, 미국에서 화기를 사용하지 않은 살인 사건의 발생률도 유럽 대부분 나라들의 전체 살인율보다 높다는 뜻이다.

76. 주석 66을 보라.

77. Fox & Zawitz, *Homicide trends in the US*, 2007.

78. Skogan, 1989, pp. 240-41.

79. Courtwright, 1996, p. 61; Nisbett & Cohen, 1996.

80. Gurr, 1981; Gurr, 1989a; Monkkonen, 1989, 2001; Roth, 2009.

81. Gurr, 1981, 1989a; Monkkonen, 1989, 2001.

82. Gurr, 1981, 1989a.

83. Monkkonen, 2001; Roth, 2009. 뉴욕의 흑인-백인 살인율 간격 증폭: Gurr, 1989b, p. 39.

84. Anderson, 1999.

85. Spierenburg, 2006.

86. Monkkonen, 2001, p. 157.

87. Monkkonen, 1989, p. 94.

88. Quoted in Courtwright, 1996, p. 29.

89. Monkkonen, 2001, pp. 156-57; Nisbett & Cohen, 1996; Gurr, 1989a, pp. 53-54, note 74.

90. Nisbett & Cohen, 1996.

91. Cohen & Nisbett, 1997.

92. Cohen, Nisbett, Bowdle, & Schwarz, 1996.

93. Ellickson, 1991. 목축과 폭력: Chu, Rivera, & Loftin, 2000.

94. Nabokov, 1955/1997, pp. 171-72.

95. Courtwright, 1996, p. 89.

96. Courtwright, 1996, pp. 96-97. 위치타: Roth, 2009, p. 381.

97. Courtwright, 1996, p. 100.

98. Courtwright, 1996, p. 29.

99. Courtwright, 1996, p. 92.

100. Umbeck, 1981, p. 50.

101. Courtwright, 1996, pp. 74-75.

102. Daly & Wilson, 1988; Eisner, 2009; Wrangham & Peterson, 1996.

103. Buss, 2005; Daly & Wilson, 1988; Geary, 2010; Gottschall, 2008.

104. Daly & Wilson, 1988, p. 163.
105. Bushman, 1997; Bushman & Cooper, 1990.
106. Courtwright, 1996.
107. Sampson, Laub, & Wimer, 2006.
108. Eisner, 2003; Eisner, 2008; Fukuyama, 1999; Wilson & Herrnstein, 1985.
109. U.S. Bureau of Justice Statistics, Fox & Zawitz, 2007.
110. Zahn & McCall, 1999.
111. Courtwright, 1996.
112. Zimring, 2007, pp. 59-60; Skogan, 1989.
113. Wilson, 1974, pp. 58-59, quoted in Zimring, 2007, pp. 58-59.
114. Zimring, 2007, pp. 58-59.
115. Chwe, 2001; Pinker, 2007b, chap. 8.
116. Lieberson, 2000. 호칭 면에서의 탈형식화: Pinker, 2007b, chap. 8.
117. Fukuyama, 1999.
118. '프롤레타리아화'는 아널드 토인비의 표현, '일탈 기준의 하향화'는 대니얼 패트릭 모이니한의 표현이다.; quoted in Charles Murray, "Prole Models," *Wall Street Journal*, Feb. 6, 2001.
119. Elias, 1939/2000, p. 380.
120. 가령 다음을 보라, Pinker, 2002, pp. 261-62.
121. 수많은 사례는 다음을 보라, Brownmiller, 1975, pp. 248-55, and chap. 7.
122. Cleaver, 1968/1999, p. 33. See also Brownmiller, 1975, pp. 248-53.
123. 다음 책의 표지와 내지 광고 문구에서, Cleaver, 1968/1999.
124. Wilson & Herrnstein, 1985, pp. 424-25. See also Zimring, 2007, figure 3.2, p. 47.
125. Fukuyama, 1999.
126. Kennedy, 1997.
127. Wilkinson et al., 2009.
128. Massey & Sampson, 2009.
129. Fukuyama, 1999; Murray, 1984.
130. Harris, 1998/2008; Pinker, 2002, chap. 19; Wright & Beaver, 2005.
131. FBI *Uniform crime reports*, 1950-2005, U.S. Federal Bureau of Investigation, 2010b.
132. Gartner, 2009.
133. Eisner, 2008.
134. U.S. Bureau of Justice Statistics, *National crime victimization survey*, 1990 and 2000, reported in Zimring, 2007, p. 8.

135. Quoted in Zimring, 2007, p. 21.

136. Quoted in Levitt, 2004, p. 169.

137. Quoted in Levitt, 2004, p. 169.

138. Quoted in Gardner, 2010, p. 225.

139. Zimring, 2007, pp. 22, 61-62.

140. Zimring, 2007.

141. Eisner, 2008.

142. Zimring, 2007, p. 63; Levitt, 2004; Raphael & Winter-Ebmer, 2001.

143. Quoted in A. Baker, "In this recession, bad times do not bring more crime (if they ever did)," *New York Times*, Nov. 30, 2009.

144. Daly, Wilson, & Vasdev, 2001; LaFree, 1999.

145. U.S. Census Bureau, 2010b.

146. Neumayer, 2003, 2010.

147. Donohue & Levitt, 2001.

148. Levitt, 2004.

149. Joyce, 2004; Lott & Whitley, 2007; Zimring, 2007; Foote & Goetz, 2008; S. Sailer & S. Levitt, "Does abortion prevent crime?" *Slate*, Aug. 23, 1999, http://www.slate.com/id/33569/entry/33571/. 레빗의 반응: Levitt, 2004; 〈슬레이트〉에 실린 세일러에 대한 레빗의 대답도 참고하라.

150. Lott & Whitley, 2007; Zimring, 2007.

151. Joyce, 2004.

152. Harris, 1998/2008, chaps. 9, 12, 13; Wright & Beaver, 2005.

153. Foote & Goetz, 2008; Lott & Whitley, 2007; S. Sailer & S. Levitt, "Does abortion prevent crime?" *Slate*, Aug. 23, 1999, http://www.slate.com/id/33569/entry/33571/.

154. Blumstein & Wallman, 2006; Eisner, 2008; Levitt, 2004; Zimring, 2007.

155. J. Webb, "Why we must fix our prisons," *Parade*, Mar. 29, 2009.

156. Zimring, 2007, figure 3.2, p. 47; J. Webb, "Why we must fix our prisons," *Parade*, Mar. 29, 2009.

157. Wolfgang, Figlio, & Sellin, 1972.

158. Gottfredson & Hirschi, 1990; Wilson & Herrnstein, 1985.

159. Levitt & Miles, 2007; Lott, 2007; Raphael & Stoll, 2007.

160. "City without cops," *Time*, Oct. 17, 1969, p. 47; reproduced in Kaplan, 1973, p. 20.

161. Eisner, 2008; Zimring, 2007.

162. Johnson & Raphael, 2006.

163. Levitt, 2004.

164. F. Butterfield, "In Boston, nothing is something," *New York Times*, Nov. 21, 1996; Winship, 2004.

165. MacDonald, 2006.

166. Wilson & Kelling, 1982.

167. Zimring, 2007; MacDonald, 2006.

168. Zimring, 2007, p. 201.

169. Levitt, 2004; B. E. Harcourt, "Bratton's 'broken windows': No matter what you've heard, the chief's policing method wastes precious funds," *Los Angeles Times*, Apr. 20, 2006.

170. Keizer, Lindenberg, & Steg, 2008.

171. Eisner, 2008; Rosenfeld, 2006. See also Fukuyama, 1999.

172. Anderson, 1999; Winship, 2004.

173. Winship, 2004; P. Shea, "Take us out of the old brawl game," *Boston Globe*, Jun.30, 2008; F. Butterfield, "In Boston, nothing is something," *New York Times*, Nov. 21, 1996.

174. M. Cramer,"Homicide rate falls to lowest level since '03," *Boston Globe*, Jan. 1, 2010.

175. J. Rosen, "Prisoners of parole," *New York Times Magazine*, Jan. 10, 2010.

176. Daly & Wilson, 2000; Hirschi & Gottfredson, 2000; Wilson & Herrnstein, 1985. 이 책 9장의 '자기 통제' 항목도 보라.

177. Fiske, 1991, 1992, 2004a. 이 책 9장의 '도덕성과 터부' 항목도 보라.

178. J. Rosen, "Prisoners of parole," *New York Times Magazine*, Jan. 10, 2010.

179. J. Seabrook, "Don't shoot: A radical approach to the problem of gang violence," *New Yorker*, Jun. 22, 2009.

180. J. Seabrook, "Don't shoot: A radical approach to the problem of gang violence," *New Yorker*, Jun. 22, 2009, pp. 37-38.

181. Fukuyama, 1999, p. 271; "Positive trends recorded in U.S. data on teenagers," *New York Times*, Jul. 13, 2007.

182. Wouters, 2007.

4장

1. http://www.torturamuseum.com/this.html.

2. Held, 1986; Puppi, 1990.

3. Held, 1986; Levinson, 2004b; Mannix, 1964; Payne, 2004; Puppi, 1990.

4. Held, 1986, p.12.

5. Mannix, 1964, pp. 123–24.

6. Davies, 1981; Mannix, 1964; Payne, 2004; Spitzer, 1975.

7. Menschenfreund, 2010. 보수적 신정주의: Linker, 2007.

8. Bourgon, 2003; Kurlansky, 2006; Sen, 2000.

9. Davies, 1981; Mannix, 1964; Otterbein, 2004; Payne, 2004.

10. 2 Kings 23:10.

11. White, in press.

12. White, in press.

13. Payne, 2004, pp. 40–41.

14. Quoted in M. Gerson, "Europe's burqa rage," *Washington Post*, May 26, 2010.

15. Payne, 2004, p. 39.

16. Chagnon, 1997; Daly & Wilson, 1988; Gat, 2006; Keeley, 1996; Wiessner, 2006.

17. Atran, 2002.

18. Daly & Wilson, 1988, pp. 237, 260–61.

19. Willer, Kuwabara, & Macy, 2009. See also McKay, 1841/1995.

20. Mannix, 1964; A. Grafton,"Say anything," *New Republic*, Nov. 5, 2008.

21. White, in press. 마녀사냥 피해자 10만 명: Rummel, 1994, p. 70.

22. Rummel, 1994, p. 62; A. Grafton, "Say anything," *New Republic*, Nov. 5, 2008.

23. Rummel, 1994, p. 56.

24. Mannix, 1964, pp. 133–34.

25. Mannix, 1964, pp. 134–35, also recounted in McKay, 1841/1995.

26. Thurston, 2007; Mannix, 1964, p. 137.

27. Rummel, 1994; Rummel, 1997; White, in press; White, 2010b.

28. 화이트는 다음과 같은 추정치를 제공한다(White, in press). 십자군 300만 명, 알비파 억압 100만 명, 위그노 전쟁 200~400만 명, 30년 전쟁 750만 명. 그는 종교 재판의 사망자 수를 여러 자료로부터 추정하여 제공하지는 않았지만, 1808년에 종교 재판소 서기가 3만 2000명이라고 말했던 추정치를 언급했다.

29. 1200년경의 세계 인구 추정치는 다음 자료에서 가져왔다.; U.S. Census Bureau, 2010a.

30. Rummel, 1994, p. 46.

31. Chalk & Jonassohn, 1990; Kiernan, 2007; Rummel, 1994.

32. Mannix, 1964, pp. 50–51.

33. Rummel, 1994, p. 70.

34. Grayling, 2007.

35. Lull, 2005.

36. Quoted in Grayling, 2007, p. 41.

37. Grayling, 2007.

38. Payne, 2004, p. 17.

39. Wright, 1942, p. 198.

40. 매슈 화이트의 비슷한 추정치들과 비교들을 보려면 이 책 347쪽의 표를 보라.

41. Schama, 2001, p. 13. 샤마는 잉글랜드, 웨일스, 스코틀랜드에서 '최소한 25만 명'이 죽었다고 말했고, 아일랜드에서는 추가로 20만 명이 더 죽었을 것이라고 짐작했다. 당시 영국 제도의 총 인구는 500만 명이었다.

42. Holsti, 1991, p. 25.

43. Perez, 2006.

44. Popkin, 1979.

45. Grayling, 2007.

46. Quoted in Grayling, 2007, pp. 53–54.

47. Quoted in Grayling, 2007, p. 102.

48. Quoted in Payne, 2004, p. 126.

49. Quoted in Clark, 2007a, p. 182.

50. Mannix, 1964, pp. 132–33.

51. Mannix, 1964, pp. 146–47. See also Payne, 2004, chap. 9.

52. Payne, 2004, p. 122.

53. Payne, 2004, p. 122.

54. Mannix, 1964, p. 117.

55. *Trewlicher Bericht eynes scrocklichen Kindermords beym Hexensabath*. Hamburg, Jun. 12, 1607. http://www.borndigital.com/wheeling.htm.

56. Hunt, 2007, pp. 70–76.

57. Hunt, 2007, p. 99.

58. Quoted in Hunt, 2007, p. 75.

59. Montesquieu, 1748/2002.

60. Quoted in Hunt, 2007, pp. 112, 76.

61. Quoted in Hunt, 2007, p. 98.

62. Quoted in Hunt, 2007, p. 98.

63. Hunt, 2007.

64. Hunt, 2007, chap. 2.

65. Gross, 2009; Shevelow, 2008.

66. Rummel, 1994, p. 66; Payne, 2004.

67. Payne, 2004, p. 120.

68. Rummel, 1994, p. 66.

69. Payne, 2004, p. 119.

70. E. M. Lederer, "UN General Assembly calls for death penalty moratorium," *Boston Globe*, Dec. 18, 2007.

71. 사형이 폐지된 주는 알래스카, 하와이, 일리노이, 아이오와, 메인, 매사추세츠, 미시간, 미네소타, 뉴햄프셔, 뉴저지, 뉴멕시코, 뉴욕, 노스다코타, 로드아일랜드, 버몬트, 웨스트버지니아, 위스콘신, 컬럼비아 특별구이다. 캔자스는 1965년에 마지막으로 비군사적 사형을 집행했다.

72. 2000년대에는 매년 약 1만 6500명이 살해되었고 약 55명이 사형되었다.

73. Death Penalty Information Center, 2010b.

74. Death Penalty Information Center, 2010a.

75. Payne, 2004, p. 132.

76. Davis, 1984; Patterson, 1985; Payne, 2004; Sowell, 1998.

77. Rodriguez, 1999.

78. Quote from "Report on the coast of Africa made by Captain George Collier, 1918-19," reproduced in Eltis & Richardson, 2010.

79. Rummel, 1994, pp. 48, 70. 화이트는 대서양 횡단 노예무역에서 1600만 명이 죽었고 중동 노예무역에서 1850만 명이 죽었다고 추정한다(White, in press).

80. Smith, 1776/2009, p. 281.

81. Mueller, 1989, p. 12.

82. Fogel & Engerman, 1974.

83. Nadelmann, 1990, p. 492.

84. Nadelmann, 1990, p. 493; Ray, 1989, p. 415.

85. Davis, 1984; Grayling, 2007; Hunt, 2007; Mueller, 1989; Payne, 2004; Sowell, 1998.

86. Thomas Jefferson, "To Roger C. Weightman," Jun. 24, 1826, in *Portable Thomas Jefferson*, p. 585.

87. Payne, 2004, pp. 193-99.

88. Quoted in Payne, 2004, p. 196.

89. Payne, 2004, p. 197.

90. Feingold, 2010, p. 49.

91. '노예를 해방하라'는 '오늘날 전 세계에 2700만 명의 노예가 있다.'고 주장하는데(http://www.freetheslaves.net/, accessed Oct. 19, 2010), 이것은 유네스코 인신 매매 통계 프로젝트의 추정치보다 몇 단위나 더 큰 것이다.; Feingold, 2010. 노예 해

방에 대한 베일스의 시각: S. L. Leach, "Slavery is not dead, just less recognizable," *Christian Science Monitor*, Sept. 1, 2004.

92. Betzig, 1986.

93. Davies, 1981, p. 94.

94. Payne, 2004, chap. 7; Woolf, 2007.

95. Eisner, 2011.

96. Rummel, 1994, 1997.

97. Payne, 2004, pp. 88-94; Eisner, 2011.

98. Hobbes, 1651/1957, p. 190.

99. Locke, *Two treatises on government*, quoted in Grayling, 2007, p. 127.

100. Pinker, 2002, chap. 16; McGinnis, 1996, 1997.

101. Federalist Papers No. 51, in Rossiter, 1961, p. 322.

102. Federalist Papers No. 51, in Rossiter, 1961, pp. 331-32.

103. McGinnis, 1996, 1997.

104. Quoted in the epigraph of Kurlansky, 2006.

105. Isaiah 2:4.

106. Luke 6:27-29.

107. G. Schwarzenberger, "International law," *New Encyclopaedia Britannica*, 15th ed., quoted in Nadelmann, 1990.

108. 5장에서 논의되는 피터 브렉케의 '충돌 카탈로그'에 기반한 그림 5-17을 보라.; Brecke, 1999, 2002; Long & Brecke, 2003.

109. Kurlansky, 2006.

110. *Henry IV, Part I*, Act 5, scene 1.

111. *Idler*, No. 81 [82], Nov. 3, 1759, in Greene, 2000, pp. 296-97.

112. *Gulliver's travels*, part II, chap. 6.

113. "Justice and the reason of effects," *Pensées*, 293.

114. Bell, 2007a; Mueller, 1989, 1999; Russett & Oneal, 2001; Schneider & Gleditsch, 2010.

115. Kant, 1795/1983.

116. Mueller, 1989, p. 25.

117. Kant, 1795/1983.

118. Luard, 1986, pp. 346-47.

119. Mueller, 1989, p. 18, based on research in Luard, 1986.

120. Mueller, 1989, pp. 18-21.

121. Levy, 1983.

122. Payne, 2004, p. 29.
123. Payne, 2004, 2005.
124. Nadelmann, 1990.
125. Buss, 2005; Symons, 1979.
126. Haidt, Björklund, & Murphy, 2000; Rozin, 1997.
127. Glover, 1999.
128. Langbein, 2005.
129. Payne, 2004, p. 28.
130. Clark, 2007a, pp. 251-52.
131. Keen, 2007, p. 45.
132. Clark, 2007a, pp. 178-80; Vincent, 2000; Hunt, 2007, pp. 40-41.
133. Blum & Houdailles, 1985. 다른 유럽 나라들: Vincent, 2000, pp. 4, 9.
134. Darnton, 1990; Outram, 1995.
135. Darnton, 1990, p. 166.
136. Singer, 1981.
137. Hunt, 2007; Price, 2003. 소설 출간 종수: Hunt, 2007, p. 40.
138. Quoted in Hunt, 2007, pp. 47-48.
139. Quoted in Hunt, 2007, p. 55.
140. Quoted in Hunt, 2007, p. 51.
141. Keen, 2007.
142. Lodge, 1988, pp. 43-44.
143. P. Cohen, "Digital keys for unlocking the humanities' riches," *New York Times*, Nov. 16, 2010.
144. Pinker, 1999, chap. 10; Pinker, 1997, chap. 2; Pinker, 2007b, chap. 9.
145. Goldstein, 2006.
146. E. L. Glaeser, "Revolution of urban rebels," *Boston Globe*, Jul. 4, 2008.
147. Popkin, 1979.
148. Nagel, 1970; Singer, 1981.
149. Bourgon, 2003; Sen, 2000. See also Kurlansky, 2006.
150. Burke, 1790/1967; Sowell, 1987.
151. Payne, 2005; Rindermann, 2008.
152. Federalist Papers No. 51, in Rossiter, 1961, p. 322. See also McGinnis, 1996, 1997; Pinker, 2002, chap. 16.
153. Quoted in Bell, 2007a, p. 77.
154. 원래 소웰이 했던 말로(Sowell, 1987), 그는 비극적 전망을 '제약된' 전망이라고

불렀고 유토피아적 전망을 '제약되지 않은' 전망이라고 불렀다.; see Pinker, 2002, chap. 16.

155. Berlin, 1979; Garrard, 2006; Howard, 2001, 2007; Chirot, 1995; Menschenfreund, 2010.

156. Berlin, 1979, p. 11.

157. Berlin, 1979, p. 12.

158. Quoted in Berlin, 1979, p. 14.

159. Berlin, 1979, p. 18.

160. Quoted in Bell, 2007a, p. 81.

161. Claeys, 2000; Johnson, 2010; Leonard, 2009. 이 신화는 리처드 호프스태터가 『미국 사상에서의 사회 다윈주의』에서 다윈주의의 역사를 정치화한 데서 비롯했다.

162. Mueller, 1989, p. 39.

5장

1. War and civilization (1950), p. 4, quoted in Mueller, 1995, p. 191.
2. Mueller, 1989, 1995.
3. Hayes, 2002; Richardson, 1960; Wilkinson, 1980.
4. Richardson, 1960, p. 133.
5. White, 2004.
6. Menschenfreund, 2010. 눈에 띄는 사례로는 지그문트 프로이트, 미셸 푸코, 지그문트 바우만, 에드문트 후설, 테오도어 아도르노, 막스 호르크하이머, 장프랑수아 리오타르 등이 있다.
7. Gaddis, 1986, 1989. 개디스는 미국과 소련 사이에 전쟁이 없었던 점을 지적한 것이었지만, 나는 이 개념을 더 넓혀서 강대국과 선진국 사이에 평화가 유지된 점까지 포함하여 지칭할 것이다.
8. 경영 전문가 나심 니콜라스 탈레브가 한 말로 알려져 있다.
9. 역사적 인구 추정치는 다음 자료에서 가져왔다. McEvedy & Jones, 1978.
10. Tversky & Kahneman, 1973, 1974.
11. Gardner, 2008; Ropeik & Gray, 2002; Slovic, Fischof, & Lichtenstein, 1982.
12. White, 2010a. 각 사건들에 대한 서술과 더 최근의 추정치에 대해서는 화이트의 근간 자료를 보라(White, in press). 그의 웹사이트에는 추정치에 사용된 수치와 자료원이 나열되어 있다.
13. 화이트는 이 수치에 논란의 여지가 있다고 지적했다. 어떤 역사학자들은 인구 이동이나 인구 조사 실패 때문에 이런 수치가 나왔다고 본다. 반면에 어떤 학자들은 이 수

치를 믿을 만하다고 보는데, 자급자족적 농부들은 관개 하부 구조의 붕괴에 대단히 취약했을 것이기 때문이다.

14. Keegan, 1993, p. 166.
15. Saunders, 1979, p. 65.
16. Quoted in numerous sources, including Gat, 2006, p. 427.
17. Zerjal et al., 2003.
18. Rummel, 1994, p. 51.
19. White, in press.
20. Eckhardt, 1992.
21. Eckhardt, 1992, p. 177.
22. Payne, 2004, p. 69.
23. Payne, 2004, pp. 67-70.
24. Taagepera & Colby, 1979.
25. Keegan, 1993, pp. 121-22.
26. Richardson, 1960, p. xxxvii.
27. Richardson, 1960, p. xxxv.
28. Richardson, 1960, p. 35.
29. Richardson, 1960, p. 113.
30. Richardson, 1960, pp. 112, 135-36.
31. Richardson, 1960, p. 130.
32. Richardson, 1960; Wilkinson, 1980.
33. Feller, 1968.
34. Kahneman & Tversky, 1972; Tversky & Kahneman, 1974.
35. Gould, 1991.
36. 싱어와 스몰의 '전쟁 상관관계 프로젝트' 통계에서도 전쟁들이 무작위로 개시되는 현상이 드러났다.(Singer & Small, 1972, pp. 205-6) 다음도 참고하라. Helmbold, 1998; Quincy Wright's *A study of war* database, Richardson, 1960, p. 129; Pitirim Sorokin's 2500-year list of wars, Sorokin, 1957, p. 561; and Levy's Great Power War database, Levy, 1983, pp. 136-37.
37. 브레케의 '충돌 카탈로그'에서도 전쟁 지속 기간의 지수적 분포가 드러났다(Brecke, 1999, 2002).
38. 세분된 내용은 다음을 보라. Wilkinson, 1980.
39. Richardson, 1960, pp. 140-41; Wilkinson, 1980, pp. 30-31; Levy, 1983, pp. 136-38; Sorokin, 1957, pp. 559-63; Luard, 1986, p. 79.
40. Sorokin, 1957, p. 563.

41. White, 1999.

42. Lebow, 2007.

43. Quoted in Mueller, 2004a, p. 54.

44. Mueller, 2004a, p. 54.

45. Goldhagen, 2009; Himmelfarb, 1984, p. 81; Fischer, 1998, p. 288; Valentino, 2004.

46. Keller, 1986. 통계학자이자 마술사인 퍼시 디아코니스는 동전의 앞면만 연속해서 열 번 나오게 던질 수 있다.; see E. Landuis, "Lifelong debunker takes on arbiter of neutral choices," *Stanford Report*, Jun. 7, 2004.

47. *Science and method*, quoted in Richardson, 1960, p. 131.

48. Richardson, 1960, p. 167.

49. "여기에 제시된 데이터에서 알 수 있듯이, 과거에 전쟁이 없었다는 주장을 뒷받침할 근거는 없다. 또한 비록 20세기의 수치가 유례없이 크기는 해도 전쟁 빈도가 차츰 증가했다는 (혹은 앞으로 그럴 것이라는) 주장을 뒷받침할 근거도 없다. 곡선은 오르락내리락거릴 뿐, 그 이상은 아니다(Sorokin, 1957, p. 564)." "우리 세대의 많은 학자들과 평범한 사람들이 믿듯이 전쟁은 늘어나는 추세일까? 대답은 대단히 모호하나마 부정적인 것으로 보인다(Singer & Small, 1972, p. 201)." "[1917~1986년까지] 전쟁의 전반적인 발생 빈도는 이전 시대[1789~1917년까지]의 빈도와 크게 다르지 않았다. …… 그보다 더 유의미한 잣대는 국가당 평균 전쟁 횟수인데, 이것을 1789~1914년 기간 전체와 비교하면 지금이 오히려 더 낮다. 그러나 1815~1914년까지의 기간하고만 비교하면 거의 감소하지 않았다(Luard, 1986, p. 67)."

50. Richardson, 1960, p. 142.

51. 엄밀하게 말하자면 '비례'하는 것은 아니다. 보통 0이 아닌 절편이 있기 때문이다. 그러나 '선형적 연관 관계'가 있다고는 말할 수 있다.

52. Cederman, 2003.

53. Newman, 2005.

54. Mitzenmacher, 2004, 2006; Newman, 2005.

55. Zipf, 1935.

56. Francis & Kucera, 1982.

57. Hayes, 2002; Newman, 2005.

58. Newman, 2005.

59. 뉴먼은 인구의 범위가 아니라 정확한 인구 수치를 갖고서 해당 도시들의 비율을 보여 주었는데, 선형 그래프와 로그 그래프가 호환되게 하기 위해서였다(2011년 2월 1일에 개인적으로 나눈 대화에서).

60. Levy & Thompson, 2010; Vasquez, 2009.

61. Mitzenmacher, 2004; Newman, 2005.

62. Richardson, 1960, pp. 154-56.

63. Cederman, 2003; Roberts & Turcotte, 1998.

64. Maynard Smith, 1982, 1988; see also Dawkins, 1976/1989.

65. Kahneman & Renshon, 2007; Kahneman & Tversky, 1979, 1984; Tversky & Kahneman, 1981. 자연의 매몰 비용: Dawkins & Brockmann, 1980.

66. Richardson, 1960, p. 130; Wilkinson, 1980, pp. 20-30.

67. '전쟁 상관관계 프로젝트' 통계 중 국내 전쟁 데이터 집합(Sarkees, 2000)에 포함된 79개 전쟁의 사망자 수는 기간 자체보다 기간의 지수 함수로 예측했을 때 더 잘 맞았다(전자로는 변이의 18퍼센트가 설명되었고, 후자로는 48퍼센트가 설명되었다.).

68. Richardson, 1960, p. 11.

69. Slovic, 2007.

70. Wilkinson, 1980, pp. 23-26; Weiss, 1963; Jean-Baptiste Michel, personal communication.

71. Newman, 2005.

72. Richardson, 1960, pp. 148-50.

73. Fox & Zawitz, 2007; 2006~2009년에 대해서는 연간 1만 7000명으로 외삽하여 계산한 뒤 다 더한 추정치는 95만 5603명이 된다.

74. Krug et al., 2002, p. 10; 주석 76도 보라.

75. Richardson, 1960, p. 153.

76. WHO의 「세계 폭력 및 건강 보고서」에 따르면, 2000년에 전 세계에서 살인 희생자는 52만 명이었고 '전쟁 관련 사망자'는 31만 명이었다. 사망 원인을 불문하고 총 사망자가 약 5600만 명이라고 하면, 폭력적 사망률은 약 1.5퍼센트가 된다. 이 수치를 리처드슨의 수치와 직접 비교할 수는 없다. 1820~1952년에 대한 리처드슨의 추정치는 극단적일 만큼 덜 완전하기 때문이다.

77. 리처드슨이 사망자 데이터를 표시할 수 있었던 규모 4~7 사이의 전쟁 94건을 대상으로 한 결과이다.

78. Levy, 1983; Levy et al., 2001.

79. Levy, 1983, p. 3.

80. Gleditsch et al., 2002; Lacina & Gleditsch, 2005; http://www.prio.no/Data/.

81. Levy, 1983, p. 107.

82. Correlates of War Inter-State War Dataset, 1816-1997 (v3.0), http://www.correlatesofwar.org/, Sarkees, 2000.

83. 레비는 식민 전쟁을 제외했다는 것을 명심하자. 단, 강대국이 식민 정부에 대항하는 반란 세력에 동조한 경우에는 포함시켰다.

84. Correlates of War Inter-State War Dataset, 1816-1997 (v3.0), http://www.

correlatesofwar.org/, Sarkees, 2000; and for the Kosovo war, PRIO Battle Deaths Dataset, 1946-2008, Version 3.0, http://www.prio.no/CSCW/Datasets/Armed-Conflict/Battle-Deaths/, Gleditsch et al., 2002; Lacina & Gleditsch, 2005.

85. Brecke, 1999, 2002; Long & Brecke, 2003.

86. 나는 '충돌 카탈로그'의 분류 체계를 그대로 따랐지만, 다른 데이터 집합들은 이 나라들을 아시아로 분류한다(가령, Human Security Report Project, 2008).

87. 같은 데이터를 로그 척도로 그리면, 그림 5-15와 비슷하게 생긴 것이 된다. 가장 큰 전쟁들이 (대부분 유럽에 있는 강대국들이 관련된 전쟁들이다.) 사망자의 대부분을 차지하는 멱함수 분포가 드러나는 것이다. 그러나 1950년 이후 유럽 전쟁에서 사망자 수가 크게 줄었기 때문에, 로그 척도는 20세기 마지막 사반세기의 작은 반동을 지나치게 과장되게 보여 주는 편이다.

88. Long & Brecke, 2003; Brecke, 1999, 2002.

89. 내가 인터넷 사용자 100명을 대상으로 생각나는 전쟁을 최대한 많이 말해 보라고 요청했을 때, 전체 천여 개의 답변들 중에서 이 전쟁들의 이름은 한 번도 언급되지 않았다.

90. Howard, 2001, pp. 12, 13.

91. Luard, 1986, p. 240.

92. Betzig, 1986, 1996a, 2002.

93. Luard, 1986, p. 85.

94. Luard, 1986, pp. 85-86, 97-98, 105-6.

95. *Black lamb and grey falcon* (1941), quoted in Mueller, 1995, p. 177.

96. Betzig, 1996a, 1996b, 2002.

97. Luard, 1986, pp. 42-43.

98. Mattingly, 1958, p. 154, quoted in Luard, 1986, p. 287.

99. Wright, 1942, p. 215; Gat, 2006, p. 456.

100. Gat, 2006; Levy & Thompson, 2010; Levy et al., 2001; Mueller, 2004a.

101. Tilly, 1985, p. 173.

102. Mueller, 2004a, p. 17.

103. Gat, 2006, pp. 456-80.

104. Bell, 2007a.

105. Brecke, 1999; Luard, 1986, p. 52; Bell, 2007a, p. 5. Bell's "performing poodles" quote is from Michael Howard.

106. Howard, 2001.

107. Bell, 2007a.

108. Bell, 2007a, p. 77.

109. Howard, 2001, p. 38.

110. Howard, 2001, p. 41; see also Schroeder, 1994.

111. Howard, 2001, p. 45.

112. Howard, 2001, p. 54.

113. Luard, 1986, p. 355.

114. Glover, 1999.

115. Quoted in Moynihan, 1993, p. 83.

116. Quotes are from Mueller, 1989, pp. 38-51.

117. Quoted in Mueller, 1995, p. 187.

118. Quotes are from Mueller, 1989, pp. 38-51.

119. James, 1906/1971.

120. Mueller, 1989, p. 43.

121. Bell, 2007a, p. 311.

122. Gopnik, 2004.

123. Ferguson, 1998; Gopnik, 2004; Lebow, 2007; Stevenson, 2004.

124. Correlates of War Inter-State War Dataset, Sarkees, 2000; 1500만 명: White, in press.

125. Chirot, 1995; Chirot & McCauley, 2006.

126. Mueller, 1989, 2004a.

127. Howard, 2001; Kurlansky, 2006; Mueller, 1989, 2004a; Payne, 2004.

128. Mueller, 1989, p. 30.

129. Quoted in Wearing, 2010, p. viii.

130. Ferguson, 1998; Gardner, 2010; Mueller, 1989.

131. Luard, 1986, p. 365.

132. Remarque, 1929/1987, pp. 222-25.

133. Remarque, 1929/1987, p. 204.

134. Mueller, 1989, 2004a.

135. Turner, 1996.

136. Mueller, 1989, p. 65. 세계를 조작한 히틀러: Mueller, 1989, p. 64.

137. Mueller, 1989, p. 271, notes 2 and 4, and p. 98.

138. Quoted in Mueller, 1995, p. 192.

139. 한국 전쟁도 여기에 포함된다. 소련은 동맹인 북한에게 아주 제한된 항공 지원만을 제공했고, 전선으로부터 100킬로미터 이상 가까이 접근한 적이 한 번도 없었다.

140. Mueller, 1989, pp. 3-4; Gaddis, 1989.

141. B. DeLong, "Let us give thanks (Wacht am Rhein Department)," Nov. 12, 2004,

http://www.j-bradford-delong.net/movable_type/2004-2_archives/000536.html.

142. Correlates of War Inter-State War Dataset (v3.0), Sarkees, 2000.

143. Correlates of War Inter-State War Dataset (v3.0), Sarkees, 2000. '전쟁 상관관계 프로젝트' 통계가 정의하는 '국가 간 전쟁'은 연간 사망자가 1000명 이상이고 양쪽에 국가 간 체제의 구성원들이 놓인 경우이다. 1999년 NATO의 유고슬라비아 폭격은 1997년으로 끝난 현재의 '전쟁 상관관계 프로젝트' 통계에는 포함되지 않았다. PRIO 데이터 집합은 그것을 국제화한 내전으로 집계했는데, NATO가 코소보 해방군을 지지하는 차원에서 개입했기 때문이다. 레비의 기준으로는 이 사건이 강대국이 개입한 전쟁으로 분류될 것이다.

144. Mueller, 1989, pp. 4 and 271, note 5.

145. 정치학자 마크 자허가 꼼꼼하게 점검한 결과, 단 일곱 건을 찾아냈다. 인도-고아(1961년), 인도네시아-서이리안(1961~1962년), 중국-동북 변경(1962년), 이스라엘-예루살렘/서안/가자/골란 지구(1967년), 북베트남-남베트남(1975년), 이란-호르무즈 해협(1971년), 중국-시사 군도(1974년). 소수의 다른 성공적 공격 사건은 그 결과 벌어진 변화가 미미했거나, 새로운 정치체의 설립으로 맺어졌다.

146. Sheehan, 2008, pp. 167-71.

147. Human Security Centre, 2005; Human Security Report Project, 2008.

148. Zacher, 2001.

149. Russett & Oneal, 2001, p. 180.

150. Mueller, 1989, p. 21.

151. Levy et al., 2001, p. 18.

152. 1991년에 레비는 한국 전쟁을 제외하고 계산함으로써 제2차 세계 대전 이후 강대국 전쟁의 확률이 0.005에 지나지 않는다고 결론지었다(Levy et al., 2001, note 11). 20년이 지난 지금, 그의 개인적 견해가 통계적으로 대단히 중요하다고 볼 이유는 없는 듯하다.

153. 1495~1945년까지 강대국 사이 전쟁의 연간 발생률과 적어도 한쪽에 강대국이 있는 전쟁의 연간 발생률은 다음 자료에서 가져왔다. Levy, 1983, table 4.1, pp. 88-91. 1815~1945년까지 유럽 국가 사이의 전쟁 연간 발생률은 다음에서 가져왔다. Correlates of War Dataset, Sarkees, 2000. 여기에 65를 곱하여 푸아송 분포의 람다값을 구한 뒤, 그 분포로부터 실제 벌어진 전쟁 횟수나 그보다 작은 횟수가 발생할 확률을 계산했다.

154. Levi, 1981; Gaddis, 1986; Holsti, 1986; Luard, 1988; Mueller, 1989; Fukuyama, 1989; Ray, 1989; Kaysen, 1990.

155. Jervis, 1988, p. 380.

156. Kaysen, 1990, p .64.

157. Keegan, 1993, p. 59.

158. Howard, 1991, p. 176.

159. Luard, 1986, p. 77.

160. Gat, 2006, p. 609.

161. Payne, 2004, p. 73.

162. Sheehan, 2008, p. 217.

163. Payne, 2004; International Institute for Strategic Studies, 2010; Central Intelligence Agency, 2010.

164. Payne, 1989.

165. 기간 전체에 존재했던 63개 나라의 수치를 다음 자료에서 가져와서 가중치 없이 평균을 낸 것이다. Correlates of War National Material Capabilities Dataset (1816-2001), Sarkees, 2000, http://www.correlatesofwar.org.

166. Hunt, 2007, pp. 202-3.

167. V. Havel, "How Europe could fail," *New York Review of Books*, Nov. 18, 1993, p. 3.

168. Vasquez, 2009, pp. 165-66.

169. Zacher, 2001.

170. Schelling, 1960.

171. Luard, 1986, p. 268.

172. Quoted in Mueller, 2004a, p. 74.

173. "Carter defends handling of hostage crisis," *Boston Globe*, Nov. 17, 2009.

174. Glover, 1999, p. 202.

175. Kennedy, 1969/1999, p. 49.

176. Quoted in Glover, 1999, p. 202.

177. Mueller, 1989.

178. Hoban, 2007; Jack Hoban, personal communication, Nov. 14, 2009.

179. Hoban, 2007, 2010.

180. Humphrey, 1992.

181. PRIO 데이터 집합에 따르면(Lacia & Gleditsch, 2005), 2001~2008년까지 아프가니스탄의 전사자 수는 1만 4200명이었고 이라크에서는 1152명이었다. 공동체 간 충돌의 사망자가 더 많은데, 이 점은 다음 장에서 이야기할 것이다.

182. N. Shachtman, "The end of the air war," *Wired*, Jan. 2010, pp. 102-9.

183. Goldstein, 2011.

184. Bohannon, 2011. 2004~2010년까지 민간인 사망자가 5300명이라는 내 추정치는 2004~2009년까지의 민간인 사망자로 보고된 4024명(p. 1260)에 2010년의 1152명을 더한 것이다(2009년과 2010년의 총 2537명 중 55퍼센트이다, p. 1257). 베트남에

서의 민간인 전투 사망자는 84만 3000명으로 추정된다(Rummel, 1997, table 6.1.A). 이것은 PRIO 새 전쟁 데이터 집합(Gleditsch et al., 2002; Lacina, 2009)에서 추정한 총 전투 사망자(민간인과 군인을 모두 포함한다.) 160만 명에 개중 약 절반이 민간인이라는 가정을(6장에서 논했던 가정이다.) 결합한 값과 일치한다.

185. Kagan, 2002.

186. Sheehan, 2008.

187. 2003년 12월 11일에 카불로부터 온 이메일에서.

188. See Mueller, 1989, p. 271, note 3. 최근 사례로는 다음을 보라, van Creveld, 2008.

189. W. Churchill, "Never Despair," speech to House of Commons, Mar. 1, 1955.

190. Quoted in Mueller, 2004a, p. 164.

191. Mueller, 1989, chap. 5; Ray, 1989, pp. 429-31.

192. Quoted in Ray, 1989, p. 429.

193. Ray, 1989, pp. 429-30.

194. Mueller, 1989.

195. Luard, 1986, p. 396.

196. Ray, 1989, p. 430; Huth & Russett, 1984; Kugler, 1984; Gochman & Maoz, 1984, pp. 613-15.

197. Schelling, 2000, 2005; Tannenwald, 2005b.

198. Tannenwald, 2005b, p. 31.

199. Paul, 2009; Tannenwald, 2005b.

200. "Daisy: The Complete History of an Infamous and Iconic Ad," http://www.conelrad.com/daisy/index.php.

201. Quoted in Tannenwald, 2005b, p. 30.

202. Quoted in Schelling, 2005, p. 373.

203. Schelling, 2005; Tannenwald, 2005b. Dulles quote from Schelling, 2000, p. 1.

204. Schelling, 2000, p. 2.

205. Schelling, 2000, p. 3.

206. Mueller, 2010a, p. 90.

207. See Mueller, 2010a, p. 92.

208. Quoted in Price, 1997, p. 91.

209. Quoted in Mueller, 1989, p. 85.

210. Mueller, 1989, p. 85; Price, 1997, p. 112.

211. "Charges facing Saddam Hussein," BBC News, Jul. 1, 2004, http://news.bbc.co.uk/2/hi/middle_east/3320293.stm.

212. Mueller, 1989, p. 84; Mueller, 2004a, p. 43.

213. Hallissy, 1987, pp. 5-6, quoted in Price, 1997, p. 23.

214. Perry, Shultz, Kissinger, & Nunn, 2008; Shultz, Perry, Kissinger, & Nunn, 2007.

215. Shultz, 2009, p. 81. 글로벌 제로: www.globalzero.org.

216. Global Zero Commission, 2010.

217. Schelling, 2009; H. Brown & J. Deutch, "The nuclear disarmament fantasy," *Wall Street Journal*, Nov. 19, 2007, p. A19. 글로벌 제로 계획: B. Blechman, "Stop at Start," *New York Times*, Feb. 19, 2010.

218. D. Moynihan, "The American experiment," *Public Interest*, Fall 1975, quoted in Mueller, 1995, p. 192. 다른 사례들은 다음을 보라, Gardner, 2010.

219. Marshall & Cole, 2009.

220. Mueller, 1989, 2004a; Ray, 1989; Rosato, 2003; White, 2005b.

221. Rosato, 2003.

222. Russett & Oneal, 2001; White, 2005b.

223. Russett & Oneal, 2001.

224. Gochman & Maoz, 1984; Jones, Bremer, & Singer, 1996.

225. 러셋과 오닐의 분석(Russett & Oneal, 2001)은 '전쟁 상관관계 프로젝트' 통계 중 1885~1992년까지를 다룬 '군사적 국가 간 분쟁 2.1' 데이터 집합(Jones et al., 1996)을 사용했다. (다음도 참고하라. Gochman & Maoz, 1984) 그러나 러셋은 이후 2001년까지 다루는 3.0 데이터베이스(Ghosn, Palmer, & Bremer, 2004)로 범위를 더 넓혔다(Russett, 2008).

226. Russett & Oneal, 2001, pp. 108-11; Russett, 2008, 2010.

227. Russett & Oneal, 2001, p. 116.

228. Russett & Oneal, 2001, p. 115.

229. Russett & Oneal, 2001, p. 112.

230. Russett & Oneal, 2001, pp. 188-89.

231. Russett & Oneal, 2001, p. 121.

232. Russett & Oneal, 2001, p. 114.

233. Gleditsch, 2008; Goldstein & Pevehouse, 2009; Schneider & Gleditsch, 2010.

234. 이 발상은 저널리스트 토머스 프리드먼이 떠올린 것이라고 이야기된다. 그 이전의 예외적 사례로 볼 수 있는 것은 1989년에 미국이 파나마를 공격한 사건이지만, 당시 사망자 수는 전쟁에 대한 표준 정의에서 요구되는 최소값에 못 미친다. 1999년 파키스탄과 인도의 카르길 전쟁도 파키스탄 세력을 독자적 게릴라로 볼 것인가 정부군으로 볼 것인가에 따라 예외로 간주될 수 있다.; see White, 2005b.

235. Gaddis, 1986, p. 111; Ray, 1989.

236. Keegan, 1993, e.g., p. 126.

237. Ferguson, 2006.

238. Gat, 2006, pp. 554-57; Weede, 2010.

239. Russett & Oneal, 2001, pp. 145-48. 경제 성장을 통제하고도: p. 153.

240. Hegre, 2000.

241. Russett & Oneal, 2001, p. 148.

242. McDonald, 2010; Russett, 2010.

243. Gartzke, 2007; Gartzke & Hewitt, 2010; McDonald, 2010; Mousseau, 2010; Mueller, 1999, 2010b; Rosecrance, 2010; Schneider & Gleditsch, 2010; Weede, 2010.

244. Gartzke & Hewitt, 2010; McDonald, 2010; Mousseau, 2010; but see also Russett, 2010.

245. Gleditsch, 2008.

246. Mueller, 1989, p. 98.

247. Mueller, 1989, pp. 109-10; Sowell, 2010, chap. 8.

248. Sheehan, 2008, pp. 158-59.

249. Sheehan, 2008.

250. Russett, 2008.

251. Cederman, 2001; Mueller, 1989, 2004a, 2007; Nadelmann, 1990; Payne, 2004; Ray, 1989.

252. Goldstein & Pevehouse, 2009; Ray, 1989; Thayer, 2004.

253. Bennett, 2005; English, 2005; Tannenwald, 2005a; Tannenwald & Wohlforth, 2005; Thomas, 2005.

254. A. Brown, "When Gorbachev took charge," *New York Times*, Mar. 11, 2010.

255. Kant, 1784/1970, p. 47, quoted in Cederman, 2001.

256. Cederman, 2001.

257. See also Dershowitz, 2004a.

6장

1. Gardner, 2010; Mueller, 1995, 2010a.

2. Quoted in S. McLemee, "What price Utopia?" (review of J. Gray's *Black mass*), *New York Times Book Review*, Nov. 25, 2007, p. 20.

3. S. Tanenhaus, "The end of the journey: From Whittaker Chambers to George W. Bush," *New Republic*, Jul. 2, 2007, p. 42.

4. Quoted in C. Lambert, "Le Professeur," *Harvard Magazine*, Jul.-Aug. 2007, p. 36.

5. Quoted in C. Lambert, "Reviewing 'reality,'" *Harvard Magazine*, Mar.-Apr. 2007, p. 45.

6. M. Kinsley, "The least we can do," *Atlantic*, Oct. 2010.

7. Leif Wenar, quoted in Mueller, 2006, p. 3.

8. Kaldor, 1999.

9. For quotations, see Mueller, 2006, pp. 6, 45.

10. Melander, Oberg, & Hall, 2009; Goldstein, 2011; Human Security Report Project, 2011.

11. Brecke, 1999, 2002; Long & Brecke, 2003.

12. Lacina & Gleditsch, 2005; http://www.prio.no/CSCW/Datasets/Armed-Conflict/Battle-Deaths/.

13. UCDP: http://www.prio.no/CSCW/Datasets/Armed-Conflict/UCDP-PRIO/. SIPRI: www.sipri.org, Stockholm International Peace Research Institute, 2009. HSRP: http://www.hsrgroup.org/; Human Security Centre, 2005, 2006; Human Security Report Project, 2007, 2008, 2009.

14. Human Security Report Project, 2008, p. 10; Hewitt, Wilkenfeld, & Gurr, 2008; Lacina, 2009.

15. 20세기에 집단 살해가 전쟁보다 사람을 더 많이 죽였다는 계산은 럼멜이 처음 했고(Rummel, 1994), 화이트가 반복했으며(White, 2005a), 골드헤이건의 2009년 책 제목 『전쟁보다 나쁜』에 반영되었다. 매슈 화이트는 집단 살해 희생자의 절반을 차지하는 전시의 집단 살해를 어떻게 분류하느냐에 따라 비교 결과가 달라진다고 지적한다(White, in press). 일례로 홀로코스트의 사망자는 대부분 독일이 유럽을 정복했기 때문에 가능한 결과였다. 전시의 집단 살해를 전사자로 분류하면 전쟁의 사망자가 1억 500만 명이 되어 집단 살해 사망자 6400만 명보다 더 많고, 그것을 평화시의 집단 살해와 함께 묶으면 집단 살해 사망자가 8100만 명이 되어 전쟁 사망자 6400만 명보다 더 많다. (어느 쪽이든 기근으로 인한 사망자는 포함하지 않았다.)

16. Eck & Hultman, 2007; Harff, 2003, 2005; Rummel, 1994, 1997; "One-Sided Violence Dataset" in http://www.pcr.uu.se/research/ucdp/datasets/.

17. PRIO Documentation of Coding Decisions, Lacina, 2009, pp. 5-6; Human Security Report Project, 2008.

18. Pinker, 2007b, pp. 65-73, 208-25.

19. Oxford et al., 2002.

20. 인간 안보 보고 프로젝트 자료(2007)의 국가 기반 전쟁 사망자 수에 기반한 2000~2005년 평균값은 UCDP/PRIO 데이터 집합에 기반한 것이다(Gleditsch et al., 2002). 인구 수치는 다음에서 가져왔다. *International Data Base*, U.S. Census

Bureau, 2010c.

21. Krug et al., 2002, p. 10.

22. Gleditsch et al., 2002; Lacina, 2009; Lacina & Gleditsch, 2005. 이 데이터 집합은 세 그래프에 사용된 UCDP/PRIO 데이터 집합과는 살짝 다르다.: Human Security Centre, 2006; Human Security Report Project, 2007.

23. PRIO New war dataset, "Best Estimates" for battle fatalities. Gleditsch et al., 2002; Lacina, 2009.

24. 중국의 평화로운 성장: Bijian, 2005; Weede, 2010; Human Security Report Project, 2011. 터키의 '이웃과의 문제 제로' 정책: "Ahmet Davutoglu," *Foreign Policy*, Dec. 2010, p. 45. 브라질의 자랑: S. Glasser, "The FP Interview: The Soft-Power Power" (interview with Celso Amorim), *Foreign Policy*, Dec. 2010, p. 43.

25. Human Security Report Project, 2011, chaps. 1, 3.

26. Marshall & Cole, 2009, p. 114.

27. Human Security Report Project, 2009, p. 2.

28. Human Security Centre, 2005, p. 152, using data from Macartan Humphreys and Ashutosh Varshney.

29. Fearon & Laitin, 2003; Theisen, 2008.

30. Human Security Report Project, 2008, p. 5; Collier, 2007.

31. Human Security Report Project, 2011, chaps. 1, 3.

32. Human Security Report Project, 2007, p. 27.

33. Quoted in Goldhagen, 2009, p. 212.

34. Fearon & Laitin, 2003; Mueller, 2004a.

35. 어쩌면 루스벨트가 이 말을 한 것이 아니었을지도 모른다.; 다음을 보라. http://message.snopes.com/showthread.php?t=8204.

36. Human Security Centre, 2005, p. 153.

37. Quoted in Glover, 1999, p. 297.

38. Quoted in Mueller, 2010a.

39. Mueller, 2004a, pp. 76-77. 미국의 판단 착오: Blight & Lang, 2007.

40. C. J. Chivers & M. Schwirtz, "Georgian president vows to rebuild army," *New York Times*, Aug. 24, 2008.

41. Human Security Report Project, 2007, 2008; Marshall & Cole, 2009.

42. Marshall & Cole, 2008. See also Pate, 2008, p. 31.

43. Human Security Report Project, 2008, pp. 48-49.

44. Collier, 2007; Faris, 2007; Ross, 2008.

45. Collier, 2007, p. 1.

46. Mueller, 2004a, p. 1.

47. Mueller, 2004a, p. 103.

48. Fearon & Laitin, 2003, p. 76.

49. Human Security Report Project, 2007, pp. 26-27.

50. R. Rotberg, "New breed of African leader," *Christian Science Monitor*, Jan. 9, 2002.

51. Human Security Report Project, 2007, pp. 28-29; Human Security Centre, 2005, pp. 153-55.

52. Gleditsch, 2008; Lacina, 2006.

53. Blanton, 2007; Bussman & Schneider, 2007; Gleditsch, 2008, pp. 699-700.

54. Fortna, 2008; Goldstein, 2011.

55. Hewitt et al., 2008, p. 24; Human Security Report Project, 2008, p. 45. 개시와 종료의 비: Fearon & Laitin, 2003.

56. Human Security Centre, 2005, pp. 153-55; Fortna, 2008; Gleditsch, 2008; Goldstein, 2011.

57. Fortna, 2008, p. 173.

58. Fortna, 2008, p. 129.

59. Fortna, 2008, p. 140.

60. Fortna, 2008, p. 153.

61. Human Security Centre, 2005, p. 19.

62. Rummel, 1994, p. 94.

63. Human Security Report Project, 2007, pp. 36-37; Human Security Report Project, 2011.

64. Fischer, 2008.

65. 콩고 민주 공화국의 총 사망자 14만 7618명은 1998~2008년까지의 전투 사망자에 대한 '최선의 추정'을 더한 것이다. 총 전쟁 사망자 940만 명은 전투 사망자 추정치의 최소값과 최대값의 기하 평균이다. 둘 다 다음 자료에서 가져왔다. PRIO Battle Deaths Dataset, 1946-2008, Version 3.0, http://www.prio.no/CSCW/Datasets/Armed-Conflict/Battle -Deaths/, Lacina & Gleditsch, 2005.

66. Human Security Centre, 2005, p. 75; Goldstein, 2011; Roberts, 2010; White, in press.

67. Faust, 2008.

68. Burnham et al., 2006.

69. Human Security Report Project, 2009; Johnson et al., 2008; Spagat, Mack, Cooper, & Kreutz, 2009.

70. Bohannon, 2008.

71. Obermeyer, Murray, & Gakidou, 2008.

72. Spagat et al., 2009.

73. Coghlan et al., 2008.

74. Human Security Report Project, 2009.

75. Human Security Report Project, 2009.

76. Human Security Report Project, 2009, p. 3.

77. Human Security Report Project, 2009, p. 27.

78. Rummel, 1994, p. 31. 집단 살해에 대한 리뷰: Chalk & Jonassohn, 1990; Chirot & McCauley, 2006; Glover, 1999; Goldhagen, 2009; Harff, 2005; Kiernan, 2007; Payne, 2004; Power, 2002; Rummel, 1994; Valentino, 2004.

79. Rummel, 1994, 1997.

80. White, 2010c, note 4; Dulić, 2004a, 2004b; Rummel, 2004.

81. White, 2005a, in press.

82. White, in press; 이 장의 주석 15도 보라.

83. Bell, 2007a, pp. 182-83; Payne, 2004, p. 54.

84. Goldhagen, 2009, p. 124. 초기의 기동성 있는 처형 부대: Keegan, 1993, p. 166.

85. Goldhagen, 2009, p. 120.

86. Chalk & Jonassohn, 1990, p. 7.

87. Deuteronomy 28:52-57; translation from Kugel, 2007, pp. 346-47.

88. Goldhagen, 2009; Power, 2002; Rummel, 1994.

89. Dostoevsky, 1880/2002, p. 238.

90. Rummel, 1994, p. 100. 좀 더 보수적인 추정치는 다음을 보라. Harff, 2003.

91. Glover, 1999, p. 290.

92. Glover, 1999, p. 342.

93. Pinker, 1997, pp. 306-13; Pinker, 1999/2011, chap. 10.

94. Jussim, McCauley, & Lee, 1995; Lee, Jussim, & McCauley, 1995; McCauley, 1995.

95. Jussim et al., 1995.

96. Jussim et al., 1995; Lee et al., 1995; McCauley, 1995.

97. Gelman, 2005; Gil-White, 1999; Haslam, Rothschild, & Ernst, 2000; Hirschfeld, 1996; Prentice & Miller, 2007.

98. Chalk & Jonassohn, 1990; Chirot & McCauley, 2006; Goldhagen, 2009; Harff, 2003; Valentino, 2004.

99. Goldhagen, 2009.

100. Kiernan, 2007, p. 14.

101. Glover, 1999; Goldhagen, 2009.

102. Quoted in Chirot & McCauley, 2006, pp. 72-73.

103. Quoted in Daly & Wilson, 1988, p. 232.

104. Quoted in Daly & Wilson, 1988, pp. 231-32.

105. Pinker, 2007b, chap. 5.

106. Chirot & McCauley, 2006; Goldhagen, 2009; Kane, 1999; Kiernan, 2007.

107. Kane, 1999. Quote from Kiernan, 2007, p. 606.

108. Quoted in Chalk & Jonassohn, 1990, p. 198.

109. Quoted in Kiernan, 2007, p. 606; Kane, 1999.

110. Chirot & McCauley, 2006, pp. 16, 42; Goldhagen, 2009.

111. Curtis & Biran, 2001; Rozin & Fallon, 1987; Rozin, Markwith, & Stoess, 1997.

112. Haidt, 2002; Haidt et al., 2000; Haidt, Koller, & Dias, 1993; Rozin et al., 1997; Shweder, Much, Mahapatra, & Park, 1997. 이 책 9장의 '도덕성과 터부' 항목도 보라.

113. Primo Levi, *The drowned and the saved*, quoted in Glover, 1999, pp. 88-89.

114. Goldhagen, 2009. See also Haslam, 2006.

115. 이 장의 머리글은 다음에서 가져왔다. Solzhenitsyn, 1973/1991, pp. 173-74.

116. Geary, 2002.

117. Caplan, 2007; Caplan & Miller, 2010; Fiske, 1991, 1992, 2004a; Sowell, 1980, 2005.

118. Sowell, 1996.

119. Chirot, 1994; Courtois et al., 1999; Glover, 1999; Horowitz, 2001; Sowell, 1980, 2005.

120. Chirot & McCauley, 2006, pp. 142-43.

121. Chirot & McCauley, 2006, p. 144. See also Ericksen & Heschel, 1999; Goldhagen, 1996; Heschel, 2008; Steigmann-Gall, 2003.

122. Chirot, 1994; Glover, 1999; Oakley, 2007.

123. Glover, 1999, p. 291.

124. Chirot & McCauley, 2006, p. 144; Glover, 1999, pp. 284-86.

125. Brown, 1997; Fearon & Laitin, 1996; Harff, 2003; Valentino, 2004.

126. Valentino, 2004, p. 24.

127. Mueller, 2004a; Payne, 2005; Valentino, 2004.

128. Valentino, 2004. See also Goldhagen, 2009.

129. Valentino, 2004.

130. Chalk & Jonassohn, 1990, p. 58.

131. Chalk & Jonassohn, 1990, p. xvii.

132. Kiernan, 2007, p. 12.

133. Rummel, 1994, pp. 45, 70; 원 데이터는 다음을 보라. Rummel, 1997. 그의 추정치가 어림값이 아니고 정확한 값인 것은 정확하게 헤아렸다는 뜻이 아니고, 다른 사람들이 그의 자료와 계산을 확인할 수 있도록 하기 위해서이다.

134. Chalk & Jonassohn, 1990, p. 180.

135. Payne, 2004, p. 47.

136. Bhagavad-Gita, 1983, pp. 74, 87, 106, 115, quoted in Payne, 2004, p. 51.

137. Quoted in Payne, 2004, p. 53.

138. Quoted in Payne, 2004, p. 53.

139. Quoted in Kiernan, 2007, pp. 82-85.

140. Chirot & McCauley, 2006, pp. 101-2. 집단 살해에 대한 무심함: Payne, 2004, pp. 54-55; Chalk & Jonassohn, 1990, pp. 199, 213-14; Goldhagen, 2009, p. 241.

141. Courtwright, 1996, p. 109.

142. Carey, 1993, p. 12.

143. Mueller, 1989, p. 88.

144. Chalk & Jonassohn, 1990.

145. Payne, 2004, p. 57.

146. Chalk & Jonassohn, 1990, p. 8.

147. Chalk & Jonassohn, 1990, p. 8.

148. Rummel, 1994, pp. xvi-xx; Rummel, 1997. 주의 사항은 다음을 보라. White, 2010c, note 4.

149. Rummel, 1994, chap. 2.

150. 럼멜은 이후 마음을 바꾸었다. 참사가 벌어지는 동안 마오쩌둥이 그 사실을 인식하고 있었다는 사실을 뒤늦게 알았기 때문이다(Rummel, 2002). 그러나 나는 럼멜의 원래 수치들을 계속 쓰겠다.

151. White, 2010c, note 4.

152. White, 2007.

153. Rummel, 1994, p. 4.

154. Rummel, 1997, p. 367.

155. Rummel, 1994, p. 15.

156. Rummel, 1994, p. 2.

157. Rummel, 1997, pp. 6-10; see also Rummel, 1994.

158. Rummel, 1994, p. xxi.

159. 그림 6-7은 그림 6-1의 사망자 중 일부를 이중으로 헤아렸다. 럼멜이 많은 민간인 전투 사망자를 집단 살해 사망자로 분류했기 때문이다. 이 책 347쪽에 소개된 매슈

화이트의 표에서도 일부는 이중으로 헤아려졌다. 전시 집단 살해의 사망자를 전쟁의 총 사망자에 포함하여 헤아렸기 때문이다.

160. Rummel, 1997, p. 471. 그러나 이 주장을 뒷받침하는 럼멜의 회귀 분석은 문제가 좀 있다.

161. Mueller, 2004a, p. 100.

162. Goldhagen, 2009; Mueller, 2004a; Power, 2002.

163. Harff, 2003, 2005; Marshall et al., 2009.

164. Kreutz, 2008; Kristine & Hultman, 2007; http://www.pcr.uu.se/research/ucdp/datasets/.

165. 사망자 수치들은 하프의 자료에 나온 범위 값들의 기하 평균인데(Harff, 2005, table 8.1), 다르푸르는 예외이다. 다르푸르는 PITF 데이터베이스의 규모 값들을 마셜 등이 규정한 범위들(Marshall et al., 2009)에 대한 기하 평균으로 전환한 뒤, 2003~2008년까지의 값들을 더한 것이다.

166. 가령 보스니아 학살의 희생자 수는 아마도 20만 명이 아니라 10만 명에 더 가까울 것이다.; Nettelfield, 2010. 충돌의 횟수는 다음 자료를 보라. Andreas & Greenhill, 2010.

167. Harff, 2003, 2005.

168. Harff, 2003, p. 62.

169. Harff, 2003, p. 61.

170. Watson, 1985. 이란성 쌍둥이: P. Chaunu, cited in Besançon, 1998. See also Bullock, 1991; Courtois et al., 1999; Glover, 1999.

171. Valentino, 2004, p. 150.

172. 1930년대에 《뉴욕 타임스》의 소련 통신원이었던 기자 월터 듀런티가 했던 말이라고 하지만, 『바틀렛의 유명 인용구』 17판에는 출처가 '무명: 프랑스'라고 게재되어 있다.

173. Pipes, 2003, p. 158.

174. Valentino, 2004, p. 151.

175. Himmelfarb, 1984.

176. Quoted in Valentino, 2004, p. 61.

177. Quoted in Valentino, 2004, p. 62.

178. Memorial Institute for the Prevention of Terrorism (dataset no longer publicly available), reported in Human Security Centre, 2006, p. 16.

179. See Mueller, 2006, for quotations.

180. R. A. Clarke, "Ten years later," *Atlantic*, Jan.-Feb. 2005.

181. Clauset, Young, & Gleditsch, 2007.

182. Global Terrorism Database, START (National Consortium for the Study of Terrorism and Responses to Terrorism, 2010; http://www.start.umd.edu/gtd/), accessed on Apr. 21, 2010. 르완다 집단 살해와 연관된 테러들은 제외한 수치이다.

183. Mueller, 2006.

184. National Vital Statistics for the year 2007, Xu, Kochanek, & Tejada-Vera, 2009, table 2.

185. Mueller, 2006, note 1, pp. 199-200; 국가 안전 보장 회의의 통계는 다음에 편리하게 요약되어 있다. http://danger.mongabay.com/injury death.htm.

186. Gigerenzer, 2006.

187. Slovic, 1987; Slovic et al., 1982. See also Gigerenzer, 2006; Gigerenzer & Murray, 1987; Kahneman, Slovic, & Tversky, 1982; Ropeik & Gray, 2002; Tversky & Kahneman, 1973, 1974, 1983.

188. Daly & Wilson, 1988, pp. 231-32, 237, 260-61.

189. Mueller, 2006; Slovic, 1987; Slovic et al., 1982; Tetlock, 1999.

190. "Timeline: The al-Qaida tapes," *Guardian*, http://www.guardian.co.uk/alqaida/page/0,12643,839823,00.html. See also Mueller, 2006, p. 3.

191. Quoted in M. Bai, "Kerry's undeclared war," *New York Times*, Oct. 10, 2004.

192. Payne, 2004, pp. 137-40; Cronin, 2009, p. 89.

193. Abrahms, 2006; Cronin, 2009; Payne, 2004.

194. Abrahms, 2006; Cronin, 2009; Payne, 2004.

195. See also Cronin, 2009, p. 91.

196. Cronin, 2009, p. 110.

197. Cronin, 2009, p. 93. 6퍼센트의 성공률: Cronin, 2009, p. 215.

198. Cronin, 2009, p. 114. 오클라호마시티 사건의 사망자 수 165명은 '세계 테러 데이터베이스'에서 가져왔다(주석 182를 보라.).

199. Global Terrorism Database, START (National Consortium for the Study of Terrorism and Responses to Terrorism), 2010; accessed on Apr. 6, 2010.

200. National Consortium for the Study of Terrorism and Responses to Terrorism, 2009.

201. Atran, 2006.

202. National Counterterrorism Center, 2009.

203. Cronin, 2009, p. 67; note 145, p. 242. 건수는 작지만 사망자는 많음: Atran, 2006.

204. Quoted in Atran, 2003.

205. Tooby & Cosmides, 1988.

206. Chagnon, 1997.

207. Valentino, 2004, p. 59.

208. Gaulin & McBurney, 2001; Lieberman, Tooby, & Cosmides, 2002.

209. Chagnon, 1988, 1997.

210. Wilson & Wrangham, 2003.

211. Daly, Salmon, & Wilson, 1997; Lieberman et al., 2002; Pinker, 1997.

212. Johnson, Ratwik, & Sawyer, 1987; Lieberman et al., 2002; Salmon, 1998.

213. Mueller, 2004a; Thayer, 2004.

214. Quoted in Thayer, 2004, p. 183.

215. Broyles, 1984.

216. Rapoport, 1964, pp. 88-89; Tooby & Cosmides, 1988.

217. Atran, 2003, 2006, 2010.

218. Atran, 2006.

219. Atran, 2003; Blackwell & Sugiyama, in press.

220. Willer et al., 2009.

221. Atran, 2006, 2010; Ginges et al., 2007; McGraw & Tetlock, 2005.

222. Atran, 2010.

223. Cronin, 2009, pp. 48-57, 66-67.

224. Cronin, 2009, p. 67. 다른 예로는 바그다드에서 미국의 조치, 그리고 북아일랜드, 키프로스, 레바논 정부의 조치가 있다.

225. E. Bronner, "Palestinians try a less violent path to resistance," *New York Times*, Apr. 6, 2010.

226. S. Shane, "Rethinking which terror groups to fear," *New York Times*, Sept. 26, 2009.

227. Human Security Report Project, 2007.

228. Quoted in F. Zakaria, "The jihad against the jihadis," *Newsweek*, Feb. 12, 2010.

229. Quoted in P. Bergen & P. Cruickshank, "The unraveling: Al Qaeda's revolt against bin Laden," *New Republic*, Jun. 11, 2008.

230. P. Bergen & P. Cruickshank, "The unraveling: Al Qaeda's revolt against bin Laden," *New Republic*, Jun. 11, 2008.

231. F. Zakaria, "The jihad against the jihadis," *Newsweek*, Feb. 12, 2010.

232. Quoted in P. Bergen & P. Cruickshank, "The unraveling: Al Qaeda's revolt against bin Laden," *New Republic*, Jun. 11, 2008.

233. Quoted in P. Bergen & P. Cruickshank, "The unraveling: Al Qaeda's revolt against bin Laden," *New Republic*, Jun. 11, 2008.

234. Quoted in F. Zakaria, "The jihad against the jihadis," *Newsweek*, Feb. 12, 2010.

235. Human Security Report Project, 2007, p. 19.

236. F. Zakaria,"The only thing we have to fear...," *Newsweek*, Jun. 2, 2008.

237. Human Security Report Project, 2007, p. 15.

238. Iraq Body Count, http://www.iraqbodycount.org/database/, accessed Nov. 24, 2010. See also Human Security Report Project, 2007, p. 14.

239. Human Security Report Project, 2007, p. 15.

240. Gardner, 2010; Mueller, 1995, 2010a.

241. PRIO 데이터베이스에서 2008년에 기록된 무력 충돌 36건 중 19건이 이슬람 국가와 관련이 있었다. 이스라엘-하마스, 이라크-알마디, 필리핀-MILF, 수단-JEM, 파키스탄-BLA, 아프가니스탄-탈레반, 소말리아-알샤바브, 이란-준달라, 터키-PKK, 인도-카시미르 반군, 말리-ATNMC, 알제리-AQIM, 파키스탄-TTP, 미국-알카에다, 태국-파타니 반군, 니제르-MNJ, 러시아-카프카스 에미레이트, 인도-PULF, 지부티-에리트레아. 미국 국무부의 2008년 해외 테러 조직 보고서에서 44개 중 30개가 이슬람 단체였다는 사실은 다음에 나와 있다. http://www.state.gov/s/ct/rls/crt/2008/122449.htm, accessed Apr. 21, 2010.

242. Payne, 1989.

243. 미국 국무부의 2008년 해외 테러 조직 보고서에서 44개 중 30개가 이슬람 단체였다는 사실은 다음에 나와 있다. http://www.state.gov/s/ct/rls/crt/2008/122449.htm, accessed Apr. 21, 2010.

244. Esposito & Mogahed, 2007, p. 30.

245. Esposito & Mogahed, 2007, p. 30.

246. Pryor, 2007, pp. 155-56.

247. Payne, 2004, p. 156.

248. Esposito & Mogahed, 2007, p. 117.

249. Payne, 2004, p. 156.

250. A. Sandels, "Saudi Arabia: Kingdom steps up hunt for 'witches' and 'black magicians,'" *Los Angeles Times*, Nov. 26, 2009.

251. Fattah & Fierke, 2009; Ginges & Atran, 2008.

252. Goldhagen, 2009, pp. 494-504; Mueller, 1989, pp. 255-56.

253. United Nations Development Programme, 2003; see also R. Fisk, "UN highlights uncomfortable truths for Arab world," *Independent*, Jul. 3, 2002.

254. "A special report on the Arab world," *Economist*, Jul. 23, 2009.

255. Lewis, 2002, p. 114.

256. Lewis, 2002, p. 142.

257. "Iran launches new crackdown on universities," *Radio Free Europe/Radio Liberty*,

August 26, 2010; http://www.rferl.org/content/Iran_Launches_New_Crackdown_On_Universities/2138387.html.
258. Huntington, 1993.
259. Esposito & Mogahed, 2007.
260. Asal, Johnson, & Wilkenfeld, 2008.
261. Clauset & Young, 2005; Clauset et al., 2007.
262. Mueller, 2006, p. 179.
263. Tversky & Kahneman, 1983.
264. Slovic et al., 1982.
265. Johnson et al., 1993.
266. Mueller, 2010a, p. 162.
267. Mueller, 2010a, p. 181.
268. Quoted in Parachini, 2003.
269. Mueller, 2010a, p. 181.
270. Gardner, 2010.
271. Levi, 2007; Mueller, 2010a; Parachini, 2003; Schelling, 2005.
272. Mueller, 2006; Mueller, 2010a.
273. Parachini, 2003.
274. Quoted in Mueller, 2010a, p. 166.
275. Human Security Report Project, 2007, p. 19.
276. Mueller, 2010a, p. 166.
277. Quoted in Mueller, 2010a, p. 185.
278. Levi, 2007, p. 8.
279. J. T. Kuhner, "The coming war with Iran: Real question is not if, but when," *Washington Times*, Oct. 4, 2009.
280. Mueller, 2010a, pp. 153-55; Lindsay & Takeyh, 2010; Procida, 2009; Riedel, 2010; P. Scoblic, "What are nukes good for?" *New Republic*, Apr. 7, 2010.
281. "Iran breaks seals at nuclear plant," CNN, Aug. 10, 2005, http://edition.cnn.com/2005/WORLD/europe/08/10/iran.iaea.1350/index.html.
282. C. Krauthammer, "In Iran, arming for Armageddon," *Washington Post*, Dec. 16, 2005. 2009년까지: Y. K. Halevi & M. Oren, "Contra Iran," *New Republic*, Feb. 5, 2007.
283. M. Ahmadinejad, interview by A. Curry, NBC News, Sept. 18, 2009, http://www.msnbc.msn.com/id/32913296/ns/world_news-mideastn_africa/print/1/displaymode/1098/.

284. E. Bronner, "Just how far did they go, those words against Israel?" *New York Times*, Jun. 11, 2006.

285. Mueller, 2010a, p. 150.

286. Mueller, 2010a; Procida, 2009.

287. Schelling, 2005.

288. T. F. Homer-Dixon, "Terror in the weather forecast," *New York Times*, Apr. 24, 2007.

289. Quoted in S. Giry, "Climate conflicts," *New York Times*, Apr. 9, 2007; see also Salehyan, 2008.

290. Buhaug, 2010; Gleditsch, 1998; Salehyan, 2008; Theisen, 2008.

291. Atran, 2003.

7장

1. Boulton & Smith, 1992; Geary, 2010; Maccoby & Jacklin, 1987.

2. Geary, 2010; Ingle, 2004; Nisbett & Cohen, 1996.

3. Horowitz, 2001.

4. Horowitz, 2001, chap. 1.

5. Payne, 2004, pp. 173-75.

6. Payne, 2004, pp. 180-81.

7. Waldrep, 2002.

8. Payne, 2004, p. 180.

9. Payne, 2004, pp. 174, 180-82; Horowitz, 2001, p. 300.

10. "The best of the century," *Time*, Dec. 31, 1999.

11. http://www.fbi.gov/hq/cid/civilrights/hate.htm.

12. Horowitz, 2001, p. 561.

13. Horowitz, 2001, pp. 300-301.

14. Horowitz, 2001, p. 561.

15. Steinbeck, 1962/1997, p. 194.

16. La Griffe du Lion, 2000; M. Fumento, "A church arson epidemic? It's smoke and mirrors," *Wall Street Journal*, Jul. 8, 1996.

17. Human Rights First, 2008. 가장 가까운 예로 (1) 터키계 덴마크 십대들의 치명적 폭동이 있었으나, 경찰은 인종주의가 동기는 아니었다고 보았다. (2) 러시아 신나치 단체가 아마도 다게스탄과 타지크 사람으로 보이는 두 남자를 처형 스타일로 살해한 비디오 영상이 있었다.

18. Horowitz, 2001, pp. 518-21.

19. Gurr & Monty, 2000; Asal & Pate, 2005, pp. 32-33.

20. Asal & Pate, 2005.

21. Asal & Pate, 2005, pp. 35-36.

22. Asal & Pate, 2005, p. 38.

23. A. Hacker, *The end of the American era*, quoted in Gardner, 2010, p. 96.

24. Quote from p. 219.

25. Quoted in Bobo, 2001.

26. Bobo, 2001; see also Patterson, 1997.

27. Bobo, 2001.

28. Caplow, Hicks, & Wattenberg, 2001, p. 116.

29. Youtube.com에서 'racist Bugs Bunny'라고 검색해 보라.

30. http://theimaginaryworld.com/ffpac.html.

31. Kors & Silverglate, 1998. See also Foundation for Individual Rights in Education, www.thefire.org.

32. "Political correctness versus freedom of thought — The Keith John Sampson story," http://www.thefire.org/article/10067.html; "Brandeis University: Professor found guilty of harassment for protected speech," http://www.thefire.org/case/755.html.

33. Kors & Silverglate, 1998.

34. Goldhagen, 2009; Horowitz, 2001; Rummel, 1994. 전쟁에서의 강간: Brownmiller, 1975; Rummel, 1994.

35. Brownmiller, 1975; Wilson & Daly, 1992.

36. Brownmiller, 1975, p. 312.

37. Brownmiller, 1975, pp. 364-66.

38. Brownmiller, 1975, p. 296.

39. Thornhill & Palmer, 2000; Wilson & Daly, 1992; Jones, 1999.

40. A. Dworkin, 1993, p. 119.

41. Archer, 2009; Clutton-Brock, 2007; Symons, 1979; Trivers, 1972.

42. Jones, 1999.

43. Jones, 1999, 2000; Thornhill & Palmer, 2000.

44. Gottschall & Gottschall, 2003; Jones, 1999.

45. Buss, 2000; Symons, 1979; Wilson & Daly, 1992.

46. Buss, 2000.

47. Brownmiller, 1975; Wilson & Daly, 1992.

48. Brownmiller, 1975. 현재에 남은 흔적: Wilson & Daly, 1992.

49. Brownmiller, 1975, p. 374.
50. Quote from Wilson & Daly, 1992. 이혼도 드물지 않다.: Brownmiller, 1975.
51. Symons, 1979; Thornhill & Palmer, 2000.
52. Buss, 1989; Thornhill & Palmer, 2000.
53. Hunt, 2007; Macklin, 2003.
54. Brownmiller, 1975.
55. Quoted in Jaggar, 1983, p. 27.
56. Quoted in Brownmiller, 1975, p. 302.
57. Quoted in Brownmiller, 1975, p. 302.
58. United Nations Development Fund for Women, 2003.
59. 2007년 1월 13일에 F. X. 셴과 개인적으로 나눈 대화에서. 터부 위반에 대한 사람들의 분노: http://www.gamegrene.com/node/447; http://www.cnn.com/2010/WORLD/asiapcf/03/30/japan.video.game.rape/index.html.
60. Taylor & Johnson, 2008.
61. Sommers, 1994, chap. 10; MacDonald, 2008.
62. U.S. Bureau of Justice Statistics, Maston, 2010.
63. Spence, Helmreich, & Stapp, 1973; Twenge, 1997.
64. Salmon & Symons, 2001, p. 4.
65. Buss, 1989.
66. Brownmiller, 1975, p. 15.
67. Brownmiller, 1975, p. 209.
68. Check & Malamuth, 1985; Gottschall & Gottschall, 2001; Jones, 1999, 2000; MacDonald, 2008; Sommers, 1994; Thornhill & Palmer, 2000; Pinker, 2002, chap. 18.
69. Brownmiller, 1975, pp. 210-11.
70. MacDonald, 2008.
71. Kimmel, 2002; Wilson & Daly, 1992.
72. Buss, 2000; Symons, 1979; Wilson & Daly, 1992.
73. Wilson & Daly, 1992.
74. Suk, 2009, p. 13.
75. Wilson & Daly, 1992.
76. Suk, 2009, p. 10.
77. Rossi, Waite, Bose, & Berk, 1974.
78. Shotland & Straw, 1976.
79. Johnson & Sigler, 2000.

80. Johnson & Sigler, 2000.

81. Archer, 2009; Straus, 1977/1978; Straus & Gelles, 1988.

82. Straus, 1977/1978, pp. 447-48.

83. Johnson, 2006; Johnson & Leone, 2005.

84. Dobash et al., 1992; Graham-Kevan & Archer, 2003; Johnson, 2006; Johnson & Leone, 2005; Kimmel, 2002; Saunders, 2002.

85. Straus, 1995; Straus & Kantor, 1994.

86. Straus & Kantor, 1994, figure 2.

87. Browne & Williams, 1989.

88. Jansson, 2007.

89. Archer, 2006a.

90. Heise & Garcia-Moreno, 2002.

91. United Nations Population Fund, 2000.

92. United Nations Development Fund for Women, 2003, appendix 1.

93. Kristof & WuDunn, 2009; United Nations Development Fund for Women, 2003.

94. Archer, 2006a. 이 논문에 보고된 상관관계는 물질적 부를 통제하지 않은 것이었지만, 아처는 2010년 5월 18일에 나와 개인적으로 나눈 대화에서 일인당 GDP를 회귀 분석에 삽입했을 때도 둘 다 여전히 통계적으로 유의미했다고 확인해 주었다.

95. Kristof & WuDunn, 2009; United Nations Development Fund for Women, 2003.

96. Nadelmann, 1990.

97. Statement by I. Alberdi, "10th Anniversary Statement on the UN International Day for the Elimination of Violence Against Women," UNIFEM, http://www.unifem.org/news_events/story_detail.php?StoryID=976.

98. Pew Research Center, 2010.

99. Esposito & Mogahed, 2007; Mogahed, 2006.

100. Milner, 2000, pp. 206-8.

101. Breiner, 1990; Daly & Wilson, 1988; deMause, 1998; Hrdy, 1999; Milner, 2000; Piers, 1978; Resnick, 1970; Williamson, 1978.

102. Williamson, 1978. See also Daly & Wilson, 1988; Divale & Harris, 1976; Hrdy, 1999; Milner, 2000.

103. Milner, 2000, p. 3; see also Williamson, 1978.

104. deMause, 1974, quoted in Milner, 2000, p. 2.

105. Breiner, 1990; deMause, 1974, 1998, 2008; Heywood, 2001; Hrdy, 1999; Milner, 2000.

106. Milner, 2000, p. 537.

107. Daly & Wilson, 1988; Hagen, 1999; Hawkes, 2006; Hrdy, 1999; Maynard Smith, 1988, 1998.

108. Hagen, 1999.

109. Maynard Smith, 1998. 매몰 비용 회피에 대한 예외: Dawkins & Brockmann, 1980.

110. Daly & Wilson, 1988; Hagen, 1999; Hrdy, 1999.

111. Daly & Wilson, 1988, pp. 37-60.

112. Quoted in Daly & Wilson, 1988, p. 51.

113. Williamson, 1978, p. 64.

114. Quoted in Milner, 2000, p. 12.

115. Plutarch, "On affection for children," quoted in Milner, 2000, p. 508.

116. Hagen, 1999; Daly & Wilson, 1988, pp. 61-77.

117. Daly & Wilson, 1988; Milner, 2000.

118. Sen, 1990; Milner, 2000, chap. 8; N. D. Kristof, "Stark data on women: 100 million are missing," *New York Times*, Nov. 5, 1991.

119. Milner, 2000, pp. 236-45; see also Hudson & den Boer, 2002.

120. Quoted in N. D. Kristof, "Stark data on women: 100 million are missing," *New York Times*, Nov. 5, 1991.

121. Milner, 2000, chap. 8; Hrdy, 1999; Hawkes, 1981; Daly & Wilson, 1988, pp. 53-56.

122. Breiner, 1990, pp. 6-7.

123. Milner, 2000; Hanlon, 2007; Hynes, in press.

124. Maynard Smith, 1988, 1998.

125. Divale & Harris, 1976. 이론의 문제: Chagnon, 1997; Daly & Wilson, 1988; Hawkes, 1981.

126. Trivers & Willard, 1973. 이론의 문제: Hawkes, 1981; Hrdy, 1999.

127. Hrdy, 1999.

128. 예외로는 중국의 산시 족(Milner, 2000, p. 238), 케냐의 렌딜레 족(Williamson, 1978, note 33), 17세기 파르마의 가난한 도시 일꾼들(Hynes, in press)이 있다.

129. Gottschall, 2008.

130. Chagnon, 1997; Gottschall, 2008.

131. Hawkes, 1981; Sen, 1990.

132. Quoted in Milner, 2000, p. 130.

133. India and China today; Milner, 2000, pp. 236-45.

134. Hudson & den Boer, 2002.

135. FBI Uniform Crime Reports, "2007: Crime in the United States," U.S. Department of Justice, 2007, http://www2.fbi.gov/ucr/cius2007/offenses/expanded_information/data/shrtable_02.html.
136. Milner, 2000, p. 124; Daly & Wilson, 1988; Resnick, 1970.
137. Milner, 2000, chap. 2; Breiner, 1990.
138. Quoted in Milner, 2000, p. 512.
139. Brock, 1993; Glover, 1977; Green, 2001; Kohl, 1978; Singer, 1994; Tooley, 1972.
140. Milner, 2000, p. 16.
141. Resnick, 1970.
142. From a memoir by Benjamin Franklin Bonney, quoted in Courtwright, 1996, pp. 118-19.
143. Glover, 1999.
144. Brock, 1993; Gazzaniga, 2005; Green, 2001; Singer, 1994.
145. W. Langer, quoted by Milner, 2000, p. 68. See also Hanlon, 2007; Hynes, in press.
146. Milner, 2000, p. 70.
147. Quoted in deMause, 1982, p. 31.
148. Milner, 2000, p. 71.
149. Milner, 2000, pp. 99-107; chaps. 3-5.
150. Quoted in Milner, 2000, p. 100.
151. Henshaw, 1990; Sedgh et al., 2007.
152. Gazzaniga, 2005.
153. Gray, Gray, & Wegner, 2007.
154. Levinson, 1989; Milner, 2000, p. 267.
155. Milner, 2000, p. 257.
156. Heywood, 2001, p. 100.
157. deMause, 1998.
158. Heywood, 2001, p. 100.
159. A. Helms, "Review of Peter Martin's 'Samuel Johnson: A Biography,'" *Boston Globe*, Nov. 30, 2008.
160. deMause, 2008, p. 10.
161. Milner, 2000, p. 267.
162. deMause, 2008.
163. Piers, 1978, quoted in Milner, 2000, p. 266.
164. Milner, 2000, pp. 386-89; see also Heywood, 2001, pp. 94-97; Daly & Wilson, 1999; Tatar, 2003.

165. Dawkins, 1976/1989; Hrdy, 1999; Trivers, 1974, 1985.

166. Quoted in Heywood, 2001, p. 33.

167. Heywood, 2001, pp. 23-24.

168. Quotes from Heywood, 2001, p. 23.

169. Quotes from Heywood, 2001, p. 24.

170. Heywood, 2001; Zelizer, 1985.

171. Zelizer, 1985.

172. White, 1996.

173. H. Markel, "Case shined first light on abuse of children," *New York Times*, Dec. 15, 2009.

174. Heywood, 2001.

175. Harris, 1998/2008; Straus, 1999.

176. Straus, 2005.

177. Harris, 1998/2008.

178. Nisbett & Cohen, 1996.

179. www.surveyusa.com/50StateDisciplineChild0805SortedbyTeacher.htm. '공화당 지지 주'와 '민주당 지지 주'는 2004년 대통령 선거의 투표 결과에 따라 정의했다.

180. www.surveyusa.com/50StateDisciplineChild0805Sort-edbyTeacher.htm.

181. Data from the General Social Survey, http://www.norc.org/GSS+Website/.

182. Straus, 2001, pp. 27-29; Straus, 2009; Straus & Kantor, 1995.

183. Straus, 2009.

184. Straus, 2009.

185. Harris, 1998/2008.

186. Data from the General Social Survey, http://www.norc.org/GSS+Website/.

187. Straus, 2009.

188. www.surveyusa.com/50StateDisciplineChild0805SortedbyTeacher.htm.

189. Human Rights Watch, 2008.

190. Straus & Kantor, 1995.

191. 1976년과 1985년 여론 조사: Straus & Gelles, 1986. 1999년 여론 조사: PR Newswire, http://www.nospank.net/n-e62.htm.

192. A. Gentleman, "'The fear is not in step with reality,'" *Guardian*, Mar. 4, 2010.

193. Cullen, 2009.

194. P. Klass, "At last, facing down bullies (and their enablers)," *New York Times*, Jun. 9, 2009.

195. J. Saltzman, "Antibully law may face free speech challenges," *Boston Globe*, May

4, 2010; W. Hu, "Schools' gossip girls and boys get some lessons in empathy," *New York Times*, Apr. 5, 2010; P. Klass, "At last, facing down bullies (and their enablers)," *New York Times*, Jun. 9, 2009.

196. "The truth about bullying," *Oprah Winfrey Show*, May 6, 2009; http:// www.oprah.com/relationships/School-Bullying.

197. DeVoe et al., 2004.

198. M. Males & M. Lind, "The myth of mean girls," *New York Times*, Apr. 2, 2010; W. Koch, "Girls have not gone wild, juvenile violence study says," *USA Today*, Nov. 20, 2008. See also Girls Study Group, 2008, for data through 2004.

199. Harris, 1998/2008; see also Pinker, 2002, chap. 19; Harris, 2006; Wright & Beaver, 2005.

200. S. Saulny, "25 Chicago students arrested for a middle-school food fight," *New York Times*, Nov. 11, 2009.

201. I. Urbina, "It's a fork, it's a spoon, it's a... weapon?" *New York Times*, Oct. 12, 2009; I. Urbina, "After uproar on suspension, district will rewrite rules," *New York Times*, Oct. 14, 2009. 이글스카우트: "Brickbats," *Reason*, Apr. 2010.

202. W. Hu, "Forget goofing around: Recess has a new boss," *New York Times*, Mar. 14, 2010.

203. Schechter, 2005.

204. J. Steinhauer, "Drop the mask! It's Halloween, kids, you might scare somebody," *New York Times*, Oct. 30, 2009.

205. Skenazy, 2009, p. 161.

206. Skenazy, 2009, p. 69.

207. Skenazy, 2009; Finkelhor, Hammer, & Sedlak, 2002; "Phony numbers on child abduction," *STATS at George Mason University*; http://stats.org/stories/2002/phony_aug01_02.htm.

208. Google Books, analyzed with Bookworm, Michel et al., 2011; 그림 7-1의 설명을 보라.

209. Skenazy, 2009.

210. Skenazy, 2009.

211. Cited in Skenazy, 2009, p. 16.

212. D. Bennett, "Abducted: The Amber Alert system is more effective as theater than as a way to protect children," *Boston Globe*, Jul. 20, 2008.

213. Skenazy, 2009, p. 176.

214. D. Bennett, "Abducted: The Amber Alert system is more effective as theater than

as a way to protect children," *Boston Globe*, Jul. 20, 2008.

215. Hodges, 1983.

216. Turing, 1936.

217. Turing, 1950.

218. Fone, 2000. 현재: Ottosson, 2009.

219. Fone, 2000. 남성 동성애에 반대하는 다른 법률들: Ottosson, 2006.

220. U.S. Department of Justice, FBI, *2008 Hate crime statistics*, table 4, http://www2.fbi.gov/ucr/hc2008/data/table_04.html.

221. Bailey, 2003; Hamer & Copeland, 1994; LeVay, 2010; Peters, 2006.

222. Baumeister, 2000.

223. Hamer & Copeland, 1994.

224. Broude & Greene, 1976.

225. Broude & Greene, 1976.

226. Haidt, 2002; Rozin, 1997.

227. Fone, 2000.

228. Fone, 2000.

229. Ottosson, 2006, 2009.

230. Quoted in Ottosson, 2009.

231. *Lawrence v. Texas* (02-102), 2003, http://www.law.cornell.edu/supct/html/02-102.ZO.html.

232. Pinker, 1998.

233. Gallup, 2008.

234. Gallup, 2009.

235. Gallup, 2002.

236. http://www.fbi.gov/hq/cid/civilrights/hate.htm.

237. Harlow, 2005.

238. FBI, *2008 Hate crime statistics*, http://www2.fbi.gov/ucr/hc2008/index.html. 2008년 범죄 통계: FBI, *2008 Crime in the United States*, http://www2.fbi.gov/ucr/cius2008/index.html.

239. FBI, *2008 Hate crime statistics*, http://www2.fbi.gov/ucr/hc2008/index.html. 1996년에서 2005년 사이에 115건의 증오 범죄 살인이 있었고, 그중 약 5분의 1은 동성애자가 대상이었다.

240. Herzog, 2010, p. 209.

241. Gross, 2009; Harris, 1985; Herzog, 2010; Spencer, 2000; Stuart, 2006.

242. Boyd & Silk, 2006; Harris, 1985; Herzog, 2010; Wrangham, 2009a.

243. Boyd & Silk, 2006; Cosmides & Tooby, 1992; Tooby & DeVore, 1987.

244. Boyd & Silk, 2006; Harris, 1985; Symons, 1979.

245. Herzog, 2010.

246. Brandt, 1974.

247. www.nativetech.org/recipes/recipe.php?recipeid=211.

248. Wrangham, 2009a.

249. Gray & Young, 2011; quote from C. Turnbull.

250. Quoted in Stuart, 2006, p. xviii.

251. Quoted in Spencer, 2000, p. 210.

252. Quoted in Gross, 2009.

253. Quoted in Gross, 2009.

254. Descartes, 1641/1967.

255. Spencer, 2000, p. 210.

256. P. C. D. Brears, *The gentlewoman's kitchen*, 1984, quoted in Spencer, 2000, p. 205.

257. P. Pullar, *Consuming passions*, 1970, quoted in Spencer, 2000, p. 206.

258. Herzog, 2010; Rozin et al., 1997; Spencer, 2000; Stuart, 2006.

259. Haidt, 2002; Rozin et al., 1997; Shweder et al., 1997.

260. Rozin, 1996.

261. Spencer, 2000; Stuart, 2006.

262. Herzog, 2010.

263. Schechter, Greenstone, Hirsch, & Kohler, 1906.

264. Spencer, 2000.

265. Harris, 1985.

266. Herzog, 2010; Stuart, 2006.

267. Quoted in Spencer, 2000, p. 210.

268. N. Kristof, "Humanity toward animals," *New York Times*, Apr. 8, 2009.

269. Gross, 2009; Herzog, 2010; Stuart, 2006.

270. *The road to Wigan Pier*, quoted in Spencer, 2000, pp. 278–79.

271. Singer, 1975/2009; Spencer, 2000.

272. Quoted in Spencer, 2000, p. 303.

273. Singer, 1975/2009.

274. Singer, 1981/2011.

275. K. W. Burton, "Virtual dissection," *Science*, Feb. 22, 2008.

276. Herzog, 2010, pp. 155–62.

277. D. Woolls, "Tuning out tradition: Spain pulls live bullfights off state TV," *Boston*

Globe, Aug. 23, 2007.

278. K. Johnson, "For many youths, hunting loses the battle for attention," *New York Times*, Sept. 25, 2010.
279. U.S. Fish and Wildlife Service, 2006.
280. S. Rinella, "Locavore, get your gun," *New York Times*, Dec. 14, 2007.
281. P. Bodo, "Hookless fly-fishing is a humane advance," *New York Times*, Nov. 7, 1999.
282. American Humane Association Film and Television Unit, 2010; http://www.americanhumane.org/protecting-animals/programs/no-animals-were-harmed/.
283. American Humane Association Film and Television Unit, 2009.
284. M. Leibovich, "What's white, has 132 rooms, and flies?" *New York Times*, Jun. 18, 2009.
285. Herzog, 2010.
286. U.S. Department of Agriculture, Economic Research Service, graphed at http://www.humanesociety.org/assets/pdfs/farm/Per-Cap-Cons-Meat-1.pdf.
287. Herzog, 2010, p. 193.
288. J. Temple, "The no-kill carnivore," *Wired*, Feb. 2009.
289. Herzog, 2010, p. 200.
290. Herzog, 2010; C. Stahler, "How many vegetarians are there?" *Vegetarian Journal*, Jul.-Aug. 1994.
291. Herzog, 2010, pp. 198-99.
292. U.S. Department of Agriculture, Economic Research Service, graphed at http://www.humanesociety.org/assets/pdfs/farm/Per-Cap-Cons-Meat-1.pdf.
293. W. Neuman, "New way to help chickens cross to other side," *New York Times*, Oct. 21, 2010.
294. 2000 Taylor Nelson Poll for the RSPCA, cited in Vegetarian Society, 2010.
295. Gallup, 2003.
296. N. D. Kristof, "A farm boy reflects," *New York Times*, Jul. 31, 2008.
297. http://ec.europa.eu/food/animal/index_en.htm.
298. L. Hickman, "The lawyer who defends animals," *Guardian*, Mar. 5, 2010.
299. Gallup, 2003.
300. "The Dean activists: Their profile and prospects," Pew Research Center for the People & the Press, 2005, http://people-press.org/report/?pageid=936.
301. Singer, 1994.
302. Pinker, 1997, chaps. 2, 8.

303. J. McMahon, "The meat eaters," *New York Times*, Sept. 19, 2010.
304. Nash, 2009, p. 329; Courtwright, 2010.
305. Caplow et al., 2001, p. 267.
306. Diamond, 1997; Sowell, 1994, 1996, 1998.
307. King, 1963/1995.
308. Parker, 1852/2005, "Of Justice and Conscience," in *Ten Sermons of Religion*.

8장

1. See Pinker, 2002.
2. Côté et al., 2006.
3. Quoted in C. Holden, "The violence of the lambs," *Science*, 289, 2000, pp. 580-81.
4. Kenrick & Sheets, 1994; Buss, 2005, pp. 5-8.
5. Quoted in Buss, 2005, pp. 6-7.
6. Schechter, 2005, p. 81.
7. Schechter, 2005.
8. Pinker, 1997, chap. 8. 폭력에 대한 뒤틀린 호기심: Baumeister, 1997; Tiger, 2006.
9. Symons, 1979.
10. Panksepp, 1998, p. 194.
11. Quoted in Hitchcock & Cairns, 1973, pp. 897, 898.
12. Pinker, 2007b, chap. 7.
13. Collins, 2008; Grossman, 1995; Marshall, 1947/1978.
14. Bourke, 1999; Spiller, 1988.
15. Collins, 2008.
16. Bourke, 1999; Collins, 2008; Thayer, 2004.
17. Wrangham, 1999a.
18. Pinker, 2002, chap. 6; Dreger, 2011.
19. Baumeister, 1997; Baumeister & Campbell, 1999.
20. Baumeister, Stillwell, & Wotman, 1990.
21. Baumeister et al., 1990.
22. Stillwell & Baumeister, 1997.
23. Goffman, 1959; Tavris & Aronson, 2007; Trivers, in press; von Hippel & Trivers, 2011; Kurzban, 2011.
24. Festinger, 1957. 레이크 워비건 효과와 다른 긍정적 망상들: Taylor, 1989.
25. Haidt, 2002; Pinker, 2008; Trivers, 1971.

26. Baumeister, 1997; Baumeister et al., 1990; Stillwell & Baumeister, 1997.

27. Trivers, 1976, 1985, in press; von Hippel & Trivers, 2011.

28. Quoted in Trivers, 1985.

29. Pinker, 2011.

30. Valdesolo & DeSteno, 2008.

31. Baumeister, 1997.

32. Baumeister, 1997, pp. 50-51; van Evera, 1994.

33. Mueller, 2006.

34. Baumeister, 1997, chap. 2.

35. Baumeister, 1997, chap. 2; Bullock, 1991; Rosenbaum, 1998.

36. Quoted in J. McCormick & P. Annin, "Alienated, marginal, and deadly," *Newsweek*, Sept. 19, 1994.

37. Quoted in Baumeister, 1997, p. 41.

38. Quoted in Baumeister, 1997, p. 49.

39. Black, 1983. 가정 폭력에서의 도발: Buss, 2005; Collins, 2008; Straus, 1977/1978.

40. Baumeister, 1997.

41. Shermer, 2004, pp. 76-79; Rosenbaum, 1998.

42. Arendt, 1963.

43. Goldhagen, 2009.

44. Milgram, 1974.

45. Adams, 2006; Panksepp, 1998.

46. Panksepp, 1998.

47. Adams, 2006.

48. Panksepp, 1998.

49. Adams, 2006; Panksepp, 1998.

50. Renfrew, 1997, chap. 6.

51. Damasio, 1994; Fuster, 2008; Jensen et al., 2007; Kringelbach, 2005; Raine, 2008; Scarpa & Raine, 2007; Seymour, Singer, & Dolan, 2007.

52. Panksepp, 1998.

53. Olds & Milner, 1954.

54. Adams, 2006; Panksepp, 1998.

55. Adams, 2006; Panksepp, 1998.

56. Panksepp, 1998.

57. Panksepp, 1998, p. 199.

58. Archer, 2006b; Dabbs & Dabbs, 2000; Panksepp, 1998.

59. Damasio, 1994; Macmillan, 2000.

60. Quoted in Macmillan, 2000.

61. Damasio, 1994; Fuster, 2008; Jensen et al., 2007; Kringelbach, 2005; Raine, 2008; Scarpa & Raine, 2007; Seymour et al., 2007.

62. Sanfey et al., 2003.

63. Jensen et al., 2007; Kringelbach, 2005; Raine, 2008; Seymour et al., 2007.

64. Séguin, Sylvers, & Lilienfeld, 2007, p. 193.

65. Scarpa & Raine, 2007, p. 153.

66. Blair & Cipolotti, 2000; Blair, 2004; Raine, 2008; Scarpa & Raine, 2007.

67. Séguin et al., 2007, p. 193.

68. Stone, Baron-Cohen, & Knight, 1998.

69. Raine et al., 2000.

70. Young & Saxe, 2009.

71. Saxe & Kanwisher, 2003.

72. Greene, in press; Greene & Haidt, 2002; Pinker, 2008.

73. Greene, in press; Greene & Haidt, 2002; Greene et al., 2001.

74. Fuster, 2008.

75. Baumeister, 1997.

76. Buss & Duntley, 2008.

77. From F. Zimring, quoted in Kaplan, 1973, p. 23.

78. Liebenberg, 1990.

79. Baumeister, 1997, p. 125.

80. Hare, 1993; Lykken, 1995; Mealey, 1995; Raine, 2008; Scarpa & Raine, 2007.

81. G. Miller, "Investigating the psychopathic mind," *Science*, Sept. 5, 2008, pp. 1284-86; Hare, 1993; Baumeister, 1997, p. 138.

82. Raine, 2008.

83. Hare, 1993; Lykken, 1995; Mealey, 1995; Raine, 2008. 사기꾼 전략으로서의 사이코패스: Kinner, 2003; Lalumière, Harris, & Rice, 2001; Mealey, 1995; Rice, 1997.

84. Mueller, 2004a; Valentino, 2004.

85. Cosmides & Tooby, 1992; Pinker, 2007b, chaps. 5 and 9.

86. Tooby & Cosmides, 2010.

87. Johnson, 2004; Tavris & Aronson, 2007; Taylor, 1989.

88. von Hippel & Trivers, 2011.

89. Trivers, 1976, in press; von Hippel & Trivers, 2011.

90. Quoted in Johnson, 2004, p. 1.

91. Luard, 1986, pp. 204, 212, 268-69.

92. Johnson, 2004, p. 4; Lindley & Schildkraut, 2005; Luard, 1986, p. 268.

93. Wrangham, 1999b.

94. Johnson et al., 2006.

95. K. Alter, "Is Groupthink driving us to war?" *Boston Globe*, Sept. 21, 2002.

96. Janis, 1982.

97. Daly & Wilson, 1988, p. 127.

98. Daly & Wilson, 1988; Dawkins, 1976/1989; Maynard Smith, 1988.

99. Boehm, 1999; de Waal, 1998.

100. Dawkins, 1976/1989; Maynard Smith, 1988.

101. Chwe, 2001; Lee & Pinker, 2010; Lewis, 1969; Pinker, 2007b.

102. Brezina, Agnew, Cullen, & Wright, 2004.

103. Felson, 1982; Baumeister, 1997, pp. 155-56. See also McCullough, 2008; McCullough, Kurzban, & Tabak, 2010.

104. Baumeister, 1997, p. 167.

105. de Waal, 1996; McCullough, 2008.

106. McCullough, 2008.

107. Van der Dennen, 2005; Wrangham & Peterson, 1996; Wrangham et al., 2006.

108. Browne, 2002; Susan M. Pinker, 2008; Rhoads, 2004.

109. Byrnes, Miller, & Schafer, 1999; Daly & Wilson, 1988; Johnson, 2004; Johnson et al., 2006; Rhoads, 2004.

110. Browne, 2002; Susan M. Pinker, 2008; Rhoads, 2004.

111. Archer, 2006b, 2009; Buss, 2005; Daly & Wilson, 1988; Geary, 2010; Goldstein, 2001.

112. Geary, 2010; Pinker, 2002, chap. 18; Archer, 2009; Blum, 1997; Browne, 2002; Halpern, 2000.

113. Geary, 2010; Crick, Ostrov, & Kawabata, 2007.

114. Buss, 1994; Daly & Wilson, 1988; Ellis, 1992; Symons, 1979.

115. Betzig, 1986; Betzig, Borgerhoff Mulder, & Turke, 1988.

116. Buss, 1994; Ellis, 1992.

117. Blum, 1997; Geary, 2010; Panksepp, 1998.

118. N. Angier, "Does testosterone equal aggression? Maybe not," *New York Times*, Jun. 20, 1995.

119. Archer, 2006b; Dabbs & Dabbs, 2000; Johnson et al., 2006; McDermott, Johnson, Cowden, & Rosen, 2007.

120. Buss, 1994; Buss & Schmitt, 1993.

121. Daly & Wilson, 2005.

122. Daly & Wilson, 1988, 2000; Rogers, 1994.

123. Baumeister, 1997; Baumeister, Smart, & Boden, 1996.

124. Quoted in Baumeister, 1997, p. 144.

125. Rosenbaum, 1998, p. xii.

126. American Psychiatric Association, 2000.

127. Bullock, 1991; Oakley, 2007; Shermer, 2004. See also Chirot, 1994; Glover, 1999.

128. Brown, 1985; Pratto, Sidanius, & Levin, 2006; Sidanius & Pratto, 1999; Tajfel, 1981; Tooby, Cosmides, & Price, 2006.

129. Brown, 1985.

130. Archer, 2006b; Dabbs & Dabbs, 2000; McDermott et al., 2007.

131. Stanton et al., 2009.

132. Brown, 1985; Hewstone, Rubin, & Willis, 2002; Pratto et al., 2006; Sidanius & Pratto, 1999; Tajfel, 1981.

133. Aboud, 1989. 아기, 인종, 말투: Kinzler, Shutts, DeJesus, & Spelke, 2009.

134. Pratto et al., 2006; Sidanius & Pratto, 1999.

135. Kurzban, Tooby, & Cosmides, 2001; Sidanius & Pratto, 1999.

136. Tucker & Lambert, 1969; Kinzler et al., 2009.

137. Chirot, 1994, chap. 12; Goldstein, 2001, p.409; Baumeister, 1997, p. 152.

138. Chirot, 1994, chap. 12; Goldstein, 2001, p.409; Baumeister, 1997.

139. Fattah & Fierke, 2009.

140. Mueller, 1989.

141. Brown, 1997; Fearon & Laitin, 1996; Fearon & Laitin, 2003; Lacina, 2006; Mueller, 2004a; van Evera, 1994.

142. Pinker, 1994, chap. 8.

143. Brown, 1997.

144. Fearon & Laitin, 1996.

145. Asal & Pate, 2005; Bell, 2007b; Brown, 1997; Mnookin, 2007; Sowell, 2004; Tyrrell, 2007. 국가적 통합 기제로서의 럭비팀: Carlin, 2008.

146. Appiah, 2006; Sen, 2006.

147. Pratto et al., 2006; Sidanius & Pratto, 1999; Sidanius & Veniegas, 2000.

148. Goldstein, 2001.

149. Luard, 1986, p. 194.

150. Gottschall, 2008.

151. Goldstein, 2001; Mueller, 1989.

152. Goldstein, 2001, pp. 329-30.

153. "Exit polls, 1980-2008," *New York Times*, http://elections.nytimes.com/2008/results/president/exit-polls.html.

154. Goldstein, 2001, pp. 329-30.

155. Goldstein, 2001, pp. 329-30.

156. Goldstein, 2001, pp. 396-99.

157. Goldstein, 2001, p. 399.

158. Hudson & den Boer, 2002; Potts & Hayden, 2008.

159. Google Books, analyzed by Bookworm (그림 7-1의 설명을 보라.), Michel et al., 2011.

160. Google Books, analyzed by Bookworm (그림 7-1의 설명을 보라.), Michel et al., 2011.

161. Quoted in Daly & Wilson, 1988, p. 228.

162. Quoted in J. Diamond, "Vengeance is ours," *New Yorker*, Apr. 21, 2008.

163. Quoted in Daly & Wilson, 1988, p. 230.

164. McCullough, 2008, pp. 74-76; Daly & Wilson, 1988, pp. 221-27. 부족 간 전쟁에서의 복수: Chagnon, 1997; Daly & Wilson, 1988; Keeley, 1996; Wiessner, 2006.

165. McCullough et al., 2010.

166. Atran, 2003; Horowitz, 2001; Mueller, 2006.

167. Luard, 1986, p. 269.

168. G. Prange, quoted in Mueller, 2006, p. 59.

169. Mueller, 2006.

170. "Full text: Bin Laden's 'Letter to America,'" *Observer*, Nov. 24, 2002; http://www.guardian.co.uk/world/2002/nov/24/theobserver.

171. Buss, 2005; Kenrick & Sheets, 1994.

172. McCullough, 2008.

173. Giancola, 2000.

174. Panksepp, 1998.

175. Sanfey et al., 2003.

176. de Quervain et al., 2004.

177. Singer et al., 2006.

178. Gilligan, 1982.

179. Crick et al., 2007; Geary, 2010.

180. McCullough, 2008; McCullough et al., 2010.

181. Daly & Wilson, 1988, p. 128.

182. Axelrod, 1984/2006; Axelrod & Hamilton, 1981; McCullough, 2008; Nowak, 2006; Ridley, 1997; Sigmund, 1997.

183. Poundstone, 1992.

184. Axelrod, 1984/2006; Axelrod & Hamilton, 1981.

185. Trivers, 1971.

186. McCullough, 2008; Nowak, May, & Sigmund, 1995; Ridley, 1997; Sigmund, 1997.

187. Axelrod, 1984/2006.

188. Nowak, 2006; Nowak & Sigmund, 1998.

189. Fehr & Gächter, 2000; Herrmann, Thöni, & Gächter, 2008a; Ridley, 1997.

190. Hardin, 1968.

191. Fehr & Gächter, 2000; Herrmann, Thöni, & Gächter, 2008b; McCullough, 2008; McCullough et al., 2010; Ridley, 1997.

192. Diamond, 1977; see also Ford & Blegen, 1992.

193. Frank, 1988; Schelling, 1960. 자기 구제 정의: Black, 1983; Daly & Wilson, 1988.

194. Sell, Tooby, & Cosmides, 2009.

195. Gollwitzer & Denzler, 2009.

196. Bolton & Zwick, 1995; Brown, 1968; Kim, Smirth, & Brigham, 1998.

197. Felson, 1982.

198. Bolton & Zwick, 1995; Fehr & Gächter, 2000; Ridley, 1997; Sanfey et al., 2003.

199. Sanfey et al., 2003.

200. Baumeister, 1997.

201. D. Gilbert, "He who cast the first stone probably didn't," *New York Times*, Jul. 24, 2006.

202. Shergill, Bays, Frith, & Wolpert, 2003.

203. Kaplan, 1973.

204. Daly & Wilson, 1988, p. 256.

205. Carlsmith, Darley, & Robinson, 2002.

206. Pinker, 2002, chap. 10.

207. Ellickson, 1991.

208. Herrmann et al., 2008a, 2008b.

209. McCullough, 2008; McCullough et al., 2010.

210. de Waal, 1996.

211. Sherif, 1966.

212. Baumeister, Stillwell, & Heatherton, 1994; Haidt, 2002; Trivers, 1971.

213. Chwe, 2001; Lee & Pinker, 2010; Lewis, 1969; Pinker, 2007b; Pinker, Nowak, & Lee, 2008.

214. Dodds, 2003b, accessed Jun. 28, 2010. See also Dodds, 2003a.

215. Long & Brecke, 2003, pp. 70-71.

216. Goldstein, 2011.

217. Long & Brecke, 2003, p. 72.

218. Oz, 1993, p.260.

219. Levinson, 2004a, p. 34; P. Finn, J. Warrick, & J. Tate, "Detainee became an asset," *Washington Post*, Aug. 29, 2009.

220. Levinson, 2004a; Posner, 2004; Walzer, 2004.

221. A. Grafton, "Say anything," *New Republic*, Nov. 5, 2008.

222. Tuchman, 1978.

223. Schechter, 2003.

224. Fox & Levin, 1999, p. 166.

225. C. Beam, "Blood loss: The decline of the serial killer," *Slate*, Jan. 5, 2011.

226. Fox & Levin, 1999, p. 167; J. A. Fox, cited in Schechter, 2003, p. 286.

227. Schechter, 2003.

228. Nell, 2006; Tiger, 2006; Baumeister, 1997.

229. Potegal, 2006.

230. Takahashi et al., 2009.

231. Singer et al., 2006. 희생자의 인식이 복수에 필수적이라는 점: Gollwitzer & Denzler, 2009.

232. Baumeister, 1997; Baumeister & Campbell, 1999.

233. Panksepp, 1998.

234. Quoted in Thayer, 2004, p. 191.

235. Quoted in Baumeister, 1997, p. 224.

236. Gallonio, 1903/2004; Puppi, 1990.

237. Schechter, 2005.

238. Theweleit, 1977/1987, quoted in deMause, 2002, p. 217.

239. Schechter, 2003, p. 31.

240. Schechter, 2003, p. 31.

241. Baumeister, 1997, chap. 10; Baumeister et al., 1994.

242. Levinson, 2004b.

243. Dershowitz, 2004b.

244. Dershowitz, 2004b; Levinson, 2004a.

245. Levinson, 2004a; Posner, 2004.

246. de Waal, 1996; Preston & de Waal, 2002.

247. Hauser, 2000, pp. 219-23.

248. Milgram, 1974.

249. Greene & Haidt, 2002; Greene et al., 2001.

250. Collins, 2008.

251. Browning, 1992.

252. Baumeister, 1997, p. 211.

253. Sperber, 2000.

254. Blair, 2004; Hare, 1993; Raine et al., 2000.

255. Baumeister, 1997, chap. 7.

256. Baumeister, 1997, chap. 7; Baumeister & Campbell, 1999.

257. Baumeister, 1997; Schechter, 2003.

258. Solomon, 1980.

259. Baumeister, 1997, chap. 7; Baumeister & Campbell, 1999.

260. Rozin, 1996. 적응으로서의 무해한 피학성: Pinker, 1997, pp. 389, 540.

261. Baumeister, 1997, chap. 6; Chirot & McCauley, 2006; Glover, 1999; Goldhagen, 2009; Kiernan, 2007; Valentino, 2004.

262. 이 생각을 떠올리게 해 준 제니퍼 쉬히스케핑턴에게 감사한다.

263. Myers & Lamm, 1976.

264. Janis, 1982.

265. Hoyle, Pinkley, & Insko, 1989; see also Baumeister, 1997, 193-94.

266. Milgram, 1974.

267. Manning, Levine, & Collins, 2007. 방관자의 무관심: Latané & Darley, 1970.

268. Zimbardo, 2007; Zimbardo, Maslach, & Haney, 2000.

269. Goldhagen, 2009.

270. Burger, 2009. 스탠퍼드 감옥 실험을 부분적으로 재현한 실험에 대해서는 다음을 보라. Reicher & Haslam, 2006. 그러나 차이점이 너무 많기 때문에 시대에 따른 경향성의 변화를 보여 주는 실험이라고는 할 수 없다.

271. Twenge, 2009.

272. Deutsch & Gerard, 1955.

273. Salganik, Dodds, & Watts, 2006.

274. Centola, Willer, & Macy, 2005; Willer et al., 2009.

275. Spencer & Croucher, 2008.

276. Asch, 1956.
277. Centola et al., 2005; Willer et al., 2009.
278. Glover, 1999, p. 242.
279. Glover, 1999, pp. 292-93.
280. Centola et al., 2005.
281. Payne, 2005.
282. Travers & Milgram, 1969.
283. Willer et al., 2009.
284. Sokal, 2000.
285. Festinger, 1957.
286. Bandura, 1999; Bandura, Underwood, & Fromson, 1975; Kelman, 1973; Milgram, 1974; Zimbardo, 2007; Baumeister, 1997, part 3.
287. Orwell, 1946/1970.
288. Quoted in Nunberg, 2006, p. 20.
289. Pinker, 2007b; Pinker et al., 2008.
290. Glover, 1999; Baumeister, 1997, chaps. 8 and 9.
291. Katz, 1987.
292. Bandura et al., 1975; Milgram, 1974.
293. Arendt, 1963; Baumeister, 1997; Browning, 1992; Glover, 1999.
294. Greene, in press.
295. Slovic, 2007.
296. Bandura et al., 1975.
297. Bandura, 1999; Gabor, 1994.
298. See also Kahneman & Renshon, 2007.

9장

1. de Waal, 2009.
2. Rifkin, 2009. Excerpt from http://www.huffingtonpost.com/jeremy-rifkin/the-empathic-civilization_b_416589.html.
3. Gordon, 2009.
4. Dawkins, 1976/1989; McCullough, 2008; Nowak, 2006; Ridley, 1997.
5. Hume, 1751/2004.
6. Titchener, 1909/1973.
7. Based on an analysis of Google Books by the Bookworm program, Michel et al.,

2011; 그림 7-1의 설명을 보라.

8. Batson, Ahmad, Lishmer, & Tsang, 2002; Hoffman, 2000; Keen, 2007; Preston & de Waal, 2002.

9. James, 1977.

10. Batson et al., 2002; Hoffman, 2000; Keen, 2007; Preston & de Waal, 2002.

11. Baron-Cohen, 1995.

12. Blair & Perschardt, 2002.

13. Hare, 1993; Mealey & Kinner, 2002.

14. Batson et al., 2002.

15. Preston & de Waal, 2002.

16. Bandura, 2002.

17. di Pellegrino, Fadiga, Fogassi, Gallese, & Rizzolatti, 1992.

18. Iacoboni et al., 1999.

19. Iacoboni, 2008; J. Lehrer, "Built to be fans," *Seed*, Feb. 10, 2006, pp. 119-20; C. Buckley, "Why our hero leapt onto the tracks and we might not," *New York Times*, Jan. 7, 2007; S. Vedantam, "How brain's 'mirrors' aid our social understanding," *Washington Post*, Sept. 25, 2006.

20. Ramachandran, 2000.

21. McCullough, 2008, p. 125.

22. Lamm, Batson, & Decety, 2007; Moll, de Oliveira-Souza, & Eslinger, 2003; Moll, Zahn, de Oliveira-Souza, Krueger, & Grafman, 2005.

23. Csibra, 2008; Alison Gopnik, 2007; Hickok, 2009; Hurford, 2004; Jacob & Jeannerod, 2005.

24. Singer et al., 2006; Wicker et al., 2003.

25. Singer et al., 2006.

26. Lanzetta & Englis, 1989.

27. Lamm et al., 2007.

28. Damasio, 1994; Lamm et al., 2007; Moll et al., 2003; Moll et al., 2005; Raine, 2008.

29. Pfaff, 2007.

30. Batson et al., 2002; Batson, Lishner, Cook, & Sawyer, 2005.

31. Kosfeld et al., 2005; Zak, Stanton, Ahmadi, & Brosnan, 2007.

32. Lorenz, 1950/1971.

33. Hrdy, 1999.

34. Gould, 1980.

35. B. Barnes, "After Mickey's makeover, less Mr. Nice Guy," *New York Times*, Nov. 4, 2009.
36. Zebrowitz & McDonald, 1991.
37. Berkowitz & Frodi, 1979.
38. Etcoff, 1999.
39. Baumeister et al., 1994; Hoffman, 2000; McCullough, 2008; McCullough et al., 2010.
40. Baumeister et al., 1994; Clark, Mills, & Powell, 1986; Fiske, 1991; Fiske, 1992, 2004a.
41. Fiske & Tetlock, 1997; McGraw & Tetlock, 2005.
42. Axelrod, 1984/2006; Baumeister et al., 1994; Trivers, 1971.
43. Warneken & Tomasello, 2007; Zahn-Waxler, Radke-Yarrow, Wagner, & Chapman, 1992.
44. Batson et al., 2005b.
45. Preston & de Waal, 2002, p. 16; Batson, Turk, Shaw, & Klein, 1995c.
46. Krebs, 1975.
47. Batson & Ahmad, 2001; Batson et al., 2002; Batson, Ahmad, & Stocks, 2005a; Batson, Duncan, Ackerman, Buckley, & Birch, 1981; Batson et al., 1988; Krebs, 1975.
48. Batson et al., 2002; Batson et al., 1981; Batson et al., 1988.
49. Dawkins, 1976/1989; Hamilton, 1963; Maynard Smith, 1982.
50. Pinker, 1997, chaps. 1, 6; Pinker, 2006.
51. Batson & Ahmad, 2001; Batson et al., 2002; Batson et al., 2005a; Batson et al., 1981; Batson et al., 1988.
52. Batson et al., 2002; Batson et al., 2005a.
53. Batson et al., 1981.
54. Batson et al., 1988.
55. Batson & Moran, 1999.
56. Batson & Ahmad, 2001.
57. Batson et al., 2005a, pp. 367-68; Stephan & Finlay, 1999.
58. Batson et al., 1997.
59. Batson et al., 1988.
60. Batson et al., 1997.
61. Batson et al., 1997.
62. From "The natural history of German life," quoted in Keen, 2007, p. 54.

63. Hunt, 2007; Mar & Oatley, 2008; Mar et al., 2006; Nussbaum, 1997, 2006.
64. Mar et al., 2006.
65. Strange, 2002.
66. Batson, Chang, Orr, & Rowland, 2008.
67. Hakemulder, 2000.
68. Batson et al., 2005a; Batson et al., 1995a; Batson, Klein, Highberger, & Shaw, 1995b; Prinz, in press.
69. Batson et al., 1995b.
70. Batson et al., 1995a.
71. Batson et al., 2005a, p. 373.
72. Pinker, 2002.
73. Batson et al., 2005a.
74. Mueller & Lustick, 2008.
75. Ainslie, 2001; Daly & Wilson, 2000; Kirby & Herrnstein, 1995; Schelling, 1978, 1984, 2006.
76. Daly & Wilson, 1983, 2000, 2005; Wilson & Daly, 1997.
77. Akerlof, 1984; Frank, 1988.
78. Thaler & Sunstein, 2008.
79. Ainslie, 2001; Kirby & Herrnstein, 1995.
80. Ainslie, 2001; Kirby & Herrnstein, 1995.
81. Pinker, 1997, p. 396; Laibson, 1997.
82. Schelling, 1984, p. 58.
83. Metcalfe & Mischel, 1999.
84. McClure, Laibson, Loewenstein, & Cohen, 2004.
85. Fuster, 2008.
86. Shamosh et al., 2008.
87. Anderson et al., 1999; Damasio, 1994; Macmillan, 2000; Raine, 2008; Raine et al., 2000; Scarpa & Raine, 2007.
88. Hill et al., 2010.
89. Greene et al., 2001; McClure et al., 2004.
90. Gilbert et al., 2006; Koechlin & Hyafil, 2007; L. Helmuth, "Brain model puts most sophisticated regions front and center," *Science*, 302, p. 1133.
91. Lee, Chan, & Raine, 2008.
92. Gottfredson, 1997a, 1997b; Neisser et al., 1996.
93. Metcalfe & Mischel, 1999; Mischel et al., in press.

94. Chabris et al., 2008; Duckworth & Seligman, 2005; Kirby, Winston, & Santiesteban, 2005.
95. Tangney, Baumeister, & Boone, 2004.
96. Tangney et al., 2004.
97. Gottfredson, 2007; Gottfredson & Hirschi, 1990; Wilson & Herrnstein, 1985.
98. Rodriguez, Mischel, & Shoda, 1989.
99. Dewall et al., 2007; Tangney et al., 2004.
100. Caspi, 2000. See also Beaver, DeLisi, Vaughn, & Wright, 2008.
101. Caspi et al., 2002.
102. Fuster, 2008, pp. 17-19.
103. Wilson & Daly, 2006.
104. Romer, Duckworth, Sznitman, & Park, 2010.
105. Archer, 2006b.
106. Romer et al., 2010.
107. Bouchard & McGue, 2003; Harris, 1998/2008; McCrae et al., 2000; Pinker, 2002; Plomin, DeFries, McClearn, & McGuffin, 2008; Turkheimer, 2000.
108. Burks, Carpenter, Goette, & Rustichini, 2009; Shamosh & Gray, 2008. 자기 통제와 이마엽 지능: Shamosh et al., 2008.
109. Herrnstein & Murray, 1994; Neisser et al., 1996. 지능과 살인 피해자가 될 가능성: Batty, Deary, Tengstrom, & Rasmussen, 2008.
110. Beaver et al., 2008; Wright & Beaver, 2005.
111. Talmy, 2000; Pinker, 2007b, chap. 4.
112. Baumeister et al., 1998; quote from p.1254.
113. Baumeister et al., 1998; Baumeister, Gailliot, Dewall, & Oaten, 2006; Dewall et al., 2007; Gailliot & Baumeister, 2007; Gailliot et al., 2007; Hagger, Wood, Stiff, & Chatzisarantis, 2010.
114. Baumeister et al., 2006.
115. Gailliot & Baumeister, 2007.
116. Dewall et al., 2007.
117. Weedon & Frayling, 2008.
118. Schelling, 1984, 2006.
119. Metcalfe & Mischel, 1999.
120. Daly & Wilson, 2000, 2005; Wilson & Daly, 1997, 2006.
121. Gailliot et al., 2007.
122. Baumeister, 1997; Bushman, 1997. 감옥의 영양 보조제: J. Bohannon, "The

theory? Diet causes violence. The lab? Prison," *Science*, 325, Sept. 25, 2009.

123. Baumeister et al., 2006.

124. Eisner, 2008; Wiener, 2004; Wouters, 2007.

125. Clark, 2007a, p. 171.

126. Hofstede & Hofstede, 2010.

127. 데이터가 존재하는 95개 나라에 대해서 장기 지향성과 살인율의 상관관계 계수는 -0.325였고, 방종과 살인율의 상관관계는 0.25였다. 둘 다 통계적으로 유의미하다. 장기 지향성과 방종성 점수는 다음에서 가져왔다. http://www.geerthofstede.nl/research-vsm/dimension-data-matrix.aspx. 살인율 데이터는 다음 자료의 추정치 최고값을 썼다. *International homicide statistics*, United Nations Office on Drugs and Crime, 2009.

128. Tishkoff et al., 2006.

129. Chagnon, 1988; Chagnon, 1997. 히바로 살인자들: Redmond, 1994.

130. Pinker, 1997; Tooby & Cosmides, 1990a, 1990b.

131. Brown, 1991, 2000; Tooby & Cosmides, 1990a, 1992.

132. Maynard Smith, 1998.

133. Tooby & Cosmides, 1990a.

134. Akey, 2009; Kreitman, 2000; Przeworski, Hudson, & Di Rienzo, 2000.

135. Akey, 2009, p. 717.

136. Cairns, Gariépy, & Hood, 1990.

137. Plomin et al., 2008; Pinker, 2002, chap. 19.

138. Mednick, Gabrielli, & Hutchings, 1984.

139. Caspi et al., 2002; Guo, Roettger, & Cai, 2008b.

140. Plomin et al., 2008, chap. 13; Bouchard & McGue, 2003; Eley, Lichtenstein, & Stevenson, 1999; Ligthart et al., 2005; Lykken, 1995; Raine, 2002; Rhee & Waldman, 2007; Rowe, 2002; Slutske et al., 1997; van Beijsterveldt, Bartels, Hudziak, & Boomsma, 2003; van den Oord, Boomsma, & Verhulst, 1994.

141. Bouchard & McGue, 2003, table 6.

142. van den Oord et al., 1994; see also Rhee & Waldman, 2007.

143. Cloninger & Gottesman, 1987; Eley et al., 1999; Ligthart et al., 2005; Rhee & Waldman, 2007; Slutske et al., 1997; van Beijsterveldt et al., 2003.

144. Rhee & Waldman, 2007.

145. Cloninger & Gottesman, 1987.

146. Wrangham, 2009b; Wrangham & Pilbeam, 2001.

147. Thompson et al., 2001.

148. Chiang et al., 2009.

149. McGraw & Young, 2010.

150. Archer, 2006b; Dabbs & Dabbs, 2000.

151. Rajender et al., 2008; Roney, Simmons, & Lukaszewski, 2009.

152. Brunner et al., 1993.

153. Alia-Klein et al., 2008; Caspi et al., 2002; Guo, Ou, Roettger, & Shih, 2008a; Guo et al., 2008b; McDermott et al., 2009; Meyer-Lindenberg, 2006.

154. N. Alia-Klein, quoted in Holden, 2008, p. 894; Alia-Klein et al., 2008.

155. Caspi et al., 2002; Guo et al., 2008b.

156. Harris, 2006; Guo et al., 2008b, p. 548.

157. Gilad, 2002.

158. Guo et al., 2008b; Guo, Roettger, & Shih, 2007.

159. Cochran & Harpending, 2009. See also Wade, 2006.

160. Holden, 2008; Lea & Chambers, 2007; Merriman & Cameron, 2007.

161. Merriman & Cameron, 2007.

162. Widom & Brzustowicz, 2006.

163. Clark, 2007b, p. 1. See also Clark, 2007a, p. 187.

164. Betzig, 2007; Bowles, 2007; Pomeranz, 2008.

165. Harris, 2010; Nagel, 1970; Railton, 1986; Sayre-McCord, 1988.

166. Haidt, 2002; Rozin, 1997; Rozin et al., 1997.

167. Bandura, 1999; Baumeister, 1997.

168. Kohlberg, 1981.

169. Haidt, 2001.

170. Fiske, 1991; Haidt, 2007; Rai & Fiske, 2011; Shweder et al., 1997.

171. Shweder et al., 1997.

172. Haidt, 2007.

173. Fiske, 1991, 1992, 2004a, 2004b; Haslam, 2004; Rai & Fiske, 2011.

174. Mauss, 1924/1990.

175. Haidt, 2007.

176. Axelrod, 1984/2006; Trivers, 1971.

177. Pinker, 2007b, chaps. 8 & 9; Lee & Pinker, 2010; Pinker et al., 2008; Pinker, 2010.

178. Fiske, 1991, pp. 435, 47; Fiske, 2004b, p. 17.

179. Fiske, 2004b.

180. Fiske, 2004b.

181. Ellickson, 1991.

182. Fiske & Tetlock, 1999; Tetlock, 1999.

183. Fiske & Tetlock, 1999; Tetlock, 1999; Tetlock et al., 2000.

184. Fiske & Tetlock, 1999; Tetlock, 2003.

185. Fiske & Tetlock, 1997; McGraw & Tetlock, 2005; Tetlock, 1999, 2003.

186. Zelizer, 2005.

187. Fiske, 1991, 1992, 2004a; Rai & Fiske, 2011.

188. Fiske & Tetlock, 1999; McGraw & Tetlock, 2005; Tetlock, 2003.

189. Haidt, 2007; Haidt & Graham, 2007; Haidt & Hersh, 2001.

190. Koestler, 1964; Pinker, 1997, chap. 8.

191. Fiske, 1991, pp. 46-47, 130-33.

192. Fiske, 2004b.

193. Haslam, 2006.

194. Carlsmith et al., 2002; see also Sargent, 2004.

195. Rai & Fiske, 2011; Fiske, 1991, p. 47; McGraw & Tetlock, 2005.

196. Fiske & Tetlock, 1997, p. 278, note 3.

197. Haidt, 2007; Haidt & Graham, 2007; Haidt & Hersh, 2001.

198. Courtwright, 2010; Nash, 2009.

199. Rai & Fiske, 2011; Fiske, 1991, p. 47; McGraw & Tetlock, 2005.

200. Fiske, 2004b; Fiske & Tetlock, 1999; Rai & Fiske, 2011.

201. Ginges et al., 2007.

202. Haidt & Graham, 2007; see also http://elections.nytimes.com/2008/results/president/map.html.

203. Fiske, 1991, p. 44.

204. Brown, 1988.

205. Bell, 2007b; Scheff, 1994; Tyrrell, 2007; van Evera, 1994.

206. 'Dumbth(멍청함)'이라는 단어는 스티브 앨런이 만들었다.

207. See Menschenfreund, 2010. 좌파 쪽의 사례로는 지그문트 바우만, 미셸 푸코, 테오도르 아도르노가 있다.; 종교 옹호자 쪽의 사례로는 『기독교는 왜 위대한가?』를 쓴 디네시 디수자, 리처드 존 노이하우스와 같은 신정 보수주의자가 있다.; see Linker, 2007.

208. Simonton, 1990.

209. Simonton, 2006.

210. C-SPAN 2009 Historians presidential leadership survey, C-SPAN, 2010; J. Griffin & N. Hines, "Who's the greatest? The Times U.S. presidential rankings," *New York Times*, Mar. 24, 2010; Siena Research Institute, 2010.

211. 주석 210에서 언급한 역사학자들의 조사에서 닉슨은 42명의 대통령 가운데 38등, 27등, 30등을 차지했고, 지능에서는 25등을 차지했다.; Simonton, 2006, table 1, p. 516, column I-C (IQ 점수가 가장 타당하기 때문에 이것을 택했다.).

212. 상관관계와 기울기는 미국이 일차적, 혹은 이차적 참전국이었던 해의 총 전투 사망자를 당시 대통령의 IQ와 함께 회귀 분석하여 얻은 값이다. 전투 사망자 수는 다음 자료의 '최선의 추정치'를 사용했다. PRIO Battle Deaths Dataset (Lacina, 2009); IQ 추정치는 다음 자료를 사용했다. Simonton, 2006, table 1, p. 516, column I-C.

213. Menschenfreund, 2010.

214. Haidt, 2001. 도덕적 추론과 도덕 본능: Pizarro & Bloom, 2003.

215. Greene, in press; Greene et al., 2001.

216. Hume, 1739/2000, p. 266.

217. Burks et al., 2009; Shamosh & Gray, 2008. 자기 통제와 뇌의 지능: Shamosh et al., 2008.

218. Phelps et al., 2000.

219. Fiske, 2004a.

220. Gottschall, 2008.

221. Quoted in Singer, 1981/2011, pp. 151-52.

222. Nagel, 1970; Singer, 1981/2011.

223. Fodor & Pylyshyn, 1988; Pinker, 1994, 1997, 1999, 2007b.

224. Singer, 1981/2011.

225. Singer, 1981/2011, pp. 88, 113-14.

226. Quoted in Singer, 1981/2011, p. 112.

227. Singer, 1981/2011, pp. 99-100.

228. Flynn, 1984; Flynn, 2007.

229. Flynn, 2007, p. 2; Flynn, 1987.

230. Herrnstein & Murray, 1994.

231. Flynn, 2007, p. 2.

232. Flynn, 2007, p. 23.

233. Flynn, 2007, p. 23.

234. Deary, 2001; Gottfredson, 1997a; Neisser et al., 1996. 인생의 성공에 대한 예측 지표로서 지능: Gottfredson, 1997b; Herrnstein & Murray, 1994.

235. Flynn, 2007, p. 14.

236. Flynn, 2007; Greenfield, 2009. See also Wicherts et al., 2004.

237. Flynn, 2007, p. 20; Greenfield, 2009.

238. Deary, 2001; Flynn, 2007; Neisser et al., 1996.

239. Bouchard & McGue, 2003; Harris, 1998/2008; Pinker, 2002; Plomin et al., 2008; Turkheimer, 2000.

240. Chiang et al., 2009; Deary, 2001; Thompson et al., 2001.

241. Flynn, 2007, pp. 101-2. 플린 효과가 건강과 영양 상태 때문은 아님: Flynn, 2007, pp. 102-6.

242. Flynn, 2007; Wicherts et al., 2004.

243. Greenfield, 2009.

244. Flynn, 2007. See also Neisser, 1976; Tooby & Cosmides, in press; Pinker, 1997, pp. 302-6.

245. Flynn, 2007, p.24.

246. Cole, Gay, Glick, & Sharp, 1971; Luria, 1976; Neisser, 1976.

247. Flynn, 2007, p. 32.

248. Flynn, 2007, p. 32.

249. Rothstein, 1998, p. 19.

250. Genovese, 2002.

251. 북웜 프로그램으로 구글 북스를 분석한 결과에 따르면(Michel et al., 2011), 이 용어들은 모두 20세기 동안 사용 빈도가 늘었다; 그림 7-1의 설명을 보라.

252. G. Nunberg, Language commentary segment on *Fresh Air*, National Public Radio, 2001.

253. J. Flynn,"What is intelligence: Beyond the Flynn effect," Harvard Psychology Department Colloquium, Dec. 5, 2007; see also "The world is getting smarter," *Economist/ Intelligent Life*, Dec. 2007; http://moreintelligentlife.com/node/654.

254. Flynn, 2007, p. 30.

255. Sargent, 2004.

256. Flynn, 1987, p. 187.

257. Roosevelt, *The winning of the West* (Whitefish, Mont.: Kessinger), vol. 1, p. 65. "죽은 인디언": Quoted in Courtwright, 1996, p. 109.

258. Loewen, 1995, pp. 22-31.

259. Toye, 2010; quotes excerpted in J. Hari, "The two Churchills," *New York Times*, Aug. 12, 2010.

260. Quoted in Courtwright, 1996, pp. 155-56.

261. Carey, 1993.

262. Carey, 1993; Glover, 1999; Lilla, 2001; Sowell, 2010; Wolin, 2004.

263. Carey, 1993, p.85.

264. Carey, 1993; Glover, 1999; Lilla, 2001; Sowell, 2010; Wolin, 2004.

265. Herrnstein & Murray, 1994; Wilson & Herrnstein, 1985; Farrington, 2007, pp. 22-23, 26-27.

266. Hofstadter, 1985.

267. Burks et al., 2009.

268. Jones, 2008.

269. Haidt & Graham, 2007; Tetlock, 1994.

270. Haidt, 2007; Haidt & Graham, 2007.

271. Kanazawa, 2010.

272. Deary, Batty, & Gale, 2008.

273. Caplan & Miller, 2010.

274. Kant, 1795/1983; Mueller, 1999; Russett & Oneal, 2001; Schneider & Gleditsch, 2010; Wright, 2000 Mueller, 2010b.

275. Sowell, 1980, 1996.

276. Gleditsch, 2008; Russett, 2008; Russett & Oneal, 2001.

277. Rindermann, 2008.

278. Rindermann, 2008.

279. Gleditsch, 2008; Harff, 2003, 2005; Lacina, 2006; Pate, 2008; Rummel, 1994; Russett, 2008; Russett & Oneal, 2001.

280. Flynn, 2007, p. 144.

281. Thyne, 2006.

282. Thyne, 2006, p. 733.

283. Suedfeld & Coren, 1992; Tetlock, 1985; Tetlock, Peterson, & Lerner, 1996.

284. Suedfeld & Coren, 1992. 대통령들 사이에서는 0.58의 상관관계를 보임: Simonton, 2006.

285. Tetlock, 1985, pp. 1567-68.

286. Suedfeld & Tetlock, 1977.

287. Suedfeld, Tetlock, & Ramirez, 1977. 통합 복잡성과 미소 행동: Tetlock, 1985.

288. Tetlock, 1985; Tetlock et al., 1996.

289. Rosenau & Fagen, 1997.

290. Quoted in Rosenau & Fagen, 1997, p. 676.

291. Quoted in Rosenau & Fagen, 1997, p. 677.

292. Gorton & Diels, 2010.

293. Smith, 1759/1976, p. 136.

10장

1. Murphy, 1999.
2. Ericksen & Heschel, 1999; Goldhagen, 1996; Heschel, 2008; Steigmann-Gall, 2003; Chirot & McCauley, 2006, p. 144.
3. Ericksen & Heschel, 1999, p. 11.
4. Chirot & McCauley, 2006, pp. 142-43; Chirot, 1995.
5. Mauss, 1924/1990.
6. Mueller, 1999, 2010b.
7. D. Garner, "After atom bomb's shock, the real horrors began unfolding," *New York Times*, Jan. 20, 2010.
8. Shultz, 2009.
9. Hudson & den Boer, 2002.
10. Hudson & den Boer, 2002, p. 26.
11. Hudson & den Boer, 2002.
12. Fearon & Laitin, 2003; Mesquida & Wiener, 1996.
13. Potts, Campbell, & Hayden, 2008.
14. 사례로는 여성의 영향력이 큰 나라일수록 가정 폭력이 적다는 발견(Archer, 2006a), 동성애자를 아는 사람일수록 동성애 혐오가 적다는 발견(7장의 주석 232를 보라.), 미국에서 해안과 물길 근처의 카운티들이 더 진보적이라는 발견(Haidt & Graham, 2007) 등이 있다.
15. 둘 다 다음에서 가져온 개념이다. Singer, 1981/2011.
16. Herman, 1997.
17. Bettmann, 1974; Easterbrook, 2003; Goklany, 2007; Kenny, 2011; Ridley, 2010; Robinson, 2009; Wattenberg, 1984.
18. Payne, 2004, p. 29.
19. Wright, 2000, p. 319. 신이 부여한 의미?: Wright, 2000, p. 320. 우주의 작가?: Wright, 2000, p. 334.
20. Nagel, 1970; Railton, 1986; Sayre-McCord, 1988; Shafer-Landau, 2003; Harris, 2010.
21. *Henry V*, act 3, scene 3.
22. Rummel, 1994, 1997. "벌거벗은 유인원": Desmond Morris.
23. Charles Darwin, *The Origin of Species*, 마지막 문단.

참고 문헌

ABC News. 2002. Most say spanking's OK by parents but not by grade-school teachers. *ABC News Poll*. New York. http://abcnews.go.com/sections/US/DailyNews/spanking_pollo21108.html.

Aboud, F. E. 1989. *Children and prejudice*. Cambridge, Mass.: Blackwell.

Abrahms, M. 2006. Why terrorism does not work. *International Security, 31*, 42-78.

Ad Nauseam. 2000. *"mean a woman can open it...?": The woman's place in the classic age of advertising*. Holbrook, Mass.: Adams Media.

Adams, D. 2006. Brain mechanisms of aggressive behavior: An updated review. *Neuroscience & Biobehavioral Reviews, 30*, 304-318.

Ainslie, G. 2001. *Breakdown of will*. New York: Cambridge University Press.

Akerlof, G. A. 1984. *An economic theorist's book of tales*. New York: Cambridge University Press.

Akey, J. M. 2009. Constructing genomic maps of positive selection in humans: Where do we go from here? *Genome Research, 19*, 711-722.

Alia-Klein, N., Goldstein, R. Z., Kriplani, A., Logan, J., Tomasi, D., Williams, B., Telang, F., Shumay, E., Biegon, A., Craig, I. W., Henn, F., Wang, G. J., Volkow, N. D., & Fowler, J. S. 2008. Brain monoamine oxidase-A activity predicts trait aggression. *Journal of Neuroscience, 28*, 5099-5104.

American Humane Association Film and Television Unit. 2009. *No animals were harmed: Guidelines for the safe use of animals in filmed media*. Englewood, Colo.: American Humane Association.

American Humane Association Film and Television Unit. 2010. No animals were harmed: A legacy of protection, http://www.americanhumane.org/protecting-animals/programs/no-animals-were-harmed/legacy-of-protection.html.

American Psychiatric Association. 2000. *Diagnostic and statistical manual of mental disorders: DSM-IV-TR*, 4th ed. Washington, D.C.: American Psychiatric Association.

Amnesty International. 2010. Abolitionist and retentionist countries, http://www.amnesty.org/en/death-penalty/abolitionist-and-retentionist-countries.

Anderson, E. 1999. *The code of the street: Violence, decency, and the moral life of the inner city*. New York: Norton.

Anderson, S. W., Bechara, A., Damasio, H., Tranel, D., & Damasio, A. R. 1999. Impairment of social and moral behavior related to early damage in human prefrontal cortex. *Nature Neuroscience, 2*, 1032-1037.

Andreas, P., & Greenhill, K. M., eds. 2010. *Sex, drugs, and body counts: The politics of numbers in global crime and conflict*. Ithaca, N.Y.: Cornell University Press.

Appiah, K. A. 2006. *Cosmopolitanism: Ethics in a world of strangers*. New York: Norton.

Archer, J. 2006a. Cross-cultural differences in physical aggression between partners: A social role analysis. *Personality and Social Psychology Bulletin, 10*, 133-153.

Archer, J. 2006b. Testosterone and human aggression: An evaluation of the challenge hypothesis. *Neuroscience & Biobehavioral Reviews, 30*, 319-345.

Archer, J. 2009. Does sexual selection explain human sex differences in aggression? *Behavioral & Brain Sciences, 32*, 249-311.

Arendt, H. 1963. *Eichmann in Jerusalem: A report on the banality of evil*. New York: Viking Press.

Asal, V., Johnson, C., & Wilkenfeld, J. 2008. Ethnopolitical violence and terrorism in the Middle East. In J. J. Hewitt, J. Wilkenfeld & T. R. Gurr, eds., *Peace and conflict 2008*. Boulder, Colo.: Paradigm.

Asal, V., & Pate, A. 2005. The decline of ethnic political discrimination 1950-2003. In

M. G. Marshall & T. R. Gurr, eds., *Peace and conflict 2005. A global survey of armed conflicts, self-determination movements, and democracy*. College Park: Center for International Development and Conflict Management, University of Maryland.

Asch, S. E. 1956. Studies of independence and conformity I: A minority of one against a unanimous majority. *Psychological Monographs: General and Applied, 70*, Whole No. 416.

Atran, S. 2002. *In gods we trust: The evolutionary landscape of supernatural agency*. New York: Oxford University Press.

Atran, S. 2003. Genesis of suicide terrorism. *Science, 299*, 1534-1539.

Atran, S. 2006. The moral logic and growth of suicide terrorism. *Washington Quarterly, 29*, 127-147.

Atran, S. 2010. Pathways to and from violent extremism: The case for science-based field research (Statement Before the Senate Armed Services Subcommittee on Emerging Threats & Capabilities, March 10, 2010). *Edge*, http://www.edge.org/3rd_culture/atran10/atran10_index.html.

Axelrod, R. 1984/2006. *The evolution of cooperation*. New York: Basic Books.

Axelrod, R., & Hamilton, W. D. 1981. The evolution of cooperation. *Science, 211*, 1390-1396.

Bailey, M. 2003. *The man who would be queen: The science of gender-bending and transsexualism*. Washington, D.C.: National Academies Press.

Bandura, A. 1999. Moral disengagement in the perpetration of inhumanities. *Personality & Social Psychology Review, 3*, 193-209.

Bandura, A. 2002. Reflexive empathy: On predicting more than has ever been observed. *Behavioral & Brain Sciences, 25*, 24-25.

Bandura, A., Underwood, B., & Fromson, M. E. 1975. Disinhibition of aggression through diffusion of responsibility and dehumanization of victims. *Journal of Research in Personality, 9*, 253-269.

Baron-Cohen, S. 1995. *Mindblindness: An essay on autism and theory of mind*. Cambridge, Mass.: MIT Press.

Batson, C. D., & Ahmad, N. 2001. Empathy-induced altruism in a prisoner's dilemma II: What if the partner has defected? *European Journal of Social Psychology, 31*, 25-36.

Batson, C. D., Ahmad, N., Lishmer, D. A., & Tsang, J.-A. 2002. Empathy and altruism. In C. R. Snyder & S. J. Lopez, eds., *Handbook of positive psychology*. Oxford, U.K.: Oxford University Press.

Batson, C. D., Ahmad, N., & Stocks, E. L. 2005. Benefits and liabilities of empathy-induced altruism. In A. G. Miller ed., *The social psychology of good and evil.* New York: Guilford Press.

Batson, C. D., Batson, J. G., Todd, M., Brummett, B. H., Shaw, L. L., & Aldeguer, C. M. R. 1995. Empathy and the collective good: Caring for one of the others in a social dilemma. *Journal of Personality & Social Psychology, 68,* 619-631.

Batson, C. D., Chang, J., Orr, R., & Rowland, J. 2008. Empathy, attitudes, and action: Can feeling for a member of a stigmatized group motivate one to help the group? *Personality & Social Psychology Bulletin, 28,* 1656-1666.

Batson, C. D., Duncan, B. D., Ackerman, P., Buckley, T., & Birch, K. 1981. Is empathic emotion a source of altruistic motivation? *Journal of Personality & Social Psychology, 40,* 292-302.

Batson, C. D., Dyck, J. L., Brandt, R. B., Batson, J. G., Powell, A. L., McMaster, M. R., & Griffitt, C. 1988. Five studies testing two new egoistic alternatives to the empathy-altruism hypothesis. *Journal of Personality & Social Psychology, 55,* 52-77.

Batson, C. D., Klein, T. R., Highberger, L., & Shaw, L. L. 1995b. Immorality from empathy-induced altruism: When compassion and justice conflict. *Journal of Personality & Social Psychology, 68,* 1042-1054.

Batson, C. D., Lishner, D. A., Cook, J., & Sawyer, S. 2005b. Similarity and nurturance: Two possible sources of empathy for strangers. *Basic & Applied Social Psychology, 27,* 15-25.

Batson, C. D., & Moran, T. 1999. Empathy-induced altruism in a prisoner's dilemma. *European Journal of Social Psychology, 29,* 909-924.

Batson, C. D., Polycarpou, M. R., Harmon-Jones, E., Imhoff, H. J., Mitchener, E. C., Bednar, L. L., Klein, T. R., & Highberger, L. 1997. Empathy and attitudes: Can feeling for a member of a stigmatized group improve feelings toward the group? *Journal of Personality & Social Psychology, 72,* 105-118.

Batson, C. D., Turk, C. L., Shaw, L. L., & Klein, T. R. 1995. Information function of empathic emotion: Learning that we value the other's welfare. *Journal of Personality and Social Psychology, 68,* 300-313.

Batty, G. D., Deary, I. J., Tengstrom, A., & Rasmussen, F. 2008. IQ in early adulthood and later risk of death by homicide: Cohort study of 1 million men. *British Journal of Psychiatry, 193,* 461-465.

Baumeister, R. F. 1997. *Evil: Inside human violence and cruelty.* New York: Holt.

Baumeister, R. F. 2000. Gender differences in erotic plasticity: The female sex drive as socially flexible and responsive. *Psychological Bulletin, 126,* 347-374.

Baumeister, R. F., Bratslavsky, E., Muraven, M., & Tice, D. M. 1998. Ego depletion: Is the active self a limited resource? *Journal of Personality & Social Psychology, 24*, 1252-1265.

Baumeister, R. F., & Campbell, W. K. 1999. The intrinsic appeal of evil: Sadism, sensational thrills, and threatened egotism. *Personality & Social Psychology Review, 3*, 210-221.

Baumeister, R. F., Gailliot, M., Dewall, C. N., & Oaten, M. 2006. Self-regulation and personality: How interventions increase regulatory success, and how depletion moderates the effects of traits on behavior. *Journal of Personality, 74*, 1773-1801.

Baumeister, R. F., Smart, L., & Boden, J. M. 1996. Relation of threatened egotism to violence and aggression: The dark side of high self-esteem. *Psychological Review, 103*, 5-33.

Baumeister, R. F., Stillwell, A. M., & Wotman, S. R. 1990. Victim and perpetrator accounts of interpersonal conflict: Autobiographical narratives about anger. *Journal of Personality & Social Psychology, 59*, 994-1005.

Baumeister, R. F., Stillwell, A. M., & Heatherton, T. F. 1994. Guilt: An interpersonal approach. *Psychological Bulletin, 125*, 243-267.

Beaver, K. M., DeLisi, M., Vaughn, M. G., & Wright, J. P. 2008. The intersection of genes and neuropsychological deficits in the prediction of adolescent delinquency and low self-control. *International Journal of Offender Therapy & Comparative Criminology, 54*, 22-42.

Bell, D. A. 2007a. *The first total war: Napoleon's Europe and the birth of warfare as we know it.* Boston: Houghton Mifflin.

Bell, D. A. 2007b. Pacific nationalism. *Critical Review, 19*, 501-510.

Bennett, A. 2005. The guns that didn't smoke: Ideas and the Soviet non-use of force in 1989. *Journal of Cold War Studies, 7*, 81-109.

Berkowitz, L., & Frodi, A. 1979. Reactions to a child's mistakes as affected by her/his looks and speech. *Social Psychology Quarterly, 42*, 420-425.

Berlin, I. 1979. The counter-enlightenment. *Against the current: Essays in the history of ideas.* Princeton, N.J.: Princeton University Press.

Besancon, A. 1998. Forgotten communism. *Commentary*, Jan., 24-27.

Bettmann, O. L. 1974. *The good old days — they were terrible!* New York: Random House.

Betzig, L. L. 1986. *Despotism and differential reproduction*. Hawthorne, N.Y.: Aldine de Gruyter.

Betzig, L. L. 1996a. Monarchy. In D. Levinson & M. Ember, eds., *Encyclopedia of Cultural Anthropology*. New York: Holt.

Betzig, L. L. 1996b. Political succession. In D. Levinson & M. Ember, eds., *Encyclopedia of Cultural Anthropology*. New York: Holt.

Betzig, L. L. 2002. British polygyny. In M. Smith, ed., *Human biology and history*. London: Taylor & Francis.

Betzig, L. L. 2007. The son also rises. *Evolutionary Psychology, 5*, 733-739.

Betzig, L. L., Borgerhoff Mulder, M., & Turke, P. 1988. *Human reproductive behavior: A Darwinian perspective*. New York: Cambridge University Press.

Bhagavad-Gita. 1983. *Bhagavad-Gita as it is*. Los Angeles: Bhaktivedanta Book Trust.

Bijian, Z. 2005. China's "peaceful rise" to great-power status. *Foreign Affairs*, Sept./Oct.

Black, D. 1983. Crime as social control. *American Sociological Review, 48*, 34-45.

Blackwell, A. D., & Sugiyama, L. S. In press. When is self-sacrifice adaptive? In L. S. Sugiyama, M. Scalise Sugiyama, F. White, D. Kenneth, & H. Arrow, eds., *War in Evolutionary Perspective*.

Blair, R.J.R. 2004. The roles of orbital frontal cortex in the modulation of antisocial behavior. *Brain & Cognition, 55*, 198-208.

Blair, R.J.R., & Cipolotti, L. 2000. Impaired social response reversal: A case of "acquired sociopathy." *Brain, 123*, 1122-1141.

Blair, R.J.R., & Perschardt, K. S. 2002. Empathy: A unitary circuit or a set of dissociable neurocognitive systems? *Behavioral & Brain Sciences, 25*, 27-28.

Blanton, R. 2007. Economic globalization and violent civil conflict: Is openness a pathway to peace? *Social Science Journal, 44*, 599-619.

Blight, J. G., & Lang, J. M. 2007. Robert McNamara: Then and now. *Daedalus, 136*, 120-131.

Blum, A., & Houdailles, J. 1985. L'alphabétisation au XVIIIe et XIXeme siécle. L'illusion parisienne. *Population, 6*.

Blum, D. 1997. *Sex on the brain: The biological differences between men and women*. New York: Viking.

Blumstein, A., & Wallman, J., eds. 2006. *The crime drop in America*, rev. ed. New York: Cambridge University Press.

Bobo, L. D. 2001. Racial attitudes and relations at the close of the twentieth century. In N. J. Smelser, W. J. Wilson, & F. Mitchell, eds., *America becoming: Racial trends and their consequences*. Washington, D.C.: National Academies Press.

Bobo, L. D., & Dawson, M. C. 2009. A change has come: Race, politics, and the path to the Obama presidency. *Du Bois Review, 6*, 1-14.

Boehm, C. 1999. *Hierarchy in the forest: The evolution of egalitarian behavior.* Cambridge, Mass.: Harvard University Press.

Bohannon, J. 2008. Calculating Iraq's death toll: WHO study backs lower estimate. *Science, 319*, 273.

———. 2011. Counting the dead in Afghanistan. *Science, 331*, 1256-1260.

Bolton, G. E., & Zwick, R. 1995. Anonymity versus punishment in ultimatum bargaining. *Games & Economic Behavior, 10*, 95-121.

Bouchard, T. J., Jr., & McGue, M. 2003. Genetic and environmental influences on human psychological differences. *Journal of Neurobiology, 54*, 4-45.

Boulton, M. J., & Smith, P. K. 1992. The social nature of play fighting and play chasing: Mechanisms and strategies underlying cooperation and compromise. In J. Barkow, L. Cosmides, & J. Tooby, eds., *The adapted mind: Evolutionary psychology and the generation of culture.* New York: Oxford University Press.

Bourgon, J. 2003. Abolishing "cruel punishments": A reappraisal of the Chinese roots and long-term efficiency of the Xinzheng legal reforms. *Modern Asian Studies, 37*, 851-862.

Bourke, J. 1999. *An intimate history of killing: Face-to-face killing in 20th-century warfare.* New York: Basic Books.

Bowles, S. 2007. Genetically capitalist? *Science, 318*, 394-395.

Bowles, S. 2009. Did warfare among ancestral hunter-gatherers affect the evolution of human social behaviors? *Science, 324*, 1293-1298.

Boyd, R., & Silk, J. B. 2006. *How humans evolved*, 4th ed. New York: Norton.

Brandt, R. B. 1974. *Hopi ethics: A theoretical analysis.* Chicago: University of Chicago Press.

Brecke, P. 1999. *Violent conflicts 1400 A.D. to the present in different regions of the world.* Paper presented at the 1999 Meeting of the Peace Science Society (International).

Brecke, P. 2002. Taxonomy of violent conflicts, http://www.inta.gatech.edu/peter/power.html.

Breiner, S. J. 1990. *Slaughter of the innocents: Child abuse through the ages and today.* New York: Plenum.

Brezina, T., Agnew, R., Cullen, F. T., & Wright, J. P. 2004. The code of the street: A quantitative assessment of Elijah Anderson's subculture of violence thesis and its contribution to youth violence research. *Youth Violence & Juvenile Justice, 2*, 303-328.

Brock, D. W. 1993. *Life and death: Philosophical essays in biomedical ethics*. New York: Cambridge University Press.

Bronowski, J. 1973. *The ascent of man*. Boston: Little, Brown.

Broude, G. J., & Greene, S. J. 1976. Cross-cultural codes on twenty sexual attitudes and practices. *Ethnology, 15*, 409–429.

Brown, B. R. 1968. The effects of need to maintain face on interpersonal bargaining. *Journal of Experimental Social Psychology, 4*, 107–122.

Brown, D. E. 1988. *Hierarchy, history, and human nature: The social origins of historical consciousness*. Tucson: University of Arizona Press.

Brown, D. E. 1991. *Human universals*. New York: McGraw-Hill.

Brown, D. E. 2000. Human universals and their implications. In N. Roughley, ed., *Being humans: Anthropological universality and particularity in transdisciplinary perspectives*. New York: Walter de Gruyter.

Brown, M. E. 1997. The impact of government policies on ethnic relations. In M. Brown & S. Ganguly, eds., *Government policies and ethnic relations in Asia and the Pacific*. Cambridge, Mass.: MIT Press.

Brown, R. 1985. *Social psychology: The second edition*. New York: Free Press.

Browne, A., & Williams, K. R. 1989. Exploring the effect of resource availability and the likelihood of female-perpetrated homicides. *Law & Society Review, 23*, 75–94.

Browne, K. 2002. *Biology at work*. New Brunswick, N.J.: Rutgers University Press.

Browning, C. R. 1992. *Ordinary men: Reserve police battalion 101 and the final solution in Poland*. New York: HarperCollins.

Brownmiller, S. 1975. *Against our will: Men, women, and rape*. New York: Fawcett Columbine.

Broyles, W. J. 1984. Why men love war. *Esquire* (November).

Brunner, H. G., Nelen, M., Breakfield, X. O., Ropers, H. H., & van Oost, B. A. 1993. Abnormal behavior associated with a point mutation in the structural gene for monoamine oxidase A. *Science, 262*, 578–580.

Buhaug, H. 2010. Climate not to blame for African civil wars. *Proceedings of the National Academy of Sciences, 107*, 16477–16482.

Bullock, A. 1991. *Hitler and Stalin: Parallel lives*. London: HarperCollins.

Burch, E. S. 2005. *Alliance and conflict*. Lincoln: University of Nebraska Press.

Burger, J. M. 2009. Replicating Milgram: Would people still obey today? *American Psychologist, 64*, 1–11.

Burke, E. 1790/1967. *Reflections on the revolution in France*. London: J. M. Dent & Sons.

Burks, S. V., Carpenter, J. P., Goette, L., & Rustichini, A. 2009. Cognitive skills affect economic preferences, strategic behavior, and job attachment. *Proceedings of the National Academy of Sciences, 106*, 7745-7750.

Burnham, G., Lafta, R., Doocy, S., & Roberts, L. 2006. Mortality after the 2003 invasion of Iraq: A cross-sectional cluster sample survey. *Lancet, 365*, 1421-1428.

Bushman, B. J. 1997. Effects of alcohol on human aggression: Validity of proposed explanations. *Recent Developments in Alcoholism, 13*, 227-243.

Bushman, B. J., & Cooper, H. M. 1990. Effects of alcohol on human aggression: An integrative research review. *Psychological Bulletin, 107*, 341-354.

Buss, D. M. 1989. Conflict between the sexes. *Journal of Personality & Social Psychology, 56*, 735-747.

Buss, D. M. 1994. *The evolution of desire*. New York: Basic Books.

Buss, D. M. 2000. *The dangerous passion: Why jealousy is as necessary as love and sex*. New York: Free Press.

Buss, D. M. 2005. *The murderer next door: Why the mind is designed to kill*. New York: Penguin.

Buss, D. M., & Duntley, J. D. 2008. Adaptations for exploitation. *Group Dynamics: Theory, Research, & Practice, 12*, 53-62.

Buss, D. M., & Schmitt, D. P. 1993. Sexual strategies theory: An evolutionary perspective on human mating. *Psychological Review, 100*, 204-232.

Bussman, M., & Schneider, G. 2007. When globalization discontent turns violent: Foreign economic liberalization and internal war. *International Studies Quarterly, 51*, 79-97.

Byrnes, J. P., Miller, D. C., & Schafer, W. D. 1999. Gender differences in risk-taking: A meta-analysis. *Psychological Bulletin, 125*, 367-383.

C-SPAN. 2010. C-SPAN 2009 Historians presidential leadership survey, http://legacy.c-span.org/ PresidentialSurvey/presidential-leadership-survey.aspx.

Cairns, R. B., Gariépy, J.-L., & Hood, K. E. 1990. Development, microevolution, and social behavior. *Psychological Review, 97*, 49-65.

Capital Punishment U.K. 2004. *The end of capital punishment in Europe*. http://www.capitalpunishmentuk.org/europe.html.

Caplan, B. 2007. *The myth of the rational voter: Why democracies choose bad policies*. Princeton, N.J.: Princeton University Press.

Caplan, B., & Miller, S. C. 2010. Intelligence makes people think like economists: Evidence from the General Social Survey. *Intelligence, 38*, 636-647.

Caplow, T., Hicks, L., & Wattenberg, B. 2001. *The first measured century: An illustrated guide to trends in America, 1900-2000.* Washington, D.C.: AEI Press.

Carey, J. 1993. *The intellectuals and the masses: Pride and prejudice among the literary intelligentsia, 1880- 1939.* New York: St. Martin's Press.

Carlin, J. 2008. *Playing the enemy: Nelson Mandela and the game that made a nation.* New York: Penguin.

Carlsmith, K. M., Darley, J. M., & Robinson, P. H. 2002. Why do we punish? Deterrence and just deserts as motives for punishment. *Journal of Personality & Social Psychology, 83*, 284-299.

Carswell, S. 2001. *Survey on public attitudes towards the physical punishment of children.* Wellington: New Zealand Ministry of Justice.

Caspi, A. 2000. The child is father of the man: Personality continuities from childhood to adulthood. *Journal of Personality & Social Psychology, 78*, 158-172.

Caspi, A., McClay, J., Moffitt, T. E., Mill, J., Martin, J., Craig, I. W., Taylor, A., & Poulton, R. 2002. Evidence that the cycle of violence in maltreated children depends on genotype. *Science, 297*, 727-742.

Cavalli-Sforza, L. L. 2000. *Genes, peoples, and languages.* New York: North Point Press.

Cederman, L.-E. 2001. Back to Kant: Reinterpreting the democratic peace as a macrohistorical learning process. *American Political Science Review, 95*, 15-31.

Cederman, L.-E. 2003. Modeling the size of wars: From billiard balls to sandpiles. *American Political Science Review, 97*, 135-150.

Center for Systemic Peace. 2010. Integrated network for societal conflict research data page. http://www.systemicpeace.org/inscr/inscr.htm.

Centola, D., Wilier, R., & Macy, M. 2005. The emperor's dilemma: A computational model of self-enforcing norms. *American Journal of Sociology, 110*, 1009-1040.

Central Intelligence Agency. 2010. *The world factbook.* https://www.cia.gov/library/publications/the-world-factbook/

Chabris, C. F., Laibson, D., Morris, C. L., Schuldt, J. P., & Taubinsky, D. 2008. Individual laboratory-measured discount rates predict field behavior. *Journal of Risk & Uncertainty, 37*, 237-269.

Chagnon, N. A. 1988. Life histories, blood revenge, and warfare in a tribal population. *Science, 239*, 985-992.

Chagnon, N. A. 1996. Chronic problems in understanding tribal violence and warfare. In G. Bock & J. Goode, eds., *The genetics of criminal and antisocial behavior.* New York: Wiley.

Chagnon, N. A. 1997. *Yanomamo*, 5th ed. New York: Harcourt Brace.

Chalk, F., & Jonassohn, K. 1990. *The history and sociology of genocide: Analyses and case studies*. New Haven, Conn.: Yale University Press.

Check, J.V.P., & Malamuth, N. 1985. An empirical assessment of some feminist hypotheses about rape. *International Journal of Women's Studies, 8*, 414-423.

Chernow, R. 2004. *Alexander Hamilton*. New York: Penguin.

Chiang, M. C., Barysheva, M., Shattuck, D. W., Lee, A. D., Madsen, S. K., Avedissian, C., Klunder, A. D., Toga, A. W., McMahon, K. L., de Zubicaray, G. I., Wright, M. J., Srivastava, A., Balov, N., & Thompson, P. M. 2009. Genetics of brain fiber architecture and intellectual performance. *Journal of Neuroscience, 29*, 2212-2224.

China (Taiwan), Republic of, Department of Statistics, Ministry of the Interior. 2000. The analysis and comparison on statistics of criminal cases in various countries, http://www.moi.gov.tw/stat/english/topic.asp.

Chirot, D. 1994. *Modern tyrants*. Princeton, N.J.: Princeton University Press.

Chirot, D. 1995. Modernism without liberalism: The ideological roots of modern tyranny. *Contention, 5*, 141-182.

Chirot, D., & McCauley, C. 2006. *Why not kill them all? The logic and prevention of mass political murder*. Princeton, N.J.: Princeton University Press.

Chu, R., Rivera, C., & Loftin, C. 2000. Herding and homicide: An examination of the Nisbett-Reeves hypothesis. *Social Forces, 78*, 971-987.

Chwe, M. S.-Y. 2001. *Rational ritual: Culture, coordination, and common knowledge*. Princeton, N.J.: Princeton University Press.

Claeys, G. 2000. "The survival of the fittest" and the origins of Social Darwinism. *Journal of the History of Ideas, 61*, 223-240.

Clark, G. 2007a. *A farewell to alms: A brief economic history of the world*. Princeton, N.J.: Princeton University Press.

Clark, G. 2007b. Genetically capitalist? The Malthusian era and the formation of modern preferences. http://www.econ.ucdavis.edu/faculty/gclark/papers/capitalism%20genes.pdf.

Clark, M. S., Mills, J., & Powell, M. C. 1986. Keeping track of needs in communal and exchange relationships. *Journal of Personality & Social Psychology, 51*, 333-338.

Clauset, A., & Young, M. 2005. Scale invariance in global terrorism. arXiv:physics/0502014v2[physics.soc-ph].

Clauset, A., Young, M., & Gleditsch, K. S. 2007. On the frequency of severe terrorist events. *Journal of Conflict Resolution, 51*, 58-87.

Cleaver, E. 1968/1999. *Soul on ice.* New York: Random House.

Cloninger, C. R., & Gottesman, I. I. 1987. Genetic and environmental factors in antisocial behavior disorders. In S. A. Mednick, T. E. Moffitt, & S. A. Stack, eds., *The causes of crime: New biological approaches.* New York: Cambridge University Press.

Clutton-Brock, T. 2007. Sexual selection in males and females. *Science, 318,* 1882-1885.

Cochran, G., & Harpending, H. 2009. *The 10,000 year explosion: How civilization accelerated human evolution.* New York: Basic Books.

Cockburn, J. S. 1991. Patterns of violence in English society: Homicide in Kent, 1560-1985. *Past & Present, 13o,* 70-106.

Coghlan, B., Ngoy, P., Mulumba, F., Hardy, C., Bemo, V. N., Stewart, T., Lewis, J., & Brennan, R. 2008. *Mortality in the Democratic Republic of Congo: An ongoing crisis.* New York: International Res-cue Committee, http://www.theirc.org/sites/default/files/migrated/resources/2007/2006-7_congomortalitysurvey.pdf.

Cohen, D., & Nisbett, R. E. 1997. Field experiments examining the culture of honor: The role of institutions in perpetuating norms about violence. *Personality & Social Psychology Bulletin, 23,* 1188-1199.

Cohen, D., Nisbett, R. E., Bowdle, B., & Schwarz, N. 1996. Insult, aggression, and the southern culture of honor: An "experimental ethnography." *Journal of Personality & Social Psychology, 20,* 945-960.

Cole, M., Gay, J., Glick, J., & Sharp, D. W. 1971. *The cultural context of learning and thinking.* New York: Basic Books.

Collier, P. 2007. *The bottom billion: Why the poorest countries are failing and what can be done about it.* New York: Oxford University Press.

Collins, R. 2008. *Violence: A micro-sociological theory.* Princeton, N.J.: Princeton University Press.

Cook, P. J., & Moore, M. H. 1999. Guns, gun control, and homicide. In M. D. Smith & M. A. Zahn, eds., *Homicide: A sourcebook of social research.* Thousand Oaks, Calif.: Sage.

Cooney, M. 1997. The decline of elite homicide. *Criminology, 35,* 381-407.

Cosmides, L., & Tooby, J. 1992. Cognitive adaptations for social exchange. In J. H. Barkow, L. Cosmides, & J. Tooby, eds., *The adapted mind: Evolutionary psychology and the generation of culture.* New York: Oxford University Press.

Côté, S. M., Vaillancourt, T., LeBlanc, J. C., Nagin, D. S., & Tremblay, R. E. 2006. The development of physical aggression from toddlerhood to pre-adolescence: A nationwide longitudinal study of Canadian children. *Journal of Abnormal Child Psychology, 34*, 71-85.

Courtois, S., Werth, N., Panné, J.-L., Paczkowski, A., Bartosek, K., & Margolin, J.-L. 1999. *The black book of communism: Crimes, terror, repression*. Cambridge, Mass.: Harvard University Press.

Courtwright, D. T. 1996. *Violent land: Single men and social disorder from the frontier to the inner city*. Cambridge, Mass.: Harvard University Press.

Courtwright, D. T. 2010. *No right turn: Conservative politics in a liberal America*. Cambridge, Mass.: Harvard University Press.

Crick, N. R., Ostrov, J. M., & Kawabata, Y. 2007. Relational aggression and gender: An overview. In D. J. Flannery, A. T. Vazsonyi, & I. D. Waldman, eds., *The Cambridge handbook of violent behavior and aggression*. New York: Cambridge University Press.

Cronin, A. K. 2009. *How terrorism ends: Understanding the decline and demise of terrorist campaigns*. Princeton, N.J.: Princeton University Press.

Csibra, G. 2008. Action mirroring and action understanding: An alternative account. In P. Haggard, Y. Rosetti, & M. Kawamoto, eds., *Attention and performance XXII: Sensorimotor foundations of higher cognition*. New York: Oxford University Press.

Cullen, D. 2009. *Columbine*. New York: Twelve.

Curtis, V., & Biran, A. 2001. Dirt, disgust, and disease: Is hygiene in our genes? *Perspectives in Biology & Medicine, 44*, 17-31.

Dabbs, J. M., & Dabbs, M. G. 2000. *Heroes, rogues, and lovers: Testosterone and behavior*. New York: McGraw Hill.

Daly, M., Salmon, C., & Wilson, M. 1997. Kinship: The conceptual hole in psychological studies of social cognition and close relationships. In J. Simpson & D. Kenrick, eds., *Evolutionary social psychology*. Mahwah, N.J.: Erlbaum.

Daly, M., & Wilson, M. 1983. *Sex, evolution, and behavior*, 2nd ed. Belmont, Calif.: Wadsworth.

Daly, M., & Wilson, M. 1988. *Homicide*. New York: Aldine De Gruyter.

Daly, M., & Wilson, M. 1999. *The truth about Cinderella: A Darwinian view of parental love*. New Haven, Conn.: Yale University Press.

Daly, M., & Wilson, M. 2000. Risk-taking, intrasexual competition, and homicide. *Nebraska Symposium on Motivation*. Lincoln: University of Nebraska Press.

Daly, M., & Wilson, M. 2005. Carpe diem: Adaptation and devaluing of the future. *Quarterly Review of Biology, 80*, 55-60.

Daly, M., Wilson, M., & Vasdev, S. 2001. Income inequality and homicide rates in

Canada and the United States. *Canadian Journal of Criminology, 43*, 219-236.

Damasio, A. R. 1994. *Descartes' error: Emotion, reason, and the human brain*. New York: Putnam.

Darnton, R. 1990. *The kiss of Lamourette: Reflections in cultural history*. New York: Norton.

Darwin, C. R. 1874. *The descent of man, and selection in relation to sex*, 2nd ed. New York: Hurst & Co.

Davies, N. 1981. *Human sacrifice in history and today*. New York: Morrow.

Davies, P., Lee, L., Fox, A., & Fox, E. 2004. Could nursery rhymes cause violent behavior? A comparison with television viewing. *Archives of Diseases of Childhood, 89*, 1103-1105.

Davis, D. B. 1984. *Slavery and human progress*. New York: Oxford University Press.

Dawkins, R. 1976/1989. *The selfish gene*, new ed. New York: Oxford University Press.

Dawkins, R., & Brockmann, H. J. 1980. Do digger wasps commit the Concorde fallacy? *Animal Behavior, 28*, 892-896.

de Quervain, D. J.-F., Fischbacher, U., Treyer, V., Schellhammer, M., Schnyder, U., Buck, A., & Fehr, E. 2004. The neural basis of altruistic punishment. *Science, 305*, 1254-1258.

de Swaan, A. 2001. Dyscivilization, mass extermination, and the state. *Theory, Culture, & Society, 18*, 265-276.

de Waal, F.B.M. 1996. *Good natured: The origins of right and wrong in humans and other animals*. Cambridge, Mass.: Harvard University Press.

de Waal, F.B.M. 1998. *Chimpanzee politics: Power and sex among the apes*. Baltimore: Johns Hopkins University Press.

de Waal, F.B.M. 2009. *The age of empathy: Nature's lessons for a kinder society*. New York: Harmony Books.

de Waal, F.B.M., & Lanting, F. 1997. *Bonobo: The forgotten ape*. Berkeley: University of California Press.

Deary, I. J. 2001. *Intelligence: A very short introduction*. New York: Oxford University Press.

Deary, I. J., Batty, G. D., & Gale, C. R. 2008. Bright children become enlightened adults. *Psychological Science, 19*, 1-6.

Death Penalty Information Center. 2010a. *Death penalty for offenses other than murder*. http://www.deathpenaltyinfo.org/death-penalty-offenses-other-murder.

Death Penalty Information Center. 2010b. *Facts about the death penalty*. http://www.

deathpenaltyinfo.org/documents/FactSheet.pdf.
de Mause, L. 1974. *The history of childhood*. New York: Harper Torchbooks.
de Mause, L. 1982. *Foundations of psychohistory*. New York: Creative Roots.
de Mause, L. 1998. The history of child abuse. *Journal of Psychohistory, 25*, 216-236.
de Mause, L. 2002. *The emotional life of nations*. New York: Karnac.
de Mause, L. 2008. The childhood origins of World War II and the Holocaust. *Journal of Psychohistory, 36*, 2-35.
Dershowitz, A. M. 2004a. *Rights from wrongs: A secular theory of the origins of rights*. New York: Basic Books.
Dershowitz, A. M. 2004b. Tortured reasoning. In S. Levinson, ed., *Torture: A collection*. New York: Oxford University Press.
Descartes, R. 1641/1967. Meditations on first philosophy. In R. Popkin, ed., *The philosophy of the 16th and 17th centuries*. New York: Free Press.
Deutsch, M., & Gerard, G. B. 1955. A study of normative and informational social influence upon individual judgment. *Journal of Abnormal & Social Psychology, 51*, 629-636.
DeVoe, J. F., Peter, K., Kaufman, P., Miller, A., Noonan, M., Snyder, T. D., & Baum, K. 2004. *Indicators of school crime and safety: 2004*. Washington, D.C.: National Center for Education Statistics and Bureau of Justice Statistics.
Dewall, C., Baumeister, R. F., Stillman, T., & Gailliot, M. 2007. Violence restrained: Effects of self-regulation and its depletion on aggression. *Journal of Experimental Social Psychology, 43*, 62-76.
Dewar Research. 2009. *Government statistics on domestic violence: Estimated prevalence of domestic violence*. Ascot, U.K.: Dewar Research. http://www.dewar4research.org/DOCS/DVGovtStatsAug09.pdf.
di Pellegrino, G., Fadiga, L., Fogassi, L., Gallese, V., & Rizzolatti, G. 1992. Understanding motor events: a neurophysiological study. *Experimental Brain Research, 92*, 176-180.
Diamond, J. M. 1997. *Guns, germs, and steel: The fates of human societies*. New York: Norton.
Diamond, S. R. 1977. The effect of fear on the aggressive responses of anger-aroused and revenge-motivated subjects. *Journal of Psychology, 95*, 185-188.
Divale, W. T. 1972. System population control in the Middle and Upper Paleolithic: Inferences based on contemporary hunter-gatherers. *World Archaeology, 4*, 222-243.
Divale, W. T., & Harris, M. 1976. Population, warfare, and the male supremacist

complex. *American Anthropologist, 78*, 521-538.

Dobash, R. P., Dobash, R. E., Wilson, M., & Daly, M. 1992. The myth of sexual symmetry in marital violence. *Social Problems, 39*, 71-91.

Dodds, G. G. 2003a. Political apologies and public discourse. In J. Rodin & S. P. Steinberg, eds., *Public discourse in America*. Philadelphia: University of Pennsylvania Press.

Dodds, G. G. 2003b. Political apologies: Chronological list. http://reserve.mg2.org/apologies.htm.

Dodds, G. G. 2005. Political apologies since update of 01/23/03. Concordia University.

Donohue, J. J., & Levitt, S. D. 2001. The impact of legalized abortion on crime. *Quarterly Journal of Economics, 116*, 379-420.

Dostoevsky, F. 1880/2002. *The Brothers Karamazov*. New York: Farrar, Straus & Giroux.

Dreger, A. 2011. Darkness's descent on the American Anthropological Association: A cautionary tale. *Human Nature*. DOI 10.1007/s12110-011-9103-y.

Duckworth, A. L., & Seligman, M.E.P. 2005. Self-discipline outdoes IQ in predicting academic performance of adolescents. *Psychological Science, 16*, 939-944.

Duerr, H.-P. 1988-1997. *Dev Mythos vom Zivilisatiotisprozess*, vols. 1-4. Frankfurt: Suhrkamp.

Dulić, T. 2004a. A reply to Rummel. *Journal of Peace Research, 41*, 105-106.

Dulić, T. 2004b. Tito's slaughterhouse: A critical analysis of Rummers work on democide. *Journal of Peace Research, 41*, 85-102.

Dworkin, A. 1993. *Letters from a war zone*. Chicago: Chicago Review Press.

Easterbrook, G. 2003. *The progress paradox: How life gets better while people feel worse*. New York: Random House.

Eck, K., & Hultman, L. 2007. Violence against civilians in war. *Journal of Peace Research, 44*, 233-46.

Eckhardt, W. 1992. *Civilizations, empires, and wars*. Jefferson, N.C.: McFarland & Co.

Edwards, W. D., Gabel, W. J., & Hosmer, F. 1986. On the physical death of Jesus Christ. *Journal of the American Medical Association, 255*, 1455-1463.

Ehrman, B. D. 2005. *Misquoting Jesus: The story behind who changed the Bible and why*. New York: HarperCollins.

Eisner, M. 2001. Modernization, self-control, and lethal violence: The long-term dynamics of European homicide rates in theoretical perspective. *British Journal of Criminology, 41*, 618-638.

Eisner, M. 2003. Long-term historical trends in violent crime. *Crime & Justice, 30*, 83-142.

Eisner, M. 2008. Modernity strikes back? A historical perspective on the latest increase in interpersonal violence 1960-1990. *International Journal of Conflict & Violence, 2*, 288-316.

Eisner, M. 2009. The uses of violence: An examination of some cross-cutting issues. *International Journal of Conflict & Violence, 3*, 40-59.

Eisner, M. 2011. Killing kings: Patterns of regicide in Europe, 600-1800. *British Journal of Criminology, 51*, 556-577.

Eley, T. C., Lichtenstein, P., & Stevenson, J. 1999. Sex differences in the etiology of aggressive and nonaggressive antisocial behavior: Results from two twin studies. *Child Development, 70*, 155-68.

Elias, N. 1939/2000. *The civilizing process: Sociogenetic and psychogenetic investigations*, rev. ed. Cambridge, Mass.: Blackwell.

Ellickson, R. C. 1991. *Order without law: How neighbors settle disputes.* Cambridge, Mass.: Harvard University Press.

Ellis, B. J. 1992. The evolution of sexual attraction: Evaluative mechanisms in women. In J. Barkow, L. Cosmides, & J. Tooby, eds., *The adapted mind: Evolutionary psychology and the generation of culture.* New York: Oxford University Press.

Eltis, D., & Richardson, D. 2010. *Atlas of the transatlantic slave trade.* New Haven, Conn.: Yale University Press.

Ember, C. 1978. Myths about hunter-gatherers. *Ethnology, 27*, 239-248.

English, R. 2005. The sociology of new thinking: Elites, identity change, and the end of the Cold War. *Journal of Cold War Studies, 7*, 43-80.

Ericksen, K. P., & Horton, H. 1992. "Blood feuds": Cross-cultural variation in kin group vengeance. *Behavioral Science Research, 26*, 57-85.

Ericksen, R. P., & Heschel, S. 1999. *Betrayal: German churches and the Holocaust.* Minneapolis: Fortress Press.

Esposito, J. L., & Mogahed, D. 2007. *Who speaks for Islam? What a billion Muslims really think.* New York: Gallup Press.

Espy, M. W., & Smykla, J. O. 2002. Executions in the United States, 1608-2002. Death Penalty Information Center, http://www.deathpenaltyinfo.org/executions-us-1608-2002-espy-file.

Etcoff, N. L. 1999. *Survival of the prettiest: The science of beauty.* New York: Doubleday.

Faris, S. 2007. Fool's gold. *Foreign Policy*, July.

Farrington, D. P. 2007. Origins of violent behavior over the life span. In D. J. Flannery, A. T. Vazsonyi, & I. D. Waldman, eds., *The Cambridge handbook of violent behavior and aggression*. New York: Cam-bridge University Press.

Fattah, K., & Fierke, K. M. 2009. A clash of emotions: The politics of humiliation and political violence in the Middle East. *European Journal of International Relations, 15*, 67-93.

Faust, D. 2008. *The republic of suffering: Death and the American Civil War*. New York: Vintage.

Fearon, J. D., & Laitin, D. D. 1996. Explaining interethnic cooperation. *American Political Science Review, 90*, 715-735.

Fearon, J. D., & Laitin, D. D. 2003. Ethnicity, insurgency, and civil war. *American Political Science Review, 97*, 75-90.

Fehr, E., & Gächter, S. 2000. Fairness and retaliation: The economics of reciprocity. *Journal of Economic Perspectives, 14*, 159-181.

Feingold, D. A. 2010. Trafficking in numbers: The social construction of human trafficking data. In P. Andreas & K. M. Greenhill, eds., *Sex, drugs, and body counts: The politics of numbers in global crime and conflict*. Ithaca, N.Y.: Cornell University Press.

Feller, W. 1968. *An introduction to probability theory and its applications*. New York: Wiley.

Felson, R. B. 1982. Impression management and the escalation of aggression and violence. *Social Psychology Quarterly, 45*, 245-54.

Ferguson, N. 1998. *The pity of war: Explaining World War I*. New York: Basic Books.

Ferguson, N. 2006. *The war of the world: Twentieth-century conflict and the descent of the West*. New York: Penguin.

Fernández-Jalvo, Y., Diez, J. C., Bermúdez de Castro, J. M., Carbonell, E., & Arsuaga, J. L. 1996. Evidence of early cannibalism. *Science, 271*, 277-278.

Festinger, L. 1957. *A theory of cognitive dissonance*. Stanford, Calif.: Stanford University Press.

Finkelhor, D., Hammer, H., & Sedlak, A. J. 2002. *Nonfamily abducted children: National estimates and characteristics*. Washington, D.C.: U.S. Department of Justice, Office of Justice Programs: Office of Juvenile Justice and Delinquency Prevention.

Finkelhor, D., & Jones, L. 2006. Why have child maltreatment and child victimization declined? *Journal of Social Issues, 62*, 685-716.

Fischer, H. 2008. *Iraqi civilian deaths estimates*. Washington, D.C.: Library of Congress.

Fischer, K. P. 1998. *The history of an obsession: German Judeophobia and the Holocaust*. New York: Continuum.

Fiske, A. P. 1991. *Structures of social life: The four elementary forms of human relations*. New York: Free Press.

Fiske, A. P. 1992. The four elementary forms of sociality: Framework for a unified theory of social relations. *Psychological Review, 99*, 689-723.

Fiske, A. P. 2004a. Four modes of constituting relationships: Consubstantial assimilation; space, magnitude, time, and force; concrete procedures; abstract symbolism. In N. Haslam, ed., *Relational models theory: A contemporary overview*. Mahwah, N.J.: Erlbaum.

Fiske, A. P. 2004b. Relational models theory 2.0. In N. Haslam, ed., *Relational models theory: A contemporary overview*. Mahwah, N.J.: Erlbaum.

Fiske, A. P., & Tetlock, P. E. 1997. Taboo trade-offs: Reactions to transactions that transgress the spheres of justice. *Political Psychology, 18*, 255-297.

Fiske, A. P., & Tetlock, P. E. 1999. Taboo tradeoffs: Constitutive prerequisites for social life. In S. A. Renshon & J. Duckitt, eds., *Political psychology: Cultural and cross-cultural perspectives*. London: Macmillan.

Fletcher, J. 1997. *Violence and civilization: An introduction to the work of Norbert Elias*. Cambridge, U.K.: Polity Press.

Flynn, J. R. 1984. The mean IQ of Americans: Massive gains 1932 to 1978. *Psychological Bulletin, 95*, 29-51.

Flynn, J. R. 1987. Massive IQ gains in 14 nations: What IQ tests really measure. *Psychological Bulletin, 101*, 171-191.

Flynn, J. R. 2007. *What is intelligence?* Cambridge, U.K.: Cambridge University Press.

Fodor, J. A., & Pylyshyn, Z. 1988. Connectionism and cognitive architecture: A critical analysis. *Cognition, 28*, 3-71.

Fogel, R. W., & Engerman, S. L. 1974. *Time on the cross: The economics of American Negro slavery*. Boston: Little, Brown & Co.

Fone, B. 2000. *Homophobia: A history*. New York: Picador.

Foote, C. L., & Goetz, C. F. 2008. The impact of legalized abortion on crime: Comment. *Quarterly Journal of Economics, 223*, 407-423.

Ford, R., & Blegen, M. A. 1992. Offensive and defensive use of punitive tactics in explicit bargaining. *Social Psychology Quarterly, 55*, 351-362.

Fortna, V. P. 2008. *Does peacekeeping work? Shaping belligerents' choices after civil war*.

Princeton, N.J.: Princeton University Press.

Fox, J. A., & Levin, J. 1999. Serial murder: Popular myths and empirical realities. In M. D. Smith & M. A. Zahn, eds., *Homicide: A sourcebook of social research*. Thousand Oaks, Calif.: Sage.

Fox, J. A., & Zawitz, M. W. 2007. Homicide trends in the United States, http://bjs.ojp.usdoj.gov/content/homicide/homtrnd.cfm.

Francis, N., & Kučera, H. 1982. *Frequency analysis of English usage: Lexicon and grammar*. Boston: Houghton Mifflin.

Frank, R. H. 1988. *Passions within reason: The strategic role of the emotions*. New York: Norton.

Freeman, D. 1999. *The fateful hoaxing of Margaret Mead: A historical analysis of her Samoan research*. Boulder, Colo.: Westview Press.

French Ministry of Foreign Affairs. 2007. *The death penalty in France*. http://ambafrance-us.org/IMG/pdf/Death_penalty.pdf.

Fukuyama, F. 1989. The end of history? *National Interest*, Summer.

Fukuyama, F. 1999. *The great disruption: Human nature and the reconstitution of social order*. New York: Free Press.

Furuichi, T., & Thompson, J. M. 2008. *The bonobos: Behavior, ecology, and conservation*. New York: Springer.

Fuster, J. M. 2008. *The prefrontal cortex*, 4th ed. New York: Elsevier.

Gabor, T. 1994. *Everybody does it! Crime by the public*. Toronto: University of Toronto Press.

Gaddis, J. L. 1986. The long peace: Elements of stability in the postwar international system. *International Security, 10*, 99-142.

Gaddis, J. L. 1989. *The long peace: Inquiries into the history of the Cold War*. New York: Oxford University Press.

Gailliot, M. T., & Baumeister, R. F. 2007. Self-regulation and sexual restraint: Dispositionally and temporarily poor self-regulatory abilities contribute to failures at restraining sexual behavior. *Personality & Social Psychology Bulletin, 33*, 173-186.

Gailliot, M. T., Baumeister, R. F., Dewall, C. N., Maner, J. K., Plant, E. Av Tice, D. M., Brewer, L. E., & Schmeichel, B. J. 2007. Self-control relies on glucose as a limited energy source: Willpower is more than a metaphor. *Journal of Personality & Social Psychology, 92*, 325-336.

Gallonio, A. 1903/2004. *Tortures and torments of the Christian martyrs*. Los Angeles: Feral House.

Gallup. 2001. American attitudes toward homosexuality continue to become more tolerant, http://www.gallup.com/poll/4432/American-Attitudes-Toward-Homosexuality-Continue-Become-More-Tolerant.aspx.

Gallup. 2002. Acceptance of homosexuality: A youth movement, http://www.gallup.com/poll/5341/Acceptance-Homosexuality-Youth-Movement.aspx.

Gallup. 2003. Public lukewarm on animal rights. http://www.gallup.com/poll/8461/Public-Lukewarm-Animal-Rights.aspx.

Gallup. 2008. Americans evenly divided on morality of homosexuality, http://www.gallup.com/poll/108115/Americans-Evenly-Divided-Morality-Homosexuality.aspx.

Gallup. 2009. Knowing someone gay/lesbian affects views of gay issues, http://www.gallup.com/poll/118931/Knowing-Someone-Gay-Lesbian-Affects-Views-Gay-Issues.aspx.

Gallup. 2010. Americans' acceptance of gay relations crosses 50% threshold. http://www.gallup.com/poll/135764/Americans-Acceptance-Gay-Relations-Crosses-Threshold.aspx.

Gallup, A. 1999. *The Gallup poll cumulative index: Public opinion, 1935-1997.* Wilmington, Del.: Scholarly Resources.

Gardner, D. 2008. *Risk: The science and politics of fear.* London: Virgin Books.

Gardner, D. 2010. *Future babble: Why expert predictions fail — and why we believe them anyway.* New York: Dutton.

Garrard, G. 2006. *Counter-Enlightenments: From the eighteenth century to the present.* New York: Routledge.

Gartner, R. 2009. Homicide in Canada. In J. I. Ross, ed., *Violence in Canada: Sociopolitical perspectives.* Piscataway, N.J.: Transaction.

Gartzke, E. 2007. The capitalist peace. *American Journal of Political Science, 51,* 166-191.

Gartzke, E., & Hewitt, J. J. 2010. International crises and the capitalist peace. *International Interactions,* 36, 115-145.

Gat, A. 2006. *War in human civilization.* New York: Oxford University Press.

Gaulin, S.J.C., & McBurney, D. H. 2001. *Psychology: An evolutionary approach.* Upper Saddle River, N. J.: Prentice Hall.

Gazzaniga, M. S. 2005. *The ethical brain.* New York: Dana Press.

Geary, D. C. 2010. *Male, female: The evolution of human sex differences,* 2nd ed. Washington, D.C.: American Psychological Association.

Geary, P. J. 2002. *The myth of nations: The medieval origins of Europe*. Princeton, N.J.: Princeton Univer-sity Press.

Gelman, S. A. 2005. *The essential child: Origins of essentialism in everyday thought*. New York: Oxford University Press.

Genovese, J.E.C. 2002. Cognitive skills valued by educators: Historical content analysis of testing in Ohio. *Journal of Educational Research, 96*, 101-114.

Ghosn, F., Palmer, G., & Bremer, S. 2004. The MID 3 Data Set, 1993-2001: Procedures, coding rules, and description. *Conflict Management & Peace Science, 21*, 133-154.

Giancola, P. R. 2000. Executive functioning: A conceptual framework for alcohol-related aggression. *Experimental & Clinical Psychopharmacology, 8*, 576-597.

Gibbons, A. 1997. Archeologists rediscover cannibals. *Science, 277*, 635-637.

Gigerenzer, G. 2006. Out of the frying pan into the fire: Behavioral reactions to terrorist attacks. *Risk Analysis, 26*, 347-351.

Gigerenzer, G., & Murray, D. J. 1987. *Cognition as intuitive statistics*. Hillsdale, N.J.: Erlbaum.

Gil-White, F. 1999. How thick is blood? *Ethnic & Racial Studies, 22*, 789-820.

Gilad, Y. 2002. Evidence for positive selection and population structure at the human MAO-A gene. *Proceedings of the National Academy of Sciences, 99*, 862-867.

Gilbert, S. J., Spengler, S., Simons, J. S., Steele, J. D., Lawrie, S. M., Frith, C. D., & Burgess, P. W. 2006. Functional specialization within rostral prefrontal cortex (Area 10): A meta-analysis. *Journal of Cognitive Neuroscience, 18*, 932-948.

Gilligan, C. 1982. *In a different voice: Psychological theory and women's development*. Cambridge, Mass.: Harvard University Press.

Ginges, J., & Atran, S. 2008. Humiliation and the inertia effect: Implications for understanding violence and compromise in intractable intergroup conflicts. *Journal of Cognition & Culture, 8*, 281-294.

Ginges, J., Atran, S., Medin, D., & Shikaki, K. 2007. Sacred bounds on rational resolution of violent political conflict. *Proceedings of the National Academy of Sciences, 104, 7357-7360.*

Girls Study Group. 2008. *Violence by teenage girls: Trends and context*. Washington, D.C.: U.S. Depart-ment of Justice: Office of Justice Programs. http://girlsstudygroup.rti.org/docs/OJJDP_GSG_Violence_Bulletin.pdf.

Gleditsch, K. S. 2002. Expanded trade and GDP data. *Journal of Conflict Resolution, 46*, 712-724.

Gleditsch, N. P. 1998. Armed conflict and the environment: A critique of the literature. *Journal of Peace Research, 35*, 381-400.

Gleditsch, N. P. 2008. The liberal moment fifteen years on. *International Studies Quarterly, 52*, 691-712.

Gleditsch, N. P., Hegre, H., & Strand, H. 2009. Democracy and civil war. In M. Midlarsky, ed., *Handbook of war studies III*. Ann Arbor: University of Michigan Press.

Gleditsch, N. P., Wallensteen, P., Eriksson, M., Sollenberg, M., & Strand, H. 2002. Armed conflict 1946-2001: A new dataset. *Journal of Peace Research, 39*, 615-637.

Global Zero Commission. 2010. *Global Zero action plan*. http://static.globalzero.org/files/docs/GZAP_6.o.pdf.

Glover, J. 1977. *Causing death and saving lives*. London: Penguin.

Glover, J. 1999. *Humanity: A moral history of the twentieth century*. London: Jonathan Cape.

Gochman, C. S., & Maoz, Z. 1984. Militarized interstate disputes, 1816-1976: Procedures, patterns, and insights. *Journal of Conflict Resolution, 28*, 585-616.

Goffman, E. 1959. *The presentation of self in everyday life*. New York: Doubleday.

Goklany, I. M. 2007. *The improving state of the world: Why we're living longer, healthier, more comfortable lives on a cleaner planet*. Washington, D.C.: Cato Institute.

Goldhagen, D. J. 1996. *Hitler's willing executioners: Ordinary Germans and the Holocaust*. New York: Knopf.

Goldhagen, D. J. 2009. *Worse than war: Genocide, eliminationism, and the ongoing assault on humanity*. New York: PublicAffairs.

Goldstein, J. S. 2001. *War and gender*. Cambridge, U.K.: Cambridge University Press.

Goldstein, J. S. 2011. *Winning the war on war: The surprising decline in armed conflict worldwide*. New York: Dutton.

Goldstein, J. S., & Pevehouse, J. C. 2009. *International relations*, 8th ed., 2008-2009 update. New York: Pearson Longman.

Goldstein, R. N. 2006. *Betraying Spinoza: The renegade Jew who gave us modernity*. New York: Nextbook/ Schocken.

Gollwitzer, M., & Denzler, M. 2009. What makes revenge sweet: Seeing the offender suffer or delivering a message? *Journal of Experimental Social Psychology, 45*, 840-844.

Goodall, J. 1986. *The chimpanzees of Gombe: Patterns of behavior*. Cambridge, Mass.: Harvard University Press.

Gopnik, Adam. 2004. The big one: Historians rethink the war to end all wars. *New Yorker* (August 23).

Gopnik, Alison. 2007. Cells that read minds? What the myth of mirror neurons gets wrong about the human brain. *Slate* (April 26).

Gordon, M. 2009. *Roots of empathy: Changing the world child by child*. New York: Experiment.

Gorton, W., & Diels, J. 2010. Is political talk getting smarter? An analysis of presidential debates and the Flynn effect. *Public Understanding of Science* (March 18).

Gottfredson, L. S. 1997a. Mainstream science on intelligence: An editorial with 52 signatories, history, and bibliography. *Intelligence, 24*, 13-23.

Gottfredson, L. S. 1997b. Why *g* matters: The complexity of everyday life. *Intelligence, 24*, 79-132.

Gottfredson, M. R. 2007. Self-control and criminal violence. In D. J. Flannery, A. T. Vazsonyi, & I. D. Waldman, eds., *The Cambridge handbook of violent behavior and aggression*. New York: Cambridge University Press.

Gottfredson, M. R., & Hirschi, T. 1990. *A general theory of crime*. Stanford, Calif.: Stanford University Press.

Gottschall, J. 2008. *The rape of Troy: Evolution, violence, and the world of Homer*. New York: Cambridge University Press.

Gottschall, J., & Gottschall, R. 2003. Are per-incident rape-pregnancy rates higher than per-incident consensual pregnancy rates? *Human Nature, 14*, 1-20.

Gould, S. J. 1980. A biological homage to Mickey Mouse. *The panda's thumb: More reflections in natural history*. New York: Norton.

Gould, S. J. 1991. Glow, big glowworm. *Bully for brontosaurus*. New York: Norton.

Graf zu Waldburg Wolfegg, C. 1988. *Venus and Mars: The world of the medieval housebook*. New York: Prestel.

Graham-Kevan, N., & Archer, J. 2003. Intimate terrorism and common couple violence: A test of Johnson's predictions in four British samples. *Journal of Interpersonal Violence, 18*, 1247-1270.

Gray, H. M., Gray, K., & Wegner, D. M. 2007. Dimensions of mind perception. *Science, 315*, 619.

Gray, P. B., & Young, S. M. 2010. Human-pet dynamics in cross-cultural perspective. *Anthrozoos 1, 24*, 17-30.

Grayling, A. C. 2007. *Toward the light of liberty: The struggles for freedom and rights that made the modern Western world*. New York: Walker.

Green, R. M. 2001. *The human embryo research debates: Bioethics in the vortex of controversy*. New York: Oxford University Press.

Greene, D., ed. 2000. *Samuel Johnson: The major works*. New York: Oxford University Press.

Greene, J. D. In press. *The moral brain and what to do with it.*

Greene, J. D., & Haidt, J. 2002. How (and where) does moral judgment work? *Trends in Cognitive Science, 6*, 517-523.

Greene, J. D., Sommerville, R. B., Nystrom, L. E., Darley, J. M., & Cohen, J. D. 2001. An fMRI investigation of emotional engagement in moral judgment. *Science, 293*, 2105-2108.

Greenfield, P. M. 2009. Technology and informal education: What is taught, and what is learned. *Science, 323*, 69-71.

Groebner, V. 1995. Losing face, saving face: Noses and honour in the late medieval town. *History Workshop Journal, 40*, 1-15.

Gross, C. G. 2009. Early steps toward animal rights. *Science, 324*, 466-467.

Grossman, L.C.D. 1995. *On killing: The psychological cost of learning to kill in war and society*. New York: Back Bay Books.

Guo, G., Ou, X.-M., Roettger, M., & Shih, J. C. 2008a. The VNTR 2 repeat in MAOA and delinquent behavior in adolescence and young adulthood: Associations and MAOA promoter activity. *European Journal of Human Genetics, 16*, 626-634.

Guo, G., Roettger, M. E., & Cai, T. 2008b. The integration of genetic propensities into social-control models of delinquency and violence among male youths. *American Sociological Review, 73*, 543-568.

Guo, G., Roettger, M. E., & Shih, J. C. 2007. Contributions of the DAT1 and DRD2 genes to serious and violent delinquency among adolescents and young adults. *Human Genetics, 121*, 125-136.

Gurr, T. R. 1981. Historical trends in violent crime: A critical review of the evidence. In N. Morris & M. Tonry, eds., *Crime and justice*, vol. 3. Chicago: University of Chicago Press.

Gurr, T. R. 1989a. Historical trends in violent crime: Europe and the United States. In T. R. Gurr, ed., *Violence in America*, vol. 1: *The history of crime*. Newbury Park, Calif.: Sage.

Gurr, T. R., ed. 1989b. *Violence in America*, vol. 1. London: Sage.

Gurr, T. R., & Monty, M. G. 2000. Assessing the risks of future ethnic wars. In T. R.

Gurr, ed., *Peoples versus states*. Washington, D.C.: United States Institute of Peace Press.

Hagen, E. H. 1999. The functions of postpartum depression. *Evolution & Human Behavior, 20*, 325-359.

Hagger, M., Wood, C., Stiff, C., & Chatzisarantis, N.L.D. 2010. Ego depletion and the strength model of self-control: A meta-analysis. *Psychological Bulletin, 136*, 495-525.

Haidt, J. 2001. The emotional dog and its rational tail: A social intuitionist approach to moral judgment. *Psychological Review, 108*, 813-834.

Haidt, J. 2002. The moral emotions. In R. J. Davidson, K. R. Scherer, & H. H. Goldsmith, eds., *Handbook of affective sciences*. New York: Oxford University Press.

Haidt, J. 2007. The new synthesis in moral psychology. *Science, 316*, 998-1002.

Haidt, J., Bjorklund, F., & Murphy, S. 2000. Moral dumbfounding: When intuition finds no reason. University of Virginia.

Haidt, J., &. Graham, J. 2007. When morality opposes justice: Conservatives have moral intuitions that liberals may not recognize. *Social Justice Research, 20*, 98-116.

Haidt, J., & Hersh, M. A. 2001. Sexual morality: The cultures and emotions of conservatives and liberals. *Journal of Applied Social Psychology, 31*, 191-221.

Haidt, J., Koller, H., & Dias, M. G. 1993. Affect, culture, and morality, or is it wrong to eat your dog? *Journal of Personality & Social Psychology, 65*, 613-628.

Hakemulder, J. F. 2000. *The moral laboratory: Experiments examining the effects of reading literature on social perception and moral self-concept*. Philadelphia: J. Benjamins.

Hallissy, M. 1987. *Venomous woman: Fear of the female in literature*. Westport, Conn.: Greenwood Press.

Halpern, D. F. 2000. *Sex differences in cognitive abilities*, 3rd ed. Mahwah, N.J.: Erlbaum.

Hamer, D. H., & Copeland, P. 1994. *The science of desire: The search for the gay gene and the biology of behavior*. New York: Simon & Schuster.

Hamilton, W. D. 1963. The evolution of altruistic behavior. *American Naturalist, 97*, 354-356.

Hanawalt, B. A. 1976. Violent death in 14th and early 15th-century England. *Contemporary Studies in Society & History, 18*, 297-320.

Hanlon, G. 2007. *Human nature in rural Tuscany: An early modern history*. New York: Palgrave Macmillan.

Hardin, G. 1968. The tragedy of the commons. *Science, 162*, 1243-1248.

Hare, R. D. 1993. *Without conscience: The disturbing world of the psychopaths around us.* New York: Guilford Press.

Harff, B. 2003. No lessons learned from the Holocaust? Assessing the risks of genocide and political mass murder since 1955. *American Political Science Review, 97,* 57-73.

Harff, B. 2005. Assessing risks of genocide and politicide. In M. G. Marshall & T. R. Gurr, eds., *Peace and conflict 2005: A global survey of armed conflicts, self-determination movements, and democracy.* College Park, Md.: Center for International Development & Conflict Management, University of Maryland.

Harlow, C. W. 2005. *Hate crime reported by victims and police.* Washington, D.C.: U.S. Department of Justice, Bureau of Justice Statistics, http://bjs.ojp.usdoj.gov/content/pub/pdf/hcrvp.pdf.

Harris, J. R. 1998/2008. *The nurture assumption: Why children turn out the way they do,* 2nd ed. New York: Free Press.

Harris, J. R. 2006. *No two alike: Human nature and human individuality.* New York: Norton.

Harris, M. 1975. *Culture, people, nature,* 2nd ed. New York: Crowell.

Harris, M. 1985. *Good to eat: Riddles of food and culture.* New York: Simon & Schuster.

Harris, S. 2010. *The moral landscape: How science can determine human values.* New York: Free Press.

Haslam, N. 2006. Dehumanization: An integrative review. *Personality & Social Psychology Review, 10,* 252-264.

Haslam, N., ed. 2004. *Relational models theory: A contemporary overview.* Mahwah, N.J.: Erlbaum.

Haslam, N., Rothschild, L., & Ernst, D. 2000. Essentialist beliefs about social categories. *British Journal of Social Psychology, 39,* 113-127.

Hauser, M. D. 2000. *Wild minds: What animals really think.* New York: Henry Holt.

Hawkes, K. 1981. A third explanation for female infanticide. *Human Ecology, 9,* 79-96.

Hawkes, K. 2006. Life history theory and human evolution. In K. Hawkes and R. Paine, eds., *The evolution of human life history.* Oxford: SAR Press.

Hayes, B. 2002. Statistics of deadly quarrels. *American Scientist, 90,* 10-15.

Hegre, H. 2000. Development and the liberal peace: What does it take to be a trading state? *Journal of Peace Research, 37,* 5-30.

Hegre, H., Ellingsen, T., Gates, S., & Gleditsch, N. P. 2001. Toward a democratic civil peace? Democracy, political change, and civil war 1816-1992. *American Political Science Review, 95,* 33-48.

Heise, L., & Garcia-Moreno, C. 2002. Violence by intimate partners. In E. G. Krug, L. L. Dahlberg, J. A. Mercy, A. B. Zwi, & R. Lozano, eds., *World report on violence and health*. Geneva: World Health Organization.

Held, R. 1986. *Inquisition: A selected survey of the collection of torture instruments from the Middle Ages to our times*. Aslockton, Notts, U.K.: Avon & Arno.

Helmbold, R. 1998. How many interstate wars will there be in the decade 2000-2009? *Phalanx, 31*, 21-23.

Henshaw, S. K. 1990. Induced abortion: A world review, 1990. *Family Planning Perspectives, 22*, 76-89.

Herman, A. 1997. *The idea of decline in Western history*. New York: Free Press.

Herrmann, B., Thöni, C., & Gachter, S. 2008a. Antisocial punishment across societies. *Science, 319*, 1362-1367.

Herrmann, B., Thöni, C., & Gachter, S. 2008b. Antisocial punishment across societies: Supporting online material, http://www.sciencemag.org/content/319/5868/1362/supp/DC1.

Herrnstein, R. J., & Murray, C. 1994. *The bell curve: Intelligence and class structure in American life*. New York: Free Press.

Herzog, H. 2010. *Some we love, some we hate, some we eat: Why it's so hard to think straight about animals*. New York: HarperCollins.

Heschel, S. 2008. *The Aryan Jesus: Christian theologians and the Bible in Nazi Germany*. Princeton, N.J.: Princeton University Press.

Hewitt, J. J., Wilkenfeld, J., & Gurr, T. R., eds. 2008. *Peace and conflict 2008*. Boulder, Colo.: Paradigm.

Hewstone, M., Rubin, M., & Willis, H. 2002. Intergroup bias. *Annual Review of Psychology, 53*, 575-604.

Heywood, C. 2001. *A history of childhood*. Malden, Mass.: Polity.

Hickok, G. 2009. Eight problems for the mirror neuron theory of action understanding in monkeys and humans. *Journal of Cognitive Neuroscience, 21*, 1229-1243.

Hill, J., Inder, T., Neil, J., Dierker, D., Harwell, J., & Van Essen, D. 2010. Similar patterns of cortical expansion during human development and evolution. *Proceedings of the National Academy of Sciences, 107*, 13135-13140.

Himmelfarb, M. 1984. No Hitler, no Holocaust. *Commentary*, March, 37-43.

Hirschfeld, A. O. 1996. *Race in the making: Cognition, culture, and the child's construction of human kinds*. Cambridge, Mass.: MIT Press.

Hirschi, T., & Gottfredson, M. R. 2000. In defense of self-control. *Theoretical*

Criminology, 4, 55-69.

Hitchcock, E., & Cairns, V. 1973. Amygdalotomy. *Postgraduate Medical Journal, 49*, 894-904.

Hoban, J. E. 2007. The ethical marine warrior: Achieving a higher standard. *Marine Corps Gazett* (September), 36-40.

Hoban, J. E. 2010. Developing the ethical marine warrior. *Marine Corps Gazette* (June), 20-25.

Hobbes, T. 1651/1957. *Leviathan*. New York: Oxford University Press.

Hodges, A. 1983. *Alan Turing: The enigma*. New York: Simon & Schuster.

Hoffman, M. L. 2000. *Empathy and moral development: Implications for caring and justice*. Cambridge, U.K.: Cambridge University Press.

Hofstadter, D. R. 1985. Dilemmas for superrational thinkers, leading up to a Luring lottery. In *Metamagical themas: Questing for the essence of mind and pattern*. New York: Basic Books.

Hofstede, G., & Hofstede, G. J. 2010. Dimensions of national cultures, http://www.geerthofstede.nl/culture/dimensions-of-national-cultures.aspx, retrieved July 19, 2010.

Holden, C. 2008. Parsing the genetics of behavior. *Science, 322*, 892-895.

Holsti, K. J. 1986. The horsemen of the apocalypse: At the gate, detoured, or retreating? *International Studies Quarterly, 30*, 355-372.

Holsti, K. J. 1991. *Peace and war: Armed conflicts and international order 1648-1989*. Cambridge, U.K.: Cambridge University Press.

Homer. 2003. *The Iliad*, trans. E. V. Rieu & P. Jones. New York: Penguin.

Horowitz, D. L. 2001. *The deadly ethnic riot*. Berkeley: University of California Press.

Howard, M. 1991. *The lessons of history*. New Haven, Conn.: Yale University Press.

Howard, M. 2001. *The invention of peace and the reinvention of war*. London: Profile.

Howard, M. 2007. *Liberation or catastrophe? Reflections on the history of the twentieth century*. London: Continuum.

Hoyle, R. H., Pinkley, R. L., & Insko, C. A. 1989. Perceptions of social behavior: Evidence of differing expectations for interpersonal and intergroup interaction. *Personality & Social Psychology Bulletin, 15*, 365-376.

Hrdy, S. B. 1999. *Mother nature: A history of mothers, infants, and natural selection*. New York: Pantheon.

Hudson, V. M., & den Boer, A. D. 2002. A surplus of men, a deficit of peace: Security and sex ratios in Asia's largest states. *International Security, 26*, 5-38.

Hughes, G. 1991. *Swearing: A social history of foul language, oaths, and profanity in English*. New York: Penguin.

Human Rights First. 2008. *Violence against Muslims: 2008 hate crime survey*. New York: Human Rights First.

Human Rights Watch. 2008. *A violent education: Corporal punishment of children in U.S. public schools*. New York: Human Rights Watch.

Human Security Centre. 2005. *Human Security Report 2005: War and peace in the 21st century*. New York: Oxford University Press.

Human Security Centre. 2006. *Human Security Brief 2006*. Vancouver, B.C.: Human Security Centre.

Human Security Report Project. 2007. *Human Security Brief 2007*. Vancouver, B.C.: Human Security Report Project.

Human Security Report Project. 2008. *Miniatlas of human security*. Washington, D.C.: World Bank.

Human Security Report Project. 2009. *Human Security Report 2009: The shrinking costs of war*. New York: Oxford University Press.

Human Security Report Project. 2011. *Human Security Report 2009/2010: The causes of peace and the shrinking costs of war*. New York: Oxford University Press.

Hume, D. 1739/2000. *A treatise of human nature*. New York: Oxford University Press.

Hume, D. 1751/2004. *An enquiry concerning the principles of morals*. Amherst, N.Y.: Prometheus Books.

Humphrey, R. L. 1992. *Values for a new millennium*. Maynardville, Tenn.: Life Values Press.

Hunt, L. 2007. *Inventing human rights: A history*. New York: Norton.

Huntington, S. P. 1993. The clash of civilizations? *Foreign Affairs*, Summer.

Hurford, J. R. 2004. Language beyond our grasp: What mirror neurons can, and cannot, do for language evolution. In D. K. Oiler & U. Griebel, eds., *Evolution of communication systems: A comparative approach*. Cambridge, Mass.: MIT Press.

Huth, P., & Russett, B. 1984. What makes deterrence work? Cases from 1900 to 1980. *World Politics, 36*, 496-526.

Hynes, L. In press. Routine infanticide by married couples in Parma, i6th-18th century. *Journal of Early Modern History*.

Iacoboni, M. 2008. *Mirroring people: The new science of how we connect with others*. New York: Farrar, Straus & Giroux.

Iacoboni, M., Woods, R. P., Brass, M., Bekkering, H., Mazziotta, J. C., & Rizzolatti, G.

1999. Cortical mechanisms of human imitation. *Science, 286*, 2526-2528.

Ingle, D. 2004. Recreational fighting. In G. S. Cross, ed., *Encyclopedia of recreation and leisure in America*. New York: Scribner.

International Institute for Strategic Studies. 2010. *The military balance 2010*. London: Routledge.

Jacob, P., & Jeannerod, M. 2005. The motor theory of social cognition: A critique. *Trends in Cognitive Sciences, 9*, 21-25.

Jaggar, A. M. 1983. *Feminist politics and human nature*. Lanham, Md.: Rowman & Littlefield.

James, W. 1906/1971. The moral equivalent of war. *The moral equivalent of war and other essays*. New York: Harper &⊠ Row.

James, W. 1977. On a certain blindness in human beings. In J. J. McDermott, ed., *The writings of William James*. Chicago: University of Chicago Press.

Janis, I. L. 1982. *Groupthink: Psychological studies of policy decisions and fiascoes*, 2nd ed. Boston: Houghton Mifflin.

Jansson, K. 2007. *British crime survey: Measuring crime for 25 years*. London: U.K. Home Office.

Jensen, J., Smith, A. J., Willeit, M., Crawley, A. P., Mikulis, D. J., Vitcu, I., & Kapur, S. 2007. Separate brain regions code for salience versus valence during reward prediction in humans. *Human Brain Mapping, 28*, 294-302.

Jervis, R. 1988. The political effects of nuclear weapons. *International Security, 13*, 80-90.

Johnson, D.D.P. 2004. *Overconfidence and war: The havoc and glory of positive illusions*. Cambridge, Mass.: Harvard University Press.

Johnson, D.D.P., McDermott, R., Barrett, E. S., Cowden, J., Wrangham, R., McIntyre, M. H., & Rosen, S. P. 2006. Overconfidence in wargames: Experimental evidence on expectations, aggression, gender and testosterone. *Proceedings of the Royal Society B, 273*, 2513-2520.

Johnson, E. A., & Monkkonen, E. H. 1996. *The civilization of crime*. Urbana: University of Illinois Press.

Johnson, E. J., Hershey, J., Meszaros, J., & Kunreuther, H. 1993. Framing, probability distortions, and insurance decisions. *Journal of Risk & Uncertainty, 7*, 35-41.

Johnson, E. M. 2010. Deconstructing social Darwinism. *Primate Diaries*, scienceblogs.com/primatediaries/20io/oi/deconstructing_social_darwinis.php

Johnson, G. R., Ratwik, S. H., & Sawyer, T. J. 1987. The evocative significance of kin terms in patriotic speech. In V. Reynolds, V. Falger & I. Vine, eds., *The sociobiology of ethnocentrism*. London: Croon Helm.

Johnson, I. M., & Sigler, R. T. 2000. The stability of the public's endorsements of the definition and criminalization of the abuse of women. *Journal of Criminal Justice, 28*, 165-179.

Johnson, M. P. 2006. Conflict and control: Gender symmetry and asymmetry in domestic violence. *Violence Against Women, 12*, 1003-1018.

Johnson, M. P., & Leone, J. M. 2005. The differential effects of intimate terrorism and situational couple violence: Findings from the National Violence Against Women Survey. *Journal of Family Issues, 26*, 322-349.

Johnson, N. F., Spagat, M., Gourley, S., Onnela, J.-P., & Reinert, G. 2008. Bias in epidemiological studies of conflict mortality. *Journal of Peace Research, 45*, 653-663.

Johnson, R., & Raphael, S. 2006. How much crime reduction does the marginal prisoner buy? University of California, Berkeley.

Jones, D. M., Bremer, S., & Singer, J. D. 1996. Militarized interstate disputes, 1816-1992: Rationale, coding rules, and empirical patterns. *Conflict Management & Peace Science, 25*, 163-213.

Jones, G. 2008. Are smarter groups more cooperative? Evidence from prisoner's dilemma experiments, 1959-2003. *Journal of Economic Behavior & Organization, 68*, 489-497.

Jones, L., & Finkelhor, D. 2007. *Updated trends in child maltreatment*, 2007. Durham, N.H.: Crimes Against Children Research Center, University of New Hampshire.

Jones, O. D. 1999. Sex, culture, and the biology of rape: Toward explanation and prevention. *California Law Review, 87*, 827-942.

Jones, O. D. 2000. Reconsidering rape. *National Law Journal*, A21.

Joy, J. 2009. *Lindow Man*. London: British Museum Press.

Joyce, T. 2004. Did legalized abortion lower crime? *Journal of Human Resources, 39*, 1-28.

Jussim, L. J., McCauley, C. R., & Lee, Y.-T. 1995. Why study stereotype accuracy and inaccuracy? In Y.-T. Lee, L. J. Jussim, & C. R. McCauley, eds., *Stereotype accuracy: Toward appreciating group differences*. Washington, D.C.: American Psychological Association.

Kaeuper, R. W. 2000. Chivalry and the "civilizing process." In R. W. Kaeuper, ed., *Violence in medieval society*. Rochester, N.Y.: Boydell & Brewer.

Kagan, R. 2002. Power and weakness. *Policy Review, 113*, 1-21.

Kahneman, D., & Renshon, J. 2007. Why hawks win. *Foreign Policy*, December.

Kahneman, D., Slovic, P., & Tversky, A. 1982. *Judgment under uncertainty: Heuristics and biases*. New York: Cambridge University Press.

Kahneman, D., & Tversky, A. 1972. Subjective probability: A judgment of representativeness. *Cognitive Psychology, 3*, 430-454.

Kahneman, D., & Tversky, A. 1979. Prospect theory: An analysis of decisions under risk. *Econometrica, 47*, 313-327.

Kahneman, D., & Tversky, A. 1984. Choices, values, and frames. *American Psychologist, 39*, 341-350.

Kaldor, M. 1999. *New and old wars: Organized violence in a global era*. Stanford, Calif.: Stanford University Press.

Kanazawa, S. 2010. Why liberals and atheists are more intelligent. *Social Psychology Quarterly, 73*, 33-57.

Kane, K. 1999. Nits make lice: Drogheda, Sand Creek, and the poetics of colonial extermination. *Cultural Critique, 42*, 81-103.

Kant, 1.1784/1970. Idea for a universal history with a cosmopolitan purpose. In H. Reiss, ed., Kant's political writings. New York: Cambridge University Press.

Kant, I. 1795/1983. Perpetual peace: A philosophical sketch. In *Perpetual peace and other essays*. Indianapolis: Hackett.

Kaplan, J. 1973. *Criminal justice: Introductory cases and materials*. Mineola, N.Y.: Foundation Press.

Katz, L. 1987. *Bad acts and guilty minds: Conundrums of criminal law*. Chicago: University of Chicago Press.

Kay, S. 2000. The sublime body of the martyr. In R. W. Kaeuper, ed., *Violence in medieval societyv*. Woodbridge, U.K.: Boydell.

Kaysen, C. 1990. Is war obsolete? *International Security, 14*, 42-64.

Keegan, J. 1993. *A history of warfare*. New York: Vintage.

Keeley, L. H. 1996. *War before civilization: The myth of the peaceful savage*. New York: Oxford University Press.

Keen, S. 2007. *Empathy and the novel*. Oxford, U.K.: Oxford University Press.

Keizer, K., Lindenberg, S., & Steg, L. 2008. The spreading of disorder. *Science, 322*, 1681-1685.

Keller, J. B. 1986. The probability of heads. *American Mathematical Monthly, 93*, 191-197.

Kelman, H. C. 1973. Violence without moral restraint: Reflections on the dehumanization of victims and victimizers. *Journal of Social Issues, 29*, 25-61.

Kennedy, R. 1997. *Race, crime, and the law*. New York: Vintage.

Kennedy, R. F. 1969/1999. *Thirteen days: A memoir of the Cuban missile crisis*. New York: Norton.

Kenny, C. 2011. *Getting better: Why global development is succeeding — and how we can improve the world even more*. New York: Basic Books.

Kenrick, D. T., & Sheets, V. 1994. Homicidal fantasies. *Ethology & Sociobiology, 14*, 231-246.

Kiernan, B. 2007. *Blood and soil: A world history of genocide and extermination from Sparta to Darfur*. New Haven, Conn.: Yale University Press.

Kim, S. H., Smirth, R. H., & Brigham, N. L. 1998. Effects of power imbalance and the presence of third parties on reactions to harm: Upward and downward revenge. *Personality & Social Psychology Bulletin, 24*, 353-361.

Kimmel, M. S. 2002. "Gender symmetry" in domestic violence. *Violence Against Women, 8*, 1332-1363.

King, M. L., Jr. 1963/1995. Pilgrimage to nonviolence. In S. Lynd & A. Lynd, eds., *Nonviolence in America: A documentary history*. Maryknoll, N.Y.: Orbis Books.

Kinner, S. 2003. Psychopathy as an adaptation: Implications for society and social policy. In R. W. Bloom & N. Dess, eds., *Evolutionary psychology and violence: A primer for policymakers and public policy advocates*. Westport, Conn.: Praeger.

Kinzler, K. D., Shutts, K., Dejesus, J., & Spelke, E. S. 2009. Accent trumps race in guiding children's social preferences. *Social Cognition, 27*, 623-634.

Kirby, K. N., & Herrnstein, R. J. 1995. Preference reversals due to myopic discounting of delayed reward. *Psychological Science, 6*, 83-89.

Kirby, K. N., Winston, G., & Santiesteban, M. 2005. Impatience and grades: Delay-discount rates correlate negatively with college GPA. *Learning and Individual Differences, 15*, 213-222.

Knauft, B. 1987. Reconsidering violence in simple human societies. *Current Anthropology, 28*, 457-500.

Koechlin, E., & Hyafil, A. 2007. Anterior prefrontal function and the limits of human decisionmaking. *Science, 318*, 594-598.

Koestler, A. 1964. *The act of creation*. New York: Dell.

Kohl, M., ed. 1978. *Infanticide and the value of life*. Buffalo, N.Y.: Prometheus Books.

Kohlberg, L. 1981. *The philosophy of moral development: Moral stages and the idea of justice*. San Francisco: Harper & Row.

Kors, A. C., & Silverglate, H. A. 1998. *The shadow university: The betrayal of liberty on America's campuses*. New York: Free Press.

Kosfeld, M., Heinrichs, M., Zak, P. J., Fischbacher, U., & Fehr, E. 2005. Oxytocin increases trust in humans. *Nature, 435*, 673-676.

Krebs, D. L. 1975. Empathy and altruism. *Journal of Personality & Social Psychology, 32*, 1134-1146.

Kreitman, M. 2000. Methods to detect selection in populations with applications to the human. *Annual Review of Genomics & Human Genetics, 1*, 539-559.

Kreutz, J. 2008. *UCDP one-sided violence codebook version 1.3*. http://www.pcr.uu.se/digitalAssets/19/19256_UCDP_One-sided_violence_Dataset_Codebook_v1.3.pdf.

Krieken, R. V. 1998. Review article: What does it mean to be civilised? Norbert Elias on the Germans and modern barbarism. *Communal/Plural: Journal of Transnational & Cross-Cultural Studies, 6*, 225-233.

Kringelbach, M. L. 2005. The human orbitofrontal cortex: Linking reward to hedonic experience. *Nature Reviews Neuroscience, 6*, 691-702.

Kristine, E., & Hultman, L. 2007. One-sided violence against civilians in war: Insights from new fatality data. *Journal of Peace Research, 44*, 233-246.

Kristof, N. D., & WuDunn, S. 2009. *Half the sky: Turning oppression into opportunity for women worldwide*. New York: Random House.

Krug, E. G., Dahlberg, L. L., Mercy, J. A., Zwi, A. B., & Lozano, R., eds. 2002. *World report on violence and health*. Geneva: World Health Organization.

Krystal, A. 2007. En garde! The history of dueling. *New Yorker* (March 12).

Kugel, J. L. 2007. *How to read the Bible: A guide to scripture, then and now*. New York: Free Press.

Kugler, J. 1984. Terror without deterrence. *Journal of Conflict Resolution, 28*, 470-506.

Kurlansky, M. 2006. *Nonviolence: Twenty-five lessons from the history of a dangerous idea*. New York: Modern Library.

Kurtz, D. V. 2001. Anthropology and the study of the state. *Political anthropology: Power and paradigms*. Boulder, Colo.: Westview Press.

Kurzban, R. 2011. *Why everyone (else) is a hypocrite: Evolution and the modular mind*. Princeton, N.J.: Princeton University Press.

Kurzban, R., Tooby, J., & Cosmides, L. 2001. Can race be erased? Coalitional computation and social categorization. *Proceedings of the National Academy of Sciences, 98*, 15387-15392.

Kyle, D. G. 1998. *Spectacles of death in ancient Rome.* New York: Routledge.

La Griffe du Lion. 2000. Analysis of hate crime. *La Griffe du Lion*, 2(5). http://lagriffeduli0n.f2s.com/hatecrime.htm.

Lacina, B. 2006. Explaining the severity of civil wars. *Journal of Conflict Resolution, 50,* 276-289.

Lacina, B. 2009. *Battle Deaths Dataset 1946-2009: Codebook for version 3.0.* Center for the Study of Civil War, and International Peace Research Institute Oslo (PRIO).

Lacina, B., & Gleditsch, N. P. 2005. Monitoring trends in global combat: A new dataset in battle deaths. *European Journal of Population, 21,* 145-166.

Lacina, B., Gleditsch, N. P., & Russett, B. 2006. The declining risk of death in battle. *International Studies Quarterly, 50,* 673-680.

LaFree, G. 1999. A summary and review of cross-national comparative studies of homicide. In M. D. Smith & M. A. Zahn, eds., *Homicide: A sourcebook of social research.* Thousand Oaks, Calif.: Sage.

LaFree, G., & Tseloni, A. 2006. Democracy and crime: A multilevel analysis of homicide trends in forty-four countries, 1950-2000. *Annals of the American Academy of Political and Social Science, 605,* 25-49.

Laibson, D. 1997. Golden eggs and hyperbolic discounting. *Quarterly Journal of Economics, 112,* 443-477.

Lalumière, M. L., Harris, G. T., & Rice, M. E. 2001. Psychopathy and developmental instability. *Evolution and Human Behavior, 22,* 75-92.

Lamm, C., Batson, C. D., & Decety, J. 2007. The neural substrate of human empathy: Effects of perspective-taking and cognitive appraisal. *Journal of Cognitive Neuroscience, 19,* 42-58.

Lane, R. 1989. On the social meaning of homicide trends in America. In T. R. Gurr, ed., *Violence in America,* vol. 1: *The history of crime.* Newbury Park, Calif.: Sage.

Langbein, J. H. 2005. The legal history of torture. In S. Levinson, ed., *Torture: A collection.* New York: Oxford University Press.

Lanzetta, J. T., & Englis, B. G. 1989. Expectations of cooperation and competition and their effects on observers' vicarious emotional responses. *Journal of Personality & Social Psychology, 56,* 543-554.

Latané, B., & Darley, J. M. 1970. *The unresponsive bystander: Why doesn't he help?* New York: Appleton-Century Crofts.

Lea, R., & Chambers, G. 2007. Monoamine oxidase, addiction, and the "warrior" gene hypothesis. *Journal of the New Zealand Medical Association, 120.*

LeBlanc, S. A. 2003. *Constant battles: The myth of the noble savage and a peaceful past.* New York: St. Martin's Press.

Lebow, R. N. 2007. Contingency, catalysts, and nonlinear change: The origins of World War I. In J. S. Levy & G. Goertz, eds., *Explaining war and peace: Case studies and necessary condition counterfactuals.* New York: Routledge.

Lee, J. J., & Pinker, S. 2010. Rationales for indirect speech: The theory of the strategic speaker. *Psychological Review, 117,* 785-807.

Lee, R. 1982. Politics, sexual and non-sexual, in egalitarian society. In R. Lee & R. E. Leacock, eds., *Politics and history in band societies.* New York: Cambridge University Press.

Lee, T.M.C., Chan, S. C., & Raine, A. 2008. Strong limbic and weak frontal activation to aggressive stimuli in spouse abusers. *Molecular Psychiatry, 13,* 655-660.

Lee, Y.-T., Jussim, L. J., & McCauley, C. R., eds. 1995. *Stereotype accuracy: Toward appreciating group differences.* Washington, D.C.: American Psychological Association.

Lehner, E., & Lehner, J. 1971. *Devils, demons, and witchcraft.* Mineola, N.Y.: Dover.

Leiter, R. A., ed. 2007. *National survey of state laws,* 6th ed. Detroit: Thomson/Gale.

Leland, A., & Oboroceanu, M.-J. 2010. *American war and military operations casualties: Lists and statistics.* http://fpc.state.gov/documents/organization/139347.pdf.

Leonard, T. 2009. Origins of the myth of Social Darwinism: The ambiguous legacy of Richard Hofstadter's "Social Darwinism in American thought." *Journal of Economic Behavior & Organization, 71,* 37-59.

LeVay, S. 2010. *Gay, straight, and the reason why: The science of sexual orientation.* New York: Oxford University Press.

Levi, M. A. 2007. *On nuclear terrorism.* Cambridge, Mass.: Harvard University Press.

Levi, W. 1981. *The coming end of war.* Beverly Hills, Calif.: Sage Publications.

Levinson, D. 1989. *Family violence in cross-cultural perspective.* Thousand Oaks, Calif.: Sage.

Levinson, S., ed. 2004a. Contemplating torture: An introduction. In S. Levinson, ed., *Torture: A collection.* New York: Oxford University Press.

Levinson, S. 2004b. *Torture: A collection.* New York: Oxford University Press.

Levitt, S. D. 2004. Understanding why crime fell in the 1990s: Four factors that explain the decline and six that do not. *Journal of Economic Perspectives, 18,* 163-190.

Levitt, S. D., & Miles, T. J. 2007. Empirical study of criminal punishment. In A. M. Polinsky & S. Shavell, eds., *Handbook of law and economics,* vol. 1. Amsterdam:

Elsevier.

Levy, J. S. 1983. *War in the modern great power system 1495-1975*. Lexington: University Press of Kentucky.

Levy, J. S., & Thompson, W. R. 2010. *Causes of war*. Malden, Mass.: Wiley-Blackwell.

Levy, J. S., & Thompson, W. R. 2011. *The arc of war: Origins, escalation, and transformation*. Chicago: University of Chicago Press.

Levy, J. S., Walker, T. C., & Edwards, M. S. 2001. Continuity and change in the evolution of warfare. In Z. Maoz & A. Gat, eds., *War in a changing world*. Ann Arbor: University of Michigan Press.

Lewis, B. 2002. *What went wrong? The clash between Islam and modernity in the Middle East*. New York: HarperPerennial.

Lewis, D. K. 1969. *Convention: A philosophical study*. Cambridge, Mass.: Harvard University Press.

Liebenberg, L. 1990. *The art of tracking: The origin of science*. Cape Town, South Africa: David Philip.

Lieberman, D., Tooby, & Cosmides, L. 2002. Does morality have a biological basis? An empirical test of the factors governing moral sentiments relating to incest. *Proceedings of the Royal Society of London B, 270*, 819-826.

Lieberson, S. 2000. *A matter of taste: How names, fashions, and culture change*. New Haven, Conn.: Yale University Press.

Ligthart, L., Bartels, M., Hoekstra, R. A., Hudziak, J. & Boomsma, D. I. 2005. Genetic contributions to subtypes of aggression. *Twin Research & Human Genetics, 8*, 483-491.

Lilia, M. 2001. *The reckless mind: Intellectuals in politics*. New York: New York Review of Books.

Lindley, D., & Schildkraut, R. 2005. *Is war rational? The extent of miscalculation and misperception as causes of war*. Paper presented at the International Studies Association. http://www.allacademic.com/meta/p71904_index.html.

Lindsay, J. M., & Takeyh, R. 2010. After Iran gets the bomb. *Foreign Affairs*.

Linker, D. 2007. *The theocons: Secular America under siege*. New York: Anchor.

Lodge, D. 1988. *Small world*. New York: Penguin.

Loewen, J. W. 1995. *Lies my teacher told me: Everything your American history textbook got wrong*. New York: New Press.

Long, W. J., & Brecke, P. 2003. *War and reconciliation: Reason and emotion in conflict resolution*. Cambridge, Mass.: MIT Press.

Lorenz, K. 1950/1971. Part and parcel in animal and human societies. *Studies in animal and human behavior*, vol. 2. Cambridge, Mass.: Harvard University Press.

Lott, J. 2007. Crime and punishment. *Freedomnomics: Why the free market works and other half-baked theories don't*. Washington, D.C.: Regnery.

Lott, J. R., Jr., & Whitley, J. E. 2007. Abortion and crime: Unwanted children and out-of-wedlock births. *Economic Inquiry, 45*, 304-324.

Luard, E. 1986. *War in international society*. New Haven, Conn.: Yale University Press.

Luard, E. 1988. *The blunted sword: The erosion of military power in modern world politics*. New York: New Amsterdam Books.

Lull, T. F., ed. 2005. *Martin Luther's basic theological writings*. Minneapolis: Augsburg Fortress.

Luria, A. R. 1976. *Cognitive development: Its cultural and social foundations*. Cambridge, Mass.: Harvard University Press.

Lykken, D. T. 1995. *The antisocial personalities*. Mahwah, N.J.: Erlbaum.

Maccoby, E. E., & Jacklin, C. N. 1987. *The psychology of sex differences*. Stanford, Calif.: Stanford University Press.

MacDonald, H. 2006. New York cops: Still the finest. *City Journal, 16*.

MacDonald, H. 2008. The campus rape myth. *City Journal, 18*.

Macklin, R. 2003. Human dignity is a useless concept. *British Medical Journal, 327*, 1419-1420.

Macmillan, M. 2000. *An odd kind of fame: Stories of Phineas Gage*. Cambridge, Mass.: MIT Press.

Manning, R., Levine, M., & Collins, A. 2007. The Kitty Genovese murder and the social psychology of helping: The parable of the 38 witnesses. *American Psychologist, 62*, 555-562.

Mannix, D. P. 1964. *The history of torture*. Sparkford, U.K.: Sutton.

Mar, R. A., & Oatley, K. 2008. The function of fiction is the abstraction and simulation of social experience. *Perspectives on Psychological Science, 3*, 173-192.

Mar, R. A., Oatley, K., Hirsh, J., dela Paz, J., & Peterson, J. B. 2006. Bookworms versus nerds: Exposure to fiction versus non-fiction, divergent associations with social ability, and the simulation of fictional social worlds. *Journal of Research in Personality, 40*, 694-717.

Marshall, M. G., & Cole, B. R. 2008. Global report on conflict, governance, and state fragility, 2008. *Foreign Policy Bulletin, 18*, 3-21.

Marshall, M. G., & Cole, B. R. 2009. *Global report 2009: Conflict, governance, and state fragility*. Arlington, Va.: George Mason University Center for Global Policy.

Marshall, M. G., Gurr, T. R., & Harff, B. 2009. *PITF State Failure Problem Set: Internal wars and failures of governance 1955-2008. Dataset and coding guidelines*. Political Instability Task Force, http://globalpolicy.gmu.edu/pitf/pitfdata.htm.

Marshall, S.L.A. 1947/1978. *Men against fire: The problem of battle command in future war*. Gloucester, Mass.: Peter Smith.

Marvell, T. B. 1999. Homicide trends 1947-1996: Short-term versus long-term factors. *Proceedings of the Homicide Research Working Group Meetings, 1997 and 1998*. Washington, D.C.: U.S. Department of Justice.

Massey, D. S., & Sampson, R., eds. 2009. Special issue: The Moynihan report revisited: Lessons and reflections after four decades. *Annals of the American Academy of Political & Social Science, 621*, 6-326.

Maston, C. T. 2010. Survey methodology for criminal victimization in the United States, 2007. http://bjs.ojp.usdoj.gov/content/pub/pdf/cvus/cvus07mt.pdf.

Mattingly, G. 1958. International diplomacy and international law. In R. B. Wernham, ed., *The New Cambridge Modern History*, vol. 3. New York: Cambridge University Press.

Mauss, M. 1924/1990. *The gift: The form and reason for exchange in archaic societies*. New York: Norton.

Maynard Smith, J. 1982. *Evolution and the theory of games*. New York: Cambridge University Press.

Maynard Smith, J. 1988. *Games, sex, and evolution*. New York: Harvester Wheatsheaf.

Maynard Smith, J. 1998. *Evolutionary genetics*, 2nd ed. New York: Oxford University Press.

Maynard Smith, J., & Szathmáry, E. 1997. *The major transitions in evolution*. New York: Oxford University Press.

McCall, G. S., & Shields, N. 2007. Examining the evidence from small-scale societies and early prehistory and implications for modern theories of aggression and violence. *Aggression and Violent Behavior, 13*, 1-9.

McCauley, C. R. 1995. Are stereotypes exaggerated? A sampling of racial, gender, academic, occupational, and political stereotypes. In Y.-T. Lee, L. J. Jussim, & C. R. McCauley, eds., *Stereotype accuracy: Toward appreciating group differences*. Washington, D.C.: American Psychological Association.

McClure, S. M., Laibson, D., Loewenstein, G., & Cohen, J. D. 2004. Separate neural systems value immediate and delayed monetary rewards. *Science, 306*, 503-507.

McCrae, R. R., Costa, P. T., Ostendorf, F., Angleitner, A., Hrebickova, M., Avia, M. D., Sanz, J., Sanchez-Bernardos, M. L., Kusdil, M. E., Woodfield, R., Saunders, P. R., & Smith, P. B. 2000. Nature over nurture: Temperament, personality, and life span development. *Journal of Personality & Social Psychology, 78*, 173-186.

McCullough, M. E. 2008. *Beyond revenge: The evolution of the forgiveness instinct.* San Francisco: Jossey-Bass.

McCullough, M. E., Kurzban, R., & Tabak, B. A. 2010. Revenge, forgiveness, and evolution. In M. Mikulincer & P. R. Shaver, eds., *Understanding and reducing aggression, violence, and their consequences.* Washington, D.C.: American Psychological Association.

McDermott, R., Johnson, D., Cowden, J., & Rosen, S. 2007. Testosterone and aggression in a simulated crisis game. *Annals of the American Association for Political & Social Science, 614*, 15-33.

McDermott, R., Tingley, D., Cowden, J., Frazzetto, G., & Johnson, D.D.P. 2009. Monoamine oxidase A gene (MAOA) predicts behavioral aggression following provocation. *Proceedings of the National Academy of Sciences, 106*, 2118-2123.

McDonald, P. J. 2010. Capitalism, commitment, and peace. *International Interactions, 36*, 146-168.

McEvedy, C., & Jones, R. 1978. *Atlas of world population history.* London: A. Lane.

McGinnis, J. O. 1996. The original constitution and our origins. *Harvard Journal of Law & Public Policy, 19*, 251-261.

McGinnis, J. O. 1997. The human constitution and constitutive law: A prolegomenon. *Journal of Contemporary Legal Issues, 8*, 211-239.

McGraw, A. P., & Tetlock, P. E. 2005. Taboo trade-offs, relational framing, and the acceptability of exchanges. *Journal of Consumer Psychology, 15*, 2-15.

McGraw, L. A., & Young, L. J. 2010. The prairie vole: An emerging model organism for understanding the social brain. *Trends in Neurosciences, 33*, 103-109.

McKay, C. 1841/1995. *Extraordinary popular delusions and the madness of crowds.* New York: Wiley.

McManamon, F. P. 2004. Kennewick Man. Archeology Program, http://www.nps.gov/archeology/kennewick/index.htm.

Mealey, L. 1995. The sociobiology of sociopathy: An integrated evolutionary model. *Behavioral & Brain Sciences, 18*, 523-541.

Mealey, L., & Kinner, S. 2002. The perception-action model of empathy and psychopathic "cold-heartedness." *Behavioral & Brain Sciences, 42*, 42-43.

Mednick, S. A., Gabrielli, W. F., & Hutchings, B. 1984. Genetic factors in criminal behavior: Evidence from an adoption cohort. *Science*, 224, 891-893.

Melander, E., Oberg, M., & Hall, J. 2009. *Are "new wars" more atrocious?* Paper presented at the annual meeting of the International Studies Association: Exploring the Past, Anticipating the Future.

Mennell, S. 1990. Decivilising processes: Theoretical significance and some lines of research. *Inter-national Sociology, 5*, 205-223.

Mennell, S., & Goudsblom, J. 1997. Civilizing processes — myth or reality? A comment on Duerr's critique of Elias. *Comparative Studies in Society & History*, 39, 729-733.

Menschenfreund, Y. 2010. The holocaust and the trial of modernity. *Azure, 39*, 58-83.

Merriman, T., & Cameron, V. 2007. Risk-taking: Behind the warrior gene story. *Journal of the New Zealand Medical Association, 120*.

Mesquida, C. G., & Wiener, N. I.1996. Human collective aggression: A behavioral ecology perspective. *Ethology & Sociobiology, 17*, 247-262.

Metcalfe, J., & Mischel, W. 1999. A hot/cool system analysis of delay of gratification: Dynamics of willpower. *Psychological Review, 106*, 3-19.

Meyer-Lindenberg, A. 2006. Neural mechanisms of genetic risk for impulsivity and violence in humans. *Proceedings of the National Academy of Sciences, 103*, 6269-6274.

Michel, J.-B., Shen, Y. K., Aiden, A. P., Veres, A., Gray, M. K., The Google Books Team, Pickett, J. P., Hoiberg, D., Clancy, D., Norvig, P., Orwant, J., Pinker, S., Nowak, M., & Lieberman-Aiden, E. 2011. Quantitative analysis of culture using millions of digitized books. *Science, 331*, 176-182.

Milgram, S. 1974. *Obedience to authority: An experimental view.* New York: Harper & Row.

Milner, L. S. 2000. *Hardness of heart/Hardness of life: The stain of human infanticide.* New York: University Press of America.

Mischel, W., Ayduk, O., Berman, M. Gv Casey, B. J., Gotlib, I., Jonides, J., Kross, E., Teslovich, T., Wilson, N., Zayas, V., & Shoda, Y. I. In press. "Willpower" over the life span: Decomposing impulse control. *Social Cognitive & Affective Neuroscience.*

Mitani, J. C., Watts, D. P., & Amsler, S. J. 2010. Lethal intergroup aggression leads to territorial expansion in wild chimpanzees. *Current Biology, 20*, R507-508.

Mitzenmacher, M. 2004. A brief history of generative models for power laws and lognormal distributions. *Internet Mathematics, 1*, 226-251.

Mitzenmacher, M. 2006. Editorial: The future of power law research. *Internet*

Mathematics, 2, 525-534.
Mnookin, R. H. 2007. Ethnic conflicts: Flemings and Walloons, Palestinians and Israelis. *Daedalus, 136*, 103-119.
Mogahed, D. 2006. *Perspectives of women in the Muslim world*. Washington, D.C.: Gallup.
Moll, J., de Oliveira-Souza, R., & Eslinger, P. J. 2003. Morals and the human brain: A working model. *NeuroReport, 14*, 299-305.
Moll, J., Zahn, R., de Oliveira-Souza, R., Krueger, F., & Grafman, J. 2005. The neural basis of human moral cognition. *Nature Reviews Neuroscience, 6*, 799-809.
Monkkonen, E. 1989. Diverging homicide rates: England and the United States, 1850-1875. In T. R. Gurr, ed., *Violence in America*, vol. 1: *The history of crime*. Newbury Park, Calif.: Sage.
Monkkonen, E. 1997. Homicide over the centuries. In L. M. Friedman & G. Fisher, eds., *The crime conundrum: Essays on criminal justice*. Boulder, Colo.: Westview Press.
Monkkonen, E. 2001. *Murder in New York City*. Berkeley: University of California Press.
Montesquieu. 1748/2002. *The spirit of the laws*. Amherst, N.Y.: Prometheus Books.
Moore, S., & Simon, J. L. 2000. *It's getting better all the time: Greatest trends of the last 100 years*. Washington, D.C.: Cato Institute.
Morgan, J. 1852/1979. *The life and adventures of William Buckley: Thirty-two years as a wanderer amongst the aborigines*. Canberra: Australia National University Press.
Mousseau, M. 2010. Coming to terms with the capitalist peace. *International Interactions, 36*, 185-192.
Moynihan, D. P. 1993. *Pandaemonium: Ethnicity in international politics*. New York: Oxford University Press.
Muchembled, R. 2009. Une *histoire de la violence*. Paris: Seuil.
Mueller, J. 1989. *Retreat from doomsday: The obsolescence of major war*. New York: Basic Books.
Mueller, J. 1995. *Quiet cataclysm: Reflections on the recent transformation of world politics*. New York: HarperCollins.
Mueller, J. 1999. *Capitalism, democracy, and Ralph's Pretty Good Grocery*. Princeton, N.J.: Princeton University Press.
Mueller, J. 2004a. *The remnants of war*. Ithaca, N.Y.: Cornell University Press.
Mueller, J. 2004b. Why isn't there more violence? *Security Studies, 13*, 191-203.
Mueller, J. 2006. *Overblown: How politicians and the terrorism industry inflate national*

security threats, and why we believe them. New York: Free Press.

Mueller, J. 2007. The demise of war and of speculations about the causes thereof. Paper presented at the national convention of the International Studies Association.

Mueller, J. 2010a. *Atomic obsession: Nuclear alarmism from Hiroshima to Al-Qaeda*. New York: Oxford University Press.

Mueller, J. 2010b. Capitalism, peace, and the historical movement of ideas. *International Interactions, 36*, 169-184.

Mueller, J., & Lustick, I. 2008. Israel's fight-or-flight response. *National Interest* (November 1).

Murphy, J.P.M. 1999. Hitler was *not* an atheist. *Free Inquiry, 9*.

Murray, C. A. 1984. *Losing ground: American social policy, 1950-1980*. New York: Basic Books.

Myers, D. G., & Lamm, H. 1976. The group polarization phenomenon. *Psychological Bulletin, 83*, 602-627.

Nabokov, V. V. 1955/1997. *Lolita*. New York: Vintage.

Nadelmann, E. A. 1990. Global prohibition regimes: The evolution of norms in international society. *International Organization, 44*, 479-526.

Nagel, T. 1970. *The possibility of altruism*. Princeton, N.J.: Princeton University Press.

Nash, G. H. 2009. *Reappraising the right: The past and future of American conservatism*. Wilmington, Del.: Intercollegiate Studies Institute.

National Consortium for the Study of Terrorism and Responses to Terrorism. 2009. *Global terrorism database: GTD variables and inclusion criteria*. College Park: University of Maryland.

National Consortium for the Study of Terrorism and Responses to Terrorism. 2010. Global Terrorism Database, http://www.start.umd.edu/gtd/.

National Counterterrorism Center. 2009. *2008 Report on terrorism*. Washington, D.C.: National Coun-terterrorism Center, http:// wits-classic.nctc.gov/ReportPDF.do?f=crt2008nctcannexfinal.pdf.

Nazaretyan, A. P. 2010. *Evolution of non-violence: Studies in big history, self-organization, and historical psychology*. Saarbrucken: Lambert Academic Publishing.

Neisser, U. 1976. General, academic, and artificial intelligence: Comments on the papers by Simon and by Klahr. In L. Resnick, ed., *The nature of intelligence*. Mahwah, N.J.: Erlbaum.

Neisser, U., Boodoo, G., Bouchard, T. J. Jr., Boykin, A. W., Brody, N., Ceci, S. J., Halpern, D. F., Loehlin, J. C., Perloff, R., Sternberg, R. J., & Urbina, S. 1996.

Intelligence: Knowns and unknowns. *American Psychologist, 51,* 77-101.

Nell, V. 2006. Cruelty's rewards: The gratifications of perpetrators and spectators. *Behavioral & Brain Sciences, 29,* 211-257.

Nettelfield, L. J. 2010. Research and repercussions of death tolls: The case of the Bosnian book of the dead. In P. Andreas & K. M. Greenhill, eds., *Sex, drugs, and body counts.* Ithaca, N.Y.: Cornell University Press.

Neumayer, E. 2003. Good policy can lower violent crime: Evidence from a cross-national panel of homicide rates, 1980-1997. *Journal of Peace Research, 40,* 619-640.

Neumayer, E. 2010. Is inequality really a major cause of violent crime? Evidence from a cross-national panel of robbery and violent theft rates. London School of Economics.

Newman, M.E.J. 2005. Power laws, Pareto distributions and Zipf's law. *Contemporary Physics, 46,* 323-351.

Nisbett, R. E., & Cohen, D. 1996. *Culture of honor: The psychology of violence in the South.* New York: HarperCollins.

North, D. C., Wallis, J. J., & Weingast, B. R. 2009. *Violence and social orders: A conceptual framework for interpreting recorded human history.* New York: Cambridge University Press.

Nowak, M. A. 2006. Five rules for the evolution of cooperation. *Science, 314,* 1560-1563.

Nowak, M. A., May, R. M., & Sigmund, K. 1995. The arithmetic of mutual help. *Scientific American, 272,* 50-55.

Nowak, M. A., & Sigmund, K. 1998. Evolution of indirect reciprocity by image scoring. *Nature, 393,* 573-577.

Nunberg, G. 2006. *Talking right: How conservatives turned liberalism into a tax-raising, latte-drinking, sushi-eating, Volvo-driving,* New York Times*-reading, body-piercing, Hollywood-loving, left-wing freak show.* New York: PublicAffairs.

Nussbaum, M. 1997. *Cultivating humanity: A classical defense of reform in liberal education.* Cambridge, Mass.: Harvard University Press.

Nussbaum, M. 2006. Arts education: Teaching humanity. *Newsweek* (August 21-28).

Oakley, B. 2007. *Evil genes: Why Rome fell, Hitler rose, Enron failed, and my sister stole my mother's boyfriend.* Amherst, N.Y.: Prometheus Books.

Obermeyer, Z., Murray, C.J.L., & Gakidou, E. 2008. Fifty years of violent war deaths from Vietnam to Bosnia: Analysis of data from the World Health Survey Programme. *BMJ, 336,* 1482-1486.

Olds, J., & Milner, P. 1954. Positive reinforcement produced by electrical stimulation of septal area and other regions of rat brain. *Journal of Comparative & Physiological Psychology, 47,* 419-427.

Orwell, G. 1946/1970. Politics and the English language. In *A collection of essays.* Boston: Mariner Books.

Otterbein, K. F. 2004. *How war began.* College Station, Tex.: Texas A&M University Press.

Ottosson, D. 2006. *LGBT world legal wrap up survey.* Brussels: International Lesbian and Gay Association.

Ottosson, D. 2009. *State-sponsored homophobia.* Brussels: International Lesbian, Gay, Bisexual, Trans, and Intersex Association.

Outram, D. 1995. *The enlightenment.* New York: Cambridge University Press.

Oxford, J. S., Sefton, A., Jackson, R., Innes, W., Daniels, R. S., & Johnson, N. P. 2002. World War I may have allowed the emergence of "Spanish" influenza. *Lancet Infectious Diseases, 2,* 111-114.

Oz, A. 1993. A postscript ten years later. In A. Oz, *In the land of Israel.* New York: Harcourt.

Panksepp, J. 1998. *Affective neuroscience: The foundations of human and animal emotions.* New York: Oxford University Press.

Parachini, J. 2003. Putting WMD terrorism into perspective. *Washington Quarterly, 26,* 37-50.

Parker, T. 1852/2005. *Ten sermons of religion.* Ann Arbor: University of Michigan Library.

Pate, A. 2008. Trends in democratization: A focus on instability in anocracies. In J. J. Hewitt, J. Wilkenfeld, & T. R. Gurr, eds., *Peace and conflict 2008.* Boulder, Colo.: Paradigm.

Patterson, O. 1985. *Slavery and social death.* Cambridge, Mass.: Harvard University Press.

Patterson, O. 1997. *The ordeal of integration.* Washington, D.C.: Civitas.

Patterson, O. 2008. Democracy, violence, and development in Jamaica: A comparative analysis. Harvard University.

Paul, T. V. 2009. *The tradition of non-use of nuclear weapons.* Stanford, Calif.: Stanford University Press.

Payne, J. L. 1989. *Why nations arm.* New York: Blackwell.

Payne, J. L. 2004. *A history of force: Exploring the worldwide movement against habits of coercion, bloodshed, and mayhem.* Sandpoint, Idaho: Lytton.

Payne, J. L. 2005. The prospects for democracy in high-violence societies. *Independent Review, 9*, 563-572.

Perez, J. 2006. *The Spanish Inquisition: A history*. New Haven, Conn.: Yale University Press.

Perry, W. J., Shultz, G. P., Kissinger, H. A., & Nunn, S. 2008. Toward a nuclear-free world. *Wall Street Journal*, A13 (January 15).

Peters, N. J. 2006. *Conundrum: The evolution of homosexuality*. Bloomington, Ind.: AuthorHouse.

Pew Research Center. 2010. *Gender equality universally embraced, but inequalities acknowledged*. Washington, D.C.: Pew Research Center. http://pewglobal.org/files/pdf/Pew-Global-Attitudes-2010-Gender-Report.pdf.

Pfaff, D. W. 2007. *The neuroscience of fair play: Why we (usually) follow the golden rule*. New York: Dana Press.

Phelps, E. A., O'Connor, K. J., Cunningham, W. A., Funayama, E. S., Gatenby, J. C., Gore, J. C., & Banaji, M. R. 2000. Performance on indirect measures of race evaluation predicts amygdala activation. *Journal of Cognitive Neuroscience, 12*, 729-738.

Piers, M. W. 1978. *Infanticide: Past and present*. New York: Norton.

Pinker, S. 1994. *The language instinct*. New York: HarperCollins.

Pinker, S. 1997. *How the mind works*. New York: Norton.

Pinker, S. 1998. Obituary: Roger Brown. *Cognition, 66*, 199-213.

Pinker, S. 1999. *Words and rules: The ingredients of language*. New York: HarperCollins.

Pinker, S. 2000. Review of John Maynard Smith and Eörs Szathmáry's "The origins of life: From the birth of life to the origin of language." *Trends in Evolution & Ecology, 15*, 127-128.

Pinker, S. 2002. *The blank slate: The modern denial of human nature*. New York: Viking.

Pinker, S. 2006. Deep commonalities between life and mind. In A. Grafen & M. Ridley, eds., *Richard Dawkins: How a scientist changed the way we think*. New York: Oxford University Press.

Pinker, S. 2007a. A history of violence. *New Republic* (March 19).

Pinker, S. 2007b. *The stuff of thought: Language as a window into human nature*. New York: Viking.

Pinker, S. 2008. The moral instinct. *New York Times Sunday Magazine* (January 13).

Pinker, S. 2010. The cognitive niche: Coevolution of intelligence, sociality, and language. *Proceedings of the National Academy of Sciences, 107*, 8993-8999.

Pinker, S. 2011. Two problems with invoking self-deception too easily: Self-serving biases versus genuine self-deception, and distorted representations versus adjusted decision criteria. *Behavioral & Brain Sciences, 34*, 35–37.

Pinker, S., Nowak, M. A., & Lee, J. J. 2008. The logic of indirect speech. *Proceedings of the National Academy of Sciences USA, 105*, 833–838.

Pinker, Susan M. 2008. *The sexual paradox: Men, women, and the real gender gap*. New York: Scribner.

Pipes, R. 2003. *Communism: A history*. New York: Modern Library.

Pizarro, D. A., & Bloom, P. 2003. The intelligence of the moral intuitions: A comment on Haidt (2001). *Psychological Review, 11o*, 193–196.

Plavcan, J. M. 2000. Inferring social behavior from sexual dimorphism in the fossil record. *Journal of Human Evolution, 39*, 327–344.

Plomin, R., DeFries, J. C., McClearn, G. E., & McGuffin, P. 2008. *Behavior genetics*, 5th ed. New York: Worth.

Pomeranz, K. 2008. A review of "A farewell to alms" by Gregory Clark. *American Historical Review, 113*, 775–779.

Popkin, R. 1979. *The history of skepticism from Erasmus to Spinoza*. Berkeley: University of California Press.

Posner, R. A. 2004. Torture, terrorism, and interrogation. In S. Levinson, ed., *Torture: A collection*. New York: Oxford University Press.

Potegal, M. 2006. Human cruelty is rooted in the reinforcing effects of intraspecific aggression that subserves dominance motivation. *Behavioral & Brain Sciences, 29*, 236–237.

Potts, M., & Hayden, T. 2008. *Sex and war: How biology explains warfare and terrorism and offers a path to a safer world*. Dallas, Tex.: Benbella.

Poundstone, W. 1992. *Prisoner's dilemma: Paradox, puzzles, and the frailty of knowledge*. New York: Anchor.

Power, S. 2002. *A problem from hell: America and the age of genocide*. New York: HarperPerennial.

Pratto, F., Sidanius, J., & Levin, S. 2006. Social dominance theory and the dynamics of intergroup relations: Taking stock and looking forward. *European Review of Social Psychology, 17*, 271–320.

Prentice, D. A., & Miller, D. T. 2007. Psychological essentialism of human categories. *Current Directions in Psychological Science, 16*, 202–206.

Preston, S. D., & de Waal, F.B.M. 2002. Empathy: Its ultimate and proximate bases.

Behavioral & Brain Sciences, 25, 1-72.

Price, L. 2003. *The anthology and the rise of the novel: From Richardson to George Eliot*. New York: Cambridge University Press.

Price, R. M. 1997. *The chemical weapons taboo*. Ithaca, N.Y.: Cornell University Press.

Prinz, J. J. In press. Is empathy necessary for morality? In P. Goldie & A. Coplan, eds., *Empathy: Philosophical and psychological perspectives*. Oxford: Oxford University Press.

Procida, F. 2009. Overblown: Why an Iranian nuclear bomb is not the end of the world. *Foreign Affairs*.

Pryor, F. L. 2007. Are Muslim countries less democratic? *Middle East Quarterly, 14*, 53-58.

Przeworski, M., Hudson, R. R., & Di Rienzo, A. 2000. Adjusting the focus on human variation. *Trends in Genetics, 16*, 296-302.

Puppi, L. 1990. *Torment in art: Pain, violence, and martyrdom*. New York: Rizzoli.

Rai, T., & Fiske, A. P. 2011. Moral psychology is relationship regulation: Moral motives for unity, hierarchy, equality, and proportionality. *Psychological Review, 118*, 57-75.

Railton, P. 1986. Moral realism. *Philosophical Review, 95*, 163-207.

Raine, A. 2002. The biological basis of crime. In J. Q. Wilson & J. Petersilia, eds., *Crime: Public policies for crime control*. Oakland, Calif.: ICS Press.

Raine, A. 2008. From genes to brain to antisocial behavior. *Current Directions in Psychological Science, 17*, 323-328.

Raine, A., Lencz, T., Bihrle, S., LaCasse, L., & Colletti, P. 2000. Reduced prefrontal gray matter volume and reduced autonomic activity in antisocial personality disorder. *Archives of General Psychiatry, 57*, 119-129.

Rajender, S., Pandu, G., Sharma, J. D., Gandhi, K.P.C., Singh, L., & Thangaraj, K. 2008. Reduced CAG repeats length in androgen receptor gene is associated with violent criminal behavior. *International Journal of Legal Medicine, 122*, 367-372.

Ramachandran, V. S. 2000. Mirror neurons and imitation learning as the driving force behind "the great leap forward" in human evolution. *Edge*, http://www.edge.org/3rd_culture/ramachandran/ramachandran_index.html.

Raphael, S., & Stoll, M. A. 2007. *Why are so many Americans in prison?* Berkeley: University of California Press.

Raphael, S., & Winter-Ebmer, R. 2001. Identifying the effect of unemployment on crime. *Journal of Law & Economics, 44*, 259-283.

Rapoport, A. 1964. *Strategy and conscience*. New York: Harper & Row.

Ray, J. L. 1989. The abolition of slavery and the end of international war. *International Organization, 43*, 405-439.

Redmond, E. M. 1994. *Tribal and chiefly warfare in South America*. Ann Arbor: University of Michigan Museum.

Reicher, S., & Haslam, S. A. 2006. Rethinking the psychology of tyranny: The BBC prison study. *British Journal of Social Psychology, 45*, 1-40.

Remarque, E. M. 1929/1987. *All quiet on the western front*. New York: Ballantine.

Renfrew, J. W. 1997. *Aggression and its causes: A biopsychosocial approach*. New York: Oxford University Press.

Resnick, P. J. 1970. Murder of the newborn: A psychiatric review of neonaticide. *American Journal of Psychiatry, 126*, 58-64.

Rhee, S. H., & Waldman, I. D. 2007. Behavior-genetics of criminality and aggression. In D. J. Flannery, A. T. Vazsonyi, & I. D. Waldman, eds., *The Cambridge handbook of violent behavior and aggression*. New York: Cambridge University Press.

Rhoads, S. E. 2004. *Taking sex differences seriously*. San Francisco: Encounter Books.

Rice, M. 1997. Violent offender research and implications for the criminal justice system. *American Psychologist, 52*, 414-423.

Richardson, L. F. 1960. *Statistics of deadly quarrels*. Pittsburgh: Boxwood Press.

Ridley, M. 1997. *The origins of virtue: Human instincts and the evolution of cooperation*. New York: Viking.

Ridley, M. 2010. *The rational optimist: How prosperity evolves*. New York: HarperCollins.

Riedel, B. 2010. If Israel attacks. *National Interest* (August 24).

Rifkin, J. 2009. *The empathic civilization: The race to global consciousness in a world in crisis*. New York: J. P. Tarcher/Penguin.

Rindermann, H. 2008. Relevance of education and intelligence for the political development of nations: Democracy, rule of law and political liberty. *Intelligence, 36*, 306-322.

Roberts, A. 2010. Lives and statistics: Are 90% of war victims civilians? *Survival, 52*, 115-136.

Roberts, D. C., & Turcotte, D. L. 1998. Fractality and self-organized criticality of wars. *Fractals, 6*, 351-357.

Robinson, F. S. 2009. *The case for rational optimism*. New Brunswick, N.J.: Transaction.

Rodriguez, J. P. 1999. *Chronology of world slavery*. Santa Barbara, Calif.: ABC-CLIO.

Rodriguez, M. L., Mischel, W., & Shoda, Y. 1989. Cognitive person variables in the delay of gratification of older children at risk. *Journal of Personality & Social Psychology, 57,* 358-367.

Rogers, A. R. 1994. Evolution of time preference by natural selection. *American Economic Review, 84,* 460-481.

Romer, D., Duckworth, A. L., Sznitman, S., & Park, S. 2010. Can adolescents learn self-control? Delay of gratification in the development of control over risk taking. *Prevention Science, 11,* 319-330.

Roney, J. R., Simmons, Z. L., & Lukaszewski, A. W. 2009. Androgen receptor gene sequence and basal cortisol concentrations predict men's hormonal responses to potential mates. *Proceedings of the Royal Society B: Biological Sciences, 277,* 57-63.

Ropeik, D., & Gray, G. 2002. *Risk: A practical guide for deciding what's really safe and what's really dangerous in the world around you.* Boston: Houghton Mifflin.

Rosato, S. 2003. The flawed logic of democratic peace theory. *American Political Science Review, 97,* 585-602.

Rosecrance, R. 2010. Capitalist influences and peace. *International Interactions, 36,* 192-198.

Rosenau, J. N., & Fagen, W. M. 1997. A new dynamism in world politics: Increasingly skillful individuals? *International Studies Quarterly, 41,* 655-686.

Rosenbaum, R. 1998. *Explaining Hitler: The search for the origins of his evil.* New York: Random House.

Rosenfeld, R. 2006. Patterns in adult homicide: 1980-1995. In A. Blumstein & J. Wallman, eds., *The crime drop in America,* rev. ed. New York: Cambridge University Press.

Ross, M. L. 2008. Blood barrels: Why oil wealth fuels conflict. *Foreign Affairs.*

Rossi, P. H., Waite, E., Bose, C., & Berk, R. A. 1974. The structuring of normative judgements concerning the seriousness of crimes. *American Sociological Review, 39,* 224-237.

Rossiter, C., ed. 1961. *The Federalist Papers.* New York: New American Library.

Roth, R. 2001. Homicide in early modern England, 1549-1800: The need for a quantitative synthesis. *Crime, History & Societies, 5,* 33-67.

Roth, R. 2009. *American homicide.* Cambridge, Mass.: Harvard University Press.

Rothstein, R. 1998. *The way we were? The myths and realities of America's student achievement.* New York: Century Foundation Press.

Rousseau, J.-J. 1755/1994. *Discourse upon the origin and foundation of inequality among mankind.* New York: Oxford University Press.

Rowe, D. C. 2002. *Biology and crime*. Los Angeles: Roxbury.

Rozin, P. 1996. Towards a psychology of food and eating: From motivation to module to model to marker, morality, meaning, and metaphor. *Current Directions in Psychological Science*, 5, 18-24.

Rozin, P. 1997. Moralization. In A. Brandt & P. Rozin, eds., *Morality and health*. New York: Routledge.

Rozin, P., & Fallon, A. 1987. A perspective on disgust. *Psychological Review, 94*, 23-41.

Rozin, P., Markwith, M., & Stoess, C. 1997. Moralization and becoming a vegetarian: The transformation of preferences into values and the recruitment of disgust. *Psychological Science, 8*, 67-73.

Rummel, R. J. 1994. *Death by government*. Piscataway, N.J.: Transaction.

Rummel, R. J. 1997. *Statistics of democide*. Piscataway, N.J.: Transaction.

Rummel, R. J. 2002. 20th century democide. http://www.hawaii.edu/powerkills/20th.htm.

Rummel, R. J. 2004. One-thirteenth of a data point does not a generalization make: A reply to Dulic. *Journal of Peace Research, 41*, 103-104.

Russett, B. 2008. Peace in the twenty-first century? The limited but important rise of influences on peace. Yale University.

Russett, B. 2010. Capitalism or democracy? Not so fast. *International Interactions, 36*, 198-205.

Russett, B., & Oneal, J. 2001. *Triangulating peace: Democracy, interdependence, and international organizations*. New York: Norton.

Sagan, S. D. 2009. The global nuclear future. *Bulletin of the American Academy of Arts & Sciences, 62*, 21-23.

Sagan, S. D. 2010. Nuclear programs with sources. Stanford University.

Salehyan, I. 2008. From climate change to conflict? No consensus yet. *Journal of Peace Research, 45*, 315-326.

Salganik, M. Dodds, P. S., & Watts, D. J. 2006. Experimental study of inequality and unpredictability in an artificial cultural market. *Science, 311*, 854-856.

Salmon, C. A. 1998. The evocative nature of kin terminology in political rhetoric. *Politics & the Life Sciences, 17*, 51-57.

Salmon, C. A., & Symons, D. 2001. *Warrior lovers: Erotic fiction, evolution, and female sexuality*. New Haven, Conn.: Yale University Press.

Sampson, R. J., Laub, J. H., & Wimer, C. 2006. Does marriage reduce crime? A counterfactual approach to within-individual causal effects. *Criminology, 44*,

465–508.

Sanfey, A. G., Rilling, J. K., Aronson, J. A., Nystrom, L. E., & Cohen, J. D. 2003. The neural basis of economic decision-making in the ultimatum game. *Science, 300*, 1755–1758.

Sargent, M. J. 2004. Less thought, more punishment: Need for cognition predicts support for punitive responses to crime. *Personality & Social Psychology Bulletin, 30*, 1485–1493.

Sarkees, M. R. 2000. The Correlates of War data on war: An update to 1997. *Conflict Management & Peace Science, 18*, 123–144.

Saunders, D. G. 2002. Are physical assaults by wives and girlfriends a major social problem? A review of the literature. *Violence Against Women, 8*, 1424–1448.

Saunders, J. J. 1979. *The history of the Mongol conquests*. London: Routledge & Kegan Paul.

Saxe, R., & Kanwisher, N. 2003. People thinking about thinking people: The role of the temporoparietal junction in "theory of mind." *Neuroimage, 19*, 1835–1842.

Sayre-McCord, G. 1988. *Essays on moral realism*. Ithaca, N.Y.: Cornell University Press.

Scarpa, A., & Raine, A. 2007. Biosocial bases of violence. In D. J. Flannery, A. T. Vazsonyi, & I. D. Waldman, eds., *The Cambridge handbook of violent behavior and aggression*. New York: Cambridge University Press.

Schama, S. 2001. *A history of Britain*, vol. 2: *The wars of the British 1603–1776*. New York: Hyperion.

Schechter, H. 2003. *The serial killer files: The who, what, where, how, and why of the world's most terrifying murderers*. New York: Ballantine.

Schechter, H. 2005. *Savage pastimes: A cultural history of violent entertainment*. New York: St. Martin's Press.

Schechter, S., Greenstone, J. H., Hirsch, E. G., & Kohler, K. 1906. Dietary laws. *Jewish encyclopedia*.

Scheff, T. J. 1994. *Bloody revenge: Emotions, nationalism, and war*. Lincoln, Neb.: iUniverse.com.

Schelling, T. C. 1960. *The strategy of conflict*. Cambridge, Mass.: Harvard University Press.

Schelling, T. C. 1978. *Micromotives and macrobehavior*. New York: Norton.

Schelling, T. C. 1984. The intimate contest for self-command. *Choice and consequence: Perspectives of an errant economist*. Cambridge, Mass.: Harvard University Press.

Schelling, T. C. 2000. The legacy of Hiroshima: A half-century without nuclear war.

Philosophy & Public Policy Quarterly, 20, 1-7.

Schelling, T. C. 2005. An astonishing sixty years: The legacy of Hiroshima. In K. Grandin, ed., *Les Prix Nobel.* Stockholm: Nobel Foundation.

Schelling, T. C. 2006. *Strategies of commitment, and other essays.* Cambridge, Mass.: Harvard University Press.

Schelling, T. C. 2009. A world without nuclear weapons? *Daedalus, 138,* 124-129.

Schneider, G., & Gleditsch, N. P. 2010. The capitalist peace: The origins and prospects of a liberal idea. *International Interactions, 36,* 107-114.

Schroeder, P. W. 1994. *The transformation of European politics, 1763-1848.* New York: Oxford University Press.

Schuman, H., Steeh, C., & Bobo, L. D. 1997. *Racial attitudes in America: Trends and interpretations.* Cambridge, Mass.: Harvard University Press.

Schwager, R. 2000. *Must there be scapegoats? Violence and redemption in the Bible.* New York: Crossroad.

Schwartz, W. F., Baxter, K., & Ryan, D. 1984. The duel: Can these men be acting efficiently? *Journal of Legal Studies, 13,* 321-355.

Sedgh, G., Henshaw, S. K., Singh, S., Bankole, A., & Drescher, J. 2007. Legal abortion worldwide: Incidence and recent trends. *International Family Planning Perspectives, 33,* 106-116.

Séguin, J. R., Sylvers, P., & Lilienfeld, S. O. 2007. The neuropsychology of violence. In D. J. Flannery, A. T. Vazsonyi, & I. D. Waldman, eds., *The Cambridge handbook of violent behavior and aggression.* New York: Cambridge University Press.

Sell, A., Tooby, J., & Cosmides, L. 2009. Formidability and the logic of human anger. *Proceedings of the National Academy of Sciences, 106,* 15073-15078.

Sen, A. 1990. More than 100 million women are missing. *New York Review of Books* (December 20).

Sen, A. 2000. East and West: The reach of reason. *New York Review of Books* (July 20).

Sen, A. 2006. *Identity and violence: The illusion of destiny.* New York: Norton.

Seymour, B., Singer, T., & Dolan, R. 2007. The neurobiology of punishment. *Nature Reviews Neuroscience, 8,* 300-311.

Shafer-Landau, R. 2003. *Moral realism: A defence.* Oxford: Clarendon Press.

Shamosh, N. A., De Young, C. G., Green, A. E., Reis, D. L., Johnson, M. R., Conway, A.R.A., Engle, R. W., Braver, T. S., & Gray, J. R. 2008. Individual differences in delay discounting: Relation to intelligence, working memory, and anterior prefrontal cortex. *Psychological Science, 19,* 904-911.

Shamosh, N. A., & Gray, J. R. 2008. Delay discounting and intelligence: A meta-analysis. *Intelligence, 38*, 289-305.

Sheehan, J. J. 2008. *Where have all the soldiers gone? The transformation of modern Europe.* Boston: Houghton Mifflin.

Shergill, S. S., Bays, P. M., Frith, C. D., & Wolpert, D. M. 2003. Two eyes for an eye: the neuroscience of force escalation. *Science, 301*, 187.

Sherif, M. 1966. *Group conflict and cooperation: Their social psychology.* London: Routledge & Kegan Paul.

Shermer, M. 2004. *The science of good and evil: Why people cheat, gossip, care, share, and follow the golden rule.* New York: Holt.

Shevelow, K. 2008. *For the love of animals.* New York: Holt.

Shotland, R. L., & Straw, M. K. 1976. Bystander response to an assault: When a man attacks a woman. *Journal of Personality & Social Psychology, 34*, 990-999.

Shultz, G. P. 2009. A world free of nuclear weapons. *Bulletin of the American Academy of Arts & Sciences, 62*, 81-82.

Shultz, G. P., Perry, W. J., Kissinger, H. A., & Nunn, S. 2007. A world free of nuclear weapons. *Wall Street Journal* (January 4).

Shweder, R. A., Much, N. C., Mahapatra, M., & Park, L. 1997. The "big three" of morality (autonomy, community, and divinity) and the "big three" explanations of suffering. In A. Brandt & P. Rozin, eds., *Morality and health.* New York: Routledge.

Sidanius, J., & Pratto, F. 1999. *Social dominance.* Cambridge, U.K.: Cambridge University Press.

Sidanius, J., & Veniegas, R. C. 2000. Gender and race discrimination: The interactive nature of disadvantage. In S. Oskamp, ed., *Reducing prejudice and discrimination: The Claremont symposium on applied social psychology.* Mahwah, N.J.: Erlbaum.

Siena Research Institute. 2010. *American presidents: Greatest and worst. Siena's 5th presidential expert poll.* Loudonville, N.Y.: Siena College, http://www.siena.edu/uploadedfiles/home/parents_and_community/community_page/sri/independent_research/Presidents%20Release_2010 _final.pdf.

Sigmund, K. 1997. Games evolution plays. In A. Schmitt, K. Atzwanger, K. Grammer, & K. Schafer, eds., *Aspects of human ethology.* New York: Plenum.

Simons, O. 2001. *Marteaus Europa oder Der Roman, bevor er Literatur wurde.* Amsterdam: Rodopi.

Simonton, D. K. 1990. *Psychology, science, and history: An introduction to historiometry.* New Haven, Conn.: Yale University Press.

Simonton, D. K. 2006. Presidential IQ, openness, intellectual brilliance, and leadership: Estimates and correlations for 42 U.S. chief executives. *Political Psychology, 27,* 511-526.

Singer, D. J., & Small, M. 1972. *The wages of war 1816-1965: A statistical handbook.* New York: Wiley.

Singer, P. 1975/2009. *Animal liberation: The definitive classic of the animal movement,* updated ed. New York: HarperCollins.

Singer, P. 1981/2011. *The expanding circle: Ethics and sociobiology.* Princeton, N.J.: Princeton University Press.

Singer, P. 1994. *Rethinking life and death: The collapse of our traditional ethics.* New York: St. Martin's Press.

Singer, T., Seymour, B., O'Doherty, J. P., Stephan, K. E., Dolan, R. & Frith, C. D. 2006. Empathic neural responses are modulated by the perceived fairness of others. *Nature, 439,* 466-469.

Skenazy, L. 2009. *Free-range kids: Giving our children the freedom we had without going nuts with worry.* San Francisco: Jossey-Bass.

Skogan, W. 1989. Social change and the future of violent crime. In T. R. Gurr, ed., *Violence in America,* vol. 1: *The history of crime.* Newbury Park, Calif.: Sage.

Slovic, P. 1987. Perception of risk. *Science, 236,* 280-285.

Slovic, P. 2007. "If I look at the mass I will never act": Psychic numbing and genocide. *Judgment & Decision Making, 2,* 79-95.

Slovic, P., Fischof, B., & Lichtenstein, S. 1982. Facts versus fears: Understanding perceived risk. In D. Kahneman, P. Slovic, & A. Tversky, eds., *Judgment under uncertainty: Heuristics and biases.* New York: Cambridge University Press.

Slutske, W. S., Heath, A. C., Dinwiddie, S. H., Madden, P.A.F., Bucholz, K. K., Dunne, M. P., Statham, D. J., & Martin, N. G. 1997. Modeling genetic and environmental influences in the etiology of conduct disorder: A study of 2,682 adult twin pairs. *Journal of Abnormal Psychology, 106,* 266-279.

Smith, A. 1759/1976. *The theory of moral sentiments.* Indianapolis: Liberty Classics.

Smith, A. 1776/2009. *The wealth of nations.* New York: Classic House Books.

Smith, H. 1952. *Man and his gods.* Boston: Little, Brown.

Sokal, A. D. 2000. *The Sokal hoax: The sham that shook the academy.* Lincoln: University of Nebraska Press.

Solomon, R. L. 1980. The opponent-process theory of acquired motivation. *American Psychologist, 35,* 691-712.

Solzhenitsyn, A. 1973/1991. *The Gulag archipelago*. New York: HarperPerennial.

Sommers, C. H. 1994. *Who stole feminism?* New York: Simon & Schuster.

Sorokin, P. 1957. *Social and cultural dynamics: A study of change in major systems of art, truth, ethics, law, and social relationships*. Boston: Extending Horizons.

Sowell, T. 1980. *Knowledge and decisions*. New York: Basic Books.

Sowell, T. 1987. *A conflict of visions: Ideological origins of political struggles*. New York: Quill.

Sowell, T. 1994. *Race and culture: A world view*. New York: Basic Books.

Sowell, T. 1996. *Migrations and cultures: A world view*. New York: Basic Books.

Sowell, T. 1998. *Conquests and cultures: An international history*. New York: Basic Books.

Sowell, T. 2004. *Affirmative action around the world: An empirical study*. New Haven, Conn.: Yale University Press.

Sowell, T. 2005. Are Jews generic? In T. Sowell, *Black rednecks and white liberals*. New York: Encounter.

Sowell, T. 2010. *Intellectuals and society*. New York: Basic Books.

Spagat, M., Mack, A., Cooper, T., & Kreutz, J. 2009. Estimating war deaths: An arena of contestation. *Journal of Conflict Resolution, 53*, 934-950.

Spence, J. T., Helmreich, R., & Stapp, J. 1973. A short version of the Attitudes toward Women Scale (AWS). *Bulletin of the Psychonomic Society, 2*, 219-220.

Spencer, A. T., & Croucher, S. M. 2008. Basque nationalism and the spiral of silence: An analysis of public perceptions of ETA in Spain and France. *International Communication Gazette, 70*, 137-153.

Spencer, C. 2000. *Vegetarianism: A history*. New York: Four Walls Eight Windows.

Sperber, D., ed. 2000. *Metarepresentations: A multidisciplinary perspective*. New York: Oxford University Press.

Spierenburg, P. 2006. Democracy came too early: A tentative explanation for the problem of American homicide. *American Historical Review, 111*, 104-114.

Spierenburg, P. 2008. *A history of murder: Personal violence in Europe from the Middle Ages to the present*. Cambridge, U.K.: Polity.

Spiller, R. J. 1988. S.L.A. Marshall and the ratio of fire. *RUSI Journal, 133*, 63-71.

Spitzer, S. 1975. Punishment and social organization: A study of Durkheim's theory of penal evolution. *Law & Society Review, 9*, 613-638.

Stanton, S. J., Beehner, J. C., Saini, E. Kv Kuhn, C. M., & LaBar, K. S. 2009. Dominance, politics, and physiology: Voters' testosterone changes on the night of the 2008 United States presidential election. *PLoS ONE, 4*, 67543.

Statistics Canada. 2008. Table 1: Homicide rates by province/territory, 1961 to 2007. http://www.statcan.gc.ca/pub/85-002-x/2008009/article/t/5800411-eng.htm.

Statistics Canada. 2010. Homicide offences, number and rate, by province and territory, http://www40.statcan.ca/101/cst01/legal12a-eng.htm.

Steckel, R. H., & Wallis, J. 2009. Stones, bones, and states: A new approach to the Neolithic Revolution. http://www.nber.org/~confer/2007/daes07/steckel.pdf.

Steenhuis, A. 1984. We have not learnt to control nature and ourselves enough: An interview with Norbert Elias. *De Groene Amsterdammer* (May 16), 10~11.

Steigmann-Gall, R. 2003. *The Holy Reich: Nazi conceptions of Christianity, 1919~1945*. New York: Cambridge University Press.

Steinbeck, J. 1962/1997. *Travels with Charley and later novels, 1947~1962*. New York: Penguin.

Stephan, W. G., & Finlay, K. 1999. The role of empathy in improving intergroup relations. *Journal of Social Issues, 55*, 729~743.

Stevens, W. O. 1940. *Pistols at ten paces: The story of the code of honor in America*. Boston: Houghton Mifflin.

Stevenson, D. 2004. *Cataclysm: The first world war as political tragedy*. New York: Basic Books.

Stillwell, A. M., & Baumeister, R. F. 1997. The construction of victim and perpetrator memories: Accuracy and distortion in role-based accounts. *Personality & Social Psychology Bulletin, 23*, 1157~1172.

Stockholm International Peace Research Institute. 2009. *SIPRI yearbook 2009: Armaments, disarmaments, and international security*. New York: Oxford University Press.

Stone, V. E., Baron-Cohen, S., & Knight, R. T. 1998. Frontal lobe contributions to theory of mind. *Journal of Cognitive Neuroscience, 10*, 640~656.

Strange, J. J. 2002. How fictional tales wag real-world beliefs: Models and mechanisms of narrative influence. In M. C. Green, J. J. Strange, & T. C. Brock, eds., *Narrative impact: Social and cognitive foundations*. New York: Routledge.

Straus, M. A. 1977/1978. Wife-beating: How common, and why? *Victimology, 2*, 443~458.

Straus, M. A. 1995. Trends in cultural norms and rates of partner violence: An update to 1992. In S. M. Stith & M. A. Straus, eds., *Understanding partner violence: Prevalence, causes, consequences, and solutions*. Minneapolis: National Council on Family Relations.

Straus, M. A. 1999. Corporal punishment by American parents: National data on prevalence, chronicity, severity, and duration, in relation to child, and family characteristics. *Clinical Child & Family Psychology Review, 2*, 55-70.

Straus, M. A. 2001. *Beating the devil out of them: Corporal punishment in American families and its effects on children*, rev. ed. New Brunswick, N.J.: Transaction.

Straus, M. A. 2005. Children should never, ever be spanked no matter what the circumstances. In D. R. Loseke, R. J. Gelles & M. M. Cavanaugh eds., *Current controversies about family violence*. Thousand Oaks, Calif.: Sage.

Straus, M. A. 2009. Differences in corporal punishment by parents in 32 nations and its relation to national differences in IQ. Paper presented at the 14th International Conference on Violence, Abuse, and Trauma, http://pubpages.unh.edu/~mas2/Cp98D%20CP%20%20IQ%20world-wide.pdf.

Straus, M. A., & Gelles, R. J. 1986. Societal change and change in family violence from 1975 to 1985 as revealed by two national surveys. *Journal of Marriage & the Family, 48*, 465-480.

Straus, M. A., & Gelles, R. J. 1988. How violent are American families? Estimates from the National Family Violence Resurvey and other studies. In G. T. Hotaling, D. Finkelhor, J. T. Kirkpatrick, & M. A. Str*aus, eds., Family abuse and its consequences: New directions in research*. Thousand Oaks, Calif.: Sage.

Straus, M. A., & Kantor, G. K. 1994. Change in spouse assault rates from 1975 to 1992: A comparison of three national surveys in the United States. Paper presented at the 13th World Congress of Sociology. http://pubpages.unh.edu/~mas2/V55.pdf.

Straus, M. A., & Kantor, G. K. 1995. Trends in physical abuse by parents from 1975 to 1992: A comparison of three national surveys. Paper presented at the American Society of Criminology.

Straus, M. A., Kantor, G. K., & Moore, D. W. 1997. Changes in cultural norms approving marital violence from 1968 to 1994. In G. K. Kantor & J. L. Jasinski, eds., *Out of the darkness: Contemporary perspectives on family violence*. Thousand Oaks, Calif.: Sage.

Stuart, T. 2006. *The bloodless revolution: A cultural history of vegetarianism from 1600 to modern times*. New York: Norton.

Suedfeld, P., & Coren, S. 1992. Cognitive correlates of conceptual complexity. *Personality & Individual Differences, 13*, 1193-1199.

Suedfeld, P., & Tetlock, P. E. 1977. Integrative complexity of communications in international crises. *Journal of Conflict Resolution, 21*, 169-184.

Suedfeld, P., Tetlock, P. E., & Ramirez, C. 1977. War, peace, and integrative complexity: UN speeches on the Middle East problem 1947-1976. *Journal of Conflict Resolution, 21*, 427-442.

Suk, J. 2009. *At home in the law: How the domestic violence revolution is transforming privacy.* New Haven, Conn.: Yale University Press.

Symons, D. 1979. *The evolution of human sexuality.* New York: Oxford University Press.

Taagepera, R., & Colby, B. N. 1979. Growth of western civilization: Epicyclical or exponential? *American Anthropologist, 81*, 907-912.

Tajfel, H. 1981. *Human groups and social categories.* New York: Cambridge University Press.

Takahashi, H., Kato, M., Matsuura, M., Mobbs, D., Suhara, T., & Okubo, Y. 2009. When your gain is my pain and your pain is my gain: Neural correlates of envy and schadenfreude. *Science, 323*, 937-939.

Talmy, L. 2000. Force dynamics in language and cognition. *Toward a cognitive semantics 1: Concept structuring systems.* Cambridge, Mass.: MIT Press.

Tangney, J. P., Baumeister, R. F., & Boone, A. L. 2004. High self-control predicts good adjustment, less pathology, better grades, and interpersonal success. *Journal of Personality, 72*, 272-324.

Tannenwald, N. 2005a. Ideas and explanation: Advancing the theoretical agenda. *Journal of Cold War Studies, 7*, 13-42.

Tannenwald, N. 2005b. Stigmatizing the bomb: Origins of the nuclear taboo. *International Security, 29*, 5-49.

Tannenwald, N., & Wohlforth, W. C. 2005. Introduction: The role of ideas and the end of the Cold War. *Journal of Cold War Studies*, 7, 3-12.

Tatar, M. 2003. *The hard facts of the Grimm's fairy tales*, 2nd rev. ed. Princeton, N.J.: Princeton University Press.

Tavris, C., & Aronson, E. 2007. *Mistakes were made (but not by me): Why we justify foolish beliefs, bad decisions, and hurtful acts.* Orlando, Fla.: Harcourt.

Taylor, S., & Johnson, K. C. 2008. *Until proven innocent: Political correctness and the shameful injustices of the Duke lacrosse rape case.* New York: St. Martin's Press.

Taylor, S. E. 1989. *Positive illusions: Creative self-deception and the healthy mind.* New York: Basic Books.

Tetlock, P. E. 1985. Integrative complexity of American and Soviet foreign policy rhetoric: A time-series analysis. *Journal of Personality & Social Psychology, 49*, 1565-1585.

Tetlock, P. E. 1994. Political psychology or politicized psychology: Is the road to scientific hell paved with good moral intentions? *Political Psychology, 15*, 509-529.

Tetlock, P. E. 1999. Coping with tradeoffs: Psychological constraints and political implications. In A. Lupia, M. McCubbins, & S. Popkin, eds., *Political reasoning and choice*. Berkeley: University of California Press.

Tetlock, P. E. 2003. Thinking the unthinkable: Sacred values and taboo cognitions. *Trends in Cognitive Sciences, 7*, 320-324.

Tetlock, P. E., Kristel, O. V., Elson, B., Green, M. C., & Lerner, J. 2000. The psychology of the unthinkable: Taboo tradeoffs, forbidden base rates, and heretical counterfactuals. *Journal of Personality & Social Psychology, 78*, 853-870.

Tetlock, P. E., Peterson, R. S., & Lerner, J. S. 1996. Revising the value pluralism model: Incorporating social content and context postulates. In C. Seligman, J. M. Olson, & M. P. Zanna, eds., *The psychology of values: The Ontario symposium*, vol. 8. Mahwah, N.J.: Erlbaum.

Thaler, R. H., & Sunstein, C. R. 2008. *Nudge: Improving decisions about health, wealth, and happiness*. New Haven, Conn.: Yale University Press.

Thayer, B. A. 2004. *Darwin and international relations: On the evolutionary origins of war and ethnic conflict*. Lexington: University Press of Kentucky.

Theisen, O. M. 2008. Blood and soil? Resource scarcity and internal armed conflict revisited. *Journal of Peace Research, 45*, 801-818.

Theweleit, M. 1977/1987. *Male fantasies*. Minneapolis: University of Minnesota Press.

Thomas, D. C. 2005. Human rights ideas, the demise of communism, and the end of the Cold War. *Journal of Cold War Studies, 7*, 110-141.

Thompson, P. ML, Cannon, T. D., Narr, K. L., van Erp, T.G.M., Poutanen, V.-P., Huttunen, M., Lönnqvist, J., Standertskjöld-Nordenstam, C.-G., Kaprio, J., Khaledy, M., Dail, R., Zoumalan, C. I., & Toga, A. W. 2001. Genetic influences on brain structure. *Nature Neuroscience, 4*, 1-6.

Thornhill, R., & Palmer, C. T. 2000. *A natural history of rape: Biological bases of sexual coercion*. Cambridge, Mass.: MIT Press.

Thorpe, I.J.N. 2003. Anthropology, archaeology, and the origin of war. *World Archaeology, 35*, 145-165.

Thurston, R. 2007. *Witch hunts: A history of the witch persecutions in Europe and North America*. New York: Longman.

Thyne, C. L. 2006. ABC's, 123's, and the golden rule: The pacifying effect of education on civil war, 1980-1999. *International Studies Quarterly, 50*, 733-754.

Tiger, L. 2006. Torturers, horror films, and the aesthetic legacy of predation. *Behavioral & Brain Sciences, 29*, 244-245.

Tilly, C. 1985. War making and state making as organized crime. In P. Evans, D. Rueschemeyer, & T. Skocpol, eds., *Bringing the state back in*. New York: Cambridge University Press.

Tishkoff, S. A., Reed, F. A., Ranciaro, A., Voight, B. F., Babbitt, C. C., Silverman, J. S., Powell, K., Mortensen, H. M., Hirbo, J. B., Osman, M., Ibrahim, M., Omar, S. A., Lema, G., Nyambo, T. B., Ghori, J., Bumptstead, S., Pritchard, J. K., Wray, G. A., & Deloukas, P. 2006. Convergent adaptation of human lactase persistence in Africa and Europe. *Nature Genetics, 39*, 31-40.

Titchener, E. B. 1909/1973. *Lectures on the experimental psychology of the thought-processes*. New York: Arno Press.

Tooby, J., & Cosmides, L. 1988. The evolution of war and its cognitive foundations. *Institute for Evolutionary Studies Technical Report*.

Tooby, J., & Cosmides, L. 1990a. On the universality of human nature and the uniqueness of the individual: The role of genetics and adaptation. *Journal of Personality, 58*, 17-67.

Tooby, J., & Cosmides, L. 1990b. The past explains the present: Emotional adaptations and the structure of ancestral environments. *Ethology & sociobiology, 11*, 375-424.

Tooby, J., & Cosmides, L. 1992. Psychological foundations of culture. In J. Barkow, L. Cosmides, & J. Tooby, eds., *The adapted mind: Evolutionary psychology and the generation of culture*. New York: Oxford University Press.

Tooby, J., & Cosmides, L. 2010. Groups in mind: The coalitional roots of war and morality. In H. Høgh-Oleson, ed., *Human morality and sociality: Evolutionary and comparative perspectives*. New York: Palgrave Macmillan.

Tooby, J., & Cosmides, L. In press. Ecological rationality and the multimodular mind: Grounding normative theories in adaptive problems. In K. I. Manktelow & D. E. Over, eds., *Reasoning and rationality*. London: Routledge.

Tooby, J., Cosmides, L., & Price, M. E. 2006. Cognitive adaptations for n-person exchange: The evolutionary roots of organizational behavior. *Managerial & Decision Economics, 27*, 103-129.

Tooby, J., & DeVore, I. 1987. The reconstruction of hominid evolution through strategic modeling. In W. G. Kinzey, ed., *The evolution of human behavior: Primate models*. Albany, N.Y.: SUNY Press.

Tooley, M. 1972. Abortion and infanticide. *Philosophy & Public Affairs, 2*, 37-65.

Toye, R. 2010. *Churchills empire: The world that made him and the world he made.* New York: Henry Holt.

Travers, J., & Milgram, S. 1969. An experimental study of the small-world problem. *Sociometry, 32,*

425-443. .

Trivers, R. L. 1971. The evolution of reciprocal altruism. *Quarterly Review of Biology, 46,* 35-57.

Trivers, R. L. 1972. Parental investment and sexual selection. In B. Campbell, ed., *Sexual selection and the descent of man.* Chicago: Aldine.

Trivers, R. L. 1974. Parent-offspring conflict. *American Zoologist, 14,* 249-264.

Trivers, R. L. 1976. Foreword. In R. Dawkins, ed., *The selfish gene.* New York: Oxford University Press.

Trivers, R. L. 1985. *Social evolution.* Reading, Mass.: Benjamin/Cummings.

Trivers, R. L. In press. *Deceit and self-deception.*

Trivers, R. L., & Willard, D. E. 1973. Natural selection of parental ability to vary the sex ratio of offspring. *Science, 179,* 90-91.

Tuchman, B. W. 1978. *A distant mirror: The calamitous 14th century.* New York: Knopf.

Tucker, G. R. & Lambert, W. E. 1969. White and Negro listeners' reactions to various American-English dialects. *Social Forces, 47,* 465-468.

Turing, A. M. 1936. On computable numbers, with an application to the Entscheidungsproblem. *Proceedings of the London Mathematical Society, 42,* 230-265.

Turing, A. M. 1950. Computing machinery and intelligence. *Mind, 59,* 433-460.

Turkheimer, E. 2000. Three laws of behavior genetics and what they mean. *Current Directions in Psychological Science, 5,* 160-164.

Turner, H. A. 1996. *Hitler's thirty days to power: January 1933.* New York: Basic Books.

Tversky, A., & Kahneman, D. 1973. Availability: A heuristic for judging frequency and probability. *Cognitive Psychology, 4,* 207-232.

Tversky, A., & Kahneman, D. 1974. Judgment under uncertainty: Heuristics and biases. *Science, 185,* 1124-1131.

Tversky, A., & Kahneman, D. 1981. The framing of decisions and the psychology of choice. *Science, 211,* 453-458.

Tversky, A., & Kahneman, D. 1983. Extensions versus intuitive reasoning: The conjunction fallacy in probability judgment. *Psychological Review, 90,* 293-315.

Twenge, J. M. 1997. Attitudes toward women, 1970-1995: A meta-analysis. *Psychology of Women Quarterly, 21*, 35-51.

Twenge, J. M. 2009. Change over time in obedience: The jury's still out, but it might be decreasing. *American Psychologist, 64*, 28-31.

Tyrrell, M. 2007. Homage to Ruritania: Nationalism, identity, and diversity. *Critical Review, 19*, 511-512.

Umbeck, J. 1981. Might makes rights: A theory of the formation and initial distribution of property rights. *Economic Inquiry, 19*, 38-59.

United Kingdom. Home Office. 2010. Research development statistics: Crime. http://rds.homeoffice.gov.uk/rds/bcs1.html.

United Kingdom. Office for National Statistics. 2009. Population estimates for U.K., England and Wales, Scotland, and Northern Ireland?Current datasets, http://www.statistics.gov.uk/statbase/Product.asp?vlnk=15106.

United Nations. 2008. *World population prospects:* Population database, 2008 rev. http://esa.un.org/unpp/.

United Nations Development Fund for Women. 2003. *Not a minute more: Ending violence against women*. New York: United Nations.

United Nations Development Programme. 2003. *Arab Human Development Report 2002: Creating opportunities for future generations*. New York: Oxford University Press.

United Nations Office on Drugs and Crime. 2009. *International homicide statistics*. http://www.unodc.org/documents/data-and-analysis/IHS-rates-05012009.pdf.

United Nations Population Fund. 2000. *The state of world population: Lives together, worlds apart?Men and women in a time of change*. New York: United Nations.

U.S. Bureau of Justice Statistics. 2009. *National crime victimization survey spreadsheet*, http://bjs.ojp.usdoj.gov/content/glance/sheets/viortrd.csv.

U.S. Bureau of Justice Statistics. 2010. *Intimate partner violence in the U.S.* http://bjs.ojp.usdoj.gov/content/intimate/victims.cfm.

U.S. Bureau of Justice Statistics. 2011. *Homicide trends in the U.S.: Intimate homicide*. http://bjs.ojp.usdoj.gov/content/homicide/intimates.cfm.

U.S. Census Bureau. 2010a. *Historical estimates of world population*, http://www.census.gov/ipc/www/worldhis.html.

U.S. Census Bureau. 2010b. *Income. Families*. Table F-4: Gini ratios of families by race and Hispanic origin of householder, http://www.census.gov/hhes/www/income/data/historical/families/index.html.

U.S. Census Bureau. 2010c. *International data base (IDB): Total midyear population for*

the world: 1950-2020. http://www.census.gov/ipc/www/idb/worldpop.php.
U.S. Federal Bureau of Investigation. 2007. *Crime in the United States*, http://www.fbi.gov/ucr/cius2007/index.html.
U.S. Federal Bureau of Investigation. 2010a. *Hate crimes*, http://www.fbi.gov/about-us/investigate/civilrights/hate_crimes/hate_crimes.
U.S. Federal Bureau of Investigation. 2010b. *Uniform crime reports*, http://www.fbi.gov/about-us/cjis/ucr/ucr.
U.S. Federal Bureau of Investigation. 2011. *Preliminary annual uniform crime report, January-December 2010*. http://www.fbi.gov/ab0ut-us/cjis/ucr/crime-in-the-u.s/2010/preliminary-annual-ucr-jan-dec-2010.
U.S. Fish and Wildlife Service. 2006. *National survey offishing, hunting, and wildlife-associated recreation*. https://docs.google.com/viewer?url=http://library.fws.gov/Pubs/nat_survey2006.pdf.
Valdesolo, P., & DeSteno, D. 2008. The duality of virtue: Deconstructing the moral hypocrite. *Journal of Experimental Social Psychology, 44*, 1334-1338.
Valentino, B. 2004. *Final solutions: Mass killing and genocide in the 20th century*. Ithaca, N.Y.: Cornell University Press.
Valero, H., & Biocca, E. 1970. *Yanoama: The narrative of a white girl kidnapped by Amazonian Indians*. New York: Dutton.
van Beijsterveldt, C.E.M., Bartels, M., Hudziak, J. J., & Boomsma, D. I. 2003. Causes of stability of aggression from early childhood to adolescence: A longitudinal genetic analysis in Dutch twins. *Behavior Genetics, 33*, 591-605.
van Creveld, M. 2008. *The culture of war*. New York: Ballantine.
van den Oord, E.J.C.G., Boomsma, D. I., & Verhulst, F. C. 1994. A study of problem behaviors in 10- to 15-year-old biologically related and unrelated international adoptees. *Biological Genetics, 24*, 193-205.
Van der Dennen, J.M.G. 1995. *The origin of war: The evolution of a male-coalitional reproductive strategy*. Groningen, Netherlands: Origin Press.
Van der Dennen, J.M.G. 2005. *Querela pads:* Confession of an irreparably benighted researcher on war and peace. An open letter to Frans de Waal and the "Peace and Harmony Mafia." University of Groningen.
van Evera, S. 1994. Hypotheses on nationalism and war. *International Security, 18*, 5-39.
Vasquez, J. A. 2009. *The war puzzle revisited*. New York: Cambridge University Press.
Vegetarian Society. 2010. Information sheet, http://www.vegsoc.org/info/statveg.html.

Vincent, D. 2000. *The rise of mass literacy: Reading and writing in modern Europe.* Malden, Mass.: Black-well.

von Hippel, W., & Trivers, R. L. 2011. The evolution and psychology of self-deception. *Behavioral & Brain Sciences, 34*, 1-56.

Wade, N. 2006. *Before the dawn: Recovering the lost history of our ancestors.* New York: Penguin.

Wakefield, J. C. 1992. The concept of mental disorder: On the boundary between biological facts and social values. *American Psychologist, 47*, 373-388.

Waldrep, C. 2002. *The many faces of Judge Lynch: Extralegal violence and punishment in America.* New York: Palgrave Macmillan.

Walker, A., Flatley, J., Kershaw, C., & Moon, D. 2009. *Crime in England and Wales 2008/09.* London: U.K. Home Office.

Walker, P. L. 2001. A bioarchaeological perspective on the history of violence. *Annual Review of Anthropology, 30*, 573-596.

Walzer, M. 2004. Political action: The problem of dirty hands. In S. Levinson, ed., *Torture: A collection.* New York: Oxford University Press.

Warneken, F., & Tomasello, M. 2007. Helping and cooperation at 14 months of age. *Infancy, 11*, 271-294.

Watson, G. 1985. *The idea of liberalism.* London: Macmillan.

Wattenberg, B. J. 1984. *The good news is the bad news is wrong.* New York: Simon & Schuster.

Wearing, J. P., ed. 2010. *Bernard Shaw on war.* London: Hesperus Press.

Weede, E. 2010. The capitalist peace and the rise of China: Establishing global harmony by economic independence. *International Interactions, 36*, 206-213.

Weedon, M., & Frayling, T. 2008. Reaching new heights: Insights into the genetics of human stature. *Trends in Genetics, 24*, 595-603.

Weiss, H. K. 1963. Stochastic models for the duration and magnitude of a "deadly quarrel." *Operations Research, 11*, 101-121.

White, M. 1999. Who's the most important person of the twentieth century? http://users.erols.com/mwhite28/20c-vip.htm.

White, M. 2004.30 worst atrocities of the 20th century, http://users.erols.com/mwhite28/atrox.htm.

White, M. 2005a. Deaths by mass unpleasantness: Estimated totals for the entire 20th century, http://users.erols.com/mwhite28/warstat8.htm.

White, M. 2005b. Democracies do not make war on each other... or do they? http://

users.erols.com/mwhite28/demowar.htm.

White, M. 2007. Death tolls for the man-made megadeaths of the 20th century: FAQ. http://users.erols.com/mwhite28/war-faq.htm.

White, M. 2010a. Selected death tolls for wars, massacres and atrocities before the 20th century. http://users.erols.com/mwhite28/warstato.htm.

White, M. 2010b. Selected death tolls for wars, massacres and atrocities before the 20th century, page 2. http://users.erols.eom/mwhite28/warstatv.htm#Primitive.

White, M. 2010c. Death tolls for the man-made megadeaths of the twentieth century. http://users.erols.com/mwhite28/battles.htm.

White, M. 2011. *The great big book of horrible things. The definitive chronicle of history's 100 worst atrocities.* New York: Norton.

White, S. H. 1996. The relationships of developmental psychology to social policy. In E. Zigler, S. L. Kagan, & N. Hall, eds., *Children, family, and government: Preparing for the 21st century.* New York: Cambridge University Press.

White, T. D., Asfaw, B., Beyene, Y., Haile-Selassie, Y., Lovejoy, C. O., Suwa, G., & WoldeGabriel, G. 2009. *Ardipithecus ramidus* and the paleobiology of early hominids. *Science, 326*, 64~86.

Wicherts, J. M., Dolan, C. V., Hessen, D. J., Oosterveld, P., Van Baal, G. C. M., Boomsma, D. I., & Span, M. M. 2004. Are intelligence tests measurement invariant over time? Investigating the nature of the Flynn effect. *Intelligence, 32*, 509~537.

Wicker, B., Keysers, C., Plailly, J., Royet, J.-P., Gallese, V., & Rizzolatti, G. 2003. Both of us are disgusted in my insula: The common neural basis of seeing and feeling disgust. *Neuron, 40*, 655~664.

Widom, C., & Brzustowicz, L. 2006. MAOA and the "cycle of violence": Childhood abuse and neglect, MAOA genotype, and risk for violent and antisocial behavior. *Biological Psychiatry, 60*, 684~689.

Wiener, M. J. 2004. *Men of blood: Violence, manliness, and criminal justice in Victorian England.* New York: Cambridge University Press.

Wiessner, P. 2006. From spears to M-16s: Testing the imbalance of power hypothesis among the Enga. *Journal of Anthropological Research, 62*, 165~191.

Wiessner, P. 2010. Youth, elders, and the wages of war in Enga Province, PNG. *Working Papers in State, Society, and Governance in Melanesia.* Canberra: Australian National University.

Wilkinson, D. 1980. *Deadly quarrels: Lewis F. Richardson and the statistical study of war.* Berkeley: University of California Press.

Wilkinson, D. L., Beaty, C. C., & Lurry, R. M. 2009. Youth violence?crime or self help? Marginalized urban males' perspectives on the limited efficacy of the criminal justice system to stop youth violence. *Annals of the American Association for Political Science, 623*, 25-38.

Wilier, R., Kuwabara, K., & Macy, M. 2009. The false enforcement of unpopular norms. *American Journal of Sociology, 115*, 451-490.

Williams, G. C. 1988. Huxley's evolution and ethics in sociobiological perspective. *Zygon: Journal of Religion and Science, 23*, 383-407.

Williamson, L. 1978. Infanticide: An anthropological analysis. In M. Kohl, ed., *Infanticide and the value of life*. Buffalo, N.Y.: Prometheus Books.

Wilson, E. O. 1978. *On human nature*. Cambridge, Mass.: Harvard University Press.

Wilson, J. Q. 1974. *Thinking about crime*. New York: Basic Books.

Wilson, J. Q., & Herrnstein, R. J. 1985. *Crime and human nature*. New York: Simon & Schuster.

Wilson, J. Q., & Kelling, G. 1982. Broken windows: The police and neighborhood safety. *Atlantic Monthly, 249*, 29-38.

Wilson, M., & Daly, M. 1992. The man who mistook his wife for a chattel. In J. H. Barkow, L. Cosmides, & J. Tooby, eds., *The adapted mind: Evolutionary psychology and the generation of culture*. New York: Oxford University Press.

Wilson, M., & Daly, M. 1997. Life expectancy, economic inequality, homicide, and reproductive timing in Chicago neighborhoods. *British Medical Journal, 314*, 1271-1274.

Wilson, M., & Daly, M. 2006. Are juvenile offenders extreme future discounters? *Psychological Science, 17*, 989-994.

Wilson, M. L., & Wrangham, R. W. 2003. Intergroup relations in chimpanzees. *Annual Review of Anthropology, 32*, 363-392.

Winship, C. 2004. The end of a miracle? Crime, faith, and partnership in Boston in the 199C/S. In R. D. Smith, ed., *Long march ahead: The public influences of African American churches*. Raleigh, N.C.: Duke University Press.

Wolfgang, M., Figlio, R., & Sellin, T. 1972. *Delinquency in a birth cohort*. Chicago: University of Chicago Press.

Wolin, R. 2004. *The seduction of unreason: The intellectual romance with fascism from Nietzsche to postmodernism*. Princeton, N.J.: Princeton University Press.

Wood, J. C. 2003. Self-policing and the policing of the self: Violence, protection, and the civilizing bargain in Britain. *Crime, History, & Societies, 7*, 109-128.

Wood, J. C. 2004. *Violence and crime in nineteenth-century England: The shadow of our refinement.* London: Routledge.

Woolf, G. 2007. *Et tu, Brute? A short history of political murder.* Cambridge, Mass.: Harvard University Press.

Wouters, C. 2007. *Informalization: Manners and emotions since 1890.* Los Angeles: Sage.

Wrangham, R. W. 1999a. Evolution of coalitionary killing. *Yearbook of Physical Anthropology, 42,* 1–30.

Wrangham, R. W. 1999b. Is military incompetence adaptive? *Evolution & Human Behavior, 20,* 3–17.

Wrangham, R. W. 2009a. *Catching fire: How cooking made us human.* New York: Basic Books.

Wrangham, R. W. 2009b. The evolution of cooking: A talk with Richard Wrangham. *Edge,* http://www.edge.org/3rd_culture/wrangham/wrangham_index.html.

Wrangham, R. W., & Peterson, D. 1996. *Demonic males: Apes and the origins of human violence.* Boston: Houghton Mifflin.

Wrangham, R. W., & Pilbeam, D. 2001. African apes as time machines. In B.M.F. Galdikas, N. E. Briggs, L. K. Sheeran, G. L. Shapiro, & J. Goodall, eds., *All apes great and small.* New York: Kluwer.

Wrangham, R. W., Wilson, M. L., & Muller, M. N. 2006. Comparative rates of violence in chimpanzees and humans. *Primates, 47,* 14–26.

Wright, J. P., & Beaver, K. M. 2005. Do parents matter in creating self-control in their children? A genetically informed test of Gottfredson and Hirschi's theory of low self-control. *Criminology, 43,* 1169–1202.

Wright, Q. 1942. *A study of war,* vol. 1. Chicago: University of Chicago Press.

Wright, Q. 1942/1964. *A study of war,* 2nd ed. Abridged by Louise Leonard Wright. Chicago: University of Chicago Press.

Wright, Q. 1942/1965. *A study of war,* 2nd ed., with a commentary on war since 1942. Chicago: University of Chicago Press.

Wright, R. 2000. *Nonzero: The logic of human destiny.* New York: Pantheon.

Xu, J., Kochanek, M. A., & Tejada-Vera, B. 2009. *Deaths: Preliminary data for 2007.* Hyattsville, Md.: National Center for Health Statistics.

Young, L., & Saxe, R. 2009. Innocent intentions: A correlation between forgiveness for accidental harm and neural activity. *Neuropsychologia, 47,* 206–2072.

Zacher, M. W. 2001. The territorial integrity norm: International boundaries and the use of force. *International Organization, 55,* 215–250.

Zahn, M. A., & McCall, P. L. 1999. Trends and patterns of homicide in the 20th century United States. In M. D. Smith & M. A. Zahn, eds., *Homicide: A sourcebook of social research*. Thousand Oaks, Calif.: Sage.

Zahn-Waxler, C., Radke-Yarrow, M., Wagner, E., & Chapman, M. 1992. Development of concern for others. *Developmental Psychology, 28*, 126-136.

Zak, P. J., Stanton, A. A., Ahmadi, S., & Brosnan, S. 2007. Oxytocin increases generosity in humans. *PLoS ONE, 2*, e1128.

Zebrowitz, L. A., & McDonald, S. M. 1991. The impact of litigants' babyfacedness and attractiveness on adjudications in small claims courts. *Law & Human Behavior, 15*, 603-623.

Zelizer, V. A. 1985. *Pricing the priceless child: The changing social value of children*. New York: Basic Books.

Zelizer, V. A. 2005. *The purchase of intimacy*. Princeton, N.J.: Princeton University Press.

Zerjal, T., Xue, Y., Bertorelle, G., Wells, R. S., Bao, W., Zhu, S., Qamar, R., Ayub, Q., Mohyuddin, A., Fu, S., Li, P., Yuldasheva, N., Ruzibakiev, R., Xu, J., Shu, Q-, Du, R., Yang, H., Hurles, M. E., Robinson, E., Gerelsaikhan, T., Dashnyam, B., Mehdi, S. Q., & Tyler-Smith, C. 2003. The genetic legacy of the Mongols. *American Journal of Human Genetics, 72*, 717-721.

Zimbardo, P. G. 2007. *The Lucifer effect: Understanding how good people turn evil*. New York: Random House.

Zimbardo, P. G., Maslach, C., & Haney, C. 2000. Reflections on the Stanford prison experiment: Genesis, transformations, consequences. In T. Blass, ed., *Current perspectives on the Milgram paradigm*. Mahwah, N.J.: Erlbaum.

Zimring, F. E. 2007. *The great American crime decline*. New York: Oxford University Press.

Zipf, G. K. 1935. *The psycho-biology of language: An introduction to dynamic philology*. Boston: Houghton Mifflin.

옮긴이 후기

✤

이 책의 제목 '우리 본성의 선한 천사'는 미국 대통령 에이브러햄 링컨의 연설에서 가져온 구절이다. 링컨의 1861년 3월 대통령 취임 연설은 이렇게 맺는다.

> 우리는 적이 아닙니다. 우리는 친구입니다. 우리는 적이 되어서는 안 됩니다. 감정이 격앙되는 일은 있었을망정, 그 때문에 우리의 유대가 깨어져서는 안 됩니다. 신비로운 심금과도 같은 기억은 모든 전쟁터와 애국자의 무덤에서부터 이 드넓은 땅에서 살아가는 모든 사람의 심장과 가정까지 뻗어 있어, 우리 본성의 선한 천사들이 다시금 손길을 뻗는다면, 분명히 그럴 것입니다만, 다시 한번 드높게 연방의 찬가를 울릴 것입니다.

아마도 책을 집어든 독자는 이미 알겠지만, 스티븐 핑커는 언어 습득과 인지를 주로 연구한 심리학자이다. 특히 이른바 '본성이냐 양육이냐' 하는 문제를 뜨겁게 달구었던 책 『빈 서판』으로 잘 알려져 있다. 그렇다면 '우리 본성의 선한 천사'라는 제목은 인간의 본성이 선한 방향으로 바뀌었다는 뜻일까? 아니면, 인간의 타고난 본성은 선한 천사에 가깝다는 일종의 성선설적 결론일까? 정확히 그렇지는 않다. 사실 이 책의 주제는 인간의 폭력성이다. 다만 그 폭력성이 역사적으로 차츰 줄어들었다는 것이 핑커의 주장이다. (독일어 번역본의 제목은 아예 '폭력: 인류의 새로운 역사'이다.)

인류의 역사는 꾸준히 폭력성이 감소한 과정이었다는 핑커의 명제에 차마 동의하지 못하는 사람이 많을 것이다. 두 차례의 세계 대전과 홀로코스트가 있었던 20세기가 역사상 최악의 시기가 아니었다니, 말이 되는 소린가? 그래서 핑커는 그 명제를 뒷받침하는 근거를 제시하는 데 책의 전반부를 할애했다. 핑커는 (1) 비국가 사회에서 국가 사회로 넘어온 평화화 과정 (2) 사회 규범의 발달에 따른 문명화 과정 (3) 계몽주의가 이끈 인도주의 혁명 (4) 국가 간 교역과 민주화를 통해 전쟁이 감소한 긴 평화의 시기 (5) 집단 살해나 테러와 같은 소규모 충돌도 꾸준히 감소한 새로운 평화의 시기 (6) 시민권, 여성권, 아동권, 동성애자 권리, 동물권 운동이 잇달아 전개된 권리 혁명들의 시기로 그 과정을 나눴다. 그리고 각 시기마다 국가 간 전쟁, 부족 간 혈수, 집단 간 충돌, 개인의 살인, 사형이나 태형과 같은 잔혹한 처벌, 여자나 아이나 동성애자와 같은 사회적 약자를 잔인하게 취급하던 관행 등등 인간이 저지르는 각양각색의 폭력이 크고 작은 모든 차원을 망라하여 일제히 감소세를 기록했음을 보여 주는 통계를 100여 개의 그래프, 그림, 표로 제시했다.

핑커의 분석이 옳다고 가정하자. 그런 행복한 결과는 왜 생겨났을까?

앞에서 말했지만, 인간 본성이 근본적으로 바뀌었기 때문은 아니다. 핑커가 주장하는 바는 이렇다. 인간 본성에는 끔찍한 폭력을 저지르게 하는 '내면의 악마'와 자비로운 행실을 추구하게 하는 '선한 천사'가 공존한다. 인류가 진화 과정에서 적응적 특질로서 갖추게 된 이런 성격적 특질들은 현재까지도 변하지 않았다. 다만 인류는 사회 경제 환경의 여러 계기를 통해서 '악마'보다 '천사'를 더 많이 발휘하는 방향으로 서서히 스스로를 길들여 왔다. 핑커가 지목한 '내면의 악마'는 (1) 포식적, 도구적 폭력성 (2) 우세 경쟁 (3) 복수심 (4) 가학성 (5) 이데올로기의 다섯 가지이고, '선한 천사'는 (1) 감정 이입 (2) 자기 통제 (3) 도덕성과 터부 (4) 이성의 네 가지이다.

논증의 마지막 단계는 왜 인류가 내면의 악마보다 천사를 더 많이 발휘하게 되었는가 하는 외생적 요인을 밝히는 것이다. 핑커는 그 후보로 (1) 리바이어던(폭력의 정당한 사용을 독점함으로써 정의를 부과하는 국가) (2) 온화한 상업(상호 교환은 상대를 존중하게 만드는데, '자본주의 평화' 이론으로도 불린다.) (3) 여성화 (4) 감정 이입의 범위 확장 (5) 이성의 발달이라는 다섯 요인을 꼽았다. 그리고 이런 요인들은 게임 이론에서 '죄수의 딜레마'라고 불리는 곤란한 상황, 즉 모든 행위자가 상대에게 협조해야(평화를 추구해야) 결국 모두에게 좋은 상황인데도 제한된 정보로 판단할 때는 서로 이기적으로 상대를 배신하여(폭력을 휘둘러) 모두 손해를 보기 마련이라는 딜레마를 조금쯤 해소함으로써 평화를 가져온다고 주장했다.

물론 이것은 앞으로 제3차 세계 대전은 벌어지지 않을 것이라거나, 잔인한 인종 청소가 자행되지 않을 것이라거나, 사이코패스 살인마가 줄 것이라거나 하는 말은 결코 아니다. 인류는 앞으로도 내면의 악마에 휘둘려 얼마든지 폭력을 저지를 것이다. 다만 객관적 증거로 볼 때 까마득한 과거의 수렵 채집 사회, 중세 유럽 사회, 근세 초기 식민지 사회와 같은 과거의 세계보다는 현재의 세계가 상대적으로 더 안전하다는 주장이다. 또한 이런 현상은 요행이 아니라 인류가 의식적으로든 무의식적으로든 실시해 온 모종의 행위가 긍정적으로 영향을 미친 결과이므로, 우리는 우리가 그동안 '잘한' 것이 무엇인지를 확인하여 그것을 더 많이 하도록 노력해야 한다는 주장이다.

그렇다면 왜 우리가 이런 희망적인 이야기를 여태껏 더 많이 듣지 못했는지 궁금해진다. 핑커는 그 이유로 인간의 또 다른 심리적 편향들(가령 가까운 과거를 먼 과거보다 더 생생하게 기억하는 역사적 근시안)과 국가 간 전쟁이 아닌 소규모 분쟁에 대해서는 대체로 무심했던 기존 역사학의 맹점(그래서 집단 살해나 테러에 관한 자료는 최근에서야 비로소 수집, 분석되기 시작했다는 점)을 지적한다. 그 때문에 우리는 과거를 낭만화하고 현재를 악마화하기 마련이지만, 주관성이 많이 개입되는 '내러티브'가 아니라 객관적인 '수치'에 기대어 역사를 분석한 결과에 따르면 그렇게 나쁘게만 볼 이유가 없더라는 것이 핑커의 결론이다.

핑커의 주장은 급진적이려니와, 자신의 전문 분야를 벗어나서 한 이야기라는 점에서도 많은 논쟁을 일으켰다. 긍정적으로 평가하는 쪽에서는 무엇보다도 핑커가 구체적인 자료를 이토록 방대하게 모으고 그것을 기존의 어떤 이론에도 구속되지 않는 참신한 시각으로 바라본 점을 높이 산다. 게다가 평화로운 수렵 채집인과 잔인한 현대인이라는 기존 도식을 깨뜨려야 한다고 주장하는 사람이 핑커 혼자만은 아니다. 최근 들어 원시 전쟁의 잔혹성을 새롭게 조명한 고고학 연구나 핵폭탄으로 인한 인류 절멸의 위험이 그 상징성 때문에 지나치게 과장되었다는 분석 등이 꾸준히 제기되었다. 역시 과학 저술가인 매트 리들리는 제목만 보아도 논제를 짐작할 수 있는 책, 『이성적 낙관주의자』를 내기도 했다. 핑커의 책은 최근의 그런 경향성을 집성하고 대표한다.

한편 핑커의 주장에 반대하는 사람들은 무엇보다도 인구 대비 폭력률이라는 상대 수치를 기준으로 한 평가는 의미가 크지 않다고 반론한다. 핑커가 결론을 미리 가정하고 그에 맞는 근거를 수집한 확증 편향에 쏠렸다고 본 사람도 있고, 서양의 계몽주의와 엘리트의 이성을 지나치게 찬양하는 시각이라고 본 사람도 있다.

옮긴이로서 나는 책이 미국에서 출간된 2011년부터 한국어판이 나오는 2014년까지 3년이 흐르는 동안 핑커의 주장을 갈수록 더 곰곰이 곱씹었고, 갈수록 더 자주 떠올렸다. 핑커의 주장은 물론 어느 하나의 사건만으로 결정적으로 반증될 속성의 이론이 아니다. 그러나 우리는 핑커가 책을 탈고했던 2011년에는 희망 찬 조짐으로만 보였던 '아랍의 봄' 혁명이 금세 변질되고 저지되는 모습을 목격했고, 이후 3년 동안 진행된 시리아 내전에서 지금껏 14만 명이 죽어 간 모습을 보았으며, 세계 여러 지역에서 동성 결혼을 법률로 지지하는 마당에 러시아에서는 성소수자 인권이 야만적으로 압살당하는 모습을 지켜보았다. 그러니 핑커의 분석이 정말로 옳은가, 이런 폭력들도 모두 국지적 요동일 뿐이고 우리는 결국 더 나은 방향으로 나아갈 수 있는가를 끊임없이 묻지 않을 수 없다. 여담이지만, 얄궂게도 링컨이 '우리 본성의 선한 천사'를 끌어내자고 역설한 직후에 미국은 도리어 남북 전쟁의 소용돌이로 본격적으로 빠져들었다. 미국은 '선한 천사들'에게 기대기는커녕 '내면의 악마들'을 끄집어내어 한바탕 피를 흘렸다. 그래도 그 결과로 노예제가 폐지되었으니 거시적으로는 일보 후퇴 후 이보 전진했던 사건으로 봐야 할까? 역사의 방향을 말하는 것은 얼마나 어렵고 미묘한 일인가. 핑커의 분석에서 미래의 희망을 읽는 게 타당할까?

논쟁과 분석은 당연히 계속될 것이다. 그야 어쨌든, 인류 평화와 폭력성의 향방에 관심 있는 사람에게 이 책을 권하는 말로는 평소 역사와 미래학에 관심이 많다고 알려진 빌 게이츠의 말을 빌리면 충분할 것 같다. 빌 게이츠는 이 책을 평생 읽었던 책 중에서도 가장 많은 생각을 하게 만든 저작으로 꼽으며, "나는 시간 활용에 상당히 엄격한 사람으로서 말하건대 이 책은 (아주 두껍지만) 들인 시간만큼의 값어치를 충분히 한다."고 추천했다.

평화를 수치로 분석하려는 핑커의 시도는 지난 세기에 존재했던 훌륭한 선배의 뒤를 따른 것으로 보인다. 루이스 프라이 리처드슨(1881~1953년)은 물리학자이자 기상학자이자 심리학자이자 응용 수학자로서 최초의 수치적 일기 예보 기법을 고안했다. 그러나 요즘은 그가 역사적 충돌 사건들의 데이터를 통계적으로 분석했던 사람으로서 더 자주 거론된다. (리처드슨의 이론은 5장에 자세히 소개되었다.) 리처드슨은 자신이 과학자의 시각으로 볼 때 전쟁에 대한 설교는 너무 많고 지식은 너무 적은 게 문제라고 말하면서 이렇게 적었다. "의분은 너무나도 손쉽고 만족스러운 기분이라서, 그것에 반대되는 사실에 주의를 기울이지 못하도록 가리는 경향이 있다. 독자가 내게 '이해는 곧 용서'라는 잘못된 원칙에 따라 윤리를 포기한 것이 아니냐고 묻는다면, 나는 '지나친 힐난은 곧 이해의 부족'이기에 일시적으로 윤리적 판단을 유예했을 뿐이라고 답하겠다." 아마 핑커도 자신의 책에 대해 똑같은 말을 하고 싶을 것이다.

찾아보기

✤

ㄹ

ㅂ

ㅇ

ㅊ

ㅌ

ㅎ

옮긴이 김명남

카이스트 화학과를 졸업하고 서울 대학교 환경 대학원에서 환경 정책을 공부했다. 인터넷 서점 알라딘 편집 팀장을 지냈고 전문 번역가로 활동하고 있다. 제55회 한국출판문화상 번역 부문을 수상했다. 옮긴 책으로 『지구의 속삭임』, 『세상을 바꾼 독약 한 방울』, 『정신병을 만드는 사람들』, 『갈릴레오』, 『인체 완전판』(공역), 『현실, 그 가슴 뛰는 마법』, 『여덟 마리 새끼 돼지』, 『시크릿 하우스』, 『이보디보』, 『특이점이 온다』, 『한 권으로 읽는 브리태니커』, 『면역에 관하여』, 『버자이너 문화사』, 『남자들은 자꾸 나를 가르치려 든다』, 『여자들은 자꾸 같은 질문을 받는다』, 『비커밍』, 『길 잃기 안내서』 등이 있다.

사이언스 클래식 24

우리 본성의 선한 천사

1판 1쇄 펴냄 2014년 8월 25일
1판 24쇄 펴냄 2024년 4월 15일

지은이 스티븐 핑커
옮긴이 김명남
펴낸이 박상준
펴낸곳 (주)사이언스북스

출판등록 1997. 3. 24.(제16-1444호)
(06027) 서울특별시 강남구 도산대로1길 62
대표전화 515-2000, 팩시밀리 515-2007
편집부 517-4263, 팩시밀리 514-2329
www.sciencebooks.co.kr

ISBN 978-89-8371-689-7 93400